U0213954

给水排水设计手册

第三版

# 第8册
# 电气与自控

中国市政工程中南设计研究总院有限公司　主编

中国建筑工业出版社

**图书在版编目(CIP)数据**

给水排水设计手册 第 8 册 电气与自控/中国市政工程中南设计研究总院有限公司主编. —3 版. —北京：中国建筑工业出版社，2013.2（2020.10 重印）

ISBN 978-7-112-15272-8

Ⅰ.①给… Ⅱ.①中… Ⅲ.①给水工程-设计-手册②排水工程-设计-手册③给水工程-电气设备-自动控制-手册④排水工程-电气设备-自动控制-手册 Ⅳ.①TU991.02-62

中国版本图书馆 CIP 数据核字（2013）第 059221 号

本书为《给水排水设计手册》（第三版）第 8 册，主要内容包括：供配电系统，负荷计算及无功功率补偿，短路电流计算、电气设备选择及继电保护，变、配电所二次接线，变、配电所布置，电气传动，电线、电缆的选择及敷设，电气布置，防雷与接地，照明，过程检测及控制仪表，计算机测控系统。

本书可供给水排水专业设计人员使用，也可供相关专业技术人员及大专院校师生参考。

\*　　　\*　　　\*

责任编辑：于　莉　田启铭　魏秉华
责任设计：李志立
责任校对：肖　剑　陈晶晶

**给水排水设计手册**
**第三版**
**第 8 册**
电气与自控
中国市政工程中南设计研究总院有限公司　主编

\*

中国建筑工业出版社出版、发行（北京西郊百万庄）
各地新华书店、建筑书店经销
北京红光制版公司制版
北京圣夫亚美印刷有限公司印刷

\*

开本：787×1092 毫米　1/16　印张：41¼　字数：1030 千字
2013 年 5 月第三版　　2020 年 10 月第十五次印刷
定价：**136.00** 元
ISBN 978-7-112-15272-8
(23111)

# 《给水排水设计手册》第三版编委会

# 《电气与自控》第三版编写组

主　编：王江荣　苏　新

成　员：杨宪力　王　冉　张　生　王进民　王玉康

　　　　陆继诚　张震超　刘澄波　殷翠萍　杨柏立

　　　　张　磊　李　勇　周　斌

# 序

　　给水排水勘察设计是城市基础设施建设重要的前期性工作，广泛涉及到项目规划、技术经济论证、水源选择、给水处理技术、污水处理技术、管网及输配、防洪减灾、固废处理等诸多内容。广大工程设计工作者，肩负着保障人民群众身体健康和环境生存质量的重任，担当着将最新科研成果转化成实际工程应用技术的重要角色。

　　改革开放以来，特别是近10年来，我国给水排水等基础设施建设事业蓬勃发展，国外先进水处理技术和工艺的引进，大批面向工程应用的科研成果在实际中的推广，使得给水排水设计从设计内容到设计理念都已发生了重大变化；此间，大量的给水排水工程标准、规范进行了全面或局部的修订，在深度和广度方面拓展了给水排水设计规范的内容。同时，我国给水排水工程设计也面临着新的形势和要求，一方面，水源污染问题十分突出，而饮用水卫生标准又大幅度提升，给水处理技术作为饮用水安全的最后屏障，在相当长的时间内必须应对极其严峻的挑战；另一方面，公众对水环境质量不断提高的期望以及水环境保护及污水排放标准的日益严格，又对排水和污水处理技术提出了更高的要求。在这些背景下，原有的《给水排水设计手册》无论是设计方法还是设计内容，都需要一定程度的补充、调整与更新。为此，住房和城乡建设部与中国建筑工业出版社组织各主编单位进行了《给水排水设计手册》第三版的修订工作，以更好地满足广大工程设计者的需求。

　　《给水排水设计手册》第三版修订过程中，保持了整套手册原有的依据工程设计内容而划分的框架结构，重点更新书中的设计理念和设计内容，首次融入"水体污染控制与治理"科技重大专项研究成果，对已经在工程实践中有应用实例的新工艺、新技术在科学筛选的基础上，兼收并蓄，从而为今后给水排水工程设计提供先进适用和较为全面的设计资料和设计指导。相信新修订的《给水排水设计手册》，将在给水排水工程勘察、设计、施工、管理、教学、科研等各个方面发挥重要作用，成为行业内具有权威性的大型工具书。

住房和城乡建设部副部长　　　　　　　博士

# 第 三 版 前 言

《给水排水设计手册》系由原城乡建设环境保护部设计局与中国建筑工业出版社共同策划并组织各大设计研究院编写。1986 年、2000 年分别出版了第一版和第二版，并曾于1988 年获得全国科技图书一等奖。

《给水排水设计手册》自出版以来，深受广大读者欢迎，在给水排水工程勘察、设计、施工、管理、教学、科研等各个方面发挥了重要作用，成为行业内最具指导性和权威性的设计手册。

近年来我国给水排水行业技术发展很快，工程设计水平随之提升，作为设计人员必备的《给水排水设计手册》（第二版）已不能满足现今给水排水工程建设和设计工作的需要，设计内容和理念急需更新。为进一步促进我国建筑工程设计事业的发展，推动建筑行业的技术进步，提高给水排水工程的设计水平，应广大读者需求，中国建筑工业出版社组织相关设计研究院对原手册第二版进行修订。

第三版修订的基本原则是：整套手册仍为 12 分册，依据最新颁布的设计规范和标准，更新设计理念和设计内容，遴选收录了已在工程实践中有应用实例的新工艺、新技术，为工程设计提供权威的和全面的设计资料和设计指导。

为了《给水排水设计手册》第三版修订工作的顺利进行，在编委会领导下，各册由主编单位负责具体修编工作。各册的主编单位为：第 1 册《常用资料》为中国市政工程西南设计研究总院；第 2 册《建筑给水排水》为中国核电工程有限公司；第 3 册《城镇给水》为上海市政工程设计研究总院（集团）有限公司；第 4 册《工业给水处理》为华东建筑设计研究院有限公司；第 5 册《城镇排水》、第 6 册《工业排水》为北京市市政工程设计研究总院；第 7 册《城镇防洪》为中国市政工程东北设计研究总院；第 8 册《电气与自控》为中国市政工程中南设计研究总院有限公司；第 9 册《专用机械》、第 10 册《技术经济》为上海市政工程设计研究总院（集团）有限公司；第 11 册《常用设备》为中国市政工程西北设计研究院有限公司；第 12 册《器材与装置》为中国市政工程华北设计研究总院和中国城镇供水排水协会设备材料工作委员会。在各主编单位的大力支持下，修订编写任务圆满完成。在修订过程中，还得到了国内有关科研、设计、大专院校和企业界的大力支持与协助，在此一并致以衷心感谢。

《给水排水设计手册》第三版编委会

# 编 者 的 话

《给水排水设计手册》第8册《电气与自控》第二版问世以来，深受广大给水排水工程电气自控设计、施工、管理、教学和科研等方面人员的欢迎，为我国给水排水工程电气自控技术水平的提高发挥了重要作用。本手册是在总结第二版手册的使用经验基础上编写的，保持了第二版的总体结构，对某些章节的内容作了更新和补充。例如在第2章负荷计算及无功功率补偿，增加了给水排水工程用电指标法负荷估算的内容；第3章短路电流计算、电气设备选择及继电保护，介绍了 GB/T 15544—1995《三相交流系统短路电流计算》推荐的"等效电压源法"计算三相交流系统短路电流的方法；第11章过程检测及控制仪表，增加了网络智能仪表等内容；第12章计算机测控系统，详细介绍了计算机测控系统所使用的监控组态软件及工业历史数据库软件的选用要求。

本手册汇编了给水排水工程电气及自控系统设计所需的常用资料，提供了电气及自控系统设计的基本原则、计算方法和工程实例。

在内容上，本手册依据我国有关电气及自控仪表设计规范，立足当前我国电气及自控仪表产品的实际情况，尽量将新技术和有一定使用经验的新产品收集到手册中来，基本反映了近几年来我国给水排水工程电气及自控技术的发展水平和成果。

在表达方式上，尽量多用图表，力求简单明了，便于使用。

本手册主编单位为中国市政工程中南设计研究总院有限公司。由王江荣、苏新主编。中国市政工程东北设计研究总院、北京市市政工程设计研究总院、上海市政工程设计研究总院（集团）有限公司参与了编写工作。第1章由王江荣编写；第2章由杨宪力、王冉编写；第3章由杨宪力、张生编写；第4章由王进民编写；第5章由王玉康编写；第6章由陆继诚、张震超、刘澄波编写；第7章由殷翠萍编写；第8章由杨柏立编写；第9章由张磊编写；第10章由李勇编写；第11章由周斌编写；第12章由苏新编写；附录由王江荣编写。

在本手册编写过程中，中国市政工程华北设计研究总院、中国市政工程西南设计研究总院、中国市政工程西北设计研究院有限公司等单位提出了许多意见和建议，并得到了国内有关科研、设计、大专院校和企业单位的大力支持和协助，在此一并致以衷心感谢。

国家标准、设计规范和规程在不断修订或制订，使用本手册时应注意查询，并以国家公布的现行标准和设计规范、规程为准。

由于编者水平有限，收集的资料也有一定的局限性，难免存在缺点和错误，敬请广大读者指正。

# 目　　录

9

# 1 供配电系统

## 1.1 供配电系统设计原则

给水排水工程供配电系统设计应贯彻执行国家的技术经济政策，做到保障人身安全、供电可靠、技术先进、经济合理。

供配电系统设计应按照负荷性质、用电容量、工程特点和地区供电条件，合理确定设计方案。

供配电系统设计应根据工程特点、规模和发展规划，做到远近期结合，在满足近期使用要求的同时，兼顾远期发展的需要。

供配电系统设计应采用符合国家现行有关标准的高效节能、环保、安全、性能先进的电气产品。

## 1.2 负荷分级及供电要求

在给水排水工程中，电力负荷等级应根据其重要性和中断供电所造成的损失或影响程度来划分，通常分为三级。

### 1.2.1 一级负荷

若突然中断供电，停止供水或排水，将造成人身伤亡，给国民经济带来重大损失或使城市生活发生混乱者，应为一级负荷。如一、二类城市的大型水源泵站和净（配）水厂，大型雨（污）水泵站和污水处理厂，重要企业的供水泵站等。

给水排水工程一级负荷应由双重电源供电，当一电源发生故障时，另一电源不应同时受到损坏。

### 1.2.2 二级负荷

若突然中断供电，停止供水或排水，将造成较大经济损失或给城市生活带来较大影响者，应为二级负荷。如一、二类城市的中型水源泵站和净（配）水厂，中型雨（污）水泵站和污水处理厂，三类城市的主要水源泵站、净（配）水厂及主要雨（污）水泵站和污水处理厂等。

给水排水工程二级负荷宜由两回线路供电，在负荷较小或地区供电条件困难时，也可由一回 6kV 及以上专用的架空线路供电。

### 1.2.3 三级负荷

不属于一、二级负荷者应为三级负荷。

三级负荷对供电无特殊要求。

# 1.3 供配电系统设计

## 1.3.1 供配电系统设计的主要内容

（1）供电电源的选择。供电电源的选择包括供电电压、供电回路数和供电方式的选择。

应根据工程的负荷等级、用电负荷容量、供电距离及当地公共电网现状及其发展规划等因素，经技术经济比较来确定供电电源的电压等级、供电回路数和供电方式，以满足工程用电设备对供电可靠性和电能质量的要求。

（2）配电电压的选择和配电系统接线方式的选择。

配电电压和配电系统接线方式与工程主要用电设备的额定电压和用电设备的分布有关，应根据工程的不同情况，选择安全、经济、合理的配电电压和配电系统接线方式。

（3）无功补偿方式的选择。

（4）低压配电带电导体系统类型和系统接地形式的选择。

（5）变、配电所的设计。

变、配电所的设计包括变、配电所的主接线设计，变、配电所主要设备的选择和总体布置等。

## 1.3.2 供配电系统设计应注意的问题

（1）给水排水工程供配电系统应简单可靠，便于操作管理，同一电压等级的配电级数不宜多于两级。

（2）两路电源宜用同一电压等级，当地区供电条件有限时，也可采用两种电压供电。

（3）变、配电所尽量靠近负荷中心。

（4）进出线方便，并特别注意高压架空进出线走廊的位置。

（5）便于变压器等大型设备的搬运。

## 1.3.3 供配电系统设计所需的基础资料

### 1.3.3.1 工程基础资料

在进行给水排水工程供配电系统设计时，首先应向工艺设计人员了解工程性质、规模、建设周期和近远期结合等内容。并对下列资料进行综合分析，以确定负荷等级、变、配电所位置、线路走向以及供配电系统保护和控制标准等。

（1）工程规模、性质、近远期发展情况。

（2）工程总体布置图、工艺流程图。

（3）工程用电设备的规格、型号、额定电压，安装和备用台数以及远期设备增加情况等。

（4）工艺设备的运行要求。

### 1.3.3.2 需向供电部门提供的资料

（1）工程的负荷性质以及对供电可靠性的要求。

（2）工程的设计规模和最大用电负荷，工程分期建设情况及投产时间。

（3）标明工程位置的适当比例的地形图。

（4）标明变、配电所数量和位置的工程总体布置图。

### 1.3.3.3 需向供电部门索取的资料

（1）向本工程供电的发电厂或变电所的名称及位置。

（2）向本工程供电的电源电压等级、线路规格、线路走向、线路长度及回路数。

（3）向本工程供电的电力系统的最大和最小运行方式下的短路数据。

（4）电网中性点接地方式及电网单相接地电容电流值。

（5）供电端的继电保护方式（有无自动重合闸装置等）以及对用户受电端的继电保护设置和时限要求等。

（6）对用户功率因数的要求。

（7）对用户大型电动机启动方式的要求。

（8）对用户电能计量的要求及电费收取办法（包括计费方法、奖罚规定等）。

（9）对通信调度的要求等。

### 1.3.3.4 工程所在地区的气象资料

（1）最热月平均最高温度—用于校正裸导线及母线在室外敷设时的允许载流量。

（2）最热月平均温度—用于校正裸导线及母线在室内敷设时的允许载流量。

（3）最热日平均最高温度—用于校正电缆在空气中敷设时的允许载流量。

（4）年雷暴日数—用于防雷设计。

### 1.3.3.5 改扩建工程需向建设单位索取的资料

（1）原有工程的供配电系统图及平面布置图。

（2）近几年的最大用电负荷、平均用电负荷及年耗电量、功率因数等。

（3）原有工程的供配电系统存在的问题及改进建议。

（4）原有工程设备运行情况及改进建议。

## 1.3.4 供电电压选择

供电电压应根据工程的总用电负荷、主要用电设备的额定电压、供电距离、当地供电网络现状和发展规划等因素进行技术经济比较，并与当地供电部门协商后确定。

一般来说工程用电负荷大，供电距离长，供电电压应相应提高。目前我国公用电力系统可以给用户提供的供电电压一般有 10kV、35kV 和 110kV 三种，个别地区还有 6kV、20kV 和 66kV 供电电压。

三相交流用电设备额定电压和电力系统标称电压见表 1-1。

各级电压线路送电能力见表 1-2。

目前我国公用电力系统除农村和一些偏远地区还有采用 3kV 和 6kV 外已基本采用 10kV 配电，特别是城市公用配电系统，基本上全部采用 10kV。因此，国内绝大部分给水排水工程的供电电压为 10kV，一些供电距离较长、用电负荷较大的大型给水排水工程也有采用 35kV 和 110kV 电压供电的。

三相交流用电设备额定电压和电力系统标称电压（GB/T 156—2007）　　　表 1-1

| | 设备额定电压（kV） | 电力系统标称电压（kV） | 设备最高电压（kV） |
|---|---|---|---|
| 用电电压 | 0.22/0.38<br>0.38/0.66 | 0.22/0.38<br>0.38/0.66 | |
| 配电电压 | 3<br>6<br>10<br>20<br>35 | 3（3.3）<br>6<br>10<br>20<br>35 | 3.6<br>7.2<br>12<br>24<br>40.5 |
| 输电电压 | | 66<br>110 | 72.5<br>128（123） |

注：括号内的电压等级仅为个别地区采用。

各级电压线路送电能力　　　表 1-2

| 供电电压（kV） | 线路种类 | 送电容量（MW） | 送电距离（km） |
|---|---|---|---|
| （6） | 架空线（240mm²） | 0.1～1.2（3） | 15～4 |
| | 电缆（240mm²） | 3 | <3 |
| 10 | 架空线（240mm²） | 0.2～2（4） | 20～6 |
| | 电缆（240mm²） | 4 | <6 |
| （35） | 架空线（240mm²） | 2～8 | 50～20 |
| | 电缆（400mm²） | 15 | <20 |
| 110 | 架空线（240mm²） | 10～30 | 150～50 |
| | 电缆（630mm²） | 115 | <150 |

注：1. 表中数据计算依据：电压损失<5%，功率因数 $\cos\varphi=0.85$；
　　2. 导线实际工作温度：架空线 55℃，6～10kV 电缆为 90℃，35～110kV 电缆为 80℃。

近几年我国沿海经济发达地区正在积极发展和推广 20kV 作为城市公用配电电压，用来取代 10kV 和 35kV 配电电压。20kV 是介于 35kV 与 10kV 之间的供电电压，与 35kV 相比，20kV 降低了造价、节约了土地、减少了电压转换环节。与 10kV 相比，提高了供电容量、增加了供电半径、降低了线损。若供电距离相同，20kV 与 10kV 相比，供电容量可增加一倍。当然 20kV 推广还面临一些问题：一是 20kV 电网建设初期，电源相对孤立，与原来的 10kV 配电网无法联络，需要采取必要措施；二是 20kV 的相关设备在国内还不很成熟，尽管现在国内一些企业也在生产 20kV 的电气设备产品，但是还没有形成统一的国家标准，如变压器、断路器、电缆等设备的产品标准还未出台；三是相关的设计规范还没有制定。需要在工程设计实践中慢慢探索。

### 1.3.5 配电电压的确定

内部配电电压的确定与供电电压、主要用电设备额定电压、配电半径、负荷大小和负荷分布有关。

供电电压为 35kV 及以上的工程，其配电电压一般采用 10kV；如厂内额定电压为 6kV 的用电设备的容量超过总容量的 30%，也可考虑 6kV 作为配电电压。

供电电压为 10kV 的工程，一般来说应采用 10kV 作为配电电压；当厂内无额定电压为 0.4kV 以上的用电设备，且用电量较小，厂区面积也较小时，也可用 0.4kV 作为配电电压。

对于供电电压为 10kV，厂区面积较大，负荷又比较分散的工程，可采用 10kV 和 0.4kV 两种电压两级配电的方式。即将 10kV 作为一级配电电压，先用 10kV 线路将电力分配到厂内几个负荷相对比较集中的地方，建立各自的 10/0.4kV 配电所，然后用 0.4kV 作为二级配电电压再向下一级用电设备配电。

目前额定电压为 660V 三相交流异步电动机已经开始在给水排水工程应用，国内相关的电气设备制造技术已逐渐成熟。660V 电压与传统的 380V 电压相比绝缘水平相差不大，两者电气设备费用也大体相当。若将原来 10kV、6kV 电压的电动机改为 660V 电动机，可以降低配电设备投资；若将电动机电压由 380V 提高到 660V，可以改善供电质量、减少线路损耗。但是由于一般给水排水工程的低压配电电压为 220/380V，若采用 660V 电动机，需增加 660V 配电电压和相应的配电设备，使得配电系统变得复杂和投资增加。

### 1.3.6 配电系统接线方式

配电系统应根据工程用电负荷大小、对供电可靠性的要求、负荷分布情况采用不同的接线方式。常用的接线方式有放射式、树干式、环式和混合式 4 种。

（1）放射式。这种配电系统接线方式供电可靠性较高，发生故障后的影响范围较小，切换操作方便，保护简单。但其所需的配电线路较多，相应的配电装置数量也较多，因而工程造价较高。

放射式配电系统接线又可分为单回路放射式和双回路放射式。前者可用于中、小城市的二、三级负荷给水排水工程；后者多用于大、中城市的一、二级负荷给水排水工程。

（2）树干式。这种接线方式配电线路和配电装置的数量较少，工程造价较低。但发生故障后的影响范围较大，供电可靠性较低。这种接线方式仅在中、小城市的三级负荷给水排水工程中偶有采用。

（3）环式。这种接线方式的可靠性较高，但运行操作、维护检修和继电保护设置比较复杂，一般给水排水工程很少采用这种接线方式。

（4）混合式。一般是指将放射式和树干式两种方式混合使用的接线方式，即在同一个配电系统中，既有放射式配电，也有树干式配电。例如对较重要的用电设备采用放射式配电，对一般负荷采用树干式配电；对功率较大的用电设备采用放射式配电，对功率较小的用电设备采用树干式配电。在给水排水工程中，当厂区范围较大，用电设备多而分散时可采用这种配电方式，既可保证主要用电设备的供电可靠性，又可节约投资。

给水排水工程常见的配电系统接线方式见表 1-3。

**给水排水工程常见的配电系统接线方式**　　　　　　　表 1-3

| 配电方式 | 接　线　图 | 说　明 |
|---|---|---|
| 单回路<br>放射式 | <br>6~10kV<br>取水泵房　冲洗泵房　排水泵房　送水泵房 | 一般用于单电源供电的二、三级负荷给水排水工程。当用于二级负荷的给水排水工程时，应尽量设置备用电源 |
| 双回路<br>放射式 | <br>6~10kV　　　6~10kV<br>取水泵房　冲洗，排水泵房　送水泵房 | 一般用于双电源供电的一、二级负荷给水排水工程。当用于一级负荷的给水排水工程时，至少应有一回专用供电线路 |
| 单回路<br>树干式 | <br>6~10kV<br>用电点1　用电点2　用电点n | 一般用于单电源架空线路供电的三级负荷给水排水工程，如分散深井泵房等 |
| 双回路<br>混合式 | <br>6~10kV<br>6~10kV<br>取水泵房<br>净水厂 | 一般用于双电源供电的二级负荷给水排水工程 |

续表

| 配电方式 | 接 线 图 | 说 明 |
|---|---|---|
| 单回路环式 | 6~10kV 用电点1 用电点2 用电点3 用电点n 用电点4 | 一般用于单电源供电的二级负荷给水排水工程 |
| 双回路环式 | 6~10kV　　　　6~10kV 取水泵房 净水厂 | 一般用于双电源供电的二级负荷给水排水工程 |

### 1.3.7　低压配电系统

给水排水工程一般采用 220/380V 低压配电系统，其设计应注意以下几点：

（1）在满足生产和使用所需的供电可靠性和电能质量的要求同时，应注意接线简单，操作方便安全，具有一定的灵活性，能适应生产和使用上的变化及设备检修的需要。

（2）低压配电系统的带电导体系统形式一般采用三相四线制；接地形式一般采用 TN-S 或 TN-C-S。

（3）自变压器二次侧至用电设备之间的低压配电级数不宜超过三级。

（4）低压配电系统一般采用放射式配电，用电量较小和负荷性质不重要的也可采用树干式配电。

# 1.4　变、配电所方案设计

变、配电所是整个给水排水工程供配电系统的核心。本节仅论述进行变、配电所方案设计的原则，变、配电所的详细设计参见第 4、5 章有关内容。

### 1.4.1　变、配电所主接线

给水排水工程的变、配电所，一般都是电力系统的用户终端变、配电所，其主接线都比较简单。一般可分为两大类：

（1）有汇流母线接线。如单母线接线、分段单母线接线等。

（2）无汇流母线接线。如线路—变压器单元接线、桥形接线等。

下面就这几种接线方式分别说明如下：

1）单母线接线：其优点：接线简单清晰、设备少、操作方便，还便于扩建和采用成套配电装置；缺点：不够灵活，可靠性低，当母线或与母线相连的任一元件故障或检修时，会造成整个变、配电所停电或短时停电。

2）分段单母线接线：其优点：用开关设备（断路器或隔离开关）将母线分段后，对重要负荷可以从两段母线各引出一个回路供电，相当于有两个电源供电；当一段母线故障或检修时，另一段母线仍可以正常工作，提高了供电的可靠性；缺点：投资较单母线大。当一段母线或与该母线相连的设备故障或检修时，接于该母线上的所有回路都要停电或短时停电。

3）线路—变压器单元接线：其优点：接线最简单，设备最少，投资最省；缺点：线路或变压器故障或检修时都要停电，供电可靠性较低。

4）桥形接线：两个线路—变压器单元接线用开关设备（断路器或隔离开关）相连，就是桥形接线。桥形接线根据连接开关位置的不同又可以分为内桥接线和外桥接线两种。其优点：所用的开关设备较少，投资省；缺点：变压器的投入和切除操作较复杂，一般需动作两台断路器。

给水排水工程变、配电所常用的一些主接线方式见表1-4。

给水排水工程变、配电所常用主接线 表 1-4

| 接线方式 | 接 线 图 | 说 明 |
|---|---|---|
| 单母线 | | 1. 一般用于单电源供电，且配电回路不超过三回的变、配电所；<br>2. 可用于二、三级负荷供电 |
| 分段单母线 | | 1. 一般用于双电源供电，且配电回路超过三回的变、配电所；<br>2. 可用于一、二级负荷供电 |
| 线路—变压器 | | 1. 一般用于单电源供电，只有一台变压器的变、配电所；<br>2. 可用于二、三级负荷供电 |

续表

| 接线方式 | 接 线 图 | 说 明 |
|---|---|---|
| 内桥 | 电源进线　电源进线　电源进线　电源进线 | 1. 一般用于双电源供电和两台变压器，且供电线路较长，不需经常切换变压器的变电所，故水厂中采用较多；<br>2. 可用于一、二级负荷供电 |
| 外桥 | 电源进线　电源进线　电源进线　电源进线 | 1. 一般用于双电源供电和两台变压器，且供电线路较短，或需经常切换变压器的变电所；<br>2. 可用于一、二级负荷供电 |

### 1.4.2　变、配电所主要设备选用原则

#### 1.4.2.1　变压器

为了降低电能损耗，应选用低损耗变压器。在电压偏差不能满足要求时，可选用有载调压变压器。

（1）变压器台数选择：变压器台数应根据供电电源回路数、负荷性质、用电容量及运行方式等条件综合考虑决定。

在有一、二级负荷的变电所中，宜装设两台变压器。当用电负荷较大，负荷较分散，或采用大容量变压器需要增加限制短路电流的设备时，也可选用两台以上变压器。

（2）变压器容量选择：变压器容量应根据计算负荷来选择。

装有两台及以上变压器的变电所，当其中任一台变压器断开时，其余变压器的容量不应小于60％的全部负荷并满足全部一级负荷和二级负荷的用电。

对昼夜变化较大或季节性波动负荷供电的变压器，经技术经济比较，可采用不同容量的变压器组合；并可考虑在用电高峰时，变压器适当过载运行。

变压器的过负荷能力见表1-5。

**变压器过负荷能力** 表 1-5

| 过负荷（％） | 允许运行时间（min） | |
|---|---|---|
| | 油浸式变压器 | 干式变压器 |
| 20 | | 60 |
| 30 | 120 | 45 |
| 40 | | 32 |
| 45 | 80 | |
| 50 | | 18 |
| 60 | 45 | 5 |
| 75 | 20 | |
| 100 | 10 | |

（3）变压器绕组数量和联结方式的选择：

1）在具有三种电压的35kV及以上变电所中，如通过变压器各侧绕组的功率，均达

到该变压器容量的 15％以上，宜选用三绕组变压器。

2）当三相不平衡负荷超过变压器每相额定功率 15％以上时，为了使变压器容量在三相不平衡负荷下得以充分利用，并有利于抑制三次谐波电流，对高压绕组额定电压为 10kV 或 6kV 配电变压器的高、低压绕组，可选用 D，yn11 的联结方式。

3）防雷性能要求较高的变压器，可选用 Y，zn11 的绕组联结方式。

4）当三相负荷基本平衡，供电系统中无谐波干扰或谐波干扰不严重时，可采用 Y，yn0 的绕组联结方式。

双绕组变压器常用联结方式及特性见表 1-6。

**双绕组变压器常用联结方式及特性**　　　　　　　　　表 1-6

| 联结组 | 相量图和结线图 | 特性图及应用 |
|---|---|---|
| 三相<br>Y，yn0 | | 绕组导线填充系数大，机械强度高，绝缘材料用量少，可实现三相四线供电，常用于小容量三相三柱式铁心的配电变压器上，但有三次谐波磁通（数量上不是很大），将在金属结构件中引起涡流损耗 |
| 三相<br>Y，zn11 | | 在二次或一次侧遭受冲击过电压时，同一心柱上的两个半绕组的磁势互相抵消，一次侧不会感应过电压或逆变过电压，适用于防雷性能高的配电变压器上，但二次绕组需增加 15.5％的材料用量 |
| 三相<br>Y，d11 | | 二次侧采用三角形结线，三次谐波电流可以循环流动，消除了三次谐波电压，中性点不引出，常用于中性点非有效接地的大、中型变压器上 |
| 三相<br>D，yn11 | | 特性同上，高压绕组结成三角形，用于高压绕组额定电压为 10kV 及以下的配电变压器上 |

#### 1.4.2.2 变、配电所所用电源

（1）当 35kV 以上变电所有两回电源进线和两台及两台以上变压器时，宜装设两台容量相同可互为备用的所用变压器。当两台所用变压器一次侧电压不同时，因低压侧相位不同，应有防止两台所用变压器并列运行的措施。如能从变电所外引入一个可靠的低压备用所用电源时，也可只装一台所用变压器。

当 35kV 及以上变电所只有一回电源进线及一台主变压器时，可只在电源进线断路器之前装设一台所用变压器。

（2）10（6）kV 变、配电所所用电源宜引自所内或就近的配电变压器 220/380V 侧。重要或规模较大的变、配电所，可设所用变速压器。当 10（6）kV 配电装置采用成套开关柜时，柜内所用油浸变压路的油量不应超过 100kg。

（3）当有两回所用电源时，宜装设备用电源自动投入装置。

（4）采用交流操作机构时，供操作、控制、保护、信号等的所用电源，如容量能满足要求，可引自电压互感器。

#### 1.4.2.3 35kV 及以上电压主要设备

（1）主回路受电端应根据用电负荷级别、容量大小、技术要求等来确定选用断路器或隔离开关作进线主开关。

（2）桥接联络开关可根据需要选用断路器或隔离开关。

（3）采用高压计量时，应选用满足精度要求的电压互感器和电流互感器。

（4）所用变压器一般选用高压熔断器保护。

（5）避雷器与主回路连接需用带接地的隔离开关。

#### 1.4.2.4 10（6）kV 主要设备

（1）给一级负荷供电者，受电和分段开关均应采用断路器。

（2）给二、三级负荷供电者，受电和分段开关可以采用隔离开关，但每段母线馈出回路在 5 回以上时，分段开关应采用断路器。

（3）引出线开关宜采用断路器。

（4）馈电给变压器的回路，315kVA 及以下时宜采用隔离开关和熔断器；500kVA 及以下时一般采用带熔断器的负荷开关；630kVA 及以上时宜采用断路器。

（5）馈电给高压电动机的回路，应采用具有高分断能力和可频繁操作的断路器或熔断器真空接触器回路。

（6）馈电给高压电容器组的回路，当容量在 400kvar 及以下时，可采用带熔断器的负荷开关；当容量在 400kvar 以上时，应采用断路器。

（7）接在母线上的阀型避雷器和电压互感器，一般共用一组隔离触头（或隔离开关）。

### 1.4.3 变、配电所总体布置方案

变、配电所布置的详细设计，参见第 5 章有关内容，本节仅介绍变、配电所总体布置方案设计时应注意的几个问题：

（1）布置要紧凑合理，便于设备的操作、搬运、检修、试验和巡视。还要考虑发展的可能性。

（2）适当安排建筑物内各房间的相对位置，使配电室的位置便于进出线。低压配电室

应靠近变压器室。电容器室宜与变压器及相应电压等级的配电室相毗连。控制室、值班室和辅助房间的位置，应便于管理人员的工作。

（3）尽量利用自然采光和自然通风。变压器室和电容器室应尽量避免西晒。控制室和值班室尽可能朝南。

（4）变、配电所的辅助房间，如载波通信室、值班室、休息室、工具室、备件库、厕所等，应根据条件和需要确定。

有人值班的变、配电所，应设单独的值班室，值班室也可兼作控制室。值班室宜与高压配电室直通或经通道相通，值班室应有直接通向户外或通向走道的门。

有人值班的独立式变、配电所，宜设厕所和上、下水设施。

35～110kV 变电所总体布置方案见表1-7。

35～110kV 变电所总体布置方案　　　　　　　　　　　　　　　　表 1-7

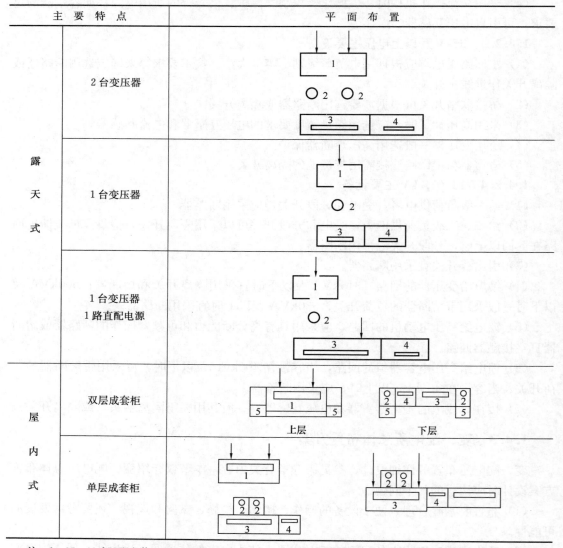

注：1—35～110kV 配电装置；2—主变压器；3—10（6）kV 配电装置；4—值班室；5—楼梯间。

10（6）kV 变电所总体布置方案见表 1-8。

**10（6）kV 变电所总体布置方案** 表 1-8

| | | 主 要 特 点 | 屋内室 | 半露天式 |
|---|---|---|---|---|
| 附设式 | 有值班室 | 1 台变压器 | | |
| | | 2 台变压器 | | |
| | 无值班室 | 1 台变压器 | | |
| | | 2 台变压器 | | |
| 独立式 | 有值班室 | 1 台变压器 | | |
| | | 2 台变压器 | | |
| | 无值班室 | 1 台变压器 | | |
| | | 2 台变压器 | | |

注：1—变压器室；2—屋外变压器；3—低压配电室；4—高压配电室；5—电容器室；6—值班室；7—辅助房间。

## 1.4.4 工程设计实例

图 1-1、图 1-2 所示工程系由两回 35kV 架空线供电，两路电源一用一备。35kV 系统采用分段单母线接线，配电装置选用成套手车式开关柜。变压器选用 35/6/0.4kV 三圈式变压器，容量为 1600kVA，三侧容量比为 100％/100％/50％。变电所为附设式户内变电所，分上、下两层，上层为 35kV 配电室和变电所控制室；下层为 6kV 和 380V 配电室。上、下层之间设有电缆夹层。

图 1-3、图 1-4 所示工程为两路 60kV 电源供电，桥式接线。60kV 选用户外配电装置，6kV 选用户内成套手车式开关柜。

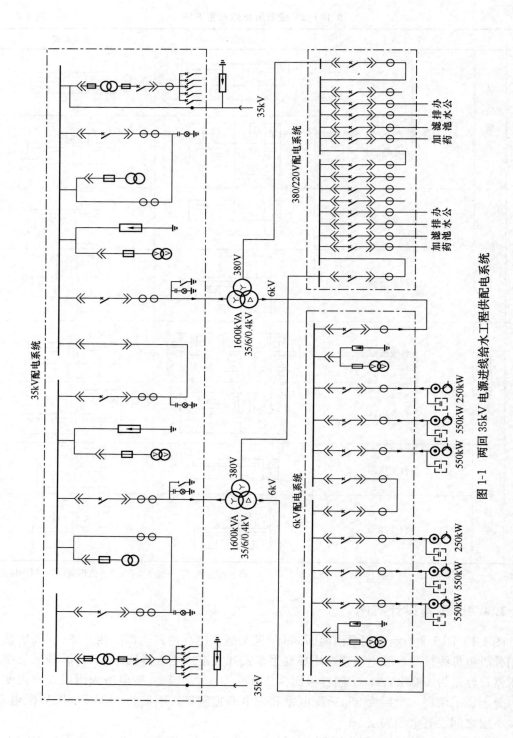

图 1-1 两回 35kV 电源进线给水工程供配电系统

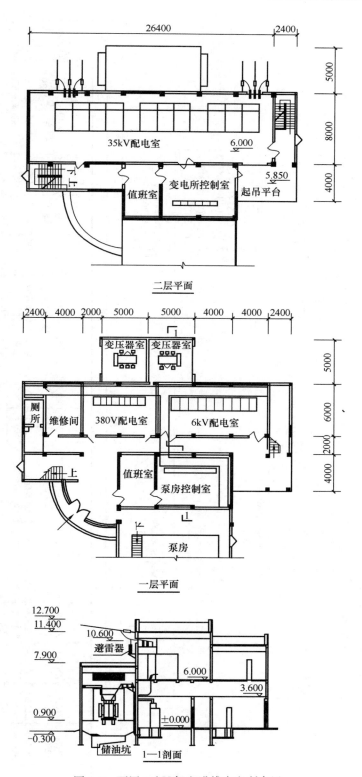

图 1-2　两回 35kV 架空进线变电所布置

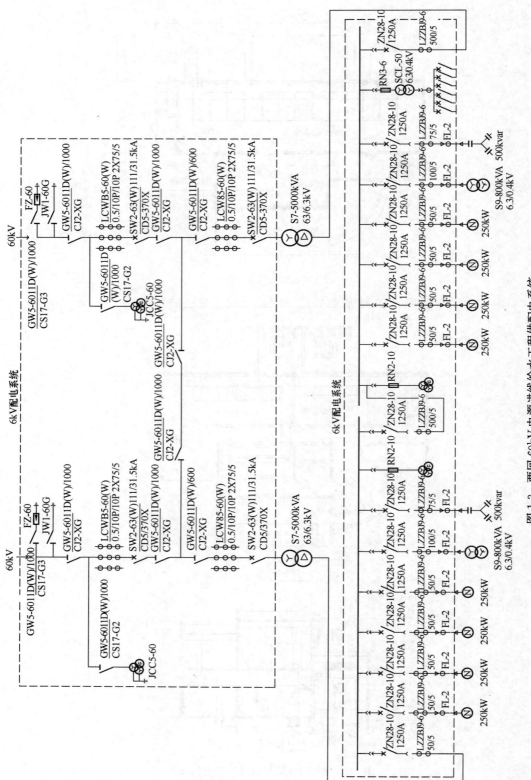

图 1-3　两回 60kV 电源进线给水工程供配电系统

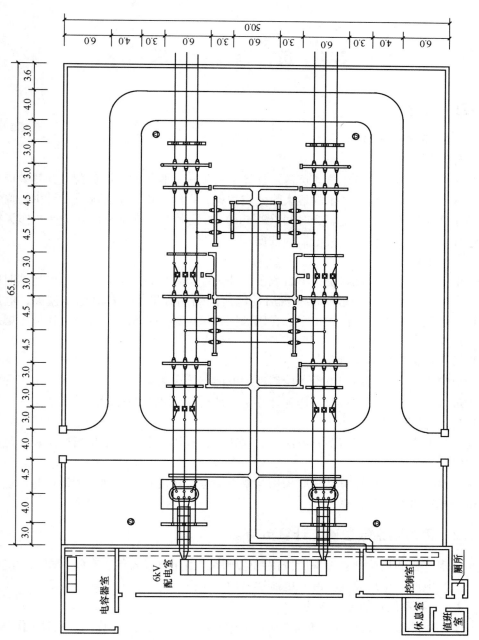

图 1-4 两回 60kV 电源进线变电所布置(尺寸单位:m)

# 2  负荷计算及无功功率补偿

## 2.1  负 荷 计 算

### 2.1.1  概述

#### 2.1.1.1  负荷计算内容

（1）计算负荷

计算负荷又称需要负荷或最大负荷。计算负荷是一个假想的持续负荷，其热效应与某一段时间内实际变动负荷所产生的最大热效应相等。在给水排水工程配电设计中，通常采用能让中小截面导体达到稳定温升时间（30min）的最大平均负荷为计算负荷，作为按发热条件选择变压器、导体及相关电器的依据。

（2）尖峰电流

尖峰电流也叫冲击电流，是指单台或多台冲击性负荷设备在运行过程中，持续时间在1s左右的最大负荷电流。一般用电动机启动电流的周期分量作为计算电压损失、电压波动的依据，也是选择保护器件的依据。在用来校验保护器件的瞬动元件时，还应考虑启动电流的非周期分量。

（3）最大负荷日的平均负荷

平均负荷指某段时间内用电设备所消耗的电能与该段时间的比。在给水排水工程中常用一年中最大负荷日的平均负荷，作为计算电能消耗和无功功率补偿的计算依据。

#### 2.1.1.2  负荷计算方法

负荷计算的方法主要有需要系数法、二项式法、利用系数法、单位指标法和单位产品耗电量法等。

给水排水工程的负荷计算，一般采用需要系数法。在规划设计和方案设计时，也可以采用单位指标法进行负荷估算。

### 2.1.2  用需要系数法确定计算负荷

给水排水工程的负荷计算一般应按供配电顺序，由用电设备组、车间（建筑物或构筑物）变（配）电所、全厂总变（配）电所逐级向上推进。

#### 2.1.2.1  用电设备的分组方法

用电设备应按生产工艺流程、负荷性质和工作制类型（长期连续工作制、短时工作制及断续周期工作制）等分成不同的用电设备组，在分组计算用电设备组负荷时，应注意以下几点：

（1）备用设备和容量很小、工作时间很短的设备（如电动阀门）可不计入用电设备组负荷。

（2）事故用的设备（如事故用排风机）以及专门用作检修的设备（如检修用的起重机

等）可不计入用电设备组负荷。

（3）季节性连续运行的用电设备（如仅在冬季运行的采暖锅炉，雨季运行的排渍水泵），应单独分组，以便从经济运行条件出发，综合考虑变压器的台数和容量。

（4）有一级负荷和二级负荷的工程项目，一级、二级负荷的用电设备应单独分组计算负荷，以便确定应急电源或备用电源的容量。

### 2.1.2.2　用电设备的设备功率

用电设备铭牌上标示的有功功率或容量称为设备的额定功率（$P_r$），在进行负荷计算时，应将不同工作制的用电设备的额定功率，换算到统一负载持续率（$\varepsilon$）下的有功功率，称为设备功率（$P_e$）。

不同工作制的用电设备的额定功率与设备功率换算方法如下：

（1）连续工作制用电设备

连续工作制用电设备的设备功率 $P_e$ 等于设备的额定功率 $P_r$。即：$P_e = P_r$。

（2）断续周期工作制的电动机（如起重机用电动机）

当采用需要系数法计算负荷时，应将断续周期工作制电动机的额定功率换算到负载持续率为 25% 时的有功功率，即：

$$P_e = P_r \sqrt{\frac{\varepsilon_r}{\varepsilon_{25}}} = 2P_r\sqrt{\varepsilon_r} \tag{2-1}$$

式中　$P_r$——电动机的额定功率（kW）；

　　　$\varepsilon_r$——电动机的额定负载持续率（我国起重机电动机额定负载持续率有 15%、25%、40%、60% 四种）。

（3）电焊机

电焊机的设备功率是将额定容量换算到负载持续率为 100% 时的有功功率，即：

$$P_e = S_r \cos\varphi_r \sqrt{\varepsilon_r} \tag{2-2}$$

式中　$S_r$——电焊机的额定视在容量（kVA）；

　　　$\varepsilon_r$——电焊机的额定负载持续率（我国电焊机额定负载持续率有 50%、60%、75%、100% 四种）；

　　$\cos\varphi_r$——电焊机的额定功率因数。

（4）照明灯具

1）热辐射光源（如卤钨灯）灯具。热辐射光源灯具的设备功率等于光源的额定功率，即：$P_e = P_r$。

2）气体放电光源（如荧光灯、金属卤化物灯）灯具。气体放电光源灯具的设备功率除光源的额定功率外，还应考虑镇流器的功率损耗。在无法得到确切参数的情况下可以采用如下方法计算：

① 配电子整流器：气体放电光源灯具的设备功率等于光源额定功率的 1.1 倍，即：$P_e = 1.1P_r$。

②配节能型电感整流器：气体放电光源灯具的设备功率等于光源额定功率的 1.2 倍，即：$P_e = 1.2P_r$。

### 2.1.2.3　用电设备组的负荷计算

用电设备组的计算负荷由式（2-3）～式（2-6）计算。

$$P_c = K_x P_e \tag{2-3}$$

$$Q_c = P_c \tan\varphi \tag{2-4}$$

$$S_c = \sqrt{P_c^2 + Q_c^2} \tag{2-5}$$

$$I_c = \frac{S_c}{\sqrt{3}U_r} \tag{2-6}$$

式中  $P_c$——用电设备组计算有功功率（kW）；

$Q_c$——用电设备组计算无功功率（kvar）；

$S_c$——用电设备组计算视在功率（kVA）；

$I_c$——用电设备组计算电流（A）；

$K_x$——需要系数，其数值见表 2-1；

$P_e$——用电设备组的设备功率（kW）；

$\tan\varphi$——用电设备功率因数角相对应的正切值，见表 2-1；

$U_r$——用电设备额定电压（kV）。

### 2.1.2.4 给水排水工程常用设备的需要系数

需要系数的大小要综合考虑用电设备的负荷状态、工作制和被拖动机械设备的工作性质等方面的因素而定，一般是根据实际经验统计后取平均值。给水排水工程的常用用电设备的需要系数和功率因数如表 2-1 所示。

给水排水工程常用用电设备的需要系数和功率因数　　　　　　　　　　　　表 2-1

| 设备名称 | $K_x$ | $\cos\varphi$ | $\tan\varphi$ |
|---|---|---|---|
| 取水泵和加压泵 | 0.8～0.9 | 0.8～0.85 | 0.75～0.62 |
| 污水提升泵 | 0.8～0.9 | 0.8～0.85 | 0.75～0.62 |
| 搅拌机、吸刮泥机 | 0.8 | 0.8 | 0.75 |
| 投药机械 | 0.5～0.7 | 0.8 | 0.75 |
| 冲洗泵 | 0.5～0.7 | 0.8～0.85 | 0.75～0.62 |
| 通风机 | 0.7 | 0.8～0.85 | 0.75～0.62 |
| 电动阀门 | 0.2 | 0.8 | 0.75 |
| 真空泵 | 0.5 | 0.8 | 0.75 |
| 起重机 | 0.2 | 0.5 | 1.73 |
| 排水泵 | 0.3 | 0.8 | 0.75 |
| 消毒设备（紫外线、加氯机） | 0.8～0.9 | 0.5 | 1.73 |
| 格栅除污机、皮带输送机、压榨机 | 0.5～0.6 | 0.75 | 0.88 |
| 除臭设备 | 0.6～0.7 | 0.8 | 0.75 |
| 化验室 | 0.5 | 0.9 | 0.48 |
| 机修车间 | 0.4 | 0.8 | 0.75 |
| 污泥脱水设备 | 0.7 | 0.7～0.8 | 0.80～0.75 |
| 污泥干化设备 | 0.8 | 0.8～0.9 | 0.48 |
| 干污泥输送设备 | 0.6～0.7 | 0.8 | 0.75 |
| 电子计算机主机外部设备 | 0.4～0.5 | 0.5 | 1.73 |
| 各类仪表 | 0.1～0.2 | 0.7 | 1.02 |
| 厂房照明 | 0.8～1 | 0.9 | 0.48 |
| 综合楼照明 | 0.7～0.8 | 0.9 | 0.48 |
| 厂区照明 | 0.9～1 | 0.9 | 0.48 |
| 变配电所照明 | 0.8～0.9 | 0.9 | 0.48 |

**2.1.2.5　车间变（配）电所的负荷计算**

车间变（配）电所的计算负荷由式（2-7）～式（2-10）计算。

$$P_c = K_{\Sigma p} \Sigma K_x P_e \qquad (2-7)$$

$$Q_c = K_{\Sigma q} \Sigma P_c \tan\varphi \qquad (2-8)$$

$$S_c = \sqrt{(P_c)^2 + (Q_c)^2} \qquad (2-9)$$

$$I_c = \frac{S_c}{\sqrt{3}U_r} \qquad (2-10)$$

式中　$P_c$——计算有功功率（kW）；

$\quad\quad Q_c$——计算无功功率（kvar）；

$\quad\quad S_c$——计算视在功率（kVA）；

$\quad\quad I_c$——计算电流（A）；

$\quad K_{\Sigma p}$——有功功率同时系数，取值范围为 0.80～0.95；

$\quad K_{\Sigma q}$——无功功率同时系数，取值范围为 0.90～0.97。

$\quad\quad P_e$——用电设备组的设备功率（kW）；

$\quad\tan\varphi$——用电设备功率因数角相对应的正切值，见表 2-1；

$\quad\quad U_r$——用电设备额定电压（kV）。

**2.1.2.6　全厂总变（配）电所的负荷计算**

全厂总变（配）电所的计算负荷，为各车间变（配）电所的计算负荷之和再乘以同时系数 $K_{\Sigma p}$ 和 $K_{\Sigma q}$。$K_{\Sigma p}$ 和 $K_{\Sigma q}$ 的取值范围分别为 0.8～1 和 0.9～1。

## 2.1.3　用单位指标法确定计算负荷

给水排水工程的规划设计和方案设计，可采用单位指标法来估算用电负荷。

**2.1.3.1　给水工程（水厂）用电负荷计算**

给水工程（水厂）一般由取水泵房、水处理单元和送水泵房三部分组成。用单位指标法来计算给水工程（水厂）的用电负荷时，一般将泵房（取水泵房和送水泵房）和水处理单元分开计算。

（1）泵房用电负荷计算

取水泵房和送水泵房的用电负荷可根据给水工程（水厂）规模和水泵扬程，按式（2-11）计算。

$$P_{wp} = K_{wp} N H \qquad (2-11)$$

式中　$P_{wp}$——取水泵房或送水泵房用电负荷（kW）；

$\quad K_{wb}$——取水泵房或送水泵房用电负荷指标[kW·d/(km³·m)]，见表 2-2；

$\quad\quad N$——给水工程（水厂）规模（km³/d）；

$\quad\quad H$——取水泵房或送水泵房水泵扬程（m）。

给水工程（水厂）泵房用电负荷指标　　　　　　　　　表 2-2

| 名　称 | $K_{wb}$[kW·d/(km³·m)] |
|---|---|
| 取水泵房 | 0.15～0.20 |
| 送水泵房（加压站） | 0.20～0.25 |

（2）水处理单元用电负荷计算

常规处理工艺水处理单元用电负荷，可按式（2-12）计算。

$$P_{\text{wt}} = K_{\text{wt}} N \tag{2-12}$$

式中　$P_{\text{wt}}$——水处理单元用电负荷（kW）；

　　　　$K_{\text{wt}}$——水处理单元用电负荷指标（kW·d/km³），见表 2-3；

　　　　$N$——给水工程（水厂）规模（km³/d）。

给水工程（水厂）水处理单元用电负荷指标　　　　　　　表 2-3

| 水 处 理 工 艺 | $K_{\text{wt}}$（kW·d/km³） |
| --- | --- |
| 水力混合絮凝、平流（斜管）沉淀、气水反冲洗滤池、污泥浓缩脱水 | 5.5～7.5 |
| 机械混合絮凝、高效沉淀池、气水反冲洗滤池、污泥浓缩脱水 | 8.0～10.5 |

**2.1.3.2　污水处理厂用电负荷计算**

污水处理厂可分为泵房（污水提升泵房和尾水泵房）和污水处理单元，一般将泵房和污水处理单元分别计算用电负荷。

（1）泵房用电负荷计算

污水提升泵房和尾水泵房的用电负荷一般可按式（2-13）计算。

$$P_{\text{sp}} = K_{\text{sp}} N H \tag{2-13}$$

式中　$P_{\text{sp}}$——污水处理厂泵房用电负荷（kW）；

　　　　$K_{\text{sp}}$——污水处理厂泵房用电负荷指标[kW·d/(km³·m)]，见表 2-4；

　　　　$N$——污水处理厂规模（km³/d）；

　　　　$H$——污水提升泵房或尾水泵房水泵扬程（m）。

污水处理厂泵房用电负荷指标　　　　　　　　　表 2-4

| 泵　　　房 | $K_{\text{sp}}$[kW·d/(km³·m)] |
| --- | --- |
| 分流制污水处理厂泵房 | 0.15～0.20 |
| 合流制（截流倍数 $n_0$）污水处理厂泵房 | (0.15～0.20)($n_0+1$) |

（2）污水（泥）处理单元用电负荷计算

污水（泥）处理单元可分为一级处理和二级处理两种，其用电负荷一般可按式（2-14）计算。

$$P_{\text{st}} = K_{\text{st}} N \tag{2-14}$$

式中　$P_{\text{st}}$——污水处理单元用电负荷（kW）；

　　　　$K_{\text{st}}$——污水处理单元用电负荷指标（kW·d/km³），见表 2-5；

　　　　$N$——污水处理厂规模（km³/d）。

污水处理厂污水处理单元用电负荷指标　　　　　　表 2-5

| 处 理 工 艺 | $K_{\text{st}}$（kW·d/km³） |
| --- | --- |
| 一级污水处理厂 | 0.58～1.41 |
| 二级污水处理厂 | 5.45～12.56 |

### 2.1.4 尖峰电流计算

电动机启动或电动机群自启动时所产生的最大瞬时负荷称为尖峰负荷，与其相应的电流称为尖峰电流。

（1）单台电动机的尖峰电流由式（2-15）计算：

$$I_{pk} = K_{st} I_r \tag{2-15}$$

式中　$I_{pk}$——尖峰电流（A）；

　　$K_{st}$——电动机启动电流倍数；

　　$I_r$——电动机额定电流（A）。

（2）接有多台电动机的配电线路的尖峰电流由式（2-16）计算：

$$I_{pk} = I_c + (K_{st.max} - 1) I_{r.max} \tag{2-16}$$

式中　$I_c$——配电线上的计算电流（A）；

　　$K_{st.max}$——启动电流最大的一台电动机的启动电流倍数；

　　$I_{r.max}$——启动电流最大的一台电动机额定电流（A）。

（3）自启动的电动机组：尖峰电流应为所有参与自启动电动机的启动电流之和，其值由式（2-17）计算：

$$I_{pk} = K_{st1} I_{r1} + K_{st2} I_{r2} + \cdots\cdots \tag{2-17}$$

式中　$K_{st1}$、$K_{st2}$——各台电动机自启动时的启动电流倍数；

　　$I_{r1}$、$I_{r2}$——各台自启动电动机的额定电流（A）。

### 2.1.5 最大负荷日的平均负荷计算

在给水排水工程中，一天内的用电负荷通常是变化的，最大负荷日的平均负荷可用式（2-18）确定：

$$P_{av} = K_{av} P_c \tag{2-18}$$

式中　$P_{av}$——最大负荷日的平均负荷（kW）；

　　$K_{av}$——平均系数，见表 2-6。

平　均　系　数　　　　　　　　　　　　　　　　表 2-6

| 名　称 | $K_{av}$ | 名　称 | $K_{av}$ |
|---|---|---|---|
| 大中城市给水工程 | 0.8～0.95 | 城市污水处理工程 | 0.8～0.9 |
| 小城市给水工程 | 0.7～0.8 | | |

### 2.1.6 年电能消耗量计算

给水排水工程的年电能消耗量计算，通常采用下列方法。

#### 2.1.6.1 最大负荷年利用小时法

最大负荷年利用小时（$T_{max}$）是一个假想的持续时间，最大计算负荷（$P_c$）持续这个假想时间的热效应等于一年内实际所消耗的电能量，以公式（2-19）、式（2-20）表示为：

$$W_{pn} = P_c T_{max} \tag{2-19}$$

$$W_{qn} = Q_c T_{max} \qquad (2\text{-}20)$$

式中　$W_{pn}$——年有功电能消耗量（kW·h）；

　　　$W_{qn}$——年无功电能消耗量（kvar·h）；

　　　$T_{max}$——最大负荷年利用小时，一般城市给水排水工程取 6000～7000h（雨水泵站等季节性工作的工程按实际工作时间计）。

#### 2.1.6.2　最大负荷日平均负荷法

用最大负荷日平均负荷 $P_{av}$ 及 $Q_{av}$ 计算年有功和无功电能消耗量计算公式（2-21）、式（2-22）为：

$$W_{pn} = \alpha P_{av} T_n \qquad (2\text{-}21)$$

$$W_{qn} = \alpha Q_{av} T_n \qquad (2\text{-}22)$$

式中　$T_n$——年工作小时（常年持续工作的为 8760h）；

　　　$\alpha$——年电能利用率，一般取 0.75～0.95。

#### 2.1.6.3　用单位产品耗电量法计算

当已知工程的单位产品耗电量（$M$）时，年有功和无功电能消耗量计算公式（2-23）、式（2-24）为：

$$W_{pn} = 365 M Q_{dt} \qquad (2\text{-}23)$$

$$W_{qn} = W_p \tan\varphi \qquad (2\text{-}24)$$

式中　$Q_{dt}$——日处理水量（$m^3/d$）；

　　　$M$——每立方米供水量（或处理水量）的耗电量（kW·h/$m^3$），常规处理工艺水厂取 0.042～0.067（kW·h/$m^3$）；二级污水处理厂取 0.15～0.28（kW·h/$m^3$）。

### 2.1.7　功率损耗和年电能损耗

功率损耗计算的目的是用于技术经济比较及成本核算。

#### 2.1.7.1　电力变压器的功率损耗

一般用双线圈变压器，功率损耗计算公式（2-25）和式（2-26）为：

（1）有功功率损耗：

$$\Delta P_T = \Delta P_o + \Delta P_k (S_c/S_r)^2 \qquad (2\text{-}25)$$

式中　$\Delta P_T$——变压器的有功损耗（kW）；

　　　$\Delta P_o$——变压器空载有功损耗（kW）；

　　　$\Delta P_k$——变压器满载有功损耗（kW）；

　　　$S_c$——变压器低压侧的计算负荷（kVA）；

　　　$S_r$——变压器额定容量（kVA）。

（2）无功功率损耗：

$$\Delta Q_T = \Delta Q_o + \Delta Q_k (S_c/S_r) \qquad (2\text{-}26)$$

式中　$\Delta Q_T$——变压器的无功损耗（kvar）；

　　　$\Delta Q_o$——变压器空载无功损耗（kvar）；

　　　$\Delta Q_k$——变压器满载无功损耗（kvar）。

变压器的 $\Delta Q_o$ 和 $\Delta Q_k$ 计算公式（2-27）和式（2-28）为：

$$\Delta Q_o = \frac{I_o\%S_r}{100} \tag{2-27}$$

式中 $I_o\%$——变压器空载电流占额定电流百分数。

$$\Delta Q_k = \frac{u_k\%S_r}{100} \tag{2-28}$$

式中 $u_k\%$——变压器阻抗电压占额定电压百分数。

$\Delta P_o$、$\Delta P_k$、$I_o\%$、$u_k\%$ 均可从产品样本中查得。

如变压器负荷率不大于 85%，需概略估算损耗时，可按式（2-29）、式（2-30）计算：

$$\Delta P_T \approx 0.01S_c \tag{2-29}$$
$$\Delta Q_T \approx 0.05S_c \tag{2-30}$$

### 2.1.7.2 供电线路的功率损耗

在三相交流电路中，供电线路的有功及无功功率损耗计算公式（2-31）和式（2-32）为：

（1）有功功率损耗：
$$\Delta P_L = 3I_c^2R \times 10^{-3} \tag{2-31}$$

式中 $\Delta P_L$——线路的有功损耗（kW）；

$\quad\quad\ I_c$——计算电流（A）；

$\quad\quad\ R$——线路每相电阻（Ω）；

$\quad\quad\ L$——线路计算长度（km）。

（2）无功功率损耗：
$$\Delta Q_L = 3I_c^2X \times 10^{-3} \tag{2-32}$$

式中 $\Delta Q_L$——线路的无功损耗（kvar）；

$\quad\quad\ X$——线路每相电抗（Ω）。

6kV、10kV 铝芯电缆和架空铝线每千米有功功率损耗与线路负荷之间的关系见图 2-1、图 2-2。上述公式中的线路电阻是按导线温度为 20℃计算的，如温度为 55℃ 或 60℃ 时，将从图 2-1、图 2-2 曲线查得的有功损耗值乘以温度校正系数 1.14 或 1.16，导线温度为其他值时，按第 7 章方法计算电阻后进行修正。

铜芯电缆和架空铜线的有功功率损耗，可用上述铝线损耗数据乘以系数 0.61 求得。

### 2.1.7.3 年电能损耗

（1）变压器年有功电能损耗计算公式（2-33）为：

$$\Delta W_T = \Delta P_o t + \Delta P_k \left(\frac{S_c}{S_r}\right)^2 \tau \tag{2-33}$$

式中 $\Delta W_T$——变压器年有功电能损耗（kW·h）；

$\quad\quad\ t$——变压器全年投入运行小时数，可取 8760h；

$\quad\quad\ \tau$——最大负荷损耗小时数，可按最大负荷年利用小时数 $T_{max}$ 和功率因数 $\cos\varphi$，

从图 2-3 的关系曲线中查得。

（2）供电线路计算公式（2-34）为：

$$\Delta W_L = \Delta P_L \tau \tag{2-34}$$

式中    $\Delta W_L$——供电线路年有功电能损耗（kW·h）；

　　　　$\Delta P_L$——线路有功损耗（kW），由公式（2-31）求得。

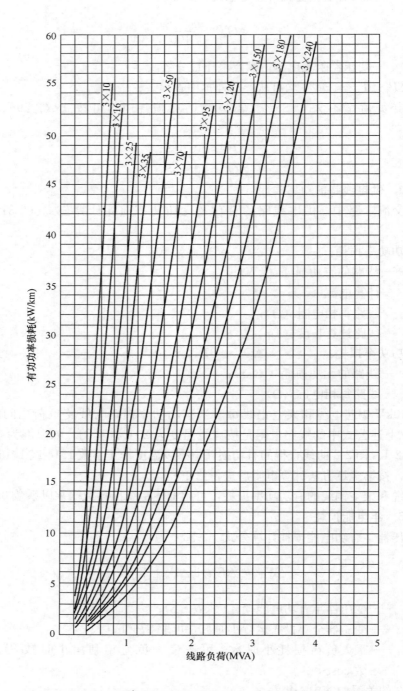

图 2-1    6kV 铝芯电缆和架空铝线有功功率损耗与线路负荷的关系曲线

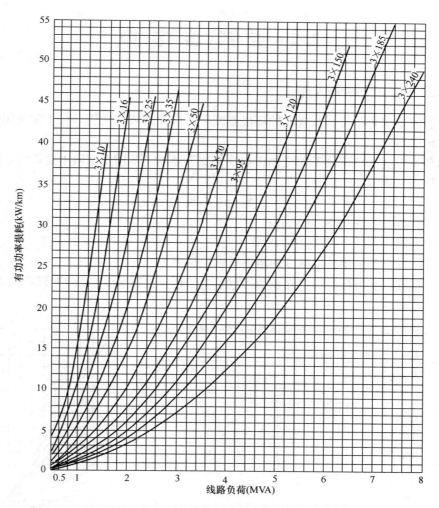

图 2-2　10kV 铝芯电缆和架空铝线有功功率损耗与线路负荷的关系曲线

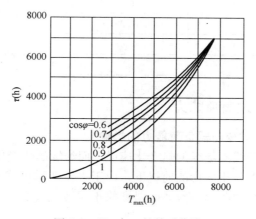

图 2-3　$T_{max}$ 与 $\tau$ 的关系曲线

# 2.2 变 压 器 选 择

## 2.2.1 变压器容量选择

变压器的额定容量是指在规定的环境温度下，户外安装的变压器在正常使用期限内所能连续输出的容量。

根据环境温度和负荷的不同变化，如要使变压器的正常使用期限不受影响，此时变压器的容量计算公式（2-35）为：

$$S_c \leqslant S_r K_t K_f \tag{2-35}$$

式中　$S_c$——计算视在功率（kVA）；

　　　$S_r$——变压器额定容量（kVA）；

　　　$K_t$——对应于全年环境温度的修正系数，见表2-7；

　　　$K_f$——对应于负荷曲线填充系数的过负荷倍数，见图2-4〔负荷填充系数 $S$ 见式(2-36)〕。

典型地区油浸式变压器的温度修正系数　表 2-7

| 序号 | 地区 | 室外年平均温度（℃） | $K_t$ |
|---|---|---|---|
| 1 | 茂名 | 23.0 | 0.93 |
| 2 | 广州 | 21.8 | 0.96 |
| 3 | 长沙 | 17.2 | 0.98 |
| 4 | 武汉 | 16.3 | 0.98 |
| 5 | 成都 | 16.7 | 0.99 |
| 6 | 上海 | 15.7 | 0.99 |
| 7 | 开封 | 14.0 | 1.00 |
| 8 | 西安 | 13.3 | 1.00 |
| 9 | 北京 | 11.5 | 1.03 |
| 10 | 包头 | 6.5 | 1.05 |
| 11 | 长春 | 4.9 | 1.05 |
| 12 | 哈尔滨 | 3.6 | 1.05 |

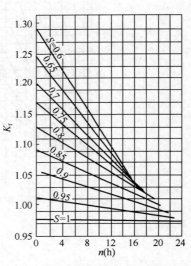

图 2-4　不同负荷填充系数的
允许过负荷倍数

## 2.2.2 变压器的过负荷能力

### 2.2.2.1 环境温度对变压器负荷能力的影响

变压器的寿命决定于线圈绝缘的热老化速度，而绝缘的热老化速度则取决于线圈最热点的温度，在保持变压器使用寿命的前提下，由于一年四季环境温度的变化，用 $K_t$ 系数来修正变压器的容量。全国各典型地区的温度修正系数见表2-7。其他地区可取表中相近地区的值计算。

### 2.2.2.2 变压器的正常负荷能力

变压器在实际运行中，其负荷曲线通常是不均匀的，在一昼夜间的大部分时间内负荷小于最大值。因此在不影响变压器的正常使用期限的前提下，允许过负荷使用。对于油浸式变压器，其允许过负荷倍数，按下列方法确定：

（1）按昼夜负荷曲线确定：根据一昼夜负荷曲线的填充系数 $S$ 和最大负荷持续时间 $n$（h），利用图 2-4 曲线确定变压器的允许过负荷倍数 $K_f$。

一昼夜负荷曲线的填充系数计算公式（2-36）为：

$$S = \frac{I_{av}}{I_{max}} \tag{2-36}$$

式中　$I_{max}$—— 一昼夜最大负荷电流（A）；

　　　$I_{av}$—— 一昼夜平均负荷电流（A）。

（2）按 1% 规则确定：变压器如果在夏季（6、7、8 月）平均昼夜负荷曲线的最大值低于变压器的额定容量时，则每低 1%，可在冬季（12、1、2、3 月）超过负荷 1%，但以不超过 15% 为限。

必须指出，如果欠负荷不是发生在夏季，也就是说不是发生在变压器工作条件最恶劣的季节，则不能应用 1% 规则。

（3）在确定变压器的过负荷倍数时，上述两种方法可同时考虑，但两者之和，对装于户外的变压器不得超过 30%；对户内的变压器不得超过 20%。

（4）一般在给水排水工程中，两台并列运行的变压器，一台故障时，另一台要保证 75% 的全厂用电负荷工作。

### 2.2.2.3　变压器的事故过负荷

变压器在特殊情况下（例如并联运行中由于故障而切除一台变压器时）允许短时间超过额定电流值运行，但不得超过表 2-8 及表 2-9 的数值。

**油浸式变压器事故过负荷允许时间**　　　　　　　　　表 2-8

| 过载（%） | | 30 | 45 | 60 | 75 | 100 |
|---|---|---|---|---|---|---|
| 允许时间（min） | 户内 | 60 | 30 | 15 | 8 | 4 |
| | 户外 | 120 | 80 | 45 | 20 | 10 |

**干式变压器事故过负荷允许时间**　　　　　　　　　表 2-9

| 过载（%） | 20 | 30 | 40 | 50 | 60 |
|---|---|---|---|---|---|
| 允许时间（min） | 60 | 45 | 32 | 18 | 5 |

## 2.2.3　按变压器运行低损耗和经济效果选择变压器容量

上述变压器容量的选择，是以变压器能在规定的期限内正常运行为依据的，同时，还应考虑下列因素：

（1）按降低运行损耗选择变压器容量：从变压器运行损耗的观点，变压器运行负荷率应选择低些，其损耗较小。一般平均负荷率宜采用 60%～70%。

（2）按经济核算选择变压器容量：按有关规定，对变压器直接由供电部门供电（非企业内部变电所）的大宗工业用户，采用两部电价制计费，即基本电价和电度电价。而基本电价又分两种计费办法，一种按变压器的容量计算，一种按最大需量计算。如果基本电价按变压器容量计费，则变压器的平均负荷率，应选择得高些，通常为 70%～90%；如果基本电价按最大需量计算，则变压器运行负荷率应选择在经济运行范围内，通常为 50%～70%。

（3）此外，在选择变压器容量时，还须从负荷性质、备用容量的要求、变压器台数及企业发展等因素综合考虑，并进行技术经济比较后决定。

例如：某水厂用电设备的负荷接近 1000kVA，选用两台 S 型变压器，以不同运行方式作出三个方案。从运行可靠性、基本投资、折旧维护费用、电能损耗和经济运行以及计费办法等方面作比较见表 2-10。表中基本投资按变压器价格的 130% 计（包括运输费、安装费），年折旧和维护费按基本投资的 10% 计。年基本电价按 144 元/kVA 计算。

变压器电能损耗和运行费用比较　　　　　　　　　　　　　　　　表 2-10

| 项　目 | | 单位 | 方案 1 | 方案 2 | 方案 3 |
|---|---|---|---|---|---|
| 变压器台数及容量 | | kVA | 2×1000 | 2×1000 | 2×800 |
| 运行台数 | | 台 | 1 | 2 | 2 |
| 保证率 | | % | 100 | 100 | 60 |
| 运行负荷率 | | % | 100 | 50 | 63 |
| 基本投资 | | 千元 | 200.00 | 200.00 | 180.00 |
| 年折旧维护费 | | 千元 | 20.00 | 20.00 | 18.00 |
| 变压器运行损耗功率 | | kW | 10.44 | 5.6 | 17.00 |
| 变压器年运行损耗电度 | | kW·h | 91454 | 49056 | 148920 |
| 变压器年运行损耗电费 | | 千元 | 59.5 | 32.2 | 96.8 |
| 年基本电价 | 变压器容量计 | 千元 | 144 | 288 | 230 |
| | 最大需量计 | 千元 | 72 | 72 | 72 |
| 年总运行费用 | 变压器容量计 | 千元 | 223.5 | 304.2 | 344.8 |
| | 最大需量计 | 千元 | 151.5 | 124.2 | 186.8 |

从表 2-10 中，可以看出：

（1）从变压器损耗量比较，变压器负荷率低的方案 2，损耗最小。

（2）从变压器经济效果比较，变压器负荷率高的方案 1，基本电价按变压器容量收费为最省。

（3）基本电价若按变压器容量计算则变压器负荷率高者有利；基本电价若按最大需量计算，则负荷率低者有利，且运行费用与变压器容量关系不大。

# 2.3　无功功率补偿

## 2.3.1　提高功率因数的方法

供电部门一般要求企业的月平均功率因数达到 0.9 以上。当企业单靠提高用电设备的自然功率因数达不到要求时，应装设必要的无功功率补偿设备，以提高企业的功率因数。

一般提高功率因数的方法有：

（1）提高用电设备的自然功率因数。

（2）采用同步电动机。

（3）加装电力电容器。

### 2.3.2 提高用电设备的自然功率因数

为了降低无功功率损耗，提高功率因数，通常可采用下列措施：

（1）合理选择电动机容量，使其接近于满载运行。

（2）对于平均负荷小于40％的异步电动机，换以小容量电动机。

（3）合理调整和安排工艺流程改善用电设备的运行方式，限制空载运行。

（4）正确选择变压器容量，提高变压器的负荷率。

（5）提高异步电动机的检修质量，防止间隙加大。

### 2.3.3 采用同步电动机补偿

同步电动机与异步电动机比较，有以下优点：

（1）可以在功率因数超前的方式下运行，输出电流超前于电压的无功功率。

（2）在电网的周率不变时，电动机转速保持恒定，所以生产率高。

（3）采用强行励磁后，可以提高电力系统的稳定性。

对大容量低转速的水泵（如大功率低扬程轴流泵）比较适宜采用同步电动机。但同步电动机价格贵，操作控制复杂，本身损耗也较大，不仅采用小容量同步电动机不经济，即使容量较大而且长期连续运行的同步电动机也正在为异步电动机加电容器补偿所替代，同时操作人员往往担心同步电动机超前运行会增加维修工作量，经常将设计中超前运行的同步电动机作滞后运行，丧失了采用同步电动机的优点。

同步电动机的补偿能力，用该电动机的输出无功功率与全功率（额定容量）的比值即式（2-37）或式（2-38）来表示：

$$q = \frac{Q_M}{S_r} \tag{2-37}$$

或
$$Q_M = qS_r \tag{2-38}$$

式中　$q$——同步电动机的补偿能力（％）；

　　$Q_M$——同步电动机输出的无功功率（kvar）；

　　$S_r$——同步电动机的额定容量（kVA）。

同步电动机的补偿能力 $q$ 与负荷率 $\beta_d$、励磁电流 $I_L$ 及电动机的额定功率因数 $\cos\varphi_r$ 有关，见图2-5。在恒定励磁电流 $I_L$ 下，当负荷率 $\beta_d$ 减少时，同步电动机的无功功率输出可相应提高。由于图2-5中的曲线是根据经验公式作出的，因此曲线和公式（2-38）只能作为同步电动机输出无功功率估算之用。

例如：TL-630-16/1730型同步电动机，$P_r = 630$kW，$\cos\varphi_r = 0.9$（超前），负荷率 $\beta_d = 70\%$，在额定励磁电流下，其补偿能力 $q$ 由图2-5查出为52％，根据式（2-38）此同步

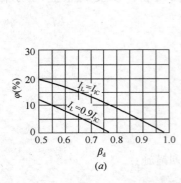 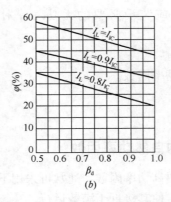 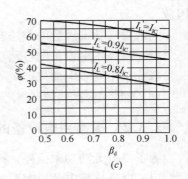

图 2-5 同步电动机的补偿能力 $q$ 与负荷率 $\beta_a$、励磁电流 $I_L$ 及额定功率因数的关系

（$a$）当功率因数 $\cos\varphi_r=1.0$；（$b$）当功率因数 $\cos\varphi_r=0.9$（超前）；（$c$）当功率因数 $\cos\varphi_r=0.8$（超前）

电动机可输出无功功率为：

$$Q_M = 0.52 \times \frac{630}{0.9} = 364 \text{ kvar}$$

### 2.3.4 采用电力电容器补偿

#### 2.3.4.1 电力电容器补偿方式的选择

在选择电力电容器补偿方式时应做到系统合理，节省投资，控制、管理方便。电力电容器补偿方式一般有三种：

（1）集中补偿：电容器组集中装设在总变（配）电所的高压侧母线上。

（2）分组补偿：电容器组分设在功率因数较低的车间变（配）电所高压侧或低压侧母线上。

（3）单独就地补偿：对个别功率因数低的大容量电动机进行单独补偿。

为了减少线损和电压损失，尽量做到就地平衡补偿，即低压部分的无功功率宜在低压侧补偿，高压部分的无功功率宜在高压侧补偿。对于较大负荷平稳且经常使用的水泵、风机等用电设备的无功功率的电容器宜单独就地补偿。补偿基本无功功率的电容器组宜在变配所内集中补偿；在环境允许的车间内低压电容器宜分散补偿；高压电容器组宜在变配电所内集中装设。

#### 2.3.4.2 功率因数计算

企业自然功率因数以式（2-39）估算：

$$\cos\varphi_1 = \sqrt{\frac{1}{1+\left(\dfrac{\beta_{av}Q_c}{\alpha_{av}P_c}\right)^2}} \tag{2-39}$$

式中 $P_c$——企业的计算有功功率（kW）；

$Q_c$——企业的计算无功功率（kvar）；

$\alpha_{av}$、$\beta_{av}$——年平均有功、无功负荷系数，$\alpha_{av}$ 值一般取 $0.7\sim0.75$，$\beta_{av}$ 值一般取 $0.76\sim0.82$。

已经投产的企业，其平均功率因数计算公式（2-40）为：

$$\cos \varphi = \frac{W_{pm}}{\sqrt{W_{pm}^2 + W_{qm}^2}} = \frac{1}{\sqrt{1 + \left(\frac{W_{qm}}{W_{pm}}\right)^2}} \tag{2-40}$$

式中　$W_{pm}$——月有功电能消耗量，即有功电度表读数（kW·h）；

　　　$W_{qm}$——月无功电能消耗量，即无功电度表读数（kvar·h）。

### 2.3.4.3　集中补偿容量的计算

电力电容的集中补偿容量可按式（2-41）或式（2-42）确定：

$$Q_c = P_{av}(\tan\varphi 1 - \tan\varphi 2) \tag{2-41}$$

或
$$Q_c = P_{av}q_c \tag{2-42}$$

式中　$Q_c$——补偿电力电容器的容量（kvar）；

　　　$P_{av}$——最大负荷日的平均负荷（kW）；

　　　$\tan\varphi 1$——补偿前计算负荷功率因数正切角见表2-11；

　　　$\tan\varphi 2$——补偿后功率因数正切角见表2-11；

　　　$q_c$——无功补偿率（kvar/kW）见表2-12。

cos$\varphi$ 与 tan$\varphi$、sin$\varphi$ 对应值　　　　　　表 2-11

| cos $\varphi$ | tan $\varphi$ | sin $\varphi$ | $\varphi$ | cos $\varphi$ | tan $\varphi$ | sin $\varphi$ | $\varphi$ |
|---|---|---|---|---|---|---|---|
| 1 | 0 | 0 | 0 | 0.78 | 0.8023 | 0.6257 | 38°44′ |
| 0.99 | 0.1425 | 0.1409 | 8°06′ | 0.77 | 0.8286 | 0.6380 | 39°39′ |
| 0.98 | 0.2031 | 0.1990 | 11°29′ | 0.76 | 0.8551 | 0.6499 | 40°32′ |
| 0.97 | 0.2505 | 0.2430 | 14°04′ | 0.75 | 0.8819 | 0.6614 | 41°25′ |
| 0.96 | 0.2917 | 0.2800 | 16°16′ | 0.74 | 0.9089 | 0.6726 | 42°16′ |
| 0.95 | 0.3287 | 0.3123 | 18°12′ | 0.73 | 0.9362 | 0.6834 | 43°07′ |
| 0.94 | 0.3630 | 0.3412 | 19°57′ | 0.72 | 0.9635 | 0.6937 | 43°57′ |
| 0.93 | 0.3953 | 0.3676 | 21°34′ | 0.71 | 0.9918 | 0.7042 | 44°46′ |
| 0.92 | 0.4260 | 0.3919 | 23°04′ | 0.70 | 1.020 | 0.7140 | 45°34′ |
| 0.91 | 0.4556 | 0.4146 | 24°30′ | 0.69 | 1.049 | 0.7238 | 46°22′ |
| 0.90 | 0.4844 | 0.4360 | 25°51′ | 0.68 | 1.078 | 0.7330 | 47°09′ |
| 0.89 | 0.5124 | 0.4560 | 27°08′ | 0.67 | 1.108 | 0.7424 | 47°56′ |
| 0.88 | 0.5398 | 0.4750 | 28°21′ | 0.66 | 1.138 | 0.7512 | 48°42′ |
| 0.87 | 0.5668 | 0.4929 | 29°32′ | 0.65 | 1.169 | 0.7599 | 49°27′ |
| 0.86 | 0.5934 | 0.5103 | 30°41′ | 0.64 | 1.201 | 0.7684 | 50°12′ |
| 0.85 | 0.6197 | 0.5267 | 31°47′ | 0.63 | 1.233 | 0.7766 | 50°57′ |
| 0.84 | 0.6459 | 0.5426 | 32°52′ | 0.62 | 1.265 | 0.7845 | 51°41′ |
| 0.83 | 0.6720 | 0.5578 | 33°54′ | 0.61 | 1.299 | 0.7924 | 52°25′ |
| 0.82 | 0.6980 | 0.5724 | 34°55′ | 0.60 | 1.334 | 0.8000 | 53°08′ |
| 0.81 | 0.7240 | 0.5864 | 35°54′ | 0.59 | 1.368 | 0.8075 | 53°51′ |
| 0.80 | 0.7500 | 0.6000 | 36°52′ | 0.58 | 1.403 | 0.8145 | 54°33′ |
| 0.79 | 0.7761 | 0.6131 | 37°49′ | 0.57 | 1.441 | 0.8216 | 55°15′ |

续表

| cos $\varphi$ | tan $\varphi$ | sin $\varphi$ | $\varphi$ | cos $\varphi$ | tan $\varphi$ | sin $\varphi$ | $\varphi$ |
|---|---|---|---|---|---|---|---|
| 0.56 | 1.479 | 0.8285 | 55°57′ | 0.50 | 1.732 | 0.8660 | 60°00′ |
| 0.55 | 1.520 | 0.8352 | 56°38′ | 0.45 | 1.994 | 0.8930 | 63°15′ |
| 0.54 | 1.559 | 0.8417 | 57°19′ | 0.40 | 2.290 | 0.9164 | 66°25′ |
| 0.53 | 1.600 | 0.8480 | 58°00′ | 0.35 | 2.677 | 0.9367 | 69°31′ |
| 0.52 | 1.643 | 0.8541 | 58°40′ | 0.30 | 3.180 | 0.9539 | 72°32′ |
| 0.51 | 1.686 | 0.8602 | 59°20′ | 0.25 | 3.867 | 0.9680 | 75°31′ |

无功功率补偿率 $q_c$ 值    表 2-12

| cos $\varphi_1$ | cos $\varphi_2$ | | | | | | | | | | |
|---|---|---|---|---|---|---|---|---|---|---|---|
| | 0.90 | 0.91 | 0.92 | 0.93 | 0.94 | 0.95 | 0.96 | 0.97 | 0.98 | 0.99 | 1.00 |
| 0.70 | 0.535 | 0.565 | 0.594 | 0.627 | 0.657 | 0.693 | 0.731 | 0.769 | 0.817 | 0.878 | 1.020 |
| 0.71 | 0.506 | 0.536 | 0.565 | 0.598 | 0.628 | 0.664 | 0.720 | 0.741 | 0.789 | 0.850 | 0.992 |
| 0.72 | 0.477 | 0.507 | 0.536 | 0.569 | 0.599 | 0.635 | 0.673 | 0.713 | 0.761 | 0.822 | 0.964 |
| 0.73 | 0.450 | 0.480 | 0.509 | 0.542 | 0.572 | 0.608 | 0.646 | 0.685 | 0.733 | 0.794 | 0.936 |
| 0.74 | 0.425 | 0.452 | 0.481 | 0.514 | 0.546 | 0.580 | 0.618 | 0.658 | 0.706 | 0.766 | 0.909 |
| 0.75 | 0.396 | 0.426 | 0.455 | 0.488 | 0.518 | 0.551 | 0.592 | 0.631 | 0.679 | 0.740 | 0.882 |
| 0.76 | 0.368 | 0.398 | 0.427 | 0.460 | 0.492 | 0.526 | 0.563 | 0.604 | 0.652 | 0.713 | 0.855 |
| 0.77 | 0.343 | 0.373 | 0.402 | 0.435 | 0.465 | 0.501 | 0.539 | 0.578 | 0.626 | 0.687 | 0.829 |
| 0.78 | 0.317 | 0.347 | 0.376 | 0.409 | 0.439 | 0.475 | 0.513 | 0.551 | 0.599 | 0.660 | 0.802 |
| 0.79 | 0.289 | 0.319 | 0.348 | 0.381 | 0.411 | 0.447 | 0.485 | 0.525 | 0.573 | 0.634 | 0.776 |
| 0.80 | 0.266 | 0.294 | 0.326 | 0.355 | 0.387 | 0.421 | 0.458 | 0.499 | 0.547 | 0.608 | 0.750 |
| 0.81 | 0.240 | 0.268 | 0.298 | 0.329 | 0.361 | 0.395 | 0.432 | 0.473 | 0.521 | 0.582 | 0.724 |
| 0.82 | 0.213 | 0.242 | 0.272 | 0.303 | 0.335 | 0.369 | 0.406 | 0.447 | 0.495 | 0.556 | 0.698 |
| 0.83 | 0.188 | 0.216 | 0.246 | 0.277 | 0.309 | 0.343 | 0.380 | 0.421 | 0.469 | 0.530 | 0.670 |
| 0.84 | 0.162 | 0.190 | 0.220 | 0.251 | 0.283 | 0.317 | 0.354 | 0.395 | 0.443 | 0.504 | 0.646 |
| 0.85 | 0.135 | 0.164 | 0.194 | 0.225 | 0.257 | 0.291 | 0.328 | 0.369 | 0.417 | 0.478 | 0.620 |
| 0.86 | 0.109 | 0.137 | 0.167 | 0.198 | 0.230 | 0.264 | 0.301 | 0.342 | 0.390 | 0.451 | 0.593 |
| 0.87 | 0.083 | 0.111 | 0.141 | 0.172 | 0.204 | 0.238 | 0.275 | 0.316 | 0.364 | 0.425 | 0.567 |
| 0.88 | 0.056 | 0.084 | 0.114 | 0.145 | 0.177 | 0.211 | 0.248 | 0.289 | 0.337 | 0.398 | 0.540 |
| 0.89 | 0.028 | 0.056 | 0.086 | 0.117 | 0.149 | 0.183 | 0.220 | 0.261 | 0.309 | 0.370 | 0.512 |
| 0.90 | | 0.028 | 0.058 | 0.089 | 0.121 | 0.155 | 0.192 | 0.233 | 0.281 | 0.342 | 0.484 |

### 2.3.4.4 单独就地补偿容量的计算

为了防止产生自励磁过电压，对单台电动机就地补偿容量不宜过大，应保证电动机在额定电压下断电时电容器的放电电流不大于电动机的空载电流 $I_0$。当配有变频装置且变频器的补偿能力能达到要求时，可不另设补偿装置。

单台电动机的补偿容量由下式计算：

$$Q_c \leqslant 0.9\sqrt{3}U_r I_0 \qquad\qquad (2\text{-}43)$$

式中　$U_r$——电动机的额定电压（kV）；

　　　$I_0$——电动机的空载电流（A）；

　　　$Q_c$——补偿电容器容量（kvar）。

# 2.4　负荷计算及无功功率补偿计算示例

## 2.4.1　给水工程计算示例

某给水工程（由 10kV 电源供电），日处理水量 3 万吨/日，包括取水泵房及净水厂（包括净水间、投药间、加氯间、回收水池及排泥池、浓缩脱水间及送水泵房等）。

（1）取水泵房安装有连续工作制的 0.38kV、容量 110kW 的水泵电动机四台，三用一备；辅助机械设备有排水泵、手电两用启闭机、电动葫芦等。

（2）净水厂内净水间有混合池、絮凝池、沉淀池、滤池、鼓风机房及反冲洗泵房，安装的主要设备有鼓风机 0.38kV、容量 75kW，两台，一用一备；反冲洗水泵 0.38kV、容量 37kW 的水泵电动机 3 台，两用一备；其他机械设备有刮泥机、搅拌机、电动阀门、自控自吸泵、手电两用启闭机、电动葫芦等。

（3）送水泵房安装有连续工作制的 0.38kV、容量 132kW 的水泵电动机四台，三用一备；辅助机械设备有自控自吸泵、增压泵、电动葫芦等。

【解】

（1）设取水泵房和净水厂两个 10/0.4 kV 变电所。

（2）净水厂分为净水间、投药间、加氯间、回收水池及排泥池、浓缩脱水间及送水泵房、综合楼、机修间、厂区照明等九个单元分别计算负荷。

（3）取水泵房负荷计算、无功功率补偿计算及变压器容量计算见表 2-13。

**取水泵房负荷计算、无功功率补偿计算及变压器容量计算表**　　　　表 2-13

| 序号 | 设备组名称 | 额定功率（kW） | 安装/工作台数 | 设备功率（kW） | 需要系数（$K_x$） | $\cos\phi$ | 无功补偿率 $q_c$ | 计算负荷 | | | 备注 |
| --- | --- | --- | --- | --- | --- | --- | --- | --- | --- | --- | --- |
| | | | | | | | | $P_c$（kW） | $Q_c$（kvar） | $S_c$（kVA） | |
| 1 | 取水泵 | 110 | 4/3 | 330 | 0.9 | 0.85 | | 297.0 | 184.6 | | |
| 2 | 排水泵 | 4 | 1/1 | 4 | 0.3 | 0.8 | | 1.2 | 0.9 | | |
| 3 | 轴流风机 | 0.75 | 4/4 | 3 | 0.7 | 0.85 | | 2.1 | 1.3 | | |
| 4 | 泵房照明 | | | 8 | 0.8 | 0.9 | | 6.4 | 3.1 | | |
| 5 | 自控仪表 | | | 2 | 0.2 | 0.7 | | 0.4 | 0.4 | | |

| 序号 | 设备组名称 | 额定功率 (kW) | 安装/工作台数 | 设备功率 (kW) | 需要系数 ($K_x$) | $\cos\phi$ | 无功补偿率 $q_c$ | 计算负荷 | | | 备注 |
|---|---|---|---|---|---|---|---|---|---|---|---|
| | | | | | | | | $P_c$ (kW) | $Q_c$ (kvar) | $S_c$ (kVA) | |
| 6 | 取水泵房用电设备组计算负荷 | 347 | | | | | | 307.1 | 190.3 | 361.3 | |
| 7 | 取水泵房总计算负荷（取同时系数 $K_{\Sigma P}=0.9$ 和 $K_{\Sigma q}=0.95$） | | | | | | | 276.4 | 180.8 | 330.3 | |
| 8 | 计算补偿前功率因数 | | | | | 0.81 | | | | | |
| 9 | 要求补偿后功率因数 | | | | | 0.95 | | | | | |
| 10 | 电力电容器补偿容量 | | | | | | 0.396 | | 110 | | |
| 11 | 补偿后取水泵房有功功率、无功功率、视在功率 | | | | | | | 276.4 | 70.8 | 285.3 | |
| 12 | 选择两台变压器（一用一备） | | | | | | | | | 2×400 | 负荷率71% |
| 13 | 变压器功率损耗 | | | | | | | 3.4 | 16.9 | | |
| 14 | 10kV侧计算负荷 | | | | | 0.95 | | 279.8 | 87.7 | 293.2 | |

（4）净水厂负荷计算、无功功率补偿计算及变压器容量计算。

1）净水间负荷计算见表 2-14。

净水间负荷计算表　　　　表 2-14

| 序号 | 设备组名称 | 额定功率 (kW) | 安装/工作台数 | 设备功率 (kW) | 需要系数 ($K_x$) | $\cos\phi$ | 无功补偿率 $q_c$ | 计算负荷 | | | 备注 |
|---|---|---|---|---|---|---|---|---|---|---|---|
| | | | | | | | | $P_c$ (kW) | $Q_c$ (kvar) | $S_c$ (kVA) | |
| 1 | 一级搅拌机（一） | 3 | 2/2 | 6 | 0.80 | 0.80 | | 4.80 | 3.60 | | |
| 2 | 二级搅拌机（二） | 1.5 | 2/2 | 3 | 0.80 | 0.80 | | 2.55 | 1.91 | | |
| 3 | 罗茨鼓风机 | 15 | 2/1 | 15 | 0.70 | 0.85 | | 10.50 | 6.51 | | |
| 4 | 水平搅拌机（一） | 2.2 | 2/2 | 4.4 | 0.80 | 0.80 | | 3.52 | 2.64 | | |
| 5 | 水平搅拌机（二） | 1.5 | 2/2 | 3 | 0.80 | 0.80 | | 2.40 | 1.80 | | |
| 6 | 水平搅拌机（三） | 0.75 | 2/2 | 1.5 | 0.80 | 0.80 | | 1.20 | 0.90 | | |
| 7 | 非金属链条刮泥机 | 1.1 | 4/4 | 4.4 | 0.80 | 0.80 | | 3.52 | 2.64 | | |
| 8 | 鼓风机 | 75 | 2/1 | 75 | 0.70 | 0.85 | | 52.50 | 32.54 | | |
| 9 | 反冲洗水泵 | 37 | 3/2 | 74 | 0.50 | 0.85 | | 37.00 | 22.93 | | |
| 10 | 轴流风机 | 0.25 | 2/2 | 0.5 | 0.70 | 0.85 | | 0.35 | 0.22 | | |
| 11 | 照明 | | | 20 | 0.80 | 0.90 | | 16.00 | 12.00 | | |
| 12 | 自控仪表 | | | 3 | 0.20 | 0.70 | | 0.60 | 0.86 | | |
| 13 | 净水间用电设备组计算负荷 | | | 209.8 | | | | 134.9 | 88.6 | 161.4 | |
| 14 | 净水间总计算负荷（取同时系数 $K_{\Sigma P}=0.90$ 和 $K_{\Sigma q}=0.95$） | | | | | | | 121.4 | 84.2 | 147.7 | |

2）送水泵房负荷计算见表 2-15。

**送水泵房负荷计算表** 表 2-15

| 序号 | 设备组名 称 | 额定功率 (kW) | 安装/工作台数 | 设备功率 (kW) | 需要系数 ($K_x$) | $\cos\phi$ | 无功补偿率 $q_c$ | 计算负荷 $P_c$ (kW) | 计算负荷 $Q_c$ (kvar) | 计算负荷 $S_c$ (kVA) | 备注 |
|---|---|---|---|---|---|---|---|---|---|---|---|
| 1 | 送水泵 | 132 | 4/3 | 396 | 0.9 | 0.85 | | 356.4 | 220.88 | | |
| 2 | 排水泵 | 2.2 | 1/1 | 2.2 | 0.3 | 0.8 | | 0.66 | 0.50 | | |
| 3 | 加氯增压泵 | 11 | 3/3 | 22 | 0.85 | 0.85 | | 18.70 | 11.59 | | |
| 4 | 轴流风机 | 0.75 | 4/4 | 3 | 0.7 | 0.85 | | 2.10 | 1.30 | | |
| 5 | 变电所 | | | 3 | 0.85 | 0.8 | | 2.55 | 1.91 | | |
| 6 | 自控仪表 | | | 3 | 0.2 | 0.7 | | 2.55 | 1.91 | | |
| 7 | 照明 | | | 10 | 0.8 | 0.9 | | 8.0 | 3.87 | | |
| 8 | 送水泵房用电设备组计算负荷 | | | 439.2 | | | | 391.0 | 242.0 | 459.8 | |
| 9 | 送水泵房总计算负荷（取同时系数 $K_{\Sigma P}=0.90$ 和 $K_{\Sigma q}=0.95$） | | | | | | | 351.9 | 229.9 | 420.3 | |

3）投药间、加氯间、回收水池及排泥池、浓缩脱水间、综合楼、机修间、厂区照明的负荷计算（略）。

4）净水厂全厂负荷计算见表 2-16。

**净水厂全厂负荷计算表** 表 2-16

| 序号 | 设备组名 称 | 额定功率 (kW) | 安装/工作台数 | 设备功率 (kW) | 需要系数 ($K_x$) | $\cos\phi$ | 无功补偿率 $q_c$ | 计算负荷 $P_c$ (kW) | 计算负荷 $Q_c$ (kvar) | 计算负荷 $S_c$ (kVA) | 备注 |
|---|---|---|---|---|---|---|---|---|---|---|---|
| 1 | 净水间 | | | 209.8 | | | | 121.4 | 84.2 | | |
| 2 | 投药间 | | | 53.02 | | | | 34.98 | 24.36 | | |
| 3 | 加氯间 | | | 12.26 | | | | 9.33 | 8.84 | | |
| 4 | 回收水池及排泥池 | | | 46.20 | | | | 36.96 | 23.82 | | |
| 5 | 浓缩脱水间 | | | 245.2 | | | | 158.6 | 108.5 | | |
| 6 | 送水泵房 | | | 439.2 | | | | 351.9 | 229.9 | | |
| 7 | 综合楼（800m²） | | | 40 | 0.8 | 0.9 | | 32 | 15.50 | | |
| 8 | 机修间 | | | 60 | 0.4 | 0.8 | | 24 | 18 | | |
| 9 | 厂区照明 | | | 5 | 0.9 | 0.9 | | 4.5 | 2.16 | | |
| 10 | 净水厂各车间计算负荷合计 | | | 1110.7 | | | | 773.7 | 516.8 | 982.3 | |
| 11 | 净水厂全厂总计算负荷（取同时系数 $K_{\Sigma P}=0.90$ 和 $K_{\Sigma q}=0.95$） | | | | | | | 696.3 | 491.0 | 852.0 | |
| 12 | 计算补偿前功率因数 | | | | | 0.82 | | | | | |
| 13 | 要求补偿后功率因数 | | | | | 0.95 | | | | | |
| 14 | 电力电容器补偿容量 | | | | | | 0.37 | | 270 | | |
| 15 | 补偿后容量净水厂总负荷 | | | | | 0.95 | | 696.3 | 221.0 | 730.5 | |
| 16 | 选择两台变压器（一用一备） | | | | | | | | | 2×1000 | 负荷率73% |
| 17 | 变压器功率损耗 | | | | | | | 9.13 | 45.64 | | |
| 18 | 10kV 侧负荷 | | | | | 0.93 | | 705.4 | 266.6 | 754.1 | |

（5）在取水泵房变电所及净水厂变电所低压母线上集中装设电力电容器无功补偿装置。

## 2.4.2 排水工程计算示例

某污水处理厂由 10kV 电源供电。包括提升泵房及加药间、高效沉淀池及生物滤池、污泥贮池、污泥脱水间及鼓风机房。

（1）提升泵房及加药间安装有连续工作制的 0.38kV、容量 90kW 的潜水排污泵电动机 4 台，三用一备；其他机械设备有计量泵、螺杆泵、搅拌机、溶药装置、电动闸阀、电动葫芦等。

（2）高效沉淀池及生物滤池安装的主要设备有潜水泵 0.38kV、容量 75kW，2 台，一用一备；其他机械设备有搅拌机、刮泥机、螺杆泵、电动闸阀、冲洗泵、加氯泵、电动葫芦等。

（3）污泥脱水车间安装有连续工作制的 0.38kV、容量 45kW 的离心脱水机 2 台，两用；连续工作制的 0.38kV、容量 30kW 的污泥浓缩机 2 台，两用；其他机械设备有螺旋输送机、稀浆泵、厚浆泵、投药泵、切割机电动葫芦等。

（4）鼓风机房安装有连续工作制的 10kV、容量 620kW 的鼓风机电动机 3 台，两用一备；辅助机械设备有通风电动阀门、放空电动阀门（鼓风机配套）、电动葫芦等。

鼓风机采用双导叶进排风系统，风量调节范围 45% ~ 100%，单机参数 $Q = 17000 \text{Nm}^3/\text{h}$，出口风压 $H = 12 \text{mH}_2\text{O}$。

【解】

将污水处理厂分成污水提升泵房及加药间、高效沉淀池及生物滤池、污泥脱水车间、鼓风机房、综合楼、机修间等单元计算负荷。10kV 鼓风机无功功率补偿在 10kV 母线上补偿，其余低压负荷的无功功率补偿在低压母线上补偿。

（1）污水提升泵房及加药间负荷计算见表 2-17。

污水提升泵房及加药间负荷计算    表 2-17

| 序号 | 设备组名称 | 额定功率(kW) | 安装/工作台数 | 设备功率(kW) | 需要系数($K_x$) | cosφ | 无功补偿率 $q_c$ | 计算负荷 | | | 备注 |
|---|---|---|---|---|---|---|---|---|---|---|---|
| | | | | | | | | $P_c$(kW) | $Q_c$(kvar) | $S_c$(kVA) | |
| 1 | 污水提升泵 | 90 | 4/3 | 270 | 0.90 | 0.85 | | 243.0 | 150.6 | | |
| 2 | 立式排污泵 | 1.1 | 1/1 | 1.1 | 0.30 | 0.80 | | 0.33 | 0.25 | | |
| 3 | 计量泵 | 0.55 | 5/4 | 2.2 | 0.70 | 0.70 | | 1.54 | 1.16 | | |
| 4 | 螺杆泵 | 2.2 | 5/4 | 8.8 | 0.70 | 0.80 | | 6.16 | 4.62 | | |
| 5 | 搅拌机 | 2.2 | 3/3 | 6.6 | 0.80 | 0.80 | | 5.28 | 3.96 | | |
| 6 | 溶药装置 | 2.2 | 1/1 | 2.2 | 0.70 | 0.80 | | 1.76 | 1.32 | | |
| 7 | 潜水排污泵 | 11 | 2/1 | 11 | 0.90 | 0.85 | | 9.90 | 6.14 | | |
| 8 | 液下搅拌机 | 11 | 1/1 | 11 | 0.80 | 0.80 | | 8.80 | 6.60 | | |
| 9 | 轴流风机 | 0.25 | 1/1 | 0.25 | 0.70 | 0.85 | | 0.18 | 0.11 | | |
| 10 | 轴流风机 | 0.37 | 1/1 | 0.37 | 0.70 | 0.85 | | 0.26 | 0.16 | | |
| 11 | 照明 | | | 5 | 0.8 | 0.9 | | 1.94 | 4.44 | | |
| 12 | 自控仪表 | | | 3 | 0.2 | 0.7 | | 0.61 | 0.86 | | |

| 序号 | 设备组 名 称 | 额定 功率 (kW) | 安装/ 工作 台数 | 设备 功率 (kW) | 需要 系数 ($K_x$) | $\cos\phi$ | 无功 补偿 率 $q_c$ | 计算负荷 | | | 备注 |
|---|---|---|---|---|---|---|---|---|---|---|---|
| | | | | | | | | $P_c$ (kW) | $Q_c$ (kvar) | $S_c$ (kVA) | |
| 13 | 污水提升泵房用电设备组 计算负荷合计 | 324.5 | | | | 0.84 | | 285.0 | 179.8 | 337.0 | |
| 14 | 污水提升泵房总计算负荷 (取同时系数 $K_{\Sigma P}=0.90$ 和 $K_{\Sigma q}=0.95$) | | | | | | | 256.5 | 170.8 | | |

（2）高效沉淀池及生物滤池负荷计算见表 2-18。

高效沉淀池及生物滤池负荷计算　　　　　　　　　　　表 2-18

| 序号 | 设备组 名 称 | 额定 功率 (kW) | 安装/ 工作 台数 | 设备 功率 (kW) | 需要 系数 ($K_x$) | $\cos\phi$ | 无功 补偿 率 $q_c$ | 计算负荷 | | | 备注 |
|---|---|---|---|---|---|---|---|---|---|---|---|
| | | | | | | | | $P_c$ (kW) | $Q_c$ (kvar) | $S_c$ (kVA) | |
| 1 | 快速搅拌机（原水） | 7.5 | 3/3 | 22.5 | 0.80 | 0.80 | | 18.00 | 13.50 | | |
| 2 | 慢速搅拌机（原水） | 1.5 | 6/6 | 9 | 0.80 | 0.80 | | 7.20 | 5.40 | | |
| 3 | 刮泥机（原水） | 2.2 | 3/3 | 0.80 | 0.80 | 0.80 | | 5.28 | 3.96 | | |
| 4 | 回流螺杆泵（原水） | 5.5 | 3/3 | 16.5 | 0.80 | 0.90 | | 13.20 | 6.39 | | |
| 5 | 排泥螺杆泵（原水） | 5.5 | 3/3 | 16.5 | 0.80 | 0.90 | | 13.20 | 6.39 | | |
| 6 | 快速搅拌机（沉淀池） | 3 | 1/1 | 3 | 0.80 | 0.80 | | 2.40 | 1.80 | | |
| 7 | 慢速搅拌机（沉淀池） | 1.5 | 1/1 | 1.5 | 0.80 | 0.80 | | 1.20 | 0.90 | | |
| 8 | 刮泥机（沉淀池） | 2.2 | 1/1 | 2.2 | 0.80 | 0.80 | | 1.76 | 1.32 | | |
| 9 | 浮渣收集槽 | 0.12 | 1/1 | 0.12 | 0.80 | 0.80 | | 0.10 | 0.07 | | |
| 10 | 排泥螺杆泵（沉淀池） | 11 | 2/1 | 11 | 0.80 | 0.90 | | 8.80 | 4.26 | | |
| 11 | 潜水泵 | 75 | 2/1 | 75 | 0.90 | 0.85 | | 67.50 | 41.83 | | |
| 12 | 液下搅拌机 | 11 | 2/2 | 22 | 0.80 | 0.80 | | 17.60 | 13.20 | | |
| 13 | 排污泵 | 1.5 | 1/1 | 1.5 | 0.30 | 0.80 | | 0.45 | 0.34 | | |
| 14 | 排污泵 | 3 | 1/1 | 3 | 0.30 | 0.80 | | 1.80 | 1.35 | | |
| 15 | 空压机 | 7.5 | 2/1 | 7.5 | 0.70 | 0.85 | | 5.25 | 3.25 | | |
| 16 | 加氯泵 | 11 | 2/1 | 11 | 0.85 | 0.85 | | 9.35 | 5.79 | | |
| 17 | 冲洗泵 | 11 | 2/1 | 11 | 0.50 | 0.85 | | 5.50 | 4.13 | | |
| 18 | 轴流风机 | 0.37 | 2/2 | 0.74 | 0.70 | 0.85 | | 0.52 | 0.32 | | |
| 19 | 轴流风机 | 0.75 | 6/6 | 4.5 | 0.70 | 0.85 | | 3.15 | 1.95 | | |
| 20 | 照明 | | | 20 | 0.80 | 0.90 | | 16.00 | 7.75 | | |
| 21 | 自控仪表 | | | 5 | 0.20 | 0.70 | | 1.00 | 1.02 | | |
| 22 | 高效沉淀池及生物滤池用电 设备组计算负荷 | 244.4 | | | | | | 199.3 | 124.9 | 235.2 | |
| 23 | 高效沉淀池及生物滤池总计算负荷（取同 时系数 $K_{\Sigma P}=0.90$ 和 $K_{\Sigma q}=0.95$） | | | | | | | 179.4 | 118.7 | | |

（3）污泥浓缩脱水间负荷计算见表2-19。

污泥浓缩脱水间负荷计算 表2-19

| 序号 | 设备组名 称 | 额定功率 (kW) | 安装/工作台数 | 设备功率 (kW) | 需要系数 $(K_x)$ | $\cos\phi$ | 无功补偿率 $q_c$ | 计算负荷 | | | 备注 |
|---|---|---|---|---|---|---|---|---|---|---|---|
| | | | | | | | | $P_c$ (kW) | $Q_c$ (kvar) | $S_c$ (kVA) | |
| 1 | 污泥脱水机 | 45 | 2/2 | 90 | 0.7 | 0.80 | | 63.00 | 47.25 | | |
| 2 | 污泥浓缩机 | 30 | 2/2 | 60 | 0.70 | 0.80 | | 42 | 31.50 | | |
| 3 | 稀浆泵 | 4 | 3/2 | 8 | 0.8 | 0.85 | | 6.40 | 3.97 | | |
| 4 | 厚浆泵 | 7.5 | 2/2 | 15 | 0.8 | 0.85 | | 12.00 | 7.44 | | |
| 5 | 投药泵 | 1.1 | 3/2 | 2.2 | 0.70 | 0.80 | | 1.54 | 1.16 | | |
| 6 | 污泥切割机 | 4 | 2/2 | 8 | 0.80 | 0.90 | | 6.40 | 3.10 | | |
| 7 | 起重机 | 7 | 1/1 | 7 | 0.20 | 0.50 | | 1.40 | 2.42 | | |
| 8 | 轴流风机 | 0.37 | 3/3 | 1.11 | 0.70 | 0.85 | | 0.78 | 0.48 | | |
| 9 | 轴流风机 | 0.75 | 4/4 | 3 | 0.70 | 0.85 | | 2.10 | 1.30 | | |
| 10 | 照明 | | | 5 | 0.7 | 0.9 | | 4.00 | 1.94 | | |
| 11 | 自控仪表 | | | 3 | 0.2 | 0.7 | | 0.60 | 0.61 | | |
| 12 | 污泥浓缩脱水间用电设备组计算负荷 | | | 202.4 | | | | 140.3 | 101.2 | 173.0 | |
| 13 | 污泥浓缩脱水间总计算负荷（取同时系数 $K_{\Sigma P}=0.90$ 和 $K_{\Sigma q}=0.95$） | | | | | | | 126.3 | 96.1 | | |

（4）鼓风机房负荷计算见表2-20、表2-21。

鼓风机房 10kV 负荷计算（一） 表2-20

| 序号 | 设备组名 称 | 额定功率 (kW) | 安装/工作台数 | 设备功率 (kW) | 需要系数 $(K_x)$ | $\cos\phi$ | 无功补偿率 $q_c$ | 计算负荷 | | | 备注 |
|---|---|---|---|---|---|---|---|---|---|---|---|
| | | | | | | | | $P_c$ (kW) | $Q_c$ (kvar) | $S_c$ (kVA) | |
| 1 | 鼓风机 | 620 | 3/2 | 1240 | 0.85 | 0.85 | | 1054 | 653.21 | | 10kV 电动机 |
| 2 | 计算补偿前功率因数 | | | | | 0.85 | | | | | |
| 3 | 要求补偿后功率因数 | | | | | 0.92 | | | | | |
| 4 | 10kV 电力电容器补偿容量 | | | | | | | | 200 | | |
| 5 | 补偿后 10kV 鼓风机有功功率、无功功率、视在功率 | | | | | 0.92 | | 1054 | 453.21 | 1147 | |

**鼓风机房 380V 负荷计算（二）**  表 2-21

| 序号 | 设备组名称 | 额定功率(kW) | 安装/工作台数 | 设备功率(kW) | 需要系数$(K_x)$ | $\cos\phi$ | 无功补偿率$q_c$ | 计算负荷 $P_c$(kW) | 计算负荷 $Q_c$(kvar) | 计算负荷 $S_c$(kVA) | 备注 |
|---|---|---|---|---|---|---|---|---|---|---|---|
| 1 | 轴流风机 | 0.75 | 4/4 | 3 | 0.7 | 0.85 | | 2.10 | 1.30 | | |
| 2 | 变电所 | | | 3 | 0.85 | 0.8 | | 2.55 | 1.91 | | |
| 3 | 自控仪表 | | | 3 | 0.2 | 0.7 | | 0.60 | 0.61 | | |
| 4 | 照明 | | | 8 | 0.8 | 0.9 | | 6.40 | 3.10 | | |
| 5 | 合计 | | | 17 | | | | 11.65 | 6.92 | | |

（5）全厂负荷计算见表 2-22。

**污水处理厂全厂负荷计算**  表 2-22

| 序号 | 设备组名称 | 额定功率(kW) | 安装/工作台数 | 设备功率(kW) | 需要系数$(K_x)$ | 功率因数$\cos\phi$ | 无功补偿率$q_c$ | 计算负荷 $P_c$(kW) | 计算负荷 $Q_c$(kvar) | 计算负荷 $S_c$(kVA) | 备注 |
|---|---|---|---|---|---|---|---|---|---|---|---|
| 1 | 污水提升泵房及加药间 | | | 324.5 | | 0.84 | | 256.5 | 170.8 | | |
| 2 | 高效沉淀池及生物滤池 | | | 244.4 | | | | 179.4 | 118.7 | | |
| 3 | 污泥浓缩脱水间 | | | 202.4 | | | | 126.3 | 96.1 | | |
| 4 | 鼓风机房 | | | 17 | | | | 11.65 | 6.92 | | |
| 5 | 综合楼（1200m²） | | | 40 | 0.8 | 0.9 | | 32 | 15.50 | | |
| 6 | 机修间 | | | 60 | 0.4 | 0.8 | | 24 | 18 | | |
| 7 | 厂区照明 | | | 5 | 0.9 | 0.9 | | 4.5 | 2.16 | | |
| 8 | 全厂各车间计算负荷合计 | | | 893.3 | | 0.84 | | 634.4 | 428.2 | | |
| 9 | 全厂总计算负荷（取同时系数 $K_{\Sigma P}=0.90$ 和 $K_{\Sigma q}=0.95$） | | | | | 0.82 | | 571.0 | 406.8 | 701.1 | |
| 10 | 计算补偿前功率因数 | | | | | 0.81 | | | | | |
| 11 | 要求补偿后功率因数 | | | | | 0.95 | | | | | |
| 12 | 电力电容器补偿容量 | | | | | | 0.396 | | 230 | | |
| 13 | 补偿后全厂有功功率、无功功率、视在功率 | | | | | | | 571.0 | 176.8 | 597.7 | |
| 14 | 选择两台变压器（一用一备） | | | | | | | | | 2×800 | 负荷率75% |
| 15 | 变压器功率损耗 | | | | | | | 7.23 | 36.14 | | |
| 16 | 10kV 侧计算负荷 | | | | | 0.94 | | 578.2 | 212.9 | 616.2 | |
| 17 | 10kV 鼓风机负荷 | | | | | 0.92 | | 1054.0 | 453.2 | 1147.0 | |
| 18 | 全厂 10kV 总负荷 | | | | | 0.93 | | 1632.2 | 666.1 | 1762.9 | |

# 3 短路电流计算、电气设备选择及继电保护

## 3.1 短路电流计算

### 3.1.1 概述

#### 3.1.1.1 短路电流计算方法

计算短路电流的方法很多，像暂态解析法、运算曲线法和等效电压源法等。国家标准《三相交流系统短路电流计算》GB/T 15544—1995 规定用等效电压源法计算三相交流系统短路电流，提出了计算中采用的校正系数的求取方法及推荐值，并要求在国内工程计算中逐步推广采用。本手册将介绍等效电压源法计算三相交流系统短路电流的方法。

等效电压源是一个理想的电压源。用等效电压源计算短路电流时，短路点用等效电压源 $cU_n/\sqrt{3}$ 代替，该电压源为网络的唯一的电压源，其他电源，如同步发电机、同步电动机、异步电动机和馈电网络的电势都视为零并用自身内阻抗代替。

用等效电压源计算短路电流时，可不考虑非旋转负载的运行数据和发电机励磁方式。

用等效电压源计算短路电流时，除零序网络外，线路电容和非旋转负载的并联导纳都可忽略。

图 3-1 为用等效电压源计算短路电流的系统接线图和等值电路图，系统由供电网络、变压器（T）、供电线路（L）和非旋转负载等组成。等效电压源 $cU_n/\sqrt{3}$ 中的电压系数 $c$ 根据表 3-1 选用，计算最大短路电流用最大电压系数（$c_{max}$），最小短路电流用最小电压系数（$c_{min}$）。

等效电压源电压系数 $c$ 值 表 3-1

| 标称电压 $U_n$ | 计算最大短路电流的电压系数 $c_{max}$ | 计算最小短路电流的电压系数 $c_{min}$ |
|---|---|---|
| 220/380V | 1.00 | 0.95 |
| 380/660V 和 1140V | 1.05 | 1.00 |
| 3~35kV | 1.10 | 1.00 |
| 35~220kV | 1.10 | 1.00 |

注：电压系数 $c$ 与标称电压 $U_n$ 的积应不超过设备最高电压 $U_m$。

#### 3.1.1.2 短路的种类

三相交流电力系统在运行中，相与相之间或相与地（或中性线）之间经过一个比较低的电阻或阻抗的非正常连接叫短路，短路时产生的过电流叫短路电流。一般来说短路电流远远大于正常电流，会使电器设备过热或受电动力作用而遭到损坏，同时使网络内的电压大大降低，使得网络内用电设备不能正常工作。如果短路发生地点离电源不远而又持续时间较长，则可能使并列运行的发电机失去同步，破坏电力系统的稳定，造成大面积停电。

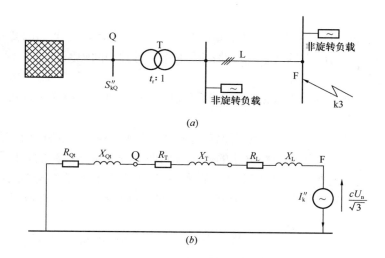

图 3-1　用等效电压源计算短路电流的系统接线图和等值电路

（a）原理接线；（b）等值电路（正序网络）

为了消除或减轻短路的后果，就需要计算短路电流，以正确地选择电器设备、设计继电保护和选用限制短路电流的元件。

（1）对称短路和不对称短路

三相交流电力系统中发生的短路有四种基本类型：三相短路、两相不接地短路、两相接地短路和单相接地短路，如图 3-2 所示。其中，三相短路因三相回路依旧对称，称对称短路，其余三类均属不对称短路。

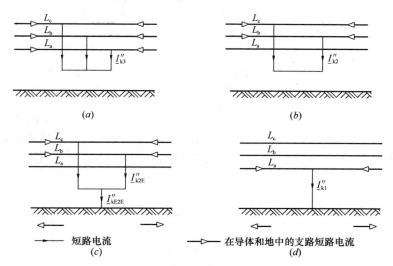

图 3-2　四种短路基本类型

（a）对称三相短路；（b）两相不接地短路；（c）两相接地短路；（d）单相接地短路

通常三相短路电流最大，具有 $Y$，$z$、$D$，$y$ 和 $D$，$z$ 向量组结线的变压器，其低压绕组 $y$ 或 $z$ 接地时，更是如此。当短路点发生在发电机附近时，两相短路电流可能大于三相短路电流；当短路点靠近中性点接地的变压器时，单相短路电流也有可能大于三相短路电流。

在中性点接地的电力网络中，以单相接地短路故障最多，占全部故障的90%以上。在中性点非直接接地的电力网络中，短路故障主要是各种相间短路。

（2）远端短路和近端短路

短路电流的大小和波形与短路点距电源（发电机）的电气距离有关，可分为远端短路和近端短路。

短路点离电源（发电机）电气距离比较远的叫远端短路，其短路电流波形如图3-3所示。对于远端短路，可以认为短路电流的交流（周期）分量是不衰减的，即预期短路电流是由不衰减的交流（周期）分量和以初始值为$A$衰减到零的直流（非周期）分量组成。也就是说远端短路的对称短路电流初始值$I_k''$、对称开断电流$I_b$和稳态短路电流$I_k$（有效值）是相等的，即$I_k''=I_b=I_k$。

对一电网经变压器馈电的短路（图3-7$b$），当馈电网络电抗$X_{Qt}$与变压器低压侧电抗$X_{TLV}$满足关系式$X_{TLV} \geqslant 2X_{Qt}$时，可视为远端短路。

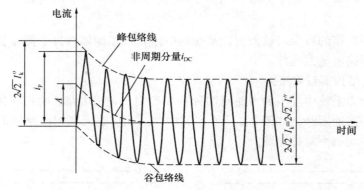

图3-3 远端短路时的电流波形

$I_k''$—对称短路电流初始值；$i_p$—短路电流峰值；$I_k$—稳态短路电流；
$i_{DC}$—短路电流的非周期分量；$A$—非周期分量$i_{DC}$的初始值

短路点离电源（发电机）电气距离比较近的叫近端短路。近端短路的电流波形如图3-4所示。近端短路的短路电流的交流（周期）分量是会衰减的，其预期短路电流由幅值会衰减的交流（周期）分量和以初始值$A$开始衰减到零的直流（非周期）分量组成。近

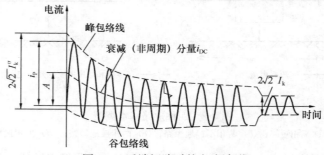

图3-4 近端短路时的电流波形

$I_k''$—对称短路电流初始值；$i_p$—短路电流峰值；$I_k$—稳态短路电流；
$i_{DC}$—短路电流的非周期分量；$A$—非周期分量$i_{DC}$的初始值

端短路的对称短路开断电流 $I_b$ 小于对称短路电流初始值 $I''_k$，稳态短路电流 $I_k$ 小于对称短路开断电流 $I_b$，即 $I''_k > I_b > I_k$。

至少有一台同步发电机供给短路点的预期对称短路电流初始值超过这台发电机额定电流两倍的短路，或同步和异步电动机反馈到短路点的电流超过不接电动机时该点的对称短路电流初始值 $I''_k$ 的 5% 的短路，可以认为是近端短路。

### 3.1.1.3　计算短路电流的条件

发生短路时，电力系统从正常的稳定状态过渡到短路的稳定状态，一般需几秒钟时间。在这一暂态过程中，短路电流的变化很复杂，它有多种分量。要正确计算短路电流是十分困难的，对于一般用户也没有必要。因此，在进行给水排水工程的短路电流计算时，我们还假设了一些条件，以便简化短路电流的计算过程。

（1）在短路持续时间内，短路相数不变，如三相短路保持三相短路，单相接地短路保持单相接地短路。

（2）具有分接开关的变压器，其开关位置均视为在主分接位置。

（3）不计弧电阻。

（4）电网电压在 35kV 以上时，网络阻抗可视为纯电抗（略去电阻）。计算大容量变压器短路电流时，也可略去绕组中的电阻，只计电抗，只是在计算短路电流峰值 $i_p$ 或非周期分量 $i_{DC}$ 时才计及电阻。

（5）电力系统对单相及两相短路电流均已采取限制措施，所以单相及两相短路电流不会超过三相短路电流。

（6）靠近短路点接有高压异步电动机（组），且电动机（组）的额定电流之和大于不计电动机影响算出的对称短路电流初始值的 1% 时，应考虑异步电动机对三相短路电流峰值的影响。

（7）低压电动机对短路电流的影响忽略不计。

（8）给水排水工程内发生的短路一般是远端短路，对称短路电流交流（周期）分量在整个短路过程中不衰减，即从短路开始到短路稳定状态，对称短路电流交流（周期）分量有效值保持不变，即 $I''_k = I_b = I_k$。

### 3.1.1.4　给水排水工程设计需计算的短路电流

为了正确选择和校验电气设备和载流导体、整定继电保护设备，给水排水工程电气设计通常要计算以下短路电流。

（1）对称短路电流初始值 $I''_k$——系统非故障元件的阻抗保持为短路前瞬间值时的预期（可达到的）短路电流的对称交流分量有效值（图 3-3、图 3-4）。

（2）对称短路视在功率初始值 $S''_k$——对称短路电流初始值、系统标称电压 $U_n$ 和系数 $\sqrt{3}$ 三者的乘积，即 $S''_k = \sqrt{3} U_n I''_k$。

（3）稳态短路电流 $I_k$——暂态过程结束后的短路电流有效值。

（4）对称开断电流 $I_b$——在开关设备的第一对触头分断瞬间，预期短路电流对称交流分量在一个周期内的有效值。

（5）短路电流峰值 $i_p$——预期（可达到的）短路电流的最大可能瞬时值（图 3-3、图 3-4）。

（6）短路第一周期全电流有效值 $I_{ktot}$——预期（可达到的）短路第一周期全电流有

效值。

（7）两相不接地短路电流初始值和稳态短路电流 $I''_{k2}$、$I_{k2}$。

（8）单相接地短路电流初始值和稳态短路电流 $I''_{k1}$、$I_{k1}$。

在计算短路电流前，应向当地供电部门索取供电系统最大运行方式和最小运行方式的馈电网络短路容量或短路电流，供电系统的接线方式与运行方式等资料。

取得以上资料有困难时，也可将馈电网络出线开关的开断容量视为馈电网络短路容量。

### 3.1.2 短路阻抗和网络变换

#### 3.1.2.1 短路点 F 的短路阻抗

在三相交流电路中，对于任意一组不对称的三相相量，都可以分解为三组三相对称的相量（正序、负序和零序），这就是"三相相量对称分量法"。

在阻抗对称的三相交流电路中，对称分量的电压和电流之间只有在本相序之间才发生关系，而不同相序之间是相互独立的。也就是说每一相序的电压只能产生本相序的电流。在正序网络中只有正序分量，$\underline{Z}_{(1)} = \underline{U}_{(1)} / \underline{I}_{(1)}$；在负序网络中只有负序分量，$\underline{Z}_{(2)} = \underline{U}_{(2)} / \underline{I}_{(2)}$；在零序网络中只有零序分量，$\underline{Z}_{(0)} = \underline{U}_{(0)} / \underline{I}_0$。有了这样一个重要的前提，我们可以根据电路的叠加原理，把发生不对称故障的网络分解成正序、负序和零序网络，如图 3-5 所示。

用等效电压源法计算短路电流，一般要先计算短路点 F 的短路阻抗，短路点 F 的短路阻抗包含正序阻抗 $\underline{Z}_{(1)}$、负序阻抗 $\underline{Z}_{(2)}$ 和零序阻抗 $\underline{Z}_{(0)}$ 三个分量。

在计算"远端短路"的短路电流时，通常认为正序阻抗分量和负序阻抗分量相等，即 $Z_{(1)} = Z_{(2)}$。

对于中性点直接接地的三相交流系统来说，其零序短路阻抗与相线和共用回线（如接地系统、中性线、保护线等）有关，根据图 3-5（$c$）即可确定 F 点的零序短路阻抗 $Z_{(0)}$。

对于中性点不接地或经消弧线圈接地的三相交流系统来说，计算不对称短路电流时，线路零序电容和非旋转负载的零序并联导纳不能忽略。

对于中性点接地的三相交流系统，在不计线路零序电容情况下，短路电流计算值要比实际值大。其差值与系统中某些数据有关，如中性点接地变压器间的线路长度等。

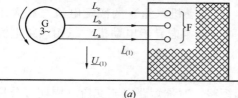

*(a)*

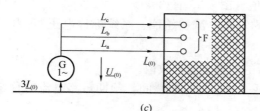

*(b)*

*(c)*

图 3-5 三相交流系统 F 点短路时的短路阻抗

（$a$）正序短路阻抗 $\underline{Z}_{(1)} = \underline{U}_{(1)} / \underline{I}_{(1)}$；（$b$）负序短路阻抗 $\underline{Z}_{(2)} = \underline{U}_{(2)} / \underline{I}_{(2)}$；（$c$）零序短路阻抗 $\underline{Z}_{(0)} = \underline{U}_{(0)} / \underline{I}_{(0)}$

在计算低压系统中的短路电流时，可

忽略线路电容和非旋转负载的并联导纳。

除特殊情况外，零序短路阻抗与正序短路阻抗不相等。

### 3.1.2.2　电气设备的短路阻抗

电气设备的短路阻抗包括馈电网络、变压器、架空线路、电缆线路、电抗器和其他类似电气设备的阻抗。

1. 正序短路阻抗 $Z_{(1)}$ 和负序短路阻抗 $Z_{(2)}$

对于馈电网络、变压器、架空线路、电缆线路、电抗器和其他类似电气设备，它们的正序和负序短路阻抗相等，即 $Z_{(1)} = Z_{(2)}$。

2. 零序短路阻抗 $Z_{(0)}$

一般不计算馈电网络的零序阻抗。

变压器的零序阻抗跟其接线方式有关，如图 3-6(a)、(b)、(c) 所示，其值由变压器制造厂给出。

计算线路零序阻抗时，在零序网络中，假设在三条平行导线和返回的共用线间有一交流电压，共用线流过三倍零序电流，如图 3-6 (d) 所示。一般情况下，零序短路阻抗与正序短路阻抗不相等。$Z_{(0)}$ 可以小于、等于和大于 $Z_{(1)}$。

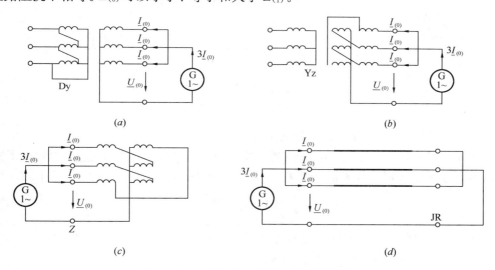

图 3-6　变压器和架空线路零序短路阻抗

(a) 矢量组 Dy 变压器；(b) 矢量组 Yz 变压器；(c) Z 接线的中性点接地的变压器；
(d) 架空线路或电缆；JR 为返回线

(1) 馈电网络阻抗

1) 馈电网络阻抗

如图 3-7 (a) 所示，由电网向短路点馈电的网络，如果已知节点 Q 的对称短路功率初始值（视在功率）$S''_{kQ}$ 或对称短路电流初始值 $I''_{kQ}$，则 Q 点的馈电网络阻抗 $Z_Q$ 可按下式计算：

$$Z_Q = \frac{c U_{nQ}^2}{S''_{kQ}} = \frac{c U_{nQ}}{\sqrt{3}\, I''_{kQ}} \tag{3-1}$$

式中　$Z_Q$——馈电网络阻抗（Ω）；

$U_{nQ}$——$Q$ 点的系统标称电压（kV）；

$S''_{kQ}$——馈电网络在节点 $Q$ 的对称短路功率初始值（视在功率）（MVA）；

$I''_{kQ}$——流过 $Q$ 点的对称短路电流初始值（kA）；

$c$——电压系数，见表 3-1。

馈电网络的短路电阻 $R_Q$ 和短路电抗 $X_Q$，可按下式计算：

$$X_Q = 0.995 Z_Q; \quad R_Q = 0.1 X_Q \tag{3-2}$$

若电网电压在 35kV 以上时，馈电网络短路阻抗可视为纯电抗（略去电阻），即 $Z_Q = 0 + jX_Q$。

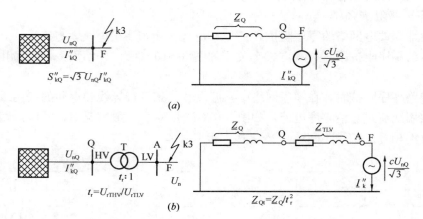

图 3-7 馈电网络短路时的系统图和等值电路
（$a$）不经变压器短路；（$b$）经变压器短路

2）馈电网络归算到变压器低压侧的阻抗

如图 3-7（$b$）所示，由高压电网经变压器向短路点馈电，已知节点 $Q$ 的对称短路功率初始值 $S''_{kQ}$ 或对称短路电流初始值 $I''_{kQ}$，归算到变压器低压侧的阻抗 $Z_{Qt}$ 按下式计算：

$$Z_{Qt} = \frac{cU_{nQ}^2}{S''_{kQ}} \cdot \frac{1}{t_r^2} = \frac{cU_{nQ}}{\sqrt{3} I''_{kQ}} \cdot \frac{1}{t_r^2} \tag{3-3}$$

式中　$Z_{Qt}$——归算到变压器低压侧的馈电网络阻抗（Ω）；

$U_{nQ}$——$Q$ 点的系统标称电压（kV）；

$S''_{kQ}$——馈电网络在节点 $Q$ 的对称短路功率初始值（视在功率）（MVA）；

$I''_{kQ}$——流过 $Q$ 点的对称短路电流初始值（kA）；

$c$——电压系数，见表 3-1；

$t_r$——分接开关在主分接位置时的变压器额定变比。

（2）变压器的短路阻抗

双绕组变压器的短路阻抗 $Z_T$ 可按下式计算：

$$Z_T = \frac{u_{kr}\%}{100} \cdot \frac{U_{rT}^2}{S_{rT}} \tag{3-4}$$

$$R_T = \frac{u_{Rr}\%}{100} \cdot \frac{U_{rT}^2}{S_{rT}} = \frac{p_{krT}}{3I_{rT}^2} \tag{3-5}$$

$$X_T = \sqrt{Z_T^2 - R_T^2} \tag{3-6}$$

式中 $Z_T$ ——变压器短路阻抗（Ω）；

$\quad\quad R_T$ ——变压器短路电阻（Ω）；

$\quad\quad X_T$ ——变压器短路电抗（Ω）；

$\quad\quad U_{rT}$ ——变压器高压侧或低压侧的额定电压（kV）；

$\quad\quad I_{rT}$ ——变压器高压侧或低压侧的额定电流（kA）；

$\quad\quad S_{rT}$ ——变压器额定容量（MVA）；

$\quad\quad p_{krT}$ ——变压器的负载损耗（kW）；

$u_{kr}\%$ ——变压器阻抗电压百分比；

$u_{Rr}\%$ ——变压器电阻电压百分比。

计算大容量高压系统变压器短路电流时，可略去绕组中的电阻，只计电抗，只是在计算短路电流峰值 $i_p$ 或非周期分量 $i_{DC}$ 时才计及电阻。

变压器的零序短路阻抗 $Z_{(0)T}$，由变压器制造厂给出。

（3）电缆和架空线的阻抗

高、低压电缆的正序和零序阻抗 $Z_{(1)}$、$Z_{(0)}$ 的大小与制造工艺水平和标准有关，具体数值由制造厂给出。

架空线的负序短路阻抗与正序短路阻抗相同，可按导线有关参数计算；其零序短路阻抗一般通过测量得到。

1）平均温度 20℃时的导线路阻抗

导线平均温度 20℃时的架空线单位长度有效电阻 $R'_L$ 可根据电阻率 $\rho$ 和标称截面 $q_n$，用下式计算：

$$R'_L = \frac{\rho}{q_n} \tag{3-7}$$

式中 $R'_L$ ——单位长度架空线有效电阻（Ω/km）；

$\quad\quad \rho$ ——导线材料电阻率（见表3-2）（Ω·mm²/m）；

$\quad\quad q_n$ ——导线标称截面（mm²）。

**导线材料电阻率（平均温度 20℃时）**　　　　　　　　　　表 3-2

| 导线材料 | 铜 | 铝 | 铝合金 |
|---|---|---|---|
| 电阻率 $\rho$（Ω·mm²/m） | 1/54 | 1/34 | 1/31 |

架空线单位长度的电抗 $X'_L$ 按下式计算：

$$X'_L = 0.0628\left(0.25 + \ln\frac{d}{r}\right) \tag{3-8}$$

式中 $X'_L$ ——单位长度架空线电抗（Ω/km）；

$\quad\quad d$ ——导线间的几何均距，其值为 $d = \sqrt[3]{d_{L1\cdot L2} \cdot d_{L2\cdot L3} \cdot d_{L3\cdot L1}}$（mm）；

$\quad\quad r$ ——导线的半径（mm）。

2）温度较高时的导线路阻抗

根据下式可以计算线路在较高温度 $\theta_e$ 时的电阻：

$$R_L = [1 + 0.004(\theta_e - 20)] \cdot R_{L20} \tag{3-9}$$

式中 $R_{L20}$ ——导线在 20℃时的电阻值（Ω）；

$\theta_e$ ——导线（在短路结束时的）计算温度（℃）。

### 3.1.2.3  网络变换

为了简化网络，求得馈电网络至短路点间的总阻抗，有时要对网络进行变换，变换方法和计算公式见表 3-3。

网络变换公式 表 3-3

| 原网络 | 变换后的网络 | 换算公式 |
|---|---|---|
| | | $R = R_1 + R_2 + \cdots + R_n$<br>$X = X_1 + X_2 + \cdots + X_n$ |
| | | $R = \dfrac{1}{\dfrac{1}{R_1} + \dfrac{1}{R_2} + \cdots + \dfrac{1}{R_n}}$<br><br>$X = \dfrac{1}{\dfrac{1}{X_1} + \dfrac{1}{X_2} + \cdots + \dfrac{1}{X_n}}$ |
| | | $R_1 = \dfrac{R_{12}R_{31}}{R_{12} + R_{23} + R_{31}}$<br>$X_1 = \dfrac{X_{12}X_{31}}{X_{12} + X_{23} + X_{31}}$<br>$R_2 = \dfrac{R_{12}R_{23}}{R_{12} + R_{23} + R_{31}}$<br>$X_2 = \dfrac{X_{12}X_{23}}{X_{12} + X_{23} + X_{31}}$<br>$R_3 = \dfrac{R_{23}R_{31}}{R_{12} + R_{23} + R_{31}}$<br>$X_3 = \dfrac{X_{23}X_{31}}{X_{12} + X_{23} + X_{31}}$ |
| | | $R_{12} = R_1 + R_2 + \dfrac{R_1R_2}{R_3}$<br>$X_{12} = X_1 + X_2 + \dfrac{X_1X_2}{X_3}$<br>$R_{23} = R_2 + R_3 + \dfrac{R_2R_3}{R_1}$<br>$X_{23} = X_2 + X_3 + \dfrac{X_2X_3}{X_1}$<br>$R_{31} = R_3 + R_1 + \dfrac{R_3R_1}{R_2}$<br>$X_{31} = X_3 + X_1 + \dfrac{X_3X_1}{X_2}$ |

| 原网络 | 变换后的网络 | 换算公式 |
|---|---|---|
| | | $R_{12} = R_1 R_2 \Sigma G$ <br> $X_{12} = X_1 X_2 \Sigma Y$ <br> $R_{23} = R_2 R_3 \Sigma G$ <br> $X_{23} = X_2 X_3 \Sigma Y$ <br> $R_{24} = R_2 R_4 \Sigma G$ <br> $X_{24} = X_2 X_4 \Sigma Y$ <br> $\vdots$ <br> 式中: <br> $\Sigma G = \dfrac{1}{R_1} + \dfrac{1}{R_2} + \dfrac{1}{R_3} + \dfrac{1}{R_4}$ <br> $\Sigma Y = \dfrac{1}{X_1} + \dfrac{1}{X_2} + \dfrac{1}{X_3} + \dfrac{1}{X_4}$ |
| | | $R_1 = \dfrac{1}{\dfrac{1}{R_{12}} + \dfrac{1}{R_{13}} + \dfrac{1}{R_{41}} + \dfrac{R_{24}}{R_{12}R_{41}}}$ <br> $X_1 = \dfrac{1}{\dfrac{1}{X_{12}} + \dfrac{1}{X_{13}} + \dfrac{1}{X_{41}} + \dfrac{X_{24}}{X_{12}X_{41}}}$ <br> $R_2 = \dfrac{1}{\dfrac{1}{R_{12}} + \dfrac{1}{R_{23}} + \dfrac{1}{R_{24}} + \dfrac{R_{13}}{R_{12}R_{23}}}$ <br> $X_2 = \dfrac{1}{\dfrac{1}{X_{12}} + \dfrac{1}{X_{23}} + \dfrac{1}{X_{24}} + \dfrac{X_{13}}{X_{12}X_{23}}}$ <br> $R_3 = \dfrac{1}{1 + \dfrac{R_{12}}{R_{23}} + \dfrac{R_{12}}{R_{24}} + \dfrac{R_{13}}{R_{23}}}$ <br> $X_3 = \dfrac{1}{1 + \dfrac{X_{12}}{X_{23}} + \dfrac{X_{12}}{X_{24}} + \dfrac{X_{13}}{X_{23}}}$ <br> $R_4 = \dfrac{1}{1 + \dfrac{R_{12}}{R_{13}} + \dfrac{R_{12}}{R_{41}} + \dfrac{R_{24}}{R_{41}}}$ <br> $X_4 = \dfrac{1}{1 + \dfrac{X_{12}}{X_{13}} + \dfrac{X_{12}}{X_{41}} + \dfrac{X_{24}}{X_{41}}}$ |

### 3.1.3 高压系统短路电流计算

当馈电网络归算至低压侧的电抗 $X_{Qt}$ 与变压器低压侧电抗 $X_T$ 满足关系式 $X_T \geqslant 2X_{Qt}$ 时，可视为远端短路。远端短路电流的交流分量是不衰减的，其对称短路电流初始值 $I''_k$ 和稳态短路电流 $I_k$（有效值）是相等的（$I''_k = I_k$）。给水排水工程一般由城市电网供电，远离电力系统发电机组，其配电系统内发生的短路一般为远端短路，满足关系式 $X_T \geqslant 2X_{Qt}$。因此，进行给水排水工程短路电流计算时，只需对三相对称短路电流初始值 $I''_k$ 和短路电流峰值 $i_p$ 进行计算。

### 3.1.3.1 高压网络电气设备的阻抗

（1）馈电网络的阻抗值

已知馈电网络对称短路功率初始值（视在功率）$S''_Q$ 或对称短路电流初始值 $I''_Q$，根据式（3-1）可以计算馈电网络的阻抗 $Z_Q$，其中电抗 $X_Q = 0.995 Z_Q$；电阻 $R_Q = 0.1 X_Q$。

表 3-4 是 6～35kV 馈电网络在不同对称短路功率初始值（视在功率）时的阻抗（电阻和电抗）值。

6～35kV 馈电网络短路阻抗值　　　　　　　　　　表 3-4

| 馈电网络对称短路功率初始值 $S''_Q$（MVA） | | | 10 | 20 | 30 | 50 | 100 | 150 | 200 | 300 | 500 |
|---|---|---|---|---|---|---|---|---|---|---|---|
| 6kV 馈电网络 | 最大运行方式 | 电阻 $R_{Qmax}$（Ω） | 0.394 | 0.197 | 0.131 | 0.079 | 0.039 | 0.026 | 0.020 | 0.013 | 0.008 |
| | | 电抗 $X_{Qmax}$（Ω） | 3.940 | 1.970 | 1.313 | 0.788 | 0.394 | 0.263 | 0.197 | 0.131 | 0.079 |
| | 最小运行方式 | 电阻 $R_{Qmin}$（Ω） | 0.358 | 0.179 | 0.119 | 0.072 | 0.036 | 0.024 | 0.018 | 0.012 | 0.007 |
| | | 电抗 $X_{Qmin}$（Ω） | 3.582 | 1.791 | 1.194 | 0.716 | 0.358 | 0.239 | 0.179 | 0.119 | 0.072 |
| 10kV 馈电网络 | 最大运行方式 | 电阻 $R_{Qmax}$（Ω） | 1.095 | 0.547 | 0.365 | 0.219 | 0.109 | 0.073 | 0.055 | 0.037 | 0.022 |
| | | 电抗 $X_{Qmax}$（Ω） | 10.95 | 5.473 | 3.648 | 2.189 | 1.095 | 0.730 | 0.547 | 0.365 | 0.219 |
| | 最小运行方式 | 电阻 $R_{Qmin}$（Ω） | 0.995 | 0.498 | 0.332 | 0.199 | 0.099 | 0.066 | 0.050 | 0.033 | 0.020 |
| | | 电抗 $X_{Qmin}$（Ω） | 9.950 | 4.975 | 3.317 | 1.990 | 0.995 | 0.663 | 0.498 | 0.332 | 0.199 |
| 35kV 馈电网络 | 最大运行方式 | 电阻 $R_{Qmax}$（Ω） | 13.41 | 6.704 | 4.469 | 2.682 | 1.341 | 0.894 | 0.670 | 0.447 | 0.268 |
| | | 电抗 $X_{Qmax}$（Ω） | 134.1 | 67.04 | 44.69 | 26.82 | 13.41 | 8.940 | 6.704 | 4.469 | 2.682 |
| | 最小运行方式 | 电阻 $R_{Qmin}$（Ω） | 12.19 | 6.094 | 4.063 | 2.438 | 1.219 | 0.116 | 0.609 | 0.406 | 0.244 |
| | | 电抗 $X_{Qmin}$（Ω） | 121.9 | 60.94 | 40.63 | 24.38 | 12.19 | 1.160 | 6.094 | 4.063 | 2.438 |

注：最大运行方式取电压系数 $c_{max} = 1.1$，最小运行方式取电压系数 $c_{min} = 1.0$。

（2）电力变压器的电抗值

在计算高压系统短路电流时，一般将大容量变压器的电阻视为零，只计算变压器的电抗值。三相双绕组电力变压器的电抗值见表 3-5～表 3-7。

110kV 变压器电抗值　　　　　　　　　　表 3-5

| 110/10.5kV 变压器 | | | 110/6.3kV 变压器 | | |
|---|---|---|---|---|---|
| 变压器容量（kVA） | 阻抗电压（%） | 电抗值（Ω） | 变压器容量（kVA） | 阻抗电压（%） | 电抗值（Ω） |
| 6300 | | 1.67 | 6300 | | 0.60 |
| 8000 | | 1.31 | 8000 | | 0.47 |
| 10000 | | 1.05 | 10000 | | 0.38 |
| 12500 | 10.5 | 0.84 | 12500 | 10.5 | 0.30 |
| 16000 | | 0.66 | 16000 | | 0.23 |
| 20000 | | 0.53 | 20000 | | 0.19 |
| 25000 | | 0.42 | 25000 | | 0.15 |

**35kV 变压器电抗值** 表 3-6

| 35/10.5kV 变压器 | | | 35/6.3kV 变压器 | | |
|---|---|---|---|---|---|
| 变压器容量<br>(kVA) | 阻抗电压<br>(%) | 电抗值<br>(Ω) | 变压器容量<br>(kVA) | 阻抗电压<br>(%) | 电抗值<br>(Ω) |
| 1000 | | 6.50 | 1000 | | 2.34 |
| 1250 | | 5.20 | 1250 | | 1.87 |
| 1600 | 6.5 | 4.06 | 1600 | 6.5 | 1.46 |
| 2000 | | 3.25 | 2000 | | 1.17 |
| 2500 | | 2.60 | 2500 | | 0.94 |
| 3150 | | 2.22 | 3150 | | 0.80 |
| 4000 | 7 | 1.75 | 4000 | 7 | 0.63 |
| 5000 | | 1.40 | 5000 | | 0.50 |
| 6300 | | 1.19 | 6300 | | 0.43 |
| 8000 | 7.5 | 0.94 | 8000 | 7.5 | 0.34 |
| 10000 | | 0.75 | 10000 | | 0.27 |
| 12500 | | 0.64 | 12500 | | 0.23 |
| 16000 | 8 | 0.50 | 16000 | 8 | 0.18 |
| 20000 | | 0.40 | 20000 | | 0.14 |

**10kV 变压器电抗值** 表 3-7

| 10/6.3kV 变压器 | | | 10/3.15kV 变压器 | | |
|---|---|---|---|---|---|
| 变压器容量<br>(kVA) | 阻抗电压<br>(%) | 电抗值<br>(Ω) | 变压器容量<br>(kVA) | 阻抗电压<br>(%) | 电抗值<br>(Ω) |
| 200 | | 7.20 | 200 | | 1.80 |
| 250 | | 5.76 | 250 | | 1.44 |
| 315 | 4 | 4.57 | 315 | 4 | 1.14 |
| 400 | | 3.60 | 400 | | 0.90 |
| 500 | | 2.88 | 500 | | 0.72 |
| 630 | 4.5 | 2.57 | 630 | 4.5 | 0.64 |
| 800 | | 2.48 | 800 | | 0.62 |
| 1000 | | 1.98 | 1000 | | 0.50 |
| 1250 | | 1.58 | 1250 | | 0.40 |
| 1600 | | 1.24 | 1600 | | 0.31 |
| 2000 | 5.5 | 0.99 | 2000 | 5.5 | 0.25 |
| 2500 | | 0.79 | 2500 | | 0.20 |
| 3150 | | 0.63 | 3150 | | 0.16 |
| 4000 | | 0.50 | 4000 | | 0.12 |
| 5000 | | 0.40 | 5000 | | 0.10 |
| 6300 | | 0.31 | 6300 | | 0.08 |

（3）供电线路的阻抗值

各种电压的电缆每千米电阻、电抗值见表 3-8；架空线每千米电阻、电抗值见表 3-9。

交联电力电缆每千米电阻、电抗值　　表 3-8

| 线芯标称截面（mm） | | 16 | 25 | 35 | 50 | 70 | 95 | 120 | 150 | 185 | 240 | 300 |
|---|---|---|---|---|---|---|---|---|---|---|---|---|
| $t=20℃$时线芯交流电阻 $R'$（Ω/km） | 铜 | 1.157 | 0.741 | 0.529 | 0.370 | 0.265 | 0.195 | 0.154 | 0.123 | 0.100 | 0.077 | 0.062 |
| | 铝 | 1.838 | 1.176 | 0.840 | 0.588 | 0.420 | 0.310 | 0.245 | 0.196 | 0.159 | 0.123 | 0.098 |
| $t=90℃$时线芯交流电阻 $R'$（Ω/km） | 铜 | 1.404 | 0.898 | 0.642 | 0.449 | 0.321 | 0.236 | 0.187 | 0.150 | 0.121 | 0.094 | 0.072 |
| | 铝 | 2.301 | 1.473 | 1.052 | 0.736 | 0.526 | 0.388 | 0.307 | 0.245 | 0.199 | 0.153 | 0.121 |
| 线芯电抗 $X'$（Ω/km） | 35kV 电缆 | 0.148 | 0.141 | 0.133 | 0.125 | 0.123 | 0.119 | 0.110 | 0.109 | 0.105 | 0.095 | 0.094 |
| | 10kV 电缆 | 0.133 | 0.120 | 0.133 | 0.107 | 0.101 | 0.096 | 0.095 | 0.093 | 0.090 | 0.087 | — |
| | 6kV 电缆 | 0.124 | 0.111 | 0.105 | 0.099 | 0.093 | 0.089 | 0.087 | 0.085 | 0.082 | 0.080 | — |

架空线每千米电阻、电抗值　　表 3-9

| 线芯标称截面（mm） | | 16 | 25 | 35 | 50 | 70 | 95 | 120 | 150 | 185 | 240 |
|---|---|---|---|---|---|---|---|---|---|---|---|
| $t=20℃$时线芯交流电阻 $R'$（Ω/km） | 铜绞线 | 1.157 | 0.741 | 0.529 | 0.370 | 0.265 | 0.195 | 0.154 | 0.123 | 0.100 | 0.077 |
| | 铝（钢芯铝绞线 LGJ） | 1.838 | 1.176 | 0.840 | 0.588 | 0.420 | 0.310 | 245 | 0.196 | 0.159 | 0.123 |
| $t=70℃$时线芯交流电阻 $R'$（Ω/km） | 铜绞线 | 1.32 | 0.84 | 0.60 | 0.42 | 0.30 | 0.22 | 0.18 | 0.14 | 0.11 | 0.09 |
| | 铝（钢芯铝绞线 LGJ） | 2.16 | 1.38 | 0.99 | 0.69 | 0.49 | 0.36 | 0.29 | 0.23 | 0.19 | 0.14 |
| 电抗 $X'$（Ω/km） | 导线间几何均距 $d=1000$mm（10kV、6kV） | 0.39 | 0.38 | 0.37 | 0.36 | 0.35 | 0.34 | 0.33 | 0.32 | 0.31 | 0.31 |
| | 导线间几何均距 $d=1250$mm（10kV、6kV） | 0.41 | 0.39 | 0.38 | 0.37 | 0.36 | 0.35 | 0.34 | 0.34 | 0.33 | 0.32 |
| | 导线间几何均距 $d=3000$mm（35kV） | — | — | 0.43 | 0.42 | 0.41 | 0.40 | 0.39 | 0.39 | 0.38 | 0.37 |
| | 导线间几何均距 $d=5000$mm（110kV） | — | — | — | — | 0.44 | 0.43 | 0.42 | 0.42 | 0.41 | 0.40 |

### 3.1.3.2　三相短路电流计算

给水排水工程高压系统短路电流计算步骤如下：

（1）画出需计算三相短路电流的系统接线图和等值电路图（图 3-1），标出需计算短路电流的短路点 F1、F2……Fn 等。

（2）计算系统中各电气设备（变压器、电抗器、架空线、电缆等）的短路阻抗（短路电阻、短路电抗）值。计算电气设备短路阻抗时应注意以下两点：

1）由高压电网经变压器向短路点馈电，如图 3-7（b）所示，计算馈电网络短路阻抗时，应按式（3-3）将短路阻抗归算到变压器低压侧的阻抗 $Z_{Qt}$。

2）当电网电压在 35kV 以上或电气设备短路阻抗中的电阻 $R_k \leqslant \dfrac{1}{3}X_k$ 时，可略去电气设备的短路电阻，视为纯电抗，即 $Z_k = 0 + jX_k$。

（3）化简（或经网络变换）后求出计算短路点的总阻抗。

（4）求出该短路点的各种设计所需的短路电流。

1）计算对称短路电流初始值

如图 3-1 所示，短路点 F1 的对称短路电流初始值可用下式计算：

$$I''_k = \frac{cU_n}{\sqrt{3}Z_k} = \frac{cU_n}{\sqrt{3}\sqrt{R_k^2 + X_k^2}} \tag{3-10}$$

式中　$I''_k$——对称短路电流初始值（kA）；

　　　$c$——等效电压源电压系数（表 3-1），计算最大短路电流用 $c_{max}$，计算最小短路电流用 $c_{min}$；

　　　$U_n$——标称电压（kV）；

　　　$Z_k$——短路阻抗，等于馈电网络阻抗、变压器阻抗和线路阻抗之和，即 $Z_k = Z_{Qt} + Z_T + Z_L$（Ω）；

　　　$R_k$——短路电阻，等于馈电网络电阻、变压器电阻和线路电阻之和，即 $R_k = R_{Qt} + R_T + R_L$（Ω）；

　　　$X_k$——短路电抗，等于馈电网络电抗、变压器电抗和线路电抗之和，即 $X_k = X_{Qt} + X_T + X_L$（Ω）。

2）稳态短路电流有效值和开断电流

如果是远端短路，短路电流中交流分量不衰减，所以三相对称短路电流初始值和稳态短路电流、开断电流相等，即 $I''_k = I_k = I_b$。

3）计算三相短路电流峰值和三相短路电流第一周期全电流有效值

单电源馈电的三相短路电流峰值 $i_p$ 可按式（3-11）计算，三相短路第一周期全电流有效值 $I_{ktot}$ 可按式（3-12）计算：

$$i_p = k\sqrt{2}I''_k \tag{3-11}$$

$$I_{ktot} = \sqrt{1 + 2(k-1)^2}\,I''_k \tag{3-12}$$

式中　$k$——峰值系数，与短路电抗和短路电阻的比值 $X_k/R_k$ 有关，$k = 1.02 + 0.98e^{-3R_k/X_k}$；也可按图 3-8 的 $(X_k/R_k)$-$k$ 曲线查得。

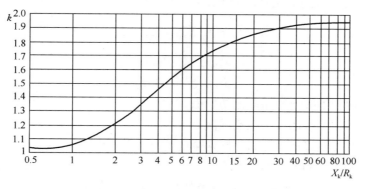

图 3-8　峰值系数 $k$ 与 $(X_k/R_k)$ 比值关系曲线

在工程计算中也常常采用以下近似计算方法：

①当短路电阻较小，满足 $R_k \leqslant \frac{1}{3} X_k$ 时，取 $k = 1.8$，则

$$i_p = 2.55 I''_k \tag{3-13}$$

$$I_{ktot} = 1.51 I''_k \tag{3-14}$$

②当短路电阻较大，满足 $R_k > \frac{1}{3} X_k$ 时，取 $k = 1.3$，则

$$i_p = 1.84 I''_k \tag{3-15}$$

$$I_{ktot} = 1.09 I''_k \tag{3-16}$$

4）异步电动机对三相对称短路电流峰值的影响

电网发生短路时，网内连接的异步电动机将向短路点反馈短路电流。在三相对称短路中异步电动机反馈的短路电流衰减得很快，所以，在电动机（组）的额定电流之和小于等于不计电动机算出的对称短路电流初始值的1%时，即 $\sum I_{rM} \leqslant 0.01 I''_k$ 时，可不考虑异步电动机对三相对称短路电流峰值的影响，否则应考虑异步电动机对三相对称短路电流峰值的影响，异步电动机对三相对称短路电流峰值的影响可按式（3-17）、式（3-18）计算。

$$i_{p\Sigma} = i_p + i_{pM} \tag{3-17}$$

式中　$i_{p\Sigma}$ ——考虑异步电动机影响后的三相对称短路电流峰值；

　　　$i_p$ ——不考虑异步电动机影响的三相对称短路电流峰值；

　　　$i_{pM}$ ——电动机供给短路点的三相对称短路电流峰值，其值按下式计算：

$$i_{pM} = k_{pM} \sum I_{stM} \tag{3-18}$$

式中　$k_{pM}$ ——异步电动机影响三相对称短路电流峰值系数，一般取 1.4～1.7；

　　　$I_{stM}$ ——电动机启动电流。

另外，在下列情况下也可不考虑异步电动机对三相对称短路电流峰值的影响：

①异步电动机与短路点已相隔一个变压器；

②电动机输送至短路点的电流与系统输送至短路点的短路电流经过同一元件时。

### 3.1.3.3　两相不接地短路电流计算

在一般情况下，两相短路和两相接地短路电流不可能大于三相短路电流，两相不接地短路电流与三相对称短路电流有以下关系：

$$I''_{k2} = \frac{\sqrt{3}}{2} I''_k = 0.866 I''_k \tag{3-19}$$

$$i_{p2} = 0.866 i_p \tag{3-20}$$

$$I_{k2tot} = 0.866 I_p \tag{3-21}$$

式中　$I''_{k2}$ ——两相不接地短路电流初始值；

　　　$i_{p2}$ ——两相不接地短路电流峰值；

　　　$I_{k2tot}$ ——两相不接地短路第一周期全电流有效值。

### 3.1.3.4　单相接地电容电流计算

我国 3～35kV 系统一般采用中性点不接地方式。在中性点不接地系统中，单相接地电流的大小取决于电网对地电容的大小，确定是否需要单相接地保护，需计算电网的单相接地时的电容电流。在计算电网电容电流时不考虑磁交连，如计算变压器二次侧电容电流

时，不考虑一次侧的电容电流。电网中的单相接地电容电流分两部分计算，即电力线路的单相接地电容电流和电力设备的电容电流。

(1) 电力线路的单相接地电容电流

电力线路的单相接地电容电流按式（3-22）～式（3-24）计算：

单回路架空线无避雷线时：

$$I_{k1} = 2.7 U_n L \times 10^{-3} \tag{3-22}$$

单回路架空线有避雷线时：

$$I_{k1} = 3.3 U_n L \times 10^{-3} \tag{3-23}$$

电缆线路：

$$I_{k1} = 0.1 U_n L \times 10^{-3} \tag{3-24}$$

式中 $I_{k1}$——单相接地电容电流（A）；

$\quad\quad U_n$——电网标称电压（kV）；

$\quad\quad L$——线路长度（km）。

(2) 电力设备的电容电流

电力设备的电容电流按电力线路电容电流的增加值来计算，即按公式（3-22）～式（3-24）计算出电力线路的电容电流后，再计算电力设备所引起的电容电流增加值，其增加值百分数见表 3-10。

**电力设备增加的电容电流** 表 3-10

| 电网标称电压（kV） | 6 | 10 | 35 | 66 |
|---|---|---|---|---|
| 电容电流增加值（%） | 18 | 16 | 15 | 12 |

### 3.1.3.5 最大和最小短路电流计算

当需要计算最大和最小短路电流时，应注意以下几点：

1) 计算最大短路电流选用最大电压系数 $c_{max}$，计算最小短路电流选用最小电压系数 $c_{min}$；

2) 计算最大短路电流选用电源和电网供给短路点的最大供电方式，计算最小短路电流选用电源和电网供给短路点的最小供电方式；

3) 计算最大短路电流应计及异步电动机的影响，计算最小短路电流可不计异步电动机的影响；

4) 计算最小短路电流时应采用较高温度时的线路电阻 $R_L$，见式（3-9）。

## 3.1.4 低压系统短路电流计算

低压系统短路电流计算，系指电压在 1kV 及以下系统的短路电流计算。高压系统短路电流计算的基本原则也适用于低压系统短路电流的计算。计算低压系统短路电流各参数的单位：电压用 V，电阻、电抗用 mΩ，电流用 kA。

### 3.1.4.1 低压网络电路元件的阻抗

低压系统电路元件短路阻抗计算有以下特点：

1) 一般情况下低压系统的电阻均大于系统电抗值的 1/3。因此，在计算低压系统短路电流时，电阻不可忽略。

2) 为了简化计算，一般只计入变压器、电抗器、电缆、架空线及母线（长度在 10m

以上）等电路元件的有效电阻。短路点的电弧电阻，导线连接点、开关设备的接触电阻可忽略不计。

3）在计算低压系统三相短路电流时，假定系统是对称的，发生三相短路时只有正序分量存在，不需要计算系统的负序阻抗和零序阻抗。

4）在计算低压系统单相接地短路电流时，由于是不对称短路，必须用对称分量法进行计算，因此计算电路元件的阻抗时，要分别计算电路元件的正序阻抗、负序阻抗和零序阻抗。

5）由于给水排水工程短路点一般与电源的距离很远，而且低压配电变压器的容量远小于系统电源的容量，因此认为低压网络中所有电路元件的正、负序阻抗均相等，且等于相线阻抗；保护中性线（PEN）或保护线（PE）的零序阻抗等于保护中性线（PEN）或保护线（PE）的阻抗。

6）TN 接地系统低压网络的零序阻抗等于相线的零序阻抗与三倍保护线或保护中性线（PE 线或 PEN 线）的零序阻抗之和。即

$$\underline{Z}_0 = \underline{Z}_{(0)L} + 3\,\underline{Z}_{(0)p} \tag{3-25}$$

$$\underline{R}_0 = \underline{R}_{(0)L} + 3\,\underline{R}_{(0)p} \tag{3-26}$$

$$\underline{X}_0 = \underline{X}_{(0)L} + 3\,\underline{X}_{(0)p} \tag{3-27}$$

7）TN 接地系统低压网络的相保阻抗与各序阻抗的关系可从下式求得。即

$$\underline{Z}_{Lp} = \frac{1}{3}\,(\underline{Z}_{(1)} + \underline{Z}_{(2)} + \underline{Z}_{(0)}) \tag{3-28}$$

$$R_{Lp} = \frac{1}{3}\,(R_{(1)} + R_{(2)} + R_{(0)}) = \frac{1}{3}\,(2R_{(1)} + R_{(0)}) \tag{3-29}$$

$$X_{Lp} = \frac{1}{3}\,(X_{(1)} + X_{(2)} + X_{(0)}) = \frac{1}{3}\,(2X_{(1)} + X_{(0)}) \tag{3-30}$$

下面分别讨论低压系统短路电流计算中所需各种电路元件的短路阻抗的计算方法和常用数据。

（1）高压馈电网络短路阻抗

在计算低压网络短路电流时，有时需计及高压馈电网络的短路阻抗，计算方法如下：

1）根据高压馈电网络三相短路功率初始值 $S''_Q$，按式（3-3）可以计算高压馈电网络归算到低压侧的短路阻抗 $Z_{Qt}$。

2）高压系统短路电抗 $X_{Qt}$ 和短路电阻 $R_{Qt}$ 可按近似公式计算：$X_{Qt} = 0.995Z_{Qt}$，$R_{Qt} = 0.1X_{Qt}$。

3）对于 D，yn11、Y，yn0 连接的低压配电变压器，零序电流不能在高压侧流通，故不计入高压侧的零序电阻 $R_{(0)Q}$ 和零序电抗 $X_{(0)Q}$，根据式（3-29）、式（3-30）可以计算高压系统归算到低压侧的相保电阻 $R_{LpQt} = \dfrac{2R_{(1)Qt}}{3}$、相保电抗 $X_{LpQt} = \dfrac{2X_{(1)Qt}}{3}$。常用高压系统馈电网络归算到低压（0.4kV）侧的短路阻抗值如表 3-11 所示。

（2）10/0.4kV 配电变压器的阻抗

变压器的短路阻抗 $Z_T$、短路电阻 $R_T$、短路电抗 $X_T$ 按式（3-3）～式（3-5）计算，变压器的负序阻抗等于正序阻抗，变压器的零序阻抗值由变压器制造厂家通过测试提供。D，yn11 连接的变压器的零序阻抗如果没有测试值时，可取其值等于正序阻抗。

**高压系统馈电网络归算到低压（0.4kV）侧的短路阻抗值** 表 3-11

| 高压系统三相短路功率初始值 $S''_Q$ (MVA) | 10 | 20 | 30 | 50 | 75 | 100 | 150 | 200 | 300 |
|---|---|---|---|---|---|---|---|---|---|
| 短路电阻 $R_{Qt}$ （mΩ） | 1.59 | 0.80 | 0.53 | 0.32 | 0.21 | 0.16 | 0.11 | 0.08 | 0.05 |
| 短路电抗 $X_{Qt}$ （mΩ） | 15.92 | 7.96 | 5.30 | 3.18 | 2.12 | 1.59 | 1.05 | 0.80 | 0.53 |
| 相保电阻 $R_{LpQt}$ （mΩ） | 1.06 | 0.53 | 0.35 | 0.21 | 0.14 | 0.11 | 0.07 | 0.05 | 0.03 |
| 相保电抗 $X_{LpQt}$ （mΩ） | 10.61 | 5.31 | 3.53 | 2.12 | 1.41 | 1.06 | 0.70 | 0.53 | 0.35 |

注：计算高压馈电网络归算到低压侧的短路阻抗 $Z_{Qt}$ 时假设变压器分接开关在主分接位置的变比 $t_r$ 为标称电压之比，即高、低压侧都为标称电压，如 10/0.38kV 等。

表 3-12、表 3-13 列出了几种常用配电变压器归算到 0.4kV 侧的正（负）序电阻、电抗，零序电阻、电抗，相保电阻、电抗的平均值。

**S9、S9-M 系列 10/0.4kV 变压器短路阻抗平均值（归算到 0.4kV 侧）** 表 3-12

| 电压 (kV) | 容量 (kVA) | 阻抗电压 (%) | 负载损耗 (kW) | D，yn11 电阻 (mΩ) 正（负）序 $R_{(1)}$ | 零序 $R_{(0)}$ | 相保 $R_{Lp}$ | 电抗 (mΩ) 正（负）序 $X_{(1)}$ | 零序 $X_{(0)}$ | 相保 $X_{Lp}$ | Y，yn0 电阻 (mΩ) 正（负）序 $R_{(1)}$ | 零序 $R_{(0)}$ | 相保 $R_{Lp}$ | 电抗 (mΩ) 正（负）序 $X_{(1)}$ | 零序 $X_{(0)}$ | 相保 $X_{Lp}$ |
|---|---|---|---|---|---|---|---|---|---|---|---|---|---|---|---|
| 10/0.4 | 200 | 4 | 2.50 (2.60) | 10 | 10 | 10 | 30.4 | 30.4 | 30.4 | 10 (10.4) | 36 | 18.67 (18.93) | 30.40 (30.26) | 116 | 58.93 (58.84) |
| | 250 | 4 | 3.05 | 7.81 | 7.81 | 7.81 | 23.75 | 23.75 | 23.75 | 7.81 | 29.2 | 14.94 | 23.75 | 100.2 | 49.23 |
| | 315 | 4 | 3.65 | 5.89 | 5.89 | 5.89 | 19.43 | 19.43 | 19.43 | 5.89 | 20.3 | 10.69 | 19.43 | 79.7 | 39.52 |
| | 400 | 4 | 4.30 | 4.30 | 4.30 | 4.30 | 15.41 | 15.41 | 15.41 | 4.30 | 15.1 | 7.90 | 15.41 | 63.0 | 31.27 |
| | 500 | 4 | 5.10 | 3.26 | 3.26 | 3.26 | 12.38 | 12.38 | 12.38 | 3.26 | 12.48 | 6.33 | 12.38 | 53.1 | 25.95 |
| | 630 | 4.5 | 6.20 | 2.50 | 2.50 | 2.50 | 11.15 | 11.15 | 11.15 | 2.50 | 8.7 | 4.57 | 11.15 | 40.24 | 20.85 |
| | 800 | 4.5 | 7.50 | 1.88 | 1.88 | 1.88 | 8.80 | 8.80 | 8.80 | 1.88 | 6.5 | 3.42 | 8.8 | 31.80 | 16.47 |
| | 1000 | 4.5 | 10.30 | 1.65 | 1.65 | 1.65 | 7.00 | 7.00 | 7.00 | 1.65 | 5.8 | 3.03 | 7.0 | 28.20 | 14.07 |
| | 1250 | 4.5 | 12.00 | 1.23 | 1.23 | 1.23 | 5.63 | 5.63 | 5.63 | 1.23 | 4.4 | 2.29 | 5.63 | 22.6 | 11.29 |
| | 1600 | 4.5 | 20.00 (14.5) | 1.25 | 1.25 | 1.25 | 4.32 | 4.32 | 4.32 | 1.25 (0.91) | 3.2 | 1.90 (1.67) | 4.32 (4.41) | 17.1 | 8.58 (8.64) |

注：括弧内数值为 S9-M 系列变压器的数值。

SC9、SCB9 系列 10/0.4kV 变压器短路阻抗平均值（归算到 0.4kV 侧）　　表 3-13

| 电压 (kV) | 容量 (kVA) | 阻抗电压 (%) | 负载损耗 (kW) | D, yn11 | | | | | | Y, yn0 | | | | | |
|---|---|---|---|---|---|---|---|---|---|---|---|---|---|---|---|
| | | | | 电阻 (mΩ) | | | 电抗 (mΩ) | | | 电阻 (mΩ) | | | 电抗 (mΩ) | | |
| | | | | 正(负)序 $R_{(1)}$ | 零序 $R_{(0)}$ | 相保 $R_{\mathrm{Lp}}$ | 正(负)序 $X_{(1)}$ | 零序 $X_{(0)}$ | 相保 $X_{\mathrm{Lp}}$ | 正(负)序 $R_{(1)}$ | 零序 $R_{(0)}$ | 相保 $R_{\mathrm{Lp}}$ | 正(负)序 $X_{(1)}$ | 零序 $X_{(0)}$ | 相保 $X_{\mathrm{Lp}}$ |
| 10/0.4 | 160 | 4 | 1.98 | 12.38 | 12.38 | 12.38 | 38.04 | 38.04 | 38.04 | 12.38 | 37.40 | 20.72 | 38.04 | 405.0 | 160.36 |
| | 200 | 4 | 2.24 | 8.96 | 8.96 | 8.96 | 29.93 | 29.93 | 29.93 | 8.96 | 35.46 | 17.79 | 29.93 | 359.8 | 139.89 |
| | 250 | 4 | 2.41 | 6.17 | 6.17 | 6.17 | 24.85 | 24.85 | 24.85 | 6.17 | 33.03 | 15.12 | 24.85 | 303.4 | 117.70 |
| | 315 | 4 | 3.10 | 5.00 | 5.00 | 5.00 | 19.70 | 19.70 | 19.70 | 5.00 | 29.86 | 13.29 | 19.70 | 230.0 | 89.80 |
| | 400 | 4 | 3.60 | 3.60 | 3.60 | 3.60 | 15.59 | 15.59 | 15.59 | 3.60 | 16.88 | 8.03 | 15.59 | 214.8 | 81.99 |
| | 500 | 4 | 4.30 | 2.75 | 2.75 | 2.75 | 12.50 | 12.50 | 12.50 | 2.75 | 12.88 | 6.13 | 12.50 | 177.7 | 67.57 |
| | 630 | 4 | 5.40 | 2.18 | 2.18 | 2.18 | 9.92 | 9.92 | 9.92 | 2.18 | 10.19 | 4.85 | 9.92 | 150.1 | 56.65 |
| | 630 | 6 | 5.60 | 2.26 | 2.26 | 2.26 | 15.07 | 15.07 | 15.07 | 2.26 | 11.44 | 5.06 | 15.07 | 197.8 | 75.98 |
| | 800 | 6 | 6.60 | 1.65 | 1.65 | 1.65 | 11.89 | 11.89 | 11.89 | 1.65 | 7.96 | 3.75 | 11.89 | 148.7 | 57.49 |
| | 1000 | 6 | 7.60 | 1.22 | 1.22 | 1.22 | 9.52 | 9.52 | 9.52 | 1.22 | 7.73 | 3.39 | 9.52 | 109.1 | 42.71 |
| | 1250 | 6 | 9.10 | 0.93 | 0.93 | 0.93 | 7.62 | 7.62 | 7.62 | 0.93 | 6.49 | 2.78 | 7.62 | 79.0 | 31.41 |
| | 1600 | 6 | 11.00 | 0.69 | 0.69 | 0.69 | 5.96 | 5.96 | 5.96 | 0.69 | 4.43 | 1.94 | 5.96 | 58.0 | 23.31 |
| | 2000 | 6 | 13.30 | 0.53 | 0.53 | 0.53 | 4.77 | 4.77 | 4.77 | 0.53 | 2.91 | 1.32 | 4.77 | 46.3 | 18.61 |
| | 2500 | 6 | 15.80 | 0.40 | 0.40 | 0.40 | 3.82 | 3.82 | 3.82 | 0.40 | 2.18 | 0.99 | 3.82 | 36.7 | 14.78 |

注：因 SC (B) 10 系列变压器阻抗平均值与 SC (B) 9-M 系列变压器阻抗平均值相近，故本表阻抗平均值也可用于 SC (B) 10 系列变压器。

（3）低压配电线路的阻抗

低压架空配电线路的正序（负序）阻抗可按式（3-6）、式（3-7）计算，其零序阻抗和相保阻抗的计算方法如下。

1）线路零序阻抗的计算

根据式（3-25）～式（3-27），各种形式的低压配电线路的零序阻抗 $Z_{(0)}$ 为：

$$Z_0 = \sqrt{(R_{(0)\mathrm{L}} + 3R_{(0)\mathrm{p}})^2 + (X_{(0)\mathrm{L}} + 3X_{(0)\mathrm{p}})^2} \tag{3-31}$$

式中　$R_{(0)\mathrm{L}}$、$X_{(0)\mathrm{L}}$——相线的零序电阻和零序电抗；

$R_{(0)\mathrm{p}}$、$X_{(0)\mathrm{p}}$——保护线的零序电阻和零序电抗。

相线、保护线的零序电阻和零序电抗的计算方法与正、负序电阻和电抗的计算方法相同，但在计算相线零序电抗 $X_{(0)\mathrm{L}}$ 和保护线零序电抗 $X_{(0)\mathrm{p}}$ 时，线路电抗计算公式中的几何均距 $d$ 改为相线中心至保护线中心均距，其计算公式如下：

$$d_{(0)} = \sqrt{d_{\mathrm{L1 \cdot p}} \cdot d_{\mathrm{L2 \cdot p}} \cdot d_{\mathrm{L3 \cdot p}}} \tag{3-32}$$

2）线路相保阻抗的计算

单相接地短路电路中电力线路（架空线、电缆等）的相保阻抗 $Z_{\mathrm{Lp}}$ 的计算公式为：

$$Z_{\mathrm{Lp}} = \sqrt{R_{\mathrm{Lp}}^2 + X_{\mathrm{Lp}}^2} \tag{3-33}$$

$$R_{\mathrm{Lp}} = \frac{1}{3}(R_{(1)} + R_{(2)} + R_{(0)})$$

$$= \frac{1}{3} \left( R_{(1)} + R_{(2)} + R_{0L} + 3R_{(0)p} \right)$$

$$= \frac{1}{3} \left( R_{(1)} + R_{(2)} + R_{(0)L} \right) + R_{(0)p} \tag{3-34}$$

$$X_{Lp} = \frac{1}{3} \left( X_{(1)} + X_{(2)} + X_{(0)} \right)$$

$$= \frac{1}{3} \left( X_{(1)} + X_{(2)} + X_{0L} + 3X_{(0)p} \right)$$

$$= \frac{1}{3} \left( X_{(1)} + X_{(2)} + X_{(0)L} \right) + X_{(0)p} \tag{3-35}$$

式中　　$R_{Lp}$ ——元件的相保电阻；

　　　　$X_{Lp}$ ——元件的相保电抗；

$R_{(1)}$、$X_{(1)}$ ——元件的正序电阻和正序电抗；

$R_{(2)}$、$X_{(2)}$ ——元件的负序电阻和负序电抗；

$R_{(0)}$、$X_{(0)}$ ——元件的零序电阻和零序电抗；

$R_{(0)L}$、$X_{(0)L}$ ——元件相线的零序电阻和零序电抗；

$R_{(0)p}$、$X_{(0)p}$ ——元件保护线的零序电阻和零序电抗。

　　低压母线单位长度电阻、电抗、相保电阻、相保电抗值见表 3-14。

　　低压架空线单位长度电阻、电抗、相保电阻、相保电抗值见表 3-15。

　　低压电缆单位长度电阻、电抗、相保电阻、相保电抗值见表 3-16。

**低压母线单位长度阻抗值**（mΩ/m）　　　　　　　　表 3-14

| 母线材料 | 母线规格（mm） | 电阻 $R'$ | 电抗 $X'$ | | 相保电阻 $R'_{Lp}$ | 相保电抗 $X'_{Lp}$ | |
| --- | --- | --- | --- | --- | --- | --- | --- |
| | | | $D=250\text{mm}$ | $D=350\text{mm}$ | | $D=250\text{mm}$ | $D=350\text{mm}$ |
| 铜 | 4(100×10) | 0.025 | 0.156 | 0.181 | 0.050 | 0.336 | 0.366 |
| | 3(100×10)+80×8 | 0.025 | 0.156 | 0.181 | 0.056 | 0.350 | 0.380 |
| | 4(80×8) | 0.031 | 0.170 | 0.195 | 0.062 | 0.364 | 0.394 |
| | 3(80×8)+63×6.3 | 0.031 | 0.170 | 0.195 | 0.078 | 0.382 | 0.412 |
| | 3(80×8)+50×5 | 0.031 | 0.170 | 0.195 | 0.104 | 0.394 | 0.423 |
| 铝 | 3[2(125×10)]+125×10 | 0.014 | 0.147 | 0.170 | 0.042 | 0.317 | 0.344 |
| | 3[2(125×10)]+80×10 | 0.014 | 0.147 | 0.170 | 0.054 | 0.341 | 0.367 |
| | 4(125×10) | 0.028 | 0.147 | 0.170 | 0.056 | 0.317 | 0.344 |
| | 3(125×10)+80×8 | 0.028 | 0.147 | 0.170 | 0.078 | 0.341 | 0.369 |
| | 3(125×10)+80×6.3 | 0.028 | 0.147 | 0.170 | 0.088 | 0.343 | 0.370 |
| | 4[2(100×10)] | 0.016 | 0.156 | 0.181 | 0.032 | 0.336 | 0.366 |
| | 3[2(100×10)]+100×10 | 0.016 | 0.156 | 0.181 | 0.048 | 0.336 | 0.366 |
| | 3[2(100×10)]+80×10 | 0.016 | 0.156 | 0.181 | 0.066 | 0.350 | 0.380 |
| | 4(100×10) | 0.033 | 0.156 | 0.181 | 0.066 | 0.336 | 0.366 |
| | 3(100×10)+80×10 | 0.033 | 0.156 | 0.181 | 0.073 | 0.349 | 0.378 |
| | 4(80×10) | 0.040 | 0.168 | 0.193 | 0.080 | 0.361 | 0.390 |

续表

| 母线材料 | 母线规格 (mm) | 电阻 $R'$ | 电抗 $X'$ | | 相保电阻 $R'_{Lp}$ | 相保电抗 $X'_{Lp}$ | |
|---|---|---|---|---|---|---|---|
| | | | $D=250\text{mm}$ | $D=350\text{mm}$ | | $D=250\text{mm}$ | $D=350\text{mm}$ |
| 铝 | 3(80×10)+63×6.3 | 0.040 | 0.168 | 0.193 | 0.116 | 0.380 | 0.410 |
| | 4(100×8) | 0.040 | 0.158 | 0.182 | 0.080 | 0.340 | 0.368 |
| | 3(100×10)+80×8 | 0.040 | 0.158 | 0.182 | 0.090 | 0.352 | 0.381 |
| | 3(100×8)+63×6.3 | 0.040 | 0.158 | 0.182 | 0.116 | 0.370 | 0.399 |
| | 4(80×8) | 0.050 | 0.170 | | 0.100 | 0.364 | |
| | 3(80×8)+63×6.3 | 0.050 | 0.170 | | 0.126 | 0.382 | |
| | 3(80×8)+50×5 | 0.050 | 0.170 | | 0.169 | 0.394 | |
| | 4(80×6.3) | 0.060 | 0.172 | | 0.120 | 0.368 | |
| | 3(80×6.3)+63×6.3 | 0.060 | 0.172 | | 0.136 | 0.384 | |
| | 3(80×6.3)+50×5 | 0.060 | 0.172 | | 0.179 | 0.396 | |
| | 4(63×6.3) | 0.076 | 0.188 | | 0.152 | 0.400 | |
| | 3(63×6.3)+40×4 | 0.076 | 0.188 | | 0.262 | 0.426 | |
| | 4(50×5) | 0.119 | 0.199 | | 0.238 | 0.423 | |
| | 3(50×5)+40×4 | 0.119 | 0.199 | | 0.305 | 0.437 | |
| | 4(40×4) | 0.186 | 0.212 | | 0.372 | 0.451 | |

注：1. 本表适用于母线平放或竖放，PEN线置于最外侧，$D$ 为相间距离，$D_n$ 为 PEN 与相邻相线中心间距；当变压器容量≤630kVA 时，$D=250\text{mm}$，$D_n=200\text{mm}$；当变压器容量>630kVA 时，$D=350\text{mm}$，$D_n=200\text{mm}$；

2. 电阻 $R'$、相保电阻 $R'_{Lp}$ 为 20℃时导线单位长度电阻值。

**低压架空线单位长度阻抗值**（mΩ/m）　　　表 3-15

| 规格 (mm) | 电阻 $R'$ | | 电抗 $X'$ | 相保电阻 $R'_{Lp}$ | | 相保电抗 $X'_{Lp}$ |
|---|---|---|---|---|---|---|
| | 铝 | 铜 | | 铝 | 铜 | |
| 4×185 | 0.156 | 0.095 | 0.30 | 0.468 | 0.285 | 0.57 |
| 3×185+1×95 | 0.156 | 0.095 | 0.30 | 0.689 | 0.420 | 0.60 |
| 4×150 | 0.192 | 0.117 | 0.31 | 0.576 | 0.351 | 0.59 |
| 3×150+1×70 | 0.192 | 0.117 | 0.31 | 0.905 | 0.552 | 0.62 |
| 4×120 | 0.240 | 0.146 | 0.32 | 0.720 | 0.438 | 0.61 |
| 3×120+1×70 | 0.240 | 0.146 | 0.32 | 0.997 | 0.596 | 0.63 |
| 4×95 | 0.303 | 0.185 | 0.33 | 0.909 | 0.555 | 0.63 |
| 3×95+1×50 | 0.303 | 0.185 | 0.33 | 1.317 | 0.804 | 0.65 |

续表

| 规格 (mm) | 电阻 $R'$ | | 电抗 $X'$ | 相保电阻 $R'_{Lp}$ | | 相保电抗 $X'_{Lp}$ |
|---|---|---|---|---|---|---|
| | 铝 | 铜 | | 铝 | 铜 | |
| 4×70 | 0.411 | 0.25 | 0.34 | 1.233 | 0.753 | 0.65 |
| 3×70+1×35 | 0.411 | 0.251 | 0.34 | 1.850 | 1.128 | 0.67 |
| 4×50 | 0.575 | 0.351 | 0.35 | 1.725 | 1.053 | 0.67 |
| 3×50+1×25 | 0.575 | 0.351 | 0.35 | 2.589 | 1.580 | 0.69 |
| 4×35 | 0.822 | 0.501 | 0.36 | 2.466 | 1.503 | 0.69 |
| 3×35+1×16 | 0.822 | 0.501 | 0.36 | 3.930 | 2.397 | 0.72 |
| 4×25 | 1.151 | 0.792 | 0.37 | 3.453 | 2.106 | 0.71 |
| 3×25+1×16 | 1.151 | 0.792 | 0.37 | 4.424 | 2.699 | 0.73 |
| 4×16 | 1.798 | 1.097 | 0.38 | 5.394 | 3.291 | 0.75 |
| 3×16+1×10 | 1.798 | 1.097 | 0.38 | 7.011 | 4.277 | 0.77 |
| 4×10 | 2.876 | 1.754 | 0.40 | 8.628 | 5.262 | 0.77 |

注：1. 本表适用于架空线水平排列，PEN 线置于中间，线间距离依次为 400mm、600mm、400mm；

  2. 电阻 $R'$ 为 20℃时导线单位长度电阻；

  3. 相保电阻 $R'_{Lp}$ 为计算单相接地短路电流用，其值取 20℃时导线单位长度电阻的 1.5 倍。

**低压电缆（VLV，VV）单位长度阻抗值**（mΩ/m）  表 3-16

| 电缆规格 (mm) | 电阻 $R'$ | | 电抗 $X'$ | | 相保电阻 $R'_{Lp}$ | | | | 相保电抗 $X'_{Lp}$ | | |
|---|---|---|---|---|---|---|---|---|---|---|---|
| | 铝芯 | 铜芯 | 非钢管布线 | 钢管布线 | 铝芯 | 铜芯 | 钢管布线并作保护线 | | 非钢管布线 | 钢管布线 | 钢管作保护线 |
| | | | | | | | 铝芯 | 铜芯 | | | |
| 4×185 | 0.156 | 0.095 | 0.076 | | 0.468 | 0.285 | 0.856 (G80) | 0.795 (G80) | 0.57 | | |
| 3×185+1×95 | 0.156 | 0.095 | 0.076 | | 0.689 | 0.420 | | | 0.60 | | |
| 4×150 | 0.192 | 0.117 | 0.076 | 0.08 | 0.576 | 0.351 | 0.892 (G80) | 0.817 (G80) | 0.59 | 0.20 | 0.69 |
| 3×150+1×70 | 0.192 | 0.117 | 0.076 | 0.08 | 0.905 | 0.552 | | | 0.62 | 0.21 | 0.69 |
| 4×120 | 0.240 | 0.146 | 0.076 | 0.08 | 0.720 | 0.438 | 0.940 (G65) | 0.846 (G65) | 0.61 | 0.21 | 0.69 |
| 3×120+1×70 | 0.240 | 0.146 | 0.076 | 0.08 | 0.997 | 0.596 | | | 0.63 | 0.21 | 0.69 |
| 4×95 | 0.303 | 0.185 | 0.079 | | 0.909 | 0.555 | 1.003 (G65) | 0.885 (G65) | 0.63 | 0.23 | 0.70 |
| 3×95+1×50 | 0.303 | 0.185 | 0.079 | 0.09 | 1.317 | 0.804 | | | 0.65 | 0.21 | 0.70 |
| 4×70 | 0.411 | 0.251 | 0.078 | 0.09 | 1.233 | 0.753 | 1.111 (G65) | 0.951 (G65) | 0.65 | 0.22 | 0.70 |
| 3×70+1×35 | 0.411 | 0.251 | 0.078 | 0.09 | 1.850 | 1.128 | | | 0.67 | 0.23 | 0.70 |
| 4×50 | 0.575 | 0.351 | 0.079 | 0.09 | 1.725 | 1.053 | 1.375 (G50) | 1.151 (G50) | 0.67 | 0.21 | 0.90 |
| 3×50+1×25 | 0.575 | 0.351 | 0.079 | 0.09 | 2.589 | 1.580 | | | 0.69 | 0.22 | 0.90 |
| 4×35 | 0.822 | 0.501 | 0.080 | 0.10 | 2.466 | 1.503 | 1.722 (G40) | 1.401 (G40) | 0.69 | 0.24 | 1.01 |
| 3×35+1×16 | 0.822 | 0.501 | 0.080 | 0.10 | 3.930 | 2.397 | | | 0.72 | 0.25 | 1.01 |
| 4×25 | 1.151 | 0.792 | 0.082 | 0.10 | 3.453 | 2.106 | 2.051 (G40) | 1.692 (G40) | 0.71 | 0.23 | 1.10 |
| 3×25+1×16 | 1.151 | 0.792 | 0.082 | 0.10 | 4.424 | 2.699 | | | 0.73 | 0.25 | 1.10 |
| 4×16 | 1.798 | 1.097 | 0.087 | 0.10 | 5.394 | 3.291 | 3.098 (G32) | 2.397 (G32) | 0.75 | 0.25 | 1.11 |
| 3×16+1×10 | 1.798 | 1.097 | 0.087 | 0.10 | 7.011 | 4.277 | | | 0.77 | 0.25 | 1.11 |

续表

| 电缆规格<br>（mm） | 电阻 $R'$ | | 电抗 $X'$ | | 相保电阻 $R'_{Lp}$ | | | | 相保电抗 $X'_{Lp}$ | | |
|---|---|---|---|---|---|---|---|---|---|---|---|
| | 铝芯 | 铜芯 | 非钢管<br>布线 | 钢管<br>布线 | 铝芯 | 铜芯 | 钢管布线<br>并作保护线 | | 非钢管<br>布线 | 钢管<br>布线 | 钢管作<br>保护线 |
| | | | | | | | 铝芯 | 铜芯 | | | |
| 4×10 | 2.876 | 1.754 | 0.094 | 0.11 | 8.628 | 5.262 | 4.376<br>（G25） | 3.254<br>（G25） | 0.77 | 0.26 | 1.22 |
| 4×6 | 4.700 | 2.867 | 0.100 | 0.11 | 14.10 | 8.601 | 7.200<br>（G20） | 5.367<br>（G20） | 0.20 | 0.26 | 1.42 |
| 4×4 | 7.050 | 4.300 | 0.100 | 0.11 | 21.15 | 12.90 | 9.550<br>（G20） | 6.800<br>（G20） | 0.20 | 0.28 | 1.43 |
| 4×2.5 | 11.28 | 6.880 | | 0.13 | 33.84 | 20.64 | 14.30<br>（G20） | 9.380<br>（G20） | | 0.29 | 1.44 |
| 4×1.5 | | 11.47 | | 0.14 | 34.40 | | | 13.97<br>（G20） | | 0.32 | 1.45 |

注：1. 电阻 $R'$ 为 20℃时导线单位长度电阻；

2. 钢管作保护线时的相保电阻 $R'_{Lp}$ 为计算单相接地短路电流用，其值取 $R'_{Lp} = R' + R'_{(0)p}$ 。

（4）钢导体的零序阻抗

在低压配电网络中经常采用钢导体（扁钢、角钢、钢管、钢轨等）作为保护线或接地线，因此在计算低压网络单相接地短路电流时，常常会碰到钢导体的零序电阻和零序电抗计算问题。

作为保护线或接地线的钢导体，其零序电阻就是钢导体本身的交流电阻。其零序电抗为零序自电抗和零序互电抗之和，互电抗与钢导体与相线的几何均距有关。

常用钢导体的零序电阻（交流电阻）和零序自电抗、零序互电抗见表 3-17。

常用钢导体的零序阻抗　　　　　　　　　　　　　　表 3-17

| 钢材 | 规格（mm） | 计算采用的<br>载流量（A） | 零序电阻<br>（mΩ/m） | 零序电抗（mΩ/m） | | | | |
|---|---|---|---|---|---|---|---|---|
| | | | | 与相线几何均距（mm） | | | | |
| | | | | 300 | 600 | 1500 | 2700 | 4500 |
| 扁钢 | 20×4 | 160 | 3.68 | 2.315 | 2.364 | 2.417 | 2.467 | 2.525 |
| | 25×4 | 200 | 2.41 | 1.931 | 1.976 | 2.032 | 2.089 | 2.122 |
| | 40×4 | 300 | 1.41 | 1.324 | 1.368 | 1.426 | 1.462 | 1.494 |
| | 50×5 | 500 | 1.32 | 1.122 | 1.167 | 1.223 | 1.257 | 1.291 |
| | 60×5 | 550 | 1.10 | 1.021 | 1.063 | 1.121 | 1.158 | 1.189 |
| | 80×6 | 850 | 0.71 | 0.713 | 0.756 | 0.814 | 0.851 | 0.882 |
| | 80×8 | 1100 | 0.53 | 0.542 | 0.584 | 0.642 | 0.678 | 0.710 |
| | 100×6 | 1100 | 0.51 | 0.509 | 0.561 | 0.611 | 0.647 | 0.679 |
| | 100×8 | 1250 | 0.38 | 0.408 | 0.451 | 0.509 | 0.546 | 0.578 |

| 钢材 | 规格 （mm） | 计算采用的载流量（A） | 零序电阻（mΩ/m） | 零序电抗（mΩ/m） | | | | |
|---|---|---|---|---|---|---|---|---|
| | | | | 与相线几何均距（mm） | | | | |
| | | | | 300 | 600 | 1500 | 2700 | 4500 |
| 方钢 | 60×60 | 800 | 0.41 | 0.401 | 0.445 | 0.502 | 0.540 | 0.569 |
| | 70×70 | 900 | 0.36 | 0.354 | 0.396 | 0.454 | 0.490 | 0.522 |
| | 80×80 | 1200 | 0.29 | 0.303 | 0.347 | 0.405 | 0.443 | 0.474 |
| 角钢 | 40×40×5 | 600 | 0.58 | 0.585 | 0.628 | 0.688 | 0.724 | 0.756 |

### 3.1.4.2 三相短路电流和两相短路电流计算

（1）三相短路电流计算

在 220/380V 低压电网中，一般以三相短路电流为最大，与中性点是否接地无关。低压网络三相对称短路电流初始值 $I_k''$ 按下式计算：

$$I_k'' = \frac{cU_n}{\sqrt{3}Z_k} = \frac{cU_n}{\sqrt{3}\sqrt{R_k^2 + X_k^2}} = \frac{220}{\sqrt{R_k^2 + X_k^2}} \quad (3\text{-}36)$$

式中　$I_k''$ ——三相对称短路电流初始值（kA）；

　　　$R_k$ ——低压网络总短路电阻（mΩ）；

　　　$X_k$ ——低压网络总短路电抗（mΩ）。

由于低压网络的电阻较大，短路电流非周期分量比高压网络衰减得更快，因此不考虑短路电流非周期分量的计算。认为三相短路电流初始值和稳态短路电流相等，即 $I_k'' = I_k$。

三相短路电流峰值 $i_p$ 的计算与高压系统相同，见式（3-10）～式（3-15）。低压电动机对三相短路电流峰值的影响可以忽略不计。

（2）两相短路电流计算

低压系统的两相（不接地）短路电流计算与高压系统计算方法相同，即 $I_{k2}'' = 0.866 I_k''$。

### 3.1.4.3 单相接地短路电流计算

（1）单相接地短路电流计算

220/380V 低压网络 TN 接地系统的单相接地短路电流初始值 $I_{k1}''$ 按下式计算：

$$I_{k1}'' = \frac{cU_n}{\sqrt{3}Z_{Lp}} = \frac{220}{\sqrt{R_{Lp}^2 + X_{Lp}^2}} \quad (3\text{-}37)$$

式中　$I_{k1}''$ ——单相接地短路电流初始值（kA）；

　　　$R_{Lp}$ ——低压网络总相保短路电阻（mΩ）；

　　　$X_{Lp}$ ——低压网络总相保短路电抗（mΩ）。

低压网络总相保短路电阻和总相保短路电抗包括高压系统（表 3-11）、变压器（表 3-12、3-13）、母线（表 3-14）和配电线路（表 3-15～表 3-17）的相保电阻及相保电抗。

（2）相线与中性线短路电流计算

220/380V 低压网络 TN 和 TT 接地系统的相线与中性线之间的单相短路电流计算，与 220/380V 低压网络 TN 接地系统的单相接地短路电流计算相似，仅需将配电线路的相保电阻和相保电抗改成相线—中性线的电阻及电抗。

### 3.1.4.4 常用 10(6)/0.4kV 电力变压器低压侧的短路电流

常用 10(6)/0.4kV 电力变压器低压侧短路电流值见表 3-18～表 3-21。

表 3-18

## S9、S9-M 系列 10(6)/0.4kV 变压器低压侧短路电流值(D,yn11 连接)

| 高压侧系统短路容量(MVA) | 短路种类及电路阻抗 | 200 三相正、负序 | 200 单相接地相保 | 250 三相正、负序 | 250 单相接地相保 | 315 三相正、负序 | 315 单相接地相保 | 400 三相正、负序 | 400 单相接地相保 | 500 三相正、负序 | 500 单相接地相保 | 630 三相正、负序 | 630 单相接地相保 | 800 三相正、负序 | 800 单相接地相保 | 1000 三相正、负序 | 1000 单相接地相保 | 1250 三相正、负序 | 1250 单相接地相保 | 1600 三相正、负序 | 1600 单相接地相保 |
|---|---|---|---|---|---|---|---|---|---|---|---|---|---|---|---|---|---|---|---|---|---|
| 变压器容量(kVA) | | 200 | | 250 | | 315 | | 400 | | 500 | | 630 | | 800 | | 1000 | | 1250 | | 1600 | |
| 变压器阻抗电压(%) | | 4 | | 4 | | 4 | | 4.5 | | 4.5 | | 4.5 | | 4.5 | | 4.5 | | 4.5 | | 4.5 | |
| 低压母线规格(LMY,mm) | | 4×(40×4) | | 4×(40×4) | | 3×(50×5)+40×4 | | 3×(63×6.3)+40×4 | | 3×(80×6.3)+50×5 | | 3×(80×8)+50×5 | | 3×(100×8)+63×6.3 | | 3×(125×6.3)+80×6.3 | | 3×[2×(100×10)]+80×8 | | 3×[2×(125×10)]+80×10 | |
| 10 | 计算电阻(mΩ) | 12.52 | 12.92 | 10.33 | 10.73 | 8.08 | 8.48 | 6.27 | 6.67 | 5.15 | 5.22 | 4.34 | 4.41 | 3.67 | 3.52 | 3.38 | 3.15 | 2.90 | 2.62 | 2.91 | 2.58 |
| | 计算电抗(mΩ) | 47.38 | 43.27 | 40.73 | 36.62 | 36.35 | 32.23 | 32.27 | 28.15 | 29.16 | 24.97 | 27.92 | 23.73 | 25.63 | 21.41 | 23.77 | 19.46 | 22.46 | 18.14 | 21.09 | 16.77 |
| | 短路电流(kA) | 4.69 | 4.87 | 5.47 | 5.77 | 6.18 | 6.60 | 7.00 | 7.60 | 7.77 | 8.62 | 8.14 | 9.13 | 8.88 | 10.14 | 9.58 | 11.16 | 10.15 | 12.00 | 10.80 | 12.96 |
| 20 | 计算电阻(mΩ) | 11.73 | 12.39 | 9.54 | 10.20 | 7.29 | 7.95 | 5.48 | 6.14 | 4.36 | 4.69 | 3.55 | 3.88 | 2.88 | 2.99 | 2.59 | 2.62 | 2.11 | 2.09 | 2.12 | 2.05 |
| | 计算电抗(mΩ) | 39.42 | 37.97 | 32.77 | 31.32 | 28.39 | 26.93 | 24.31 | 22.85 | 21.20 | 19.67 | 19.96 | 18.43 | 17.67 | 16.11 | 15.81 | 14.16 | 14.50 | 12.84 | 13.13 | 11.47 |
| | 短路电流(kA) | 5.59 | 5.51 | 6.74 | 6.68 | 7.85 | 7.83 | 9.23 | 9.30 | 10.63 | 10.88 | 11.35 | 11.68 | 12.85 | 13.42 | 14.36 | 15.28 | 15.70 | 16.91 | 17.29 | 18.88 |
| 30 | 计算电阻(mΩ) | 11.46 | 12.12 | 9.27 | 10.02 | 7.02 | 7.77 | 5.21 | 5.96 | 4.09 | 4.51 | 3.28 | 3.70 | 2.61 | 2.81 | 2.32 | 2.44 | 1.84 | 1.91 | 1.85 | 1.87 |
| | 计算电抗(mΩ) | 36.76 | 36.19 | 30.11 | 29.54 | 25.73 | 25.16 | 21.65 | 21.07 | 18.54 | 17.89 | 17.30 | 16.65 | 15.01 | 14.33 | 13.15 | 12.38 | 11.84 | 11.06 | 10.47 | 9.69 |
| | 短路电流(kA) | 5.97 | 5.76 | 7.30 | 7.05 | 8.62 | 8.36 | 10.35 | 10.03 | 12.11 | 11.73 | 13.06 | 12.90 | 15.09 | 15.07 | 17.23 | 17.53 | 19.24 | 19.61 | 21.64 | 22.29 |
| 50 | 计算电阻(mΩ) | 11.25 | 12.07 | 9.06 | 9.88 | 6.81 | 7.63 | 5.00 | 5.82 | 3.88 | 4.37 | 3.07 | 3.56 | 2.40 | 2.67 | 2.11 | 2.30 | 1.63 | 1.77 | 1.64 | 1.73 |
| | 计算电抗(mΩ) | 34.64 | 34.78 | 27.99 | 28.13 | 23.61 | 23.74 | 19.53 | 19.66 | 16.42 | 16.48 | 15.18 | 15.24 | 12.89 | 12.92 | 11.03 | 10.97 | 9.72 | 9.65 | 8.35 | 8.28 |
| | 短路电流(kA) | 6.32 | 5.98 | 7.82 | 7.47 | 9.36 | 8.82 | 11.41 | 11.11 | 13.63 | 13.46 | 14.85 | 14.06 | 17.54 | 17.63 | 20.48 | 19.63 | 23.33 | 22.43 | 27.03 | 26.00 |
| 75 | 计算电阻(mΩ) | 11.14 | 12.00 | 8.95 | 9.81 | 6.70 | 7.56 | 4.89 | 5.75 | 3.77 | 4.30 | 2.96 | 3.49 | 2.29 | 2.60 | 2.00 | 2.23 | 1.52 | 1.66 | 1.53 | 1.62 |
| | 计算电抗(mΩ) | 33.58 | 34.07 | 26.93 | 27.42 | 22.55 | 23.03 | 18.47 | 18.95 | 15.36 | 15.77 | 14.12 | 14.54 | 11.83 | 12.21 | 9.97 | 10.26 | 8.66 | 8.94 | 7.29 | 7.57 |
| | 短路电流(kA) | 6.50 | 6.09 | 8.10 | 7.55 | 9.78 | 9.08 | 12.04 | 11.30 | 14.54 | 13.72 | 15.94 | 14.85 | 19.09 | 17.90 | 22.62 | 20.95 | 26.17 | 24.18 | 30.87 | 28.39 |
| 100 | 计算电阻(mΩ) | 11.09 | 11.97 | 8.90 | 9.78 | 6.65 | 7.53 | 4.84 | 5.72 | 3.72 | 4.27 | 2.91 | 3.46 | 2.24 | 2.57 | 1.95 | 2.20 | 1.47 | 1.63 | 1.48 | 1.57 |
| | 计算电抗(mΩ) | 33.05 | 33.72 | 26.40 | 27.07 | 22.02 | 22.68 | 17.94 | 18.60 | 14.90 | 15.42 | 13.59 | 14.18 | 11.30 | 11.86 | 9.44 | 9.91 | 8.13 | 8.59 | 6.76 | 7.22 |
| | 短路电流(kA) | 6.60 | 6.15 | 8.26 | 7.64 | 10.00 | 9.21 | 12.38 | 11.30 | 15.04 | 13.75 | 16.55 | 15.07 | 19.97 | 18.12 | 23.86 | 21.67 | 27.85 | 25.14 | 33.24 | 29.73 |
| 200 | 计算电阻(mΩ) | 11.01 | 11.91 | 8.82 | 9.72 | 6.57 | 7.47 | 4.76 | 5.66 | 3.64 | 4.21 | 2.83 | 3.40 | 2.16 | 2.51 | 1.87 | 2.14 | 1.39 | 1.61 | 1.40 | 1.57 |
| | 计算电抗(mΩ) | 32.26 | 33.19 | 25.61 | 26.54 | 21.23 | 22.15 | 17.15 | 18.07 | 14.04 | 14.89 | 12.80 | 13.65 | 10.51 | 11.33 | 8.65 | 9.38 | 7.34 | 8.06 | 5.97 | 6.69 |
| | 短路电流(kA) | 6.75 | 6.24 | 8.49 | 8.06 | 10.35 | 9.38 | 12.92 | 11.62 | 15.86 | 14.22 | 17.54 | 15.64 | 21.44 | 18.97 | 25.99 | 22.87 | 30.79 | 26.76 | 37.52 | 32.02 |
| 300 | 计算电阻(mΩ) | 10.98 | 11.89 | 8.79 | 9.70 | 6.54 | 7.45 | 4.73 | 5.64 | 3.61 | 4.19 | 2.80 | 3.38 | 2.13 | 2.49 | 1.84 | 2.12 | 1.36 | 1.59 | 1.37 | 1.55 |
| | 计算电抗(mΩ) | 31.99 | 33.01 | 25.34 | 26.36 | 20.96 | 21.97 | 16.88 | 17.89 | 13.77 | 14.71 | 12.53 | 13.47 | 10.24 | 11.15 | 8.38 | 9.20 | 7.07 | 7.88 | 5.70 | 6.51 |
| | 短路电流(kA) | 6.80 | 6.27 | 8.58 | 7.93 | 10.47 | 9.48 | 13.12 | 12.04 | 16.15 | 14.38 | 17.91 | 15.84 | 21.99 | 19.26 | 26.81 | 23.30 | 31.94 | 27.36 | 39.25 | 32.88 |
| ∞ | 计算电阻(mΩ) | 10.93 | 11.86 | 8.75 | 9.67 | 6.49 | 7.42 | 4.68 | 5.61 | 3.56 | 4.16 | 2.75 | 3.35 | 2.08 | 2.46 | 1.79 | 2.09 | 1.31 | 1.56 | 1.32 | 1.52 |
| | 计算电抗(mΩ) | 31.46 | 32.66 | 24.81 | 26.01 | 20.43 | 21.62 | 16.35 | 17.62 | 13.24 | 14.36 | 12.00 | 13.12 | 9.71 | 10.80 | 7.85 | 8.85 | 6.54 | 7.53 | 5.17 | 6.16 |
| | 短路电流(kA) | 6.91 | 6.33 | 8.75 | 8.57 | 10.73 | 9.62 | 13.52 | 12.94 | 16.78 | 15.16 | 18.68 | 16.25 | 23.16 | 19.86 | 28.57 | 24.20 | 34.48 | 28.61 | 43.07 | 34.70 |

注:1. 表中短路电流分量为周期分量有效值,计算阻抗包括高压系统阻抗,变压器阻抗,变压器至低压母线和长 5m 的低压母线阻抗;

2. 低压母线相间距离,变压器容量<630kVA 时取 250mm,变压器容量>630kVA 时取 350mm;

3. 相线框以下部分为变压器低压侧的阻抗值与归算到变压器 400V 的高压侧的阻抗值之比>2,低压侧短路电流周期分量不衰减。

**表 3-19**

## S9、S9-M 系列 10(6)/0.4kV 变压器低压侧短路电流值（Y,yn0 连接）

变压器阻抗电压(%)：200～630kVA 为 4；800～1600kVA 为 4.5

低压母线段规格（LMY,mm）：
- 200：4×(40×4)
- 250：4×(40×4)
- 315：3×(50×5)+40×4
- 400：3×(63×6.3)+40×4
- 500：3×(80×6.3)+50×5
- 630：3×(80×8)+50×5
- 800：3×(100×8)+63×6.3
- 1000：3×(125×10)+80×6.3
- 1250：3×[2×(100×10)]+80×8
- 1600：3×[2×(125×10)]+80×10

短路种类及电路阻抗：三相正、负序 / 单相接地相保

| 高压侧系统短路容量(MVA) | 短路种类及电路阻抗 | 200 三相 | 200 单相 | 250 三相 | 250 单相 | 315 三相 | 315 单相 | 400 三相 | 400 单相 | 500 三相 | 500 单相 | 630 三相 | 630 单相 | 800 三相 | 800 单相 | 1000 三相 | 1000 单相 | 1250 三相 | 1250 单相 | 1600 三相 | 1600 单相 |
|---|---|---|---|---|---|---|---|---|---|---|---|---|---|---|---|---|---|---|---|---|---|
| 10 | 计算电阻(mΩ) | 12.52 | 21.59 | 10.33 | 17.86 | 8.08 | 13.28 | 6.27 | 10.27 | 5.15 | 8.29 | 4.34 | 6.61 | 3.67 | 5.06 | 3.38 | 4.53 | 2.90 | 3.68 | 2.91 | 3.23 |
| 10 | 计算电抗(mΩ) | 47.38 | 71.80 | 40.73 | 62.10 | 36.35 | 52.32 | 32.27 | 44.01 | 29.16 | 38.54 | 27.92 | 33.43 | 25.03 | 29.08 | 23.77 | 26.53 | 22.46 | 23.80 | 21.09 | 21.03 |
| 10 | 短路电流(kA) | 4.69 | 2.93 | 5.47 | 3.40 | 6.18 | 4.08 | 7.00 | 4.87 | 7.77 | 5.58 | 8.14 | 6.27 | 8.88 | 7.45 | 9.58 | 8.18 | 10.15 | 9.03 | 10.80 | 10.34 |
| 20 | 计算电阻(mΩ) | 11.73 | 21.06 | 9.54 | 17.33 | 7.29 | 12.75 | 5.48 | 9.74 | 4.36 | 7.76 | 3.55 | 6.08 | 2.88 | 4.53 | 2.59 | 4.00 | 2.11 | 3.15 | 2.12 | 2.70 |
| 20 | 计算电抗(mΩ) | 39.42 | 66.50 | 32.77 | 56.80 | 28.39 | 47.02 | 24.31 | 38.71 | 21.20 | 33.24 | 19.96 | 28.13 | 17.67 | 23.78 | 15.81 | 21.23 | 14.50 | 18.50 | 13.13 | 15.73 |
| 20 | 短路电流(kA) | 5.59 | 3.15 | 6.74 | 3.70 | 7.85 | 4.52 | 9.23 | 5.51 | 10.63 | 6.45 | 11.35 | 7.36 | 12.85 | 8.59 | 14.36 | 10.19 | 15.70 | 11.72 | 17.29 | 13.78 |
| 30 | 计算电阻(mΩ) | 11.46 | 20.88 | 9.27 | 17.15 | 7.02 | 12.57 | 5.21 | 9.56 | 4.09 | 7.58 | 3.28 | 5.90 | 2.61 | 4.35 | 2.32 | 3.82 | 1.84 | 2.97 | 1.85 | 2.52 |
| 30 | 计算电抗(mΩ) | 36.76 | 64.72 | 30.11 | 55.02 | 25.73 | 45.24 | 21.65 | 36.93 | 18.54 | 31.46 | 17.30 | 26.35 | 15.01 | 22.00 | 13.15 | 19.45 | 11.84 | 16.72 | 10.47 | 13.95 |
| 30 | 短路电流(kA) | 5.97 | 3.24 | 7.30 | 3.82 | 8.62 | 4.69 | 10.33 | 5.76 | 12.11 | 6.80 | 13.06 | 7.82 | 15.09 | 9.81 | 17.23 | 11.12 | 19.20 | 12.96 | 21.64 | 15.51 |
| 50 | 计算电阻(mΩ) | 11.25 | 20.74 | 9.06 | 17.01 | 6.81 | 12.43 | 5.00 | 9.42 | 3.88 | 7.44 | 3.07 | 5.76 | 2.40 | 4.21 | 2.11 | 3.68 | 1.63 | 2.83 | 1.64 | 2.38 |
| 50 | 计算电抗(mΩ) | 34.64 | 63.31 | 27.99 | 53.31 | 23.61 | 43.88 | 19.53 | 35.52 | 16.42 | 30.05 | 15.18 | 24.94 | 12.89 | 20.48 | 11.03 | 18.04 | 9.72 | 15.31 | 8.35 | 12.54 |
| 50 | 短路电流(kA) | 6.32 | 3.30 | 7.82 | 3.91 | 9.36 | 4.83 | 11.47 | 5.99 | 13.63 | 7.11 | 14.85 | 8.22 | 17.54 | 10.47 | 20.48 | 11.95 | 23.33 | 14.14 | 27.03 | 17.24 |
| 75 | 计算电阻(mΩ) | 11.14 | 20.67 | 8.95 | 16.94 | 6.70 | 12.36 | 4.89 | 9.35 | 3.77 | 7.37 | 2.96 | 5.69 | 2.29 | 4.14 | 2.00 | 3.61 | 1.52 | 2.76 | 1.53 | 2.31 |
| 75 | 计算电抗(mΩ) | 33.58 | 62.60 | 26.93 | 52.90 | 22.55 | 43.12 | 18.47 | 34.81 | 15.36 | 29.34 | 14.12 | 24.23 | 11.83 | 19.88 | 9.97 | 17.33 | 8.66 | 14.60 | 7.29 | 11.83 |
| 75 | 短路电流(kA) | 6.50 | 3.34 | 8.10 | 3.96 | 9.78 | 4.90 | 12.04 | 6.10 | 14.54 | 7.27 | 15.94 | 8.43 | 19.09 | 10.83 | 22.62 | 12.43 | 26.17 | 14.51 | 30.87 | 18.26 |
| 100 | 计算电阻(mΩ) | 11.09 | 20.64 | 8.90 | 16.91 | 6.65 | 12.33 | 4.84 | 9.32 | 3.72 | 7.34 | 2.91 | 5.66 | 2.24 | 4.11 | 1.95 | 3.58 | 1.47 | 2.73 | 1.48 | 2.28 |
| 100 | 计算电抗(mΩ) | 33.05 | 62.25 | 26.40 | 52.55 | 22.02 | 42.77 | 17.94 | 34.46 | 14.83 | 28.99 | 13.59 | 23.88 | 11.30 | 19.53 | 9.44 | 16.98 | 8.13 | 14.25 | 6.76 | 11.48 |
| 100 | 短路电流(kA) | 6.60 | 3.35 | 8.26 | 3.99 | 10.00 | 4.94 | 12.38 | 6.16 | 15.04 | 7.36 | 16.55 | 8.54 | 19.97 | 11.02 | 23.86 | 12.68 | 27.85 | 14.80 | 33.24 | 18.80 |
| 200 | 计算电阻(mΩ) | 11.01 | 20.58 | 8.82 | 16.85 | 6.57 | 12.27 | 4.76 | 9.26 | 3.64 | 7.28 | 2.83 | 5.60 | 2.16 | 4.05 | 1.87 | 3.52 | 1.39 | 2.67 | 1.40 | 2.22 |
| 200 | 计算电抗(mΩ) | 32.26 | 61.72 | 25.61 | 52.02 | 21.23 | 42.24 | 17.15 | 33.93 | 14.04 | 28.46 | 12.80 | 23.35 | 10.51 | 19.00 | 8.65 | 16.45 | 7.34 | 13.72 | 5.97 | 10.95 |
| 200 | 短路电流(kA) | 6.75 | 3.38 | 8.49 | 4.02 | 10.35 | 5.00 | 12.92 | 6.26 | 15.86 | 7.49 | 17.54 | 8.71 | 21.44 | 11.32 | 25.99 | 13.08 | 30.79 | 15.74 | 37.52 | 19.70 |
| 300 | 计算电阻(mΩ) | 10.98 | 20.56 | 8.79 | 16.83 | 6.54 | 12.25 | 4.73 | 9.24 | 3.61 | 7.26 | 2.80 | 5.58 | 2.13 | 4.03 | 1.84 | 3.50 | 1.36 | 2.65 | 1.37 | 2.20 |
| 300 | 计算电抗(mΩ) | 31.99 | 61.54 | 25.34 | 51.49 | 20.96 | 42.06 | 16.88 | 33.75 | 13.77 | 28.28 | 12.53 | 23.17 | 10.24 | 18.82 | 8.38 | 16.27 | 7.07 | 13.54 | 5.70 | 10.77 |
| 300 | 短路电流(kA) | 6.80 | 3.39 | 8.58 | 4.06 | 10.47 | 5.02 | 13.12 | 6.29 | 16.15 | 7.53 | 17.91 | 8.78 | 21.99 | 11.43 | 26.81 | 13.22 | 31.94 | 15.94 | 39.25 | 20.02 |
| ∞ | 计算电阻(mΩ) | 10.93 | 20.53 | 8.74 | 16.80 | 6.49 | 12.22 | 4.68 | 9.21 | 3.56 | 7.23 | 2.75 | 5.55 | 2.08 | 4.00 | 1.79 | 3.47 | 1.31 | 2.62 | 1.32 | 2.17 |
| ∞ | 计算电抗(mΩ) | 31.46 | 61.19 | 24.81 | 51.19 | 20.43 | 41.71 | 16.35 | 33.40 | 13.24 | 27.93 | 12.00 | 22.82 | 9.71 | 18.47 | 7.85 | 15.92 | 6.54 | 13.19 | 5.17 | 10.42 |
| ∞ | 短路电流(kA) | 6.91 | 3.41 | 8.75 | 4.06 | 10.73 | 5.06 | 13.52 | 6.35 | 16.78 | 7.63 | 18.68 | 8.89 | 23.16 | 11.64 | 28.57 | 13.50 | 34.48 | 16.36 | 43.07 | 21.59 |

注：同表 3-18 表注。

**SC（B）9系列10（6）/0.4kV变压器**

| 变压器容量(kVA) | | 160 | | 200 | | 250 | | 315 | | 400 | | 500 | |
|---|---|---|---|---|---|---|---|---|---|---|---|---|---|
| 变压器阻抗电压(%) | | 4 | | | | | | | | | | | |
| 低压母线段规格(LMY,mm) | | 4×(40×4) | | | | | | 3×(50×5)+40×4 | | 3×(63×6.3)+40×4 | | 3×(80×6.3)+50×5 | |
| 高压侧系统短路容量(MVA) | 短路种类及电路阻抗 | 三相正、负序 | 单相接地相保 | 三相正、负序 | 单相接地相保 | 三相正、负序 | 单相接地相保 | 三相正、负序 | 单相接地相保 | 三相正、负序 | 单相接地相保 | 三相正、负序 | 单相接地相保 |
| 10 | 计算电阻(mΩ) | 14.90 | 15.3 | 11.48 | 11.88 | 8.69 | 9.09 | 7.19 | 7.59 | 5.57 | 5.97 | 4.64 | 4.71 |
| | 计算电抗(mΩ) | 55.00 | 50.91 | 46.91 | 42.80 | 41.83 | 37.72 | 36:62 | 32.50 | 32.45 | 28.33 | 29.28 | 25.09 |
| | 短路电流(kA) | 4.04 | 4.14 | 4.76 | 4.95 | 5.38 | 5.67 | 6.16 | 6.59 | 6.99 | 7.60 | 7.76 | 8.62 |
| 20 | 计算电阻(mΩ) | 14.11 | 14.77 | 10.69 | 11.35 | 7.90 | 8.56 | 6.40 | 7.06 | 4.78 | 5.44 | 3.85 | 4.18 |
| | 计算电抗(mΩ) | 47.06 | 45.61 | 38.95 | 37.50 | 33.87 | 32.42 | 28.66 | 27.20 | 24.49 | 23.03 | 21.32 | 19.79 |
| | 短路电流(kA) | 4.68 | 4.59 | 5.69 | 5.62 | 6.61 | 6.56 | 7.83 | 7.83 | 9.22 | 9.30 | 10.62 | 10.87 |
| 30 | 计算电阻(mΩ) | 13.84 | 14.59 | 10.42 | 11.17 | 7.63 | 8.38 | 6.13 | 6.88 | 4.51 | 5.26 | 3.58 | 4.00 |
| | 计算电抗(mΩ) | 44.40 | 43.83 | 36.29 | 35.72 | 31.21 | 30.64 | 26.00 | 25.42 | 21.83 | 21.25 | 18.66 | 18.01 |
| | 短路电流(kA) | 4.95 | 4.76 | 6.09 | 5.88 | 7.16 | 6.92 | 8.61 | 8.36 | 10.32 | 10.05 | 12.11 | 11.92 |
| 50 | 计算电阻(mΩ) | 13.63 | 14.45 | 10.21 | 11.03 | 7.42 | 8.24 | 5.92 | 6.74 | 4.30 | 5.12 | 3.37 | 3.86 |
| | 计算电抗(mΩ) | 42.28 | 42.42 | 34.17 | 34.31 | 29.09 | 29.23 | 23.88 | 24.01 | 19.71 | 19.84 | 16.54 | 16.60 |
| | 短路电流(kA) | 5.18 | 4.91 | 6.45 | 6.10 | 7.66 | 7.24 | 9.35 | 8.82 | 11.40 | 10.74 | 13.63 | 12.91 |
| 75 | 计算电阻(mΩ) | 13.52 | 14.38 | 10.10 | 10.96 | 7.31 | 8.17 | 5.81 | 6.67 | 4.19 | 5.05 | 3.26 | 3.79 |
| | 计算电抗(mΩ) | 41.22 | 41.71 | 33.11 | 33.60 | 28.03 | 28.52 | 22.82 | 23.30 | 18.65 | 19.13 | 15.48 | 15.89 |
| | 短路电流(kA) | 5.30 | 4.99 | 6.64 | 6.23 | 7.94 | 7.41 | 9.77 | 9.08 | 12.04 | 11.12 | 14.54 | 13.46 |
| 100 | 计算电阻(mΩ) | 13.47 | 14.35 | 10.05 | 10.93 | 7.26 | 8.14 | 5.76 | 6.64 | 4.14 | 5.02 | 3.21 | 3.76 |
| | 计算电抗(mΩ) | 40.69 | 41.36 | 32.58 | 33.25 | 27.50 | 28.17 | 22.29 | 22.95 | 18.12 | 18.78 | 14.95 | 15.54 |
| | 短路电流(kA) | 5.37 | 5.03 | 6.75 | 6.29 | 8.09 | 7.50 | 9.99 | 9.21 | 12.37 | 11.32 | 15.04 | 13.76 |
| 200 | 计算电阻(mΩ) | 13.39 | 14.29 | 9.97 | 10.87 | 7.18 | 8.08 | 5.68 | 6.58 | 4.06 | 4.96 | 3.13 | 3.70 |
| | 计算电抗(mΩ) | 39.90 | 40.83 | 31.79 | 32.72 | 26.71 | 27.64 | 21.50 | 22.42 | 17.33 | 18.25 | 14.16 | 15.01 |
| | 短路电流(kA) | 5.46 | 5.09 | 6.90 | 6.38 | 8.32 | 7.64 | 10.34 | 9.41 | 12.92 | 11.63 | 15.86 | 14.23 |
| 300 | 计算电阻(mΩ) | 13.36 | 14.27 | 9.94 | 10.85 | 7.15 | 8.06 | 5.65 | 6.56 | 4.03 | 4.94 | 3.10 | 3.68 |
| | 计算电抗(mΩ) | 39.63 | 40.65 | 31.52 | 32.54 | 26.44 | 27.46 | 21.23 | 22.24 | 17.06 | 18.07 | 13.89 | 14.83 |
| | 短路电流(kA) | 5.50 | 5.11 | 6.96 | 6.41 | 8.40 | 7.69 | 10.47 | 9.49 | 13.12 | 11.75 | 16.16 | 14.40 |
| ∞ | 计算电阻(mΩ) | 13.31 | 14.24 | 9.89 | 10.82 | 7.10 | 8.03 | 5.60 | 6.53 | 3.98 | 4.91 | 3.05 | 3.65 |
| | 计算电抗(mΩ) | 39.10 | 40.30 | 30.99 | 32.19 | 25.91 | 27.11 | 20.70 | 21.89 | 16.53 | 17.72 | 13.36 | 14.48 |
| | 短路电流(kA) | 5.57 | 5.15 | 7.06 | 6.48 | 8.56 | 7.78 | 10.73 | 9.63 | 13.53 | 11.96 | 16.79 | 14.74 |

注：同表 3-18 注。

**低压侧短路电流值(D,yn11)** 表 3-20

| 630 | | 630 | | 800 | | 1000 | | 1250 | | 1600 | | 2000 | | 2500 | |
|---|---|---|---|---|---|---|---|---|---|---|---|---|---|---|---|
| 4 | | 6 | | | | | | | | | | | | | |
| 3×(80×8)+50×5 | | 3×(80×8)+50×5 | | 3×(100×8)+63×6.3 | | 3×(125×10)+80×6.3 | | 3×[2×(100×10)]+100×10 | | 3×[2×(125×10)]+125×10 | | 3×[2×(100×10)]+100×10TMY | | 3×[2×(125×10)]+125×10TMY | |
| 三相正、负序 | 单相接地相保 | 三相正、负序 | 单相接地相保 | 三相正、负序 | 单相接地相保 | 三相正、负序 | 单相接地相保 | 三相正、负序 | 单相接地相保 | 三相正、负序 | 单相接地相保 | 三相正、负序 | 单相接地相保 | 三相正、负序 | 单相接地相保 |
| 4.02 | 4.09 | 4.10 | 4.17 | 3.44 | 3.29 | 2.95 | 2.72 | 2.60 | 2.23 | 2.35 | 1.96 | 2.18 | 1.78 | 2.04 | 1.60 |
| 26.69 | 22.50 | 31.84 | 27.65 | 28.66 | 24.50 | 26.29 | 21.98 | 24.45 | 20.06 | 22.73 | 18.29 | 21.60 | 17.21 | 20.59 | 16.15 |
| 8.52 | 9.62 | 7.17 | 7.87 | 7.97 | 8.90 | 8.70 | 9.93 | 9.35 | 10.90 | 10.07 | 11.96 | 10.59 | 12.72 | 11.12 | 13.56 |
| 3.23 | 3.56 | 3.31 | 3.64 | 2.65 | 2.76 | 2.16 | 2.19 | 1.81 | 1.70 | 1.56 | 1.43 | 1.39 | 1.25 | 1.25 | 1.07 |
| 18.73 | 17.20 | 23.88 | 22.35 | 20.70 | 19.19 | 18.33 | 16.68 | 16.49 | 14.76 | 14.77 | 12.99 | 13.64 | 11.91 | 12.63 | 10.85 |
| 12.10 | 12.53 | 9.54 | 9.72 | 11.02 | 11.35 | 12.46 | 13.08 | 13.86 | 14.80 | 15.49 | 16.83 | 16.78 | 18.36 | 18.12 | 20.18 |
| 12.96 | 3.38 | 3.04 | 3.46 | 2.38 | 2.58 | 1.89 | 2.01 | 1.54 | 1.52 | 1.29 | 1.25 | 1.12 | 1.07 | 0.98 | 0.89 |
| 16.07 | 15.42 | 21.22 | 20.57 | 18.04 | 17.41 | 15.67 | 14.90 | 13.83 | 12.98 | 12.11 | 11.21 | 10.98 | 10.13 | 9.97 | 9.07 |
| 14.08 | 13.93 | 10.73 | 10.55 | 12.64 | 12.50 | 14.58 | 14.64 | 16.52 | 16.83 | 18.88 | 19.50 | 20.83 | 21.59 | 22.95 | 24.15 |
| 2.75 | 3.24 | 2.83 | 3.32 | 2.17 | 2.44 | 1.68 | 1.87 | 1.33 | 1.38 | 1.08 | 1.11 | 0.91 | 0.93 | 0.77 | 0.75 |
| 13.95 | 14.01 | 19.10 | 19.16 | 15.92 | 16.00 | 13.55 | 13.49 | 11.71 | 11.57 | 9.99 | 9.80 | 8.86 | 8.72 | 7.85 | 7.66 |
| 16.17 | 15.30 | 11.91 | 11.31 | 14.31 | 13.60 | 16.85 | 16.15 | 19.51 | 18.88 | 22.89 | 22.31 | 25.81 | 25.09 | 29.15 | 28.57 |
| 2.64 | 3.17 | 2.72 | 3.25 | 2.06 | 2.37 | 1.57 | 1.80 | 1.22 | 1.31 | 0.97 | 1.04 | 0.80 | 0.86 | 0.66 | 0.68 |
| 12.89 | 13.30 | 18.04 | 18.45 | 14.86 | 15.29 | 12.49 | 12.78 | 10.65 | 10.86 | 8.93 | 9.09 | 7.80 | 8.01 | 6.79 | 6.95 |
| 17.48 | 16.09 | 12.61 | 11.75 | 15.33 | 14.22 | 18.27 | 17.04 | 21.46 | 20.11 | 25.61 | 24.04 | 29.34 | 27.30 | 33.72 | 31.52 |
| 2.59 | 3.14 | 2.67 | 3.22 | 2.01 | 2.34 | 1.52 | 1.77 | 1.17 | 1.28 | 0.92 | 1.01 | 0.75 | 0.83 | 0.61 | 0.65 |
| 12.36 | 12.95 | 17.51 | 18.10 | 14.33 | 14.94 | 11.96 | 12.43 | 10.12 | 10.51 | 8.40 | 8.74 | 7.27 | 7.66 | 6.26 | 6.60 |
| 18.21 | 16.50 | 12.99 | 11.97 | 15.89 | 14.55 | 19.07 | 17.52 | 22.57 | 20.77 | 27.22 | 25.00 | 31.46 | 28.57 | 36.57 | 33.18 |
| 2.51 | 3.08 | 2.56 | 3.16 | 1.93 | 2.28 | 1.44 | 1.71 | 1.09 | 1.22 | 0.84 | 0.95 | 0.67 | 0.77 | 0.53 | 0.59 |
| 11.57 | 12.42 | 16.72 | 17.57 | 13.54 | 14.41 | 11.17 | 11.90 | 9.33 | 9.98 | 7.61 | 8.21 | 6.48 | 7.13 | 5.47 | 6.07 |
| 19.43 | 17.19 | 13.59 | 12.32 | 16.81 | 15.08 | 20.43 | 18.30 | 24.49 | 21.89 | 30.03 | 26.63 | 35.33 | 30.68 | 41.82 | 36.07 |
| 2.48 | 3.06 | 2.56 | 3.14 | 1.90 | 2.26 | 1.41 | 1.69 | 1.06 | 1.20 | 0.81 | 0.93 | 0.64 | 0.75 | 0.50 | 0.57 |
| 11.30 | 12.24 | 16.45 | 17.39 | 13.27 | 14.23 | 10.90 | 11.72 | 9.06 | 9.80 | 7.34 | 8.03 | 6.21 | 6.95 | 5.20 | 5.89 |
| 19.88 | 17.43 | 13.81 | 12.45 | 17.15 | 15.26 | 20.93 | 18.58 | 25.22 | 22.29 | 31.17 | 27.23 | 36.86 | 31.47 | 44.06 | 37.16 |
| 2.43 | 3.03 | 2.51 | 3.11 | 1.85 | 2.23 | 1.36 | 1.66 | 1.01 | 1.17 | 0.76 | 0.90 | 0.59 | 0.72 | 0.45 | 0.54 |
| 10.77 | 11.89 | 15.92 | 17.04 | 12.74 | 13.88 | 10.37 | 11.37 | 8.53 | 9.45 | 6.81 | 7.68 | 5.68 | 6.60 | 4.67 | 5.54 |
| 20.83 | 17.93 | 14.27 | 12.70 | 17.87 | 15.65 | 21.99 | 19.15 | 26.78 | 23.11 | 33.58 | 28.46 | 40.28 | 33.13 | 49.04 | 39.50 |

SC (B) 9系列 10 (6) /0.4kV 变压器

| 高压侧系统短路容量(MVA) | 变压器容量(kVA) | 160 | | 200 | | 250 | | 315 | | 400 | | 500 | |
|---|---|---|---|---|---|---|---|---|---|---|---|---|---|
| | 变压器阻抗电压(%) | 4 | | | | | | | | | | | |
| | 低压母线段规格(LMY,mm) | 4×(40×4) | | | | | | 3×(50×5)+40×4 | | 3×(63×6.3)+40×4 | | 3×(80×6.3)+50×5 | |
| | 短路种类及电路阻抗 | 三相正、负序 | 单相接地相保 | 三相正、负序 | 单相接地相保 | 三相正、负序 | 单相接地相保 | 三相正、负序 | 单相接地相保 | 三相正、负序 | 单相接地相保 | 三相正、负序 | 单相接地相保 |
| 10 | 计算电阻(mΩ) | 14.90 | 23.64 | 11.48 | 20.71 | 8.69 | 18.04 | 7.19 | 15.88 | 5.57 | 10.40 | 4.64 | 8.09 |
| | 计算电抗(mΩ) | 55.00 | 173.23 | 46.91 | 152.76 | 41.83 | 130.57 | 36.62 | 102.60 | 32.45 | 94.73 | 29.28 | 80.16 |
| | 短路电流(kA) | 4.04 | 1.26 | 4.76 | 1.43 | 5.38 | 1.67 | 6.16 | 2.12 | 6.99 | 2.31 | 7.76 | 2.73 |
| 20 | 计算电阻(mΩ) | 14.11 | 23.11 | 10.69 | 20.18 | 7.90 | 17.51 | 6.40 | 15.35 | 4.78 | 9.87 | 3.85 | 7.56 |
| | 计算电抗(mΩ) | 47.06 | 167.93 | 38.95 | 147.46 | 33.87 | 125.27 | 28.66 | 97.30 | 24.49 | 89.43 | 21.32 | 74.86 |
| | 短路电流(kA) | 4.68 | 1.30 | 5.69 | 1.48 | 6.61 | 1.74 | 7.83 | 2.23 | 9.22 | 2.45 | 10.62 | 2.92 |
| 30 | 计算电阻(mΩ) | 13.84 | 22.93 | 10.42 | 20.00 | 7.63 | 17.33 | 6.13 | 15.17 | 4.51 | 9.69 | 3.58 | 7.38 |
| | 计算电抗(mΩ) | 44.40 | 166.15 | 36.29 | 145.68 | 31.21 | 123.49 | 26.00 | 95.52 | 21.83 | 87.65 | 18.66 | 73.08 |
| | 短路电流(kA) | 4.95 | 1.30 | 6.09 | 1.50 | 7.16 | 1.76 | 8.32 | 2.27 | 10.32 | 2.49 | 12.11 | 3.00 |
| 50 | 计算电阻(mΩ) | 13.63 | 22.79 | 10.21 | 19.86 | 7.42 | 17.19 | 5.92 | 15.03 | 4.30 | 9.55 | 3.37 | 7.24 |
| | 计算电抗(mΩ) | 42.28 | 164.74 | 34.17 | 144.27 | 29.09 | 122.08 | 23.88 | 94.11 | 19.71 | 86.24 | 16.54 | 71.67 |
| | 短路电流(kA) | 5.18 | 1.32 | 6.45 | 1.51 | 7.66 | 1.78 | 9.35 | 2.31 | 11.40 | 2.54 | 13.63 | 3.05 |
| 75 | 计算电阻(mΩ) | 13.52 | 22.72 | 10.10 | 19.79 | 7.31 | 17.12 | 5.81 | 14.96 | 4.19 | 9.48 | 3.26 | 7.17 |
| | 计算电抗(mΩ) | 41.22 | 164.03 | 33.11 | 143.56 | 28.03 | 121.37 | 22.82 | 93.40 | 18.65 | 85.53 | 15.48 | 70.96 |
| | 短路电流(kA) | 5.30 | 1.33 | 6.64 | 1.52 | 7.94 | 1.79 | 9.77 | 2.33 | 12.04 | 2.56 | 14.54 | 3.08 |
| 100 | 计算电阻(mΩ) | 13.47 | 22.69 | 10.05 | 19.76 | 7.26 | 17.09 | 5.76 | 14.93 | 4.14 | 9.45 | 3.21 | 7.14 |
| | 计算电抗(mΩ) | 40.69 | 163.68 | 32.58 | 143.21 | 27.50 | 121.02 | 22.29 | 93.05 | 18.12 | 85.18 | 14.95 | 70.61 |
| | 短路电流(kA) | 5.37 | 1.33 | 6.75 | 1.52 | 8.09 | 1.80 | 9.99 | 2.33 | 12.37 | 2.57 | 15.04 | 3.10 |
| 200 | 计算电阻(mΩ) | 13.39 | 22.63 | 9.97 | 19.70 | 7.18 | 17.03 | 5.68 | 14.87 | 4.06 | 9.39 | 3.13 | 7.08 |
| | 计算电抗(mΩ) | 39.90 | 163.15 | 31.79 | 142.68 | 26.71 | 120.49 | 21.50 | 92.52 | 17.33 | 84.65 | 14.16 | 70.08 |
| | 短路电流(kA) | 5.46 | 1.34 | 6.90 | 1.53 | 8.32 | 1.81 | 10.34 | 2.35 | 12.92 | 2.58 | 15.86 | 3.12 |
| 300 | 计算电阻(mΩ) | 13.36 | 22.61 | 9.94 | 19.68 | 7.15 | 17.01 | 5.65 | 14.85 | 4.03 | 9.37 | 3.10 | 7.06 |
| | 计算电抗(mΩ) | 39.63 | 162.97 | 31.52 | 142.50 | 26.44 | 120.31 | 21.23 | 92.34 | 17.06 | 84.47 | 13.89 | 69.90 |
| | 短路电流(kA) | 5.50 | 1.34 | 6.96 | 1.53 | 8.40 | 1.81 | 10.47 | 2.35 | 13.12 | 2.59 | 16.16 | 3.13 |
| ∞ | 计算电阻(mΩ) | 13.31 | 22.58 | 9.89 | 19.65 | 7.10 | 16.98 | 5.60 | 14.82 | 3.98 | 9.34 | 3.05 | 7.03 |
| | 计算电抗(mΩ) | 39.10 | 162.62 | 30.99 | 142.15 | 25.91 | 119.96 | 20.70 | 91.99 | 16.53 | 84.12 | 13.36 | 69.55 |
| | 短路电流(kA) | 5.57 | 1.34 | 7.06 | 1.53 | 8.56 | 1.82 | 10.73 | 2.36 | 13.53 | 2.60 | 16.79 | 3.15 |

**低压侧短路电流值（D，yn0）** 表 3-21

| 630 | | 630 | | 800 | | 1000 | | 1250 | | 1600 | | 2000 | | 2500 | |
|---|---|---|---|---|---|---|---|---|---|---|---|---|---|---|---|
| 4 | | 6 | | | | | | | | | | | | | |
| 3×(80×8) +50×5 | | 3×(80×8) +50×5 | | 3×(100×8) +63×6.3 | | 3×(125×10) +80×6.3 | | 3×[2× (100×10)] +100×10 | | 3×[2× (125×10)] +125×10 | | 3×[2×(100 ×10)]+100× 10TMY | | 3×[2×(125 ×10)]+125× 10TMY | |
| 三相正、负序 | 单相接地相保 | 三相正、负序 | 单相接地相保 | 三相正、负序 | 单相接地相保 | 三相正、负序 | 单相接地相保 | 三相正、负序 | 单相接地相保 | 三相正、负序 | 单相接地相保 | 三相正、负序 | 单相接地相保 | 三相正、负序 | 单相接地相保 |
| 4.02 | 6.76 | 4.10 | 7.23 | 3.44 | 5.39 | 2.95 | 4.89 | 2.60 | 4.08 | 2.35 | 3.21 | 2.18 | 2.57 | 2.04 | 2.14 |
| 26.69 | 69.23 | 31.84 | 88.56 | 28.66 | 70.10 | 26.29 | 55.17 | 24.45 | 43.85 | 22.73 | 35.64 | 21.60 | 31.05 | 20.59 | 27.11 |
| 8.52 | 3.16 | 7.17 | 2.48 | 7.97 | 3.13 | 8.70 | 3.97 | 9.35 | 5.00 | 10.07 | 6.15 | 10.59 | 7.06 | 11.12 | 8.09 |
| 3.23 | 6.23 | 3.31 | 6.70 | 2.65 | 4.86 | 2.16 | 4.36 | 1.81 | 3.55 | 1.56 | 2.68 | 1.39 | 2.04 | 1.25 | 1.66 |
| 18.73 | 63.93 | 23.88 | 83.26 | 20.70 | 64.80 | 18.33 | 49.87 | 16.49 | 38.55 | 14.77 | 30.34 | 13.64 | 25.75 | 12.63 | 21.81 |
| 12.10 | 3.43 | 9.54 | 2.63 | 11.02 | 3.39 | 12.46 | 4.39 | 13.86 | 5.68 | 15.49 | 7.22 | 16.78 | 8.52 | 18.12 | 10.06 |
| 2.96 | 6.05 | 3.04 | 6.52 | 2.38 | 4.68 | 1.89 | 4.18 | 1.54 | 3.37 | 1.29 | 2.50 | 1.12 | 1.86 | 0.98 | 1.48 |
| 16.07 | 62.15 | 2.122 | 81.48 | 18.04 | 63.02 | 15.67 | 48.09 | 13.83 | 36.77 | 12.11 | 28.56 | 10.98 | 23.97 | 9.97 | 20.03 |
| 14.08 | 3.52 | 10.73 | 2.69 | 12.64 | 3.48 | 14.58 | 4.56 | 16.52 | 5.96 | 18.88 | 7.67 | 20.83 | 9.15 | 22.89 | 10.96 |
| 2.75 | 5.91 | 2.83 | 6.38 | 2.17 | 4.54 | 1.68 | 4.04 | 1.33 | 3.23 | 1.08 | 2.36 | 0.91 | 1.72 | 0.77 | 1.34 |
| 13.95 | 60.74 | 19.10 | 80.07 | 15.92 | 61.61 | 13.55 | 46.68 | 11.71 | 35.36 | 9.99 | 27.15 | 8.86 | 22.56 | 7.85 | 18.62 |
| 16.17 | 3.60 | 11.91 | 2.74 | 14.31 | 3.56 | 16.85 | 4.70 | 19.51 | 6.20 | 22.89 | 8.07 | 25.81 | 9.73 | 29.15 | 11.78 |
| 2.64 | 5.84 | 2.72 | 6.31 | 2.06 | 4.47 | 1.57 | 3.97 | 1.22 | 3.16 | 0.97 | 2.29 | 0.80 | 1.65 | 0.66 | 1.27 |
| 12.89 | 60.03 | 18.04 | 79.36 | 14.86 | 60.90 | 12.49 | 45.97 | 10.65 | 34.65 | 8.93 | 26.44 | 7.80 | 21.85 | 6.79 | 17.91 |
| 17.48 | 3.65 | 12.61 | 2.76 | 15.33 | 3.60 | 18.27 | 4.77 | 21.46 | 6.32 | 25.61 | 8.29 | 29.34 | 10.04 | 33.72 | 12.26 |
| 2.59 | 5.81 | 2.67 | 6.28 | 2.01 | 4.44 | 1.52 | 3.94 | 1.17 | 3.13 | 0.92 | 2.26 | 0.75 | 1.62 | 0.61 | 1.24 |
| 12.36 | 59.68 | 17.51 | 79.01 | 14.33 | 60.55 | 11.96 | 45.62 | 10.12 | 34.30 | 8.40 | 26.09 | 7.27 | 21.50 | 6.26 | 17.56 |
| 18.21 | 3.67 | 12.99 | 2.78 | 15.89 | 3.62 | 19.07 | 4.80 | 22.57 | 6.39 | 27.22 | 8.40 | 31.46 | 10.20 | 36.57 | 12.50 |
| 2.51 | 5.75 | 2.59 | 6.22 | 1.93 | 4.38 | 1.44 | 3.88 | 1.09 | 3.07 | 0.84 | 2.20 | 0.67 | 1.56 | 0.53 | 1.18 |
| 11.57 | 59.15 | 16.72 | 78.48 | 13.54 | 60.02 | 11.17 | 45.09 | 9.33 | 33.77 | 7.61 | 25.56 | 6.48 | 20.97 | 5.47 | 17.03 |
| 19.43 | 3.70 | 13.59 | 2.79 | 16.81 | 3.66 | 20.43 | 4.86 | 24.49 | 6.49 | 30.03 | 8.58 | 35.33 | 10.46 | 41.82 | 12.89 |
| 2.48 | 5.73 | 2.56 | 6.20 | 1.90 | 4.36 | 1.41 | 3.86 | 1.06 | 3.05 | 0.81 | 2.18 | 0.64 | 1.54 | 0.50 | 1.16 |
| 11.30 | 58.97 | 16.45 | 78.30 | 13.27 | 59.84 | 10.90 | 44.91 | 9.06 | 33.59 | 7.34 | 25.38 | 6.21 | 20.79 | 5.20 | 16.85 |
| 19.88 | 3.71 | 13.81 | 2.80 | 17.15 | 3.67 | 20.93 | 4.88 | 25.22 | 6.52 | 31.17 | 8.64 | 36.86 | 10.55 | 44.06 | 13.03 |
| 2.43 | 5.70 | 2.51 | 6.17 | 1.85 | 4.33 | 1.36 | 3.83 | 1.01 | 3.02 | 0.76 | 2.15 | 0.59 | 1.51 | 0.45 | 1.13 |
| 10.77 | 58.62 | 15.92 | 77.95 | 12.74 | 59.49 | 10.37 | 44.56 | 8.53 | 33.24 | 6.81 | 25.03 | 5.68 | 20.44 | 4.67 | 16.50 |
| 20.83 | 3.74 | 14.27 | 2.81 | 17.87 | 3.69 | 21.99 | 4.92 | 26.78 | 6.59 | 33.58 | 8.76 | 40.28 | 10.73 | 49.04 | 13.30 |

### 3.1.5　短路电流计算示例

【例】　有一给水工程供配电系统如图 3-9 所示，试计算各短路点的短路电流。

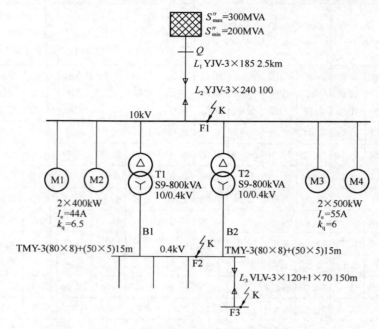

图 3-9　某给水工程供配电系统

【解】

（1）计算 10kV 母线（F1 点）短路电流

1）计算 10kV 系统各电路元件的短路阻抗

①计算 10kV 馈电网络短路阻抗

根据式（3-1）、式（3-2）（或查表 3-4）得：

a. 最大运行方式（300MVA）短路阻抗：

系统最大阻抗：$Z_{Q.max} = \dfrac{c_{max}U_{nQ}^2}{S'_{Q.max}} = \dfrac{1.1 \times 10^2}{300} = 0.367\ \Omega$

系统最大电抗：$X_{Q.max} = 0.995Z_{Q.max} = 0.995 \times 0.367 = 0.365\ \Omega$

系统最大电阻：$R_{Q.max} = 0.1X_{Qmax} = 0.1 \times 0.365 = 0.037\ \Omega$

b. 最小运行方式（200MVA）短路阻抗：

系统最小阻抗：$Z_{Q.min} = \dfrac{c_{min}U_{nQ}^2}{S'_{Q.min}} = \dfrac{1.0 \times 10^2}{200} = 0.500\ \Omega$

系统最小电抗：$X_{Q.min} = 0.995Z_{Q.min} = 0.995 \times 0.5 = 0.498\ \Omega$

系统最小电阻：$R_{Q.min} = 0.1X_{Q.min} = 0.1 \times 0.498 = 0.050\ \Omega$

②计算 10kV 架空线短路阻抗

LJG-3×185，2.5km；查表 3-9 得：

a. 最大运行方式阻抗（20℃时）：

10kV 架空线最大电阻：$R_{L1.max} = 0.159 \times 2.5 = 0.398\ \Omega$

10kV 架空线最大电抗：$X_{L1.max} = 0.33 \times 2.5 = 0.825\ \Omega$

b. 最小运行方式阻抗（70℃时）：

10kV 架空线最小电阻：$R_{L1.min} = 0.19 \times 2.5 = 0.475\ \Omega$

10kV 架空线最小电抗：$X_{L1.min} = 0.33 \times 2.5 = 0.825\ \Omega$

③计算 10kV 电缆短路阻抗

YJV-3×240，100m；查表 3-8，得：

a. 最大运行方式阻抗（20℃时）：

10kV 电缆最大电阻：$R_{L2.max} = 0.077 \times 0.1 = 0.008\ \Omega$

10kV 电缆最大电抗：$X_{L2.max} = 0.087 \times 0.1 = 0.009\ \Omega$

b. 最小运行方式阻抗（90℃时）：

10kV 电缆最小电阻：$R_{L2.min} = 0.094 \times 0.1 = 0.009\ \Omega$；

10kV 电缆最小电抗：$X_{L2.min} = 0.087 \times 0.1 = 0.009\ \Omega$

2）绘出 10kV 系统等值电路图，如图 3-10 所示。

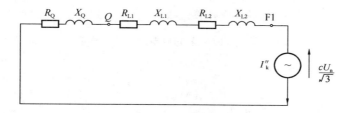

图 3-10　10kV 系统等值电路图

3）计算 10kV 系统最大、最小短路阻抗

①最大运行方式短路阻抗

最大总电阻：$R_{k.max} = 0.037 + 0.398 + 0.008 = 0.443\ \Omega$

最大总电抗：$X_{k.max} = 0.365 + 0.825 + 0.009 = 1.199\ \Omega$

最大总阻抗：$Z_{k.max} = \sqrt{R_{k.max}^2 + X_{k.max}^2} = \sqrt{0.443^2 + 1.199^2} = 1.278\ \Omega$

②最小运行方式短路阻抗

最小总电阻：$R_{k.min} = 0.050 + 0.475 + 0.009 = 0.534\ \Omega$

最小总电抗：$X_{k.min} = 0.498 + 0.825 + 0.009 = 1.332\ \Omega$

最小总阻抗：$Z_{k.min} = \sqrt{R_{k.min}^2 + X_{k.min}^2} = \sqrt{0.534^2 + 1.332^2} = 1.435\ \Omega$

4）计算 10kV 母线（F1 点）短路电流

①10kV 母线（F1 点）三相短路电流

a. 最大运行方式三相短路电流

最大三相短路电流初始值：$I''_{k.max} = \dfrac{c_{max}U_n}{\sqrt{3}Z_{k.max}} = \dfrac{1.1 \times 10}{\sqrt{3} \times 1.278} = 4.969\ \text{kA}$

b. 最小运行方式三相短路电流

最小三相短路电流初始值：$I''_{k.min} = \dfrac{c_{min}U_n}{\sqrt{3}Z_{k.min}} = \dfrac{1.0 \times 10}{\sqrt{3} \times 1.435} = 4.023\ \text{kA}$

②10kV 母线（F1 点）最大运行方式三相短路电流峰值

a. 由 $X_{k.max}/R_{k.max} = 1.199 \div 0.443 = 2.71$，查图 3-8 的 $(X_k/R_k) - k$ 曲线得：

$k_{max} = 1.27$；根据式 (3-11)、式 (3-12) 得：

最大三相短路电流峰值：$i_{p.max} = k_{max}\sqrt{2}I''_{k.max} = 1.27 \times \sqrt{2} \times 4.969 = 8.925 \text{ kA}$

最大三相短路全电流有效值：$I_{ktot.max} = \sqrt{1 + 2(k_{max} - 1)^2}I''_{k.max} = \sqrt{1 + 2(1.27-1)^2} \times$
$4.969 = 5.319 \text{ kA}$

b. 电动机对短路电流峰值的影响

根据式 (3-18)，取 $k_{pM} = 1.5$ 得：

$$i_{pM} = k_{pM}\Sigma I_{stM} = 1.5 \times (2 \times 6.5 \times 44 + 2 \times 6 \times 55) = 1848\text{A} = 1.848 \text{ kA}$$

$$i_{p\Sigma} = i_p + i_{pM} = 8.925 + 1.848 = 10.773 \text{ kA}$$

③10kV 母线（F1 点）最小运行方式两相不接地短路电流

根据式 (3-19)，得：

两相不接地短路电流：$I''_{k2.min} = \dfrac{\sqrt{3}}{2}I''_{k.min} = \dfrac{\sqrt{3}}{2} \times 4.023 = 3.484\text{kA}$

5）10kV 母线（F1 点）短路电流计算结果汇总（表 3-22）

**10kV 母线 （F1 点）短路电流计算结果汇总**　　　　　　　　　　　　　　表 3-22

| 计算项目 | 电路元件短路阻抗（Ω） | | | 三相短路电流初始值（kA） | 短路电流峰值系数 | 三相短路电流峰值（kA） | 三相短路全电流有效值（kA） | 两相不接地短路电流（kA） |
|---|---|---|---|---|---|---|---|---|
| | $R$ | $X$ | $Z$ | $I''_k$ | $k$ | $i_p$ | $I_{ktot}$ | $I''_{k2}$ |
| 10kV 馈电网络（最大运行方式） | 0.037 | 0.365 | | | | | | |
| 10kV 馈电网络（最小运行方式） | 0.050 | 0.498 | | | | | | |
| 10kV 架空线 (20℃)（最大运行方式） | 0.398 | 0.825 | | | | | | |
| 10kV 架空线 (70℃)（最小运行方式） | 0.475 | 0.825 | | | | | | |
| 10kV 电缆 (20℃)（最大运行方式） | 0.008 | 0.009 | | | | | | |
| 10kV 电缆 (90℃)（最小运行方式） | 0.009 | 0.009 | | | | | | |
| (F1 点) 计算值（最大运行方式） | 0.443 | 1.199 | 1.278 | 4.969 | 1.27 | 10.773 | 5.319 | |
| (F1 点) 计算值（最小运行方式） | 0.534 | 1.332 | 1.435 | 4.023 | | | | 3.484 |

（2）计算 0.4kV 系统短路电流（仅计算最大运行方式短路电流）

1）计算各电路元件的短路阻抗

①计算 10kV 馈电网络归算到 0.4kV 侧短路阻抗

前面已经计算得到了 10kV 系统的最大运行方式短路阻抗，现将其归算到 0.4kV 侧的高压系统短路阻抗：

10kV 系统电阻：$R_{Qt} = \dfrac{1}{t_r^2} R_Q = \dfrac{0.38^2}{10^2} \times 0.443 = 6.40 \times 10^{-4} \Omega = 0.64 m\Omega$

10kV 系统电抗：$X_{Qt} = \dfrac{1}{t_r^2} X_Q = \dfrac{0.38^2}{10^2} \times 1.199 = 1.73 \times 10^{-3} \Omega = 1.73 m\Omega$

10kV 系统的相保阻抗值为零。

②计算变压器短路阻抗

变压器 $S_9$－800kVA，10/0.4kV，查表 3-12，得：

变压器电阻：$R_T = 1.88 m\Omega$

变压器电抗：$X_T = 8.80 m\Omega$

变压器相保电阻：$R_{LpT} = 1.88 m\Omega$

变压器相保电抗：$X_{LpT} = 8.80 m\Omega$

③计算 0.4kV 母线短路阻抗

母线 3(80×8)＋(50×5)，查表 3-14，得：

母线电阻：$R_B = 0.031 \times 15 = 0.465 \ m\Omega$

母线电抗：$X_B = 0.195 \times 15 = 2.925 \ m\Omega$

母线相保电阻：$R_{LpB} = 0.104 \times 15 = 1.56 \ m\Omega$

母线相保电抗：$X_{LpB} = 0.423 \times 15 = 6.35 \ m\Omega$

④计算 0.4kV 电缆短路阻抗

电缆 VLV－3×120＋1×70，查表 3-16，得：

电缆电阻：$R_{L3} = 0.24 \times 150 = 36.0 \ m\Omega$

电缆电抗：$X_{L3} = 0.076 \times 150 = 11.4 \ m\Omega$

电缆相保电阻：$R_{LpL3} = 0.997 \times 150 = 149.55 \ m\Omega$

电缆相保电抗：$X_{LpL3} = 0.63 \times 150 = 94.50 \ m\Omega$

2) 绘出 0.4kV 系统等值电路图，如图 3-11 所示。

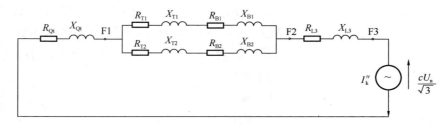

图 3-11　0.4kV 系统等值电路

3) 计算网络化简后的短路阻抗

①变压器 T 与母线 B 串联阻抗

变压器 1 与母线 1 电阻：$R_{TB1} = R_{T1} + R_{B1} = 1.88 + 0.465 = 2.345 \ m\Omega$

变压器 1 与母线 1 电抗：$X_{TB1} = X_{T1} + X_{B1} = 8.80 + 2.925 = 11.725 \ m\Omega$

变压器 2 与母线 2 电阻：$R_{TB2} = R_{T2} + R_{B2} = 1.88 + 0.465 = 2.345 \ m\Omega$

变压器 2 与母线 2 电抗：$X_{TB2} = X_{T2} + X_{B2} = 8.80 + 2.925 = 11.725 \ m\Omega$

变压器 1 与母线 1 相保电阻：$R_{LpTB1} = R_{LpT1} + R_{LpB1} = 1.88 + 1.56 = 3.44 \text{ m}\Omega$

变压器 1 与母线 1 相保电抗：$X_{LpTB1} = X_{LpT1} + X_{LpB1} = 8.80 + 6.35 = 15.15 \text{ m}\Omega$

变压器 2 与母线 2 相保电阻：$R_{LpTB2} = R_{LpT2} + R_{LpB2} = 1.88 + 1.56 = 3.44 \text{ m}\Omega$

变压器 2 与母线 2 相保电抗：$X_{LpTB2} = X_{LpT2} + X_{LpB2} = 8.80 + 6.35 = 15.15 \text{ m}\Omega$

②变压器 T 与母线 B 组并联阻抗

变压器与母线组并联电阻：$R_{TB} = \dfrac{R_{TB1} R_{TB2}}{R_{TB1} + R_{TB2}} = \dfrac{2.345 \times 2.345}{2.345 + 2.345} = 1.17 \text{ m}\Omega$

变压器与母线组并联电抗：$X_{TB} = \dfrac{X_{TB1} X_{TB2}}{X_{TB1} + X_{TB2}} = \dfrac{11.725 \times 11.725}{11.725 + 11.725} = 5.86 \text{ m}\Omega$

变压器与母线组并联相保电阻：$R_{LpTB} = \dfrac{R_{LpTB1} R_{LpTB2}}{R_{LpTB1} + R_{LpTB2}} = \dfrac{3.44 \times 3.44}{3.44 + 3.44} = 1.72 \text{ m}\Omega$

变压器与母线组并联相保电抗：$X_{LpTB} = \dfrac{X_{LpTB1} X_{LpTB2}}{X_{LpTB1} + X_{LpTB2}} = \dfrac{15.15 \times 15.15}{15.15 + 15.15} = 7.58 \text{ m}\Omega$

③0.4kV 母线（F2 点）总短路阻抗

（F2 点）总电阻：$R_{F2} = R_{Qt} + R_{TB} = 0.64 + 1.17 = 1.81 \text{ m}\Omega$

（F2 点）总电抗：$X_{F2} = X_{Qt} + X_{TB} = 1.73 + 5.86 = 7.59 \text{ m}\Omega$

（F2 点）总阻抗：$Z_{F2} = \sqrt{R_{F2}^2 + X_{F2}^2} = \sqrt{1.81^2 + 7.59^2} = 7.80 \text{ m}\Omega$

（F2 点）总相保电阻：$R_{LpF2} = R_{LpQt} + R_{LpTB} = 0 + 1.72 = 1.72 \text{ m}\Omega$

（F2 点）总相保电抗：$X_{LpF2} = X_{LpQt} + X_{LpTB} = 0 + 7.58 = 7.58 \text{ m}\Omega$

（F2 点）总相保阻抗：$Z_{LpF2} = \sqrt{R_{LpF2}^2 + X_{LpF2}^2} = \sqrt{1.72^2 + 7.58^2} = 7.77 \text{ m}\Omega$

④（F3 点）总短路阻抗

（F3 点）总电阻：$R_{F3} = R_{F2} + R_{L3} = 1.81 + 36.0 = 37.81 \text{ m}\Omega$

（F3 点）总电抗：$X_{F3} = X_{F2} + X_{L3} = 7.59 + 11.4 = 18.99 \text{ m}\Omega$

（F3 点）总阻抗：$Z_{F3} = \sqrt{R_{F3}^2 + X_{F3}^2} = \sqrt{37.81^2 + 18.99^2} = 42.31 \text{ m}\Omega$

（F3 点）总相保电阻：$R_{LpF3} = R_{LpF2} + R_{LpL3} = 1.72 + 149.55 = 151.27 \text{ m}\Omega$

（F3 点）总相保电抗：$X_{LpF3} = X_{LpF2} + X_{LpL3} = 7.58 + 94.50 = 102.08 \text{ m}\Omega$

（F3 点）总相保阻抗：$Z_{LpF3} = \sqrt{R_{LpF3}^2 + X_{LpF3}^2} = \sqrt{151.27^2 + 102.08^2} = 182.5 \text{ m}\Omega$

4）计算 0.4kV 母线（F2 点）短路电流

①0.4kV 母线（F2 点）三相短路电流

a. 三相短路电流，根据式（3-36），得：

$$I''_{k(F2)} = \frac{cU_n}{\sqrt{3} Z_{F2}} = \frac{380}{\sqrt{3} \times 7.80} = 28.13 \text{ kA}$$

b. 三相短路电流峰值：

由 $X_{F2}/R_{F2} = 7.59 \div 1.81 = 4.19$，查图 3-8 的 $(X_k/R_k) - k$ 曲线得：

$k_{F2} = 1.56$；根据式（3-11）得：

三相短路电流峰值：$i_{p(F2)} = k_{F2} \sqrt{2} I''_{k(F2)} = 1.56 \times \sqrt{2} \times 28.38 = 62.60 \text{ kA}$

②0.4kV 母线（F2 点）两相短路电流

$$I''_{k2(F2)} = 0.866I''_{k(F2)} = 0.866 \times 28.38 = 24.58 \text{ kA}$$

③ 0.4kV 母线（F2 点）单相接地短路电流

根据式（3-36），得：

$$I''_{k1(F2)} = \frac{cU_n}{\sqrt{3}Z_{LpF2}} = \frac{380}{\sqrt{3} \times 7.77} = 28.24 \text{ kA}$$

5）计算（F3 点）短路电流

① （F3 点）三相短路电流

a. 三相短路电流，根据式（3-36），得：

$$I''_{k(F3)} = \frac{cU_n}{\sqrt{3}Z_{F3}} = \frac{380}{\sqrt{3} \times 42} = 5.22 \text{ kA}$$

b. 三相短路电流峰值：

由 $X_{F3}/R_{F3} = 18.99 \div 37.81 = 0.50$，查图 3-8 的 $(X_k/R_k)$ — $k$ 曲线得：

$k_{F3} = 1.02$；根据式（3-11）得：

三相短路电流峰值：$i_{p(F3)} = k_{F3}\sqrt{2}I''_{k(F3)} = 1.02 \times \sqrt{2} \times 5.19 = 7.49 \text{ kA}$

② （F3 点）两相短路电流

$$I''_{k2(F3)} = 0.866I''_{k(F3)} = 0.866 \times 5.19 = 4.49 \text{ kA}$$

③ （F3 点）单相接地短路电流

根据式（3-36），得：

$$I''_{k1(F3)} = \frac{cU_n}{\sqrt{3}Z_{LpF3}} = \frac{380}{\sqrt{3} \times 182.5} = 1.20 \text{ kA}$$

6）0.4kV 低压系统最大运行方式短路电流计算结果汇总（表 3-23）

**0.4kV 低压系统最大运行方式短路电流计算结果汇总** 表 3-23

| 计算项目 | 电路元件短路阻抗（mΩ） | | | | | | 三相短路电流（kA） | 短路电流峰值系数 | 三相短路电流峰值（kA） | 两相不接地短路电流（kA） | 单相接地短路电流（kA） |
|---|---|---|---|---|---|---|---|---|---|---|---|
| | $R$ | $X$ | $Z$ | $R_{Lp}$ | $X_{Lp}$ | $Z_{Lp}$ | $I''_k$ | $k$ | $i_p$ | $I''_{k2}$ | $I''_{k1}$ |
| 10kV 馈电网络归算到 0.4kV 阻抗 | 0.64 | 1.73 | | 0 | 0 | | | | | | |
| 变压器 800kVA，10/0.4kV | 1.88 | 8.80 | | 1.88 | 8.80 | | | | | | |
| 母线 3（80×8）＋（50×5） | 0.465 | 2.925 | | 1.56 | 6.35 | | | | | | |
| 电缆 VLV—3×120＋1×70 | 36.0 | 11.4 | | 149.55 | 94.50 | | | | | | |
| F2 点短路数据 | 1.81 | 7.59 | 7.80 | 1.72 | 7.58 | 7.77 | 28.13 | 1.49 | 59.27 | 24.36 | 28.24 |
| F3 点短路数据 | 37.81 | 18.99 | 42.31 | 151.27 | 102.08 | 182.5 | 5.19 | 1.02 | 7.49 | 4.49 | 1.20 |

# 3.2　电气设备的选择

## 3.2.1　高压电器的选择

高压电器设备应按正常工作的条件选择。同时，为保证电气设备在通过最大短路电流时不致受到严重损坏，在选择高压电器时，应进行必要的校验，校验项目见表 3-24。

选择高压电器时应校验项目　　　　　　　　　　　　　　表 3-24

| 设备名称 | 电压 | 电流 | 断流容量 | 短路电流 | |
|---|---|---|---|---|---|
| | | | | 动稳定 | 热稳定 |
| 断路器 | ○ | ○ | ○ | ○ | ○ |
| 负荷开关 | ○ | ○ | ○ | ○ | ○ |
| 隔离开关 | ○ | ○ | | ○ | ○ |
| 熔断器 | ○ | ○ | ○ | | |
| 电流互感器 | ○ | ○ | | ○ | ○ |
| 电压互感器 | ○ | | | | |
| 支柱绝缘子 | | | | ○ | |
| 套管绝缘子 | ○ | ○ | | ○ | ○ |
| 母线 | | ○ | | ○ | ○ |
| 电缆 | ○ | ○ | | | ○ |

注：1. 有○者表示需进行校验项目；

　　2. 采用熔断器保护的电器和导体可不校验热稳定；当熔断器额定电流在 60A 以下时（或具有限流作用的熔断器），可不校验动稳定；

　　3. 架空线不必校验动稳定及热稳定。

### 3.2.1.1　高压电器的选择要求

高压电器应按下述要求进行选择校验：

（1）按工作电压选择

电器元件的额定电压应大于或等于回路的工作电压。

对避雷器、电力电容器、充石英砂有限流作用的熔断器等电器元件，其额定电压应与回路的工作电压相符。

（2）按工作电流选择

电器元件的额定电流应大于或等于回路最大长期工作电流。

电器产品样本给出的额定电流，是在规定环境温度下的允许值（国产电器使用环境温度规定最高为 40℃）。当电器实际使用环境温度异于产品样本规定的环境温度时，电器的实际允许工作电流需进行修正。

当环境温度低于规定最高环境温度（40℃）时，按下式确定允许工作电流：

$$I_{xu} = I_e \left[ 1 + \frac{5}{100}(40 - \theta) \right] \tag{3-38}$$

$$I_{xu} \leqslant 1.2 I_e \tag{3-39}$$

式中　$I_{xu}$——电器实际允许的工作电流（A）；

　　　　$\theta$——电器周围的空气温度（℃）（计算温度），按表 3-25 选取；

$I_e$——电器产品样本规定的额定电流（A）。

环境计算温度　　　　　　　　　　　　　　　　　　　表 3-25

| 装置地点及配电装置形式 | 计算温度（℃） |
|---|---|
| 屋外配电装置 | 最热月平均最高气温 |
| 发热量较小的配电装置（如 35、60kV 室内配电装置） | 最热月平均最高气温 |
| 发热量较大的配电装置（如 6～10kV 大容量配电装置） | 通风设计时采用的最高室温 |
| 厂房内的配电装置 | 通风设计时采用的最高室温 |
| 电缆隧道 | 当地月平均最高气温 |

环境温度高于＋40℃、且不超过＋60℃时，电器的允许工作电流按式（3-40）计算：

$$I_{xu} = I_e \sqrt{\frac{\theta_{xu} - \theta}{\theta_{xu} - 40}} \tag{3-40}$$

式中　$\theta_{xu}$——电器长期允许最高发热温度，具体数值见表 3-26。

交流高压电器长期工作时允许最高发热温度　　　　　　　表 3-26

| 电器各部分的名称 | | 最高允许发热温度（℃） | | 在环境温度为＋40℃时的允许温升（℃） | |
|---|---|---|---|---|---|
| | | 在空气中 | 在油中 | 在空气中 | 在油中 |
| 不与绝缘材料接触的载流和不载流的金属部分 | | 110① | 90 | 70① | 50 |
| 与绝缘材料接触的载流和不载流部分以及由绝缘材料制成的零件，当绝缘材料等级为 | $Y$ | 85 | — | 45 | — |
| | $A$ | 100 | 90 | 60 | 50 |
| | $E$ | 110① | 90 | 70① | 50 |
| | $B、F$ $H、C$ | 110① | 90 | 70① | 50 |

① 选取此项数值时，应考虑铝制件因温度过高对其机械强度的影响，对于铜制件仅限于结构上经常受机械作用的部分，不经常受机械作用的部分，最大允许发热温度可以适当提高（$E$ 级除外），此时与绝缘件接触的金属允许温度可提高到比绝缘件允许发热温度低 10℃ 的数值。

（3）按断流容量选择

断路器和熔断器的断流容量需满足式（3-41）、式（3-42）：

$$S_{dn} \geqslant S_k'' \tag{3-41}$$

$$I_{dn} \geqslant I_k'' \tag{3-42}$$

式中　$S_{dn}$——设备额定断流容量（MVA）；

$\quad\quad I_{dn}$——设备额定断开电流（kA）；

$S_k''、I_k''$——对称短路功率初始值（MVA）、对称短路电流初始值（kA）。

### 3.2.1.2　高压电器的短路稳定校验

（1）热稳定校验计算

1）短路延续时间的确定：短路延续时间 $t_1$ 包括继电保护装置动作时间 $t_b$ 和断路器分闸时间 $t_{fd}$，而继电保护装置动作时间 $t_b$ 中又包括启动机构、延时机构及执行机构的动作时间，其中启动机构和执行机构动作时间之和一般为 0.05～0.06s。断路器分闸时间 $t_{fd}$ 包括断路器的固有分闸时间 $t_{gu}$ 和燃弧时间 $t_{hu}$，短路延续时间用式（3-43）、式（3-44）表示：

$$t_1 = t_b + t_{fd} \tag{3-43}$$

$$t_{fd} = t_{gu} + t_{hu} \tag{3-44}$$

式中 $t_1$——短路延续时间（s）；

$t_b$——继电保护装置动作时间（s），取距短路点最近的继电保护装置主保护动作时间（s）；

如主保护存在未被保护的死区时，则根据该区短路故障的后备保护动作时间。

断路器的分闸时间随断路器的形式而异，详细计算时需查阅样本或向制造厂索取数据。当缺少该数据而主保护为速动时，短路延续时间 $t_1$ 可按下述数据选取：

高速断路器（断路器全分闸时间 $t_{fd} < 0.08s$）$t_1 = 0.1s$。

中速断路器（断路器全分闸时间 $t_{fd} = 0.08 \sim 0.12s$）$t_1 = 0.15s$。

低速断路器（断路器全分闸时间 $t_{fd} > 0.12s$）$t_1 = 0.2s$。

2）假想时间的确定：假想时间是为了便于校验电器元件热稳定而规定的一个时间，即在短路延续时间 $t_1$（s）内，短路电流瞬时值的发热量，等于短路电流稳态值在假想时间 $t_j$（s）内的发热量。

当由无限大容量系统供电或远距电源点（$X_{*\Sigma} \geqslant 3$）短路时，假想时间 $t_j$ 可按式（3-45）确定：

$$t_j = t_1 + 0.05 \tag{3-45}$$

式中 $t_j$——假想时间（s）；

$t_1$——短路延续时间（s）。

3）电器元件热稳定校验计算：电器元件热稳定校验计算公式见表 3-27。

电器元件热稳定计算公式　　　　　　　表 3-27

| 设备名称 | 计算公式 | 符 号 及 说 明 |
|---|---|---|
| 断路器、隔离开关、负荷开关、套管绝缘子 | $I_k \leqslant I_t \sqrt{t/t_j}$<br>$I_k \leqslant I_{max}$<br>（当 $I_t \sqrt{t/t_j} \geqslant I_{max}$ 时） | $I_k$——稳态短路电流（kA）<br>$I_t$——电器在 $t$(s)内允许通过的热稳定电流(kA)<br>$I_{max}$——电器热稳定电流有效值（kA）<br>$t$——允许通过的热稳定电流持续时间（s）<br>$t_j$——假想时间（s）<br>$I_{1e}$——电流互感器额定一次电流（A）<br>$K_t$——电流互感器 1s 热稳定倍数<br>$S_{min}$——导体所需最小截面（mm²） |
| 电流互感器 | $I_k \leqslant I_{1e} K_t 10^{-3} / \sqrt{t_j}$ | |
| 母线及电缆 | 铝母线及铜芯电缆<br>$S_{min} = \dfrac{I_k \times 10^3}{165} \sqrt{t_j}$<br>铝母线及铝芯电缆<br>$S_{min} = \dfrac{I_k \times 10^3}{95} \sqrt{t_j}$ | |

4）热稳定计算示例：

【例】 如图 3-12 所示在 $K$ 点短路时稳态电流 $I_k = 2.5kA$。假想时间为 0.25s，校验隔离开关、断路器、电流互感器及电缆的热稳定。

【解】 1）GN19-10/630 隔离开关热稳定校验：查样本 GN19-10/630 型隔离开关 2s 热稳定电流为 20kA。取假想时间 $t_j = 0.25s$、$t = 2s$、$I_t = 20kA$，代入表 3-27 公式为：

$$I_k \leqslant I_t \sqrt{t/t_j}$$

$$I_k \leqslant 20 \sqrt{2/0.25} = 56.6kA$$

$$I_k = 2.5kA < 56.6kA$$

故隔离开关满足热稳定要求。

2）VS1-10/630 型断路器热稳定校验：查样本 VS1-10/630 型断路器 4s 热稳定电流为 20kA。

将 $t=4s$，$I_t=20kA$，$t_j=0.25s$ 代入表 3-27 公式为：

$$I_k \leqslant I_t\sqrt{t/t_j}$$

$$I_k \leqslant 20\sqrt{4/0.25} = 80kA$$

大于系统稳态短路电流 2.5kA，故断路器满足热稳定要求。

3）LFZJ1-10-100/5 型电流互感器 1s 热稳定倍数为 90 倍，校验其热稳定：

将 $K_t=90$、$t_j=0.25s$、$I_{1e}=100A$ 代入表 3-27 公式为：

$$I_K \leqslant I_{1e}K_110^{-3}/\sqrt{t_j}$$

$$= 100 \times 90 \times 10^{-3}/\sqrt{0.25}$$

$$= 18kA$$

大于稳态短路电流 2.5kA，满足热稳定要求。

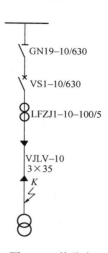

图 3-12　热稳定
校验计算

4）YJLV-10-3×35 电缆热稳定校验：将 $I_k=2500A$，$t_j=0.25s$ 代入表 3-27 公式为：

$$S_{min} = \frac{I_k}{95}\sqrt{t_j} = \frac{2500}{95}\sqrt{0.25} = 13.16mm^2$$

电缆实际截面 35mm²，大于最小允许截面 13.16 mm²，则该电缆满足热稳定要求。

（2）动稳定校验计算

动稳定可按表 3-28 的公式进行校验计算。

**电器高压动稳定计算公式**　　　　　　　　　　　表 3-28

| 设备名称 | 计算公式 | 符号及说明 |
|---|---|---|
| 断路器、隔离开关、负荷开关 | $i_{max} \geqslant i_p$<br>$I_{max} \geqslant I_{ktot}$ | $i_{max}$、$I_{max}$——电器热稳定电流峰值及有效值（kA）<br>$i_p$、$I_{ktot}$——三相短路电流峰值及全电流有效值（kA）<br>$K_{dw}$——电流互感器动稳定倍数 |
| 电流互感器内部动稳定 | $i_p \leqslant K_{dw}\sqrt{2}I_{1e}10^{-3}$ | $I_{1e}$——电流互感器一次额定电流（A）<br>$\sigma_{js}$——母线计算机械应力（0.1MPa）<br>$\sigma_y$——母线允许机械应力（0.1MPa） |
| 母线 | $\sigma_{js} \leqslant \sigma_y$<br>$\sigma_{js}=1.76\dfrac{l^2}{aW}(i_p)^210^{-3}$<br>当母线横放时 $W=0.167hb^2$<br>当母线竖放时 $W=0.167hb^2$ | 铜母线 $\sigma_y=1400\times0.1MPa$<br>铝母线 $\sigma_y=700\times0.1MPa$<br>$W$——抗弯矩（cm³）<br>$l$——绝缘子间跨距（cm）<br>$l_1$——套管长加套管至绝缘子的距离（cm）<br>$a$——相间中心距（cm） |
| 绝缘子 | $F_{js} \leqslant 0.6F_{ph}$<br>支柱绝缘子：<br>$F_{js}=1.76\dfrac{l}{a}(i_p)^210^{-2}$<br>套管绝缘子：<br>$F_{js}=0.88\dfrac{l_1}{a}(i_p)^210^{-2}$ | $b$——母线厚度（cm）<br>$h$——母线宽度（cm）<br>$F_{ph}$——绝缘子破坏荷重（kg）<br>$F_{js}$——作用在绝缘子上的计算荷重（kg） |

（3）短路电流校验表格

各种高压电器的动、热稳定校验值见表 3-29～表 3-39。

**高压断路器、负荷开关、隔离开关动、热稳定校验数据**

表3-29

真空断路器

| 型号 | 额定电压(kV) | 额定电流(A) | 额定开断电流(kA) 6kV | 10kV | 35kV | 分闸时间(ms) | 额定转移电流(A) | 热稳定电流(kA) 1s | 2s | 3s | 4s | 5s | 动稳定电流 峰值耐受电流(kA) | 热稳定允许通过的短路电流有效值(kA) 假想时间(s) 0~0.6 | 0.8 | 1.0 | 1.2 | 1.6 |
|---|---|---|---|---|---|---|---|---|---|---|---|---|---|---|---|---|---|---|
| ZN72-40.5 | 40.5 | 1250、1600 | | 25 | | 70 | | | | | 25 | | 63 | | | | | 38.92 |
|  |  | 1600、2000 | | 31.5 | | 70 | | | | | 31.5 | | 80 | | | | 56.35 | 49.05 |
| ZN12-40.5 | 40.5 | 1250、1600、2000 | | 25 | | 40~70 | | | | | 25 | | 63 | | | | | 38.92 |
|  |  | 1250、1600、2000 | | 31.5 | | 40~70 | | | | | 31.5 | | 80 | | | | 56.35 | 49.05 |
| ZN□-35 | 35 | 1600 | | | 20 | 60 | | | | | 20 | | 50 | | | | | 31.14 |
|  |  | 1600、2000 | | | 25 | 60 | | | | | 25 | | 63 | | | | | 38.92 |
| ZN12-35 | 35 | 2500 | | | 31.5 | 60 | | | | | 31.5 | | 80 | | | | 56.35 | 49.05 |
|  |  | 1250、1600、2000 | | | 31.5 | 75 | | | | | 31.5 | | 80 | | | | 56.35 | 49.05 |
| ZN12-10 | 10 | 1250、1600、2000 | 31.5 | | | 65 | | | | | 31.5 | | 80 | | | | 56.35 | 49.05 |
|  |  | 1600、2500、3150 | | 40 | | 50 | | | | 40 | | | 100 | | | 67.61 | 61.97 | 53.94 |
| ZN18-10 | 10 | 630 | | 25 | | 60 | | | | 25 | | | 63 | | | 42.25 | 38.73 | 33.71 |
|  |  | 630、1250 | | 25 | | 65 | | | | | 25 | | 63 | | | | | 38.92 |
| ZN22-10 | 10 | 1600、2000 | | 20 | | 65 | | | | | 20 | | 50 | | | | | 31.14 |
|  |  | 2000、2500 | | 31.5 | | 65 | | | | | 31.5 | | 80 | | | | 56.35 | 49.05 |
|  |  | 1250、1600、2000 | | 40 | | 65 | | | | | 40 | | 100 | | | | | 62.28 |
| ZN28-10 | 10 | 630、1000、1250、1600 | | 20 | | 60 | | | | | 20 | | 50 | | | | | 31.14 |
|  |  | 1000、1250 | | 25 | | 60 | | | | | 25 | | 63 | | | | | 38.92 |

续表

技术数据 —— 真空断路器

| 型号 | 额定电压(kV) | 额定电流(A) | 额定开断电流(kA) 6kV | 10kV | 35kV | 分闸时间(ms) | 额定转移电流(A) | 热稳定电流(kA) 1s | 2s | 3s | 4s | 5s | 动稳定峰值耐受电流(kA) | 热稳定允许通过的短路电流有效值(kA) 假想时间(s) 0~0.6 | 0.8 | 1.0 | 1.2 | 1.6 |
|---|---|---|---|---|---|---|---|---|---|---|---|---|---|---|---|---|---|---|
| ZN28-10 | 10 | 1250、1600、2000 | | 31.5 | | 60 | | | | | 31.5 | | 80 | | | | 56.35 | 49.05 |
| ZN32-10 | 10 | 1250、1600、2000 | | 40 | | 60 | | | | | 40 | | 100 | | | | | 62.28 |
| ZN40-12 | 12 | 1600、2500、3150 | | 40 | | 50 | | | | 40 | | | 100 | | | 67.61 | 61.97 | 53.94 |
| ZN41-12 | | 630 | | 16 | | 50 | | | | | 16 | | 40 | | | | | 24.91 |
| | | 1250 | | 20 | | 50 | | | | | 20 | | 50 | | | | | 31.14 |
| | | 1250、1600 | | 31.5 | | 50 | | | | | 31.5 | | 80 | | | | 56.35 | 49.05 |
| | | 2000、2500 | | 40 | | 50 | | | | | 40 | | 100 | | | | | 62.28 |
| ZN51-12 | 12 | 630 | | 20 | | 60 | | | | | 20 | | 50 | | | | | 31.14 |
| | | 1250 | | 25 | | 60 | | | | | 25 | | 63 | | | | | 38.92 |
| ZN63A-12 I | 12 | 630 | | 16 | | 50 | | | | | 16 | | 40 | | | | | 24.91 |
| ZN63A-12 II | 12 | 630、1250 | | 25 | | 50 | | | | | 25 | | 63 | | | | | 38.92 |
| ZN63A-12 III | 12 | 1250 | | 31.5 | | 50 | | | | | 31.5 | | 100 | | 68.33 | 61.48 | 56.35 | 49.05 |
| ZN65A-12 | 12 | 630 | | 20 | | 35~60 | | | | | 20 | | 50 | | | | | 31.14 |
| | | 1250 | | 25 | | 35~60 | | | | | 25 | | 63 | | | | | 38.92 |
| ZN73-12 | 12 | 1250 | | 31.5 | | 60 | | | | | 31.5 | | 80 | | | | 56.35 | 49.05 |
| VS1+ | 12 | 630、1000、1250 | | 20 | | 50 | | | | | 20 | | 50 | | | | | 31.14 |
| | | 600、1000、1250 | | 25 | | 50 | | | | | 25 | | 63 | | | | | 38.92 |
| VS1 | 12 | 630、1250 | | 20 | | 50 | | | | | 20 | | 50 | | | | | 31.14 |

续表

| 型号 | 额定电压(kV) | 额定电流(A) | 额定开断电流(kA) 6kV | 10kV | 35kV | 分闸时间(ms) | 额定转移电流(A) | 热稳定电流(kA) 1s | 2s | 3s | 4s | 5s | 动稳定电流 峰值耐受电流(kA) | 热稳定允许通过的短路电流有效值(kA) 假想时间(s) 0~0.6 | 0.8 | 1.0 | 1.2 | 1.6 |
|---|---|---|---|---|---|---|---|---|---|---|---|---|---|---|---|---|---|---|
| **SF₆断路器** | | | | | | | | | | | | | | | | | | |
| LN2-35 Ⅱ | 35 | 1250 | | | 25 | 60 | | | | | 25 | | 63 | | | | | 38.92 |
| LN2-35 Ⅲ | 35 | 1600 | | | 25 | 60 | | | | | 25 | | 63 | | | | | 38.92 |
| SF1 | 12 | 630 | | 20 | | 60 | | | | 20 | | | 50 | | | 33.81 | 30.98 | 26.97 |
| SF1 | 7.2 | 630 | 20 | | | 60 | | | | 20 | | | 50 | | | 33.81 | 30.98 | 26.97 |
| **负荷开关** | | | | | | | | | | | | | | | | | | |
| FN16A-12D FZN21-12D/T | 12 | 630 | | 0.63 | | | | | | | | | 50 | | | | | 31.14 |
| FLN□-12D | 12 | 630 | | 0.63 | | | | | | 20 | | | 50 | | | 33.81 | 30.98 | 26.97 |
| FLN□-12D | 12 | 630 | | 0.63 | | | | | | | 25 | | 63 | | | | | 38.92 |
| NFF-10 | 10 | 400 | | 0.4 | | | | | 12.5 | | | | 31.5 | 21.93 | 19.17 | 17.25 | 15.81 | 13.76 |
| NFF-10 | 10 | 400 | | 0.4 | | | | | | | | | 25 | | | | | 15.57 |
| FN5-10 | 10 | 400,630 | | 0.4, 0.63 | | | | | | | 16 | | 40 | | | | | 24.91 |
| FN5-10 | 10 | 1250 | | 1.25 | | | | | | | 20 | | 50 | | | | | 31.14 |
| SFL-12A SFL-12K | 12 | 630 | | 0.63 | | | | | 25 | | | | 63 | 43.85 | 38.35 | 34.50 | 31.62 | 27.52 |
| SM6 | 12 | 630 | | 0.63 | | | | | | 20 | | | 50 | | | 33.81 | 30.98 | 26.97 |
| RM6 | 12 | 630 | | 0.63 | | | | | | 20 | | | 50 | | | 33.81 | 30.98 | 26.97 |

续表

隔 离 开 关

| 型　号 | 额定电压(kV) | 额定电流(A) | 额定开断电流(kA) 6kV | 10kV | 35kV | 分闸时间(ms) | 额定转移电流(A) | 热稳定电流(kA) 1s | 2s | 3s | 4s | 5s | 动稳定峰值耐受电流(kA) | 热稳定允许通过的短路电流有效值(kA) 假想时间(s) 0~0.6 | 0.8 | 1.0 | 1.2 | 1.6 |
|---|---|---|---|---|---|---|---|---|---|---|---|---|---|---|---|---|---|---|
| GN19-35,35XT | 35 | 630 | | | | | | | 20 | | | | 50 | 35.08 | 30.86 | 27.60 | 25.30 | 22.02 |
| GN19-35,35XQ | 35 | 1250 | | | | | | | 31.5 | | | | 80 | 55.25 | 48.32 | 43.47 | 39.85 | 34.68 |
| GN27-40.5 | 40.5 | 630 | | | | | | | | | 20 | | 50 | | | | | 31.14 |
| GN27-40.5 | 40.5 | 1250 | | | | | | | | | 31.5 | | 80 | | | | 56.35 | 49.05 |
| GN19-10,10C1,10C2,10C3,10XT,10XQ | 10 | 400 | | | | | | | 12.5 | | | | 31.5 | 21.93 | 19.17 | 17.25 | 15.81 | 13.76 |
|  | 10 | 630 | | | | | | | 20 | | | | 50 | 35.08 | 30.86 | 27.60 | 25.30 | 22.02 |
|  | 10 | 1000 | | | | | | | 40 | | | | 80 | | | 55.21 | 50.60 | 44.04 |
|  | 10 | 1250 | | | | | | | 31.5 | | | | 100 | 55.26 | 48.31 | 43.47 | 39.85 | 34.68 |
| GN22-10 | 10 | 2000 | | | | | | | | | 40 | | 100 | | | | | 62.28 |
| GN24-10D,GN30-10 | 10 | 400 | | | | | | | | | 12.5 | | 31.5 | | | | | 19.46 |
| GN24-10,10DI1,10DII2,10DCI2 | 10 | 630 | | | | | | | | | 20 | | 50 | | | | | 31.14 |
| GN24-10D | 10 | 1250 | | | | | | | | | 40 | | 100 | | | | | 62.28 |
| GN24-10SIII1,10SCIII2,GN30-10 | 10 | 630 | | | | | | | | | 20 | | 50 | | | | | 31.14 |
| GN24-10D,10DI1,10DII2,10DCI2,10DII2,10SCIII,10SIII,10SCIII2,GN30-10D | 10 | 1000 | | | | | | | | | 31.5 | | 80 | | | | 56.35 | 49.05 |
| GN25-10 | 10 | 2000 | | | | | | | | | 40 | | 100 | | | | | 62.28 |

表 3-30

母线热稳定计算 （kA）

假想时间 $t_j$ (s)

| 母线规格 | 0.1 | 0.15 | 0.2 | 0.25 | 0.5 | 0.75 | 1.0 | 1.25 | 1.5 | 1.75 | 2.0 | 2.5 | 3.0 | 3.5 | 4.0 |
|---|---|---|---|---|---|---|---|---|---|---|---|---|---|---|---|
| 25×3 | 22.5/39 | 18.4/31.9 | 15.9/27.6 | 14.3/24.7 | 10.8/18.0 | 8.2/14.3 | 7.1/12.4 | 6.7/11.1 | 5.8/10.1 | 5.4/9.4 | 5/8.8 | 4.5/7.8 | 4.1/7.1 | 3.8/6.6 | 3.6/6.2 |
| 30×4 | 36/62.6 | 29.4/51.1 | 25.5/44.3 | 22.8/39.6 | 16.1/28 | 13.2/22.9 | 11.4/19.8 | 10.2/17.7 | 9.3/16.2 | 8.6/15 | 8.1/14 | 7.2/12.5 | 6.6/11.4 | 6.1/10.6 | 5.7/9.9 |
| 40×4 | 48/83.4 | 39.2/68.2 | 34/59 | 30.4/52.8 | 21.5/31.3 | 17.6/30.5 | 15.2/26.4 | 13.6/23.6 | 12.4/21.6 | 11.5/20 | 10.7/18.7 | 9.6/16.7 | 8.8/15.2 | 8.1/14.1 | 7.6/13.2 |
| 40×5 | 60/104.3 | 49.1/85.2 | 42.3/73.8 | 38/66 | 26.9/46.7 | 21.9/38.1 | 19/33 | 17/29.5 | 15.5/26.9 | 14.4/24.9 | 13.4/23.3 | 12/20.9 | 11/19.1 | 10.2/17.6 | 9.5/16.5 |
| 50×5 | 75.1/130.4 | 61.3/106.5 | 53.1/92.2 | 47.5/82.5 | 33.6/58.3 | 27.4/47.6 | 23.8/41.3 | 21.2/36.9 | 19.4/33.7 | 18/31.2 | 16.8/29.2 | 15/26.1 | 13.7/23.8 | 12.7/22.1 | 11.9/20.6 |
| 50×6 | 90.1/156.5 | 73.6/127.8 | 63.7/110.7 | 57/99 | 40.3/70 | 32.9/57.2 | 28.5/49.5 | 25.5/44.3 | 23.3/40.4 | 21.5/37.4 | 20.2/35 | 18/31.3 | 16.5/28.6 | 15.2/26.5 | 14.2/24.8 |
| 60×6 | 108.1/187.9 | 88.3/153.4 | 76.9/132.8 | 68.4/118.8 | 48.4/84 | 39.5/68.6 | 34.2/59.4 | 30.6/53 | 27.9/48.5 | 25.9/44.9 | 24.2/42 | 21.6/37.6 | 19.7/34.3 | 18.3/31.8 | 17.1/29.7 |
| 80×6 | 144.2/250.6 | 117.7/204.5 | 102/177.7 | 91.2/158.4 | 64.5/112 | 52.7/91.5 | 45.6/79.2 | 40.8/70.8 | 37.2/64.1 | 34.5/59.9 | 32.2/56 | 28.8/50.1 | 26.3/45.7 | 24.4/42.3 | 22.8/39.5 |
| 100×6 | 180.2/313.1 | 147.2/255.6 | 127.5/221.4 | 114/198 | 80.6/140 | 65.8/114.3 | 57/99 | 51/88.6 | 46.5/80.8 | 43.1/74.8 | 40.3/70 | 36/62.6 | 32.9/57.1 | 30.5/52.9 | 28.5/49.5 |
| 60×8 | 144/250.4 | 117.6/204.4 | 102/177.2 | 91.2/158.4 | 64.4/112 | 52.8/91.6 | 45.6/79.2 | 40.8/70.8 | 37.2/64.8 | 34.4/60 | 32.4/56 | 28.8/50 | 26.4/45.6 | 24.4/42.4 | 22.8/39.6 |
| 80×8 | 192.2/333.9 | 157/272.7 | 136/236.1 | 121.6/211.2 | 86/144.3 | 70.2/121.9 | 60.8/105.6 | 54.4/94.5 | 49.6/86.2 | 46/79.8 | 43/74.7 | 38.5/66.8 | 35.1/61 | 32.5/56.5 | 30.4/52.8 |
| 100×8 | 240.3/417.5 | 196.2/340.9 | 169.9/295.2 | 112/264 | 107.5/186.7 | 87.8/152.4 | 76/132 | 68/118.1 | 62.1/107.8 | 57.5/99.3 | 53.7/93.3 | 48/83.5 | 43.9/76.2 | 40.6/70.6 | 38/66 |
| 60×10 | 180.2/313.1 | 147.2/255.6 | 127.5/221.4 | 114/198 | 80.6/140 | 65.8/114.3 | 57/99 | 51/88.6 | 46.5/80.8 | 43.1/74.8 | 40.3/70 | 36/62.6 | 32.9/57.2 | 30.5/53.9 | 28.5/49.5 |
| 80×10 | 240.3/417.5 | 196.2/340.9 | 169.9/295.2 | 152/264 | 107.5/186.7 | 85.8/152.4 | 76/132 | 68/118.1 | 62.1/107.8 | 57.5/99.8 | 53.7/93.3 | 48/83.5 | 43.9/76.2 | 40.6/70.6 | 38/66 |
| 100×10 | 300.4/521.8 | 245.2/426 | 212.4/369 | 190/330 | 134.4/233.4 | 109.7/190.5 | 95/165 | 85/147.6 | 77.6/134.8 | 71.8/124.7 | 67.2/116.9 | 60.1/104.4 | 54.8/95.3 | 50.8/88.2 | 47.5/82.5 |

注：表中数据分子为铝母线，分母为铜母线。

**铜母线动稳定计算** 表3-31

| 支持点间距离 (m) | 0.8 | | | | 1.0 | | | | 1.2 | | | | 1.4 | | | | 1.6 | | | |
|---|---|---|---|---|---|---|---|---|---|---|---|---|---|---|---|---|---|---|---|---|
| 相间距离 (m) | 0.2 | 0.25 | 0.3 | 0.35 | 0.2 | 0.25 | 0.3 | 0.35 | 0.2 | 0.25 | 0.3 | 0.35 | 0.2 | 0.25 | 0.3 | 0.35 | 0.2 | 0.25 | 0.3 | 0.35 |
| 母线规格 (宽×厚)(mm) | 短路电流峰值 (kA) | | | | | | | | | | | | | | | | | | | |
| **母 线 平 放** | | | | | | | | | | | | | | | | | | | | |
| 40×4 | 57 | 64 | 70 | 76 | 46 | 51 | 56 | 61 | 38 | 43 | 47 | 51 | 33 | 37 | 40 | 43 | 29 | 32 | 35 | 38 |
| 50×5 | 80 | 90 | 98 | 106 | 64 | 72 | 78 | 85 | 53 | 60 | 65 | 71 | 46 | 51 | 56 | 61 | 40 | 45 | 49 | 53 |
| 63×6.3 | 113 | 127 | 139 | 150 | 91 | 101 | 111 | 120 | 75 | 84 | 92 | 100 | 65 | 72 | 79 | 86 | 57 | 63 | 69 | 75 |
| 63×8 | 128 | 143 | 156 | 169 | 102 | 114 | 125 | 135 | 85 | 95 | 104 | 113 | 73 | 82 | 89 | 96 | 64 | 71 | 78 | 84 |
| 63×10 | 143 | 160 | 175 | 189 | 114 | 128 | 140 | 151 | 95 | 106 | 116 | 126 | 82 | 91 | 100 | 108 | 71 | 80 | 87 | 94 |
| 80×6.3 | 144 | 161 | 176 | 190 | 115 | 129 | 141 | 152 | 96 | 107 | 117 | 127 | 82 | 92 | 101 | 109 | 72 | 80 | 88 | 95 |
| 80×8 | 162 | 181 | 198 | 214 | 130 | 145 | 159 | 171 | 108 | 121 | 132 | 143 | 93 | 104 | 113 | 122 | 81 | 91 | 99 | 107 |
| 80×10 | 181 | 203 | 222 | 240 | 145 | 162 | 178 | 192 | 121 | 135 | 148 | 160 | 104 | 116 | 127 | 137 | 91 | 101 | 111 | 120 |
| 100×6.3 | 180 | 201 | 220 | 238 | 144 | 161 | 176 | 190 | 120 | 134 | 147 | 159 | 103 | 115 | 126 | 136 | 90 | 100 | 110 | 119 |
| 100×8 | 203 | 226 | 248 | 268 | 162 | 181 | 198 | 214 | 135 | 151 | 165 | 179 | 116 | 129 | 142 | 153 | 101 | 113 | 124 | 134 |
| 100×10 | 226 | 253 | 277 | 300 | 181 | 203 | 222 | 240 | 151 | 169 | 185 | 200 | 129 | 145 | 158 | 171 | 113 | 127 | 139 | 150 |
| 125×6.3 | 225 | 251 | 275 | 297 | 180 | 201 | 220 | 238 | 150 | 167 | 183 | 198 | 128 | 144 | 157 | 170 | 112 | 126 | 138 | 149 |
| 125×8 | 253 | 283 | 310 | 335 | 203 | 226 | 248 | 268 | 169 | 189 | 207 | 223 | 145 | 162 | 177 | 191 | 127 | 142 | 155 | 167 |
| 125×10 | 238 | 316 | 347 | 374 | 226 | 253 | 277 | 300 | 189 | 211 | 231 | 250 | 162 | 181 | 198 | 241 | 142 | 158 | 173 | 187 |

| 支持点间距离 (m) | 2.0 | | | 2.5 | | | 3.0 | | | 3.5 | | |
|---|---|---|---|---|---|---|---|---|---|---|---|---|
| 相间距离 (m) | 0.45 | 0.5 | 0.6 | 0.45 | 0.5 | 0.6 | 0.45 | 0.5 | 0.6 | 0.45 | 0.5 | 0.6 |
| 母线规格 (宽×厚)(mm) | 短路电流峰值 (kA) | | | | | | | | | | | |
| **母 线 平 放** | | | | | | | | | | | | |
| 40×4 | 34 | 36 | 40 | 28 | 29 | 32 | 23 | 24 | 26 | 20 | 21 | 23 |
| 50×5 | 48 | 51 | 55 | 38 | 41 | 44 | 32 | 34 | 37 | 27 | 29 | 32 |
| 63×6.3 | 68 | 72 | 78 | 54 | 57 | 63 | 45 | 48 | 52 | 39 | 41 | 45 |
| 63×8 | 77 | 81 | 88 | 61 | 65 | 71 | 51 | 54 | 59 | 44 | 46 | 51 |
| 63×10 | 86 | 90 | 99 | 68 | 72 | 79 | 57 | 60 | 66 | 49 | 52 | 56 |
| 80×6.3 | 86 | 91 | 100 | 69 | 73 | 80 | 58 | 61 | 66 | 49 | 52 | 57 |
| 80×8 | 97 | 102 | 112 | 78 | 82 | 90 | 65 | 68 | 75 | 56 | 59 | 64 |
| 80×10 | 109 | 115 | 126 | 87 | 92 | 100 | 72 | 76 | 84 | 62 | 65 | 72 |
| 100×6.3 | 108 | 114 | 125 | 86 | 91 | 100 | 72 | 76 | 83 | 62 | 65 | 71 |
| 100×8 | 122 | 128 | 140 | 97 | 102 | 112 | 81 | 85 | 94 | 69 | 73 | 80 |
| 100×10 | 136 | 143 | 157 | 109 | 115 | 126 | 91 | 95 | 105 | 78 | 82 | 90 |
| 125×6.3 | 135 | 142 | 156 | 108 | 114 | 125 | 90 | 95 | 104 | 77 | 81 | 89 |
| 125×8 | 152 | 160 | 175 | 122 | 128 | 140 | 101 | 107 | 117 | 87 | 92 | 100 |
| 125×10 | 170 | 179 | 196 | 136 | 143 | 157 | 113 | 119 | 131 | 97 | 102 | 112 |

| 支持点间距离 (m) | 2.0 | | | 2.5 | | | 3.0 | | | 3.5 | | |
|---|---|---|---|---|---|---|---|---|---|---|---|---|
| 相间距离 (m) | 0.45 | 0.5 | 0.6 | 0.45 | 0.5 | 0.6 | 0.45 | 0.5 | 0.6 | 0.45 | 0.5 | 0.6 |
| 母线规格 (宽×厚)(mm) | 短路电流峰值 (kA) | | | | | | | | | | | |
| **母 线 竖 放** | | | | | | | | | | | | |
| 40×4 | 11 | 12 | 13 | 9 | 9 | 10 | 7 | 8 | 8 | 6 | 7 | 7 |
| 50×5 | 15 | 16 | 18 | 12 | 13 | 14 | 10 | 11 | 12 | 9 | 9 | 10 |
| 63×6.3 | 21 | 23 | 25 | 17 | 18 | 20 | 14 | 15 | 17 | 12 | 13 | 14 |
| 63×8 | 27 | 29 | 31 | 22 | 23 | 25 | 18 | 19 | 21 | 16 | 16 | 18 |
| 63×10 | 34 | 36 | 39 | 27 | 29 | 32 | 23 | 24 | 26 | 19 | 21 | 23 |
| 80×6.3 | 24 | 26 | 28 | 19 | 20 | 22 | 16 | 17 | 19 | 14 | 15 | 16 |
| 80×8 | 31 | 32 | 36 | 25 | 26 | 28 | 20 | 22 | 24 | 18 | 19 | 20 |
| 80×10 | 38 | 41 | 44 | 31 | 32 | 36 | 26 | 27 | 30 | 22 | 23 | 25 |
| 100×6.3 | 27 | 29 | 31 | 22 | 23 | 25 | 18 | 19 | 21 | 15 | 16 | 18 |
| 100×8 | 34 | 36 | 40 | 28 | 29 | 32 | 23 | 24 | 26 | 20 | 21 | 23 |
| 100×10 | 43 | 45 | 50 | 34 | 36 | 40 | 29 | 30 | 33 | 25 | 26 | 28 |
| 125×6.3 | 30 | 32 | 35 | 24 | 26 | 28 | 20 | 21 | 23 | 17 | 18 | 20 |
| 125×8 | 38 | 41 | 44 | 31 | 32 | 36 | 26 | 27 | 30 | 22 | 23 | 25 |
| 125×10 | 48 | 51 | 55 | 38 | 41 | 44 | 32 | 34 | 37 | 27 | 29 | 32 |

**铝母线动稳定计算**

表3-32

允许通过的短路电流峰值(kA)　　母线平放

| 母线规格(宽×厚)(mm) | 支持点间距离(m) 1 | | | | 1.2 | | | | 1.4 | | | | 1.6 | | | |
|---|---|---|---|---|---|---|---|---|---|---|---|---|---|---|---|---|
| 相间距离(m) | 0.2 | 0.25 | 0.3 | 0.35 | 0.2 | 0.25 | 0.3 | 0.35 | 0.2 | 0.25 | 0.3 | 0.35 | 0.2 | 0.25 | 0.3 | 0.35 |
| 40×4 | 29 | 33 | 36 | 39 | 25 | 27 | 30 | 32 | 21 | 23 | 26 | 28 | 18 | 21 | 23 | 24 |
| 50×5 | 41 | 46 | 50 | 54 | 34 | 38 | 42 | 45 | 29 | 33 | 36 | 39 | 26 | 29 | 32 | 34 |
| 63×6.3 | 58 | 65 | 71 | 77 | 48 | 54 | 59 | 64 | 42 | 46 | 51 | 55 | 36 | 41 | 45 | 48 |
| 63×8 | 66 | 73 | 80 | 87 | 55 | 61 | 67 | 72 | 47 | 52 | 57 | 62 | 41 | 46 | 50 | 54 |
| 63×10 | 73 | 82 | 90 | 97 | 61 | 68 | 75 | 81 | 52 | 58 | 64 | 69 | 46 | 51 | 56 | 61 |
| 80×6.3 | 74 | 83 | 90 | 98 | 62 | 69 | 75 | 81 | 53 | 59 | 65 | 70 | 46 | 52 | 57 | 61 |
| 80×8 | 83 | 93 | 102 | 110 | 69 | 78 | 85 | 92 | 59 | 66 | 73 | 79 | 52 | 58 | 64 | 69 |
| 80×10 | 93 | 101 | 111 | 123 | 78 | 87 | 95 | 103 | 66 | 71 | 81 | 88 | 58 | 65 | 71 | 77 |
| 100×6.3 | 92 | 103 | 113 | 122 | 77 | 86 | 91 | 102 | 66 | 74 | 81 | 87 | 58 | 61 | 71 | 76 |
| 100×8 | 104 | 116 | 127 | 138 | 87 | 97 | 106 | 115 | 74 | 83 | 91 | 98 | 65 | 73 | 80 | 86 |
| 100×10 | 116 | 130 | 142 | 154 | 97 | 108 | 119 | 128 | 83 | 93 | 102 | 110 | 73 | 81 | 89 | 96 |
| 125×6.3 | 115 | 129 | 141 | 153 | 96 | 107 | 118 | 127 | 82 | 92 | 107 | 109 | 72 | 81 | 88 | 95 |
| 125×8 | 130 | 145 | 159 | 172 | 108 | 121 | 133 | 143 | 93 | 104 | 114 | 123 | 81 | 91 | 99 | 107 |
| 125×10 | 145 | 162 | 178 | 192 | 121 | 135 | 148 | 160 | 104 | 116 | 127 | 137 | 91 | 101 | 111 | 120 |

续表

母线竖放 — 允许通过的短路电流峰值(kA)

| 母线规格(宽×厚)(mm) | 支持点间距离(m) 1 | | | | 1.2 | | | | 1.4 | | | | 1.6 | | | |
|---|---|---|---|---|---|---|---|---|---|---|---|---|---|---|---|---|
| 相间距离(m) | 0.2 | 0.25 | 0.3 | 0.35 | 0.2 | 0.25 | 0.3 | 0.35 | 0.2 | 0.25 | 0.3 | 0.35 | 0.2 | 0.25 | 0.3 | 0.35 |
| 40×4 | 9 | 10 | 11 | 12 | 8 | 9 | 9 | 10 | 7 | 7 | 8 | 9 | 6 | 6 | 7 | 8 |
| 50×5 | 13 | 15 | 16 | 17 | 11 | 12 | 13 | 14 | 9 | 10 | 11 | 12 | 8 | 9 | 10 | 11 |
| 63×6.3 | 18 | 21 | 23 | 24 | 15 | 17 | 19 | 20 | 13 | 15 | 16 | 17 | 11 | 13 | 14 | 15 |
| 63×8 | 23 | 26 | 29 | 31 | 19 | 22 | 24 | 26 | 17 | 19 | 20 | 22 | 15 | 16 | 18 | 19 |
| 63×10 | 29 | 33 | 36 | 39 | 24 | 27 | 30 | 32 | 21 | 23 | 26 | 28 | 18 | 20 | 22 | 24 |
| 80×6.3 | 21 | 23 | 25 | 27 | 17 | 19 | 21 | 23 | 15 | 17 | 18 | 20 | 13 | 14 | 16 | 17 |
| 80×8 | 26 | 29 | 32 | 35 | 22 | 25 | 27 | 29 | 19 | 21 | 23 | 25 | 16 | 18 | 20 | 22 |
| 80×10 | 33 | 37 | 40 | 44 | 27 | 31 | 34 | 36 | 23 | 26 | 29 | 31 | 21 | 23 | 25 | 27 |
| 100×6.3 | 23 | 26 | 28 | 31 | 19 | 22 | 24 | 26 | 17 | 19 | 20 | 22 | 14 | 16 | 18 | 19 |
| 100×8 | 29 | 33 | 36 | 39 | 25 | 27 | 30 | 32 | 21 | 23 | 26 | 28 | 18 | 21 | 23 | 24 |
| 100×10 | 37 | 41 | 45 | 49 | 31 | 34 | 38 | 41 | 26 | 29 | 32 | 35 | 23 | 26 | 28 | 30 |
| 125×6.3 | 26 | 29 | 32 | 34 | 22 | 24 | 26 | 29 | 19 | 21 | 23 | 24 | 16 | 18 | 20 | 21 |
| 125×8 | 33 | 37 | 40 | 44 | 27 | 31 | 34 | 36 | 23 | 26 | 29 | 31 | 21 | 23 | 25 | 27 |
| 125×10 | 41 | 46 | 50 | 54 | 34 | 38 | 42 | 45 | 29 | 33 | 36 | 39 | 26 | 29 | 31 | 34 |

续表

允许通过的短路电流峰值（kA）——母线平放

| 支持点间距离 (m) | 2 | | | 2.5 | | | 3 | | | 3.5 | | |
|---|---|---|---|---|---|---|---|---|---|---|---|---|
| 相间距离 (m) | 0.45 | 0.5 | 0.6 | 0.45 | 0.5 | 0.6 | 0.45 | 0.5 | 0.6 | 0.45 | 0.5 | 0.6 |
| 母线规格（宽×厚）(mm) | | | | | | | | | | | | |
| 40×4 | 22 | 23 | 25 | 18 | 19 | 20 | 15 | 16 | 17 | 13 | 13 | 15 |
| 50×5 | 31 | 32 | 36 | 25 | 26 | 28 | 21 | 22 | 24 | 18 | 19 | 20 |
| 63×6.3 | 44 | 46 | 50 | 35 | 37 | 40 | 29 | 31 | 37 | 25 | 26 | 29 |
| 63×8 | 49 | 52 | 57 | 39 | 41 | 45 | 33 | 35 | 38 | 28 | 30 | 32 |
| 63×10 | 55 | 58 | 63 | 44 | 46 | 51 | 37 | 39 | 42 | 31 | 33 | 36 |
| 80×6.3 | 55 | 58 | 64 | 44 | 47 | 51 | 37 | 39 | 43 | 32 | 33 | 37 |
| 80×8 | 62 | 66 | 72 | 50 | 53 | 58 | 42 | 44 | 48 | 36 | 38 | 41 |
| 80×10 | 70 | 74 | 81 | 56 | 59 | 64 | 47 | 49 | 54 | 40 | 42 | 46 |
| 100×6.3 | 69 | 72 | 80 | 55 | 58 | 64 | 46 | 49 | 53 | 40 | 42 | 46 |
| 100×8 | 78 | 82 | 90 | 62 | 66 | 72 | 52 | 55 | 60 | 45 | 47 | 51 |
| 100×10 | 87 | 92 | 101 | 70 | 74 | 81 | 58 | 61 | 67 | 50 | 53 | 58 |
| 125×6.3 | 87 | 91 | 100 | 69 | 72 | 80 | 58 | 61 | 67 | 49 | 52 | 57 |
| 125×8 | 97 | 103 | 113 | 78 | 82 | 90 | 65 | 69 | 75 | 56 | 59 | 64 |
| 125×10 | 109 | 115 | 126 | 87 | 92 | 101 | 73 | 77 | 84 | 62 | 66 | 72 |

注：1. 若母线支持点距离不为 l 而为 l′ 时，将支持点距离为 l 的数据乘以 l/l′ 即为支持点距离为 l′ 的数据；

2. 若母线相间距离不为 a 而为 a′ 时，将母线相间距离为 a 的数据乘以 √a′/√a 即为相间距离为 a′ 的数据。

表3-33

## 6～10kV电缆允许通过的稳态短路电流 (kA)

| 名 称 | 线芯截面 (mm²) | 持续时间(s) | | | | | | | | | | | | |
|---|---|---|---|---|---|---|---|---|---|---|---|---|---|---|
| | | 0.1 | 0.15 | 0.2 | 0.3 | 0.4 | 0.6 | 0.8 | 1.0 | 1.2 | 1.6 | 2.0 | 2.5 | 3.0 |
| 6～10kV 铜芯交联聚乙烯电缆 | 16 | 6.9 | 5.7 | 4.9 | 4 | 3.5 | 2.8 | 2.5 | 2.2 | 2 | 1.7 | 1.5 | 1.4 | 1.3 |
| | 25 | 10.8 | 8.8 | 7.7 | 6.3 | 5.4 | 4.4 | 3.8 | 3.4 | 3.1 | 2.7 | 2.4 | 2.2 | 2 |
| | 35 | 15.2 | 12.4 | 10.7 | 8.8 | 7.6 | 6.2 | 5.4 | 4.8 | 4.4 | 3.8 | 3.4 | 3 | 2.8 |
| | 50 | 21.7 | 17.7 | 15.3 | 12.5 | 10.3 | 8.8 | 7.7 | 6.9 | 6.3 | 5.4 | 4.8 | 4.3 | 4 |
| | 70 | 30.3 | 24.8 | 21.4 | 17.8 | 15.2 | 12.4 | 10.7 | 9.6 | 8.8 | 7.6 | 6.8 | 6.1 | 5.5 |
| | 95 | 41.2 | 33.6 | 29.1 | 23.8 | 20.6 | 16.8 | 14.6 | 13 | 11.9 | 10.3 | 9.2 | 8.2 | 7.5 |
| | 120 | 52 | 42.4 | 36.8 | 30 | 26 | 21.2 | 18.4 | 16.4 | 15 | 13 | 11.6 | 10.4 | 9.5 |
| | 150 | 65 | 53.1 | 46 | 37.5 | 32.5 | 26.5 | 23 | 20.6 | 18.8 | 16.2 | 14.5 | 13 | 11.9 |
| | 185 | 80.1 | 65.4 | 56.7 | 46.3 | 40.1 | 32.7 | 28.3 | 25.3 | 23.1 | 20 | 17.9 | 16 | 11.6 |
| | 240 | 104 | 84.9 | 73.5 | 60 | 52 | 42.4 | 36.8 | 32.9 | 30 | 26 | 23.2 | 20.8 | 19 |
| | 300 | 130 | 106.1 | 91.9 | 75 | 65 | 53.1 | 46 | 41.1 | 37.5 | 32.5 | 29.1 | 26 | 23.7 |
| | 400 | 173.3 | 141.5 | 122.5 | 100 | 86.6 | 70.7 | 61.3 | 54.8 | 50 | 43.3 | 38.7 | 34.7 | 31.6 |
| 6～10kV 铜芯PVC电缆 | 10 | 3.6 | 2.9 | 2.5 | 2.1 | 1.8 | 1.5 | 1.3 | 1.1 | 1 | 0.9 | 0.8 | 0.7 | 0.7 |
| | 16 | 5.8 | 4.7 | 4.1 | 3.3 | 2.9 | 2.4 | 2 | 1.8 | 1.7 | 1.4 | 1.3 | 1.2 | 1.1 |
| | 25 | 9 | 7.4 | 6.4 | 5.2 | 4.5 | 3.7 | 3.2 | 2.9 | 2.6 | 2.3 | 2 | 1.8 | 1.6 |
| | 35 | 12.6 | 10.3 | 8.9 | 7.3 | 6.3 | 5.2 | 4.5 | 4 | 3.6 | 3.2 | 2.8 | 2.5 | 2.3 |
| | 50 | 18 | 14.7 | 12.7 | 10.4 | 9 | 7.4 | 6.4 | 5.7 | 5.2 | 4.5 | 4 | 3.6 | 3.3 |
| | 70 | 25.2 | 20.6 | 17.8 | 14.6 | 12.6 | 10.3 | 8.9 | 8 | 7.3 | 6.3 | 5.6 | 5 | 4.6 |
| | 95 | 34.2 | 28 | 24.2 | 19.8 | 17.1 | 14 | 12.1 | 10.8 | 9.9 | 8.6 | 7.7 | 6.8 | 6.3 |
| | 120 | 43.3 | 35.3 | 30.6 | 25 | 21.6 | 17.7 | 15.3 | 13.7 | 12.5 | 10.8 | 9.7 | 8.7 | 7.9 |
| | 150 | 54.1 | 44.2 | 38.2 | 31.2 | 27 | 22.1 | 19.1 | 17.1 | 15.6 | 13.5 | 12.1 | 10.8 | 9.9 |
| | 185 | 66.7 | 54.5 | 47.2 | 38.5 | 33.3 | 27.2 | 23.6 | 21.2 | 19.3 | 16.7 | 14.9 | 13.3 | 12.2 |
| | 240 | 86.5 | 70.6 | 61.2 | 50 | 43.3 | 35.3 | 30.1 | 27.4 | 25 | 21.6 | 19.3 | 17.3 | 15.8 |

续表

| 名称 | 线芯截面 (mm²) | 持续时间(s) | | | | | | | | | | | | |
|---|---|---|---|---|---|---|---|---|---|---|---|---|---|---|
| | | 0.1 | 0.15 | 0.2 | 0.3 | 0.4 | 0.6 | 0.8 | 1.0 | 1.2 | 1.6 | 2.0 | 2.5 | 3.0 |
| 6～10kV 铝芯交联聚乙烯电缆 | 16 | 3.9 | 3.2 | 2.8 | 2.2 | 1.9 | 1.6 | 1.4 | 1.2 | 1.1 | 1 | 0.9 | 0.8 | 0.7 |
| | 25 | 6.1 | 5 | 4.3 | 3.5 | 3 | 2.5 | 2.2 | 1.9 | 1.8 | 1.5 | 1.4 | 1.2 | 1.1 |
| | 35 | 8.5 | 7 | 6 | 4.9 | 4.3 | 3.5 | 3 | 2.7 | 2.5 | 2.1 | 1.9 | 1.7 | 1.6 |
| | 50 | 12.1 | 9.9 | 8.6 | 7 | 6.1 | 5 | 4.3 | 3.9 | 3.5 | 3 | 2.7 | 2.4 | 2.2 |
| | 70 | 17 | 13.9 | 12.1 | 9.8 | 8.5 | 7 | 6 | 5.4 | 4.9 | 4.3 | 3.8 | 3.4 | 3.1 |
| | 95 | 23.1 | 18.9 | 16.4 | 13.4 | 11.6 | 9.4 | 8.2 | 7.3 | 6.7 | 5.8 | 5.2 | 4.6 | 4.2 |
| | 120 | 29.2 | 23.9 | 20.7 | 16.9 | 14.6 | 11.9 | 10.3 | 9.2 | 8.4 | 7.3 | 6.5 | 5.8 | 5.3 |
| | 150 | 36.5 | 29.8 | 25.8 | 21.1 | 18.3 | 14.9 | 12.9 | 11.6 | 10.5 | 9.2 | 8.2 | 7.3 | 6.7 |
| | 185 | 45 | 36.8 | 31.9 | 26 | 22.5 | 18.4 | 15.9 | 14.2 | 13 | 11.3 | 10.1 | 9 | 8.2 |
| | 240 | 58.4 | 47.7 | 41.3 | 33.7 | 29.2 | 23.9 | 20.7 | 18.5 | 16.7 | 14.6 | 13.1 | 11.7 | 10.7 |
| | 300 | 73 | 59.6 | 51.7 | 42.2 | 36.5 | 29.8 | 25.8 | 23.1 | 21.1 | 18.3 | 16.3 | 14.6 | 13.3 |
| | 400 | 97.4 | 79.5 | 68.9 | 56.2 | 48.7 | 39.8 | 34.4 | 30.8 | 28.1 | 24.3 | 21.8 | 19.5 | 17.8 |
| 6～10kV 铝芯PVC电缆 | 10 | 2.3 | 1.9 | 1.7 | 1.4 | 1.2 | 1 | 0.8 | 0.7 | 0.7 | 0.6 | 0.5 | 0.5 | 0.4 |
| | 16 | 3.7 | 3.1 | 2.6 | 2.2 | 1.9 | 1.5 | 1.3 | 1.2 | 1.1 | 0.9 | 0.84 | 0.7 | 0.7 |
| | 25 | 5.9 | 4.8 | 4.1 | 3.4 | 2.9 | 2.4 | 2.1 | 1.9 | 1.7 | 1.5 | 1.3 | 1.2 | 1.1 |
| | 35 | 8.2 | 6.7 | 5.8 | 4.7 | 4.1 | 3.3 | 2.9 | 2.6 | 2.4 | 2 | 1.8 | 1.6 | 1.5 |
| | 50 | 11.7 | 9.6 | 8.3 | 6.8 | 5.9 | 4.8 | 4.1 | 3.7 | 3.4 | 2.9 | 2.6 | 2.3 | 2.1 |
| | 70 | 16.4 | 13.4 | 11.6 | 9.5 | 8.2 | 6.7 | 5.8 | 5.2 | 4.7 | 4.1 | 3.7 | 3.3 | 3 |
| | 95 | 22.2 | 18.2 | 15.7 | 12.8 | 11.1 | 9.1 | 7.9 | 7 | 6.4 | 5.6 | 5 | 4.4 | 4.1 |
| | 120 | 28.1 | 22.9 | 19.9 | 16.2 | 14 | 11.5 | 9.9 | 8.9 | 8.1 | 7 | 6.3 | 5.6 | 5.1 |
| | 150 | 35.1 | 28.7 | 24.8 | 20.3 | 17.6 | 14.3 | 12.4 | 11.1 | 10.1 | 8.8 | 7.8 | 7 | 6.4 |
| | 185 | 43.3 | 35.3 | 30.6 | 25 | 21.6 | 17.7 | 15.3 | 13.7 | 12.5 | 10.8 | 9.7 | 8.7 | 7.9 |
| | 240 | 56.2 | 45.9 | 39.7 | 32.4 | 28 | 22.9 | 19.9 | 17.8 | 16.2 | 14 | 12.6 | 11.2 | 10.3 |

**6～10kV 支持绝缘子允许的短路电流峰值**　　　表 3-34

| 绝缘子间距离 (m) | | | 1 | | | | 1.2 | | | | 1.4 | | | | 1.6 | | | |
|---|---|---|---|---|---|---|---|---|---|---|---|---|---|---|---|---|---|---|
| 相间距离 (m) | | | 0.2 | 0.25 | 0.3 | 0.35 | 0.2 | 0.25 | 0.3 | 0.35 | 0.2 | 0.25 | 0.3 | 0.35 | 0.2 | 0.25 | 0.3 | 0.35 |
| 型号 | 抗弯破坏负荷 kg | N | 短路电流值 (kA) | | | | | | | | | | | | | | | |
| ZA-10(6)Y,T,ZPA-6 ZNA-10(6)MM | 375 | 3675 | 51 | 57 | 62 | 67 | 46 | 52 | 57 | 61 | 43 | 48 | 52 | 57 | 40 | 45 | 49 | 53 |
| ZN-10(6)/400,ZL-10/400 ZS-10/400 | 400 | 3920 | 52 | 58 | 64 | 69 | 48 | 53 | 58 | 63 | 44 | 49 | 54 | 58 | 41 | 46 | 51 | 55 |
| ZPB-10,ZS-10/500 ZS2-10/500 | 500 | 4900 | 58 | 65 | 72 | 77 | 53 | 60 | 65 | 71 | 49 | 55 | 60 | 65 | 46 | 52 | 57 | 61 |
| ZN-10/800,ZL-10/800 | 800 | 7840 | 74 | 83 | 91 | 98 | 67 | 75 | 83 | 89 | 62 | 70 | 76 | 83 | 58 | 65 | 72 | 77 |
| ZC-10F | 1250 | 12250 | 92 | 103 | 111 | 122 | 84 | 94 | 103 | 111 | 78 | 87 | 96 | 103 | 73 | 82 | 89 | 97 |
| ZN-10/1600,ZL-10/1600 | 1600 | 15680 | 104 | 117 | 128 | 138 | 95 | 107 | 117 | 126 | 88 | 99 | 108 | 117 | 83 | 92 | 101 | 109 |
| ZD-10F,ZND1-10MM ZPD-10 | 2000 | 19600 | 117 | 131 | 143 | 155 | 107 | 119 | 131 | 140 | 99 | 110 | 121 | 131 | 92 | 103 | 113 | 122 |
| ZB-10(6)Y,T,ZMB-10MM | 750 | 7350 | 72 | 80 | 88 | 95 | 65 | 73 | 80 | 86 | 60 | 68 | 74 | 80 | 57 | 63 | 69 | 75 |

注：本表为母线平放在绝缘子上的计算值；当母线立放在绝缘子上时，则表中数值应乘以 0.845。

**35kV 支持绝缘子允许的短路电流峰值**　　　表 3-35

| 绝缘子间距 (m) | | | 2 | | | 2.5 | | | 3 | | | 3.5 | | |
|---|---|---|---|---|---|---|---|---|---|---|---|---|---|---|
| 相间距 (m) | | | 0.45 | 0.5 | 0.6 | 0.45 | 0.5 | 0.6 | 0.45 | 0.5 | 0.6 | 0.45 | 0.5 | 0.6 |
| 型号 | 抗弯破坏负荷 kg | N | 短路电流峰值 (kA) | | | | | | | | | | | |
| ZA-35Y，ZA-35T | 375 | 3675 | 54 | 57 | 62 | 48 | 51 | 55 | 44 | 47 | 51 | 41 | 43 | 47 |
| ZL-35/400，ZS-35/400，ZSX-35/400 | 400 | 3920 | 55 | 58 | 64 | 50 | 52 | 57 | 45 | 48 | 52 | 42 | 44 | 48 |
| ZS-35/600 | 600 | 5880 | 68 | 72 | 78 | 61 | 64 | 70 | 55 | 58 | 64 | 51 | 54 | 59 |
| ZB-35F | 750 | 7350 | 76 | 80 | 88 | 68 | 72 | 78 | 62 | 65 | 72 | 57 | 60 | 66 |
| ZL-35/800，ZS-35/800 | 800 | 7840 | 80 | 83 | 90 | 70 | 74 | 81 | 64 | 67 | 74 | 59 | 62 | 68 |

注：本表为母线平放在绝缘子上的计算值；当母线竖放在绝缘子上时，则表中数据应乘以 0.92。

表 3-36

**穿墙套管允许的稳态短路电流有效值 (kA)**

| 套管类别 | 额定电流 (A) | 允许热稳定电流持续时间 | | 假想时间 (s) | | | | | | | | | | | | |
|---|---|---|---|---|---|---|---|---|---|---|---|---|---|---|---|---|
| | | 5s | 10s | 0.1 | 0.15 | 0.2 | 0.3 | 0.4 | 0.6 | 0.8 | 1.0 | 1.2 | 1.6 | 2.0 | 2.5 | 3.0 |
| 铝导体穿墙套管 | 200 | 3.8 | | 27 | 22 | 19 | 16 | 13 | 11 | 10* | 8 | 8 | 7 | 6 | 5 | 5 |
| | 400 | 7.2 | | 51 | 42 | 36 | 29 | 25 | 21 | 18 | 16 | 15 | 13 | 11 | 10 | 19 |
| | 600 | 12 | | 85 | 69 | 60 | 49 | 42 | 35 | 30 | 27 | 24 | 21 | 19 | 17 | 15 |
| | 1000 | 20 | | 141 | 115 | 100 | 82 | 71 | 58 | 50 | 45 | 41 | 35 | 32 | 28 | 26 |
| | 1500 | 30 | | 212 | 173 | 150 | 122 | 106 | 87 | 75 | 67 | 61 | 53 | 47 | 42 | 39 |
| | 2000 | 40 | | 283 | 231 | 200 | 163 | 141 | 115 | 100 | 89 | 82 | 71 | 63 | 57 | 52 |
| 铜导体穿墙套管 | 200 | | 3.8 | 38 | 31 | 27 | 22 | 19 | 16 | 13 | 12 | 11 | 10 | 8 | 8 | 7 |
| | 400 | | 7.6 | 76 | 62 | 54 | 41 | 38 | 31 | 27 | 25 | 22 | 19 | 17 | 15 | 11 |
| | 600 | | 12 | 120 | 98 | 85 | 69 | 60 | 49 | 42 | 38 | 35 | 30 | 27 | 25 | 22 |
| | 1000 | | 18 | 180 | 147 | 127 | 104 | 90 | 73 | 64 | 57 | 52 | 45 | 40 | 36 | 33 |
| | 1500 | | 23 | 230 | 188 | 163 | 133 | 115 | 94 | 81 | 73 | 66 | 58 | 51 | 46 | 42 |
| | 2000 | | 27 | 270 | 220 | 191 | 156 | 135 | 110 | 95 | 85 | 78 | 68 | 60 | 51 | 49 |

表 3-37

**35kV 穿墙套管允许的短路电流峰值**

| 型 号 | 抗弯破坏负荷 | | 相间距离 (m) | | | | | | | | | | | | | | |
|---|---|---|---|---|---|---|---|---|---|---|---|---|---|---|---|---|---|
| | kg | N | 1.5 | | | 2 | | | 2.5 | | | 3 | | | 3.5 | | |
| 套管端距绝缘子距离 (m) | | | 0.45 | 0.5 | 0.6 | 0.45 | 0.5 | 0.6 | 0.45 | 0.5 | 0.6 | 0.45 | 0.5 | 0.6 | 0.45 | 0.5 | 0.6 |
| | | | 短路冲击电流 (kA) | | | | | | | | | | | | | | |
| CWL-35/200、400、600、1000 | 400 | 3920 | 73 | 78 | 84 | 66 | 70 | 76 | 61 | 64 | 70 | 57 | 60 | 65 | 53 | 56 | 68 |
| CB-35/400、600 | 750 | 7350 | 100 | 105 | 115 | 90 | 95 | 104 | 83 | 88 | 96 | 78 | 82 | 90 | 73 | 77 | 84 |
| CWB-35/400、600 | | | 99 | 104 | 114 | 90 | 95 | 104 | 83 | 87 | 96 | 77 | 81 | 89 | 73 | 77 | 84 |
| CWLB2-35/400、600、1000 | | | 99 | 105 | 115 | 90 | 95 | 104 | 83 | 88 | 96 | 78 | 82 | 90 | 73 | 77 | 84 |
| CWLB2-35/400Q | | | 98 | 103 | 113 | 89 | 94 | 103 | 82 | 87 | 95 | 77 | 81 | 89 | 72 | 76 | 83 |

表3-38

**6~10kV穿墙套管允许的短路电流峰值**

| 套管端距绝缘子距离 (m) | | 抗弯破坏负荷 | | 0.6 | | | | 0.8 | | | | 1.0 | | | | 1.2 | | | | 1.6 | | | |
|---|---|---|---|---|---|---|---|---|---|---|---|---|---|---|---|---|---|---|---|---|---|---|---|
| 相间距离 (m) | | kg | N | 0.2 | 0.25 | 0.3 | 0.35 | 0.2 | 0.25 | 0.3 | 0.35 | 0.2 | 0.25 | 0.3 | 0.35 | 0.2 | 0.25 | 0.3 | 0.35 | 0.2 | 0.25 | 0.3 | 0.35 |
| 型号 | | | | 短路电流值 (kA) | | | | | | | | | | | | | | | | | | | |
| CA-6/200, 100 | | 375 | 3675 | 75 | 84 | 92 | 99 | 68 | 76 | 83 | 90 | 63 | 70 | 77 | 83 | 58 | 65 | 71 | 77 | 55 | 61 | 67 | 72 |
| CL-6/200, 400, 600 | | 400 | 3920 | 79 | 88 | 96 | 101 | 71 | 79 | 87 | 91 | 65 | 73 | 80 | 86 | 61 | 68 | 74 | 80 | 57 | 64 | 70 | 75 |
| CL-10/200, 400, 600 | | | | 77 | 86 | 91 | 101 | 69 | 78 | 85 | 92 | 61 | 72 | 78 | 85 | 60 | 67 | 73 | 79 | 56 | 63 | 69 | 71 |
| CWL-10/200, 400, 600, 1000 | | | | 75 | 84 | 92 | 99 | 69 | 77 | 81 | 91 | 62 | 71 | 78 | 81 | 59 | 66 | 72 | 78 | 56 | 62 | 68 | 71 |
| CB-6/400, 600 | | 750 | 7350 | 106 | 119 | 130 | 140 | 96 | 107 | 118 | 127 | 88 | 99 | 108 | 117 | 82 | 92 | 101 | 109 | 77 | 86 | 95 | 102 |
| CB-10/200, 400, 600 | | | | 104 | 116 | 127 | 137 | 94 | 105 | 116 | 125 | 87 | 97 | 107 | 115 | 81 | 91 | 99 | 107 | 76 | 85 | 94 | 101 |
| CWB-6/400, 600 | | | | 102 | 114 | 125 | 135 | 93 | 104 | 114 | 123 | 86 | 96 | 106 | 114 | 81 | 90 | 99 | 107 | 76 | 85 | 93 | 100 |
| CWB-10/100, 600 | | | | 99 | 110 | 121 | 131 | 91 | 101 | 111 | 120 | 84 | 91 | 103 | 111 | 79 | 88 | 96 | 104 | 74 | 83 | 91 | 98 |
| CLB-6/250, 400, 600 | | | | 109 | 121 | 133 | 144 | 98 | 109 | 120 | 130 | 90 | 100 | 110 | 119 | 84 | 93 | 102 | 110 | 78 | 88 | 96 | 104 |
| CLB-10/250, 400, 600, 1000 | | | | 104 | 117 | 128 | 138 | 95 | 106 | 116 | 125 | 87 | 98 | 107 | 116 | 81 | 91 | 100 | 108 | 77 | 86 | 94 | 101 |
| CWLB-10/250, 400, 600, 1000 | | | | 103 | 115 | 126 | 136 | 94 | 105 | 115 | 124 | 87 | 97 | 106 | 115 | 81 | 90 | 99 | 107 | 76 | 85 | 93 | 101 |
| CWLB2-10/200, 400, 600, 1000 | | | | 102 | 114 | 124 | 134 | 93 | 104 | 114 | 123 | 86 | 95 | 105 | 113 | 80 | 90 | 98 | 106 | 76 | 85 | 93 | 100 |
| CC-6/1000, 1500, 2000 | | 1250 | 12250 | 133 | 149 | 163 | 176 | 120 | 135 | 148 | 160 | 112 | 125 | 137 | 148 | 104 | 117 | 128 | 138 | 98 | 110 | 120 | 130 |
| CC-10/1000, 1500, 2000 | | | | 127 | 143 | 156 | 169 | 117 | 131 | 143 | 155 | 108 | 121 | 133 | 143 | 102 | 114 | 125 | 135 | 96 | 107 | 118 | 127 |
| CWC-10/1000, 1500, 2000 | | | | 123 | 137 | 150 | 162 | 113 | 127 | 139 | 150 | 106 | 118 | 129 | 140 | 99 | 111 | 122 | 131 | 94 | 105 | 115 | 124 |

表 3-39

**电流互感器允许的短路电流**

| 型号 | 额定电流 (A) | 热稳定校验（稳态短路电流有效值）(kA) 假想时间 (s) | | | | | | | | | | | | | 内部动稳定校验（短路电流峰值）(kA) | 备注 |
|---|---|---|---|---|---|---|---|---|---|---|---|---|---|---|---|---|
| | | 0.1 | 0.15 | 0.2 | 0.3 | 0.4 | 0.6 | 0.8 | 1.0 | 1.2 | 1.6 | 2.0 | 2.5 | 3.0 | | |
| LB6-35 | 5 | 1.58 | 1.29 | 1.12 | 0.91 | 0.79 | 0.65 | 0.56 | 0.5 | 0.46 | 0.4 | 0.35 | 0.32 | 0.29 | 1.28 | |
| | 10 | 3.2 | 2.6 | 2.2 | 1.83 | 1.58 | 1.29 | 1.12 | 1 | 0.91 | 0.79 | 0.71 | 0.63 | 0.58 | 2.55 | |
| | 15 | 4.7 | 3.9 | 3.4 | 2.7 | 2.4 | 1.94 | 1.68 | 1.5 | 1.37 | 1.19 | 1.06 | 0.95 | 0.87 | 3.83 | |
| | 20 | 6.3 | 5.2 | 4.5 | 3.7 | 3.2 | 2.6 | 2.2 | 2 | 1.83 | 1.58 | 1.41 | 1.26 | 1.15 | 5.1 | |
| | 30 | 9.5 | 7.8 | 6.7 | 5.5 | 4.7 | 3.9 | 3.4 | 3 | 2.7 | 2.4 | 2.12 | 1.9 | 1.73 | 7.65 | |
| | 40 | 12.7 | 10.3 | 8.9 | 7.3 | 6.3 | 5.2 | 4.5 | 4 | 3.7 | 3.2 | 2.8 | 2.5 | 2.3 | 10.2 | |
| | 50 | 15.8 | 12.9 | 11.2 | 9.1 | 7.9 | 6.5 | 5.6 | 5 | 4.6 | 4 | 3.5 | 3.2 | 2.9 | 12.75 | |
| | 75 | 23.7 | 19.4 | 16.8 | 13.7 | 11.9 | 9.7 | 8.4 | 7.5 | 6.9 | 5.9 | 5.3 | 4.7 | 4.3 | 19.13 | |
| | 100 | 31.6 | 25.8 | 22.4 | 18.3 | 15.8 | 12.9 | 11.2 | 10 | 9.1 | 7.9 | 7.1 | 6.3 | 5.8 | 25.5 | |
| | 150 | 47.4 | 38.7 | 33.5 | 27.4 | 23.7 | 19.4 | 16.8 | 15 | 13.7 | 11.9 | 10.6 | 9.5 | 8.7 | 38.25 | |
| | 200 | 63.3 | 51.6 | 44.7 | 36.5 | 31.6 | 25.8 | 22.4 | 20 | 18.3 | 15.8 | 14.1 | 12.7 | 11.6 | 51 | |
| | 300 | 94.9 | 77.5 | 67.1 | 54.8 | 47.4 | 38.7 | 33.5 | 30 | 27.4 | 23.7 | 21.2 | 19 | 17.3 | 76.5 | |
| | 400 | 126.5 | 103.3 | 89.4 | 73 | 63.3 | 51.6 | 44.7 | 40 | 36.5 | 31.6 | 28.3 | 25.3 | 23.1 | 102 | |
| | 600 | 126.5 | 103.3 | 89.4 | 73 | 63.3 | 51.6 | 44.7 | 40 | 36.5 | 31.6 | 28.3 | 25.3 | 23.1 | 102 | |
| | 750 | 126.5 | 103.3 | 89.4 | 73 | 63.3 | 51.6 | 44.7 | 40 | 36.5 | 31.6 | 28.3 | 25.3 | 23.1 | 102 | |
| | 800 | 126.5 | 103.3 | 89.4 | 73 | 63.3 | 51.6 | 44.7 | 40 | 36.5 | 31.6 | 28.3 | 25.3 | 23.1 | 102 | |
| | 1000 | 126.5 | 103.3 | 89.4 | 73 | 63.3 | 51.6 | 44.7 | 40 | 36.5 | 31.6 | 28.3 | 25.3 | 23.1 | 102 | |
| | 1200 | 126.5 | 103.3 | 89.4 | 73 | 63.3 | 51.6 | 44.7 | 40 | 36.5 | 31.6 | 28.3 | 25.3 | 23.1 | 102 | |
| | 1500 | 126.5 | 103.3 | 89.4 | 73 | 63.3 | 51.6 | 44.7 | 40 | 36.5 | 31.6 | 28.3 | 25.3 | 23.1 | 102 | |
| | 2000 | 126.5 | 103.3 | 89.4 | 73 | 63.3 | 51.6 | 44.7 | 40 | 36.5 | 31.6 | 28.3 | 25.3 | 23.1 | 102 | |

续表

| 型号 | 额定电流(A) | 热稳定校验（稳态短路电流有效值）(kA) 假想时间(s) | | | | | | | | | | | | | 内部动稳定校验（短路电流峰值）(kA) | 备注 |
|---|---|---|---|---|---|---|---|---|---|---|---|---|---|---|---|---|
| | | 0.1 | 0.15 | 0.2 | 0.3 | 0.4 | 0.6 | 0.8 | 1.0 | 1.2 | 1.6 | 2.0 | 2.5 | 3.0 | | |
| LCWD1-35 | 15 | 3.6 | 2.9 | 2.5 | 2.03 | 1.78 | 1.45 | 1.26 | 1.13 | 1.03 | 0.89 | 0.8 | 0.71 | 0.65 | 2.81 | |
| | 20 | 4.7 | 3.9 | 3.4 | 2.7 | 2.4 | 1.94 | 1.68 | 1.5 | 1.37 | 1.19 | 1.06 | 0.95 | 0.87 | 3.75 | |
| | 30 | 7.1 | 5.8 | 5 | 4.1 | 3.6 | 2.9 | 2.5 | 2.3 | 2.1 | 1.78 | 1.59 | 1.42 | 1.3 | 5.63 | |
| | 40 | 9.5 | 7.8 | 6.7 | 5.5 | 4.7 | 3.9 | 3.4 | 3 | 2.7 | 2.4 | 2.1 | 1.9 | 1.73 | 7.5 | |
| | 50 | 11.9 | 9.7 | 8.4 | 6.9 | 5.9 | 4.8 | 4.2 | 3.8 | 3.4 | 3 | 2.7 | 2.4 | 2.1 | 9.38 | |
| | 75 | 17.8 | 14.5 | 12.6 | 10.3 | 8.9 | 7.3 | 6.3 | 5.6 | 5.1 | 4.5 | 4 | 3.6 | 3.3 | 14.06 | |
| | 100 | 23.7 | 19.4 | 16.8 | 13.7 | 11.9 | 9.7 | 8.4 | 7.5 | 6.9 | 5.9 | 5.3 | 4.7 | 4.3 | 18.75 | |
| | 150 | 35.6 | 29.1 | 25.2 | 20.5 | 17.8 | 14.5 | 12.6 | 11.3 | 10.3 | 8.9 | 8 | 7.1 | 6.5 | 28.13 | |
| | 200 | 47.4 | 38.7 | 33.5 | 27.4 | 23.7 | 19.4 | 16.8 | 15 | 13.7 | 11.9 | 10.6 | 9.5 | 8.7 | 37.5 | |
| | 300 | 71.2 | 58.1 | 50.3 | 41.1 | 35.6 | 29.1 | 25.2 | 22.5 | 20.5 | 17.8 | 15.9 | 14.2 | 13 | 56.25 | |
| | 400 | 94.9 | 77.5 | 67.1 | 54.8 | 47.4 | 38.7 | 33.5 | 30 | 27.4 | 23.7 | 21.2 | 19 | 17.3 | 75 | |
| | 600 | 142.3 | 116.2 | 100.6 | 82.2 | 71.2 | 58.1 | 50.3 | 45 | 41.1 | 35.6 | 31.8 | 28.5 | 26 | 112.5 | |
| | 800 | 141.7 | 115.7 | 100.2 | 81.8 | 70.8 | 57.8 | 50.1 | 44.8 | 40.9 | 35.4 | 31.7 | 28.3 | 25.9 | 112 | |
| | 1000 | 142.3 | 116.2 | 100.6 | 82.2 | 71.2 | 58.1 | 50.3 | 45 | 41.1 | 35.6 | 31.8 | 28.5 | 26 | 112.5 | |
| | 1200 | 144.2 | 117.7 | 102 | 83.3 | 72.1 | 58.9 | 51 | 45.6 | 41.6 | 36.1 | 32.2 | 28.8 | 26.3 | 114 | |
| | 1500 | 142.3 | 116.2 | 100.6 | 82.2 | 71.2 | 58.1 | 50.3 | 45 | 41.1 | 35.6 | 31.8 | 28.5 | 26 | 112.5 | |
| LCW-35<br>LCWD-35 | 15 | 3.1 | 2.5 | 2.2 | 1.78 | 1.54 | 1.26 | 1.09 | 0.98 | 0.89 | 0.77 | 0.69 | 0.62 | 0.56 | -/1.5/15 | LCZ-35/<br>LCWD-35/<br>LCW-35 |
| LCZ-35 | 20 | 4.1 | 3.4 | 2.9 | 2.4 | 2.1 | 1.68 | 1.45 | 1.3 | 1.19 | 1.03 | 0.92 | 0.82 | 0.75 | 3/3/2 | |
| LCW-35 | 30 | 6.2 | 5.1 | 4.4 | 3.6 | 3.1 | 2.5 | 2.2 | 1.95 | 1.78 | 1.54 | 1.38 | 1.23 | 1.13 | 4.5/4.5/3 | |
| LCWD-35 | 40 | 8.2 | 6.7 | 5.8 | 4.8 | 4.1 | 3.4 | 2.9 | 2.6 | 2.4 | 2.1 | 1.84 | 1.64 | 1.5 | 6/6/4 | |

续表

| 型 号 | 额定电流 (A) | 热稳定校验（稳态短路电流有效值）(kA) 假想时间 (s) | | | | | | | | | | | | | 内部动稳定校验（短路电流峰值）(kA) | 备 注 |
|---|---|---|---|---|---|---|---|---|---|---|---|---|---|---|---|---|
| | | 0.1 | 0.15 | 0.2 | 0.3 | 0.4 | 0.6 | 0.8 | 1.0 | 1.2 | 1.6 | 2.0 | 2.5 | 3.0 | | |
| LCZ-35 | 50 | 10.3 | 8.4 | 7.3 | 5.9 | 5.1 | 4.2 | 3.6 | 3.3 | 3.0 | 2.6 | 2.3 | 2.1 | 1.88 | 7.5/7.5/5 | |
| | 75 | 15.4 | 12.6 | 10.9 | 8.9 | 7.7 | 6.3 | 5.5 | 4.9 | 4.5 | 3.9 | 3.5 | 3.1 | 2.8 | 11.25/11.25/7.5 | |
| | 100 | 20.6 | 16.8 | 14.5 | 11.9 | 10.3 | 8.4 | 7.3 | 6.5 | 5.9 | 5.1 | 4.6 | 4.1 | 3.8 | 15/15/10 | |
| LCW-35 | 150 | 30.8 | 25.2 | 21.8 | 17.8 | 15.4 | 12.6 | 10.9 | 9.8 | 8.9 | 7.7 | 6.9 | 6.2 | 5.6 | 22.5/22.5/15 | |
| | 200 | 41.1 | 33.6 | 29.1 | 23.7 | 20.6 | 16.8 | 14.5 | 13 | 11.9 | 10.3 | 9.2 | 8.2 | 7.5 | 30/30/20 | |
| LCWD-35 | 300 | 61.7 | 50.4 | 43.6 | 35.6 | 30.1 | 25.2 | 21.8 | 19.5 | 17.8 | 15.4 | 13.8 | 12.3 | 11.3 | 45/45/30 | |
| | 400 | 82.2 | 67.1 | 58.1 | 47.5 | 41.1 | 33.6 | 29.1 | 26 | 23.7 | 20.6 | 18.4 | 16.4 | 15 | 60/60/40 | |
| | 600 | 123.3 | 100.8 | 87.2 | 71.2 | 61.7 | 50.4 | 43.6 | 39 | 35.6 | 30.8 | 27.6 | 24.7 | 22.5 | 90/90/60 | |
| | 1000 | 205.6 | 167.8 | 145.3 | 118.7 | 102.8 | 83.9 | 72.7 | 65 | 59.3 | 51.4 | 46 | 41.1 | 37.5 | 100/100/100 | |
| LCW-35 LCWD-35 | 750 | 154.2 | 125.9 | 109 | 89 | 77.1 | 62.9 | 54.5 | 48.8 | 44.5 | 38.5 | 31.5 | 30.8 | 28.2 | —/112.5/75 | LCZ-35/ LCWD-35/ |
| LCZ-35 | 800 | 164.4 | 134.3 | 116.3 | 94.9 | 82.2 | 67.1 | 58.1 | 52 | 47.5 | 41.1 | 36.8 | 32.9 | 30 | 80/—/— | LCW-35 |
| | 5 | 2.4 | 1.94 | 1.68 | 1.37 | 1.19 | 0.97 | 0.81 | 0.75 | 0.68 | 0.59 | 0.53 | 0.17 | 0.13 | 1.91 | |
| | 10 | 4.7 | 3.9 | 3.4 | 2.7 | 2.1 | 1.94 | 1.68 | 1.5 | 1.37 | 1.19 | 1.06 | 0.95 | 0.87 | 3.83 | |
| | 15 | 7.1 | 5.8 | 5 | 4.2 | 3.6 | 2.9 | 2.5 | 2.25 | 2.05 | 1.78 | 1.59 | 1.12 | 1.3 | 5.74 | |
| LZZB6-10 | 20 | 9.5 | 7.8 | 6.7 | 5.5 | 4.7 | 3.9 | 3.4 | 3 | 2.7 | 2.4 | 2.12 | 1.9 | 1.73 | 3 | |
| LFZB6-10 | 30 | 11.2 | 11.6 | 10.1 | 8.2 | 7.1 | 5.8 | 5 | 4.5 | 4.1 | 3.6 | 3.2 | 2.9 | 2.6 | 11.48 | |
| | 40 | 19 | 15.5 | 13.4 | 11 | 9.5 | 7.8 | 6.7 | 6 | 5.5 | 4.7 | 4.2 | 3.8 | 3.5 | 15.3 | |
| | 50 | 23.7 | 19.4 | 16.8 | 13.7 | 11.9 | 9.7 | 8.4 | 7.5 | 6.9 | 5.9 | 5.3 | 4.7 | 4.3 | 19.13 | |
| | 75 | 35.6 | 29.1 | 25.2 | 20.6 | 17.8 | 11.5 | 12.6 | 11.3 | 10.3 | 8.9 | 7.95 | 7.1 | 6.5 | 28.69 | |

续表

| 型号 | 额定电流 (A) | 热稳定校验（稳态短路电流有效值）(kA) 假想时间 (s) | | | | | | | | | | | | | 内部动稳定校验（短路电流峰值）(kA) | 备注 |
|---|---|---|---|---|---|---|---|---|---|---|---|---|---|---|---|---|
| | | 0.1 | 0.15 | 0.2 | 0.3 | 0.4 | 0.6 | 0.8 | 1.0 | 1.2 | 1.6 | 2.0 | 2.5 | 3.0 | | |
| LZZB6-10 | 100 | 47.4 | 38.7 | 33.5 | 27.4 | 23.7 | 19.4 | 16.8 | 15 | 13.7 | 11.9 | 10.6 | 9.5 | 8.7 | 38.25 | |
| LFZB6-10 | 150 | 71.2 | 58.1 | 50.3 | 41.1 | 35.6 | 29.1 | 25.2 | 22.5 | 20.5 | 17.8 | 15.9 | 14.2 | 13 | 45 | |
| LFZJB6-10 | 200 | 77.5 | 63.3 | 54.8 | 44.7 | 38.7 | 31.6 | 27.4 | 24.5 | 22.4 | 19.4 | 17.3 | 15.5 | 14.2 | 44 | |
| LZZJB6-10 | 300 | 77.5 | 63.3 | 54.8 | 44.7 | 38.7 | 31.6 | 27.1 | 24.5 | 22.4 | 19.4 | 17.3 | 15.5 | 14.2 | 44 | |
| | 400 | | | | | | | | | | | | | | | |
| LZZJB6-10 | 500 | 104.4 | 85.2 | 73.8 | 60.3 | 52.2 | 42.6 | 36.9 | 33 | 30.1 | 26.1 | 23.3 | 20.9 | 19.1 | 59.4 | |
| | 600 | | | | | | | | | | | | | | | |
| | 800 | 129.7 | 105.9 | 91.7 | 74.9 | 64.8 | 52.9 | 45.8 | 41 | 37.4 | 32.4 | 29 | 25.9 | 23.7 | 73.8 | |
| | 1000 | | | | | | | | | | | | | | | |
| | 1200 | | | | | | | | | | | | | | | |
| | 1500 | | | | | | | | | | | | | | | |
| LDZB6-10 | 400 | 99.6 | 81.3 | 70.4 | 57.5 | 49.8 | 40.7 | 35.2 | 31.5 | 28.8 | 24.9 | 22.3 | 19.9 | 18.2 | 80 | |
| | 500 | | | | | | | | | | | | | | | |
| | 600 | | | | | | | | | | | | | | | |
| | 800 | 136.3 | 111.3 | 96.4 | 78.7 | 68.2 | 55.6 | 48.2 | 43.1 | 39.3 | 34.1 | 30.5 | 27.3 | 24.9 | 110 | |
| | 1000 | | | | | | | | | | | | | | | |
| | 1200 | | | | | | | | | | | | | | | |
| | 1500 | | | | | | | | | | | | | | | |
| LA-10 | 5 | 1.42 | 1.16 | 1.01 | 0.82 | 0.71 | 0.58 | 0.5 | 0.45 | 0.41 | 0.36 | 0.32 | 0.28 | 0.26 | 0.8 | |
| | 10 | 2.9 | 2.3 | 2.0 | 1.64 | 1.42 | 1.16 | 1.01 | 0.9 | 0.82 | 0.71 | 0.64 | 0.57 | 0.52 | 1.6 | |
| | 15 | 4.3 | 3.5 | 3.0 | 2.5 | 2.1 | 1.74 | 1.51 | 1.35 | 1.23 | 1.07 | 0.95 | 0.85 | 0.78 | 2.4 | |

续表

| 型号 | 额定电流 (A) | 热稳定校验（稳态短路电流有效值）(kA) 假想时间 (s) | | | | | | | | | | | | | 内部动稳定校验（短路电流峰值）(kA) | 备注 |
|---|---|---|---|---|---|---|---|---|---|---|---|---|---|---|---|---|
| | | 0.1 | 0.15 | 0.2 | 0.3 | 0.4 | 0.6 | 0.8 | 1.0 | 1.2 | 1.6 | 2.0 | 2.5 | 3.0 | | |
| LA-10 | 20 | 5.7 | 4.7 | 4.0 | 3.3 | 2.9 | 2.3 | 2.0 | 1.8 | 1.64 | 1.42 | 1.27 | 1.14 | 1.04 | 3.2 | |
| | 30 | 8.5 | 7.0 | 6.0 | 4.9 | 4.3 | 3.5 | 3.0 | 2.7 | 2.5 | 2.1 | 1.91 | 1.71 | 1.56 | 4.8 | |
| | 40 | 11.4 | 9.3 | 8.1 | 6.6 | 5.7 | 4.7 | 4.0 | 3.6 | 3.3 | 2.9 | 2.6 | 2.3 | 2.1 | 6.4 | |
| | 50 | 14.2 | 11.6 | 10.1 | 8.2 | 7.1 | 5.8 | 5.0 | 4.5 | 4.1 | 3.6 | 3.2 | 2.9 | 2.6 | 8 | |
| | 75 | 21.4 | 17.4 | 15.1 | 12.3 | 10.7 | 8.7 | 7.6 | 6.8 | 6.2 | 5.3 | 4.8 | 4.3 | 3.9 | 12 | |
| | 100 | 28.5 | 23.2 | 20.1 | 16.4 | 14.2 | 11.6 | 10.1 | 9 | 8.2 | 7.1 | 6.4 | 5.7 | 5.2 | 16 | |
| | 150 | 42.7 | 34.9 | 30.2 | 24.7 | 21.4 | 17.4 | 15.1 | 13.5 | 12.3 | 10.7 | 9.6 | 8.5 | 7.8 | 24 | |
| | 200 | 56.9 | 46.5 | 40.3 | 32.9 | 28.5 | 23.2 | 20.1 | 18 | 16.4 | 14.2 | 12.7 | 11.4 | 10.4 | 32 | |
| | 300 | 71.2 | 58.1 | 50.3 | 41.1 | 35.6 | 29.1 | 25.2 | 22.5 | 20.5 | 17.8 | 15.9 | 14.2 | 13 | 40.5 | |
| | 400 | 94.9 | 77.5 | 67.1 | 54.8 | 47.4 | 38.7 | 33.5 | 30 | 27.4 | 23.7 | 21.2 | 19 | 17.3 | 54 | |
| | 500 | | | | | | | | | | | | | | 55 | |
| | 600 | | | | | | | | | | | | | | 54 | |
| | 800 | 126.5 | 103.3 | 89.4 | 73 | 63.3 | 51.6 | 44.7 | 40 | 36.5 | 31.6 | 28.3 | 25.3 | 23.1 | 72 | |
| | 1000 | 158.1 | 129.1 | 111.8 | 91.3 | 79.1 | 64.6 | 55.9 | 50 | 45.6 | 39.5 | 35.4 | 31.6 | 28.9 | 90 | |
| LAJ-10 | 20 | 7.6 | 6.2 | 5.4 | 4.4 | 3.8 | 3.1 | 2.7 | 2.4 | 2.2 | 1.9 | 1.7 | 1.52 | 1.39 | 4.3 | |
| | 30 | 11.4 | 9.3 | 8.1 | 6.6 | 5.7 | 4.7 | 4.0 | 3.6 | 3.3 | 2.9 | 2.6 | 2.3 | 2.1 | 6.45 | |
| | 40 | 15.2 | 12.4 | 10.7 | 8.8 | 7.6 | 6.2 | 5.4 | 4.8 | 4.4 | 3.8 | 3.4 | 3.0 | 2.8 | 8.6 | |
| | 50 | 19 | 15.5 | 13.4 | 11 | 9.5 | 7.8 | 6.7 | 6 | 5.5 | 4.7 | 4.2 | 3.8 | 3.5 | 10.75 | |
| | 75 | 28.5 | 23.2 | 20.1 | 16.4 | 14.2 | 11.6 | 10.1 | 9 | 8.2 | 7.1 | 6.4 | 5.7 | 5.2 | 16.13 | |
| | 100 | 38 | 31 | 26.8 | 21.9 | 19 | 15.5 | 13.4 | 12 | 11 | 9.5 | 8.5 | 7.6 | 6.9 | 21.5 | |
| | 150 | 56.9 | 46.5 | 40.3 | 32.9 | 28.5 | 23.2 | 20.1 | 18 | 16.4 | 14.2 | 12.8 | 11.4 | 10.4 | 32.25 | |

| 型号 | 额定电流 (A) | 热稳定校验（稳态短路电流有效值）(kA) 假想时间 (s) | | | | | | | | | | | | | 内部动稳定校验（短路电流峰值）(kA) | 备注 |
|---|---|---|---|---|---|---|---|---|---|---|---|---|---|---|---|---|
| | | 0.1 | 0.15 | 0.2 | 0.3 | 0.4 | 0.6 | 0.8 | 1.0 | 1.2 | 1.6 | 2.0 | 2.5 | 3.0 | | |
| LAJ-10 | 200 | 75.9 | 62 | 53.7 | 43.8 | 38 | 31 | 27 | 24 | 21.9 | 19 | 17 | 15.2 | 13.9 | 43 | |
| | 300 | | | | | | | | | | | | | | 54 | |
| | 400 | 94.9 | 77.5 | 67.1 | 54.8 | 47.4 | 38.7 | 33.5 | 30 | 27.4 | 23.7 | 21.2 | 19 | 17.3 | | |
| | 500 | | | | | | | | | | | | | | 55 | |
| | 600 | | | | | | | | | | | | | | 51 | |
| | 800 | 126.5 | 103.5 | 89.4 | 73 | 63.3 | 51.6 | 44.7 | 40 | 36.5 | 31.6 | 28.3 | 25.3 | 23.1 | 72 | |
| LZJC-10 | 5 | 1.2 | 0.97 | 0.84 | 0.68 | 0.59 | 0.48 | 0.42 | 0.38 | 0.34 | 0.3 | 0.27 | 0.24 | 0.22 | 0.75 | |
| | 10 | 2.4 | 1.94 | 1.67 | 1.37 | 1.19 | 0.97 | 0.84 | 0.75 | 0.68 | 0.59 | 0.53 | 0.47 | 0.43 | 1.5 | |
| | 15 | 3.6 | 2.9 | 2.5 | 2.1 | 1.78 | 1.45 | 1.26 | 1.13 | 1.03 | 0.89 | 0.8 | 0.71 | 0.65 | 2.25 | |
| | 20 | 4.7 | 3.9 | 3.4 | 2.7 | 2.4 | 1.9 | 1.7 | 1.5 | 1.4 | 1.2 | 1.1 | 0.95 | 0.87 | 3 | |
| | 30 | 7.1 | 5.8 | 5 | 4.1 | 3.6 | 2.9 | 2.5 | 2.3 | 2.1 | 1.8 | 1.6 | 1.4 | 1.3 | 4.5 | |
| | 40 | 9.5 | 7.8 | 6.7 | 5.5 | 4.7 | 3.9 | 3.4 | 3 | 2.7 | 2.4 | 2.1 | 1.9 | 1.7 | 6 | |
| | 50 | 11.9 | 9.7 | 8.4 | 6.9 | 5.9 | 4.8 | 4.2 | 3.8 | 3.1 | 3 | 2.7 | 2.1 | 2.0 | 7.5 | |
| | 75 | 17.8 | 14.5 | 12.6 | 10.3 | 8.9 | 7.3 | 6.3 | 5.6 | 5.1 | 4.5 | 4 | 3.6 | 3.3 | 11.25 | |
| | 100 | 23.7 | 19.4 | 16.8 | 13.7 | 11.9 | 9.7 | 8.4 | 7.5 | 6.9 | 5.9 | 5.3 | 4.7 | 4.3 | 15 | |
| | 150 | 35.6 | 29.1 | 25.2 | 20.5 | 17.8 | 14.5 | 12.6 | 11.3 | 10.3 | 8.9 | 8 | 7.1 | 6.5 | 22.5 | |
| | 200 | 47.4 | 38.7 | 33.5 | 24.0 | 23.7 | 19.4 | 16.8 | 15 | 13.7 | 11.9 | 10.6 | 9.5 | 8.7 | 30 | |
| | 300 | 71.2 | 58.1 | 50.3 | 41.1 | 35.6 | 29.1 | 25.2 | 22.5 | 20.5 | 17.8 | 15.9 | 14.2 | 13 | 45 | |
| | 400 | 94.9 | 77.5 | 67.1 | 54.8 | 47.4 | 38.7 | 33.5 | 30 | 27.4 | 23.7 | 21.2 | 19.0 | 17.3 | 60 | |
| | 600 | | | | | | | | | | | | | | | |
| | 800 | 126.5 | 103.3 | 89.4 | 73 | 63.3 | 51.6 | 44.7 | 40 | 36.5 | 31.6 | 28.3 | 25.3 | 23.1 | 80 | |

续表

| 型号 | 额定电流 (A) | 热稳定校验（稳态短路电流有效值）(kA) 假想时间 (s) | | | | | | | | | | | | | 内部动稳定校验（短路电流峰值）(kA) | 备注 |
|---|---|---|---|---|---|---|---|---|---|---|---|---|---|---|---|---|
| | | 0.1 | 0.15 | 0.2 | 0.3 | 0.4 | 0.6 | 0.8 | 1.0 | 1.2 | 1.6 | 2.0 | 2.5 | 3.0 | | |
| LZJC-10 | 1000 | 158.1 | 129.1 | 111.8 | 91.3 | 79.1 | 64.6 | 55.9 | 50 | 45.6 | 39.5 | 35.4 | 31.6 | 28.9 | 90 | |
| | 1500 | 142.3 | 116.2 | 100.6 | 82.2 | 71.2 | 58.1 | 50.3 | 45 | 41.1 | 35.6 | 31.8 | 28.5 | 26 | 90 | |
| LQJ-10 LZX-10 LFZJ-10 LFZJ1-10 | 5 | 1.42 | 1.16 | 1.01 | 0.82 | 0.71 | 0.58 | 0.5 | 0.45 | 0.41 | 0.36 | 0.32 | 0.28 | 0.26 | 1.13/0.8 | |
| | 10 | 2.9 | 2.3 | 2 | 1.64 | 1.42 | 1.16 | 1.01 | 0.9 | 0.82 | 0.71 | 0.64 | 0.57 | 0.52 | 2.25/1.16 | |
| | 15 | 4.3 | 3.5 | 3 | 2.5 | 2.1 | 1.74 | 1.51 | 1.35 | 1.23 | 1.07 | 0.95 | 0.85 | 0.78 | 3.38/2.4 | |
| | 20 | 5.7 | 4.7 | 4 | 3.3 | 2.9 | 2.3 | 2 | 1.8 | 1.64 | 1.42 | 1.27 | 1.14 | 1.04 | 4.5/3.2 | LQJ-10/ |
| | 30 | 8.5 | 7 | 6 | 4.9 | 4.3 | 3.5 | 3 | 2.7 | 2.5 | 2.1 | 1.9 | 1.7 | 1.6 | 6.75/4.8 | LFZJ1-10 |
| | 40 | 11.4 | 9.3 | 8.1 | 6.6 | 5.7 | 4.7 | 4 | 3.6 | 3.3 | 2.9 | 2.55 | 2.28 | 2.1 | 9.0/6.4 | LZX-10/ |
| | 50 | 14.2 | 11.6 | 10.1 | 8.2 | 7.1 | 5.8 | 5 | 4.5 | 4.1 | 3.6 | 3.2 | 2.9 | 2.6 | 11.25/8 | LFZJ1-10 |
| | 75 | 21.4 | 17.4 | 15.1 | 12.3 | 10.7 | 8.7 | 7.6 | 6.8 | 6.2 | 5.3 | 4.8 | 4.3 | 3.9 | 16.88/12 | |
| | 100 | 28.5 | 23.2 | 20.1 | 16.4 | 14.2 | 11.6 | 10.1 | 9 | 8.2 | 7.1 | 6.4 | 5.7 | 5.2 | 22.5/16 | |
| LQJ-10 | 150 | 35.6 | 29.1 | 25.2 | 20.5 | 17.8 | 14.5 | 12.6 | 11.3 | 10.3 | 8.9 | 8 | 7.1 | 6.5 | 24 | |
| | 200 | 47.4 | 38.7 | 33.5 | 27.4 | 23.7 | 19.4 | 16.8 | 15 | 13.7 | 11.9 | 10.6 | 9.5 | 8.7 | 32 | |
| | 300 | 71.2 | 58.1 | 50.3 | 41.1 | 35.6 | 29.1 | 25.2 | 22.5 | 20.5 | 17.8 | 15.9 | 14.2 | 13 | 48 | |
| | 400 | 94.9 | 77.5 | 67.1 | 54.8 | 47.4 | 38.7 | 33.5 | 30 | 27.4 | 23.7 | 21.2 | 19 | 17.3 | 64 | |
| LZX-10 | 150 | 38 | 31 | 26.9 | 21.9 | 19 | 15.5 | 13.4 | 12 | 11 | 9.5 | 8.5 | 7.6 | 6.9 | 24 | |
| | 200 | 50.6 | 41.3 | 35.8 | 29.2 | 25.3 | 20.7 | 17.9 | 16 | 14.6 | 12.7 | 11.3 | 10.1 | 9.2 | 32 | |
| | 300 | 75.9 | 62 | 53.7 | 43.8 | 38 | 31 | 26.8 | 24 | 21.9 | 19 | 17 | 15.2 | 13.9 | 48 | |
| | 400 | 94.9 | 77.5 | 67.1 | 54.8 | 47.4 | 38.7 | 33.5 | 30 | 27.4 | 23.7 | 21.2 | 19 | 17.3 | 64 | |
| | 600 | 126.5 | 103.3 | 89.4 | 73 | 63.3 | 51.6 | 41.7 | 39 | 36.5 | 31.6 | 28.3 | 25.3 | 23.1 | 51 | |
| | 800 | 158.1 | 129.1 | 111.8 | 91.3 | 79.1 | 61.6 | 55.9 | 50 | 45.5 | 39.5 | 35.1 | 31.6 | 28.9 | 72 | |
| | 1000 | 158.1 | 129.1 | 111.8 | 91.3 | 79.1 | 55.9 | 50 | 45.5 | 39.5 | 35.1 | 31.6 | 28.9 | | 90 | |

续表

| 型号 | 额定电流 (A) | 热稳定校验（稳态短路电流有效值）(kA) 假想时间 (s) | | | | | | | | | | | | | 内部动稳定校验（短路电流峰值）(kA) | 备注 |
|---|---|---|---|---|---|---|---|---|---|---|---|---|---|---|---|---|
| | | 0.1 | 0.15 | 0.2 | 0.3 | 0.4 | 0.6 | 0.8 | 1.0 | 1.2 | 1.6 | 2.0 | 2.5 | 3.0 | | |
| LFZ1-10 LFZJ1-10 | 150 | 42.7 | 31.9 | 30.2 | 23.7 | 21.4 | 17.1 | 15.1 | 13.5 | 12.3 | 10.7 | 9.6 | 8.5 | 7.8 | 21 | |
| | 200 | 56.9 | 46.5 | 40.3 | 32.9 | 28.5 | 23.2 | 20.1 | 18 | 16.1 | 14.2 | 12.7 | 11.1 | 10.4 | 32 | |
| | 300 | 75.9 | 62 | 53.7 | 43.8 | 38 | 31 | 26.9 | 25 | 21.9 | 19 | 17 | 15.2 | 13.9 | 42 | |
| | 400 | 91.9 | 77.5 | 67.1 | 54.8 | 47.4 | 38.7 | 33.5 | 30 | 27.1 | 23.7 | 21.2 | 19 | 17.3 | 75 | |
| | 800 | 126.5 | 103.3 | 89.1 | 78 | 63.3 | 51.6 | 41.7 | 40 | 36.5 | 31.6 | 28.3 | 25.3 | 23.1 | 100 | |
| | 1000 | 158.1 | 129.1 | 111.8 | 91.3 | 79 | 64.6 | 55.9 | 50 | 45.6 | 39.5 | 35.4 | 31.6 | 28.9 | 125 | |
| LDZ1-10 LDZJ1-10 | 600 | 142.3 | 116.2 | 100.6 | 82.2 | 71.2 | 58.1 | 50.3 | 45 | 41.1 | 35.6 | 31.8 | 28.5 | 26 | 112.5 | |
| | 600 | 94.9 | 77.5 | 67.1 | 54.8 | 47.4 | 38.7 | 33.5 | 30 | 27.4 | 23.7 | 21.2 | 19 | 17.3 | 75 | |
| | 1200 | 189.7 | 154.9 | 134.2 | 109.5 | 94.9 | 77.5 | 67.1 | 60 | 54.8 | 47.4 | 42.4 | 38 | 34.6 | 150 | |
| | 1500 | 231.2 | 193.7 | 167.7 | 136.9 | 118.6 | 96.8 | 83.9 | 75 | 68.5 | 59.3 | 53 | 47.4 | 43.3 | 187.5 | |

### 3.2.2 低压电器的选择

#### 3.2.2.1 一般要求

（1）按正常工作条件选择：

1）电器的额定电压应不低于所在网络的工作电压。电器的额定频率应符合所在网络的额定频率。

2）电器的额定电流应大于所在回路的负荷计算电流。

切断负荷电流的电器（如负荷开关）应校验其断开电流。接通和断开启动尖峰电流的电器（如接触器）应校验其接通开断能力和操作频率。

3）保护电器（如熔断器、低压断路器）应按保护特性选择。

（2）按短路工作条件选择：

1）可能通过短路电流的电器（如刀开关、熔断器和低压断路器），应尽量满足在短路条件下的动稳定和热稳定的要求。

2）断开短路电流的电器（如熔断器、低压断路器），应满足短路条件下的分断能力。

（3）按使用环境选择：电器产品的选择应满足实际环境条件的要求。

按环境特征选择电器形式见表 3-40。

按环境特征选择电器形式 表 3-40

| 周围环境特征 | | 允许采用的电器形式 | | | | |
| --- | --- | --- | --- | --- | --- | --- |
| | | 开启式 | 保护式 | 防尘式 | 固定式 | 隔爆式 |
| 干燥 | | △① | ○ | | | |
| 潮湿 | | △② | ○ | | | |
| 特别潮湿 | | | | | ○ | |
| 有不导电灰尘的 | 易排除，对绝缘无害 | △② | ○ | ○ | | |
| | 难排除，对绝缘有害 | | △③ | ○ | ○ | |
| 有导电灰尘的 | | | △③ | ○ | | |
| 有化学腐蚀性的 | | | △③ | | | |
| 高温 | | △① | ○ | | | |
| 有火灾危险 | 21 区 | | △③ | ○ | ○ | |
| | 22 区 | | | ○ | | |
| | 23 区 | | | | | |
| 有爆炸危险 | 0 区 | | △③ | | | ○ |
| | 1 区 | | △③ | | | ○ |
| | 2 区 | | △③ | | ○ | |
| | 10 区 | | △③ | | | ○ |
| | 11 区 | | △③ | ○ | | |
| 室外 | 露天 | △④ | △④ | | ○ | |
| | 在保护棚下 | | ○ | ○ | | |

○ 表示推荐采用的。

△ 表示允许在一定条件下采用，见以下说明：

① 装在保护箱内或控制屏上；

② 装在可锁门的控制箱内，或装在隔开房间的控制屏上；

③ 装在邻近单独的配电室内；

④ 装在户外使用的控制箱内。

注：关于危险区划分参见《爆炸和火灾危险环境电力装置设计规范》GB 50058。

### 3.2.2.2 刀开关的选择

刀开关按线路的额定电压、计算电流及断开电流选择，按短路时的动、热稳定校验。

刀开关断开的负荷电流不应大于制造厂容许的断开电流值。一般结构的刀开关通常不允许带负荷操作，但装有灭弧室的刀开关，可作不频繁带负荷操作。

刀开关所在线路的三相短路电流不应超过制造厂规定的动、热稳定值。

### 3.2.2.3 熔断器的选择

(1) 熔断器熔体电流的确定：

1) 正常运行情况：熔体额定电流 $I_{er}$，应不小于线路计算电流 $I_{js}$。即

$$I_{er} \geqslant I_{js} \qquad (3-46)$$

2) 启动情况：

① 单台电动机：熔断器的熔断体允许通过的启动电流见表 3-41，该表适用于电动机轻载和一般负载启动。按电动机功率配置熔断器见表 3-42。

熔断体允许通过的启动电流　　　　　　　　　　表 3-41

| 熔断体额定电流（A） | 允许通过的启动电流（A） | | 熔断体额定电流（A） | 允许通过的启动电流（A） | |
|---|---|---|---|---|---|
| | aM 型熔断器 | gG 型熔断器 | | aM 型熔断器 | gG 型熔断器 |
| 2 | 12.6 | 5 | 63 | 396.9 | 240 |
| 4 | 25.2 | 10 | 80 | 504.0 | 340 |
| 6 | 37.8 | 14 | 100 | 630.0 | 400 |
| 8 | 50.4 | 22 | 125 | 787.7 | 570 |
| 10 | 63.0 | 32 | 160 | 1008 | 750 |
| 12 | 75.5 | 35 | 200 | 1260 | 1010 |
| 16 | 100.8 | 47 | 250 | 1575 | 1180 |
| 20 | 126.0 | 60 | 315 | 1985 | 1750 |
| 25 | 157.5 | 82 | 400 | 2520 | 2050 |
| 32 | 201.6 | 110 | 500 | 3150 | 2950 |
| 40 | 252.0 | 140 | 630 | 3969 | 3550 |
| 50 | 315.0 | 200 | | | |

注：本表按电动机轻载和一般负载启动编制。对于重载启动、频繁启动和制动的电动机，按表中数据查得的熔断体电流宜加大一级。

按电动机功率配置熔断器的参考规格　　　　　　　表 3-42

| 电动机额定功率（kW） | 电动机额定电流（A） | 电动机启动电流（A） | 熔断体额定电流（A） | |
|---|---|---|---|---|
| | | | aM 熔断器 | gG 熔断器 |
| 0.55 | 1.6 | 8 | 2 | 4 |
| 0.75 | 2.1 | 12 | 4 | 6 |
| 1.1 | 3 | 19 | 4 | 8 |
| 1.5 | 3.8 | 25 | 4 或 6 | 10 |
| 2.2 | 5.3 | 36 | 6 | 12 |
| 3 | 7.1 | 48 | 8 | 16 |
| 4 | 9.2 | 62 | 10 | 20 |
| 5.5 | 12 | 83 | 16 | 25 |
| 7.5 | 16 | 111 | 20 | 32 |
| 11 | 23 | 167 | 25 | 40 或 50 |

| 电动机额定功率<br>（kW） | 电动机额定电流<br>（A） | 电动机启动电流<br>（A） | 熔断体额定电流（A） | |
| --- | --- | --- | --- | --- |
| | | | aM 熔断器 | gG 熔断器 |
| 15 | 31 | 225 | 32 | 50 或 63 |
| 18.5 | 37 | 267 | 40 | 63 或 80 |
| 22 | 44 | 314 | 50 | 80 |
| 30 | 58 | 417 | 63 或 80 | 100 |
| 37 | 70 | 508 | 80 | 125 |
| 45 | 85 | 617 | 100 | 160 |
| 55 | 104 | 752 | 125 | 200 |
| 75 | 141 | 1006 | 160 | 200 |
| 90 | 168 | 1185 | 200 | 250 |
| 110 | 204 | 1388 | 250 | 315 |
| 132 | 243 | 1663 | 315 | 315 |
| 160 | 290 | 1994 | 400 | 400 |
| 200 | 361 | 2474 | 400 | 500 |
| 250 | 449 | 3061 | 500 | 630 |
| 315 | 555 | 3844 | 630 | 800 |

注：电动机额定电流取 4 极和 6 极的平均值；电动机启动电流取同功率中最高两项的平均值。均为 Y2 系列的数据，但对 Y 系列也基本适用。

② 配电线路：

$$I_{er} \geqslant K_r [I_{ed \cdot max} + I_{js}(n-1)] \tag{3-47}$$

式中　$I_{ed \cdot max}$——启动电流最大的一台电动机额定电流（A）；

$I_{js}(n-1)$——除启动电流最大的一台电动机以外的线路计算电流（A）；

$K_r$——配电线路熔体选择计算系数，取决于最大一台电动机的启动状况，最大一台电动机额定电流与线路计算电流的比值和熔体时间电流特性，其值见表 3-43。

| | $K_r$　值 | | 表 3-43 |
| --- | --- | --- | --- |
| $I_{r \cdot max}/I_c (n-1)$ | <1 | 1 | >1 |
| $K_r$ | 1.1 | 1.15 | 1.2 |

③ 照明线路：

$$I_{er} \geqslant K_m I_{js} \tag{3-48}$$

式中　$K_m$——照明线路熔体选择计算系数，其数值见表 3-44。

3）按短路电流校验熔断器动作的灵敏性：为使熔断器可靠动作，必须按下式校验其灵敏性。

$$\frac{I_{k \cdot min}}{I_{er}} \geqslant K_{l \cdot r} \tag{3-49}$$

式中　$I_{k \cdot min}$——被保护线段最小短路电流（A），在中性点接地系统中为单相接地短路电流 $I_{k1}$，在中性点不接地系统中为两相不接地短路电流 $I_{k2}$；

$K_{l \cdot r}$——熔断器动作系数见表 3-45。

照明线路熔体选择计算系数 $K_m$　　　　　　　　　表 3-44

| 熔断器型号 | 熔断体额定电流 (A) | $K_m$ | | |
|---|---|---|---|---|
| | | 白炽灯、荧光灯、卤钨灯 | 高压汞灯 | 高压钠灯、金属卤化物灯 |
| RL7 | <63 | 1.0 | 1.1~1.5 | 1.2 |
| RL6 | <63 | 4.0 | 1.3~1.7 | 1.5 |

比　值　$K_{l·r}$　　　　　　　　　表 3-45

| 切断时间（s） 熔断体额定电流（A） | 4~10 | 16~32 | 40~63 | 80~200 | 250~500 |
|---|---|---|---|---|---|
| 5 | 4.5 | 5 | | 6 | 7 |
| 0.4 | 8 | 9 | 10 | 11 | — |

（2）熔断器熔管电流的确定：

1）按熔体的额定电流及产品样本所列数据，即可确定熔断器熔管的额定电流。

2）按短路电流校验熔断器的分断能力：熔断器的最大断开电流 $I_{kd·r}$，应大于被保护线路最大三相短路全电流有效值 $I_p$，即 $I_{kd·r} \geqslant I_p$，因为熔断器在经受短路冲击电流时熔体通常在 0.01s 内熔断。

通常制造厂提供熔断器的极限分断能力为交流电流周期分量有效值，则熔断器的最大断开电流可按下式进行换算：

$$I_{kd·r} = \beta I_{fd·r} \qquad (3-50)$$

式中　$I_{kd·r}$——以交流电流周期分量有效值表示的熔断器极限分断能力（A）；

　　　$\beta$——与回路中功率因数有关的短路电流幅值系数，可由图 3-13 曲线查得。

为了简化校验，如制造厂提供熔断器的极限分断能力为交流电流周期分量有效值时，也可用被保护线路三相短路电流周期分量有效值 $I_d$ 来校验。即

$$I_{kd·r} \geqslant I_d$$

（3）熔断器熔体动作选择性的配合：在低压配电系统中，当电源侧与负荷侧均设有短路保护时，应尽量使保护装置的动作有选择性。如均采用熔断器保护，同型号同熔体材料的上下级熔断器之间熔体电流的级等相差 2~4 级，一般就能满足选择性要求。

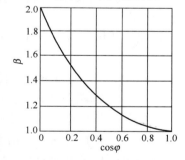

图 3-13　短路电流幅值系数与功率因数关系曲线

按制造标准规定：一般熔断器的熔体过电流选择比均为 1.6：1。例如电源侧熔体电流为 160A，则负载侧熔体电流不大于 100A，即能满足上下级选择性配合要求。

### 3.2.2.4　低压断路器的选择

低压断路器主要用于配电线路和电气设备的过载、欠压、失压和短路保护，其用途分类见表 3-46。

低压断路器用途分类 表 3-46

| 名 称 | 电流范围<br>(A) | 保 护 特 性 | | | 主 要 用 途 |
|---|---|---|---|---|---|
| 配电用低压<br>断路器 | 200～4000 | 选择型 | 二段保护 | 瞬时、短延时 | 电源总开关和靠变压器近端支路开关 |
| | | | 三段保护 | 瞬时、短延时、长延时 | |
| | | 非选择型 | 限流型 | 瞬时、长延时 | 靠变压器近端支路开关 |
| | | | 一般型 | | 支路末端开关 |
| 电动机保护用<br>低压断路器 | 63～630 | 直接启动 | 过电流脱扣器瞬动倍数（8～15）$I_e$ | | 保护鼠笼型电动机 |
| | | 降压启动 | 过电流脱扣器瞬动倍数（3～8）$I_e$ | | 保护鼠笼型和绕线型电动机 |
| | | 限流式 | 过电流脱扣器瞬动倍数 $12I_e$ | | 可装于靠变压器近端 |
| 照明用小型<br>断路器 | 6～63 | 过载长延时、短路瞬时 | | | 单级，除用于照明外，尚可用于<br>信号二次回路 |
| 剩余电流<br>保护装置 | 20～200 | 15、30、50、75、100mA，0.1s 分断 | | | 接地故障保护 |

（1）断路器额定电流的确定：

$$I_{er} \geqslant I_{js} \tag{3-51}$$

式中 $I_{er}$——断路器额定电流（A）；

$I_{js}$——线路计算电流（A）。

（2）瞬时动作的过电流脱扣器整定电流：

选择型断路器瞬时脱扣器电流整定值 $I_{zd}$，不仅应躲过被保护线路正常工作时的尖峰电流，而且要满足被保护线路各级间选择性要求，即大于或等于下一级低压断路器瞬时动作电流整定值的 1.2 倍，还需躲过下一级开关所保护线路故障时的短路电流。

非选择型断路器瞬时脱扣器电流整定值，只要躲过回路的尖峰电流即可，而且应尽可能整定得小一些。

1）配电用断路器的瞬时过电流脱扣器整定电流，应躲过配电线路的尖峰电流，即

$$I_{zd3} \geqslant K_{z3} \left[ I'_{qd1} + I_{js(n-1)} \right] \tag{3-52}$$

式中 $K_{z3}$——断路器瞬时脱扣器可靠系数，考虑电动机启动电流误差、负荷计算误差和断路器瞬时动作电流误差，取 1.2；

$I'_{qd1}$——线路中启动电流最大一台电动机的全启动电流（A），它包括周期分量和非周期分量，其值为电动机启动电流 $I_{qd1}$ 的 2 倍；

$I_{js(n-1)}$——除启动电流最大的一台电动机以外的线路计算电流（A）。

2）电动机保护用的断路器瞬时过电流脱扣应躲过电动机的启动电流，即

$$I_{zd} \approx K_{js} I_{qd} \tag{3-53}$$

式中 $I_{qd}$——电动机的启动电流（A）；

$K_{js}$——断路器计算系数，取 2～2.5。

（3）长延时动作过电流脱扣器的整定：

1）配电用断路器的长延时过电流脱扣器整定电流：

$$I_{zdl} \geqslant K_{zl} I_{js} \tag{3-54}$$

式中　$K_{zl}$——断路器长延时脱扣器可靠系数，考虑负荷计算误差及断路器电流误差，取 1.1。

2）根据低压开关设备和控制设备　第 2 部分：断路器 GB 14048.2—2008 低压断路器标准规定，断路器反时限断开动作特性见表 3-47。

**反时限过电流断开脱扣器在基准温度下的断开动作特性**　　　　　　表 3-47

| 所有相极通电 | | 约定时间（h） |
|---|---|---|
| 约定不脱扣电流 | 约定脱扣电流 | |
| 1.05 倍整定电流 | 1.30 倍整定电流 | 2[①] |

① 当 $I_n \leqslant 63A$ 时，为 1h。

返回特性中规定，返回电流值为其整定电流值的 90%。返回电流为其整定电流值的 90% 的含意是：当低压断路器长延时脱扣器的电流超过整定值（$I_{zdl}$）时，如其持续时间尚未超过 2 倍 $I_{zdl}$ 可返回时间，电流即降至整定值的 90% 或以下，此时长延时脱扣器不动作。

（4）照明用断路器的过电流脱扣器的整定：照明用断路器的长延时和瞬时过电流脱扣器整定电流分别为：

$$I_{zd1} \geqslant K_{k1} I_{js} \tag{3-55}$$
$$I_{zd3} \geqslant K_{k3} I_{js} \tag{3-56}$$

式中　$I_{js}$——照明线路的计算电流（A）；

$K_{k1}$、$K_{k3}$——照明用断路器长延时和瞬时过电流脱扣器计算系数，取决于电光源启动状况和断路器特性，其数值见表 3-48。

**照明用断路器长延时和瞬时过电流脱扣器计算系数**　　　　　　表 3-48

| 低压断路器 | 计算系数 | 白炽灯、卤钨灯 | 荧光灯、高压钠灯、金属卤化物灯 | 荧光高压汞灯 |
|---|---|---|---|---|
| 带热脱扣器 | $K_{k1}$ | 1 | 1 | 1.1 |
| 带瞬时脱扣器 | $K_{k3}$ | 10～12 | 4～7 | 4～7 |

（5）按短路电流校验断路器的分断能力：

1）分断时间大于 0.02s 的断路器：

$$I_{fd \cdot z} \geqslant I_k \tag{3-57}$$

式中　$I_{fd \cdot z}$——以交流电流周期分量有效值表示的断路器的极限分断能力（kA）：

$I_k$——被保护线路的三相短路电流周期分量有效值（kA）。

2）分断时间小于 0.02s 的断路器：

$$I_{kd \cdot z} \geqslant I_{ktot} \tag{3-58}$$

式中　$I_{kd \cdot z}$——断路器分断电流（冲击电流有效值），如制造厂提供的分断电流为峰值时，可按峰值校验（kA）；

$I_{ktot}$——短路开始第一周期内的全电流有效值（A）。

（6）按短路电流校验断路器动作灵敏性：

为使断路器可靠动作，必须校验灵敏性，按式（3-54）校验：

$$\frac{I_{k \cdot min}}{I_{zd}} \geqslant K_{l \cdot z} \tag{3-59}$$

式中 $I_{k \cdot min}$——被保护线段最小短路电流（A），在中性点接地系统中为单相接地短路电流 $I_{k1}$，在中性点不接地系统中为两相短路电流 $I_{k2}$；

$I_{zd}$——断路器脱扣器的瞬时或短延时整定电流（A）；

$K_{l \cdot z}$——断路器动作系数，取 1.3。

由于单相接地电流较小，现有的断路器一般较难满足灵敏性的要求，可用长延时过电流脱扣器作后备保护，必要时另加零序保护装置。也可采用具有接地故障保护功能的低压断路器。

### 3.2.2.5 剩余电流动作保护装置（剩余电流动作护保器）的选择

低压配电线路中装设剩余电流保护装置（剩余电流动作护保器）是防止电击事故的有效措施之一，也是防止漏电引起电气火灾和电气设备损坏事故的技术措施。

（1）手持式电动工具、移动电器、家用电器等设备应优先选用额定剩余动作电流不大于 30mA、一般型（无延时）的剩余电流保护装置。

（2）单台电气机械设备，可根据其容量大小选用额定剩余动作电流 30mA 以上、100mA 及以下、一般型（无延时）的剩余电流保护装置。

（3）电气线路或多台电气设备（或多住户）的电源端为防止接地故障电流引起电气火灾，安装的剩余电流保护装置，其动作电流和动作时间应按被保护线路和设备的具体情况及其泄漏电流值确定，必要时应选用动作电流可调和延时动作型的剩余电流保护装置。

（4）在采用分级保护方式时，上下级剩余电流保护装置的动作时间差不得小于 0.2s。上一级剩余电流保护装置的极限不驱动时间应大于下一级剩余电流保护装置的动作时间，且时间差应尽量小。

（5）选用的剩余电流保护装置的额定剩余不动作电流，应不小于被保护电气线路和设备的正常运行时泄漏电流最大值的 2 倍。

（6）除末端保护外，各级剩余电流保护装置应选用低灵敏度延时型的保护装置。且各级保护装置的动作特性应协调配合，实现具有选择性的分级保护。

### 3.2.2.6 交流接触器和磁力启动器的选择

（1）选择原则：交流接触器用于电动机等电器的启动设备，磁力启动器为交流接触器与热继电器的组合，因此它们的选择原则相同。

1）按线路的额定电压选择：

$$U_e \geqslant U_{ex} \tag{3-60}$$

式中 $U_e$——交流接触器或磁力启动器的额定电压（V）；

$U_{ex}$——线路的额定电压（V）。

2）按电动机的额定功率或计算电流选择接触器的等级，适当留有余量。并根据安装地点的周围环境选择启动器的结构形式。

3）按短路时的动、热稳定校验：线路的三相短路电流不应超过接触器或磁力启动器允许的动、热稳定值。

4）根据控制电源的要求选择吸引线圈的电压等级。

5）按联锁触点的数目和所需要的遮断电流大小确定辅助触点。

6）根据操作次数校验接触器所允许的操作频率。

（2）启动器和接触器与短路保护电器的协调配合：

启动器和接触器应与短路保护电器协调配合。

1）过载保护电器与短路保护电器之间应有选择性：在过载保护器和短路保护电器两条时间——电流特性平均曲线交点所对应的电流以下，短路保护电器不应动作，而过载保护电器应动作使启动器断开；启动器应无损坏。在曲线交点对应的电流以上，短路保护电器应在过载保护电器动作之前动作；启动器应满足制造厂规定的协调配合类型的条件。

2）允许有两种协调配合类型：1 型——要求启动器和接触器在短路条件下不应对人身和设备造成危害，但允许进行维修和更换零件后再继续使用。2 型——要求启动器和接触器在短路条件下不应对人身和设备造成危害，且应能继续使用，但允许有容易分开的触头熔焊。

3）上述两项要求，由启动器和接触器的制造厂通过试验车验证。

### 3.2.2.7 热继电器的选择

热继电器一般作为连续工作制的交流电动机的过载保护，可与交流接触器配合组成磁力启动器，对于极短时间运行的电动机和需要反接制动工作的电动机，不宜采用热继电器保护。

连续工作或短时工作电动机保护用热继电器的选用，应按电动机的工作环境要求，启动情况、负载性质考虑：

1）一般情况下，按电动机的额定电流选择热继电器。根据电动机实际负荷及工艺流程的要求，选取热继电器的整定值为 0.95～1.05 倍电动机的额定电流。

2）热继电器使用的环境温度不应超过制造厂所规定的最高温度。对无补偿的热继电器当环境温度 $t$ 不等于制造厂规定的 +35℃时，应按下式修正：

$$I_t = I_{35}\sqrt{\frac{95-t}{60}} \tag{3-61}$$

式中　$I_t$——环境温度为 $t$℃的额定电流（A）；

　　　$I_{35}$——环境温度为 35℃的额定电流（A）；

　　　$t$——环境温度（℃）。

3）根据电动机的启动时间，按≥3s、≥5s、≥8s 可返回时间，选取 6 倍额定电流下具有相应可返回时间的热继电器，一般热继电器在 6 倍额定电流下的可返回时间与动作时间有如下关系：

$$t_f = (0.5 \sim 0.7)t_d \tag{3-62}$$

式中　$t_f$——热继电器在 6 倍额定电流下的可返回时间（s）；

　　　$t_d$——热继电器在 6 倍额定电流下的动作时间（s）。

4）需要断相保护时，宜选用带差动导板的三相热继电器。

### 3.2.2.8 低压配电线路与保护装置的配合

为了使保护装置在配电线路过负荷或短路时能够可靠地保护电缆及导线，低压断路器脱扣器整定电流、熔断器熔体的额定电流与电缆或导线的载流量，应满足下列配合关系。

保护装置的整定电流与配电线路长期允许载流量的配合见表 3-49。

保护装置的整定电流与配电线路长期允许载流量 *I* 的配合　　　　　表 3-49

| 保护装置 | 无爆炸危险场所 | | 有爆炸危险的 0 区、1 区、10 区[②] 场所 |
| --- | --- | --- | --- |
| | 过负荷保护 | 短路保护 | 电缆及导线 |
| | 电缆及导线 | 电缆及导线 | |
| 熔断器熔体的额定电流 $I_{er}$ | $\leqslant 0.8I$ | $\leqslant 2.5I$<br>$\leqslant 1.5I$[①] | $\leqslant 0.8I$ |
| 低压断路器长延时过电流<br>脱扣器整定电流 $I_{zd}$ | $\leqslant 0.8I$ | $\leqslant 1.1I$ | $\leqslant 0.8I$ |

① 为明敷绝缘导线所采用的数值；

② 0 区、1 区、10 区场所鼠笼型电动机支线的长期载流量 *I*，不应小于电动机额定电流的 125%。

### 3.2.2.9　低压保护电器选择示例

【例】　参照低压配电系统图 3-14 及已知数据，试选择回路上所用断路器、熔断器、启动器及热元件等的型号、规格，并根据已知短路电流值进行整定。

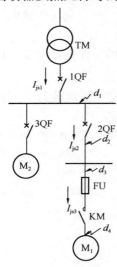

图 3-14　低压配电系统

已知：高压侧短路容量 $S''_k = 100\text{MVA}$，变压器为 630kVA，10/0.4kV。容量最大的两台水泵电动机中，$M_1$ 为 Y205M-4 型，55kW，$I_{ed1} = 103\text{A}$，启动电流为 718A；$M_2$ 为 Y280M-4 型，90kW，$I_{ed2} = 164\text{A}$，启动电流为 984A。各回路的计算电流：$I_{js1} = 900\text{A}$；$I_{js2} = 540\text{A}$；$I_{js3} = I_{ed1} = 103\text{A}$，各短路点上的三相短路电流：$I_{k \cdot d1} = 16.74\text{kA}$，$I_{k \cdot d2} = 15.65\text{kA}$，$I_{k \cdot d3} = I_{k \cdot d4} = 8.53\text{kA}$，各短路点的单相短路电流：$I_{k1 \cdot d1} = 5.585\text{kA}$，$I_{k1 \cdot d2} = 5.341\text{kA}$，$I_{k1 \cdot d3} = I_{k1 \cdot d4} = 3.099\text{kA}$。

【解】　（1）$M_1$ 电动机回路熔断器、启动器及热继电器的选择

1）按 $M_1$ 电动机的额定电流 $I_{ed1} = 103\text{A}$ 采用不可逆、带热继电器、保护式的磁力启动器。

2）磁力启动器配热继电器。选用热继电器的额定电流为 150A。

3）熔断器、配合低压配电屏，可选用 aM 型。按公式（3-46）：

$$I_{er} \geqslant I_{js} = 103\text{A}$$

查表 3-41，选用 160A 熔体和 160A 熔管，其最大允许通过的启动电流为 1008A，大于电动机启动电流 718A。

（2）低压配电屏上断路器 2QF 的选择

1）按配电干线计算电流选择断路器型号及其长延时过电流脱扣器的额定电流。按公式（3-54）：

$$I_{2zd1} \geqslant 1.1I_{js2} = 1.1 \times 540 = 594\text{A}$$

所以选配电用型断路器，其过电流脱扣器额定电流为 600A。

2）按瞬时动作的过电流脱扣器的整定电流选择，按公式（3-53）：

$$I_{2zd2} = 1.2 \times [(718 \times 2) + (540 - 103)] = 2248\text{A}$$

因此，瞬时过电流脱扣器整定为 2400A。

3）校验动作灵敏性及分断能力，按式（3-59）：

$$K_{lz} = \frac{I_{k1 \cdot d2}}{I_{zd}} = \frac{5341}{2400} = 2.23 > 1.5$$

能满足灵敏性要求，瞬动时的极限分断能力为 40kA，能满足 $d_2$ 点三相短路电流要求（$I_{k \cdot d2} = 15.65kA$）。

（3）变压器低压侧断路器 1QF 的选择

1）按变压器低压侧计算电流选择断路器的长延时过电流脱扣器额定电流为：

$$I_{1zd1} = 1.1 \times 900 = 990A$$

为了使各级断路器有选择性动作，采用三段保护特性的选择型断路器其长延时整定电流为：

$$I_{1zd1} = 1000A$$

2）按回路电动机启动情况选择短时电流脱扣器整定电流为：

$$I_{1zd2} \geq 1.2 \times [(900 - 164) + (984 \times 2)] = 3245A, 取 2800A。$$

3）校验动作灵敏性及分断能力为：

$$I_{lz} = \frac{I_{k1 \cdot d1}}{I_{1zd2}} = \frac{5585}{2800} = 1.99 > 1.5$$

能满足要求。

考虑上、下级断路器之间的配合取 0.4s，因短延时 0.4s 时的分断能力为 30kA，大于 $d_1$ 点的短路电流值 16.74kA。

# 3.3　继　电　保　护

## 3.3.1　总则

继电保护的目的是保证安全供电和电能质量；使电器设备在规定的电气参数范围内安全可靠的运行。

继电保护的设计依据是国家规程，在不违背国家有关规程的条件下，可根据当地供电部门的具体要求和工程的具体情况，对继电保护内容适当进行增减，使继电保护更适应当地电网的实际情况。

继电保护设计在满足要求的基础上力求接线简单，避免有过多的继电器和其他元件，以减少保护元件引起的其他故障。

在确定继电保护的配置方案时，应优先选用具有成熟运行经验的微机继电保护装置。

### 3.3.1.1　对继电保护的基本要求

（1）选择性：动作于跳闸的继电保护装置应有选择性。短路故障时仅将与故障有关的部分从电力系统中切除，而让其他无故障部分仍保持正常运行，使停电范围尽量缩小。

（2）速动性：继电保护装置应迅速地将故障设备从电网上切除，以减轻故障的破坏程度，缩小故障范围和提高电力系统的稳定性。

（3）灵敏性：是指继电保护装置在保护范围内对故障的反应能力，它用灵敏系数来量度。设计时要求保护系统应满足规定的灵敏系数。灵敏系数为保护区发生短路时，流过保护装置的最小短路电流与保护装置一次动作电流的比值。有关继电保护允许最小灵敏系数见表 3-50。

继电保护装置最小灵敏系数      表 3-50

| 保护分类 | 保护类型 | 组成元件 | 灵敏系数 | 备 注 |
|---|---|---|---|---|
| 主保护 | 带方向或不带方向的电流保护或电压保护 | 电流元件和电压元件 | 1.3～1.5 | 按被保护区末端金属性短路计算 |
| | | 零序或负序方向元件 | 1.5 | |
| | 电流保护和电压保护 | 电流元件和电压元件 | 2.0 | 按被保护区末端金属性短路计算 |
| | 线路纵联差动保护 | 跳闸元件 | 2.0 | |
| | | 对高阻接地故障测量元件 | 1.5 | |
| | 变压器及电动机纵联差动保护 | 差动电流元件 | 1.5 | 按被保护区末端金属性短路计算 |
| 后备保护 | 远后备保护 | 电压元件、电流元件和阻抗元件 | 1.2 | 按相邻电力设备和线路末端金属性短路计算 |
| | | 零序或负序方向元件 | 1.5 | |
| | 近后备保护 | 电压元件、电流元件和阻抗元件 | 1.3 | 按电力设备和线路末端金属性短路计算 |
| | | 零序或负序方向元件 | 2.0 | |
| 辅助保护 | 电流速断保护 | | 1.2 | 按正常运行方式保护安装处金属性短路计算 |

（4）可靠性：继电保护装置在故障出现时，应能可靠地动作。

### 3.3.1.2 继电保护分类

保护装置的保护类型见表 3-51。主保护是快速而有选择的切除被保护元件范围内的故障的保护。

近后备保护是当本元件的主保护或断路器拒绝动作时，由本元件另一套保护或本变电所另一台断路器实现的后备保护。

远后备保护是当本元件的保护装置或断路器拒绝动作时，由相邻元件的保护实现的后备保护。

辅助保护是为了补充主保护和后备保护的性能或当主保护和后备保护退出运行而增设的简单保护。

### 3.3.1.3 相对灵敏系数

在继电保护中由于选用的电流互感器、继电器数量和接线方式的不同，保护装置对各种故障的反应能力也不一样。因此，在计算保护装置灵敏系数时，需引入相对灵敏系数。各种故障的相对灵敏系数见表 3-51。

表 3-51

**各种故障的相对灵敏系数 $K_{m \cdot xd}$**

| 故 障 类 型 | 保 护 接 线 方 式 | | | | | |
|---|---|---|---|---|---|---|
| | $L_1 L_2 L_3$ (1 2 3) | $L_1 L_2 L_3$ (1 2 3) | $L_1 L_2 L_3$ (1 2) | $L_1 L_2 L_3$ (1) | $L_1 L_2 L_3$ (2 3) | $L_1 L_2$ (1 2) |
| **在线路上保护装置安装处发生故障** | | | | | | |
| 三相短路 $L_1$—$L_2$—$L_3$ | 1 | 1 | 1 | 1 | 1 | 1 |
| 二相短路 $L_1$—$L_2$ | 0.87 | 0.87 | 0.87 | 0.5 | 1 | 1 |
| 二相短路 $L_2$—$L_3$ | 0.87 | 0.87 | 1 | 1 | 1 | 0.5 |
| 二相短路 $L_3$—$L_1$ | 0.87 | 0.87 | 1 | 1 | 1 | 1 |
| **在 Y/Y$_0$—12 接线变压器后发生故障** | | | | | | |
| 三相短路 $L_1$—$L_2$—$L_3$ | 1 | 1 | 1 | 1 | 1 | 1 |
| 二相短路 $L_1$—$L_2$ | 0.87 | 0.87 | 0.87 | 0.5 | 1 | 1 |
| 二相短路 $L_2$—$L_3$ | 0.87 | 0.87 | 0.87 | 0.87 | 1 | 0.5 |
| 二相短路 $L_3$—$L_1$ | 0.87 | 0.87 | 0.67 | 1 | 1 | 1 |
| 单相短路 $L_1$ | 0.67 | 0.67 | 0.67 | 0.67 | | |
| 单相短路 $L_3$ | 0.67 | 0.67 | 0.67 | 0.33 | | |
| 单相短路 $L_2$ | 0.67 | 0.67 | 0.67 | 0 | | |
| **在 Y/D—11 接线变压器后发生故障** | | | | | | |
| 三相短路 $L_1$—$L_2$—$L_3$ | 1 | 1 | 1 | 1 | 1 | 1 |
| 二相短路 $L_1$—$L_2$ | 1 | 1 | 0.5 | 0 | 0.5 | 1 |
| 二相短路 $L_2$—$L_3$ | 1 | 1 | 0.87 | 0.87 | 1 | 0.87 |
| 二相短路 $L_3$—$L_1$ | 1 | 1 | 1 | 0.87 | 1 | 1 |

### 3.3.2　电力变压器的保护

#### 3.3.2.1　保护装设原则

按规范要求，对变压器下列故障和异常运行状态应装设相应的保护装置：

（1）绕组及引出线的相间短路和在中性点直接接地或经小电阻接地侧的单相接地短路。

（2）绕组的匝间短路。

（3）由外部相间短路而引起的过电流。

（4）中性点直接接地或经小电阻接地的电力网中，外部接地短路引起的过电流及中性点过电压。

（5）过负荷。

（6）油枕油面降低。

（7）变压器油温过高、绕组温度过高、油箱压力过高、产生瓦斯或冷却系统故障。

对于上述保护（1）、（2）项应瞬时动作于跳闸；（3）、（4）项应带时限动作于跳闸；（5）、（6）、（7）项一般动作于信号。

对变压器的瓦斯保护一般轻瓦斯动作于信号，重瓦斯动作于跳闸并能切换于信号。

#### 3.3.2.2　保护的构成

根据保护装设原则，电力变压器的继电保护见表3-52。

电力变压器继电保护　　　　　　　　　　　　　　表 3-52

| 变压器容量（kVA） | 名　称 | | | | | | | 备　注 |
|---|---|---|---|---|---|---|---|---|
| | 带时限的过电流保护① | 电流速断保护 | 纵联差动保护 | 瓦斯保护 | 低压侧单相接地保护② | 过负荷保护 | 温度保护④ | |
| <400 | — | — | — | — | — | — | — | 一般采用高压熔断器保护 |
| 400～630 | 一次侧采用断路器时装设 | 一次侧采用断路器且过流保护时限大于0.5s时装设 | — | 车间内变压器装设 | 低压侧中性点直接接地的变压器装设 | 并列运行的变压器装设，作为其他备用电源的变压器根据过负荷的可能性装设③ | — | 一般用GL型继电器兼作过负荷及电流速断保护 |
| 800 | | | | | | | 装设 | |
| 1000～1600 | 装设 | 过电流保护时限大于0.5s时装设 | 当电流速断灵敏度不够时装设 | 装设 | | | | |
| 2000～5000 | | | 并列运行变压器或重要变压器当电流速断不能满足灵敏度要求时装设 | | | | | |
| 6300～8000 | | 单独运行的变压器或不太重要的变压器装设 | | | | | | |

① 当带时限的过电流保护不能满足灵敏度要求时应采用低电压闭锁带时限的过电流保护；

② 当利用一次侧过电流保护及二次侧出线断路器保护不能满足灵敏度要求时，应装设变压器中性线上的零序过电流保护；

③ 二次电压为400/230V的变压器，当二次出线断路器带有过负荷保护时，可不装设专用的过负荷保护；

④ 干式变压器均应装设温度保护。

#### 3.3.2.3 整定计算

（1）电力变压器的熔断器保护选择：6、10kV 容量不大的电力变压器可采用熔断器保护，它具有设备少、投资少、维护方便等优点。

熔断器熔丝额定电流可按 1.5～2 倍变压器额定电流选用，也可按表 3-53 直接选用。

高压为 35kV 和 60kV 的变压器，也可采用熔断器保护，这对中小型变电所有一定的实际意义，特别是对接在进线断路器外侧的所用变压器更为合适。

6、10kV 变压器熔管、熔丝额定电流选用　　　　　　表 3-53

| 变压器容量（kVA） | 20 | 30 | 40 | 50 | 63 | 80 | 100 | 125 | 160 | 200 | 250 | 315 | 400 | 500 | 630 |
|---|---|---|---|---|---|---|---|---|---|---|---|---|---|---|---|
| 熔管额定电流(A) | 50/50 | 50/50 | 50/50 | 50/50 | 50/50 | 50/50 | 50/50 | 50/50 | 75/50 | 75/50 | 75/50 | 75/50 | 75/75 | 75/75 | 100/100 |
| 熔丝额定电流(A) | 5/5 | 10/5 | 10/5 | 15/10 | 15/10 | 20/10 | 20/15 | 20/15 | 30/20 | 30/20 | 40/30 | 50/30 | 75/40 | 75/50 | 100/75 |

注：表中数据分子用于 6kV 变压器，分母用于 10kV 变压器。

国产 RW5-35 型熔断器可以开、合 5600kVA 空载变压器和 20km 长的空载线路。RW6-60 型熔断器可开、合 10000kVA 空载变压器，而且 RW6-60 型熔断器可与 CS4-TX 型操作机构配合实现电动分闸，除能完成短路、过负荷保护外，尚能实现变压器的瓦斯和差动保护。35kV 及 60kV 变压器保护用熔丝的额定电流可按表 3-54 选用。

（2）6～10/0.4kV 变压器的保护：6～10/0.4kV 变压器保护常用类型接线见图 3-15。

1）变压器的主保护：变压器主保护由电流速断保护和瓦斯保护组成。电流速断保护一般采用两相两继电器式接线，电流速断保护计算公式见表 3-55。

35kV 及 60kV 变压器熔丝额定电流选用　　　　　　表 3-54

| 变压器额定容量（kVA） | 100 | 180 | 320 | 560 | 750 | 1000 | 1800 | 2400 | 3200 | 4200 | 5600 |
|---|---|---|---|---|---|---|---|---|---|---|---|
| 35、60kV 侧额定电流（A） | $\dfrac{1.65}{0.96}$ | $\dfrac{2.98}{1.73}$ | $\dfrac{5.27}{3.08}$ | $\dfrac{9.25}{5.39}$ | $\dfrac{12.3}{7.22}$ | $\dfrac{16.5}{9.62}$ | $\dfrac{29.8}{17.32}$ | $\dfrac{39.5}{23.09}$ | $\dfrac{52.7}{30.79}$ | $\dfrac{69.3}{40.4}$ | $\dfrac{92.4}{53.88}$ |
| 35、60kV 熔丝额定电流（A） | $\dfrac{3}{3}$ | $\dfrac{5}{3}$ | $\dfrac{10}{5}$ | $\dfrac{15}{10}$ | $\dfrac{20}{10}$ | $\dfrac{30}{15}$ | $\dfrac{50}{30}$ | $\dfrac{75}{50}$ | $\dfrac{100}{50}$ | $\dfrac{100}{75}$ | $\dfrac{150}{100}$ |

注：表中数据分子用于 35kV，分母用于 60kV。

变压器电流速断保护整定计算　　　　　　表 3-55

| 计算项目 | 计算条件 | 计算公式 | 系数及文字符号 |
|---|---|---|---|
| 保护装置动作电流 | 应避开二次侧三相次暂态短路电流 | $I_{dej}=K_k K_{jx}=\dfrac{I''_{k(2)\max}}{K_i}$ | $K_k$——可靠系数，GL 型继电器取 1.5，DL 型继电器取 1.3<br>$K_{jx}$——接线系数，接于相电流时，取 1.0，接于相电流差时，取 1.73<br>$K_j$——电流互感器变比<br>$I''_{k(2)\max}$——变压器二次侧三相次暂态短路穿越电流 |

| 计算项目 | 计算条件 | 计算公式 | 系数及文字符号 |
|---|---|---|---|
| 保护装置灵敏系数 | 按系统最小运行方式时，保护装置安装处的二相次暂态短路电流校验 | $K_m^{(2)} = K_{m \cdot xd} \dfrac{I_{kmin}}{I_{dz1}}$ | $K_{m \cdot xd}$——相对灵敏系数见表3-51 $I_{dz1}$——保护装置一次动作电流，$I_{dz1} = \dfrac{I_{dzj} K_i}{K_{jx}}$ $I_{kmin}$——系统最小运行方式时一次侧三相次暂态短路电流 |

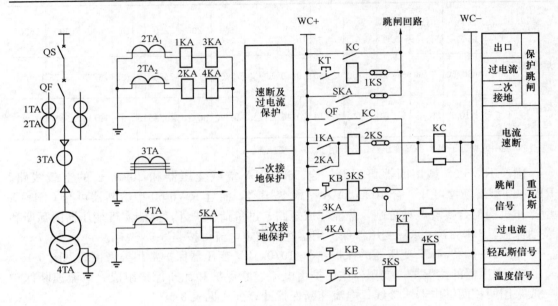

图 3-15　6～10/0.4kV 变压器保护电路

2) 变压器的后备保护：变压器后备保护常采用两只 DL 或 GL 型继电器组成时限过流保护。对于采用 GL 型继电器方案，适用于上下级具有反时限特性的过电流保护。带时限过流保护计算公式见表 3-56，当带时限过电流保护的灵敏度满足不了要求时，应采用低电压启动的带时限过电流保护，其计算公式见表 3-57。

**变压器带时限过电流保护整定计算**　　　　　　　　　　**表 3-56**

| 计算项目 | 计算条件 | 计算公式 | 系数及文字符号 |
|---|---|---|---|
| 保护装置的动作电流 | 应避开可能出现的最大负荷电流 | $I_{dzj} = K_{jx} K_k \dfrac{K_{gh} I_{eb}}{K_f K_i}$ | $K_k$——可靠系数①，GL 型继电器取 1.3，DL 型继电器取 1.2 $K_f$——继电器返回系数，取 0.85 $K_{jx}$——接线系数，接于相电流时取 1.0，接于相电流差时取 $\sqrt{3}$ $K_{gh}$——过负荷系数②，近似值取 4，计算值见注③ $I_{eb}$——变压器额定一次电流 |

续表

| 计算项目 | 计算条件 | 计算公式 | 系数及文字符号 |
|---|---|---|---|
| 保护装置灵敏系数 | 按系统最小运行方式时二次侧二相短路穿越电流计算 | $K_m^{(2)} = K_{m \cdot xd} \dfrac{I_{k(2)min}}{I_{dz \cdot 1}}$ | $K_{m \cdot xd}$——相对灵敏系数，见表 3-51 <br> $I_{dz \cdot 1}$——保护装置一次动作电流， $$I_{dz \cdot 1} = \dfrac{I_{dzj}K_i}{K_{jx}}$$ $I_{k(2)min}$——系统最小运行方式时二次侧三相短路穿越电流，一般取稳态值 |

① 可靠系数仅当用计算方法确定负荷倍数时才考虑；

② 过负荷系数 $K_{gh}$ 采用 4 进行计算，保护装置灵敏度不能满足要求时，允许采用较小的数值；

③ 用计算方法确定过负荷系数时，按以下方法计算；

注：1. 单独运行的变压器，电网无自动重合闸装置时，

$$K_{gh} = \frac{I_{qmax} + \Sigma I_{ch}}{I_{eb}}$$

2. 单独运行的变压器，电网有自动重合闸装置时，

$$K_{gh} = \cfrac{1}{\cfrac{U_d\%}{100} + \cfrac{S_{eb}}{K_{iq}S_{eb\Sigma}}\left(\cfrac{380}{400}\right)^2}$$

3. 单独运行的变压器，当二次侧母线分段或母联开关装置备用电源自动投入装置时，

$$K_{gh} = \frac{I_{hmax}}{I_{eb}} + K'_{gh}$$

式中　　$I_{qmax}$——启动电流（A）（最大一台电动机的启动电流）；

　　　　$\Sigma I_{ch}$——其他负荷额定电流总和（A）；

　　　　$S_{eb}$——变压器额定容量（kVA）；

　　　　$S_{eb\Sigma}$——参加自启动全部电动机的总容量（kVA）；

　　　　$U_d\%$——变压器阻抗电压百分数；

　　　　$I_{hmax}$——本段母线最大负荷电流（A）；

　　　　$K'_{gh}$——自动投入时，另一段母线过负荷倍数，按注 2 公式计算。

4. 并列运行的变压器，应考虑一台变压器检修或并列被破坏后的过负荷。

**变压器低电压启动的带时限过电流保护整定计算**　　　　表 3-57

| 计算项目 | 计算条件 | 计算公式 | 系数及文字符号 |
|---|---|---|---|
| 保护装置低电压启动的动作电压 | 应低于运行中可能出现的最低工作电压，如系统电压降低，大容量电动机启动及电动机自启动引起的电压降低 | $U_{dzj} = \dfrac{U_{min}}{K_k K_f K_u}$ | $K_k$——可靠系数，取 1.2 <br> $K_f$——继电器返回系数，取 1.15 <br> $K_u$——电压互感器变化 <br> $U_{min}$——运行中可能出现的最低工作电压，一般取 $0.9 \sim 0.95 V_e$（变压器一次侧母线额定电压） |
| 保护装置动作电流 | 应避开变压器额定电流 | $I_{dzj} = K_k K_{jx} \dfrac{I_{eb}}{K_f K_i}$ | $K_k$——可靠系数：GL 型继电器取 1.3，DL 型继电器取 1.2 <br> $K_f$——继电器返回系数，取 0.85 <br> $K_{jx}$——接线系数：接于相电流时取 1.0，接于相电流差取 $\sqrt{3}$ <br> $K_i$——电流互感器变比 <br> $I_{eb}$——变压器额定一次电流 |

续表

| 计算项目 | 计算条件 | 计算公式 | 系数及文字符号 |
|---|---|---|---|
| | | 电流部分同带时限的过电流保护 | |
| 保护装置灵敏系数 | 电压部分按保护装置安装外的最大剩余电压校验 | $K_m = \dfrac{U_{dz1}}{U_{sh \cdot max}}$ | $U_{dz1}$——保护装置的一次动作电压，$U_{dz1} = U_{dzj} K_u$；$U_{sh \cdot max}$——保护装置安装处最大剩余电压 |
| 保护装置动作时限 | | 同带时限过电流保护 | |

3）低压侧单相接地保护：低压单相接地保护，常在变压器低压侧中性线上装设零序电流保护，采用 GL 型继电器，动作于变压器低压侧跳闸。其保护整定计算见表 3-58。

**变压器单相接地保护整定计算**
（在变压器中性线上装设专用的零序电流保护）                                   表 3-58

| 计算项目 | 计算条件 | 计算公式 | 系数及文字符号 |
|---|---|---|---|
| 保护装置动作电流 | 应避开中性线上的最大不平衡电流（按国家标准规定，不超过 25%$I_{eb}$） | $I_{dzj} = K_k \dfrac{0.25 I_{eb}}{K_i}$ | $K_k$——可靠系数，取 1.2；$K_i$——电流互感器变比；$I_{eb}$——变压器额定二次电流 |
| 保护装置灵敏系数 | 按系统最小运行方式二次母线或干线末端单相接地短路电流校验 | $K_m^{(1)} = \dfrac{I_{k(2)min}}{I_{dz1}} \geqslant 1.5$ | $I_{dz1}$——保护装置一次动作电流；$I_{k(2)min}$——系统最小运行方式二次侧母线或干线末端单相接地短路电流 |
| 保护装置动作时限 | 应与低压侧分支线或下级断路器动作时间配合，一般取 0.5s | | |

4）变压器的过负荷保护：并列运行的变压器或作为其他负荷备用电源的单独运行的变压器，应装设过负荷保护。过负荷保护应带时限动作于信号。在无经常值班人员的变电站，过负荷保护可动作于跳闸或断开部分负荷。保护整定计算见表 3-59。

**变压器的过负荷保护整定计算**                                              表 3-59

| 计算项目 | 计算条件 | 计算公式 | 系数及文字符号 |
|---|---|---|---|
| 保护装置动作电流 | 应避开变压器额定电流 | $I_{dz1} = K_k \dfrac{I_{eb}}{K_f K_i}$ | $K_k$——可靠系数，取 1.05～1.1；$K_f$——继电器返回系数，取 0.85；$K_i$——电流互感器变比；$I_{eb}$——变压器额定一次电流（A） |
| 保护装置动作时限 | 应避开短时允许过负荷（如电动机启动或自启动）时间，一般取 9～15s | | |

5）变压器的温度监测：容量较大的变压器均装有温度继电器，同瓦斯继电器一样，由制造厂家统一供货。对变压器温度升高和冷却系统故障，应按现行电力变压器标准要求，装设可作用于信号或动作于跳闸的保护装置。

（3）关于小电流接地信号：我国 6、10kV 电网为中性点不接地系统。当系统某相发生接地时，系统将产生电容电流。这种故障虽不致引起电器元件的突然损坏，但电网不能在故障状态下长期运行。对这种故障的检查一般有三种方式：其一是当系统发生单相接地时，接于电压互感器开口三角形上的绝缘监视继电器动作并发出接地预告信号。运行人员分别切断各配出线开关。当切断某一开关绝缘监视继电器返回时，则可断定本开关以下线

路发生单相接地故障。其二是采用
ZD-3 型小电流接地信号装置。但该
装置无外引接点，不能发出接地预
告信号，故不推荐采用。第三种是
比较完善的 ZD-4 型小电流接地信号
装置，与 FL－2 型零序电流互感器
配套使用，这里仅介绍该装置的外
部接线见图 3-16。

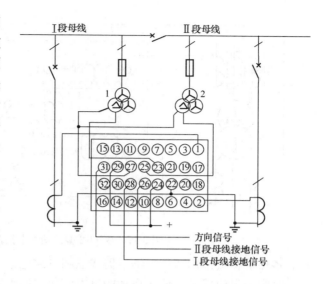

当某段母线（如Ⅰ段母线）上
某引出线发生单相接地故障时，则 1
号电压互感器开口三角形有零序电
压输出，信号由装置 27、23 号端子
输入，这时装置内部继电器动作，
其外引接点（28、24 号端子）接通
Ⅰ段母线接地信号，指示灯燃亮，

图 3-16　ZD-4 型小电流接地信号装置外部电路图

表示系统已发生单相接地故障。运行人员下一步转换装置上的切换开关。当开关切换到故
障线路上的电流互感器时，零序方向元件启动，线路信号灯亮，这时装置内部继电器动
作，通过其接点（29、31 号端子）向外部送出音响或灯光信号。

装置的 22 号端子是零序电流互感器的公用线，1～20 号端子分别接各送出线零序电
流互感器的另一端子。

对于具有 20 条或以下电缆出线的变配电所，采用 ZD-4 型小电流接地信号装置是很实
用的。

（4）35（60）/10kV 变压器的保护：该类变压器一般容量较大，继电保护要求高，
保护接线也比较复杂。常用的继电保护方案见图 3-18～图 3-20。

1）变压器的主保护：该类变压器由重瓦斯保护和电流速断保护或纵联差动保护作为
变压器的主保护，重瓦斯保护动作于跳闸，同时也能切换于信号；轻瓦斯只能动作于信
号。对 6300kVA 及以上并列运行的变压器和 10000kVA 及以上单独运行的变压器应采用
纵联差动保护。对 2000～5000kVA 的变压器允许采用电流速断做主保护。只有当电流速
断满足不了灵敏度要求时才采用纵联差动保护。

变压器差动保护一般采用 BCH-2 型差动继电器；当满足不了灵敏度要求时，应改用
BCH-1 型差动继电器。

差动保护应采用三相三继电器方案，以提高灵敏度和可靠性。

变压器差动保护的主要元件是差动继电器。图 3-17 为变压器保护常用的 BCH－2 型
差动继电器的内、外部接线图。当被保护变压器为双圈变压器时，因变压器无中压线圈，
故取消由继电器 4 号端子至变压器中压线圈电流互感器的接线。

当采用 BCH－2 型差动继电器保护变压器时，其保护整定计算见表 3-60、表 3-61。

2）变压器的后备保护：变压器的后备保护可采用定时限过电流、复合电压启动的过
电流及低电压启动的过电流保护。后两种保护是在主保护灵敏度不够时才采用。复合电压
启动的过电流保护装置对不对称故障具有较高的灵敏度。

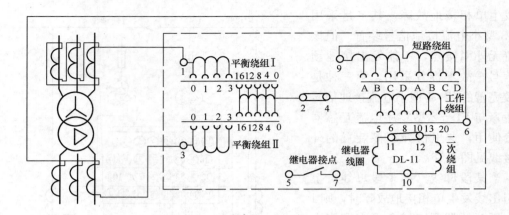

图 3-17 BCH-2 型差动继电器内外部接线

后备保护接线采用两相三继电器或三相三继电器方案，以提高灵敏度。

定时限过电流保护与低压启动的过电流保护的整定计算同 10/0.4kV 变压器。复合电压启动的过电流保护整定计算公式见表 3-62。

**采用 BCH-2 型继电器的电力变压器差动保护整定计算**　　　　表 3-60

| 计算步骤 | 计算项目 | 计算条件 | 计算公式 | 系数及文字符号 |
|---|---|---|---|---|
| 1 | 变压器各侧电流互感器二次回路额定电流 | 按平均电压及变压器额定电流 | $I_e = \dfrac{K_{jx} I_{e \cdot b}}{K_i}$ | $K_{jx}$——电流互感器二次回路接线系数；Y 形接线时取 1.0，$\triangle$ 形接线时取 $\sqrt{3}$<br>$K_i$——电流互感器变比<br>$I_{e \cdot b}$——变压器各侧额定一次电流（A） |
| 2 | 各侧外部短路时的最大短路穿越电流 | 从略 | 其值由短路电流计算确定 | |
| 3 | 保护装置一次动作电流 | 按以下三个条件确定，取其最大值：<br>（1）避开外部故障最大不平衡电流<br>（2）避开变压器空载投入或故障切除后电压恢复时的励磁涌流<br>（3）避开二次回路断线 | 1）外部故障最大不平衡电流（双卷变压器）<br>$I_{dz \cdot 1} = K_k (K_{ts}\Delta f + \Delta U + \Delta f') \times I_{k \cdot max}$　(1)<br>$\Delta f' = \dfrac{W_{ph \cdot js} - W_{ph \cdot sy}}{W_{ph \cdot js} + W_{c \cdot sy}}$　(2)<br>2）空载投入或故障切除后电压恢复时的励磁涌流<br>$I_{dz \cdot 1} = (1 \sim 1.3) I_{e \cdot b}$　(3)<br>3）电流互感器二次回路断线时<br>$I_{dz \cdot 1} = 1.3 I_{h \cdot max}$　(4) | $K_k$——可靠系数，取 1.3<br>$K_{ts}$——电流互感器同型系数，电流互感器型号相同时取 0.5，电流互感器型号不同时取 1<br>$\Delta f$——电流互感器允许最大相对误差，取 0.1<br>$I_{k \cdot max}$——最大外部短路电流周期分量<br>$\Delta U$——变压器调压侧调压所引起的相对误差，取调压范围的一半<br>$\Delta f'$——由于继电器实用匝数与计算匝数不等而产生的相对误差，初次计算时建议先选取中间值 0.05（最大值为 0.091），在确定各侧匝数后，可按（2）计算<br>$W_{ph \cdot js}$——平衡线圈计算匝数<br>$W_{ph \cdot sy}$——平衡线圈实用匝数<br>$W_{e \cdot sy}$——差动线圈实用匝数<br>$1 \sim 1.3$[①]——考虑避开励磁涌流的系数，初算时可取 1.3<br>$I_{h \cdot max}$——正常运行时变压器的最大负荷电流（不考虑事故运行方式），在负荷电流不能确定时，可取 $I_{h \cdot max} = I_{eb}$ |

| 计算步骤 | 计算项目 | 计算条件 | 计算公式 | 系数及文字符号 |
|---|---|---|---|---|
| 4 | 初步确定差动及平衡线圈的接法 | 双卷变压器两侧电流互感器分别接于继电器的两个平衡线圈上 | | |
| 5 | 确定基本侧的匝数 | 按基本侧继电器动作安匝 | 双卷变压器<br>$W_{\mathrm{I}\cdot js}=\dfrac{AW_0}{I_{\mathrm{I}dz\cdot j}}$<br>$W_{\mathrm{I}\cdot sy}=W_{lph\cdot sy}+W_{c\cdot sy}$<br>$<W_{\mathrm{I}\cdot js}$ | $AW_0$——继电器的动作安匝,应采用实测值。如无资料可取 $AW_0=60$<br>$I_{\mathrm{I}dz\cdot j}$——基本侧继电器动作电流,<br>$I_{\mathrm{I}dz\cdot j}=\dfrac{K_{jx}I_{dz\cdot 1}}{K_{il}}$<br>式中 $K_{il}$——基本侧的电流互感器变比<br>$W_{\mathrm{I}\cdot js}$——基本侧的计算匝数<br>$W_{\mathrm{I}ph\cdot sy}$——一个平衡线圈的实用匝数<br>$W_{c\cdot sy}$——差动线圈的实用匝数<br>$W_{\mathrm{I}\cdot sy}$——基本侧的实用匝数 |
| 6 | 确定其他侧平衡线圈的匝数 | | 双卷变压器<br>$W_{\mathrm{II}ph\cdot js}=W_{\mathrm{I}\cdot sy}\dfrac{I_{\mathrm{I}e}}{I_{\mathrm{II}e}}$<br>$-W_{c\cdot sy}$<br>$W_{\mathrm{II}ph\cdot sy}\approx W_{\mathrm{II}ph\cdot js}$<br>取整数 | $I_{\mathrm{I}e}$——基本侧电流互感器二次回路额定电流<br>$I_{\mathrm{II}e}$——第Ⅱ侧电流互感器二次回路额定电流<br>$W_{\mathrm{II}ph\cdot js}$——另一个平衡线圈的计算匝数<br>$W_{\mathrm{II}ph\cdot sy}$——另一个平衡线圈的实用匝数 |
| 7 | 校核由于实用匝数与计算匝数不等而产生的相对误差 | 按(2)式计算 $\Delta f$,如 $\Delta f>0.05$,应代入(1)式核算动作电流 | | |
| 8 | 确定短路线圈抽头 | 短路线圈匝数用得越多,继电器避开励磁涌流的性能越好,而且内部故障时动作的可靠系数也越高。但在内部故障电流中有较大非周期分量时,继电器的动作时间就越长。在选择短路线圈匝数时,应根据具体情况综合考虑上述利弊。对于中、小容量变压器,由于励磁涌流倍数大,内部故障时电流中的非周期分量衰减较快,对保护装置的动作时间又可降低要求,因此短路线圈应采用较多匝数,选取抽头"3"—"3"或"4"—"4";对于大容量变压器,由于励磁涌流倍数较小,内部故障时电流中的非周期分量衰减较慢,又要求迅速切除故障,因此短路线圈可采用较少匝数,选取抽头"2"—"2"或"3"—"3"。此外,还应考虑继电器所接电流互感器的型式,励磁阻抗小的电流互感器(如套管式)吸收非周期分量电流多,短路线圈应采用较多匝数,所选取的抽头是否合适,应在保护装置投入运行时,通过变压器空投试验以确定之 | |
| 9 | 保护装置最小灵敏系数 | | 双卷变压器<br>$K_{m\cdot min}=\dfrac{I_{\mathrm{I}j}W_{\mathrm{I}\cdot sy}+I_{\mathrm{II}j}W_{\mathrm{II}\cdot sy}}{AW_0}\geq 2$ (5)<br>计算最小灵敏系数的简化公式<br>$K_{m\cdot min}=\dfrac{I_j}{I_{dz\cdot j}}\geq 2$ (6) | $W_{\mathrm{I}\cdot sy}$、$W_{\mathrm{II}\cdot sy}$——相应侧的实用工作匝数:<br>$W_{\mathrm{I}\cdot sy}=W_{lph\cdot sy}+W_{c\cdot sy}$<br>$W_{\mathrm{II}\cdot sy}=W_{c\cdot sy}$<br>$I_{\mathrm{I}j}$、$I_{\mathrm{II}j}$——最小运行方式下变压器出口处故障时流过相应侧继电器线圈的电流<br>$I_j$——流入继电器的总电流,建议将各侧短路电流总和归算至基本侧(如为单侧电源,则归算至电源侧)然后再按表3-62计算<br>$I_{dz\cdot j}$——相当于基本侧(单侧电源时为电源侧)实用工作匝数的继电器动作电流 |
| 10 | 如果灵敏系数不满足要求,且算出的 $\Delta f$ 小于初算时的0.05,而动作电流又是由避开外部故障时的不平衡电流决定的,则可按灵敏性条件选择动作电流,检查此动作电流是否满足(3)、(4)式,然后确定各线圈的计算和实用匝数,按(2)式算出 $\Delta f$ 再根据(1)式检查是否满足选择性要求;如不能满足,则应采用制动特性的 BCH-1 型差动继电器 | | | |

① 如果保护装置动作电流由励磁涌流决定,且灵敏度不够时,考虑避开励磁涌流的系数可取 1~1.2。

**变压器出口处故障时流入继电器的电流计算及灵敏系数比较** 表 3-61

| 编 号 | 故障类型和地点 | 流入继电器的电流 $I_p$ | | 两相短路与三相短路灵敏系数之比 |
| --- | --- | --- | --- | --- |
| | | 变压器 Y 侧 | 变压器 △ 侧 | |
| 1 | 变压器 Y 侧三相短路 | $\sqrt{3}\dfrac{I_k}{K_{i\triangle}}$ | $\dfrac{I_k}{K_{iY}}$ | — |
| 2 | 变压器△侧三相短路 | $\sqrt{3}\dfrac{I_k}{K_{i\triangle}}$ | $\dfrac{I_k}{K_{iY}}$ | — |
| 3 | 变压器 Y 侧两相短路 | $2\dfrac{I_k}{K_{i\triangle}}$ | $\dfrac{2I_k}{\sqrt{3}K_{iY}}$ | $\dfrac{K_m^{(2)}}{K_m^{(3)}}=1$ |
| 4 | 变压器△侧两相短路 | $\sqrt{3}\dfrac{I_k}{K_{i\triangle}}$ | $\dfrac{I_k}{K_{iY}}$ | $\dfrac{K_m^{(2)}}{K_m^{(3)}}=1=\dfrac{\sqrt{3}}{2}$ |
| 5 | 变压器 Y 侧单相接地 | $\dfrac{I_k}{K_{i\triangle}}$ | $\dfrac{I_k}{\sqrt{3}K_{iY}}$ | |

注：1. 变压器可为 Y/△、△/△ 和 Y/Y 接线，可为三线圈也可为双线圈；
   2. 变压器 Y 接线侧电流互感器为△接线；变压器△接线侧电流互感器为 Y 接线；
   3. 按表 3-61（5）式计算灵敏系数时，$I_k$ 为流过相应侧的短路电流，且为归算至该侧的有名值；按（6）式计算灵敏系数时，$I_k$ 为归算至基本侧的总短路电流有名值；
   4. $K_{i\triangle}$、$K_{iY}$ 为相应侧电流互感器的变比，其电流互感器分别为△和 Y 接线；
   5. 计算两相和三相短路保护装置灵敏系数比值的条件为系统负序阻抗等于正序阻抗；
   6. 本表适用于继电器三相式接线。如继电器为两相式接线，则表中第 3 栏变压器 Y 侧两相短路时的电流和灵敏系数比值应除以 2。

**变压器复合电压启动的过流保护整定计算** 表 3-62

| 计算项目 | 计算条件 | 计算公式 | 系数及文字代号 |
| --- | --- | --- | --- |
| 保护装置动作电流<br>1. 动作电流<br>2. 负序电压继电器动作电压<br>3. 相间低压继电器动作电压 | 按变压器额定电流躲过正常运行时的不平衡电压<br>躲过自启动条件 | $I_{dz\cdot j}=K_k\dfrac{I_{eb}}{K_hK_i}$<br><br>$U_{dzj1}=0.06\dfrac{U_e}{K_u}$<br><br>$U_{dzj2}=\dfrac{(0.5\sim0.6)U_e}{K_u}$ | $I_{eb}$——变压器额定电流（A）<br>$K_k$——可靠系数，取 1.2<br>$K_h$——返回系数，取 0.85<br>$K_i$——电流互感器变比<br>$U_e$——相间额定电压（V）<br>$K_u$——电压互感器变比 |
| 保护装置灵敏系数<br><br>1. 电流元件<br>2. 负序电压元件<br>3. 相间电压元件 | | $K_m=\dfrac{I_{dzx}}{I_{dz1}}$<br><br>$K_m=\dfrac{0.06U_{dzx1}}{U_{dzx1}K_w}$<br><br>$K_m=\dfrac{(0.5\sim0.6)U_{dzx2}}{U_{dzx2}K_w}$ | $I_{dzx}$——后备保护范围末端金属性不对称短路时，通过保护的最小一次短路电流（A）<br>$I_{dz1}$——保护装置一次动作电流（A）<br>$U_{dzx1}$——后备保护范围末端金属性不对称短路时保护安装处最小负序电压（V）<br>$U_{dzx2}$——后备保护范围末端金属性不对称短路时保护安装处最大相间电压（V） |

3）变压器的过负荷保护：过负荷保护动作于信号，计算公式同 6～10/0.4kV 变压器，见表 3-60。

4）变压器的温度监测：温度继电器装设同 6～10/0.4kV 变压器，温度越限动作于信号。

5）35（60）/10kV 变压器保护接线的几点说明：

① 图 3-18 的变压器保护接线由纵联差动保护、带时限过电流保护、过负荷保护、瓦斯保护和温度信号所组成。

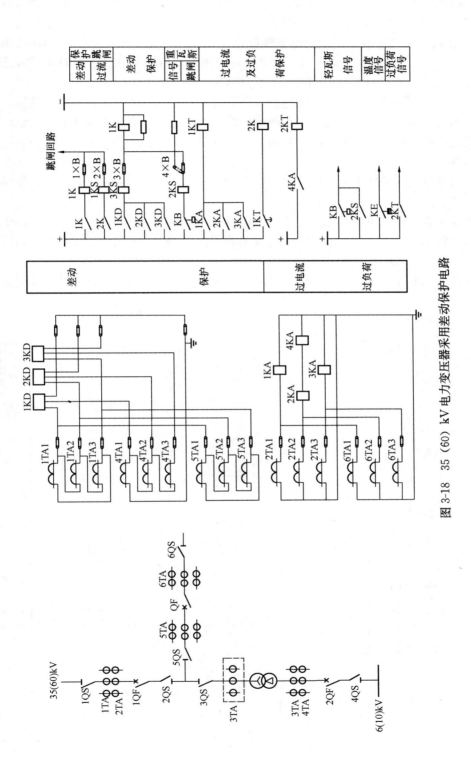

图 3-18 35 (60) kV 电力变压器采用差动保护电路

差动保护由三只 BCH-2 型差动继电器构成三相三继电器式差动保护。由 35kV 侧电流互感器 1TA、5TA 和变压器二次侧电流互感器 4TA 分别接成三角形与星形,因变压器为 Y/△接线,这样才能保证差动继电器在非故障状态下没有电流通过,当差动继电器 1~3KD 任一个(或 2、3 个)动作时,其常开接点闭合、启动中间继电器 1K,继电器 1K 的三组常开接点分别接通断路器 1QF、2QF 和 QF 的跳闸线圈,并使其跳闸。

继电器 1K 称为主保护出口继电器。它具有两种线圈,图中示出其电压线圈,另三个电流线圈与它本身的常开接点串接在跳闸回路中;当电压线圈通电动作后,其电流线圈将通过跳闸电流,这时不管电压线圈是否通电,继电器 1K 均能保持在吸合状态,这就保证了可靠跳闸。

时限过电流保护由电流继电器(DL 型)1~3KA、时间继电器 1KT 和后备保护出口继电器 2K 组成。

当变压器出现过电流故障时,电流继电器 1~3KA(一个、两个或三个)动作;启动时间继电器 1KT,经延时后其常开接点接通出口继电器 2K 的三组常开接点分别接通断路器 1QF、2QF 和 QF 的跳闸线圈。

重瓦斯保护作为变压器的主保护作用于跳闸时,其常开接点通过连接片接至主保护出

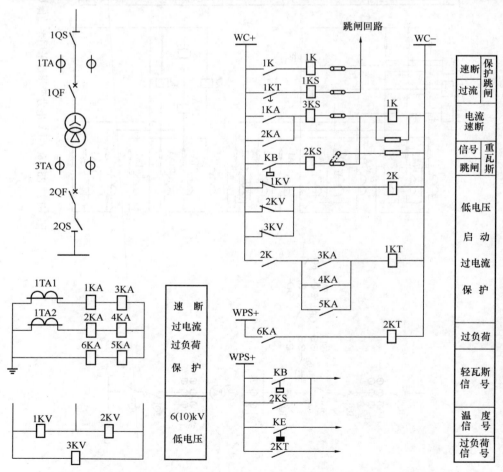

图 3-19 35 (60) kV 电力变压器采用低电压启动过电流保护电路

口继电器 1K，如重瓦斯作用于信号时，则将连接片经电阻接至控制电源负极，由信号继电器送出瓦斯动作信号。

轻瓦斯动作与温度越限是由瓦斯继电器和温度继电器内常开接点接通外部信号回路。过负荷保护由电流继电器 4KA 和时间继电器 2KT 组成，变压器过负荷时继电器 4KA 动作；启动时间继电器 2KT；经延时后继电器 2KT 常开接点接通信号回路。

②图 3-19 系由电流速断、低电压启动的过电流保护组成的变压器保护方案。关于瓦斯保护、过负荷保护、温度信号同图 3-18，现仅对电流速断保护、低电压启动的过电流保护作简要说明。

电流速断保护由电流继电器 1～2KA 与出口继电器 1K 组成，当变压器发生故障时，电流继电器 1～2KA 动作；启动出口继电器 1K，由继电器 1K 的常开接点分别接通断路器 1QF、2QF 的跳闸线圈。

低电压启动的过电流保护由电压继电器 1～3KV、电流继电器 3～5KA、中间继电器 2K 和时间继电器 1KT 组成。

当变压器发生故障时，由于变压器二次母线电压下降，电压继电器 1～3KV 动作（由于故障类型不同，可能动作一个、两个或三个）；由其常闭接点启动中间继电器 2K；2K 的常开接点闭合。使电流继电器 3～5KA 的接点也同时闭合（由于故障类型不同可能动作一个、两个或三个）。由继电器 2K 和 3～5KA 的常开接点启动时间继电器 1KT；经延时后 1KT 接点接通断路器 1QF 和 2QF 的跳闸线圈。

时间继电器 1KT 起到了后备保护出口继电器的作用。

③图 3-20 是变压器采用复合电压启动的过电流保护接线；这种保护的特点是对不对称故障有较高的灵敏度。

当变压器发生过电流故障，且二次母线电压降低时，电压继电器 KV 释放，其动作过程已如上述。最后使断路器 1QF 与 2QF 跳闸。

当出现不对称故障时，负序电压继电器 FKV 动作，其常闭接点断开，使电压继电器 KV 释放，如前所述，最后，使断路器 1QF 和 2QF 跳闸。

### 3.3.2.4 计算示例

【例1】 6/0.4kV，1250kVA 变压器保护计算。

已知：变压器一次侧三相短路电流：$I_{kmin}=6.4kA$；（最小运行方式）

变压器二次侧三相短路归算至一次侧电流：$I_{k(0.4)max}=1.82kA$（最大运行方式），$I_{k(0.4)min}=1.25kA$（最小运行方式）；干线末端单相短路电流：$I_{k1d0.4}=3kA$；干线末端单相短路归算至一次侧电流：$I_{k1(0.4)}=190A$。

【解】 （1）保护装置的初步选择：

1) 采用两个 DL 型继电器作电流速断保护；两个 DL 型电流继电器和一个时间继电器作时限过电流保护；电流互感器变比为 150/5＝30。

2) 用过电流保护兼作单相接地保护。

（2）保护整定计算：

1) 电流速断保护：

$$I_{dzj} = K_k K_{jx} \frac{I_{k(0.4)max}}{K_i} = 1.3 \times \frac{1820}{30} = 78.87A$$

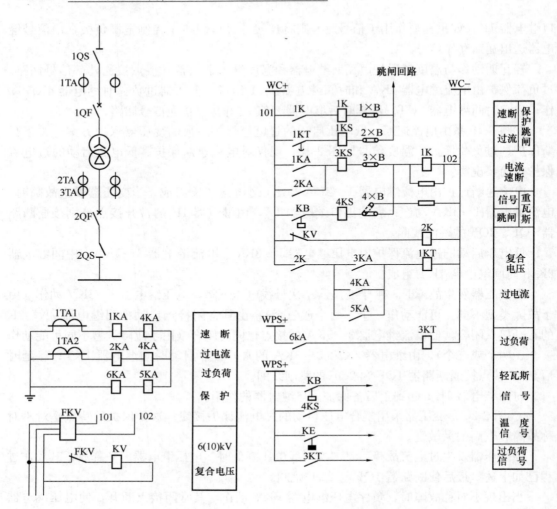

图 3-20  35(60)kV 电力变压器采用复合电压启动过电流保护原理接线

取整定值 79A。

灵敏系数    $K_m^{(2)} = K_{m\cdot xd} \dfrac{I_{kmin}}{I_{dzl}} = 0.87 \times \dfrac{6400}{30 \times 79} = 2.349 > 2$

2）时限过电流保护：

$$I_{dzj} = K_{jx} K_k \frac{K_{gh} I_{eh}}{K_f K_i} = \frac{4 \times 120.3}{0.85 \times 30} = 18.87A$$

$$\left( I_{cb} = \frac{1250}{\sqrt{3} \times 6} = 120.3A \right)$$

取整定值 19A。

灵敏系数    $K_m^{(2)} = K_{m\cdot xd} \dfrac{I_{k(0.4)min}}{I_{dzl}} = 0.87 \times \dfrac{1250}{30 \times 19} = 1.91 > 1.5$

动作时限取 0.5s。

3）单相接地保护（利用高压两相式过电流兼作）：

① 保护装置一次动作电流：

$$I_{dz1} = I_{dzj}K_i = 19 \times 30 = 570A$$

② 灵敏系数：$K_m^{(1)} = 0.33\dfrac{I_{k1(0.4)}}{I_{dz1}} = 0.33 \times \dfrac{190}{570} = 0.11 < 1.5$

根据以上计算，采用过电流保护兼作单相接地保护灵敏度满足不了要求。现改在变压器中性线上装设专用零序电流互感器（变比 120）及 GL 型继电器作单相接地保护：

$$I_{dzj} = K_k\frac{0.25I_{eb}}{K_i} = 1.2 \times \frac{0.25 \times 1899}{120} = 4.75A$$

$$\left(I_{eb} = \frac{1250}{\sqrt{3} \times 0.38} = 1899A\right)$$

取整定值 5A。

灵敏系数　　　　　$K_m = \dfrac{I_{k1d0.4}}{I_{dz1}} = \dfrac{3000}{5 \times 120} = 5 > 1.5$

动作时限取 0.7s。

本例二次接线见图 3-15。图中继电器 1KA、2KA 选用 DL-11/25-100 型，整定在 79A 时动作。继电器 3KA、4KA 选用 DL-11/12.5-50 型，整定在 19A 时动作。时间继电器 KT 选用 DS-11C 型，整定在 0.5s 时动作。继电器 JDJ 选用 GL-11/5 型，整定在 0.7s （10 倍动作电流时间）动作。

【例 2】　计算 35/6kV，Y/△接线，$U_d = 0.08$，容量为 10000kVA 变压器的差动保护。

已知：35kV 侧三相短路电流：

最大运行方式时　　$I_{kd35max} = 2340A$；

最小运行方式时　　$I_{kd35min} = 1248A$。

6 千伏侧三相短路电流：

最大运行方式时　　$I_{kd6max} = 6248A$；

最小运行方式时　　$I_{kd6min} = 4470A$。

归算至 35kV 侧时：

最大运行方式时　　$I_{k(6)max} = 1064A$；

最小运行方式时　　$I_{k(6)min} = 761A$。

6kV 侧最大负荷电流为 800A，归算至 35kV 侧为 137A。

【解】　（1）计算变压器各侧额定电流；选出电流互感器，并算出电流互感器二次侧电流，将计算结果列于表 3-63。

变压器各侧额定数据　　　　　　　　　　　　　　　　表 3-63

| 编　号 | 数值名称 | 各　侧　数　据 | |
| --- | --- | --- | --- |
| | | 35kV | 6kV |
| 1 | 变压器一次额定电流 | $\dfrac{10000}{\sqrt{3} \times 35} = 165A$ | $\dfrac{10000}{\sqrt{3} \times 6} = 962A$ |
| 2 | 电流互感器接线方式 | △ | Y |
| 3 | 电流互感器一次电流计算值 | $\sqrt{3} \times 165 = 286$ | 962 |
| 4 | 电流互感器变比 | $\dfrac{400}{5} = 80$ | $\dfrac{1200}{5} = 240$ |
| 5 | 二次回路额定电流 | $\dfrac{\sqrt{3} \times 165}{80} = 3.57$ | $\dfrac{962}{240} = 4.01$ |

计算结果：6kV 侧二次额定电流大于 35kV 侧二次额定电流。因此应以 6kV 侧为基本侧进行计算。

（2）计算 6kV 侧一次动作电流：

1）按躲开最大不平衡条件：

$$I_{dz1} = K_k(K_{ts}\Delta f + \Delta U + \Delta f')I_{kd6max} = 1.3(1 \times 0.1 + 0.05 + 0.05) \times 6248 = 1624A$$

2）按躲开励磁涌流条件：

$$I_{dz1} = 1.3 I_{ed} = 1.3 \frac{10000}{\sqrt{3} \times 6} = 1251A$$

3）按躲开电流互感器二次侧断线条件：

$$I_{dz1} = 1.3 I_{hmax} = 1.3 \times 800 = 1040A$$

因此应按躲开最大不平衡电流条件来计算差动保护。

（3）确定差动继电器线圈接法及匝数：

平衡线圈Ⅰ和Ⅱ分别接于 6kV 及 35kV 侧。

基本侧（6kV 侧）动作电流：

$$I_{\text{Ⅰ}dzj} = \frac{K_{jx}I_{dz1}}{K_{i\text{Ⅰ}}} = \frac{1 \times 1624}{240} = 6.77A$$

6kV 侧动作匝数：

$$W_{1jz} = \frac{AW_0}{I_{\text{Ⅰ}dzj}} = \frac{60}{6.77} = 8.86 \text{ 匝}$$

选择实用工作匝数 $W_{\text{Ⅰ}sy} = 9$ 匝，其中差动线圈实用匝数 $W_{csy} = 8$ 匝，平衡线圈Ⅰ的实用匝数 $W_{1ph \cdot sy} = 1$ 匝，在实用匝数时 6kV 侧继电器动作电流

$$I_{\text{Ⅰ}dzj} = \frac{AW_0}{W_{\text{Ⅰ}sy}} = \frac{60}{9} = 6.67A$$

（4）确定 35kV 侧平衡线圈匝数：

$$W_{\text{Ⅱ}ph \cdot jz} = W_{\text{Ⅰ}sy}\frac{I_{\text{Ⅰ}e}}{I_{ze}} - W_{csy} = 9 \times \frac{4.01}{3.57} - 8 = 2.1 \text{ 匝}$$

确定平衡线圈Ⅱ的实用匝数 $W_{\text{Ⅱ}ph \cdot sy}$ 为 2 匝。

（5）计算由于实用匝数与计算匝数不等而产生的误差 $\Delta f$：

$$\Delta f' = \frac{W_{\text{Ⅱ}ph \cdot js} - W_{\text{Ⅱ}ph \cdot sy}}{W_{\text{Ⅱ}ph \cdot jz} + W_{csy}} = \frac{2.1 - 2}{2.1 + 8} = 0.01 < 0.05$$

因 $\Delta f' < 0.05$ 故不需核算动作电流。

（6）确定短路线圈抽头：因变压器容量不大，故选用 3-3 抽头。

（7）计算最小灵敏度：

按最小运行方式 6kV 侧归算至 35kV 侧两相短路电流计算：

$$I_{k2(6)min} = 0.87 I_{k(6)min} = 0.87 \times 761 = 662A$$

流入继电器电流：

$$I_{j35} = \frac{\sqrt{3}I_{k2(6)min}}{K_{i35}} = \frac{\sqrt{3} \times 662}{80} = 14.33A$$

35kV 侧动作电流：

$$I_{dz35} = \frac{AW_0}{W_{csy} + W_{\text{Ⅱ}ph \cdot sy}} = \frac{60}{8 + 2} = 6A$$

最小灵敏系数：

$$K_{\text{mmin}} = \frac{I_{j35}}{I_{dz35}} = \frac{14.33}{6} = 2.39 > 2$$

最小灵敏系数满足要求。

差动保护原理接线见图 3-18，由三个 BCH-2 型差动继电器和一个出口继电器 KL 构成保护接线。BCH-2 型差动继电器整定时，差动线圈 8 匝，平衡线圈 Ⅰ 匝，平衡线圈 Ⅱ 2 匝；短线圈抽头为 3-3。

### 3.3.3　6～10kV 电动机的保护

#### 3.3.3.1　保护装设原则

(1) 给水排水工程中很少用到 2000kW 以上的电动机，故本节不涉及大型电动机的差动保护计算。

(2) 异步电动机应装设相间短路保护，并根据具体情况装设单相接地保护、低电压保护及过负荷保护。

(3) 同步电动机应装设相间短路保护、失步保护，并根据具体情况装设单相接地保护、低电压保护及过负荷保护。

(4) 相间短路保护应无时限动作于跳闸。对于同步电动机并应自动灭磁。

(5) 单相接地保护当接地电流大于 10A 时动作于跳闸；当接地电流为 5～10A 时，保护装置宜动作于信号。

(6) 低电压保护应带时限动作于跳闸。

(7) 过负荷保护应带时限动作于跳闸，其时限应避开电动机正常启动时间。

(8) 失步保护应带时限动作于跳闸，再同步控制回路（需要再同步时）或自动减负荷。

#### 3.3.3.2　保护的构成

根据保护装设原则 6～10kV 电动机的继电保护见表 3-64。

6～10kV 电动机的继电保护　　　　　　表 3-64

| 电动机类别 <2000kW | 名　称 | | | | |
|---|---|---|---|---|---|
| | 电流速断保护 | 过负荷保护 | 单相接地保护 | 低电压保护 | 失步保护 |
| 异步电动机 | 装　设 | 生产过程中易产生过负荷或启动、自启动条件严重时装设 | 单相接地电流>10A 动作于跳闸；5～10A 宜动作于信号；<5A 不装设 | 无自启动时装设 | |
| 同步电动机 | | | | | 装设 |

#### 3.3.3.3　整定计算

(1) 异步电动机：异步电动机常由下列保护组成（见图 3-21）。

1) 速断与过电流保护：异步电动机保护目前一般均采用具有反时限特性的 GL 型继电器兼作电动机电流速断与带时限的过电流保护。而且大多数采用两相两继电器接线方式。整定计算公式见表 3-65、表 3-66。

2) 接地保护：异步电动机的单相接地保护是采用零序电流互感器，配用 DL11-0.2

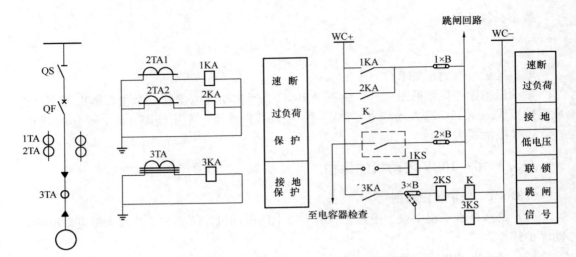

图 3-21 异步电动机保护电路

型电流继电器或 DD-11/60 型接地继电器构成。整定计算公式见表 3-67。

3）低电压保护：异步电动机低电压保护是利用本段母线电压互感器柜内的低电压继电器、时间继电器和出口继电器组成。其出口继电器常开接点使本段母线所有电动机跳闸。整定计算公式见表 3-68。

电动机速断保护整定计算

表 3-65

| 计算项目 | 计算条件 | 计算公式 | 系数及文字符号 |
|---|---|---|---|
| 保护装置动作电流 | 异步电动机应避开启动电流 | $I_{dzj} = K_k K_{jx} \dfrac{I_q}{K_i}$ | $K_k$——可靠系数：GL 型继电器取 1.8~2.6，DL 型继电器取 1.5~1.6 $K_{jx}$——接线系数：接于相电流时 1.0，接于相电流差时 1.73 $K_i$——电流互感器变比 $I_q$——电动机启动电流（A） $I_{kmax}$——外部短路时，电动机输出的电流（A） $I''_{kmax} = \left( \dfrac{1.05}{X''} + 0.95\sin\varphi_e \right) I_e$ $X''$——电动机次暂态电抗，标幺值 $\varphi_e$——电动机在额定负荷时的相位角 $I_e$——电动机额定电流（A） |
| | 同步电动机应避开：（1）启动电流（2）外部短路时输出的电流 | （1）避开启动电流同异步电动机（2）避开外部短路时输出的电流 $I_{dzj} = K_k K_{jx} \dfrac{I_{kmax}}{K_i}$ | |
| 保护装置灵敏系数 | 按系统最小运行方式时电动机端子上的二相次暂态短路电流 | $K_m^{(2)} = K_{m \cdot xd} \dfrac{I_{k2min}}{I_{dz1}} \geqslant 2$ | $K_{m \cdot xd}$——相对灵敏系数 $I_{dz1}$——保护装置一次动作电流（A） $I_{k2min}$——系统最小运行方式时电机端子上两相次暂态短路电流（A） |

**电动机过负荷保护整定计算** 表 3-66

| 计算项目 | 计算条件 | 计算公式 | 系数及文字符号 |
|---|---|---|---|
| 保护装置动作电流 | 避开电动机额定电流 | $I_{dzj}=K_{jx}K_k\dfrac{I_{ed}}{K_fK_i}$ | $K_k$——可靠系数：动作于信号为 $1.05\sim1.1$，动作于跳闸为 $1.2\sim1.25$<br>$K_{jx}$——接线系数：接于相电流为 1.0，接于相电流差为 1.73<br>$K_f$——继电器返回系数，取 0.85<br>$K_i$——电流互感器变比<br>$I_{ed}$——电动机额定电流（A） |
| 保护装置动作时间 | （1）避开启动时间 | $t_{dz}>t_{gt}$ | $t_{gt}$——电动机实际启动时间（s） |
|  | （2）避开自启动时间 | 一般电动机：<br>$t_{dz}=(1.1\sim1.2)t_{gt}$<br>风机型负荷电动机<br>$t_{dz}=(1.2\sim1.4)t_{gt}$ |  |

注：在实际应用中，保护装置动作时间 $t_{dz}$ 可按两倍动作电流及两倍动作电流时的允许过负荷时间 $t_{gh}$，在 GL 型继电器特性曲线上查出 10 倍动作电流的动作时间。$t_{gh}$ 可按下式计算：

$$t_{gh}=\frac{150}{\left(\dfrac{2I_{dzj}K_i}{K_{jx}I_{ed}}\right)^2-1}$$

保护装置的动作时间，应在实际启动时校验能否启动起来。

**电动机单相接地保护整定计算** 表 3-67

| 计算项目 | 计算条件 | 计算公式 | 系数及文字符号 |
|---|---|---|---|
| 保护装置动作电流 | （1）按灵敏系数条件 | $I_{dz}=\dfrac{I_c-I_{c1}}{K_m}$ | $I_c$——单相接地时，接地点的自然电容电流（A）<br>$I_{c1}$——电动机电容电流、可忽略不计<br>$K_m$——灵敏系数，取 1.25 |
|  | （2）大型同步电动机按避开本身的电容电流 | $I_{dz}=K_kI_{cd}$ | $K_k$——可靠系数，取 $4\sim5$（注）<br>$I_{cd}$——电动机本身的电容电流（A） |
| 保护装置灵敏系数 | 当保护装置动作电流按避开本身的电容电流整定时，应按本回路发生单相接地故障时的电容电流校验 | $K_m=\dfrac{I_c-I_{cd}}{I_{dz}}$ |  |

注：当保护装置动作电流按避开本身的电容电流整定，且带时限动作时，可靠系数 $K_k$ 可取 $1.5\sim2$。

**电动机低压保护整定计算** 表 3-68

| 计算项目 | 计算条件 | 计算公式 | 系数及文字符号 |
|---|---|---|---|
| 保护装置动作电压 | 不需要或不允许自启动的电动机，按电动机的过载能力 | （1）异步电动机：<br>$U_{dzj}=\dfrac{U_{ed}}{\sqrt{m}K_u}$<br>$\leqslant(0.6\sim0.7)\dfrac{U_{ext}}{K_u}$<br>（2）同步电动机：<br>$U_{dzj}=\dfrac{U_{ed}}{\sqrt{m}K_u}$<br>$\leqslant(0.5\sim0.6)\dfrac{U_{ext}}{K_u}$ | $U_{ed}$——电动机额定电压<br>$U_{ext}$——网络额定电压<br>$K_u$——电压互感器变比<br>$m$——电动机最大力矩倍数，<br>$m=0.9\dfrac{M_{max}}{M_e}$<br>$M_{max}$——电动机最大力矩<br>$M_e$——电动机额定力矩<br>0.9——电动机力矩的公差系数 |
|  | 需要自启动的电动机 | $U_{dej}=0.5\dfrac{U_{ext}}{K_u}$ |  |

| 计算项目 | 计算条件 | 计算公式 | 系数及文字符号 |
|---|---|---|---|
| 保护装置动作时限 | 不参加自启动的电动机——当上级变电所送出线装有电抗器时，一般比本变电所其他进出线短路保护大一时限阶段，当上级变电所送出线未装电抗器时，一般比上级变电所送出线短路保护大一时限阶段，一般为 0.5~1.5s | | |
| | 参加自启动的电动机——一般为 5~10s | | |

（2）同步电动机：同步电动机常由下列保护组成（见图 3-22）。

1）速断、过电流、接地、低电压保护：同步电动机的电流速断、带时限过电流、单相接地和低电压保护原则与异步电动机相同。整定计算公式见表 3-65～表 3-68。

2）失步保护：失步保护一般有两种方式：一种是利用定子过负荷保护兼作失步保护，适用于短路比（使同步机在空载时空载电势达到额定电压值的励磁电流与在短路时使短路电流达到额定电流时的励磁电流之比）在 0.8 以上负荷平稳的电动机，保护直接动作于跳闸；另一种是反应转子回路出现交流分量的保护，它除了不能反应转子断线而引起的断开性失磁失步外，其他不受限制。

反应转子回路出现交流分量的保护，又分为保护动作于跳闸和动作于灭磁再整步两种方案。

图 3-22 是反应转子出现交流分量作用于跳闸的失步保护方案。其动作过程是当同步电动机失步时，在转子回路内将产生交流电流；电流互感器 TA 取得交流分量动作于电流继电器 1KA（1KA 需采用功率消耗小的 DL-11 型电流继电器）。由于电动机凸极性的影响，其转子回路常伴有高次谐波，这样电流互感器输出将为正负尖顶脉冲。为了得到足够的动作时间，设置了 1K、1KT 和 2K 组成信号展宽电路。

同步电动机失步时继电器 1KA 首先动作，然后继电器 1K 经继电器 1KA 与 2KT 启动且自锁。由 1K 接通跳闸回路，达到了对尖顶脉冲展宽的目的。展宽时间由时间继电器 1KT 控制。

继电器 1K 接通跳闸回路的同时，另一组常开接点启动时间继电器 1KT。经延时后 1KT 动作启动继电器 2K，继电器 2K 常闭接点解除展宽继电器 1K。

继电器 3KT、4KT 为记忆闭锁和闭锁解除环节。其作用是当同步电动机产生同步振荡时避免失步保护误动作，当继电器 3KT 在同步电动机发生同步振荡时，收到第一个信号即动作并自保持，达到记忆时间（一般取 1～2s）后，继电器 3KT 采用常开延时闭合接点串接于跳闸回路内。

一般情况下同步振荡时间均小于 1～2s。故对同步振荡起到了闭锁作用。若超过 1～2s 后仍然有信号，说明电动机已失步，则应动作于跳闸。

时间继电器 2KT 是启动闭锁继电器。在启动过程中（电动机未牵入同步之前）其延时接点并不闭合。这时继电器 1KA 虽动作，但失步展宽继电器 1K 并不动作，故对失步保护环节起到闭锁作用。时间继电器 2KT 整定值需大于电动机的启动时间。

### 3.3.3.4　电动机的其他保护

随着建设规模逐渐增大，机组配用的电动机容量也在逐渐增大，电动机的附属设备也随之增多。例如，大型轴流泵就有润滑系统、冷却水系统、励磁装置及其冷却风机等。在电动机正常运行时，这些辅机均应正常工作；一旦辅机出现故障，将直接影响电动机的正

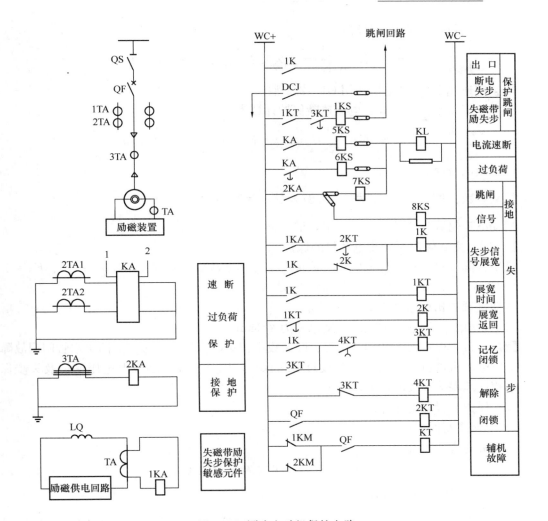

图 3-22　同步电动机保护电路

常运行，甚至损坏电动机。

对于上述辅机故障而引起电动机故障的保护原则，一般是采用辅机启动器的辅助接点启动主机延时跳闸。

关于这些保护，需根据工艺的具体要求设计保护线路。在不同情况下因电动机有不同的辅机，很难提出一个普遍适用的保护方案。

### 3.3.3.5　计算示例

【**例 1**】　计算清水离心水泵电动机的保护。电动机型号为

Y5002-6 型，780kW，$U_e = 6000V$，$I_{ed} = 88A$，$K_q = 5.7$

已知：网络参数　$S_{kmax} = S_{kmin} = 30MVA$

$$I_{k2min} = 2.75kA$$

【**解**】　（1）保护装置的初步选择：离心水泵过负荷的可能性较小，但此电动机的容量较大，应选用 GL 型继电器作速断保护与过负荷保护。如电动机装于经常有人值班的泵房，可不装设低电压保护。

（2）电动机过负荷保护计算：

$$I_{dzj} = K_{jx}K_k \frac{I_{ed}}{K_f K_i} = 1 \times 1.2 \times \frac{88}{0.85 \times 30} = 4.14A$$

取整定值 4.5A。继电器选用 GL-12/5 型。

（3）电流速断保护计算：电流速断保护计算为

$$I_{dzj} = K_{jx}K_k \frac{K_q I_{ed}}{K_i} = 1 \times 1.6 \times \frac{5.7 \times 88}{30} = 26.75A$$

取整定电流值 30A。

灵敏系数：$K_m^{(2)} = K_{m \cdot xd} \frac{I_{k2min}}{I_{dz1}} = 0.87 \times \frac{2750}{900} = 2.66 > 2$

瞬动电流倍数为 30/4.5＝6.7 倍，取 7 倍。

**【例 2】** 立式轴流泵同步电动机的保护。

已知：同步电动机 TD-630 型，630kW、$U_e$＝6kV、$I_e$＝72A、$\cos\varphi_e$＝0.9、$K_q$＝6、$X''$＝0.1885、$M_{max}/M_e$＝1.9。

电动机端二相短路电流 $I_{k2min}$＝3598A。

与电动机有直接联系的电缆长度总和为 2.1km。

**【解】** （1）保护装置的初步选择：除装设电流速断保护外，考虑到因出水管闸门故障可能造成电动机过负荷，因此需装设过负荷保护。同步机还应装设低电压保护及失步保护；单相接地保护应按电容电流决定。

（2）保护装置整定计算：

1）电流速断保护：

电动机的启动电流为

$$I_q = K_q I_e = 6 \times 72 = 432A$$

外部短路时电动机的输出电流为

$$I''_{kmax} = \left(\frac{1.05}{X''} + 0.95\sin\varphi_e\right)I_e = \left(\frac{1.05}{0.1885} + 0.95\sin\cos^{-1}0.9\right) \times 72 = 431A < 432A$$

保护装置动作电流为

$$I_{dzj} = K_k K_j \frac{I_q}{K_i} = 1.8 \times 1 \times \frac{432}{20} = 38.88A$$

取整定值 40A。

保护装置一次动作电流为

$$I_{dz1} = I_{dzj}K_i = 40 \times 20 = 800A$$

灵敏系数：

$$K_m^{(2)} = K_{m \cdot xd} \frac{I_{k2min}}{I_{dz1}} = 0.87 \times \frac{3598}{800} = 3.913$$

2）过负荷保护：动作电流为

$$I_{dzj} = K_{jx}K_k \frac{I_{ed}}{K_f K_i} = 1 \times 1.2 \times \frac{72}{0.85 \times 20} = 5.08A$$

取整定值 5A。

保护装置两倍动作电流的动作时间为

$$t_{gh} = \frac{150}{\left(\dfrac{2I_{dzj} \times K_i}{K_{jx} \times I_c}\right)^2 - 1} = \frac{150}{\left(\dfrac{2 \times 5 \times 20}{1 \times 72}\right)^2 - 1} = 22.3s$$

根据计算选用两个 GL-12/10 型继电器，兼作电流速断与过负荷保护。过负荷保护动作电流整定为 5A；两倍动作电流时动作时间整定为 22.3s；瞬动元件整定倍数为 40/5＝8 倍。

（3）电动机单相接地保护：

先计算单相接地电流（电容电流），确定是否应装设单相接地保护。

电网自然接地电流为

$$I_c = 0.1UL = 0.1 \times 6 \times 2.1 = 1.26A < 5A$$

电动机本身电容电流为

$$I_c = \frac{U_{ed}K\omega S_{ed}^{3/4} \times 10^{-3}}{\sqrt{3}(U_{ed} + 3600)n^{1/3}}$$

式中　$U_{ed}$——电动机额定电压（kV）；

　　　$S_{ed}$——电动机额定容量（kVA）；

　　　$\omega$——角速度，对 $f=50Hz$ 时，$\omega=314$；

　　　$K$——系数，取 $K=40$；

　　　$n$——转速（r/min）。

$$I_c = \frac{6 \times 314 \times 40 \times \left(\dfrac{630}{0.9}\right)^{3/4} \times 10^{-3}}{\sqrt{3} \times (6 + 3600) \times 375^{1/3}} = 0.228A$$

计算出两种单相接地电流均小于 5A，故不需装设单相接地保护。

（4）电动机的低电压保护：电动机的低电压保护动作电压为

$$U_{dzj} = \frac{U_e}{\sqrt{m}K_u} = \frac{6000}{1.31 \times 60} = 76.3V$$

其中，$m=0.9M_{max}/M_e=0.9 \times 1.9=1.71$

取整定值 70V。

（5）电动机的失步保护：电动机的失步保护动作电流为

$$K_{dzj} = \frac{K_{jx}I_c}{K_i} = 1.5 \times \frac{1 \times 72}{20} = 5.4A$$

取整定值 6A。要求此值小于电动机失步时的定子电流 $I_{sbd}$。

$I_{sbd}$ 按以下方法计算：

电动机失步时定子电流倍数为

$$K_a = K_1 + K_2$$

式中　$K_1$——2 倍转差频率电流与额定电流之比；

　　　$K_2$——转差频率电流与额定电流之比。其值可认为 $K_2=K_d$（$K_d$ 为电动机短路比，

本机 $K_d = 1.298$)。

$$K_1 = U\sqrt{K_h^2\cos^2\varphi_e + \left[\frac{K_d}{0.75} + \frac{K_h^2\cos^2\varphi_e(K_q - K_d)}{(K_q - K_d)^2 - K_h^2\cos^2\varphi_e}\right]^2}$$

式中　$U$——失步时电动机端电压，为相对值；

$K_h$——电动机负荷系数（本例中据工艺给出 $K_h = 0.92$）；

$\cos\varphi_e$——电动机额定功率因数；

$K_q$——电动机启动电流倍数。

$$K_1 = 1 \times \sqrt{0.92^2 \times 0.9^2 + \left(\frac{1.298}{0.75} + \frac{0.92^2 \times 0.9^2 \times (6 - 1.298)}{(6 - 1.298)^2 - 0.92^2 \times 0.9^2}\right)^2} = 2.05$$

$$K_a = K_1 + K_2 = 1.298 + 2.05 = 3.348$$

$$I_{ybd} = \frac{K_a I_c}{K_i} = \frac{3.348 \times 72}{20} = 12.05\text{A} > 6\text{A}$$

即大于失步保护整定电流 6A，因此可以采用一只 GL-12/10 型继电器接于相电流上做电动机失步保护，其整定电流动作时间仍与过负荷保护相同。

在国家标准图中，虽然没有推荐这种失步保护方案，但它具有接线简单，采用通用件等优点，故实际应用中采用该方案的较多。

本例原理接线见图 3-23。

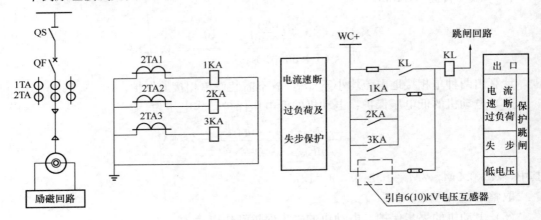

图 3-23　电路图（采用 GL 型继电器）

### 3.3.4　6～10kV 电力电容器的保护

#### 3.3.4.1　保护装设原则

6～10kV 电力电容器应装设下列保护：

（1）电容器组和断路器之间连接线上的短路保护。

（2）电容器内部故障及引出线上的短路保护。

（3）电容器组回路内的单相接地保护。

（4）电容器的过电压保护。

（5）电容器组中某一故障电容器切除后所引起的过电压。

（6）所连接的母线失压。

（7）中性点不接地的电容器组，各相对中性点的单相短路保护。

（8）当电网有可能出现高次谐波时，电容器宜装设过负荷保护，带时限动作于信号或跳闸。

### 3.3.4.2　保护的构成

电容器组与断路器之间的短路保护，当电容器容量在 400kvar 及以下时可采用熔断器保护。当容量超过 400kvar 时，可装设带有短时限的电流速断和过电流保护，并应动作于跳闸。

对电容器内部故障及引出线上的短路保护，首先应采用熔断器保护。当电容器数量不多时可在每台电容器上装设熔断器；当电容器数量较多时，可将电容器分成若干组，在每组上装设熔断器对其进行保护。只有在电容器容量大、对保护要求严格时，电容器组才采用横联差动保护方案。

对 Y 型接线电容器组的横联差动保护装在两组电容器与中性点连接线上；对 △ 型接线电容器的差动保护则装于每一相中并联的电容器分支上。

差动保护采用 DL 型继电器，作用于跳闸。

电容器的单相接地保护：当单相接地电流大于 10A 时，应动作于跳闸。对于安装在绝缘支架上的电容器组可不装设单相接地保护。

电容器在运行中，内部产生的热量与其电压平方成正比，长期超过允许电压运行时将使电容器内部损坏。因此电容器运行电压有可能超过额定电压 1.1 倍时，应装设过电压保护。保护装置为带时限动作于跳闸或信号。

电容器组应装设失压保护，当母线失压时，应带时限跳开所有接于母线上的电容器。

电容器从电网切除后，为了安全起见应及时进行放电。

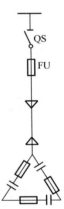

图 3-24　电容器采用熔断器保护电路

### 3.3.4.3　整定计算

（1）电容器采用熔断器保护的原理接线，见图 3-24，电容器组常接成三角形，每组电容器各装熔断器保护电容器内部故障及引出线上的短路。用装在主回路内的熔断器作为由熔断器至电容器连接线的短路保护，同时也作为电容器内部故障及引出线上短路保护的后备保护，其整定计算公式见表 3-69。

6～10kV 电容器熔丝保护整定计算　　表 3-69

| 计算项目 | 计算条件 | 计算公式 | 系数及文字符号 |
|---|---|---|---|
| 熔丝额定电流 | 避开电容器冲击电流 | $I_{er}=KI_{ce}$ | $I_{er}$——熔丝额定电流（A）<br>$K$——可靠系数，取 1.5～2<br>$I_{ce}$——电容器（或组）额定电流（A） |

（2）电容器采用电流速断和过电流保护的原理接线见图 3-25，电容器内部故障与引出线短路用熔断器保护。由断路器至电容器引出线间的相间短路采用 DL 型继电器组成两

相两继电器式短时限电流速断和过电流保护，动作于跳闸。其整定计算公式见表 3-70、表 3-71。

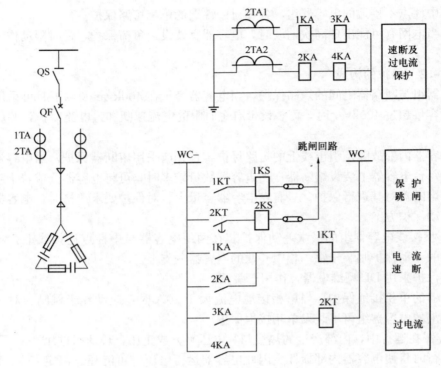

图 3-25　电容器采用无延时过电流速断和过电流保护电路

**6～10kV 电容器带有短延时的速断保护整定计算**　　　　　　　表 3-70

| 计算项目 | 计算条件 | 计算公式 | 系数及文字符号 |
|---|---|---|---|
| 保护装置动作电流 | 应按电容器组端部引线发生两相短路时，保护的灵敏系数对应负荷要求整定（取 ≥1.5） | $I_{dz} = K_{jx}\,I_{k2min}/K_m K_i$<br>保护装置的动作时限应大于电容器组合闸涌流时间，为 0.2s 及以上。 | 见（6～10kV 电容器过电流保护整定计算）说明 |

**6～10kV 电容器过电流保护整定计算**　　　　　　　表 3-71

| 计算项目 | 计算条件 | 计算公式 | 系数及文字符号 |
|---|---|---|---|
| 保护装置动作电流 | 按大于电容器组允许的长期最大过电流整定 | $I_{dzj} = K_k K_{jx} K_{gh} I_{ec}/K_f K_i$ | $K_k$——可靠系数，取 1.2<br>$K_{jx}$——接线系数，接于相电流时取 1，接于相电流差取 $\sqrt{3}$ |
| 保护装置灵敏系数 | 按最小运行方式下电容器组端部两相短路时，流过保护安装处的短路电流校验 | $K_m^{(2)} = I_{k2min}/\,I_{dz1} \geq 1.5$<br>保护装置的动作时限应较电容器组短延时速断保护的时限大一个时限阶段，一般大 0.5～0.7s | $K_m$——保护装置的灵敏系数，取 2<br>$K_{gh}$——过负荷系数，取 1.3<br>$K_i$——电流互感器变比<br>$K_f$——继电器返回系数，取 0.85<br>$I_{ec}$——电容器组的额定电流（A）<br>$I_{k2min}$——最小运行方式下，电容器组端部两相短路时，流过保护安装处的短路电流（A） |

（3）电容器采用差动保护的原理接线见图 3-26，是电容器保护内容齐全的方案，用于电容器容量大，对保护要求严格的场合。

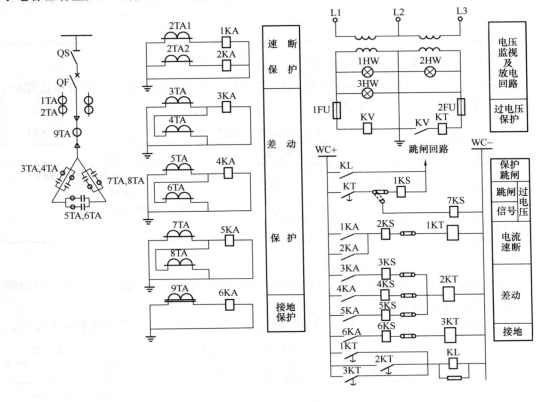

图 3-26　电容器采用差动保护电路

两个 DL 型继电器组成两相两继电器式电流保护，用作断路器至电容器之间导线的短路保护，并作为电容器内部故障及引出线短路的后备保护。

三个 DL 型继电器组成三角形连接电容器各分支的差动保护，用于保护电容器内部故障及引出线短路。其整定计算公式见表 3-72。

**6～10kV 电容器差动保护计算**　　表 3-72

| 计算项目 | 计算条件 | 计算公式 | 系数及文字符号 |
|---|---|---|---|
| 保护装置动作电流 | 1. 躲开不平衡电流；<br>2. 单台电容器内部 $50\%\sim75\%$ 串联元件击穿时满足灵敏系数 1.5 | $I_{dzj}\geqslant K_k I_{bp}$<br>$I_{dzj}\leqslant\dfrac{Q\beta_c}{U_{ec}\,(1-\beta_c)\,K_i K_m}$ | $K_k$——可靠系数，取 $2\sim2.5$<br>$I_{bp}$——最大不平衡电流（A），由实测决定<br>$Q$——单台电容器额定容量（kvar）<br>$\beta_c$——单台电容器元件击穿相对数，取 $0.5\sim0.75$<br>$U_{ec}$——电容器额定电压（kV）<br>$K_i$——电流互感器变比<br>$K_m$——灵敏系数，取 1.5 |

一个 DL-11/60 型继电器作单相接地保护。其整定计算公式见表 3-73。

**6～10kV 电容器单相接地保护整定计算**                                 表 3-73

| 计算项目 | 计算条件 | 计算公式 | 系数及文字符号 |
|---|---|---|---|
| 保护装置动作电流 | 按满足灵敏系数计算 | $I_{dzj}=\dfrac{I_c}{K_m^{(1)}}$ | $I_c$——单相接地电流 <br> $K_m^{(1)}$——灵敏系数，取 2 |

以上三种保护均无时限动作于跳闸。

由一个 DJ-111/200 型电压继电器和一个 JS-11 型时间继电器组成带时限过电压保护，延时动作于跳闸，其整定计算公式见表 3-74。

**6～10kV 电容器过电压保护整定计算**                                 表 3-74

| 计算项目 | 计算条件 | 计算公式 | 系数及文字符号 |
|---|---|---|---|
| 保护装置动作电压 | 按电容器最高允许电压 | $U_{dzj}=\dfrac{KU_{ce}}{K_u}$ | $K$——电容器允许过电压倍数，一般为 1.1 <br> $U_{ce}$——电容器额定电压 <br> $K_u$——电压互感器变比 |
| 动作时限 | 一般取 3～5min | | |

用白炽灯作电容器的放电回路。

在电压互感器二次侧接有熔断器 1FU 和 2FU，且接在白炽灯外侧，其目的是当熔断器熔断时不影响电容器放电。

（4）低电压保护：对母线失压装设带时限动作于信号或跳闸。其整定计算见表 3-75。

**6～10kV 电容器低电压保护整定计算**                                 表 3-75

| 计算项目 | 计算条件 | 计算公式 | 系数及文字符号 |
|---|---|---|---|
| 保护装置动作电压 | 按母线可能出现的低电压 | $U_{dzj}=K_{min}U_{e2}$ <br> $U_{dz}=K_{min}U_{e2}$ | $K_{min}$——母线可能出现的最低电压系数，一般取 0.5 <br> $U_{e2}$——电压互感器二次额定电压（V），其值为 100V |

### 3.3.5  6～10kV 母线保护

#### 3.3.5.1  保护装设原则

6～10kV 母线电源一般有两种情况：一种是由供电部门将 6～10kV 电源直接引至母线；另一种是由具体工程 35（60）kV 变电所降压引至 6～10kV 母线。

第一种情况如需要装设保护装置，其内容可根据当地供电部门的要求进行（一般装设电流速断或带时限过电流保护）。

第二种情况一般利用变压器一次侧带时限过电流保护作为 6～10kV 母线的保护。但当灵敏度满足不了要求时，则应在主变二次侧断路器上装设带时限电流闭锁，电压速断保护。

对于其他接线复杂的母线，给水排水工程中一般很少遇到。

#### 3.3.5.2  整定计算

图 3-27 是 6～10kV 母线带时限电流闭锁，电压速断保护原理接线，其整定计算公式见表 3-76。

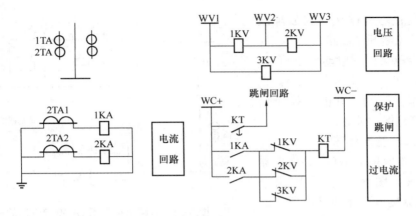

图 3-27 6～10kV 母线带时限电流闭锁，电压速断保护电路

**6～10kV 母线带时限电流闭锁、电压速断保护整定计算**　　　　　表 3-76

| 计算项目 | 计算条件 | 计算公式 | 系数及文字符号 |
|---|---|---|---|
| 保护装置动作电流 | 母线短路时能可靠动作 | $I_{dzj}=\dfrac{I_{k2min}}{K_m^{(2)}K_i}$ | $I_{k2min}$——系统最小运行方式时流经变压器二次侧断路器母线两相短路电流<br>$K_m^{(2)}$——二相短路灵敏系数，取 1.5<br>$K_i$——电流互感器变比 |
| 保护装置动作电压 | 应低于任一送出线电抗器后面短路时母线的剩余电压 | $U_{dzj}=\dfrac{U_{sh\cdot min}}{K_k K_u}$ | $K_k$——可靠系数，取 1.3<br>$K_u$——电压互感器变比<br>$U_{sh\cdot min}$——最小运行方式时送出线电抗器后面短路时，母线的剩余电压 |
| 保护装置动作时限 | 一般取 0.5s | | |

### 3.3.6　6～10kV 架空和电缆线路的保护

给水排水工程中的 6～10kV 线路主要有水厂内部的供电线路和向取水水源、加压泵站、深井泵房、污水提升泵房、鼓风机房、污水中途泵站等供电的架空或电缆配电线路。

#### 3.3.6.1　保护装设原则

6～10kV 架空和电缆线路，应装设三相短路保护、电流速断保护为主保护，带时限过电流保护为后备保护，并应根据具体情况装设单相接地保护。当带时限过电流保护的时限不大于 0.7s 时允许不装设电流速断保护。

在给水排水工程内常由于线路很短，线路始末端短路电流相差不大，无法装设电流速断保护，这样当下级变电所送出线上装有无时限保护，而且本线路的带时限过电流保护时限又大于 1.2s 时，应装设带时限电流速断保护做主保护，过电流保护作后备保护，以满足迅速切除故障的要求。

当过电流保护满足不了灵敏度要求时，可采用低电压启动的过电流保护。

单相接地保护在出线数目不多且负荷不十分重要时，利用母线电压互感器上的绝缘监视继电器发出信号，允许用依次断开线路的方法寻找故障线路。

当出线较多，且比较重要，并有装设零序电流互感器条件时，可采用 ZD-4 型小电流接地信号装置。这样在寻找故障线路时，可避免断开主回路。

单相接地保护一般动作于信号，但根据人身和设备安全的需要，也可装设动作于跳闸，并能切换于信号的单相接地保护装置。

### 3.3.6.2 整定计算

（1）线路保护采用 GL 型继电器的原理接线：图 3-28 为采用两个 GL 型继电器接成两相两继电器式的电流速断和反时限过电流保护。适用于上一级装有反时限特性的保护或引出线为树干式供电且各分支用熔断器保护的情况，其整定计算公式见表 3-77。

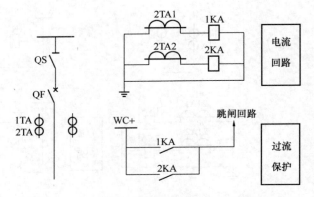

图 3-28　线路保护采用 GL 型继电器的电路

线路的电流速断保护整定计算 表 3-77

| 计算项目 | 计算条件 | 计算公式 | 系数及文字代号 |
|---|---|---|---|
| (1) 无时限电流速断保护 |
| 保护装置动作电流 | 应避开线路末端最大三相短路电流 | $I_{dzj}=K_k K_{jx}\dfrac{I_{kmax}}{K_i}$ | $K_k$——可靠系数：DL 型继电器取 1.2～1.3，GL 型继电器取 1.5～1.6<br>$K_{jx}$——接线系数，接于相电流时 $K_{jx}=1$<br>$K_i$——电流互感器变比<br>$I_{kmax}$——最大运行方式时，线路末端的三相短路电流（A） |
| 保护装置灵敏系数 | 按被保护线路始端短路时，流经保护安装处的最小两相短路电流校验 | $K_m^{(2)}=K_{m\cdot xd}\dfrac{I_{k2min}}{I_{dz1}}$<br>$\geqslant 1.25～1.5$ | $K_{m\cdot xd}$——相对灵敏系数，见表 3-51<br>$I_{dz1}$——保护装置一次动作电流（A），<br>　　　　$I_{dz1}=I_{dzj}K_i$<br>$I_{k2min}$——系统最小运行方式下，被保护线路始端短路时，流经保护安装处的两相短路电流（A） |
| (2) 带时限电流速断保护 |
| 保护装置动作电流 | 应避开相邻元件（线路或变压器）末端的最大三相短路电流 | $I_{dzj}=K_k K_{jx}\dfrac{I_{kmax}}{K_i}$ | $I_{kmax}$——最大运行方式时，相邻元件（线路或变压器）末端的三相短路电流（A） |
| | 还必须与相邻元件的电流速断保护动作电流相配合 | $I_{dzj}=K_{jx}\dfrac{K_p I_{dz1}}{K_i}$ | $K_p$——配合系数，取 1.1<br>$I_{dz1}$——相邻元件的电流速断保护装置一次动作电流（A） |
| 保护装置动作时限 | 应较相邻元件的电流速断保护大一时限阶段，一般时限取 0.5～0.7s |
| 保护装置灵敏系数 | 同无时限电流速断保护 |

（2）线路保护采用 DL 型继电器线路的原理接线：图 3-29 是由两个 DL 型继电器和一个 DS 型时间继电器组成定时限过电流保护。适用于系统没有快速切除故障及保护上有配合要求的情况，其整定计算公式见表 3-78。

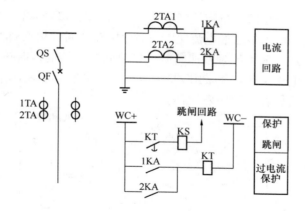

图 3-29 线路保护采用 DL 型继电器的电路

**线路的过电流保护整定计算**　　　　　　　　　　　　表 3-78

| 计算项目 | 计算条件 | 计算公式 | 系数及文字代号 |
|---|---|---|---|
| (1) 过电流保护 | | | |
| 保护装置动作电流 | 应避开线路的最大计算负荷电流(对双回平行线路为总的最大计算负荷电流) | $I_{dzj}=K_{jx}K_k\dfrac{K_{gh}I_{js}}{K_fK_i}$ | $K_{jx}$——接线系数,接于相电流时 $K_{jx}=1$<br>$K_k$——可靠系数:DL 型继电器取 1.2,GL 型继电器取 1.3<br>$K_f$——继电器返回系数:DL 型继电器取 0.85,GL 型继电器取 0.8<br>$K_i$——电流互感器变比<br>$K_{gh}$——过负荷系数<br>$I_{js}$——线路的计算负荷电流(对双回平行线路为总的计算负荷电流)(A) |
| 保护装置灵敏系数 | 按线路末端最小两相短路电流校验 | $K_m^{(2)}=K_{m\cdot xd}\dfrac{I_{k2min}}{I_{dz1}}\geqslant 1.25$ | $K_{m\cdot xd}$——相对灵敏系数,见表 3-51<br>$I_{dz1}$——保护装置一次动作电流,$I_{dz1}=I_{dzj}K_i$;<br>$I_{k2min}$——系统最小运行方式下,线路末端的两相短路电流(A) |
| 保护装置动作时限 | 应较相邻元件的过电流保护动作时限大一时限阶段 | | |
| (2) 低电压启动的过电流保护 | | | |
| 保护装置动作电流 | 应避开线路在低电压时的工作电流(一般取计算负荷电流) | $I_{dzj}=K_{jx}K_k\dfrac{I_{js}}{K_fK_i}$ | |
| 保护装置低电压启动的动作电压 | 应低于运行中可能出现的最低工作电压 | $U_{dzj}=\dfrac{U_{min}}{K_kK_fK_u}$ | $K_k$——可靠系数,取 1.2<br>$K_f$——继电器返回系数,取 1.15<br>$K_u$——电压互感器变比<br>$U_{min}$——运行中可能出现的最低工作电压,一般取 $0.9\sim0.95U_e$(线路平均电压) |
| 电流部分同过电流保护 | | | |
| 保护装置灵敏系数 | 电压部分按保护装置安装处的最大剩余电压校验 | $K_m=\dfrac{U_{dz1}}{U_{sh\cdot max}}$ | $U_{dz1}$——保护装置的一次动作电压(V),$U_{dz1}=U_{dzj}K_u$<br>$U_{sh\cdot max}$——相邻线路末端短路时保护装置安装处的最大剩余电压(V) |
| 保护装置动作时限 | 同过电流保护 | | |

(3) 线路带瞬时（或延时）电流速断和过电流保护的原理接线：图 3-30 是由两个 DL 型继电器和一个时间继电器组成的电流速断或时限电流速断保护（当采用电流速断时，接时间继电器的瞬动接点；采用带时限速断时，接时间继电器的延时接点）；另两个 DL 型继电器组成带时限过电流保护，并采用 ZD-4 型小电流接地信号装置作接地保护，作用于信号。其整定计算公式见表 3-77～表 3-79。

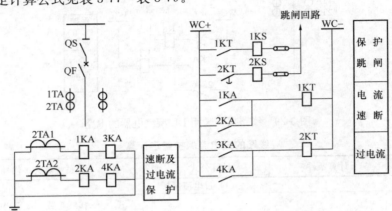

图 3-30 线路带瞬时（或延时）电流速断和过电流保护的电路

**线路的单相接地保护整定计算** 表 3-79

| 计算项目 | 计算条件 | 计算公式 | 系数及文字符号 |
|---|---|---|---|
| 保护装置一次动作电流 | 应避开外部发生单相接地故障时被保护元件的电容电流 | $I_{dz1} = K_k I_{c1}$ | $K_k$——可靠系数：无时限取 4～5，带时限取 1.5～2 |
| 保护装置灵敏系数 | 线路上发生单相接地故障时，流经保护安装处的电容电流 | $K_m^① = \dfrac{I_c - I_{c1}}{I_{dz1}} \geqslant 1.25～1.5^①$ | $I_{c1}$——当外部（其他元件）单相接地故障时，被保护元件的电容电流；$I_c$——电网的单相接地电流，无补偿装置时，为自然电容电流；有补偿装置时，为补偿后的剩余电流 |
| 保护装置动作时限 | 当保护不能满足灵敏性要求时，可带短时限动作，一般为 0.5～1s | | |

① 保护装置灵敏系数：电缆线路用 1.25，架空线路用 1.5。

### 3.3.6.3 计算示例

【例】 截面 $3 \times 150\text{mm}^2$、长度 500m 的电缆线路。其原始数据列于图 3-31，试计算其线路保护的有关数据。

【解】 （1）保护装置的选择：

1) 采用两个 DL 型继电器和一个时间继电器作过电流保护。

2) 采用 $LJ_1$ 型电流互感器与 DL11/0.2 型电流继电器作零序电流保护、动作于跳闸并能切换于信号。

（2）保护整定计算：

1) 按避开过负荷电流条件，过负荷电流为

$$I_{hmax} = 300\text{A}$$

$$I_{dzj} = K_k \frac{I_{hmax}}{K_f K_i} = 1.2 \times \frac{300}{0.85 \times 80} = 5.29A$$

取整定值 6A。

$$I_{dz1} = 6 \times 80 = 480A$$

2) 按避开下级具有最大动作电流保护装置的动作电流条件（变压器过电流保护装置的动作电流为 90A）。

按计算结果取动作电流大者为实际整定电流，故按 6A 整定。

灵敏系数：

在线路末端发生故障时，

$$K_m^{(2)} = K_{m \cdot xd} \frac{I_{k2min}}{I_{dz1}} = \frac{0.87 \times 8300}{480}$$
$$= 15.04 > 1.5$$

在变压器后发生故障时，

$$K_m^{(2)} = K_{m \cdot xd} \frac{I_{k2min}}{I_{dz1}} = \frac{0.87 \times 2700}{480}$$
$$= 4.89 > 1.5$$

动作时限：应比变压器动作时限大一个时限阶段，对于 DL 型继电器时限阶段 $\Delta t = 0.5s$。

3) 零序电流保护：动作电流（按满足最小灵敏度计算），电缆本身的电容电流为：

$$I_{cl} = 0.1UL = 0.1 \times 6 \times 0.5 = 0.3A$$

$$I_{dz1} = \frac{I_c - I_{cl}}{K_m^{(1)}} = \frac{25 - 0.3}{1.25} = 19.76A$$

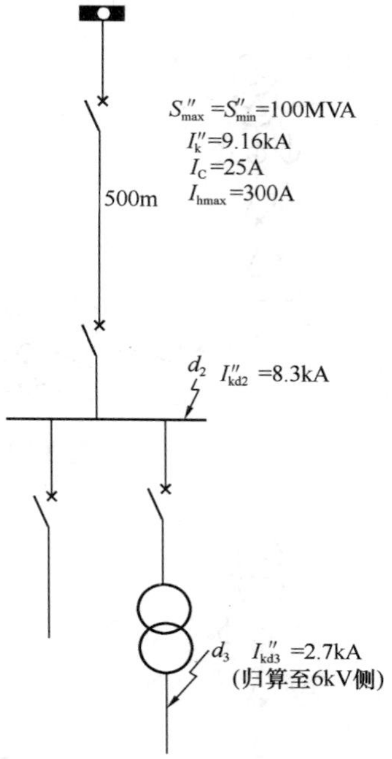

图 3-31　电缆线路保护计算

### 3.3.7　母线分段断路器的保护

#### 3.3.7.1　保护装设原则

(1) 如果母线未装设保护（包括用电源回路的保护来实现的母线保护），母线分段断路器应装设电流速断和过电流保护。为简化保护，6～10kV 母线分段断路器也可装设在断路器合闸瞬间起保护作用的无时限过电流保护。

(2) 如果用电源回路的保护来实现母线保护，例如用变压器的后备保护来切除母线故障（例如图 3-30 的情况），可用电源后备保护的第一段时限动作于分段断路器的跳闸，此时分段断路器可以不设保护装置。

#### 3.3.7.2　整定计算

35/6～10kV 变电所 6～10kV 侧母线分段断路器保护一般有三种方法：

(1) 不单独设置继电保护，即利用主变后备保护（定时限过电流）的时间元件瞬动接点跳闸作速断保护，利用主变后备保护（定时限过电流）的时间元件延时滑动接点跳闸作过电流保护，接线见图 3-32。

(2) 由两个 DL 型继电器组成两相两继电器式速断保护。动作于跳闸，不设过电流保护，接线见图 3-33。

（3）由两个 GL 型继电器组成两相两继电器式反时限过电流保护，动作于跳闸，接线见图 3-34，图中 KL 触点为联络母线装设 BZT 时闭锁继电器的常开延时释放触点。如无 BZT 时，可以取消这一触点。

母线分段断路器继电保护整定计算见表 3-80。

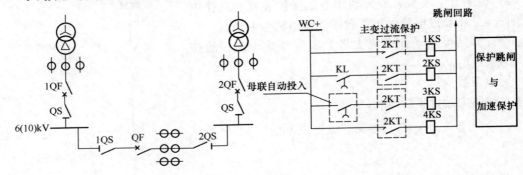

图 3-32　6～10kV 母线分段断路器保护电路（一）

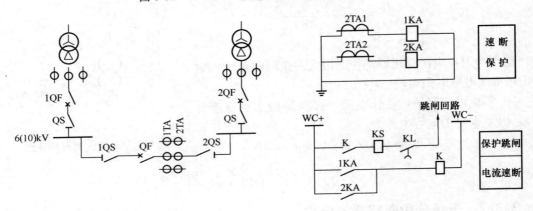

图 3-33　6～10kV 母线分段断路器保护电路（二）

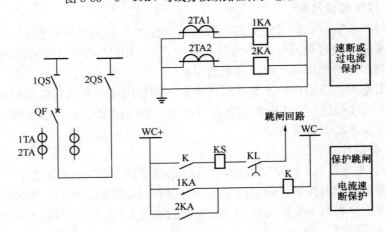

图 3-34　6～10kV 母线分段断路器保护电路（三）

**6～10kV 母线联络断路器的保护整定计算**　　　　　　　　表 3-80

| 计算项目 | 计算条件 | 计算公式 | 系数及文字代号 |
|---|---|---|---|
| | | 电流速断保护 | |
| 保护装置动作电流 | （1）按电流互感器额定一次电流<br>（2）当按（1）灵敏性不够时也可按最小灵敏系数 | （1）按电流互感器额定一次电流<br>$I_{dzj}=K_k\dfrac{K_{gh}I_{eLH}}{K_i}$ | $K_k$——可靠系数，取 1.3<br>$K_{gh}$——过负荷系数，取 4<br>$K_i$——电流互感器变比<br>$I_{eLH}$——电流互感器额定一次电流（A） |
| | | （2）按最小灵敏系数<br>$I_{dzj}=\dfrac{I_{k2min}}{K_m^{(2)}K_i}$ | $K_m^{(2)}$——二相短路的最小灵敏系数≥2<br>$I_{k2min}$——系统最小运行方式时的母线二相短路电流（A） |
| 保护装置灵敏系数① | 按系统最小运行方式时的母线二相短路电流 | $K_m^{(2)}=\dfrac{K_{k2min}}{I_{dz1}}$ | $I_{dz1}$——保护装置一次动作电流（A）<br>$I_{dz1}=I_{dzj}K_i$ |
| | | 带时限过电流保护 | |
| 保护装置动作电流 | 应避开任一段母线的最大工作电流 | $I_{dzj}=K_kK_{jx}\dfrac{I_{h\cdot max}}{K_fK_i}$ | $K_k$——可靠系数，取 1.3<br>$K_{jx}$——电流互感器二次回路接线系数；<br>　　　接于相电流时取 1.0<br>　　　接于相电流差时取$\sqrt{3}$<br>$K_f$——断电器返回系数，取 0.85<br>$I_{h\cdot max}$——任一段母线的最大工作电流（A） |
| 保护装置动作时限 | | 应较送出线过电流保护最大时限大一时限段 | |
| 保护装置灵敏系数 | 按系统最小运行方式时母线的二相短路电流校验 | $K_m^{(2)}=\dfrac{I_{k2min}}{I_{dz1}}\geqslant2$ | $I_{dz1}$——保护装置一次动作电流（A），<br>$I_{dz1}=\dfrac{I_{dzj}K_f}{K_{jx}}$ |
| | 按送出线末端最小二相短路电流校验 | $K_m^{(2)}=\dfrac{I_{k2min}}{I_{dz1}}\geqslant1.2$ | $I_{k2min}$——系统最小运行方式时送出线末端的相短路电流 |

① 电流速断装置仅当按电流互感器额定一次电流计算动作电流时才需校验灵敏系数。

### 3.3.7.3　计算示例

【例】　10kV 母线电气参数为 $S_{kmax}=S_{kmin}=50\text{MVA}$，$I_k=4582\text{A}$；母联电流互感器变比为 500/5，母线上有两回出线，计算母联断路器的保护。

因出线较少，故只装设两个 DL 型继电器作电流速断保护。

【解】　动作电流：

$$I_{dzj}=K_k\frac{K_{gh}I_{eLH}}{K_i}=1.3\times\frac{4\times500}{100}=26\text{A}$$

$$I_{dz1}=26\times100=2600\text{A}$$

灵敏系数：

$$K_m^{(2)}=\frac{I_{k2min}}{I_{dz1}}=\frac{0.87\times I_{kmin}}{I_{dz1}}=\frac{0.87\times4582}{2600}=1.53$$

计算结果灵敏系数小于 2，故应按最小灵敏系数确定动作电流。

$$I_{dzj}=\frac{I_{k2min}}{K_m^{(2)}K_i}=\frac{0.87\times4582}{2\times100}=19.9\text{A}$$

取整定值 20A。

此例具体线路见图 3-34，继电器 1KA、2KA 整定值为 20A。

### 3.3.8 电源进线保护

#### 3.3.8.1 保护装设原则

6～10kV 电源进线保护常分下列几种情况：

（1）对于厂区内部的供电线路，由于在供电侧已经装设了保护，且线路很短，一般不需再装设进线保护。

（2）对于供电部门管理的电源进线，可装设延时电流速断保护，其作用是当引出线保护拒动或母线故障时能快速切除，使供电侧开关减少跳闸次数，由水厂内部调度即可恢复供电，减少与供电部门联系的麻烦。

（3）对于干线式供电线路，一般采用延时电流速断与带时限的过电流保护。其保护应与配电线路相配合。当配电线路故障，保护拒动时不致使整个干线停电。

（4）当引出线上采用 GL 型继电器保护时，电源进线最好也采用 GL 型继电器保护，以便更好的配合。当电流速断不能整定时，可将 GL 型继电器瞬动部分解除。

#### 3.3.8.2 整定计算

图 3-35 是采用两个 GL 型继电器，接成两相两继电器接线，对电源进线构成电流速断和过电流保护。

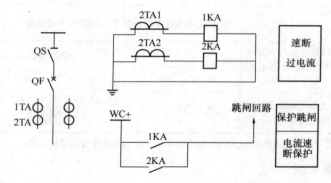

图 3-35 电源进线保护采用 GL 型继电器的电路

图 3-36 是采用两个 DL 型继电器和一个 DS 型时间继电器接线，构成延时电流速断（或过电流）保护。

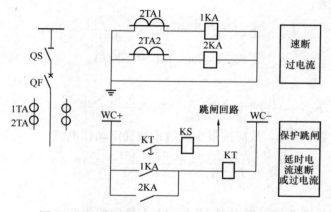

图 3-36 电源进线保护采用 DL 型继电器的电路

电源进线的保护可按保护装置上下级间电流与时限动作配合进行整定计算。

### 3.3.9 交流操作的继电保护

#### 3.3.9.1 保护接线

交流操作保护接线原则上有两种：一种是直接动作式；另一种是去分流式。

直接动作式是将脱扣器作为电流互感器的负载直接接在电流互感器上，由其脱扣器直接动作于跳闸。这种接线所用设备少、接线简单。具体接线见图 3-37。

去分流式是利用 GL-15（16）型继电器的强力切换接点，在故障出现时使脱扣器去掉分流作用而跳闸；平时则用其接点将脱扣器短接，接线见图 3-38。

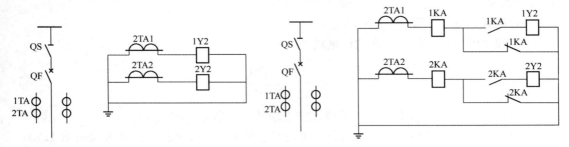

图 3-37　直接动作式交流操作保护电路　　　　　图 3-38　去分流式交流操作保护电路

#### 3.3.9.2 整定计算

直接动作式和去分流式交流操作继电保护装置，其动作电流及灵敏系数校验与直流操作计算方法相同，但应按下列要求，进行可靠系数的选取和校验。

（1）直接动作式可靠系数按表 3-81 选取。

| 交流操作直接动作式可靠系数 | | 表 3-81 |
| --- | --- | --- |
| 被保护元件 | 无时限过电流保护 | 电流速断保护 |
| 异步或同步电机 | 1.25 | 2.0 |
| 变压器或变压器电动机组 | — | 1.8 |
| 静电容器 | 2.0～2.5 | — |
| 母线分段断路器 | 1.3 | — |
| 单侧电源的单回或双回线路 | 1.3 | 1.6～1.8 |

（2）去分流式保护方案因脱扣器电流流过 GL 型继电器接点，故应校核其接点容量。对于 GL-15（16）型继电器按式（3-63）校验：

$$\frac{I_{kmax} K_{jx}}{K_i} \leqslant 150A \tag{3-63}$$

式中　$I_{kmax}$——最大运行方式下，保护装置安装处三相短路电流（A）；

　　　$K_{jx}$——脱扣器接线系数：接于相电流时取 1，接于相电流差时取 1.73；

　　　$K_i$——电流互感器变比。

（3）对去分流式交流操作还必须对脱扣器的动作可靠性进行校验。其原则是使脱扣器的可靠动作电流，小于故障时去分流后电流互感器二次供给的最小电流，且大于 GL 型继电器保持吸合的电流。即满足式 (3-64)：

$$I_{\min} \geqslant I_{TQ} \geqslant K_{\tilde{f}} K_{dzj} \tag{3-64}$$

式中 $I_{\min}$——去分流后，电流互感器供给的二次最小电流 (A)；

$I_{TQ}$——脱扣器可靠动作电流 (A)，取 $1.2 \times 5 = 6$A；

$I_{dzj}$——继电器动作电流整定值 (A)；

$K_f$——GL-15 (16) 型继电器返回系数，取 0.8。

这样在故障时，既能保证脱扣器可靠动作，又能使 GL 型继电器保持在吸合状态。其校验步骤为

1) 按式 (3-64) 确定 $I_{\min} \geqslant 6$A。

2) 确定电流互感器的一次动作电流为

$$I_{js1} = \frac{K_p^{(3)} \sqrt{3} I_{k\min}}{K_i' 2 K_m} \tag{3-65}$$

式中 $I_{k\min}$——最小运行方式下，下级保护末端的三相短路电流 (A)；

$K_p^{(3)}$——三相短路电流分布系数：电流互感器为 Y 接时取 1，△或差接时取 1.73；

$K_i'$——在计算短路形式下，流过继电器电流与电流互感器二次电流之比见表 3-82；

$K_m$——保护装置最小灵敏系数，取 1.2。

电流互感器二次负荷计算公式 表 3-82

| 顺序 | 接 线 方 式 | 短路形式 | $K_s' = \dfrac{I_j}{I_{LH}}$ | 二次负荷 $Z_h$ 计算公式 |
|---|---|---|---|---|
| 1 | 三相星形接线<br>L1 $R_{dx}$ $Z_j$<br>L2 $R_{dx}$ $Z_j$<br>L3 $R_{dx}$ $Z_j$<br>$R_{dx}$ | 三相及两相 | 1 | $Z_h = R_{dx} + Z_j$ |
| | | Y/d 接线变压器后两相 | | |
| | | 单相 | 1 | $Z_h = 2R_{dx} + Z_j$ |
| 2 | 两相星形接线<br>L1 $R_{dx}$ $Z_j$<br>L2 $R_{dx}$ $Z_j$<br>L3 $R_{dx}$ | 三相 | 1 | $Z_h = \sqrt{3} R_{dx} + Z_j$ |
| | | $L_1 L_3$ 相 | 1 | $Z_h = R_{dx} + Z_j$ |
| | | $L_1 L_2$ 相、$L_2 L_3$ 相及单相 | 1 | $Z_h = 2R_{dx} + Z_j$ |
| | | 在 Y/d-11 变压器后面 $L_1 L_2$ 相短路（最不利）时，一次侧 $L_1 L_3$ 相电流相等且方向相同 | 1 | $Z_h = 3R_{dx} + Z_j$ |

3.3 继电保护    **153**

续表

| 顺序 | 接 线 方 式 | 短路形式 | $K_s'=\dfrac{I_j}{I_{LH}}$ | 二次负荷 $Z_h$ 计算公式 |
|---|---|---|---|---|
| 3 | 三角形接线 | 三相 | $\sqrt{3}$ | $Z_h=3(R_{dx}+Z_j)$ |
| | | 两相 | 2 | |
| | | Y/△ 变压器后两相 | 1.5 | |
| | | 单相 | 1 | $Z_h=2(R_{dx}+Z_j)$ |
| 4 | 差接线 | 三相 | $\sqrt{3}$ | $Z_h=\sqrt{3}(2R_{dx}+Z_j)$ |
| | | $L_1L_2$ 相 | 2 | $Z_h=4R_{dx}+2Z_j$ |
| | | $L_1L_2$ 相、$L_2L_3$ 相及单相 | 1 | $Z_h=2R_{dx}+Z_j$ |
| | | 在 Y/d—11 变压器后面 $L_1L_3$ 相短路（最不利）时，一次侧 $L_1$ 相电流为 $L_3$ 相电流的二倍，且二者方向相反 | 1.5 | $Z_{h\cdot1}=3R_{dx}+1.5Z_j$ |
| | | | 3 | $Z_{h\cdot3}=6R_{dx}+3Z_j$ |
| 5 | 电流互感器串联接线 | — | 1 | $Z_h=1/2(2R_{dx}/Z_j)$ |
| 6 | 电流互感器并联接线 | — | 2 | $Z_h=2(2R_{dx}+Z_j)$ |
| 7 | Y/d接线变压器差动保护接线 | 外部三相及两相短路 | | $Z_{h\triangle}=3R_{dx12}$ ；$Z_{hy}=R_{dx2}$ |
| | | 2 侧为电源侧，内部三相及两相短路 | 1 | $Z_h=R_{dx}+Z_j$ |
| | | 1 侧为电源侧，内部三相及两相短路 | $\sqrt{3}$ | $Z_h=3(R_{dx}+Z_j)$ |

注：表中未列入导线的接触电阻，一般取 $0.05\Omega$。

3）确定电流互感器最大允许励磁电流 $I_\mu'$：

$$I_\mu'=\frac{I_{js1}}{K_i}-\frac{I_{\min}}{K_i'} \qquad (3\text{-}66)$$

式中　$I_{js1}$——满足最小灵敏系数的保护装置一次计算电流（A）。

4）按 10% 误差曲线确定电流互感器过电流倍数 $m_{10}$，其数值为

$$m_{10}=2I_\mu' \qquad (3\text{-}67)$$

5）根据 $m_{10}$，在 10% 误差曲线上确定电流互感器允许负荷阻抗 $Z_{h\cdot10}$。

6）计算对应于负荷 $Z_{h\cdot10}$ 时 10% 误差的电流互感器二次电势：

$$E_2 = 9I'_\mu(Z_{h \cdot 10} + Z_2) \tag{3-68}$$

式中 $Z_2$——电流互感器二次线圈阻抗（Ω）。

7）确定去分流后使脱扣器动作所必需的电流互感器二次电势：

$$E_{2min} = 1.2I_{min}(Z_{hw} + Z_2) \tag{3-69}$$

式中 1.2——储备系数；

$Z_{hw}$——电流互感器外接负荷（Ω），其中包括脱扣器的阻抗 $Z_{TQ}$，继电器阻抗 $Z_j$，见表 3-83～表 3-85。

**DL-10 系列电流继电器在第一（最小）整定电流时的阻抗** 表 3-83

| 继电器型号 | DL-10/0.01 | DL-10/0.04 | DL-10/0.05 | DL-10/0.2 | DL-10/0.6 | DL-10/2 | DL-10/6 | DL-10/10 | DL-10/20 | DL-10/50 | DL-10/100 | DL-10/200 |
|---|---|---|---|---|---|---|---|---|---|---|---|---|
| 消耗功率（VA） | 0.08 | 0.08 | 0.08 | 0.1 | 0.1 | 0.1 | 0.15 | 0.25 | 1 | 2.5 | 10 | |
| 线圈阻抗（Ω） | 12800 | 800 | 840 | 4.0 | 4.44 | 0.4 | 0.044 | 0.024 | 0.01 | 0.0064 | 0.004 | 0.004 |

注：1. 消耗功率为线圈串联连接，第一整定电流时消耗的功率；
   2. 线圈并联时的阻抗为串联时的 1/4。

**GL-11 至 GL-16 型过电流继电器在各种整定电流下的阻抗** 表 3-84

| 继电器型号 | GL-11/10-GL-16/10 | | | | | | |
|---|---|---|---|---|---|---|---|
| 额定电流（A） | 4 | 5 | 6 | 7 | 8 | 9 | 10 |
| 阻抗（Ω） | 0.94 | 0.60 | 0.42 | 0.31 | 0.23 | 0.19 | 0.15 |
| 继电器型号 | GL-11/5～GL-16/5 | | | | | | |
| 额定电流（A） | 2 | 2.5 | 3 | 3.5 | 4 | 4.5 | 5 |
| 阻抗（Ω） | 3.75 | 2.4 | 1.67 | 1.22 | 0.94 | 0.74 | 0.60 |

**T1-1 型脱扣器线圈电阻** 表 3-85

| 动作电流范围 | 动作电流刻度（A） | 线圈电阻（Ω） |
|---|---|---|
| (5～10) ±10%（A） | 5—6—7—8—9—10 | 0.27、0.212、0.174、0.146、0.127、0.10 |

8）按式（3-70）校验是否满足

$$E_2 > E_{2min} \tag{3-70}$$

### 3.3.10 保护装置的动作配合

保护装置动作配合的目的是提高整个保护系统的选择性。当发生故障时能使故障缩小至最小范围。

动作配合方式有两种：一种是按动作电流配合，在所选择的故障形式下，上下相邻保护装置的动作电流之比不应小于 1.2；另一种是按动作时间配合，要求相邻保护装置的动作时限应有一个时间差 $\Delta t$（即时限阶段）。对定时限之间的配合其差值最小为 0.5s；定时限与反时限或反时限与反时限的配合其差值最小为 0.7s。

#### 3.3.10.1 继电保护装置之间电流配合计算

电流配合按式（3-71）、式（3-72）计算为

$$I_{dz1\,I} \geqslant K_{cb}I_{dz1\,II} \tag{3-71}$$

$$I_{dzjI} \geqslant K_{pch} I_{dzjII} \frac{K_{iII}}{K_{iI}} K_u \qquad (3\text{-}72)$$

式中　$I_{dz1I}$——上一级保护装置的一次动作电流（A）；

$\quad\quad I_{dz1II}$——下一级保护装置的一次动作电流（A）；

$\quad\quad K_{cb}$——动作电流储备系数，取 1.2；

$\quad\quad I_{dzjI}$——上一级保护装置的继电器动作电流（A）；

$\quad\quad I_{dzjII}$——下一级保护装置的继电器动作电流（A）；

$\quad\quad K_{pch}$——计及故障形式及动作电流储备值的配合系数，故障形式见表 3-86，配合系
数见表 3-87；

$\quad\quad K_{iI}$——上一级保护装置电流互感器变比；

$\quad\quad K_{iII}$——下一级保护装置电流互感器变比；

$\quad\quad K_u$——上一级保护装置安装处的电压和下一级保护装置安装处电压之比，当上下
级电压等级相同时 $K_u=1$。

**故障形式的选择**　　　　　　　　　　　　　　　　　　　表 3-86

| 下级保护装置 | 上级保护装置 | | | |
|---|---|---|---|---|
| | 继电器接在相电流上 | | 继电器接在相电流差上 | |
| | 二 相 式 | 三相式及二相式三继电器 | 二 相 式 | 三 相 式 |
| 保护装置设在没有中间变压器的电路上 | | | | |
| 继电器接在相电流上 | 与故障形式无关，建议采用三相短路 | | $L_1L_3$ 二相短路 | |
| 继电器接在相电流差上 | $L_1L_2$ 或 $L_2L_3$ 二相短路 | | 与故障形式无关，建议采用三相短路 | |
| 保护装置设在有 Y/△ 接线变压器的电路上 | | | | |
| 继电器接在相电流上 | $L_1L_2$ 或 $L_2L_3$ 二相短路 | 任何二相短路 | — | 任何二相短路 |
| 继电器接在相电流差上 | $L_2L_3$ 二相短路 | $L_1L_2$ 或 $L_2L_3$ 二相短路 | — | $L_1L_2$ 或 $L_2L_3$ 二相短路 |

**配合系数 $K_{pch}$**　　　　　　　　　　　　　　　　　　　表 3-87

| 下一级保护装置 | 上一级保护装置 | |
|---|---|---|
| | 继电器接在相电流上 | 继电器接在相电流差上 |
| 保护装置装设在没有中间变压器的电路上 | | |
| 继电器接在相电流上 | 与故障形式无关 $K_{pch}=1.2\times1=1.2$ | 二相短路（$L_1L_3$） $K_{pch}=1.2\times2=2.4$ |
| 继电器接在相电流差上 | 二相短路（$L_1L_2$、$L_2L_3$） $K_{pch}=1.2\times1=1.2$ | 与故障形式无关 $K_{pch}=1.2\times1=1.2$ |
| 保护装置设在没有 Y/△ 接线变压器的电路上 | | |
| 继电器接在相电流上 | 二相短路（$L_1L_2$、$L_2L_3$） $K_{pch}=1.2\times1.15=1.38$ | 二相短路 $K_{pch}=1.2\times1.73=2.08$ |
| 继电器接在相电流差上 | 二相短路（$L_2L_3$） $K_{pch}=1.2\times1.15=1.38$ | 二相短路（$L_2L_3$） $K_{pch}=1.2\times1.73=2.08$ |

### 3.3.10.2　继电保护与熔断器的配合

反时限继电器与熔断器配合示例见图 3-39。将继电器特性与熔断器特性（归算至 6kV）绘于同一图上。取配合电流 $I_d$（6kV 出线端的两相短路电流）在图上得点 A，则具有通过点 A 时特性的熔丝为所选择熔丝，也就是说当出现故障时（短路电流为 $I_d$）6kV 继电器瞬动，而 35kV 熔丝需 0.75s 才能熔断。

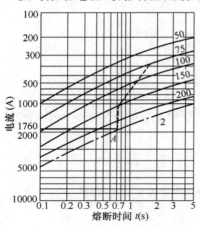

图 3-39　35/6kV 变压器采用
熔断器保护的配合

### 3.3.10.3　继电保护之间的动作配合

继电保护之间的动作配合示例见图 3-40。图中曲线 1 为下一级保护特性曲线；曲线 2 为上一级保护特性曲线。$I'_{dz1}$、$I'_{dz2}$ 分别为下一级及上一级过流保护装置的一次动作电流；$I_{dz1}$、$I_{dz2}$ 分别为下一级与上一级电流速断保护装置一次动作电流。

图 3-40（a）是上下级均为定时限保护特性配合曲线。首先做出下级特性曲线 1，然后在特性曲线 1 上加一个时间间隔 $\Delta t$，即为上一级保护特性曲线。

图 3-40（b）是上下级均为反时限保护特性配合曲线。在保护整定时首先确定曲线 1。根据保护装置 1 的一次动作电流为 $I_{dz}$ 及其动作时限（10 倍动作电流的动作时间）$t_1$ 确定曲线 1。再据此确定该电流值下的动作时限 $t_b$，在电流为 $I'_{dz1}$ 时，保护装置 2 的动作时限应为 $t_d = t_b + \Delta t$ 则保护装置 2 的特性曲线应通过 2 点。根据 d 点的动作电流及动作时限即可确定曲线 2。

图 3-40（c）是上级采用定时限，下级采用反时限的配合曲线。用与图 3-40（b）相同方法确定曲线 1 及时间 $t_b$。然后根据保护装置 2 的一次动作电流 $I_{dz2}$ 及动作时限 $t_f = t_b + \Delta t$ 即可确定曲线 2。

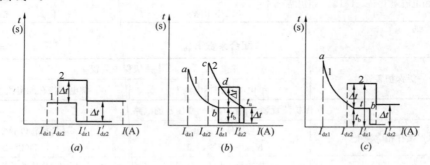

图 3-40　继电保护装置的动作配合

## 3.3.11　保护用电流互感器的选择和计算

### 3.3.11.1　选择原则

（1）继电保护和自动装置用电流互感器应满足误差和保护动作特性要求，宜选用 P 类产品。

(2) 保护用电流互感器二次回路内应尽量不接其他继电器和仪表。当受条件限制、测量仪表和保护或自动装置共用电流互感器的同一个二次绕组时，应将保护或自动装置接在测量仪表之前。

(3) 当一个电流互感器二次负荷满足不了要求时，可采用两个电流互感器（同型号、同变比）二次线圈串联使用，这样在满足同样准确等级时其二次负荷允许加倍。

(4) 保护用电流互感器应对其误差进行校验。一般均要求在保护动作时误差不大于 10%。

(5) 在设计中应尽量减小电流互感器的二次负荷。电流互感器二次回路所采用的导线，也应尽量减小长度或增加截面。

(6) 当电流互感器二次负荷较大使其超过允许误差时，可换用变比大的电流互感器，这样能减少电流倍数，增大允许负荷。

### 3.3.11.2　关于电流互感器的 10%误差曲线

保护用电流互感器，由于其二次负载和接线方式的不同均会引起不同的误差。过大的误差将影响继电保护的可靠性。因而在继电保护设计中应使电流互感器不超过允许误差。

一般规定，电流互感器的电流误差不得超过 10%；角度误差不大于 7°。电流互感器制造厂通过试验方法给出了电流互感器的 10%误差曲线。其横坐标为电流互感器二次负载的欧姆数；纵坐标为满足 10%误差条件下互感器一次侧电流与其额定电流之比。继电保护设计时首先计算出通过电流互感器一次侧最大电流与额定电流之比。并以其比值在电流互感器 10%误差曲线上查出对应的二次电阻，如果设计的互感器实际二次电阻不超过此值，则电流互感器在运行中误差能保证在允许范围之内。

### 3.3.11.3　允许误差计算

(1) 计算保护的一次动作电流倍数：

1) 过电流保护、过电流方向保护、电流速断保护及动作脱扣器的保护：

$$m = \frac{1.1 I_{dz1}}{I_{1e}} \tag{3-73}$$

式中　$I_{dz1}$——保护装置一次动作电流（A），当为反时限特性的过电流保护时，应为按选择性配合的电流；

　　　$I_{1e}$——电流互感器额定一次电流（A）；

　　1.1——考虑误差不超过 10%的储备系数。

2) 差动保护：

$$m = \frac{I_{k \cdot max}}{I_{1c}} \tag{3-74}$$

式中　$I_{k \cdot max}$——外部短路时，通过电流互感器的最大短路电流（A）。

(2) 电流互感器二次允许负荷：

$$Z_h \leqslant Z'_h - 0.05 \tag{3-75}$$

式中　0.05——计算中考虑的接触电阻（Ω）；

　　　$Z'_h$——按 10%误差曲线确定的电流互感器允许负荷（Ω）；

　　　$Z_h$——实际上互感器的允许负荷（Ω）。

各种故障形式二次负荷计算公式见表 3-82。

GL 型继电器负荷阻抗见表 3-84。

（3）电流互感器二次导线截面及长度的计算：

$$S = \rho \frac{L}{R_{dx}} \quad 或 \quad L = S \frac{R_{dx}}{\rho} \tag{3-76}$$

式中 $S$——连接导线的截面积（mm$^2$）；

$L$——连接导线的长度（m）；

$R_{dx}$——连接导线的电阻（Ω）；

$\rho$——电阻率，铜取 0.0184Ω·mm$^2$/m；

铝取 0.0310Ω·mm$^2$/m。

（4）在实际负荷下电流互感器的二次电流最大倍数：

$$m_1 = m \frac{Z_j + Z_e}{Z_j + Z_1} \tag{3-77}$$

式中 $m$——额定二次负荷下的二次电流最大倍数；

$Z_j$——电流互感器二次线圈的阻抗（Ω），$Z_j = \sqrt{R^2 + X^2}$，可从样本上查得；

$Z_e$——电流互感器额定二次负荷（Ω）；

$Z_1$——电流互感器实际负荷（Ω）。

（5）电流互感器的技术数据：

1）电流互感器的额定二次负荷时的最大二次电流倍数及二次线圈阻抗见表 3-88。

电流互感器的额定二次负荷时的最大二次电流倍数及二次线圈阻抗　　　表 3-88

| 型　号 | 额定一次电流<br>（A） | 级次 | 额定二次负荷时的<br>最大二次电流倍数 | 二次线圈阻抗 $Z_j$<br>（Ω） |
|---|---|---|---|---|
| LB6-35 | 5，10，15，30，50，75，150，750 | B$_1$ | 27.50 | 0.278 |
| | | B$_2$ | 26.50 | 0.251 |
| | 20，40，100，200，400，800 | B$_1$ | 27.50 | 0.287 |
| | | B$_2$ | 26.60 | 0.258 |
| | 1000 | B$_1$ | 26.90 | 0.318 |
| | | B$_2$ | 27.60 | 0.294 |
| | 300，600，1200 | B$_1$ | 25.80 | 0.364 |
| | | B$_2$ | 26.40 | 0.336 |
| | 1500 | B$_1$ | 28.30 | 0.427 |
| | | B$_2$ | 28 | 0.391 |
| | 2000 | B$_1$ | 26.60 | 0.497 |
| | | B$_2$ | 28.70 | 0.471 |
| LCZ-35 | 20～300，600 | 3 | 12 | 0.485 |
| | | B | 23.20 | |
| | 400，800 | 3 | 12 | 0.799 |
| | | B | 21 | |
| | 1000 | 3 | 16 | 1.165 |
| | | B | 25.80 | |

续表

| 型　号 | 额定一次电流<br>（A） | 级　次 | 额定二次负荷时的<br>最大二次电流倍数 | 二次线圈阻抗 $Z_j$<br>（Ω） |
|---|---|---|---|---|
| LZFB6-10 | 5～300 | B | 15.10 | 0.304 |
| LFZJB6-10 | 100～300 | B | 22 | 0.369 |
| LZZB6-10 | 5～300 | B | 15.10 | 0.304 |
| LZZJB6-10 | 100～300 | B | 22 | 0.369 |
|  | 400 | B | 19.90 | 0.179 |
|  | 500 | B | 20.40 | 0.209 |
|  | 600 | B | 19.80 | 0.234 |
|  | 800 | B | 20.20 | 0.296 |
|  | 1000 | B | 20.80 | 0.356 |
|  | 1200 | B | 20.20 | 0.417 |
|  | 1500 | B | 20.40 | 0.53 |
| LDZB6-10 | 400 | B | 19.50 | 0.188 |
|  | 500 | B | 19.70 | 0.211 |
|  | 600 | B | 19.60 | 0.271 |
|  | 800 | B | 20.50 | 0.345 |
|  | 1000 | B | 20.90 | 0.412 |
|  | 1200 | B | 20.10 | 0.485 |
|  | 1500 | B | 20.40 | 0.602 |
| LMZB6-10 | 1500 | B | 20.25 | 0.565 |
|  | 2000 | B | 20.36 | 0.738 |
|  | 3000 | B | 19.83 | 1.206 |
|  | 4000 | B | 19.53 | 1.550 |
| LZZQB6-10 | 100～300 | B |  |  |
|  | 400，500 | B |  |  |
|  | 600，800 | B |  |  |
|  | 1000 | B | 20.40 | 0.445 |
|  | 1200 | B | 19.70 | 0.521 |
|  | 1500 | B | 20 | 0.641 |
| LFSQ-10 | 5～200 | B | 12.40 | 0.14 |
|  | 300 | B | 19.70 | 0.136 |
|  | 400 | B | 18.80 | 0.192 |
|  | 600 | B | 19.20 | 0.284 |
|  | 800 | B | 20.40 | 0.342 |
|  | 1000 | B | 24.60 | 0.425 |
|  | 1500 | B | 23.9 | 0.56 |

2）电流互感器10％误差曲线（是10％误差一次电流倍数曲线的简称，制造厂提供的资料简称为10％倍数曲线）见图3-41～图3-49。

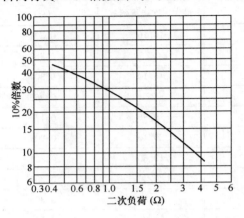

图 3-41　LB6-35 型电流互感器
10P20 级 10％倍数曲线

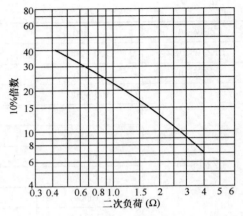

图 3-42　LB6-35 型电流互感器
10P20 级 10％倍数曲线

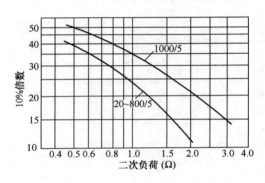

图 3-43　LCZ-35 型电流互感器 10P10 级、
10P25 级 10％倍数曲线

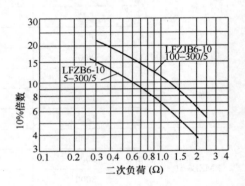

图 3-44　LFZB6-10、LFZJB6-10 型
电流互感器 10P10、10P15 级 10％倍数曲线

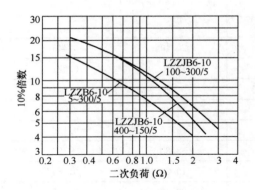

图 3-45　LZZB6-10、LZZJB6-10 型
电流互感器 10P15 级 10％倍数曲线

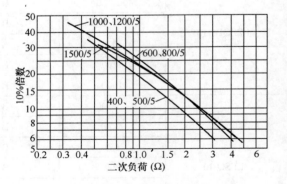

图 3-46　LDZB6-10 型电流互感器
10P15 级 10％倍数曲线

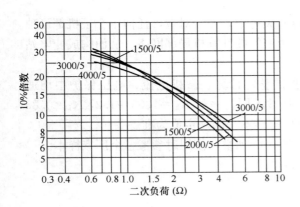

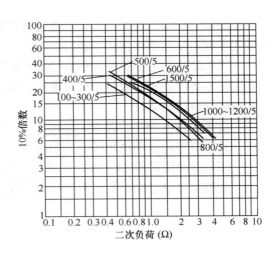

图 3-47  LMZB6-10 型电流互感器
10P15 级 10％倍数曲线

图 3-48  LZZQB6-10 型电流互感器
10P15 级 10％倍数曲线

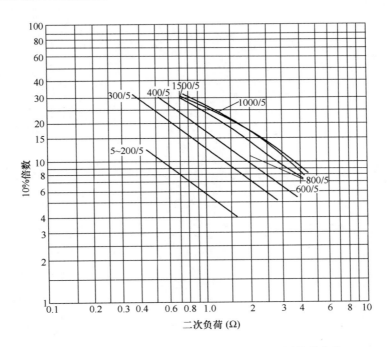

图 3-49  LFSQ-10 型电流互感器 10P15 级 10％倍数曲线

# 3.4  微机综合继电保护装置

微机综合继电保护装置集保护、监控、检测功能于一体，由此可构成变电站微机自动化系统。正在变、配电领域逐步替代传统的继电保护装置。

微机综合继电保护装置的出现，使得继电保护二次接线大大简化，现场调试整定更加容易。一般都具备变电站应用场合的过电流、过电压、功率反向、接地故障、过载等保护以及测量、监控和报警功能,这些功能都有很宽的设定范围及各种类型的曲线,因此广泛应用于变电站的继电保护系统。

微机综合继电保护装置可直接安装在高压开关柜中,一一对应,任何一个子机都可独立运行,各个子机间通过串行口通信,联成一个完整的计算机局部网络,从而构成变电站微机综合自动化系统。

常规的继电保护装置有关电流、电压保护的整定计算在微机电流、电压保护中均适用,其时限整定原则也相同。其中仅 $K_k$、$K_f$ 系数不同,一般 $K_k = 1.05 \sim 1.2$,$K_f = 0.85 \sim 0.95$,其时限阶段 $\Delta t = 0.3 \sim 0.5 \mathrm{s}$。具体以厂家样本中的规定值为准。

微机综合继电保护装置生产厂家有许多,不一一列举。使用时参考各个厂家样本。

# 4  变、配电所二次接线

## 4.1  变、配电所操作电源

变、配电所操作电源，在正常情况下和事故情况下均应保证变、配电所内的控制系统、继电保护装置和信号系统正常工作。操作电源包括断路器合闸电源、控制电源和信号电源等。

操作电源分为直流操作电源和交流操作电源两类。

给水排水工程的变、配电所一般采用直流操作电源。对主接线简单且供电可靠性要求不高的小型给水排水工程的变、配电所也可采用交流操作电源。

无论是交流操作电源还是直流操作电源，均需交流电源供电。交流电源应可靠、灵活、便于恢复供电，常用的供电方式如下：

（1）单电源供电的变、配电所

1）将所用变压器或电压互感器接在受电断路器外侧，由所用变或电压互感器供电。

2）从外部引入与本变配电所无联系的交流电源供电。

（2）双电源供电的变、配电所

1）由两台接在受电断路器外侧所用变或电压互感器供电。

2）由一台接在受电断路器外侧所用变或电压互感器以及一段低压系统供电。

3）由两段低压系统供电。

### 4.1.1  交流操作电源

交流操作电源具有操作回路简单，不需要专用的直流装置，减小占地面积，降低工程造价等优点。其缺点是不能构成完善的保护，适用于小型且出线回路较少的变配电所。

（1）单电源供电的交流操作电源

交流操作电源可由接在受电断路器外侧所用变压器提供，也可由与本变、配电所无关的其他交流电源提供。当所需交流操作电源容量不大时，也可由接在受电断路器外侧电压互感器提供。单电源供电的交流操作电源接线参考图 4-1。

（2）有备用电源供电的交流操作电源

单电源供电的交流操作电源只能供给变、配电所在正常情况下断路器控制、信号和继电保护自动装置的用电，在事故情况下，特别是变、配电所发生短路故障时，交流操作电源的电压将急剧下降，难以保证变、配电所的继电保护装置和信号系统及自动化系统的正常工作。因此，采用交流操作电源的变、配电所，若要求在事故情况下能保证信号系统和自动装置正常工作，则应配备能自动投入的低压备用电源。有备用电源的交流操作电源接线参考图 4-2。

（3）不间断电源（UPS）作为备用电源供电的交流操作电源

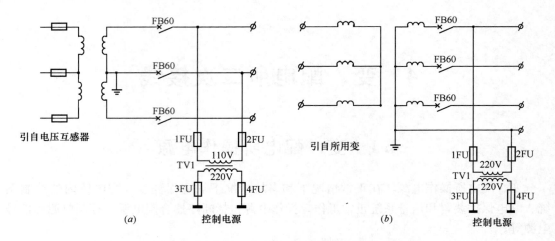

图 4-1  单电源供电的交流操作电源接线
（a）引自电压互感器；（b）引自所用变

随着交流不间断电源（UPS）技术的发展和成本的降低，使交流操作电源应用交流不间断电源（UPS）成为可能，这样就增加了交流操作电源的可靠性。由于操作电源比较可靠，继电保护则可以采用分励脱扣器线圈跳闸的保护方式，不再用电流脱扣器线圈跳闸的保护方式，从而可免去交流操作继电保护两项特殊的整定计算。不间断电源（UPS）作为备用电源的交流操作电源接线见图 4-3。

从图 4-3 中看，当系统正常时由系统电源小母线向合闸、控制及信号回路供电，UPS 处于充电状态。当发生故障时，外电源消失，由 UPS 向控制回路及信号回路供电，使断路器可靠跳闸并发出信号。

### 4.1.2  直流操作电源

变、配电所的控制、保护、信号、自动装置等所需的直流电源应可靠，即在正常情况下和事故情况下应保证不间断供电。在有些变、配电所中，直流操作电源还用来向事故照明负荷供电。

给水排水工程的变、配电所一般选用成套的镉镍电池或者铅酸免维护直流屏作为直流操作电源，其接线形式采用单母线不分段接线方式，选用一台或两台充电器，一组电池，其接线形式见图 4-6、图 4-7。

#### 4.1.2.1  直流操作电源的电压

变、配电所的直流操作电源电压一般有 110V 和 220V 两种。110V 直流系统与 220V 直流系统相比，其要求的绝缘水平较低，提高了运行的安全性，同时减少了中间继电器线圈断线、接地故障，采用计算机控制系统时，110V 继电器触点断开时的干扰电压幅值下降，可提高控制系统的可靠性。但 110V 直流系统使控制回路的电缆截面增大，并且不能直接用于事故应急照明。

#### 4.1.2.2  直流操作电源的容量

直流操作电源的负荷一般包括经常负荷和事故负荷两种。

经常负荷是指要求直流电源在各种工况下均应可靠供电的负荷。主要包括经常带电的继电器、信号灯以及其他接入直流系统的用电设备。

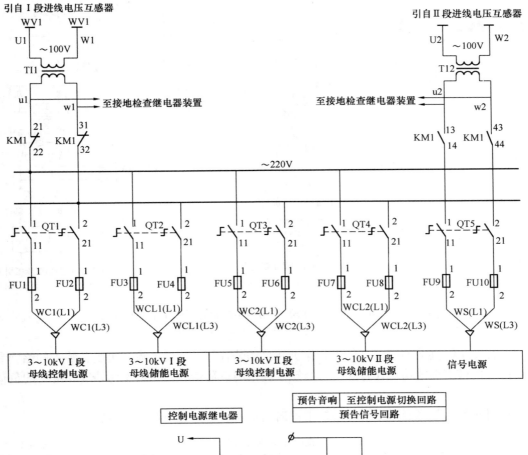

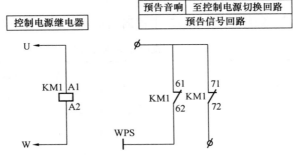

图 4-2 有备用电源的交流操作电源接线

事故负荷是指当变、配电所失去交流电源全所停电时，必须由直流系统供电的负荷。事故负荷分为事故初期负荷和事故持续负荷，事故初期负荷通常是指交流电源失电后1min 内由蓄电池供电的全部负荷，事故持续负荷是指各事故阶段由蓄电池持续放电提供的负荷，事故持续负荷还包括事故发生过程中的冲击负荷，由于冲击负荷的发生可能是随机的，因此也可称之为随机负荷。

事故负荷主要包括直流电源提供的事故照明，由直流电源提供的仪表控制电源，事故发生过程中动作的信号灯和继电保护装置及断路器跳、合闸的冲击电流等。

在统计直流负荷的过程中首先应准确地分析直流负荷的性质，确定直流负荷系数，然后对其进行统计。

直流负荷统计分析、统计可参照表 4-1、表 4-2。

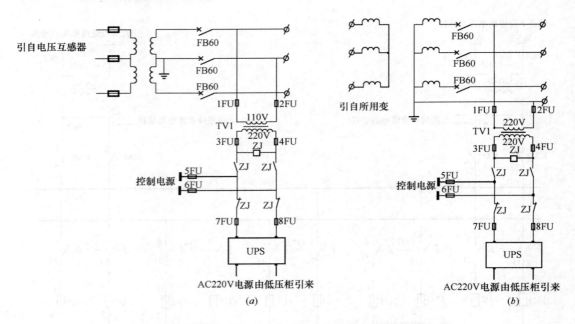

图 4-3 不间断电源（UPS）作为备用电源的交流操作电源接线

(a) 引自电压互感器；(b) 引自所用变

    由直流系统供电的控制、信号、保护和自动装置等负荷的电流，可由各装置的铭牌参数查得，也可由额定功耗计算求得。当缺乏确定的负荷资料时，可参考表 4-3 给出的负荷计算。

    常用的各种断路器操作机构的技术数据列于表 4-4，可供计算时参考。

**直流负荷统计分析**      表 4-1

| 序号 | 负荷名称 | 负荷系数 | 经常 | 事故放电计算时间（min） | | | | 备注 |
|---|---|---|---|---|---|---|---|---|
| | | | | 0~1 | 1~30 | 30~60 | 60~120 | |
| 1 | 信号灯和继电器 | 0.6 | ✓ | ✓ | ✓ | ✓ | △ | |
| 2 | 控制室照明 | 1 | ✓ | ✓ | ✓ | ✓ | △ | |
| 3 | 控制、保护电源 | 0.6 | ✓ | ✓ | ✓ | ✓ | △ | |
| 4 | 断路器跳闸 | 0.6 | | ✓ | | | | 按实际统计 |
| 5 | 断路器自投（电磁机构） | 0.5 | | ✓ | | | | 按实际统计 |
| 6 | 电源自动切换 | 1 | | ✓ | | | | |
| 7 | 交流不停电电源 | 0.6 | | ✓ | ✓ | ✓ | △ | |
| 8 | 恢复供电合闸 | 1 | | ✓ | | | | 按 1 台合闸 |

    注：1. 表中"✓"表示具有该项负荷时，应予以统计的项目；

      2. 表中"△"表示在工程采用事故停电时间大于 1h 的蓄电池时，需要统计的负荷。

**110V（220V）直流负荷统计（按 2h 事故放电）** 表 4-2

| 序号 | 负荷名称 | 装置容量（W） | 负荷系数或同时率 | 计算容量（W） | 负荷电流（A） | 经常负荷电流（A） | 事故放电时间及电流（A） | | | | | 备注 |
|---|---|---|---|---|---|---|---|---|---|---|---|---|
| | | | | | | | 初期（min） | 持续（min） | | | 随机或事故末期 | |
| | | | | | | | 0～1 | 1～30 | 30～60 | 60～120 | 5s | |
| 1 | | | | | | | | | | | | |
| 2 | | | | | | | | | | | | |
| 3 | | | | | | | | | | | | |
| 4 | | | | | | | | | | | | |
| 5 | | | | | | | | | | | | |
| 6 | | | | | | | | | | | | |
| 7 | | | | | | | | | | | | |
| 8 | | | | | | | | | | | | |
| 9 | | | | | | | | | | | | |
| 10 | | | | | | | | | | | | |
| 11 | | | | | | | | | | | | |
| 12 | | | | | | | | | | | | |
| 13 | | | | | | | | | | | | |
| 14 | | | | | | | | | | | | |
| 15 | | | | | | | | | | | | |
| 16 | | | | | | | | | | | | |
| 17 | 电流统计（A） | | | | | | $I_1=$ | $I_2=$ | $I_3=$ | $I_4=$ | $I_R=$ | |
| 18 | 容量统计（Ah） | | | | | | | $C_S=$ | $C_S=$ | $C_S=$ | | |
| 19 | 容量累加（Ah） | | | | | | | $C_{S0.5}=$ | $C_{S1}=$ | $C_{S2}=$ | | |

注：$C_{S0.5}$、$C_{S1}$、$C_{S2}$——0.5h、1h、2h 容量累加。

**电气设备元件参数表** 表 4-3

| 序号 | 名 称 | | 位置/状态 | 数量 | 容量 | 直流功耗（W） | 备 注 |
|---|---|---|---|---|---|---|---|
| 1 | 信号灯 | 信号灯 | — | $N_{a1}$ | 3～5W | $(N_{a1}+N_{a2})\times$（3～5） | $N_{a1}$、$N_{a2}$ 为选取控制回路的数量 |
| | | 指示器 | — | $N_{a2}$ | 3～5W | | |
| 2 | 光字牌 | 白炽灯 | — | $N_{b1}$ | 2×15W | $P_{kj}=N\times P$ | 事故负荷按经常负荷 1.2 倍选取 $N=N_{b1}+N_{b2}+N_{b3}$ |
| | | 二极管 | — | $N_{b2}$ | 3～5W | | |
| | | 集成电路 | — | $N_{b3}$ | 2～5W | | |
| 3 | 继电器 | 中间继电器 | 35kV 变压器 | 2～4 只 | 5～7W | $P_{kj}=N\times(5～7)$ | 事故负荷按经常负荷 1.2 倍选取 $N=$ 继电器总数 |
| | | 中间继电器 | 35kV 线路 | 2～4 只 | 5～7W | | |
| | | 中间继电器 | 10kV 变压器 | 2～4 只 | 5～7W | | |
| | | 中间继电器 | 10kV 线路 | 2～4 只 | 5～7W | | |
| 4 | 继电保护 | 整流型 | 正常 | | 60W | | 无负荷资料时参考 |
| | | | 动作 | | 150W | | |
| | | 集成电路型 | 正常 | | 60W | | |
| | | | 动作 | | 150W | | |
| | | 微机型 | 正常 | | 80W | | |
| | | | 动作 | | 200W | | |

常用断路器操作机构技术数据 表4-4

| 断路器型号 | 操作机构型号 | 合闸线圈电流（A）直流电压（V） | | 跳闸线圈电流（A）直流电压（V） | | 合闸时间 $t_1$（ms） | 分闸时间 $t_2$（ms） | 储能电动机容量（W）直流电压（V） | | 合闸回路熔断器电流（A）直流电压（V） | |
|---|---|---|---|---|---|---|---|---|---|---|---|
| | | 110 | 220 | 110 | 220 | | | 110 | 220 | 110 | 220 |
| VD4-35 | CT(VD4-35) | 2.27 | 1.14 | 2.27 | 1.14 | $55 \leqslant t_1 \leqslant 70$ | $33 \leqslant t_2 \leqslant 45$ | 140 | 140 | 6 | 6 |
| ZN12-35 | CT(ZN12-35) | 1.19 | 0.89 | 1.19 | 0.89 | $45 \leqslant t_1 \leqslant 90$ | $45 \leqslant t_2 \leqslant 90$ | 275 | 275 | 6 | 6 |
| ZN65-35 | CT(ZN65-35) | 1.8 | 0.9 | 1.8 | 0.9 | | | 275 | 275 | | 6 |
| ZN28-12 | CD17 | 110～328 | 55～164 | 2.56 | 1.33 | $\leqslant 120$ | $\leqslant 55$ | | | 20～50 | |
| ZN28-12 | CT17 | 2.2 | 1.4 | 2.2 | 1.4 | $\leqslant 60$ | $\leqslant 60$ | 75 | 75 | 6 | 6 |
| ZN28-12 | CT19 | 1.3 | 0.55 | 2.3 | 1.2 | $\leqslant 150$ | $\leqslant 60$ | 110 | 110 | 6 | 6 |
| ZN12-12 | CT(ZN12) | 1.91 | 0.89 | 1.91 | 0.89 | $\leqslant 75$ | $\leqslant 50$ | 275 | 275 | 6 | 6 |
| ZN18(VK) | CT(ZN18) | 4.6 | 2.3 | 4.6 | 2.3 | $25 \leqslant t_1 \leqslant 45$ | $15 \leqslant t_2 \leqslant 30$ | 110 | 110 | 6 | 6 |
| ZN21 | CT(ZN21) | 1.2 | 1 | 1.2 | 1 | 30～50 | 30～50 | 80 | 80 | 6 | 6 |
| ZN63A-12 | CT(ZN63A) | 2.91 | 1.45 | 2.23 | 1.11 | $\leqslant 100$ | $\leqslant 50$ | 70 | 70 | 6 | 6 |
| ZN65A | CT(ZN65A) | 1.8 | 0.9 | 1.8 | 0.9 | $47 \pm 7$ | $52 \pm 7$ | 200 | 200 | 6 | 6 |
| ZN68-12 | CT(ZN68) | 2.5 | 1.25 | 2.5 | 1.25 | $\leqslant 75$ | $\leqslant 65$ | | | 6 | 6 |
| VD4 | CT(VD4) | 2.27 | 1.4 | 2.27 | 1.4 | $55 \leqslant t_1 \leqslant 67$ | $33 \leqslant t_2 \leqslant 45$ | 140 | 140 | 6 | 6 |
| VS1 | CT(VS1) | 3.35 | 1.67 | 3.35 | 1.67 | $\leqslant 100$ | $\leqslant 50$ | 70 | 70 | 6 | 6 |
| HVX-12 | FK-2 | 2.4 | 0.8 | 2.4 | 0.8 | $40 \leqslant t_1 \leqslant 70$ | $30 \leqslant t_2 \leqslant 60$ | 100 | 100 | 6 | 6 |
| EV12 | RI | 0.9 | 0.9 | 0.9 | 0.9 | $\leqslant 60$ | $\leqslant 50$ | 380 | 380 | 6 | 6 |
| NVU12-中置 | CT(NVU12) | 1.5 | 0.75 | 0.32 | 0.16 | $20 \leqslant t_1 \leqslant 40$ | $35 \leqslant t_2 \leqslant 60$ | 34 | 34 | 6 | 6 |
| NVU12-落地 | CT(NVU12) | 1.5 | 0.75 | 1.5 | 0.75 | $60 \leqslant t_1 \leqslant 95$ | $35 \leqslant t_2 \leqslant 60$ | 100 | 100 | 6 | 6 |

### 4.1.2.3 蓄电池

蓄电池目前主要有防酸式铅酸蓄电池、镉镍电池、阀控式铅酸蓄电池、锂电池等类型。

其中铅酸蓄电池具有维护简单，使用寿命长，质量稳定和可靠性高等优点被广泛采用。随着科技发展和工艺改进，阀控密封铅酸蓄电池也越来越受到人们的重视。此外，锂电池以其高存储能量密度，使用寿命较长，重量轻及绿色环保等诸多优点在部分工程中已有应用。但由于其具有生产要求较高，成本昂贵等缺点还并未广泛使用。相信随着科技发展，生产成本降低，保护技术完善，锂电池将成为主要动力能源之一。

蓄电池组运行过程中应保证提供相对稳定的端电压。正常浮充电运行方式下，直流母线电压应为直流系统额定电压的105%。其他运行方式下，直流系统母线电压应在直流系统额定电压的85%～110%范围内。

（1）蓄电池形式选择：阀控式铅酸蓄电池是目前蓄电池选择的主要形式，35kV及以下变电所宜采用阀控式密封铅酸蓄电池。

对于单体阀控铅酸蓄电池的浮充电压、均衡充电电压及放电末期电压要满足以下要求：

阀控式密封铅酸蓄电池的浮充电压宜取 2.23～2.28V；均衡充电电压范围为 2.30～2.35V，宜取 2.30V；放电末期电压宜取 1.83V。

（2）蓄电池组数：对于 110kV 及以下变电所宜装设 1 组蓄电池，重要的 110kV 变电所也可装设 2 组蓄电池。浮充电运行时，按直流母线电压为 $1.05U_e$ 来选择蓄电池个数，即

$$n = 1.05U_e/U_f \tag{4-1}$$

检验均衡充电时，不大于直流母线允许电压最高值，即

$$U_c \leqslant 1.10U_e/n \tag{4-2}$$

检验事故放电末期，不小于直流母线允许电压最低值，即

$$U_m \geqslant (0.85 \sim 0.875)U_e/n \tag{4-3}$$

对于断路器合闸线圈的最低电压要求大于等于 85% 时，$U_m$ 应取 $0.875U_e/n$。

式中　$U_e$——直流系统额定电压（V）；

　　　$U_f$——每个蓄电池浮充电压（V）；

　　　$U_c$——每个蓄电池均衡充电电压（V）；

　　　$U_m$——每个蓄电池放电末期电压（V）；

　　　$n$——蓄电池组个数。

（3）蓄电池容量的选择：蓄电池容量选择计算条件，应满足全所事故停电时间内的放电容量；应计及事故初期冲击负荷电流，并应考虑蓄电池组持续放电时间内随机负荷电流的影响。

确定蓄电池容量时，应按最严重的事故方式校验直流母线电压，其最低值应满足直流负荷的要求。

蓄电池容量选择的计算方法有两种。一种是电压控制法（亦称作容量换算法），另一种是阶梯负荷计算法（亦称电流换算法）。对于给水排水工程通常可采用阶梯负荷计算法计算直流负荷，如需采用电压控制法计算可参照《火力发电厂试验、修配设备及建筑面积配置导则》DL/T 5004—2010 计算。

1）阶梯负荷计算法：

直流事故负荷的特性基本上是一个由高到低的阶梯曲线，特别是事故初期，一般会有一个较大的冲击发电电流，阶梯负荷计算法是按事故放电阶段逐段进行容量计算。根据事故不同阶段最大直流容量确定所需电池容量。

①计算方法

a. 按事故放电时间，分别统计事故放电电流，确定负荷曲线。

b. 根据蓄电池放电终止电压和放电时间，确定相应的容量换算系数（$K_{Cn}$）。

c. 根据事故放电电流，按事故放电阶段逐段进行容量计算。

d. 当有随机负荷（末期冲击负荷）时，随机负荷单独计算，并叠加在第一阶段以外的计算容量最大的放电阶段，然后与第一阶段计算容量比较后取其大者。

e. 选取与计算容量最大值接近的蓄电池标称容量 $C_{10}$，作为蓄电池的选择容量。

②计算公式

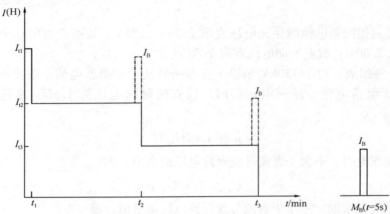

图 4-4 负荷曲线

首先需统计直流负荷并绘制负荷曲线，然后可将负荷曲线分为多个时段，并按公式 (4-4) 进行放电容量计算。例如负荷曲线如图 4-4 所示，事故放电阶段被分为三段，$I_{t1}$ 为事故初期负荷，$I_{t2}$、$I_{t3}$ 分别为第二、第三阶段事故持续电流。$I_R$ 属随机负荷，表示所用电源恢复合闸负荷。

$$C_{cn} = K_k \left[ I_{t1} + \frac{1}{K_{c1}}(I_{t1} - I_{t2}) + \frac{1}{K_{c2}}(I_{t2} - I_{t3}) + \cdots + \frac{1}{K_{cn}}(I_{tn} - I_{tr-1}) \right] \quad (4-4)$$

式中 $C_{cn}$——各事故放电阶段计算容量；

$K_k$——可靠系数，取 1.4；

$K_{cn}$——各事故放电阶段容量换算系数；

$I_{tn}$——各事故放电阶段电流。

2) 蓄电池容量计算中相关系数及特性曲线：

①容量换算系数及容量换算曲线。容量换算系数为给定终止电压值下蓄电池放电电流与蓄电池 10h 放电率标称容量的比值。12V（6V）—200Ah 及以下阀控式铅酸蓄电池容量换算系数见表 4-5，其计算式为

$$K_c = \frac{I}{C_{10}} \quad (4-5)$$

式中 $I$——直流事故负荷电流（A）；

$C_{10}$——蓄电池 10h 放电容量，即蓄电池的额定容量（Ah）；

$K_c$——容量换算系数（1/h）。

12V(6V)—200Ah 及以下阀控式铅酸蓄电池容量换算曲线可参考相关厂商的样本。

②容量系数 $K_{cn}$ 由下式决定

$$K_{cn} = \frac{C}{C_{10}} \quad (4-6)$$

式中 $C$——以任意时间 $t$ 放电时，蓄电池允许的放电容量（Ah）；

$C_{10}$——蓄电池额定容量（Ah）。

12V（6V）——200Ah 及以下阀控式铅酸蓄电池容量系数见表 4-5。

**12V(6V)—200Ah 及以下阀控式铅酸蓄电池容量选择系数**　　　　表 4-5

| 终止电压(V) | | 容量换算系数 $K_c$ | 容量系数 $K_{cn}$ | 不同放电时间(min) | | | | | | | |
| --- | --- | --- | --- | --- | --- | --- | --- | --- | --- | --- | --- |
| 电池 | 电池组 | | | 5s | 1 | 29 | 30 | 59 | 60 | 90 | 120 |
| 1.75 | 10.50 (5.25) | $K_c$ | | 3.0 | 2.8 | 1.13 | 1.11 | 0.662 | 0.66 | 0.52 | 0.39 |
| | | | $K_{cn}$ | | | | 0.555 | | 0.66 | 0.78 | 0.78 |
| 1.80 | 10.80 (5.40) | $K_c$ | | 2.8 | 2.5 | 1.11 | 1.09 | 0.664 | 0.64 | 0.49 | 0.38 |
| | | | $K_{cn}$ | | | | 0.545 | | 0.64 | 0.735 | 0.76 |
| 1.83 | 10.98 (5.49) | $K_c$ | | 2.6 | 1.82 | 1.01 | 0.99 | 0.604 | 0.60 | 0.46 | 0.36 |
| | | | $K_{cn}$ | | | | 0.495 | | 0.60 | 0.69 | 0.72 |
| 1.85 | 11.10 (5.55) | $K_c$ | | 2.2 | 1.62 | 0.883 | 0.88 | 0.582 | 0.58 | 0.42 | 0.35 |
| | | | $K_{cn}$ | | | | 0.44 | | 0.58 | 0.63 | 0.70 |
| 1.87 | 11.22 (5.61) | $K_c$ | | 1.94 | 1.43 | 0.883 | 0.83 | 0.572 | 0.57 | 0.40 | 0.34 |
| | | | $K_{cn}$ | | | | 0.415 | | 0.57 | 0.60 | 0.68 |
| 1.90 | 11.40 (5.70) | $K_c$ | | 1.68 | 1.40 | 0.83 | 0.82 | 0.552 | 0.55 | 0.38 | 0.33 |
| | | | $K_{cn}$ | | | | 0.41 | | 0.55 | 0.57 | 0.66 |

注：容量换算系数 $K_c = \dfrac{I}{C_{10}}$ (1/h)，容量系数 $K_{cn} = \dfrac{C}{C_{10}} = K_c \cdot t$（$t$——放电时间，h）。

③冲击放电曲线及冲击系数。冲击放电曲线表示在不同放电率下，蓄电池冲击放电时的端电压和冲击放电电流的关系如图 4-5 所示（可参考厂商相关样本）。

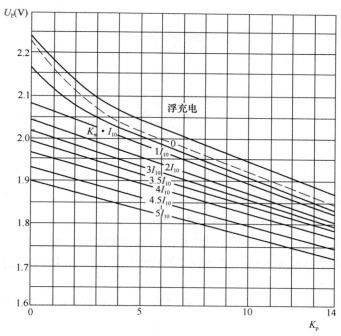

图 4-5　12V（6V）阀控式蓄电池持续放电 1h 后冲击放电曲线

$I_{10}$—10h 率放电电流

冲击系数 $K_p$ 由下式决定

$$K_p = 1.10 \frac{I_p}{I_{10}} \tag{4-7}$$

式中 $I_p$——事故冲击电流（A）；

$I_{10}$——10h 放电率标称电流（A）；

1.10——可靠系数。

### 4.1.2.4 充电装置的选择

蓄电池的充电装置宜选用高频开关整流装置或相控整流装置，应满足蓄电池充电和浮充电要求。

充电装置应具有稳定、稳流及限流性能，宜采用微机型。具有浮充电、自动均衡充电和手动稳流充电等功能，应为长期连续工作制。

充电装置的交流输入宜为三相制，额定频率为 50Hz，额定电压为 380V±10%。小容量充电装置的交流输入可采用单相 220V±10%。

充电装置的主要技术参数见表 4-6。

充电装置的选择。

不同类型充电装置技术参数 表 4-6

| 参 数 | 类 别 | | 参 数 | 类 别 | |
| --- | --- | --- | --- | --- | --- |
| | 相控型 | 高频开关模块 | | 相控型 | 高频开关模块 |
| 稳压精度（%） | ≤±1 | ≤±0.5 | 效率（%） | ≥75 | ≥88 |
| 稳流精度（%） | ≤±2 | ≤±0.5 | 噪声（dB） | <60 | <55 |
| 纹波系数（%） | ≤2 | ≤1 | | | |

（1）充电装置额定电流的选择应满足下列条件：

①满足浮充电流要求：

$$I_r = 0.01I_{10} + I_{jc} \tag{4-8}$$

②满足初充电流要求：

铅酸蓄电池 $\quad\quad\quad\quad I_r = (1 \sim 1.25)I_{10} \tag{4-9}$

③满足均衡充电要求：

铅酸蓄电池 $\quad\quad I_r = (1 \sim 1.25)I_{10} + I_{jc} \tag{4-10}$

式中 $I_r$——充电装置额定电流（A）；

$I_{jc}$——直流系统的经常负荷电流（A）；

$I_{10}$（$I_5$）——蓄电池 10h（5h）率放电电流（Ah）。

浮充电的输出电流应按经常负荷电流与蓄电池自放电流之和选择。

（2）充电装置输出电压选择：充电装置的输出电压调节范围应满足蓄电池放电末期和充电末期电压的要求。

浮充电装置直流侧的长期工作电压对于 220V 和 110V 蓄电池组分别为 230V 和 115V。

$$U_r = nU_{cm} \tag{4-11}$$

式中 $U_r$——充电装置的额定电压（V）；

$n$——蓄电池组单体个数；

$U_{cm}$——充电末期单体蓄电池电压（V）（防酸式铅酸蓄电池为 2.70V，阀控式铅酸蓄电池为 2.35～2.4V）。

蓄电池充电装置参数选择见表 4-7。

（3）高频开关充电装置的谐波干扰、电磁兼容、均流系数、功率因数等指标应符合有关标准。

#### 4.1.2.5 直流系统的保护和信号回路

直流系统中一般都装有绝缘监察装置、电压监视装置、闪光装置。

直流系统的绝缘水平直接影响直流回路的可靠性，如果直流系统中发生两点接地可能引起严重的后果，例如在直流系统中已有一点接地，再在保护装置出口继电器或断路器跳闸线圈另一极处接地时，则将使断路器误动作。

为了防止由于两点接地可能发生的误跳闸，必须在直流系统中装设连续工作且足够灵敏的绝缘监察装置。当 220V（110V）直流系统中任何一极的绝缘下降到 15～20kΩ（2～5kΩ）时，绝缘监察装置应发出灯光和音响信号。如图 4-6、图 4-7 所示。

**蓄电池充电装置参数选择** 表 4-7

| | | 相 数 | 三相（单相） | |
|---|---|---|---|---|
| 交流输入 | | 额定频率（Hz） | 50 | |
| | | 额定电压（V） | 380±10%（220±10%） | |
| 直流输出 | 额定值 | 电压（V） | 220/230 | 110/115 |
| | | 电流（A） | (3) 5 (8) 10 (15) 20 (30) (40) 50 (80) 100 | |
| | 充电 | 电压（V） | 300(360) | 150(180) |
| | | 电压调节范围（V） | 180～315(360) | 90～160(180) |
| | | 稳流精度（%） | — | |
| | | 负荷变动范围（%） | 10～100 | |
| 交流输入 | | 相 数 | 三相（单相） | |
| | | 额定频率（Hz） | 50 | |
| | | 额定电压（V） | 380±10%（220±10%） | |
| 直流输出 | 浮充电 | 电压（V） | 230 | 115 |
| | | 电压调节范围（V） | 220～240 | 110～120 |
| | | 稳流精度（%） | — | |
| | | 负荷变动范围（%） | 0～100 | |
| | 均衡充电 | 电压（V） | 246 | 123 |
| | | 电压调节范围（V） | 230～264 | 115～130 |
| | | 稳流精度（%） | — | |
| | | 负荷变动范围（%） | 0～100 | |
| | 手动调节范围（V） | | 0～315(360) | 0～160(180) |
| | 纹波系数（%） | | — | |

注：1. 括号内为非推荐值；

2. 稳压精度、稳流精度、纹波系数的数值详见表 4-6。

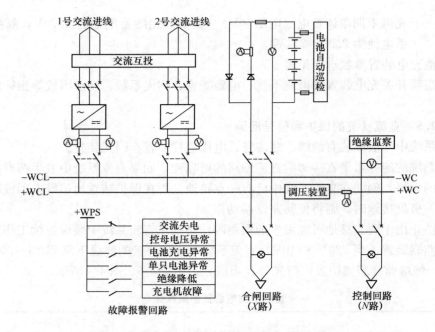

图 4-6 相控型整流器直流系统接线图

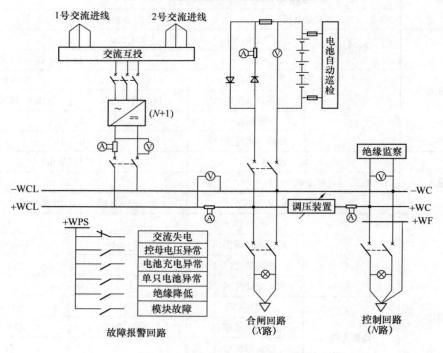

图 4-7 高频开关整流器直流系统接线图

为了监视电压状况，直流系统设有电压监视装置，当系统出现低电压或过电压时，发出信号。

闪光装置是为了提醒值班人员注意的灯光闪烁装置。

# 4.2　断路器的控制、信号回路

断路器的控制回路是依据断路器的操作机构形式以及断路器的运行要求的不同而设计的。给水排水工程常用的断路器操作机构有弹簧操作机构和电磁操作机构两种。电磁操作机构的控制电源要用直流操作电源，弹簧操作机构的控制电源可用直流操作电源也可用交流操作电源。

## 4.2.1　断路器的控制、信号回路的设计原则

（1）控制、信号回路一般分为控制保护回路、合闸回路、事故信号回路、预告信号回路、隔离开关与断路器闭锁回路等。

（2）断路器的控制、信号回路电源取决于操作机构的形式和控制电源的种类。

（3）断路器的控制、信号回路接线可采用灯光监视方式或音响监视方式。给水排水工程变、配电所一般采用灯光监视的接线方式。

（4）断路器的控制、信号回路的接线要求：

1）应能监视电源保护装置（熔断器或低压断路器）及跳、合闸回路的完整性（在合闸线圈及合闸接触器线圈上不允许并接电阻）。

2）应能指示断路器合闸与跳闸的位置状态，自动合闸或跳闸时应有明显信号。

3）有防止断路器跳跃（简称"防跳"）的闭锁装置。

4）合闸或跳闸完成后应使命令脉冲自动解除。

5）接线应简单可靠，使用电缆芯数最少。

（5）断路器的事故跳闸的信号回路，采用不对应原理的接线。当断路器为电磁或弹簧操动时，利用控制开关与操作机构辅助触点构成不对应接线。

（6）各断路器应有事故跳闸信号，事故信号能使中央信号装置发出音响及灯光信号。用灯光表示本回路发生事故，并用信号继电器直接指示故障的性质。

（7）断路器的控制、信号回路根据需要可采用闪光信号装置，用以与事故信号和自动装置配合，指示事故跳闸和自动投入的回路。绿灯闪光表示断路器自动跳闸，红灯闪光表示断路器自动合闸（有自动投入装置时，才将红灯接入闪光）。

当断路器的控制开关采用 LW2 型转换开关时（此时要求将红灯也接入闪光信号回路），闪光信号还能起到对位作用，转换开关在"预备跳闸"位置时红灯闪光，转换开关在"预备合闸"位置时绿灯闪光。

（8）有可能出现不正常情况的线路和回路，应有预告信号。预告信号应能使中央信号装置发出音响及灯光信号，并用信号继电器直接指示故障的性质、发生故障的线路及回路。

## 4.2.2　断路器的基本控制、信号回路

断路器的基本控制、信号回路如图 4-8 所示。

（1）断路器的控制回路。

如图 4-8 所示，当控制开关 SA1 手柄转至"合闸"位置时，5－6 触点接通，合闸线

圈 YC1（或合闸接触器）通电合闸。QF1 断路器联动接点断开，自动切断合闸线圈。当控制开关 SA1 手柄转至"跳闸"位置时，7－8 触点接通，跳闸线圈 YC1 通电跳闸。QF1 断路器联动接点断开，自动切断合闸线圈。断路器自动跳闸是将继电保护的出口继电器触点与控制开关 SA1 的跳闸触点并联来完成的。

（2）断路器的灯光监视信号回路。

图 4-8 中红灯 HR1 表示断路器处于合闸状态，它是由断路器常开接点与控制开关 SA1 的 21-22 触点（"合闸后"位置）接通而点亮的。绿灯 HG1 表示断路器处于跳闸状态，它是由断路器常闭接点与控制开关 SA1 的 19-20 触点（"跳闸后"位置）接通而点亮的。另外控制开关在"预备合闸"和"预备跳闸"位置时，其触点 9-10 和 3-4 分别接通闪光小母线，使绿灯 HG1 或红灯 HR1 闪光。

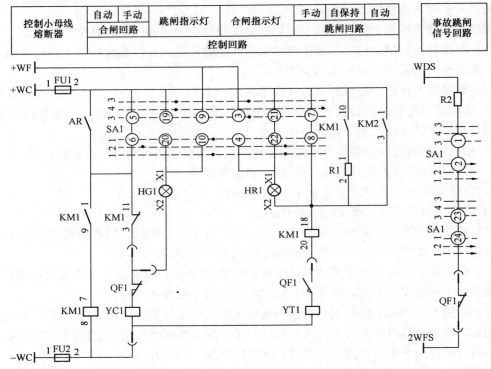

图 4-8 断路器基本控制、信号回路

当事故自动跳闸时，用绿灯闪光来表示。其接线是按照控制开关 SA1 与断路器的辅助触点位置不对应来实现的。当断路器正常合闸后，控制开关 SA1 处于"合闸后"位置，触点 21-22 接通，而若自动装置动作使断路器跳闸，此时出现断路器辅助触点与控制开关位置不对应，此时绿灯 HG1 通过控制开关 SA1 的 9-10 触点接通闪光信号电源，绿灯 HG1 闪光。反之，跳闸时情况亦一样，控制开关 SA1 在"跳闸后"位置，触点 3-4 接通，若断路器拒跳，其辅助触点仍保持闭合状态，会使红灯 HR1 闪光。

断路器在由继电保护动作跳闸时，还要发出事故音响跳闸信号，也同样是利用上述不对应原则实现的。为了避免控制开关转至"预备合闸"和"合闸"位置瞬间，断路器位置与控制开关位置不对应而引起误发事故信号，采用了控制开关的两对触点 1-2、23-24 串联的方法，来保证只有在"合闸后"位置发生事故跳闸才能接通事故信号。

### 4.2.3　电磁操作机构断路器控制、信号回路

电磁操作机构只能采用直流操作电源。

电磁操作机构有带"防跳"功能和不带"防跳"功能两种。具有"防跳"功能的电磁操作机构可不需另加电气"防跳"闭锁回路。没有"防跳"功能的电磁操作机构一定要采用电气"防跳"闭锁。

所谓"防跳"是指断路器合闸后，由于种种原因，控制开关或自动装置触点未断开，此时若发生短路故障，继电保护将使断路器跳闸，这就会出现多次的"跳"、"合"动作，即"跳跃"现象。如此不仅会使断路器毁坏，还会造成事故扩大。故对于没有"防跳"功能的电磁操作机构，在二次接线设计时要考虑电气"防跳"闭锁。

具有电气"防跳"闭锁回路的断路器控制接线见图4-9。图中"防跳"中间继电器KM1有两个线圈：电流启动线圈串联于跳闸同路中，电压自保持线圈经自身的常开触点并联于合闸接触器回路中。同时合闸回路串联了KM1常闭触点，若在短路故障时合闸，继电保护动作，跳闸回路接通，启动"防跳"闭锁继电器KM1，其常闭触点断开合闸回路，常开触点闭合使电压线圈带电自保持，即使合闸脉冲未解除，断路器也不能再次合闸。

具有"防跳"功能的电磁操作机构可不需另加电气"防跳"闭锁回路，其接线见图4-10。

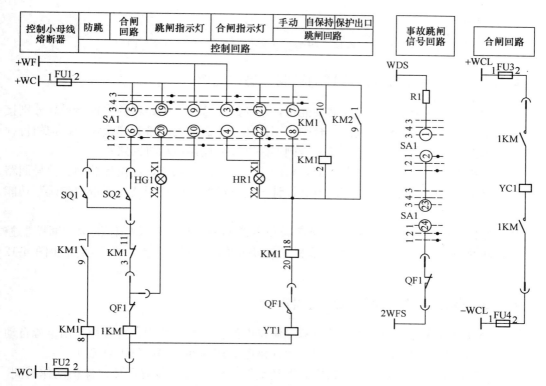

图4-9　具有电气"防跳"闭锁回路的电磁操动断路器控制、信号回路

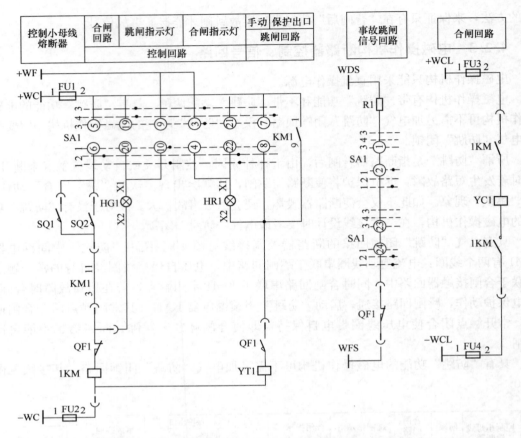

图 4-10 具有"防跳"闭锁的电磁操动断路器控制、信号回路

### 4.2.4 弹簧操作机构断路器的控制、信号回路

弹簧操作机构是利用弹簧预先储存能量，使断路器合闸。断路器的位置指示灯分别接于合、跳闸回路，兼作熔断器及跳、合闸回路工作状态的监视。带有弹簧操作机构的行程开关在合闸弹簧储能完毕后，才能接通合闸回路并断开储能电动机回路。

弹簧操作机构有的带"防跳"功能，有的不带"防跳"功能，在设计控制、信号回路时必须区分清楚。带"防跳"功能的不必设计电气"防跳"闭锁回路，不带"防跳"功能的必须设计电气"防跳"闭锁回路。

弹簧操作机构有直流操作电源和交流操作电源两种。直流弹簧操作机构的断路器控制、信号回路如图 4-11 所示，交流弹簧操动机构的断路器控制、信号回路如图 4-12 所示。

### 4.2.5 备用电源自动投入装置（BZT）

在有一级负荷或重要的二级负荷且双电源供电的变、配电所中，可装设备用电源自动投入装置，以缩短备用电源的切换时间，保证供电的连续性，提高供电可靠性。

在有些情况下，备用电源自动投入装置还能简化继电保护装置，加速保护动作时间。其基本要求为当工作电源电压消失时，备用电源自动投入装置均应动作；并且备用电源应

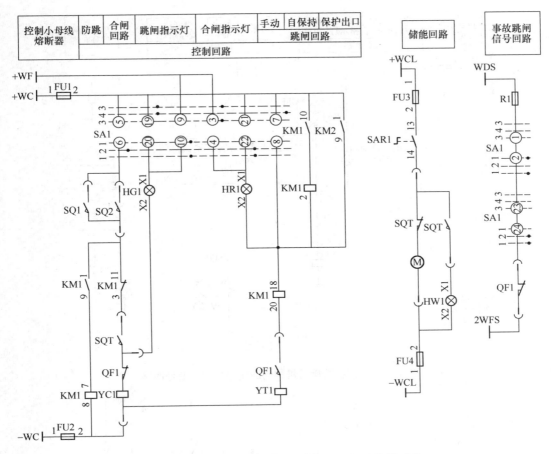

图 4-11　直流弹簧操动机构的断路器控制、信号回路

具有足够高的电压以便投入备用电源并保证只动作一次；当电压互感器的熔断器之一熔断时，备用电源自动投入装置的启动元件不应动作；当采用备用电源自动投入装置时，应校验备用电源过负荷情况和电动机自启动的情况。如过负荷严重或不能保证电动机自启动，应在备用电源自动投入装置动作前自动减少负荷并在必要时应使投入断路器的保护加速动作。

通常备用电源自动投入具有两种基本形式：

（1）有一个工作电源和一个备用电源的变、配电所，备用电源自动投入装置装在备用电源进线断路器上。正常时由工作电源供电，当工作电源发生故障被切除时，备用电源进线断路器自动合闸，保证变、配电所的继续供电，见图 4-13。

（2）有两个工作电源的变、配电所，备用电源自动投入装置装在母线分段断路器上，正常时两段母线分别由两个工作电源供电，当一个工作电源发生故障被切除后，母线分段断路器自动合闸，由一个工作电源供给变、配电所的负荷，见图 4-14。

装设备用电源自动投入装置的断路器，可以采用电磁式或弹簧式操作机构，后者可用于交流操作电源或直流操作电源的变、配电所中，而前者仅能用于直流操作电源的变、配电所中。

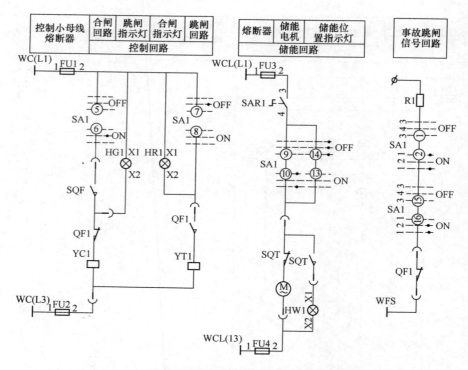

图 4-12　交流弹簧操动机构的断路器控制、信号回路

图 4-13　备用电源进线
断路器自动投入主接线

图 4-14　母线分段断路器
自动投入主接线

# 4.3　电气测量与电能计量

在给水排水工程的变、配电所常用的电气测量与电能计量仪表有电流表、电压表、功率因数表、有功功率表、无功功率表、有功电度表、无功电度表等。

## 4.3.1　计量仪表装置的设计要求及其配置

### 4.3.1.1　电气测量与电能计量的设计原则

(1) 电气测量仪表的装设应满足下列要求：

1) 能正确反映电力装置的运行参数，做到经济合理。

2) 能随时监测电力装置回路的绝缘状况，确保供电安全运行。

（2）电气测量仪表的准确度等级：

1）除谐波测量仪表外，交流回路仪表（包括电流、电压、功率）的精确度等级，不应低于 2.5 级。

2）直流回路仪表（电流、电压）的精确度等级，不应低于 1.5 级。

3）电量变送器输出侧仪表的精确度等级，不应低于 1.0 级。

（3）用于电测量装置的电流、电压互感器及附件、配件的准确度不应低于表 4-8 的规定。

电测量装置电流、电压互感器及附件、配件的准确度要求  表 4-8

| 电测量装置准确度（级） | | 0.5 | 1.0 | 1.5 | 2.5 |
|---|---|---|---|---|---|
| 附件、配件准确度 | 电流、电压互感器 | 0.5 | 0.5 | 1.0 | 1.0 |
| | 分流器 | 0.5 | 0.5 | 0.5 | 0.5 |
| | 变送器 | 0.5 | 0.5 | 0.5 | 0.5 |
| | 中间互感器 | 0.2 | 0.2 | 0.2 | 0.5 |

（4）仪表的测量范围和电流互感器变比的选择，宜满足当电力装置回路以额定值的条件运行时，仪表的指示在标度尺的 2/3 处。对有可能过负荷运行的电力装置回路，仪表的测量范围，宜留有适当的过负荷裕度。

（5）对有可能出现短时冲击电流的电力装置回路，宜采用具有过负荷标度尺的电流表；对有可能双向运行的电力装置回路，应采用具有双向标度尺的仪表。具有极性的直流电流和电压回路，应采用具有极性的仪表。

（6）重载启动的电动机和有可能出现短时冲击电流的电力设备和回路，宜采用具有过负荷标度尺的电流表。

（7）励磁回路仪表的上限值不得低于额定工况的 1.3 倍，仪表的综合误差不得超过 1.5%。无功补偿装置的测量仪表量程应满足给水排水工程设备允许通过的最大电流和允许耐受的最高电压的要求。并联电容器组的电流测量应按并联电容器组持续通过的电流为其额定电流的 1.35 倍设计。

（8）电能计量装置应满足发电、供电、用电准确计量的要求。

（9）电能表的精确度等级，应按下列要求选择：

1）月平均用电量 5000MWh 及以上或变压器容量为 10MVA 及以上的高压计费用户、200MW 及以上电机应为 I 类电能计量装置。

2）月平均用电量 1000MWh 及以上或变压器容量为 2MVA 及以上的高压计费用户、100MW 及以上电机应为 II 类电能计量装置。

3）月平均用电量 100MWh 及以上或负荷容量为 315kVA 及以上的计费用户应为 III 类电能计量装置。

4）负荷容量为 315kVA 以下的计费用户应为 IV 类电能计量装置。

5）单相电力用户计费用电能计量装置应为 V 类电能计量装置。

电能计量装置的准确度不应低于表 4-9 的规定。

电能计量装置的准确度要求 表 4-9

| 电能计量装置类别 | | Ⅰ 类 | Ⅱ 类 | Ⅲ 类 | Ⅳ 类 | Ⅴ 类 |
|---|---|---|---|---|---|---|
| 准确度<br>（级） | 有功电能表 | 0.2S | 0.5S | 1.0 | 2.0 | 2.0 |
| | 无功电能表 | 2.0 | 2.0 | 2.0 | 2.0 | — |
| | 电压互感器 | 0.2 | 0.2 | 0.5 | 0.5 | — |
| | 电流互感器 | 0.2S 或 0.2 | 0.2S 或 0.2 | 0.5S | 0.5S | 0.5S |

（10）电能表的电流和电压回路应分别装设电流和电压专用试验接线盒。

（11）中性点有效接地系统的电能计量装置应采用三相四线的接线方式；中性点非有效接地系统的电能计量装置宜采用三相三线的接线方式。经消弧线圈等接地的计费用户且年平均中性点电流大于 0.1％额定电流时，应采用三相四线的接线方式；照明变压器、照明与动力共用的变压器、照明负荷占 15％及以上的动力与照明混合供电的 1200V 及以上的供电线路，以及三相负荷不平衡率大于 10％的 1200V 及以上的电力用户线路，应采用三相四线的接线方式。

（12）当发电厂和变、配电所装设远动遥测和计算机监控时，电能计量、计算机和远动遥测宜共用一套电能表。电能表应具有数据输出或脉冲输出功能，也可同时具有两种输出功能。电能表脉冲输出参数应满足计算机和远动遥测的要求，数据输出的通信规约应符合国家现行标准《多功能电能表通信协议》DL/T 645—2007 的有关规定。

（13）应选用过载 4 倍及以上的电能表。经电流互感器接入的电能表，标定电流不宜超过电流互感器额定二次电流的 30％（对 S 级为 20％），额定最大电流宜为额定二次电流的 120％。直接接入式电能表的标定电流应按正常运行负荷电流的 30％选择。

（14）低压供电且负荷电流为 50A 及以下时，宜采用直接接入式电能表；负荷低压供电且电流为 50A 以上时，宜采用经电流互感器接入式的接线方式。

（15）Ⅰ、Ⅱ、Ⅲ类电能计量装置应具有电压失压计时功能。

（16）电能表用互感器二次回路中接入的负荷，不应大于互感器所规定精确度等级的允许值。电力用户处电能计量点的 0.5 级的电能表和 0.5 级的专用电能计量仪表处电压降，不宜大于电压互感器额定二次电压的 0.25％；1.0 级及 2.0 级的电能表处电压降，不得大于电压互感器额定二次电压的 0.5％。

（17）Ⅰ类电能计量装置应在关口点根据进线电源设置单独的计量装置。低压供电且负荷电流为 50A 及以下时，宜采用直接接入式电能表；负荷低压供电且电流为 50A 以上时，宜采用经电流互感器接入式的接线方式。

### 4.3.1.2 电气测量与电能计量仪表的装设

（1）各级变、配电所测量与计量仪表的装设见表 4-10。

35kV 及以下变、配电所测量与计量仪表的装设 表 4-10

| 线路名称 | | 装设的表计数量 | | | | | | 说 明 |
|---|---|---|---|---|---|---|---|---|
| | | 电流表 | 电压表 | 有功<br>功率表 | 无功<br>功率表 | 有功<br>电能表 | 无功<br>电能表 | |
| 35kV | | | | | | | | |
| 35/6～10kV<br>双绕组变压器 | 高压侧 | 1 | | 1 | 1 | 1 | 1 | 仪表装在变压器高压侧或低压侧按具体情况确定 |
| | 低压侧 | | | | | | | |

| 线路名称 | | 装设的表计数量 | | | | | | 说　明 |
|---|---|---|---|---|---|---|---|---|
| | | 电流表 | 电压表 | 有功功率表 | 无功功率表 | 有功电能表 | 无功电能表 | |
| 3～10kV | | | | | | | | |
| 3～10kV 进线 | | 1 | | | | | | 由树干式线路供电的或由电力系统供电的变电所，还应装设有功、无功电能表各 1 只 |
| 3～10kV 母线（每段母线） | | | 4 | | | | | 1. 1 只电压表用来检测线电压，其余 3 只电压表用作母线绝缘监视；<br>2. 如母线上配出回路较少时，绝缘监视电压表可不装；<br>3. 变电所接有冲击性负荷，在生产过程中经常引起母线电压连续波动时，按需要可再装设 1 只记录型电压表 |
| 3～10kV 联络线 | | 1 | | 1 | | 2 | 2 | 电能表只装在线路的一端，并应有逆止器 |
| 3～10kV 出线 | | 1 | | | | 1 | 1 | 1. 不是送往单独的经济核算单位时无功电能表可不装；<br>2. 当线路负荷≥5000kVA 时可再装设 1 只有功功率表 |
| 6～10/3～6kV 变压器 | 高压侧 | 1 | | | | 1 | 1 | 仪表装在变压器高压侧或低压侧按具体情况确定 |
| | 低压侧 | | | | | | | |
| 6～10/0.38kV 变压器 | 高压侧 | 1 | | | | 1 | | 如为单独的经济核算单位的变压器，还应装设 1 只无功电能表 |
| 同步电动机 | | 1 | | | 1 | 1 | 1 | 如成套控制屏上已装有有功、无功电能表时，配电装置上可不再装设，装功率因数表比装无功功率表好，可直接指示功率因数的超前滞后 |
| 异步电动机 | | 1* | | | | 1** | | * ≥55kW<br>** ≥75kW |
| 0.38kV | | | | | | | | |
| 静电电容器 | | 3 | | | | | | |
| 进线或变压器低压侧 | | 3 | | | | | | 如变压器高压侧未装电能表时，还应装设有功电能表一只 |
| 母线（每段） | | | 1 | | | | | |
| 出线（＞100A） | | 1 | | | | | | 1. ＜100A 的线路，根据生产过程的要求，需进行电流监视时，可装设 1 只电流表；<br>2. 三相长期不平衡运行的线路如动力和照明混合的线路，在照明负荷占总负荷的 15%～20%以上时，应装设 3 只电流表；<br>3. 送往单独的经济核算单位或照明专用线路，均应加装有功电能表 1 只 |

（2）在下列回路中应进行直流电源电压测量：

1）直流发电/电动机。

2）蓄电池组，以及充电回路。

3）电力整流装置。

4）发电机、除无刷励磁外的同步电动机励磁回路以及自动调整励磁装置的输出回路。

5）根据生产工艺的要求，需监测直流电流电压的其他电力装置回路。

（3）测量交流三相电流，可采用 1 个电流表。但对有可能长期不平衡运行的下列回路中应安装 3 个电流表：

1）三相负荷不平衡率大于 10％的 1200V 及以上的电力用户线路。

2）三相负荷不平衡率大于 15％的 1200V 以下的供电线路。

3）并联电力电容器组的总回路。

（4）装于控制屏上的 1200V 以下的交流电流表应经过仪表用电流互感器连接，装于配电屏上的可采用直接连接或经过电流互感器连接。

（5）在 1200V 以上中性点直接接地的三相交流系统中，测量电压可用 1 个电压表通过切换开关来测量 3 个线电压。在中性点非直接接地的三相交流系统中，一般只测量 1 个线电压。在 1200V 以下中性点直接接地的三相交流系统中，一般只测量 1 个线电压。

（6）在中性点非直接接地的电网中，应在母线上装设能测定 3 个相电压的绝缘监视装置。绝缘监视的电压表应连接至三相五铁芯三绕组电压互感器或单相三绕组电压互感器组，电压互感器按 Y/Y-△高压侧中性点直接接地的方式连接。

（7）大容量同步电动机的励磁回路中应进行绝缘测量。允许使用一只电压表通过切换开关以测量数台机组的励磁回路绝缘。

（8）发电机的励磁回路、直流系统的各段母线应监测直流系统的绝缘。

（9）允许采用有切换开关的有功—无功功率表，代替分别装设的有功功率表和无功功率表。

### 4.3.1.3　电气测量仪表和电能计量仪表的安装条件

（1）电气测量仪表应安装在对主要电器进行控制的地方。此外根据生产工艺的需要，在进行生产过程调整的地方，也允许安装电气测量仪表。

（2）电气测量与电能计量仪表的安装和工作条件应符合仪表技术条件的规定，否则应采取有效措施以保证仪表的正常工作。

（3）测量与计量仪表的安装位置应便于维护、监视和读数。建议测量与计量仪表安装的高度为：

一般开关板仪表 1.2～2.0m；

准确度高、刻度小的仪表≤1.7m；

记录型仪表（到中心线）0.6～2.0m；

电能表（到中心线）0.7～2.0m；

变送器 0.8～1.8m。

### 4.3.1.4　计算机测控管理系统检测内容

对各电压等级的变、配电系统，设置就地显示或将主要的模拟量、开关量、脉冲量信号传输到同一计算机测控管理中心进行监测、存储、打印。

（1）电气参数可通过计算机监控系统进行监测和记录，可不单独装设记录型仪表。

（2）当采用计算机监控系统时，就地厂（所）用配电盘上应保留必要的测量表计或监测单元。

（3）计算机监控系统的电测量数据采集应包括模拟量和电能数据量。计算机监控不设模拟屏时，控制室常用电测量仪表宜取消。计算机监控设模拟屏时，模拟屏上的常用电测量仪表应精简，并可采用计算机驱动的数字式仪表。

### 4.3.2 电流互感器及其二次电流回路

（1）测量与计量用电流互感器的选择

电流互感器的选择除应满足一次回路的额定电压、最大负荷电流及短路时的动、热稳定电流要求外，还应满足二次回路测量仪表、自动装置的准确度等级和保护装置10％误差特性曲线的要求。各种测量与计量仪表对电流互感器准确度的要求见本节设计原则中的有关规定。

当一个电流互感器的回路内有几个不同形式的仪表时，电流互感器的准确度等级应按对准确度要求高的仪表选择。

电流互感器在不同二次负荷时准确度也不同。制造厂给出的电流互感器二次负荷数据，通常以欧表示，也有用伏安表示，两者关系为

$$I_2^2 Z_{\mathrm{fh,ry}} = S_2 \tag{4-12}$$

式中　$I_2$——电流互感器的二次额定电流（A）；

　　　$Z_{\mathrm{fh,ry}}$——电流互感器的二次回路允许负荷（Ω）；

　　　$S_2$——电流互感器的二次负荷（VA）。

若电流互感器的二次额定电流为5A，则

$$S_2 = 25 Z_{\mathrm{fh,ry}} \tag{4-13}$$

校验电流互感器的准确度时，电流互感器的实际二次负荷 $Z_{\mathrm{fh}}$ 按式（4-14）计算：

$$Z_{\mathrm{fh}} = K_{jx2} Z_{cj} - K_{jx1} R_{dx} + R_{jc} \tag{4-14}$$

式中　$K_{jx1}$、$K_{jx2}$——导线接线系数、仪表或继电器接线系数，见表4-11；

　　　$Z_{cj}$——测量与计量仪表线圈的阻抗（Ω），见表4-12；

　　　$R_{jc}$——接触电阻（Ω），一般取 $0.05\sim0.1\Omega$；

　　　$R_{dx}$——连接导线的电阻（Ω）。

**仪表或继电器用电流互感器各种接线方式时的接线系数**　　　　表 4-11

| 电流互感器接线方式 | | 导线接线系数 $K_{jx1}$ | 仪表或继电器接线系数 $K_{jx2}$ | 备　注 |
|---|---|---|---|---|
| 单　相 | | 2 | 1 | |
| 三相星形 | | 1 | 1 | |
| 两相星形 | $Z_{cj,0} = Z_{cj}$ | $\sqrt{3}$ | $\sqrt{3}$ | $Z_{cj,0}$ 为中性线回路中的负荷阻抗 |
| | $Z_{cj,0} = 0$ | $\sqrt{3}$ | 1 | |
| 两相差接 | | $2\sqrt{3}$ | $\sqrt{3}$ | |
| 三角形 | | 3 | 3 | |

常用测量与计量仪表的线圈阻抗或负荷                    表 4-12

| 仪表名称 | 型 号 | 每个电流串联线圈 阻抗（Ω） | 每个电流串联线圈 负荷（VA） | 电流串联线圈总数 | 电压线圈的电压（V） | 每个电压线圈的负荷（VA） | 电压线圈的个数 | 备注 |
|---|---|---|---|---|---|---|---|---|
| 电流表 | 421.2-A 851.1-A<br>461.2-A 161.8-A<br>441.1-A 591.4-A | | 1 | 1 | | | | |
| 电压表 | 421.2-V 851.1-V<br>461.2-V 161.8-V<br>441.1-V 591.4-V | | | | 100 | 0.3 | 1 | |
| 有功功率表 | 421.2-W 851.1-W<br>461.2-W 161.8-W<br>441.1-W 591.4-W | | 0.5 | 2 | 100 | 1.4 | 2 | |
| 无功功率表 | 421.2-var 851.1-var<br>461.2-var 161.8-var<br>441.1-var 591.4-var | | 0.5 | 2 | 100 | 1.4 | 2 | |
| 有功电能表 | DS862-2 100V 6A | 0.02 | 0.5 | 2 | 100 | 1.5 | 2 | |
| 无功电能表 | DX862-2 100V 6A | 0.02 | 0.5 | 2 | 100 | 1.5 | 2 | |
| 功率因数表 | 451.8-cos$\varphi$ 631.18-cos$\varphi$ | | 0.9 | | 100 | 0.6 | | |

（2）电流互感器二次回路的设计原则

1）电流互感器额定一次电流的选择，宜满足正常运行的实际负荷电流达到额定值的 60%，且不应小于 30%（S 级为 20%）的要求，也可选用较小变比或二次绕组带抽头的电流互感器。电流互感器额定二次负荷的功率因数应为 0.8～1.0。

2）1%～120% 额定电流回路，宜选用 S 级的电流互感器。电流互感器的额定二次电流可选用 5A 或 1A。110kV 及以上电压等级电流互感器宜选用 1A。

3）电流互感器二次绕组中所接入的负荷，应保证在额定二次负荷的 25%～100%。

4）当测量仪表与保护装置共用一组电流互感器时；宜分别接于电流互感器的不同的二次绕组。若受条件限制需共用电流互感器同一个二次绕组时，应按下述原则配置：

①保护装置接在仪表之前，避免校验仪表时影响保护装置工作。

②电流回路开路能引起保护装置不正确动作，而又未设有效的闭锁和监视时，仪表应经中间电流互感器连接。当中间互感器二次回路开路时，保护用电流互感器误差应不大于 10%。

5）当几种仪表接在电流互感器的同一个二次绕组时，其接线顺序宜先接指示和计算式仪表，再接记录仪表，最后接发送仪表。

6）电流互感器的二次回路不宜进行切换，当需要时，应采取防止开路的措施。并且其二次回路只应有一个接地点，宜在配电装置处经端子接地。

（3）常用接线方式：电流互感器在三相电路中常用的接线方案有下列三种，如图4-15所示。

1）单相式接线：电流表只反映一次电路中某一相的电流，通常用于负荷平衡的三相电路中。

2）两相 V 形接线，或称不完全星形接线：用三只电流表反映三相电流。广泛应用于负荷不论平衡与否的三相三线制系统中。

3）三相星形（Y）接线：三只电流表分别反映各相电流，广泛用于负荷不论平衡与

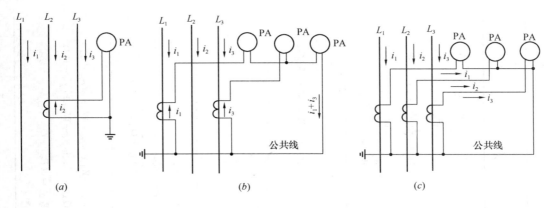

图 4-15　电流互感器在三相电路中的常用接线

(*a*) 单相式接线；(*b*) 两相 V 形接线；(*c*) 三相星形接线

否的三相三线和三相四线电路中，供测量、保护之用。

在给水排水工程中，作为电流测量和电能计量；多采用两相 V 形接线。

### 4.3.3　电压互感器及其二次电压回路

（1）电压互感器的选择

1）电压互感器二次绕组中所接入的负荷，应保证在额定二次负荷的 $25\%\sim100\%$，实际二次负荷的功率因数应与额定二次负荷功率因数相接近。

2）按照形式和接线选择。变、配电所常用的几种电压互感器接线如下：

①采用一个单相电压互感器的接线，供仪表和继电器接于同一个线电压，如用作备用电源进线的电压监视；

②采用两个单相电压互感器接成 V 形的接线，供仪表和继电器接于 $L_1-L_2$、$L_2-L_3$ 两个线电压，用于主接线较简单的变、配电所；

③采用一个三相五铁芯三绕组电压互感器或三个单相三绕组电压互感器接成 Y/Y-△ 的接线，供仪表和继电器接于三个线电压，辅助二次绕组接成开口三角形，构成零序电压过滤器，用于需要绝缘监视的变、配电所。

3）按照准确度和容量选择。测量与计量仪表对电压互感器准确度的要求见本节设计原则中的有关规定。

为了保证电压互感器的准确度，其二次负荷不应大于制造厂给出的数据。

在企业变电所中供测量、计量和保护用的电压互感器，其二次负荷较小，一般能够满足仪表对电压互感器准确度的要求。只有在利用电压互感器作为控制电源（如交流操作），或当电压互感器二次侧接有经常通电的事故照明灯时，才需校验电压互感器的准确度。校检电压互感器准确度时，应计算出互感器的二次回路负荷。电压互感器在不同接线时，二次侧的负荷计算见表 4-13；常用测量与计量仪表的线圈负荷见表 4-12；继电器的负荷见产品样本。

（2）电压互感器二次回路的设计原则：

1）应保证电压互感器负荷端仪表、保护和自动装置工作时所要求的电压准确度等级。电压互感器二次负荷三相宜平衡配置。

2）电压互感器的一次侧隔离开关断开后，其二次回路应有防止电压反馈的措施。

表 4-13

**电压互感器在不同接线时二次侧负荷的计算公式**

| 电压互感器与二次侧负荷的接线方式 | 向量图 | 二次侧负荷的计算公式 | | |
|---|---|---|---|---|
| | | $P_A = \dfrac{1}{\sqrt{3}}[W_{ab}\cos(\varphi_{ab}-30°)+W_{ca}\cos(\varphi_{ca}+30°)]$ <br> $Q_A = \dfrac{1}{\sqrt{3}}[W_{ab}\sin(\varphi_{ab}-30°)+W_{ca}\sin(\varphi_{ca}+30°)]$ <br> $W_A = \sqrt{P_A^2+Q_A^2}$ | $P_B = \dfrac{1}{\sqrt{3}}[W_{ab}\cos(\varphi_{ab}+30°)+W_{bc}\cos(\varphi_{bc}-30°)]$ <br> $Q_B = \dfrac{1}{\sqrt{3}}[W_{ab}\sin(\varphi_{ab}+30°)+W_{bc}\sin(\varphi_{bc}-30°)]$ <br> $W_B = \sqrt{P_B^2+Q_B^2}$ | $P_C = \dfrac{1}{\sqrt{3}}[W_{bc}\cos(\varphi_{bc}+30°)+W_{ca}\cos(\varphi_{ca}-30°)]$ <br> $Q_C = \dfrac{1}{\sqrt{3}}[W_{bc}\sin(\varphi_{bc}+30°)+W_{ca}\sin(\varphi_{ca}-30°)]$ <br> $W_C = \sqrt{P_C^2+Q_C^2}$ |
| | | $P_A = \dfrac{1}{\sqrt{3}}W_{ab}\cos(\varphi_{ab}-30°)$ <br> $Q_A = \dfrac{1}{\sqrt{3}}W_{ab}\sin(\varphi_{ab}-30°)$ <br> $W_A = \sqrt{P_A^2+Q_A^2}$ | $P_B = \dfrac{1}{\sqrt{3}}[W_{ab}\cos(\varphi_{ab}+30°)+W_{bc}\cos(\varphi_{bc}-30°)]$ <br> $Q_B = \dfrac{1}{\sqrt{3}}[W_{ab}\sin(\varphi_{ab}+30°)+W_{bc}\sin(\varphi_{bc}-30°)]$ <br> $W_B = \sqrt{P_B^2+Q_B^2}$ | $P_C = \dfrac{1}{\sqrt{3}}W_{bc}\cos(\varphi_{bc}+30°)$ <br> $Q_C = \dfrac{1}{\sqrt{3}}W_{bc}\sin(\varphi_{bc}+30°)$ <br> $W_C = \sqrt{P_C^2+Q_C^2}$ |
| | | $P_{AB} = W_{ab}\cos\varphi_{ab}$ <br> $Q_{AB} = W_{ab}\sin\varphi_{ab}$ <br> $W_{AB} = \sqrt{P_{AB}^2+Q_{AB}^2}$ | | $P_{BC} = W_{bc}\cos\varphi_{bc}$ <br> $Q_{BC} = W_{bc}\sin\varphi_{bc}$ <br> $W_{BC} = \sqrt{P_{BC}^2+Q_{BC}^2}$ |
| | | $P_{AB} = W_{ab}\cos\varphi_{ab}+W_{ca}\cos(\varphi_{ca}+60°)$ <br> $Q_{AB} = W_{ab}\sin\varphi_{ab}+W_{ca}\sin(\varphi_{ca}+60°)$ <br> $W_{AB} = \sqrt{P_{AB}^2+Q_{AB}^2}$ | | $P_{BC} = W_{bc}\cos\varphi_{bc}+W_{ca}\cos(\varphi_{ca}-60°)$ <br> $Q_{BC} = W_{bc}\sin\varphi_{bc}+W_{ca}\sin(\varphi_{ca}-60°)$ <br> $W_{BC} = \sqrt{P_{BC}^2+Q_{BC}^2}$ |

3）电压互感器二次绕组的接地：对中性点直接接地系统，电压互感器星形接线的二次绕组应采用中性点一点接地方式（中性线接地）。中性点接地线（中性线）中不应串接有可能断开的设备。

对中性点非直接接地系统，电压互感器星形接线的二次绕组宜采用 V 相一点接地方式，也可采用中性点一点接地方式（中性线接地）。当采用 V 相接地方式，二次绕组中性点应经击穿保险接地。V 相接地线和 V 相熔断器或自动开关之间不应再串接有可能断开的设备。

对 V/V 接线的电压互感器，宜采用 V 相一点接地，V 相接地线上不应串接有可能断开的设备。

电压互感器剩余电压二次绕组的引出端之一应一点接地，接地引线不应串接有可能断开的设备。

几组电压互感器二次绕组之间有电路联系或者地电流会产生零序电压使保护误动作时，接地点应集中在控制室或继电器室内一点接地。无电路联系时，可分别在不同的控制室或配电装置内接地。

由电压互感器二次绕组向交流操作继电器保护或自动装置操作回路供电时，电压互感器二次绕组之一或中性点应经击穿保险或氧化锌避雷器接地。

4）在电压互感器二次回路中，除接成开口三角形的剩余电压二次绕组和另有规定者（例如自动调整励磁装置）外，应装设熔断器或自动开关。

5）电压互感器二次侧互为备用的切换，应由在电压互感器控制屏上的切换开关控制。在切换后，控制屏上应有信号显示。中性点非直接接地系统的母线电压互感器，应设有绝缘监察信号装置及抗铁磁谐振措施。

6）当电压回路电压降不能满足电能表的准确度的要求时，电能表就地布置，或在电压互感器端子箱处另设电能表专用的熔断器或自动开关，并引接电能表电压回路专用的引接电缆，控制室应有该熔断器或自动开关的监视信号。

（3）电压互感器原理接线见图 4-16、图 4-17。

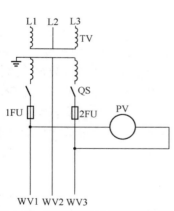

图 4-16　V/V 接法电压互感器接线
PV—电压表；QS—隔离开关辅助开关；
1FU、2FU—熔断器

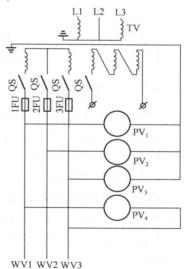

图 4-17　Y/Y-△接法电压互感器接线
PV—电压表；QS—隔离开关辅助开关；
1~3FU—熔断器

# 4.4 中央信号装置

给水排水工程变、配电所的中央信号装置，由事故信号和预告信号组成，当断路器发生事故跳闸时，启动事故信号；当发生其他故障及运行不正常情况时，如过负荷、轻瓦斯、温度过高、绝缘不良等，均启动预告信号，每种信号装置均由灯光信号和音响信号两部分组成。为了区别事故信号与预告信号，应采用不同的音响元件来鉴别，事故信号选用蜂鸣器（也称电笛），预告信号采用电铃。

中央信号装置装设在主控室的中央信号屏上。

采用微机保护，并设置后台监控的变、配电所可不设单独的中央信号屏，此时中央信号的功能由计算机完成。

## 4.4.1 中央信号装置的设计原则

（1）变、配电所一般在控制室或值班室内设中央信号装置。中央信号装置由事故信号和预告信号组成。

（2）中央事故信号装置应保证在任何断路器事故跳闸时，能瞬时发出音响信号，在控制屏上或配电装置上还应有表示该回路事故跳闸的灯光或其他指示信号。

（3）中央预告信号装置应保证在任何回路发生故障时，能及时发出音响信号，并有显示故障性质和地点的指示信号（灯光或信号继电器）。

（4）中央事故与预告音响信号应有区别。一般事故音响信号用电笛，预告音响信号用电铃。

（5）中央事故与预告信号装置在发出音响信号后，应能手动或自动复归音响，而灯光或指示信号仍应保持，直至处理后故障消除时为止。

（6）中央信号接线应简单、可靠，对其电源熔断器是否熔断应有监视。

（7）变、配电所采用直流操作电源并采用灯光监视时，一般设有闪光装置，与断路器的事故信号和自动装置相配合，指示断路器的事故跳闸和自动投入。

（8）变电所的中央事故与预告信号一般采用重复动作的信号装置。如变电所主接线较简单，中央事故信号可采用不重复动作。

## 4.4.2 中央事故信号装置

（1）中央复归、重复动作的中央事故信号原理接线（直流操作）

对于比较重要的变、配电所应设置中央复归、能重复动作的事故信号装置。当任何一条回路的断路器发生事故跳闸时，利用断路器辅助触点与控制开关位置不对应原理，将信号电源与事故音响小母线接通，蜂鸣器发出音响。发生事故后，可先解除音响信号，而保留灯光信号，以便判别故障性质和地点。此电路能使上一次信号消失前或在控制开关使相应断路器事故信号回路断开以前仍能接受下一次信号。利用冲击继电器构成的中央复归、能重复动作的事故音响信号装置原理接线见图 4-18。

当断路器故障跳闸时，事故音响小母线 WFS 与信号负电源 WS 接通，冲击继电器 KI1 的微分元件变流器获得脉冲信号。使干簧继电器 K1 动作，并启动中间继电器 K2，使电笛通电发出音响信号。当脉冲消失后，干簧继电器失电，中间继电器 K2 自保持。按

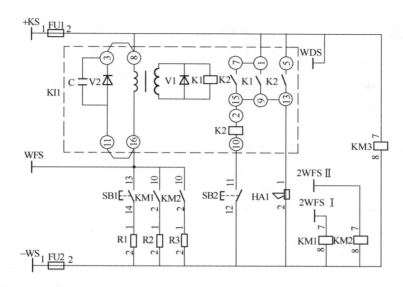

图 4-18 中央复归、能重复动作的事故音响信号电路（直流操作）

KI1—冲击继电器；KM1～3—中间继电器；SB1、2—控制按钮；

HA1—电笛；R1～R3—电阻；FU1、2—熔断器

音响解除按钮 SB2，冲击继电器的出口中间继电器 K2 断电，音响信号停止。此时信号回路电流已经稳定，微分变流器没有输出，干簧继电器不动作。冲击继电器复归，准备第二次动作。当信号回路的信号消失时，由于微分变流器的作用，干簧继电器得到反向电压，由于二极管旁路，干簧继电器不动作，故冲击继电器也不动作。

（2）中央复归、不能重复动作的事故信号装置（直流操作）

对于出线较少的小型变、配电所，可采用中央复归、不能重复动作的方式。其原理接线见图 4-19。

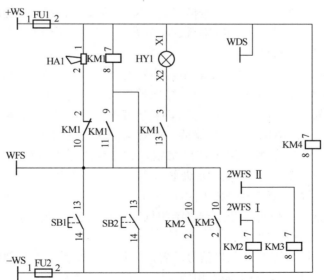

图 4-19 中央复归、不能重复动作的事故信号装置电路（直流操作）

KM1～4—中间继电器；SB1、2—控制按钮；HY1—黄色信号灯；

HA1—电笛；FU1、2—熔断器

当断路器事故跳闸时，WFS 与一
WS 接通，使电笛 HA1 发出音响信号。
按音响解除按钮 SB2，中间继电器 KM1
动作，音响信号停止。但第一个事故信
号未解除，继电器 KM1 未释放，音响
回路不能再接通。

（3）交流操作的中央事故信号电路

交流操作的中央复归、不能重复动
作的中央事故信号电路图见图 4-20。

当断路器事故跳闸时，事故信号加
到事故音响小母线 WFS 与 WS 上，并
使电笛 HA1 通电，发出音响信号。当
低压配电装置断路器事故跳闸时，单独
的事故信号加到事故音响小母线 WFS1
上，KM2 继电器动作，使电笛 HA1 通
电，发出音响信号。按下音响解除按钮
SB2，中间继电器 KM1 动作，音响信号
停止。第一个事故信号回路不解除，
KM1 继电器不能复归，音响回路不能
再接通。

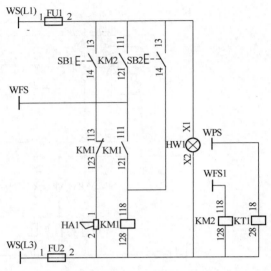

图 4-20   中央复归、不能重复动作的
事故信号装置电路（交流操作）

KM1、2—中间继电器，DZ-3E/44J 型，～220V；KT1—时间
继电器，SS-22/1 型，～220V；SB1—控制按钮，K22-22P 型，
～220V（白色）；SB2—控制按钮，K22-22P 型，～220V（黑
色）；HA1—电笛，DDJ1 型，～220V；HW1—白色信号灯，
XD5 型，～220V；FU1、2—熔断器，RT14-6A 型

### 4.4.3   中央预告信号装置

预告信号装置是当主要电气设备出现不正常情况时，能自动发出音响和灯光信号的装
置，一般按重复动作考虑。常见的预告信号有：变压器轻瓦斯保护、变压器过负荷、电压
互感器二次回路断线、直流回路绝缘降低、事故音响信号回路熔断器熔断等。

（1）能重复动作的预告信号

图 4-21 是中央复归、能重复动作的预告信号电路。预告信号脉冲回路将正电源加到
预告信号小母线 WPS1 或 WPS2 上，冲击继电器 KI2 获得脉冲信号，干簧继电器 K1 动
作，启动中间继电器 K2 使电铃 HA2 通电，发出音响信号。当预告信号脉冲消失后，干
簧继电器 K1 失电，中间继电器 K2 自保持。按音响解除按钮 SB4，出口中间继电器 K2 断
电，音响信号停止。此时信号回路电流已稳定，微分变流器没有输出，干簧继电器不动
作，冲击继电器 KI2 复归，准备第二次动作。

转换开关 SA1 供检查光字牌 HL 使用。在正常工作时转换开关 SA1 放在"接通"位
置，检查时扳至"试验"位置，若所有光字牌均亮，说明光字牌完好。

（2）不重复动作的预告信号

对于小型的变、配电所，其预告信号装置可采用直流操作不重复动作的方式。其原理
接线见图 4-22。其动作原理与图 4-21 相似。

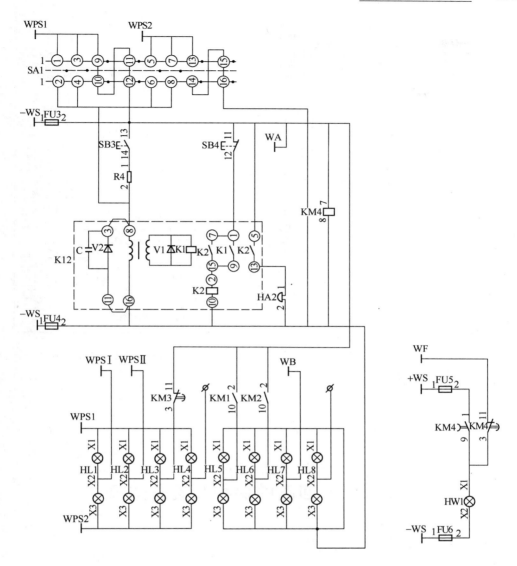

图 4-21 中央复归、能重复动作的预告信号电路（直流操作）

K12—冲击继电器；KM4—中间继电器；SB3、4—控制按钮；HA2—电铃；R4—电阻；FU3～6—熔断器

### 4.4.4 数字式微机中央信号装置

数字式微机中央信号装置由微处理器、程序存储器、数据存储器、输入输出接口等组成，具有可靠性高、操作简单、安装方便等特点。

综合了事故信号报警、事故信号预报的全部功能。功能特点包括：对应两者不同的报警实现双音双色；报警信号可追忆，也可清除报警器内记忆信号；报警器在掉电后可保存记忆信号等；具有 RS485 或 RS232 等多种通信接口，允许多台报警器联网，向上微机传送数据。图 4-23 为 8 回路数字式微机中央信号报警装置接线图。

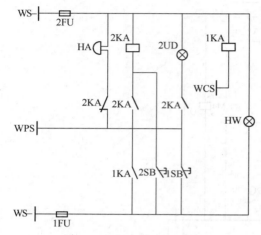

| 信号小母线 | 熔断器 | 预告信号 | | | | | 断线继电器跳闸回路 | 信号电源监视灯 |
|---|---|---|---|---|---|---|---|---|
| | | 警铃 | 中间继电器解除音响 | 除音响按钮 | 验音响试按钮 | | | |

图 4-22  中央复归、不重复动作的
预告信号电路（直流操作）
HA—电铃；1KA、2KA—中间继电器；1FU、
2FU—熔断器；2UD—黄色信号灯；HW—白色
信号灯；1SB、2SB—按钮

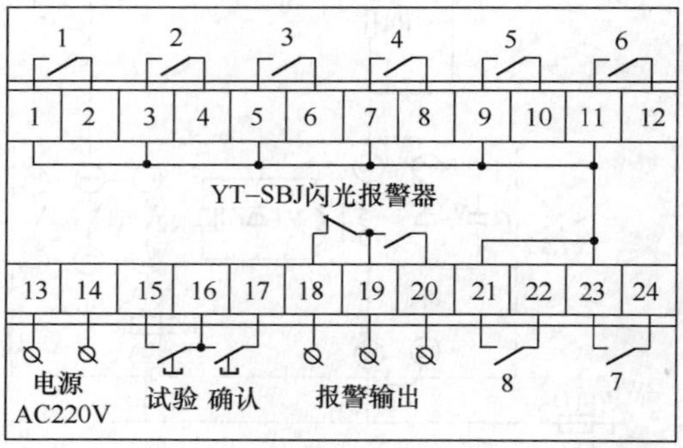

图 4-23  数字式微机中央报警装置接线

# 4.5  二次回路的保护和设备选择

## 4.5.1  保护电器的配置原则

二次回路的保护设备用来切除二次回路短路故障，并作为二次回路检修和调试时断开交、直流电源用。保护设备可用熔断器，也可采用低压断路器。

（1）控制回路的熔断器配置原则

1）同一安装单位的控制、保护和自动装置一般共用熔断器。当一个安装单位内只有一台断路器时，只装设一组熔断器。当一个安装单位有几台断路器时，应分别装设熔断器，此时对公用保护回路是接于电源侧断路器的熔断器上，还是另行装设总的熔断器，应根据主接线的要求来确定。当有总熔断器时，凡属本安装单位的熔断器应接于总熔断器之下，以便监视。

2）当一个安装单位有几台断路器而又无单独运行的可能（如双绕组变压器的高、低压侧断路器），或断路器之间有程序控制要求（如电动机的启动断路器与主断路器）等时，其控制回路宜共用一组熔断器。

3）两个及以上安装单位的公用保护和自动装置回路，应装设单独的熔断器。

4）弹簧储能机构所需交、直流操作电源，一般装设单独的熔断器。

控制、保护及自动装置用的熔断器均应加以监视，一般用断路器控制回路的监视装置来完成。对装有单独熔断器的回路，宜采用继电器进行监视，其信号应接至另外的电源。

（2）信号回路的熔断器配置

1）每个安装单位的信号回路（包括隔离开关的位置信号、事故和预告信号、指挥信号等），宜用一组熔断器。

2）公用的信号回路（如中央信号等），应装设单独的熔断器。

3）厂（所）用电源及母线设备信号回路，宜分别装设公用的熔断器。

4）闪光小母线的分支线上，不宜装设熔断器。

信号回路用的熔断器均应加以监视，可用隔离开关的位置指示器，也可用继电器或信号灯来监视。

（3）电压互感器回路的保护设备配置

1）电压互感器回路中，除开口三角形绕组和另有专门规定者外，应在其出口处装设熔断器或低压断路器。当电压回路发生故障可能使保护和自动装置发生误动或拒动时，宜装设低压断路器。

2）电压互感器二次侧中性点引出线上，不应安装熔断器或低压断路器。当采用 B 相接地方式时，B 相熔断器或低压断路器应装在电压互感器绕组引出端与接地点之间。

3）电压互感器开口三角绕组的试验芯上，应装设熔断器或低压断路器。

（4）二次回路熔断器电流的选择

熔断器应按二次回路最大负荷电流选择，并应满足选择性的要求。干线上的熔断器熔体的额定电流应比支线上的大 2～3 级。

二次回路电压为 110～220V 时，二次回路熔断器熔体额定电流的选择结果见表 4-14。常用断路器操作机构的合闸回路熔断器选择见表 4-4。

**二次回路电压为 110～220V 时熔断器熔体额定电流及**

**低压断路器脱扣器额定电流的选择**　　　　　　　　　表 4-14

| 回路名称 | 熔断器熔体额定电流（A） | 低压断路器电磁脱扣器额定电流（A） | 回路名称 | 熔断器熔体额定电流（A） | 低压断路器电磁脱扣器额定电流（A） |
|---|---|---|---|---|---|
| 断路器的控制保护回路 | 4～6 | | 电压干线的总保护 | 4～6（10～15） | |
| 隔离开关与断路器闭锁回路 | 4～6 | 2 | | | |
| 中央信号装置 | 4～6 | | 成组低电压保护的控制回路 | 4～6 | |

注：括号中的数值用于变电所为交流操作（利用电压互感器作为交流操作电源）时。

（5）电压互感器二次侧熔断器选择

1）熔断器的熔体必须保证在二次电压回路内发生短路时，熔体熔断的时间小于保护装置的动作时间。

2）熔断器的电流应满足下列条件：

①熔体的额定电流应大于二次电压回路的最大负荷电流（在母线分段情况下，应考虑一组母线运行时所有电压回路的负荷全部切换至一组电压互感器上），即

$$I_r = K_k I_{f \cdot max} \tag{4-15}$$

式中 $I_r$——熔体额定电流（A）；

$I_{f \cdot max}$——二次电压回路最大负荷电流（A）；

$K_k$——可靠系数，取 1.5。

②当电压互感器二次侧短路时，为不致引起保护的动作，此数值最好由试验确定。

（6）电压互感器二次侧低压断路器的选择

低压断路器瞬时脱扣器的动作电流应满足下列条件：

1）低压断路器瞬时脱扣器的动作电流，应按大于电压互感器二次回路的最大负荷电流来整定：

$$I_{dz} = K_k I_{f \cdot max} \tag{4-16}$$

式中 $I_{dz}$——低压断路器的动作电流（A）；

$I_{f \cdot max}$——二次电压回路最大负荷电流（A）；

$K_k$——可靠系数，取 1.5～2。

2）当电压互感器运行电压为 90% 额定电压时，二次电压回路末端两相经过渡电阻短路，而加于继电器线圈上的电压低于 70% 额定电压时（相当于低电压元件的动作值），低压断路器应瞬时动作。动作电流 $I_{dz}$ 的关系式为

$$U_{g \cdot min} - K_k I_{dz} R_2 = 0.7 U_{2e} \tag{4-17}$$

式中 $U_{g \cdot min}$——最小工作电压（V），取 $0.9 U_{2e}$；

$K_k$——可靠系数，取 1.3；

$I_{dz}$——低压断路器的动作电流（A）；

$R_2$——两相短路时的环路电阻（Ω）；

$U_{2e}$——电压互感器二次额定电压（V）。

经简化后

$$I_{dz} = \frac{0.2}{K_k} \frac{U_{2e}}{R_2} = \frac{15}{R_2} \tag{4-18}$$

3）瞬时电流脱扣器断开短路电流的时间应不大于 0.02s。

4）瞬时电流脱扣器的灵敏系数 $K_m$，应按电压回路末端发生两相金属性短路时的最小短路电流来校验：

$$K_m = \frac{I_{2k \cdot min}}{I_{dz}} \tag{4-19}$$

式中 $I_{2k \cdot min}$——二次电压回路末端发生两相短路时的最小短路电流（A）；

$K_m$——灵敏系数，取 $\geqslant 2$。

（7）二次回路低压断路器脱扣器额定电流的选择

二次回路电压为 110～220V 时，二次回路低压断路器脱扣器额定电流的选择见表 4-14。

## 4.5.2 控制、信号回路的设备选择

（1）断路器控制开关的选择主要依据以下三个因素：

1）满足回路需要的触点数量和触点闭合图表。

2）应满足操作的频繁程度。

3）应满足二次回路的额定电压、额定电流、分断电流数值的要求。

通常采用的转换开关有 LW39、LW 12、LW8、LW5、LW2 型转换开关等。

（2）信号灯和附加电阻的选择应满足：

1）当指示灯短路时，跳、合闸回路通过的电流应小于其最小动作电流及长期热稳定电流，一般不大于线圈额定电流的 10%。

2）直流母线电压为额定电压的 95% 时，加于灯泡的电压应不低于其额定电压的 60%～70%，以保证信号灯的亮度。

3）信号灯若带附加电阻，只需按信号灯的额定电压来选择。常用的信号灯及其附加电阻的技术数据见表 4-15。

常用的信号灯及其附加电阻的技术数据  表 4-15

| 信号灯型号 | 额定电压(V) | 灯 泡 | | 附加电阻 | | 备 注 |
|---|---|---|---|---|---|---|
| | | 电流(A) | 功率(W) | 阻值(Ω) | 功耗(W) | |
| AD11-25/21<br>XD5-220，AD1-30/21 | 220 | 0.015 | 0.18 | 15k | | |
| | | 0.1 | 1.2 | 2200 | 30 | |
| AD11-25/21<br>XD5-110，AD1-30/21 | 110 | 0.015 | 0.18 | 7.0k | | |
| | | 0.1 | 1.2 | 1000 | 30 | |
| XD5-48，AD1-30/21 | 48 | 0.1 | 1.2 | 400 | 25 | |
| XD5-24，AD1-30/21 | 24 | 0.1 | 1.2 | 150 | 25 | |

（3）中间继电器的选择：

1）跳、合闸位置继电器的选择：

①选择断路器的合闸或跳闸继电器的电流线圈额定电流，应与断路器的合闸或跳闸线圈的额定电流相配合，并保证动作的灵敏系数不小于 1.5。

②电压线圈的额定电压一般等于供电母线电压，如用较低电压的继电器需串联电阻，保证继电器线圈上的压降等于线圈额定电压，串联电阻的一端应接负电源。

2）防跳继电器的选择：

①电流启动电压保持的防跳继电器，其电流线圈额定电流的选择，应与断路器跳闸线圈的额定电流相配合，并保证动作的灵敏系数不小于 1.5。

②电流启动电压保持的防跳继电器，其电流线圈额定电压降，应不大于额定电压的 10%。

③电压线圈的额定电压按控制回路额定电压来选择。

④电流启动的防跳继电器的动作时间不应大于断路器的固有跳闸时间。

不同操作机构"防跳"继电器及其附加电阻的技术数据见表 4-16。

不同操作机构"防跳"继电器及其附加电阻的技术数据 表 4-16

| 操作机构型号 | 控制电源电压（V） | 控制回路熔断器微型空气断路器电流（A） | 合闸回路相关继电器电流（A） | | DZB-284型防跳继电器 KM 电流（A） | DX-31B型跳闸信号继电器 KS 电流（A） | 备 注 |
|---|---|---|---|---|---|---|---|
| | | | JCH-4型重合闸继电器 K | DX-31B型信号继电器 KS | | | |
| CT17 | 110 | 6/2.4 | 1 | 1 | 1 | 1 | |
| | 220 | 6/2.4 | 0.5 | 0.5 | 0.5 | 0.5 | |
| CT19 | 110 | 6/2.4 | 0.5 | 0.5 | 1 | 1 | |
| | 220 | 6/2.4 | 0.25 | 0.25 | 0.5 | 0.5 | |
| CD17 | 220 | 6/2.4 | 0.25 | 0.15 | 0.5 | 0.5 | |
| CT(ZN12) | 110 | 6/2.4 | 1 | 1 | 1 | 1 | |
| | 220 | 6/2.4 | 0.25 | 0.25 | 0.25 | 0.25 | |
| CT(ZN18) | 110 | 6/2.4 | 2 | 2 | 操作机构内配套 | 2 | |
| | 220 | 6/2.4 | 1 | 1 | | 1 | |
| CT(ZN21) | 110 | 6/2.4 | 0.5 | 0.5 | 操作机构内配套 | 0.5 | |
| | 220 | 6/2.4 | 0.5 | 0.5 | | 0.5 | |
| CT(ZN63) | 110 | 6/2.4 | 1 | 1 | 操作机构内配套 | 1 | |
| | 220 | 6/2.4 | 0.5 | 0.5 | | 0.5 | |
| CT(ZN65A) | 110 | 6/2.4 | | 0.75 | 操作机构内配套 | 0.75 | |
| | 220 | 6/2.4 | 0.25 | 0.25 | | 0.25 | |
| CT(ZN68A) | 110 | 6/2.4 | 1 | 1 | 1 | 1 | |
| | 220 | 6/2.4 | 0.5 | 0.5 | 0.5 | 0.5 | |
| CT(VD4) | 110 | 6/2.4 | 1 | 1 | 操作机构内配套 | 1 | |
| | 220 | 6/2.4 | 0.5 | 0.5 | | 0.5 | |
| CT(VS1) | 110 | 6/2.4 | 1 | 1 | 操作机构内配套 | 1 | |
| | 220 | 6/2.4 | 0.5 | 0.75 | | 0.75 | |
| CT(NVU12) | 110 | 6/2.4 | 0.5 | 0.5 | 操作机构内配套 | 0.15 | |
| | 220 | 6/2.4 | 0.25 | 0.25 | | 0.08 | |
| CT(NVU12) | 110 | 6/2.4 | 0.5 | 0.5 | 操作机构内配套 | 0.5 | |
| | 220 | 6/2.4 | 0.25 | 0.25 | | 0.25 | |

（4）串接信号继电器及其附加电阻的选择：

1）在额定直流电压下，信号继电器动作的灵敏系数不宜小于1.4。

2）在80%额定直流电压下，由于串接信号继电器而引起回路的电压降应不大于额定电压的10%。

3）选择中间继电器的并联电阻时，应使保护继电器触点断开容量不大于其允许值。

4）应满足信号继电器的热稳定要求。

常用的与中间继电器串接的信号继电器及其附加电阻的选择见表4-17、表4-18。

5）交流操作中与弹簧储能机构脱口线圈串联的信号继电器选择见表4-19。

（5）其他继电器的选择：

1）自动重合闸继电器及其出口信号继电器额定电流的选择，应与其启动元件的动作电流相配合，并保证动作的灵敏系数不小于1.5。

2）具有电流和电压线圈的中间继电器的电流和电压线圈应采用正极性接线。

3）重瓦斯回路并联信号继电器的电压线圈的额定电压按控制回路额定电压来选择。当用附加电阻代替并联信号继电器时，附加电阻选择应符合（4）条中1）、3）、4）项的要求。

**直流电源为 110V 时与中间继电器串接的信号继电器及其附加电阻的选择**　　表 4-17

| 中间继电器 | | 信号继电器及附加电阻 | | | | | | |
|---|---|---|---|---|---|---|---|---|
| 型　号 | 并联数 | 信号同时动作数 | DZ-31B型信号继电器电流（A） | 电阻（Ω） | | 最小灵敏度 $K_{sen}$ | 最大压降（%） | 要求断开功率（W） |
| DZY-206 $R_K=2800\Omega$ | 1 | 1 | 0.05 | R1 | ZG11-50 2000 | 1.72 | 6.9 | >9.5 |
| | | | | R2 | ZG11-50 1200 | | | |
| | 1 | 2 | 0.075 | R1 | ZG11-50 500 | 1.63 | 8.4 | >25.5 |
| | | | | R2 | ZG11-50 500 | | | |
| | 1 | 3 | 0.1 | R1 | ZG11-50 250 | 1.47 | 8.7 | >46.7 |
| | | | | R2 | ZG11-50 250 | | | |
| DZ-31E $R_K=3200\Omega$ | 1 | 1 | 0.05 | R1 | ZG11-50 1500 | 1.9 | 7.8 | >10.7 |
| | | | | R2 | ZG11-50 1000 | | | |
| | 1 | 2 | 0.075 | R1 | ZG11-50 500 | 1.6 | 8.3 | >25.3 |
| | | | | R2 | ZG11-50 500 | | | |
| | 1 | 3 | 0.1 | R1 | ZG11-50 250 | 1.52 | 8.6 | >46.5 |
| | | | | R2 | ZG11-50 250 | | | |
| RXMA1 $R_K=9680\Omega$ | 1 | 1 | 0.05 | R1 | ZG11-50 1200 | 1.86 | 7.5 | >10.2 |
| | | | | R2 | ZG11-50 1200 | | | |
| | 1 | 2 | 0.075 | R1 | ZG11-50 450 | 1.6 | 8.3 | >25.2 |
| | | | | R2 | ZG11-50 450 | | | |
| | 1 | 3 | 0.1 | R1 | ZG11-50 250 | 1.45 | 8.2 | >44 |
| | | | | R2 | ZG11-50 250 | | | |

注：1. $R_k$ 为继电器电阻；

　　2. R1、R2 ZG11-50 型，500Ω。

直流电源为 220V 时与中间继电器串接的信号继电器及其附加电阻的选择　　表 4-18

| 中间继电器 | | | 信号继电器及附加电阻 | | | | | |
|---|---|---|---|---|---|---|---|---|
| 型号 | 并联数 | 信号同时动作数 | DZ-31B 型信号继电器电流（A） | 电阻（Ω） | | 最小灵敏度 $K_{sen}$ | 最大压降（％） | 要求断开功率（W） |
| DZY-206 $R_K = 2800\Omega$ | 1 | 1 | 0.025 | R1 | ZG11-50 2000 | 1.84 | 7.5 | ＞10.1 |
| | | | | R2 | ZG11-50 1200 | | | |
| | 1 | 2 | 0.04 | R1 | ZG11-50 500 | 1.7 | 8.0 | ＞28.6 |
| | | | | R2 | ZG11-50 500 | | | |
| | 1 | 3 | 0.05 | R1 | ZG11-50 250 | 1.55 | 8.6 | ＞48.4 |
| | | | | R2 | ZG11-50 250 | | | |
| DZ-31E $R_K = 3200\Omega$ | 1 | 1 | 0.025 | R1 | ZG11-50 1500 | 1.77 | 7.2 | ＞9.7 |
| | | | | R2 | ZG11-50 1000 | | | |
| | 1 | 2 | 0.04 | R1 | ZG11-50 500 | 1.65 | 7.8 | ＞27.7 |
| | | | | R2 | ZG11-50 500 | | | |
| | 1 | 3 | 0.05 | R1 | ZG11-50 250 | 1.67 | 9.3 | ＞50.8 |
| | | | | R2 | ZG11-50 250 | | | |
| RXMA1 $R_K = 9680\Omega$ | 1 | 1 | 0.025 | R1 | ZG11-50 1200 | 1.8 | 7.3 | ＞9.9 |
| | | | | R2 | ZG11-50 1200 | | | |
| | 1 | 2 | 0.04 | R1 | ZG11-50 450 | 1.7 | 8.0 | ＞28.4 |
| | | | | R2 | ZG11-50 450 | | | |
| | 1 | 3 | 0.05 | R1 | ZG11-50 250 | 1.6 | 8.9 | ＞48.4 |
| | | | | R2 | ZG11-50 250 | | | |

注：1. $R_k$ 为继电器电阻；

2. R1、R2 为跳闸信号回路串并联电阻。

与弹簧操作机构的脱扣器线圈串联的信号继电器的选用（AC220V）　　表 4-19

| 机构型号 | CT10 | CT12 | CT17 | CT18 | CT19 | ZN12 | ZN21 | ZN63A |
|---|---|---|---|---|---|---|---|---|
| 信号继电器信号 | DX-8E/J 0.5A | DX-8E/J 0.5A | DX-8E/J 2.0A | DX-8E/J 0.5A | DX-8E/J 1.0A | DX-8E/J 0.5A | DX-8E/J 0.5A | DX-8E/J 1.0A |

## 4.5.3　二次回路配线

（1）二次回路配线的一般要求

1）二次回路绝缘导线和控制电缆的绝缘水平，不得低于 500V 额定电压级。

2）测量、控制、保护回路应采用铜芯的控制电缆和绝缘导线。

3）按机械强度要求，采用的电缆芯或绝缘导线截面，连接于强电回路端子的铜线不应小于 1.5mm²；连接于弱电端子的不应小于 0.5mm²。

4）在电流回路中，导线应保证电流测量回路表计工作在规定的准确度等级内；保护回路应保证电流互感器工作在 10％误差范围内。

5）在电压回路中，导线的选择应满足由电压互感器到用户计费用的 0.5 级电能表的电压降不宜大于 0.25%；对电力系统内部的 0.5 级电能表，其电压降可适当放宽，但不应大于 0.5%。在正常负荷下，电压互感器到测量仪表的电压降不应超过额定电压的 1%～3%；当全部保护装置和仪表工作（即电压互感器负荷最大）时，电压互感器到保护和自动装置屏的电压降不应超过额定电压的 3%。

6）控制回路中，在正常最大负荷时，控制母线到各设备的电压降，不应超过额定电压的 10%。

7）可能受到油侵蚀的地方，应采用耐油绝缘导线和电缆。

（2）屏内接线的要求

1）屏的内部连接导线，一般采用塑料绝缘铜芯导线。

2）安装在干燥房间里的屏，其内部接线可采用无防护层的绝缘导线，该导线能在表面经防腐处理的金属屏上直接敷设。

3）屏内同一安装单位各设备之间的连线，一般不经过端子排。

4）接到端子和设备上的绝缘导线和电缆芯应有标记。

（3）屏外部接线的要求

1）一般采用整根控制电缆。当电缆长度不够时，可用焊接法连接电缆，在连接处应装设连接盒。

2）屏内至屏上的控制电缆应接到端子排、试验盒或试验端钮上。至互感器或单独设备的电缆，允许直接接到这些设备上。

3）控制电缆接到端子和设备上的电缆芯应有标记。

（4）控制电缆的选择

1）控制电缆芯数和根数的选择

①控制电缆应选用多芯电缆，应尽量减少电缆根数。当芯线截面为 $1.5mm^2$ 时，电缆芯数不宜超过 37 芯。当芯线截面为 $2.5mm^2$ 时，电缆芯数不宜超过 24 芯。当芯线截面为 $4\sim6mm^2$ 时，电缆芯数不宜超过 10 芯。

②截面小于 $4mm^2$ 的控制电缆在 7 芯及以上者，应留有必要的备用芯。但同一安装单位的同一起止点的控制电缆中不需每根电缆都留有备用芯，可在同类性质的一根电缆中预留。

③对较长的控制电缆应尽量减少电缆根数，尽量减少电缆芯的多次转接。

2）测量表计电流回路用控制电缆选择

①测量表计电流回路用控制电缆的截面不应小于 $2.5\ mm^2$。由于电流互感器二次电流均不超过 5A，故不需要按额定电流校验电缆芯截面，也不需要按短路时热稳定性校验电缆截面。

②电缆芯的截面按接在电流互感器上的负荷不超过某一准确度等级允许的负荷数值进行选择，计算公式（为了简化计算，电缆的电抗忽略不计）为

$$S = \frac{K_{jx1}L}{\gamma(Z_{fh,ry} - K_{jx2}Z_{cj} - R_{jc})}(mm^2) \tag{4-20}$$

式中　　$\gamma$ ——电导系数，铜取 $57m/(\Omega \cdot mm^2)$；

　　　$Z_{fh,ry}$ ——电流互感器在某一准确度等级下的允许二次负荷（$\Omega$）；

$Z_{cj}$——测量表计的负荷（Ω）；

$R_{jc}$——接触电阻（Ω），在一般情况下取 $0.05\sim0.1\Omega$；

$L$——电缆长度（m）；

$K_{jx1}$、$K_{jx2}$——导线接线系数、仪表或继电器接线系数，参见表 4-11。

3）保护装置电流回路用控制电缆选择

①保护装置电流回路用控制电缆截面的选择，是根据电流互感器的 10% 误差曲线进行的。选择时首先确定保护装置一次电流倍数 $m$。根据 $m$ 值，再由电流互感器 10% 误差曲线查出其允许二次负荷值 $Z_{fh,ry}$。

②电缆芯的截面选择计算公式为

$$S = \frac{K_{jx1}L}{\gamma(Z_{fh,ry} - K_{jx2}Z_{cj} - R_{jc})}(\text{mm}^2) \tag{4-21}$$

式中　$\gamma$——电导系数，铜取 $57\text{m}/(\Omega\cdot\text{mm}^2)$；

$Z_{fh,ry}$——根据保护装置一次电流倍数 $m$，在电流互感器 10% 误差曲线上查出电流互感器允许二次负荷 $Z_{fh,ry}$；

$Z_{cj}$——继电器的负荷（Ω）；

$R_{jc}$——接触电阻（Ω），在一般情况下取 $0.05\sim0.1\Omega$；

$L$——电缆长度（m）；

$K_{jx1}$、$K_{jx2}$——导线接线系数、仪表或继电器接线系数，参见表 4-11。

4）电压回路用控制电缆选择

①电压回路用控制电缆，按允许电压降来选择电缆芯截面。

②电压互感器至计费用的 0.5 级电能表的电压降不宜大于 0.25%。在正常负荷下，电压互感器至测量表计的电压降不应超过额定电压的 1%～3%；当全部保护装置和仪表工作（电压互感器负荷最大）时，至保护和自动装置屏的电压降不应超过额定电压的 3%。

③电压回路用控制电缆，计算时只考虑有功电压降，电缆芯截面选择计算公式如下

$$S = \sqrt{3}K_{jx}\frac{PL}{U\gamma\Delta U}(\text{mm}^2) \tag{4-22}$$

式中　$P$——电压互感器每一相负荷（VA）；

$U$——电压互感器二次线电压（V）；

$\gamma$——电导系数，铜取 $57\text{m}/(\Omega\cdot\text{mm}^2)$；

$\Delta U$——允许电压降（V）；

$L$——电缆长度（m）；

$K_{jx}$——接线系数，对于三相星形接线为 1，对于两相星形接线为 $\sqrt{3}$，对于单相接线为 2。

5）控制、信号回路用控制电缆选择

①控制、信号回路用的电缆芯，根据机械强度条件选择，铜芯电缆芯截面不应小于 $1.5\text{mm}^2$。

②当合闸回路和跳闸回路流过的电流较大时，产生的电压降也较大。为了确保断路器可靠地动作，需根据电缆允许的电压降来校验电缆芯截面。

③电缆芯截面选择计算公式为

$$S = \frac{2I_{Q,\max}L}{\Delta U U_r \gamma} (\mathrm{mm}^2) \tag{4-23}$$

式中 $I_{Q,\max}$——流过合闸或跳闸线圈的最大电流（A）；

    $L$——电缆长度（m）；

    $\Delta U$——合闸或跳闸线圈正常工作时允许的电压降，取 10%；

    $U_r$——线圈额定电压（V），取 220V；

    $\gamma$——电导系数，铜取 57m/（Ω·mm²）。

（5）端子排

1）端子排设计要求

①端子排宜由阻燃材料制成。端子的导电部分应为铜质。安装在潮湿地区的端子排应有防潮措施。

②安装在屏上每侧的端子距地不宜低于 350mm。

③端子排配置应满足运行、检修、调试的要求，并适当地与屏上设备的位置相对应。每个安装单位应有其独立的端子排。同一屏上有几个安装单位时，各安装单位端子排的排列应与屏面布置相配合。

④每个安装单位的端子排，可按下列回路分组，并由上而下（或由左至右）按下列顺序排列：

a. 交流电流回路（自动调整励磁装置回路除外）按每组电流互感器分组，同一保护方式的电流回路宜排在一起。

b. 交流电压回路（自动调整励磁装置回路除外）按每组电压互感器分组。

c. 信号回路按预告、事故、位置、信号分组。

d. 控制回路按熔断器正、负极性回路分组。

e. 其他回路按不同装置的电流和电压回路来分组。

f. 转接端子排排列顺序为：本安装单位端子，其他安装单位端子，最后排小母线兜接用的转接端子。

⑤当一个安装单位的端子过多或一个屏上仅有一个安装单位时，可将端子排成组地布置在屏的两侧。

⑥屏上二次回路经过端子排连接的原则如下：

a. 屏内与屏外二次回路的连接，同一屏上各安装单位之间的连接以及转接回路等，均应经过端子排。

b. 屏内设备与直接接在小母线上的设备（如熔断器、电阻、刀闸等）的连接，宜经过端子排。

c. 各安装单位主要保护的正电源应经过端子排。保护的负电源应在屏内设备之间接成环形，环的两端应分别接至端子排。其他回路均可在屏内连接。

d. 电流回路应经过试验端子。预告及事故信号回路和其他需要断开的回路（试验时断开的仪表、至闪光小母线的端子等），宜经过特殊端子或试验端子。

⑦每一安装单位的端子排应编有顺序号，并宜在最后留 2～5 个端子作为备用。当条件许可时，各组端子排之间也宜留 1～2 个备用端子。在端子排两端应有终端端子。

正、负电源之间以及经常带电的正电源与合闸或跳闸回路之间的端子排，宜以一个空端子隔开。

⑧一个端子的每一端宜接一根导线，导线截面不宜超过 $6mm^2$。

⑨屋内、外端子箱内端子的排列，亦应按交流电流回路、交流电压回路和直流回路等成组排列。

⑩每组电流互感器二次侧，宜在配电装置端子箱内经过端子连接成星形或三角形等接线方式。

⑪ 强电与弱电回路的端子排宜分开布置。如有困难时，强、弱电端子之间应有明显的标志，宜设空端子隔开。如弱电端子排上要接强电芯线时，端子间应设加强绝缘的隔板。

⑫ 强电设备与强电端子的连接和端子与电缆芯的连接，应用插接或螺丝连接。弱电设备与弱电端子间的连接可采用焊接。屏内弱电端子与电缆芯的连接宜采用插接或螺丝连接。

2）接线端子的类型见表 4-20。

接线端子（座）的类型　　　　　　　　　　表 4-20

| 类 型 | 用 途 | 型 号 | 导线截面（mm²） |
|---|---|---|---|
| 基 型 | 一般电路连接 | UK 系列 | 可为 1.5、2.5、4、6、10、16、25、35 |
| | | SAK□EN | □表示导线截面<br>可为 1.5、2.5、4、6、10、16、35、70 |
| | | BVT | 可为 1.5、2.5、4、6、10、16、25、35、50、70 |
| | | BT | 可为 1.5、2.5、4、6、10、16、25、35 |
| 联络型<br>（连接型） | 可相互联络，需要抽头分线时用 | UK-5-TWIN<br>UDK4 | 可为 1.5、2.5、4 |
| | | WDU/WDK | 可为 1.5、2.5、4、6、10、16、35、70 |
| | | BVT□D<br>BVT□DV | 可为 1.5、2.5、4、6、10、16 |
| | | BT2.5D<br>BT2.5DV | 可为 1.5、2.5、4 |
| 试验型 | 用于电流互感器二次回路中，以便连接试验仪表及其他需断开隔离的电路中 | URTK/S—BEN<br>WT 系列 | 导线截面，可为 1.5、2.5、4、6、10 |
| | | BVT6T | 导线截面，可为 1.5、2.5、4、6、10 |
| | | BT2.5T | 导线截面，可为 1.5、2.5、4、6 |
| 熔断器型 | 用于仪表或电器元件短路保护 | UK5—HESI<br>MBK5/E—TC<br>UK<br>4—TG | 导线截面，可为 1.5、2.5、4 |
| | | UK10—DRHESI | 导线截面，可为 1.5、2.5、4、6、10、16 |
| | | ASK/KDKS/KSKM/<br>SAKS | 导线截面，可为 1.5、2.5、4、6、10、16 |
| | | WSI | 导线截面，可为 1.5、2.5、4、6、10 |
| | | ZSI | 导线截面，可为 1.5、2.5、4 |
| | 可选熔断管规格（A）：<br>0.5、1、2、3、4、6、8、10、12、16、20 | BVT6F/BVT6FLD | 导线截面，可为 1.5、2.5、4、6、10 |
| | | BT4F/BT4FLD | 导线截面，可为 1.5、2.5、4 |

| 类 型 | 用 途 | 型 号 | 导线截面(mm²) |
|---|---|---|---|
| 开关型 | 具有隔离开关功能 | SAKR/DKT/ASK | 导线截面,可为 1.5、2.5、4 |
| | | BVT2.5SW<br>BT4SW | 导线截面,可为 1.5、2.5、4 |
| | | WT/WD<br>ZTR | 导线截面,可为 2.5、4 |
| 接地型 | 用于接地 | USLKG 系列 | 导线截面,可为 1.5、2.5、4、6、10、16、25 |
| | | EK 系列 | 导线截面,可为 2.5、4、6、10、16、35、50 |
| | | WPE 系列<br>ZPE 系列 | 导线截面,可为 1.5、2.5、4、6、10 |
| | | BVT 系列<br>BT 系列 | 导线截面,可为 1.5、2.5、4、6、10 |
| 零(N)线型 | 用于零(N)线连接 | WNT 系列 | 导线截面,可为 2.5、4、6、10、16、25、35、70 |

（6）小母线

1）直流小母线

各安装单位的控制、信号直流电源小母线，宜由直流屏的馈电线供电。

2）交流小母线

母线电压互感器二次侧电压小母线提供与该电压互感器有关的控制、保护、测量用电压信号，供二次设备及柜内照明用的 220V 交流电源小母线可由所用变或低压配电系统供电。

3）小母线一般采用 $\phi6\sim\phi8$ 的铜棒。

# 4.6  控制屏、信号屏及继电器屏的设计

当给水排水工程变、配电所在配电装置上采用就地控制方式时，控制设备和保护设备均装设在配电装置上，不另设控制屏和继电器屏。只有当采用复杂的继电保护，继电器在配电装置上布置不下时，才设继电器屏。同时在值班室内设置中央信号屏，监视运行情况。

采用在控制室内集中控制方式时，控制室内应设置控制屏、继电器屏及中央信号屏。

（1）屏结构的选型

变电所的控制屏、继电器屏及信号屏一般应选用屏前后均可开门的形式。屏面可供安装测量仪表、继电器、信号指示元件及控制开关，屏内两侧可安装接线端子，屏顶可安装小母线，小母线下方靠近屏面的位置可安装小型刀开关、熔断器等。

屏外形及尺寸可参考表 4-21。

**PK 型屏外形尺寸**　　　　　　　　　　　　表 4-21

| 屏结构型号 | 屏宽(mm) | 屏深(mm) | 屏高(mm) |
|---|---|---|---|
| PK-1 | 800 | 550 | 2360 |
| PK-2 | 600 | 550 | 2360 |
| PK-3 | 800 | 550 | 2360 |

（2）屏面布置

1）控制屏的屏面布置

①控制屏的屏面布置应满足监视和操作调节方便、模拟接线清晰的要求。相同的安装单位，其屏面布置应一致。

②测量仪表应尽量与模拟接线相对应，第一、二、三相按纵向排列，同类安装单位中功能相同的仪表，一般布置在相对应的位置。

③每列控制屏的各屏间，其光字牌的高度应一致，光字牌宜放在屏的上方，要求上部取齐，也可放在中间，要求下部取齐。

④操作设备宜与其安装单位的模拟接线相对应。功能相同的操作设备，应布置在相对应的位置上，操作方向全变电所必须一致。

采用灯光监视时，红、绿灯分别布置在控制开关的右上侧及左上侧。屏面设备的间距应满足设备接线及安装的要求。

⑤操作设备（中心线）离地面一般不低于600mm，经常操作的宜布置在离地面800～1500mm处。

2）继电器屏的屏面布置

①继电器屏的屏面布置应在满足试验、检修、运行、监视方便的条件下，适当紧凑。

②相同安装单位的屏面布置宜对应一致，不同安装单位的继电器装在一块屏上时，宜按纵向划分，其布置宜对应一致。

③各屏上设备装设高度横向应整齐一致，尽量避免在屏后装设继电器。

④调整、检查工作较少的继电器布置在屏的上部，调整、检查工作较多的继电器布置在中部。一般按如下次序由上至下排列：电流、电压、中间、时间继电器等布置在屏的上部，方向、差动、重合闸继电器等布置在屏的中部。

⑤各屏上信号继电器宜集中布置，安装水平高度应一致。信号继电器在屏面上安装中心线离地面不宜低于600mm。

⑥试验部件与连接片的安装中心线离地面不宜低于300mm。

⑦继电器屏下面离地250mm处宜设有孔洞，供试验时穿线用。

3）信号屏的屏面布置

①信号屏屏面布置应便于值班人员监视。

②中央事故信号装置与中央预告信号装置，一般集中布置在一块屏上，但信号指示元件及操作设备应尽量划分清楚。

③信号指示元件（信号灯、光字牌、信号继电器）一般布置在屏正面的上半部，操作设备（控制开关、按钮）则布置在它们的下方。

④为了保持屏面整齐美观，一般将中央信号装置的冲击继电器、中间继电器等布置在屏后上部（这些继电器应采用屏前接线方式）。中央信号装置的音响器（电笛、电铃）一般装于屏内两侧的上方。

（3）中央信号箱：

中小型给水排水工程变、配电所采用就地控制方式时，在值班室内可设置中央信号箱，监视运行情况。中央信号箱按不重复动作的中央信号接线图设计，其箱体采用非标准定型结构。端子排装于箱内左侧面，电铃装于箱外左侧面，电笛装于箱外右侧面。

箱门上装有事故信号电源监视灯（白色）、预告信号电源监视灯（白色）、事故信号灯（黄色）、预告信号灯（黄色）、事故音响解除按钮（黑色）、预告音响解除按钮（黑色）、事故音响试验按钮（白色）、预告音响试验按钮（白色）及标签框。箱内装有中间继电器等。

（4）直流屏

直流屏的布置应满足：

1）便于监视和操作。

2）监视和检查仪表装在屏的上部，各控制信号、显示、绝缘监视转换开关装在屏的中部，各控制回路开关装在屏的下部。

3）最低的组合开关中心线距地面不小于800mm。

# 4.7 变电站综合自动化系统

变电站综合自动化系统是将变电站的二次设备（包括测量仪器、信号系统、继电保护、自动装置和远动装置等）经过功能的组合和优化设计，利用先进的计算机技术、现代电子技术、现代通信技术和信号处理技术，实现对变电站的主要设备和输、配电线路的自动监视、测量、自动控制和保护，以及与调度通信等综合性的自动化功能的系统，最终实现变电站无人值守。

整个变电站微机综合自动化系统由功能完全独立的各个子系统构成，用一台工业控制主机来统一管理全站的各子系统，各子机间通过串行通信，联成一个完整的计算机局部网络，任何一个子机系统都可独立运行，各系统主要功能如下：

（1）继电保护。除有继电保护功能外，还应包括测量仪表、操作控制和远程通信功能。

（2）监控系统功能，监控系统功能就是当地自动化功能，即除保护、远动、低频控制和微机控制免维护直流电源供电功能外的全部功能。包括：

变电站微机综合自动化将保护、监控及远方调度管理等功能分散到就地完成，仅由一根通信电缆与主机联络，避免了以往将测量、控制、保护、信号线都接入主控室，极大简化了二次接线，提高了系统可靠性及可维护性、减小了事故隐患。

## 4.7.1 自动化系统网络结构

变电站综合自动化系统是一种全新概念的分散、分层、分布式的综合自动化系统，按系统结构可划分为间隔层、过程层和站控层。

变电站综合自动化系统主要由三部分组成：

第一部分为间隔层。包括分布式保护、测控综合设备及自动控制装置，把模拟量、开关量数字化，实现保护功能和测量控制功能，并能上行发送测量和保护信息，接收控制命令和定值信息，是整个系统与一次设备的接口。各间隔层的设备相互独立，仅通过站内通信网互联。

第二部分是过程层（协议处理层）。采用标准的通信接口规约，实现采集各个单元测控、保护设备以及综合设备的上传信息并下达控制命令及定值参数等功能。通信管理单元把数据汇总后再上传至后台监控系统。

第三部分为站控层（监控与管理系统）。它的任务是负责完成整个电站的控制、监视及数据信息收集。所有模拟量、数字量、开关量、脉冲量的实时采集、处理，按照通信规约的要求，上传给各个人机界面和强大的数据处理能力实现电站内就地监视、控制功能，是系统与运行人员之间的接口。

变电站宜采用单网结构，站控层网络与间隔层网络采用直接接线方式。

站控层网络应采用以太网。网络应具有良好的开放性，以满足与电力系统其他专用网络连接及容量扩充等要求。

间隔层网络应具有足够的传送速率和极高的可靠性，宜采用以太网。配电监控系统网络结构可参考图 4-24。

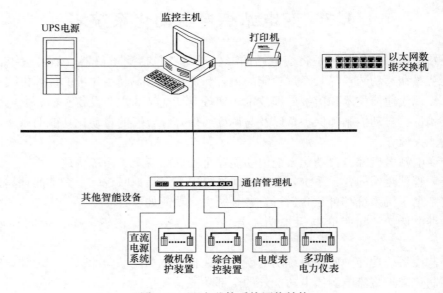

图 4-24  配电监控系统网络结构

### 4.7.2  自动化系统设备配置

监控系统宜采用分层、分布、开放式网络结构，主要由站控层设备、间隔层、过程层（选配）以及网络设备构成。

站控层设备：主机兼操作员工作站、远动通信设备、公用接口装置、打印机等，其中主机兼操作员工作站和远动通信设备均按单套配置，远动通信设备优先采用无硬盘专用装置。

网络设备：包括网络交换机、光/电转换器、接口设备和网络连接线、电缆、光缆及网络完全设备等。

间隔层设备：包括测控单元、网络接口等。

过程层设备通信管理机原理结构如图 4-25 所示。

测控单元按断路器回路配置，推荐采用保护、自动化测控合一的配置方式。

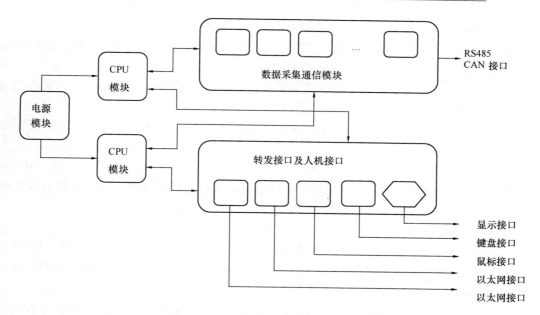

图 4-25 设备通信过程层结构

### 4.7.3 系统功能

监控系统实现对变电站可靠、合理、完善的监视、测量、控制，并具备遥测、遥信、遥调、遥控等全部的远动功能和同步对时功能，具有与调度通信中心交换信息的能力。

需具备系统自诊断与自恢复功能，故障至少可诊断到单元级，监测结果可以在现场或远方通过维护用便携机直接显示出来。

#### 4.7.3.1 信号采集

监控系统的信号采样类型分为模拟量、状态量（开关量）。

（1）模拟量：电流、电压、有功功率、无功功率、频率、温度等，电气模拟量进行交流采样。

1）定时采集：按扫描周期定时采集数据并进行相应转换、滤波、精度检验等；

2）越限报警：根据时段，按设置的限值对模拟量进行死区判别和越限报警。

（2）状态量（开关量）：断路器、隔离开关以及接地开关信号，继电保护装置和完全自动装置动作及报警信号，全站其他二次设备事故及报警监视信号。

1）定时采集：按快速扫描方式周期采集输入量、并进行状态检查等；

2）事件顺序记录：对断路器位置信号、继电保护动作信号等需要快速反应的开关量应按其变位发生时间的先后顺序进行事件顺序记录。

#### 4.7.3.2 与站内智能设备的信息交换

站内智能设备主要包括了微机型继电保护及完全自动装置、直流系统、UPS 系统、火灾报警系统、图像监视及完全警卫系统等设备。

（1）监控系统与继电保护的信息交换。监控系统与继电保护装置的信息交换可采用以下两种方式。

方式一：保护跳闸信号以及重要的报警信号采用硬接点方式接入测控装置，推荐采用非保护接点。

方式二：数字式继电保护装置与监控系统的连接方式应优先考虑网络直接连接方式，也可通过智能设备接口装置与监控系统相连。

（2）监控系统与其他智能设备的信息交换。对于直流系统、UPS 系统、火灾报警等智能设备采用两种方式实现监控系统与智能设备的信息交换。

方式一：重要的设备状态量信号或报警信号采用硬接点方式接入测控装置，推荐采用非保护接点。

方式二：配置智能型公用接口装置，安装在二次设备室网络通信设备屏（柜）中，该公用接口装置通过 RS−485 串口方式实现智能设备之间的信息交换，经过规约转换后通过网络传送至监控系统主机。

### 4.7.3.3　控制方式

（1）控制方式为三级控制：即就地控制、站控层控制、远方遥控。同一时间只允许一种控制方式有效，站控层控制和远方遥控应相互闭锁。对任何操作方式，应保证只有在上一次操作步骤完成后，才能进行下一步操作。

（2）在间隔层控制柜内设"就地/远方"转化开关，任何时候只允许一种操作模式有效；"就地"位置，在测控单元上通过人工按键实现对断路器的一对一操作，操作过程由计算机监控系统记录。间隔层应根据操作需要具有防误操作闭锁。"远方"位置，操作既可在操作员工作站上操作，又可由远方调度中心遥控。

（3）站控层控制即为主机兼操作员站上操作，操作应按"选择—返校—执行"的过程进行，具有防误闭锁、闭锁远方控制功能。

### 4.7.3.4　系统工作电源

监控系统站控层工作站等设备采用站内 UPS 供电。间隔层测控设备采用直流供电。间隔层需交流 220V 供电的设备，可采用直流逆变方式供电。

# 5  变、配电所布置

## 5.1  变、配电所所址选择

（1）变、配电所所址选择应根据下列要求综合考虑确定：

1）接近负荷中心。

2）接近电源侧。

3）进出线方便。

4）运输设备方便。

5）不应设在有剧烈振动或高温的场所。

6）不宜设在多尘或有腐蚀性气体的场所。如无法远离，不应设在污染源的主导风向的下风侧。

7）不应设在厕所、浴室或其他经常积水场所的正下方（指楼房的正下方），也不宜与上述场所相毗邻。

8）不应设在地势低洼和可能积水的场所。

9）不应设在有爆炸性危险的区域内，对于易燃物质比空气重的爆炸性气体环境，位于1区、2区附近的变、配电所的室内地面应高出室外地面0.6m。

10）不宜设在有火灾危险区域的正上面和正下面。

（2）变、配电所如果与火灾危险区域的建筑物毗连时，应符合下列要求：

1）电压为1～10kV配电所可通过走廊或套间与火灾危险环境的建筑物相通，通向走廊或套间的门应为难燃烧体。

2）变电所与火灾危险环境建筑物共用的隔墙应是密实的非燃烧体，管道和沟道穿过墙和楼板处，应采用非燃烧性材料严密封堵。

3）变压器室的门窗应通向无火灾危险的环境。

（3）装有可燃性油浸电力变压器的车间变电所，不应设在耐火等级为三、四级的建筑物内；如设在耐火等级为二级的建筑物内，建筑物应采取局部防火措施。

（4）多层建筑中，装有可燃性油的电气设备的变、配电所应布置在底层靠外墙部位，但不应设在人员密集场所的正上方、正下方、贴邻或疏散出口的两旁。

（5）高层主体建筑物内不宜布置装有可燃性油的电气设备的变、配电所，如受条件限制必须布置时，应设在底层靠外墙部位，但不应设在人员密集场所的正上方、正下方、贴邻或疏散出口的两旁，并应采取相应的防火措施。

（6）露天或半露天的变电所，不应设在下列场所：

1）有腐蚀性气体的场所。

2）挑檐为燃烧体或难燃体和耐火等级为四级的建筑物旁。

3）附近有棉、粮及其他易燃物大量集中的露天堆场。

4）有可燃粉尘、可燃纤维的场所，容易沉积灰尘或导电尘埃，且严重影响变压器安全运行的场所。

# 5.2 变、配电所型式选择

变、配电所从建筑结构形式上分为独立式和附设式，从设备布置形式上分为屋内式和屋外式，应根据工程的具体情况、使用环境和设备形式来确定。

（1）110（35）kV 变电所分屋内式和屋外式，屋内式运行维护方便，占地面积少。在选择 110（35）kV 变电所的形式时，应考虑所在地区的地理情况和环境条件，因地制宜；技术经济合理时，应优先选用占地少的形式。从当前城市给水排水行业的供配电系统发展使用情况来看，110（35）kV 变电所宜用屋内式。

（2）配电所一般为独立式建筑物，也可与所带 10（6）kV 变电所一起附设于负荷较大的厂房或建筑物（内）。

（3）10（6）kV 变电所的形式应根据用电负荷的状况和周围环境情况综合考虑确定：

1）负荷较大的工艺生产车间和中小型泵站，宜附设变电所或组合式成套变电站。

2）负荷较大的多跨厂房，负荷中心在厂房中部且环境许可时，宜设车间内变电所。

3）对于地下水处理场站设施也可采用地上变电所、地埋式变电所或箱式变电站。

4）中小型给水排水工程中，当变压器容量在 315kVA 及以下且环境条件允许时，可设杆上式或高台式变电所。

# 5.3 变、配电所布置

## 5.3.1 总体布置

（1）布置应紧凑合理，便于设备的操作、搬运、检修、试验和巡视，还要考虑发展的可能性。

（2）适当安排建筑物内各房间的相对位置，使配电室的位置便于进出线。低压配电室应靠近变压器室，主变压器室宜靠近 10（6）kV 配电室。电容器室宜与变压器室及相应电压等级的配电室相毗连。控制室、值班室和辅助房间的位置应便于运行人员工作和管理。

（3）尽量利用自然采光和自然通风。变压器室和电容器室布置尽量避免西晒，控制室尽可能朝南。

（4）配电室、控制室、值班室等的地面，宜高出室外地面 150～300mm。在地下水位较高的地区宜高出室外地面 600mm，以免地下水渗入电缆沟。当附设于车间内时，则可与车间的地面相平。

（5）110（35）kV 屋内变电所宜双层布置，变压器室应设置在底层。采用单层布置时，变压器宜露天或半露天安装。

（6）10（6）kV 变、配电所宜单层布置，当采用双层布置时，变压器室应设置在底层。

（7）设于二层的配电室应留有吊运设备的吊装孔、吊装平台等。

（8）不带可燃性油的高、低压配电装置和非油浸的电力变压器，可设在同一房间内。具有符合 IP3X 防护等级外壳的不带可燃性油的高、低压配电装置和非油浸的全封闭型电力变压器，当环境允许时，可并列设在车间内。

（9）屋内变电所的每台油量为 100kg 及以上的三相变压器，应设在单独的变压器室内。

（10）变、配电所的辅助用房间，如载波通信室、值班室、休息室、工具室、备件库、厕所等，应根据需要和节约的原则确定，见表 5-1。

有人值班的变、配电所应设单独的值班室（可兼作控制室）。值班室与高压配电室宜直通和通过通道相通，值班室应有门直接通向户外或通向走道。

有人值班的独立变、配电所，宜设有厕所和给水、排水设施。

**110、35kV 及以下变电所辅助房间名称和面积** 表 5-1

| 序 号 | 房间名称 | 面积（m²） | 备 注 |
|---|---|---|---|
| 1 | 值班休息室 | 按照每人 5m² 考虑 | 值班、休息尽可能分开 |
| 2 | 工具检修间 | 12～35 | |
| 3 | 备品备件间 | 12～30 | |
| 4 | 卫生间 | 4～8 | 带拖布池 |

（11）变、配电所各房间经常开启的门、窗不宜直接通向相邻的有酸、碱、蒸汽、粉尘和噪声严重的场所。

（12）配电室、变压器室、电容器室的门应向外开。相邻配电室中间有门时，该门应双向开启或向低压方向开启。

（13）当地震设防烈度为 7 度及以上时，安装在室内二层及以上的电气设备应采取以下防震措施：

1）设备引线和设备间连线宜采用软导线，并应适当放松。当采用硬母线时，应有软导线或伸缩接头过渡。

2）设备支架在自身重力作用下的固有频率宜在 12Hz 以上。

3）电气设备的安装必须牢固可靠。设备安装螺栓应满足抗震要求，当采用焊接时，应验算焊缝的强度。

4）变压器的安装应有防止移位、倾斜的措施。当设防烈度为 8 度及以上时，变压器宜取消滚轮及轨道，并固定在基础上。

（14）变、配电所设于地下室时，应注意以下事项：

1）严禁设置装有可燃性油的电气设备。

2）地下变、配电所的位置，宜选择在通风、散热条件较好的场所，并应有解决变压器、电容器等设备散热措施。

3）变、配电所位于地下室时，不宜设在最底层。当地下仅有一层时，应采取适当抬高该所地面等防水措施，并应避免洪水或积水从其他渠道淹渍变、配电所的可能性，还应采取防潮措施。

4）采取干式变压器、无油断路器的变、配电所，其高压开关柜、变压器、低压配电柜可设于同一房间，亦可分室布置。

　　5）柴油发电机室、控制室、重要变电所的值班室，应为独立房间。

　　(15) 变、配电所布置必须符合国家颁布的防火、卫生、环境保护、道路、抗震等现行规范、规程的有关规定。

　　变、配电所建筑物、构筑物的最低耐火等级见表 5-2。

变、配电所建筑物、构筑物的最低耐火等级　　　　　表 5-2

| 建、构筑物名称 | | 火灾危险类别 | 最低耐火等级 |
|---|---|---|---|
| 主控制室、继电器室（包括蓄电池室） | | 戊 | 二级 |
| 配电装置室 | 每台设备油量 60kg 以上 | 丙 | 二级 |
| | 每台设备油量 60kg 及以下 | 丁 | |
| 油浸变压器室 | | 丙 | 一级 |
| 有可燃介质的电容器室 | | 戊 | 二级 |
| 材料库、工具间（仅贮藏非燃烧器材） | | 戊 | 三级 |
| 电缆沟及电缆隧道 | 用阻燃电缆 | 戊 | 三级 |
| | 用一般电缆 | 丙 | 二级 |

　　注：主控制室、继电器室的戊类应具有防止电缆着火延燃的安全措施。

　　变、配电所建筑物、构筑物及电气设备的最小防火净距见表 5-3。

变、配电所建筑物、构筑物及电气设备的最小防火净距（m）　　　　表 5-3

| 建、构筑物及设备名称 | | | 丙、丁、戊类生产建筑 | | 油浸变压器 | 屋外可燃介质电容器 | 总事故油池 | 所内生活建筑 | |
|---|---|---|---|---|---|---|---|---|---|
| | | | 耐火等级 | | 电压等级 | | | 耐火等级 | |
| | | | 一、二级 | 三级 | 35kV | | | 一、二级 | 三级 |
| 丙、丁、戊类生产建筑 | 耐火等级 | 一、二级 | 10 | 12 | — | 10 | 5 | 10 | 12 |
| | | 三级 | 12 | 14 | — | 10 | 5 | 12 | 14 |
| 油浸变压器 | 电压等级 | 35kV | 10 | 10 | 5 | 10 | 5 | — | — |
| 屋外可燃介质电容器 | | | 10 | 10 | 10 | — | 5 | 15 | 20 |
| 总事故油池 | | | 5 | 5 | 5 | — | — | 10 | 12 |
| 所内生活建筑 | 耐火等级 | 一、二级 | 10 | 12 | — | 15 | 10 | 6 | 7 |
| | | 三级 | 12 | 14 | — | 20 | 12 | 7 | 8 |

　　注：1. 如相邻两建筑物的面对面外墙其较高一边为防火墙时，其防火净距可不限，但两座建筑物侧面门窗之间的最小净距应不小于 5m；

　　　　2. 耐火等级为一、二级建筑物，其面对变压器、可燃介质电容器等电器设备的外墙的材料及厚度符合防火墙的要求且该墙在设备总高加 3m 及两侧各 3m 范围内不设门窗不开孔洞时，则该墙与设备之间的防火净距可不受限制；如在上述范围内虽不开一般门窗但设有防火门时，则该墙与设备之间的防火净距应等于或大于 5m；

　　　　3. 所内生活建筑与油浸变压器之间的最小防火净距，应根据最大单台设备的油量及建筑物的耐火等级确定：当油为 5～10t 时为 15m（对一、二级）或 20m（对三级）；当油量大于 10t 时为 20m（对一、二级）或 25m（对三级）。

（16）给水排水工程常用的变、配电所的布置方案见图 5-1～图 5-4。

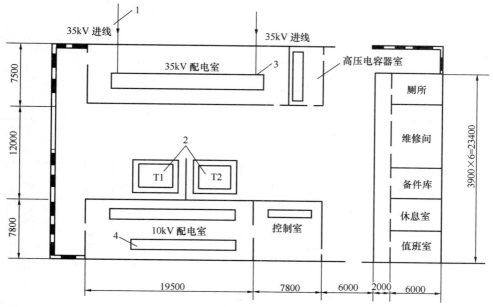

图 5-1 35/10kV 变电所布置方案（单层）

1—35kV 架空进线；2—主变压器 4000kVA；3—GBC-35A（F）型开关柜；4—KYN28A-12 型开关柜

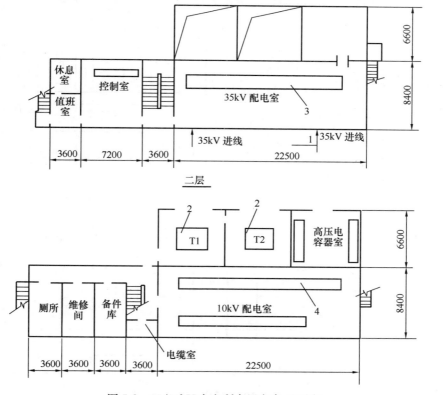

二层

图 5-2 35/10kV 变电所布置方案（双层）

1—35kV 架空进线；2—主变压器 6300kVA；3—JYN1-35 型开关柜；4—KYN28A-12 型开关柜

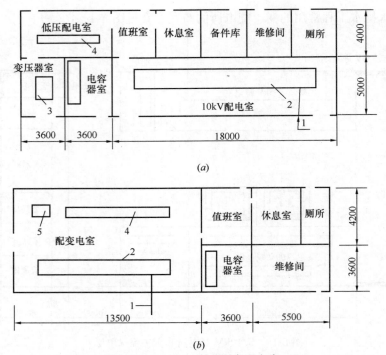

(a)

(b)

图 5-3  10/6kV 变电所布置方案

1—10（6）kV 电缆进线；2—高压开关柜；3—10（6）/0.4kV 变压器；
4—低压配电柜；5—10（6）/0.4kV 干式变压器

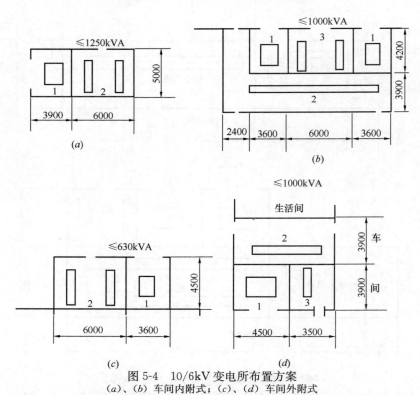

图 5-4  10/6kV 变电所布置方案

（a）、（b）车间内附式；（c）、（d）车间外附式

1—变压器室；2—低压配电室；3—低压电容器室

### 5.3.2 控制室布置

（1）控制室位于运行方便、电缆较短和朝向良好的地方。

（2）控制室一般毗连于高压配电室。当整个变电所为多层建筑时，控制室一般设置在上层。

（3）控制室内设置集中的事故信号及预告信号。室内安装的设备主要有控制屏、信号屏、所用电屏、电源屏，以及要求安装在控制室内的电能表屏和保护屏。

（4）屏的布置应使电缆最短、交叉最少。

（5）屏的布置要求监视、调试方便，力求紧凑，并应注意整齐美观。

（6）屏的排列方式视屏的数量多少而定，主屏采用一字形、L形或Ⅱ形布置。

（7）主屏的正面布置控制屏、信号屏。电源屏和所用电屏一般布置在主环的侧面或正面的边上。控制屏的模拟接线应清晰，并尽量与实际配置相对应。

（8）控制室各屏间及通道宽度可参考表 5-4。在工程设计中应根据房间大小，屏的排列长度作适当调整。

控制室各屏间及通道宽度（mm） 表 5-4

| 简　　图 | 符　号 | 名　　称 | 一般值 | 最小值 |
|---|---|---|---|---|
| | $b_1$ | 屏正面—屏背面 | | 2000 |
| | $b_2$ | 屏背面—墙 | 1000～1200 | 800 |
| | $b_3$ | 屏边—墙 | 1000～1200 | 800 |
| | $b_4$ | 主屏正面—墙 | 3000 | 2500（参考值） |
| | | 单排布置屏正面—墙 | 2000 | 1500 |

（9）控制室应有两个出口，出口靠近主屏。

（10）控制室的门不宜直接通向屋外，宜通过走廊或套间。

### 5.3.3 高压配电室布置

（1）一般要求

1）高压配电设备应装设闭锁及连锁装置，以防止误操作事故的发生。

2）带可燃性油的高压配电装置，宜装设在单独的高压配电室内；当 10（6）kV 高压开关柜数量为 6 台及以下时，可和低压配电柜装设在同一房间内。

3）在同一配电室内单列布置的高低压配电装置，当高压开关柜或低压开关柜顶面有赤裸带电导体时，两者之间的净距不应小于 2m；当高压开关柜和低压开关柜的顶面外壳的防护等级符合 IP2X 时，两者可靠近布置。

4）高压配电室内预留适当数量开关柜的备用位置。

5）由同一配电所的两段母线供给一级负荷用电时，母线分段处应设防火隔板或有门洞的隔墙。供给一级负荷用电的两路电缆不应通过同一电缆沟，当无法分开时，则该电缆沟内的两路电缆应采用阻燃性电缆，且应分别敷设在电缆沟两侧的支架上。

　　6）高压配电室可开窗，但应采取防止雨、雪、小动物、风沙及污秽尘埃进入的措施。窗台距室外地坪不宜低于1.8m，但临街的一面不宜装设窗户。

　　（2）安全净距、通道、围栏及出口

　　1）10kV及以下室内外配电装置的最小电气安全净距见图5-5和表5-5。

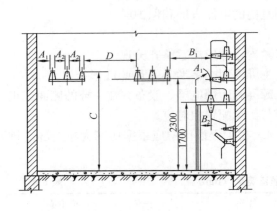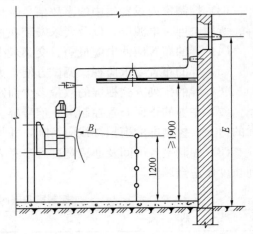

图5-5　室内高压配电装置最小电气安全净距

　　2）室内配电装置的布置应便于设备的搬运、检修、试验和操作。

　　3）高压配电室内各种通道的宽度不应小于表5-6所列数值。高压开关柜靠墙布置时，侧面离墙不应小于200mm，背面离墙不应小于50mm。

　　4）当电源从柜后进线且需要在柜正背后墙上另设隔离开关及其手动操作机构时，柜后通道净宽不应小于1.5m；当柜背面的防护等级为IP2X时，可减为1.2m。

室内配电装置的安装净距（mm）　　　　　　　　　　　表5-5

| 符号 | 适用范围 | 系统标称电压（kV） | | | | | | | | |
|---|---|---|---|---|---|---|---|---|---|---|
| | | 3 | 6 | 10 | 15 | 20 | 35 | 66 | 110J | 110 |
| $A_1$ | 1. 带电部分至接地部分之间；<br>2. 网状和板状遮栏向上延伸线距地2300mm处与遮栏上方带电部分之间 | 75 | 100 | 125 | 150 | 180 | 300 | 550 | 850 | 950 |
| $A_2$ | 1. 不同相的带电部分之间；<br>2. 断路器和隔离开关的断口两侧引线带电部分之间 | 75 | 100 | 125 | 150 | 180 | 300 | 550 | 900 | 1000 |
| $B_1$ | 1. 栅状遮栏至带电部分之间；<br>2. 交叉的不同时停电检修的无遮栏带电部分之间 | 825 | 850 | 875 | 900 | 930 | 1050 | 1300 | 1600 | 1700 |
| $B_2$ | 网状遮栏至带电部分之间 | 175 | 200 | 225 | 250 | 280 | 400 | 650 | 950 | 1050 |
| $C$ | 无遮栏裸导体至地（楼）面之间 | 2500 | 2500 | 2500 | 2500 | 2500 | 2600 | 2850 | 3150 | 3250 |
| $D$ | 平行的不同时停电检修的无遮栏裸导体之间 | 1875 | 1900 | 1925 | 1950 | 1980 | 2100 | 2350 | 2650 | 2750 |
| $E$ | 通向屋外的出线套管至屋外通道的路面 | 4000 | 4000 | 4000 | 4000 | 4000 | 4000 | 4500 | 5000 | 5000 |

　　注：1. 海拔超过1000m时，$A$值应进行修正；
　　　　2. 表中各值不适用于制造厂的产品设计；
　　　　3. 110J指中性点有效接地系统；
　　　　4. 当为板状遮栏时，$B_2$值可在$A_1$值上加30mm；
　　　　5. 通向屋外配电装置的出线套管至屋外地面的距离，不应小于表5-14中所列屋外部分的$C$值。

高压配电室内各种通道最小宽度（净距）    表 5-6

| 通道分类 | 柜后维护通道（mm） | 柜前操作通道（mm） | |
|---|---|---|---|
| | | 固定式 | 手车式 |
| 单列布置 | 800（1000） | 1500 | 单车长＋1200 |
| 双列面对面布置 | 800 | 2000 | 双车长＋900 |
| 双列背对背布置 | 1000 | 1500 | 单车长＋1200 |

注：1. 如果开关柜后面有进（出）线附加柜时，柜后维护通道宽度应从其附加柜算起；

2. 括号内的数值适用于 35kV 开关柜。

5）长度大于 7m 的配电装置室应设两个出口。长度大于 60m 时，宜设置 3 个出口；当配电装置室有楼层时，一个出口可设置在通往屋外楼梯的平台处。

6）充油电气设备间的门开向不属配电装置范围的建筑物内时，应采用非燃烧体或难燃体的实体门。

7）配电装置室的门应设置向外开启的防火门，并应装弹簧锁，严禁采用门闩；相邻配电装置室之间有门时，应能双向开启。

8）配电室内裸带电部分上方不应布置灯具，若必须设置时，灯具与裸导体的水平净距应大于 1m。灯具不得采用吊链或软线吊装。

9）室内配电装置裸露带电部分上方不应有明敷的照明或电力线路跨越。

10）配电装置室内通道应保证畅通无阻，不得设立门槛，并不应有与配电装置无关的管道通过。

11）配电装置室有楼层时，楼层楼面应有防渗水措施。

（3）防火与蓄油设施

1）室内单台电气设备的总油量在 100kg 以上时，应设贮油设施或挡油设施。挡油设施宜按容纳 20% 油量设计，并应有将事故油排至安全处的设施，否则应设置能容纳 100% 油量的贮油措施。

排油管内径的选择应考虑尽快将油排出，其内径不应小于 100mm。

2）配电装置室按事故排烟要求，可装设事故通风装置。事故通风装置的电源应由室外引来，其控制开关应安装在出口处外面。

3）高压配电室内应有消防器材，必要时可设置气体灭火装置。

4）母线安装：屋内配电装置的硬母线，为消除因温度变化而产生的危险应力，应按下列长度装设母线补偿器：铜母线 30～50m，铝母线 20～30m，钢母线 50～60m。支持铁件及母线支持夹板的零件（穿墙套管板、双头螺栓、压板、垫板等），应不使其成为闭合磁路，金属穿墙套管板，一般采用相同开槽的办法来解决。

（4）10kV 开关柜及环网柜尺寸见表 5-7、表 5-8。

10kV 开关柜的外形尺寸    表 5-7

| 开关柜型号 | 尺寸（mm） | | | | | |
|---|---|---|---|---|---|---|
| | $A$ | $B$ | $H$ | $h$ | $L_1$ | $L_2$ |
| KVN18A-12 | 1775（2175） | 900 | 2130 | 900 | 单车长＋1200 | 双车长＋900 |
| KYN28-12 | 1550 | 800，840，1000 | 2200，2300 | | 单车长＋1200 | 双车长＋900 |

续表

| 开关柜型号 | 尺寸（mm） | | | | | |
|---|---|---|---|---|---|---|
| | A | B | H | h | L₁ | L₂ |
| KYN28A-12 | 1500（1700） | 800 | 2300 | | 单车长＋1200 | 双车长＋900 |
| GZS1 | 1500 | 900 | 2200 | | 单车长＋1200 | 双车长＋900 |
| KYN42-12（ZS1） | 1300 | 650，800，1000 | 2200 | | 单车长＋1200 | 双车长＋900 |
| KYNZ-12 | 1540（1700） | 800，1000 | 2300 | | 单车长＋1200 | 双车长＋900 |
| KYN33-12 | 1650 | 650，800，1000 | 2200 | | 单车长＋1200 | 双车长＋900 |
| KYN44-12（Z） | 1500（1660） | 800，1000 | 2300 | | 单车长＋1200 | 双车长＋900 |
| KYN8000-10 | 1775（2175） | 900 | 2130 | 820 | 单车长＋1200 | 双车长＋900 |
| KYN□-12 | 1760 | 800 | 2300 | | 单车长＋1200 | 双车长＋900 |
| VUA | 1760 | 800 | 2300 | | 单车长＋1200 | 双车长＋900 |
| AMS | 1400 | 650，800，1000 | 2250 | | 单车长＋1200 | 双车长＋900 |
| UniGear550 | 1340，1650 | 550 | 2200 | 820 | 单车长＋1200 | 双车长＋900 |
| KGN1-12 | 1600 | 1180 | 2900 | 650 | 1500 | 2000 |
| XGN2-12 | 1200 | 1100，1200 | 2650 | 650 | 1500 | 2000 |

注：括号内的数值适用于架空进（出）线柜。

**10kV 环网柜的外形尺寸**　　　　　　　　　　表 5-8

| 开关柜型号 | 尺寸（mm） | | | | | |
|---|---|---|---|---|---|---|
| | A | B | H | h | L₁ | L₂ |
| XGN15-12 | | | | | | |
| HXGN-12 | 500，750 | 900 | 1600，1850 | | | |
| XGN20-12 | | | | | | |
| HXGN15-12 | 400，600，800 | 900，1000 | 2000，2200 | 650 | 1500 | 2000 |
| RGC□-SF₆ | 325，655 | 835，850 | 1860 | | | |
| GA/GE | 320，400，800 | 635 | 1400 | | | |
| HXGN-12ZF（R） | 850 | 900 | 2200 | | | |
| LK-XX-12 | 315，400，560 | 800，900 | 1300，1500，1700 | | | |
| Enerswit⁺ | 360，376，360 | 755 | 1525 | 650 | 1500 | 2000 |

（5）配电装置布置

1）JYN1-35（F）型高压开关柜的布置见图 5-6～图 5-9。

2）GBC-35A（F）型高压开关柜的布置见图 5-10。

3）10kV 封闭式高压开关柜的布置见图 5-11。

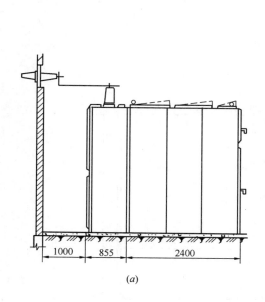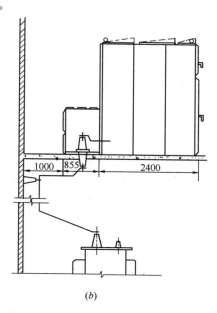

（a）　　　　　　　　　　（b）

图 5-6　JYN1-35（F）型开关柜的母线进出线方案

（a）柜后架空进（出）线；（b）楼上布置，穿越楼板向下出线

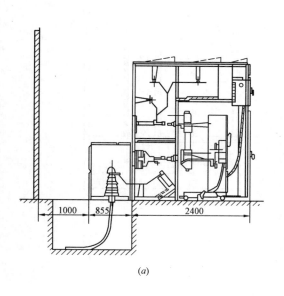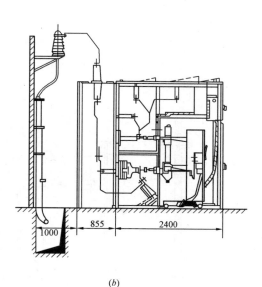

（a）　　　　　　　　　　（b）

图 5-7　JYN1-35（F）型开关柜进出线方案

（a）电缆由下部进出线；（b）电缆由上部进出线

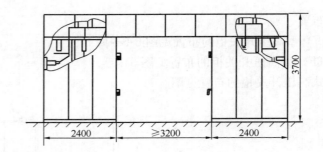

图 5-8　JYN1-35（F）型开关柜双列布置母线桥

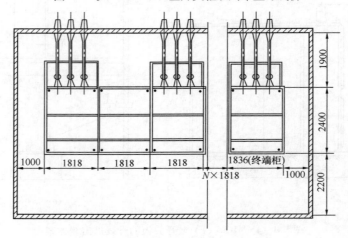

图 5-9　JYN1-35（F）型开关柜平面布置方案

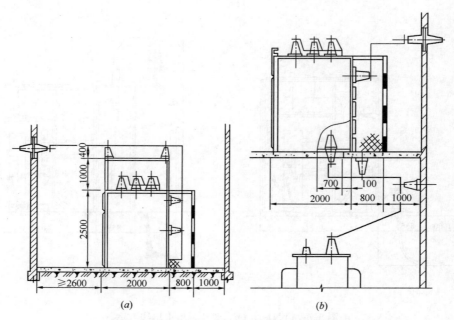

图 5-10　GBC-35A（F）型开关柜的布置方案

（a）柜前架空进（出）线；（b）在同一排同时布置柜后架空进（出）线和穿越楼板向下出线

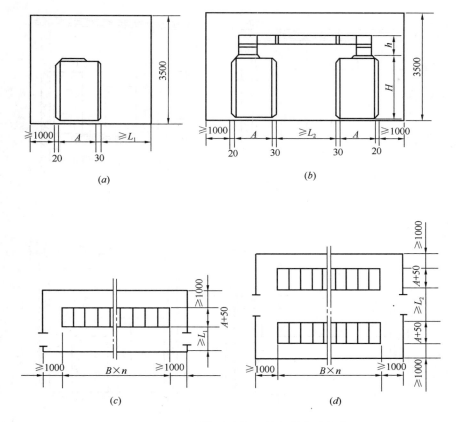

图 5-11　10kV 封闭式高压开关柜的布置方案

(*a*) 单列；(*b*) 双列；(*c*) 单列平面布置；(*d*) 双列平面布置

注：$A$—开关柜深度；$B$—开关柜宽度；$H$—开关柜高度；$L_1$—单车长+1200mm；

$L_2$—双车长+900mm；$h$—母线桥高度

### 5.3.4　电容器室布置

（1）室内高压电容器组宜装设在单独房间内，当容量较小时，可装设在配电室内。但与高压开关柜的距离应不小于 1.5m。低压电容器组可装设在低压配电室内，当电容器组容量较大时，考虑通风和安全运行，宜装设在单独房间内。

（2）成套电容器柜单列布置时，柜正面与墙面之间的距离不应小于 1.5m，还要考虑搬运的方便；双列布置时，柜面之间的距离不应小于 2m。

（3）长度大于 7m 的高压电容器室（低压电容器室为 8m）应设两个出口，并宜布置在两端。电容器室的门应向外开。

（4）电容器室应有良好的自然通风。浸渍纸介质电容器的损耗不超过 3W/kvar（1kV及以下时为 4W/kvar），通风窗的有效面积如无准确的计算资料，可根据进风温度高低（35℃或 30℃）按每 1000kvar 需要下部进风面积和上部进风面积 0.6m² 或 0.33m² 估算，低压电容器室的通风面积加大 1/3。

（5）高压电容器室的布置见图 5-12。

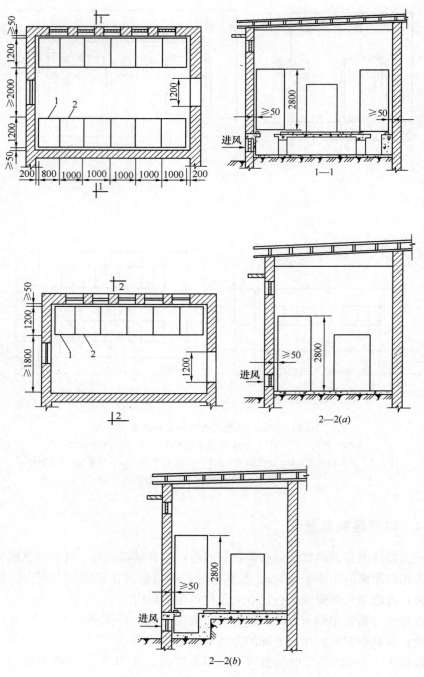

图 5-12 高压电容器室的布置方案

2-2 (*a*) —柜后进风；2-2 (*b*) —柜底下进风

1—电压互感器柜；2—电容器柜

（6）给水排水工程中，高压用电设备主要为 6（10）kV 水泵或鼓风机电机，宜采用就地补偿方式。低压系统多采用集中补偿方式，可采用低压静电电容器组集中安装于变电所低压母线上。

### 5.3.5 低压配电室布置

（1）低压配电设备的布置应便于安装、操作、搬运、检修、试验和监测。

（2）低压配电室的长度超过7m时，应设两个出口，并宜布置在配电室两端；位于楼上的配电室至少应设一个出口通向室外的平台或通道。

（3）成排布置的低压配电屏的长度超过6m时，其屏后通道应设两个通向本室或其他房间的出口。如果两个出口的距离超过15m时尚应增加出口。

（4）低压配电室可设能开启的自然采光窗，但应有防止雨、雪和小动物进入室内的措施。临街一面不宜开窗。

（5）由同一低压配电室的两段母线供给一级负荷用电的两路电缆不应通过同一电缆通道。当无法分开时，则该电缆通道内的两路电缆应采用阻燃性电缆，且应分别敷设在通道的两侧支架上。

（6）低压配电室内各种通道宽度不应小于表5-9所列数值。

低压配电室内各种通道最小宽度（净距）　　　　表5-9

| 布置方式 | 屏前操作通道（mm） | 屏后操作通道（mm） | 屏后维护通道（mm） |
|---|---|---|---|
| 固定式屏单列布置 | 1500 | 1200 | 1000 |
| 固定式屏双列面对面布置 | 2000 | 1200 | 1000 |
| 固定式屏双列背对背布置 | 1500 | 1500 | 1000 |
| 单面抽屉式屏单列布置 | 1800 | | 1000 |
| 单面抽屉式屏双列面对面布置 | 2300 | | 1000 |
| 单面抽屉式屏双列背对背布置 | 1800 | | 1000 |

注：1. 当屏后有需要操作的断路器时，则称为屏后操作通道；

2. 当建筑物墙面有柱类局部凸出时，凸出处通道宽度可减少0.2m。

（7）低压配电室兼作值班室时，配电屏正面距墙不宜少于3m。

（8）低压配电室的高度应和变压器室综合考虑，一般可参考下列尺寸：

1）与抬高地坪变压器室相邻时，其高度为4～4.5m。

2）与不抬高地坪变压器室相邻时，其高度为3.5～4m。

3）配电室为电缆进线时，其高度为3m。

4）低压配电室的布置及低压柜的外形尺寸见图5-13及表5-10。

低压柜的外形尺寸　　　　表5-10

| 低压柜型号 | 外形尺寸（mm） | | | |
|---|---|---|---|---|
| | A | B | H | h |
| JK | 650，800 | 400，600，800，1000 | 2200 | 600 |
| BGM、BGL、GGD1，2 | 600 | 800，1000 | 2200 | |
| GGD3 | 600，800 | 800，1000，1200 | 2200 | |
| GGL1 | 600，1000 | 600，800 | 2200 | 550 |
| GGL10 | 500 | 600，800，1000 | 2200 | |
| GCK1 | 500，1000 | 800 | 2200 | 420 |
| GCK4 | 600，1000 | 400，600，800，1000 | 2200 | 500 |

| 低压柜型号 | 外形尺寸（mm） | | | |
| --- | --- | --- | --- | --- |
| | A | B | H | h |
| GCL1 | 1200 | 600，800，1000 | 2200 | 420 |
| GCLB | 1000 | 600，800 | 2200 | |
| GCS | 600，800，1000 | 400，600，800，1000 | 2200 | |
| MNS | 600，800，1000 | 600，800，1000 | 2200 | |
| GHD1 | 540，790，1040 | 443，658，874 | 2165 | |
| GHL | 800 | 660，800，1000，1200 | 2200 | |
| GHK1，2，3 | 1000 | 450，650，800，1000 | 2200 | |
| GZL2，3 | 600，1000 | 400，600，1000 | 2200 | 250 |
| CUBIC | 384，576，768，960 | 576，768，960，1152 | 2232 | 384 |
| LGT | 440，630，820，1010 | 440，630，820，1010，1200 | 2240，2430 | |
| GCK3 | 800，1000 | 400，600，800，1000，1200 | 2200 | |
| GDL8 | 570，760，950 | 570，760，950，1140 | 2200 | |
| CMD190 | 600，800，1000 | 600，800，1000 | 2200 | 500 |
| （GHD33） | 600，800，1000 | 600，800，1000 | 2200 | |
| NY1000Z | 800，1000 | 400，600，800，1000 | 2200 | |
| M35 | 735，1085 | 490，560，700，840 | 2105（2280） | |
| PRISMA | 600，800，1000 | 700，900，1100 | 2025 | |
| eLS | 300，400，600，800，1000 | 800，1000 | 2200 | |

注：括号内的数值用于抽屉式低压配电柜。

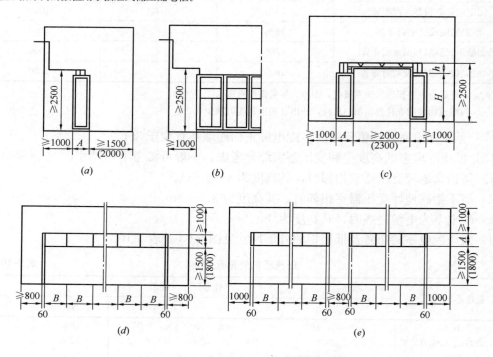

图 5-13  低压配电室的布置方案

（a）单列离墙安装；（b）侧面进线；（c）双列离墙安装；（d）、（e）平面布置

注：括号内的数值用于抽屉式低压配电柜。

### 5.3.6 变压器室布置

（1）一般要求

1）每台油量为 100kg 及以上的三相变压器，应装设在单独的变压器室内。宽面推进的变压器低压侧宜向外；窄面推进的变压器油枕宜向外。

2）油浸变压器外廓与变压器室墙壁和门的净距不应小于表 5-11 所列数值。

变压器外廓（防护外壳）与变压器室墙壁、门和防护罩之间的最小净距　　表 5-11

| 项　　目 | 变压器容量（kVA） | 净距（m） |
|---|---|---|
| 油浸变压器外廓与后壁、侧壁净距 | 100～1000<br>≥1250 | 0.6<br>0.8 |
| 油浸变压器外廓与门净距 | 100～1000<br>≥1250 | 0.8<br>1.0（1.2） |
| 干式变压器带有 IP2X 及以上防护等级金属外壳与后壁、侧壁净距 | 100～1000<br>1250～1600<br>2000～2500 | 0.6<br>0.8<br>1.0 |
| 干式变压器有金属网状遮栏与后壁、侧壁净距 | 100～1000<br>1250～1600<br>2000～2500 | 0.6<br>0.8<br>1.0 |
| 干式变压器带有 IP2X 及以上防护等级金属外壳与门净距 | 100～1000<br>1250～1600<br>2000～2500 | 0.8<br>1.0<br>1.2 |
| 干式变压器有金属网状遮栏与门净距 | 100～1000<br>1250～1600<br>2000～2500 | 0.8<br>1.0<br>1.2 |
| 变压器带有 IP2X 防护等级及以上金属外壳之间 A | 100～1000<br>1250～1600<br>2000～2500 | 0.6<br>0.8<br>1.0 |
| 变压器带有 IP2X 防护等级及以上金属外壳之间 A | 100～1000<br>1250～1600<br>2000～2500 | 0.6<br>0.8<br>1.0 |
| 变压器带有 IP4X 防护等级及以上金属外壳之间 A | 100～2500 | 可以贴邻布置 |
| 考虑变压器外壳之间有一台变压器拉出防护外壳 B | 100～1000<br>1250～1600<br>2000～2500 | B+0.6<br>B+0.6<br>B+0.8 |
| 不考虑变压器外壳之间有一台变压器拉出防护外壳 B | 100～1000<br>1250～1600<br>2000～2500 | 1.0<br>1.2<br>1.4 |

注：1. 表中各值不适用于制造厂的成套产品；
　　2. 括号内的数值适用于 35kV 变压器。

3）室内安装的干式变压器，其外廓与四周墙壁的净距不应小于 0.6m，干式变压器之间距离不应小于 1m，并应满足巡视、维修的要求。

4）变压器室内可安装与变压器有关的负荷开关或隔离开关和熔断器。在考虑变压器布置及高、低压进出线位置时，应尽量使负荷开关或隔离开关的操动机构装在近门处。

5）在确定变压器室面积时，应考虑变电所负荷发展的可能性，一般按能装设大一级容量的变压器考虑。

6）有下列情况之一时，可燃性油浸变压器室的门应为甲级防火门：

① 变压器室位于车间内。

② 变压器室位于高层主体建筑物内。

③ 变压器室下边有地下室。

④ 变压器室位于容易沉积可燃粉尘、可燃纤维的场所。

⑤ 变压器室附近有粮、棉及其他易燃物大量集中的露天场所。

此外，变压器室之间的门、变压器室通向配电室的门，也应为甲级防火门。

7）变压器室的通风窗应采用非燃烧材料。

8）车间内变电所和民用主体建筑内的附设变电所的可燃性油浸变压器室，应设置容量为100%变压器油量的贮油池。通常的做法是在变压器油坑内设置厚度大于250mm的卵石层，卵石层底下设置贮油池，或者利用变压器油坑内卵石之间缝隙作为贮油池。

9）在下列场所的可燃性油浸变压器，应设置容量为100%变压器油量的挡油设施（挡油设施的形式有多种，例如利用变压器室地坪抬高时的进风坑兼作挡油措施，设置挡油门，使变压器室的地坪有一定坡度坡向后壁等），或设置容量为20%变压器油量的挡油池，并能将油排到安全处所的设施：

① 变压器室位于容易沉积可燃粉尘、可燃纤维的场所。

② 变压器室附近有粮、棉以及其他易燃物大量集中的露天场所。

③ 变压器室下面有地下室。

10）变压器室宜安装搬运变压器的地锚。

11）变压器室内不应有与其无关的管道和明敷线路通过。

12）变压器室的大门一般按变压器外形尺寸加0.5m。当一扇门的宽度为1.5m及以上时，应在大门上开一小门，小门宽0.8m，高1.8m。

（2）变压器室通风窗有效面积计算

1）变压器室通风窗有效面积计算：

通风窗有效面积计算公式如下
$$F_j = F_c = 4.25P\sqrt{\frac{\xi}{h\Delta t^3}} \tag{5-1}$$

式中　$F_j$——进风窗有效面积（m²）；

　　　$F_c$——出风窗有效面积（m²）；

　　　$P$——变压器全部损耗（kW）；

　　　$\xi$——进风窗和出风窗局部阻力系数之和，一般取5；

　　　$h$——进风窗和出风窗中心高差（m）；

　　　$\Delta t$——出风窗与进风窗空气的温差（℃），其值不大于15℃。

该公式的计算结果适用于进出风窗有效面积之比为1：1的情况。当因条件限制，能开进风窗的有效面积不能满足上述比例要求时，可适当加大出风窗有效面积，使进风窗有效面积不足部分等于出风窗有效面积增加部分，但进、出风窗有效面积之比一般不大于1：2。

2）变压器室通风窗有效面积见表5-12、表5-13。

**S9、S9-M 型变压器通风窗有效面积** 表 5-12

| 变压器容量 (kVA) | 进出风窗中心高差 $h$(m) | 进出风窗面积之比 $F_j:F_c$ | 进风温度 $t_j=30℃$ | | 进风温度 $t_j=35℃$ | |
|---|---|---|---|---|---|---|
| | | | 进风窗面积 $F_j(m^2)$ | 出风窗面积 $F_c(m^2)$ | 进风窗面积 $F_j(m^2)$ | 出风窗面积 $F_c(m^2)$ |
| 200~630 | 2.0 | 1:1 | 0.86 | 0.86 | 1.61 | 1.61 |
| | | 1:1.5 | 0.70 | 1.05 | 1.30 | 1.95 |
| | | 1:2 | 0.63 | 1.26 | 1.18 | 2.36 |
| | 2.5 | 1:1 | 0.77 | 0.77 | 1.44 | 1.44 |
| | | 1:1.5 | 0.63 | 0.94 | 1.17 | 1.75 |
| | | 1:2 | 0.57 | 1.14 | 1.05 | 2.10 |
| | 3.0 | 1:1 | 0.7 | 0.7 | 1.31 | 1.31 |
| | | 1:1.5 | 0.57 | 0.86 | 1.06 | 1.59 |
| | | 1:2 | 0.52 | 1.04 | 0.96 | 1.92 |
| | 3.5 | 1:1 | 0.65 | 0.65 | 1.21 | 1.21 |
| | | 1:1.5 | 0.53 | 0.79 | 0.98 | 1.47 |
| | | 1:2 | 0.48 | 0.96 | 0.89 | 1.78 |
| 800~1000 | 2.0 | 1:1 | 1.41 | 1.41 | 2.62 | 2.62 |
| | | 1:1.5 | 1.14 | 1.71 | 2.11 | 3.17 |
| | | 1:2 | 1.02 | 2.04 | 1.92 | 3.84 |
| | 2.5 | 1:1 | 1.26 | 1.26 | 2.34 | 2.34 |
| | | 1:1.5 | 1.02 | 1.53 | 1.89 | 2.83 |
| | | 1:2 | 0.91 | 1.82 | 1.72 | 3.44 |
| | 3.0 | 1:1 | 1.15 | 1.15 | 2.14 | 2.14 |
| | | 1:1.5 | 0.93 | 1.40 | 1.72 | 2.58 |
| | | 1:2 | 0.83 | 1.66 | 1.57 | 3.14 |
| | 3.5 | 1:1 | 1.06 | 1.06 | 1.98 | 1.98 |
| | | 1:1.5 | 0.86 | 1.29 | 1.60 | 2.40 |
| | | 1:2 | 0.77 | 1.54 | 1.45 | 2.90 |
| 1250~2000 | 2.0 | 1:1 | 2.43 | 2.43 | 4.53 | 4.53 |
| | | 1:1.5 | 1.97 | 2.96 | 3.65 | 5.48 |
| | | 1:2 | 1.76 | 3.52 | 3.33 | 6.66 |
| | 2.5 | 1:1 | 2.18 | 2.18 | 4.05 | 4.05 |
| | | 1:1.5 | 1.77 | 2.65 | 3.27 | 4.90 |
| | | 1:2 | 1.58 | 3.16 | 2.97 | 5.94 |
| | 3.0 | 1:1 | 1.98 | 1.98 | 3.70 | 3.70 |
| | | 1:1.5 | 1.61 | 2.42 | 2.98 | 4.47 |
| | | 1:2 | 1.44 | 2.88 | 2.72 | 5.44 |
| | 3.5 | 1:1 | 1.74 | 1.74 | 3.43 | 3.43 |
| | | 1:1.5 | 1.49 | 2.24 | 2.76 | 4.14 |
| | | 1:2 | 1.33 | 2.66 | 2.51 | 5.02 |
| | 4.0 | 1:1 | 1.72 | 1.72 | 3.20 | 3.20 |
| | | 1:1.5 | 1.40 | 2.10 | 2.58 | 3.87 |
| | | 1:2 | 1.25 | 2.50 | 2.35 | 4.70 |

注：进、出口通风窗的实际面积应为表中查得的有效面积乘以不同的构造系数 $K$：金属百叶窗 $K=1.67$，金属百叶窗加金属网 $K=2.0$。

**SC9（SCB9）型变压器通风窗有效面积** 表 5-13

| 变压器容量<br>（kVA） | 进出风窗<br>中心高差<br>$h$(m) | 进出风窗<br>面积之比<br>$F_j : F_c$ | 进风温度 $t_j$＝30℃ | | 进风温度 $t_j$＝35℃ | |
|---|---|---|---|---|---|---|
| | | | 进风窗面积<br>$F_j$(m²) | 出风窗面积<br>$F_c$(m²) | 进风窗面积<br>$F_j$(m²) | 出风窗面积<br>$F_c$(m²) |
| 630 | 2.0 | 1：1 | 1.45 | 1.45 | 4.09 | 4.09 |
| | | 1：1.5 | 1.16 | 1.74 | 3.27 | 4.90 |
| | 2.5 | 1：1 | 1.29 | 1.29 | 3.65 | 3.65 |
| | | 1：1.5 | 1.03 | 1.55 | 2.92 | 4.38 |
| | 3.0 | 1：1 | 1.18 | 1.18 | 3.34 | 3.34 |
| | | 1：1.5 | 0.94 | 1.41 | 2.67 | 4.00 |
| | 3.5 | 1：1 | 1.09 | 1.09 | 3.09 | 3.09 |
| | | 1：1.5 | 0.87 | 1.31 | 2.47 | 3.71 |
| 800 | 2.0 | 1：1 | 1.69 | 1.69 | 4.78 | 4.78 |
| | | 1：1.5 | 1.35 | 2.03 | 3.82 | 5.73 |
| | 2.5 | 1：1 | 1.51 | 1.51 | 4.37 | 4.37 |
| | | 1：1.5 | 1.21 | 1.81 | 3.50 | 5.25 |
| | 3.0 | 1：1 | 1.38 | 1.38 | 3.90 | 3.90 |
| | | 1：1.5 | 1.10 | 1.65 | 3.12 | 4.68 |
| | 3.5 | 1：1 | 1.28 | 1.28 | 3.61 | 3.61 |
| | | 1：1.5 | 1.02 | 1.53 | 2.89 | 4.33 |
| 1000 | 2.0 | 1：1 | 1.95 | 1.95 | 5.50 | 5.50 |
| | | 1：1.5 | 1.56 | 2.34 | 4.40 | 6.60 |
| | 2.5 | 1：1 | 1.74 | 1.74 | 4.92 | 4.92 |
| | | 1：1.5 | 1.39 | 2.08 | 3.93 | 5.90 |
| | 3.0 | 1：1 | 1.59 | 1.59 | 4.49 | 4.49 |
| | | 1：1.5 | 1.27 | 1.90 | 3.59 | 5.38 |
| | 3.5 | 1：1 | 1.47 | 1.47 | 4.16 | 4.16 |
| | | 1：1.5 | 1.18 | 1.77 | 3.33 | 4.99 |
| 1250 | 2.0 | 1：1 | 2.36 | 2.36 | 6.67 | 6.67 |
| | | 1：1.5 | 1.89 | 2.83 | 5.34 | 8.01 |
| | 2.5 | 1：1 | 2.11 | 2.11 | 5.96 | 5.96 |
| | | 1：1.5 | 1.69 | 2.53 | 4.77 | 7.15 |
| | 3.0 | 1：1 | 1.93 | 1.93 | 5.44 | 5.44 |
| | | 1：1.5 | 1.54 | 2.31 | 4.36 | 6.54 |
| | 3.5 | 1：1 | 1.78 | 1.78 | 5.05 | 5.05 |
| | | 1：1.5 | 1.43 | 2.14 | 4.04 | 6.06 |
| | 4.0 | 1：1 | 1.67 | 1.67 | 4.72 | 4.72 |
| | | 1：1.5 | 1.34 | 2.01 | 3.77 | 5.66 |

| 变压器容量<br>（kVA） | 进出风窗<br>中心高差<br>$h$(m) | 进出风窗<br>面积之比<br>$F_j : F_c$ | 进风温度 $t_j$＝30℃ | | 进风温度 $t_j$＝35℃ | |
|---|---|---|---|---|---|---|
| | | | 进风窗面积<br>$F_j$(m²) | 出风窗面积<br>$F_c$(m²) | 进风窗面积<br>$F_j$(m²) | 出风窗面积<br>$F_c$(m²) |
| 1600 | 2.0 | 1：1 | 2.83 | 2.83 | 7.99 | 7.99 |
| | | 1：1.5 | 2.26 | 3.39 | 6.39 | 9.59 |
| | 2.5 | 1：1 | 2.53 | 2.53 | 7.15 | 7.15 |
| | | 1：1.5 | 2.02 | 3.03 | 5.72 | 8.58 |
| | 3.0 | 1：1 | 2.31 | 2.31 | 6.52 | 6.52 |
| | | 1：1.5 | 1.85 | 2.77 | 5.22 | 7.83 |
| | 3.5 | 1：1 | 2.14 | 2.14 | 6.05 | 6.05 |
| | | 1：1.5 | 1.71 | 2.56 | 4.84 | 7.26 |
| | 4.0 | 1：1 | 2.00 | 2.00 | 5.65 | 5.65 |
| | | 1：1.5 | 1.60 | 2.40 | 4.52 | 6.78 |
| 2000 | 2.0 | 1：1 | 3.40 | 3.40 | 9.62 | 9.62 |
| | | 1：1.5 | 2.72 | 4.08 | 7.69 | 11.53 |
| | 2.5 | 1：1 | 3.04 | 3.04 | 8.60 | 8.60 |
| | | 1：1.5 | 2.43 | 3.65 | 6.88 | 10.32 |
| | 3.0 | 1：1 | 2.77 | 2.77 | 7.85 | 7.85 |
| | | 1：1.5 | 2.22 | 3.33 | 6.28 | 9.42 |
| | 3.5 | 1：1 | 2.57 | 2.57 | 7.28 | 7.28 |
| | | 1：1.5 | 2.06 | 3.09 | 5.82 | 8.73 |
| | 4.0 | 1：1 | 2.41 | 2.41 | 6.80 | 6.80 |
| | | 1：1.5 | 1.93 | 2.89 | 5.44 | 8.16 |
| 2500 | 2.0 | 1：1 | 4.04 | 4.04 | 11.42 | 11.42 |
| | | 1：1.5 | 3.23 | 4.84 | 9.13 | 13.69 |
| | 2.5 | 1：1 | 3.61 | 3.61 | 10.21 | 10.21 |
| | | 1：1.5 | 2.89 | 4.33 | 8.17 | 12.26 |
| | 3.0 | 1：1 | 3.30 | 3.30 | 9.32 | 9.32 |
| | | 1：1.5 | 2.64 | 3.96 | 7.46 | 11.19 |
| | 3.5 | 1：1 | 3.05 | 3.05 | 8.64 | 8.64 |
| | | 1：1.5 | 2.44 | 3.66 | 6.91 | 10.36 |
| | 4.0 | 1：1 | 2.86 | 2.86 | 8.08 | 8.08 |
| | | 1：1.5 | 2.29 | 3.43 | 6.46 | 9.69 |

### 5.3.7 室外配电装置

（1）一般要求：

1）配电装置的布置要充分利用地形，在保证安全可靠的前提下，布置力求整齐、简单、紧凑，便于安装、运行、检修及试验。

2）配电装置的选择和装设，不论在正常情况或发生短路及过电压的情况下，均应满足工作条件的要求，应有足够的稳定度，保证不致危及人身安全和周围设备。

3）配电装置应结合近远期规划考虑扩建的可能。

4）屋外配电装置中设备四周的场地宜铺设成简易地面，一般可用混凝土铺面，如采用卵石地面，应进行必要的处理和维护，以防杂草生长。

5）屋外充油电气设备单个油箱的充油为 1000kg 以上时，应设置容量为单个 100% 贮油或 20% 的挡油设施。当设置有 20% 油量的贮油或挡油设施时，应有将油排到安全处所的设施。且不应引起环境污染危害。

当不能满足上述措施时，应设置 100% 油量的贮油和挡油设施，贮油和挡油设施的各边尺寸应较设备外廓尺寸相应大 1m。挡油设施内一般铺设厚度不小于 250mm 的卵石层，卵石直径一般为 50～80mm。挡油设施内四周应高出地面 100mm。

6）周围环境温度低于继电器、电器、仪表的最低允许使用温度时，应装设有自动温控的加热装置或其他保温措施。

7）积雪、覆冰严重地区的屋外配电装置，应尽量采取措施，防止冰雪造成闪络事故。

8）屋外配电装置应选择适用于该地区风速范围的电器产品。台风经常侵袭或最大风速超过 35m/s 的地区，在屋外配电装置的布置中，应按规程尽量降低电气设备的安装高度，并与基础牢固固定。

9）地震烈度在 7 级以上地区的屋外配电装置，应采取抗震措施，如电气设备之间用软导体或伸缩补偿装置连接；引下线过长时，增设固定支点；尽量降低电气设备的安装高度，并牢固与基础固定或在设备基础上装设减震器等。

10）在积雪、覆冰严重地区，应采取防止冰雪引起事故的措施。

11）35kV 及以上屋外配电装置的构架，应根据施工、材料供应和交通运输条件等具体情况确定，一般采取环形断面钢筋混凝土杆柱或钢梁结构。

（2）配电装置：

1）屋外配电装置的各项应满足表 5-14 中的数值。电气设备的外绝缘体最低部分至地面的净距小于 2.5m 时，应装设固定围栏。

2）屋外配电装置的安全净距，应按图 5-14 校验。

**屋外配电装置的最小电气安装净距**（mm）    表 5-14

| 符号 | 适 用 范 围 | 系统标称电压(kV) | | | | |
|---|---|---|---|---|---|---|
| | | 15～20 | 35 | 66 | 110J | 110 |
| $A_1$ | 1. 带电部分至接地部分之间；<br>2. 网状遮栏向上延伸线距地 2.5m 处与遮栏上方带电部分之间 | 300 | 400 | 650 | 900 | 1000 |
| $A_2$ | 1. 不同相的带电部分之间；<br>2. 断路器和隔离开关的断口两侧引线带电部分之间 | 300 | 400 | 650 | 1000 | 1100 |
| $B_1$ | 1. 设备运输时，其设备外廓至无遮栏带电部分之间；<br>2. 交叉的不同时停电检修的无遮栏带电部分之间；<br>3. 栅状遮栏至绝缘体和带电部分之间；<br>4. 带电作业时带电部分至接地部分之间 | 1050 | 1150 | 1400 | 1650 | 1750 |

续表

| 符号 | 适 用 范 围 | 系统标称电压(kV) | | | | |
|---|---|---|---|---|---|---|
| | | 15～20 | 35 | 66 | 110J | 110 |
| $B_2$ | 网状遮栏至带电部分之间 | 400 | 500 | 750 | 1000 | 1100 |
| C | 1. 无遮栏裸导体至地面之间；<br>2. 无遮栏裸导体至建筑物、构筑物顶部之间 | 2800 | 2900 | 3100 | 3400 | 3500 |
| D | 1. 平行的不同时停电检修的无遮栏带电部分之间；<br>2. 带电部分与建筑物、构筑物的边沿部分之间 | 2300 | 2400 | 2600 | 2900 | 3000 |

注 1. 110J 指中性点有效接地系统；

2. 海拔超过 1000m 时，A 值应进行修正；

3. 本表所列各值不适用于制造厂的成套配电装置；

4. 带电作业时，不同相或交叉的不同回路带电部分之间，其 $B_1$ 值可在 $A_2$ 值上加 750mm。

3) 屋外配电装置的遮栏高度不应低于：网状遮栏 1.7m；栅栏 1.5m。网状遮栏网孔不应大于 40mm×40mm，栅栏的栅条间距和栅栏最低栏杆至地面的距离，不应大于 200mm。围栏门应有锁。

4) 配电装置区应有供运行、操作、检修等用的通道，通道的宽度应取 0.8～1m。可以利用电缆沟盖板作为部分巡视通道。

5) 屋外配电装置带电部分的上面或下面，不应有照明、电信和信号架空线路跨越或穿过。

(3) 露天或半露天变压器的安装要求如下：

1) 靠近建筑物外墙安装的普通型变压器不应设在倾斜屋面低侧，以防止屋面冰块或水落到变压器上。

2) 10(6)kV 变压器四周应设不低于 1.7m 的固定围栏(或墙)。变压器外廓与围栏(或墙)的净距不应小于 0.8m，其底部距地面的距离不应小于 0.3m。相邻变压器之间净距不应小于 1.5m。

3) 供给一级负荷用电或油量均为 2500kg 以上的相邻可燃性油浸变压器的防火净距不应小于 5m，否则应设置防火墙，墙应高出油枕顶部，其长度应大于挡油设施两侧各 0.5m。

4) 建筑物的外墙距室外可燃性油浸变压器外廓不足 5m 时，在变压器高度以上 3m 的水平线以下及外廓两侧各加 3m[10(6)kV 变压器油量在 1000kg 以下时，两侧各加 1.5m]的外墙范围内，不应有门、窗或通风孔。当建筑物外墙与变压器外廓的距离为 5～10m 时，可在外墙上设防火门，并可在变压器高度以上设非燃烧性的固定窗。

5) 当由一个露天或半露天变电所向一级负荷供电或变压器油量均为 2500kg 以上时，相邻变压器的防火净距不应小于 10m，当小于 10m 时，应设置防火墙。

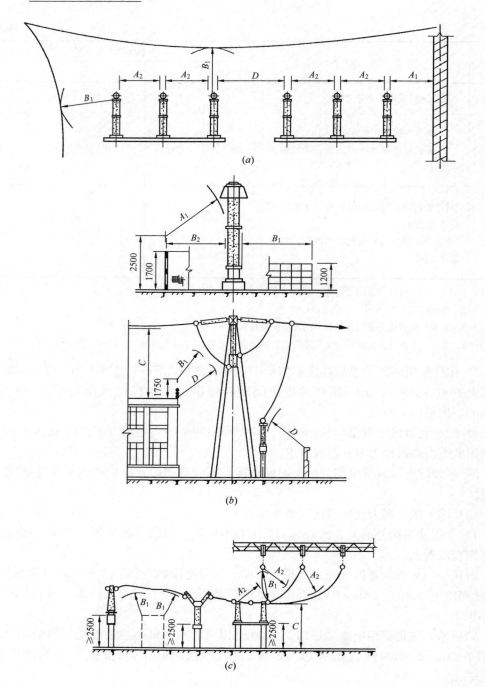

图 5-14　屋外配电装置安全净距校验图

(a) 屋外 $A_1$、$A_2$、$B_1$、$D$ 值校验；(b) 屋外 $A_1$、$B_1$、$B_2$、$C$、$D$ 值校验；(c) 屋外 $A_2$、$B_1$、$C$ 值校验

6）油量为 2500kg 及以上屋外式油浸变压器的布置尺寸不应小于表 5-15 的规定。

7）当 35～110kV 大型变压器采取就地原位检修时，相邻变压器外廓之间或与其他带电设备之间的距离应满足安装移动式检修吊架或临时搭架的需要，一般不小于 10m，以便在检修变压器时，不影响另一台变压器或其他带电设备继续运行。

**屋外油浸变压器之间的最小净距（m）** 表 5-15

| 电压等级 | 最小净距 | 电压等级 | 最小净距 |
|---|---|---|---|
| 35kV 及以下 | 5 | 110kV | 9 |
| 66kV | 6 | | |

（4）户外箱式变电站的进出线应采用电缆。

（5）杆上变压器应尽量避免车辆和行人较多的场所。在布线复杂、转角、分支、进户、交叉路口等的电杆上，不宜装设变压器台。单柱式杆上变电所适用于装设容量不超过30kVA 的变压器；双柱式杆上变电所可用于装设容量为 50～315kVA 的变压器，对于用电单位来说，不宜超过 160kVA。

# 5.4 柴 油 发 电 机 房

## 5.4.1 机房设备布置

（1）机房设备布置应符合机组运行工艺要求，力求紧凑、经济合理、保证安全及便于维护。

（2）机房与控制及配电室毗邻布置时，发电机出线端及电缆沟宜布置在靠控制及配电室侧。

（3）机组之间、机组外廓至墙的距离应满足搬运设备、就地操作、维护检修或布置辅助设备的需要，机房内有关尺寸不应小于表 5-16 中数据，并见图 5-15。

**机组外廓与墙壁最小尺寸（m）** 表 5-16

| | 容量（kW） | | 64 以下 | 75～150 | 200～400 | 500～1500 | 1600～2000 |
|---|---|---|---|---|---|---|---|
| 机组外壳部位 | 机组操作面 | $a$ | 1.50 | 1.50 | 1.50 | 1.50～2.00 | 2.00～2.50 |
| | 机组背面 | $b$ | 1.50 | 1.50 | 1.50 | 1.80 | 2.00 |
| | 柴油机端[①] | $c$ | 0.70 | 0.70 | 1.00 | 1.00～1.50 | 1.50 |
| | 机组间距 | $d$ | 1.50 | 1.50 | 1.50 | 1.50～2.00 | 2.50 |
| | 发电机端 | $e$ | 1.50 | 1.50 | 1.50 | 1.80 | 2.00～2.50 |
| | 机房净高（图 5-15 中未示） | $h$ | 2.50 | 3.00 | 3.00 | 4.00～4.50 | 5.00～7.00 |

①表中柴油机距排风口百叶窗间距，是根据国产封闭式自循环水冷却方式机组而定，当机组冷却方式与本表不同时，其间距应按实际情况选定。若机组设在地下层，其间距可适当加大。

（4）表 5-16 的布置尺寸考虑以下原则：

1）进、排风管和排烟管道架空敷设在机组两侧 2.2m 以上空间内，排烟管道一般敷设在机组的背面。

2）多台机组的机房中机组安装和检修的搬运通道，在平行布置的机房中安排在机组的操作面；在垂直布置的机房中安排在发电机端。

3）机房的高度，主要考虑机组在安装或检修时，利用房顶预留吊钩用手动葫芦起吊活塞、连杆和曲轴所需的高度。

4）与机组引接的电缆和水、油管线分别设置在机组两侧的地沟内，地沟净深一般为0.5～0.8m，并设置支架。

5）当不需设置控制室时，控制屏和配电屏宜布置在发电机端或发电机侧，其操作检

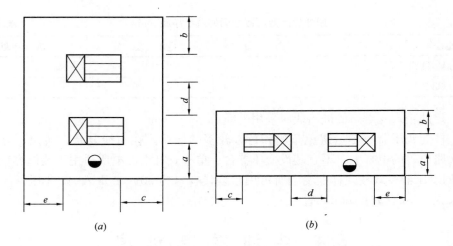

图 5-15 机组布置

(a) 机组垂直布置；(b) 机组平行布置

修通道不应小于下列数值：

①屏前距发电机端为 2m。

②屏前距发电机侧为 1.50m。

6）机房宜靠近一级负荷或变配电所。

7）柴油发电机室、控制室不应设在厕所、浴室或其他经常积水场所的正下方或毗邻。

8）机房设在地下室时，应满足以下要求：

①不应设在四周均无外墙的房间，至少应有一侧靠外墙。热风和排烟管道应伸出室外，机房内应有足够的新风进口，气流分布应合理。

②应妥善考虑设备吊装、搬运和检修等条件，根据需要预留吊装孔。

③对机组和其他设备，应根据具体条件，处理好防潮、消声和冷却问题。

9）发电机至配电屏的引出线宜采用铜芯电缆或封闭式母线，当设电缆沟时，沟内应有排水和排油措施，电缆线路沿沟内敷设可不穿钢管，电缆线路不宜与水、油管线交叉。

### 5.4.2 控制室的电气设备布置

（1）装集式单台机组单机容量在 500kW 及以下者一般可不设控制室，多台机组单机容量在 500kW 及以上者宜设控制室。

（2）控制室布置应便于观察、操作和调度，通风、采光良好，线路短，进出线方便。

（3）控制室内不应有油、水等管道通过及安装与本装置无关的设备。

（4）控制屏正面的最小操作通道宽度，单列布置为 1.5m，双列布置为 2m。离墙安装时，屏后维护通道为 0.8～1.0m。

（5）当控制室的长度在 7m 及以上时，应有 2 个出口，出口宜在控制室两端，门应向外开。

### 5.4.3 对有关专业要求

（1）柴油发电机房耐火等级为一级，火灾危险性类别为丙类；控制室耐火等级为二级，火灾危险性类别为戊类；贮油间耐火等级为一级，火灾危险性类别为丙类。

（2）在燃油来源及运输不变时，宜在建筑物主体外设 40～64h 贮油设施。

（3）按柴油发电机运行 3～8h 设置日用燃油箱，油量超过消防有关规定时，应设储油间。贮油间总贮存量不应超过 8h 的需要量，贮油间应采取防火墙与发电机间隔开；当必须在防火墙上开门时，应设置能自行关闭的甲级防火门，并向发电机间开启。

（4）日用燃油箱宜高位布置，出油口宜高于柴油机的高压射油泵。

（5）柴油机采用闭式循环冷却系统时，应设置膨胀水箱，其装设位置应高于柴油机冷却水的最高水位。

（6）机房内应设有洗手盆和落地洗涤槽。

（7）当机房设置在高层民用建筑地下层时，应设防烟、排烟设施。为减少机组运行时所产生的噪声和排出的烟气对环境的污染，可采用高空直排或在机房内（或机房外）设置消烟池，消烟池的大小与机组的容量关系和做法见图 5-16。

（8）宜利用自然通风排除发电机间内的余热，当不能满足工作地点的温度要求时，应设机械通风装置。并应考虑排除机房有害气体所需风量。

（9）在采暖地区，冬季机房室内温度就地操作时不宜低于 15℃，隔室操作时不宜低于 5℃。非采暖地区可根据具体情况，采取适当的加热、预热措施。

（10）对安装自启动机组的机房，应保证满足自启动温度需要。当环境温度达不到启动要求时，应采取局部或整机预热装置。

（11）机房不应采用明火取暖。

（12）机房应具有良好的采光和通风，在炎热地区，有条件时宜设置天窗，有热带风暴地区，天窗应加挡风防雨板或设专用双层百叶窗。在北方或风沙较大地区，应设有防风沙侵入的措施。

（13）机房内的噪声应符合国家噪声标准规定，当机房噪声控制达不到要求时，应通过计算做消音、隔声处理。

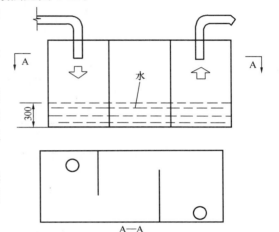

| 机组容量<br>（kW） | 低阻力消烟池体积<br>（m³） | 分隔板<br>数目 |
|---|---|---|
| 200 | 3 | 2 |
| 250 | 3.5～4 | 2 |

注：容量大于 250kW，体积按 0.025m³/kW 估算，分隔板可增至 3～4 片。

图 5-16　消烟池示意

（14）机组基础应采取减震措施。当机组设置在主体建筑内或地下层时，应防止与房屋产生共振现象。

（15）机房内的管沟和电缆沟内应有 0.3% 的坡度排水、排油，沟边缘应做挡油处理。

（16）柴油发电机房应采用耐火极限时间不低于 2.0h 隔墙和 1.50h 的楼板与其他部位隔开。

（17）发电机间应有两个出入口，其中一个出口的大小应满足搬运机组的需要，否则应预留吊装孔，门应采取防火、隔声措施，并应向外开启。发电机间与控制及配电室之间的门和观察窗应采取防火、隔声措施，门开向发电机间。

（18）发电机间、储油间宜做水泥压光地面，并应有防止油、水渗入地面的措施，控制室宜做水磨石地面。

### 5.4.4　机房布置示例

（1）两台 12V135 型 200kW 发电机组机房布置示例见图 5-17。

（2）两台 6135 型 75kW 发电机组机房布置示例见图 5-18。

（3）200GF40 型 200kW 自启动柴油发电机组机房布置示例见图 5-19。

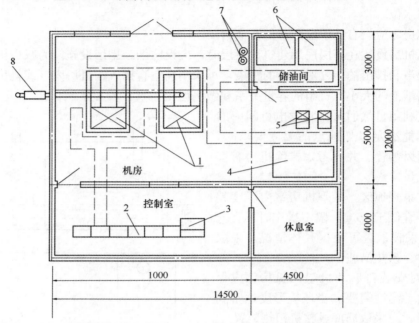

图 5-17　两台 12V135 型 200kW 发电机组机房布置示意
1—柴油发电机组；2—配电盘；3—控制台；4—调温水箱；5—水泵；
6—贮油箱；7—气体灭火贮气瓶；8—消声器

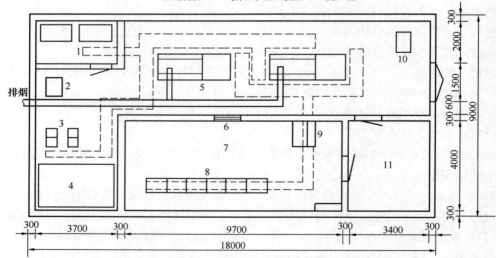

图 5-18　两台 6135 型 75kW 发电机组机房布置示意
1—贮油库；2—排风机；3—水泵；4—调温水箱；5—柴油发电机组；6—观察窗；
7—控制室；8—配电屏；9—控制台；10—进风机；11—休息室

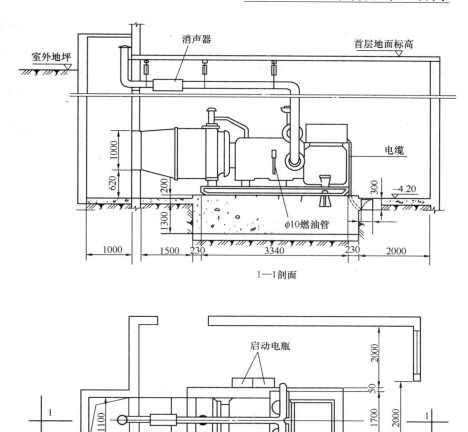

图 5-19  200GF40 型 200kW 自启动柴油发电机组机房布置示意

# 5.5  变、配电所对其他专业的要求

### 5.5.1  变、配电所对建筑、采暖、通风、给水排水专业的要求

（1）变压器室宜采用自然通风，夏季的排风温度不宜高于 45℃，进风和排风的温差不宜大于 15℃。

（2）电容器室应有良好的自然通风，通风量应根据电容器允许温度，按夏季排风温度不超过电容器所允许的最高环境温度计算，当自然通风不能满足排热要求时，可增加机械排风。电容器室应设温度指示装置。

（3）变压器室、电容器室当采用机械通风或变配电所位于地下室时，其通风管道应采用非燃烧材料制作。当周围环境污秽时，宜加空气过滤器（进风口处）。

（4）配电室宜采用自然通风，高压配电室装有油断路器时，应装设事故排烟装置。

（5）在采暖地区，控制室和值班室应采取采暖装置。在严寒地区，当配电室内温度影响电气设备元件和仪表正常运行时，应设采暖装置。

（6）与污水、污泥、加药等生产建筑物相邻的配电室，宜采用向配电室送风通风方式，保持配电室内处于正压，以免工艺生产建筑物内有害气体进入。

（7）高、低压配电室、变压器室、电容器室、控制室内，不应有与其无关的管道和线路通过。

（8）有人值班的独立变电所，宜设有厕所和给水排水设施。

（9）变、配电所各房间对建筑的要求见表 5-17。

变、配电所各房间对建筑的要求　　　　　　　　　　表 5-17

| 房间名称 | 高压配电室（有充油设备） | 高压电容器室 | 油浸变压器室 | 干式变压器室 | | 低压配电室 | 控制室值班室 |
|---|---|---|---|---|---|---|---|
| | | | | 独立布置 | 与配电装置同室布置 | | |
| 建筑物耐火等级 | 二级 | 二级（油浸式） | 一级（非燃或难燃介质时为二级） | 二级 | | 三级 | 二级 |
| 屋面 | 应有保温、隔热层及良好防水和排水措施 | | | | | | |
| 顶棚 | 刷白 | | | | | | |
| 屋檐 | 防止屋面的雨水沿墙面流下 | | | | | | |
| 内墙面 | 邻近带电部分的内墙只刷白，其他部分抹灰刷白 | | | 勾缝并刷白，墙基应防止油侵蚀。与有爆炸危险场所相邻的墙壁内侧应抹灰并刷白 | | 抹灰并刷白 | |
| 地坪 | 高强度等级水泥抹面压光 | 高强度等级水泥抹面压光采用抬高地坪方案通风效果较好 | 敞开式及封闭低压布置采用卵石或碎石铺设，厚度为250mm。变压器四周沿墙 600mm 需用混凝土抹平。高式布置采用水泥地坪，应向中间通风及排油孔做2%的坡度 | 高强度等级水泥抹面压光 | | | 水磨石或水泥压光 |
| 采光和采光窗 | 宜设固定的自然采光窗，窗外应加钢丝网或采用夹丝玻璃，防止雨、雪和小动物进入，其窗台距室外地坪宜 ≥1.8m。在寒冷、污秽尘埃或风沙大的地区，宜设双层玻璃窗，临街一面不宜开窗 | 可设采光窗，其要求与高压配电室相同 | 不设采光窗 | 可设能开启的自然采光窗，并应设置纱窗。临街一面不宜开窗 | | | 能开启的窗应设置纱窗，在寒冷或风沙大的地区采用双层玻璃窗 |

续表

| 房间名称 | 高压配电室（有充油设备） | 高压电容器室 | 油浸变压器室 | 干式变压器室 独立布置 | 干式变压器室 与配电装置同室布置 | 低压配电室 | 控制室值班室 |
|---|---|---|---|---|---|---|---|
| 通风窗 | 如果需要，应采用百叶窗内加钢丝网，防止雨、雪和小动物进入 | 采用百叶窗钢丝网，防止雨、雪和小动物进入 | 通风窗应采用非燃烧材料制作，应有防止雨、雪和小动物进入的措施 进风窗都采用百叶窗，进风百叶窗内设网孔不大于10mm×10mm的钢丝网，当进风有效面积不能满足要求时，可只装设网孔不大于10mm×10mm的钢丝网 | 采用百叶窗钢丝网，防止雨、雪和小动物进入 | | | |
| 门 | 应为向外开的防火门，应装弹簧锁，严禁用门闩 门口加装挡鼠板，高度不低于400mm | 与高压配电室相同 | 采用铁门或木门内侧包铁皮 单扇门宽≥1.5m时，应在大门上加开小门。小门上应装弹簧锁，锁的高度应考虑室外开启方便。大门及大门上的小门应向外开启，其开启角度≥120°，同时要尽量降低小门的门槛高度，使在室内外地坪标高不同时，出入方便 | 允许用木制 门口加装挡鼠板，高度不宜低于400mm | | | 允许用木制在南非炎热地区经常开启的通向屋外的门内还宜设置纱门 |
| 电缆沟/电缆室 | 水泥抹光并采取防水措施、排水措施，宜采用花纹钢盖板 | | | 水泥抹光并采取防水措施、排水措施，宜采用花纹钢盖板 | | | |

（10）变配电所的各房间对采暖、通风、给水排水的要求见表 5-18。

变、配电所各房间对采暖、通风、给水排水的要求                表 5-18

| 项目 | 房间名称 | | | | |
|---|---|---|---|---|---|
| | 高压配电室<br>(有充油电气设备) | 电容器室 | 油浸变压器室 | 低压配电室 | 控制室值班室 |
| 通风 | 宜采用自然通风,当安装有较多油断路器时,应装设事故排烟装置,其控制开关宜安装在便于开启处 | 应有良好的自然通风,按夏季排风温度≤40℃计算 室内应有反映室内温度的指示装置<br>当自然风不能满足要求时,应设机械通风。当采用机械通风时,其通风管道应采用非燃性材料制作。如周围环境污秽时,宜加空气过滤器 | 宜采用自然通风,按夏季排风温度≤45℃计算,进风和排风的温差宜≤15℃ | 一般靠自然通风 | |
| 采暖 | 一般不采暖,但严寒地区,室内温度影响电气设备元件和仪表正常运行时,应有采暖措施 | 一般不采暖,当温度低于制造厂规定值以下时,应采暖 | | 一般不采暖,当兼作控制室或值班室时,在采暖地区应采暖 | 在采暖地区应采暖 |
| | 控制室和配电室内的采暖装置,宜采用钢管焊接,且不应有法兰、螺纹接头和阀门等 | | | | |
| 给水排水 | 有人值班的独立变、配电所宜设厕所和给水排水设施 | | | | |

(11) 环氧树脂浇注变压器损耗见表 5-19。

环氧树脂浇注变压器损耗                表 5-19

| SC(B)10<br>型变压器 | $P_0$<br>(W) | $P_k$<br>(75°,W) | $U_k$<br>(%) | $P_\Sigma$<br>(W) | SC(B)9<br>型变压器 | $P_0$<br>(W) | $P_k$<br>(75°,W) | $U_k$<br>(%) | $P_\Sigma$<br>(W) |
|---|---|---|---|---|---|---|---|---|---|
| 160 | 480 | 1860 | | 2340 | 160 | 500 | 1980 | | 2480 |
| 200 | 550 | 2200 | | 2750 | 200 | 560 | 2240 | | 2800 |
| 250 | 630 | 2400 | | 3030 | 250 | 650 | 2410 | | 3060 |
| 315 | 770 | 3030 | 4 | 3800 | 315 | 820 | 3100 | 4 | 3920 |
| 400 | 850 | 3480 | | 4330 | 400 | 900 | 3600 | | 4500 |
| 500 | 1020 | 4260 | | 5280 | 500 | 1100 | 4300 | | 5400 |
| 630 | 1180 | 5120 | | 6300 | 630 | 1200 | 5400 | | 6600 |
| 630 | 1130 | 5200 | | 6330 | 630 | 1100 | 5600 | | 6700 |
| 800 | 1330 | 6060 | | 7390 | 800 | 1350 | 6600 | | 7950 |
| 1000 | 1550 | 7090 | | 8640 | 1000 | 1550 | 7600 | | 9150 |
| 1250 | 1830 | 8460 | 6 | 10290 | 1250 | 2000 | 9100 | 6 | 11100 |
| 1600 | 2140 | 10200 | | 12340 | 1600 | 2300 | 11000 | | 13300 |
| 2000 | 2400 | 12600 | | 15000 | 2000 | 2700 | 13300 | | 16000 |
| 2500 | 2850 | 15000 | | 17850 | 2500 | 3200 | 15800 | | 19000 |

(12) 高压开关柜、高压电容器柜及低压开关柜、低压电容器柜损耗见表 5-20。

**高压开关柜、高压电容器柜及低压开关柜、低压电容器柜损耗**　　表 5-20

| 高压开关柜<br>（W/每台） | 高压电容器柜<br>（W/kvar） | 低压开关柜<br>（W/每台） | 低压电容器柜<br>（W/kvar） | 变频器（柜）<br>（W/kW） | 有源滤波器<br>（W/A） |
|---|---|---|---|---|---|
| 200 | 3 | 300 | 4 | 60（30） | 6 |

注：在无变频器（柜）具体参数时，变频器损耗可按照此数值估算，括号内数值指高压变频器。

（13）电缆损耗计算：电缆散热量可由载流量的损耗求出。损耗功率是以一年最热季节中可能产生的最大损耗进行计算。

一条 $n$ 芯电缆的热量损耗功率 $P_R$ 为

$$P_R = \frac{n I_c^2 \rho_t L}{S} \quad \text{（W）} \tag{5-2}$$

电缆沟内 $N$ 根电缆的热量损耗功率 $P$ 为：

$$P = K \sum_1^N P_R \quad \text{（W）} \tag{5-3}$$

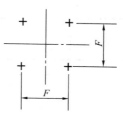

式中　$\rho_t$——电缆运行时平均温度为 50℃时，电缆芯线电阻率（Ω·mm），铜芯电缆 $\rho_t = 1/34$Ω·mm²/m，铝芯电缆 $\rho_t = 1/54$Ω·mm²/m；

$I_c$——电缆计算负荷电流（A）；

$L$——电缆长度（m）；

$S$——电缆芯截面（mm²）；

$K$——电流参差系数，可取 0.85～0.95。

图 5-20　电力变压器荷载分布

注：$F$—变压器轨轮距。

### 5.5.2　变、配电所配电装置计算荷重

（1）变压器轨轮距及计算荷重见表 5-21 和表 5-22。荷重分布见图 5-20。

（2）高低压开关柜（屏）、电容器柜及变配电所楼（地）板的计算荷重见表 5-23 和表 5-24。

**35/10kV 电力变压器轨轮距及计算荷重**　　表 5-21

| 型号 | 容量<br>（kVA） | 质量<br>（kg） | 油重<br>（kg） | 轨轮距<br>（mm） | 型号 | 容量<br>（kVA） | 质量<br>（kg） | 油重<br>（kg） | 轨轮距<br>（mm） |
|---|---|---|---|---|---|---|---|---|---|
| S9 | 800 | 3689 | 995 | 820 | SC9 | 800 | 3350 | | 820 |
| | 1000 | 4260 | 1082 | 820 | | 1000 | 4100 | | 820 |
| | 1250 | 4775 | 1250 | 820 | | 1250 | 4500 | | 820 |
| | 1600 | 5788 | 1523 | 1070 | | 1600 | 5560 | | 820 |
| | 2000 | 6292 | 1687 | 1070 | SZ9 | | | | |
| | 2500 | 6480 | 1925 | 1070 | | 2000 | 7300 | 2100 | 1070 |
| | 3150 | 8780 | 2100 | 1070 | | 2500 | 7665 | 2105 | 1070 |
| | 4000 | 9970 | 2325 | 1070 | | 3150 | 9040 | 2500 | 1070 |
| | 5000 | 11640 | 2640 | 1070 | | 4000 | 10611 | 2780 | 1070 |
| | 6300 | 14000 | 2960 | 1475 | | 5000 | 12115 | 3090 | 1070 |
| | 8000 | 16100 | 3300 | 1475 | | 6300 | 14470 | 3490 | 1475 |
| | 10000 | 19120 | 5395 | 1475 | | 8000 | 17780 | 4380 | 1475 |
| | 12500 | 24300 | 5395 | 1475 | | 10000 | 21240 | 5480 | 1475 |
| | 16000 | 27300 | 5800 | 1475 | | 12500 | 25680 | 5960 | 1475 |
| | 20000 | 31300 | 6400 | 1475 | | | | | |
| | 25000 | 36600 | 7350 | 1475 | | | | | |
| | 31500 | 43200 | 8700 | 1475 | | | | | |

| 型号 | 容量<br>(kVA) | 质量<br>(kg) | 油重<br>(kg) | 轨轮距<br>(mm) | 型号 | 容量<br>(kVA) | 质量<br>(kg) | 油重<br>(kg) | 轨轮距<br>(mm) |
|---|---|---|---|---|---|---|---|---|---|
| SFZ9 | 6300 | 13340 | 3160 | 1475 | SC9 | 2000 | 6540 | | 1070 |
| | 8000 | 16670 | 4080 | 1475 | | 2500 | 6980 | | 1070 |
| | 10000 | 19450 | 4350 | 1475 | | 3150 | 9100 | | 1070 |
| | 12500 | 23760 | 5420 | 1475 | | 4000 | 10120 | | 1475 |
| | 16000 | 27270 | 5920 | 1475 | | 5000 | 12250 | | 1475 |
| | 20000 | 32460 | 6840 | 1475 | | 6300 | 15670 | | 2000 |
| | | | | | | 8000 | 18150 | | 2000 |
| | | | | | | 10000 | 22340 | | 2300 |

注：各变压器计算荷重 $Q$ 为最大一级容量变压器的质量乘以 9.8，单位为 N。

**10/0.4kV 电力变压器轨轮距及计算荷重**　　　　　表 5-22

| 型号 | 容量<br>(kVA) | 质量<br>(kg) | 油重<br>(kg) | 轨轮距<br>(mm) | 型号 | 容量<br>(kVA) | 质量<br>(kg) | 油重<br>(kg) | 轨轮距<br>(mm) |
|---|---|---|---|---|---|---|---|---|---|
| S9 | 315 | 1390 | 265 | 660 | SCB9 | 400 | 1630 | | 660 |
| | 400 | 1645 | 320 | 660 | | 500 | 1920 | | 660 |
| | 500 | 1890 | 360 | 660 | | 630 | 2210 | | 660 |
| | 630 | 2825 | 605 | 820 | | 800 | 2710 | | 820 |
| | 800 | 3215 | 680 | 820 | | 1000 | 3275 | | 820 |
| | 1000 | 3945 | 870 | 820 | | 1250 | 3950 | | 820 |
| | 1250 | 4650 | 980 | 1070 | | 1600 | 4785 | | 820 |
| | 1600 | 5205 | 1115 | 1070 | | 2000 | 5765 | | 820 |

注：各变压器计算荷重 $Q$ 为最大一级容量变压器的质量乘以 9.8，单位为 N，但 $Q$ 最小不小于 30000N。

**高、低压开关柜（屏）、电容器柜的计算荷重**　　　　　表 5-23

| 名　称 | 型　号 | 动　荷　重 | 计算荷重图 |
|---|---|---|---|
| 高压开关柜 | KYN18A-12<br>KYN28（A）-12<br>KYN42-12<br>KYN8000-10<br>KYN33-12<br>KYN44-12（Z）<br>KYN□-12（VUA）<br>KGN1-12<br>XGN2-12<br>MMV15<br>GZS1<br>ZS1<br>AMS<br>UniGear-550 | 操作时每台开关柜尚<br>有向上冲力 980N | 每边4900N/m |
| 高压环网柜 | XGN15-12<br>HXGN-12（A）<br>XGN20-12<br>HXGN15-12<br>RGC<br>GA/GE<br>HXGN-12ZF（R）<br>LKE<br>Enerswit+ | | 每边4900N/m |

续表

| 名　称 | 型　号 | 动　荷　重 | 计算荷重图 |
|---|---|---|---|
| 高压电容器柜 | GR-1<br>TBB | | 每边4900N/m |
| 低压配电柜 | PGL1、2、3<br>GGD1、2、3<br>GHK1、2、3, GHL<br>GCK<br>GCL1，GCLB<br>GCX，MNX<br>GHDX<br>CUBICLGT<br>MNS<br>BFC<br>CMD190<br>M35<br>NY2000Z | | 每边2000N/m |
| 低压电容器柜 | PGJ1<br>GGJ<br>DB | | |

**变、配电所楼（地）板计算荷重**　　　　　表5-24

| 序　号 | 项　目 | 活荷载标准值<br>（kN/m²） | 备　注 |
|---|---|---|---|
| 1 | 主控制室、继电器室及通信室的楼面 | 4 | 如果电缆层的电缆吊在主控制室或继电器室的楼板上，则应按实际发生的最大荷载考虑 |
| 2 | 主控制楼电缆层的楼面 | 3 | |
| 3 | 电容器室楼面 | 4~9 | 活荷载标准$=\dfrac{每只电容器质量\times9.8}{每只电容器底面积}$ |
| 4 | 3~10kV 配电室楼面 | 4~7 | 限用于每组开关荷重≤8kN，否则应按实际值 |
| 5 | 35kV 配电室楼面 | 4~8 | 限用于每组开关荷重≤12kN，否则应按实际值 |
| 6 | 室内沟盖板 | 4 | |

注：1. 表中各项楼面计算荷重也适用于与楼面连通的走道、楼梯，以及运输设备必须经过的平台；

　　2. 序号4、5的计算荷重未包括操作荷载；

　　3. 序号4、5均适用于采用成套柜或采用空气断路器的情况，对于3~35kV配电装置的开关不布置在楼面的情况，该楼面的计算荷重均可采用4kN/m²。

## 5.5.3　变、配电所土建设计条件

（1）高压开关柜、高压电容器柜、低压配电柜、低压电容器柜土建设计条件参考图5-21~图5-38，高压环网柜外形尺寸见表5-25，低压配电柜、低压电容器柜型号及尺寸见表5-26。

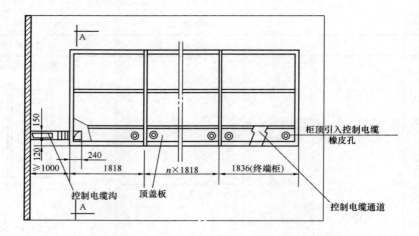

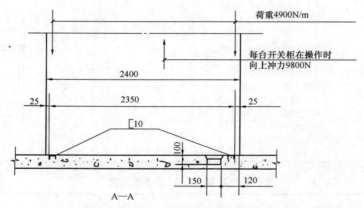

图 5-21 JYN1-35（F）型高压开关柜土建设计条件参考图

*n*—柜台数

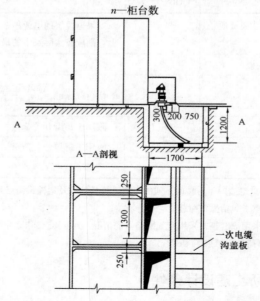

图 5-22 JYN1-35（F）型开关柜一次电缆沟及其基础

注：电缆沟深度按塑料电缆设计的当采用油浸纸绝缘电缆时，电缆沟应适当加深。

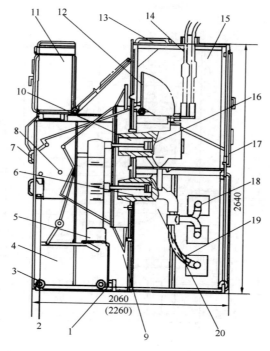

图 5-23 KYN□-35（F）型开关柜外形尺寸及结构

1—手车导向装置；2—手车推拉机构；3—断路器手车；4—手车室；5—断路器；6—触头盒；
7—二次插头；8—手车定位及连锁；9—隔离活门；10—电流互感器；11—继电器室；12—接
地开关；13—泄压活门；14—进（出）电缆；15—电缆室；16——次隔离触头；17—后门联
锁；18—主母线及穿墙套管；19—支母线；20—主母线室

注：括号中为配 SN10-35、ZN-35 型断路器柜的尺寸。

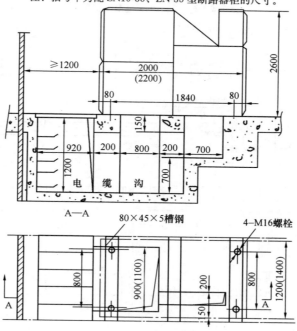

图 5-24 KYN□-35 型开关柜基础安装尺寸

注：括号内数字为真空断路器柜尺寸。

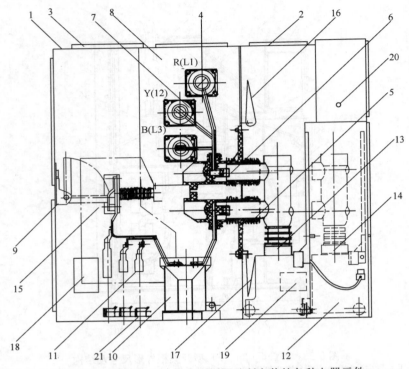

图 5-25 ZS3.2进出线基本柜剖视及所安装的各种电器元件

1—柜体；2—断路器室压力释放板；3—电缆室压力释放板；4—D型主母线；5—静触头盒；6—静触头；7—母线套管；8—套管安装板；9—接地开关；10—电流互感器；11—电缆终端；12—断路器手车；13—断路器手车处于工作位置；14—断路器手车处于试验位置；15—绝缘隔板（相间）；16—母线侧铰链连接活门；17—电缆侧铰链连接活门；18—电缆室防凝露加热器；19—断路器室防凝露加热器；20—小母线穿越小孔；21—电力电缆固定夹

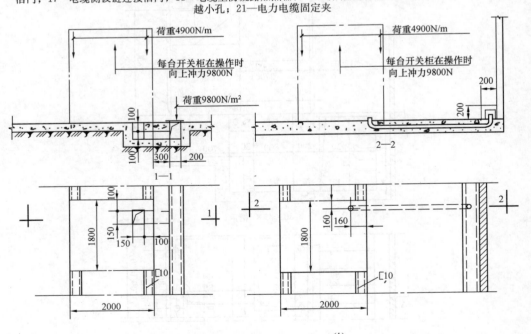

图 5-26 GBC-35A（F）型开关柜土建设计条件参考图
(a) 控制电缆沟形式一；(b) 控制电缆沟形式二

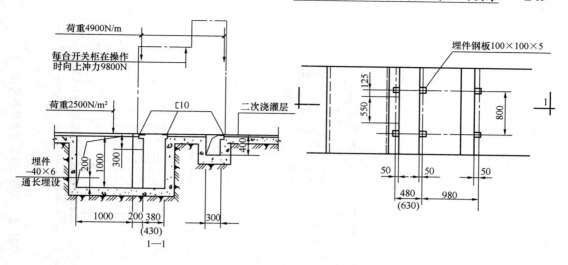

图 5-27 KYN-10 型开关柜土建设计条件参考图

注：括号内的数字用于架空进（出）线柜。

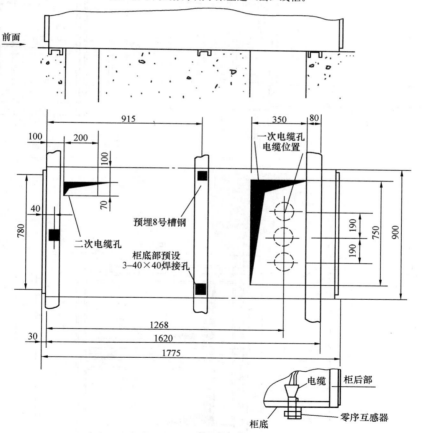

图 5-28 KYN18A-12 型高压开关柜土建设计条件参考图

注：1. 一次电缆孔及二次电缆孔图示为基本尺寸，用户可根据实际情况加大尺寸，但不应影响预埋槽
钢的强度；

2. 零序互感器用专用支架吊于柜下。

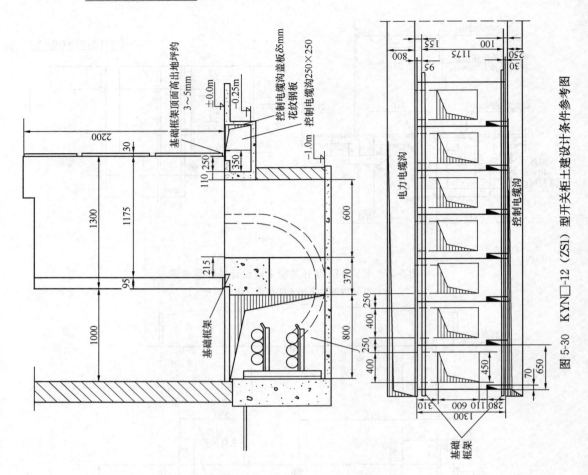

图 5-30 KYN□-12 (ZS1) 型开关柜土建设计条件参考图

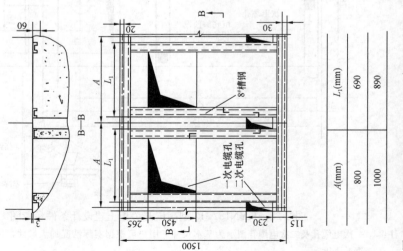

图 5-29 KYN28A-12 (GZS1) 型高压开关柜
土建设计条件参考图

| A(mm) | $L_1$(mm) |
|---|---|
| 800 | 690 |
| 1000 | 890 |

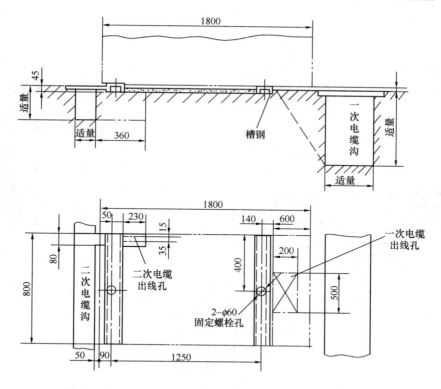

图 5-31　KYN□-12（VUA）型开关柜土建设计条件参考图

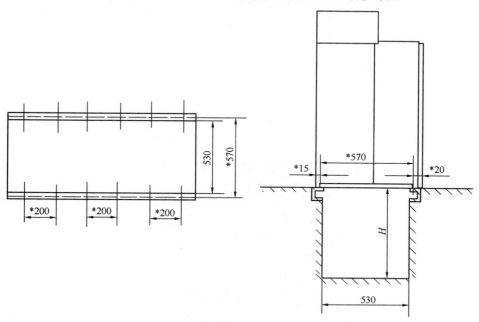

图 5-32　GA、GE 型高压环网柜（3 单元组合）土建设计条件参考图

注：1. H 由设计决定；

　　2. ＊表示安装孔的尺寸。

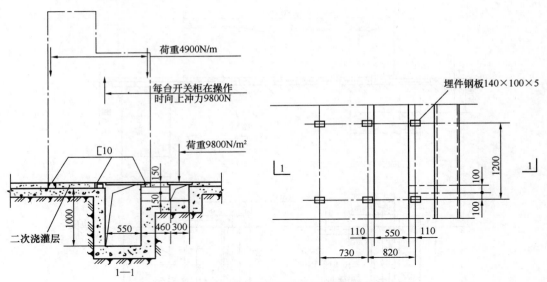

图 5-33    KGN1-10 型高压开关柜土建设计条件参考图

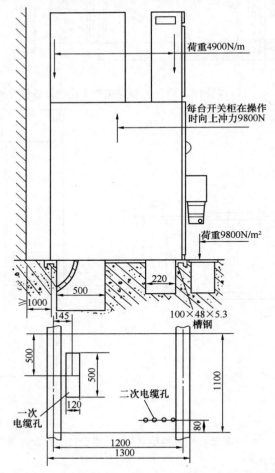

图 5-34    XGN2-12 型高压开关柜土建设计条件参考图

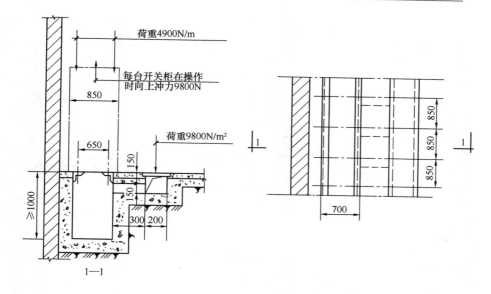

图 5-35  HXGN-10 型高压开关柜土建设计条件参考图

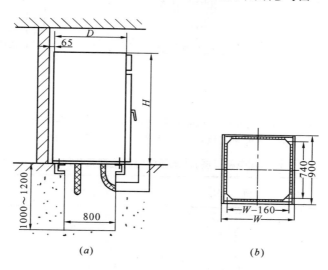

(a)                              (b)

图 5-36  HXGN-12ZF（R）型高压环网柜土建设计条件参考图
（a）电缆进出布置示意；（b）柜体安装孔示意

**高压环网柜外形尺寸**                                         表 5-25

| 方　案 | 宽 W（mm） | 高 H（mm） | 深 D（mm） |
|---|---|---|---|
| 边柜 | 400、600 | 2200 | 900 |
| 进出线柜 | 900 | 2200 | 900 |
| 计量柜 | 900 | 2200 | 900 |

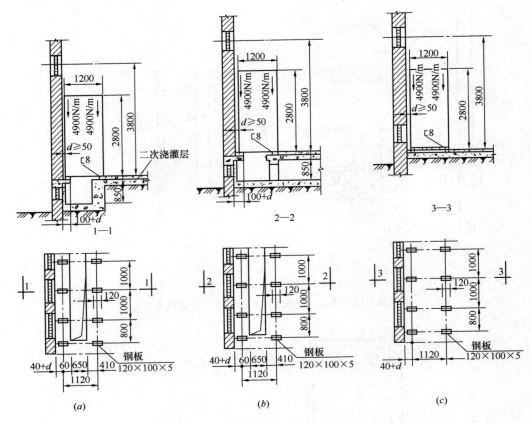

图 5-37　GR-1 型高压电容器柜土建设计条件参考图

(*a*)、(*b*) 抬高地坪从柜底下进风；(*c*) 从柜后进风

**低压配电柜（屏）、电源电容器柜型号及尺寸**　　　表 5-26

| 适用柜（屏）名称 | 型　号 | 尺　寸 | |
|---|---|---|---|
| | | B | A |
| 固定式低压配电柜 | PGL1、2 | 400，600，800，1000 | 500 |
| | PGL3 | 600，800，1000 | 400，600 |
| | JK | 400，600，800，1000 | 500，600 |
| | GGL1 | 600，800 | 400（800） |
| | GGL10 | 600，800，1000 | 400 |
| | GGD1、2 | 800，1000 | 500 |
| | GGD3 | 800，1000，1200 | 400，600 |
| 固定组合式低压配电柜 | GHK1、2、3 | 450，650，800，1000 | 800 |
| | GHL | 660，800，1000，1200 | 600 |
| 抽出式低压配电柜 | GCK1 | 800 | 370（800） |
| | GCK4 | 400，600，800，1000 | 500，900 |
| | GCL1 | 600，800，1000 | 1000 |
| | GCLB | 600，800 | 800 |
| | GCS | 400，600，800，1000 | 500，600，800 |
| | MNS | 600，800，1000 | 500，800 |
| | GHD1 | 443，658，874 | 400，600，800 |
| | CUBIC | 576，768，960，1152 | 284，476，568，760 |
| | LGT | 440，630，820，1010，1200 | 340，430，620，810 |
| 低压电容器柜 | PGJ1 | 800，1000 | 500 |
| | GGJ | 800，1000 | 500 |

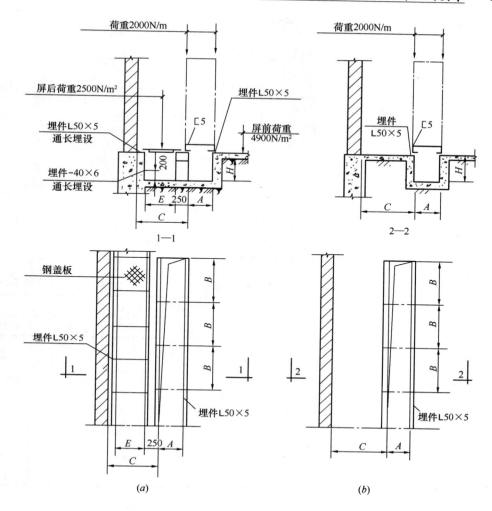

图 5-38 低压配电屏（柜）低压电容器柜土建设计条件参考图
(a) 屏后有电缆沟；(b) 屏后无电缆沟（适用于电缆出线很少时）
注：1. 尺寸 $C$、$E$、$H$ 由工程设计决定；
2. 括号内的数字适用于进线柜。

（2）变压器基础设计条件见表 5-27、表 5-28 及图 5-39 和图 5-40。

普通型电力变压器基础尺寸 表 5-27

| 变压器容量（kVA） | 尺寸（mm） | | | 变压器质量（kg） |
|---|---|---|---|---|
| | $F_1$ | $F_2$ | $F_3$ | |
| 200~400 | | | 605 | 2000 |
| 500~630 | 550 | 660 | 740 | 2900 |
| 800~1000 | 660 | 820 | 945 | 6000 |
| 2000~5000 | 820 | 1070 | 1273 | (12500) |
| 6300~10000 | 1070 | 1475 | 1475 | (20000) |

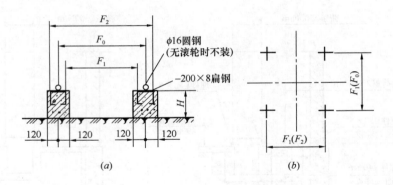

图 5-39 户内变压器基础设计条件

(a) 变压器基础；(b) 荷重分布

注：1. 本图所示为不抬高地坪，当采用抬高地坪方案时，图中轨距仍然适用；

2. 表中括号内的数值适用于 35kV 变压器。

户外变压器基础尺寸                                         表 5-28

| 尺 寸 | 型号或材料 | 变压器容量（kVA） | | | | | |
|---|---|---|---|---|---|---|---|
| | | 400 | 500 | 630 | 800 | 1000 | 1250 |
| H | S9、S10 | 1400 | 1400 | 1100 | 1100 | 900 | 800 |
| M | | 1200 | 1200 | 1600 | 1600 | 1600 | 1600 |
| G | | 660 | 660 | 820 | 820 | 820 | 1070 |
| b | 混凝土 | 300 | 300 | 300 | 300 | 300 | 300 |
| | 砖 | 370 | 370 | 370 | 370 | 370 | 370 |
| | 200 号块石 | 400 | 400 | 400 | 400 | 400 | 400 |
| a | 混凝土 | 360 | 360 | 520 | 520 | 520 | 520 |
| | 砖 | 290 | 290 | 450 | 450 | 450 | 450 |
| | 200 号块石 | 260 | 260 | 420 | 420 | 420 | 420 |

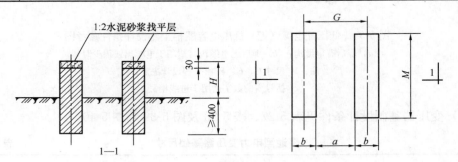

图 5-40 户外变压器基础设计条件

注：表 5-28 适用于混凝土、砖、石基础，基础顶面做法与屋内相同，基础需落在持力层上。

# 5.6 变、配电所设计实例

(1) 35/10kV 变电所布置示例见图 5-41～图 5-43。

(2) 10/0.4kV 变电所单层布置示例见图 5-44～图 5-45。

（3）室内 110/10kV 变电所 110kV 配电设备布置示例见图 5-46。

（4）室外 110/10kV 变电所 110kV 配电设备布置示例见图 5-47。

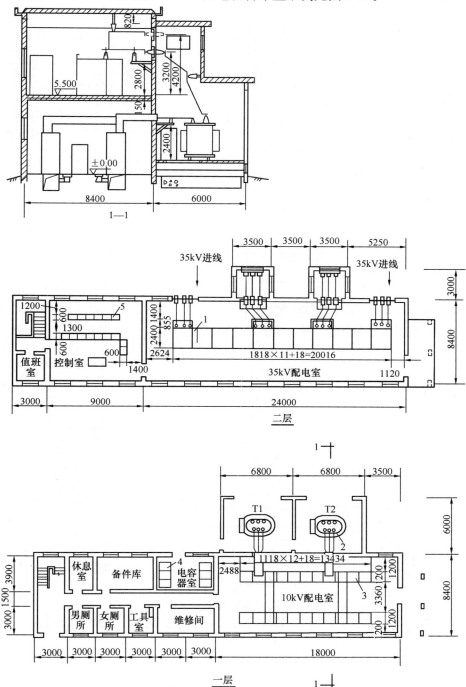

图 5-41 35/10kV 2×6300kVA 变电所双层布置实例

1—JYN1-35A（F）型开关柜；2—S9-6300/35 型变压器；3—XGN2-12 型开关柜；

4—GR-1 型 10kV 电容器柜；5—PK-1 型控制柜

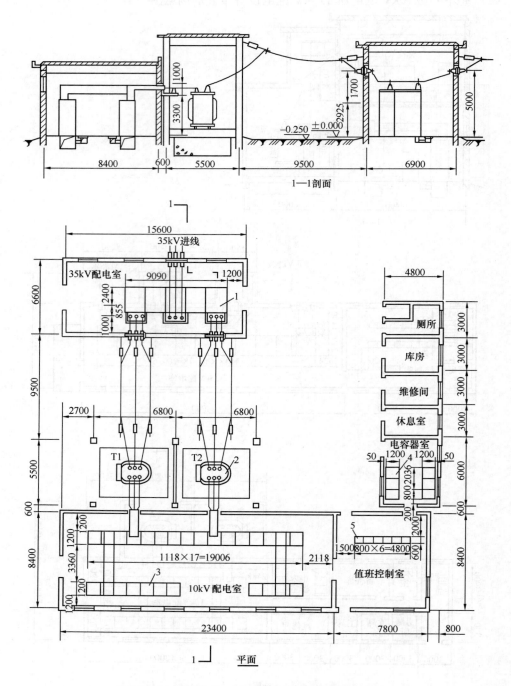

图 5-42　35/10kV 2×4000kVA 变电所单层布置实例

1—JYN1-35A（F）型开关柜；2—S9-4000/35 型变压器；3—XGN2-12

型开关柜；4—GR-1 型 10kV 电容器柜；5—PK-1 型控制柜

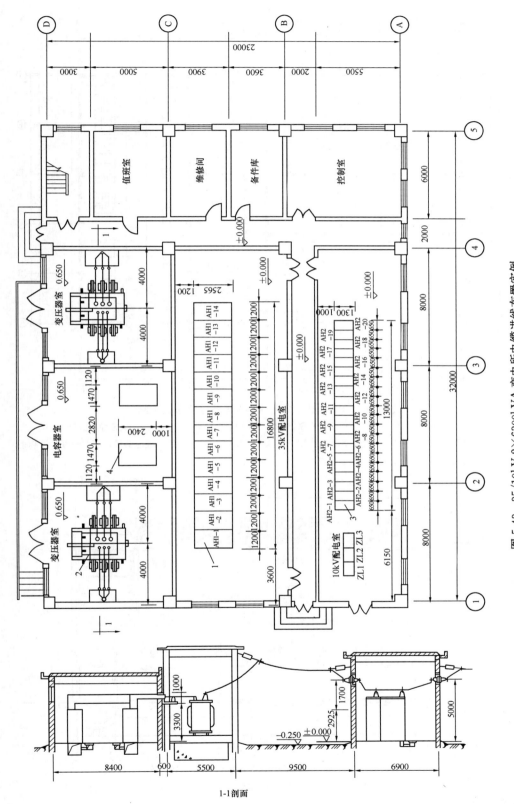

图 5-43　35/10kV 2×6300kVA 变电所电缆进线布置实例

1—JYN65-40.5 型开关柜；2—S9-6300/35 型变压器；3—KYN33-12 型开关柜；4—TBB 型电容器柜

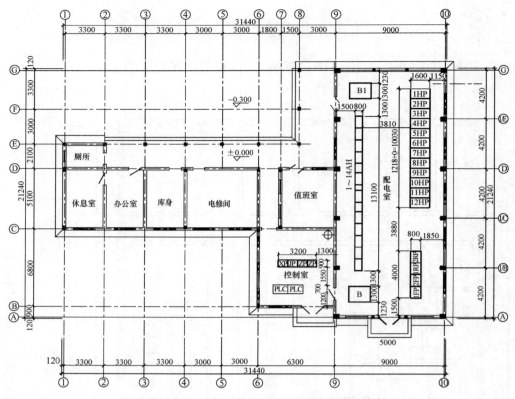

图 5-44 10/0.4kV 2×1000kVA 变电所布置实例

1~12HP—KYN18A-12 型开关柜；B—SCB9-1000/10 型变压器；1~14AH—GCS 抽屉式低压柜

1~2FP—变频器柜；1~2RP—软启动器柜；ZP—直流屏；XP—信号屏；JP—继电器屏；PLC—PLC 控制柜

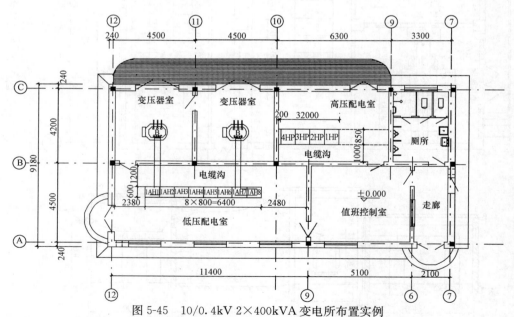

图 5-45 10/0.4kV 2×400kVA 变电所布置实例

1~4HP—HXGN-12 型环网柜；B—S10-400/10 型变压器；1AH1~8—GGD 固定式低压柜

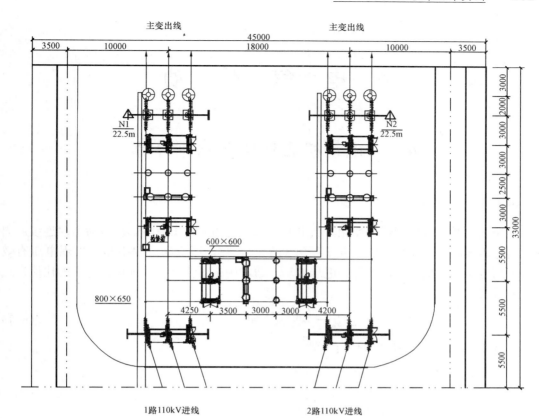

图 5-46 室外 110/10kV 变电所 110kV 配电装置平面布置

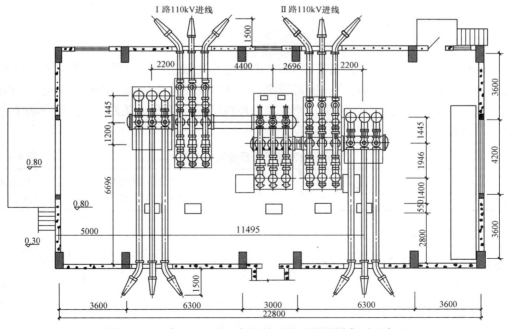

图 5-47 室内 110/10kV 变电所 110kV 配电设备平面布置

# 6 电 气 传 动

## 6.1 电动机启动电压水平计算

### 6.1.1 电压波动

电压波动系指电压的快速变化。当电网所供负荷为冲击负荷时，该负荷引起连续或周期性的电压波动（其变化速度不低于每秒 0.2%），在电压变动过程中相继出现电压有效值的最高电压与最低电压之差称为电压波动。通常用相对值（与系统标称电压的比值）或其百分数表示，即

$$\Delta U_t = \frac{U_{max} - U_{min}}{U_n} \times 100\% \tag{6-1}$$

式中　$\Delta U_t$ ——电压波动值（%）；

$\quad\quad U_{max}$ ——最高电压（V）；

$\quad\quad U_{min}$ ——最低电压（V）；

$\quad\quad U_n$ ——系统标称电压（V）。

电压波动时的电压水平通常是指最低电压，并用相对值（与系统标称电压）或其百分数表示，即

$$u = \frac{U_{min}}{U_n} \times 100\% \tag{6-2}$$

电压频繁波动，对于联结在同一网络中的其他用电设备的运行是不利的。对于同步电动机，急剧的电压波动，可能产生振荡现象、对于照明则产生闪烁。闪烁会引起人们的烦躁，不但与电压变化的百分值有关，而且与电压波动频率等因素有关，用电设备端子电压波动允许值见表 6-1。

| 用电设备端子电压波动允许值 | | 表 6-1 |
|---|---|---|
| 名　　称 | 电压波动时电压<br>水平允许值（%） | 电压波动允许值<br>（%） |
| 1. 电动机　启动时<br>经常启动<br>不经常启动（每班≤2 次）<br>由单独变压器供电 | 90<br>85①③<br><85②③ | |
| 2. 三相电弧炉　工作短路时 | | 5④ |
| 3. 电焊机　正常尖峰电流下持续工作时 | 90⑤ | |

续表

| 名　　称 | 电压波动时电压水平允许值（%） | 电压波动允许值（%） |
|---|---|---|
| 4. 照明灯<br>（1）短时情况（例如网络中大电动机启动时，引起的次数不多的短时电压波动）<br>白炽灯<br>荧光灯<br>高压水银荧光灯、金属卤化物灯、高压钠灯 | <br><br><br>不限<br>70⑥<br>85⑥ |  |
| （2）频繁情况（例如网络中电焊机等工作时，引起的每分钟数次至每秒钟数次的频繁电压波动） |  | 1 |
| 5. 医用 X 线诊断机 | 90～110 |  |
| 6. 电子计算机　　A 级⑦<br>　　　　　　　B 级<br>　　　　　　　C 级 | 95～105<br>90～107<br>90～110 |  |

① 当能保证生产机械要求的启动转矩，且在网络中引起的电压波动不致破坏其他用电设备（包括电磁抱闸及控制电器的吸引线圈等）工作时，允许值可低于85%。

② 电动机端子上电压水平，应能保证生产机械要求的启动转矩，变压器一次侧电压水平不宜低于85%。

③ 电动机降低电压启动时，应使电动机绕组在启动过程中的温升不超过规定值，启动设备受电端的电压水平不宜低于85%。

④ 三相电弧炉工作短路时，引起供电母线的电压波动值不应超过5%，但专供电弧炉用的变电所母线的电压波动不应受此限制。

⑤ 电焊机有手工及自动弧焊机（包括弧焊变压器、弧焊整流器、直流焊接变流机组）、电阻焊机（即接触焊机包括点焊、缝焊和对焊机）。焊接时电压水平过低时会使焊接热量不够而造成虚焊。对于自动弧焊变压器和无稳压装置的电阻焊机，电压水平允许值宜为92%，对于有些焊接有色金属的电阻焊机要求略高。

⑥ 电压水平低于允许值时可能有个别灯会自行熄灭，荧光灯如低于65%时可能有部分灯会自行熄灭，高压水银荧光灯、金属卤化物灯和高压钠灯，如低于80%时可能有部分灯会自行熄灭。电压过低时会全部熄灭。高压水银荧光灯的再启动时间为5～10min，金属卤化物灯和高压钠灯长达10～15min，如果生产场所没有白炽灯，则易引起事故。

⑦ 电子计算机级别的含义见《计算机场地通用规范》GB/T 2887—2011。

## 6.1.2　电动机启动时的电压下降

电动机启动时在配电系统中要引起电压下降，启动前的电压有效值 $U$ 与启动时的电压有效值 $U_{st}$ 之差称为电压下降（属电压波动的范畴，但不同于周期性的或连续性的电压变动，为区别起见，故将电动机启动时在配电系统引起的电压波动称为电压下降），用相对值（与系统标称电压 $U_n$ 的比值）或百分数表示，即

$$\Delta u_{st} = \frac{U-U_{st}}{U_n}$$

$$或 \ \Delta u_{st} = \frac{U-U_{st}}{U_n} \times 100\% \tag{6-3}$$

电动机启动时，其端子电压应能保证被拖动机械要求的启动转矩，且在配电系统中引起的电压下降不应妨碍其他用电设备的工作，即电动机启动时，配电母线上的电压下降应符合下列要求：

1）在一般情况下，电动机频繁启动时不应低于系统额定电压的 90%，电动机不频繁启动时，不宜低于额定电压的 85%。

2）配电母线上未接照明或其他对电压波动较敏感的负荷，且电动机不频繁启动时，不应低于额定电压的 80%。

3）配电母线上未接其他用电设备时，可按保证电动机启动转矩的条件决定；对于低压电动机，还应保证接触器线圈的电压不低于释放电压。

4）电动机启动对电力系统公共供电点产生的电压波动允许值见表 6-2。

电力系统公共供电点电压波动允许值                                      表 6-2

| 变动频度 $r$（次/h） | 电压波动允许值（%） | | |
|---|---|---|---|
| 系统标称电压（kV） | $r \leqslant 1$ | $1 < r \leqslant 10$ | $10 < r \leqslant 100$ |
| 10 及以下 | 4 | 3 | 2 |
| 35～110 | 4 | 3 | 2 |
| 220 及以上 | 3 | 2.5 | 1.5 |

### 6.1.3  电动机允许全压启动的条件

电动机的启动方式有全压启动和降压启动两种。

全压启动简便可靠，投资省，启动转矩大，应优先采用，但启动电流大，引起公用母线上的电压波动也大。

降压启动时启动电流小，但启动转矩也小，启动时间延长，绕组温升较高，启动设备复杂。

当电动机容量很大，接近供电变压器容量 20% 或更大时，即使单独启动也会引起不可忽视的电压损失。因此，在设计中应计算电动机启动时的电压水平，以便正确选择启动方式和供配电系统，并根据启动电流或容量校验供配电和启动设备的过负荷能力。

电动机允许全压启动的条件为：

（1）启动时电动机端子电压水平应符合表 6-1 的允许值。

（2）电动机自身允许全压启动。

（3）生产机械能承受全压启动时的冲击转矩。

### 6.1.4  电动机启动时电压水平计算

给水排水工程的电源通常由城市电网供电，可按由无限大容量电源系统供电考虑。假定电动机投入运行前的母线电压为电网额定电压，则电动机启动时母线和电动机端子平均电压水平的计算见表 6-3。

（1）如果电动机启动回路的线路较短，则表 6-3 中 $X_L$ 可以忽略，$S_{st}$ 计算式中的有关项相应地也可忽略。

（2）表 6-3 中变压器—电动机组的变压器 $S_{TM}$ 分接头为 +5%，相当于变压器电压提升为 0。如果分接头为 0，则 $S_{st}$ 及 $u_{stM}$ 的计算式（6-4）、式（6-5）为

$$S_{st} = \cfrac{1}{\cfrac{1}{1.05^2 S_{stM}} + \cfrac{x_{TM}}{S_{rTM}} + \cfrac{X_1}{U_m^2}} = \cfrac{1}{\cfrac{1}{1.1 S_{stM}} + \cfrac{x_{TM}}{S_{rTM}} + \cfrac{X_1}{U_m^2}} \tag{6-4}$$

表 6-3

## 无限大容量电源系统供电的电动机启动时电压下降计算

| 启动方式 | 全压启动 | 变压器—电动机组（全压启动） | 电抗器降压启动 | 自耦变压器降压启动 |
|---|---|---|---|---|
| 计算电路 | 电路图：$S''$，$S_{rT},x_T$，$S_{km}$，$U_m,U_{stm}$，$X_L,I_{st}$，$U_{stM},I_{stM}$，$S_{rM},S_{stM}$ | 电路图：$S_{km}$，$U_m,U_{stm}$，$X_L,I_{st}$，$S_{rTM},x_{TM}$，$U_{stM},I_{stM}$，$S_{rM},S_{stM}$ | 电路图：$S_{km}$，$U_m,U_{stm}$，$X_L,I_{st}$，$X_k,I_{stk}$，$U_{stM},I_{stM}$，$S_{rM},S_{stM}$ | 电路图：$S_{km}$，$U_m,U_{stm}$，$X_L,I_{st}$，$S_{rTz},k_z$，$U_{stM},I_{stM}$，$S_{rM},S_{stM}$ |
| 启动回路的额定输入容量 | $S_{st} = \dfrac{1}{\dfrac{1}{S_{stM}} + \dfrac{X_L}{U_m^2}}$ | $S_{st} = \dfrac{1}{\dfrac{1}{S_{stM}} + \dfrac{x_{TM}}{S_{rTM}} + \dfrac{X_L}{U_m^2}}$ | $S_{st} = \dfrac{1}{\dfrac{1}{S_{stM}} + \dfrac{X_k}{U_m^2} + \dfrac{X_L}{U_m^2}}$ | $S_{st} = \dfrac{1}{\dfrac{1}{k^2 S_{stM}} + \dfrac{X_L}{U_m^2}}$ |
| 电压相对值 — 母线 | | $u_{stm} = \dfrac{S_{km}+Q_{th}}{S_{km}+Q_{th}+S_{st}}$ | | |
| 电压相对值 — 电动机端子 | | $u_{stM} = u_{stm}\dfrac{S_{st}}{S_{stM}}$ | $u_{stM} = u_{stm}\dfrac{S_{st}}{S_{stM}}$ | $u_{stM} = u_{stm}\dfrac{S_{st}}{k S_{stM}}$ |
| 启动电流 | | $I_{st} = u_{stM}\dfrac{S_{st}}{\sqrt{3}U_m}$ | | |
| 校验启动电器过负荷能力 | | $k_l = u_{stM}\dfrac{S_{stM}}{S_{rTM}}$ | $I_{stk} > I_{st}\dfrac{t_{st}}{60}\dfrac{N}{2}$ | $S_{rTz} > u_{stm}S_{st}\dfrac{t_{st}}{60}\dfrac{N}{2}$ |

| 启动方式 | 全压启动 | 变压器—电动机组（全压启动） | 电抗降压启动 | 自耦变压器降压启动 |
|---|---|---|---|---|
| 符号说明 | $S''$ —供电变压器一次侧短路容量（MVA）<br>$S_{rT}$ —供电变压器的额定容量（MVA）<br>$x_T$ —供电变压器的电抗相对值，取为阻抗电压相对值 $u_T$<br>$S_{km}$ —母线短路容量（MVA）为 $$S_{km} = \frac{S_{rT}}{x_T + \dfrac{S_{rT}}{S''}}$$<br>$Q_{fh}$ —预接负荷的无功功率（Mvar），对于供电变压器二次侧母线，可取为 0.6（$S_T -$ 0.75$S_{rM}$），如预接负荷为 $S_{fh}$，则 $Q_{fh} = S_{fh}\sqrt{1-\cos^2\varphi_{fh}}$，其功率因数为 $\cos\varphi_{fh}$<br>$X_L$ —电缆或导线穿管的线路电抗（Ω），计入电阻后铝线取（0.07 + 10/$S$）$l$，铜线取（0.07 + 6.3/$S$）$l$<br>$S$ —导线或电缆芯线的截面（mm²）<br>$l$ —线路长度（km） | $S_{rTM}$ —变压器电动机组的变压器额定容量（MVA）<br>$x_{TM}$ —变压器电动机组的变压器电抗相对值，取为阻抗电压相对值 $u_{TM}$<br>$k_i$ —电动机启动时变压器输出电流与其额定电流的比值<br>$S_{rM}$ —电动机额定容量（MVA），其值为 $\sqrt{3}\times U_{rM} I_{rM}$<br>$S_{stM}$ —电动机额定启动容量（MVA），其值为 $k_{st}\times S_{rM}$<br>$k_{st}$ —电动机额定启动电流倍数<br>$I_{rM}$ —电动机额定启动电流（kA）<br>$U_{rM}$ —电动机额定电压（kV）<br>$S_{st}$ —电动机启动时启动回路的额定输入容量（MVA）<br>$I_{st}$ —电动机启动时启动回路的输入电流（kA）<br>$I_{stM}$ —电动机启动电流（kA） | $X_k$ —每相电抗器额定电抗（Ω）<br>$I_{stk}$ —电抗器启动电流（kA），选取 $\geq I_{st}$<br>$S_{rTz}$ —自耦变压器额定容量（MVA），选取 $\geq u_{stm}\cdot S_{st}$<br>$k_z$ —自耦变压器变压比<br>$N$ —连续启动次数，按制造厂规定取 2 次<br>$t_{st}$ —电动机启动一次的时间（s）<br>$U_m$ —母线标称电压（kV），$U_m = U_n$<br>$U_n$ —网络标称电压（kV）<br>$U_{stm}$ —电动机启动时的母线电压相对值<br>$u_{stm}$ —电动机启动时的母线电压相对值 $U_{stm}/U_m = U_{stm}/U_n$<br>$U_{stM}$ —电动机启动时的端子电压相对值<br>$u_{stM}$ —电动机启动时的端子电压相对值，即 $U_{stM}/U_m$ | |

$$u_{stM} = u_{stm} \frac{S_{st}}{1.05^2 S_{stM}} \times 1.05 = u_{stm} \frac{S_{st}}{1.05 S_{stM}} \tag{6-5}$$

（3）表6-3中电抗器降压启动的 $S_{st}$ 计算式及 $I_{stk}$ 校验式适用于启动电抗器。如果用水泥电抗器，则 $S_{st}$ 计算式及校验式应分别改为

$$S_{rst} = \frac{1}{\frac{1}{S_{stM}} + \frac{x_k}{S_{rk}} + \frac{X_L}{U_m^2}} \tag{6-6}$$

$$I\sqrt{t} > 0.9 I_{stM} \sqrt{t_{st} N} \tag{6-7}$$

式中　$x_k$——水泥电抗器的电抗相对值；

　　　$S_{rk}$——电抗器的额定通过容量（MVA），其值为 $\sqrt{3} U_{rk} I_{rk}$；

　　　$U_{rk}$——电抗器的额定电压（kV）；

　　　$I_{rk}$——电抗器的额定电流（kA），选取 $I_{rk} \approx I_{rM}$；

　　　$I_{rM}$——电动机的额定电流（kA）；

　　　$I\sqrt{t}$——电抗器的热稳定度（kA·S$^{1/2}$）；

　　　$N$——电动机连续启动次数，一般取2次。

（4）电动机启动时，供电变压器容量的校验如下：若每昼夜启动不超过6次，每次持续时间 $t$ 不超过15s，变压器的负荷率 $\beta$ 小于0.9（或 $t$ 不超过30s而 $\beta$ 小于0.7时），启动时的最大电流允许为变压器额定电流的4倍；若每昼夜启动10～20次，则允许最大启动电流相应地减为3～2倍。变压器—电动机组的变压器容量应大于电动机容量，经常启动或重载启动时，变压器容量应比电动机容量大15%～30%。

（5）电动机启动时，母线上的电压波动相对值可用负荷变动量按式（6-8）计算：

$$\Delta u_t = \frac{S_{st}}{S_{km} + Q_{fh} + S_{st}} \tag{6-8}$$

（6）如果电源容量不太大，发电机容量为电动机额定启动容量的1～1.4倍时，则电动机启动时母线电压的计算值需留裕量。

按电源容量估算的允许全压启动的电动机最大功率见表6-4。

**按电源容量估算的允许全压启动的电动机最大功率**　　表6-4

| 电动机连接处电源容量的类别 | | 允许全压启动的电动机最大功率（kW） |
|---|---|---|
| 配电网络在连接处的三相短路容量 $S_k$（kVA） | | $(0.02 \sim 0.03)^{①} S_k$ |
| 10（6）/0.4kV变压器的额定容量 $S_{rT}$（kVA）（假定变压器高压侧短路容量 $>50 S_{rT}$） | | 经常启动 $0.2 S_{rT}$　不经常启动 $0.3 S_{rT}$ |
| 小型发电机功率 $P_{rG}$（kW） | | $(0.12 \sim 0.15) P_{rG}$ |
| $P_{rG} < 200$kW 的柴油发电机组 | 炭阻式自动调压 | $(0.12 \sim 0.15) P_{rG}$ |
| | 带励磁机的可控硅调压 | $(0.15 \sim 0.25) P_{rG}$ |
| | 可控硅、相复励自励调压 | $(0.15 \sim 0.3) P_{rG}$ |
| | 三次谐波励磁调压 | $(0.25 \sim 0.5) P_{rG}$ |
| | 无刷励磁 | $(0.25 \sim 0.37) P_{rG}$ |
| 变压器—电动机组 | | $\geqslant 0.8 S_{rT}$ |

① 对应于电动机额定启动电流倍数为7～4.5时。

动力及照明混合供电时，变压器允许全压启动的笼型异步电动机最大容量参考值见表 6-5。

**变压器允许异步电动机直接启动的最大容量参考**　　　　　表 6-5

| 变压器容量 (kVA) | 电动机功率（kW） | | | |
|---|---|---|---|---|
| | $\Delta U = 1.5\%$ | $\Delta U = 4\%$ | $\Delta U = 10\%$ | $\Delta U = 15\%$ |
| 100 | 3.8 | 10.5 | 21 | 30 |
| 160 | 6.6 | 20.5 | 37 | 55 |
| 200 | 7 | 22 | 40 | 75 |
| 250 | 10 | 28 | 50 | 90 |
| 315 | 12.5 | 40 | 56 | 100 |
| 400 | 15 | 50 | 90 | 155 |
| 500 | 23 | 60 | 110 | 185 |
| 630 | 28 | 74 | 135 | 225 |
| 800 | 37 | 90 | 155 | 260 |
| 1000 | 46 | 110 | 210 | 280 |

注：表中 $\Delta U$ 为电压损失值。

### 6.1.5　计算示例

【例1】　一台 Y315L1-4 型电动机（$P_{rM} = 160$kW，$S_{rM} = 180$kVA，$S_{stM} = 1.22$MVA，$U_{rM} = 380$V，$I_{rM} = 289$A，$k_{st} = 6.8$，$\cos\varphi_{fh} = 0.8$），由 S₇-630/10 型变压器（$u_T = 4.5\%$，即 $x_T = 0.045$）供电，线路为一根长 50m 的 185mm² 铜芯电缆，变压器一次侧短路容量 $S'' = 50$MVA，预接负荷 $S_{fh}$ 为 0.4MVA，功率因数 0.8。计算全压启动时低压母线和电动机端子电压。

【解】　按表 6-3 得

$$S_{km} = \frac{S_{rT}}{x_T + \dfrac{S_{rT}}{S'}} = \frac{0.63}{0.045 + \dfrac{0.63}{50}} = 10.94\text{MVA}$$

$$S_{st} = \frac{1}{\dfrac{1}{S_{stM}} + \dfrac{X_l}{U_m^2}} = \frac{1}{\dfrac{1}{S_{stM}} + \dfrac{(0.07 + 6.3/S)l}{U_m^2}} = \frac{1}{\dfrac{1}{1.22} + \dfrac{(0.07 + 6.3/185) \times 0.05}{0.38^2}}$$
$$= 1.17\text{MVA}$$

$$Q_{fh} = S_{fh}\sqrt{1 - \cos\varphi_{fh}^2} = 0.4\sqrt{1 - 0.8^2} = 0.24\text{Mvar}$$

$$u_{stm} = \frac{S_{km} + Q_{fh}}{S_{km} + Q_{fh} + S_{st}} = \frac{10.94 + 0.24}{10.94 + 0.24 + 1.17} = 0.905$$

$$u_{stM} = u_{stm}\frac{S_{st}}{S_{stM}} = 0.905 \times \frac{1.17}{1.22} = 0.868$$

【例2】　一台 Y6304-10 型电动机（$P_{rM} = 1400$kW，$I_{rM} = 0.169$kA，$U_{rM} = 6$kV，$K_{st} = 5.64$，$n_r = 594$r/min，$m_{stM} = 1.02$，$m_{max} = 2.19$（GD）² = 4t·m²，$\cos\varphi = 0.83$），生产机械的静阻转矩 $m_f$ 为 0.3，6kV 母线短路容量 $S_{km}$ 为 50MVA，预接负荷的无功功率 $Q_{fh}$ 为 1Mvar；如果电动机启动前的母线电压等于系统标称电压 6kV，要求启动时母线电压不

低于 85%，选择电动机的启动方式及计算启动时母线和电动机端子的电压。

【解】 按表 6-3 得

$$S_{rM} = \sqrt{3} U_{rM} I_{rM} = \sqrt{3} \times 6 \times 0.169 = 1.76 \text{MVA}$$

$$S_{stM} = K_{st} S_{rM} = 5.64 \times 1.76 = 10 \text{MVA}$$

（1）如果采用全压启动，则按表 6-3（$X_L$ 忽略）得

$$S_{st} = \frac{1}{\frac{1}{S_{stM}} + \frac{X_L}{U_m^2}} = S_{stM} = 10 \text{MVA}$$

$$u_{stm} = \frac{S_{km} + Q_{fh}}{S_{km} + Q_{fh} + S_{st}} = \frac{50 + 1}{50 + 1 + 10} = 0.836 < 0.85$$

启动时母线电压不符要求。

（2）如果采用启动电抗器，则按表 6-3 得

$$u_{stm} = \frac{S_{km} + Q_{fh}}{S_{km} + Q_{fh} + S_{st}} = \frac{50 + 1}{50 + 1 + S_{st}} \geqslant 0.85, \text{得 } S_{st} \leqslant 9 \text{MVA}$$

$$S_{st} = \frac{1}{\frac{1}{S_{stM}} + \frac{X_k}{U_n^2}} = \frac{1}{\frac{1}{10} + \frac{X_k}{6^2}} \leqslant 9 \text{MVA}, \text{得 } X_k \geqslant 0.4\Omega$$

根据计算电抗 $X_k \geqslant 0.4\Omega$，查启动电抗器的产品样本，选择其每相额定电抗为 0.6Ω，则

$$S_{st} = \frac{1}{\frac{1}{S_{stM}} + \frac{X_k}{U_n^2}} = \frac{1}{\frac{1}{10} + \frac{0.6}{6^2}} = 8.57 \text{MVA}$$

$$u_{stm} = \frac{S_{km} + Q_{fh}}{S_{km} + Q_{fh} + S_{st}} = \frac{50 + 1}{50 + 1 + 8.57} = 0.856$$

$$u_{stM} = u_{stm} \frac{S_{st}}{S_{stM}} = 0.856 \times \frac{8.57}{10} = 0.734$$

$$\sqrt{\frac{1.1 M_{*j}}{M_{*st}}} = \sqrt{\frac{1.1 \times 0.3}{1.02}} = 0.569 < u_{stM}$$

能保证电动机机组要求的启动转矩为

$$I_{st} = u_{stm} \frac{S_{st}}{\sqrt{3} U_n} = 0.856 \times \frac{8.57}{\sqrt{3} \times 6} = 0.706 \text{kA}$$

根据计算，选用的启动电抗器为：启动电流 $I_{stk} = 1000\text{A}$（$> 0.706\text{kA}$），电抗值 $X_k = 0.6\Omega$ 的启动电抗器产品。

电动机启动时间为

$$t_{st} = \frac{(GD)^2 n_r^2}{365 P_{rM} (u_{stM}^2 m_{stp} - mj)} = \frac{4 \times 594^2}{365 \times 1400 (0.734^2 \times 1.254 - 0.3)} = 7.4 \text{s}$$

$$m_{stp} = m_{stM} + 0.2(m_{max} - m_{stM}) = 1.02 + 0.2(2.19 - 1.02) = 1.254$$

$$I_{st} \frac{t_{st}}{60} \frac{N}{2} = 0.706 \times \frac{7.4}{60} \times \frac{2}{2} = 0.087 \text{kA} < I_{stk}$$

符合启动电抗器过负荷能力的要求。

# 6.2 交流电动机的选型和启动

## 6.2.1 交流电动机选型

### 6.2.1.1 交流电动机的类型

（1）按结构、工作原理及转子结构可分为：

$$交流电动机\begin{cases}异步电动机\begin{cases}笼型感应异步电动机\\绕线转子异步电动机\end{cases}\\同步电动机\end{cases}$$

各类交流电动机的主要性能见表 6-6。

交流电动机的主要性能　　　　　　　　　　　　　　表 6-6

| 类　型 | 性　能 |
|---|---|
| 异步电动机 | 笼型感应异步电动机：<br>简单、耐用、可靠、易维护、价格低、特性硬，但启动和调速性能差，轻载时功率因数低，在变频电源供电下可平滑调速。其中变极多速电动机，可分级变速调节，但体积大，价格较贵<br>绕线转子异步电动机：<br>因有滑环，比笼型感应电动机维护麻烦、价格也较贵。但由于通过转子串接简单的启动设备，可具有启动电流小、启动转矩大、启动时功率因数高的特点，且可进行小范围的速度调节，因此广泛用于各种生产机械，尤其适用于电网容量小、启动次数多的机械，如提升机及起重机等 |
| 同步电动机 | 恒转速、功率因数可调节，但价格贵，一般只在不需调速的高压、低速、大容量的机械采用，能提高系统功率因数 |

（2）按电动机尺寸或功率分为：

1）小功率电动机：折算至 1500r/min 时的最大连续额定功率不超过 1.1kW 的电动机，称为小功率电动机。

2）小型电动机：轴中心高为 80～280mm 的电动机称小型电动机。

3）中型电动机：轴中心高为 355～630mm 的电动机称中型电动机。

4）大型电动机：轴中心高为 700～1000mm 的电动机称大型电动机。

（3）按产品系列用途的分类：

1）一般用途电动机（基本系列电动机），适应一般传动要求、使用面广的系列产品，如 Y、YR 系列电动机。

2）电气派生系列电动机有高效率、高转差率、高启动转矩及多速电动机。

3）结构派生系列电动机有电磁调速、齿轮减速、电磁制动、低振动低噪声及立式深井泵电动机。

4）特殊环境派生系列电动机有户外防腐蚀、隔爆型、增安型及船用电动机。

5）专用系列电动机有轨道用、电梯用、力矩用、电动阀门用、木工用、振动、起重及冶金、井用潜水、浇水潜水、井用潜油、屏蔽电动机。

### 6.2.1.2 交流电动机类型的选择

生产机械为连续运行、负荷平稳、操作不频繁的场合，如水泵、风机等，应该优先采用普通笼型感应电动机；仅要求有级调速的机械，可采用变极笼型感应电动机。

凡符合下列条件之一者，可考虑采用绕线转子电动机：

(1) 按启动条件校验，采用笼型感应电动机直接启动不能满足要求，且降压启动仍然无法同时满足启动转矩和启动压降要求的机械。

(2) 调速范围小，调速质量要求不高的机械，当采用转子串接调速设备经济合理时。绕线转子电动机的调速方式有串级调速及内反馈调速。

功率大、无调速要求的长期工作制机械，当电网需补偿无功功率，经过技术经济比较后，可以采用同步电动机。

### 6.2.1.3 交流电动机电压的选择

电动机的电压应根据电动机的容量、供电电源、变配电系统及经济性确定，选择原则如下：

(1) 电动机容量为 200kW 及以下，应选用低压电动机。

(2) 供电电源电压为 35kV，电动机容量为 220kW 及以上，推荐选用 6kV 或 10kV 电动机。

(3) 供电电源电压为 10kV，电动机容量为 220kW 及以上，可以考虑选用 10kV 电动机，以省略 10/6.3kV 变电环节，降低能耗，简化配电系统接线。

(4) 容量为 220~355kW 的电动机，有 380V、6kV 及 10kV 三种电压可供选择，应通过技术经济比较确定。技术经济比较内容包括：设备费、土建费及安装费。设备费包括变压器、电动机、电缆及开关设备费等；维护费包括变压器、电动机的年折旧费，尚应计及上述设备及电缆的年运行损耗电费。

交流电动机额定电压和容量范围见表 6-7。

交流电动机额定电压和容量范围      表 6-7

| 额定电压（V） | 容量范围（kW） | | | | | |
| --- | --- | --- | --- | --- | --- | --- |
| | 同步电动机 | | 异步电动机 | | | |
| | | | 笼型 | | 绕线型 | |
| | 最小 | 最大 | 最小 | 最大 | 最小 | 最大 |
| 380 | 3 | 320 | 0.37 | 355 | 0.6 | 355 |
| 6000 | 250 | 10000 | 220 | 5000 | 220 | 5000 |
| 10000 | 1000 | | 220 | | 220 | |

### 6.2.1.4 电动机防护形式的选择

电动机的外壳结构形式与防护方式是密不可分的。各种防护形式是为了防止电动机受工作环境中的不利因素（灰尘、水滴、腐蚀性气体等）损害而影响正常运转或损坏。电动机本身的故障也有可能引发环境灾害（如火灾、爆炸）。为此，必须根据不同环境条件选择相应防护结构的电动机。电动机外壳结构形式及其防护方式见表 6-8。

电动机外壳结构形式及防护方式 表 6-8

| 外壳结构形式 | 防 护 方 式 |
| --- | --- |
| 开启式 | 转动部分及带电部分无专门的防护，通常指 IP00 电动机 |
| 防护式 | 外壳和轴承座的结构可以防护带电及转动部分免受机械损伤，又不显著妨碍通风，按防护效果可分为：<br>网罩式：一般指 IP2X 电动机，通风口等有穿孔遮盖物，使带电与转动部分不能与外物直接接触；<br>防滴式：一般指 IP21、IP22 电动机，电动机正常状态或倾斜 15°以内，可防止垂直下落的液体进入电动机内部；<br>防淋式：一般指 IP23，可防止 60°以内淋水进入电动机内部；<br>防溅式：一般指 IP44 电动机，可以防止任何方向的溅水进入电动机内部 |
| 封闭式 | 外壳全部封闭，可以防止注水或固体及灰尘进入电动机内部，其防护等级一般应在 IP55～IP68 之间，其冷却方式又可分为：<br>自然冷却式（IC01）：靠外壳表面自然冷却，无附带冷却装置；<br>自扇冷却式（IC411）：在本身转动轴上装有风扇，以冷却机身；<br>管道通风式（IC31）：通风口与通风管道相连接，电动机靠外通风冷却 |
| 防爆式 | 系全封闭式，机壳有足够的强度，能抵御内部气体的爆炸，而不致传到外部 |

电动机外壳结构形式及防护方式应按环境条件选择：

（1）开启式：这种电动机价格便宜，散热条件好，但容易侵入水滴、铁屑、灰尘、油垢等，影响电动机寿命和正常运行，因此只能用于干燥及清洁的环境中。

（2）防护式：这种电动机可防滴、防溅及防止外界物体从上面落入电动机内部，但不能防止潮气及灰尘的侵入，因此适用于干燥、灰尘不多和没有腐蚀性和爆炸性气体的环境，这种电动机通风冷却条件较好，一般情况下均可选用此类型电动机。

（3）封闭式：这种电动机因为封闭，所以水和潮气均不易侵入，适用于潮湿、多腐蚀性灰尘、易受风雨侵蚀的场合。

（4）防爆式：这类电动机应用在有爆炸危险的环境中。

给水排水工程中，一般电动机采用 IP23 或 IP44，潜水泵等采用 IP68，特殊防爆区域采用防爆电动机。冷却方式较多采用 IC411。

### 6.2.1.5 常用电动机性能及应用范围

常用电动机性能及适用范围见表 6-9，表中技术参数应以各制造厂近期产品样本为准，本表仅供参考。

常用电动机性能及应用范围 表 6-9

| 型 号 | 名 称 | 容量范围<br>（kW） | 转速范围<br>（r/min） | 电压<br>（V） | 结构形式及性能 | 应用范围 |
| --- | --- | --- | --- | --- | --- | --- |
| Y<br>（IP23，<br>H160～280） | 小型低压三相交流异步电动机 | 5.5～132 | 723～2950 | 380 | IP23 型外壳防护结构为防护式，能防止水溅或其他杂物从垂直线成 60°角的范围内落入电机内部，适用于周围环境较干净、防护要求较低的场合 | 为一般用途的三相笼型异步电动机，可用于对启动性能、调速性能及转差率无特殊要求的机器及设备，如金属切削机床、水泵、鼓风机、运输机械等 |

续表

| 型  号 | 名  称 | 容量范围<br>（kW） | 转速范围<br>（r/min） | 电压<br>（V） | 结构形式及性能 | 应用范围 |
|---|---|---|---|---|---|---|
| Y、YR<br>（IP44，<br>H80～315） | 小型低压三相<br>交流异步电动机 | 0.55～90 | 590～2980 | 380 | IP44 型外壳防护结构为封闭式，能防止灰尘、水滴大量进入电动机内部。适用于灰尘多、水土飞溅的场所 | 与 Y（IP23）用途相同，此外还能适用于灰尘多、水土飞溅场合的球磨机、碾米机、脱谷机及其他农业机械、矿山机械等 |
| Y、YR<br>（IP23，<br>H315～355） | 中型低压三相<br>交流异步电动机 | 55～355 | 589～2970 | 380 | 与 Y（IP23，H160～280）相同 | 与 Y（IP23，H160～280）相同 |
| Y、YR<br>（IP23，<br>H355～630） | 中型 6kV 三相<br>交流异步电动机 | 220～2800 | 492～2980 | 6000 | 防护等级为 IP23。电动机采用箱式结构，机座用钢板焊成，重量轻，刚度好。定子采用滑入式外压装结构。定子绕组采用 F 级绝缘，并采用真空压力浸渍无溶剂漆工艺（VPI）处理 | 是 20 世纪 80 年代开发产品，替代 JS、JSQ、JR、JRQ 老系列产品。用于驱动各种通用机械，如压缩机、水泵及其他机械设备等 |
| Y、YR<br>（IP23，<br>H500～630） | 中型 10kV 三相<br>交流异步电动机 | 220～2250 | 490～2980 | 10000 | 与 Y、YR（IP23，H355～630）相同 | 与 Y、YR（IP23，H355～630）相同。能直接用于 10kV 电网，可简化配电系统，节约投资，降低能耗 |
| YQT<br>（IP23，<br>H355～630） | 中型 6kV 内<br>反馈交流调速<br>三相异步电动机 | 200～1800 | 740～1490 | 6000 | 根据内反馈交流调速原理设计制造的特种调速电动机。由斩波式调速装置与该电动机构成的内反馈调速系统取消了逆变变压器，提高了电动机的运行功率因数，有效抑制了谐波对电网的污染，比普通串级调速结构紧凑合理 | 适用于对各种风机、水泵的调速拖动，具有显著的节能效果，也适用于其他需要调速的场合 |
| YQT<br>（IP23，<br>H355～630） | 中型 10kV 内<br>反馈交流调速<br>三相异步电动机 | 220～2000 | 740～1486 | 10000 | | 同上。能直接用于 10kV 电网，可简化配电系统，节约投资，降低能耗 |
| YCT<br>（IP44，<br>H112～355） | 电磁调速三相<br>异步电动机 | 0.55～90 | 125～1320 | 380 | 由异步电动机、电磁离合器及测速发电机组成，与 JD 型或 CTK 型控制器配套使用，组成无级调速装置 | 适用于纺织、化工、造纸及机械等行业，也适用于风机、水泵的调速节能驱动 |

| 型 号 | 名 称 | 容量范围<br>(kW) | 转速范围<br>(r/min) | 电压<br>(V) | 结构形式及性能 | 应用范围 |
|---|---|---|---|---|---|---|
| YCTD<br>(IP44,<br>H100～450) | 低电阻端环<br>电磁调速三相<br>异步电动机 | 0.55～250 | 100～1400 | 380 | 结构及功能同YCT，由于采用了低电阻端环新技术，效率比YCT调速电动机高10% | 适用于风机、水泵的调速节电运行，亦广泛用于要求小型、轻量、高性能、恒转矩负载的场合 |
| YCTF<br>(IP44,<br>H100～560) | 风机、泵用<br>电磁调速<br>异步电动机 | 0.55～400 | 100～2900 | 380<br>6000<br>10000<br>控制器单相220 | 结构及功能与YCTD基本相同，其最高输出转速达拖动电动机额定转速的95%以上 | 特别适用于风机、水泵的调速节电运行，也可应用于纺织、化工及印刷等行业作恒转矩交流无级调速运行驱动之用 |
| YD<br>(IP44,<br>H80～280) | 变极多速<br>三相异步电动机 | 0.45～14 | 720～2930 | 380 | 利用改变定子绕组的接线方法改变电动机的级数。电动机有双速、三速和四速三种类型 | 适用于机械、纺织、化工等行业需要分级变速设备上的驱动电机 |
| TD<br>(IP21,<br>IP44,<br>H225～630) | 中型三相<br>同步电动机 | 200～1000 | 500～1500 | 380<br>6000 | 防护等级为IP21、IP44，功率因数为0.9（超前） | 用于驱动风机、水泵、压缩机及其他通用机械 |

## 6.2.2 笼型感应电动机的启动和启动设备

### 6.2.2.1 笼型感应电动机的启动方式

笼型异步电动机和同步电动机的启动方式一般有全压启动、降压启动和交流变频器启动三种，其中降压启动又分为：

（1）星形—三角形降压启动。

（2）自耦变压器降压启动。

（3）电抗器降压启动。

（4）软启动器降压启动。

同步电动机一般只采用（2）、（3）两种降压启动方式。

目前国内还有采用液体电阻等降压启动设备，其基本原理同电抗器降压启动类似，故本手册不再赘述。

### 6.2.2.2 全压启动

笼型感应电动机和同步电动机应优先采用全压启动。全压启动时应满足下列条件：

（1）启动时电动机端电压降不得超过允许值。一般经常启动的电动机其端电压降不得超过 10%；不经常启动的电动机其端电压降不得超过 15%；在保证生产机械所要求的启动转矩，而又不影响其他用电设备的正常运行时，启动时端电压降可以允许为 20% 或更大些。

由单独变压器供电的电动机，启动时电压降的允许值由生产机械所要求的启动转矩决定。

（2）启动容量不得超过电源容量和供电变压器的过负荷能力。笼型感应电动机允许全压启动的功率与电源容量之间的关系见表 6-4，与供电变压器容量之间的关系见表 6-5，表 6-5 中所列的数据是根据以下条件求得：

1）电动机与低压母线直接相连。

2）电动机启动电流倍数 $K_{st} = 7$，额定功率因数 $\cos\varphi_r = 0.85$，额定效率 $\eta_r = 0.9$。

3）变压器的其他负荷为：$S_{fh} = 0.5S_{rT}$，$\cos\varphi_{fh} = 0.7$ 或 $S_{fh} = 0.6S_{rT}$，$\cos\varphi_{fh} = 0.8$（由这两种情况计算出的 $Q_{fh}$ 值相差很小，故在表 6-5 中只列前一种情况时的计算值）。

4）变压器高压侧的短路容量 $S_K = 50S_{rT}$，$S_{rT}$ 为变压器的额定容量。

### 6.2.2.3　星形—三角形降压启动

星形—三角形降压启动是通过改变电动机绕组接线方式，从而改变绕组端电压的一种启动方式，适用于正常运行时绕组为三角形接线，且具有 6 个出线端子的低压笼型感应电动机。启动时电动机定子绕组接成星形，此时绕组受到的电压相当于电源的相电压，是电动机额定电压的 $\frac{1}{\sqrt{3}}$，启动转矩和启动电流均为全压启动时的 $\frac{1}{3}$，待启动电流下降到一定值后，将电动机三相绕组转接成三角形，此时，绕组受到的电压为电源的线电压即电动机额定电压。这种启动方式的启动转矩小，一般只适用于轻载启动的场合。

星形—三角形降压启动常用典型接线有如下两种：

（1）星形—三角形启动器典型接线（一）见图 6-1。

典型接线（一）的星形—三角形启动器适用于交流 50Hz，电压 380V，功率 125kW及以下笼型感应电动机。启动过程中，定子绕组由启动时的星形接线，自动切换为正常运行时的三角形接线。切换由时间继电器控制，时间可以在 0.4～60s 之间调整。

启动器有断续长期工作制和断续周期工作制两种。在断续周期工作制条件下，其最大操作频率为 30 次/h，两次连续启动的间隔时间不小于 90s。

根据负荷的大小，可以在主电路中增加电流互感器和电流表，FR 可相应接在互感器回路中。

（2）星形—三角形启动器典型接线（二）见图 6-2。

典型接线（二）的星形—三角形启动器适用于交流 50Hz，电压 380V，额定电流为40～630A 的笼型电动机。启动过程中，定子绕组的星形—三角形转换由 KAT 电流时间转换器 DJ1-A 完成。电流时间转换器的动作电流（释放值）整定值为电动机额定电流的 1.5 倍，延时时间应略大于（一般大 1～2s）电动机的实际启动时间。启动器属轻载断续工作制，其最大操作频率为 30 次/h。控制电压为～220V 时，按虚线接线，控制电压由用户选定。

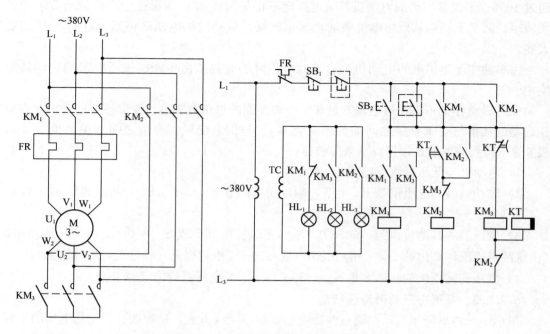

图 6-1 星形—三角形启动器典型接线（一）

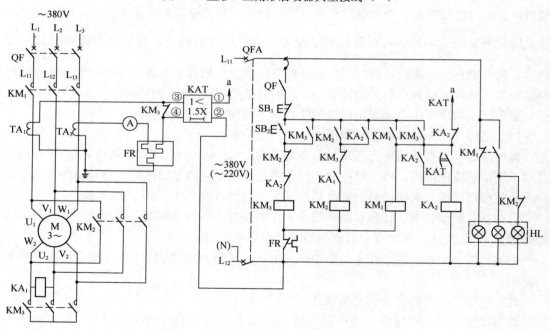

图 6-2 星形—三角形启动器典型接线（二）

### 6.2.2.4 自耦变压器降压启动

自耦变压器降压启动是在电动机主回路串接自耦变压器，通过切换其抽头来降低启动电压，从而达到减小启动电流的目的，自耦变压器降压启动通常用于要求启动转矩较高而启动电流较小的场合。

（1）典型接线

自耦减压启动设备根据其启动电动机的功率，常用的有以下两种典型接线：

图 6-3 为自耦减压启动柜典型控制电路图（一），适用于交流 50Hz，电压 380V，功率 75kW 及以下笼型感应电动机。图 6-4 为自耦减压启动柜典型控制电路图（二），适用于交流 50Hz，电压 380V，功率 75kW 以上的笼型感应电动机。图中转换器 KAT 动作电流（释放）值整定为电动机额定电流的 1.5 倍，其延时时间应略大于（一般大 1~2s）电动机实际启动时间。

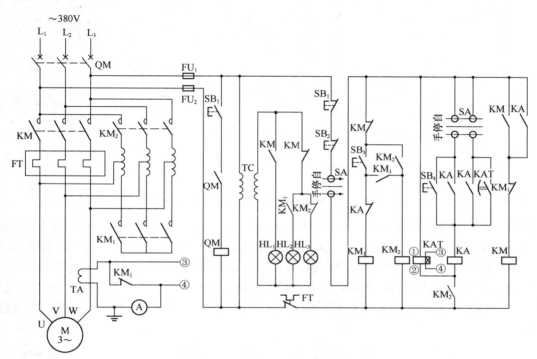

图 6-3　自耦减压启动柜典型控制电路（一）

常用自耦减压启动成套控制柜的技术数据见表 6-10，其主要技术性能如下：

1）适用于交流 50Hz（或 60Hz），~380V（或~660V，表 6-10 中未列出 660V 控制柜的主要技术数据），11~300kW 的笼型感应电动机。

2）具有两种工作制。

第一种工作制（I）包括：8h 工作制、不间断工作制、短时工作制、断续周期工作制和断续非周期工作制。断续周期工作制允许每小时操作 3 次，断续非周期工作制允许每小时操作 6 次（时间间隔均匀），热态冷却到周围空气温度。

第二种工作制（II）包括的内容与第一种工作制（I）相同，只是断续周期工作制允许每小时操作 6 次，断续非周期工作制允许每小时操作 12 次。

3）允许从冷态连续启动两次，每次启动时间约为 15s，间隔时间为 30s。

4）允许一次或数次连续启动，但总的启动时间不得超过表 6-10 的规定值，再次启动时，应使自耦变压器冷却到周围空气温度。

5）运行转换方式一般采用电流转换，当启动电流下降到 1.5 倍电动机额定电流时

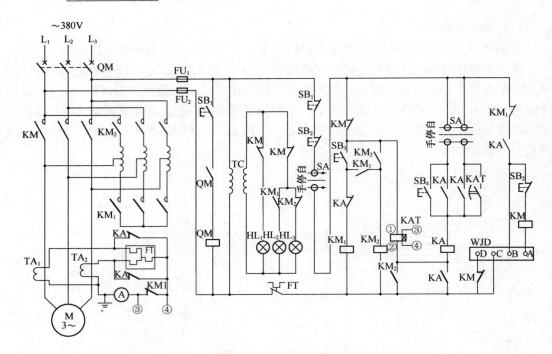

图 6-4 自耦减压启动柜典型控制电路（二）

（约相当于 80％额定转速时），由启动状态转换到运行状态。电流时间转换器 DJ1－A 的
释放电流整定值参见表 6-10。为了保证工作可靠，电流时间转换器可采用电流和时间双
重控制转换方式，即先整定电流动作值，然后将延时动作值整定在略大于电动机的实际启
动时间。正常状态电流转换动作，当电流转换电路发生故障时，或由于负荷发生变化，启
动电流在规定时间内尚未衰减到 1.5 倍电动机额定电流时，时间转换电路起作用，发出转
换信号。

**常用自耦减压启动控制柜主要技术数据** 表 6-10

| 序号 | 电机功率<br>（kW） | 工作制<br>种类 | 工作电流<br>参考值<br>（A） | 电流转换<br>器整定参<br>考值（A） | 热继电器<br>整定电流<br>参考值（A） | 最大启动<br>时间总和<br>（s） | 自动开关<br>电磁脱扣<br>器额定电流<br>（A） | 电流互感<br>器变比 |
|---|---|---|---|---|---|---|---|---|
| 1 | 11 | Ⅰ | 22 | 3.3 | 22 | 30 | 32 | |
| 2 | 15 | Ⅰ | 26 | 4.4 | 26 | 30 | 40 | 50/5 |
| 3 | 18.5 | Ⅰ | 36 | 5.3 | 36 | 40 | 40 | |
| 4 | 22 | Ⅰ | 42 | 4.2 | 42 | 40 | 50 | 75/5 |
| 5 | 30 | Ⅰ | 57 | 5.7 | 57 | 40 | 63 | |
| 6 | 37 | Ⅰ | 70 | 5.3 | 70 | 60 | 80 | 100/5 |
| 7 | 45 | Ⅰ | 84 | 6.3 | 84 | 60 | 100 | |
| 8 | 55 | Ⅰ | 103 | 3.8 | 103 | 60 | 125 | 200/5 |
| 9 | 75 | Ⅰ | 140 | 5.2 | 140 | 60 | 180 | |
| 10 | 100 | Ⅱ | 184 | 4.6 | 3.0 | 90 | 200 | 300/5 |
| 11 | 115 | Ⅱ | 219 | 5.4 | 3.7 | 90 | 250 | |

续表

| 序号 | 电机功率 (kW) | 工作制种类 | 工作电流参考值 (A) | 电流转换器整定参考值 (A) | 热继电器整定电流参考值 (A) | 最大启动时间总和 (s) | 自动开关电磁脱扣器额定电流 (A) | 电流互感器变比 |
|------|------|------|------|------|------|------|------|------|
| 12 | 135 | Ⅱ | 252 | 3.1 | 2.1 | 90 | 315 | 600/5 |
| 13 | 190 | Ⅱ | 351 | 4.3 | 2.9 | 90 | 400 | |
| 14 | 225 | Ⅱ | 407 | 3.8 | 2.5 | 90 | 500 | 800/5 |
| 15 | 260 | Ⅱ | 469 | 4.4 | 2.9 | 90 | 500 | |
| 16 | 380 | Ⅱ | 537 | 5.0 | 3.4 | 90 | 630 | |

（2）自耦变压器的选择

自耦变压器随自耦减压启动控制柜成套供货，其容量可按下式计算：

$$S_T = \frac{S_{st} N t_{st}}{2} \tag{6-9}$$

$$\text{或} \quad S_T = \frac{S_{st} t_c}{2} \tag{6-10}$$

$$S_{st} = \left(\frac{U_{st}}{U_r}\right)^2 K_{st} S_r \tag{6-11}$$

式中　$S_{st}$——电动机启动容量（kVA）；

$U_{st}$——电动机启动电压（V）；

$U_r$——电动机额定电压（V）；

$K_{st}$——电动机启动电流倍数；

$S_r$——电动机额定容量（kVA）；

$N$——电动机允许连续启动次数；

$t_{st}$——电动机一次启动时间（min）；

$t_c$——电动机计算启动时间（min），$t_c = t_{st} N$；

$S_T$——自耦变压器容量（kVA）。

自耦变压器一般具有 65% 和 80% 额定电压的两组抽头，相应的启动转矩和启动电流分别为其额定值的 42.3% 及 64%。

#### 6.2.2.5　电抗器降压启动

电抗器降压启动是在电动机启动过程中，在主回路串接电抗器，以增加阻抗，减小启动电流，随着电动机转速上升，当电流减小到一定值时，切除电抗器的启动方式。电抗器启动通常适用于高压电动机。

（1）基本原理

电抗器降压启动的典型控制电路见图 6-5，图中 LA 为接在电流互感器回路中的电流继电器。启动时 1QF 合闸，电抗

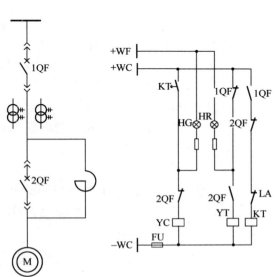

图 6-5　电抗器启动的典型接线及控制电路

器串接在电动机主回路中，电流继电器检测到电动机启动电流而动作。随着电动机的启动，电流逐渐减小到一定值时，电流继电器恢复，其常闭接点通过时间继电器 KT 延时后，触发 2QF 合闸回路。2QF 合闸，短接了电抗器，从而完成电动机主回路从降压状态到全压状态的切换。

（2）启动电抗器的选择

1）求降压系数 $a$：

$$M'_{st} = M_{st} \left( \frac{U'_{st}}{U_r} \right)^2 = a^2 M_{st} \tag{6-12}$$

$$I'_{st} = a I_{st} \tag{6-13}$$

$$a = \sqrt{\frac{M'_{st}}{M_{st}}} \tag{6-14}$$

式中　$U_r$——电动机额定电压（V）；

　　　$I_{st}$——额定电压下电动机启动电流（A）；

　　　$M_{st}$——直接启动电动机启动转矩的倍数；

　　　$U'_{st}$——接电抗器降压时电动机启动电压（V）；

　　　$I'_{st}$——接电抗器降压时电动机启动电流（A）；

　　　$M'_{st}$——接电抗器降压时电动机启动转矩的倍数。

2）确定电动机定子回路中每相所接启动电抗器的电抗值：

$$X_k = \frac{U_r}{\sqrt{3} I'_{st}} - X_d \tag{6-15}$$

式中　$X_k$——所接电抗器的每相电抗值（Ω）；

　　　$X_d$——电动机定子每相的电抗值（Ω）。

$$X_d = \frac{U_r}{\sqrt{3} I_{st}} \tag{6-16}$$

3）油浸电抗器热稳定校验：

$$I_k^2 t_1 > (I'_{st})^2 t_{st} n_{st} \tag{6-17}$$

式中　$I_k$——电抗器额定电流（A）；

　　　$t_1$——2min；

　　　$I'_{st}$——接电抗器后电动机启动电流（A）；

　　　$t_{st}$——一次启动时间（min）；

　　　$n_{st}$——连续启动次数。

【例】　6kV 电动机的容量 $S_r = 750$kVA，额定电流 $I_r = 72$A，启动电流倍数 $K_{st} = 5.5$，直接启动转矩 $M_{st} = 1.9$，降压后启动转矩要求 $M'_{st} \geqslant 0.6$，试选择启动电抗器。

【解】　1）求降压系数 $a$

$$a = \sqrt{\frac{M'_{st}}{M_{st}}} = \sqrt{\frac{0.6}{1.9}} = 0.56$$

直接启动电流：$I_{st} = K_{st} I_r = 5.5 \times 72 = 396$A

降压启动电流：$I'_{st} = aI_{st} = 0.56 \times 396 = 222A$

2）电动机每相电抗

$$X_d = \frac{U_r}{\sqrt{3}I_{st}} = \frac{6000}{1.73 \times 396} = 8.8\Omega$$

电抗器每相电抗

$$X_k = \frac{U_r}{\sqrt{3}I'_{st}} - X_d = \frac{6000}{1.73 \times 222} - 8.8 = 6.8\Omega$$

选用 QKSJ-560/6 三相油浸电抗器 5.7Ω/相，180A。

3）校验电抗器热稳定：

设电动机启动时间 $t_{st} = 15s = 0.25min$，要求连续启动 3 次。

实际启动电流：$I'_{st} = \dfrac{U_r}{\sqrt{3}(X_k + X_d)} = \dfrac{6000}{1.73 \times (5.7 + 8.8)} = 239A$

$180^2 \times 2 > 239^2 \times 0.25 \times 3$ 可以保证热稳定。

### 6.2.2.6 软启动器启动

（1）工作原理和特点

软启动器其主要结构是一组串接于电源与被控电动机之间的三相反并联晶闸管及其电子控制电路，利用晶闸管移相控制原理，控制三相反并联晶闸管的导通角，使被控电动机的输入电压按不同的要求而变化，从而实现不同的启动功能。启动时，使晶闸管的触发延迟角从 0 开始，逐渐增加，直至全导通，电动机的端电压从零开始，按预设函数关系逐渐上升，直至达到满足启动转矩而使电动机平滑启动，再使电动机全电压运行。图 6-6 是软启动控制器的主接线图。

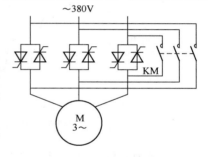

图 6-6　软启动主接线图

和交流电动机传统的启动方式相比，软启动器具有以下显著特点：

1）在电动机启动过程中电压无级平滑地从初始值上升到全压，使电动机转矩在启动中有一个匀速增加的过程，促使电动机启动特性变软，故称软启动。

2）限制电动机启动电流，并可根据负载特性调整启动电流（即限流启动）。

3）启动电压可调，从而保证电动机具有足够的启动转矩，避免电动机过热和浪费电能（节能）。

4）启动时间可调。在设定时间内，电动机转速逐渐上升，避免出现转速冲击。

5）自由停车和软停车可任选。软停车时间可调，软停车时电动机端电压逐步降低，以避免电机骤然停车而对设备造成的冲击，对水泵则可避免产生"水锤效应"。

6）有相序、缺相、过载、过热的检测和保护。

交流电动机直接启动方式和软启动方式以及限流启动方式的比较见图 6-7。

（2）软启动器启动的工作特性

1）斜坡恒流升压启动：斜坡恒流升压启动曲线见图 6-8。在电动机启动的初始阶段启动电流逐渐增加，当电流达到预先所设定的限流值后保持恒定，直至启动完毕。启动过

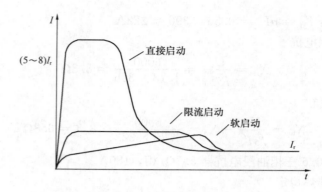

图 6-7 启动方式比较

程中，电流上升变化的速率可以根据电动机负载调整设定。由于是以启动电流为设定值，即使电网电压波动，仍可以维持原启动电流恒定，不受电网电压波动的影响。这种软启动方式是应用最多的启动方法，尤其适用于风机、泵类负载的启动。

2）脉冲阶跃启动：脉冲阶跃启动特性曲线见图 6-9。在启动开始阶段，晶闸管在极短时间内以较大电流导通，经过一段时间后回落，再按原设定值线性上升，进入恒流启动状态，该启动方法适用于重载并需克服较大静摩擦的启动场合。

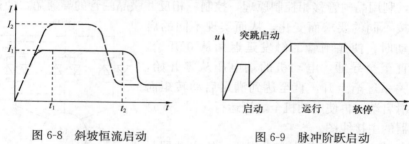

图 6-8 斜坡恒流启动      图 6-9 脉冲阶跃启动

3）减速软停控制：当电动机需要停机时，通过调节晶闸管的触发角，从全导通状态逐渐地减小，从而使电动机的端电压逐渐降低直至切断电源。这一过程使电动机转速与转矩逐步降低，故称为软停控制。停车的时间根据实际需要调整。减速软停控制曲线见图6-9。在不允许电动机瞬间关机的应用场合，采用软启动器能满足这一要求。

4）节能特性：软启动控制器可以根据电动机功率因数的高低，自动判断电动机的负载率，当电动机处于空载或负载率很低时，通过相位控制使晶闸管的导通角发生变化，降低电动机端电压，从而相应减少电动机电流励磁分量，提高了功率因数，以达到节能的目的。

5）制动特性：当电动机需要快速停机时，有些软启动控制器具有能耗制动功能。能耗制动即当接到制动命令后，软启动控制器改变晶闸管的触发方式，使交流电压转变为直流电压，然后在关闭主电路后，立即将直流电压加到电动机定子绕组上，利用转子感应电流与定子静止磁场的作用达到制动的目的。

（3）软启动器的应用：为了便于控制和应用，通常将软启动控制器、断路器和控制电路组成一个较完整的电动机控制中心（MCC），以实现电动机的软启动、软停车、故障保护、报警、自动控制等功能，同时它还具有运行和故障状态监视、接触器操作次数、电动机运行时间和触头弹跳监视、试验等辅助功能。另外还可以附加通信单元、图形显示操作单元和编程器单元等，可直接与通信总线联网。在实际应用中可有以下多种工作模式。

1) 软启动控制器加旁路接触器：对于泵类、风机类负载往往要求软启动、软停车。该电路有如下优点：在电动机运行时可以避免软启动器产生的谐波；软启动器仅在启动、停车时工作，可以避免长期运行使晶闸管发热，延长了使用寿命；一旦软启动器发生故障，可由旁路接触器作为应急备用。

2) 单台软启动控制器启动多台电动机：在某些应用场合中，可用一台软启动控制器对多台电动机进行软启动，以节约资金投入。但不能同时启动或停机，只能一台台分别启动、停机。

（4）软启动器产品

1) 低压软启动器

低压软启动器目前较为常见品牌的技术数据见表 6-11。

以 ABB 公司的软启动器为例，其 PST30～PST300 为带主接触器和外接旁路接触器的软启动器成套装置，典型控制电路如图 6-10 所示。PSTB370～PSTB1050 为带主接触器和内置旁路接触器的软启动器成套装置，典型控制电路如图 6-11 所示。

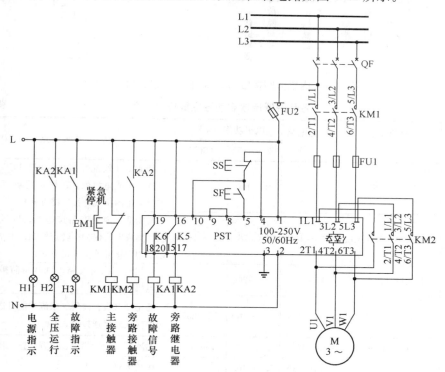

图 6-10 外接旁路接触器的软启动装置典型控制电路

图中主回路接触器 KM1 主要用作隔离；旁路接触器 KM2 可在电动机启动完成后，旁路软启动装置，减少损耗，可根据需要选择外置、内置和不旁路等形式。FU1 为半导体专用熔断器，具有快速熔断的功能。

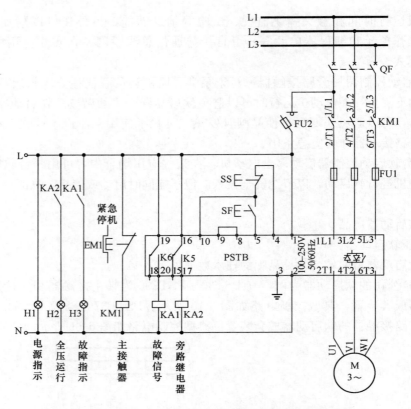

图 6-11 内置旁路接触器的软启动装置典型控制电路

**各品牌低压软启动器主要技术数据**                                                    表 6-11

| 品　牌 | 软启动器<br>型号 | 额定电流<br>（A） | 电机功率（kW） | | 主要特点 |
| --- | --- | --- | --- | --- | --- |
| | | | 380～415V | 690V | |
| ABB | PST30～PST300 | 30～300 | 15～160 | 25～257 | 智能型（外置旁路接触器、PCB 防护涂层可选、集成电机保护、转矩控制、中文菜单、可以采用内接或外接连接方式） |
| | PSTB470～PSTB1050 | 470～1050 | 250～560 | 355～1000 | 智能型（内置旁路接触器、PCB 带防护涂层、集成电机保护、转矩控制、中文菜单、可以采用内接或外接连接方式） |
| | PSE18～PSE370 | 18～370 | 7.5～200 | — | 易用性（内置旁路、PCB 带防护涂层、集成电机保护） |
| | PSS18～PSS300 | 18～300 | 7.5～160 | 15～257 | 通用型（设置简便、限流功能可选、可以采用内接或外接连接方式） |
| | PSR3～PSR105 | 3～105 | 1.5～55 | — | 紧凑型（设置简便、内置旁路、体积紧凑） |
| 施耐德 | ATS22 | 15～560 | 7.5～400 | | 内置旁路接触器 |
| | ATS48 | 17～1200 | 7.5～630 | 15～900 | 独有转矩控制专利 |
| 丹佛斯 | MCD200 | 18～200 | 7.5～110 | 15～200 | 紧凑型<br>内置旁路接触器 |
| | MCD500 | 21～1600 | 7.5～800 | 15～1400 | 智能型<br>需外配旁路接触器 |

续表

| 品　牌 | 软启动器<br>型号 | 额定电流<br>（A） | 电机功率（kW） | | 主要特点 |
| --- | --- | --- | --- | --- | --- |
| | | | 380～415V | 690V | |
| SOLCON | RVS-DN8～3000 | 8～3000 | 4～1750 | 7.5～3000 | 重载设计，结构坚固；<br>优越的启停特性；<br>界面友好，易操作；<br>全面的电机保护；<br>独特的可选特性等 |
| | RVS-DX8～1100 | 8～1100 | 4～630 | — | 内置旁路数字式软启动器 |
| | RVS-AX8～170 | 8～170 | 4～90 | — | 内置旁路模拟式软启动器 |
| | RVS-DXM210～1100 | 210～1100 | 110～630 | | 全功能，内置旁路新型软启动器 |
| | RVS-EX8～310 | 8～310 | 4～160 | — | 全功能，隔爆型数字式软启动器 |
| | RVS-EX390～1100 | 390～1100 | — | 315～1000 | |
| BENSHAW | RB2 | 27～1200 | 15～850 | 25～1400 | 智能型内置旁路接触器，带通信总线 |
| | RC2 | 27～1200 | 15～850 | 25～1400 | 智能型外置旁路接触器，带通信总线和节能控制 |
| AB | SMC—3 | 1～480 | 1.1～450 | | 内置旁路 |
| | SMC-Flex | 1～1250 | 1.1～1200 | | 高性能面板，网络功能，内置旁路 |

注：1. 表中数据按各厂商 2011～2012 年样本和相关资料整理，仅供参考；

2. 超出表中容量或其他要求，可向供应商咨询。

2）中压软启动器

中压软启动器目前较为常见品牌的技术数据见表 6-12。

常用中压软启动器的主接线如图 6-12 所示。

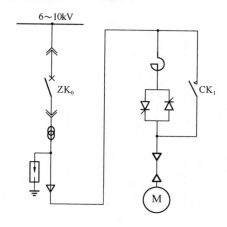

图 6-12 常用中压软启动装置主接线

各品牌中压软启动器主要技术数据 表 6-12

| 品 牌 | 软启动器型号 | 电压<br>(V) | 额定电流<br>(A) | 电机功率<br>(kW) | 主 要 特 点 |
|---|---|---|---|---|---|
| 美国<br>BENSHAW | MVRMX12-2.3KV | 2300 | 36～680 | 125～2380 | 笼型异步电动机智能型软启动器（使用类别 AC-53b），内置旁路接触器 |
| | MVRMX12-3.3KV | 3300 | 51～800 | 254～3978 | |
| | MVRMX18-4.16KV | 4160 | 40～800 | 245～4900 | |
| | MVRMX18-6.6KV | 6600 | 42～1200 | 370～12800 | |
| | MVRMX24-10KV | 10000 | 19～1200 | 280～18000 | |
| | MVRMX36-13.8KV | 13800 | 19～1200 | 380～25000 | |
| | MVRMX12-2.3KV-RI | 2300 | 36～680 | 125～2380 | 绕线转子异步电动机智能型软启动器（使用类别 AC-52b），内置旁路接触器 |
| | MVRMX12-3.3KV-RI | 3300 | 51～800 | 254～3978 | |
| | MVRMX18-4.16KV-RI | 4160 | 40～800 | 245～4900 | |
| | MVRMX18-6.6KV-RI | 6600 | 42～1200 | 370～12800 | |
| | MVRMX24-10KV-RI | 10000 | 19～1200 | 280～18000 | |
| | MVRMX36-13.8KV-RI | 13800 | 19～1200 | 380～25000 | |
| | MVRMX12-2.3KV-SY | 2300 | 36～680 | 125～2380 | 同步电动机智能型软启动器（使用类别 AC-53b），内置旁路接触器 |
| | MVRMX12-3.3KV-SY | 3300 | 51～800 | 254～3978 | |
| | MVRMX18-4.16KV-SY | 4160 | 40～800 | 245～4900 | |
| | MVRMX18-6.6KV-SY | 6600 | 42～1200 | 370～12800 | |
| | MVRMX24-10KV-SY | 10000 | 19～1200 | 280～18000 | |
| | MVRMX36-13.8KV-SY | 13800 | 19～1200 | 380～25000 | |
| | CFMVRMX12-2.3KV | 2300 | 36～680 | 125～2380 | 笼型异步电动机智能型带进线配电设备的软启动器（使用类别 AC-53b），内置旁路接触器 |
| | CFMVRMX12-3.3KV | 3300 | 51～800 | 254～3978 | |
| | CFMVRMX18-4.16KV | 4160 | 40～800 | 245～4900 | |
| | CFMVRMX18-6.6KV | 6600 | 42～1200 | 370～12800 | |
| | CFMVRMX24-10KV | 10000 | 19～1200 | 280～18000 | |
| | CFMVRMX36-13.8KV | 13800 | 19～1200 | 380～25000 | |
| | CFMVRMX12-2.3KV-RI | 2300 | 36～680 | 125～2380 | 绕线转子异步电动机智能型带进线配电设备的软启动器（使用类别 AC-52b）内置旁路接触器 |
| | CFMVRMX12-3.3KV-RI | 3300 | 51～800 | 254～3978 | |
| | CFMVRMX18-4.16KV-RI | 4160 | 40～800 | 245～4900 | |
| | CFMVRMX18-6.6KV-RI | 6600 | 42～1200 | 370～12800 | |
| | CFMVRMX24-10KV-RI | 10000 | 19～1200 | 280～18000 | |
| | CFMVRMX36-13.8KV-RI | 13800 | 19～1200 | 380～25000 | |
| | CFMVRMX12-2.3KV-SY | 2300 | 36～680 | 125～2380 | 同步电动机智能型带进线配电设备的软启动器（使用类别 AC-53b），内置旁路接触器 |
| | CFMVRMX12-3.3KV-SY | 3300 | 51～800 | 254～3978 | |
| | CFMVRMX18-4.16KV-SY | 4160 | 40～800 | 245～4900 | |
| | CFMVRMX18-6.6KV-SY | 6600 | 42～1200 | 370～12800 | |
| | CFMVRMX24-10KV-SY | 10000 | 19～1200 | 280～18000 | |
| | CFMVRMX36-13.8KV-SY | 13800 | 19～1200 | 380～25000 | |

| 品　牌 | 软启动器型号 | 电压<br>（V） | 额定电流<br>（A） | 电机功率<br>（kW） | 主　要　特　点 |
|---|---|---|---|---|---|
| AB | 1560E/1562E | 2400～6900 | 200～600 | 600～5600 | |
| | OneGear7760/7761/7762/7763 | 10000～15000 | 160～580 | 2000～11000 | |
| SOLCON | HRVS-DN60～1000 | 2300 | 60～1000 | 200～3330 | 重载设计；平滑加减速；无线电压测量专利；完美启动停止特性；完善的电机保护包；创新低压测试模式；独特的可选特性等 |
| | | 3300 | | 280～4780 | |
| | | 41600 | | 360～6030 | |
| | HRVS-DN70～1200 | 6600 | 70～1200 | 670～11500 | |
| | | 10000 | | 1020～17400 | |
| | | 11000 | | 1100～19200 | |
| | | 13800 | | 1400～24000 | |
| | | 15000 | | 1500～26150 | |
| | HRVS-TX | 2300～15000 | — | — | 变压器专用软启动器 |
| | HRVS-DNMEGA | 2300～15000 | 1400～3000 | 10000～50000 | 超大功率电机专用软启动器 |

注：1. 表中数据按各厂商 2011～2012 年样本和相关资料整理，仅供参考；

2. 超出表中容量或其他要求，可向供应商咨询。

### 6.2.2.7　变频器启动

对大功率同步电动机和异步电动机，当采用降压启动等措施仍然无法满足系统对启动压降的要求、设备对启动力矩和启动平稳的要求以及其他特殊要求时，可采用变频器启动，其特点是：

（1）启动平稳，对电网冲击小；

（2）由于启动电流冲击小，不必考虑对被启动电动机的加强设计；

（3）启动装置功率适度，一般只为被启动电动机功率的 3％～7％（视启动时间、飞轮距和静阻转矩而异）；

（4）几台电动机可共用一套启动装置，较为经济；

（5）便于维护。

图 6-13 为采用晶闸管变频装置启动大功率同步电动机的原理简图。该系统采用交一直一交变频电路，通过电流控制实现恒加速度启动。当电动机接近同步转速时，进行同步协调控制，直至达到同步转速后，通过开关切换使电动机直接投入电网运行。用此方法可启动功率达数千至数万千瓦的同步电动机。

### 6.2.2.8　启动方式的选择

电动机的启动，首选全压启动，在不能满足全压启动条件或设备具有特殊要求时，可以采用降压启动，降压启动无法同时满足启动压降和启动转矩等要求，或其他技术、经济指标不满足时，可以采用交流变频器启动。各种启动方式的比较见表 6-13，市场上还有液体电阻器降压启动等产品，其基本原理同电抗器启动，因此，不再作介绍。

当采用降压启动，要考虑下列因素：

表6-13

**各种启动方式的比较**

| 启动方式 | | 全压启动 | 降压启动 | | | | 变频启动 |
|---|---|---|---|---|---|---|---|
| | | | 星形—三角形 | 自耦变压器 | 电抗器 | 软启动器 | |
| 接线方式 | | 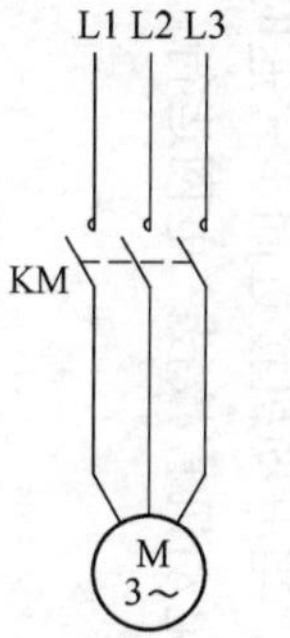 | 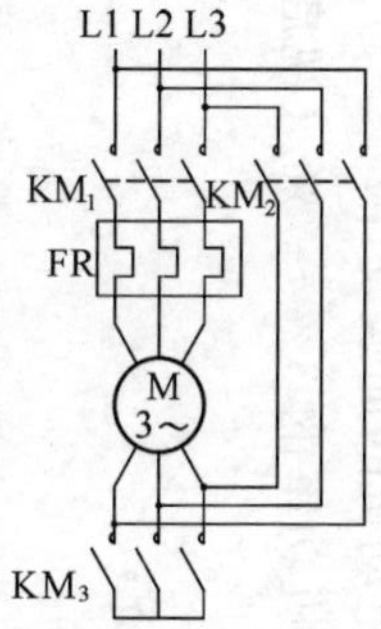 | 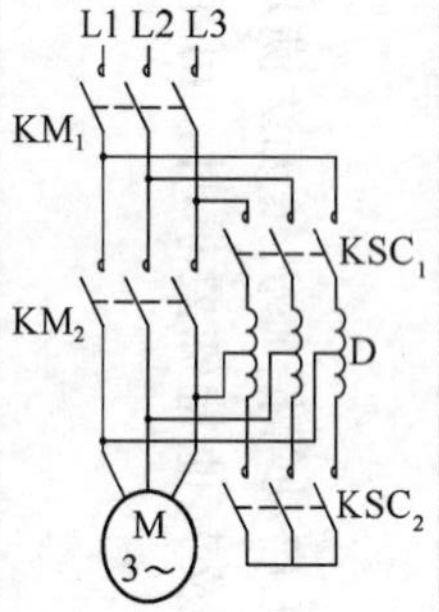 | 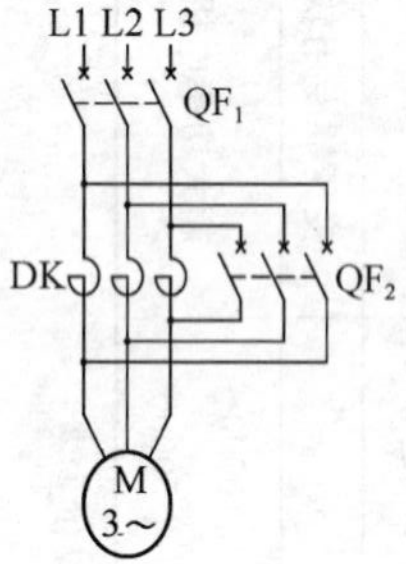 | 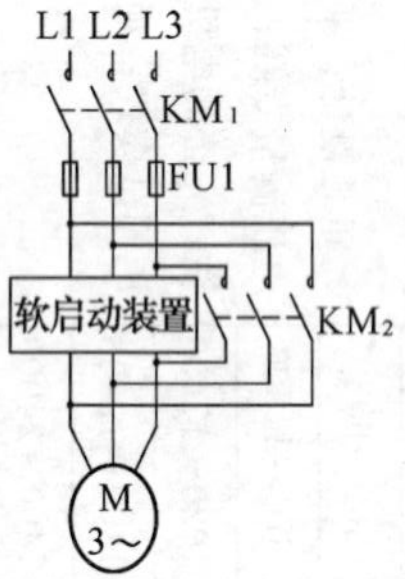 | 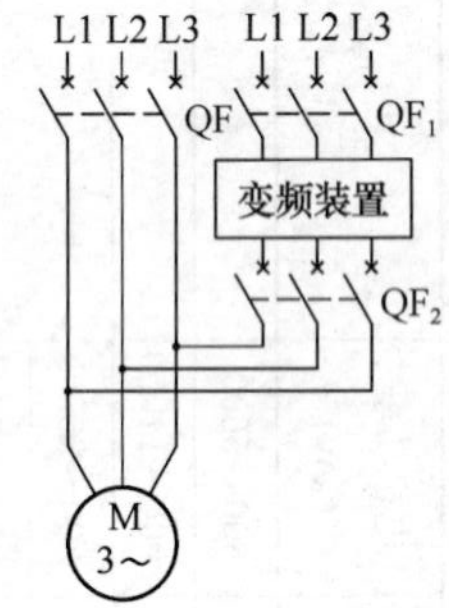 |
| 启动性能 | 启动电压/额定电压 | 1 | $\dfrac{1}{\sqrt{3}}$ | $\alpha$ | $\alpha$ | 可调 | 可调 |
| | 启动电流/额定启动电流 | 1 | $\dfrac{1}{3}$ | $\alpha^2$ | $\alpha$ | 可调 | 可调 |
| | 启动转矩/额定启动转矩 | 1 | $\dfrac{1}{3}$ | $\alpha^2$ | $\alpha^2$ | 可调 | 可调 |
| 适用的电动机类型 | | 普通高压、低压电动机 | 具有6个出线头的低压电动机，正常运行为三角形接线 | 普通高压、低压电动机 | 普通高压电动机 | 普通高压、低压电动机 | 普通大功率电动机 |
| 启动特点 | | 启动电流大，启动转矩较大，对电网和设备的冲击大，但启动设备简单，启动快 | 启动电流小，启动转矩较小，可频繁启动 | 启动电流小，启动转矩大，不能频繁启动 | 启动电流较小，启动转矩较小，启动时间较长 | 启动电压（电流），转矩根据需要调节，对电网和设备的冲击小 | 启动电压（电流），频率可调，启动转矩大，对电网和设备的冲击小 |

注：表中 α——降压系数，α=启动电压/额定电压。

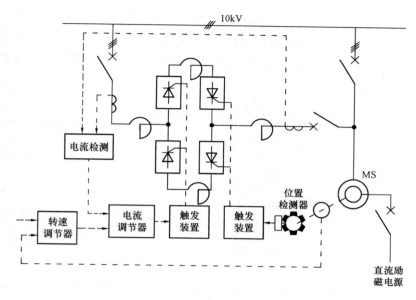

图 6-13　用晶闸管变频装置启动同步电动机原理简图

（1）降压启动时电动机端电压应保证其启动转矩大于生产机械的静阻转矩，即

$$U_{*st} \geqslant \sqrt{\frac{1.1M_{*j}}{M_{*st}}} \tag{6-18}$$

式中　$U_{*st}$——启动时电动机端电压的标么值；

　　　$M_{*j}$——生产机械静阻转矩的标么值；

　　　$M_{*st}$——电动机启动转矩的标么值。

生产机械所需的静阻转矩应由工艺或设备专业提供。当缺乏资料时，下列数据可作参考：离心式水泵、潜水泵、鼓风机及空气压缩机为 30%；往复式空气压缩机及真空泵为 40%。

（2）大型电动机降压启动时，其端电压除应保证电动机的启动转矩大于生产机械的静阻转矩外，还应符合制造厂对电动机最低端电压的要求。

### 6.2.3　绕线转子电动机的启动和启动设备

绕线转子电动机一般采用频敏变阻器或启动变阻器启动，绕线转子电动机的启动应符合下列要求：

（1）启动电流平均值不宜超过电动机额定电流的 2 倍或制造厂的规定值。

（2）启动转矩应满足机械的要求。

（3）当有调速要求时，启动方式应与调速方式配合。

#### 6.2.3.1　频敏变阻器

频敏变阻器是一种静止的无触点电磁元件，能随着电流频率的变化而自动改变阻抗。因此，将其串接在电动机转子绕组中，可以随着电动机启动转差减小（即转子电流频率下降）而自动减小阻抗，电动机的反电势，则随着转差减小（即电动机转速增加）而增加，二者互相作用，可起到减小电动机启动电流、限制启动压降的作用。适当选择参数，可获得接近恒转矩的机械特性。采用频敏变阻器启动，具有接线简单、启动平稳、成本较低、维护方便等优点，绕线转子电动机应尽量采用频敏变阻器启动。

　　绕线转子电动机的启动有偶尔启动和断续周期工作启动两种工作制，给水排水工程中的机械设备多属偶尔启动，可按表 6-14 确定绕线转子电动机启动用的频敏变阻器启动负载的类别，作为选择频敏变阻器产品的依据。

机械负载特性对应启动负载的类别　　　　　　　　　　　　　　　　表 6-14

| 启动负载性质 | | 特　性 | | | | 传动设备举例 |
|---|---|---|---|---|---|---|
| | | 负载系数 | 启动电流/额定电流 | 启动力矩/额定力矩 | 允许连续启动时间（s） | |
| 偶尔启动 | 轻载 | 0.4 | 1.6 | 0.8 | 60 | 空压机、水泵等 |
| | 重轻载 | 0.7 | 2.0 | 0.8 | 90 | 长轴深井泵等 |
| | 重载 | 0.85 | 2.5 | 1.0 | 90 | 皮带传输机、轴流泵、排气阀打开启动的鼓风机、混流泵 |
| | 满载 | 1.0 | 2.5 | 1.2 | 90 | |

### 6.2.3.2　频敏变阻器启动用成套设备

　　给水排水工程中的绕线转子电动机一般为偶尔轻载启动，通常采用频敏变阻器启动用成套设备启动绕线转子电动机。启动用成套设备一般与频敏变阻器配套供货，低压绕线转子电动机用频敏变阻器和启动电控设备可一起安装在控制柜内，典型的启动电路图见图 6-14。

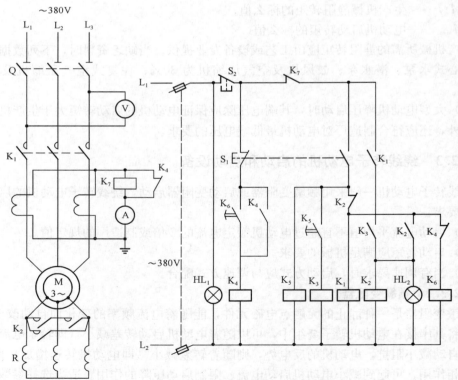

图 6-14　低压绕线转子电动机用频敏变阻器启动电路

　　高压绕线转子电动机启动用频敏变阻器及其控制设备的选择与低压绕线转子电动机基本相同。典型轻载启动电路图见图 6-15。

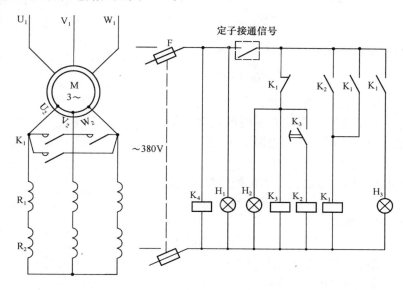

图 6-15　高压绕线转子电动机用频敏变阻器启动电路

### 6.2.4　同步电动机的启动和励磁

#### 6.2.4.1　启动

　　同步电动机应尽量采用直接启动，只有在电源容量和电机结构不允许直接启动时，才采用降压启动。

　　(1) 直接启动：同步电动机直接启动应满足下述两个条件：

　　1) 电动机结构是否允许直接启动。一般由制造厂提供资料，当无法获得该资料时，可由下式估算：

$$对于 6kV 电动机，\frac{P_r}{极数} \leqslant 200 \sim 250 kW$$

式中　$P_r$——电动机额定功率（kW）。

　　2) 电动机启动时，母线电压是否符合规定值见 6.1 节。

　　(2) 降压启动：一般采用电抗器降压启动，在电抗器降压启动不能满足启动条件时，才采用自耦变压器降压启动，降压启动电动机端电压应满足的条件以及电抗器和自耦变压器的选择均见 6.2 节。超大功率同步电动机可采用变频启动方式。

#### 6.2.4.2　放电电阻的计算和选择

　　(1) 同步电动机转子回路在启动时需接入放电电阻，当转速接近 95% 同步转速（即转差率 5%）时，断开放电电阻、投入励磁牵入同步；电动机进入同步转速时，调整励磁电压、电流，可调整功率因数。实际应用时，一般设置为功率因数 $\cos\varphi = 1$（或超前），以作配电系统内无功功率补偿。停机的同时应切除励磁电源，并将转子绕组立即用放电电阻短接，以释放磁场能量。

（2）放电电阻值的计算：

1）制造厂推荐数据：

$$R_{fd} = (8 \sim 10)R_{B \cdot 75℃} \tag{6-19}$$

2）工业试验推荐数据：

$$R_{fd} = (2 \sim 5)R_{B \cdot 75℃} \tag{6-20}$$

式中　　$R_{fd}$——转子放电电阻（Ω）；

$R_{B \cdot 75℃}$——转子磁极线圈在 75℃时的电阻（Ω）。

一般取放电电阻为转子绕组电阻的 10 倍。

（3）放电电阻的额定电流计算：

1）励磁机组、同轴励磁机、不可控硅整流装置：

$$I_{fd} \geqslant 0.2I_d \tag{6-21}$$

2）可控硅整流装置：

$$I_{fd} \geqslant 0.1I_d \tag{6-22}$$

式中　　$I_{fd}$——放电电阻的额定电流（A）；

$I_d$——满载励磁电流（A）。

### 6.2.4.3　励磁

（1）同步电动机可控硅励磁装置：同步电动机早期采用同轴励磁机方式投励，随着电力电子技术的发展，已被硅励磁或可控硅励磁所取代。专供重载和轻载启动的可控硅励磁装置的特点如下：

1）同步电动机启动时灭磁环节工作，使转子感应交流电两半波均通过放电电阻，保证电机的正常启动，整流电路处于阻断状态。

2）全压启动时，启动至亚同步转速（转子滑差达 4%～5%）顺极性投入励磁，使电机牵入同步运行。

3）降压启动时，当转速达同步转速的 90%左右，自动切除降压设备。投入全压，使电动机加速至亚同步转速，顺极性投入励磁，将电机牵入同步。

4）当电网电压波动时，具有电压负反馈自动保持基本恒定励磁。

5）同步电动机启动与停车时能自动灭磁，并当其异步运行时（启动或失步过程），具有灭磁保护，保证同步电动机及励磁装置免受感应过电压击穿。

6）可手动调节励磁电压和电流，以调整功率因数。

常用的同步电动机励磁装置有额定励磁电压 50V、75V、110V、140V、170V，额定励磁电流 200A、300A、450A、600A 等多种规格。

（2）相复励同步电动机：比较简易的相复励同步电动机，可以满足工矿企业对中小型低压电动机改善功率因数的需要。这种同步电动机自带相复励励磁装置，而不需要另配励磁装置。由于相复励励磁装置能随负载的变化而自动调整励磁，因而具有功率因数基本恒定、过载能力强、运行稳定等特性。此类电动机可分别以 cos$\varphi$=1，cos$\varphi$=0.9（超前）等工况稳定运行。以 cos$\varphi$=1 运行时，可以获得较高的运行效率。启动时电动机的电流是滞后的，投励时相复励励磁装置可以提供足够大的励磁电流，保证电动机顺利牵入同步。

# 6.3 交流电动机调速

## 6.3.1 交流电动机的调速方法及其应用

### 6.3.1.1 交流电动机的常用调速方法

根据电动机的特性，在起制动和调速性能方面，直流电动机比交流电动机优越，但是同容量直流电动机比笼型交流电动机体积大，价格贵，维护工作量大。近十多年来，随着电力电子技术的发展，促进了交流调速系统的迅猛发展。目前采用交流调速系统可克服直流调速系统存在的问题，充分发挥笼型交流电动机的固有优点，同时交流调速系统的调速性能可达到甚至优于直流调速，如飞轮力矩小，交流系统的过渡过程快等。交流调速系统的发展，使得给水排水工程中的水泵、鼓风机、搅拌机及曝气机等设备对交流调速技术的运用日益广泛。

交流电动机的转速表达式为：

$$n = \frac{60f}{p}(1-s) \tag{6-23}$$

式中　$n$——电动机转速（r/min）；

　　　$f$——电动机供电电源频率（Hz）；

　　　$p$——电动机极对数；

　　　$s$——电动机的转差率。

由公式（6-23）可知，交流电动机的调速可以通过改变电动机电源频率、极对数和转差率三种方法来达到。

### 6.3.1.2 交流电动机调速的应用

在给水排水工程中，电动机的调速主要应用于下述两种情况：

（1）水处理工艺专用机械的调速：在水处理工艺中，为了获得最佳的处理效果，某些专用机械的转速需要根据处理水的水质和水量等因素进行调节，如加速澄清池等的搅拌机，污水曝气池的曝气机以及加注泵等。这类机械的调速一般具有下列特点：

1）轴功率一般不大，约几千瓦到几十千瓦。

2）为了适应各种工作情况，调速范围比较大，一般要求 0.2～1.0。

3）轻载或轻重载启动，连续运行。

4）不一定要求无级调速，有时可以采用简易的有级调速。

对于这一类负荷，通常采用电磁转差调速，在某些场合，可采用变极调速。

（2）水泵或鼓风机的调速：水泵或鼓风机调速的目的在于满足水量（或风量）、水压（或风压）的条件下，取得最经济的运行状态。这类机械的调速具有下列特点：

1）轴功率较大，一般从几十到几千千瓦。

2）调速范围不大，一般要求 0.7～1.0。

3）无级调速，有时要求组成闭环的自动调速系统。

4）轻载或轻重载启动，连续运行。

5）对调速精度要求不高，一般±1%已足够。

对于水泵及鼓风机的调速，一般有变极调速、变频调速、变转差率调速和离合器调速等形式。调速方案的选择，取决于主机功率、调速装置的节能效果和投资回收期、可靠性、价格、建设单位的经济实力等诸多因素，进行技术经济比较，全面权衡。变频调速的性能、效果最好，但价格最贵。随着变频器的推广和国产化率的提高，其价格劣势得到了改善，已逐渐成为调速手段中的主流品种。串级调速装置和变频调速、变极调速均属高效调速，但串级调速装置功率因数较低，可靠性不甚理想，价格比变频器便宜，比液力耦合器贵，电磁转差调速、液力耦合器调速、液体粘性调速器调速均属低效调速，转差损耗不能回收，以热能形式散失，故效率不高节能效果比变频调速及串级调速差，已逐渐淘汰。

常用交流调速方式比较见表 6-15。

常用交流调速方式比较    表 6-15

| 调速方式 | 变极调速 | 电磁转差调速 | 串级调速 | 内反馈串级调速 | 变频调速 | 液力耦合器调速 | 液体粘性调速器调速 |
|---|---|---|---|---|---|---|---|
| 基本原理 | 用接触器切换，改变定子绕组接线，可获得 2~4 的倍数转速 | 调节离合器的励磁，以实现传动机械的调速 | 在转子回路中通以可控直流比较电压，以改变电动机的转差率，达到平滑调速的目的 | 同串级调速，但转差功率不经逆变变压器，而直接反馈到定子的反馈绕组协同传动 | 控制电动机定子频率和电压，以调节电动机的转速 | 调节液力耦合器工作腔里的油量，实现传动机械的调速 | 靠液体粘性来传递动力，改变粘性液体油膜厚度与压力，以改变油膜的剪切力进行无级调速 |
| 调速范围 (%) | 有 2、3、4 的倍数转速 | 97~20 | 100~50 | 100~50 | 100~5 | 97~30 | 100~20 |
| 调速精度 (%) | 有级 | ±2 | ±1 | ±1 | ±0.5 | ±1 | ±1 |
| 电动机类型 | 变极电动机 | 电磁调速异步电动机 | 绕线型异步电动机 | 具有双定子绕组的绕线型异步电动机 | 同步电动机或笼型异步电动机 | 同步电动机或异步电动机 | 同步电动机或异步电动机 |
| 控制装置 | 极数变换器 | 励磁调节装置 | 硅整流—晶闸管逆变 | 硅整流—晶闸管逆变 | 晶闸管变频器 | 调速型液力耦合器 | 液体粘性调速器 |
| 装置出现故障后的处理方法 | 停车处理 | 停车处理 | 不停车、全速运行 | 不停车、全速运行 | 不停车、工频运行 | 停车处理 | 停车处理 |
| 对电网干扰程度 | 无 | 无 | 较大 | 有 | 有 | 无 | 无 |
| 特点 | 简单，有级调速，恒转矩或恒功率，无附加转差损耗，故效率较高 | 恒转矩，无级调速，效率随转速降低而成比例下降，离合器有较大转差损失，使最高转速仅为同步转速的 80%~90%，离合器故障时，无法切换运行，影响正常工作 | 无级调速，效率高，有转差损耗，功率因数低，恒转矩，对电网有谐波污染，调速装置故障时，可切换到全速运行 | 无级调速，效率高，功率因数高，恒功率调速，设备少，定子电流中谐波分量小 | 无级调速，恒转矩，效率高，系统较复杂，价格高，比串级调装置功率因数高，存在高次谐波污染 | 平滑启动，无级调速，效率随转速降低而成比例下降，由于存在转差，负载无法达到额定转速。转差功率释放的热能损耗，需采取冷却措施解决。耦合器故障时，不能切换运行，影响工作 | 尺寸及占地面积均较液力耦合器小，且可全速运行，调速范围宽，价格比液力耦合器便宜，故采用机械调速时，其技术经济指标比液力耦合器优越 |

续表

| 调速方式 | 变极调速 | 电磁转差调速 | 串级调速 | 内反馈串级调速 | 变频调速 | 液力耦合器调速 | 液体粘性调速器调速 |
|---|---|---|---|---|---|---|---|
| 适用场合 | 适用于仅需要分级调速的机械,如搅拌机、行车等 | 适用于中、小功率要求平滑启动、短时间低速运行的机械,如搅拌机、曝气机、小型水泵及风机等 | 适用于中大功率的水泵、鼓风机等,装置容量随调速比的加大而增大,调速比不宜太大,可靠性欠佳 | 适用于中大功率的水泵、风机等设备的调速节能 | 适用于各种不同功率的水泵、风机等 | 适用于大中功率的水泵、风机等,短时低速运行的机械 | 适用于大中功率的水泵、风机等设备的调速节能,是液力耦合器的换代产品 |
| 维护保养 | 最易 | 较易 | 较难 | 较难 | 易 | 较易 | 较易 |

### 6.3.2 变极调速

#### 6.3.2.1 变极调速工作特性

变极调速是通过改变电动机极对数来达到变速的一种有级调速方式。变极电动机的定子设有一、二组绕组,通过交流接触器来改变定子绕组的接线,便可获得 2～4 种成倍数的转速,图 6-16、图 6-17 示出单绕组双速电动机的接线方法,图 6-18 为双绕组三速电动机接线方法,图 6-19 为四速电动机接线方法。

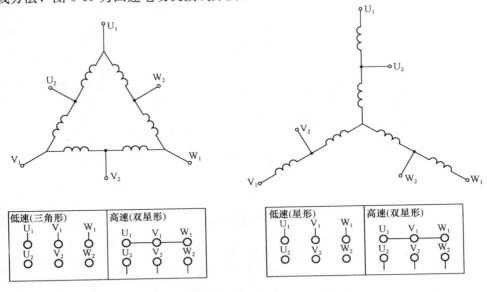

图 6-16 三角形/双星形双速
电动机接线方法

图 6-17 星形/双星形双速
电动机接线方法

图 6-20 为双速、三速异步电动机的控制电路图。其中 (a) 为三角形/双星形双速电动机控制线路。当合上断路器 QF,按动按钮 $SB_1$,接触器 $KM_1$ 接通,电动机绕组 $U_1$、$V_1$、$W_1$ 接成三角形联结,电动机低速运行。按动 $SB_2$,$KM_1$ 断电,$KM_2$、$KM_3$ 接通,定子绕组接成双星形联结,电动机由低速变为高速运行。图 6-20 (b) 为星形/三角形/双

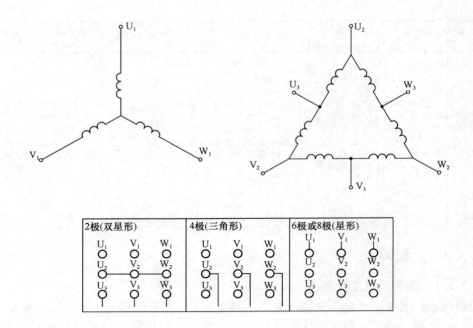

图 6-18　三速电动机接线方法

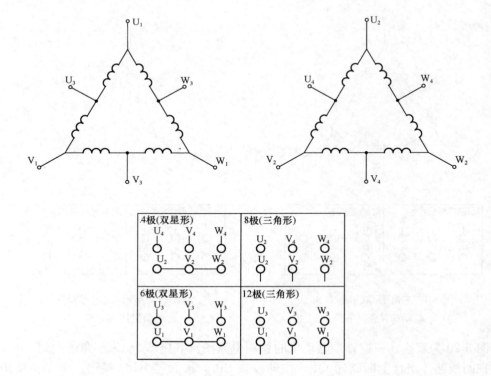

图 6-19　四速电动机接线方法

星形三速电动机控制线路，按动 SB$_1$，KM$_1$ 接通，定子绕组接成星形连接（8 极），电动机低速运行。按动 SB$_2$，KM$_1$ 断电，KM$_2$ 接通，另一组定子绕组 U$_2$、V$_2$、W$_2$ 接通电源，接成三角形联结（4 极），电动机中速运行。按动 SB$_3$，KM$_2$ 断电，KM$_3$、KM$_4$ 接通，定子绕组接成双星形联结（2 极），电动机高速运行。

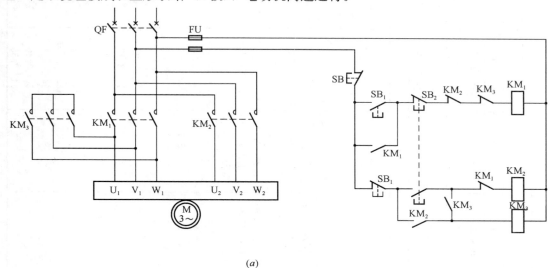

(a)

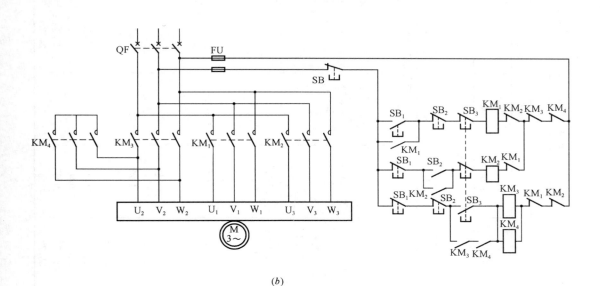

(b)

图 6-20　双速、三速异步电动机控制电路

(a) 三角形/双星形双速；(b) 星形/三角形/双星形三速（8 极/4 极/2 极）

#### 6.3.2.2　笼型变极电动机

目前我国生产的 YD 系列变极电动机有 YD801～YD280M 型，0.4～82kW，9 种极比，103 个规格，其技术数据见表 6-16，YD 系列电动机双速时为单绕组，三速、四速时为双绕组。

**YD（IP44）系列变极电动机技术数据（H80～280mm）**　　　　　表 6-16

| 种类 | 双速 | | | | | 三速 | | | 四速 |
|---|---|---|---|---|---|---|---|---|---|
| 极数 | 4/2 | 6/4 | 8/4 | 8/6 | 12/6 | 6/4/2 | 8/4/2 | 8/6/4 | 12/8/6/4 |
| 同步转数（r/min） | 1500/3000 | 1000/1500 | 750/1500 | 750/1000 | 500/1000 | 1000/1500/3000 | 750/1500/3000 | 750/1000/1500 | 500/750/1000/1500 |
| 接线方式 | 三角形/双星形 | | | | | 星形/三角形/双星形 | | 三角形/三角形/双星形 | 三角形/三角形/双星形/双星形 |
| 出线端数 | 6 | | | | | 9 | | | 12 |
| 机座型号　额定功率（kW） | | | | | | | | | |
| YD801 | 0.45/0.55 | | | | | | | | |
| YD802 | 0.55/0.75 | | | | | | | | |
| YD90S | 0.85/1.1 | 0.65/0.85 | | 0.35/0.45 | | | | | |
| YD90L | 1.3/1.8 | 0.85/1.1 | 0.45/0.75 | 0.45/0.65 | | | | | |
| YD100L1 | 2/2.4 | 1.3/1.8 | 0.85/1.5 | 0.75/1.1 | | 0.75/1.3/1.8 | | | |
| YD100L2 | 2.4/3 | 1.5/2.2 | | | | | | | |
| YD112M | 3.3/4 | 2.2/2.8 | 1.5/2.4 | 1.3/1.8 | | 1.1/2/2.4 | 0.65/2/2.4 | 0.85/1.0/1.3 | |
| YD132S | 4.5/5 | 3/4 | 2.2/3.3 | 1.8/2.4 | | 1.8/2.6/3 | 1/2.6/3 | 1.1/1.5/1.8 | |
| YD132M1 | 6.5/8 | 4/4.5 | 3/4.5 | 2.6/3.7 | | 2.2/3.3/4 | 1.3/3.7/4.5 | 1.5/1.8/2.2 | |
| YD132M2 | | | | | | 2.6/4/5 | | 2/2.6/3 | |
| YD160M | 9/11 | 6.5/8 | 5/7.5 | 4.5/6.0 | 2.5/6 | 3.7/5/6 | 2.2/5/6 | 3.3/4/5.5 | |
| YD160L | 11/14 | 9/11 | 7/11 | 6/8 | 3.7/7 | 4.5/7/9 | 2.8/7/9 | 4.5/6/7.5 | |
| YD180M | 15/18.5 | 11/14 | 11/17 | 7.5/10 | 5.5/10 | | | 7/9/12 | 3.3/5/6.5/9 |
| YD180L | 18.5/22 | 11/14 | | | | | | 10/13/17 | |
| YD200L | 26/30 | 13/16 | 14/22 | 9/12 | 7.5/13 | | | | 4.5/7/8/11 |
| YD200L1 | | 18.5/22 | 17/26 | 12/17 | 9/15 | | | | 5.5/8/10/13 |
| YD200L2 | | | | 15/20 | | | | | |
| YD225S | 32/37 | 22/28 | 24/34 | | | | | 14/18.5/24 | |
| YD225M | 37/45 | 26/34 | | | 12/20 | | | 18.5/22/30 | 7/11/13/20 |
| YD250M | 45/55 | 32/42 | 30/42 | | 16/24 | | | 24/30/37 | 9/14/16/26 |
| YD280S | 60/72 | 42/55 | 40/55 | | 20/30 | | | 30/37/40 | 11/18.5/20/34 |
| YD280M | 72/82 | 55/72 | 47/67 | | 24/37 | | | 34/42/55 | 13/22/24/40 |

### 6.3.3 变频调速

#### 6.3.3.1 变频调速的基本原理

由公式（6-23）$n = \dfrac{60f}{p}(1-s)$ 可知，改变频率，可以改变电动机的转速，但电动机的气隙磁通量 $\Phi_m$ 与频率有关。电动机调速时，重要的原则是保持气隙磁通量 $\Phi_m$ 为额定值不变。三相异步电动机定子每相电动势有效值为

$$E_1 = 4.44 f_1 N_1 K_\omega \Phi_m \tag{6-24}$$

式中　$f_1$——定子频率；

　　　$N_1$——定子每相绕组串联匝数；

　　　$K_\omega$——基波绕组因数；

　　　$\Phi_m$——每相气隙磁通量。

由式（6-24）可知：只要控制 $E_1$、$f_1$ 就可以控制磁通 $\Phi_m$。

当 $f_1$ 由额定频率 $f_{1N}$ 下调时，要保持 $\Phi_m$ 不变，必须同时降低 $E_1$，即只要保持 $E_1/f_1$ 不变，$\Phi_m$ 就可保持不变。但由于异步电动机定子阻抗的存在，直接控制感应电动势 $E_1$ 较为困难，当电动机采用变频调速时，可通过控制电动机端电压来间接控制感应电动势。

高频时，$U_1$、$E_1$ 较大，定子阻抗压降可忽略。因此，可认为 $U_1 = E_1$，则有

$$U_1/f_1 = 常量 \tag{6-25}$$

这就是恒压频比的控制方式。

低频时，$U_1$、$E_1$ 都较小，定子阻抗压降不能忽略。所以，人为地将 $U_1$ 升高，以补偿定子压降，如图 6-21 所示。

当 $f_1$ 由 $f_{1N}$ 上调时，电压不能超过额定值 $U_{1N}$ 而增大，只能保持不变，由式（6-24）可知，$\Phi_m$ 和 $f_1$ 将成反比地降低，相当于直流电机弱磁升速的情况。

综上所述，异步电动机变频调速控制特性如图 6-22 所示，额定频率 $f_{1N}$ 以下 $\Phi_m$ 近似保持不变，为恒转矩调速；$f_{1N}$ 以上 $U_1$ 保持不变，为恒功率调速。

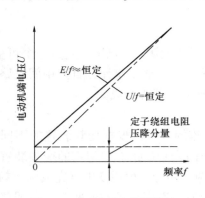

图 6-21　恒压频比控制特性

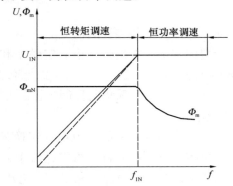

图 6-22　异步电动机变频调速控制特性

#### 6.3.3.2 变频装置的构成

（1）概述

变频调速是一种高效率、高性能的调速方式，可用于异步电动机或同步电动机调速，

使其在整个工作范围内保持在正常的小转差率下运转，实现无级平滑调速。随着电力电子技术及微电子技术的发展，变频调速已逐渐成为交流调速技术中的主要调速方式，并已得到了广泛的应用。

根据电动机的特性，我们得到在满足 $U_1/f_1 =$ 常量前提下，通过改变频率可以调节电动机转速，变频装置即是利用这一特性，将固定电压、固定频率电源，转换为可变电压、可变频率电源，以调节电动机转速的一种装置。用晶闸管等电力电子器件组成的静止变频电源装置构成变频电源对异步电动机进行调速的方法，已经被广泛采用。静止变频电源大体上可分为直接变换方式和间接变换方式两种，见图 6-23。

1）直接变换方式（交—交变频）：交—交变频调速见图 6-24，它是利用晶闸管的开关作用，控制输出电压的幅值，从而构成不同频率的交流电供给异步电动机进行调速的一种方法。特点是直接变换，效率高，但其最高频率仅为电源频率的 $1/3\sim1/2$，不能高速运行是其缺点。由于给水排水工程中需要调速的设备主要为风机、水泵，其固有特性决定了调速范围很少达到 $70\%$ 额定转速以下，因此交—交变频在给水排水行业中应用较少。

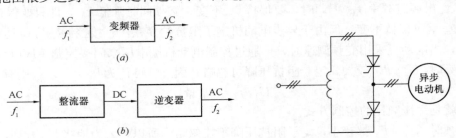

图 6-23 静止变频电源装置
(a) 直接变换方式；(b) 间接变换方式

图 6-24 交—交变频调速

2）间接变换方式（交—直—交变频）：交流电源通过整流器变为直流电，再由逆变器将直流电逆变为频率可变的交流电供给电动机。这种方式的变频装置在一般工控领域运用广泛。

（2）交—直—交变频装置的构成

变频装置的基本要求是将一个固定频率和电压的电源（CVCF）变为一个可变频率、可变电压的电源（VVVF），交—直—交变频装置通常由整流单元、直流中间电路、逆变单元和对主回路进行信号采集与控制的控制电路这四大部分组成。

1）整流单元

整流单元是将固定频率的交流电源转换为直流的环节，根据变频装置的不同调制方式，可分为可控和不可控两种。可控整流单元用于脉幅调制（PAM）的变频装置，即由整流单元完成整流和调节直流回路电压（电流）两个功能，由逆变电路完成调节频率的功能。不可控整流单元一般用于采用脉宽调制（PWM）逆变技术的变频装置，即整流单元仅需完成整流功能，直流电压固定，由逆变电路完成调节频率和调节电压两个功能，或在直流中间电路设置斩波环节以调节电压幅值以用于脉幅调制（PAM）变频装置。

不可控整流单元一般采用大功率二极管进行三相全桥整流，见图 6-25。可控整流单元一般采用晶闸管进行三相全桥整流，通过 6 个触发脉冲控制晶闸管的导通角，从而调节整流单元电压幅值，见图 6-26。

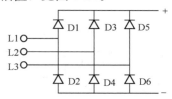
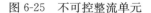

图 6-25 不可控整流单元

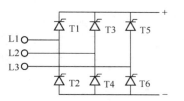

图 6-26 可控整流单元

为了改善功率因数和能源反馈，整流单元也可采用脉宽调制（PWM）型，即将 PWM 型逆变装置逆用于整流电路，由于其相位角可以任意调节，因此，其功率因数也可调，在整个频率调节范围，可保持较高的功率因数，甚至输出无功功率。同时，也可以将能源反馈回电网，不增加任何装置实现电动机的四象限运行。

对于容量较大的变频器、电源电网容量较小或谐波要求较高的场所，可以采用 6 相 12 脉波整流、9 相 18 脉波整流、12 相 24 脉波整流等，通过傅里叶变换可知，由此可大大抑制谐波的产生。对于三相电源，为实现多相整流，需装设网侧输入移相变压器。

2）直流中间电路

直流中间电路相当于变频装置的储能单元，电动机可通过逆变器从中间电路获得能量，同时起到滤波的作用。不同的储能元件，可构成电压型和电流型两类变频装置。电压型变频装置储能滤波元件以电容为主，其电压不能突变，逆变后输出的是稳定的电压，电流由电动机负载决定，见图 6-27。电流型变频装置储能滤波元件为大电感，由于电感的电流不能突变，因此通过大电感可以将电压源转换为电流源，而逆变后的输出电压，由电动机负载决定，见图 6-28。

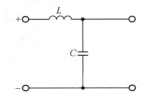

图 6-27 电压型直流中间电路

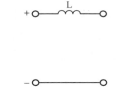

图 6-28 电流型直流中间电路

3）逆变单元

逆变单元将直流电源转换为可调节频率的交流电源，传统的逆变器通过控制晶闸管的导通和关断的时间来调整输出频率，即脉冲幅度调制（PAM）逆变器，其逆变后的波形见图 6-29。

目前常用的为脉冲宽度调制（PWM）逆变器，通过电力电子器件的高速导通和关断，通过调制脉冲的宽度，滤波后可获得更接近正弦波的电压或电流波形，其逆变后的波形见图 6-30。

4）控制电路

控制电路也是变频装置的一个重要组成部分，其包括控制变频装置半导体器件、与周边电路的数据交换、监测和传输故障信息以及对变频装置和电动机的保护等功能，是各产品的核心所在。

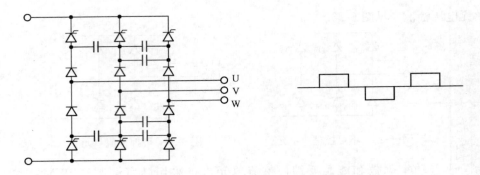

图 6-29　脉冲幅度调制逆变单元及其输出波形

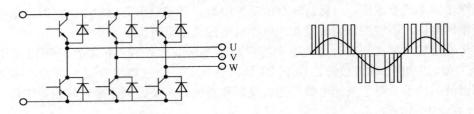

图 6-30　脉冲宽度调制逆变单元及其输出波形

### 6.3.3.3　变频装置产品

（1）低压变频装置

电源电压在 1000V 以下称为低压变频器，给水排水工程中常用的电压有单相 220V、三相 380V、660V 等，目前市场上的低压变频器产品基本上都是 3 相 6 脉波脉宽调制（PWM）的电压型变频器，根据需要，较大的变频器也可以采用 6 相 12 脉波整流以减少谐波。变频器产品，除了由基本的进线整流装置、直流中间装置、逆变输出装置和对主回路进行信号采集与控制的控制电路这四大部分组成外，还可以根据需要以及具体使用回路中电源情况或出线电缆线路情况增加进线电抗器、电机电抗器或滤波装置等配件。

典型的电压型交—直—交低压变频器接线结构如图 6-31 所示。

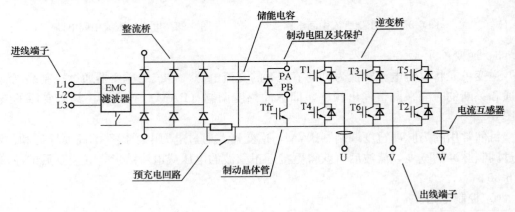

图 6-31　电压型交—直—交低压变频器

低压变频器目前较为常见品牌的基本技术参数见表 6-17。

表6-17

## 各品牌低压变频装置主要技术数据

| 品牌 | 变频装置型号 | 输入频率(Hz) | 输出频率(Hz) | 电压(V) | 额定电流范围(A) | 电机功率范围(kW) | 进线滤波 | 主要技术 整流单元 | 直流单元 | 逆变单元 | 防护等级 |
|---|---|---|---|---|---|---|---|---|---|---|---|
| 施耐德 | ATV61 | 50/60 | 0.5~500 | 220(单相) | 3~28 | 0.37~5.5 | 标配 | 采用功率二极管的全波整流 | 电压型 | 采用IGBT的PWM逆变 | IP20, IP54 |
|  |  |  |  | 380 | 2.3~2430 | 0.75~1400 |  |  |  |  |  |
|  |  |  |  | 690 | 5.2~2430 | 2.2~2400 |  |  |  |  |  |
| 施耐德 | ATV71 | 50/60 | 0~1600 | 220(单相) | 3~28 | 0.37~5.5 |  |  |  |  |  |
|  |  |  |  | 380 | 2.3~2200 | 0.75~1300 |  |  |  |  |  |
|  |  |  |  | 690 | 3.2~2020 | 2.2~2000 |  |  |  |  |  |
| ABB | ACS510 | 48~63 | 0~500 | 380~480 | 0~290 | 1.1~160 | 标配 | 二极管整流 | 电压型 | IGBT | IP00, IP20, IP21, IP42, IP54 |
|  | ACS550 | 48~63 | 0~500 | 380~480 | 0~290 | 0.75~160 | 标配 | 二极管整流 |  |  |  |
|  | ACS800 | 48~63 | 0~300 | 230~690 | 0~5400 | 0.55~5600 | 标配 | 二极管整流 / IGBT整流 / 可控硅整流 |  |  |  |
| 西门子 | MM4 | 50/60 | 0~650 | 220 | 0.9~13.6 | 0.12~3 | 可选 | 采用功率二极管的全波整流 | 电压型 | 采用IGBT的PWM逆变 | IP20 |
|  |  |  |  | 380 | 0.9~164 | 0.12~55 |  |  |  |  | IP20 |
|  |  |  |  | 500 | 1.3~477 | 0.37~250 |  |  |  |  | IP20 |
|  | G120 | 50/60 | 0~650 | 380 | 2.7~125 | 0.75~90 | 可选 |  |  |  |  |
|  |  |  |  | 380 | 1.3~477 | 0.37~250 |  |  |  |  |  |
|  | V10 | 50/60 | 0~300 | 380 | 1.7~45 | 0.55~22 | 不含 |  |  |  | IP21 |
| 丹佛斯 | FC202 | 50/60 | 0~1000 | 380 | 1.8~170 | 0.25~45 | 无 | 采用功率二极管的全波整流 | 电压型带双直流电抗器 | 采用IGBT的PWM逆变 | IP00, IP21, IP54 |
|  |  |  |  | 380 | 1.3~1720 | 0.37~1000 |  |  |  |  |  |
|  |  |  |  | 690 | 54~1415 | 45~1400 |  |  |  |  |  |
| AB | Power Flex750 | 50/60 | 0~650 | 400~690 |  | 0.75~1450 | 可选 | 采用功率二极管的全波整流 | 电压型 | 采用IGBT的PWM逆变 | IP00, IP20, IP54, IP66, 法兰安装 |
|  | Power Flex 400/400P | 50/60 | 0~320 | 220~380 |  | 2.2~250 | 可选 |  |  |  | IP30 |
| 富士电机 | VP-Plus | 50/60 | 0~120 | 200 |  | 0.75~110 | 可选 | 采用功率二极管的全波整流 | 电压型 | 采用IGBT的PWM逆变 | IP20, IP00 (大功率) |
|  |  |  |  | 400 |  | 0.75~220 |  |  |  |  |  |

注:
1. 本表仅列入人常用电压等级;
2. 表中数据按各厂商 2011~2012 年样本和相关资料整理,仅供参考;
3. 超出表中容量或其他要求,可向供应商咨询。

（2）中压变频装置

电源电压大于 1000V 的为中压变频器，给水排水工程中常用的电压有三相 3kV、6kV、10kV 等，目前市场上的中压变频器产品大致有三种类型，分别为以 ABB 为代表的电压型三电平中压变频器、以 AB 为代表的电流型中压变频器以及以西门子为代表的电压型 H 桥级联中压变频器。

1）电压型三电平变频器

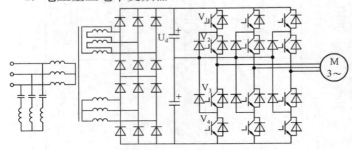

图 6-32 典型的三电平 PWM 电压型变频器

三电平变频器一般用于大中型电动机调速，图 6-32 所示为典型的三电平方式变频器，其整流部分采用二极管整流，逆变部分功率器件通常采用 GTO、IGBT 或 IGCT 等，PWM 调制。每个桥臂采用四个器件串联，由于控制时序使任何两个串联器件不进行同时

导通或关断的转换，所以不存在器件动态均压问题。与普通 PWM 变频器相比，由于输出电压电平数增加，波形有较大改善，见图 6-33。但三电平逆变器使用高压电力电子开关器件，在其开或关时，产生的 $dv/dt$ 较高，普通电动机仍然难以承受，需在逆变器输出端和电动机之间加装 LC 滤波器。但装滤波器后，调速系统的动态性能会受影响，所以在要求高性能的场合，采用变频器专用电动机，而不装滤波器。三电平变频器一般容量比较大，谐波对电网影响相对也大，所以标准产品为 12 脉波整流，也可选择 18 或 24 脉波整流。

2）电流型中压变频器

电流型中压变频器目前较为著名的制造商仅加拿大 AB 公司一家，其功率器件采用对称门极换相晶闸管 SGCT（ABB 公司为 AB 公司专门生产的一种能承受反向电压的 IGCT），整流装置可采用晶闸管 18 脉波整流以减少谐波，见图 6-34；也可以选用电

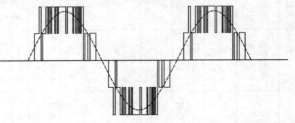

图 6-33 典型的三电平 PWM 电压型变频器

流型 PWM 整流以减少谐波、改善功率因数，见图 6-35，其逆变器输出端设置电容器滤波，输出电压接近正弦，适合用于普通电动机。

3）电压型 H 桥级联中压变频器

电压型 H 桥级联中压变频器即单元串联多电平 PWM 电压型变频器，是采用低压变频单元串接，其输出叠加成中压的一种变频器（见图 6-36b）。由于采用低压技术，独立的整流电源使串联后器件不存在均压问题等，因此技术难度较低。而进线处采用多相位整流，输出处采用多电平叠加，通过傅里叶变换可知，其谐波可大大减少，因此不需要输入、输出滤波器即可得到较完美的波形。虽然相对上述两种变频装置，其元器件较多，相对故障的可能性就高，但随着该产品的运行经验积累，许多品牌的产品通过器件的严格筛选、模块化设计以及中性点偏移等技术和措施，已经大大地提高了可靠性和降低了故障

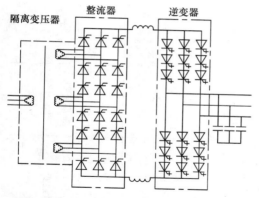

图 6-34 晶闸管整流的电流型中压变频器

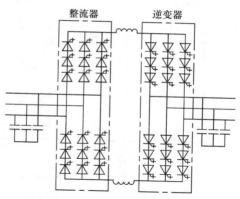

图 6-35 PWM 整流的电流型中压变频器

率。谐波小、全频率范围功率因数高,不需要专用电动机和价格低等特点,使该形式变频装置在给水排水行业中得到较广泛的应用。

较为常见品牌中压变频器的基本参数见表 6-18。

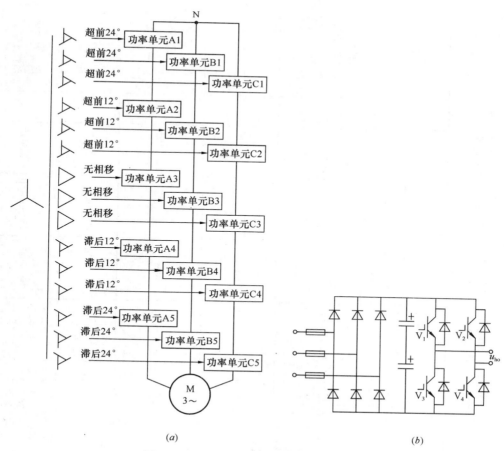

图 6-36 H 桥级联变频器和 H 桥功率单元

(a) 变频器;(b) 功率单元

表 6-18

## 各品牌中压变频装置主要技术数据

| 品牌 | 变频装置型号 | 电机电压(V) | 额定电流范围(A) | 电机功率范围(kW) | 进线电压(V) | 进线滤波 | 整流单元 | 直流单元 | 逆变单元 | 防护等级 | 冷却方式 |
|---|---|---|---|---|---|---|---|---|---|---|---|
| ABB | ACS1000 | 2300/3300/4000/4160 | 48~420 | 315~2000 | 任意中压 | | 12脉波，可选24脉波 | 电压型 | IGCT的3电平VSI，正弦波输出 | IP21，IP22，IP31，IP42 | 空冷 |
| | | 4000/4160 | 420~1041 | 2000~5000 | | | | | | IP31，IP54 | 水冷 |
| | ACS2000 | 6000~6900 | 36~300 | 250~2400 | 任意中压 | | 有两种类型可选 1.二极管整流 2.高压IGBT整流/回馈 | 电压型 | 5电平VSI，9电平输出波形 | IP21，IP42 | 空冷 |
| | ACS5000 | 6000~6900 | 160~1600+ | 1500~5000<br>4500~21000+ | 任意中压 | | 二极管36脉波整流器 | 电压型 | IGCT5电平VSI-MF，9电平输出波形 | IP21，IP32，IP42，IP54 | 空冷<br>水冷 |
| | ACS6000 | 3000~3300 | 600+ | 3000~36000+ | 任意中压 | | 有两种类型可选 1.二极管整流 2.高压IGCT整流/回馈 | 电压型 | 3电平IGCT | IP21，IP42，IP54 | 水冷 |
| AB | RPDTD | 2400~6600 | 46~2300 | 150~24000 | 任意电压 | | 采用SGCT的PWM整流 | 电流型 | 采用SGCT的PWM逆变 | 标准IP21，可选IP42 | 空冷，水冷 |
| | R18TX | 2400~6600 | 46~2628 | 150~25400 | 任意电压 | | 隔离变压器，18脉波晶闸管整流 | | | | |

续表

| 品牌 | 变频装置型号 | 电机电压 (V) | 额定电流范围 (A) | 电机功率范围 (kW) | 进线电压 (V) | 主要技术 | | | | 防护等级 | 冷却方式 |
|---|---|---|---|---|---|---|---|---|---|---|---|
| | | | | | | 进线滤波 | 整流单元 | 直流单元 | 逆变单元 | | |
| 西门子 | 6SR | 3300 | 70~500 | 224~2424 | 任意中压 | 无需 | 采用单元串联技术，每单元整流采用晶闸管3相全波整流，每相3单元，共计9单元，由分相变压器分相，构成18脉波 | 电压型 | 采用低压IGBT的单相PWM逆变组成变频单元，每相3单元串联，构成7电平 | 标准IP21，可选IP42 | 空冷 |
| | 6SR | 6600 | 70~500 | 224~4849 | | | 采用单元串联技术，每单元整流采用晶闸管3相全波整流，每相6单元，共计18单元，由分相变压器分相，构成36脉波 | | 采用低压IGBT的单相PWM逆变组成变频单元，每相6单元串联，构成13电平 | | |
| | 6SR | 10000 | 40~140 | 560~2006 | | | 采用单元串联技术，每单元整流采用晶闸管3相全波整流，每相9或10单元，共计27或30单元，由分相变压器分相，构成54或60脉波 | | 采用低压IGBT的单相PWM逆变组成变频单元，每相9或10单元串联，构成19或21电平 | | |
| TMEIC东芝-三菱 | TMdrive-MVGC | 3/3.3 | 35~1100 | 200~5700 | 任意中压 | 无需 | 18脉冲移相变压器，付边9个绕组，每相3绕组，二极管整流 | 电压型 | 采用IGBT的3单元串联的SP-WM逆变 | IP31 | 风冷 |
| | TMdrive-MVGC | 6/6.6 | 35~1100 | 300~10，000 | | | 30脉冲移相变压器，付边15个绕组，每相5绕组，二极管整流 | | 采用IGBT的5单元串联的SP-WM逆变 | | |

续表

| 品牌 | 变频装置型号 | 电机电压 (V) | 额定电流范围 (A) | 电机功率范围 (kW) | 进线电压 (V) | 进线滤波 | 整流单元 | 直流单元 | 逆变单元 | 防护等级 | 冷却方式 |
|---|---|---|---|---|---|---|---|---|---|---|---|
| TMEIC东芝三菱 | TMdrive-MVGC | 10/11 | 35~1100 | 400~17,000 | | | 48脉冲移相变压器，付边24个绕组，每相8绕组，二极管整流 | | 采用IGBT的8单元串联的SP-WM逆变 | IP31 | 风冷 |
| | TMdrive-XL55 | 6 | 700~1400 | 7,000~14,000 | 任意中压 | 无需 | 外置36脉冲整流变压器，36脉冲二极管整流 | 电压型 | 采用4.5KV高压IGBT器件，5电平PWM逆变 | IP20/IP42 | 水冷 |
| | TMdrive-XL75 | 6 | 1920~7680 | 18,000~72,000 | | | | | 采用4.5KV高压IEGT器件，5电平PWM逆变 | | |
| | TMdrive-XL85 | 6/6.6/7.2 | 2880~11520 | 27,000~110,000 | | | | | 采用6.5KV高压GCT器件，5电平PWM逆变 | | |
| | | 3300 | 68~918 | 285~4200 | | | 采用单相3电平单元多级串联技术采用二级管整流波整流，每相3相全波串联，共计6单元，由移相变压器移相，构成24相脉波 | | 采用IGBT的单相PWM逆变组成变频单元，每相2单元串联，构成9电平 | | |
| 富士电机 | FRENIC4600 FM5e | 6600 | 41~918 | 340~8300 | 任意中压 | 无需 | 采用单相3电平单元多级串联技术采用二级管整流波整流，每相3相全波串联，共计9单元，由移相变压器移相，构成36相脉波 | 电压型 | 采用IGBT的单相PWM逆变组成变频单元，每相3单元串联，构成13电平 | 标准IP31，可选IP41或IP42 | 空冷 |

续表

| 品牌 | 变频装置型号 | 电机电压 (V) | 额定电流 (A) 范围 | 电机功率 范围 (kW) | 主要技术 进线电压 (V) | 进线滤波 | 整流单元 | 直流单元 | 逆变单元 | 防护等级 | 冷却方式 |
|---|---|---|---|---|---|---|---|---|---|---|---|
| 富士电机 | FRENIC4600 FM5e | 10000 | 28~459 | 400~6300 | 任意中压 | 无需 | 采用单相 3 电平单元多级串联技术，每单元整流采用二极管 3 相全波整流，每相 5 单元串联，共计 15 单元，由移相变压器移相，构成 60 脉波 | 电压型 | 采用 IGBT 的单相 PWM 变频逆变单元，每相 5 单元串联，构成 21 电平 | 标准 IP31，可选 IP41 或 IP42 | 空冷 |
| 施耐德 | ATV1200 | 3300 | 25~480 | 200~2000 | 任意中压 | 无需 | 采用变频单元级联技术，每相 4 单元串联，构成 24 脉波 | 电压型 | 采用 IGBT 的单相 PWM 变频逆变单元，构成 9 电平 | IP31，IP42 | 空冷 |
|  |  | 6600 | 25~480 | 220~4000 |  |  | 采用变频单元级联技术，每相 6 单元串联，构成 36 脉波 |  | 采用 IGBT 的单相 PWM 变频逆变单元，构成 13 电平 |  |  |
|  |  | 10000 | 25~480 | 315~6500 |  |  | 采用变频单元级联技术，每相 8 单元串联，构成 48 脉波 |  | 采用 IGBT 的单相 PWM 变频逆变单元，构成 17 电平 |  |  |

注：1. 本表仅列入常用电压等级；

2. 表中数据按各厂商 2011~2012 年样本和相关资料整理，仅供参考；

3. 超出表中容量或其他要求，可向供应商咨询。

### 6.3.4　变转差率调速

#### 6.3.4.1　晶闸管串级调速

（1）工作特性

1）晶闸管串级调速适用于绕线型异步电动机，转子回路内的转差功率 $P_s$ 经整流后，由晶闸管组成的三相逆变器转换成与电网同频率的交流电，回送至电网。晶闸管串级调速所使用的设备都是静止的无触点元件。

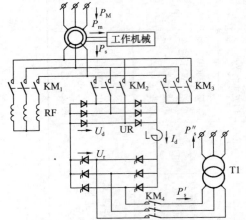

图 6-37 为晶闸管串级调速系统主接线图。

2）适用于中大容量、调速范围不大的水泵类负载。若忽略电动机的内部损耗，电动机的输入功率 $P_M$ 可分为两部分：一为机械功率 $P_m$，一为转差功率 $P_s$，其两者表达式为

$$P_m = P_M(1 - s) \qquad (6-26)$$

$$P_s = sP_M \qquad (6-27)$$

图 6-37　晶闸管串级调速系统主接线

电动机的转差功率与转差率成正比。水泵的调速范围较小，转差率最大为 0.4 左右，所以串级调速装置的容量一般按电动机容量的 40% 设计。

3）晶闸管串级调速装置的效率较高。串级调速装置的效率可表达为

$$\eta = \frac{P_s - \Delta P_z - \Delta P_k - \Delta P_d}{P_s} \qquad (6-28)$$
$$= 1 - \frac{\Delta P_z + \Delta P_k + \Delta P_d}{P_s}$$

式中　$P_s$——转差功率（kW）；

　　$\Delta P_z$——调速装置中整流二极管损耗（kW）；

　　$\Delta P_k$——调速装置中逆变晶闸管损耗（kW）；

　　$\Delta P_d$——调速装置中电抗器和逆变变压器损耗（kW）。

一般 $\Delta P_z$、$\Delta P_k$、$\Delta P_d$ 相对于转差功率 $P_s$ 很小，所以晶闸管串级调速装置的效率很高，达 0.9 以上。

当反馈功率等于零时，流过整流器、逆变器的无功电流损耗相当于转子回路接入少量电阻。因此接入晶闸管调速系统工作的电动机最高转速只能达到额定转速的 96% 左右。实际上，当水泵转速达到额定转速的 95% 以上时，串级调速装置已无节能意义，应从回路中予以切除。

4）晶闸管串级调速装置可以无级平滑调速，空载速度能平滑下移，无失控区，且具有转速波动小，速度响应快的控制性能。

5）调速装置一旦发生故障，能切换成转子回路短接的运行状态，不致于停机，这对于给水排水工程中重要的水泵或鼓风机机组而言是很需要的。

（2）晶闸管串级调速存在的问题

1）串级调速系统的功率因数较低，一般仅达 0.5～0.7 左右。为此，需要采取一定的

功率因数补偿措施。

2）反馈功率中含有高次谐波电流，污染电网。

3）中大型电动机均为高压电动机，反馈功率须经逆变变压器返回电网，逆变变压器需配置变压器室，增加土建投资。

### 6.3.4.2 内反馈串级调速

（1）工作原理

图 6-38 为内反馈串级调速系统，系统包括内反馈调速电动机及与电动机配套的晶闸管内反馈串级调速装置。

内反馈串级调速原理与普通晶闸管串级调速（简称外反馈）原理大致相同，也是改变逆变器的逆变电压大小，即可实现调速。它与外反馈方案所不同的主要是采用电动机定子附加绕组将转差功率回馈电机本身，使这部分能量以最短的途径参与电磁转换，使定子不必再从电网馈入多余电能作无谓循环。

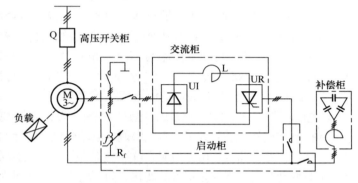

图 6-38　内反馈串级调速系统

Q—高压开关柜或自动开关；M—YQT-2 系列内反馈串级调速三相异步电动机；$R_f$—频敏变阻器；UI—整流器；UR—逆变器；L—平波电抗器

（2）工作特点

1）省去逆变变压器及其开关装置，较外反馈串级调速系统结构简单，机械特性较硬；造价较外反馈串调装置便宜 30％左右。

2）调速电机可以在同步转速以下平滑调速，调速比为 1.6：1～2：1。

3）适用于风机、水泵调速节能。

4）系统效率较外反馈略高约 3％～5％，电机温度较低。

5）定子电流谐波含量比外反馈及变频调速装置小。

6）采用内补偿方式，在低压侧对电机内部补偿，功率因数由原系统 0.3～0.5 提高到 0.7～0.9。

7）电机可以运行于自然特性上能与同容量的 YR 等绕线型异步电动机兼容。

内反馈串级调速电机是在普通绕线式异步电动机上与定子绕线同槽，嵌入一个反馈绕组。其绕向及节距与定子绕组相同，转子引出的转差功率经变流器馈入反馈绕组。

电机最大转矩与额定转矩之比为 1：8；允许的额定转速与最低转速之比不低于 1.6。

## 6.3.5　离合器调速

### 6.3.5.1　电磁转差调速

（1）工作原理

电磁转差调速系统由电磁调速电动机和电磁转差离合器控制装置部分组成。

1）电磁调速电动机：电磁调速电动机是一种交流无级变速电动机，由普通笼型异步电动机、电磁转差离合器和测速发电机构成。前两部分作为电磁转差调速系统的原动力。

其工作原理见图 6-39。

电磁转差离合器主要有电枢、磁极和励磁绕组三部分组成。在工作时，励磁绕组通以直流电，电枢和磁极间就有磁通相连，并沿工作气隙周围的圆周面上产生一个正负极相互交变的磁场。电动机带动输入轴及电枢以恒速旋转，电枢切割磁力线感应的涡流与磁通相互作用产生转矩，带动

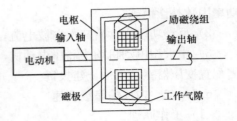

图 6-39    电磁转差离合器工作原理示意

磁极与输出轴按电动机同一方向旋转。离合器输出轴的转速，可通过改变其励磁电流进行控制，但由于其转速恒低于输入轴转速，故称电磁转差离合器。

测速发电机是稳速反馈系统中测量转速信号的元件，有三相中频式和单相脉冲式两种。三相中频式测速发电机在转速为 1500r/min 时，输出电压约为 50V，频率为 200Hz；单相脉冲式测速发电机在转速为 1500r/min 时，输出电压约为 15V，频率为 15000Hz。测速发电机由制造厂组装于电磁调速电动机上配套供应。

2）电磁转差离合器的控制装置：电磁转差离合器的控制装置除了提供电磁转差离合器励磁电流和控制转速外，还起到了改善电磁调速电动机机械特性的作用。图 6-40 表示电磁调速电动机的自然机械特性曲线。由图可见，在一定负载下，改变励磁电流即可改变输出轴的转速。但是，负载变动时转速将发生很大的变化。为了使速度能相对地保持稳定，用测速发电机和控制装置组成速度负反馈调节系统。改善后电磁调速电动机的人为机械特性曲线见图 6-41。电磁调速电动机能在调速范围内保持额定力矩不变，具有恒力矩无级变速特性。

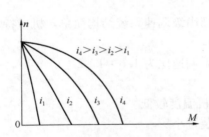

图 6-40    电磁调速电动机的自然机械特性

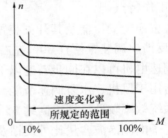

图 6-41    电磁调速电动机的人为机械特性

（2）主要技术特性

1）机械特性：电磁调速电动机配置电磁转差离合器控制装置后，具有恒转矩特性，无失控区。表征转速—转矩曲线的参数是转速变化率，其定义为：

$$转速变化率 = \frac{10\% 负载时转速 - 100\% 负载时转速}{100\% 负载时最高额定转速} \times 100 \qquad (6-29)$$

2）调速范围：调速范围为 10∶1。

3）启动转矩：电磁转差离合器可以在强励情况下启动，启动转矩与额定转矩之比不低于 1.8 倍。

4）最大转矩：最大转矩与额定转矩之比，高速时为 1.8 倍，低速时为 1.3 倍。

5）传递效率：在任何转速下电磁转差离合器的传递效率为

$$\eta = \frac{n_2}{n_1} \qquad (6-30)$$

式中 $\eta$——电磁转差离合器传递效率；

  $n_1$——原电动机输出转速（r/min）；

  $n_2$——电磁转差离合器输出转速（r/min）。

根据电动机转差率定义：

$$s = \frac{n_1 - n_2}{n_1} \tag{6-31}$$

则
$$\eta = 1 - s \tag{6-32}$$

由此可见，离合器的效率最大值取决于它的输出转速上限。

6）输出功率：电磁转差离合器的输出功率为

$$P_2 = P_1 \eta = P_1 (1 - s) \tag{6-33}$$

式中 $P_1$——原电动机输出功率（kW）；

  $P_2$——电磁转差离合器输出功率（kW）；

  $s$——电磁调速电动机转差率。

由公式（6-30）可见，电磁转差离合器的输出功率随转速下降而减小，所以只适用于恒转矩负载而不适用于恒功率负载。

7）功率损耗：电磁转差离合器的输出功率与负载的机械特性有关：

在恒转矩负载情况下，电磁离合器的功率损耗 $P_c$ 为

$$P_c = P_1 - P_2 = P_{1s} \tag{6-34}$$

一般电磁转差离合器高速时的转差率为 0.2 左右，则其传递效率为 0.8 左右；最大输出功率为原电动机额定功率的 0.8 左右。转速降低时，其损耗随之增加。在某些调速范围大的情况下，可采用四、六极双速电动机，高速段四极运行，低速段六极运行，以维持较高的传递效率。

以水泵类负载来分析，由于电磁转差离合器的轴功率随转速三次方下降，此时电磁转差离合器的功率损耗为

$$P_c = P_{1s}(1 - s)^2 \tag{6-35}$$

从公式（6-35）可以求得：当转差率 $s$ =1/3 时，电磁转差离合器的功率损耗最大，约为原电动机最大输入功率的 14.8%。

电磁转差离合器的效率、功率损耗与转速的关系曲线见图 6-42。

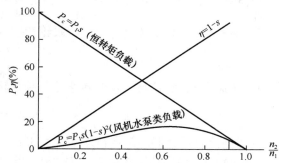

图 6-42　转差离合器效率、功率损耗与转速的关系

### 6.3.5.2　液力耦合器调速

液力耦合器是液力传动元件，又称液力联轴器，它是利用液体的动能来传递功率的一种动力式液压传动设备。将其安装在异步电动机和工作机（如风机、水泵等）之间来传递两者的扭矩，可以在电机转速恒定的情况下，无级调节工作机的转速，并具有空载启动，过载保护，易于实现自动控制等特点。

液力耦合器有三种基本类型：普通型、限矩型和调速型。

调速型液力耦合器又可分为进口调节式和出口调节式。其调速范围对恒转矩负载约为 3∶1，对离心式机械（风机、泵类）约为 4∶1，最大可达 5∶1。

（1）工作原理：以出口调节式液力耦合器为例说明其工作原理，结构示意见图 6-43。

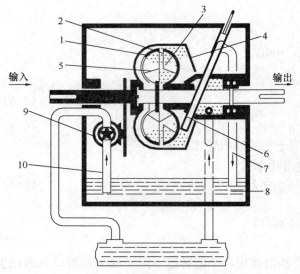

图 6-43　出口调节式液力耦合器结构示意

1—涡轮；2—工作腔；3—泵轮；4—勺管室；5—挡板；6—勺管；7—排油管；8—油箱；9—主循环油泵；10—吸油管

液力耦合器相当于离心泵和涡轮机的组合，当电机通过液力耦合器输入轴驱动泵轮时，泵轮如一台离心泵，使工作腔中的工作油沿泵轮叶片流道向外缘流动，液流流出后，穿过泵轮和涡轮间的空隙，冲击涡轮叶片以及驱动涡轮，使其像涡轮机一样把液体的动能和压能转变为输出的机械能，然后液体又经过涡轮内缘流道回到涡轮，开始下一次循环，从而把电机的能量柔性地传递给工作机。

液力耦合器在运转时，工作油供油泵从液力耦合器油箱里吸油，冷却器冷却后送至勺管壳体中的进油室，并经泵轮入油口进入工作腔。同时工作腔中的油液从泵轮泄油孔泄入外壳（勺管壳），形成一个旋转油环。调速是通过勺管室内勺管的移动进行的，勺管的移动由外面控制，勺管口的径向位置决定了勺管室里油环的厚度，因此也决定了工作腔里的油量，这个油量也就决定了输出轴转速的高低。当勺管伸入旋转着的油环时，油就从勺管内引出，减少了油环的厚度，使输出轴转速降低，相反勺管缩回时，引出的油量减少，使油环厚度增大，工作腔内保持较多油量，输出轴的转速上升。

（2）特性参数：液力耦合器特性参数主要有：

1）转矩：耦合器涡轮转矩（$M_T$）与泵轮转矩（$M_B$）相等或者说输出转矩等于输入转矩。即

$$M_B = M_T \text{ 或 } M_1 = M_2 \tag{6-36}$$

2）转速比 $i$：涡轮转速（$n_T$）与泵轮转速（$n_B$）之比。即

$$i = \frac{n_T}{n_B} \tag{6-37}$$

3）转速率 $s$：泵轮与涡轮的转速差与泵轮转速的百分比。即

$$s = \frac{n_B - n_T}{n_B} \times 100\% = (1 - i) \times 100\% \tag{6-38}$$

调速型液力耦合器的额定转差率 $s_N \leqslant 3\%$。

4）效率 $\eta$：输出功率与输入功率之比。即

$$\eta = \frac{P_T}{P_B} = \frac{M_T n_T}{M_B n_B} = \frac{n_T}{n_B} = i \tag{6-39}$$

即效率与转速比相等。因此，通常使之在高速比下运行，其效率一般为 0.96～0.97。

5）泵轮转矩系数 $\lambda_B$：这是反映液力耦合器传递转矩能力的参数。

耦合器所能传递的转矩值 $M_B$ 与液体重力密度 $\gamma$ 的一次方、转速 $n_B$ 的平方以及工作轮有效直径 $D$ 的五次方成正比。即

$$M_B = \lambda_B \gamma n_B^2 D^5$$

或

$$\lambda_B = \frac{M_B}{\gamma n_B^2 D^5} \tag{6-40}$$

$\lambda_B$ 与耦合器腔型有关，其值由试验确定，$\lambda_B$ 值高，说明耦合器的性能较好。

6）过载系数 $\lambda_m$：指能传递的最大转矩 $M_{max}$ 与额定转矩 $M_N$ 之比。即

$$\lambda_m = \frac{M_{max}}{M_N} \tag{6-41}$$

### 6.3.5.3 液体黏性调速器调速

（1）工作原理

液体黏性传动不同于液力传动（即能量的传递主要通过液体动能的变化），也不同于液压传动（即能量的传递主要通过液体压力能的变化），它是靠液体黏性和油膜剪切力来传递动力，改变黏性液体油膜厚度与压力以改变油膜剪切力进行无级调速传动。

液体黏性调速器在作无级调速传动时，主要靠黏性液体油膜剪切力传递扭矩。当油膜厚度趋近于零时，它有可能实现无滑差的与原电动机同步转动，此时主要靠摩擦力传递扭矩。

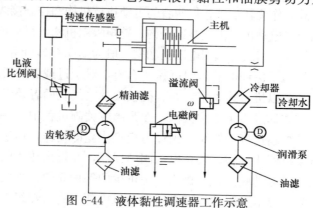

图 6-44  液体黏性调速器工作示意

液体黏性调速器由调速器主机、油系统及控制器三部分组成，示意见图 6-44。

（2）调速器技术特性

1）传递转矩：液体黏性调速器本身没有变转矩的能力，在任何情况下输入转矩等于输出转矩为

$$M_1 = M_2 = M$$

但配备油压控制系统后，可以对传递转矩 $M_w$ 进行无级调速。

2）传动比：液体黏性调速器的传动比通常为 $i = 0.3 \sim 1.0$，$i_{max} = 1.0$。

3）效率：液体黏性调速器的效率，如果不计轴承、活塞环、油封等机械损失和略去辅助设备油泵、冷油器等消耗的功率，则效率为

$$\eta = \frac{P_2}{P_1} = \frac{M_2 \omega_2}{M_1 \omega_1} = \frac{\omega_2}{\omega_1} = i$$

式中  $\omega_1$、$\omega_2$——输入、输出轴的角速度。

当传动比 $i = 1$ 时，效率 $\eta = 100\%$。

4）滑差损失：根据水泵的比例定律：

调速器的输出功率：$P_2 = P_e i^3$

调速器的输入功率：$P_1 = \dfrac{P_2}{\eta} = \dfrac{P_e i^3}{i} = P_e i^2$

滑差损失：$P_s = P_1 - P_2 = P_e(i^2 - i^3)$

当 $i = \dfrac{2}{3}$ 时，$P_{smax} = 0.148 P_e$。

5）热量传递：液体黏性调速器在调速运行时，主动、被动摩擦片间充有一层完整的油膜，片与片之间没有直接摩擦，滑差引起的功率损耗在相对运动的油膜里，不致使摩擦片直接发热，热量由润滑油以循环方式带走。

# 6.4 给水排水常用机械设备控制

## 6.4.1 阀门控制

### 6.4.1.1 电动阀门控制

给水排水工程中常用的电动阀门有电动闸阀和电动蝶阀两种。前者阀瓣作直线运动，后者阀瓣作旋转运动，但两者的电动执行机构和控制接线相同。电动阀门的执行机构一般由三相异步电动机、齿轮减速机构、转矩限制机构、行程控制机构、开度指示器和控制、保护电器等元件组成。阀门电动机功率一般为 0.37~7.5kW，超大型阀门驱动电动机可达 15kW。

为了保证电动阀门可靠地启闭，对于过载保护要求严格。保护方式有机械式和电气式两种，以机械式为主，亦有机械式及电气式两者兼备。机械式过载式保护采用转矩限制机构，亦称过力矩保护机构，在开阀或关阀过程中，一旦发生阀门被卡住受阻，即阀门的实际转矩超过额定转矩，则过力矩机构立即动作，通过行程开关切断阀门控制回路，使阀门电动机停止运转，防止电动阀门损坏，并发出故障信号。转矩限制机构动作可靠，反应灵敏，是电动阀门执行机构必不可少的保护元件。电气式过载保护通常采用热继电器或热敏电阻，热敏电阻埋设在阀门电动机内部。由于热继电器或热敏电阻作过载保护的滞后性，不能及时作出反应，因此只能作为后备保护。在电动阀门控制回路中，过力矩保护可靠性满足要求，可不设热继电器保护。

（1）控制要求

1）当阀门全开或全关时，借助行程控制机构（即上限、下限行程开关），自动断开开启或关闭回路，并接通阀门全开或全关信号灯。

2）手动操作与电动操作应连锁。

3）阀门在开启或关闭过程中受阻被卡住发生过载（过力矩）时，应及时切断阀门电动机控制回路，并接通阀门事故信号灯。

4）开阀接触器与关阀接触器间应设电气连锁。

5）需要就地或远方控制、手动或自动控制时，应设转换开关。

6）若需在阀门遥控端指示阀门开度，则在阀门电动执行机构上应配置开度指示机构整流元件及电位器等。

7）当需在两处显示阀位时，宜选用两个直流毫安表串联，电源变压器的副边采用半波或全波整流，以减小表针抖动。

（2）常用控制电路图

国内电动阀门执行机构品种很多，电气接线各异，现列两种典型的电动阀门执行机构的控制接线图。

1）典型阀门电动执行机构（一）：

① 控制电路见图 6-45。

② 本线路有就地控制、远方控制两种控制方式，设双向过力矩保护及阀门开度遥测。阀门的电动机、行程开关及电位器由电动执行机构配套，其余电气元件及阀门控制箱由用户自备。

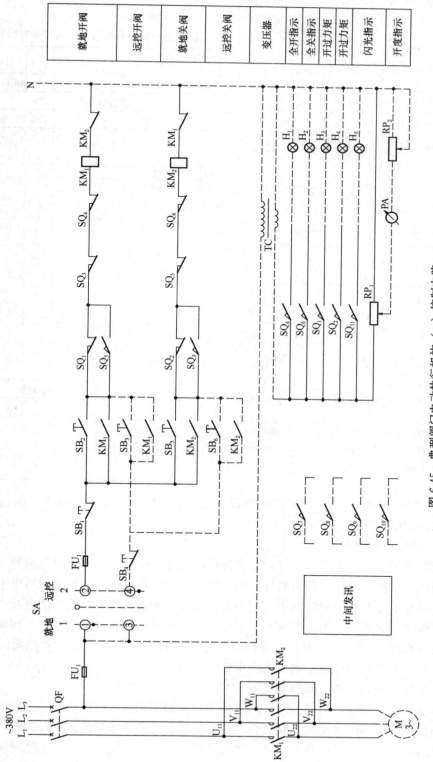

图 6-45 典型阀门电动执行机构 (一) 控制电路

注：1. 虚线部分为远程联线；实线部分为就地联线；

2. $SQ_7 \sim SQ_{10}$ 常规产品不带，特殊定货时注明。

2) 典型阀门电动执行机构（二）：

① 控制电路见图 6-46。

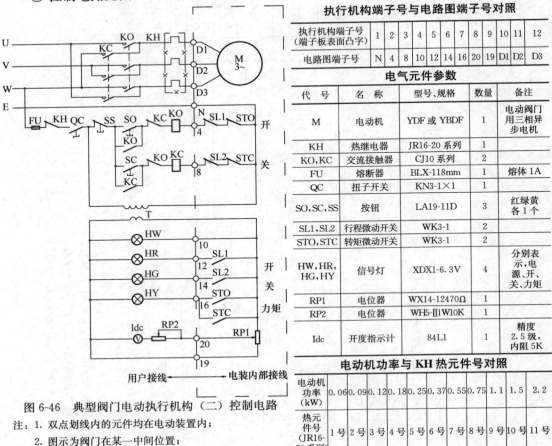

**执行机构端子号与电路图端子号对照**

| 执行机构端子号<br>（端子板表面凸字） | 1 | 2 | 3 | 4 | 5 | 6 | 7 | 8 | 9 | 10 | 11 | 12 |
|---|---|---|---|---|---|---|---|---|---|---|---|---|
| 电路图端子号 | N | 4 | 8 | 10 | 12 | 14 | 16 | 20 | 19 | D1 | D2 | D3 |

**电气元件参数**

| 代　号 | 名　　称 | 型号、规格 | 数量 | 备注 |
|---|---|---|---|---|
| M | 电动机 | YDF 或 YBDF | 1 | 电动阀门<br>用三相异<br>步电机 |
| KH | 热继电器 | JR16-20 系列 | 1 | |
| KO,KC | 交流接触器 | CJ10 系列 | 2 | |
| FU | 熔断器 | BLX-118mm | 1 | 熔体 1A |
| QC | 扭子开关 | KN3-1×1 | 1 | |
| SO,SC,SS | 按钮 | LA19-11D | 3 | 红绿黄<br>各 1 个 |
| SL1,SL2 | 行程微动开关 | WK3-1 | 2 | |
| STO,STC | 转矩微动开关 | WK3-1 | 2 | |
| HW,HR,<br>HG,HY | 信号灯 | XDX1-6.3V | 4 | 分别表<br>示，电<br>源、开、<br>关、力矩 |
| RP1 | 电位器 | WX14-12470Ω | 1 | |
| RP2 | 电位器 | WH5-II1W10K | 1 | |
| Idc | 开度指示计 | 84L1 | 1 | 精度<br>2.5 级，<br>内阻 5K |

**电动机功率与 KH 热元件号对照**

| 电动机<br>功率<br>(kW) | 0.06 | 0.09 | 0.12 | 0.18 | 0.25 | 0.37 | 0.55 | 0.75 | 1.1 | 1.5 | 2.2 |
|---|---|---|---|---|---|---|---|---|---|---|---|
| 热元<br>件号<br>(JR16-<br>20 系列) | 1 号 | 2 号 | 3 号 | 4 号 | 5 号 | 6 号 | 7 号 | 8 号 | 9 号 | 10 号 | 11 号 |

图 6-46　典型阀门电动执行机构（二）控制电路

注：1. 双点划线内的元件均在电动装置内；

2. 图示为阀门在某一中间位置；

3. "○" 为引出线号。

② 本线路的功能与前类似，主回路中增设热继电器，防止电动机被烧毁。阀门控制箱及其电气元件由用户自备。

### 6.4.1.2　液控蝶阀控制

液控蝶阀是通过油泵产生压力油驱动开启行程，通过重锤重力驱动关闭行程的一种阀门，主要由阀体、碟板、重锤、摆动油缸、液控箱及液动装置组成。液控蝶阀适用于水泵出口管路上，可起截止和止回双重作用，用来避免和减少管路系统中介质的倒流及产生过大的水锤，以保护管路系统。液控蝶阀装于泵后，可代替电动闸阀（蝶阀）和止回阀两台阀门。由于液控蝶阀流阻系数仅为上述两台阀门流阻系数的 30%。因此，液控蝶阀具有节能作用，在水厂出水泵房或城市增压泵房中广为采用。

典型保压型液控止回蝶阀控制电路见图 6-47。

(1) 工作原理：开阀时，启动油泵，高压油经过油路系统进入回缸底部，推动活塞运动，将臂及重锤举起，同时带动轴及阀板转动，实现开阀。调节油泵的流量控制阀，可以达到预定的开启速度，全开时间在 30~50s 之间可调。关阀或事故失电时，电磁阀断电被打开，在重锤作用下，油缸里的油通过油路系统回到油箱，随着油液排出，重锤下降而使

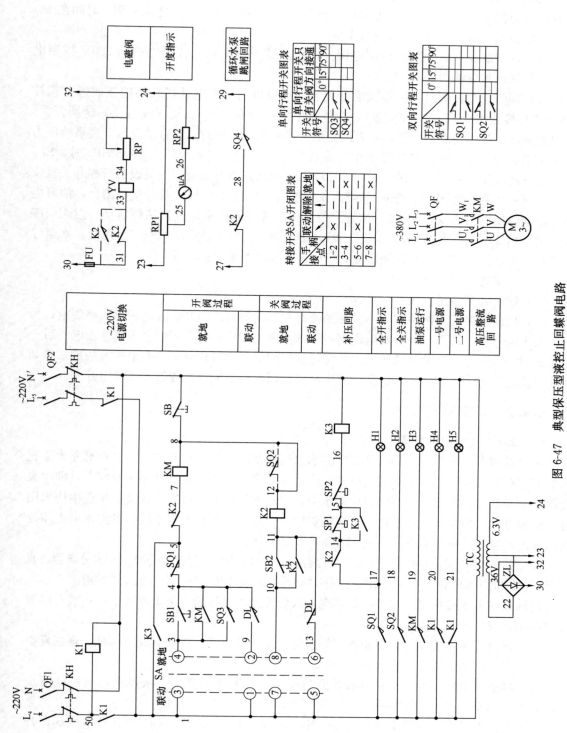

图 6-47 典型保压型液控止回蝶阀电路

注：该图为电磁阀长期带电型，如要求电磁阀长期不带电型，SQ2、K2 按图中虚线所示接线。

阀板关闭。蝶阀的关闭分快关、慢关两个阶段。开始关闭为快关段，角度在 60°～80°之间可调，时间在 2.5～10s 之间可调，然后是慢关段，角度在 30°～10°之间可调，时间在 4～30s 之间可调，从而起到消除水锤的作用。

（2）控制电源：为了防止控制电源失电而造成自动关阀，故引进两路 220V 控制电源，并能联锁和自动切换。

（3）阀门控制：阀门既可单独手动控制，也可以与水泵电动机联动控制或远方程控（图中 DL 接点换成 PLC 程控接点），在控制电路中设有手动/联动（或远动）转换开关。阀门的液压系统中设有蓄能器，蓄有压力油。当系统泄露油时，可自动补压。当系统压力低于 4MPa 时，SP1 压力继电器动作，油泵电动机启动；当系统压力达 16MPa 时，SP2 压力继电器动作，油泵电动机停止，补压结束。为防止压力继电器失灵设有行程开关复位装置。当液压系统泄漏致使重锤下落至 75°开度时，行程开关 SQ3 常开接点闭合，油泵电动机启动，使阀门恢复到 90°全开位置。若液压系统泄漏严重，虽然油泵启动，但阀门继续关闭，当关至 15°时，行程开关 SQ4 常开接点闭合，使水泵电动机断路器跳闸，水泵停止运行。本阀门开启后具有蓄能保压和行程开关复位双重保护功能。

（4）电磁阀电源为直流 24V。

（5）设有开度指示仪表。

（6）所配电磁阀有两种形式：一种是带电开阀，即当阀门开启时电磁阀始终带电；另一种是失电开阀，即阀门开启时电磁阀不带电，仅在要求阀门关闭时电磁阀才带电。后一种形式对于有可靠的自备电源的用户非常适宜。因此，在订货时须注明电磁阀的形式，如无注明则默认为前一种形式。给水工程中液控止回蝶阀的电磁阀通常采用带电开阀。

### 6.4.2 真空系统控制

#### 6.4.2.1 真空引水装置

在启动离心式水泵前，必须首先排除水泵壳体及吸水管中的空气，使其全部充水。充水的方式有自灌式和真空引水式两种方式。前者水泵及吸水管始终处于充水状态，即水泵壳顶位于最低设计水位下，可随时启动水泵，启动方便，安全可靠，在重要工程中均采用这种充水方式，但泵房底部较深，土建投资较大；后者采用真空引水装置抽除水泵壳体及吸水管内的空气，形成真空，借助大气压力使其充水。

真空引水装置一般由两台真空泵（一台运行，一台备用，可互相切换）、气水分离器、真空管道、各机组与真空管道的连通阀门（手动阀及电磁阀）及真空引水发信元件等组成。

判别真空引水过程完成与否，是真空引水装置操作过程的一个重要环节，一般有以下几种判别方法：

（1）目测：通过装设于水泵壳顶部的透明（用玻璃或有机玻璃制成）水标，观察真空引水是否完成，然后操作启动水泵。

（2）真空引水控制器：其安装示意见图 6-48，ZYK-1 型真空引水控制器结构见图 6-49，有 $\phi25$、$\phi38$、$\phi50$ 三种规格。

当水泵机组进行真空引水时，关 4F 阀，开 1F、2F、3F、5F 阀，开 DF 电磁阀，开真空泵。当真空形成时，通过真空管道，泵体内的水经 1F、2F 阀进入真空引水控制器的筒体，浮球上升，浮球内的磁环使湿簧管动作，发出真空形成信号，真空形成有一过程，真空形成之初，流经真空管道的流体空气和水呈气泡状泡沫，大约经过 $10\sim50\mathrm{s}$ 后，泵体内的空气才全部抽净，水泵的真空引水过程才告结束，允许启动水泵。

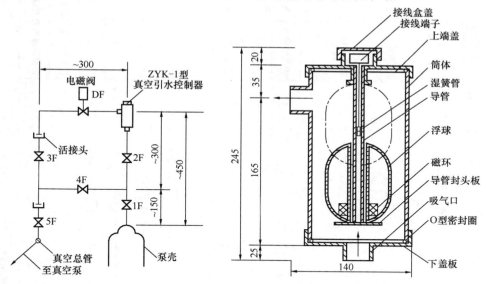

图 6-48　离心水泵真空引水系统　　　　图 6-49　ZYK-1 型真空引水控制器结构

（3）电接点真空表：电接点真空表一般装在气水分离器附近的真空总管上，一表公用。由于水池或水源水位的变化，真空引水高度也相应改变，电接点真空表的整定值应按最大吸水高度来整定真空度（即 $\dfrac{H_{\max}}{10}\times760\times133.3\mathrm{Pa}$，$H_{\max}$ 为最大吸水高度，以米计），所以仅适用于水位变化不大的场合，电接点真空表可选用 ZX-150，$0\sim760\times133.3\mathrm{Pa}$。

#### 6.4.2.2　常用控制电路图

在水泵房中，真空泵用于离心式水泵的真空引水装置，通常设 2 台真空泵，一台为备用，2 台真空泵定期轮换运行。图 6-50 适用于多台水泵的控制接线。

#### 6.4.2.3　常保持真空引水装置

常保持真空引水是一种具有自灌式引水特点的引水方法，它使真空系统经常保持一定的真空度，使水泵随时可以启动。其特点：

（1）每台水泵可以随时迅速启动，简化了开泵过程。

（2）以排气引水阀代替了电磁阀和真空引水接点，减少了控制元件，简化了联动或自动控制电路。

其缺点是：真空系统的管道、水泵轴封等的密封不良，将导致真空泵开停较为频繁。

常保持真空引水装置示意见图 6-51。为了保持真空系统的真空度，每台水泵不论是否处于运行状态，均由出水管引入压力水封，以减少从泵轴填料渗透的空气量。

排气引水阀结构示意见图 6-52。在水泵充满水或运行时，浮子顶上堵住气孔，使泵壳中的水与真空系统隔离。当水泵未充满水或处于停止状态时，浮子下降、泵壳与真空系统连通，由保持一定真空度的真空系统将空气带走。真空系统随着漏气量的增多，真空度下降，当下降到下限时，电接点真空表 $\mathrm{ZX}_1$ 即将真空泵控制回路接通，启动真空泵。

常保持真空引水装置真空泵电动机的控制接线见图 6-53。

| 真 空 泵 控 制 回 路 | | | | | | | | | | | | | |
| 控制电源及熔断器 | 2#真空泵 | | | 真 空 泵 控 制 | | | | | 1#真空泵 | | | 1#泵故障信号出口 | 2#泵故障信号出口 |
| | 运行 | 停止 | 事故 | 控制箱操作 | 1#机组操作 | 2#机组操作 | 3#机组操作 | 4#机组操作 | 事故 | 运行 | 停止 | | |

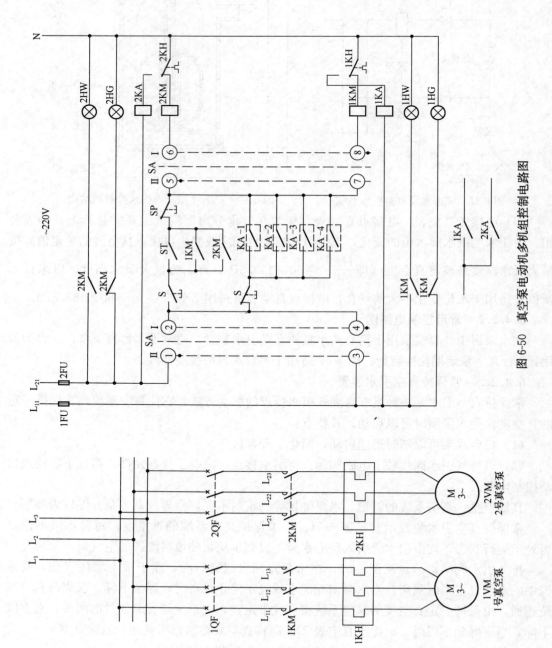

图 6-50 真空泵电动机多机组控制电路图

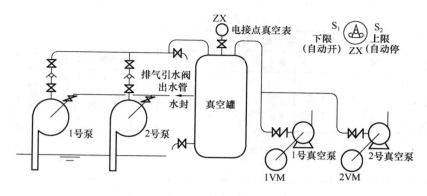

图 6-51 常保持真空引水装置示意

### 6.4.3 离心式泵机组控制

（1）控制特点：离心式水泵具有流量和扬程适用范围较宽、结构简单、效率较高等特点，通常用于水厂一级泵房、二级泵房或城市增压泵站。

离心式水泵在启动前必须预先充水，充水方式有自灌式和非自灌式。自灌式充水的泵房较深，水泵顶部标高位于最低设计水位之下；非自灌式充水的泵房较浅，水泵充水采用真空引水方法解决。

出水阀门是离心式水泵的辅助设备。在非自灌式泵房中，离心式水泵机组的控制包括：水泵电动机、水泵的真空引水及水泵出水电动阀门（液控止回阀或电动蝶阀）的控制。为了避免过大启动转矩，离心泵通常采用闭阀轻载启动方式。

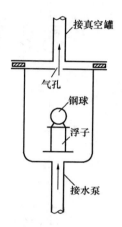

图 6-52 排气引水
阀结构示意

水泵机组的控制方式有机旁手动控制和远方 PLC 程序控制。在水泵机组就地设置机旁控制箱，可满足人工对机组中各设备进行基本的手动操作控制。远方 PLC 程序控制是将各水泵机组的操作按设置的计算机程序进行自动控制，其控制模式和原则详见第 12 章。以往在控制室设置的集中控制台已逐渐被微机监控系统的操作终端所取代而较少采用。

（2）控制操作程序：

1）开机步骤：

① 真空引水：开真空泵、开引水电磁阀，对机组抽真空。

② 开水泵电动机：机组真空形成后，关引水电磁阀、停真空泵、启动水泵电动机。

③ 开出水阀门：水泵电动机启动完毕，水压形成，开出水阀门（液控止回阀或电动蝶阀），开机过程完毕。

2）停机步骤：

① 关出水阀门：按关阀按钮，阀门开始关闭。

② 停水泵电动机：待出水阀门关至 10°～15°开度时，停水泵电动机，待出水阀门全关，停机过程完毕。

（3）控制电路：

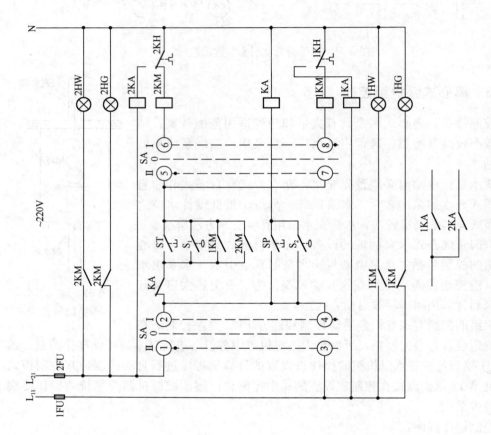

| 真 空 泵 控 制 回 路 | | | | | | | | | | | | |
|---|---|---|---|---|---|---|---|---|---|---|---|---|
| 控制电源<br>及熔断器 | 2#真空泵 | | | 起 动 | | | 停 止 | | 1#真空泵 | | | 1#泵故障信号出口 | 2#泵故障信号出口 |
| | 运行 | 停止 | 事故 | 手动 | 自动 | 自锁 | 手动 | 自动 | 事故 | 运行 | 停止 | | |

图 6-53　常保持真空引水装置真空泵电动机控制电路

$S_1$、$S_2$—电接点真空表的下限、上限触电

1) 非自灌式离心式水泵机组控制电路：非自灌式离心式水泵机组的控制包括真空引水、出水阀门及水泵电动机的控制。水泵电动机的控制电路属常规接线，本节仅列出下列两种参考电路图：

低压鼠笼型电动机直接启动控制电路见图 6-54。

高压鼠笼型电动机直接启动控制电路见图 6-55。

有关降压启动控制电路见第 6.2 节。

2) 自灌式离心泵机组控制电路：自灌式离心泵机组不需要真空引水，只有出水阀门及水泵电动机，其控制电路较非自灌式离心泵机组简单。

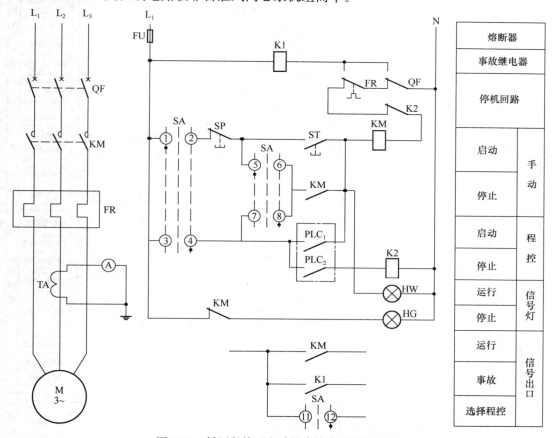

图 6-54　低压鼠笼型电动机直接启动控制电路

### 6.4.4　轴流泵机组控制

（1）控制特点：轴流式水泵具有流量大、扬程低、效率高、占地面积小等特点，通常用于水厂一级泵房或污水、雨水泵站。

由于轴流式水泵始终浸没在最低水位以下，可用自灌式引水。根据轴流式水泵的流量——扬程特性曲线，当流量为零时（即出水阀门关闭时）其轴功率为设计工况时轴功率的 1.2~1.4 倍。因此，轴流式水泵启动时，要求出水阀门全开，控制接线需考虑出水阀门闭阀连锁。

轴流式水泵电动机控制保护回路与离心式水泵电动机基本相同。

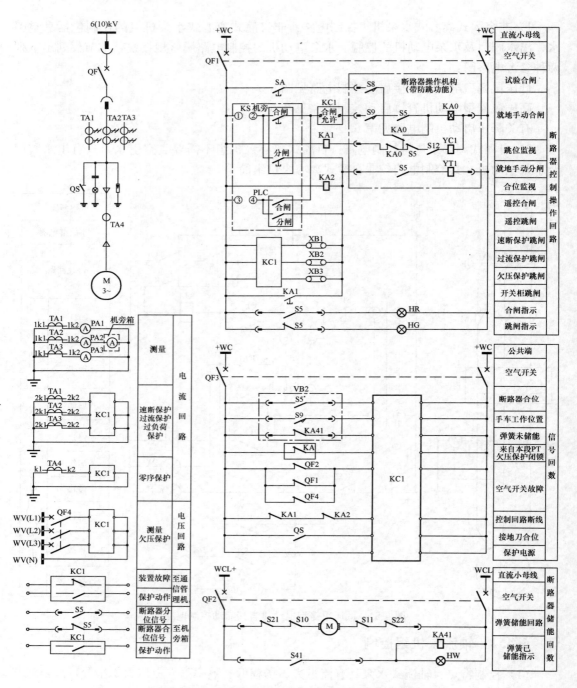

图 6-55　高压鼠笼型电动机直接启动控制电路

（2）控制操作程序：有些转速较低、功率和体积较大的轴流式水泵机组，其辅助系统比较复杂，控制环节较多，宜采用可编程序控制器控制。主机轴承设有冷却水和润滑油系统，机组设有风冷系统，水泵叶轮调角系统，抽真空系统等等，均需在机组启动或停机时按程序操作并连锁。轴流泵配用高压同步电动机的正常开、停机及事故停机控制程序框图见图 6-56，可作为计算机程序控制时的编程参考。

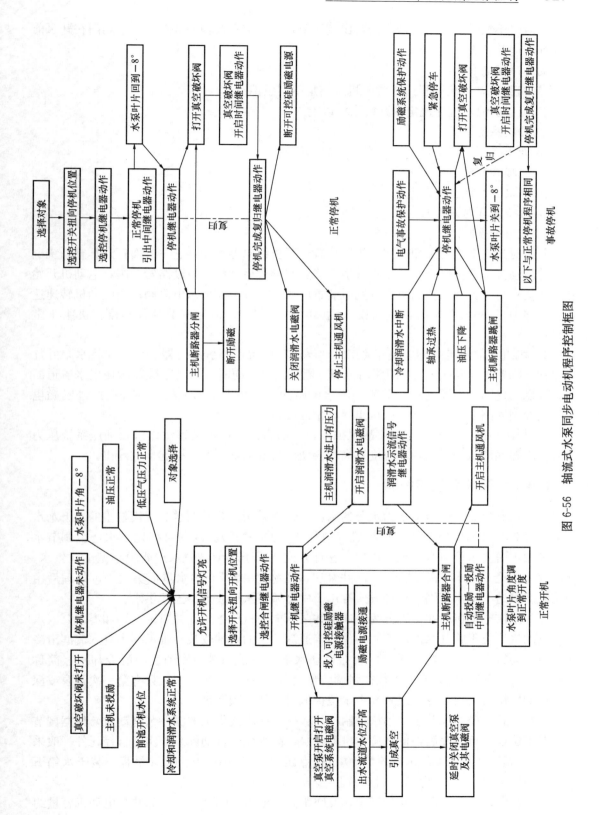

图 6-56 轴流式水泵同步电动机程序控制框图

一般中小型轴流式水泵操作回路比较简单，不设引水及辅助装置，出水阀门在开泵前必须处于全开状态。

动作过程简介：

1）机组正常开机，机组正常开机应满足下列条件：

① 确良前池水位在规定的开机水位以上。

② 油压系统正常。

③ 低压空压系统正常

④ 冷却和润滑水系统正常。

⑤ 水泵叶片调在−8度角。

⑥ 真空破坏阀未打开。

⑦ 主机未投励。

开机时先将选控开关扭向"开机"位置，开机继电器动作，它一方面打开真空系统电磁阀并启动真空泵抽真空，待出水管道驼峰真空形成后，将主机断路器合闸，电动机开始异步启动；另一方面它接通可控硅励磁装置电源，并开启润滑水电磁阀；当电动机转速达到同步转速的 95％ 左右时，自动投入励磁，牵入同步。最后调节叶片角度，机组正常运转。

2）机组正常停机：将选控开关扭向"停机"位置，停机继电器动作，先将水泵叶片调回到−8度角，然后使主机断路器分闸并断开励磁；同时打开真空破坏阀使出水流道断流。其后，复归继电器动作，关闭润滑水电磁阀，停止主机通风机并断开可控硅励磁电源，使控制回路复归，为下一次机组启动做好准备。

3）机组事故停机：当电气事故保护装置、励磁系统保护装置动作以及油压系统压力过低，冷却润滑水中断，轴承温度过高均会使停机继电器接通，引起事故停机。

### 6.4.5 深井泵机组控制

（1）控制特点：以地下水为水源的水厂，通常采用深井泵取水。规模较小的地下水水厂由一台深井泵和一座调节水塔构成（简称"一井一塔"）。深井泵将地下水送至调节水塔，利用水塔高水位将水自流至用户，这种方式常用于小型城镇水厂或中小型工厂供水。规模较大的地下水水厂需要将几个深井泵房（俗称"井群"）的水量汇集起来，处理后由加压泵房输送至配水管网。这种方式常用于中型城镇水厂或大型工厂供水。

深井泵按电动机所在位置分为普通深井泵（电动机位于管井井口以上）和潜水泵（水泵与电动机均位于管井水面以下）两种。普通深井泵的泵轴较长，轴承靠本身水流润滑冷却。当电动机启动时，轴承无水，故在启动水泵前对轴承需预先加注润滑冷却水（简称"预润"）。在产品使用说明书中往往强调"预润"，而在实际运行中，只有第一次开泵或深井泵长期停用后再启动时，或者井内水位很低时才加注预润水。

（2）一井一塔式深井泵电动机控制接线：一井一塔式供水的深井泵电动机，根据调节水塔的水位进行自动控制，低水位时自动开泵，高水位时自动停泵。水位自控元件一般采用 GSK 干簧式水位控制器或 YX−150 电接点压力表（以 0～0.1MPa 量程，装于水箱下 2～3m 高度为宜），控制电路见图 6-57。

（3）井群控制：在深井泵井群中，井间距离一般为 300～800m，深井泵电动机容量约

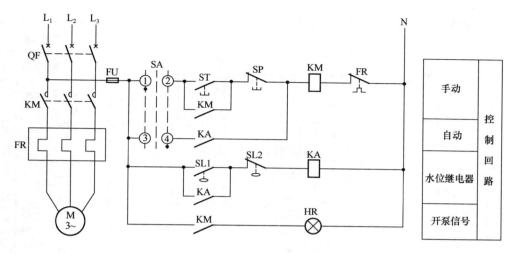

图 6-57　一井一塔式深井泵电动机控制电路

10～100kW，一般每口深井由专用变压器供电，采用一台变压器对一台电动机配电。深井泵井群一般均在控制室集中控制。

### 6.4.6　沉淀池排泥机控制

（1）平流式沉淀池机械吸泥机：吸泥机由桥式桁架、机械传动装置、集泥板、吸泥口及虹吸管等部件组成。集泥板随桁架行走，将沉淀池底部污泥汇集至吸泥口，经虹吸排泥管排至污泥槽。当沉淀池水面与排泥槽水位差超过 3m 时，可采用虹吸排泥。若水位差小于 3m，或虹吸排泥有困难时，可用离心式污泥泵抽吸排泥。桁架采用双边传动，即在桁架两边各装一套传动机构，这两套传动机构必须保持同步，桁架行走速度约 1m/min，沿沉淀池纵向连续往返运动。

平流沉淀池虹吸式吸泥机控制电路见图 6-59。

M1、M2 为桁架传动电动机，M3 为潜水泵电动机。吸泥机控制程序是：启动潜水泵、水射器开始真空引水，真空形成、虹吸管开始排泥、桁架向前行走并停潜水泵，桁架

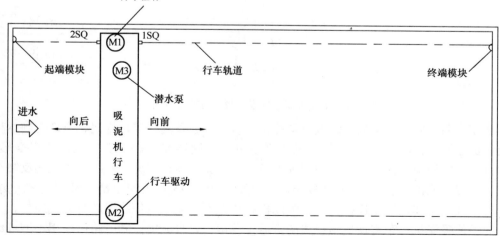

图 6-58　平流沉淀池虹吸式吸泥机装置平面示意

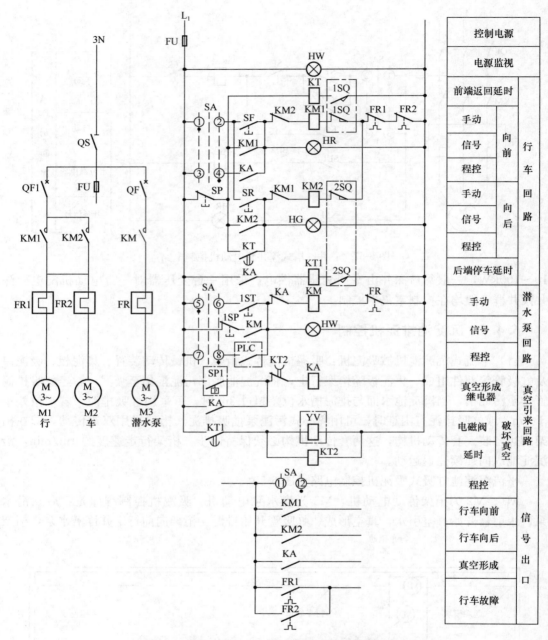

图 6-59 平流沉淀池虹吸式吸泥机控制电路（一）

行至终端换向返回，桁架返回起端自动停止，破坏虹吸管真空停止排泥。全部控制过程通过吸泥机控制箱自动完成。采用 ZYK-1 真空引水控制器或电接点真空表检测真空形成，采用行程开关使桁架换向。为了使管理人员了解吸泥机运行状况，将吸泥机工况反馈至值班室。一般平流沉淀池长约 50～90m，380/220V 电源线采用安全滑触线或移动电缆供电，信号线采用移动电缆连接，或在吸泥机行车上设置无线通信装置进行无线通信。

为了使吸泥机行车实现更多模式的折返排泥运行，吸泥机控制电路可采用小型可编程控制器，由预先输入的不同模式程序进行自动控制，控制电路图见图 6-60。

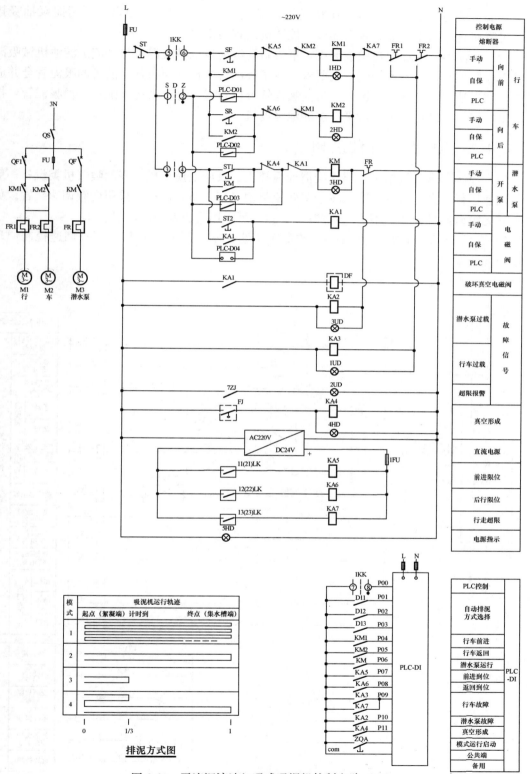

排泥方式图

图 6-60 平流沉淀池虹吸式吸泥机控制电路（二）

　　平流沉淀池泵吸式吸泥机工作状况与虹吸式吸泥机类似,采用离心式污泥泵抽吸排泥,可省略真空引水及破坏真空环节,控制接线较为简单。

　　(2) 平流斜管沉淀池机械吸泥机:平流斜管沉淀池机械吸泥机与平流沉淀池机械吸泥机的工作原理和构造基本相同,主要差别在于吸泥管的排列与布置。前者的吸泥管合并成一根,靠近池边,避开斜管区;后者的吸泥管分散布置,每个吸泥斗配置一根吸泥管,排泥效果较好,控制接线可参考平流沉淀池吸泥机。

### 6.4.7　搅拌机及表曝机控制

　　(1) 控制要求:根据工艺要求澄清池搅拌机、反应池搅拌机、表面曝气机类设备一般需要调速运行。搅拌机及表曝机属于恒转矩类型机械,所以调速可采用变频调速装置。如果不需无级调速且调速档不多(双速或三速),可采用变极调速电动机。

　　(2) 控制电路:搅拌机及表曝机的变频调速控制电路见图 6-61。变极调速控制原理可参见 6.3.2 节。

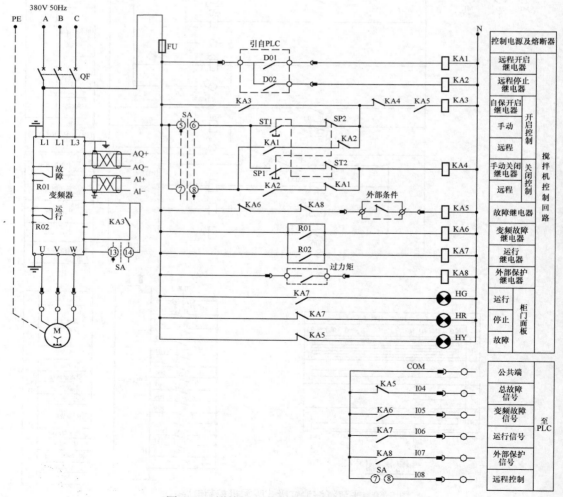

图 6-61　搅拌机、表曝机变频调速控制电路

### 6.4.8 滤池控制

水厂中的滤池类型较多，如移动罩滤池、虹吸式双阀滤池、普通四阀快滤池、均粒滤料滤池等，其中均粒滤料滤池（亦称 V 型滤池）是目前较多采用的类型，控制也最复杂，故以均粒滤料滤池为例介绍滤池控制。

（1）控制要求

均粒滤料滤池的工艺布置示意，见图 6-62。每组滤池配置待滤水进水阀、滤后清水出水阀、排水阀、反冲洗水阀及气冲阀，另配透气电磁阀。数组滤池配置公用冲洗水泵及气冲鼓风机，为了调节冲洗强度，降低冲洗泵及鼓风机电动机的容量，冲洗水泵及鼓风机通常各配置 3 台，其中一台为备用。

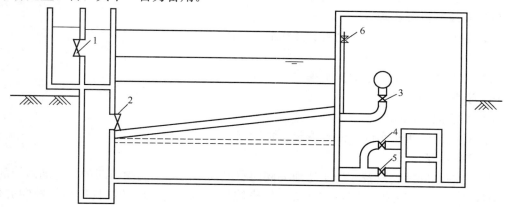

图 6-62 均粒滤料滤池工艺布置示意

1—进水阀；2—排水阀；3—气冲阀；4—冲洗水阀；5—清水出水阀；6—透气阀

滤池正常过滤运行时，排水阀、冲洗水阀、气冲阀处于关闭状态，进水阀、清水出水阀、透气阀开启。均粒滤料滤池要求恒水位等速过滤，而滤料层随着过滤作用阻力会越来越大，恒水位过滤可以通过调节滤后清水出水阀开启度来补偿滤层水头损失。所以恒水位滤池的清水出水阀需根据滤池水位进行闭环调节，控制精度一般为 ±30mm。

滤池在正常过滤运行一段时间后需进行反冲洗，清除滤层中污物。启动滤池进入反冲洗工况的条件如下：

1）滤层上下压力差（水头损失）超出设定值；

2）滤池过滤周期超出设定值；

3）滤池水位超限。

符合以上任一条件即进入反冲洗程序。实际使用中较多按滤池运行周期控制滤池的反冲洗。

反冲洗工况下，冲洗水泵为关阀启动，水泵启动后开冲洗泵出水阀门。为反冲洗供气的每台鼓风机配置出风阀、旁通阀。鼓风机启动前必须先开鼓风机旁通阀，启动后开出风阀，再关旁通阀，其目的是使鼓风机轻载启动，逐步升压。

（2）反冲洗控制步骤

滤池从正常运行状态转入反冲洗阶段，恢复到运行状态的控制程序如下：

1）关待滤水进水阀（等待滤池水位降低至进水槽下）。

2）关清水阀、开排水阀、关透气阀。

3）开鼓风机旁通阀（2台）。

4）开鼓风机（2台）。

5）开鼓风机出风阀。

6）开滤池气冲阀。

7）关鼓风机旁通阀（2台）。

8）开冲洗泵（1台）。

9）开冲洗泵出水阀（1台）。

10）开滤池冲洗水阀（气水反冲5～6min）。

11）开鼓风机旁通阀（2台）。

12）关滤池气冲阀、停鼓风机、开滤池透气阀。

13）开第2台冲洗水泵。

14）开第2台冲洗水泵的出水阀门（水冲5～6min）。

15）关排水阀。

16）开滤池进水阀。

17）开滤池清水出水阀，滤池恢复正常运行。

（3）滤池阀门

阀门是滤池的重要设备，用于滤池的阀门有电动阀门和气动阀门两种。电动阀门的执行机构部件多、电气控制线路比较复杂，价格较贵。而气动阀门的结构简单，控制方便，响应速度快，但必须同时配备空压机为气动阀门提供压力气源。

为了恒定滤池水位，及时调节滤池流量，滤池的清水出水阀门必须采用流量调节阀。

### 6.4.9  鼓风机机组控制

在给水排水工程中，鼓风机通常用于水厂滤池的气水反冲洗和污水处理厂的鼓风曝气，上述用途的鼓风机通常采用罗茨鼓风机或离心式鼓风机。高速单级离心式鼓风机的转速很高，通常为 4510～8410r/min，最高达 19950r/min。因此对于高速离心式鼓风机，主机轴承须采取油冷却措施，配置辅助油泵。

根据工艺设计需要，鼓风机出口需配置出风阀、放空阀（亦称旁通阀）。

（1）控制要求：

1）鼓风机：

① 开机条件：

a. 关闭出风阀。

b. 开放空阀。

c. 辅助油泵先投入运行，冷却油管路油压达到额定油压（一般设定 0.2MPa）。

② 连锁停机条件：

a. 主机轴承温度高于额定温度（一般设定 70℃）。

b. 冷却油管路油压低于最低油压（一般设定 0.1MPa）。

2）辅助油泵：

开鼓风机前，应先开辅助油泵，在鼓风机运行期间，油泵按冷却油管路的油压进行自动控制，控制条件如下：

① 油压低于下限设定值（通常设定 0.15MPa）时，油泵自动投入运行。

② 油压高于上限设定值（通常设定 0.2MPa）时，油泵自动停止。

3）出风阀：

① 开阀条件：

a. 鼓风机出风管压力达到设定值（例如曝气池一般设定 0.07MPa）。

b. 关放空阀时，延时闭锁开阀。

② 关阀条件：停鼓风机时，延时闭锁关阀。

4）放空阀：

① 开阀条件：正常停鼓风机机组前或油冷却系统故障时，首先应该打开放空阀。

② 关阀条件：鼓风机启动后，立即关闭放空阀。

（2）控制电路：带辅助油泵的鼓风曝气机机组的控制电路见图 6-63。

### 6.4.10　平流式隔油装置控制

（1）控制要求：平流式隔油装置示意，见图 6-64。隔油机由钢丝绳牵引，受驱动装置控制，在隔油池内往返运动，撇油片把水面的浮油推移到集油管内，排放到集油池内，刮泥板把隔油池底部沉积的污泥推移到隔油池两端集泥槽，通过电动阀门进行自动排泥。

隔油装置的控制包括：

1）隔油机作一次往返运动，手动启动，至终端后自动换向，回到起始端自动停车。

2）起始端及终端电动阀门自动排泥，当隔油机到达起始端或终端时，相应的电动阀门开始自动排泥，排泥时间受时间继电器控制。

（2）控制电路：平流式隔油装置控制电路见图 6-65。

### 6.4.11　常用成套设备简介

#### 6.4.11.1　泄氯吸收中和装置

（1）控制要求：氯气是水处理的消毒剂，但它又是一种有毒气体，对人、畜、植物具有极强的杀伤力，故在生产和使用过程中，必须采取可靠防护措施，以防泄漏造成重大事故。泄氯吸收中和装置能将泄漏的氯气及时吸收处理，如图 6-66 所示。当有氯气泄漏时，安装在氯库的泄氯检测器自动报警，吸收反应装置同时自动启动投入运行，风机将泄漏在室内的氯气送入吸收塔。耐酸泵将溶液箱中的吸收液送到两个反应塔，氯气由下向上流动，吸收液从上向下喷淋与氯气反应吸收，反应后的液体流回溶液箱，经过再生后又被送到反应塔与氯气反应，不断循环使用。未被吸收的氯气从第二个反应塔的尾气回收管流回氯库，构成一个闭路循环系统，直到泄漏氯气吸收完毕，使泄漏的氯气不外溢，达到处理漏氯事故的目的。

（2）泄氯吸收中和装置是功能相对独立的工艺装置，一般成套提供电控箱，设备典型的电气接线图见图 6-67。接线图中外引的运行信号接点可用于氯库排风机的联动停机，防止泄氯排放到室外。

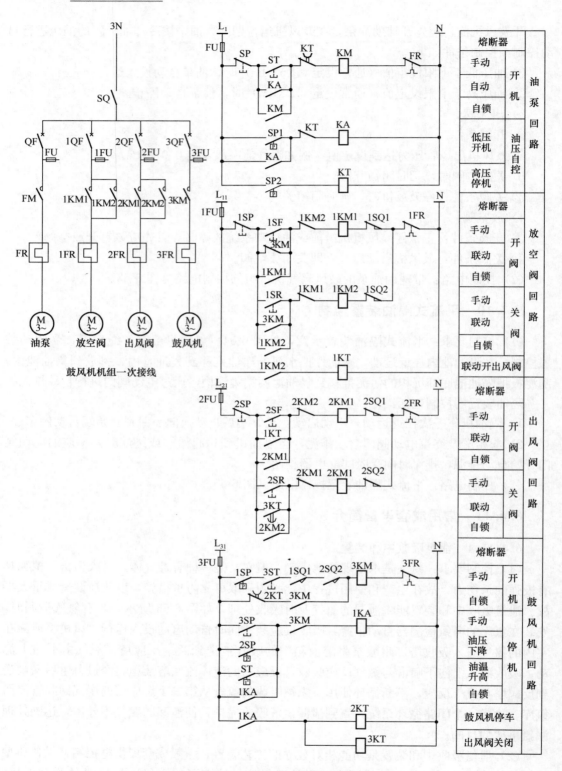

图 6-63　鼓风机机组控制电路

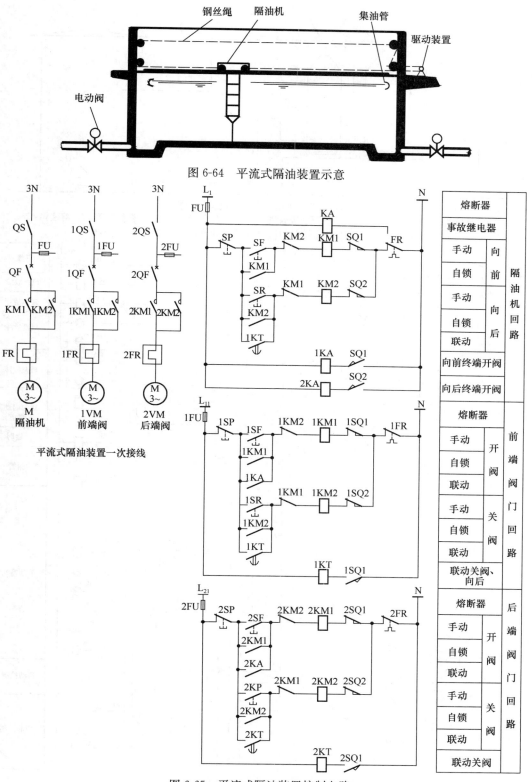

图 6-64　平流式隔油装置示意

平流式隔油装置一次接线

图 6-65　平流式隔油装置控制电路

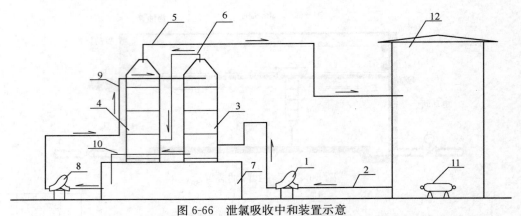

图 6-66　泄氯吸收中和装置示意

1—鼓风机；2—氯气输入管；3、4—反应吸收塔；5—尾气回收管；6—反应塔连通管；7—溶液箱；
8—耐酸泵；9—吸收剂输入管；10—吸收剂流出管；11—氯瓶；12—氯库

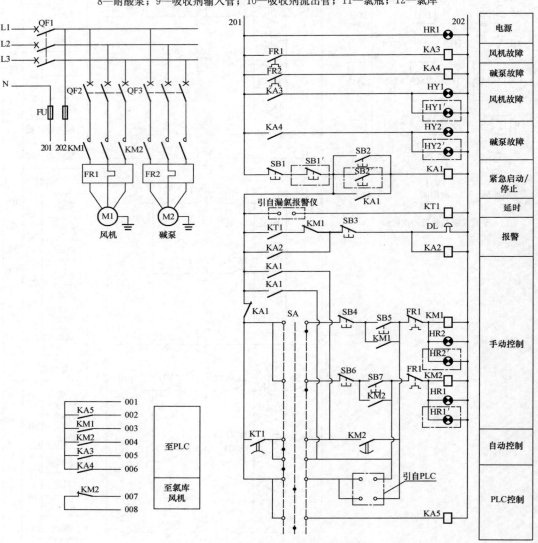

图 6-67　泄氯吸收中和装置控制电路

### 6.4.11.2 加氯装置

（1）装置组成：

氯气是水处理的消毒剂。加氯装置，是将氯气投加入水中的设备组合。投加一般经由以下环节，液氯钢瓶中的氯由液态挥发为气态，经由氯瓶角阀、柔性铜管、蒸发加热器（需要时）、氯气过滤器、氯气压力表、减压阀（需要时）、真空调节器、加氯机（含浮子流量计、调节阀、控制器）、单向阀、水射器等形成氯水溶液注入目标管道中。系统组成见图 6-68。

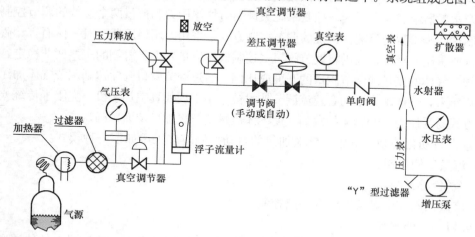

图 6-68 加氯装置系统组成

（2）真空加氯机工作原理：

压力水流经过水射器喉管形成一个真空，从而开启水射器中的止回阀。真空通过真空管路到真空调节器，在那里形成的压差使真空调节器上的进气阀打开，促使气体流动，真空调节器中的弹簧膜片调节真空度。气体在真空作用下经流量计、流量控制阀和真空管路到达水射器，如图 6-69 所示。在这里与水安全混合，形成氯水溶液。在水射器到真空调节器进气安全阀之间，系统完全处于负压状态。如果水射器停止给水或真空条件破坏，弹簧负压载的进气阀立刻关闭，隔断气源。当气源用尽的时候，调节装置会自动封闭以防湿气被吸回气源。

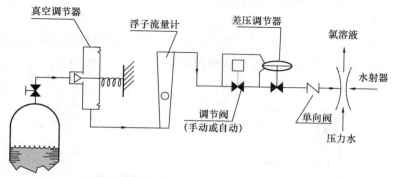

图 6-69 加氯装置原理流程图

当需要多点投加时，可提供多个流量计和水射器分支回路。在需要不间断供气时，可采用双气源自动切换系统。每个自动切换系统一般包括两个真空调节器、一个自动转换器、一个水射器和一个流量计。两路气源经各自的真空调节器分别进入自动切换器，经切换器切换后送达流量计和水射器。这样当在线侧气源剩余压力小于某个值时，该侧真空调节器的密封装置关闭，系统中的真空度增加，从而启动切换器中的弹簧杆组件，关闭在线气源一侧的阀门，同时开启另一侧的阀门，使备用气源气体进入系统。当用尽的气源更换后，新的气源就自动置备用状态。直到另一侧气源用尽后，它才会重新被启动。

（3）控制要求：

真空式加氯机其本质是"气体流量调节与测量控制系统"，主要有真空调节器、流量计/控制阀及水射器组成这个系统。控制系统关键是对气体压力和流量两个参数的调节控制。为达到控制这两个参数的目的，传统的调节控制方式是采用差压稳压器。对气体而言，假设系统压力（或负压）稳定，只需将调节阀口（控制气体流量）上下游侧的压差调节稳定，则流过调节阀口气体的流量同调节阀口的开度成比例。通过调节阀口开度达到调节气体加注量的目的。近年来，气体动力学的音速流调节技术被应用于现代真空加氯机，克服了传统差压稳压调节方式易受压力波动影响的缺陷，使气体流量调节更加稳定而精确。

在水厂自动化控制系统中，针对加氯的自动控制较多采用如下三种模式：

1）流量比例控制；

2）余氯反馈控制；

3）流量比例与余氯反馈复合环路控制。

### 6.4.11.3　药剂计量泵

药剂计量泵是可以对所输送流体进行精密计量与投加的机械，常被用于各种类型药剂添加成套设备上，因此也叫加药泵。由电机、传动箱（含凸轮机构、行程调节机构和速比蜗轮机构等）、缸体（含泵头、吸入阀组、排出阀组、膜片、膜片底座等）三部分组成。

（1）结构原理和特性：

计量泵在功能上分为动力驱动、流体输送和调节控制三部分。动力驱动装置经由机械联杆系统带动流体输送隔膜（活塞）实现往复运动，隔膜（活塞）于冲程的前半周将被输送流体吸入并于后半周将流体排出泵头，见图 6-70。所以，改变冲程的往复运动频率或每一次往复运动的冲程长度即可达到调节流体输送量之目的。精密的加工精度保证了每次泵出量，进而实现被输送介质的精密计量。

（2）控制要求：

计量泵每一次的流体泵出量决定了其计量容量。在一定的有效隔膜面积 $A$ 下，泵的输出流体的体积流量正比于冲程长度 $L$ 和冲程频率 $f$，即：$V \propto A \cdot f \cdot L$。

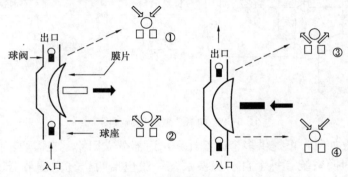

图 6-70　计量泵结构原理

在计量介质和工作压力确定情况下，通过调节冲程长度 $L$ 和冲程频率 $f$ 即可实现对计量泵输出的双维调节。尽管冲程长度和频率都可以作为调节变量，但在工程应用中一般将冲程长度视为粗调变量，冲程频率为细调变量。调节冲程长度至一定值，然后通过改变其频率实现精细调节，增加调节的灵活性。在相对简单的应用场合，亦可以手动设置冲程长度，仅将冲程频率作为调节变量，从而简化系统配置。

过程控制应用中广泛采用 0/4～20mA 模拟电流信号作为传感器、控制器和执行机构间信号交换的标准，具有外控功能的计量泵亦主要采用这种方式，实现对冲程长度和冲程频率的外部调节。位置式伺服机构是实现冲程长度调节的最普遍方法。一体化的伺服机构被设计成能够直接接受来自调节器或计算机的 0/4～20mA 控制信号，从而自动调节冲程长度在 0～100％范围内变化。实现冲程频率调节的方法主要有变频电机控制和直接继电触点控制两种。经由 0/4～20mA 电流信号控制的变频调速器驱动计量泵电动机按所需速度运行，从而实现冲程频率的调节。对于电磁驱动和部分电机驱动的计量泵，亦可以利用外部触点信号来调节冲程频率。

图 6-71 是常用的一种计量泵控制电路。

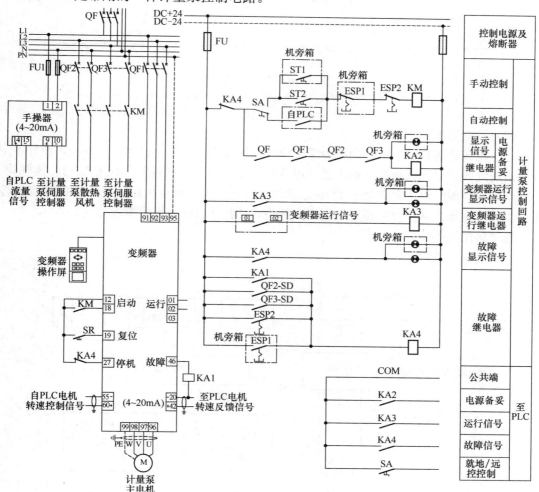

图 6-71 计量泵控制电路

### 6.4.11.4 空压机

水厂滤池的气动阀门、加药系统中的药剂混合等场合都需要压缩空气提供动力，空压机即是气源装置中的主体，是压缩空气的气压发生装置，将原动机（通常是电动机）机械能转换成气体压力能的设备。

（1）装置组成：

空压机气源系统一般由如图 6-72 所示的功能单元组成。

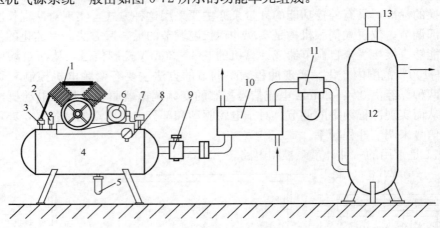

图 6-72　空压机气源系统的组成

1—压缩机；2—安全阀；3—单向阀；4—小气罐；5—自动排水器；6—电机；7—压力开关；
8—压力表；9—截止阀；10—冷却器；11—油水分离器；12—大气罐；13—安全阀

（2）控制要求：

空压机成套装置一般均采用压力反馈闭环控制模式，由电动机驱动压缩机，使外界空气通过进气阀、空气滤清器（消声器）进入压缩机。空气经压缩后，由排气阀、排气管、单向阀（止回阀）进入储气罐。当排气压力达到额定压力时，由压力开关控制而自动停机。当储气罐压力降至设定压力时，压力开关自动联接启动压缩机继续充气。

控制简图见图 6-73。

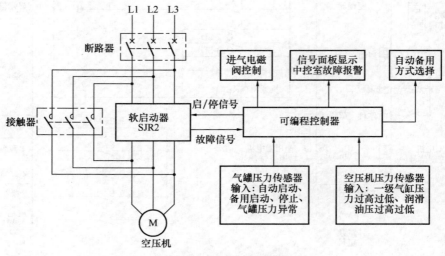

图 6-73　空压机控制简图

# 7 电线、电缆的选择及敷设

## 7.1 电线、电缆类型的选择

### 7.1.1 导体材质选择

**7.1.1.1 应选用铜芯电线及电缆的场合**

(1) 控制电缆。

(2) 电机的励磁、重要电源、移动电气设备的线路。

(3) 振动剧烈、有爆炸危险或对铝有腐蚀等严酷的工作环境。

(4) 耐火电缆。

(5) 紧靠高温设备。

(6) 安全性要求高的公共设施。

(7) 工作电流较大,需增多电缆根数时。

**7.1.1.2 选用铝芯电线及电缆的场合**

一般电线、电缆可选用铝芯。濒临海边及有严重盐雾地区的架空线路可选用防腐型钢芯铝绞线。

### 7.1.2 电力电缆芯数的选择

**7.1.2.1 1kV 及以下电源中性点直接接地的三相回路**

(1) 保护线与中性线合用同一导体时(即为 PEN 线),应选用四芯电缆。

(2) 保护线与中性线分开时,宜选用五芯电缆;也可选用四芯电缆与另外的保护线导体组成(PE 线可利用电缆的护套、屏蔽层、铠装等金属外护层)。

(3) 有高次谐波分量时,宜用 3 根相线+3 根接地线的对称结构电缆。

**7.1.2.2 1kV 及以下电源中性点直接接地的单相回路**

(1) 保护线与中性线合用同一导体时,应选用两芯电缆。

(2) 保护线与中性线分开时,宜选用三芯电缆。

**7.1.2.3 3~35kV 交流供电回路**

(1) 工作电流较大的回路或水下敷设的线路,每回可选用 3 根单芯电缆。

(2) 除上述情况外,应选用三芯电缆。

**7.1.2.4 110kV 及以上交流供电回路**

(1) 110kV 交流供电回路除敷设于湖、海等水下且电缆截面不大时可选用三芯电缆外,每回可选用 3 根单芯电缆。

(2) 110kV 以上交流供电回路,每回应选用 3 根单芯电缆。

### 7.1.2.5   直流供电回路

（1）低压直流供电回路宜选用两芯电缆，当需要时也可选用单芯电缆。

（2）高压直流输电系统，宜选用单芯电缆，在湖、海等水下敷设时，也可选用同轴两芯电缆。

## 7.1.3   电缆绝缘水平选择

### 7.1.3.1   电力电缆

正确地选择电缆绝缘水平是确保其长期安全运行的关键，电缆的绝缘水平见表 7-1。

（1）电缆设计用缆芯对地（与绝缘屏蔽层或金属护套之间）的额定电压 $U_0$，应满足所在电力系统中性点接地方式及其运行要求的水平。中性点直接接地或经低电阻接地的系统，接地保护动作不超过 1min 切除故障时，不应低于 100% 的使用回路工作相电压。除上述供电系统外，其他系统不宜低于 133% 的使用回路工作相电压；在单相接地故障持续时间可能在 8h 以上，或发电机回路等安全性要求较高时，宜采用 173% 的使用回路工作相电压。一般情况下，220/380V 系统只选用第 I 类的 $U_0$，3～35kV 系统应选用第 II 类的 $U_0$。

（2）电缆设计用缆芯之间的额定电压 $U$ 应按等于或大于系统标称电压 $U_n$ 选择。

（3）电缆设计用缆芯之间的工频最高电压 $U_{max}$ 应按等于或大于系统的最高工作电压选择。

（4）电缆设计用缆芯的雷电冲击耐受电压峰值 $U_{pi}$ 应按表 7-1 选取。

电缆绝缘水平选择（kV）                                        表 7-1

| 系统标称电压 $U_n$ | | 0.22/0.38 | 3 | 6 | 10 | | 20 | 35 |
|---|---|---|---|---|---|---|---|---|
| 电缆的额定电压 $U_0/U$ | $U_0$ 第 I 类 | 0.6/1 (0.3/0.5) (0.45/0.75) | 1.8/3 | 3/6 | 6/10 | | 12/20 | 21/35 |
| | $U_0$ 第 II 类 | | 3/3 | 6/6 | 8.7/10 | 8.7/15 | 18/20 | 26/35 |
| | $U_0$ 第 III 类 | | 3/3 | 6/6 | 10/15 | | | |
| 缆芯之间的工频最高电压 $U_{max}$ | | | 3.6 | 7.2 | 12 | | 24 | 42 |
| 缆芯对地的雷电冲击耐受电压的峰值 $U_{pi}$ | | | 60 | 75 | 75 | 95 | 200 | 250 |

注：括号内数值只能用于建筑物内的电气线路，不包括建筑物电源进线。

### 7.1.3.2   控制电缆

控制电缆额定电压不应低于该回路工作电压、满足可能经受的暂态和工频过电压要求，一般宜用 450/750V。

## 7.1.4   绝缘材料及护套的选择

### 7.1.4.1   普通电缆选择

（1）聚氯乙烯（PVC）绝缘电线、电缆。线芯长期允许工作温度 70℃，短路热稳定允许温度 300mm² 及以下截面为 160℃，300mm² 以上为 140℃。

1）聚氯乙烯绝缘及护套电力电缆有 1kV 及 6kV 两级，与油浸纸绝缘电缆相比主要优点是制造工艺简便，没有敷设高差限制，重量轻，弯曲性能好，接头制作简便；耐油、耐酸碱腐蚀，不延燃；具有内铠装结构，使钢带或钢丝免受腐蚀；价格便宜。因此已经在很大范围内代替了油浸纸绝缘电缆、滴干绝缘和不滴流浸渍纸绝缘电缆。尤其适宜在线路高差较大或敷设在桥架、槽盒内以及含有酸、碱等化学性腐蚀土质中直埋。但其绝缘电阻较油浸纸绝缘电缆低，介质损耗较高，因此 6kV 较重要回路电缆，不宜用聚氯乙烯绝缘型。

2）聚氯乙烯的缺点是对气候适应性能差，低温时变硬发脆。普通型聚氯乙烯绝缘电缆的适用温度范围为＋60～－15℃之间，不适宜在－15℃以下的环境中使用。它敷设时的温度更不能低于－5℃，当低于 0℃ 时，宜先对电线、电缆加热。低于－15℃ 的严寒地区应选用耐寒聚氯乙烯电缆。高温或日光照射下，增塑剂易挥发而导致绝缘加速老化，因此，在未具备有效隔热措施的高温环境或日光经常强烈照射的场合，宜选用相应的特种电线、电缆，如耐热聚氯乙烯线缆。耐热线缆的绝缘材料中添加了耐热增塑剂，线芯长期允许工作温度达 90℃ 及 105℃ 等，适应在环境温度 50℃ 以上环境使用，但要求电线接头处或铰接处锡焊处理，防止接头处氧化。

3）随着经济发展和技术进步，聚氯乙烯绝缘电线还有不少新品种。如引进美国技术生产的 BVN、BVN-90 型及 BVNVB 型聚氯乙烯绝缘尼龙护套电线等。这种电线表面耐磨而且比普通 BV 型导线外径小、质量轻，特别适合穿管敷设。但在 35mm² 以上截面时价格比 BV 型导线贵得多而且供货周期长，因此使用很少。

4）普通聚氯乙烯虽然有一定的阻燃性能但在燃烧时，散放有毒烟气，故对于需满足在一旦着火燃烧时的低烟、低毒要求的场合，如地下客运设施、地下商业区、高层建筑和特殊重要公共设施等人流较密集场所，或者重要性高的厂房，不宜采用聚氯乙烯绝缘或者护套类电线、电缆，而应采用低烟、低卤或无卤的阻燃电线、电缆。

聚氯乙烯电缆不适合在含有苯及苯胺类、二硫化碳、醋酸酐、冰醋酸的环境中使用。

（2）交联聚乙烯绝缘（XLPE）电线、电缆。线芯长期允许工作温度 90℃，短路热稳定允许温度 250℃。

6～35kV 交联聚乙烯护套电力电缆，介质损耗低，性能优良，结构简单，制造方便，外径小，质量轻，载流量大，敷设方便，不受高差限制，耐腐蚀，做终端和中间接头较简便而被广泛采用。由于交联聚乙烯料轻，故 1kV 级的电缆价格与聚氯乙烯绝缘电缆相差不大，故低压交联聚乙烯绝缘电缆有较好的市场前景。

普通的交联聚乙烯材料不含卤素，不具备阻燃性能，但燃烧时不会产生大量毒气及烟雾，用它制造的电线、电缆称为"清洁电线、电缆"。若要兼备阻燃性能，须在绝缘材料中添加阻燃剂，但这样会使机械及电气性能下降。采用辐照工艺可提高机械及电气性能，又可使绝缘耐温提高至 125～135℃。

线芯温度：90～135℃ 的导线的正确选择至关重要。通常在人可触及处，电缆或管线的表面温度不允许超过 70℃，而线芯与绝缘表面的温差仅约 5～10℃。因此 90～135℃ 的导线主要适用于高温环境或人不能触及的部位。

在有"清洁"要求的工业与民用建筑内，选用交联聚乙烯类电线时，一般可按有关载流量表选择后放大一级截面，只有在人不可能触及的部位方可按载流量表选用。交联聚乙烯材料对紫外线照射较敏感，通常采用聚氯乙烯作外护套材料。在露天环境下长期强烈阳光照射下的电缆应采取覆盖遮荫措施。

交联聚乙烯绝缘聚乙烯护套电缆还可敷设于水下，但应具有高密度聚乙烯护套及防水层的构造。

（3）橡皮绝缘电力电缆。线芯长期允许工作温度 60℃，短路热稳定允许温度 200℃。

1）橡皮绝缘电缆弯曲性能较好，能够在严寒气候下敷设，特别适用于水平高差大和垂直敷设的场合。它不仅适用于固定敷设的线路，也可用于定期移动的固定敷设线路。移动式电气设备的供电回路应采用橡皮绝缘橡皮护套软电缆（简称橡套软电缆）；有屏蔽要求的回路，如煤矿采掘工作面供电电缆应具有分相屏蔽。普通橡胶遇到油类及其化合物时，很快就被损坏，因此在可能经常被油浸泡的场所，宜使用耐油型橡胶护套电缆。普通橡胶耐热性能差，允许运行温度较低，故对于高温环境又有柔软性要求的回路，宜选用乙丙橡胶绝缘电缆。

2）乙丙橡胶（RPR）的全称是交联乙烯—丙烯橡胶，具有耐氧、耐臭氧的稳定性和局部放电的稳定性，也具有优异的耐寒特性，即使在—50℃时，仍能保持良好的柔韧性。此外，它还有优良的抗风化和光照的稳定性。特别是它不含卤素，又有阻燃特性，采用氯磺化聚乙烯护套的乙丙橡胶绝缘电缆，适用于要求阻燃的场所。乙丙橡胶绝缘电缆在我国尚未广泛应用，但在国外特别是欧洲早已大量应用。它有较优异的电气、机械特性，即使在潮湿环境下也具有良好的耐高温性能。线芯长期允许工作温度可达 90℃，短路热稳定允许温度 250℃。

### 7.1.4.2 阻燃电缆选择

阻燃电缆是指在规定试验条件下被燃烧，具有使火焰蔓延仅在限定范围内，撤去火源后，残焰和残灼能在限定时间内自行熄灭的电缆。

（1）阻燃电缆的阻燃等级：根据《电缆在火焰条件下的燃烧试验 第3部分：成束电线或电缆的燃烧试验方法》GB/T 18380.3—2001 及 IEC 60332-3：2009 规定的试验条件，阻燃电缆分为 A、B、C、D 四级，见表 7-2。

阻燃电缆分级　　　　　　　　　　　　　　表 7-2

| 级别 | 供火温度<br>（℃） | 供火时间<br>（min） | 成束敷设电缆的<br>非金属材料体积<br>（L/m） | 焦化高度<br>（m） | 自熄时间<br>（h） |
|---|---|---|---|---|---|
| A | ≥815 | 40 | ≥7 | ≤2.5 | ≤1 |
| B | | | ≥3.5 | | |
| C | | 20 | ≥1.5 | | |
| D | | | ≥0.5 | | |

注：1. D级标准摘自 IEC-332-3-25：1999，GB/F 18380.3—2001 未注明 D级；
　　2. D级标准仅适用于绝缘电线。

（2）阻燃电缆的性能主要用氧指数和发烟性两项指标来评定。由于空气中氧气占 21％，因此对于氧指数超过 21 的材料在空气中会自熄，材料的氧指数越高，则表示它的阻燃性能越好。

电线电缆的发烟性能可以用透光率来表示，透光率越小表示材料的燃烧发烟量越大。大量的烟雾伴随着有害的 HCl 气体，妨碍救火工作，损害人体及设备。电线电缆按发烟量（透光率）及烟气毒性分为四级，见表 7-3。

**电线电缆发烟量及烟气毒性分级** 表 7-3

| 级别 | 烟密度（透光率，%） | 允许烟气毒性浓度（mg/L） | 级别 | 烟密度（透光率，%） | 允许烟气毒性浓度（mg/L） |
|---|---|---|---|---|---|
| I | ≥80 | 12.4 | III | ≥20 | 6.15 |
| II | ≥60 | | IV | — | — |

（3）阻燃电缆燃烧时烟气特性可分为三大类：

1）一般阻燃电缆：成品电缆燃烧试验性能达到表 7-2 所列标准而对燃烧时产生的 HCl 气体腐蚀性及发烟量不作要求者。

2）低烟低卤阻燃电缆：除了符合表 7-3 的分级标准外，电缆燃烧时要求气体酸度较低，测定酸气逸出量在 5%～10% 的范围，酸气 pH<4.3，电导率≤20$\mu$S/mm，烟气透光率>30%，称为低卤电缆。

3）无卤阻燃电缆：电缆在燃烧时不产生卤素气体，酸气含量在 0～5% 的范围，酸气 pH≥4.3，电导率≤10$\mu$S/mm，烟气透光率>60%，称为无卤电缆。

电缆用的阻燃材料一般分为含卤型及无卤型加阻燃剂两种。含卤型有聚氯乙烯、聚四氟乙烯、氯磺化聚乙烯、氯丁橡胶等。无卤型有聚乙烯、交联聚乙烯、天然橡胶、乙丙橡胶、硅橡胶等；阻燃剂分为有机和无机两大类，最常用的是无机类的氢氧化铝。

（4）为了实现高阻燃等级、低烟低毒及较高的电压等级，20 世纪 90 年代研制了隔氧层电缆。在原电缆绝缘线芯和外护套之间，填充一层无嗅无毒无卤的 Al(OH)$_3$。当电缆遭受火灾时，此填充层可析出大量结晶水，在降低火焰温度的同时，Al(OH)$_3$ 脱水后变成不熔不燃的 Al$_2$O$_3$ 硬壳，阻断了氧气供应的通道，达到阻燃自熄。

（5）采用聚烯烃绝缘材料，阻燃玻璃纤维为填充料，辐照交联聚烯烃为护套的低烟无卤电缆，可实现 A 级阻燃。其燃烧试验按 A 级阻燃要求供火时间 40min，供火温度 815℃。其碳化高度仅 0.95m，大大低于 A 级阻燃≤2.5m 的要求。而且它们发烟量也低于 PVC 及 XLPE 绝缘的隔氧层电缆，是一种较为理想的阻燃电缆，但它的价格较贵。

（6）阻燃电缆的型号标注：

$$\triangle \text{——} \square \text{——} \bigcirc \text{——} U_0/Um \times S$$

其中：$\triangle$——阻燃代号。ZR 或 Z——一般阻燃；

DDZR 或 DDZ——低卤低烟阻燃；

WDZR 或 WDZ——无卤低烟阻燃；

GZR 或 GZ——隔氧层一般阻燃；

GWL——隔氧层低烟无卤阻燃。

$\square$——发烟量及阻燃等级，见表 7-2 及表 7-3。无发烟量限制时仅注阻燃等级。

$\bigcirc$——材料特征及结构，如 VV（PVC）、YJV（XLPE）等，按 GB/T2952 规定。

$U_0/U$——额定电压（kV）。

$m$——芯数。

S——截面积（mm²）。

例如：ZR-ⅡA-YJV-8.7/103×240

当没有发烟量限制时，亦可简化为：

ZA-YJV-8.7/10 3×240

（7）阻燃电缆选择要点：

1）由于有机材料的阻燃概念是相对的，数量较少时呈阻燃特性而数量较多时有可能呈不阻燃特性。因此，电线电缆成束敷设时，应采用阻燃型电线电缆。确定阻燃等级时，需按本章附录 2 核算电线电缆的非金属材料体积总量，并按表 7-2 确定阻燃等级。

当电缆在桥架内敷设时，应考虑将来增加电缆时，也能符合阻燃等级，宜按近期敷设电缆的非金属材料体积预留 20% 余量。电线在槽盒内敷设时，也宜按此原则来选择阻燃等级。

2）阻燃电缆必须注明阻燃等级。若不注明等级者，一律视为 C 级。

3）在同一通道中敷设的电缆，应选用同一阻燃等级的电缆。阻燃和非阻燃电缆也不宜在同一通道内敷设。非同一设备的电力与控制电缆若在同一通道时，亦宜互相隔离。

4）直埋地电缆，直埋入建筑孔洞或砌体的电缆及穿管敷设的电线电缆可选用普通型电线电缆。

5）敷设在有盖槽盒、有盖板的电缆沟中的电缆，若已采取封堵、阻水、隔离等防止延燃措施，可降低一级阻燃要求。

6）选用低烟低卤或无卤型电缆时，应注意到这种电缆阻燃等级一般仅为 C 级。若要较高阻燃等级应选用隔氧层电缆或辐照交联聚烯烃绝缘、聚烯烃护套特种电缆。

### 7.1.4.3 耐火电线、电缆选择

耐火电线、电缆是指在规定试验条件下，在火焰中被燃烧一定时间内能保持正常运行特性的电缆。

（1）耐火电缆按耐火特性分为 A 类和 B 类两种，见表 7-4。

耐火电缆分类表 表 7-4

| 类 别 | 耐 火 特 性 | | |
| --- | --- | --- | --- |
| | 受火温度（℃） | 供火时间（min） | 技术指标 |
| A | 900~1000 | 90 | 3A 熔丝不熔断 |
| B | 750~800 | | |

（2）耐火电缆按绝缘材质可分为有机型和无机型两种。

1）有机型主要是采用耐高温 800℃的云母带以 50%重叠搭盖率包覆两层作为耐火层。外部采用聚氯乙烯或交联聚乙烯为绝缘，若同时要求阻燃，只要将绝缘材料选用阻燃型材料即可。它之所以具有"耐火"特性完全依赖于云母层的保护。采用阻燃耐火型电缆，可以在外部火源撤除后迅速自熄，使延燃高度不超过 2.5m。由于云母带耐温 800℃，有机类耐火电缆一般只能做到 B 类。加入隔氧层后，可以耐受 950℃高温而达到耐火 A 类标准。

2）无机型是矿物绝缘电缆。它是采用氧化镁作为绝缘材料，铜管作为护套的电缆，国际上称作 MI 电缆。在某种意义是一种真正的耐火电缆，只要火焰温度不超过铜的熔点

1083℃，电缆就安然无恙。除了耐火性外，还有较好的耐喷淋及耐机械撞击性能，适用于消防系统的照明、供电及控制系统以及一切需要在火灾中维持通电的线路。它又是一种耐高温电缆，允许在250℃的高温下，长期正常工作。因此适合在冶金工业中应用，也适合在锅炉装置、玻璃炉窑、高炉等高温环境中使用。

无机型耐火电缆通常标注为BTT型，按绝缘等级及护套厚度分为轻型BTTQ、BT-TVQ（500V）和重型BTTZ、BTTVZ（750V）两种。分别适用于线芯和护套间电压不超过500V及PE线，接地十分可靠。

BTT型电缆按护套工作温度分为70℃和105℃。70℃分为带PVC外护套及裸铜护套两种。105℃的电缆适用于人不可能触摸到的空间。在高温环境中应采用裸铜护套型，在民用建筑中两种均可使用。但105℃线缆如直接与电器设备连接而未加特种过渡接头者，应将工作温度限制在85℃。若BTTZ电缆与其他电缆同路径敷设时，应选用70℃的品种。BTT型电缆还适用于防辐射的核电站、γ射线探伤室及工业X光室等。

矿物绝缘电缆须严防潮气侵入，必须配用各类专用接头及附件，施工要求也极严格。

（3）耐火电缆的型号标注：

$$\triangle \text{——} \square \text{——} \bigcirc \text{——} U_0/Um \times S$$

其中：△——耐火代号，一般标注为NH；

阻燃耐火为：阻燃A级ZANH；阻燃B级ZBNH；阻燃C级ZRNH或ZNH。

低卤低烟阻燃耐火DDZRNH或DDZN。

无卤低烟阻燃耐火WDZRNH或WDZN。

隔氧层一般阻燃耐火GZRNH或GZN。

隔氧层低烟无卤阻燃耐火GWLNH或GWN。

□——耐火类别。当采用B类耐火时可省略。

○——材料特性及结构。

$U_0/U$——额定电压（kV）。

$m$——芯数。

$S$——截面积（mm$^2$）。

例如：NH-VV-0.6/1 3×240＋1×120

即表示一般B类耐火型聚氯乙烯绝缘及护套电力电缆。

又如：ZRNH-VV22-0.6/1 3×240＋1×120

即表示阻燃C级，耐火B级，无发烟量限制的聚氯乙烯绝缘，聚氯乙烯护套钢带内铠装电力电缆。

矿物绝缘电缆的标注：

如：BTTVZ4×（1H150）

BTT为矿物绝缘电缆代号；

V为PVC外护层，无护层者不注；

Z为重型（750V），Q为轻型（500V）；

4为根数；

（1H150）：1芯150mm$^2$。

又如：BTTQ4L2.5

4L2.5 为 4 芯 2.5mm²。

（4）耐火电线、电缆应用范围：耐火电线、电缆主要用于凡是在火灾时仍需保持正常运行的线路，如工业及民用建筑的消防系统、应急照明系统、救生系统、报警及重要的监测回路等。常用于：

1）消防泵、喷淋泵、消防电梯的供电线路及控制线路。

2）防火卷帘门、电动防火门、排烟系统风机、排烟阀、防火阀的供电控制线路。

3）消防报警系统的手动报警线路，消防广播及电话线路。

4）高层建筑或机场、地铁等重要设施中的安保闭路电视线路。

5）集中供电的应急照明线路，控制及保护电源线路。

6）大、中型变配电所重要的继电保护线路及操作电源线路。

7）计算机监控线路。

性能优良的矿物绝缘电缆，它的使用场合主要有：

1）冶金工业熔炼车间、建材工业的玻璃炉窑等高温环境。

2）核电站或核反应堆、电子加速器等辐射较强的场合。

3）一、二类建筑消防负荷的干线，重要消防设施（如消防泵、喷淋泵、消防电梯、排烟风机、消防控制中心等）的电源及控制线路，宜采用矿物绝缘型耐火电缆。若采用有机类耐火电缆明敷则应用耐火电缆槽盒或穿管保护，同时管子表面涂防火涂料。

4）需耐火同时要防水冲击及防重物附落损伤时，明敷的耐火电缆应采用矿物绝缘电缆。

（5）耐火电线、电缆选择要点：

1）耐火等级应根据一旦火灾时可能达到的火焰温度确定。通常油库、炼钢炉或者电缆密集的隧道及电缆夹层内宜选择 A 类，其他为 B 类。

当难以确定火焰温度时，也可根据建筑物或工程的重要性确定。特别重要的选 A 类，一般的选 B 类。

2）火灾时，由于环境温度剧烈升高，而导致线芯电阻的增大，当火焰温度为 800～1000℃时，导体电阻约增大 3～4 倍，此时仍应保证系统正常工作，需按此条件校验电压损失。

3）耐火电缆亦应考虑自身在火灾时的机械强度，因此，明敷的耐火电缆截面应不小于 2.5mm²。

4）应区分耐高温电缆与耐火电缆，前者只适用于高温环境。

5）一般有机类的耐火电缆本身并不阻燃。若既需要耐火又要满足阻燃者，应采用阻燃耐火型电缆或矿物绝缘电缆。

6）普通电缆及阻燃电缆敷设在耐火电缆槽盒内，并不一定能满足耐火的要求，设计选用时必须注意这一点。

## 7.1.5  电缆外护层及铠装的选择

### 7.1.5.1  直埋地敷设

（1）塑料电缆直埋地敷设时，当使用中可能承受较大压力或存在机械危险时，应选用钢带铠装。

（2）在流砂层、回填土及土壤可能发生位移的地段，应选用能承受机械张力的钢丝铠装电缆。

（3）电缆金属套或铠装外面应具有塑料防腐蚀外套。当位于盐碱、沼泽或在含有腐蚀性的矿渣回填土中时，应具有增强防护性的外护套。

### 7.1.5.2　水下敷设

（1）在沟渠、不通航小河等不需铠装层承受拉力的电缆，可选用钢带铠装。

（2）江河、湖海中电缆，选用的钢丝铠装形式应满足受力条件。当敷设条件有机械损伤等防范要求时，可选用符合防护、耐蚀性增强要求的外护层。中、高压交联聚乙烯电缆应具有纵向阻水构造。

（3）白蚁严重危害地区用的挤塑电缆，应选用较高硬度的外护层，也可在普通外护层上挤包较高硬度的薄外护层，其材质可采用尼龙或特种聚烯烃共聚物等，也可采用金属套或钢带铠装。

（4）地下水位较高的地区，应选用聚乙烯外护层。

（5）除上述情况外，可选用不含铠装的外护层。

### 7.1.5.3　导管或排管中敷设

导管或排管中敷设应具有挤塑外护层。

### 7.1.5.4　空气中敷设

（1）小截面挤塑绝缘电缆直接在臂式支架上敷设时，宜具有钢带铠装。

（2）在地下客运、商业设施等安全性要求高而鼠害严重的场所，塑料绝缘电缆应具有金属包带或钢带铠装。

（3）电缆位于高落差的受力条件时，多芯电缆应具有钢丝铠装，交流单芯电缆应选用非磁性金属铠装层，不得选用未经非磁性有效处理的钢制铠装。

（4）敷设在桥架等支承密集的电缆，可不含铠装。

（5）明确需要与环境保护相协调时，不得采用聚氯乙烯外护层。

（6）在含有腐蚀性气体环境中，铠装外应包有挤出外护套；移动式电气设备等需经常弯移或有较高柔软性要求回路的电缆，应选用橡皮外护层；在有放射线作用的场所，应具有适合耐受放射线辐照强度的聚氯乙烯、氯丁橡皮、氯磺化聚乙烯等外护层；高温场所应有聚乙烯等耐热外护层的电缆外，其他宜选用聚氯乙烯外护层。

除架空绝缘电缆外，非户外型电缆用于户外时，宜有遮阳措施，如加罩、盖或穿管等。电缆外护层及铠装的选择详见表 7-5，表中外护层类型按 GB/T 2952—2008 编制。

**各种电缆外护层及铠装的适用敷设场合**　　　　　　　　表 7-5

| 护套或外护层 | 铠装 | 代号 | 敷设方式 | | | | | | | | 环境条件 | | | | | | 备注 |
|---|---|---|---|---|---|---|---|---|---|---|---|---|---|---|---|---|---|
| | | | 室内 | 电缆沟 | 电缆桥架 | 隧道 | 管道 | 竖井 | 埋地 | 水下 | 火灾危险 | 移动 | 多烁石 | 一般腐蚀 | 严重腐蚀 | 潮湿 | |
| 一般橡套 | 无 | | √ | √ | √ | √ | | | | | | √ | | √ | | √ | |
| 不延燃橡套 | 无 | F | √ | √ | √ | √ | | | | | √ | √ | | √ | | | 耐油 |
| 聚氯乙烯护套 | 无 | V | √ | √ | √ | √ | | | √ | | √ | √ | | √ | | √ | |
| 聚乙烯护套 | 无 | Y | √ | √ | √ | √ | | | √ | | √ | √ | | √ | | √ | 矿物绝缘电缆 |

续表

| 护套或外护层 | 铠装 | 代号 | 敷设方式 | | | | | | | | 环境条件 | | | | | | 备注 |
|---|---|---|---|---|---|---|---|---|---|---|---|---|---|---|---|---|---|
| | | | 室内 | 电缆沟 | 电缆桥架 | 隧道 | 管道 | 竖井 | 埋地 | 水下 | 火灾危险 | 移动 | 多烁石 | 一般腐蚀 | 严重腐蚀 | 潮湿 | |
| 铜护套 | 无 | | ✓ | | ✓ | ✓ | | ✓ | | | ✓ | | | ✓ | ✓ | ✓ | |
| 聚氯乙烯护套 | 钢带 | 22 | ✓ | ✓ | ✓ | ✓ | | | | | | | | ✓ | ✓ | ✓ | |
| 聚乙烯护套 | 钢带 | 23 | ✓ | ✓ | | | | | | | | | | ✓ | ✓ | ✓ | |
| 聚氯乙烯护套 | 细钢丝 | 32 | | | | ✓ | ✓ | ✓ | ✓ | ✓ | | | | ✓ | ✓ | ✓ | |
| 聚乙烯护套 | 细钢丝 | 33 | | | | ✓ | ✓ | ✓ | ✓ | ✓ | | | | ✓ | ✓ | ✓ | |
| 聚氯乙烯护套 | 细钢丝 | 42 | | | | ✓ | | ✓ | ✓ | ✓ | | | ✓ | ✓ | ✓ | ✓ | |
| 聚乙烯护套 | 细钢丝 | 43 | | | | ✓ | ✓ | ✓ | ✓ | ✓ | ✓ | | ✓ | ✓ | ✓ | ✓ | |

注：1. "✓"表示适用；无标记则不推荐采用；

2. 具有防水层的聚氯乙烯护套电缆可在水下敷设；

3. 如需要用于湿热带地区的防霉特种护层可在型号规格后加代号"TH"；

4. 单芯钢带铠装电缆不适用于交流线路。

## 7.1.6 爆炸危险场所电线、电缆的选择

### 7.1.6.1 爆炸危险环境中电线、电缆选择要点

（1）在爆炸性环境中，低压电力、照明线路所用电线、电缆的额定电压应不低于750V。中性线的绝缘电压应与相线相等，并应在同一护套或管子内敷设。

（2）木质安全系统导线、电缆的耐压强度应为2倍额定电压，且不小于500V。

（3）在1区、10区内单相网络中，相线与中性线均应装设短路保护。

（4）电缆在桥架内敷设时，宜采用阻燃电缆。

（5）在1区、10区内单相网络中，相线与中性线均应装设短路保护。

（6）对3～10kV电缆线路，宜装设零序电流保护（在1区、10区内动作于跳闸；2区、11区内动作于信号）。

（7）在1区、2区内的钢管配线，必须做好隔离密封；钢管应采用低压流体输送用镀锌焊接钢管。

（8）10kV及以下架空线路，严禁穿越爆炸性气体环境。架空线与爆炸气体环境的水平距离应大于杆塔高度的1.5倍。

（9）在爆炸性粉尘环境中，严禁采用绝缘导线或塑料管明敷。穿线管应采用低压流体输送用镀锌焊接钢管。

### 7.1.6.2 火灾危险环境中电线、电缆选择要点

（1）火灾危险环境中，可采用非铠装电缆或钢管明配线。

（2）在21区或23区中，可采用塑料管配线，但在木质吊顶内应采用钢管配线。

（3）在火灾危险环境中，电力、照明的绝缘导线的额定电压应不小于500V。

（4）在火灾危险环境中，不应采用滑接式母线供电。

（5）在火灾危险环境中，不宜使用裸母线。在 22 区内采用母线槽时，应有 IP5X 的防护等级外罩。

（6）10kV 及以下架空线，严禁跨越火灾危险区域。

### 7.1.7 母线的选择

传输大电流的场合可采用母线。母线分为裸母线和母线槽两大类。前者敷设在绝缘子上，可以达到任何电压等级。母线截面形状有矩形、圆形、管形等。矩形裸母线还常常用于低电压、大电流的场合，如电镀槽、电解槽的供电线路。

母线导电材料有铜、铝、铝合金或复合导体，如铜包铝或钢铝复合材料等。铜包铝母线常被用于配电屏中；钢铝复合材料则常常用于滑接式母线槽（即安全滑触线）。

由于母线槽传输电流大、安全性能好、结构紧凑、占空间小，它适合于多层厂房、标准厂房或设备较密集的车间，对工艺变化周期短的车间尤为适宜，母线槽还大量用于高层民用建筑。

母线槽选择可从以下几方面进行：

（1）按绝缘方式选择：有密集绝缘、空气绝缘和空气附加绝缘三种。

1）密集绝缘母线槽是将裸母线用绝缘材料覆盖后，紧贴通道壳体放置的母线槽。密集绝缘母线槽，相间紧贴，中间没有气隙，有较好的热传导和动稳定性。大电流母线槽推荐首选密集绝缘式。缺点是加工较复杂，在接头和插接引出口处需将母排弯曲扩张，同时，外壳零件也较多，生产成本较高。

2）空气绝缘母线槽是将裸母线用绝缘垫块支承在壳体内，靠空气介质绝缘的母线槽。它制作较为简便，接头和插接引出口处，母排仍保持直线状，外壳零件也少，外形较美观。绝缘不存在老化问题，但由于壳体内封存有空气，散热不如密集绝缘容易，因此，在大电流规格时，导体截面利用不够经济，使导体断面尺寸偏大。空气绝缘母线槽的另一个缺点是阻抗较大。

3）空气附加绝缘母线槽是将裸母线用绝缘材料覆盖后，再用绝缘垫块支承在体内的母线槽，也称混合绝缘型。这种绝缘方式类同于但优于空气绝缘母线槽。

（2）按功能分类选择：有馈电式、插接式和滑接式三种。

1）馈电式母线槽是由各种不带分接装置（无插接孔）的母线干线单元组成，它是用来将电能直接从供电电源处传输到配电中心的母线槽。常用于发电机或变压器与配电屏的连接线路，或者配电屏之间的连接线路。

2）插接式母线槽是由带分接装置的母线干线单元和插接式分线箱组成的，用来传输电能并可引出电源支路的母线槽。

3）滑接式母线槽是用滚轮或者滑触型分接单元的母线干线单元。常用于移动设备的供电，如行车、电动葫芦和生产线上。它最大优点是取电位置可以任意选择，而不需要变更母线槽结构，对于工艺变更周期短的生产车间、生产流水线，使用十分方便。

（3）按外壳形式及防护等级选择：母线槽外壳有表面喷涂的钢板、塑料及铝合金三种材料。

最常见的是表面喷涂钢板式母线槽，它加工容易，成本较低。单组母线载流量最大为

2500A，需要更大电流时，采用两组并联。主要适用于室内干燥环境，最高外壳防护等级可达 IP54～63。

塑料外壳母线槽，采用注塑成型，内部构造属于空气绝缘式。其导体嵌入塑料槽内。它突出的优点是耐腐蚀性强，可适用于相对湿度 98％的环境。外壳防护等级可达到 IP56，化工防腐类型为 W。

另有一类塑料母线槽是树脂浇注式。最高外壳防护等级可达到 IP68，树脂既作绝缘又作骨架。这类母线槽也适用于腐蚀环境及高湿度环境。

铝合金外壳母线槽在国外早已问世，国内则是近年才有。内部结构属于密集绝缘式。铝合金外壳上还设计了散热板，增大了散热面积，使结构更紧凑。外形尺寸小，质量轻，外壳用成型铝材，装配精度高。单组母线的载流量可以做到 5000A。当电流需要更大时，才需要并联。

母线槽外壳防护类别及使用环境见表 7-6。

**母线槽外壳防护类别及使用环境** 表 7-6

| 类　别 | 使　用　环　境 | | | | | 外壳保护等级 |
|---|---|---|---|---|---|---|
| | 室内外 | 温度（℃） | 相对湿度（％） | 污染等级 | 安装类别 | |
| 户内滑触型 | 室内 | −5～+40 | ≤50（+40℃时） | 3 | Ⅲ | IP13～35 |
| 户外滑触型 | 室外 | −25～+40 | 100（+40℃时） | 3～4 | Ⅲ | IP23 |
| 一般母线槽 | 室内 | −5～+40 | ≤50（+40℃时） | 3 | Ⅲ、Ⅳ | IP30～40 |
| 防护式母线槽 | 室外 | −5～+40 | ≤50（+40℃时） | 3 | Ⅲ、Ⅳ | IP52～55 |
| 高防护式母线槽 | 室内外 | −25～+40 | 有凝露或有水冲击的场合 | 3 | Ⅲ、Ⅳ | ≥IP63 |

注：1. 表内数据摘自《低压成套开关设备和控制设备　第 1 部分　型式试验和部分型式试验成套设备》GB 7251.1—2005；

2. 外壳防护等级按《低压开关设备和控制设备　第 1 部分：总则》GB/T 14048.1—2006。

（4）按防火要求选择：有普通型和耐火型两种。在火灾情况下的一定时间内仍然保持正常运行特性的母线槽应采用耐火型，其规定的试验条件同耐火电缆。

耐火型母线槽就结构上分类有两种。一种是外涂敷型耐火母线槽。在壳体外部，涂敷一层防火材料（这种耐火母线壳体上还设有通风百叶，正常运行时作为散热之通道）。一旦着火时，防火材料受热膨胀，将火焰隔离，同时将通风百叶封堵，以维护母线槽的正常运行。另一种是内衬垫型耐火母线槽，它采用耐火材料制作绝缘垫块，达到耐火目的。这种母线平时运行散热条件与普通空气绝缘母线槽相同，优于外涂敷型耐火母线槽，而且成本较低，颇受欢迎。目前已有生产。

近几年来，有些工程中采用大截面矿物绝缘代替耐火母线槽取得成功经验。工作电流较大时，可采用多根矿物电缆并联使用。这不仅大大提高了耐火能力，而且可节约铜材 20％以上。采用矿物绝缘电缆代替母线可减少接头，提高可靠性，同时在经济方面也有较强的竞争力。

（5）按额定电流等级选择，见表 7-7。

| 形式 | 各类母线槽额定电流等级（A） |
|---|---|
| 密集绝缘 | 25，40，63，100，160，200，250，400，630，800，1000，1250，1600，2000，2500，3150，4000，5000 |
| 空气绝缘 | 63，100，125，160，200，250，315，400，500，630，800，1000，1250，1600，2000，2500，3150，4000，5000 |
| 空气附加绝缘 | 250，400，630，800，1000，1250，1600，2000，2500，3150 |
| 滑接式 | 16，50，60，80，100，110，125，140，150，160，170，200，210，250，315，400，630，800，1000，1250，1600，2000 |

（6）按额定电压选择：共分为低压母线槽 380V、660V 及高压母线槽 3.6～35kV。高压母线槽国内尚无统一标准，目前有空气绝缘及环氧树脂绝缘两类。空气绝缘是绝缘子支持的裸母线，外壳用钢板防护，这种类型是三相式。环氧树脂绝缘又称为 GFC 离相型高压封闭母线槽和多相式 GMC 密集型高压封闭母线槽，外壳也用钢板防护。这种结构尺寸较小。3.6～35kV 高压母线槽主要用于发电机出线及室内变电所。

# 7.2 电线、电缆截面的选择

电线、电缆截面选择应满足允许温升、电压损失、机械强度等要求。对于电缆线路还应校验其热稳定，较长距离的大电流回路或 35kV 及以上的输电线路应校验经济电流密度，以达到安全运行、降低能耗、减少运行费用。

同一供电回路需多根电缆并联时，宜选用相同缆芯截面。

高压电缆稳定校验及母线动、热稳定校验见第 3 章。

## 7.2.1 按允许温升选择电线、电缆截面

为保证电线、电缆的实际工作温度不超过允许值，电线、电缆按发热条件的允许长期工作电流（以下简称载流量），不应小于线路的计算电流。电缆通过不同散热条件地段，其对应的缆芯工作温度会有差异，除重要回路或水下电缆外，一般可按 5m 长最恶劣散热条件来选择电缆截面。

### 7.2.1.1 校验公式

按允许温升选择电线、电缆截面应满足公式：

$$kI_{xu} \geqslant I_{js} \tag{7-1}$$

式中  $I_{xu}$——标准敷设条件下电线、电缆按发热条件允许的长期工作电流（以下简称载流量）（A）；

$I_{js}$——线路计算电流（A）；

$k$——考虑不同敷设条件的修正系数，见表 7-30～表 7-35。

### 7.2.1.2 敷设场所的环境温度

（1）土壤温度：电缆在土壤中直埋。埋深≥0.7m，并非地下穿管道敷设，按最热月平均地温。

（2）空气温度：最热月日最高温度平均值。

（3）电缆在隧道、户内电缆沟敷设，且无机械通风或通风不良的环境温度，按最热月的日最高温度月平均值另加 5℃ 考虑；当隧道中电缆数量较多时（特别是交联电缆），还应核算电缆发热的影响。

电缆持续允许载流量的环境温度（℃）                                           表 7-8

| 电缆敷设场所 | 有无机械通风 | 选取的环境温度 |
|---|---|---|
| 土中直埋 | | 埋深处的最热月平均地温 |
| 水  下 | | 最热月的日最高水温平均值 |
| 户外空气中、电缆沟 | | 最热月的日最高温度平均值 |
| 有热源设备的厂房 | 有 | 通风设计温度 |
| | 无 | 最热月的日最高温度平均值另加 5℃ |
| 一般性厂房、室内 | 有 | 通风设计温度 |
| | 无 | 最热月的日最高温度平均值 |
| 户内电缆沟 | 无 | 最热月的日最高温度平均值另加 5℃ |
| 隧  道 | | |
| 隧  道 | 有 | 通风设计温度 |

## 7.2.2  按经济电流密度校验截面

10kV 及以下配电线路一般不按经济电流密度校验截面。对于长年平均负荷较大的线路，为了减少电能损耗，应按经济电流密度校验截面。其公式为：

$$S_n = \frac{I_{js}}{J_n} \tag{7-2}$$

式中    $S_n$——电缆的经济截面（mm²）；

$I_{js}$——线路计算电流（A）；

$J_n$——经济电流密度（A/mm²），见表 7-9。

经济电流密度 $J_n$（A/mm²）                                           表 7-9

| 导线材料 | | 最大负荷利用小时（h/a） | | |
|---|---|---|---|---|
| | | <3000（一班制） | 3000~5000（二班制） | >5000（三班制） |
| 电缆 | 铜芯 | 2.5 | 2.25 | 2.00 |
| | 铝芯 | 1.92 | 1.73 | 1.54 |
| 架空线 | 裸铜绞线 | 3.0 | 2.25 | 1.75 |
| | 裸铝绞线，钢芯铝绞线 | 1.65 | 1.15 | 0.90 |

## 7.2.3  按电压损失校验截面

电线电缆根据温升或其他条件选择后，尚须按允许电压损失校验截面，以保证电气设备能正常运转。各种用电设备的电压损失允许值见表 7-10。

各种用电设备的电压损失允许值　　　　　表 7-10

| 用电设备 | 运　行　条　件 | 电压损失允许值（%） |
|---|---|---|
| 电动机 | 连续运转（正常计算值） | 5 |
| | 连续运转（个别特别远的电动机）：（1）正常条件下 | 8～10 |
| | （2）事故条件下 | 10～12 |
| | 短时运转（例如：当启动相邻大型电动机时） | 20～30① |
| | 启动时的端子上：（1）频繁启动 | 10 |
| | （2）不频繁启动 | 15～20② |
| | （3）由单独变压器供电 | 可＞20 |
| 照明 | 一般工作场所 | 5 |
| | 远离变电所的小面积一般工作场所 | 10 |
| | 应急照明、道路照明、警卫照明 | 10 |
| 起重机 | 电动机启动时校验 | 15 |
| 电焊设备 | 在正常尖峰焊接电流时持续工作 | 10 |

① 应根据转矩要求选择；
② 应满足启动转矩的要求。

### 7.2.4　按机械强度校验截面

按机械强度导线允许的最小截面见表 7-11。

按机械强度导线允许的最小截面　　　　　表 7-11

| 用　　途 | | 导线最小允许截面（mm²） | | |
|---|---|---|---|---|
| | | 铝 | 铜 | 铜芯软线 |
| 裸导线敷设于绝缘子上（低压架空线路） | | 16 | 10 | |
| 室内 | L≤2 | 2.5 | 1.0 | |
| 室外 | L≤2 | 2.5 | 1.5 | |
| | 2＜L≤6 | 4 | 2.5 | |
| | 6＜L≤15 | 6 | 4 | |
| | 15＜L≤25 | 10 | 6 | |
| 固定敷设护套线，轧头直敷 | | 2.5 | 1.0 | |
| 移动式用电设备用导线 | 生产用 | | | 1.0 |
| | 生活用 | | | 0.2 |
| 照明灯头引下线 | 工业建筑　屋内 | 2.5 | 0.8 | 0.5 |
| | 工业建筑　屋外 | 2.5 | 1.0 | 1.0 |
| | 民用建筑、室内 | 1.5 | 0.5 | 0.4 |
| 绝缘导线穿管 | | 2.5 | 1.0 | 1.0 |
| 绝缘导线槽板敷设 | | 2.5 | 1.0 | |
| 绝缘导线线槽敷设 | | 2.5 | 1.0 | |

### 7.2.5　按短路电流热稳定校验截面

一般电缆线路应按短路电流进行热稳定校验，但用熔断器作为短路保护的电缆线路和给单独用电设备或不重要负荷供电的电缆线路，当电缆故障时不致引起爆炸、火灾且更换电缆不太困难者，允许不作短路检验。

### 7.2.6　几种特殊情况下电线、电缆截面的选择

#### 7.2.6.1　绕线式电动机转子回路导线截面的选择

（1）电动机启动后转子电刷短接：负载启动转矩不超过电动机额定转矩的 50%（轻载启动）时，按转子额定电流的 35% 选择截面；在其他情况下，按转子额定电流的 50% 选择截面。

（2）电动机启动后转子电刷不短接：按转子额定电流选择截面。转子的额定电流和导线的允许电流，均按电动机的工作制度确定。

#### 7.2.6.2　反复短时及短时工作制的用电设备导线截面的选择

（1）反复短时工作制的周期时间 $T \leqslant 10\text{min}$、工作时间 $t_g \leqslant 4\text{min}$ 时，电线电缆的允许电流按下列情况确定：

1）截面大于或等于 $6\text{mm}^2$ 的铜线及 $10\text{mm}^2$ 的铝线，其允许电流按长期工作制计算。

2）截面大于或等于 $6\text{mm}^2$ 的铜线及 $10\text{mm}^2$ 的铝线，其允许电流等于长期工作制允许电流乘以 $\dfrac{0.875}{\sqrt{FC_e}}$，$FC_e$ 为用电设备额定暂载率；或简单取其允许电流为长期工作制允许电流的 $1.45$ 倍。

（2）短时工作制的工作时间 $t_g \leqslant 4\text{min}$、且停歇时间内电线或电缆能冷却到周围环境温度时，其允许电流按反复短时工作制确定；当工作时间超过 4min 或间歇时间不足以使电线、电缆冷却到环境温度时，则其允许电流按长期工作制确定。

### 7.2.7　中性线（N）、保护接地线（PE）、保护接地中性线（PEN）的截面选择

（1）单相两线制电路中，无论相线截面大小，中性线截面都应与相线截面相同。

（2）三相四线制配电系统中，N 线的允许载流量不应小于线路中最大的不平衡负荷电流及谐波电流之和。当相线线芯不大于 $16\text{mm}^2$（铜）或 $25\text{mm}^2$（铝）时，中性线应选择与相线相等的截面。当相线线芯大于 $16\text{mm}^2$（铜）或 $25\text{mm}^2$（铝）时，若中性线电流较小可选择小于相线截面，但不应小于相线截面的 50%，且不小于 $16\text{mm}^2$（铜）或 $25\text{mm}^2$（铝）。

（3）三相平衡系统中，有可能存在谐波电流，影响最显著的是三次谐波电流。中性线三次谐波电流值等于相线谐波电流的 3 倍。选择导线截面时，应计入谐波电流的影响。当谐波电流较小时，仍可按相线电流选择导线截面，但计算电流应按基波电流除以表 7-12 中的校正系数。当三次谐波电流超过 33% 时，它所引起的中性线电流超过基波的相电流。此时，应按中性线电流选择导线截面。计算电流同样要除以表 7-12 中的校正系数。

**谐波电流的校正系数** 表 7-12

| 相电流中三次谐波分量（%） | 校正系数 | | 相电流中三次谐波分量（%） | 校正系数 | |
|---|---|---|---|---|---|
| | 按相线电流选择截面 | 按中性线电流选择截面 | | 按相线电流选择截面 | 按中性线电流选择截面 |
| 0～15 | 1.0 | | 33～45 | | 0.86 |
| 15～33 | 0.86 | | >45 | | 1.0 |

注：表中数据仅适用于中性线与相线等截面的 4 芯或 5 芯电缆及穿管导线，并以三芯电缆或三线穿管的截流量为基础，即把整个回路的导体视为一综合发热体来考虑。

当谐波电流大于 10% 时，中性线的线芯截面不应小于相线。例如以气体放电灯为主的照明线路、变频调速设备、计算机及直流电源设备等的供电线路。

【例】 三相平衡系统，负载电流 39A，采用 PVC 绝缘 4 芯电缆，沿墙明敷，求电缆截面。

【解】 不同谐波电流下的计算电流和选择结果见表 7-13。

**谐波对导线截面选择影响示例** 表 7-13

| 负载电流状况 | 选择截面的计算电流（A） | | 选择结果 | |
|---|---|---|---|---|
| | 按相线电流 | 按中性线电流 | 截面（mm²） | 额定载流量（A） |
| 无谐波 | 39 | | 6 | 41 |
| 20% 三次谐波 | $\dfrac{\sqrt{39^2+(39\times0.2)^2}}{0.86}=46$ | | 10 | 57 |
| 40% 三次谐波 | | $\dfrac{39\times0.4\times3}{0.86}=54.4$ | 10 | 57 |
| 50% 三次谐波 | | $\dfrac{39\times0.5\times3}{1.0}=58.5$ | 16 | 76 |

（4）PE 线截面选择的要求通常可按表 7-14 选取。

**PE、PEN 线截面选择表** 表 7-14

| 相线截面 S（mm²） | PE 线截面（mm²） | 相线截面（mm²） | PEN 线允许的最小截面（mm²） | | | |
|---|---|---|---|---|---|---|
| | | | 护套电线、穿管线 | 裸导线 | 单芯导线作干线 | 电 缆 |
| S≤16 | S | | | | | |
| 16<S≤35 | 16 | ≤16 | >1.5 且与相线等截面 | ≥4 且与相线等截面 | ≥10 且与相线等截面 | 电缆全部芯线截面和≥10，当相线≤16 时应与相线等截面 |
| 35<S≤400 | ≥S/2 | 铜 >16 | ≥16 | ≥16 | ≥16 | |

| 相线截面 $S$（mm²） | PE 线截面（mm²） | 相线截面（mm²） | | PEN 线允许的最小截面（mm²） | | | |
|---|---|---|---|---|---|---|---|
| $S \leqslant 16$ | $S$ | | | 护套电线、穿管线 | 裸导线 | 单芯导线作干线 | 电缆 |
| $400 < S \leqslant 800$ | $\geqslant 200$ | 铝 | $\leqslant 25$ | $\geqslant 2.5$ 且与相线等截面 | $\geqslant 4$ 且与相线等截面 | $\geqslant 16$ 且与相线等截面 | 电缆全部芯线截面和 $\geqslant 16$，当相线 $\leqslant 25$ 时应与相线等截面 |
| $S > 800$ | $\geqslant S/4$ | | $> 25$ | $\geqslant 25$ | $\geqslant 25$ | $\geqslant 25$ | |

注：1. 按机械强度选择，若是供电缆线芯或外护层的组成部分时，截面不受限制。若采用导线，通常有机械保护（如穿管、线槽等）时 $\geqslant 25$mm²；无机械保护（如绝缘子明敷）时取 4mm²。
　　2. 本表根据 IEC-439-1992 编制。

（5）三相系统中 PEN 线截面选择除应同时符合（2），（3）条规定外，还应符合表 7-14 的要求。

### 7.2.8 爆炸及火灾危险环境导线截面的选择

（1）不同爆炸及火灾危险区，导线最小截面见表 7-15。

爆炸及火灾危险区导线最小截面（mm²）　　　　　　　表 7-15

| 区域 | 电缆明敷及沟内敷设及穿管线 | | | 移动电缆 | 高压配线 |
|---|---|---|---|---|---|
| | 电力 | 照明 | 控制 | | |
| 1 区 | 铜 $\geqslant 2.5$ | 铜 $\geqslant 2.5$ | 铜 $\geqslant 2.5$ | 重型 | 铜芯电缆 |
| 2 区 | 铜 $\geqslant 1.5$ | 铜 $\geqslant 1.5$ | 铜 $\geqslant 1.5$ | 中型 | 铜芯电缆 |
| 10 区 | 铜 $\geqslant 2.5$ | 铜 $\geqslant 2.5$ | 铜 $\geqslant 2.5$ | 重型 | 铜芯电缆 |
| 11 区 | | 铜 $\geqslant 1.5$ | | 中型 | 铜芯或铝芯电缆 |
| 21 区 22 区 23 区 | | | | 轻型 | |

（2）1、2 区导体允许载流量，不应小于保护熔断器熔体额定电流的 1.25 倍；或断路器反时限过电流脱扣器整定电流的 1.25 倍（低压笼型电动机支线除外）；低压笼型电动机支线的允许载流量不应小于电动机额定电流的 1.25 倍。

（3）爆炸危险区内宜选用阻燃电缆，并不允许有中间接头，穿线管材应采用"低压流体输送用镀锌焊接钢管"。

## 7.3 电线、电缆的载流量

本节电线、电缆载流量表由上海电缆研究所提供，系依据 IEC 标准及国家标准电缆产品进行了载流量计算，其中选用的参数值除了产品标准规定参数值外，均按照 IEC 推荐的数据选取。对于环境状况的参数则是按照空气温度 40℃、土壤温度 25℃、土壤热阻系数 1.0K·m/W 为基准值。当实际敷设电缆的场合不同于基准参数值时，应对载流量进行修正。本节给出了各种修正系数供参考。

### 7.3.1 额定电压 10kV 及以下聚氯乙烯绝缘电力电缆连续负荷载流量

(1) 二芯、三芯聚氯乙烯绝缘电力电缆连续负荷载流量（A）见表 7-16、表 7-17。

二芯聚氯乙烯绝缘电力电缆连续负荷载流量（A） 表 7-16

| 型　号 | | VV、VLV、VY、VLY、VV22、VV23、VLV23 | | | | | | | | | |
|---|---|---|---|---|---|---|---|---|---|---|---|
| 敷设 | | 空气中 | | 土壤中（K·m/W） | | | | | | | |
| | | | | $\rho_w$ | | $\rho_D$（水分迁移） | | | | | |
| | | | | 1.0 | | 2.5 | | 3.0 | | 3.5 | |
| 电压 (kV) | 截面 (mm²) | Cu | Al | Cu | Al | Cu | Al | Cu | Al | Cu | Al |
| 0.6/1、 1.8/3 | 1.5 | 17 | — | 26 | — | | | | | | |
| | 2.5 | 23 | 18 | 34 | 26 | | | | | | |
| | 4 | 31 | 24 | 44 | 35 | * | | * | | * | |
| | 6 | 38 | 32 | 56 | 45 | | | | | | |
| | 10 | 53 | 42 | 76 | 59 | | | | | | |
| | 16 | 71 | 55 | 100 | 77 | 100 | 76 | 95 | 76 | 95 | 76 |
| | 25 | 90 | 70 | 125 | 100 | 120 | 95 | 120 | 95 | 120 | 95 |
| | 35 | 110 | 86 | 155 | 120 | 150 | 115 | 150 | 115 | 150 | 115 |
| | 50 | 135 | 105 | 185 | 145 | 180 | 135 | 175 | 135 | 175 | 135 |
| | 70 | 165 | 130 | 230 | 175 | 215 | 165 | 215 | 165 | 210 | 165 |
| | 95 | 210 | 165 | 275 | 210 | 260 | 205 | 255 | 200 | 255 | 200 |
| | 120 | 245 | 190 | 310 | 245 | 295 | 230 | 295 | 225 | 290 | 225 |
| | 150 | 280 | 215 | 350 | 275 | 330 | 255 | 330 | 250 | 325 | 250 |
| | 185 | 320 | 250 | 395 | 310 | 375 | 295 | 370 | 290 | 365 | 285 |
| 3.6/6、6/6、 6/10 | 10 | 53 | 41 | 68 | 52 | | | | | | |
| | 16 | 69 | 55 | 89 | 68 | | | | | | |
| | 25 | 95 | 73 | 120 | 95 | * | | * | | * | |
| | 35 | 115 | 88 | 145 | 115 | | | | | | |
| | 50 | 135 | 105 | 170 | 130 | | | | | | |
| | 70 | 165 | 130 | 210 | 160 | | | | | | |
| | 95 | 205 | 160 | 250 | 195 | 250 | 195 | 250 | 195 | 250 | 195 |
| | 120 | 235 | 180 | 290 | 225 | 285 | 220 | 285 | 220 | 285 | 220 |
| | 150 | 265 | 210 | 325 | 250 | 320 | 250 | 320 | 250 | 320 | 250 |

注：1. $\rho_w$ 为未发生水分迁移时土壤热阻系数；

2. $\rho_D$ 为水分迁移使土壤干枯时土壤热阻系数；

3. * 为电缆表面温度不超过 50℃，不发生水分迁移。

### 三芯聚氯乙烯绝缘电力电缆连续负荷载流量（A） 表 7-17

| 型 号 | | VV、VLV、VY、VLY、VV22(23)、VLV22(23)、VV32(33)、VLV32(33)、VV42(43)、VLV42(43) | | | | | | | | | |
|---|---|---|---|---|---|---|---|---|---|---|---|
| 敷设 | | 空气中 | | 土壤中 （K·m/W） | | | | | | | |
| | | | | $\rho_w$ | | $\rho_D$ （水分迁移） | | | | | |
| | | | | 1.0 | | 2.5 | | 3.0 | | 3.5 | |
| 电压 (kV) | 截面 (mm²) | Cu | Al | Cu | Al | Cu | Al | Cu | Al | Cu | Al |
| 0.6/1、1.8/3 | 1.5 | 15 | — | 22 | — | | | | | | |
| | 2.5 | 19 | 15 | 29 | 23 | * | | * | | * | |
| | 4 | 26 | 20 | 38 | 30 | | | | | | |
| | 6 | 32 | 26 | 47 | 39 | | | | | | |
| | 10 | 46 | 35 | 65 | 50 | 64 | 49 | 63 | 49 | 63 | 49 |
| | 16 | 60 | 47 | 84 | 65 | 82 | 64 | 82 | 63 | 81 | 63 |
| | 25 | 77 | 60 | 110 | 84 | 105 | 81 | 105 | 80 | 105 | 80 |
| | 35 | 95 | 74 | 130 | 100 | 120 | 95 | 120 | 95 | 120 | 95 |
| | 50 | 115 | 90 | 155 | 120 | 160 | 115 | 145 | 115 | 145 | 115 |
| | 70 | 145 | 115 | 195 | 150 | 180 | 140 | 185 | 140 | 175 | 140 |
| | 95 | 185 | 140 | 230 | 185 | 215 | 165 | 215 | 165 | 210 | 165 |
| | 120 | 210 | 165 | 260 | 205 | 250 | 190 | 245 | 190 | 245 | 190 |
| | 150 | 245 | 190 | 300 | 230 | 275 | 215 | 275 | 210 | 270 | 210 |
| | 185 | 280 | 215 | 335 | 260 | 310 | 245 | 310 | 245 | 305 | 240 |
| | 240 | 335 | 260 | 390 | 300 | 360 | 285 | 360 | 280 | 355 | 280 |
| | 300 | 375 | 295 | 435 | 340 | 405 | 315 | 400 | 315 | 395 | 315 |
| 3.6/6、6/6、6/10 | 10 | 47 | 36 | 60 | 46 | | | | | | |
| | 16 | 61 | 48 | 78 | 60 | | | | | | |
| | 25 | 78 | 61 | 100 | 77 | * | | * | | * | |
| | 35 | 95 | 74 | 120 | 90 | | | | | | |
| | 50 | 115 | 88 | 140 | 110 | | | | | | |
| | 70 | 140 | 110 | 175 | 135 | 170 | 135 | 170 | 135 | 170 | 135 |
| | 95 | 170 | 130 | 210 | 165 | 210 | 160 | 210 | 160 | 210 | 160 |
| | 120 | 200 | 155 | 240 | 185 | 235 | 180 | 235 | 180 | 235 | 180 |
| | 150 | 235 | 180 | 275 | 210 | 270 | 210 | 265 | 210 | 265 | 210 |
| | 185 | 255 | 205 | 300 | 235 | 300 | 230 | 295 | 230 | 295 | 230 |
| | 240 | 305 | 240 | 350 | 275 | 345 | 265 | 340 | 265 | 340 | 250 |
| | 300 | 340 | 265 | 390 | 310 | 380 | 300 | 375 | 300 | 375 | 300 |

注：1. $\rho_w$ 为未发生水分迁移时土壤热阻系数。（3+1）芯电缆按三芯电缆载流量选取；

2. $\rho_D$ 为水分迁移使土壤干枯时土壤热阻系数；

3. * 为电缆表面温度不超过 50℃，不发生水分迁移。

（2）单芯非铠装聚氯乙烯绝缘电力电缆连续负荷载流量（A）见表 7-18、表 7-19。

**单芯非铠装聚氯乙烯绝缘电力电缆连续负荷载流量（A）** 表 7-18

| 型 号 | VV、VLV、VY、VLY | | | | | | | | | |
|---|---|---|---|---|---|---|---|---|---|---|
| 电压（kV） | 0.6/1、1.8/3 | | | | | | | | | |
| 排列 | ○<br>○○ 三角形（相互接触） | | | | | | | | | |
| 敷设 | 空气中 | | 土壤中（K·m/W） | | | | | | | |
| | | | $\rho_w$ | | $\rho_D$（水分迁移） | | | | | |
| | | | 1.0 | | 2.5 | | 3.0 | | 3.5 | |
| 截面（mm²） | Cu | Al | Cu | Al | Cu | Al | Cu | Al | Cu | Al |
| 1.5 | 19 | — | 27 | — | 25 | — | 23 | — | 19 | — |
| 2.5 | 25 | 19 | 36 | 27 | 33 | 25 | 30 | 21 | 25 | 17 |
| 4 | 33 | 26 | 47 | 35 | 43 | 32 | 39 | 28 | 33 | 23 |
| 6 | 41 | 34 | 58 | 46 | 53 | 41 | 48 | 36 | 41 | 29 |
| 10 | 57 | 44 | 78 | 58 | 71 | 52 | 65 | 46 | 55 | 38 |
| 16 | 76 | 59 | 100 | 76 | 92 | 68 | 84 | 60 | 72 | 49 |
| 25 | 98 | 76 | 130 | 98 | 115 | 87 | 105 | 77 | 93 | 64 |
| 35 | 115 | 90 | 155 | 115 | 140 | 105 | 125 | 93 | 110 | 77 |
| 50 | 145 | 110 | 185 | 140 | 165 | 125 | 150 | 110 | 130 | 93 |
| 70 | 180 | 140 | 225 | 170 | 200 | 150 | 185 | 135 | 165 | 115 |
| 95 | 225 | 175 | 270 | 205 | 240 | 180 | 225 | 165 | 200 | 140 |
| 120 | 260 | 200 | 310 | 235 | 275 | 205 | 255 | 190 | 230 | 160 |
| 150 | 300 | 230 | 350 | 265 | 310 | 235 | 290 | 215 | 260 | 185 |
| 185 | 345 | 270 | 395 | 300 | 350 | 265 | 325 | 245 | 295 | 210 |
| 240 | 410 | 320 | 455 | 350 | 405 | 310 | 380 | 280 | 340 | 245 |
| 300 | 475 | 370 | 515 | 395 | 455 | 350 | 430 | 320 | 385 | 280 |
| 400 | 555 | 440 | 585 | 455 | 515 | 400 | 485 | 370 | 440 | 320 |
| 500 | 640 | 510 | 660 | 520 | 580 | 455 | 550 | 420 | 495 | 365 |
| 630 | 730 | 595 | 740 | 590 | 650 | 520 | 615 | 475 | 555 | 415 |
| 800 | 830 | 690 | 820 | 665 | 720 | 580 | 675 | 535 | 615 | 470 |
| 1000 | — | 780 | — | 735 | — | 645 | — | 595 | — | 520 |
| 工作温度（℃） | 70 | | | | | | | | | |
| 环境温度（℃） | 40 | | 25 | | | | | | | |

注：1. $\rho_w$ 为未发生水分迁移时土壤热阻系数；

　　2. $\rho_D$ 为水分迁移使土壤干枯时土壤热阻系数。

单芯非铠装聚氯乙烯绝缘电力电缆连续负荷载流量（A）　　　　表 7-19

| 型号 | VV、VLV、VY、VLY | | | | | | | | | | |
|---|---|---|---|---|---|---|---|---|---|---|---|
| 电压（kV） | 0.6/1、1.8/3 | | | | | | | | | | |
| 排列 | ○○○ 扁平形（相邻间距等于电缆外径） | | | | | | | | | | |
| 敷设 | 空气中 | | 土壤中（K·m/W） | | | | | | | | |
| | | | $\rho_w$ | | $\rho_D$（水分迁移） | | | | | | |
| | | | 1.0 | | 2.5 | | 3.0 | | 3.5 | | |
| 截面（mm²） | Cu | Al | Cu | Al | Cu | Al | Cu | Al | Cu | Al | |
| 1.5 | 24 | — | 29 | — | 28 | — | 28 | — | 28 | — | |
| 2.5 | 31 | 24 | 38 | 30 | 37 | 29 | 36 | 28 | 36 | 28 | |
| 4 | 41 | 32 | 49 | 39 | 47 | 37 | 47 | 37 | 47 | 37 | |
| 6 | 52 | 42 | 61 | 50 | 58 | 48 | 58 | 47 | 58 | 47 | |
| 10 | 72 | 55 | 83 | 64 | 78 | 60 | 77 | 59 | 76 | 59 | |
| 16 | 95 | 73 | 105 | 83 | 100 | 77 | 99 | 76 | 98 | 76 | |
| 25 | 120 | 96 | 135 | 105 | 125 | 99 | 125 | 98 | 125 | 97 | |
| 35 | 150 | 115 | 160 | 125 | 150 | 115 | 150 | 115 | 145 | 115 | |
| 50 | 180 | 140 | 195 | 150 | 175 | 135 | 175 | 135 | 175 | 135 | |
| 70 | 230 | 175 | 240 | 185 | 215 | 170 | 215 | 165 | 210 | 165 | |
| 95 | 280 | 215 | 285 | 220 | 260 | 200 | 255 | 200 | 255 | 195 | |
| 120 | 325 | 250 | 325 | 250 | 295 | 230 | 290 | 225 | 290 | 225 | |
| 150 | 375 | 290 | 365 | 285 | 330 | 255 | 325 | 255 | 325 | 250 | |
| 185 | 430 | 335 | 415 | 320 | 375 | 290 | 370 | 285 | 365 | 285 | |
| 240 | 510 | 395 | 480 | 375 | 435 | 340 | 430 | 335 | 425 | 330 | |
| 300 | 585 | 455 | 545 | 425 | 495 | 385 | 485 | 380 | 480 | 375 | |
| 400 | 690 | 540 | 625 | 490 | 565 | 440 | 555 | 435 | 550 | 430 | |
| 500 | 800 | 630 | 710 | 560 | 640 | 505 | 630 | 500 | 625 | 495 | |
| 630 | 920 | 740 | 810 | 645 | 730 | 580 | 715 | 570 | 710 | 565 | |
| 800 | 1060 | 860 | 910 | 735 | 820 | 660 | 805 | 650 | 795 | 640 | |
| 1000 | — | 980 | — | 825 | — | 740 | — | 730 | — | 720 | |
| 工作温度（℃） | 70 | | | | | | | | | | |
| 环境温度（℃） | 40 | | 25 | | | | | | | | |

注：1. $\rho_w$ 为未发生水分迁移时土壤热阻系数；
　　2. $\rho_D$ 为水分迁移使土壤干枯时土壤热阻系数。

### 7.3.2 额定电压35kV及以下交联聚氯乙烯（XLPE）绝缘电力电缆连续负荷载流量

（1）三芯交联聚氯乙烯绝缘电力电缆连续负荷载流量（A）见表7-20、表7-21。

三芯交联聚乙烯绝缘电力电缆连续负荷载流量（A）　　　　表 7-20

| 型号 | YJV、YJY、YJY$_{22}$、YJV$_{23}$、YJV$_{32}$、YJV$_{33}$、YJV$_{42}$、YJV$_{43}$、YJLV、YJLY、YJLY$_{22}$、YJLY$_{32}$、YJLY$_{33}$、YJLY$_{42}$、YJLY$_{43}$ | | | | | | | | | |
|---|---|---|---|---|---|---|---|---|---|---|
| 电压（kV） | 0.6/1、1.8/3 | | | | | | | | | |
| 敷设 | 空气中 | | 土壤中（K·m/W） | | | | | | | |
|  | | | $\rho_w$ | | $\rho_D$（水分迁移） | | | | | |
|  | | | 1.0 | | 2.5 | | 3.0 | | 3.5 | |
| 截面（mm²） | Cu | Al | Cu | Al | Cu | Al | Cu | Al | Cu | Al |
| 1.5 | 20 | — | 27 | — | 25 | — | 25 | — | 24 | — |
| 2.5 | 26 | 20 | 35 | 27 | 32 | 25 | 32 | 25 | 32 | 24 |
| 4 | 34 | 27 | 45 | 36 | 41 | 32 | 41 | 32 | 41 | 32 |
| 6 | 43 | 35 | 57 | 46 | 52 | 42 | 51 | 41 | 51 | 41 |
| 10 | 60 | 47 | 77 | 59 | 69 | 53 | 68 | 52 | 68 | 52 |
| 16 | 83 | 64 | 105 | 80 | 90 | 70 | 89 | 68 | 87 | 68 |
| 25 | 105 | 82 | 125 | 100 | 115 | 89 | 115 | 87 | 110 | 86 |
| 35 | 125 | 100 | 155 | 120 | 135 | 105 | 135 | 105 | 130 | 100 |
| 50 | 160 | 125 | 185 | 145 | 165 | 125 | 160 | 125 | 155 | 125 |
| 70 | 200 | 155 | 225 | 175 | 200 | 155 | 195 | 150 | 190 | 150 |
| 95 | 245 | 200 | 270 | 210 | 235 | 185 | 230 | 180 | 225 | 175 |
| 120 | 285 | 220 | 310 | 240 | 270 | 210 | 260 | 205 | 225 | 200 |
| 150 | 325 | 250 | 345 | 270 | 300 | 235 | 295 | 230 | 290 | 225 |
| 185 | 375 | 295 | 390 | 305 | 345 | 265 | 335 | 260 | 330 | 225 |
| 240 | 440 | 345 | 450 | 355 | 390 | 305 | 385 | 300 | 380 | 300 |
| 300 | 505 | 395 | 515 | 400 | 440 | 345 | 435 | 340 | 425 | 335 |
| 工作温度（℃） | 90 | | | | | | | | | |
| 环境温度（℃） | 40 | | 25 | | | | | | | |

注：1. $\rho_w$ 为未发生水分迁移时土壤热阻系数；

2. $\rho_D$ 为水分迁移使土壤干枯时土壤热阻系数。

**三芯交联聚乙烯绝缘电力电缆连续负荷载流量（A）**    表 7-21

| 型号 | YJV、YJY、YJY₂₂、YJV₂₃、YJV₃₂、YJV₃₃、YJV₄₂、YJV₄₃、YJLV、YJLY、YJLY₂₂、YJLY₃₂、YJLY₃₃、YJLY₄₂、YJLY₄₃ | | | | | | | | | |
|---|---|---|---|---|---|---|---|---|---|---|
| 电压(kV) | 3.6/6～12/20 | | | | | | | | | |
| 敷设 | 空气中 | | 土壤中(K·m/W) | | | | | | | |
| | | | $\rho_w$ | | $\rho_D$（水分迁移） | | | | | |
| | | | 1.0 | | 2.5 | | 3.0 | | 3.5 | |
| 截面(mm²) | Cu | Al | Cu | Al | Cu | Al | Cu | Al | Cu | Al |
| 25 | 120 | 90 | 125 | 100 | 120 | 90 | 120 | 90 | 115 | 90 |
| 35 | 140 | 110 | 155 | 120 | 140 | 110 | 140 | 110 | 135 | 105 |
| 50 | 165 | 130 | 180 | 140 | 165 | 125 | 165 | 125 | 165 | 125 |
| 70 | 210 | 165 | 220 | 170 | 205 | 160 | 200 | 155 | 195 | 155 |
| 95 | 255 | 200 | 265 | 210 | 240 | 185 | 235 | 185 | 235 | 180 |
| 120 | 290 | 225 | 300 | 235 | 270 | 210 | 265 | 210 | 260 | 205 |
| 150 | 330 | 255 | 340 | 260 | 300 | 235 | 300 | 235 | 295 | 230 |
| 185 | 375 | 295 | 380 | 300 | 345 | 265 | 335 | 260 | 330 | 255 |
| 240 | 435 | 345 | 435 | 345 | 390 | 305 | 385 | 305 | 380 | 300 |
| 300 | 495 | 390 | 485 | 390 | 435 | 345 | 430 | 340 | 420 | 335 |
| 工作温度(℃) | 90 | | | | | | | | | |
| 环境温度(℃) | 40 | | 25 | | | | | | | |

注：1. $\rho_w$ 为未发生水分迁移时土壤热阻系数；

　　2. $\rho_D$ 为水分迁移使土壤干枯时土壤热阻系数。

（2）单芯交联聚乙烯绝缘电力电缆连续负荷载流量（A）见表 7-22、表 7-23。

**单芯交联聚乙烯绝缘电力电缆连续负荷载流量（A）**    表 7-22

| 型号 | YJV、YJLV、YJY、YJLY | | | | | | | | | |
|---|---|---|---|---|---|---|---|---|---|---|
| 电压（kV） | 18/20～26/35 | | | | | | | | | |
| 排列 | 三角形（相互接触） | | | | | | | | | |
| 敷设 | 空气中 | | 土壤中(K·m/W) | | | | | | | |
| | | | $\rho_w$ | | $\rho_D$（水分迁移） | | | | | |
| | | | 1.0 | | 2.5 | | 3.0 | | 3.5 | |
| 截面(mm²) | Cu | Al | Cu | Al | Cu | Al | Cu | Al | Cu | Al |
| 50 | 220 | 170 | 215 | 165 | 190 | 140 | 175 | 130 | 160 | 110 |
| 70 | 270 | 210 | 265 | 200 | 230 | 175 | 215 | 160 | 190 | 135 |
| 95 | 330 | 255 | 315 | 240 | 275 | 205 | 255 | 190 | 230 | 160 |
| 120 | 375 | 290 | 360 | 270 | 310 | 235 | 290 | 215 | 260 | 185 |
| 150 | 425 | 330 | 400 | 305 | 345 | 260 | 320 | 240 | 290 | 205 |
| 185 | 485 | 380 | 455 | 345 | 390 | 295 | 360 | 270 | 325 | 230 |
| 240 | 560 | 435 | 525 | 400 | 450 | 340 | 420 | 310 | 375 | 265 |
| 300 | 650 | 510 | 595 | 455 | 505 | 385 | 470 | 350 | 420 | 300 |
| 400 | 760 | 595 | 680 | 525 | 580 | 440 | 535 | 400 | 480 | 345 |
| 500 | 875 | 690 | 775 | 600 | 655 | 505 | 680 | 455 | 540 | 390 |
| 630 | 1000 | 800 | 875 | 685 | 735 | 575 | 680 | 520 | 610 | 445 |
| 800 | 1130 | 920 | 970 | 770 | 815 | 645 | 755 | 585 | 675 | 500 |
| 1000 | 1250 | 1040 | 1060 | 860 | 885 | 715 | 820 | 650 | 730 | 555 |
| 1200 | 1350 | 1130 | 1120 | 920 | 930 | 770 | 870 | 695 | 770 | 595 |
| 工作温度(℃) | 80 | | | | | | | | | |
| 环境温度(℃) | 40 | | 25 | | | | | | | |

注：1. $\rho_w$ 为未发生水分迁移时土壤热阻系数；

　　2. $\rho_D$ 为水分迁移使土壤干枯时土壤热阻系数。

**单芯交联聚乙烯绝缘电力电缆连续负荷载流量（A）**　　　　表 7-23

| 型号 | | | | | | | | | | |
|---|---|---|---|---|---|---|---|---|---|---|
| | YJV、YJLV、YJY、YJLY | | | | | | | | | |
| 电压（kV） | 18/20～26/35 | | | | | | | | | |
| 排列 | ○○○扁平形（相邻间距等于电缆外径） | | | | | | | | | |
| 敷设 | 空气中 | | 土壤中（K·m/W） | | | | | | | |
| | | | $\rho_w$ | | $\rho_D$（水分迁移） | | | | | |
| | | | 1.0 | | 2.5 | | 3.0 | | 3.5 | |
| 截面（mm²） | Cu | Al | Cu | Al | Cu | Al | Cu | Al | Cu | Al |
| 50 | 245 | 190 | 225 | 175 | 200 | 155 | 200 | 155 | 195 | 150 |
| 70 | 305 | 235 | 275 | 215 | 245 | 190 | 240 | 185 | 240 | 185 |
| 95 | 370 | 285 | 330 | 255 | 295 | 225 | 290 | 225 | 285 | 220 |
| 120 | 425 | 330 | 375 | 290 | 335 | 260 | 325 | 255 | 320 | 250 |
| 150 | 485 | 375 | 420 | 325 | 375 | 290 | 365 | 285 | 360 | 280 |
| 185 | 555 | 430 | 475 | 370 | 420 | 325 | 410 | 320 | 405 | 315 |
| 240 | 650 | 505 | 555 | 430 | 485 | 380 | 475 | 370 | 470 | 365 |
| 300 | 745 | 580 | 630 | 490 | 550 | 425 | 535 | 415 | 530 | 410 |
| 400 | 870 | 680 | 720 | 565 | 630 | 490 | 615 | 480 | 605 | 470 |
| 500 | 1000 | 790 | 825 | 645 | 715 | 560 | 700 | 550 | 685 | 540 |
| 630 | 1160 | 920 | 940 | 740 | 810 | 640 | 790 | 625 | 780 | 615 |
| 800 | 1300 | 1060 | 1060 | 845 | 910 | 730 | 890 | 710 | 875 | 700 |
| 1000 | 1490 | 1210 | 1170 | 950 | 1010 | 820 | 980 | 800 | 960 | 785 |
| 1200 | 1620 | 1340 | 1280 | 1030 | 1070 | 890 | 1050 | 865 | 1030 | 850 |
| 工作温度（℃） | 90 | | | | | | | | | |
| 环境温度（℃） | 40 | | 25 | | | | | | | |

注：1. $\rho_w$ 为未发生水分迁移时土壤热阻系数；

　　2. $\rho_D$ 为水分迁移使土壤干枯时土壤热阻系数。

### 7.3.3　额定电压 450/750V 及以下聚氯乙烯绝缘

（1）固定敷设用单芯聚氯乙烯绝缘电缆连续负荷载流量（A）见表 7-24。

**固定敷设用单芯聚氯乙烯绝缘电缆连续负荷载流量（A）**　　　　表 7-24

| 型号 | BV、BLV | | | | | | | |
|---|---|---|---|---|---|---|---|---|
| 电压（V） | 450/750 | | | | | | | |
| 排列 | ○○△ | | ○△<br>○○ | | ○○○△ | | *○○○<br>○○○ | |
| 截面（mm²） | Cu | Al | Cu | Al | Cu | Al | Cu | Al |
| 1.5 | 19 | 16 | 14 | 11 | 14 | 11 | 20 | 16 |
| 2.5 | 26 | 20 | 19 | 15 | 20 | 16 | 27 | 21 |
| 4 | 34 | 28 | 26 | 20 | 27 | 21 | 36 | 28 |
| 6 | 44 | 35 | 33 | 26 | 34 | 27 | 46 | 36 |
| 10 | 62 | 48 | 46 | 36 | 49 | 37 | 64 | 49 |
| 16 | 85 | 65 | 65 | 50 | 67 | 52 | 86 | 66 |
| 25 | 110 | 87 | 88 | 69 | 91 | 71 | 115 | 90 |
| 35 | 135 | 105 | 110 | 86 | 115 | 89 | 140 | 110 |
| 50 | 170 | 130 | 135 | 105 | 140 | 110 | 175 | 135 |
| 70 | 220 | 165 | 175 | 135 | 180 | 140 | 225 | 175 |
| 95 | 270 | 210 | 220 | 170 | 225 | 175 | 275 | 215 |
| 120 | 320 | 245 | 260 | 200 | 265 | 205 | 325 | 250 |
| 150 | 360 | 285 | 305 | 230 | 310 | 240 | 370 | 290 |
| 185 | 425 | 325 | 355 | 270 | 360 | 280 | 430 | 335 |
| 240 | 510 | 390 | 420 | 325 | 435 | 340 | 515 | 400 |
| 300 | 570 | 455 | 490 | 380 | 510 | 395 | 600 | 465 |
| 400 | 690 | 540 | 580 | 455 | 600 | 470 | 700 | 550 |
| 工作温度（℃） | 70 | | | | | | | |
| 环境温度（℃） | 40 | | | | | | | |

注：1. 单芯电缆成束敷设时以 " * " 栏中数据为基准值；

　　2. △为相互接触。

（2）连接用聚氯乙烯绝缘软电缆（电线）连续负荷载流量（A）见表 7-25。

连接用聚氯乙烯绝缘软电缆（电线）连续负荷载流量（A）　　表 7-25

| 型号 | BVV、BLVV、BVVB、BLVVB | | | | | | |
|---|---|---|---|---|---|---|---|
| 电压（V） | 300/500 | | | | | | |
| 芯数 | 一芯 | 二芯 | | 三芯 | | 四芯 | 五芯 |
| 截面（mm²） | Cu | Cu | Al | Cu | Al | Cu | Cu |
| 0.75 | 15 | — | — | 9 | — | — | — |
| 1.0 | 17 | — | — | 11 | — | — | — |
| 1.5 | 22 | 18 | — | 16 | — | 14 | 13 |
| 2.5 | 30 | 25 | 20 | 21 | 17 | 20 | 18 |
| 4 | 39 | 33 | 26 | 28 | 22 | 26 | 24 |
| 6 | 50 | 43 | 34 | 36 | 29 | 33 | 31 |
| 10 | 69 | 59 | 45 | 51 | 39 | 46 | 43 |
| 16 | — | 105 | — | 68 | — | 61 | 57 |
| 25 | — | 125 | — | 91 | — | 82 | 77 |
| 35 | — | — | — | 110 | — | 100 | 95 |
| 工作温度（℃） | 70 | | | | | | |
| 环境温度（℃） | 40 | | | | | | |

（3）耐热聚氯乙烯绝缘电缆连续负荷载流量（A）见表 7-26。

耐热聚氯乙烯绝缘电缆连续负荷载流量（A）　　表 7-26

| 型号 | BV-105 | | | |
|---|---|---|---|---|
| 电压（V） | 450/750 | | | |
| 排列 | ○○△ | ○△<br>○○ | ○○○△ | *○○○<br>○○○ |
| 截面（mm²） | Cu | Cu | Cu | Cu |
| 0.5 | 15 | 11 | 11 | 16 |
| 0.75 | 19 | 13 | 14 | 20 |
| 1.0 | 23 | 16 | 17 | 24 |
| 1.5 | 29 | 21 | 22 | 30 |
| 2.5 | 40 | 29 | 30 | 41 |
| 4 | 53 | 39 | 40 | 54 |
| 6 | 67 | 51 | 52 | 70 |
| 工作温度（℃） | 105 | | | |
| 环境温度（℃） | 40 | | | |

注：1. 单芯电缆成束敷设时以"＊"栏中数据为基准值；

　　2. △为相互接触。

### 7.3.4 额定电压 450/750V 及以下橡皮绝缘

（1）固定敷设用橡皮绝缘电缆（电线）连续负荷载流量（A）见表 7-27。

固定敷设用橡皮绝缘电缆（电线）连续负荷载流量（A） 表 **7-27**

| 型号 | BX、BLX | | | | | | | |
|---|---|---|---|---|---|---|---|---|
| 电压（V） | 450/750 | | | | | | | |
| 芯数 | 单芯 | | | | 二芯 | | 三芯 | |
| 排列 | △○<br>○○ | | *⊙○⊙ | | ○ | | ○ | |
| 截面（mm²） | Cu | Al | Cu | Al | Cu | Al | Cu | Al |
| 1.5 | 14 | — | 20 | — | 16 | — | 14 | — |
| 2.5 | 19 | 15 | 26 | 21 | 23 | 18 | 19 | 15 |
| 4 | 25 | 20 | 35 | 28 | 30 | 24 | 26 | 20 |
| 6 | 32 | 26 | 45 | 35 | 39 | 31 | 33 | 26 |
| 10 | 46 | 35 | 62 | 48 | 55 | 42 | 46 | 35 |
| 16 | 62 | 48 | 83 | 65 | 73 | 56 | 62 | 48 |
| 25 | 85 | 66 | 110 | 87 | 96 | 75 | 83 | 65 |
| 35 | 105 | 82 | 140 | 105 | 120 | 93 | 100 | 80 |
| 50 | 130 | 100 | 170 | 130 | 145 | 110 | 125 | 98 |
| 70 | 165 | 130 | 215 | 165 | 185 | 145 | 160 | 125 |
| 95 | 210 | 160 | 265 | 205 | 225 | 175 | 200 | 155 |
| 120 | 245 | 190 | 310 | 240 | 265 | 205 | 230 | 180 |
| 150 | 285 | 220 | 360 | 275 | | | | |
| 185 | 330 | 255 | 410 | 320 | | | | |
| 240 | 395 | 310 | 490 | 385 | | | | |
| 300 | 460 | 360 | 560 | 445 | | | | |
| 400 | 535 | 426 | 670 | 525 | | | | |
| 工作温度（℃） | 65 | | | | | | | |
| 环境温度（℃） | 40 | | | | | | | |

注：1. 单芯电线成束敷设时以 * 栏中数据为基准值；

2. △为相互接触。

（2）通用橡套软电缆连续负荷载流量（A）见表 7-28。

通用橡套软电缆连续负荷载流量（A）    表 7-28

| 型号 | YQ、YQW、YZ、YZW、YC、YCW | | | | |
|---|---|---|---|---|---|
| 电压（V） | 450/750 | | | | |
| 芯数 | 一芯 | 二芯 | 三芯 | 四芯 | 五芯 |
| 截面（mm²） | Cu | Cu | Cu | Cu | Cu |
| 1.5 | 20 | 16 | 14 | 13 | 12 |
| 2.5 | 27 | 23 | 19 | 18 | 16 |
| 4 | 36 | 30 | 26 | 24 | 22 |
| 6 | 47 | 39 | 33 | 30 | 28 |
| 10 | 65 | 55 | 47 | 43 | 40 |
| 16 | 85 | 73 | 62 | 56 | 53 |
| 25 | 115 | 96 | 83 | 71 | 70 |
| 35 | 145 | 120 | 100 | 98 | |
| 50 | 175 | 145 | 125 | 115 | |
| 70 | 220 | 185 | 160 | 140 | |
| 95 | 265 | 220 | 195 | 170 | |
| 120 | 310 | | 225 | 195 | |
| 150 | 360 | | 255 | 220 | |
| 185 | 410 | | | | |
| 240 | 490 | | | | |
| 300 | 560 | | | | |
| 400 | 670 | | | | |
| 工作温度（℃） | 65 | | | | |
| 环境温度（℃） | 40 | | | | |

注：四（或五）芯电缆用于三相交流电路时按三芯电缆选择载流量。

## 7.3.5 电线、电缆载流量的修正系数

（1）不同环境（空气中）温度下载流量修正系数见表 7-29。

不同环境（空气中）温度下载流量修正系数    表 7-29

| 导体工作温度 $\theta_n$（℃） | 环境温度 $\theta_a$（℃）（空气中） | | | | | | | | |
|---|---|---|---|---|---|---|---|---|---|
| | 10 | 15 | 20 | 25 | 30 | 35 | 40 | 45 | 50 |
| 60 | 1.58 | 1.50 | 1.41 | 1.32 | 1.22 | 1.11 | 1.00 | 0.86 | 0.73 |
| 65 | 1.48 | 1.40 | 1.34 | 1.26 | 1.18 | 1.09 | 1.00 | 0.89 | 0.77 |
| 70 | 1.41 | 1.35 | 1.29 | 1.22 | 1.15 | 1.08 | 1.00 | 0.91 | 0.81 |
| 80 | 1.32 | 1.27 | 1.22 | 1.17 | 1.11 | 1.06 | 1.00 | 0.93 | 0.86 |
| 90 | 1.26 | 1.22 | 1.18 | 1.14 | 1.09 | 1.04 | 1.00 | 0.94 | 0.89 |
| 105 | 1.22 | 1.19 | 1.15 | 1.11 | 1.08 | 1.04 | 1.00 | 0.95 | 0.91 |

（2）不同环境（土壤中）温度下载流量修正系数见表 7-30。

不同环境（土壤中）温度下载流量修正系数　表 7-30

| 导体工作温度 | 环境温度 $\theta_n$（℃）（土壤中） | | | | | |
|---|---|---|---|---|---|---|
| $\theta_n$（℃） | 10 | 15 | 20 | 25 | 30 | 35 |
| 60 | 1.20 | 1.13 | 1.07 | 1.00 | 0.93 | 0.85 |
| 65 | 1.17 | 1.12 | 1.06 | 1.00 | 0.94 | 0.87 |
| 70 | 1.15 | 1.11 | 1.05 | 1.00 | 0.94 | 0.88 |
| 80 | 1.13 | 1.09 | 1.04 | 1.00 | 0.95 | 0.90 |
| 90 | 1.11 | 1.07 | 1.04 | 1.00 | 0.96 | 0.92 |

（3）不同土壤热阻系数的载流量修正系数见表 7-31。

不同土壤热阻系数的载流量修正系数　表 7-31

| 电压<br>（kV） | 截面<br>（mm²） | 土壤热阻系数 $\rho_T$（K·m/W） | | | | |
|---|---|---|---|---|---|---|
| | | 0.8 | 1.0 | 1.2 | 1.5 | 2.0 |
| 0.6/1～6/6 | ≤35 | 1.06 | 1.00 | 0.95 | 0.87 | 0.80 |
| | 50～150 | 1.08 | 1.00 | 0.94 | 0.86 | 0.77 |
| | ≥185 | 1.09 | 1.00 | 0.93 | 0.85 | 0.76 |
| 6/10～12/15 | ≤35 | 1.05 | 1.00 | 0.95 | 0.89 | 0.80 |
| | 50～150 | 1.06 | 1.00 | 0.94 | 0.88 | 0.79 |
| | ≥185 | 1.07 | 1.00 | 0.93 | 0.86 | 0.77 |
| 12/20～26/35 | ≤95 | 1.05 | 1.00 | 0.95 | 0.90 | 0.82 |
| | ≥120 | 1.06 | 1.00 | 0.94 | 0.83 | 0.80 |

注：1. 本表修正系数仅对载流量表中未发生水分迁移土壤热阻系数 $\rho_w$ 栏下的载流量修正系数；

2. $\rho_w$ 主要取决于土壤的水分含量：

潮湿土壤为沿海、雨量多的地区，如华东、华南地区约为 0.8；

普通土壤为东北、华北平原地区约为 1.2；

干燥土壤为西北高原地区约为 1.5。

（4）电缆成束敷设于托架、托盘或塑料框槽中载流量修正系数（参考值）见表 7-32。

电缆成束敷设于托架、托盘或塑料框槽中载流量修正系数（参考值）　表 7-32

| 电缆层数 | 同时工作系数 | | |
|---|---|---|---|
| | 1.0 | 0.80 | 0.50 |
| 1 | 0.64 | 0.80 | 0.95 |
| 2 | 0.50 | 0.75 | 0.90 |
| 3 | 0.45 | 0.70 | 0.85 |
| 4 | 0.40 | 0.65 | 0.80 |

注：同时工作系数指一电缆束中有负荷的电缆根数与总的电缆根数之比（负荷电缆指通以额定电流的发热电缆，信号电缆除外）。

（5）电线、电缆穿管敷设于空气中载流量修正系数（参考值）见表 7-33。

电线、电缆穿管敷设于空气中载流量修正系数（参考值）　　表7-33

| 穿管根数 | 修正系数 |
|---|---|
| 2～4 | 0.80 |
| 5～8 | 0.60 |
| 9～11 | 0.50 |
| 12 | 0.45 |

注：1. 穿管电缆根数系指有额定负荷发热的导线根数。中性线或地线不计；

　　2. 一般情况下，穿管根数体积占管内体积的40%左右；

　　3. 当管子并列敷设时乘以0.95的修正系数。

（6）平行排列三芯或三个单芯电缆平行成组直埋于土壤中载流量修正系数见表7-34。

平行排列三芯或三个单芯电缆平行成组直埋于土壤中载流量修正系数　　表7-34

| 电缆相邻间距 S（mm） | 组　数 | | | | |
|---|---|---|---|---|---|
| | 2 | 3 | 4 | 5 | 6 |
| 相互接触 | 0.79 | 0.69 | 0.63 | 0.58 | 0.55 |
| 70～100 | 0.85 | 0.75 | 0.68 | 0.64 | 0.60 |
| 220～250 | 0.87 | 0.87 | 0.75 | 0.72 | 0.69 |

# 7.4　母线、裸线、安全滑触线及型材的载流量

## 7.4.1　涂漆矩形母线载流量

（1）单片母线载流量（$\theta_n = 70℃$）见表7-35。

单片母线载流量（$\theta_n = 70℃$）　　表7-35

| 母线尺寸（宽×厚）（mm） | 铝（A） | | | | | | | | 铜（A） | | | | | | | |
|---|---|---|---|---|---|---|---|---|---|---|---|---|---|---|---|---|
| | 交流 | | | | 直流 | | | | 交流 | | | | 直流 | | | |
| | 25℃ | 30℃ | 35℃ | 40℃ | 25℃ | 30℃ | 35℃ | 40℃ | 25℃ | 30℃ | 35℃ | 40℃ | 25℃ | 30℃ | 35℃ | 40℃ |
| 15×3 | 165 | 155 | 145 | 134 | 165 | 155 | 145 | 134 | 210 | 179 | 185 | 170 | 210 | 197 | 185 | 170 |
| 20×3 | 215 | 202 | 189 | 174 | 215 | 202 | 189 | 174 | 275 | 258 | 242 | 233 | 275 | 258 | 242 | 223 |
| 25×3 | 265 | 249 | 233 | 215 | 265 | 249 | 233 | 215 | 340 | 320 | 299 | 276 | 340 | 320 | 299 | 276 |
| 30×4 | 365 | 343 | 321 | 296 | 370 | 348 | 326 | 300 | 475 | 446 | 418 | 385 | 475 | 446 | 418 | 385 |
| 40×4 | 480 | 451 | 422 | 389 | 480 | 451 | 422 | 389 | 625 | 587 | 550 | 506 | 625 | 587 | 550 | 506 |
| 40×5 | 540 | 507 | 475 | 438 | 545 | 512 | 480 | 446 | 700 | 659 | 615 | 567 | 705 | 664 | 620 | 571 |
| 50×5 | 665 | 625 | 585 | 539 | 670 | 630 | 590 | 543 | 860 | 809 | 756 | 697 | 870 | 818 | 765 | 705 |
| 50×6.3 | 740 | 695 | 651 | 600 | 745 | 700 | 655 | 604 | 955 | 898 | 840 | 774 | 960 | 902 | 845 | 778 |
| 63×6.3 | 870 | 818 | 765 | 705 | 880 | 827 | 775 | 713 | 1125 | 1056 | 990 | 912 | 1145 | 1079 | 1010 | 928 |
| 80×6.3 | 1150 | 1080 | 1010 | 932 | 1170 | 1100 | 1030 | 950 | 1480 | 1390 | 1300 | 1200 | 1510 | 1420 | 1330 | 1225 |
| 100×6.3 | 1425 | 1340 | 1255 | 1155 | 1455 | 1368 | 1280 | 1180 | 1810 | 1700 | 1590 | 1470 | 1875 | 1760 | 1650 | 1520 |
| 63×8 | 1025 | 965 | 902 | 831 | 1040 | 977 | 915 | 844 | 1320 | 1240 | 1160 | 1070 | 1345 | 1265 | 1185 | 1090 |
| 80×8 | 1320 | 1240 | 1160 | 1070 | 1355 | 1274 | 1192 | 1100 | 1690 | 1590 | 1490 | 1370 | 1755 | 1650 | 1545 | 1420 |

续表

| 母线尺寸(宽×厚)(mm) | 铝（A） | | | | | | | | 铜（A） | | | | | | | |
|---|---|---|---|---|---|---|---|---|---|---|---|---|---|---|---|---|
| | 交流 | | | | 直流 | | | | 交流 | | | | 直流 | | | |
| | 25℃ | 30℃ | 35℃ | 40℃ | 25℃ | 30℃ | 35℃ | 40℃ | 25℃ | 30℃ | 35℃ | 40℃ | 25℃ | 30℃ | 35℃ | 40℃ |
| 100×8 | 1625 | 1530 | 1430 | 1315 | 1690 | 1590 | 1488 | 1370 | 2080 | 1955 | 1830 | 1685 | 2180 | 2050 | 1920 | 1770 |
| 125×8 | 1900 | 1785 | 1670 | 1540 | 2040 | 1918 | 1795 | 1655 | 2400 | 2255 | 2110 | 1945 | 2600 | 2445 | 2290 | 2105 |
| 63×10 | 1155 | 1085 | 1016 | 936 | 1180 | 1110 | 1040 | 956 | 1475 | 1388 | 1300 | 1195 | 1525 | 1432 | 1340 | 1235 |
| 80×10 | 1480 | 1390 | 1300 | 1200 | 1540 | 1450 | 1355 | 1250 | 1900 | 1786 | 1670 | 1540 | 1990 | 1870 | 1750 | 1610 |
| 100×10 | 1820 | 1710 | 1600 | 1475 | 1910 | 1795 | 1680 | 1550 | 2310 | 2170 | 2030 | 1870 | 2470 | 2320 | 2175 | 2000 |
| 125×10 | 2070 | 1945 | 1820 | 1680 | 2300 | 2160 | 2020 | 1865 | 2650 | 2490 | 2330 | 2150 | 2950 | 2770 | 2595 | 2390 |

注：1. 本表系母线立放的数据。当母线平放且宽度≤63mm时，表中数据应乘以 0.95；＞63mm时应乘以 0.92；

2. $\theta_n$ 为母线允许长期工作温度。

（2）2、3 片组合涂漆母线载流量（$\theta_n=70℃$、$\theta_a=25℃$）见表 7-36。

**2、3 片组合涂漆母线载流量**（$\theta_n=70℃$、$\theta_a=25℃$）　　表 7-36

| 母线尺寸(宽×厚)(mm) | 铝（A） | | | | 铜（A） | | | |
|---|---|---|---|---|---|---|---|---|
| | 交流 | | 直流 | | 交流 | | 直流 | |
| | 2 片 | 3 片 | 2 片 | 3 片 | 2 片 | 3 片 | 2 片 | 3 片 |
| 40×4 | | | 855 | | | | 1090 | |
| 40×5 | | | 965 | | | | 1250 | |
| 50×5 | | | 1180 | | | | 1525 | |
| 50×6.3 | | | 1315 | | | | 1700 | |
| 63×6.3 | 1350 | 1720 | 1555 | 1940 | 1740 | 2240 | 1990 | 2495 |
| 80×6.3 | 1630 | 2100 | 2055 | 2460 | 2110 | 2720 | 2630 | 3220 |
| 100×6.3 | 1935 | 2500 | 2515 | 3040 | 2470 | 3170 | 3245 | 3940 |
| 63×8 | 1680 | 2180 | 1840 | 2330 | 2160 | 2790 | 2485 | 3020 |
| 80×8 | 2040 | 2620 | 2400 | 2975 | 2620 | 3370 | 3095 | 3850 |
| 100×8 | 2390 | 3050 | 2945 | 3620 | 3060 | 3930 | 3810 | 4690 |
| 125×8 | 2650 | 3380 | 3350 | 4250 | 3400 | 4340 | 4400 | 5600 |
| 63×10 | 2010 | 2650 | 2110 | 2720 | 2560 | 3300 | 2725 | 3530 |
| 80×10 | 2410 | 3100 | 2735 | 3440 | 3100 | 3990 | 3510 | 4450 |
| 100×10 | 2860 | 3650 | 3350 | 4160 | 3610 | 4650 | 4325 | 5385 |
| 125×10 | 3200 | 4100 | 3900 | 4860 | 4100 | 5200 | 5000 | 6250 |

注：1. 本表系母线立放的数据，母线间距等于厚度；

2. $\theta_n$ 为母线允许长期工作温度，$\theta_a$ 为环境温度。

## 7.4.2　裸线载流量

（1）裸铜绞线载流量（$\theta_n=70℃$）见表 7-37。

**裸铜绞线载流量**（$\theta_n=70℃$）　　表 7-37

| 截面(mm²) | TJ 型（A） | | | | | | | | TRJ 型室内（A） |
|---|---|---|---|---|---|---|---|---|---|
| | 室内 | | | | 室外 | | | | 室内 |
| | 25℃ | 30℃ | 35℃ | 40℃ | 25℃ | 30℃ | 35℃ | 40℃ | 30℃ |
| 4 | 25 | 24 | 22 | 20 | 50 | 47 | 44 | 41 | |

| 截面<br>（mm²） | TJ 型（A） | | | | | | | | TRJ 型<br>室内（A） |
|---|---|---|---|---|---|---|---|---|---|
| | 室内 | | | | 室外 | | | | 30℃ |
| | 25℃ | 30℃ | 35℃ | 40℃ | 25℃ | 30℃ | 35℃ | 40℃ | |
| 6 | 35 | 33 | 31 | 28 | 70 | 66 | 62 | 57 | |
| 10 | 60 | 56 | 53 | 49 | 95 | 89 | 84 | 77 | 72 |
| 16 | 100 | 94 | 88 | 81 | 130 | 122 | 114 | 105 | 95 |
| 25 | 140 | 132 | 123 | 104 | 180 | 169 | 158 | 146 | 143 |
| 35 | 175 | 165 | 154 | 143 | 220 | 207 | 194 | 178 | 177 |
| 50 | 220 | 207 | 194 | 178 | 270 | 254 | 238 | 219 | 218 |
| 70 | 280 | 263 | 246 | 227 | 340 | 320 | 300 | 276 | 296 |
| 95 | 340 | 320 | 299 | 276 | 415 | 390 | 365 | 336 | 349 |
| 120 | 405 | 380 | 356 | 328 | 485 | 456 | 426 | 393 | 415 |
| 150 | 480 | 451 | 422 | 389 | 570 | 536 | 501 | 461 | 465 |
| 185 | 550 | 516 | 484 | 445 | 645 | 606 | 567 | 522 | 570 |
| 240 | 650 | 610 | 571 | 526 | 770 | 724 | 678 | 624 | 666 |
| 300 | | | | | 890 | 835 | 783 | 720 | 800 |
| 400 | | | | | | | | | 981 |
| 500 | | | | | | | | | 1142 |

注：$\theta_n$ 为裸铜绞线允许长期工作温度。

（2）LJ、LGJ 型裸铝绞线载流量（$\theta_n=70℃$）见表 7-38。

**LJ、LGJ 型裸铝绞线载流量**（$\theta_n=70℃$）　　**表 7-38**

| 截面<br>（mm²） | LJ 型（A） | | | | | | | | LGJ 型（A） | | | |
|---|---|---|---|---|---|---|---|---|---|---|---|---|
| | 室内 | | | | 室外 | | | | 室外 | | | |
| | 25℃ | 30℃ | 35℃ | 40℃ | 25℃ | 30℃ | 35℃ | 40℃ | 25℃ | 30℃ | 35℃ | 40℃ |
| 10 | 55 | 52 | 48 | 45 | 75 | 70 | 66 | 61 | | | | |
| 16 | 80 | 75 | 70 | 65 | 105 | 99 | 92 | 85 | 105 | 98 | 92 | 85 |
| 25 | 110 | 103 | 97 | 89 | 135 | 127 | 119 | 109 | 135 | 127 | 119 | 109 |
| 35 | 135 | 127 | 119 | 109 | 170 | 160 | 150 | 138 | 170 | 159 | 149 | 137 |
| 50 | 170 | 160 | 150 | 138 | 215 | 202 | 189 | 174 | 220 | 207 | 193 | 178 |
| 70 | 215 | 202 | 189 | 174 | 265 | 249 | 233 | 215 | 275 | 259 | 228 | 222 |
| 95 | 260 | 244 | 229 | 211 | 325 | 305 | 286 | 247 | 335 | 315 | 295 | 272 |
| 120 | 310 | 292 | 273 | 251 | 375 | 352 | 330 | 304 | 380 | 357 | 335 | 307 |
| 150 | 370 | 348 | 326 | 300 | 440 | 414 | 387 | 356 | 445 | 418 | 391 | 360 |
| 185 | 425 | 400 | 374 | 344 | 500 | 470 | 440 | 405 | 515 | 484 | 453 | 416 |
| 240 | | | | | 610 | 574 | 536 | 494 | 610 | 574 | 536 | 494 |
| 300 | | | | | 680 | 640 | 597 | 550 | 700 | 658 | 615 | 566 |

## 7.4.3　安全滑触线载流量

安全式滑触线载流量（$\theta_n=70℃$）见表 7-39。

**安全式滑触线载流量**（$\theta_n = 70℃$）　　　　表 7-39

| 型　号 | 宽×厚 $b×h$ (mm) | 面积 (mm²) | 载流量（A） | | | | 生产单位 |
|---|---|---|---|---|---|---|---|
| | | | 30℃ | 35℃ | 40℃ | 45℃ | |
| AQHX-3H-60 | 10×2 | 20 | 64 | 60 | 55 | 49 | 洛阳前卫滑触线厂 |
| AQHX-3H-100 | 10×3 | 30 | 106 | 100 | 92 | 81 | |
| AQHX-3H-150 | 11.2×4.5 | 50 | 159 | 150 | 138 | 122 | |
| AHG-200 | 16×20 | 117 | 212 | 200 | 184 | 162 | 上海万通滑角线厂 |
| AHG-300 | | 136 | 318 | 300 | 276 | 243 | |
| AHG-500 | 28×34 | 350 | 530 | 500 | 460 | 405 | |
| AHG-800 | | 586 | 848 | 800 | 736 | 648 | |
| AHG-1200 | 56×78 | | 1272 | 1200 | 1104 | 972 | |
| AHG-2000 | | | 2120 | 2000 | 1840 | 1620 | |
| DHG-3-10/50 | 10×1 甲 | 3×10 | 53 | 50 | 46 | 40 | 无锡滑导电器厂 |
| DHG-3-70/210 | 25×28 甲 | 3×70 | 223 | 210 | 193 | 170 | |
| DHG-3-15/80 | 15×1 乙 | 4×15 | 85 | 80 | 74 | 65 | |
| DHG-3-35/140 | 15×23 乙 | 4×35 | 148 | 140 | 129 | 113 | |

注：1. $b$ 和 $h$ 分别为每根滑触线的宽度和厚度；

　　2. $\theta_n$ 为滑触线允许长期工作温度。

### 7.4.4　型材的载流量

扁钢载流量（$\theta_n = 70℃$、$\theta_a = 25℃$）见表 7-40。

**扁钢载流量**（$\theta_n = 70℃$，$\theta_a = 25℃$）　　　　表 7-40

| 扁钢尺寸 （宽×厚）(mm) | 面积 (mm²) | 载流量（A） | | 质量 (kg/m) |
|---|---|---|---|---|
| | | 交流 | 直流 | |
| 20×3 | 60 | 65 | 100 | 0.47 |
| 25×3 | 75 | 80 | 120 | 0.59 |
| 30×3 | 90 | 94 | 140 | 0.71 |
| 40×3 | 120 | 125 | 190 | 0.94 |
| 50×3 | 150 | 155 | 230 | 1.18 |
| 63×3 | 189 | 185 | 280 | 1.48 |
| 70×3 | 210 | 215 | 320 | 1.65 |
| 75×3 | 225 | 230 | 345 | 1.77 |
| 80×3 | 240 | 245 | 365 | 1.88 |
| 90×3 | 270 | 275 | 410 | 2.12 |
| 100×3 | 300 | 305 | 460 | 2.36 |
| 20×4 | 80 | 70 | 115 | 0.63 |
| 25×4 | 100 | 85 | 140 | 0.79 |
| 30×4 | 120 | 100 | 165 | 0.94 |
| 40×4 | 160 | 130 | 220 | 1.26 |

| 扁钢尺寸 | 面积 | 载流量（A） | | 质量 |
| --- | --- | --- | --- | --- |
| （宽×厚）（mm） | （mm²） | 交流 | 直流 | （kg/m） |
| 50×4 | 200 | 165 | 270 | 1.57 |
| 63×4 | 252 | 195 | 325 | 1.97 |
| 70×4 | 280 | 225 | 375 | 2.20 |
| 80×4 | 320 | 260 | 430 | 2.51 |
| 90×4 | 360 | 290 | 480 | 2.83 |
| 100×4 | 400 | 325 | 535 | 3.14 |
| 25×5 | 125 | 95 | 170 | 0.98 |
| 30×5 | 150 | 115 | 200 | 1.18 |
| 40×5 | 200 | 145 | 265 | 1.57 |
| 50×5 | 250 | 180 | 325 | 1.96 |
| 63×5 | 315 | 215 | 390 | 2.48 |
| 80×5 | 400 | 280 | 510 | 3.14 |
| 100×5 | 500 | 350 | 640 | 3.93 |
| 63×6.3 | 397 | 210 | | 3.12 |
| 80×6.3 | 504 | 275 | | 3.96 |
| 80×8 | 640 | 290 | | 5.02 |
| 100×10 | 1000 | 390 | | 7.85 |

注：1. 本表系扁钢立放时数据。当平放且宽度≤63mm 时，表中数据应乘以 0.95，宽度>63mm 时应乘以 0.92；

　　2. $\theta_n$ 为扁钢允许长期工作温度，$\theta_a$ 为环境温度。

# 7.5　电压损失的计算

## 7.5.1　电压损失计算公式

### 7.5.1.1　三相平衡负荷线路电压损失的计算

（1）当仅在线路终端有负荷时，

$$\Delta U\% = \frac{\sqrt{3}}{10U_e}(R_o\cos\varphi + X_o\sin\varphi)IL = \Delta U_a\%IL \tag{7-3}$$

式中　$\Delta U\%$——线路电压损失（%）；

　　　$\Delta U_a$——三相线路每 1A·km 的电压损失 [%/（A·km）]；

　　　$U_e$——标称电压（kV）；

　　　$X_o$——三相线路单相长度的感抗（Ω/km）；

　　　$R_o$——三相线路单相长度的电阻（Ω/km）；

　　　$I$——负荷电流（A）；

　　　$L$——线路长度（km）；

　　　$\cos\varphi$——功率因数。

　　或　　　　　　　$$\Delta U\% = \frac{1}{10U_e^2}(R_o + X_o\tan\varphi)PL = \Delta U_p\%PL \tag{7-4}$$

式中　$\Delta U_p\%$——三相线路每 $1kW \cdot km$ 的电压损失$[\%/(kW \cdot km)]$；

　　　　$P$——有功负荷（kW）。

（2）当线路上接有几个负荷时，

$$\Delta U\% = \frac{\sqrt{3}}{10U_e}\Sigma\left[(R_o\cos\varphi + X_o\tan\varphi)IL\right] = \Sigma(\Delta U_a IL) \tag{7-5}$$

$$\Delta U\% = \frac{1}{10U_e^2}\Sigma\left[(R_o + X_o\tan\varphi)PL\right] = \Sigma(\Delta U_p\% PL) \tag{7-6}$$

（3）当整条线路的导线截面及材料及敷设方法都相同且 $\cos\varphi=1$ 或 $\cos\varphi\approx1$ 时，

$$\Delta U\% = \frac{R_o}{10U_e^2}\Sigma PL = \frac{1}{10U_e^2\gamma S}\Sigma PL = \frac{\Sigma PL}{CS} \tag{7-7}$$

式中　$\gamma$——电导率$[m/(\Omega \cdot mm^2)]$；

　　　　$S$——导线截面（$mm^2$）；

　　　　$C$——$\cos\varphi=1$ 时的计算系数见表 7-41。

线路电压损失的计算系数 $C$ 值（$\cos\varphi=1$）　　　　表 7-41

| 标准电压<br>（V） | 线路系统 | 计算公式 | 导线 $C$ 值（$\theta=50℃$） | | 母线 $C$ 值（$\theta=65℃$） | |
|---|---|---|---|---|---|---|
| | | | 铝 | 铜 | 铝 | 铜 |
| 380/220 | 三相四线 | $10\gamma U_e^2$ | 45.70 | 75.00 | 43.40 | 71.10 |
| 380/220 | 两相三线 | $\dfrac{10\gamma U_e^2}{2.25}$ | 20.30 | 33.30 | 19.30 | 31.60 |
| 220 | | | 7.66 | 12.56 | 7.27 | 11.92 |
| 110 | | | 1.92 | 3.14 | 1.82 | 2.98 |
| 36 | 单相及直流 | $5\gamma U_e^2$ | 0.21 | 0.34 | 0.20 | 0.32 |
| 24 | | | 0.091 | 0.15 | 0.087 | 0.14 |
| 12 | | | 0.023 | 0.037 | 0.022 | 0.036 |
| 6 | | | 0.0057 | 0.0093 | 0.0054 | 0.0089 |

注：1. 20℃时 $\rho$ 值（$\Omega \cdot \mu m$）：铝母线、铝导线为 0.0282；铜母线、铜导线为 0.0172；

　　2. 计算 $C$ 值时，导线工作温度为 50℃，铝导线 $\gamma$ 值（$S/\mu m$）为 31.66，铜导线为 51.91，母线工作温度为 65℃，铝母线 $\gamma$ 值（$S/\mu m$）为 30.50，铜母线为 49.27；

　　3. $U_e$ 为标称电压（kV）；$U_{e\varphi}$ 为标称相电压（kV）。

### 7.5.1.2　单相交流线路电压损失的计算

单相交流线路电压损失计算：

$$\Delta U\% = \frac{2}{10U_e^2}\Sigma\left[(R_o + X_o\tan\varphi)PL\right] \approx 2\Sigma(\Delta U_p\% PL) \tag{7-8}$$

## 7.5.2　架空线路电压损失

架空线路的电压损失见表 7-42～表 7-45。

**35kV 三相平衡负荷架空线路电压损失** 表 7-42

| 型号 | 截面<br>(mm²) | 电阻<br>θ=55℃<br>(Ω/km) | 感抗<br>$D_j$=3m<br>(Ω/km) | 环境温度<br>35℃时的<br>允许负荷<br>(MVA) | 电压损失<br>[%/(MW·km)]<br>cosφ | | | 按经济电流密度的允许负荷<br>(MVA)<br>最大负荷年利用小时 (h/a) | | |
|---|---|---|---|---|---|---|---|---|---|---|
| | | | | | 0.8 | 0.85 | 0.9 | <3000 | 3000~5000 | ≥5000 |
| LGJ | 35 | 0.938 | 0.434 | 9.0 | 0.103 | 0.098 | 0.094 | 3.50 | 2.44 | 1.91 |
| | 50 | 0.678 | 0.424 | 11.7 | 0.081 | 0.077 | 0.072 | 5.00 | 3.48 | 2.73 |
| | 70 | 0.481 | 0.413 | 13.8 | 0.064 | 0.060 | 0.055 | 6.95 | 4.87 | 3.82 |
| | 95 | 0.349 | 0.399 | 17.9 | 0.053 | 0.049 | 0.044 | 9.48 | 6.60 | 5.19 |
| | 120 | 0.285 | 0.392 | 20.3 | 0.047 | 0.043 | 0.039 | 11.90 | 8.35 | 6.56 |
| | 150 | 0.221 | 0.384 | 23.7 | 0.042 | 0.038 | 0.033 | 14.90 | 10.48 | 8.20 |
| | 185 | 0.181 | 0.378 | 27.5 | 0.038 | 0.034 | 0.030 | 18.40 | 12.90 | 10.12 |
| | 240 | 0.138 | 0.369 | 32.5 | 0.034 | 0.030 | 0.026 | 24.00 | 16.70 | 13.10 |
| TJ | 35 | 0.602 | 0.440 | 11.8 | 0.076 | 0.071 | 0.066 | 6.36 | 4.76 | 3.72 |
| | 50 | 0.423 | 0.429 | 14.4 | 0.061 | 0.056 | 0.051 | 9.10 | 6.82 | 5.32 |
| | 70 | 0.300 | 0.415 | 18.2 | 0.050 | 0.045 | 0.041 | 12.72 | 9.55 | 7.48 |
| | 95 | 0.221 | 0.405 | 22.1 | 0.045 | 0.041 | 0.036 | 17.40 | 12.95 | 10.08 |
| | 120 | 0.176 | 0.398 | 25.8 | 0.039 | 0.034 | 0.030 | 21.80 | 16.35 | 12.74 |
| | 150 | 0.138 | 0.390 | 30.0 | 0.035 | 0.031 | 0.027 | 27.25 | 20.40 | 16.00 |
| | 185 | 0.114 | 0.383 | 34.4 | 0.033 | 0.029 | 0.025 | 33.50 | 25.20 | 19.60 |
| | 240 | 0.088 | 0.375 | 41.4 | 0.030 | 0.026 | 0.022 | 43.50 | 32.75 | 25.45 |

**10kV 三相平衡负荷架空线路电压损失** 表 7-43

| 型号 | 截面<br>(mm²) | 电阻<br>θ=55℃<br>(Ω/km) | 感抗<br>$D_j$=1.25m<br>(Ω/km) | 环境温度<br>35℃时的<br>允许负荷<br>(MVA) | 电压损失<br>[%/(MW·km)]<br>cosφ | | | 按经济电流密度的允许负荷<br>(MVA)<br>最大负荷年利用小时 (h/a) | | |
|---|---|---|---|---|---|---|---|---|---|---|
| | | | | | 0.8 | 0.85 | 0.9 | <3000 | 3000~5000 | ≥5000 |
| LJ | 16 | 2.054 | 0.408 | 1.59 | 2.358 | 2.305 | 2.250 | 0.46 | 0.32 | 0.25 |
| | 25 | 1.285 | 0.395 | 2.06 | 1.578 | 1.527 | 1.474 | 0.72 | 0.50 | 0.39 |
| | 35 | 0.950 | 0.385 | 2.60 | 1.235 | 1.186 | 1.134 | 1.00 | 0.70 | 0.54 |
| | 50 | 0.660 | 0.373 | 3.27 | 0.936 | 0.888 | 0.838 | 1.43 | 1.00 | 0.78 |
| | 70 | 0.458 | 0.363 | 4.04 | 0.727 | 0.680 | 0.632 | 2.00 | 1.40 | 1.09 |
| | 95 | 0.343 | 0.350 | 4.95 | 0.604 | 0.559 | 0.512 | 2.70 | 1.89 | 1.48 |
| | 120 | 0.271 | 0.343 | 5.72 | 0.526 | 0.428 | 0.436 | 3.43 | 2.39 | 1.87 |
| | 150 | 0.222 | 0.335 | 6.70 | 0.473 | 0.430 | 0.384 | 4.28 | 3.00 | 2.34 |
| | 185 | 0.179 | 0.329 | 7.62 | 0.426 | 0.384 | 0.340 | 5.28 | 3.68 | 2.88 |
| | 240 | 0.137 | 0.321 | 9.28 | 0.378 | 0.337 | 0.293 | 6.84 | 4.77 | 3.73 |

| 型号 | 截面<br>(mm²) | 电阻<br>θ=55℃<br>(Ω/km) | 感抗<br>$D_j$=1.25m<br>(Ω/km) | 环境温度<br>35℃时的<br>允许负荷<br>(MVA) | 电压损失<br>[%/(MW·km)] | | | 按经济电流密度的允许负荷<br>(MVA) | | |
|---|---|---|---|---|---|---|---|---|---|---|
| | | | | | cosφ | | | 最大负荷年利用小时（h/a） | | |
| | | | | | 0.8 | 0.85 | 0.9 | <3000 | 3000~5000 | ≥5000 |
| TJ | 16 | 1.321 | 0.410 | 1.97 | 1.625 | 1.573 | 1.520 | 0.83 | 0.62 | 0.48 |
| | 25 | 0.838 | 0.395 | 2.74 | 1.131 | 1.080 | 1.027 | 1.30 | 0.97 | 0.76 |
| | 35 | 0.602 | 0.385 | 3.36 | 0.887 | 0.838 | 0.786 | 1.82 | 1.36 | 1.06 |
| | 50 | 0.423 | 0.374 | 4.12 | 0.700 | 0.652 | 0.602 | 2.60 | 1.94 | 1.51 |
| | 70 | 0.300 | 0.360 | 5.20 | 0.568 | 0.522 | 0.473 | 3.64 | 2.72 | 2.12 |
| | 95 | 0.221 | 0.350 | 6.32 | 0.509 | 0.464 | 0.416 | 4.94 | 3.70 | 2.87 |
| | 120 | 0.176 | 0.343 | 7.38 | 0.431 | 0.387 | 0.341 | 6.22 | 4.67 | 3.64 |
| | 150 | 0.138 | 0.335 | 8.68 | 0.389 | 0.348 | 0.301 | 7.78 | 5.83 | 4.55 |
| | 185 | 0.114 | 0.328 | 9.82 | 0.361 | 0.318 | 0.274 | 9.60 | 7.20 | 5.60 |
| | 240 | 0.088 | 0.320 | 11.74 | 0.328 | 0.286 | 0.243 | 12.42 | 9.35 | 7.27 |

**6kV 三相平衡负荷架空线路电压损失**　　　　　表 7-44

| 型号 | 截面<br>(mm²) | 电阻<br>θ=55℃<br>(Ω/km) | 感抗<br>$D_j$=1.25m<br>(Ω/km) | 环境温度<br>35℃时的<br>允许负荷<br>(MVA) | 电压损失<br>[%/(MW·km)] | | | 按经济电流密度的允许负荷<br>(MVA) | | |
|---|---|---|---|---|---|---|---|---|---|---|
| | | | | | cosφ | | | 最大负荷年利用小时（h/a） | | |
| | | | | | 0.8 | 0.85 | 0.9 | <3000 | 3000~5000 | ≥5000 |
| LJ | 16 | 2.054 | 0.408 | 0.96 | 6.549 | 6.403 | 6.251 | 0.27 | 0.19 | 0.15 |
| | 25 | 1.285 | 0.395 | 1.24 | 4.383 | 4.241 | 4.094 | 0.43 | 0.30 | 0.23 |
| | 35 | 0.950 | 0.385 | 1.56 | 3.431 | 3.293 | 3.150 | 0.60 | 0.42 | 0.33 |
| | 50 | 0.660 | 0.373 | 1.96 | 2.601 | 2.467 | 2.328 | 0.86 | 0.60 | 0.47 |
| | 70 | 0.458 | 0.363 | 2.42 | 2.019 | 1.889 | 1.754 | 1.19 | 0.84 | 0.66 |
| | 95 | 0.343 | 0.350 | 2.97 | 1.678 | 1.551 | 1.421 | 1.63 | 1.13 | 0.88 |
| | 120 | 0.271 | 0.343 | 3.43 | 1.462 | 1.339 | 1.210 | 2.06 | 1.43 | 1.12 |
| | 150 | 0.222 | 0.335 | 4.02 | 1.314 | 1.193 | 1.068 | 2.56 | 1.80 | 1.40 |
| | 185 | 0.179 | 0.329 | 4.57 | 1.184 | 1.065 | 0.942 | 3.16 | 2.21 | 1.74 |
| | 240 | 0.137 | 0.321 | 5.57 | 1.050 | 0.935 | 0.815 | 4.10 | 2.86 | 2.24 |
| TJ | 16 | 1.321 | 0.410 | 1.19 | 4.516 | 4.369 | 4.221 | 0.50 | 0.37 | 0.29 |
| | 25 | 0.838 | 0.395 | 1.64 | 3.143 | 3.001 | 2.854 | 0.78 | 0.59 | 0.46 |
| | 35 | 0.602 | 0.385 | 2.02 | 2.464 | 2.327 | 2.184 | 1.09 | 0.82 | 0.64 |
| | 50 | 0.423 | 0.374 | 2.47 | 1.944 | 1.811 | 1.672 | 1.59 | 1.17 | 0.91 |
| | 70 | 0.300 | 0.360 | 3.12 | 1.579 | 1.449 | 1.314 | 2.18 | 1.63 | 1.27 |
| | 95 | 0.221 | 0.350 | 3.79 | 1.414 | 1.288 | 1.156 | 2.98 | 2.22 | 1.72 |
| | 120 | 0.176 | 0.343 | 4.43 | 1.198 | 1.075 | 0.947 | 3.73 | 2.80 | 2.18 |
| | 150 | 0.138 | 0.335 | 5.21 | 1.081 | 0.960 | 0.835 | 4.67 | 3.50 | 2.73 |
| | 185 | 0.114 | 0.328 | 5.89 | 1.001 | 0.883 | 0.760 | 5.75 | 4.32 | 3.37 |
| | 240 | 0.088 | 0.320 | 7.05 | 0.911 | 0.796 | 0.676 | 7.48 | 5.60 | 4.36 |

表 7-45

## 380V 三相平衡负荷架空线路电压损失

| 型号 | 截面 (mm²) | 电阻 θ=60℃ (Ω/km) | 感抗 D_j=0.8m (Ω/km) | 环境温度35℃时的允许负荷 (MVA) | 电压损失[%/(kW·km)] cosφ | | | | | | 电压损失[%/(A·km)] cosφ | | | | | |
|---|---|---|---|---|---|---|---|---|---|---|---|---|---|---|---|---|
| | | | | | 0.5 | 0.6 | 0.7 | 0.8 | 0.9 | 1.0 | 0.5 | 0.6 | 0.7 | 0.8 | 0.9 | 1.0 |
| LJ | 16 | 2.090 | 0.381 | 61 | 1.889 | 1.795 | 1.714 | 1.643 | 1.574 | 1.448 | 0.625 | 0.709 | 0.790 | 0.865 | 0.932 | 0.953 |
| | 25 | 1.307 | 0.367 | 78 | 1.340 | 1.240 | 1.162 | 1.094 | 1.027 | 0.905 | 0.441 | 0.490 | 0.535 | 0.576 | 0.608 | 0.596 |
| | 35 | 0.967 | 0.357 | 99 | 1.092 | 0.995 | 0.918 | 0.852 | 0.788 | 0.669 | 0.359 | 0.393 | 0.423 | 0.449 | 0.467 | 0.441 |
| | 50 | 0.671 | 0.345 | 124 | 1.070 | 0.780 | 0.706 | 0.642 | 0.579 | 0.465 | 0.288 | 0.308 | 0.325 | 0.338 | 0.343 | 0.306 |
| | 70 | 0.466 | 0.335 | 153 | 0.719 | 0.628 | 0.556 | 0.494 | 0.434 | 0.323 | 0.235 | 0.248 | 0.256 | 0.260 | 0.257 | 0.212 |
| | 95 | 0.349 | 0.322 | 188 | 0.626 | 0.537 | 0.468 | 0.408 | 0.349 | 0.242 | 0.206 | 0.212 | 0.216 | 0.215 | 0.207 | 0.159 |
| | 120 | 0.275 | 0.315 | 217 | 0.566 | 0.480 | 0.412 | 0.353 | 0.296 | 0.191 | 0.186 | 0.190 | 0.190 | 0.186 | 0.175 | 0.126 |
| | 150 | 0.225 | 0.307 | 255 | 0.524 | 0.439 | 0.373 | 0.316 | 0.260 | 0.157 | 0.172 | 0.175 | 0.172 | 0.166 | 0.154 | 0.103 |
| | 185 | 0.183 | 0.301 | 290 | 0.486 | 0.404 | 0.339 | 0.283 | 0.228 | 0.128 | 0.160 | 0.159 | 0.156 | 0.149 | 0.135 | 0.084 |
| | 240 | 0.140 | 0.293 | 371 | 0.447 | 0.367 | 0.303 | 0.249 | 0.195 | 0.098 | 0.147 | 0.142 | 0.140 | 0.131 | 0.116 | 0.064 |
| TJ | 16 | 1.344 | 0.381 | 75 | 1.384 | 1.280 | 1.198 | 1.127 | 1.058 | 0.931 | 0.456 | 0.505 | 0.552 | 0.594 | 0.627 | 0.613 |
| | 25 | 0.853 | 0.367 | 104 | 1.026 | 0.926 | 0.847 | 0.779 | 0.712 | 0.590 | 0.338 | 0.366 | 0.393 | 0.412 | 0.422 | 0.389 |
| | 35 | 0.612 | 0.357 | 128 | 0.847 | 0.749 | 0.673 | 0.607 | 0.542 | 0.424 | 0.279 | 0.296 | 0.310 | 0.320 | 0.321 | 0.279 |
| | 50 | 0.430 | 0.346 | 157 | 0.708 | 0.613 | 0.539 | 0.475 | 0.413 | 0.298 | 0.233 | 0.242 | 0.249 | 0.250 | 0.244 | 0.196 |
| | 70 | 0.305 | 0.332 | 198 | 0.607 | 0.516 | 0.444 | 0.383 | 0.322 | 0.211 | 0.200 | 0.204 | 0.205 | 0.202 | 0.191 | 0.139 |
| | 95 | 0.225 | 0.322 | 240 | 0.540 | 0.452 | 0.382 | 0.322 | 0.263 | 0.156 | 0.178 | 0.178 | 0.176 | 0.170 | 0.156 | 0.103 |
| | 120 | 0.179 | 0.315 | 280 | 0.499 | 0.413 | 0.345 | 0.286 | 0.229 | 0.124 | 0.164 | 0.163 | 0.160 | 0.151 | 0.136 | 0.081 |
| | 150 | 0.140 | 0.307 | 330 | 0.465 | 0.380 | 0.314 | 0.256 | 0.201 | 0.098 | 0.153 | 0.150 | 0.145 | 0.135 | 0.119 | 0.065 |
| | 185 | 0.116 | 0.300 | 373 | 0.440 | 0.357 | 0.293 | 0.237 | 0.181 | 0.081 | 0.145 | 0.141 | 0.135 | 0.125 | 0.103 | 0.053 |
| | 240 | 0.089 | 0.292 | 446 | 0.412 | 0.331 | 0.268 | 0.214 | 0.160 | 0.063 | 0.135 | 0.131 | 0.124 | 0.113 | 0.095 | 0.041 |

### 7.5.3 电缆线路电压损失

电缆线路的电压损失见表 7-46～表 7-52。

**10kV 交联聚乙烯绝缘电力电缆电压损失** 表 7-46

| 截面<br>（mm²） | | 电阻<br>θ=80℃<br>（Ω/km） | 感抗<br>（Ω/km） | 埋地 25℃时<br>的允许负荷<br>（MVA） | 明敷 35℃时<br>的允许负荷<br>（MVA） | 电压损失[%/(MW·km)]<br>cosφ | | | 电压损失[%/(A·km)]<br>cosφ | | |
|---|---|---|---|---|---|---|---|---|---|---|---|
| | | | | | | 0.8 | 0.85 | 0.9 | 0.8 | 0.85 | 0.9 |
| 铝 | 16 | 2.230 | 0.133 | | | 2.330 | 2.312 | 2.294 | 0.032 | 0.034 | 0.036 |
| | 25 | 1.426 | 0.120 | 1.819 | 1.749 | 1.516 | 1.500 | 1.484 | 0.021 | 0.022 | 0.023 |
| | 35 | 1.019 | 0.113 | 2.165 | 2.078 | 1.104 | 1.089 | 1.074 | 0.015 | 0.016 | 0.017 |
| | 50 | 0.713 | 0.107 | 2.511 | 2.581 | 0.793 | 0.779 | 0.765 | 0.011 | 0.012 | 0.012 |
| | 70 | 0.510 | 0.101 | 3.118 | 3.152 | 0.586 | 0.573 | 0.559 | 0.008 | 0.008 | 0.009 |
| | 95 | 0.376 | 0.096 | 3.724 | 3.828 | 0.448 | 0.436 | 0.423 | 0.006 | 0.006 | 0.007 |
| | 120 | 0.297 | 0.095 | 4.244 | 4.486 | 0.368 | 0.356 | 0.343 | 0.005 | 0.005 | 0.005 |
| | 150 | 0.238 | 0.093 | 4.763 | 5.075 | 0.308 | 0.296 | 0.283 | 0.004 | 0.004 | 0.004 |
| | 185 | 0.192 | 0.090 | 5.369 | 5.906 | 0.260 | 0.248 | 0.236 | 0.004 | 0.004 | 0.004 |
| | 240 | 0.148 | 0.087 | 6.235 | 6.894 | 0.213 | 0.202 | 0.190 | 0.003 | 0.003 | 0.003 |
| 铜 | 16 | 1.359 | 0.133 | | | 1.459 | 1.441 | 1.423 | 0.020 | 0.021 | 0.022 |
| | 25 | 0.870 | 0.120 | 2.338 | 2.165 | 0.960 | 0.944 | 0.928 | 0.013 | 0.014 | 0.015 |
| | 35 | 0.622 | 0.113 | 2.771 | 2.737 | 0.707 | 0.692 | 0.677 | 0.010 | 0.010 | 0.011 |
| | 50 | 0.435 | 0.107 | 3.291 | 3.326 | 0.515 | 0.501 | 0.487 | 0.007 | 0.007 | 0.008 |
| | 70 | 0.310 | 0.101 | 3.984 | 4.070 | 0.386 | 0.373 | 0.359 | 0.005 | 0.006 | 0.006 |
| | 95 | 0.229 | 0.096 | 4.763 | 4.902 | 0.301 | 0.289 | 0.276 | 0.004 | 0.004 | 0.004 |
| | 120 | 0.181 | 0.095 | 5.369 | 5.733 | 0.252 | 0.240 | 0.227 | 0.004 | 0.004 | 0.004 |
| | 150 | 0.145 | 0.093 | 6.062 | 6.564 | 0.215 | 0.203 | 0.190 | 0.003 | 0.003 | 0.003 |
| | 185 | 0.118 | 0.090 | 6.842 | 7.482 | 0.186 | 0.174 | 0.162 | 0.003 | 0.003 | 0.003 |
| | 240 | 0.091 | 0.087 | 7.881 | 8.816 | 0.156 | 0.145 | 0.133 | 0.002 | 0.002 | 0.002 |

**6kV 交联聚乙烯绝缘电力电缆电压损失** 表 7-47

| 截面<br>（mm²） | | 电阻<br>θ=80℃<br>（Ω/km） | 感抗<br>（Ω/km） | 埋地 25℃时<br>的允许负荷<br>（MVA） | 明敷 35℃时<br>的允许负荷<br>（MVA） | 电压损失[%/(MW·km)]<br>cosφ | | | 电压损失[%/(A·km)]<br>cosφ | | |
|---|---|---|---|---|---|---|---|---|---|---|---|
| | | | | | | 0.8 | 0.85 | 0.9 | 0.8 | 0.85 | 0.9 |
| 铝 | 16 | 2.230 | 0.124 | | | 6.453 | 6.408 | 6.361 | 0.054 | 0.057 | 0.060 |
| | 25 | 1.426 | 0.111 | 1.091 | 1.050 | 4.193 | 4.152 | 4.111 | 0.035 | 0.037 | 0.038 |
| | 35 | 1.019 | 0.105 | 1.299 | 1.247 | 3.049 | 3.011 | 2.972 | 0.025 | 0.027 | 0.028 |
| | 50 | 0.713 | 0.099 | 1.506 | 1.548 | 2.187 | 2.151 | 2.114 | 0.018 | 0.019 | 0.020 |
| | 70 | 0.510 | 0.093 | 1.871 | 1.891 | 1.611 | 1.577 | 1.542 | 0.013 | 0.014 | 0.014 |
| | 95 | 0.376 | 0.089 | 2.234 | 2.297 | 1.230 | 1.198 | 1.164 | 0.010 | 0.011 | 0.011 |
| | 120 | 0.297 | 0.087 | 2.546 | 2.692 | 1.006 | 0.975 | 0.942 | 0.008 | 0.009 | 0.009 |
| | 150 | 0.238 | 0.085 | 2.858 | 3.045 | 0.838 | 0.808 | 0.776 | 0.007 | 0.007 | 0.007 |
| | 185 | 0.192 | 0.082 | 3.222 | 3.544 | 0.704 | 0.674 | 0.644 | 0.006 | 0.006 | 0.006 |
| | 240 | 0.148 | 0.080 | 3.741 | 4.136 | 0.578 | 0.549 | 0.519 | 0.005 | 0.005 | 0.005 |

续表

| 截面<br>(mm²) | 电阻<br>θ=80℃<br>(Ω/km) | 感抗<br>(Ω/km) | 埋地25℃时<br>的允许负荷<br>(MVA) | 明敷35℃时<br>的允许负荷<br>(MVA) | 电压损失[%/(MW·km)]<br>cosφ | | | 电压损失[%/(A·km)]<br>cosφ | | |
|---|---|---|---|---|---|---|---|---|---|---|
| | | | | | 0.8 | 0.85 | 0.9 | 0.8 | 0.85 | 0.9 |
| 16 | 1.359 | 0.124 | | | 4.033 | 3.988 | 3.942 | 0.034 | 0.035 | 0.037 |
| 25 | 0.870 | 0.111 | 1.403 | 1.299 | 2.648 | 2.608 | 2.566 | 0.022 | 0.023 | 0.024 |
| 35 | 0.622 | 0.105 | 1.663 | 1.642 | 1.947 | 1.909 | 1.869 | 0.016 | 0.017 | 0.018 |
| 50 | 0.435 | 0.099 | 1.975 | 1.995 | 1.415 | 1.379 | 1.341 | 0.012 | 0.012 | 0.013 |
| 70 | 0.310 | 0.093 | 2.390 | 2.442 | 1.055 | 1.021 | 0.986 | 0.009 | 0.009 | 0.009 |
| 95 (铜) | 0.229 | 0.089 | 2.858 | 2.941 | 0.822 | 0.789 | 0.756 | 0.007 | 0.007 | 0.007 |
| 120 | 0.181 | 0.087 | 3.222 | 3.440 | 0.684 | 0.653 | 0.620 | 0.006 | 0.006 | 0.006 |
| 150 | 0.145 | 0.085 | 3.637 | 3.939 | 0.580 | 0.549 | 0.517 | 0.005 | 0.005 | 0.005 |
| 185 | 0.118 | 0.082 | 4.105 | 4.489 | 0.499 | 0.469 | 0.438 | 0.004 | 0.004 | 0.004 |
| 240 | 0.091 | 0.080 | 4.728 | 5.290 | 0.419 | 0.391 | 0.360 | 0.004 | 0.003 | 0.003 |

**1kV 聚氯乙烯电力电缆用于三相 380V 系统电压损失**　　　　　表 7-48

| 截面<br>(mm²) | 电阻<br>θ=60℃<br>(Ω/km) | 感抗<br>(Ω/km) | 电压损失[%/(A·km)]<br>cosφ | | | | | |
|---|---|---|---|---|---|---|---|---|
| | | | 0.5 | 0.6 | 0.7 | 0.8 | 0.9 | 1.0 |
| 2.5 | 13.085 | 0.100 | 3.022 | 3.615 | 4.208 | 4.799 | 5.388 | 5.964 |
| 4 | 8.178 | 0.093 | 1.901 | 2.270 | 2.640 | 3.008 | 3.373 | 3.728 |
| 6 | 5.452 | 0.093 | 1.279 | 1.525 | 1.770 | 2.014 | 2.255 | 2.485 |
| 10 | 3.313 | 0.087 | 0.789 | 0.938 | 1.085 | 1.232 | 1.376 | 1.510 |
| 16 | 2.085 | 0.082 | 0.508 | 0.600 | 0.692 | 0.783 | 0.872 | 0.950 |
| 25 | 1.334 | 0.075 | 0.334 | 0.392 | 0.450 | 0.507 | 0.562 | 0.608 |
| 35 (铝) | 0.954 | 0.072 | 0.246 | 0.287 | 0.328 | 0.368 | 0.406 | 0.435 |
| 50 | 0.668 | 0.072 | 0.181 | 0.209 | 0.237 | 0.263 | 0.288 | 0.305 |
| 70 | 0.476 | 0.069 | 0.136 | 0.155 | 0.175 | 0.192 | 0.209 | 0.217 |
| 95 | 0.351 | 0.069 | 0.107 | 0.121 | 0.135 | 0.147 | 0.158 | 0.160 |
| 120 | 0.278 | 0.069 | 0.094 | 0.101 | 0.111 | 0.120 | 0.128 | 0.127 |
| 150 | 0.223 | 0.070 | 0.078 | 0.087 | 0.094 | 0.101 | 0.105 | 0.102 |
| 185 | 0.180 | 0.070 | 0.069 | 0.075 | 0.080 | 0.085 | 0.088 | 0.082 |
| 240 | 0.139 | 0.070 | 0.059 | 0.064 | 0.067 | 0.070 | 0.071 | 0.063 |
| 2.5 | 7.981 | 0.100 | 1.858 | 2.219 | 2.579 | 2.938 | 3.294 | 3.638 |
| 4 | 4.988 | 0.093 | 1.174 | 1.398 | 1.622 | 1.844 | 2.065 | 2.274 |
| 6 | 3.325 | 0.093 | 0.795 | 0.943 | 1.091 | 1.238 | 1.383 | 1.516 |
| 10 | 2.035 | 0.087 | 0.498 | 0.588 | 0.678 | 0.766 | 0.852 | 0.928 |
| 16 | 1.272 | 0.082 | 0.322 | 0.378 | 0.433 | 0.486 | 0.538 | 0.058 |
| 25 | 0.814 | 0.075 | 0.215 | 0.250 | 0.284 | 0.317 | 0.349 | 0.371 |
| 35 (铜) | 0.581 | 0.072 | 0.161 | 0.185 | 0.209 | 0.232 | 0.253 | 0.265 |
| 50 | 0.407 | 0.072 | 0.121 | 0.138 | 0.153 | 0.168 | 0.181 | 0.186 |
| 70 | 0.291 | 0.069 | 0.094 | 0.105 | 0.115 | 0.125 | 0.133 | 0.133 |
| 95 | 0.214 | 0.069 | 0.076 | 0.084 | 0.091 | 0.097 | 0.102 | 0.098 |
| 120 | 0.169 | 0.069 | 0.066 | 0.071 | 0.076 | 0.081 | 0.083 | 0.077 |
| 150 | 0.136 | 0.070 | 0.059 | 0.063 | 0.066 | 0.069 | 0.070 | 0.062 |
| 185 | 0.110 | 0.070 | 0.053 | 0.056 | 0.058 | 0.059 | 0.059 | 0.050 |
| 240 | 0.085 | 0.070 | 0.047 | 0.049 | 0.050 | 0.050 | 0.049 | 0.039 |

**1kV 聚氯乙烯电力电缆用于三相 380V 系统电压损失**　　　表 7-49

| 截面 (mm²) | | 电阻 θ=80℃ (Ω/km) | 感抗 (Ω/km) | 电压损失[%/(A·km)] | | | | | |
|---|---|---|---|---|---|---|---|---|---|
| | | | | cosφ | | | | | |
| | | | | 0.5 | 0.6 | 0.7 | 0.8 | 0.9 | 1.0 |
| 铝 | 4 | 8.742 | 0.097 | 2.031 | 2.426 | 2.821 | 3.214 | 3.605 | 3.985 |
| | 6 | 5.828 | 0.092 | 1.365 | 1.627 | 1.889 | 2.150 | 2.409 | 2.656 |
| | 10 | 3.541 | 0.085 | 0.841 | 0.999 | 1.157 | 1.314 | 1.469 | 1.614 |
| | 16 | 2.230 | 0.082 | 0.541 | 0.640 | 0.738 | 0.836 | 0.931 | 1.016 |
| | 25 | 1.426 | 0.082 | 0.357 | 0.420 | 0.482 | 0.542 | 0.601 | 0.650 |
| | 35 | 1.091 | 0.080 | 0.264 | 0.308 | 0.351 | 0.393 | 0.434 | 0.464 |
| | 50 | 0.713 | 0.079 | 0.194 | 0.224 | 0253 | 0.282 | 0.308 | 0.325 |
| | 70 | 0.510 | 0.078 | 0.147 | 0.168 | 0.188 | 0.207 | 0.225 | 0.232 |
| | 95 | 0.376 | 0.077 | 0.116 | 0.131 | 0.145 | 0.158 | 0.170 | 0.171 |
| | 120 | 0.297 | 0.077 | 0.098 | 0.109 | 0.120 | 0.129 | 0.137 | 0.135 |
| | 150 | 0.238 | 0.077 | 0.085 | 0.093 | 0.101 | 0.108 | 0.113 | 0.108 |
| | 185 | 0.192 | 0.078 | 0.075 | 0.081 | 0.087 | 0.091 | 0.094 | 0.080 |
| | 240 | 0.148 | 0.077 | 0.064 | 0.069 | 0.072 | 0.075 | 0.076 | 0.067 |
| 铜 | 4 | 5.332 | 0.097 | 1.253 | 1.494 | 1.733 | 1.971 | 2.207 | 2.430 |
| | 6 | 3.554 | 0.092 | 0.846 | 1.006 | 1.164 | 1.321 | 1.476 | 1.620 |
| | 10 | 2.175 | 0.085 | 0.529 | 0.626 | 0.722 | 0.816 | 0.909 | 0.991 |
| | 16 | 1.359 | 0.082 | 0.342 | 0.402 | 0.460 | 0.518 | 0.574 | 0.619 |
| | 25 | 0.870 | 0.082 | 0.231 | 0.268 | 0.304 | 0.340 | 0.373 | 0.397 |
| | 35 | 0.622 | 0.080 | 0.173 | 0.199 | 0.224 | 0.249 | 0.271 | 0.284 |
| | 50 | 0.435 | 0.079 | 0.130 | 0.148 | 0.165 | 0.180 | 0.194 | 0.198 |
| | 70 | 0.310 | 0.078 | 0.101 | 0.113 | 0.124 | 0.134 | 0.143 | 0.141 |
| | 95 | 0.229 | 0.077 | 0.083 | 0.091 | 0.098 | 0.105 | 0.109 | 0.104 |
| | 120 | 0.181 | 0.077 | 0.072 | 0.078 | 0.083 | 0.087 | 0.090 | 0.083 |
| | 150 | 0.145 | 0.077 | 0.063 | 0.068 | 0.071 | 0.074 | 0.075 | 0.060 |
| | 185 | 0.118 | 0.078 | 0.058 | 0.061 | 0.063 | 0.064 | 0.064 | 0.054 |
| | 240 | 0.091 | 0.077 | 0.051 | 0.053 | 0.054 | 0.054 | 0.053 | 0.041 |

**三相 380V 导线电压损失**　　　表 7-50

| 截面 (mm²) | | 电阻 θ=60℃ (Ω/km) | 感抗 (Ω/km) | 导线明敷（相间距离 150mm）[%/(A·km)] | | | | | | 感抗 (Ω/km) | 导线穿管[%/(A·km)] | | | | | |
|---|---|---|---|---|---|---|---|---|---|---|---|---|---|---|---|---|
| | | | | cosφ | | | | | | | cosφ | | | | | |
| | | | | 0.5 | 0.6 | 0.7 | 0.8 | 0.9 | 1.0 | | 0.5 | 0.6 | 0.7 | 0.8 | 0.9 | 1.0 |
| 铝芯 | 2.5 | 13.419 | 0.353 | 3.198 | 3.799 | 4.397 | 4.990 | 5.575 | 6.117 | 0.127 | 3.108 | 3.716 | 4.323 | 4.928 | 5.530 | 6.117 |
| | 4 | 8.313 | 0.338 | 2.028 | 2.397 | 2.762 | 3.124 | 3.477 | 3.789 | 0.119 | 1.942 | 2.317 | 2.691 | 3.064 | 3.434 | 3.789 |
| | 6 | 5.572 | 0.325 | 1.398 | 1.642 | 1.884 | 2.121 | 2.350 | 2.540 | 0.112 | 1.314 | 1.565 | 1.814 | 2.062 | 2.308 | 2.540 |
| | 10 | 3.350 | 0.306 | 0.884 | 1.028 | 1.169 | 1.305 | 1.435 | 1.527 | 0.108 | 0.806 | 0.956 | 1.104 | 1.251 | 1.396 | 1.527 |
| | 16 | 2.099 | 0.290 | 0.593 | 0.680 | 0.764 | 0.845 | 0.919 | 0.957 | 0.102 | 0.519 | 0.611 | 0.703 | 0.793 | 0.881 | 0.957 |
| | 25 | 1.320 | 0.277 | 0.410 | 0.462 | 0.511 | 0.557 | 0.596 | 0.602 | 0.099 | 0.340 | 0.397 | 0.453 | 0.508 | 0.561 | 0.602 |
| | 35 | 0.947 | 0.266 | 0.321 | 0.356 | 0.389 | 0.418 | 0.441 | 0.432 | 0.095 | 0.253 | 0.294 | 0.333 | 0.371 | 0.407 | 0.432 |
| | 50 | 0.653 | 0.251 | 0.248 | 0.270 | 0.290 | 0.307 | 0.318 | 0.297 | 0.091 | 0.185 | 0.212 | 0.238 | 0.263 | 0.286 | 0.297 |
| | 70 | 0.477 | 0.242 | 0.204 | 0.219 | 0.231 | 0.240 | 0.244 | 0.217 | 0.088 | 0.143 | 0.162 | 0.181 | 0.198 | 0.213 | 0.217 |
| | 95 | 0.350 | 0.231 | 0.171 | 0.180 | 0.187 | 0.191 | 0.190 | 0.160 | 0.089 | 0.115 | 0.128 | 0.141 | 0.152 | 0.161 | 0.160 |
| | 120 | 0.282 | 0.233 | 0.152 | 0.158 | 0.162 | 0.163 | 0.159 | 0.128 | 0.083 | 0.097 | 0.107 | 0.116 | 0.125 | 0.131 | 0.128 |
| | 150 | 0.226 | 0.216 | 0.137 | 0.141 | 0.142 | 0.141 | 0.136 | 0.103 | 0.082 | 0.084 | 0.092 | 0.099 | 0.105 | 0.109 | 0.103 |
| | 185 | 0.183 | 0.209 | 0.124 | 0.126 | 0.126 | 0.124 | 0.117 | 0.083 | 0.082 | 0.074 | 0.080 | 0.085 | 0.089 | 0.091 | 0.083 |
| | 240 | 0.140 | 0.200 | 0.111 | 0.111 | 0.110 | 0.106 | 0.097 | 0.064 | 0.080 | 0.064 | 0.068 | 0.071 | 0.073 | 0.073 | 0.064 |

续表

| 截面 (mm²) | | 电阻 θ=60℃ (Ω/km) | 感抗 (Ω/km) | 导线明敷（相间距离150mm）[%/(A·km)] | | | | | | 感抗 (Ω/km) | 导线穿管[%/(A·km)] | | | | | |
|---|---|---|---|---|---|---|---|---|---|---|---|---|---|---|---|---|
| | | | | cosφ | | | | | | | cosφ | | | | | |
| | | | | 0.5 | 0.6 | 0.7 | 0.8 | 0.9 | 1.0 | | 0.5 | 0.6 | 0.7 | 0.8 | 0.9 | 1.0 |
| 铜芯 | 1.5 | 13.933 | 0.368 | 3.321 | 3.945 | 4.565 | 5.181 | 5.789 | 6.351 | 0.138 | 3.230 | 3.861 | 4.490 | 5.118 | 5.743 | 6.351 |
| | 2.5 | 8.360 | 0.353 | 2.045 | 2.415 | 2.782 | 3.145 | 3.500 | 3.810 | 0.127 | 1.995 | 2.333 | 2.709 | 3.083 | 3.455 | 3.810 |
| | 4 | 5.172 | 0.338 | 1.312 | 1.538 | 1.760 | 1.978 | 2.189 | 2.357 | 0.119 | 1.226 | 1.458 | 1.689 | 1.918 | 2.145 | 2.357 |
| | 6 | 3.467 | 0.325 | 0.918 | 1.067 | 1.212 | 1.353 | 1.487 | 1.580 | 0.112 | 0.834 | 0.989 | 1.143 | 1.295 | 1.444 | 1.580 |
| | 10 | 2.040 | 0.306 | 0.586 | 0.670 | 0.751 | 0.828 | 0.898 | 0.930 | 0.108 | 0.508 | 0.597 | 0.686 | 0.773 | 0.858 | 0.930 |
| | 16 | 1.248 | 0.290 | 0.399 | 0.447 | 0.493 | 0.535 | 0.570 | 0.569 | 0.102 | 0.325 | 0.379 | 0.431 | 0.483 | 0.532 | 0.569 |
| | 25 | 0.805 | 0.277 | 0.293 | 0.321 | 0.347 | 0.369 | 0.385 | 0.367 | 0.099 | 0.223 | 0.256 | 0.289 | 0.321 | 0.350 | 0.367 |
| | 35 | 0.579 | 0.266 | 0.237 | 0.255 | 0.271 | 0.284 | 0.290 | 0.264 | 0.095 | 0.169 | 0.193 | 0.216 | 0.237 | 0.256 | 0.264 |
| | 50 | 0.398 | 0.251 | 0.190 | 0.200 | 0.209 | 0.214 | 0.213 | 0.181 | 0.091 | 0.127 | 0.142 | 0.157 | 0.170 | 0.181 | 0.181 |
| | 70 | 0.291 | 0.242 | 0.162 | 0.168 | 0.172 | 0.172 | 0.168 | 0.133 | 0.088 | 0.101 | 0.118 | 0.122 | 0.130 | 0.137 | 0.133 |
| | 95 | 0.217 | 0.231 | 0.141 | 0.144 | 0.145 | 0.142 | 0.135 | 0.099 | 0.089 | 0.085 | 0.092 | 0.098 | 0.104 | 0.107 | 0.099 |
| | 120 | 0.171 | 0.223 | 0.127 | 0.128 | 0.127 | 0.123 | 0.115 | 0.078 | 0.083 | 0.071 | 0.070 | 0.082 | 0.085 | 0.087 | 0.078 |
| | 150 | 0.137 | 0.216 | 0.117 | 0.116 | 0.114 | 0.109 | 0.099 | 0.063 | 0.082 | 0.064 | 0.068 | 0.071 | 0.073 | 0.073 | 0.063 |
| | 185 | 0.112 | 0.209 | 0.108 | 0.107 | 0.104 | 0.098 | 0.087 | 0.051 | 0.082 | 0.058 | 0.060 | 0.062 | 0.063 | 0.062 | 0.051 |
| | 240 | 0.086 | 0.200 | 0.099 | 0.096 | 0.092 | 0.086 | 0.075 | 0.039 | 0.080 | 0.051 | 0.053 | 0.053 | 0.053 | 0.051 | 0.039 |

**三相 380V 矩形母线电压损失[%/(A·km)]**　　　表 7-51

| 母线尺寸 (宽×厚) (mm) | | 电阻 θ=65℃ (Ω/km) | 感抗 (Ω/km) 母线中心间距 250mm | | 母线中心间距 250mm 竖放或平放 cosφ | | | | | |
|---|---|---|---|---|---|---|---|---|---|---|
| | | | 竖放 | 平放 | 0.5 | 0.6 | 0.7 | 0.8 | 0.9 | 1.0 |
| 铝 | 25×3 | 0.457 | 0.240 | 0.217 | 0.199 | 0.213 | 0.224 | 0.232 | 0.235 | 0.208 |
| | 30×4 | 0.286 | 0.227 | 0.205 | 0.155 | 0.161 | 0.165 | 0.166 | 0.162 | 0.130 |
| | 40×4 | 0.215 | 0.212 | 0.188 | 0.133 | 0.136 | 0.138 | 0.136 | 0.130 | 0.098 |
| | 40×5 | 0.172 | 0.210 | 0.187 | 0.122 | 0.124 | 0.123 | 0.120 | 0.112 | 0.078 |
| | 50×5 | 0.138 | 0.199 | 0.174 | 0.110 | 0.110 | 0.109 | 0.105 | 0.096 | 0.063 |
| | 50×6.3 | 0.116 | 0.197 | 0.173 | 0.104 | 0.104 | 0.101 | 0.096 | 0.087 | 0.053 |
| | 63×6.3 | 0.097 | 0.188 | 0.163 | 0.096 | 0.095 | 0.092 | 0.087 | 0.077 | 0.044 |
| | 80×6.3 | 0.074 | 0.172 | 0.146 | 0.085 | 0.083 | 0.080 | 0.074 | 0.065 | 0.034 |
| | 100×6.3 | 0.060 | 0.160 | 0.132 | 0.077 | 0.075 | 0.071 | 0.066 | 0.057 | 0.028 |
| | 63×8 | 0.074 | 0.185 | 0.162 | 0.090 | 0.088 | 0.084 | 0.078 | 0.067 | 0.034 |
| | 80×8 | 0.057 | 0.170 | 0.145 | 0.080 | 0.078 | 0.074 | 0.067 | 0.057 | 0.026 |
| | 100×8 | 0.047 | 0.158 | 0.132 | 0.073 | 0.070 | 0.066 | 0.060 | 0.051 | 0.021 |
| | 125×8 | 0.040 | 0.149 | 0.121 | 0.068 | 0.065 | 0.061 | 0.055 | 0.046 | 0.018 |
| | 63×10 | 0.060 | 0.182 | 0.160 | 0.086 | 0.083 | 0.079 | 0.072 | 0.061 | 0.028 |
| | 80×10 | 0.047 | 0.168 | 0.143 | 0.077 | 0.074 | 0.070 | 0.063 | 0.053 | 0.021 |
| | 100×10 | 0.039 | 0.156 | 0.131 | 0.071 | 0.068 | 0.063 | 0.057 | 0.047 | 0.018 |
| | 125×10 | 0.034 | 0.147 | 0.123 | 0.066 | 0.063 | 0.059 | 0.053 | 0.043 | 0.016 |

续表

| 母线尺寸（宽×厚）（mm） | 电阻 θ=65℃（Ω/km） | 感抗（Ω/km）母线中心间距 250mm | | 母线中心间距 250mm 竖放或平放 cosφ | | | | | |
|---|---|---|---|---|---|---|---|---|---|
| | | 竖放 | 平放 | 0.5 | 0.6 | 0.7 | 0.8 | 0.9 | 1.0 |
| 25×3 | 0.279 | 0.240 | 0.217 | 0.158 | 0.164 | 0.167 | 0.167 | 0.162 | 0.127 |
| 30×4 | 0.175 | 0.227 | 0.205 | 0.130 | 0.131 | 0.130 | 0.126 | 0.117 | 0.080 |
| 40×4 | 0.132 | 0.212 | 0.188 | 0.114 | 0.113 | 0.111 | 0.106 | 0.096 | 0.060 |
| 40×5 | 0.107 | 0.210 | 0.187 | 0.107 | 0.106 | 0.102 | 0.096 | 0.086 | 0.049 |
| 50×5 | 0.087 | 0.199 | 0.174 | 0.098 | 0.096 | 0.092 | 0.086 | 0.075 | 0.039 |
| 50×6.3 | 0.072 | 0.197 | 0.173 | 0.094 | 0.092 | 0.087 | 0.080 | 0.069 | 0.033 |
| 63×6.3 | 0.062 | 0.188 | 0.163 | 0.088 | 0.085 | 0.081 | 0.074 | 0.063 | 0.028 |
| 80×6.3 | 0.047 | 0.172 | 0.146 | 0.079 | 0.076 | 0.071 | 0.064 | 0.054 | 0.022 |
| 100×6.3 | 0.039 | 0.160 | 0.132 | 0.072 | 0.069 | 0.065 | 0.058 | 0.048 | 0.018 |
| 63×8 | 0.047 | 0.185 | 0.162 | 0.084 | 0.080 | 0.075 | 0.068 | 0.056 | 0.022 |
| 80×8 | 0.037 | 0.170 | 0.145 | 0.075 | 0.072 | 0.067 | 0.060 | 0.049 | 0.017 |
| 100×8 | 0.031 | 0.158 | 0.132 | 0.069 | 0.066 | 0.061 | 0.054 | 0.044 | 0.014 |
| 125×8 | 0.027 | 0.149 | 0.121 | 0.065 | 0.062 | 0.057 | 0.051 | 0.041 | 0.012 |
| 63×10 | 0.039 | 0.182 | 0.160 | 0.079 | 0.077 | 0.072 | 0.064 | 0.052 | 0.018 |
| 80×10 | 0.031 | 0.168 | 0.143 | 0.073 | 0.070 | 0.065 | 0.057 | 0.046 | 0.014 |
| 100×10 | 0.026 | 0.156 | 0.131 | 0.068 | 0.064 | 0.059 | 0.052 | 0.042 | 0.012 |
| 125×10 | 0.022 | 0.147 | 0.123 | 0.063 | 0.060 | 0.055 | 0.048 | 0.038 | 0.010 |

（铜）

**三相 380V 铜母线槽电压损失** 表 7-52

| 型号或规格（A） | | 电阻 θ=65℃（Ω/km） | 感抗（Ω/km） | 电压损失[%/(A·km)] cosφ | | | | | |
|---|---|---|---|---|---|---|---|---|---|
| | | | | 0.5 | 0.6 | 0.7 | 0.8 | 0.9 | 1.0 |
| 空气式 | 100 | 0.774 | 0.708 | 0.456 | 0.470 | 0.478 | 0.476 | 0.458 | 0.353 |
| | 160 | 0.382 | 0.366 | 0.232 | 0.238 | 0.241 | 0.239 | 0.230 | 0.174 |
| | 200 | 0.317 | 0.307 | 0.194 | 0.198 | 0.201 | 0.200 | 0.191 | 0.145 |
| | 315 | 0.174 | 0.180 | 0.111 | 0.113 | 0.114 | 0.113 | 0.107 | 0.079 |
| | 400 | 0.131 | 0.138 | 0.084 | 0.086 | 0.087 | 0.086 | 0.081 | 0.060 |
| | 500 | 0.104 | 0.112 | 0.068 | 0.069 | 0.070 | 0.069 | 0.065 | 0.047 |
| | 630 | 0.089 | 0.159 | 0.083 | 0.082 | 0.080 | 0.076 | 0.068 | 0.041 |
| 密集式 | 100 | 0.556 | 0.163 | 0.191 | 0.212 | 0.231 | 0.247 | 0.261 | 0.254 |
| | 250 | 0.139 | 0.041 | 0.048 | 0.053 | 0.058 | 0.062 | 0.065 | 0.063 |
| | 400 | 0.113 | 0.031 | 0.038 | 0.042 | 0.046 | 0.050 | 0.053 | 0.052 |
| | 630 | 0.094 | 0.025 | 0.031 | 0.035 | 0.038 | 0.041 | 0.043 | 0.043 |
| | 800 | 0.082 | 0.021 | 0.027 | 0.030 | 0.033 | 0.036 | 0.038 | 0.037 |
| | 1000 | 0.065 | 0.017 | 0.022 | 0.024 | 0.026 | 0.028 | 0.030 | 0.029 |
| | 1250 | 0.057 | 0.014 | 0.019 | 0.021 | 0.023 | 0.025 | 0.026 | 0.026 |
| | 1600 | 0.045 | 0.013 | 0.015 | 0.017 | 0.019 | 0.020 | 0.021 | 0.020 |
| | 2500 | 0.025 | 0.007 | 0.008 | 0.009 | 0.010 | 0.011 | 0.012 | 0.011 |

| 型号或规格（A） | | 电阻<br>θ＝65℃<br>（Ω/km） | 感抗<br>（Ω/km） | 电压损失[%/(A·km)] | | | | | |
|---|---|---|---|---|---|---|---|---|---|
| | | | | cosφ | | | | | |
| | | | | 0.5 | 0.6 | 0.7 | 0.8 | 0.9 | 1.0 |
| 滑接式 | AHG-200 | 0.387 | 0.182 | 0.160 | 0.172 | 0.183 | 0.191 | 0.195 | 0.176 |
| | AHG-300 | 0.302 | 0.182 | 0.141 | 0.156 | 0.156 | 0.159 | 0.160 | 0.138 |
| | AHG-500 | 0.116 | 0.148 | 0.085 | 0.086 | 0.085 | 0.083 | 0.077 | 0.053 |
| | AHG-800 | 0.083 | 0.148 | 0.077 | 0.077 | 0.075 | 0.071 | 0.063 | 0.038 |
| | AQHX-3H-60 | 1.008 | 0.100 | 0.288 | 0.334 | 0.380 | 0.424 | 0.466 | 0.496 |
| | AQHX-3H-160 | 0.726 | 0.097 | 0.204 | 0.234 | 0.263 | 0.291 | 0.317 | 0.331 |
| | AQHX-3H-150 | 0.435 | 0.087 | 0.134 | 0.151 | 0.167 | 0.182 | 0.196 | 0.198 |
| | DHG-3-10/50 | 2.188 | 0.155 | 0.560 | 0.655 | 0.749 | 0.841 | 0.929 | 0.998 |
| | DHG-4-15/80 | 1.458 | 0.130 | 0.384 | 0.446 | 0.508 | 0.567 | 0.624 | 0.655 |
| | DHG-4-35/140 | 0.625 | 0.128 | 0.193 | 0.218 | 0.241 | 0.263 | 0.282 | 0.285 |
| | DHG-3-70/210 | 0.312 | 0.098 | 0.110 | 0.121 | 0.131 | 0.141 | 0.148 | 0.142 |

注：滑接式型号详见表7-39。

# 附1 电线电缆产品型号编制方法简介

电线电缆产品型号编制方法简介（见附表1-1）。

**电线电缆产品型号编制方法简介**　　　　　　　　　　　　　　　附表1-1

| 类别、用途 | 导体 | 绝缘 | 内护层 | 特征 | 外护层 | 派生 |
|---|---|---|---|---|---|---|
| 1 | 2 | 3 | 4 | 5 | 6 | 7 |
| 裸电线：<br>L—铝线<br>T—铜线<br>G—钢线 | | | | J—绞制<br>R—柔软<br>Y—硬 | | |
| 电力电缆：<br>V—塑料电缆<br>X—橡皮电缆<br>YJ—交联聚乙烯电缆<br>BTT—矿物电缆<br>ZR(Z)—阻燃型<br>NH(N)—耐火型 | 铜芯T可省略<br>L—铝芯 | V—聚氯乙烯<br>X—橡皮<br>Y—聚乙烯 | H—橡套<br>Q—铅包<br>V—塑料护套 | P—屏蔽<br>D—不滴流 | 1——一级防腐<br>2——二级防腐<br>9——内铠装 | 110—110kV<br>120—120kV<br>150—150kV |
| 通信电缆：<br>H—通信电缆<br>HJ—局用电缆<br>HP—配线电缆<br>HU—矿用电缆 | G—铁线芯 | Z—纸<br>V—聚氯乙烯<br>Y—聚乙烯<br>YF—泡沫聚乙烯<br>X—橡皮 | Q—铅<br>F—复合物<br>V—塑料<br>VV—双层塑料<br>H—橡胶 | C—自承式<br>J—交换机用<br>P—屏蔽<br>R—软结构<br>T—填石油膏 | 0—相应的裸外护层<br>1—纤维外被<br>2—聚氯乙烯<br>3—聚乙烯 | T—热带型 |

续表

| 类别、用途 | 导体 | 绝缘 | 内护层 | 特征 | 外护层 | 派生 |
|---|---|---|---|---|---|---|
| 1 | 2 | 3 | 4 | 5 | 6 | 7 |
| 电气装备用电线电缆：<br>B—绝缘线<br>DJ—电子计算机<br>K—控制电缆<br>R—软线<br>Y—移动电缆<br>ZR—阻燃 | V—聚氯乙烯<br>X—橡皮<br>XF—聚丁橡皮<br>XG—硅橡皮<br>Y—聚乙烯 | H—橡套<br>P—屏蔽<br>V—聚氯乙烯 | C—重型<br>G—高压<br>H—电焊机用<br>Q—轻型<br>R—柔软<br>T—耐热<br>Y—防白蚁<br>Z—中型 | 0—相应的裸外护层<br>32—镀锡铜丝编织<br>2—铜带绕包<br>3—铝箔/聚酯薄膜复合带绕包 | 1—第一种（户外用）<br>2—第二种<br>0.3—拉断力<br>0.3 吨<br>105—耐热105℃ |

## 附2　电缆非金属含量参考表

450/750V 聚氯乙烯绝缘电线非金属含量参考表见附表 2-1，6/6、6/10kV XLPE 电缆非金属含量参考表见附表 2-2，0.6/1kV XLPE 电缆非金属含量参考表见附表 2-3，0.6/1kV PVC 非铠装电缆非金属含量参考表见附表 2-4。

**450/750V 聚氯乙烯绝缘电线非金属含量参考表**　　　　附表 2-1

| 截面<br>（mm²） | 直径<br>（mm） | 非金属含量<br>（L/m） | 截面<br>（mm²） | 直径<br>（mm） | 非金属含量<br>（L/m） | 截面<br>（mm²） | 直径<br>（mm） | 非金属含量<br>（L/m） |
|---|---|---|---|---|---|---|---|---|
| 1.5 | 3.4 | 0.0076 | 25 | 9.8 | 0.0504 | 150 | 21 | 0.1962 |
| 2.5 | 4.2 | 0.0113 | 35 | 11 | 0.0600 | 185 | 23.5 | 0.2485 |
| 4 | 4.8 | 0.0141 | 50 | 13 | 0.0827 | 240 | 26.5 | 0.3113 |
| 6 | 5.4 | 0.0169 | 70 | 15 | 0.1066 | 300 | 29.5 | 0.3831 |
| 10 | 6.8 | 0.0263 | 95 | 17 | 0.1319 | 400 | 33.5 | 0.4810 |
| 16 | 8 | 0.0342 | 120 | 19 | 0.1634 | | | |

注：参照《额定电压 450/750V 及以下聚氯乙烯绝缘电缆（电线）》GB/T 5023.1—2008，GB/T 5023.6—2006 计算。

**6/6、6/10kV XLPE 电缆非金属含量参考表**　　　　附表 2-2

| 单芯 | | | | | | 三芯 | | | | | |
|---|---|---|---|---|---|---|---|---|---|---|---|
| 截面<br>（mm²） | 直径<br>（mm） | 非金属含量<br>（L/m） | 截面<br>（mm²） | 直径<br>（mm） | 非金属含量<br>（L/m） | 截面<br>（mm²） | 直径<br>（mm） | 非金属含量<br>（L/m） | 截面<br>（mm²） | 直径<br>（mm） | 非金属含量<br>（L/m） |
| 25 | 22.3 | 0.3654 | 150 | 30.6 | 0.5850 | 25 | 43.34 | 1.3995 | 150 | 62.1 | 2.5773 |
| 35 | 23.3 | 0.3912 | 185 | 32.3 | 0.6340 | 35 | 45.7 | 1.5345 | 185 | 66.1 | 2.8748 |
| 50 | 24.4 | 0.4174 | 240 | 34.9 | 0.7161 | 50 | 48.3 | 1.6813 | 240 | 71.7 | 3.3156 |
| 70 | 26.1 | 0.4647 | 300 | 37.4 | 0.7980 | 70 | 52.2 | 1.9290 | 300 | 76.9 | 3.7422 |
| 95 | 27.5 | 0.4987 | 400 | 40.1 | 0.8623 | 95 | 55.6 | 2.1417 | | | |
| 120 | 29 | 0.5402 | 500 | 44.1 | 1.0267 | 120 | 59 | 2.3726 | | | |

注：参照上海电缆厂产品，该厂产品绝缘厚度较厚，一般均超过其他厂产品的非金属含量。

## 0.6/1kV XLPE 电缆非金属含量参考表

附表 2-3

| 1芯 | | | 3芯 | | | (3+1)芯 | | | (3+2)芯 | | | 4芯 | | | (4+1)芯 | | |
|---|---|---|---|---|---|---|---|---|---|---|---|---|---|---|---|---|---|
| 截面 (mm²) | 直径 (mm) | 非金属含量 (L/m) | 截面 (mm²) | 直径 (mm) | 非金属含量 (L/m) | 截面 (mm²) | 直径 (mm) | 非金属含量 (L/m) | 截面 (mm²) | 直径 (mm) | 非金属含量 (L/m) | 截面 (mm²) | 直径 (mm) | 非金属含量 (L/m) | 截面 (mm²) | 直径 (mm) | 非金属含量 (L/m) |
| 1.5 | 5.9 | 0.026 | 1.5 | 10.8 | 0.087 | | | | | | | 1.5 | 11.6 | 0.100 | | | |
| 2.5 | 6.3 | 0.029 | 2.5 | 11.7 | 0.100 | | | | | | | 2.5 | 12.6 | 0.115 | | | |
| 4 | 6.8 | 0.032 | 4 | 12.7 | 0.115 | 4 | 14.3 | 0.126 | 4 | 14.3 | 0.144 | 4 | 13.7 | 0.131 | 4 | 14.5 | 0.147 |
| 6 | 7.3 | 0.036 | 6 | 13.8 | 0.131 | 6 | 14.6 | 0.145 | 6 | 15.6 | 0.165 | 6 | 14.9 | 0.150 | 6 | 15.9 | 0.170 |
| 10 | 8.6 | 0.048 | 10 | 16.6 | 0.186 | 10 | 17.3 | 0.199 | 10 | 18.4 | 0.224 | 10 | 18.0 | 0.214 | 10 | 18.9 | 0.234 |
| 16 | 9.7 | 0.058 | 16 | 18.9 | 0.232 | 16 | 20 | 0.256 | 16 | 21.4 | 0.291 | 16 | 20.6 | 0.269 | 16 | 21.9 | 0.302 |
| 25 | 11.4 | 0.077 | 25 | 22.6 | 0.326 | 25 | 23.8 | 0.360 | 25 | 25.4 | 0.411 | 25 | 24.8 | 0.383 | 25 | 26.2 | 0.429 |
| 35 | 12.5 | 0.088 | 35 | 25.1 | 0.390 | 35 | 25.8 | 0.402 | 35 | 27.5 | 0.457 | 35 | 27.6 | 0.458 | 35 | 28.8 | 0.495 |
| 50 | 14.1 | 0.106 | 50 | 28.5 | 0.488 | 50 | 29.9 | 0.527 | 50 | 32.1 | 0.609 | 50 | 31.6 | 0.584 | 50 | 33.4 | 0.651 |
| 70 | 16.2 | 0.136 | 70 | 33.2 | 0.655 | 70 | 34.6 | 0.695 | 70 | 37.1 | 0.800 | 70 | 36.8 | 0.783 | 70 | 38.8 | 0.867 |
| 95 | 18.3 | 0.168 | 95 | 37.6 | 0.825 | 95 | 39.3 | 0.877 | 95 | 42.2 | 1.013 | 95 | 41.8 | 0.992 | 95 | 44.1 | 1.097 |
| 120 | 20.2 | 0.200 | 120 | 41.8 | 1.012 | 120 | 44.2 | 1.104 | 120 | 47.7 | 1.286 | 120 | 46.5 | 1.217 | 120 | 49.5 | 1.373 |
| 150 | 22.3 | 0.240 | 150 | 46.4 | 1.240 | 150 | 48 | 1.289 | 150 | 51.4 | 1.484 | 150 | 51.6 | 1.490 | 150 | 54.1 | 1.628 |
| 185 | 24.8 | 0.298 | 185 | 51.7 | 1.543 | 185 | 53.8 | 1.622 | 185 | 57.7 | 1.868 | 185 | 57.6 | 1.864 | 185 | 60.5 | 2.038 |
| 240 | 27.9 | 0.371 | 240 | 58.3 | 1.948 | 240 | 60.5 | 2.033 | 240 | 64.9 | 2.346 | 240 | 64.9 | 2.346 | 240 | 68.2 | 2.571 |
| 300 | 30.7 | 0.440 | 300 | 64.4 | 2.356 | 300 | 66.9 | 2.463 | 300 | 74 | 3.099 | 300 | 71.8 | 2.847 | 300 | 75.1 | 3.077 |
| 400 | 34.3 | 0.524 | | | | | | | | | | | | | | | |
| 500 | 38.6 | 0.670 | | | | | | | | | | | | | | | |

注：参照上海电缆厂产品。

## 0.6/1kV PVC非铠装电缆非金属含量参考表

附表 2-4

| 1芯 | | | 3芯 | | | (3+1)芯 | | | (3+2)芯 | | | 4芯 | | | (4+1)芯 | | |
|---|---|---|---|---|---|---|---|---|---|---|---|---|---|---|---|---|---|
| 截面(mm²) | 直径(mm) | 非金属含量(L/m) | 截面(mm²) | 直径(mm) | 非金属含量(L/m) | 截面(mm²) | 直径(mm) | 非金属含量(L/m) | 截面(mm²) | 直径(mm) | 非金属含量(L/m) | 截面(mm²) | 直径(mm) | 非金属含量(L/m) | 截面(mm²) | 直径(mm) | 非金属含量(L/m) |
| 1.5 | 6.1 | 0.0277 | 1.5 | 10.9 | 0.089 |  |  |  |  |  |  |  |  |  |  |  |  |
| 2.5 | 6.5 | 0.0307 | 2.5 | 11.8 | 0.102 |  |  |  |  |  |  | 2.5 | 12.7 | 0.117 |  |  |  |
| 4 | 7.4 | 0.0390 | 4 | 13.7 | 0.135 | 4 | 14.3 | 0.1460 | 4 | 15.2 | 0.1644 | 4 | 14.9 | 0.158 | 4 | 15.6 | 0.1725 |
| 6 | 7.9 | 0.0430 | 6 | 14.8 | 0.154 | 6 | 15.8 | 0.1740 | 6 | 17.1 | 0.2035 | 6 | 16.1 | 0.179 | 6 | 17.4 | 0.2097 |
| 10 | 9.2 | 0.0564 | 10 | 17.6 | 0.213 | 10 | 18.5 | 0.2327 | 10 | 19.7 | 0.2627 | 10 | 19.2 | 0.249 | 10 | 20.3 | 0.2775 |
| 16 | 10.3 | 0.0673 | 16 | 19.9 | 0.263 | 16 | 21.1 | 0.2915 | 16 | 22.7 | 0.3365 | 16 | 21.7 | 0.306 | 16 | 23.3 | 0.3522 |
| 25 | 12 | 0.0880 | 25 | 23.6 | 0.362 | 25 | 24.9 | 0.4017 | 25 | 26.7 | 0.4646 | 25 | 25.9 | 0.427 | 25 | 27.6 | 0.4880 |
| 35 | 13.2 | 0.1018 | 35 | 26.1 | 0.430 | 35 | 27.1 | 0.4555 | 35 | 29 | 0.5232 | 35 | 28.7 | 0.507 | 35 | 30.3 | 0.5647 |
| 50 | 14.9 | 0.1243 | 50 | 26.5 | 0.441 | 50 | 30.4 | 0.5505 | 50 | 34.4 | 0.7289 | 50 | 30.4 | 0.525 | 50 | 35.8 | 0.7811 |
| 70 | 16.7 | 0.1489 | 70 | 28.8 | 0.401 | 70 | 33.9 | 0.6571 | 70 | 38.7 | 0.8957 | 70 | 33.9 | 0.622 | 70 | 39.9 | 0.9347 |
| 95 | 19.3 | 0.1974 | 95 | 33.6 | 0.601 | 95 | 39.5 | 0.8898 | 95 | 44.4 | 1.1625 | 95 | 39.7 | 0.857 | 95 | 46 | 1.2311 |
| 120 | 20.9 | 0.2229 | 120 | 37.1 | 0.720 | 120 | 44 | 1.0898 | 120 | 49 | 1.3848 | 120 | 44.2 | 1.054 | 120 | 51 | 1.4918 |
| 150 | 23.1 | 0.2689 | 150 | 41.9 | 0.928 | 150 | 48.5 | 1.3265 | 150 | 52.9 | 1.6068 | 150 | 48.7 | 1.262 | 150 | 55.4 | 1.7393 |
| 185 | 25.6 | 0.3295 | 185 | 45.9 | 1.099 | 185 | 53.3 | 1.4801 | 185 | 59.3 | 2.0154 | 185 | 53.5 | 1.307 | 185 | 61.9 | 2.1728 |
| 240 | 28.8 | 0.4111 | 240 | 51.8 | 1.386 | 240 | 55 | 1.5346 | 240 | 66.6 | 2.5219 | 240 | 55.4 | 1.449 | 240 | 69.7 | 2.7336 |
| 300 | 31.9 | 0.4988 | 300 | 55.3 | 1.501 | 300 | 59.8 | 1.7572 | 300 | 71.7 | 2.8356 | 300 | 60.2 | 1.645 | 300 | 74.3 | 2.9836 |

注：参照上海电缆厂产品。

# 7.6   线  路  敷  设

## 7.6.1   屋内、外布线

### 7.6.1.1   一般规定

(1) 布线方式应按下列条件选择:

1) 符合场所的环境特征;

2) 符合建筑物和构筑物的特征;

3) 符合人与布线之间可接近的程度;

4) 应考虑短路可能出现的机械应力;

5) 在安装期间或运行中,布线可能遭受的其他应力(包括导线的自重)。

(2) 选择布线方式时,应避免下列外部环境带来的损害或有害影响:

1) 应避免由外部热源产生的有害影响;

2) 应防止在使用过程中因水的侵入或因进入固体物而带来的损害;

3) 应防止外部的机械损害;

4) 在有大量灰尘的场所,应避免由于灰尘聚集在布线上所带来的有害影响;

5) 应避免由于强烈日光辐射而带来的损害。

(3) 线路敷设方式按环境条件选择见表 7-53。

### 7.6.1.2   裸导体布线

(1) 裸导体布线应用于工业企业厂房。

(2) 无遮护的裸导体距地面高度不应小于 3.5m,采用防护等级不低于 IP2X 级的网状遮栏时不应低于 2.5m。

(3) 裸导体与管道(不包括可燃气体及易燃/可燃液体管道)、走道板同侧平行敷设时,应敷设在管道和走道板的上面,与需要经常维护的管道净距不应小于 1.8m,与走道板净距不应小于 2.3m,如不能符合上述要求,应加遮栏。

(4) 裸导体用遮栏防护时,遮栏与裸导体的净距应符合下列要求:

1) 用防护等级不低于 IP2X 的网状遮护物时,不应小于 100mm。

2) 用板状遮护物时,不应小于 50mm。

(5) 起重行车上方的裸导体至起重行车平台铺板的净距不应小于 2.3m,当其净距小于或等于 2.3m 时,起重行车上方或裸导体下方应装设遮护,敷设在起重机修段上方的裸导体宜设置网状遮栏。

(6) 除滑触线本身的辅助导线外,裸导体不宜与起重机滑触线敷设在同一支架上。

(7) 裸导体的线间及裸导体至建筑物表面的最小净距(不包括固定点),不应小于表 7-54 所列数值。

硬导体固定点的间距,应符合通过最大短路电流时的动稳定要求。

### 7.6.1.3   绝缘导线明敷布线

(1) 屋内直敷布线应采用护套绝缘导线,其截面不宜大于 6mm²,布线的固定点间距不应大于 300mm。

**表 7-53**

## 线路敷设方式按环境条件选择

| 导线类型 | 敷设方式 | 常用导线型号 | 干燥 生产 | 干燥 生活 | 潮湿 | 特别高温 | 高温 | 多尘 | 化学腐蚀 | 火灾危险区 21 | 火灾危险区 22 | 火灾危险区 23 | 爆炸危险区 0 | 爆炸危险区 1 | 爆炸危险区 2 | 爆炸危险区 10 | 爆炸危险区 11 | 户外 | 高层建筑 | 一般民用 | 进户线 |
|---|---|---|---|---|---|---|---|---|---|---|---|---|---|---|---|---|---|---|---|---|---|
| 塑料护套线 | 直敷配线 | BLVV、BVV | √ | √ | × | × | × | × | × | × | × | √ | × | × | × | × | × | × | + | √ | × |
| 绝缘线 | 鼓型绝缘子 |  | + | √ | √ | +① | +① | √ | + | + | + | +① | × | × | × | × | × | × |  | √ | × |
|  | 蝶针式绝缘子 |  | × | √ | √ | √ | √ | √ | +② | + | + | +① | × | × | × | × | × | √⑤ |  |  |  |
|  | 钢管明敷 | BLV、BV、BVN |  | + | + | + | √ | + | +② | √ | + | √ | × | × | √ | × |  | +② | √ | √ | √ |
|  | 钢管暗敷 |  | + | √ | √ | × | √ | √ | + | √ | + | √ | × | √ | √ | × | √ |  | √ | √ | √ |
|  | 电线管 JDG 管明敷 |  | √ | √ | + | × | + | + | × | + | + | + | × | × | × | × | × | × | × | × | × |
|  | 电线管 KBG 管暗敷 |  | √ | + | √ | × | √ | √ | + | + | + | + | × | × | × | × | × | × | × | × | × |
|  | 硬塑料管明敷 |  | + | + | + | × | × | + | √ | + | + | + | × | × | × | × | × | + | √ | √ | + |
|  | 硬塑料管暗敷 |  | √ | + | × | × | × | × | √ | × | × | √ | × | × | × | × | × | × | √ | √ | √ |
|  | 线槽配线 |  | √ | √ | × | × | × | × | × | × | × | √ | × | × | × | × | × | × | √ | √ | √ |
| 裸导体 | 瓷瓶明敷 | LJ、TJ、LMY、TMY | √ | √ | + | √⑥ | √⑥ | √③ | × | +⑥ | +⑥ | +⑥ | × | × | × | × | × | √ | √⑥ | √ | + |
| 母线槽 | 支架明敷 | 各型号 | + | √ | + | + | √ | + | + | + | + | + | × | × | × | + | + | + | √ | √ | √ |
| 电缆 | 地沟内敷设 | VLV、VV、YJLV、YJV、XLV、XV | √ | √ | + | √ | √ | + | × | +④ | +④ | + | +④ | +④ | +④ | + | + | √ | √ | √ | √ |
|  | 支架明敷 | VLV、VV、YJLV、YJV | √ | √ | + | √ | √ | √ | × | + | + | + | +④ | +④ | +④ | + | + | √ | √ | √ | √ |
|  | 直埋地 | VLV₂₂、VV₂₂、YJLV₂₂、YJV₂₂ |  |  |  | √ |  |  | √ | + | + | + | +④ | +④ | +④ | + |  | √ |  | √ | √ |
|  | 桥架配线 | 各型号 | √③ | + | +③ | +③ | +③ | √③ | +③ | +③ | +③ | +③ | +③ | +③ | +③ | +③ | +③ | √ | √ | √ | + |
| 架空电缆 | 支架明敷 |  |  |  |  |  |  |  |  |  |  | √ |  |  |  | + |  | √ | √ | + | √ |

注：表中"√"应尽可能使用，"+"可以采用，无记号建议不用，"×"不允许使用。

① 应远离可燃物，且不应敷设在木质吊顶、墙壁上及可燃液体管道线槽上；

② 应采用硬质镀锌钢管并做好防腐处理；

③ 宜采用阻燃电缆；

④ 地沟内应埋沙并设排水措施；

⑤ 屋外架空用裸导体，沿墙用绝缘线；

⑥ 可用硬质裸母线，但应连接可靠，尽量采用焊接；在 21 区和 23 区内，母线宜装金属网防护罩，防护罩采用 IP2X 结构，在 22 区内应采用 IP5X 结构的护罩。

**裸导体的线间及裸导体至建筑物表面的最小净距** 表 7-54

| 固定点间距 $L$（m） | 最小净距（mm） | 固定点间距 $L$（m） | 最小净距（mm） |
|---|---|---|---|
| $L \leqslant 2$ | 50 | $L \leqslant 6$ | 150 |
| $2 < L \leqslant 4$ | 100 | $L > 6$ | 200 |

（2）在建筑物顶棚内严禁采用绝缘导线直敷或明敷布线，必须采用金属管、金属线槽布线。

（3）用鼓形绝缘子、针式绝缘子在屋内、外布线以及直敷布线时，绝缘导线至地面的最小距离：屋面水平敷设时为 2.5m，垂直敷设时为 1.8m，屋外均为 2.7m。小于上述数值时，导线应套管保护。

（4）用鼓形绝缘子、针式绝缘子在屋内、外布线时，绝缘导线的间距不应小于表 7-55 所列数值。

**屋内、外布线的绝缘导线的最小间距** 表 7-55

| 固定点间距 $L$（m） | 导线最小间距（mm） | |
|---|---|---|
| | 屋内布线 | 屋外布线 |
| $L \leqslant 1.5$ | 50 | 100 |
| $1.5 < L \leqslant 3$ | 75 | 100 |
| $3 < L \leqslant 6$ | 100 | 150 |
| $6 < L \leqslant 10$ | 150 | 200 |

（5）屋内用绝缘导线敷设时，导线固定点的最大间距不应大于表 7-56 所列数值。

**绝缘导线固定点间最大间距** 表 7-56

| 布线方式 | 导线截面（mm²） | 固定点间最大间距（mm） |
|---|---|---|
| 绝缘子直接固定在墙面、顶棚面下布线 | 1～4 | 1500 |
| | 6～10 | 2000 |
| | 16～25 | 3000 |
| 直敷布线（护套绝缘导线） | $\leqslant 6$ | 300 |

（6）屋外布线的绝缘导线至建筑物的最小间距不应小于表 7-57 所列数值。

（7）绝缘导线明敷在有高温辐射或绝缘层有腐蚀的环境时，导线线间及导线至建筑物表面最小间距按裸导线考虑。

**屋外绝缘导线至建筑物的最小间距** 表 7-57

| 布线方式 | 最小间距（mm） |
|---|---|
| 水平敷设时垂直间距在阳台、平台上和跨越建筑物顶 | 2500 |
| 导线至墙壁和构架的间距（挑檐下除外） | 50 |

### 7.6.1.4 穿管布线

（1）穿管敷设的绝缘导线，其电压等级不应低于交流 750V。

（2）管材选择：

1）明敷于潮湿环境或直接埋于素土内的金属管布线，应采用焊接钢管（又称普通黑铁管，以下简称钢管）。明敷或暗敷于干燥环境的金属管布线，可采用管壁厚度不小于 1.5mm 的电线钢管（又称薄黑铁管，以下简称电线管），也可采用管壁厚度不大于 1.6mm 的扣接式（KBG 管）或紧定式（JDG 管）镀锌电线管。

2）有酸碱盐腐蚀介质的环境，应采用阻燃型塑料管敷设，但在宜受机械操作影响的场所不宜采用明敷。暗敷或埋地敷设时，引出地（楼）面的一段管路应采取防止机械损伤的措施。阻燃型塑料管氧指数应在 27 以上。

3）爆炸危险环境，应采用镀锌钢管（《低压流体输送用焊接钢管》GB/T 3091—2008）敷设（管子连接螺纹啮合不少于 5 扣，用于 1 区时应有锁紧螺母；用于 1 区、2 区管径≥32mm 时，不少于 6 扣）。

（3）3 根以上绝缘导线穿同一根管时，导线的总截面积（包括外护层）不应大于管内净面积的 40%，2 根绝缘导线穿同一根管时，管内径不应小于 2 根导线直径之和的 1.35 倍，并符合下列要求：

1）管子没有弯时的长度不超过 30m；

2）管子有一个弯（90°～120°）时的长度不超过 20m；

3）管子有两个弯（90°～120°）时的长度不超过 15m；

4）管子有三个弯（90°～120°）时的长度不超过 8m。

每两个 120°～150°的弯，相当于一个 90°～120°的弯。若长度超过上述要求时应设拉线盒、箱或加大管径。

（4）不同回路、不同电压、不同电流种类的导线，不得穿入同一管内。但下列情况下除外：

1）一台电机的所有回路（包括操作回路）。

2）同一设备或同一流水作业设备的电力回路和无防干扰要求的控制回路。

3）无防干扰要求的各种用电设备的信号回路、测量回路、控制回路。

4）同一照明花灯的几个回路。

5）同类照明的几个回路，但不应超过 8 根。正常照明与应急照明线路不得共管敷设。

6）标称电压为 50V 以下的回路。

互为备用的线路不得共管。控制线缆与动力线缆共管时，当线路较长或弯头较多时，控制线缆总截面不应小于动力线缆总截面的 10%。

（5）穿线管埋地时不宜穿过设备基础。

（6）穿线管与热水管、蒸汽管同侧敷设时，应敷设在热水管、蒸汽管的下面；当有困难时，可敷设在其上面，与热水管、蒸汽管的净距不宜小于下列数值：

1）当电线管敷设在热水管下面时为 0.2m，在上面时为 0.3m。

2）当电线管敷设在蒸汽管下面时为 0.5m，在上面时为 1.0m。当不能符合上述要求时，应采取隔热措施。对有保温措施的蒸汽管，上下均可减至 0.2m。

3）电线管与其他管道（不包括可燃气体及易燃、可燃液体管道）的平行净距不应小于 0.1m。当与水管同侧敷设时，宜敷设在水管的上面。

（7）穿金属管的交流线路，应使所有的相线和 N 线在同一管内。

（8）在同一管道内有几个回路时，所有的绝缘导线都应采用与最高标称电压回路绝缘相同的绝缘。

（9）管线明敷时（沿水平、垂直方向敷设），其固定点间最大间距不大于表 7-58 所列数值。

管线明敷时固定点间最大间距（单位：m） 表 7-58

| 管子类别 | 管径（公称管径，mm） | | | | |
| --- | --- | --- | --- | --- | --- |
| | 15～20 | 25～32 | 38～40 | 50～51 | 63～100 |
| 钢管 | 1.5 | 2 | 2 | 2.5 | 3.5 |
| 电线管 | 1 | 1.5 | 2 | 2 | 2 |
| 硬塑料管 | 1 | 1.5 | 1.5 | 2 | 2 |

注：1. 钢管的公称管径指内径，电线管和硬塑料管管径指外径；
   2. 钢管规格根据《低压流体输送用焊接钢管》GB/T 3091—2008 选定，电线管规格根据《碳素结构钢电线套管》YB/T 5305—2008 选定。

### 7.6.1.5 钢索布线

（1）屋内场所钢索的材料宜采用镀锌绞线。屋外布线以及敷设在潮湿或有酸、碱、盐腐蚀的场所，应采取防腐蚀措施，如用塑料护套钢索。钢索上绝缘导线至地面的距离在屋内时为 2.5m，屋外时为 2.7m。

（2）钢索所用的钢绞线的截面，应根据跨距、荷重和机械强度选择，最小截面不宜小于 10mm²。钢索固定件应镀锌或涂防腐漆。钢索的安全系数不应小于 2.5。钢索两端需拉紧，且其驰度不应大于 100mm。跨距较大时应在钢索中间增加支持点，中间的支持点间距不应大于 12m。

（3）钢索布线用绝缘导线明敷时，应采用鼓形绝缘子固定在钢索上。用护套绝缘导线、电缆、金属管或硬质塑料管布线时，可直接固定在钢索上。

（4）钢索上吊装金属管或硬质塑料管布线的支持点最大间距应符合表 7-59 所列数值。吊装接线盒、管路的扁钢卡子不应少于 2 个。

（5）钢索上吊装护套线时，用铝卡子直敷在钢索上，其支持点间距不应大于 500mm；卡子距接线盒不应大于 100mm；用橡胶及塑料护套线时，接线盒应用塑料制品。

（6）钢索上吊装绝缘子布线时，支持点的间距不应大于 1.5m，线间距离在屋内不小于 50mm；在屋外不小于 100mm。扁钢吊架终端应加镀锌铁丝拉线，其直径不应小于 3mm。

钢索上吊装金属管或硬质塑料管支持点最大间距 表 7-59

| 布线类别 | 支持点之间（mm） | 支持点距灯头盒（mm） |
| --- | --- | --- |
| 钢管、电线管 | 1500 | 200 |
| 硬塑料管 | 1000 | 150 |

### 7.6.1.6 线槽布线

（1）线槽布线宜用于干燥和不易受机械损伤的场所。

（2）线槽有塑料（PVC）线槽、金属线槽、地面线槽等。塑料线槽应为难燃型材料，其氧指数应为 27 以上。

（3）线槽内导线总截面积不应超过线槽内截面积的 20%，载流导线不超过 30 根。

（4）金属线槽的吊装支架固定间距，直线段一般为 1500～2000mm，在线槽始、末端

200mm 处及线槽走向改变或转角处应加装支架。

### 7.6.1.7 母线槽布线

（1）母线槽（又称封闭式母线、保护式母线、插接式母线等），一般适用于干燥、无腐蚀性气体、无热深冷急剧变化的屋内。

（2）母线槽分空气绝缘型、密集绝缘型两种。

（3）母线槽至地面的距离不应小于 2.2m；垂直敷设时，距地面小于 1.8m 部分应采取防止机械损伤的措施，但安装在配电、电机室、电气竖井等电气专用房间不受此限制。

（4）母线槽终端无引出、引入线时，端头应封闭。

（5）母线槽在穿越楼板及墙壁处应采取防火封堵措施。

### 7.6.1.8 竖井布线

（1）竖井布线适用于多层和高层建筑物内垂直配电干线的敷设。

（2）竖井的位置和数量应根据供电半径、建筑物的沉降缝设置和防火分区等因素加以确定。此外还应考虑：

1）靠近用电负荷中心，尽量减少干线电缆的长度和电能损耗。

2）不应和电梯、管道共用同一竖井。

3）避免贴近烟囱、热力管道及其他散热量大或潮湿的设施。

（3）竖井的井壁应是耐火极限不低于 1h 的非燃烧体。竖井内地坪通常高于该楼层地坪 50mm。竖井在每层楼应设维修门并应开向公共走廊，其耐火等级不应低于三级，同时楼层间应有防火密封隔离措施，电缆和绝缘线在楼层间穿钢管时，两端管口空隙应用防火堵料填堵做密封隔离。

（4）竖井内的高压、低压和应急电源的电气线路，相互之间的距离应在 300mm 以上，或采取隔离措施，并且高压线路应设有明显标志。

（5）当强电和弱电线路在同一竖井内敷设时，应分别在竖井的两侧敷设或采取防止强电对弱电干扰的措施。对于回路数量及种类较多的强电和弱电的电气线路，可分别设置竖井。

（6）竖井内同一配电干线，宜采用等截面导体，如需交截面时不宜超过两级，并应符合线路保护要求。

（7）竖井垂直布线时应考虑下列因素：

1）顶部最大垂直变位和层间垂直变位对干线的影响；

2）导线及金属保护管自重所带来的载重及其变位对干线的影响；

3）垂直干线与分支干线的连接方式。

（8）竖井内垂直布线采用大容量单芯电缆、大容量母线作干线时，应满足下列条件：

1）载流量留有一定的裕度；

2）分支容易、安全可靠、安装及维修方便，经济合理。

（9）管路垂直敷设时，为保证管内导线不因自重而折断，应按下列要求装设导线固定盒，在盒内用线夹将导线固定：

1）导线截面在 $50mm^2$ 及以下，长度大于 30m 时。

2）导线截面在 $50mm^2$ 以上，长度大于 20m 时。

（10）电缆桥架在竖井内敷设，一般用梯架。因为竖井中电缆需按规定间距固定于桥架上，梯架易于固定（梯形横档间距一般均为300mm）。

#### 7.6.1.9  屋内电气线路和其他管道之间的最小净距

屋内电气线路与其他管道之间的最小净距，见表7-60。

屋内电气线路与其他管道之间的最小净距（m）                                 表7-60

| 敷设方式 | 管道及设备名称 | 穿线管 | 电 缆 | 绝缘导线 | 裸导（母）线 | 滑触线 | 母线槽 | 配电设备 |
|---|---|---|---|---|---|---|---|---|
| 平行 | 燃气管 | 0.5 | 0.5 | 1.0 | 1.8 | 1.5 | 1.5 | 1.5 |
| | 乙炔管 | 1.0 | 1.0 | 1.0 | 2.0 | 1.5 | 1.5 | 1.5 |
| | 氧气管 | 0.5 | 0.5 | 0.5 | 1.8 | 1.5 | 1.5 | 1.5 |
| | 蒸汽管 | 1.0/0.5 | 1.0/0.5 | 1.0/0.5 | 1.5 | 1.5 | 1.0/0.5 | 0.5 |
| | 热水管 | 0.3/0.2 | 0.1 | 0.3/0.2 | 1.5 | 1.5 | 0.3/0.2 | 0.1 |
| | 通风管 | 0.1 | 0.1 | 0.2 | 1.5 | 1.5 | 0.1 | 0.1 |
| | 上下水管 | 0.1 | 0.1 | 0.2 | 1.5 | 1.5 | 0.1 | 0.1 |
| | 压缩空气管 | 0.1 | 0.1 | 0.2 | 1.5 | 1.5 | 0.1 | 0.1 |
| | 工艺设备 | 0.1 | | | 1.5 | 1.5 | | |
| 交叉 | 煤气管 | 0.1 | 0.3 | 0.3 | 0.5 | 0.5 | 0.5 | |
| | 乙炔管 | 0.1 | 0.5 | 0.5 | 0.5 | 0.5 | 0.5 | |
| | 氧气管 | 0.1 | 0.3 | 0.3 | 0.5 | 0.5 | 0.5 | |
| | 蒸汽管 | 0.3 | 0.3 | 0.3 | 0.5 | 0.5 | 0.3 | |
| | 热水管 | 0.1 | 0.1 | 0.1 | 0.5 | 0.5 | 0.1 | |
| | 通风管 | 0.1 | 0.1 | 0.1 | 0.5 | 0.5 | 0.1 | |
| | 上下水管 | 0.1 | 0.1 | 0.1 | 0.5 | 0.5 | 0.1 | |
| | 压缩空气管 | 0.1 | 0.1 | 0.1 | 0.5 | 0.5 | 0.1 | |
| | 工艺设备 | 0.1 | | | 1.5 | 1.5 | | |

注：1. 表中分子数字为线路在管道上面时、分母数字为线路在管道下面时的最小净距；

2. 线路与蒸汽管不能保持表中距离时，可在蒸汽管与线路之间加隔热层，平行净距可减至0.2m，交叉处只需考虑施工维修方便；

3. 线路与热水管道不能保持表中距离时，可在热水管外包隔热层；

4. 裸母线与其他管道交叉不能保持表中距离时，应在交叉处的裸母线外加装保护网或罩。

### 7.6.2  电缆敷设

#### 7.6.2.1  一般要求

（1）选择电缆路径时，应考虑下列要求：

1）为了确保电缆的安全运行，电缆线路应尽量避开具有电腐蚀、化学腐蚀、机械振动或外力干扰的区域；

2）电缆线路周围不应有热力管道或设施，以免降低电缆的额定载流量和使用寿命；

3）应使电缆线路不易受虫害（蜂蚁和鼠害等）；

4）便于维护；

5）选择尽可能短的路径，避开场地规划的施工用地或建设用地；

6）应尽量减少穿越管道、公路、铁路、桥梁及经济作物种植区的次数，必须穿越时最好垂直穿过；

7）城市电缆应尽可能敷设在非繁华区的隧道或沟道内，否则应敷设在非繁华区的人行道下面；

8）在城市和企业新区敷设电缆时，应考虑到电缆线路附近的发展、规划，尽量避免电缆线路因建设需要而迁移。

（2）电缆的敷设方式有以下几种：

1）地下直埋；

2）电缆沟；

3）电缆隧道；

4）室内的墙壁或天棚上；

5）桥梁或构架上；

6）排管内；

7）水下。

（3）电缆的敷设方式不同时，应选用不同的电缆：

1）直埋敷设应使用具有铠装和防腐层的电缆。

2）在室内、沟内和隧道内敷设的电缆，不应采用具有黄麻或其他易燃外护层的铠装电缆，在确保无机械外力时，可选用无铠装电缆；易发生机械振动的区域必须使用铠装电缆。

3）排管内的电缆应采用具有外护层的无铠装电缆。

（4）电缆直埋敷设，施工简单、投资省，电缆散热好，因此在电缆根数较少时应优先考虑采用。

（5）在确定电缆构筑物时，需结合建设规划，预留备用支架或孔眼。

（6）电缆支架间或固定点间的最大间距，不应大于表 7-61 所列数值。

**电缆支架间或固定点间的最大间距（m）**　　　　　　表 7-61

| 敷设方式 | 钢带铠装电力电缆 | 全塑电力、控制电缆 | 钢丝铠装电缆 |
|---|---|---|---|
| 水平敷设 | 1.0 | 0.8 (0.4) | 3.0 |
| 垂直敷设 | 1.5 | 1.0 | 6.0 |

注：如果不是每一支架固定电缆时，应用括号内数字。

（7）电缆敷设的弯曲半径与电缆外径的比值（最小值），不应小于表 7-62 所列数值。

**电缆敷设的弯曲半径与电缆外径的比值（最小值）**　　　　表 7-62

| 电缆护套类型 | | 电力电缆 | | 其他多芯电缆 |
|---|---|---|---|---|
| | | 单芯 | 多芯 | |
| 金属护套 | 铅 | 25 | 15 | 15 |
| | 铅 | 30 | 30 | 30 |
| | 皱纹铝套和皱纹钢套 | 20 | 20 | 20 |
| 非金属护套 | | 20 | 15 | 无铠装 10 有铠装 15 |

注：电力电缆中包括橡皮、塑料绝缘铠装和铠装电缆。

（8）电缆在电缆沟或隧道内敷设时的最小净距，不宜小于表 7-63 所列数值。

电缆在电缆沟、隧道内敷设时的最小净距（mm）　　　　表 7-63

| 敷设方式 | | 电缆隧道净高 | 电缆沟 | |
| --- | --- | --- | --- | --- |
| | | ≥1900 | 沟深≥600 | 沟深＞600 |
| 通道宽度 | 两边有支架时，架间水平净距 | 1000 | 300 | 500 |
| | 一边有支架时，架与壁间水平净距 | 900 | 300 | 450 |
| 支架层间的垂直净距 | 电力电缆 35kV | 250 | 200 | 200 |
| | ≤10kV | 200 | 150 | 150 |
| | 控制电缆 | 120 | 100 | 100 |
| 电力电缆间的水平净距（单芯电缆品字形布置时除外） | | | 35 但不小于电缆外径 | |

（9）电缆在屋内明敷，在电缆沟、电缆隧道和竖井内明敷时，不应有黄麻或其他易燃的外护层，否则应予剥去，并刷防腐漆。

（10）电缆在屋外明敷时，尤其是有塑料或橡胶外护层的电缆，应避免日光长时间直晒，必要时应加装遮阳罩或采用耐日照电缆。

（11）交流回路中的单芯电缆不应采用磁性材料套铠装的电缆。单芯电缆敷设时，应满足下列要求：

1）三相系统中使用的单芯电缆，应组成紧贴的正三角形排列（水下电缆除外），每隔 1～1.5m 应用绑带扎紧，避免松散；

2）使并联电缆间的电流分布均匀；

3）接触电缆外皮时应无危险；

4）穿金属管时，同一回路的各相和中性线单芯电缆应穿在同一管中；

5）防止引起附近金属部件发热。

（12）不应在有易燃、易爆及可燃的气体或液体管道的沟道或隧道内敷设电缆。

（13）不宜在热力管道的沟道或隧道内敷设电力电缆。

（14）敷设电缆的构架，如为钢制，宜采取热镀锌或其他防腐措施。在有较严重腐蚀的环境中，还应采取与环境相适应的防腐措施。

（15）当电缆成束敷设时，宜采用阻燃电缆。

（16）电缆的敷设长度，宜在进户处、接头、电缆头处或地沟及隧道中留有一定余量。

**7.6.2.2　电缆埋地敷设**

（1）电缆直接埋地敷设时，沿同一路径敷设的电缆数不宜超过 8 根。

（2）电缆在屋外直接埋地敷设的深度：人行道下不应小于 0.5m，车行道下不应小于 0.7m，穿越农田时不应小于 1m。敷设时，应在电缆上面、下面各均匀铺设 100mm 厚的软土或细砂层，再盖混凝土板、石板或砖等保护，保护板应超出电缆两侧各 50mm。

在寒冷地区，电缆应敷设在冻土层以下。当无法深埋时，可增加铺设细砂的厚度，使其达到上下各为 100mm 以上。

（3）禁止将电缆放在其他管道上面或下面平行敷设。

（4）电缆在壕沟内作波状敷设，预留 1.5% 的长度，以免电缆冷却缩短受到拉力。

（5）在土壤中含有对电缆有腐蚀性物质（如酸、碱、矿渣、石灰等）或有地中电流的地方，不宜采用电缆直接埋地敷设。如必须敷设时，视腐蚀程度，采用塑料护套电缆或防腐电缆。

（6）电缆通过下列地段应穿管保护，穿管的内径不应小于电缆外径的1.5倍。

1）电缆通过建筑物和构筑物的基础、散水坡、楼板和穿过墙体等处。

2）电缆通过铁路、道路和可能受到机械损伤等地段。

3）电缆引出地面2m至地下200mm处的一段和人容易接触使电缆可能受到机械损伤的地方（电气专用房间除外），除了穿管保护外，也可采用保护罩保护。

（7）直接埋地电缆引入隧道、人孔井，或建筑物在贯穿墙壁处添加的保护管，应堵塞管口，以防水的渗透。

（8）电缆与建筑物平行敷设时，电缆应埋设在建筑物的散水坡外。电缆引入建筑物时，所穿保护管长度应超出建筑物散水坡100mm。

（9）埋地敷设的电缆之间及各种设施平行或交叉时的最小净距，不应小于表7-64所列数值。

埋地敷设的电缆之间及各种设施平行或交叉时的最小净距（m）　　表 7-64

| 项　　目 | 敷设条件 | |
|---|---|---|
| | 平行时 | 交叉时 |
| 建筑物、构筑物基础 | 0.5 | |
| 电杆 | 0.6 | |
| 乔木 | 1.5 | 0.5(0.25) |
| 灌木丛 | 0.5 | 0.5(0.25) |
| 10kV以上电力电缆之间及其与10kV及以下和控制电缆之间 | 0.25 | 0.5(0.25) |
| 10kV及以下电力电缆之间及其与控制电缆之间 | 0.1 | 0.5(0.25) |
| 控制电缆之间 | — | 0.5(0.25) |
| 通信电缆、不同使用部门的电缆 | 0.5(0.1) | 0.5(0.25) |
| 热力管沟 | 2.0 | —0.5 |
| 污水、雨水排水管 | 0.5(0.25) | 0.5(0.25) |
| 给水管 | 0.5 | 0.15 |
| 可燃气体及易燃液体管道 | 1.0 | 0.5(0.25) |
| 铁路（平行时与轨道，交叉时与轨底，电气化铁路除外） | 3.0 | 1.0 |
| 道路（平行时与路边，交叉时与路面） | 1.5 | 1.0 |
| 排水明沟（平行时与沟边，交叉时与沟底） | 1.0 | 0.5 |

注：1. 表中所列净距，应自各种设施（包括防护外层）的外缘算起；

　　2. 路灯电缆与道路灌木丛平行距离不限；

　　3. 表中括号内数字，是指局部地段电缆穿管，加隔板保护或加隔热层保护后允许的最小净距。

### 7.6.2.3　电缆在沟内敷设

（1）电缆沟可分为无支架沟、单侧支架沟、双侧支架沟三种。当电缆根数不多（一般不超过5根）时，可采用无支架沟，电缆敷设于沟底。

（2）屋内电缆沟的盖板应与屋内地坪相平，在容易积水积灰处，宜用水泥沙浆或沥青将盖板缝隙抹死。

（3）屋外电缆沟的沟口宜高出地面50mm，以减少地面排水进入沟内。但当盖板高出地面影响地面排水或交通时，可采用具有覆盖层的电缆沟，盖板顶部一般低于地面 300mm。

（4）屋外电缆沟在进入建筑物（或变电所）处，应设有防火隔墙。

（5）电缆沟一般采用钢筋混凝土盖板，盖板重量不宜超过 50kg。在屋内需经常开启的电缆沟盖板，宜采用花纹钢盖板。

（6）电缆沟应采取防水措施。底部还应做不小于 0.5％的纵向排水坡度，并设集水坑（井）。积水的排出有条件时可直接排入下水道，否则可经集水井用泵排出。电缆沟较长时应考虑分段排水，每隔 50m 左右设置一个集水井。

（7）同一通道内电缆数量较多时，若在同一侧的多层支架上敷设，应按电压等级由高至低的电力电缆、强电至弱电的控制和信号电缆、通信电缆"由上而下"的顺序排列。

当水平通道中含有 35kV 以上高压电缆，或为满足引入柜盘的电缆符合允许弯曲半径要求时，宜按"由下而上"的顺序排列。当两侧均有支架时，1kV 及以下的电力电缆和控制电缆，宜与 1kV 以上的电力电缆分别敷设于两侧支架上。盐雾地区或化学腐蚀地区的支架宜涂防腐漆或采用玻璃钢支架。

（8）电缆在沟内敷设时，支架的长度不宜大于 350mm。

### 7.6.2.4　电缆在隧道内敷设

当出线电缆数量太多（一般为 40 根）时，应考虑在电缆隧道内敷设。

（1）电缆隧道长度大于 7m 时，两端应设出口（包括人孔井）。当两个出口之间的距离超过 75m 时，应增加出口。人孔井的直径不应小于 0.7m。

（2）电缆隧道内应有照明，电压不应超过 24V，否则需采取安全措施。

（3）隧道内净高不应低于 1.9m，局部或与管道交叉处净高不宜低于 1.4m。

（4）电缆隧道应有防水措施，底部还应做成不小于 0.5％的纵向排水坡度，而排水边沟向集水井也应有 0.5％的坡度。

（5）隧道进入建筑物（或变电所）处、在变电所围墙处以及在长距离隧道中每隔 100m 处，应设置带门的防火隔墙。该门应用非燃烧材料或难燃材料制作，并应装锁。电缆过墙时的保护管两端应用阻燃材料堵塞。

（6）电缆隧道应尽量采用自然通风。当隧道内的电缆电力损失超过 150～200W/m 时，需考虑采用机械通风。

（7）电缆在隧道内敷设时支架的长度不应大于 500mm。

（8）与电缆隧道无关的管线不得通过电缆隧道。电缆隧道与其他地下管线交叉时，应尽可能避免隧道局部下降。

### 7.6.2.5　屋内电缆敷设

（1）明敷 1kV 及以下电力及控制电缆，与 1kV 以上电力电缆宜分开敷设。当需并列敷时，其净距不应小于 150mm。相同电压的电力电缆相互间的净距不应小于 35mm，并不应小于电缆外径，在梯架、托盘内敷设时不受此限。

（2）电缆在梯架、托盘或线槽内可以无间距敷设电缆。电缆在梯架、托盘或线槽内横断面的填充率，电力电缆不应大于 40％，控制电缆不应大于 50％。

（3）电缆在屋内埋地、穿墙或穿楼板时，应穿保护管。

（4）无铠装电缆在屋内水平明敷时，电缆至地面的距离不应小于 2.5m；垂直敷设高度在 1.8m 以下时，应有防止机械损伤的措施（如穿保护管），但明敷在电气专用房间

（如配电室、电机室、设备层等）内时不受此限。

（5）明敷电缆与其他管道之间的最小净距见表7-61。

（6）电缆桥架内每根电缆的首端、尾端、转弯处及每隔50m处应设标记，注明电缆编号、型号规格、起点和终点。

（7）明敷电缆时，应按表7-65所列部位将电缆固定。

明敷电缆时电缆固定部位 表7-65

| 敷设方式 | 构 架 形 式 | |
|---|---|---|
| | 电缆支架 | 电缆梯架、托盘或线槽 |
| 垂直敷设 | 1. 电缆的首端、尾端；<br>2. 电缆与每个支架的接触处 | 1. 电缆的上端；<br>2. 每隔1.5～2.0m处 |
| 水平敷设 | 1. 电缆的首端、尾端；<br>2. 电缆与每个支架的接触处 | 1. 电缆的首端、尾端；<br>2. 电缆转弯处；<br>3. 电缆其他部位每隔5～10m处 |

### 7.6.2.6 电缆穿管敷设

（1）保护管的内径不小于电缆外径（包括外护层）的1.5倍。

（2）保护管弯曲半径为保护管外径的10倍，且不应小于所穿电缆的最小允许弯曲半径，其与电缆外径的最小比值见表7-62。

（3）当电缆有中间接头盒时，在接头盒的周围应有防止因发生事故而引起火灾延燃的措施（采用防火堵料填堵）。

（4）电缆穿管没有弯头时，长度不宜超过30m；有一个弯头时，不宜超过20m；有两个弯头时，不宜超过15m。

（5）电缆穿保护管的最小内径见表7-66。

电缆穿保护管的最小内径 表7-66

| 三芯电缆芯线截面（mm²） | | | 四芯电缆芯线截面（mm²） | 保护管最小内径 |
|---|---|---|---|---|
| 1kV | 6kV | 10kV | ≤1kV | （mm） |
| ≤4 | | | ≤4 | 25 |
| 6～10 | | | 6～10 | 32 |
| 25～70 | ≤25 | 25～35 | 25～70 | 50 |
| 95～150（95～120） | 35～70（16～70） | ≤50 | 70～120 | 70 |
| 185（150～185） | 95～150（95～120） | 70～120 | 150～185 | 80 |
| 240 | 185～240（150～240） | 150～185 | 240 | 100 |

注：表中括号内截面用于塑料护套电缆。

### 7.6.2.7 电缆在排管内敷设

（1）电缆在排管内敷设适用于敷设电缆数量较多，且有机动车等重载的地段，如主要道路、穿越公路、穿越绿化地带、穿越小型建筑物等。

（2）电缆在排管内敷设，应采用塑料护套电缆或裸铠装电缆。

（3）电缆在排管内敷设，同路径敷设数量一般不宜超过16根。

（4）排管孔的内径不应小于电缆外径的1.5倍，但穿电力电缆的管孔内径不应小于90mm，穿控制电缆的管孔内径不应小于75mm。

（5）电缆排管的敷设安装应符合下列要求：

1）排管安装时，应有倾向人孔井侧不小于 0.5％ 的排水坡度，并在人孔井内设集水坑，以便集中排水；

2）排管顶部距地面不应小于 0.7m，在人行道下面时不应小于 0.5m；

3）排管沟底部应垫平夯实，并应铺设厚度不小于 60mm 的混凝土垫层。

（6）在转角、分支或变更敷设方式改为直埋或电缆沟时，应设电缆人孔井。在直线段应设置一定数量的电缆的电缆人孔井，人孔井的距离不宜大于 150～200m。

（7）电缆人孔井的净空高度不应小于 1.8m，其上部人孔的直径不应小于 0.7m。

（8）电缆排管可采用混凝土管、陶土管或塑料管，尽量采用标准孔径和孔数。

（9）电缆排管应预留通信专用孔。

### 7.6.2.8　架空电缆敷设

（1）架空电缆线路电杆档距宜为 35～45m，并应采用水泥杆。

（2）架空电缆线路每条电缆宜有单独吊线，杆上有两层吊线时，上下两层吊线的垂直距离不应小于 0.6m。

（3）架空电缆在吊线上以吊钩敷设，吊钩的间距不应大于 0.75m，吊线应采用不小于 7/3.0mm 的镀锌钢绞线或具有同等强度的绞线。

（4）架空电缆线路距地面的最小距离不应小于 6.0m，通车困难地段不应小于 4.0m。

### 7.6.2.9　桥梁电缆的敷设

在桥梁上敷设电缆时，应根据桥梁的结构及特点来决定敷设方式。对于在已经使用的桥梁上敷设电缆时，更要进行多种方案的经济技术比较再作出决定。

（1）电缆在小桥上敷设。电缆通过跨度小于 32m 的小桥时，其敷设方式有两种：一种是电缆采用钢管保护，埋设于路基石渣内。另一种是电缆采用钢管保护，安装于人行道栏杆立柱外侧的电缆支架上。栏杆立柱分为角钢和混凝土两种，无论哪种，均应在每个栏杆立柱上安装电缆桥架。

（2）电缆在大桥上敷设。电缆通过混凝土大桥或钢结构大桥时，可采用电缆桥架内敷设。在混凝土梁上，电缆桥架安装在人行道栏杆的外侧；在钢梁上，电缆桥架安装在人行道外侧的下弦梁上。

为了使电缆不因桥梁的振动而缩短使用寿命，在桥梁上敷设的电缆应选用塑料绝缘电缆，并在电缆桥架内加垫有弹性的自熄泡沫垫，桥墩两端和桥梁伸缩缝处应留有一定余量，以免电缆受损。

电缆桥架的支架间距，在混凝土梁上为 2～3m，在钢梁上为 3～5m。

### 7.6.2.10　水下电缆的敷设

（1）电缆线路的选择

选择水底电缆线路时，首先要掌握水文、河（海）床地形及其变迁情况、底质组成、地层结构、水下障碍物、堤岸工程结构和范围、通航方式、船舶种类、航行密度和附近已设电缆的位置等资料。其次，还应对敷设现场的水深、河床底质等资料进行测量。

水下电缆线路应选择在由泥、砂和砾石等构成的稳定地段，并且要求河（海）道较直、岸边无冲刷、航行船只不抛锚的地带。在没有适当的保护措施时，不宜在捕捞区、码头、船台、锚地、避风港、水下建筑物附近、航道疏浚挖泥区和筑港规划区敷设电缆，在化工厂排污区附近由于腐蚀严重而不宜敷设水下电缆。应尽量选择水浅、流速慢、河（海）滩便于敷设电缆的船只靠岸及电缆登陆作业的地区。电缆登陆地点，不应选择在河（海）岸的凸出部位，而应选择凹入有淤泥的部位，以利于减少投资。

（2）敷设方式

根据水下地质条件的不同，水下电缆有水底深埋和水底明敷两种方式。深埋对电缆外护层的防腐和减少外力损伤都有很大的好处，电力电缆外露在海水或咸水区域的金属外套或铠装层，一般在3～5年就会产生严重的腐蚀。经过锚地及捕捞区的水下电缆线路，应根据各种损伤因素而采取不同深度的深埋措施。

水下电缆在河滩（海边）区段，位于枯水（低潮）位以上的部分，应按陆地直埋方式深埋，枯水（低潮）位以下至船篙能撑到的地方或船只可能搁浅的地方，由潜水员冲沟深埋，并牢固加装盖板，以防水流冲失。

水下电缆应是完整的一条，因为电缆中间接头是一个薄弱环节，发生故障的可能性比电缆本身大，而水下电缆的维修又比较困难，所以除了跨越特长水域的水下电缆，一般不允许有中间接头。

水下电缆上岸以后，如直埋段长度不足50m时，在陆上要加装锚定装置，在岸边的水下电缆与陆地电缆连接的水陆接头处，也应采取适当的锚定措施，以使陆上电缆不承受拉力。

水下电缆线路的两岸，应在水域或航政管辖部门批准的禁锚区上设立标志，各类标所应按各自的规定设立夜间照明装置。

### 7.6.2.11　电缆敷设的防火、防爆、防腐措施

（1）在爆炸危险环境明敷电缆过墙时应穿钢管，并需增设相应防爆隔离密封（如在穿墙套管内填充不燃纤维作堵料，管口加密封胶泥）。

（2）在火灾危险环境明敷电缆过墙时应穿钢管，钢管内并需用防火堵料填堵。在使用塑料管时，应具有满足工程条件的难燃自熄性要求。

（3）在火灾危险环境和爆炸危险环境采用非密闭性电缆沟时，应在沟中充砂，并使电缆上、下各有100mm厚的细砂。电缆穿出地面时应穿管，并对管口进行防爆隔离密封处理。

（4）在电缆穿越构筑物的墙（板）孔洞处，电气柜、盘底部开孔部位，应做防火封堵。电缆穿入保护管时，其管口应使用柔性的有机堵料封堵。

（5）电缆沟在进入建筑物处应设防火墙。重要回路的电缆沟或在隧道中适当部位，如公用主沟、主隧道的分支处、长距离沟或隧道中每相距约100～200m及通向控制室或配电装置室的入口，厂围墙处等，应设置带门的防火墙。此门应采用非燃烧材料或难燃烧材料制作，并应装锁。

（6）电缆在竖井中穿过楼板的部位，应做防火封堵。

（7）重要公用回路（如消防报警、应急照明、直流电源、双重化断电保护、计算机监控、保安电源、化学水处理等）或有保安要求的回路（如易燃、易爆环境、地下公共设施等），电缆与其他电缆一起明敷时，应使其具有耐火性（如施加防火涂料、包带覆盖在电缆上），并应使用耐火隔板使其与其他电缆进行隔离，或将该电缆敷设于耐火桥架、槽盒中，或选用矿物绝缘等耐火型电缆。

（8）在电缆贯穿于各构筑物的墙（板）孔洞处，可采用耐火隔板或防火包封堵。

（9）电力电缆的防腐措施有很多种，目前应用最多的是防腐层法，这种方法明敷电缆

（包括金属构架）比较适用，但费用较高。近年来，随着电化学保护法的发展，阴极保护法在直埋电缆防腐技术上得到广泛应用。

#### 7.6.2.12　电缆散热量计算

电缆的散热量由载流电缆芯的热损失求出。损失功率是以一年最热季节中可能产生的最大损失进行计算。

一条 $n$ 芯（不包括不载流的中性线和 PE 线）电缆的热损失功率

$$P_R = \frac{nl^2\rho_1 L}{S}W \tag{7-9}$$

沟道内 $N$ 根 $n$ 芯（不包括不载流的中性线和 PE 线）电缆的热损失功率总和

$$P = K\sum_1^n P_R W \tag{7-10}$$

式中　$\rho_1$——电缆运行平均温度为 60℃时的电缆芯电阻率，对于铅芯电缆为 $0.033\times10^{-6}$ $\Omega\cdot m$，对于铜芯电缆为 $0.020\times10^{-6}\Omega\cdot m$；

　　　$l$——一条电缆的计算负荷电流（A）；

　　　$K$——电流参差系数，一般取 $0.85\sim0.95$，电缆根数少的取较大值；

　　　$S$——电缆芯截面（$mm^2$）；

　　　$L$——电缆长度（m）。

# 7.7　架空配电线路敷设

架空配电线路敷设的一般要求：

（1）架空线路应沿道路平行敷设，宜避免通过各种起重机频繁活动地区和各种露天堆场。

（2）应尽可能减少与其他设施的交叉和跨越建筑物。

（3）接近有爆炸物、易燃物和可燃气（液）体的厂房、仓库、储罐等设施，应符合《爆炸和火灾危险环境电力装置设计规范》GB 50058—1992。

（4）在离海岸 5km 以内的沿海地区或工业区，视腐蚀性气体和尘埃产生腐蚀作用的严重程度，选用不同防腐性能的防腐型钢芯铝绞线。

（5）架空线路不应采用单股的铝线或铝合金线，高压线路不应采用单股铜线。

架空线路导线截面不应小于表 7-67 所列数值。

导线最小截面（$mm^2$）　　　　　　　　　　　　　　表 7-67

| 导线种类 | 35kV 线路 | 3～10kV 线路 | | 3kV 以下线路 |
| --- | --- | --- | --- | --- |
| | | 居民区 | 非居民区 | |
| 铝绞线及铝合金线 | 35 | 35 | 25 | 16 |
| 钢芯铝绞线 | 35 | 25 | 16 | 16 |
| 铜线 | | 16 | 16 | 10（线直径 3.2mm） |

注：1. 居民区指居住小区、厂矿地区、港口、码头、火车站、城镇及乡村等人口密集地区；

　　2. 非居民区指居民区以外的其他地区。此外，虽有车辆、行人或农业机械到达，但未建房屋或房屋稀少地区，亦属非居民区。

(6) 架空线路的导线与地面的距离，在最大计算弧垂情况下，不应小于表 7-68 所列数值。

导线与地面的最小距离（m）　　　　　　　　　　表 7-68

| 线路经过地区 | 线路电压（kV） | | |
| --- | --- | --- | --- |
| | 35 | 3～10 | <3 |
| 居民区 | 7.0 | 6.5 | 6.0 |
| 非居民区 | 6.0 | 5.5 | 5.0 |
| 交通困难地区 | 5.0 | 4.5 | 4.0 |

(7) 架空线路的导线与建筑物之间的距离，不应小于表 7-69 所列数值。

导线与建筑物间的最小距离（m）　　　　　　　　表 7-69

| 线路经过地区 | 线路电压（kV） | | |
| --- | --- | --- | --- |
| | 35 | 3～10 | <3 |
| 导线跨越建筑物垂直距离（最大计算弧垂） | 4.0 | 3.0 | 2.5 |
| 边导线与建筑物水平距离（最大计算风偏） | 3.0 | 1.5 | 1.0 |

注：架空线路不应跨越屋顶为易燃材料的建筑物，对其他建筑物也应尽量不跨越。

(8) 架空线路的导线与街道行道树间的距离，不应小于表 7-70 所列数值。

导线与街道行道树间的最小距离（m）　　　　　　表 7-70

| 线路电压（kV） | 35 | 3～10 | <3 |
| --- | --- | --- | --- |
| 最大计算弧垂情况下的垂直距离 | 4.0 | 3.0 | 2.5 |
| 最大计算风偏情况下的水平距离 | 3.0 | 1.5 | 1.0 |

(9) 3～10kV 高压接户线的截面，不应小于下列数值：

铝绞线为 25mm²；

铜绞线为 16mm²。

(10) 1kV 及以下低压接户线应采用绝缘导线，导线截面应根据允许载流量选择，但不应小于表 7-71 所列数值。

低压接户线的最小截面　　　　　　　　　　　表 7-71

| 敷设方式 | 档距（m） | 最小截面（mm²） | |
| --- | --- | --- | --- |
| | | 绝缘铝线 | 绝缘铜线 |
| 自电杆引下 | <10 | 16 | 6.0 |
| | 10～25 | 16 | 6.0 |
| 沿墙敷设 | ≤6 | 16 | 6.0 |

注：接户线的档距不宜大于25m，如超过宜增设接户杆。

（11）接户线的对地距离不应小于下列数值：

3～10kV 高压接户线为 4.5m；

1kV 及以下低压接户线为 2.5m。

（12）跨越道路、街道的低压接户线，至路面中心的垂直距离，不应小于下列数值：

通车街道为 6m；

通车困难的街道、人行道为 3.5m；

胡同（里弄、巷）为 3.5m。

（13）架空线路与铁路、道路、通航河流、管道、索道及各种架空线路交叉或接近，应符合表 7-72 的要求。

架空线路与铁路、道路、通航河流、管道、索道及各种架空线路交叉或接近的基本要求　　　　　　表 7-72

| 项　目 | 铁　路 | | | | 公 路 和 道 路 | | 电车道（有轨及无轨） | |
|---|---|---|---|---|---|---|---|---|
| 导线或避雷线在跨越档接头 | 标准轨距：不得接头；窄轨：不限制 | | | | 一、二级公路和城市一、二级道路：不得接头；三、四级公路和城市二级道路：不限制 | | 不得接头 | |
| 交叉档导线最小截面 | 35kV 选用钢芯铝绞线为 35mm$^2$　10kV 以及下选用铝绞线或铝合金线为 35mm$^2$，其他导线为 16mm$^2$ | | | | | | | |
| 交叉档针式绝缘子或瓷横担支撑方式 | 双固定 | | | | 一、二级公路和城市一、二级道路为双固定 | | 双固定 | |
| 最小垂直距离（m） | 线路电压（kV） | 至标准轨顶 | 至窄轨顶 | 至承力索或接触线 | 至路面 | | 至路面 | 至承力索或接触线 |
| | 35 | 7.5 | 7.5 | 3.0 | 7.0 | | 10.0 | 3.0 |
| | 3～10 | 7.5 | 8.0 | 3.0 | 7.0 | | 9.0 | 3.0 |
| | <3 | 7.5 | 6.0 | — | 6.0 | | 9.0 | 3.0 |
| 最小水平距离（m） | 线路电压（kV） | 杆塔外缘至轨道中心 | | | 杆塔外缘至路基边缘 | | 杆塔外缘至路基边缘 | |
| | | | | | 开阔地区 | 路径受限制地区 | 开阔地区 | 路径受限制地区 |
| | 35 | 平行：最高杆（塔）高加 3m | | | 交叉：8m　平行：最高杆（塔）高 | 5.0 | 交叉：8m　平行：最高杆（塔）高 | 5.0 |
| | ≤10 | | | | 0.5 | | 0.5 | |
| 其他要求 | 不宜在铁路出站信号机以内跨越 | | | | | | | |

续表

| 项 目 | | 通航河流 | | 次要通航河流 | | 架空明线弱电线路 | | 电力线路 | | 特殊管道 | 一般管道、索道 |
|---|---|---|---|---|---|---|---|---|---|---|---|
| 导线或避雷线在跨越档接头 | | 不得接头 | | 不限制 | | 一、二级：不得接头 三级：不限制 | | 35kV 线路：不得接头 10kV 及以下线路：不限制 | | 不得接头 | 不得接头 |
| 交叉档导线最小截面 | | 35kV 选用钢芯铝绞线为 35mm² 10kV 及以下选用铝绞线或铝合金线为 35mm²，其他导线为 16mm² | | | | | | | | | | |
| 交叉档针式绝缘子或瓷横担支撑方式 | | 双固定 | | 不限制 | | 一、二级为双固定 | | 10kV 线路跨越 6～10kV 线路为双固定 | | 双固定 | 双固定 |
| 最小垂直距离 (m) | 线路电压 (kV) | 至常年高水位 | 至最高航行水位的最高船桅顶 | 至常年高水位 | 至最高航行水位的最高船桅顶 | 至被跨越线 | | 至被跨越线 | | 至管道任何部分（导线上、不站人） | 至管道、索道任何部分（导线在上） |
| | 35 | 6.0 | 2.0 | 6.0 | 2.0 | 3.0 | | 3.0 | | 4.0 | 3.0 |
| | 3～10 | 6.0 | 1.5 | 6.0 | 1.5 | 2.0 | | 2.0 | | 3.0 | 2.0 |
| | <3 | 6.0 | 1.0 | 6.0 | 1.0 | 1.0 | | 1.0 | | 1.5 | 1.5 |
| 最小水平距离 (m) | 线路电压(kV) | 边导线至斜坡上缘（线路与小路平行） | | | | 边导线间 | | 边导线间 | | 边导线至特殊管道，一般管道、索道任何部分 | |
| | | | | | | 开阔地区 | 路径受限制地区 | 开阔地区 | 路径受限制地区 | 开阔地区 | 路径受限制地区 |
| | 35 | 最高杆(塔)高 | | | | 最高杆(塔)高 | 4.0 | 最高杆(塔)高 | 5.0 | 最高杆(塔)高 | 4.0 |
| | 3～10 | | | | | | 2.0 | | 2.5 | | 2.0 |
| | ≤10 | | | | | | 1.0 | | 2.5 | | 1.5 |
| 其他要求 | | 最高洪水时，有抗洪抢险船只航行的河流，垂直距离应与相关主管部门协商确定 | | | | 1. 电力线路应架设在上方。 2. 按过电压保护要求 | | 电压较高的线路一般架设在电压较低线路的上方，电力接户线与相同电压或较低电压的专用线路交叉，电力接户线宜设在上方 | | 1. 与索道交叉，如索道在上方，索道的下方应装设保护措施； 2. 交叉点不应选在管道的，检查井(孔)处； 3. 与管、索道平行、交叉，管、索道应接地 | |

注：1. 跨越杆塔的悬垂线夹(跨越河流除外)应选用固定型；

2. 架空线路与弱电线路交叉时，由交叉点至最近一基杆的距离应尽量靠近，但不应小于 7m(架设在城市的线路除外)；

3. 架空线路跨越三级弱电线路，且有接头时，其接头应符合有关规定；

4. 表中最小水平距离值未考虑对弱电线路的危险和干扰影响，如需考虑时应另行计算；

5. 管、索道上的附属设施均应视为管、索道的一部分；

6. 特殊管道指设在地面上输送易燃、易爆物的管道；

7. 对路径有限制地区的最小水平距离的要求，应计及架空电力线路导线的最大风偏。

# 8 电气布置

## 8.1 泵房电气布置

### 8.1.1 一般要求

#### 8.1.1.1 变配电室

（1）给泵房供配电的变电站及配电室，在条件许可时，应尽量靠近泵房，以缩短配电距离，方便维护管理。

（2）当变电站与配电室合建时，变电站与泵房的配电柜可合并布置，以简化系统和减少配电柜数量。

（3）当配电室与泵房合建时，应设隔墙，并有门通向泵房，还应设隔音观察窗。

（4）选用箱式变电站时，应靠近用电设备。

（5）小型泵房采用杆上变电站时，变压器底部应高于常年最高洪水位。

#### 8.1.1.2 控制室

（1）中小型泵房的控制室可与低压配电室合建。

（2）大中型泵房应设独立的控制室，同时作为值班室。

（3）计算机终端或 PLC 分站可装于控制室或专用房间内。

（4）全厂中央控制室一般设于综合楼内。

#### 8.1.1.3 泵房内电线电缆敷设

（1）电线电缆的敷设路径及方式，应以管理维护方便为原则，并尽可能缩短其长度。

（2）电线电缆一般可采用电缆支架或电缆桥架沿墙、柱、梁及走道板下敷设。电缆支架或桥架可用膨胀螺栓固定，电缆桥架的盖板应能方便打开，以便利维修。

（3）当采用电缆沟敷设时，应考虑排渍水措施，避免电缆长期泡于渍水中。

（4）水泵台数较少或电机容量较小的泵房，也可采用穿管埋地敷设方式。穿线用钢管或塑料管应由电气施工人员配合土建施工时，按施工规程要求自行埋入。

#### 8.1.1.4 泵房内电气设备布置

（1）水泵电动机的启动设备一般可装于配电室内，低压星-三角启动器宜装于机旁。

（2）小容量电动机（如出水电动阀门、真空泵、排渍泵及通风机等）的启动控制设备也可装于机旁控制箱内。

（3）低压较大容量电动机的补偿电容器，应装于机旁，以就地补偿动力线路的损耗。

（4）机旁控制箱应装于被控机组旁，还需考虑操作及维修方便，一般距地面 1.4m 左右，可固定于墙、柱及栏杆上，也可用支架支撑。

### 8.1.2 固定式取水泵房

固定式地面水取水泵房，可分为地面式、半地下式和地下式三种布置形式。地下式取水泵房按水泵类型又可分为卧式泵、立式泵和潜水泵三种。其电气布置与水泵机组类型及其操作方式有关，也与水泵机组配电柜、控制屏、起重设备等的布置以及泵房结构形式、通风条件等有关。要求设备布置紧凑协调，运行操作灵活安全，安装维修方便以及有良好的运行环境。

地面式和半地下式取水泵房电气布置形式与送水泵房相似，参见第 8.1.5 节。

大型给水提升泵房采用轴流泵时其电气布置参见 8.1.6 节。

#### 8.1.2.1 卧式泵取水泵房

这类泵房一般分为上下两层，下层多为圆形，上层有圆形和矩形两种。

由于泵房临水深埋，水泵机组甚至可能在地面下数十米处，且下层较狭窄、潮湿，加之又要安装通风管道和机旁控制设备，所以特别要求机组和管道布置紧凑，以缩小平面尺寸降低工程造价。

（1）电气设备布置一般形式：

1）高压供电、高压配电上层平面为圆形泵房的配电布置方式见图 8-1，由于上层受到下层圆形结构的限制，平面布置也较狭窄，而且圆形结构对于电气设备布置局限性较大。一般可将泵房上层走道板外挑加宽，隔出高低压配电室及控制室，布置高低压配电柜及 PLC 柜等。

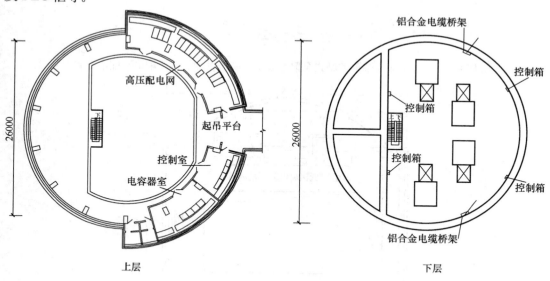

图 8-1　上、下层平面为圆形的卧式泵取水泵房（高压供电、高压配电）配电布置

2）高压供电、低压配电上层平面为圆形泵房的配电布置方式见图 8-2。

泵房机组容量较小，变配电设备不多，一般将泵房上层走道板局部加宽。安装干式变压器、低压配电屏及启动器柜等设备。

3）高压供电、高压配电上层平面为矩形泵房的配电布置方式见图 8-3。

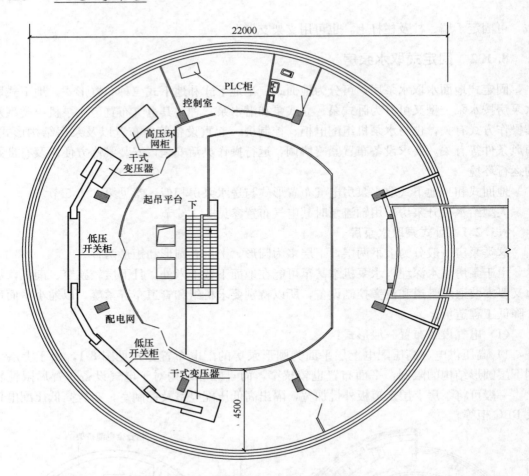

图 8-2 上层平面为圆形的卧式泵取水泵房（高压供电、低压配电）配电布置

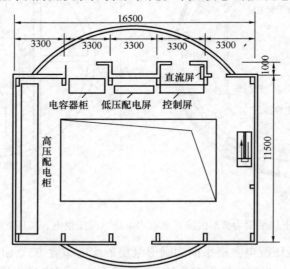

图 8-3 上层平面为矩形的卧式泵取水泵房（高压供电、
高压配电）配电布置

变配电室、控制室集中在上层布置，配电设备离机组近，线路短，操作管理方便，建筑上也容易和周围环境协调。

4）高压供电、高压配电上下层平面均为矩形的泵房配电布置方式见图 8-4。与第 3）条基本相同，电气设备一般放在上层以充分利用泵房内空间，下层仅布置就地控制箱。

（2）泵房进线电缆的敷设方式：进线电缆可从室外电缆沟中穿管引入。当泵房至岸边设有引桥时，一般沿引桥安装电缆支架、电缆桥架或在引桥面上设电缆槽敷设，电缆槽盖板宜用钢盖板见图 8-5。其中，在引桥下敷设电缆，维护比较困难。其他两种敷设方法安装维修都比较方便，但是设置电缆槽将增加土建工程费用。

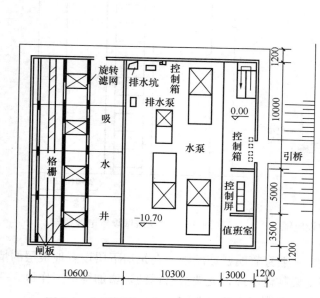

图 8-4　上下层平面为矩形的卧式泵取水泵房
（高压供电、高压配电）配电布置

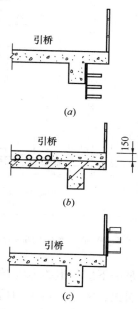

图 8-5　电缆沿引桥敷设
(*a*) 引桥下设电缆支架；(*b*) 引桥面上设电缆槽；(*c*) 引桥侧设电缆桥架

（3）泵房上层电缆敷设：

1）在泵房上层底板下面沿泵房壁设置局部电缆维修层（层高不低于 1.8m），上层控制屏底部设电缆托架参见图 8-8。

2）在泵房上层控制室、变配电室下面设置电缆夹层，做成电缆沟形式，其深度一般不超过 1m；若值班人员需要出入夹层进行安装和维修，其夹层净高不低于 1.8m。

3）电缆在桥面上方进线时，可将控制室地坪局部抬高 0.2m，作为电缆通道见图 8-6。

4）高压供电；低压配电的泵房，往往仅有少量的电源电缆和上层低压配电屏连接，可直接用钢管沿地坪、墙角明敷。

5）泵房上层其他电气设备的电线电缆一般用电线管在上层平台中暗敷，或沿墙明敷。

（4）泵房上层至下层的电缆敷设：上层电缆一般沿泵房壁用电缆桥架敷设引至下层。

电缆桥架安装位置应考虑安装和维修方便，可结合泵房上下层之间的楼梯或电梯间安装。当电缆桥架单独安装时，应在桥架旁附设简易爬梯，便于维修见图 8-7。

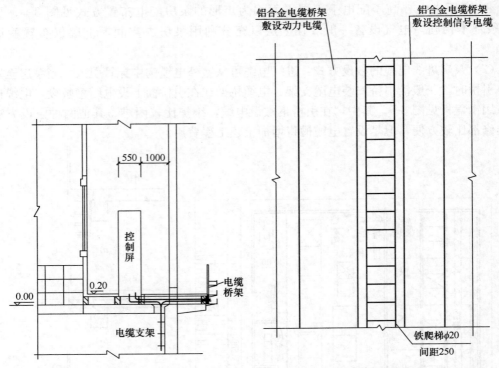

图 8-6   控制室地坪局部抬高敷设电缆　　　　图 8-7   沿泵房壁设置电缆桥架

（5）泵房下层的电线电缆敷设：一般穿管明敷或暗敷。在泵房下层设有地板层的情况下，因下层比较潮湿，若采用角钢支架敷设电缆，支架极易锈蚀，增加维护工作量。一般可考虑在地板层下设混凝土或砖支墩，电缆在支墩上明敷。

（6）卧式泵取水泵房示例：图 8-8 为卧式泵取水泵房配电布置示例。变电所另设，电缆放射式配电给水泵机组，沿引桥电缆支架引入，泵房上层为圆形结构，下层设 4 台水泵配 6kV，440kW 电动机，双排布置，在筒壁上集中安装有机旁控制箱 4 台。2 台排水泵配 380V、13kW 电动机。排水采用液位开关，按照集水坑水位进行自动控制，轮换工作，控制箱在机旁安装，下层电缆在电缆支墩上敷设。上层设控制室，下设电缆检修层。室外电缆在引桥支架上敷设，泵房筒壁单独设电缆桥架，将上层电缆引至下层。

### 8.1.2.2　立式泵取水泵房

这类泵房，因采用深井泵配用立式电动机，电机层在地面上，可与泵房控制室及变配电室一起布置，不受水泵进水井尺寸的限制。一般可将控制室及高低压配电室等与泵房结合考虑，使之成为一整体矩形结构。这种形式电气设备布置集中，操作管理方便。泵房内净空大，自然通风好。

控制室及变配电间室内电缆一般在电缆沟内敷设，泵房内沿机组周围一般设有走道板，可在其下安装支架敷设电缆，再穿管引至各机组、机旁控制箱及其他电气设备。

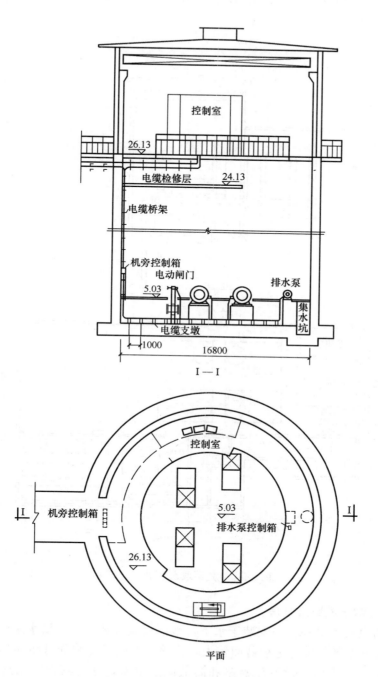

图 8-8 卧式泵取水泵房配电布置

图 8-9 为一工程示例。泵房内设 4 台深井泵，配用 6kV、460kW 立式电动机，1 台备用。控制室集中操作，在与机组对应的出水阀门近旁设机旁控制箱。井内安装水位计用以检测井中水位。

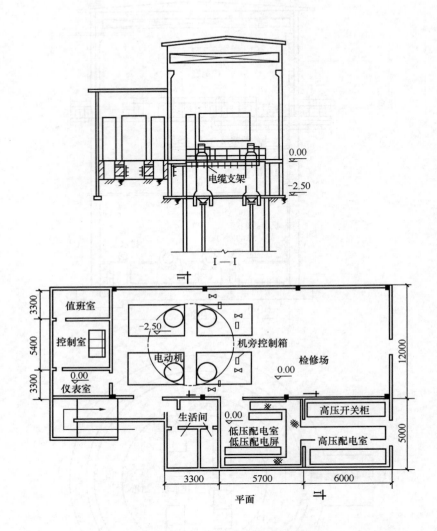

图 8-9　立式泵取水泵房配电布置

### 8. 1. 2. 3　潜水泵取水泵房

潜水泵与电机连成一体；安装于水下，地面仅设安装平台。潜水泵电机的电压一般为 660V 及以下等级；供电电缆截面较大，为缩短线路长度和降低线路损耗，可在安装平台上面再加一层平台，设变压器室和高低压配电室，或将其设于泵房附近，将变压器和高低压柜装于其中。将潜水泵的控制、保护及信号元件装于低压屏上，供操作和监视用。不设机旁控制箱。订货时可适当延长动力及保护电缆，直接接至低压屏。见图 8-10。

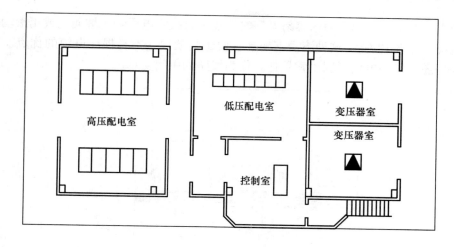

上层配电间布置

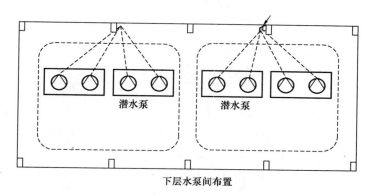

下层水泵间布置

图 8-10 潜水泵取水泵房配电布置

### 8.1.3 移动式取水泵房

#### 8.1.3.1 缆车泵房

缆车泵房（简称泵车）在水源水位变化时需要上下移动，要求泵车体积小，重量轻，稳定性好。泵车内的电气设备布置除满足最小安全操作距离和必要的检修位置外，应尽可能紧凑，一般采用靠墙布置。在泵车内仅安装机旁控制箱或降压启动器，作为电动机启动控制和监视运转之用。变配电设备不宜在泵车内安装，否则加大泵车体积和重量，不利于运行管理。当水源靠近水厂时，泵车变配电设备可与水厂变电所合并装设，合并装设不经济时，也可安装于岸边绞车房内，或在绞车房附近设变配电所。

图 8-11 为一种常见的斜坡式缆车泵房配电布置，两台机组平行布置，机旁设置控制箱，斜坡上设电缆沟，置于走道一侧。电缆由沟底引至泵车内，泵车上设卷线盘收放电缆。

岸边至泵车的动力线宜采用移动式电力电缆，通过设于岸边或泵车的卷线盘，用以收放线，线路是否设中间支承须视坡道形式而定。一般可在斜桥式坡道上安装滚动支架来敷设移动电缆，滚动支架设在斜桥走道内侧，便于电缆安装和维护见图 8-12（a）。也可在斜坡式坡道上设电缆沟。当电缆沟容易淤塞时，还可直接将电缆置于坡面上或用滚动支架敷设移动电缆见图 8-12 (b)。这种滚动支架具有便于收放线、不易损坏电缆的优点。小容量的缆车泵房还可采用电杆紧固吊索悬挂，作为线路的中间支承。

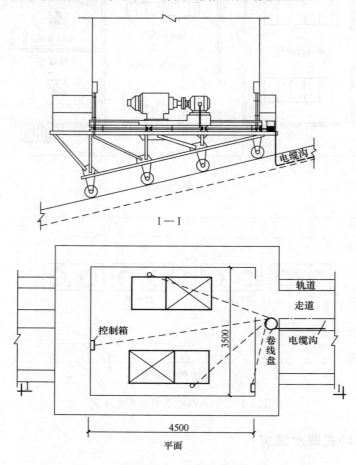

图 8-11　斜坡式缆车泵房配电布置

#### 8.1.3.2　浮船泵房

浮船泵房（简称泵船）设备布置应紧凑，以便尽可能减小泵船尺寸，但必须保证工作可靠，操作管理方便。配电屏宜靠墙安装，设备之间的操作距离宜按设计规范中所规定的最小尺寸考虑。

当采用高压电动机时，变配电装置可视具体情况设于船上或岸上变配电间内。控制设备可设置在泵船一端的控制室内，集中控制也可在泵船上仅设机旁控制箱，就地控制。当采用低压电动机时，在岸上设变电所，低压配电屏宜设在泵船一端。启动设备及机旁控制箱的布置，可集中与低压配电屏并列布置或分散与机组对应布置。

水泵机组布置一般可分为上承式和下承式。上承式水泵机组及其电气设备均安装在泵船甲板上，电线电缆一般在甲板下沿船舱壁舱底明敷；下承式水泵机组安装在船底骨架上，一般在机旁设控制箱，泵船甲板下面安装电缆支架，电缆沿船底骨架明敷引至各电气设备。

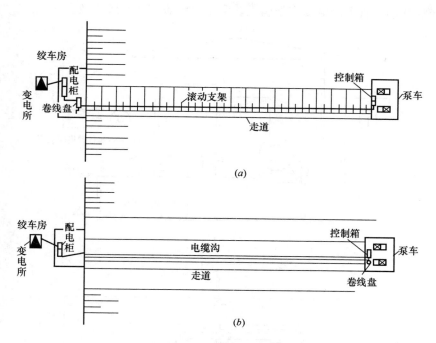

图 8-12 缆车泵房配线布置
(a) 斜桥式缆车泵房；(b) 斜坡式缆车泵房

当泵船采用阶梯式接口联络管时，配电线路可用活动电杆架空敷设或电缆水下敷设，在岸上或泵船上设卷线盘，以收放电缆见图 8-13。当泵船采用摇臂式联络管时，配电线路沿摇臂联络管敷设，在摇臂联络管上安装电缆支架或电缆桥架，将电缆从岸上引至泵船见图 8-14。

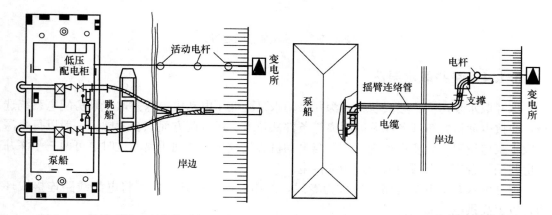

图 8-13 阶梯式接口联络管泵船配电布置　　　　图 8-14 摇臂式联络管泵船配电布置

为了适应泵船浮动和移位的要求，电缆必须具备较强的抗扭折能力，一般选用铜芯橡套电缆。图 8-15 为上承式泵船配电布置示例：泵船设水泵机组 3 台，电动机为 Y450-6 型，6kV、560kW，两台工作，一台备用。采用一台真空泵引水。变电所设在岸上，电动机主开关均设在变电所内。泵船一侧为控制室，设置一台控制屏集中控制。配电线路采用橡套电缆经摇臂连络管上的电缆支架引入。穿甲板沿舱壁及舱底明敷。

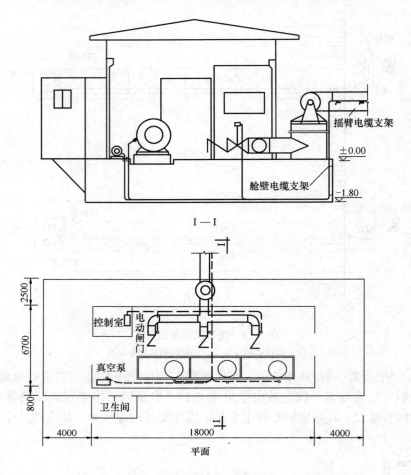

图 8-15   上承式泵船配电布置

## 8.1.4   深井取水泵房

深井取水泵房内一般安装一台深井泵，水泵配低压电动机。深井取水泵房配电系统选择，应按电动机容量和各深井间距离等条件从技术、经济两方面综合考虑。一般以每个深井取水泵房设置一台变压器为宜，但当电动机容量较小，井间距离不远时也可两三个深井泵房共用一台变压器或由低压专用线供电。

深井取水泵房电源线路一般应为专线，忌用农电。有条件时可将电源线路连接成环形，以提高供电可靠性。

深井取水泵房分为地面式和半地下式两种布置形式，这两种形式在电气布置上没有大的差别，由于变压器容量较小，可采用户外箱式变电站，水泵控制箱靠墙安装。

地面式深井泵房配电布置见图 8-16。

半地下式深井泵房配电布置见图 8-17。

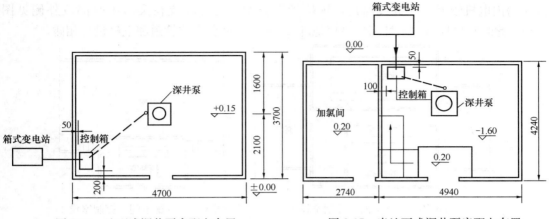

图 8-16　地面式深井泵房配电布置　　　　图 8-17　半地下式深井泵房配电布置

## 8.1.5　送水泵房

### 8.1.5.1　布置形式

送水泵房与取水泵房相同也分为地面式、半地下式两种形式。送水泵房是水厂的负荷中心，机组容量大、台数多，一般与变电所毗邻。高压配电室、低压配电室、控制室均应合并布置、统一管理。具体要求见第 5 章有关部分。若与变电所分离则附设有配电室和控制室，布置顺序要求合理，便于线路的进出、安装、维护和调试等。一般变电所布置于靠近电源一侧。高压配电室、低压配电室应尽量靠近泵房，以缩短线路长度、节约有色金属、减少电耗。若控制室、泵房布置在一起时，应有隔音墙和观察窗。为了管理和运行方便，控制室应便于通向泵房、高压配电室、低压配电室和辅助间。建筑上应和四周环境协调，适当注意建筑外观。泵房内的机旁控制箱和启动设备应布置在与机组对应处或挂墙安装。

（1）变配电间、控制室设于泵房一端的布置，多用于水泵机组台数少，泵房较短的场合。图 8-18 示出常见的布置形式。

（2）变配电间、控制室设于泵房中部的布置：当水泵机组台数多，且单行排列、泵房很长时，可将配电室、控制室设置在泵房中间部位见图 8-19。这可使控制、配电设备

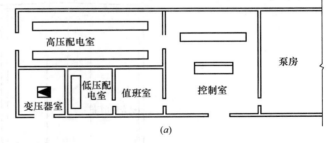

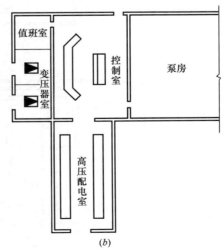

图 8-18　变配电间、控制室设于泵房一端的布置

离泵房内电机较近，配电线路短，维护管理方便。也可设置在泵房中间部位外侧见图8-20。此时宜将控制室地坪高出泵房地坪2.5m，以避免主体管道和电气设备相碰。

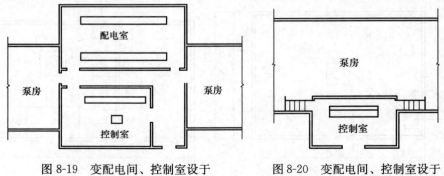

图 8-19 变配电间、控制室设于
泵房中部的布置

图 8-20 变配电间、控制室设于
泵房中部外侧的布置

### 8.1.5.2 电缆敷设

泵房内电缆敷设方式与主体管道布置形式及泵房的结构形式有关。

（1）地面式送水泵房：

1）一般宜在电动机接线盒一侧设置电缆沟：当泵房进出水管均为明敷设时，在电动机接线盒一侧设置电缆沟，机旁控制箱也应安装在电缆沟一侧。

2）进水管一侧设置电缆沟：当进水管为明敷、出水管在管沟敷设时，电缆沟应设置在进水管一侧见图 8-21。

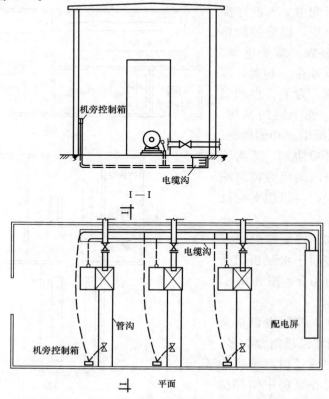

图 8-21 电缆沟设置在进水管一侧的地面式泵房

3）电缆柜式布置：当进出水管均设有管沟、地坪下设置电缆沟和管沟交叉造成管沟加深和管道安装维修不便时，宜在泵房窗下弦和地坪面之间设电缆支架或电缆桥架，外框装饰成柜形，既不影响管道布置又比较整齐见图8-22。

（2）半地下式泵房：

1）设置电缆沟：当泵房水管明敷时，在电机接线盒一侧设置电缆沟。如泵房排水坑有效排水深度减小，电缆沟内易积水。

2）在泵房走道板平台下设置电缆支架或电缆桥架：当泵房内中间或沿墙设有走道板时，可在走道板下设置支架敷设电缆见图8-23。

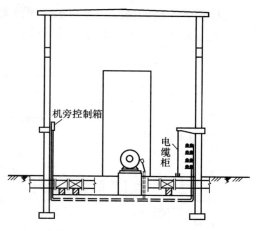

图 8-22　柜式电缆布置的地面式泵房

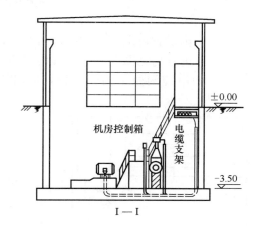

I—I

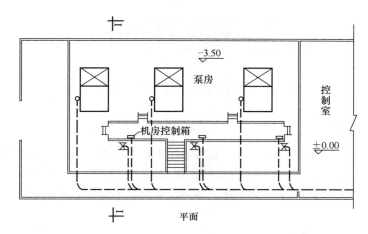

平面

图 8-23　走道板下设置电缆支架的半地下式泵房

3）在管道夹层内沿墙设置电缆支架：当泵房地坪下部为管道夹层，则不需开设电缆沟，可将电缆支架沿钢筋混凝土墙壁安装见图8-24。此种结构适用于电缆根数少、电缆支架层数少于 3 层的情况。否则水管埋设太深，影响主体布置，增加工程造价。为此电缆可采用地面柜式布置形式敷设见图 8-25。

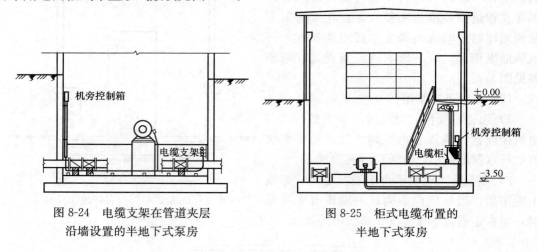

图 8-24 电缆支架在管道夹层
沿墙设置的半地下式泵房

图 8-25 柜式电缆布置的
半地下式泵房

4）泵房外侧设置电缆沟：当室内设置电缆沟不便时，可在泵房外部设置电缆沟，沟顶应高出地面 100mm，电缆穿管引进泵房见图 8-26。电缆沟不占用泵房面积，与设置在地面部分的控制室、变配电间室内电缆沟处于同一高程，进出线比较方便，电缆弯曲较少。

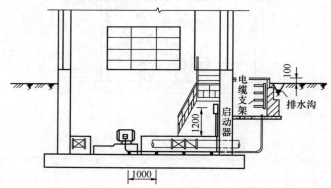

图 8-26 泵房外侧设置电缆沟的半地下式泵房

### 8.1.6 排水泵房

排水泵房（污水泵房、雨水泵房）的基本组成包括：变压器室、配电室、辅助间（值班室、休息室、工具间；厕所等）、机器间、集水池、格栅间等。由于水泵多数为自灌式，泵房往往设计成半地下式或地下式。其平面形状有圆形和矩形两种。按机组的安装容量大小可分为中、小型和大型排水泵房。

#### 8.1.6.1 中、小型排水泵房

一般为高压供电，低压配电。变压器容量较小，安装在泵房与低压配电屏靠近的地方。变电所有外附式、杆架式、户内变压器室三种形式，变配电部分设计与固定式取水泵房和送水泵房基本要求相同。但也有其特点，排水泵房一般由 PLC 根据集水池的水位进

行自动控制，控制设备可集中布置在控制屏上。

排水泵房采用立式离心泵（也可用轴流泵）时，电动机和水泵分别设在构筑物的上下两层内。变压器、配电室、辅助间与泵房的其他组成部分的组合形式，应考虑操作管理、设备安装和维护上的方便，进行合理布置。

（1）常见组合布置形式：

1）圆形泵房：水泵台数在 4 台以下的排水泵房，地面以下部分的结构，一般采用圆形。圆形泵房其下层平面狭窄，电气设备布置局限性较大，且下层潮湿，操作不便，一般将配电设备设置在上层，或另建专用平台。泵房下层仅安装机旁控制箱，便于就地监视和调试，布置形式见图 8-27（a）。

2）矩形泵房：当水泵台数超过 4 台，地下及地面部分构筑物一般均采用

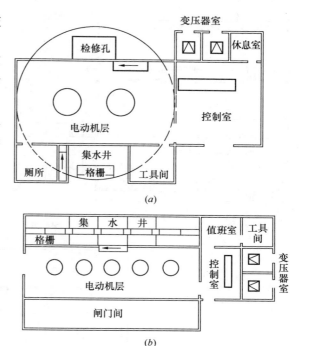

图 8-27 排水泵房组合布置
(a) 圆形泵房；(b) 矩形泵房

矩形。这对电气设备布置比较方便。一般在泵房轴向顶端设变压器室、配电室和控制室。考虑集中控制时，应将工艺过程检测仪表和水泵机组的各种信号及测量仪表安装在控制室的集中控制屏上，在机组附近应设置紧急停车按钮。布置形式见图 8-27（b）。

（2）泵房电缆敷设：泵房控制室、配电室的电缆一般采用电缆沟或电缆夹层敷设。泵房部分一般采用电缆桥架或穿管敷设。电缆从电缆沟引出到控制箱的一段或者电缆引入及引出构筑物墙、楼板处，以及电缆在距泵房操作地坪以上 2m 一段必须穿管保护。

排水泵房采用潜水泵时，配电布置示例见图 8-28，设有 5 台 380V、160kW 潜水泵电动机，配电间设置高压环网开关柜、干式变压器、低压开关柜等。电缆沿电缆沟敷设，泵房和配电间均为矩形结构。

立式雨水泵房配电布置示例见图 8-29。设有 4 台 380V、55kW 水泵电动机，一台排水泵，单排布置。附设配电室和值班室。配电室内设置 2 台低压配电屏，4 台启动器和 1 台电容器柜。配电室下层为电缆夹层。机旁控制箱在电机附近靠墙安装。整个泵房为矩形组合结构，主机电缆沿吊架明敷，其余采用穿管配线。

立式排水泵房配电布置示例见图 8-30。设置 4 台轴流泵，机组单行排列，间距为 4.5m。底层设置 1 台排水泵。为便于集中检修和控制，检修场和控制室分别设于泵房的两端。泵房墙上安装机旁控制箱，主机电缆采用支架明敷。底层排水泵采用穿管配线。

### 8.1.6.2 大型排水泵房

一般为高压供电、高压配电，机组容量较大且台数多。在城市雨水泵房、污水泵房等场合采用轴流泵比较普遍，其特点是大流量低扬程。这里仅介绍大型排水泵房（轴流泵）配电布置。

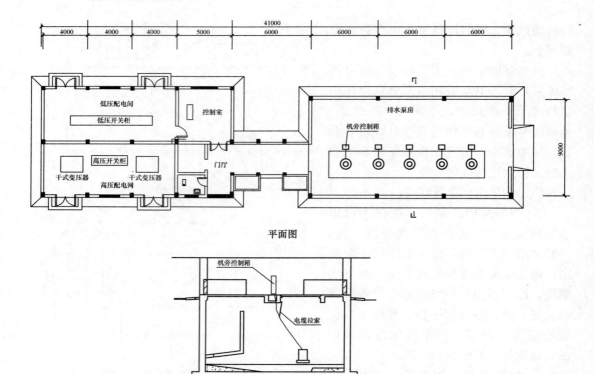

图 8-28 排水泵房采用潜水泵时配电布置

因泵房机组容量较大，台数较多，采用单行排列，泵房较长，而选用矩形结构形式。进出水多采用大型混凝土流道，且出水流道往往在电机层 2～3m 以下，有利于泵房内的配电柜与出水流道交叉布置。可将配电柜设置在泵房纵向一侧见图 8-31。其优点是布置紧凑，进出线比较方便，线路短，操作管理集中；缺点是泵房必须加宽，且噪声较大。因此常单独设置配电室，且多设于泵房控制室一侧见图 8-32。为了便于集中控制和检修，在轴流泵房电机层的两端分别设控制室和检修场。由于轴流泵的传动轴较长，当水泵层离地面较深时，为了使安装和运行管理方便，一般在电机层和水泵层之间又分设连轴层和人孔层。

电机层电气设备的布置应满足安装检修的距离要求，当起吊设备运行时不得从电动机或电气设备上方通过。

电机层内一般设置紧急停车按钮，机组在控制室集中控制。连轴层安装轴流泵辅机系统的油、气、水管道及监测仪表，一般将监测仪表靠近电机支墩安装，其高度不超过1.6m，便于管理人员巡视。油、气、水管道和电缆布置应统一考虑，一般布置在出水流道一侧，使整个连轴层显得比较整齐。靠墙安装的电缆支架与油、气、水管道水平净距应不小于 0.8m。电动机的配电线路与油、气、水管交叉处，采用吊架或支架敷设在管道上方，其线间的垂直净距不小于 150mm。地面部分应结合流道的结构形式，做成一条平整的通道见图 8-31。水泵层的电气设备，主要是 2～3 台水泵机组及 1 台主要用于起吊水泵

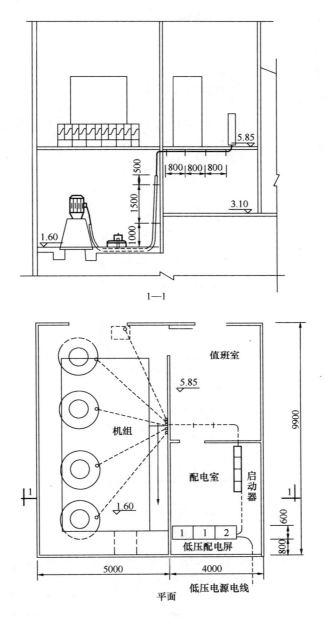

图 8-29 立式雨水泵房配电布置

外壳的电动葫芦。排水泵一般按排水廊道的水位进行自动控制。控制设备集中安装在配电控制箱内，而配电控制箱一般设置在水泵层，水位参数、排水泵运行信号均反映至控制室，这样布线较短，也便于操作管理。

对于水泵叶片角度可调的轴流泵，要求配置一套油压装置及油处理系统。这部分装置一般设置在检修场下面第二、三层，离地面较深，必须采取机械通风。在油管出口处及整个管道每隔 100m 处均装设接地线，并且用铜导线将所有接头和阀门均接上分支，所有油罐也必须有 2～3 处接地，以满足油系统的防火要求。油处理室的电气设备须选择防爆型元件，绝缘导线应敷设在钢管中，严禁明敷。电气设备的金属外壳应可靠接地。

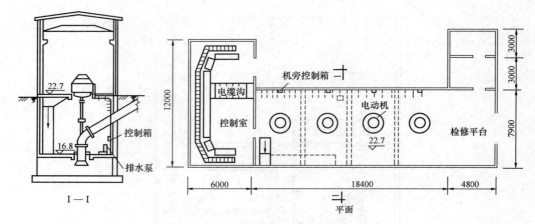

图 8-30  立式排水泵房配电布置

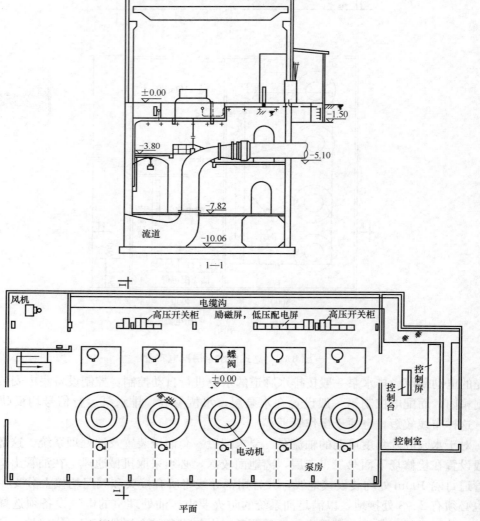

图 8-31  大型排水泵房（轴流泵）配电布置（一）

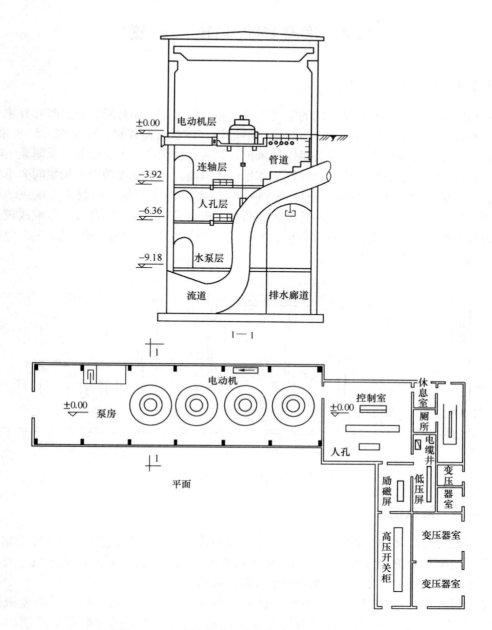

图 8-32　大型排水泵房（轴流泵）配电布置（二）

出水流道的真空系统与用于破冰、维护检修及机组停机制动等的空压机系统，一般设置在出水流道顶部。由于距总配电室较远，可将配电装置分设在设备附近，总电源进线通过配电屏和各机组连接，配电屏屏后离墙 0.8m。电线电缆穿钢管敷设。所有机组运行信号，水流道的真空、压力及空压机贮气罐压力等参数均反映至控制室。这样配电线路较省，敷设方便。真空泵一般和水泵机组联动。空压机按照贮气罐压力进行自动控制。

# 8.2  净化构筑物电气布置

## 8.2.1  加药间和加氯间

加药间有腐蚀性药液，加氯间的空气中含有腐蚀性气体，加药间和加氯间有分建和合建两种布置形式，加药间有药库、溶解池、溶液池，设备有搅拌机、液下泵、计量泵等。加氯间有氯库、加氯机室，设备有氯库排风机、氯瓶自动切换装置、加氯机及漏氯吸收装置等。电气设备的安装位置应与腐蚀性气体尽可能隔离。一般在加药间和加氯间旁单独设置安装配电屏和 PLC 柜的房间，也可兼作值班室。配线应采用铜芯塑料绝缘线或塑料绝缘及护套的铜芯电力电缆，穿塑料管明敷或暗敷，也可采用电缆桥架敷设。若配线较多应考虑设置电缆沟，电缆沟局部可以和管沟相结合，布置在综合管沟一侧。图 8-33 为加药间和加氯间合建布置形式的示例。

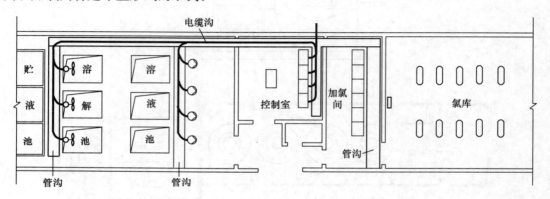

图 8-33   加药间、加氯间配电布置

## 8.2.2  絮凝池

絮凝池的用电设备主要有两种，一种为机械搅拌絮凝池中的搅拌机，另一种为非机械搅拌絮凝池中驱动快开（水力或气动）排泥阀的电磁阀。其控制箱一般装于机旁或池壁上。若采用自动控制，可与附近加药间或沉淀池共用 PLC 分站。

搅拌机配线一般穿管沿栏杆明敷，也可暗敷在池顶走道板内。排泥阀的电磁阀由于数量较多且在池壁外部，故宜用托盘式电缆桥架或塑料线槽沿絮凝池壁明敷，以利检修。

图 8-34 为机械搅拌絮凝池配电布置。

## 8.2.3  沉淀池

沉淀池大致分为平流式、辐流式、斜板斜管式及高密度沉淀池等四种。前三种电气布置一般根据沉淀池的机械排泥形式决定。

### 8.2.3.1  平流式沉淀池

平流式沉淀池的机械排泥设备（也适用于斜板、斜管沉淀池的机械排泥），一般采用

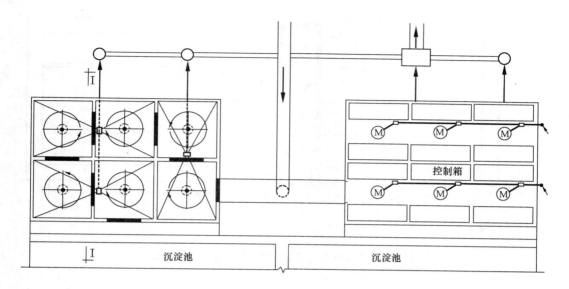

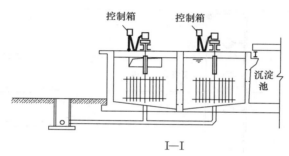

图 8-34 机械搅拌絮凝池配电布置

吸泥机（或刮泥机）。由桁车、驱动装置、吸泥管路系统、桁车换向减速装置等组成。桁车上设置户外式控制箱，池子两端安装换向装置的挡块。吸泥机一般以单一速度往复运行。吸泥机配电线路一般采用移动电缆，当沉淀池长度在 50m 以内时可采用钢丝绳悬挂敷设，当沉淀池长度在 50m 以上时可采用双角钢滑轨两轮悬挂方式敷设，此两种方式可参考国标图集《吊车移动电缆安装》89D364。由于安全滑触线有多芯规格，有些工程中也采用，但由于在室外常受风雨侵蚀，宜在安全滑触线上加罩防护。当刮泥机由 PLC（装于机旁箱内）自控，并有通信线与上位机连接，若采用安全滑触线作通信联络线时，应考虑其抗干扰问题。桁车上电气设备连接线采用钢管沿桁架明敷，户外式控制箱底部应密封，以防止池内水蒸气侵入。箱顶部风雨罩应预留一定空隙，排除箱内潮气。

图 8-35 为平流式沉淀池吸泥机用电缆悬挂敷设配电布置。

图 8-36 为平流沉淀池吸泥机用安全滑触线配电布置。

### 8.2.3.2 辐流式沉淀池

辐流式沉淀池的机械排泥设备一般采用周边传动的机械刮泥机。由刮泥桁车、传动装置、环形集电器等组成。桁车上设置户外控制箱。刮泥机桁车通过传动装置沿沉淀池池壁

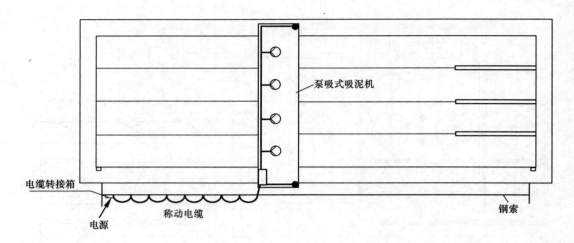

图 8-35    平流式沉淀池吸泥机用电缆悬挂敷设配电布置

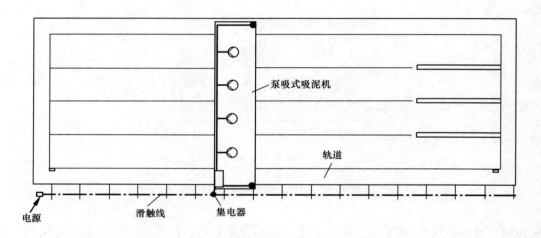

图 8-36    平流沉淀池吸泥机用安全滑触线配电布置

上的轨道作圆周运动，将沉淀于池底的泥砂汇集到池中心集泥槽内，由池底部的排泥管排出。

传动装置的牵引小车的配电线路一般从池中心底部用钢管敷设引至环形集电器（环形集电器与设备配套），由此和牵引电机连接。当排水管道采用隧道方式敷设时，刮泥机配电线路可以采用电缆支架在隧道壁上敷设，以缩短钢管长度，便于线路安装和维修。一般情况下是预埋钢管至沉淀池外部电缆人井。

图 8-37 为辐流式沉淀池配电布置示例，其配电线路敷设在排泥廊道内。

### 8.2.3.3    斜板、斜管式沉淀池

斜板斜管式沉淀池的机械排泥有两种形式：一种是和平流沉淀池一样的吸泥机，由桁车、驱动装置、吸泥管路系统、桁车换向减速装置等组成。一种是采用钢丝绳牵引的刮泥机（也适用于平流式沉淀池的机械排泥）。刮泥机由传动装置、导轮、钢丝绳牵引，绕导

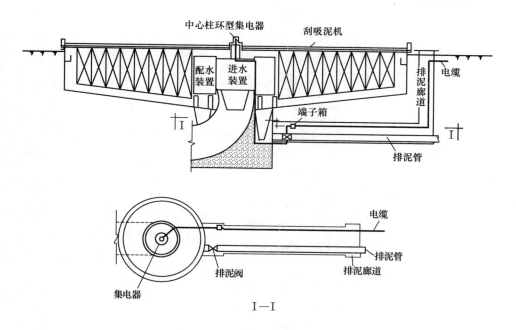

图 8-37 辐流式沉淀池配电布置

轮回转移动。刮泥小车上设置刮板，在池底移动时，将污泥刮至污泥槽，由排泥管排走，刮泥机的传动装置、控制箱及刮泥小车换向装置，一般设置在池子端头平台上或控制室内，刮泥机的配电线路可由厂区电缆沟穿钢管引来或从池壁上安装的电缆支架引来。控制箱至传动、换向装置的电线电缆一般穿管明敷。

图 8-38 为斜板、斜管沉淀池钢丝绳牵引刮泥机配电布置。

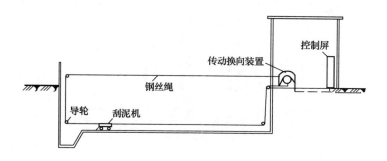

图 8-38 斜板、斜管沉淀池钢丝绳牵引刮泥机配电布置

### 8.2.3.4 高密度沉淀池

高密度沉淀池配电控制室一般设在两组池中间，设置低压配电柜和 PLC 柜等设备，配电控制室内电缆沿电缆沟敷设，低压配电柜和 PLC 柜至沉淀池各动力设备的电缆沿电缆桥架或穿钢管敷设。图 8-39 为高密度沉淀池配电布置。

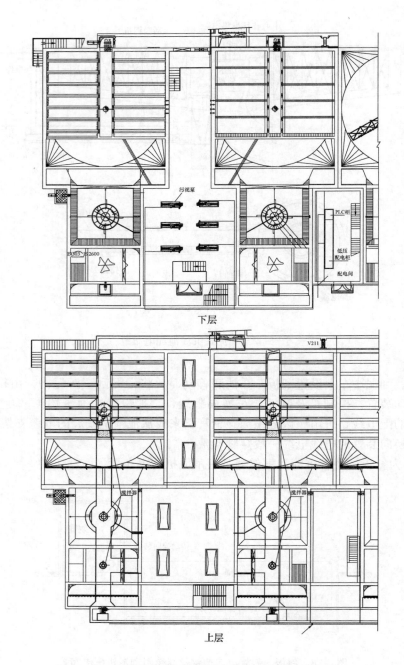

图 8-39　高密度沉淀池配电布置

### 8.2.4　机械搅拌澄清池

在机械搅拌澄清池的操作平台上往往安装搅拌机、刮泥机及机旁控制箱。为了便于操作管理，在操作平台上应有亭式建筑。机旁控制箱一般靠墙安装见图 8-40。澄清池的配电线路一般沿引桥栏杆穿钢管明敷或暗敷。采用自动排泥时，控制排泥阀的电磁阀要加防雨罩或安装在环境较干燥的排泥控制室内。避免安装在阴暗潮湿的排泥井附近。

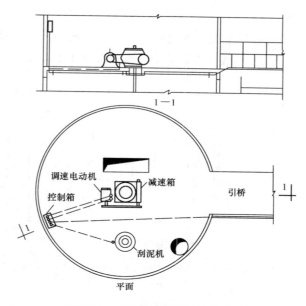

图 8-40　机械搅拌澄清池配电布置

## 8.2.5　滤池

滤池分为普通滤池、双阀滤池、气水反冲滤池、虹吸滤池、移动罩滤池等多种形式。有电气控制要求的主要是双阀滤池和移动罩滤池以及气水反冲滤池。

### 8.2.5.1　双阀滤池

滤池的控制室一般附设在滤池的一端，或者几组滤池的中间。控制室内设置滤池仪表屏、PLC 柜等设备。滤池外侧有管廊，管廊顶部安装电缆支架或电缆桥架，用来敷设电线电缆。滤池的进水虹吸管电磁阀和排水虹吸管电磁阀控制线采用塑料绝缘导线沿走道边穿钢管明敷。管廊内为各池的清水阀和反冲洗阀，配电和控制线路沿管廊顶部电缆桥架明敷，再沿墙穿钢管引至阀体电动执行机构。冲洗泵有时单独布于冲洗泵房内，也有的装在送水泵房内，启动控制设备一般就近布置。滤池控制柜当滤池格数较少时可集中布置，当格数较多时宜分散布置，滤池控制台对应布于各滤池附近（管廊上层）。双阀滤池另有用冲洗水塔或建于滤池廊顶层冲洗水箱的形式，此时则无冲洗泵，另有加压泵自动供水给水塔或水箱。图 8-41 为双阀滤池配电布置。

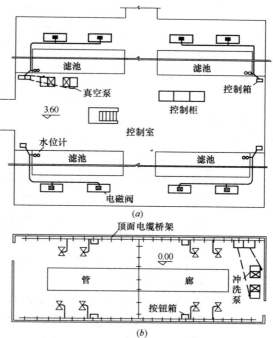

图 8-41　双阀滤池配电布置

### 8.2.5.2  四阀滤池

四阀滤池是将双阀滤池的进水及排水虹吸管改为电动闸阀，取消形成和破坏虹吸的电磁阀及抽真空的真空泵。因此，电气布置基本与双阀滤池相似。图8-42为四阀滤池配电布置。

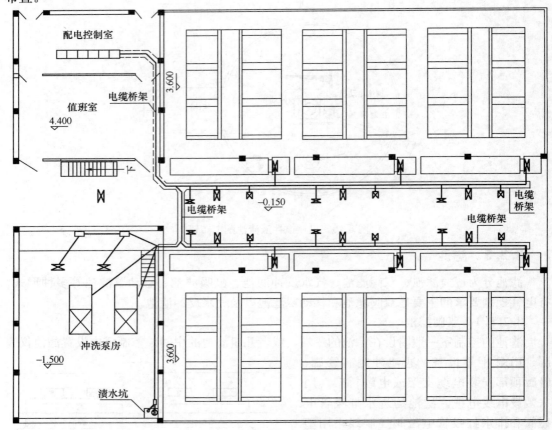

图 8-42  四阀滤池配电布置

### 8.2.5.3  气水反冲滤池

滤池的控制室一般附设在滤池的一端，或者几组滤池中间。控制室内设置滤池仪表屏、PLC柜等设备。控制室一般与冲洗泵房、鼓风机房、空压机房合建。滤池外侧有管廊。滤池的进水闸板、排水闸板的控制线采用塑料绝缘导线沿滤池隔墙或池内排水槽隔板内预埋钢管暗敷。管廊内为各池的清水阀、气冲阀和反冲洗阀，配电和控制线沿管廊顶部电缆桥架明敷，再沿墙穿钢管引至阀体电动执行机构。冲洗泵、鼓风机、空压机启动设备一般就近布置，也可在滤池配电控制室内集中布置，滤池控制台以分散对应布于各格滤池附近（管廊上层）为宜。图8-43为气水反冲滤池配电布置。

### 8.2.5.4  移动罩滤池

移动罩滤池需将移动式冲洗罩轮流对多格滤池进行冲洗。其移动桁架包括桁架牵引机构及移动机构。控制设备安装在桁架的一端。控制箱到移动机构电机及行程开关的配电线路采用穿钢管沿桁架明敷，滤池控制箱的引入线采用移动式电缆，沿池壁钢丝绳吊索悬挂

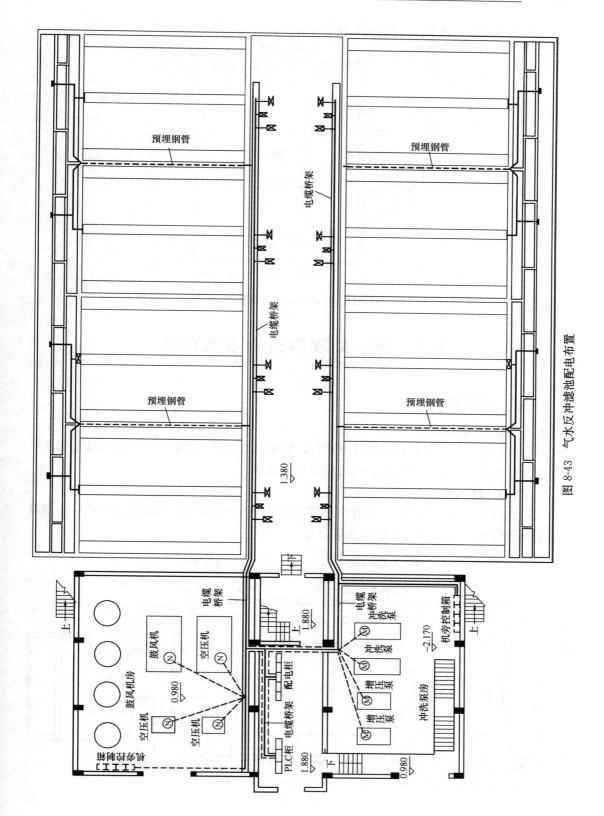

图 8-43 气水反冲滤池配电布置

引入，也可采用安全滑触线。图 8-44 为移动罩滤池配电布置。

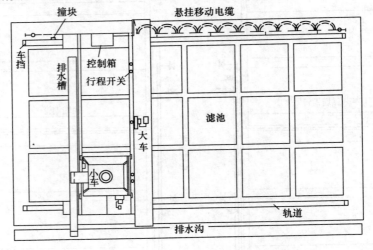

图 8-44    移动罩滤池配电布置

# 8.3    污水处理构筑物电气布置

## 8.3.1    沉砂池

### 8.3.1.1    普通沉砂池
普通沉砂池上装设除砂机桁架往复运行，桁架上有砂泵及控制箱，一般用移动电缆沿池壁用钢丝绳吊索悬挂引入电源，也可用安全滑触线。

### 8.3.1.2    曝气沉砂池
沉砂池附设一小鼓风机房，内有小型鼓风机用作沉砂池曝气，除砂机为链式，一般沿栏杆穿钢管明敷。图 8-45 为沉砂池配电布置。

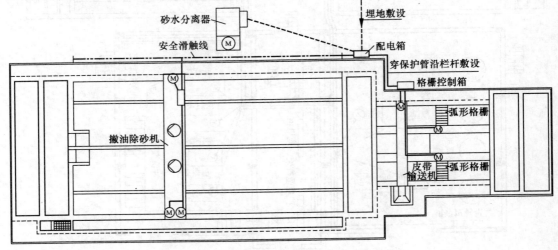

图 8-45    沉砂池配电布置

### 8.3.1.3 旋流沉砂池

旋流沉砂池动力配电柜和 PLC 柜一般安装在细格栅渠道下部,动力配电柜和 PLC 柜至沉砂池各动力设备的电缆沿电缆桥架或穿钢管敷设。图 8-46 为旋流沉砂池配电布置。

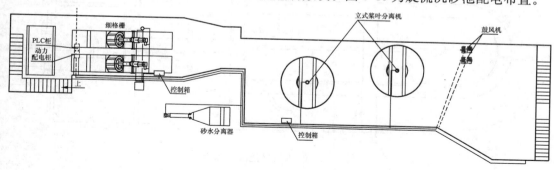

图 8-46 旋流沉砂池配电布置

## 8.3.2 曝气池

### 8.3.2.1 普通曝气池

普通曝气池一般在池中心处设操作平台安装表曝机,表曝机经过减速齿轮由电动机拖动,速度可调。启动控制设备及调速控制箱可就地安装在机旁操作,也可将启动控制设备及调速控制装置安装在控制室集中操作,平台上仅安装机旁操作箱供就地操作及试车用。操作平台如系亭式建筑则电气设备应考虑密封防水,控制箱可在柱上悬挂安装。配电及控制线路可沿栏杆穿钢管明敷或在走道板下穿管吊装敷设。当电线电缆数目较多时也可采用托盘敷设或设电缆沟敷设。图 8-47 为普通曝气池配电布置。

### 8.3.2.2 鼓风曝气池

鼓风曝气池动力配电柜和 PLC 柜一般安装在楼梯下部,动力配电柜和 PLC 柜至鼓风曝气池各动力设备的电缆沿电缆桥架或穿钢管敷设。图 8-48 为鼓风曝气池配电布置。

### 8.3.2.3 氧化沟

氧化沟主要用电设备为转刷,功率在 $30 \sim 55kW$ 左右,配电方式为放射式,启动控制设备布于配电控制室,配电控制室内应预留 PLC 柜位置。电线电缆穿管沿栏杆明敷或在走道板下明敷。图 8-49 为氧化沟配电布置。

### 8.3.2.4 CASS 生物池

CASS 生物池动力配电柜和 PLC 柜一般安装在池边走道板下部,动力配电柜和 PLC 柜至 CASS 生物池各动力设备的

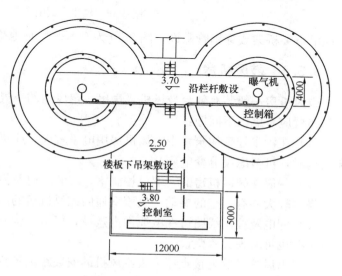

图 8-47 普通曝气池配电布置

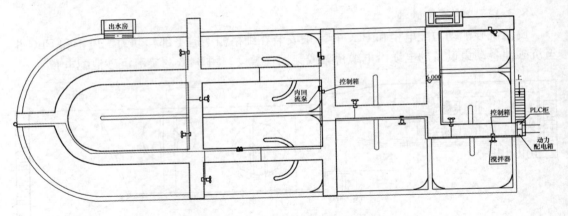

图 8-48  鼓风曝气池配电布置

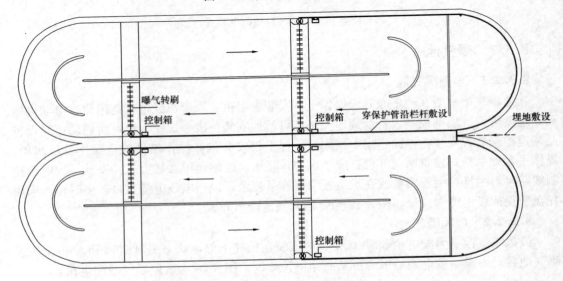

图 8-49  氧化沟配电布置

电缆沿电缆桥架或穿钢管敷设。图 8-50 为 CASS 生物池配电布置。

### 8.3.3  鼓风机房

鼓风机房一般装有数台鼓风机，送出一定风压的空气作为曝气池的气源。鼓风机房的电气布置应考虑以下问题：

（1）在污水处理构筑物中鼓风机房用电量较大，应尽量靠近变电所。如距处理厂变电所较远时，可考虑设分变电所。

（2）一般在鼓风机房的一端设控制室，安装配电及控制柜等电气设备。因鼓风机运转时，噪声较大并有一定的振动，故该室通向鼓风机房的门窗应采取隔音措施。

（3）配电及控制线路可在电缆沟内敷设，但电缆沟应注意与风管的跨越和交叉。当线路较少时也可考虑穿管敷设。

（4）出风管上的电接点压力表距风机的安装距离不宜太近，以免受振。

鼓风机房配电布置见图 8-51。

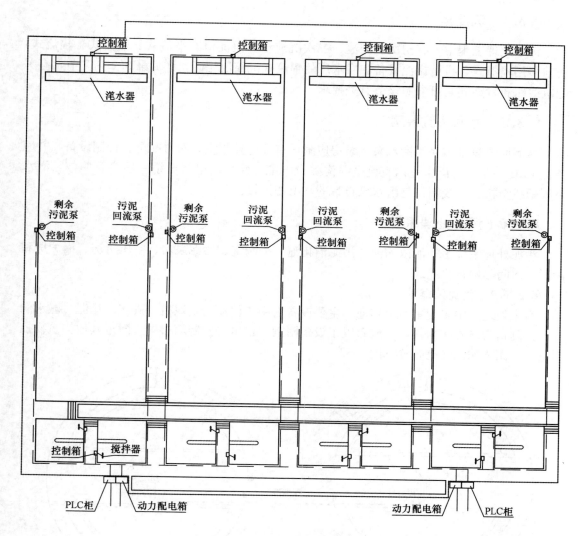

图 8-50 CASS 生物池配电布置

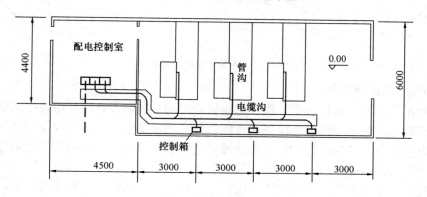

图 8-51 鼓风机房配电布置

### 8.3.4　沉淀池

污水处理工程中，有初次沉淀池、二次沉淀池。沉淀池有平流式、竖流式、辐流式，目前多用辐流式，机械排泥设备和净水厂的辐流式沉淀池相同，详见第 8.2.3.2 节，有关配电线路布置亦同，可参照该节有关要求。

### 8.3.5　污泥回流泵房

污泥回流设备多采用潜水泵，泵房应附设有配电控制室，布置配电、控制设备，并应预留 PLC 柜位置。配电室内宜设电缆沟敷设电缆，泵房内电线电缆一般穿管明敷，潜水泵则配线至机旁接线箱，与潜水泵自带的软电缆连接。

### 8.3.6　污泥处理系统

污泥处理系统由污泥浓缩池、污泥消化池、控制室、污泥泵房、空压机房、锅炉房和污泥脱水间等构筑物组成。

#### 8.3.6.1　污泥浓缩池

污水处理厂中多用重力浓缩池，主要设备有中心传动的刮泥机、进泥、排泥、撇水阀等。控制箱为户外防雨式，一般布置于设备附近。也可将控制箱布置于附近其他构筑物控制室。污泥浓缩池配电布置见图 8-52。

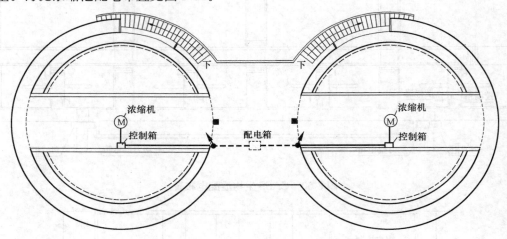

图 8-52　污泥浓缩池配电布置

#### 8.3.6.2　污泥消化池

（1）污泥消化池，有许多泵、机、阀要管理控制。控制设备应集中在控制室内。

（2）控制室、配电室均应考虑通风设施，并应尽量防止沼气进入或从管道中漏出。

（3）电气设备及照明设施均应防火防爆。电动机及启动控制设备应采用隔爆型。照明灯具及开关应采用防爆型。

（4）控制室电线电缆可在电缆沟内敷设，在电缆沟出口处应采取隔板中填砂的措施以防止室外沼气逸出后进入沟内。

污泥消化系统配电布置见图 8-53。

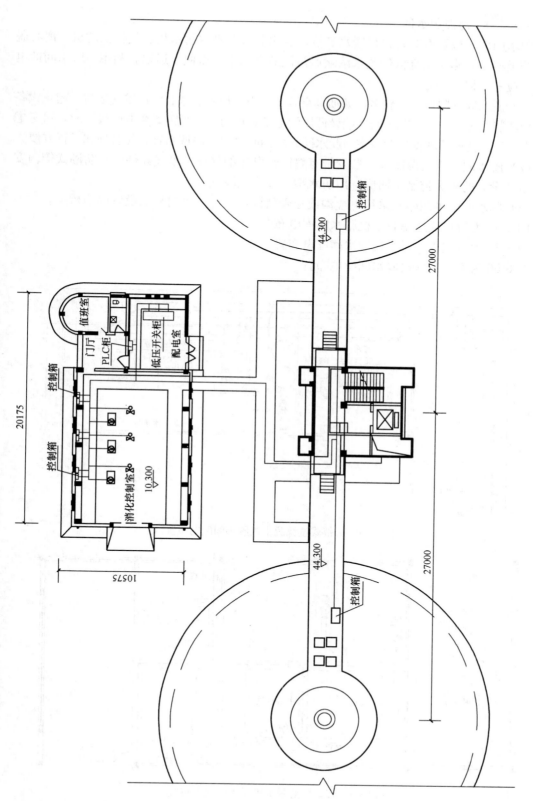

图 8-53 污泥消化系统配电布置

### 8.3.6.3 污泥脱水间

脱水间内一般装有数台机械脱水装置。脱水装置有真空脱水机、板框压滤机、离心脱水机等类型。其作用是降低经脱水浓缩后污泥的含水率，以便于运输和利用。脱水间的电气布置应考虑以下问题：

（1）脱水间的附属设备较多，如抽真空装置、空气压缩装置、污泥输送装置、起重设备以及加药装置等。一般在脱水间一端设低压配电室和加药间。当距离变电所较远时，可考虑设分变电所。变电所和低压配电室与脱水间、加药间之间应协调布置，使管理和运行方便。

（2）脱水间内空气湿度大，散发带有腐蚀性臭味的气体，电气元件应在防潮式箱内安装，单独设立的机旁控制按钮应选用防水型，以防止潮气浸入。

（3）脱水间配电线路宜采用电缆沟或穿管敷设，也可在室内靠墙设置电缆桥架。

图 8-54 为折带式过滤脱水机脱水间配电布置。

图 8-55 为带式压滤脱水机脱水间配电布置。

图 8-56 为离心脱水机脱水间配电布置。

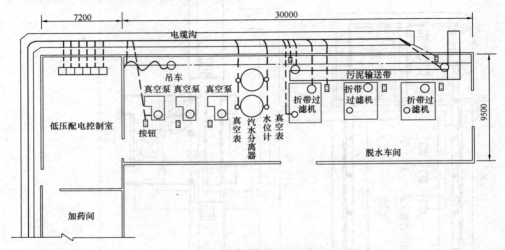

图 8-54    折带式过滤脱水机脱水间配电布置

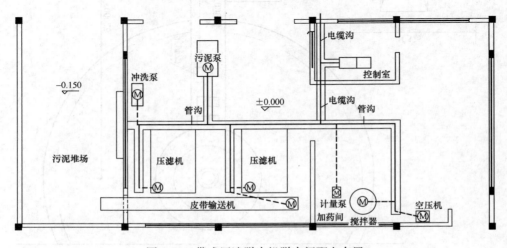

图 8-55    带式压滤脱水机脱水间配电布置

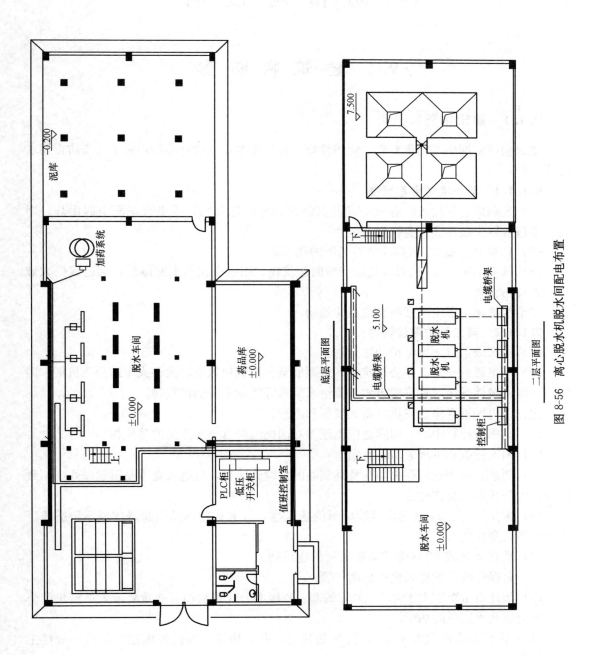

底层平面图

二层平面图

图 8-56 离心脱水机脱水间配电布置

# 9 防 雷 与 接 地

## 9.1 建 筑 物 防 雷

### 9.1.1 建筑物防雷分类

建筑物应根据建筑物重要性、使用性质、发生雷电事故的可能性和后果，按防雷要求分为三类：

**9.1.1.1 第一类防雷建筑物**

（1）凡制造、使用或贮存火炸药及其制品的危险建筑物，因电火花而引起爆炸、爆轰，会造成巨大破坏和人身伤亡者。

（2）具有 0 区或 20 区爆炸危险场所的建筑物。

（3）具有 1 区或 21 区爆炸危险场所的建筑物，因电火花而引起爆炸，会造成巨大破坏和人身伤亡者。

在给水排水工程中通常没有这类建筑物。

**9.1.1.2 第二类防雷建筑物**

（1）国家级重点文物保护的建筑物。

（2）国家级的会堂、办公建筑物、大型展览和博览建筑物、大型火车站和飞机场、国宾馆、国家级档案馆、大型城市的重要给水泵房等特别重要的建筑物。

注：飞机场不含停放飞机的露天场所和跑道。

（3）国家级计算中心、国际通信枢纽等对国民经济有重要意义的建筑物。

（4）国家特级和甲级大型体育馆。

（5）制造、使用或贮存火炸药及其制品的危险建筑物，且电火花不易引起爆炸或不致造成巨大破坏和人身伤亡者。

（6）具有 1 区或 21 区爆炸危险场所的建筑物，且电火花不易引起爆炸或不致造成巨大破坏和人身伤亡者。

（7）具有 2 区或 22 区爆炸危险场所的建筑物。

（8）有爆炸危险的露天钢质封闭气罐。

（9）预计雷击次数大于 0.05 次/a 的部、省级办公建筑物和其他重要或人员密集的公共建筑物以及火灾危险场所。

（10）预计雷击次数大于 0.25 次/a 的住宅、办公楼等一般性民用建筑物或一般性工业建筑物。

注：预计雷击次数应按本手册 9.1.6 章节计算。

**9.1.1.3 第三类防雷建筑物**

（1）省级重点文物保护的建筑物及省级档案馆。

（2）预计雷击次数大于或等于 0.01 次/a，且小于或等于 0.05 次/a 的部、省级办公建筑物和其他重要或人员密集的公共建筑物以及火灾危险场所。

（3）预计雷击次数大于或等于 0.05 次/a，且小于或等于 0.25 次/a 的住宅、办公楼等一般性民用建筑物或一般性工业建筑物。

（4）在平均雷暴日大于 15d/a 的地区，高度在 15m 及以上的烟囱、水塔等孤立的高耸建筑物；在平均雷暴日小于或等于 15d/a 的地区，高度在 20m 及以上的烟囱、水塔等孤立的高耸建筑物。

在给水排水工程中的建筑物属于第二类或第三类的范围。

### 9.1.2　建筑物防雷措施

#### 9.1.2.1　一般规定

（1）各类防雷建筑物应采取防直击雷和防雷电波侵入的措施。

第一类防雷建筑物和第 9.1.1.2 条第 5～7 款所规定的第二类防雷建筑物尚应采取防雷电感应的措施。

（2）各类防雷建筑物应设内部防雷装置，并应符合下列规定：

1）在建筑物的地下室或地面层处，以下物体应与防雷装置做防雷等电位连接：

建筑物金属体。

金属装置。

建筑物内系统。

进出建筑物的金属管线。

2）除本条第 1 款的措施外，外部防雷装置与建筑物金属体、金属装置、建筑物内系统之间，尚应满足间隔距离的要求。

（3）第 9.1.1.2 条第 2～4 款所规定的第二类防雷建筑物尚应采取防雷击电磁脉冲的措施。其他各类防雷建筑物，当其建筑物内系统所接设备的重要性高，以及所处雷击磁场环境和加于设备的闪电电涌无法满足要求时，也应采取防雷击电磁脉冲的措施。防雷击电磁脉冲的措施应符合本手册的规定。

#### 9.1.2.2　给水排水工程中第二类防雷建筑物的防雷措施

给水排水工程中第二类防雷建筑物为大型城市的重要给水泵房、变配电所、贮存易燃易爆气体的密闭罐等特别重要的建筑物，预计雷击次数大于 0.25 次/a 的水处理构筑物。

（1）防直击雷的措施：

1）宜采用装设在建筑物上的接闪网、接闪带或接闪杆，也可采用由接闪网、接闪带或接闪杆混合组成的接闪器。接闪网、接闪带应沿屋角、屋脊、屋檐和檐角等易受雷击的部位敷设，并应在整个屋面组成不大于 10m×10m 或 12m×8m 的网格；当建筑物高度超过 45m 时，首先应沿屋顶周边敷设接闪带，接闪带应设在外墙外表面或屋檐边垂直面上，也可设在外墙外表面或屋檐边垂直面外。接闪器之间应互相连接。

2）专设引下线不应少于 2 根，并应沿建筑物四周和内庭院四周均匀对称布置，其间距沿周长计算不宜大于 18m。当建筑物的跨度较大，无法在跨距中间设引下线时，应在跨距两端设引下线并减小其他引下线的间距，专设引下线的平均间距不应大于 18m。

3）外部防雷装置的接地应和防雷电感应、内部防雷装置、电气和电子系统等接地共用接地装置，并应与引入的金属管线做等电位连接。外部防雷装置的专设接地装置宜围绕建筑物敷设成环形接地体。

4）利用建筑物的钢筋作为防雷装置时应符合下列规定：

①建筑物宜利用钢筋混凝土屋顶、梁、柱、基础内的钢筋作为引下线。本手册第9.1.1.2条第2~4款、第9款、第10款所规定的建筑物，当其女儿墙以内的屋顶钢筋网以上的防水和混凝土层允许不保护时，宜利用屋顶钢筋网作为接闪器；本手册第9.1.1.2条第2~4款、第9款、第10款所规定的建筑物为多层建筑，且周围很少有人停留时，宜利用女儿墙压顶板内或檐口内的钢筋作为接闪器。

②当基础采用硅酸盐水泥和周围土壤的含水量不低于4％及基础的外表面无防腐层或有沥青质的防腐层时，宜利用基础内的钢筋作为接地装置。当基础的外表面有其他类的防腐层且无桩基可利用时，宜在基础防腐层下面的混凝土垫层内敷设人工环形基础接地体。

③敷设在混凝土中作为防雷装置的钢筋或圆钢，当仅一根时，其直径不小于10mm。被利用作为防雷装置的混凝土构件内有箍筋连接的钢筋，其截面积总和不应小于一根直径为10mm钢筋的截面积。

④利用基础内钢筋网作为接地体时，在周围地面以下距地面不小于0.5m，每根引下线所连接的钢筋表面积总和应符合下列表达式的要求：

$$S \geqslant 4.24K_c^2 \tag{9-1}$$

式中  $S$——钢筋表面积总和（$m^2$）；

  $K_c$——分流系数。单根引下线时，分流系数应为1；两根引下线及接闪器不成闭合环的多根引下线时，分流系数可为0.66，当接闪器成闭合环或网状的多根引下线时，分流系数可为0.44。

⑤当在建筑物周边的无钢筋的闭合条形混凝土基础内敷设人工基础接地体时，接地体的规格尺寸不应小于表9-1的规定。

第二类防雷建筑物环形人工基础接地体的规格尺寸　　　　　表9-1

| 闭合条形基础的周长（m） | 扁钢（mm） | 圆钢，根数×直径（mm） |
|---|---|---|
| ≥60 | 4×25 | 2×φ10 |
| ≥40至<60 | 4×50 | 4×φ10 或 3×φ12 |
| <40 | | 钢材表面积总和≥4.24m² |

注：1. 当长度相同、截面相同时，宜优先选用扁钢；
　　2. 采用多根圆钢时，其敷设净距不小于直径的2倍；
　　3. 利用闭合条形基础内的钢筋作接地体时可按本表校验。除主筋外，可计入箍筋的表面积。

⑥构件内有箍筋连接的钢筋或成网状的钢筋，其箍筋与钢筋、钢筋与钢筋应采用土建施工的绑扎法、螺丝、对焊或搭焊连接。单根钢筋、圆钢或外引预埋连接板、线与构件内钢筋的连接应焊接或采用螺栓紧固的卡夹器连接。构件之间必须连接成电气通路。

5）共用接地装置的接地电阻应按50Hz电气装置的接地电阻确定，不应大于按人身安全所确定的接地电阻值。在土壤电阻率小于或等于3000Ω·m时，外部防雷装置的接地体应符合下列规定之一以及环形接地体所包围面积的等效圆半径等于或大于所规定的值时，可不计及冲击接地电阻；当每根专设引下线的冲击接地电阻不大于10Ω时，在符合防直击雷的措施第4条规定的条件下，利用槽形、板形或条形基础的钢筋作为接地体或在基础下面混凝土垫层内敷设人工环形基础接地体，当槽形、板形基础钢筋网在水平面的投影面积或成环的条形基础钢筋或人工环形基础接地体所包围的面积符合下列规定时，可不补加接地体：

①当土壤电阻率小于或等于 $800\Omega \cdot m$ 时，所包围的面积应大于或等于 $79m^2$；

②当土壤电阻率大于 $800\Omega \cdot m$ 且小于等于 $3000\Omega \cdot m$ 时，所包围的面积应大于或等于按下式计算的值：

$$A \geqslant \pi \left(\frac{\rho - 550}{50}\right)^2 \tag{9-2}$$

③在符合防直击雷的措施第 4 条规定的条件下，对 6m 柱距或大多数柱距为 6m 的单层工业建筑物，当利用柱子基础的钢筋作为外部防雷装置的接地体并同时符合下列规定时，可不另加接地体：

a. 利用全部或绝大多数柱子基础的钢筋作为接地体。

b. 柱子基础的钢筋网通过钢柱，钢屋架，钢筋混凝土柱子、屋架、屋面板、吊车梁等构件的钢筋或防雷装置互相连成整体。

c. 在周围地面以下距地面不小于 0.5m，每一柱子基础内所连接的钢筋表面积总和大于或等于 $0.82m^2$。

(2) 防闪电感应的措施（图 9-1、图 9-2）：

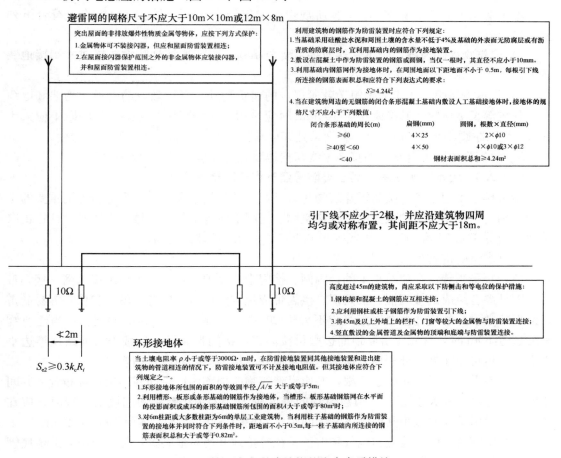

图 9-1　第二类防雷建筑物的防直击雷措施

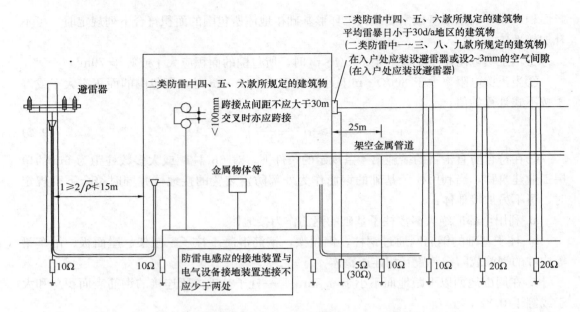

图 9-2 第二类防雷建筑物的防雷击感应和雷电波侵入措施

本手册第 9.1.1.2 条第 5～7 款所规定的建筑物，其防雷电感应的措施应符合下列要求：

1) 建筑物内的设备、管道、构架等主要金属物，应就近接到防雷装置或共用接地装置上。

2) 除本手册第 9.1.1.2 条第 7 款所规定的建筑物外，平行敷设的管道、构架和电缆金属外皮等长金属物，其净距小于 100mm 时应采用金属线跨接，跨接点的间距不应大于 30m；交叉净距小于 100mm 时，其交叉处亦应跨接。但长金属物连接处可不跨接。

3) 建筑物内防闪电感应的接地干线与接地装置的连接，不应少于两处。

### 9.1.2.3 给水排水工程中第三类防雷建筑物的防雷措施

给水排水工程中第三类防雷建筑物为大型城市的除给水泵房、变配电所外的重要的工艺构筑物，中小型城市的重要的工艺构筑物、变配电所较高的办公楼、水塔及预计雷击次数大于或等于 0.05 次/a 且小于或等于 0.25 次/a 的水处理构筑物。

防直击雷的措施如下（图 9-3）：

(1) 宜采用装设在建筑物上的接闪网、接闪带或接闪杆，也可采用由接闪网、接闪带或接闪杆混合组成的接闪器。接闪网、接闪带应规定沿屋角、屋脊、屋檐和檐角等易受雷击的部位敷设，并应在整个屋面组成不大于 20m×20m 或 24m×16m 的网格；当建筑物高度超过 60m 时，首先应沿屋顶周边敷设接闪带，接闪带应设在外墙外表面或屋檐边垂直面上，也可设在外墙外表面或屋檐边垂直面外。接闪器之间应互相连接。

(2) 专设引下线不应少于 2 根，并应沿建筑物四周和内庭院四周均匀对称布置，其间距沿周长计算不宜大于 25m。当建筑物的跨度较大，无法在跨距中间设引下线时，应在跨距两端设引下线并减小其他引下线的间距，专设引下线的平均间距不应大于 25m。

(3) 防雷装置的接地应与电气和电子系统等接地共用接地装置，并应与引入的金属管线做等电位连接。外部防雷装置的专设接地装置宜围绕建筑物敷设成环形接地体。

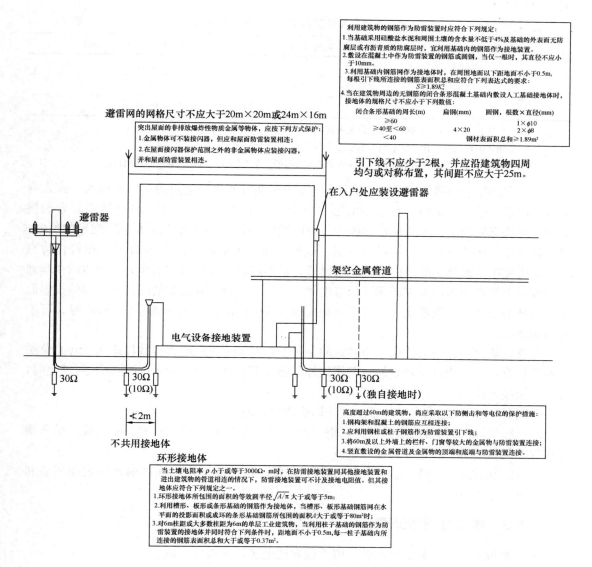

利用建筑物的钢筋作为防雷装置时应符合下列规定：
1. 当基础采用硅酸盐水泥和周围土壤的含水量不低于4%及基础的外表面无防腐层或有沥青质的防腐层时，宜利用基础内的钢筋作为接地装置。
2. 敷设在混凝土中作为防雷装置的钢筋或圆钢，当仅一根时，其直径不应小于10mm。
3. 利用基础内钢筋网作为接地体时，在周围地面以下距地面不小于0.5m，每根引下线所连接的钢筋表面积总和应符合下列表达式的要求：
$$S \geqslant 1.89K_c^2$$
4. 当在建筑物周边的无钢筋的闭合条形混凝土基础内敷设人工基础接地体时，接地体的规格尺寸不应小于下列数值：

| 闭合条形基础的周长(m) | 扁钢(mm) | 圆钢，根数×直径(mm) |
|---|---|---|
| ≥60 | | $1 \times \phi10$ |
| ≥40至<60 | $4 \times 20$ | $2 \times \phi8$ |
| <40 | | 钢材表面积总和≥1.89$m^2$ |

避雷网的网格尺寸不应大于20m×20m或24m×16m

突出屋面的非排放爆炸性物质金属等物体，应按下列方式保护：
1. 金属物体可不装接闪器，但应和屋面防雷装置相连。
2. 在屋面接闪器保护范围之外的非金属物体应装接闪器，并和屋面防雷装置相连。

引下线不应少于2根，并应沿建筑物四周均匀或对称布置，其间距不应大于25m。

在入户处应装设避雷器

避雷器

架空金属管道

电气设备接地装置

30Ω　30Ω　　　　　30Ω　30Ω
　　　(10Ω)　　　　(10Ω)　(独自接地时)

＜2m

不共用接地体

环形接地体

高度超过60m的建筑物，尚应采用以下防侧击和等电位的保护措施：
1. 钢构架和混凝土的钢筋应互相连接；
2. 应利用钢柱或柱子钢筋作为防雷装置引下线；
3. 将60m及以上外墙上的栏杆、门窗等较大的金属物与防雷装置连接；
4. 竖直敷设的金属管道及金属物的顶端和底端与防雷装置连接。

当土壤电阻率 ρ 小于或等于3000Ω·m时，在防雷接地装置同其他接地装置和进出建筑物的管道相连的情况下，防雷接地装置可不计及接地电阻值。但其接地体应符合下列规定之一。
1. 环形接地体所包围的面积的等效圆半径 $\sqrt{A/\pi}$ 大于或等于5m；
2. 利用槽形、板形或条形基础的钢筋网作为接地体，当槽形、板形基础钢筋网在水平面的投影面积或成环的条形基础钢筋所包围的面积A大于等于80$m^2$时；
3. 对6m柱距或大多数柱距为6m的单层工业建筑物，当利用柱子基础的钢筋作为防雷装置的接地体并同时符合下列条件时，距地面不小于0.5m，每一柱子基础内所连接的钢筋表面积总和大于或等于0.37$m^2$。

图 9-3　第三类防雷建筑物的防雷措施

（4）建筑物宜利用钢筋混凝土屋面、梁、柱和基础的钢筋作为接闪器、引下线和接地装置，当其女儿墙以内的屋顶钢筋网以上的防水和混凝土层允许不保护时，宜利用屋顶钢筋网作为接闪器，以及当建筑物为多层建筑，其女儿墙压顶板内或檐口内有钢筋且周围除保安人员巡逻外通常无人停留时，宜利用女儿墙压顶板内或檐口内的钢筋作为接闪器，并应符合本手册第 9.1.2.2 条用建筑物的钢筋作为防雷装置时应符合下列规定中第 2、3、6 款和下列的规定：

1）利用基础内钢筋网作为接地体时，在周围地面以下距地面不小于0.5m，每根引下线所连接的钢筋表面积总和应符合下列表达式的要求：

$$S \geqslant 1.89K_c^2 \tag{9-3}$$

2）当在建筑物周边的无钢筋的闭合条形混凝土基础内敷设人工基础接地体时，接地体的规格尺寸不应小于表 9-2 的规定。

第三类防雷建筑物环形人工基础接地体的规格尺寸      表 9-2

| 闭合条形基础的周长（m） | 扁钢（mm） | 圆钢，根数×直径（mm） |
|---|---|---|
| ≥60 | | 1×φ10 |
| ≥40 至＜60 | 4×20 | 2×φ8 |
| ＜40 | | 钢材表面积总和≥1.89m² |

注：1. 当长度相同、截面相同时，宜优先选用扁钢；

    2. 采用多根圆钢时，其敷设净距不小于直径的 2 倍；

    3. 利用闭合条形基础内的钢筋作接地体时可按本表校验。除主筋外，可计入箍筋的表面积。

（5）共用接地装置的接地电阻应按 50Hz 电气装置的接地电阻确定，不应大于按人身安全所确定的接地电阻值。在土壤电阻率小于或等于 3000Ω·m 时，外部防雷装置的接地体应符合下列规定以及环形接地体所包围面积的等效圆半径等于或大于所规定的值时，可不计及冲击接地电阻；当每根专设引下线的冲击接地电阻不大于 30Ω 时，在符合防直击雷的措施第 4 条规定的条件下，利用槽形、板形或条形基础的钢筋作为接地体或在基础下面混凝土垫层内敷设人工环形基础接地体，当槽形、板形基础钢筋网在水平面的投影面积或成环的条形基础钢筋或人工环形基础接地体所包围的面积大于或等于 79m² 时，可不补加接地体。

在符合防直击雷的措施第 4 条规定的条件下，对 6m 柱距或大多数柱距为 6m 的单层工业建筑物，当利用柱子基础的钢筋作为外部防雷装置的接地体并同时符合下列规定时，可不另加接地体：

1）利用全部或绝大多数柱子基础的钢筋作为接地体。

2）柱子基础的钢筋网通过钢柱，钢屋架，钢筋混凝土柱子、屋架、屋面板、吊车梁等构件的钢筋或防雷装置互相连成整体。

3）在周围地面以下距地面不小于 0.5m，每一柱子基础内所连接的钢筋表面积总和大于或等于 0.37m²。

### 9.1.3 建筑物防雷装置

建筑物防雷装置一般由接闪器、引下线和接地装置三部分组成。

#### 9.1.3.1 防雷装置使用的材料

（1）防雷装置使用的材料及其应用条件宜符合表 9-3 的规定。

防雷装置的材料及使用条件      表 9-3

| 材 料 | 使用于大气中 | 使用于地中 | 使用于混凝土中 | 耐腐蚀情况 | | |
|---|---|---|---|---|---|---|
| | | | | 在下列环境中能耐腐蚀 | 在下列环境中增加腐蚀 | 与下列材料接触形成直流电耦合可能受到严重腐蚀 |
| 铜 | 单根导体，绞线 | 单根导体，有镀层的绞线，铜管 | 单根导体，有镀层的绞线 | 在许多环境中良好 | 硫化物有机材料 | — |

| 材　料 | 使用于大气中 | 使用于地中 | 使用于混凝土中 | 耐腐蚀情况 | | |
| --- | --- | --- | --- | --- | --- | --- |
| | | | | 在下列环境中能耐腐蚀 | 在下列环境中增加腐蚀 | 与下列材料接触形成直流电耦合可能受到严重腐蚀 |
| 热镀锌钢 | 单根导体，绞线 | 单根导体，钢管 | 单根导体，绞线 | 敷设于大气、混凝土和无腐蚀性的一般土壤中受到的腐蚀是可接受的 | 高氯化物含量 | 铜 |
| 电镀铜钢 | 单根导体 | 单根导体 | 单根导体 | 在许多环境中良好 | 硫化物 | — |
| 不锈钢 | 单根导体，绞线 | 单根导体，绞线 | 单根导体，绞线 | 在许多环境中良好 | 高氯化物含量 | — |
| 铝 | 单根导体，绞线 | 不适合 | 不适合 | 在含有低浓度硫和氯化物的大气中良好 | 碱性溶液 | 铜 |
| 铅 | 有镀铅层的单根导体 | 禁止 | 不适合 | 在含有高浓度硫酸化合物的大气中良好 | — | 铜不锈钢 |

注：1. 敷设于黏土或潮湿土壤中的镀锌钢可能受到腐蚀；

　　2. 在沿海地区，敷设于混凝土中的镀锌钢不宜延伸进入土壤中；

　　3. 不得在地中采用铅。

（2）做防雷等电位连接各连接部件的最小截面，应符合表 9-4 的规定。连接单台或多台Ⅰ级分类试验或 D1 类电涌保护器的单根导体的最小截面，尚应按下式计算：

$$S_{\min} \geqslant I_{\mathrm{imp}}/8 \tag{9-4}$$

式中　$S_{\min}$——单根导体的最小截面（mm²）；

　　　$I_{\mathrm{imp}}$——流入该导体的雷电流（kA）。

**防雷装置各连接部件的最小截面**　　　　　　表 9-4

| 等电位连接部件 | | | 材　料 | 截面（mm²） |
| --- | --- | --- | --- | --- |
| 等电位连接带（铜、外表面镀铜的钢或热镀锌钢） | | | Cu（铜）、Fe（铁） | 50 |
| 从等电位连接带至接地装置或各等电位连接带之间的连接导体 | | | Cu（铜） | 16 |
| | | | Al（铝） | 25 |
| | | | Fe（铁） | 50 |
| 从屋内金属装置至等电位连接带的连接导体 | | | Cu（铜） | 6 |
| | | | Al（铝） | 10 |
| | | | Fe（铁） | 16 |
| 连接电涌保护器的导体 | 电气系统 | Ⅰ级试验的电涌保护器 | Cu（铜） | 6 |
| | | Ⅱ级试验的电涌保护器 | | 2.5 |
| | | Ⅲ级试验的电涌保护器 | | 1.5 |
| | 电子系统 | D1 类电涌保护器 | | 1.2 |
| | | 其他类的电涌保护器（连接导体的截面可小于 1.2mm²） | | 根据具体情况确定 |

### 9.1.3.2  接闪器

(1) 接闪器的材料、结构和最小截面应符合表 9-5 的规定。

接闪线（带）、接闪杆和引下线的材料、结构与最小截面　　表 9-5

| 材料 | 结构 | 最小截面（mm²） | 备注⑩ |
|---|---|---|---|
| 铜，镀锡铜① | 单根扁铜 | 50 | 厚度 2mm |
| | 单根圆铜⑦ | 50 | 直径 8mm |
| | 铜绞线 | 50 | 每股线直径 1.7mm |
| | 单根圆铜③④ | 176 | 直径 15mm |
| 铝 | 单根扁铝 | 70 | 厚度 3mm |
| | 单根圆铝 | 50 | 直径 8mm |
| | 铝绞线 | 50 | 每股线直径 1.7mm |
| 铝合金 | 单根扁形导体 | 50 | 厚度 2.5mm |
| | 单根圆形导体③ | 50 | 直径 8mm |
| | 绞线 | 50 | 每股线直径 1.7mm |
| | 单根圆形导体 | 176 | 直径 15mm |
| | 外表面镀铜的单根圆形导体 | 50 | 直径 8mm，径向镀铜厚度至少 70μm，铜纯度 99.9% |
| 热浸镀锌钢② | 单根扁钢 | 50 | 厚度 2.5mm |
| | 单根圆钢⑨ | 50 | 直径 8mm |
| | 绞线 | 50 | 每股线直径 1.7mm |
| | 单根圆钢③④ | 176 | 直径 15mm |
| 不锈钢⑤ | 单根扁钢⑥ | 50⑧ | 厚度 2mm |
| | 单根圆钢⑥ | 50⑧ | 直径 8mm |
| | 绞线 | 70 | 每股线直径 1.7mm |
| | 单根圆钢③④ | 176 | 直径 15mm |
| 外表面镀铜的钢 | 单根圆钢（直径 8mm） | 50 | 镀铜厚度至少 70μm，铜纯度 99.9% |
| | 单根扁钢（厚 2.5mm） | | |

① 热浸或电镀锡的锡层最小厚度为 1μm；

② 镀锌层宜光滑连贯、无焊剂斑点，镀锌层圆钢至少 22.7g/m²、扁钢至少 32.4g/m²；

③ 仅应用于接闪杆。当应用于机械应力没达到临界值之处，可采用直径 10mm、最长 1m 的接闪杆，并增加固定；

④ 仅应用于入地之处；

⑤ 不锈钢中，铬的含量等于或大于 16%，镍的含量等于或大于 8%，碳的含量等于或小于 0.08%；

⑥ 对埋于混凝土中以及与可燃材料直接接触的不锈钢，其最小尺寸宜增大至直径 10mm 的 78mm²（单根圆钢）和最小厚度 3mm 的 75mm²（单根扁钢）；

⑦ 在机械强度没有重要要求之处，50mm²（直径 8mm）可减为 28mm²（直径 6mm）。并应减小固定支架间的间距；

⑧ 当温升和机械受力是重点考虑之处，50mm² 加大至 75mm²；

⑨ 避免在单位能量 10MJ/Ω 下熔化的最小截面是铜为 16mm²、铝为 25mm²、钢为 50mm²、不锈钢为 50mm²；

⑩ 截面积允许误差为 −3%。

（2）接闪器的选择和布置

1）接闪器的选择

接闪器应由下列的一种或多种组成：

——独立接闪杆。

——架空接闪线或架空接闪网。

——直接装设在建筑物上的接闪杆、接闪带或接闪网。

①接闪杆采用热镀锌圆钢或钢管制成时，其直径应符合下列规定：

a. 杆长 1m 以下时，圆钢不应小于 12mm；钢管不应小于 20mm。

b. 杆长 1～2m 时，圆钢不应小于 16mm；钢管不应小于 25mm。

c. 独立烟囱顶上的杆，圆钢不应小于 20mm；钢管不应小于 40mm。

②接闪杆的接闪端宜做成半球状，其最小弯曲半径宜为 4.8mm，最大宜为 12.7mm。

③当独立烟囱上采用热镀锌接闪环时，其圆钢直径不应小于 12mm；扁钢截面不应小于 100mm²，其厚度不应小于 4mm。

④架空接闪线和接闪网宜采用截面不小于 50mm² 的热镀锌钢绞线或铜绞线。

⑤除第一类防雷建筑物外，金属屋面的建筑物宜利用其屋面作为接闪器，并应符合下列规定：

a. 板间的连接应是持久的电气贯通，可采用铜锌合金焊、熔焊、卷边压接、缝接、螺钉或螺栓连接。

b. 金属板下面无易燃物品时，铅板的厚度不应小于 2mm，不锈钢、热镀锌钢、钛和铜板的厚度不应小于 0.5mm，铝板的厚度不应小于 0.65mm，锌板的厚度不应小于 0.7mm。

c. 金属板下面有易燃物品时，不锈钢、热镀锌钢和钛板的厚度不应小于 4mm，铜板的厚度不应小于 5mm，铝板的厚度不应小于 7mm。

d. 金属板无绝缘被覆层。

注：薄的油漆保护层或 1mm 厚沥青层或 0.5mm 厚聚氯乙烯层均不属于绝缘被覆层。

⑥除第一类防雷建筑物和排放爆炸危险气体、蒸气或粉尘的放散管、呼吸阀、排风管等管道外，屋顶上永久性金属物宜作为接闪器，但其各部件之间均应连成电气贯通，并应符合下列规定：

a. 旗杆、栏杆、装饰物、女儿墙上的盖板等，其截面应符合本手册表 9-4 的规定，其壁厚应符合第⑤条的规定。

b. 输送和储存物体的钢管和钢罐的壁厚不应小于 2.5mm；当钢管、钢罐一旦被雷击穿，其内的介质对周围环境造成危险时，其壁厚不应小于 4mm。

c. 利用屋顶建筑构件内钢筋作接闪器应符合本手册第 9.1.2.2 条防直击雷的措施第 4 款和第 9.1.2.3 条第 4 款的规定。

⑦除利用混凝土构件钢筋或在混凝土内专设钢材作接闪器外，钢质接闪器应热镀锌。在腐蚀性较强的场所，尚应采取加大其截面或其他防腐措施。

2）接闪器的布置

①明敷接闪导体固定支架的间距不宜大于表 9-6 的规定。固定支架的高度不宜小于 150mm。

明敷接闪导体和引下线固定支架的间距　　　　　　　**表 9-6**

| 布　置　方　式 | 扁形导体和绞线固定支架的间距（mm） | 单根圆形导体固定支架的间距（mm） |
|---|---|---|
| 安装于水平面上的水平导体 | 500 | 1000 |
| 安装于垂直面上的水平导体 | 500 | 1000 |
| 安装于从地面至高 20m 垂直面上的垂直导体 | 1000 | 1000 |
| 安装在高于 20m 垂直面上的垂直导体 | 500 | 1000 |

②接闪器布置应符合表 9-7 的规定。

接闪器布置　　　　　　　　　　**表 9-7**

| 建筑物防雷类型 | 滚球半径 $h_r$（m） | 避雷网网格尺寸（mm） |
|---|---|---|
| 第一类防雷建筑物 | 30 | ≤5×5 或≤6×4 |
| 第二类防雷建筑物 | 45 | ≤10×10 或≤12×8 |
| 第三类防雷建筑物 | 60 | ≤20×20 或≤24×16 |

注：滚球法是以 $h_r$ 为半径的一个球体，沿需要防直击雷的部位滚动，当球体只触及接闪器（包括被利用作为接闪器的金属物），或只触及接闪器和地面（包括与大地接触并能承受雷击的金属物），而不触及需要保护的部位时，则该部分就得到接闪器的保护。

布置接闪器时，可单独或任意组合采用滚球法、避雷网。

（3）滚球法确定接闪器的保护范围

滚球法是以 $h_r$ 为半径的一个球体，沿需要防直击雷的部位滚动，当球体只触及接闪器（包括被利用作为接闪器的金属物）或接闪器和地面（包括与大地接触并能承受雷击的金属物），而不触及需要保护的部位时，该部分就得到保护。

1）单支避雷针的保护范围（见图 9-4）：

①当避雷针高度 $h$ 小于或等于 $h_r$ 时：

a. 距地面 $h_r$ 处作一平行于地面的平行线。

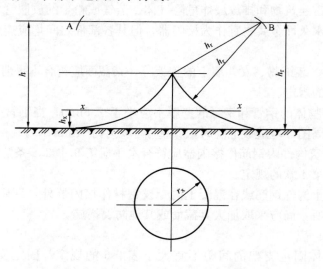

图 9-4　单支避雷针的保护范围

b. 以针尖为圆心，$h_r$ 为半径，作弧线交于平行线的 $A$、$B$ 两点。

c. 以 $A$、$B$ 为圆心，$h_r$ 为半径作弧线，该弧线与针尖相交并与地面相切。从此弧线起到地面止就是保护范围。保护范围是一个对称的锥体。

d. 避雷针在 $h_x$ 高度的 $xx'$ 平面上和在地面上保护半径，按下列计算式确定：

$$r_x = \sqrt{h(2h_r - h)} - \sqrt{h_x(2h_r - h_x)} \tag{9-5}$$

$$r_0 = \sqrt{h(2h_r - h)} \tag{9-6}$$

式中　$r_x$——避雷针在 $h_x$ 高度的 $xx'$ 平面上的保护半径（m）；

$h_r$——滚球半径（m），按表 9-7 确定；

$h_x$——被保护物的高度（m）；

$r_0$——避雷针在地面上的保护半径（m）。

②当避雷针高度 $h$ 大于 $h_r$ 时，在避雷针上取高度 $h_r$ 的一点代替单支避雷针针尖作为圆心。其余的作法同本款第①项。

2）双支等高避雷针的保护范围，在避雷针高度 $h$ 小于或等于 $h_r$ 的情况下，当两支避雷针的距离 $D$ 大于或等于 $2\sqrt{h(2h_r - h)}$ 时，应各按单支避雷针的方法确定；$D$ 小于 $2\sqrt{h(2h_r - h)}$ 时，应按下列方法确定（见图 9-5）：

①$AEBC$ 外侧的保护范围，按照单支避雷针的方法确定。

②$C$、$E$ 点位于两针间的垂直平分线上。在地面每侧的最小保护宽度 $b_0$ 按下式计算：

$$b_0 = CO = EO = \sqrt{h(2h_r - h) - \left(\frac{D}{2}\right)^2} \tag{9-7}$$

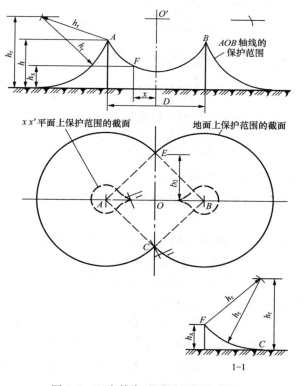

图 9-5　双支等高避雷针的保护范围

在 $AOB$ 轴线上，距中心线任一距离 $x$ 处，其在保护范围上边线上的保护高度 $h_x$ 按下式确定：

$$h_x = h_r - \sqrt{(h_r - h)^2 + \left(\frac{D}{2}\right)^2 - x^2} \tag{9-8}$$

该保护范围上边线是以中心线距地面 $h_r$ 的一点 $O'$ 为圆心，以 $\sqrt{(h_r - h)^2 + \left(\frac{D}{2}\right)^2}$ 为半径所作的圆弧 $AB$。

③两针间 $AEBC$ 内的保护范围，$ACO$ 部分的保护范围按以下方法确定：在任一保护高度 $h_x$ 和 $C$ 点所处的垂直平面上，以 $h_x$ 作为假想避雷针，按单支避雷针的方法逐点确定（见图 9-5 的 1-1 剖面图）。确定 $BCO$、$AEO$、$BEO$ 部分的保护范围的方法与 $ACO$ 部分的相同。

④确定 $xx'$ 平面上保护范围截面的方法：以单支避雷针的保护半径 $r_x$ 为半径，以 $A$、$B$ 为圆心作弧线与四边形 $AEBC$ 相交；以单支避雷针的 $(r_0 - r_x)$ 为半径，以 $E$、$C$ 为圆心作弧线与上述弧线相接。见图 9-5 中的粗虚线。

3）双支不等高避雷针的保护范围，在 $h_1$ 小于或等于 $h_r$ 和 $h_2$ 小于或等于 $h_r$ 的情况下，当 $D$ 大于或等于 $\sqrt{h_1(2h_r - h_1)} + \sqrt{h_2(2h_r - h_2)}$ 时，应各按单支避雷针所规定的方法确定；当 $D$ 小于 $\sqrt{h_1(2h_r - h_1)} + \sqrt{h_2(2h_r - h_2)}$ 时，应按下列方法确定（见图 9-6）。

①$AEBC$ 外侧的保护范围，按照单支避雷针的方法确定。

②$CE$ 线或 $HO'$ 线的位置按式（9-9）计算：

$$D_1 = \frac{(h_r - h_2)^2 - (h_r - h_1)^2 + D^2}{2D} \tag{9-9}$$

③在地面上每侧的最小保护宽度 $b_0$ 按式（9-10）计算：

$$b_0 = CO = EO = \sqrt{h_1(2h_r - h_1) - D_i^2} \tag{9-10}$$

在 $AOB$ 轴线上，$A$、$B$ 间保护范围上边线按式（9-11）确定：

$$h_x = h_r - \sqrt{(h_r - h_1)^2 + D_i^2 - x^2} \tag{9-11}$$

式中　$x$——距 $CE$ 线或 $HO'$ 线的距离。

该保护范围上边线的以 $HO'$ 线上距地面 $h_r$ 的一点 $O'$ 为圆心，以 $\sqrt{(h_r - h_1)^2 + D_i^2}$ 为半径所作的圆弧 $AB$。

④两针间 $AEBC$ 内的保护范围，$ACO$ 与 $AEO$ 是对称的，$BCO$ 与 $BEO$ 是对称的，$ACO$ 部分的保护范围按以下方法确定：在 $h_x$ 和 $C$ 点所处的垂直平面上，以 $h_x$ 作为假想避雷针，按单支避雷针的方法确定（见图 9-6 的 Ⅰ-Ⅰ 剖面图）。确定 $AEO$、$BCO$、$BEO$ 部分的保护范围的方法与 $ACO$ 部分的相同。

⑤确定 $xx'$ 平面上保护范围截面的方法与双支等高避雷针相同。

4）矩形布置的四支等高避雷针的保护范围，在 $h$ 小于或等于 $h_r$ 的情况下，当 $D_3$ 大于或等于 $2\sqrt{h(2h_r - h)}$ 时，应各按双支等高避雷针的方法确定；当 $D_3$ 小于 $2\sqrt{h(2h_r - h)}$ 时，应按下列方法确定（见图 9-7）。

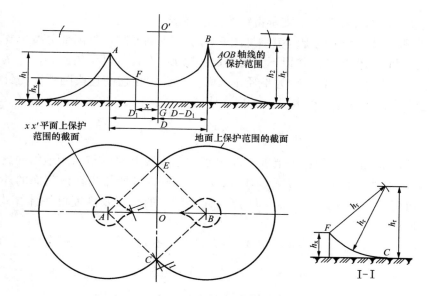

图 9-6  双支不等高避雷针的保护范围

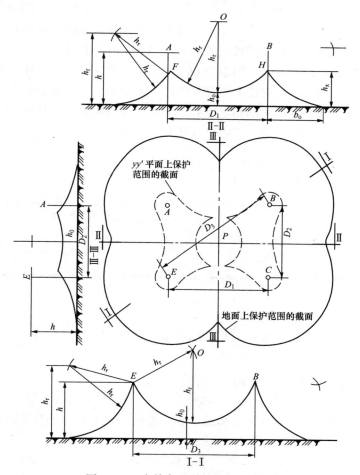

图 9-7  四支等高避雷针的保护范围

①四支避雷针的外侧各按双支避雷针的方法确定。

②$B$、$E$避雷针连线上的保护范围见图 9-7 的Ⅰ-Ⅰ剖面图，外侧部分按单支避雷针的方法确定。两针间的保护范围按以下方法确定：以 $B$、$E$ 两针针尖为圆心，$h_r$ 为半径作弧相交于 $O$ 点，以 $O$ 点为圆心、$h_r$ 为半径作圆弧，与针尖相连的这段圆弧即为针间保护范围。保护范围最低点的高度 $h_0$ 按式（9-12）计算：

$$h_0 = \sqrt{h_r^2 - \left(\frac{D_3}{2}\right)^2} + h - h_r \tag{9-12}$$

③ 图 9-7 的Ⅱ-Ⅱ剖面的保护范围，以 $P$ 点的垂直线上的 $O$ 点（距地面的高度为 $h_r + h_0$）为圆心，$h_r$ 为半径作圆弧与 $B$、$C$ 和 $A$、$E$ 双支避雷针所作出在该剖面的外侧保护范围延长圆弧相交于 $F$、$H$ 点。$F$ 点（$H$ 点与此类同）的位置及高度可按计算式（9-13）、式（9-14）确定：

$$(h_r - h_x)^2 = h_r^2 - (b_0 + x)^2 \tag{9-13}$$

$$(h_r + h_0 - h_x)^2 = h_r^2 - \left(\frac{D_1}{2}x\right)^2 \tag{9-14}$$

④确定图 9-7 的Ⅲ-Ⅲ剖面保护范围的方法与本款第③项相同。

⑤确定四支等高避雷针中间在 $h_0$ 至 $h$ 之间于 $h_y$ 高度的 $yy'$ 平面上保护范围截面的方法：以 $P$ 点为圆心，$\sqrt{2h_r(h_y - h_0) - (h_y - h_0)^2}$ 为半径作圆或圆弧，与各双支避雷针在外侧所作的保护范围截面组成该保护范围截面。见图 9-7 中的虚线。

5）单根避雷线的保护范围，当避雷线的高度 $h$ 大于或等于 $2h_r$ 时，无保护范围；当避雷线的高度 $h$ 小于 $2h_r$ 时，应按下列方法确定（图 9-8）。确定架空避雷线的高度时应计及弧垂的影响。在无法确定弧垂的情况下，当等高支柱的距离小于 120m 时架空避雷线中点的弧垂宜采用 2m，距离为 120～150m 时宜采用 3m。

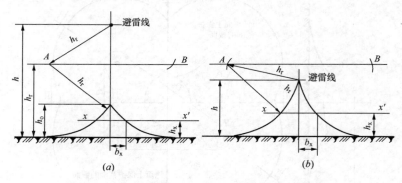

图 9-8　单根架空避雷线的保护范围
(a) $2h_r > h > h_r$；(b) $h \leqslant h_r$

①距地面 $h_r$ 处作一平行于地面的平行线。

②以避雷线为圆心、$h_r$ 为半径，作弧线交于平行线的 $A$、$B$ 两点。

③以 $A$、$B$ 为圆心，$h_r$ 为半径作弧线，该两弧线相交或相切并与地面相切。从该弧线起到地面止就是保护范围。

④当 $h$ 小于 $2h_r$ 且大于 $h_r$ 时，保护范围最高点的高度 $h_0$ 按式（9-15）计算：

$$h_0 = 2h_r - h \tag{9-15}$$

⑤避雷线在 $h_x$ 高度的 $xx'$ 平面上的保护宽度，按式（9-16）计算：

$$b_x = \sqrt{h(2h_r - h)} - \sqrt{h_x(2h_r - h_x)}$$ （9-16）

⑥避雷线两端的保护范围按单支避雷针的方法确定。

6）两根等高避雷线的保护范围，应按下列方法确定。

①在避雷线高度 $h$ 小于或等于 $h_r$ 的情况下，当 $D$ 大于或等于 $2\sqrt{h(2h_r - h)}$ 时，各按单根避雷线所规定的方法确定；当 $D$ 小于 $2\sqrt{h(2h_r - h)}$ 时，按下列方法确定（图9-9）：

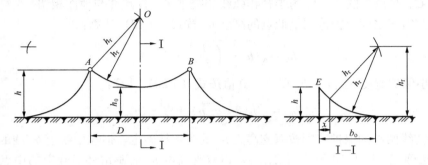

图9-9　两根等高避雷线在 $h \leqslant h_r$ 时的保护范围

a. 两根避雷线的外侧，各按单根避雷线的方法确定。

b. 两根避雷线之间的保护范围按以下方法确定：以 $A$、$B$ 两避雷线为圆心，$h_r$ 为半径作圆弧交于 $O$ 点，以 $O$ 点为圆心、$h_r$ 为半径作圆弧交于 $A$、$B$ 点。

c. 两避雷线之间保护范围最低点的高度 $h_0$ 按下式计算：

$$h_0 = \sqrt{h_r - \left(\frac{D}{2}\right)^2} + h + h_r$$ （9-17）

d. 避雷线两端的保护范围按双支避雷针的方法确定，但在中线上 $h_0$ 线的内移位置按以下方法确定（图9-10的 I-I 剖面）：以双支避雷针所确定的中点保护范围最低点的高度 $h_0' = h_r - \sqrt{(h_r - h)^2 + \left(\frac{D}{2}\right)^2}$ 作为假想避雷针，将其保护范围的延长弧线与 $h_0$ 线交于 $E$ 点。内移位置的距离 $x$ 也可按式（9-18）计算：

$$x = \sqrt{h_0(2h_r - h_0)} - b_0$$ （9-18）

式中　$b_0$——按式（9-7）确定。

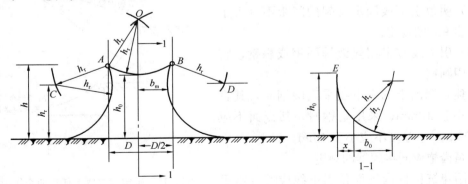

图9-10　两根等高避雷线在 $h_r < h \leqslant 2h_r$ 时的保护范围

②在避雷线高度 $h$ 小于 $2h_r$ 且小于 $h_r$，而且避雷线之间的距离 $D$ 小于 $2h_r$ 且大于 $2[h_r - \sqrt{h(2h_r - h)}]$ 的情况下，按下列方法确定（图 9-10）。

a. 距地面 $h_r$ 处作一与地面平行的线。

b. 以避雷线 $A$、$B$ 为圆心，$h_r$ 为半径作弧线相交于 $O$ 点并与平行线相交或相切于 $C$、$E$ 点。

c. 以 $O$ 点为圆心，$h_r$ 为半径作弧线相交于 $A$、$B$ 点。

d. 以 $C$、$E$ 点为圆心，$h_r$ 为半径作弧线相交于 $A$、$B$ 点并与地面相切。

e. 两避雷线之间保护范围最低点的高度 $h_0$ 按式（9-19）计算：

$$h_0 = \sqrt{h_r^2 - \left(\frac{D}{2}\right)^2} + h - h_r \tag{9-19}$$

f. 最小保护宽度 $b_m$ 位于 $h_r$ 高处，其值按式（9-20）计算：

$$b_m = \sqrt{h(2h_r - h)} + \frac{D}{2} - h_r \tag{9-20}$$

g. 避雷线两端的保护范围按双支高度 $h_r$ 的避雷针确定，但在中线上 $h_0$ 线的内移位置按以下方法确定（图 9-10 的 I-I 剖面）：以双支高度 $h_r$ 的避雷针所确定的中点保护范围最低点的高度 $h_0' = \left(h_r - \frac{D}{2}\right)$ 作为假想避雷针，将其保护范围的延长弧线与 $h_0$ 线交于 $F$ 点。内移位置的距离 $x$ 也可按式（9-21）计算：

$$x = \sqrt{h_0(2h_r - h_0)} - \sqrt{h_r^2 - \left(\frac{D}{2}\right)^2} \tag{9-21}$$

7）本章各图中所画的地面也可以是位于建筑物上的接地金属物、其他接闪器。当接闪器在"地面上保护范围的截面"的外周线触及接地金属物、其他接闪器时，各图的保护范围均适应这些接闪器；当接地金属物、其他接闪器处在周线之内且位于被保护部位的边沿时，应按以下方法确定所需断面的保护范围（见图 9-11）。

①以 $A$、$B$ 为圆心，$h_r$ 为半径作弧线相交于 $O$ 点。

②以 $O$ 为圆心、$h_r$ 为半径作弧线 $AB$，弧线 $AB$ 就是保护范围的上边线。

### 9.1.3.3　引下线

（1）引下线的材料、结构和最小截面应按本手册表 9-5 的规定取值。

（2）明敷引下线固定支架的间距不宜大于本手册表 9-6 的规定。

（3）引下线宜采用热镀锌圆钢或扁钢，宜优先采用圆钢。

当独立烟囱上的引下线采用圆钢时，其直径不应小于 12mm；采用扁钢时，其截面不应小于 100mm²，厚度不应小于 4mm。

防腐措施应同接闪器的规定。

利用建筑构件内钢筋作引下线应符合本手册第 9.1.2.2 条防直击雷的措施第 4 款和第

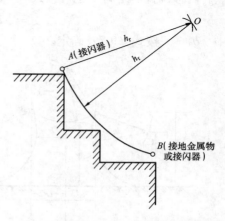

图 9-11　确定建筑物上任意两个接闪器在所需断面上的保护范围

9.1.2.3 条第 4 款的规定。

（4）专设引下线应沿建筑物外墙外表面明敷，并经最短路径接地；建筑外观要求较高者可暗敷，但其圆钢直径不应小于 10mm，扁钢截面不应小于 80mm²。

（5）建筑物的钢梁、钢柱、消防梯等金属构件以及幕墙的金属立柱宜作为引下线，但其各部件之间均应连成电气贯通，可采用铜锌合金焊、熔焊、卷边压接、缝接、螺钉或螺栓连接；其截面应按本手册表 9-5 的规定取值；各金属构件可被覆有绝缘材料。

（6）采用多根引下线时，应在各引下线上于距地面 0.3～1.8m 之间装设断接卡。

当利用混凝土内钢筋、钢柱作为自然引下线并同时采用基础接地体时，可不设断接卡，但利用钢筋作引下线时应在室内外的适当地点设若干连接板。当仅利用钢筋作引下线并采用埋于土壤中的人工接地体时，应在每根引下线上于距地面不低于 0.3m 处设接地体连接板。采用埋于土壤中的人工接地体时应设断接卡，其上端应与连接板或钢柱焊接。连接板处宜有明显标志。

（7）在易受机械损坏和防人身接触的地方，地面上 1.7m 至地面下 0.3m 的一段接地线，应采取暗敷或采用镀锌角钢、改性塑料管或橡胶管等保护设施。

### 9.1.3.4　接地装置

（1）接地体的材料、结构和最小截面应符合表 9-8 的规定。利用建筑构件内钢筋作接地装置应符合本手册第 9.1.2.2 条防直击雷的措施第 4 款和第 9.1.2.3 条第 4 款的规定。

接地体的材料、结构和最小尺寸　　　　　　　　表 9-8

| 材料 | 结构 | 最小尺寸 | | | 备　　注 |
|---|---|---|---|---|---|
| | | 垂直接地体直径（mm） | 水平接地体（mm²） | 接地板（mm） | |
| 铜、镀锡铜 | 铜绞线 | — | 50 | — | 每股直径 1.7mm |
| | 单根圆铜 | 15 | 50 | — | |
| | 单根扁铜 | — | 50 | — | 厚度 2mm |
| | 铜管 | 20 | — | — | 壁厚 2mm |
| | 整块铜板 | — | — | 500×500 | 厚度 2mm |
| | 网格铜板 | — | — | 600×600 | 各网格边截面 25mm×2mm，网格网边总长度不少于 4.8m |
| 热镀锌钢 | 圆钢 | 14 | 78 | — | |
| | 钢管 | 20 | — | — | 壁厚 2mm |
| | 扁钢 | — | 90 | — | 厚度 3mm |
| | 钢板 | — | — | 500×500 | 厚度 3mm |
| | 网格钢板 | — | — | 600×600 | 各网格边截面 30mm×3mm，网格网边总长度不少于 4.8m |
| | 型钢 | 注 3 | — | — | |
| 裸钢 | 钢绞线 | — | 70 | — | 每股直径 1.7mm |
| | 圆钢 | — | 78 | — | |
| | 扁钢 | — | 75 | — | 厚度 3mm |

续表

| 材料 | 结构 | 最小尺寸 | | | 备  注 |
| | | 垂直接地体直径（mm） | 水平接地体（mm²） | 接地板（mm） | |
|---|---|---|---|---|---|
| 外表面镀铜的钢 | 圆钢 | 14 | 50 | — | 镀铜厚度至少250μm，铜纯度99.9% |
| | 扁钢 | — | 90（厚3mm） | — | |
| 不锈钢 | 圆形导体 | 15 | 78 | — | — |
| | 扁形导体 | — | 100 | — | 厚度2mm |

注：1. 热镀锌层应光滑连贯、无焊剂斑点，镀锌层圆钢至少 22.7g/m²、扁钢至少 32.4 g/m²；

2. 热镀锌之前螺纹应先加工好；

3. 不同截面的型钢，其截面不小于 290mm²，最小厚度 3mm，可采用 50mm×50mm×3mm 角钢；

4. 当完全埋在混凝土中时才可采用裸钢；

5. 外表面镀铜的钢，铜应与钢结合良好；

6. 不锈钢中，铬的含量等于或大于 16%，镍的含量等于或大于 5%，钼的含量等于或大于 2%，碳的含量等于或小于 0.08%；

7. 截面积允许误差为 -3%。

（2）埋于土壤中的人工垂直接地体宜采用热镀锌角钢、钢管或圆钢；埋于土壤中的人工水平接地体宜采用热镀锌扁钢或圆钢。

接地线应与水平接地体的截面相同。

（3）人工钢质垂直接地体的长度宜为 2.5m。其间距以及人工水平接地体的间距均宜为 5m，当受地方限制时可适当减小。

（4）人工接地体在土壤中的埋设深度不应小于 0.5m，并宜敷设在当地冻土层以下，其距墙或基础不宜小于 1m。接地体宜远离由于烧窑、烟道等高温影响使土壤电阻率升高的地方。

（5）在敷设于土壤中的接地体连接到混凝土基础内起基础接地体作用的钢筋或钢材的情况下，土壤中的接地体宜采用铜质或镀铜或不锈钢导体。

（6）在高土壤电阻率的场地，降低防直击雷冲击接地电阻宜采用下列方法：

1）采用多支线外引接地装置，外引长度不应大于有效长度，有效长度应满足以下公式：

$$l_e = 2\sqrt{\rho} \tag{9-22}$$

式中　$l_e$——接地体的有效长度（m）；

　　　$\rho$——敷设接地体处的土壤电阻率（Ω·m）。

2）接地体埋于较深的低电阻率土壤中。

3）换土。

4）采用降阻剂。

（7）防直击雷的人工接地体距建筑物出入口或人行道不宜小于 3m。

（8）埋在土壤中的接地装置，其连接应采用焊接，并在焊接处作防腐处理。

### 9.1.4　特殊建筑物防雷

#### 9.1.4.1　高度超过 45m 的钢筋混凝土结构、钢结构建筑物防雷

高度超过 45m 的钢筋混凝土结构、钢结构建筑物，尚应采取以下防侧击和等电位的保护措施：

(1) 钢构架和混凝土的钢筋应互相连接。钢筋的连接应符合第 9.1.3 节中有关要求。

(2) 应利用钢柱或柱子钢筋作为防雷装置引下线。

(3) 应将 45m 及以上外墙上的栏杆、门窗等较大的金属物与防雷装置等电位连接。

(4) 垂直敷设的金属管道及金属物的顶端和底端与防雷装置等电位连接。

#### 9.1.4.2　有爆炸危险的露天钢质封闭气罐防雷

有爆炸危险的露天钢质封闭气罐，当其壁厚不小于 4mm 时，可不装设接闪器，但应接地，且接地点不应少于两处；两接地点间距离不宜大于 30m，冲击接地电阻不应大于 30Ω。

#### 9.1.4.3　水塔防雷

水塔可利用塔顶周围栏杆作接闪器，或装设环形避雷带保护水塔边缘，在塔顶中心装一根 1.5m 高的避雷针。冲击接地电阻不大于 30Ω，引下线一般不少于 2 根，间距不大于 30m。若水塔周长和高度不超过 40m 可只设一根引下线，另一根可利用铁爬梯作引下线。钢筋混凝土结构的水塔，可利用结构钢筋作引下线，接地体宜敷设成环形。

#### 9.1.4.4　计算机房防雷

给水排水工程中计算机房一般设在办公楼内，不是单独建筑，故无特殊要求。但非钢筋混凝土楼板的地面，应在地面构造内敷设不大于 1.5m×1.5m 的均压网，与闭合环形接地连成一体。专用接地在室内不应与其他接地相连。此时距其他接地装置的地下距离不应小于 20m，当不能满足上述要求时，应与防雷接地和保护接地连在一起，其冲击接地电阻不应大于 1Ω。

#### 9.1.4.5　天线防雷

天线防直击雷的避雷针可装设在天线竖杆上，并应按单支或多支避雷针保护范围公式计算保护范围确定高度。天线竖杆、避雷针、天线振子的零电位，在电气上应可靠连成一体，并与其承载建筑物的防雷设施纳入同一系统实行共地连接，仅当建筑物无接地网络可利用时，才设专门的接地极。从竖杆至接地装置的引下线应至少用两根，从不同的方位以最短的距离泄流引下；其接地电阻不应大于 4Ω。当系统采用共同接地时，其接地电阻不应大于 1Ω。沿竖杆引下的同轴电缆用双屏蔽电缆或单屏蔽电缆穿金属保护管敷设。

双屏蔽电缆的外层或金属管应与竖杆（或防雷引下线）和建筑物的避雷带有良好的电气连接。

### 9.1.5　建筑物年预计雷击次数计算

(1) 建筑物年预计雷击次数应按下式确定：

$$N = kN_g A_e \tag{9-23}$$

式中　$N$——建筑物年预计雷击次数（次/a）；

$k$——校正系数，在一般情况下取 1，在下列情况下取相应数值：位于旷野孤立的建筑物取 2；金属屋面的砖木结构建筑物取 1.7；位于河边、湖边、山坡下或山地中土壤电阻率较小处、地下水露头处、土山顶部、山谷风口等处的建筑物，以及特别潮湿的建筑物取 1.5；

$N_g$——建筑物所处地区雷击大地的年平均密度〔次／（km² · a）〕；

$A_e$——与建筑物接收相同雷击次数等效面积（km²）。

（2）雷击大地的年平均密度应按下式确定：

$$N_g = 0.24 T_d^{1.3} \tag{9-24}$$

式中  $T_d$——年平均雷暴日，根据当地气象台、站资料确定（d/a）。

（3）建筑物等效面积 $A_e$ 应为其实际面积向外扩大后的面积。其计算方法应符合下列规定：

1）当建筑物的高 $H$ 小于 100m 时，其每边的扩大宽度和等效面积应按下列公式计算确定（图 9-12）：

$$D = \sqrt{H/(200 - H)} \tag{9-25}$$

$$A_e = [LW + 2(L + W) \cdot \sqrt{H(200 - H)} + \pi H(200 - h)] \cdot 10^{-6} \tag{9-26}$$

式中    $D$——建筑物每边的扩大宽度（m）；

$L$、$W$、$H$——分别为建筑物的长、宽、高（m）。

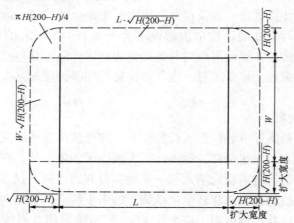

图 9-12  建筑物的等效面积

注：建筑物平面积扩大后的面积 $A_e$ 如图中周边虚线所包围的面积。

2）当建筑物的高 $H$ 等于或大于 100m 时，其每边的扩大宽度应按等于建筑物的高 $H$ 计算；建筑物等效面积应按下式确定：

$$A_e = [LW + 2H(L + W) + \pi H_2] \cdot 10^{-6} \tag{9-27}$$

3）当建筑物各部位的高不同时，应沿建筑物周边逐点算出最大扩大宽度，其等效面积 $A_e$ 应按每点最大扩大宽度外端的连接线所包围的面积计算。

# 9.2　电力设备过电压保护

## 9.2.1　电力系统过电压水平

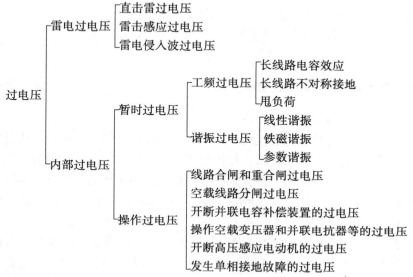

（1）直击雷过电压

雷击架空线路导线产生的直击雷过电压，可按下式确定：

$$U_S \approx 100I \tag{9-28}$$

式中　$U_S$——雷击点过电压最大值（kV）。

（2）雷击感应过电压

距架空线路 $S>65$m 处，雷击对地放电时，线路上产生的感应过电压最大值可按下式计算：

$$U_i \approx 25\frac{Ih_c}{S} \tag{9-29}$$

式中　$U_i$——雷击大地时感应过电压最大值（kV）；

　　　$I$——雷电流幅值（一般不超过 100）（kA）；

　　　$h_c$——导线平均高度（m）；

　　　$S$——雷击点与线路的距离（m）。

（3）雷电侵入波过电压

雷电侵入波过电压保护方案校验时，校验条件为保护接线一般应该保证 2km 外线路导线上出现雷电侵入波过电压时，不引起发电厂和变电所电气设备绝缘损坏。

（4）工频过电压

110kV 及 220kV 系统，工频过电压一般不超过 1.3p. u.；

3kV 和 10kV 系统，一般分别不超过 1.1p. u. 和 $\sqrt{3}$p. u.；

35～66kV 系统，一般分别不超过 $\sqrt{3}$p. u. 。

注：相对地暂时过电压和操作过电压的标么值如下：

工频过电压的 1.0p.u. $=U_m/\sqrt{3}$；

谐振过电压和操作过电压的 1.0p.u. $=\sqrt{2}U_m/\sqrt{3}$。

$U_m$ 为系统最高电压。

（5）操作过电压

| | |
|---|---|
| 35kV 及以下低电阻接地系统 | 3.2p.u. |
| 66kV 及以下（除低电阻接地系统外） | 4.0p.u. |
| 110kV 及 220kV | 3.0p.u. |

### 9.2.2　变配电所过电压保护

#### 9.2.2.1　防直击雷保护

（1）变电所屋外配电装置应装设防直击雷保护装置，一般采用避雷针或避雷线。

（2）屋内配电装置如需设防直击雷保护装置，当屋顶上有金属结构时，将金属部分接地；当屋顶为钢筋混凝土结构时，将其焊接成网接地；当屋顶为非导电结构时，采用避雷网保护，网格尺寸为 8～10m×8～10m，每隔 10～20m 设引下线接地。引下线处应设集中接地装置并连接至接地网。

（3）35kV 以下的屋外高压配电装置宜采用独立避雷针或避雷线保护，宜设独立的接地装置，接地电阻不宜超过 10Ω。当有困难时，该接地装置可与主接地网连接，但从避雷针与主接地网的地下连接点至 35kV 及以下高压设备与主接地网的地下连接点之间，接地体的长度不得小于 15m。

（4）独立避雷针不应设在人经常通行的地方，避雷针及其接地装置与道路或建筑物的出入口等的距离不宜小于 3m，否则应采取均压措施，或铺设砾石或沥青地面。

（5）35kV 及以下高压配电装置的架构或变电所房顶上不宜装设避雷针。但采用钢结构或钢筋混凝土结构等有屏蔽作用建筑物的变电所，可不受此限制。在变压器门型构架上，不得装设避雷针和避雷线。

（6）35kV 配电装置，在土壤电阻率不大于 500Ω·m 的地区，允许将线路的避雷线接至出线门型架构上，但要装设集中接地装置。在土壤电阻率大于 500Ω·m 的地区，避雷线应架设至线路终端杆塔。从线路终端杆塔到配电装置一端线路的保护，可采用独立避雷针，也可在线路终端杆塔上装设避雷针。

（7）装有避雷针和避雷线的架构上，若需要安装照明灯，其电源线必须采用直接埋入地下的带金属外皮的电缆或穿入金属管的导线。电缆外皮或金属管埋地长度在 10m 以上，才允许与 35kV 以下配电装置的接地网及低压配电装置连接。

严禁在装有避雷针、避雷线的架构或构筑物上架设通信线、广播线和低压线。

（8）独立避雷针、避雷线与配电装置带电部分、变电所电力设备接地部分、构造接地部分之间的空气距离，一般不小于 5m，当条件许可时，应尽量增大，以便降低感应过电压；独立避雷针、避雷线的接地装置与变电所接地网间的地中距离，一般不宜小于 3m；独立避雷针或架空避雷线至被保护建筑物及与其联系的金属物之间的距离，均不应小于 3m。

### 9.2.2.2 雷电侵入波过电压保护

（1）架空进线的 35kV 变电所，35kV 架空线路应全线架设避雷线，若未沿全线架设，应在变电所 1～2km 的进线段架设避雷线，并应按图 9-13 方式装设避雷器。

（2）35kV 电缆进线时，在电缆与架空线的连接处应装设阀型避雷器，其接地端应与电缆的金属外皮连接。对三芯电缆末端的金属外皮应直接接地见图 9-14（a）；对单芯电缆，应经接地器或保护间隙接地见图 9-14（b）。连接电缆的 1km 架空线应设避雷线。

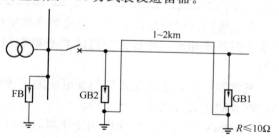

图 9-13 架空进线的 35kV 变电所的
进线段保护接线
FB 为阀型避雷器；GB1、GB2 为管型避雷器

（3）变电所 3～10kV 配电装置（包括电力变压器），应在每组母线和每回架空线路上装设阀型避雷器，见图 9-15，母线上避雷器与主变压器的电气距离不宜大于表 9-9 所列数值。

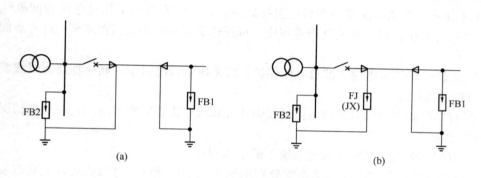

图 9-14 电缆进线的 35kV 变电所的进线段保护接线
（a）三芯电缆；（b）单芯电缆
FB 为阀型避雷器；FJ 为接地器；JX 为保护间隙

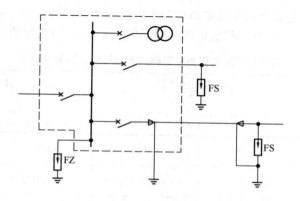

图 9-15 3～10kV 配电装置防止雷电侵入波的保护接线
FS 为 FS 型阀型避雷器；FZ 为 FZ 型阀型避雷器

避雷器与 3～10kV 主变压器的最大电气距离　　　　　表 9-9

| 雷季经常运行的进出线路数 | 1 | 2 | 3 | 4 及以上 |
|---|---|---|---|---|
| 最大电气距离（m） | 15 | 23 | 27 | 30 |

有电缆段的架空线路，避雷器应装在架空线与连接电缆的终端头附近，其接地端应和电缆金属外皮相连。如各架空进线均有电缆段，避雷器与主变压器的最大电气距离不受限制。

避雷器应以最短的接地线与变电所的主接地网相连接（包括通过电缆金属外皮连接），还应在其附近装设集中接地装置。

3～10kV 配电所，当无所用变压器时，可仅在每路架空进线上装设阀型避雷器。

### 9.2.2.3　配电系统避雷器的选择

（1）采用阀式避雷器进行雷电过电压保护时，除旋转电机外，对不同电压范围、不同系统接地方式的避雷器选型如下：

1）有效接地系统，宜采用金属氧化物避雷器。

2）气体绝缘全封闭组合电器（GIS）和低电阻接地系统应该选用金属氧化物避雷器。

3）不接地、消弧线圈接地和高电阻接地系统，根据系统中谐振过电压和间歇性电弧接地过电压等发生的可能性及其严重程度，可任选金属氧化物避雷器或碳化硅普通阀式避雷器。

（2）旋转电机的雷电侵入波过电压保护，宜采用旋转电机金属氧化物避雷器或旋转电机磁吹阀式避雷器。

（3）有串联间隙金属氧化物避雷器和碳化硅阀式避雷器的额定电压，在一般情况下应符合下列要求：

1）110kV 及 220kV 有效接地系统不低于 $0.8U_m$。

2）3～10kV 和 35kV、66kV 系统分别不低于 $1.1U_m$ 和 $U_m$；3kV 及以上具有发电机的系统不低于 $1.1U_{m \cdot g}$。

注：$U_{m \cdot g}$ 为发电机最高运行电压。

3）中性点避雷器的额定电压，对 3～20kV 和 35kV、66kV 系统，分别不低于 $0.64U_m$ 和 $0.58U_m$；对 3～20kV 发电机，不低于 $0.64U_{m \cdot g}$。

（4）采用无间隙金属氧化物避雷器作为雷电过电压保护装置时，应符合下列要求：

1）避雷器的持续运行电压和额定电压应不低于表 9-10 所列数值。

无间隙金属氧化物避雷器持续运行电压和额定电压　　　　　表 9-10

| 系统接地方式 | | 持续运行电压 $U_C$ (kV) | | 额定电压 $U_R$ (kV) | |
|---|---|---|---|---|---|
| | | 相　地 | 中性点 | 相　地 | 中性点 |
| 有效接地 | 110kV | $U_m/\sqrt{3}$ | $0.45U_m$ | $0.75U_m$ | $0.57U_m$ |
| | 220kV | $U_m/\sqrt{3}$ | $0.13U_m(0.45U_m)$ | $0.75U_m$ | $0.17U_m(0.57U_m)$ |
| | 330kV、500kV | $\dfrac{U_m}{\sqrt{3}}(0.59U_m)$ | $0.13U_m$ | $0.75U_m(0.8U_m)$ | $0.17U_m$ |

续表

| 系统接地方式 | | 持续运行电压 $U_C$ (kV) | | 额定电压 $U_R$ (kV) | |
|---|---|---|---|---|---|
| | | 相 地 | 中性点 | 相 地 | 中性点 |
| 不接地 | 3~20kV | $1.1U_m$;<br>$U_{m \cdot g}$ | $0.64U_m$;<br>$U_{m \cdot g}/\sqrt{3}$ | $1.38U_m$;<br>$1.25U_{m \cdot g}$ | $0.8U_m$;<br>$0.72U_{m \cdot g}$ |
| | 35kV、66kV | $U_m$ | $U_m/\sqrt{3}$ | $1.25U_m$ | $0.72U_m$ |
| 消弧线圈 | | $U_m$;$U_{m \cdot g}$ | $U_m/\sqrt{3}$;<br>$U_{m \cdot g}/\sqrt{3}$ | $1.25U_m$;<br>$1.25U_{m \cdot g}$ | $0.72U_m$;<br>$0.72U_{m \cdot g}$ |
| 低电阻 | | $0.8U_m$ | — | $U_m$ | — |
| 高电阻 | | $1.1U_m$;$U_{m \cdot g}$ | $1.1U_m/\sqrt{3}$;<br>$U_{m \cdot g}/\sqrt{3}$ | $1.38U_m$;<br>$1.25U_{m \cdot g}$ | $0.8U_m$;<br>$0.72U_{m \cdot g}$ |

注：1. 220kV 括号外、内数据分别对应变压器中性点经接地电抗器接地和不接地；

2. 330kV、500kV 括号外、内数据分别与工频过电压 1.3p.u. 和 1.4p.u. 对应；

3. 220kV 变压哭中性点经接地电抗器接地和 330kV、500kV 变压器或高压并联电抗器中性点经接地电抗器接地时；接地电抗器的电抗与变压器或高压并联电抗器的零序电抗之比小于等于 1/3；

4. 110kV、220kV 变压器中性点不接地且绝缘水平低于表 21 所列数值时，避雷器的参数需另行研究确定。

2）避雷器能承受所在系统作用的暂时过电压和操作过电压能量。

（5）阀式避雷器标称放电电流下的残压，不应大于被保护电气设备（旋转电机除外）标准雷电冲击全波耐受电压的 71%。

电压范围 I （3.5kV<$U_m$≤252kV）电气设备选用的耐受电压，表 9-11 给出了相应数据。

**电压范围 I 电气设备选用的耐受电压** 表 9-11

| 系统标称电压 (kV) | 设备最高电压 (kV) | 设备类别 | 雷电冲击耐受电压 (kV) | | | | 短时（1min）工频耐受电压（有效值） (kV) | | | |
|---|---|---|---|---|---|---|---|---|---|---|
| | | | 相对地 | 相间 | 断 口 | | 相对地 | 相间 | 断 口 | |
| | | | | | 断路器 | 隔离开关 | | | 断路器 | 隔离开关 |
| 3 | 3.6 | 变压器 | 40 | 40 | — | — | 20 | 20 | — | — |
| | | 开关 | 40 | 40 | 40 | 46 | 25 | 25 | 25 | 27 |
| 6 | 7.2 | 变压器 | 60 (40) | 60 (40) | — | — | 25 (20) | 25 (20) | — | — |
| | | 开关 | 60 (40) | 60 (40) | 60 | 70 | 30 (20) | 30 (20) | 30 | 34 |
| 10 | 12 | 变压器 | 75 (60) | 75 (60) | — | — | 35 (28) | 35 (28) | — | — |
| | | 开关 | 75 (60) | 75 (60) | 75 (60) | 85 (70) | 42 (28) | 42 (28) | 42 (28) | 49 (35) |
| 15 | 18 | 变压器 | 105 | 105 | — | — | 45 | 45 | — | — |
| | | 开关 | 105 | 105 | 115 | — | 46 | 46 | 56 | — |
| 20 | 24 | 变压器 | 125 (95) | 125 (95) | — | — | 55 (50) | 55 (50) | — | — |
| | | 开关 | 125 | 125 | 125 | 145 | 65 | 65 | 65 | 79 |
| 35 | 40.5 | 变压器 | 185/200 | 185/200 | — | — | 80/85 | 80/85 | — | — |
| | | 开关 | 185 | 185 | 185 | 215 | 95 | 95 | 95 | 118 |

| 系统标称电压 (kV) | 设备最高电压 (kV) | 设备类别 | 雷电冲击耐受电压 (kV) | | | | 短时（1min）工频耐受电压（有效值）(kV) | | | |
|---|---|---|---|---|---|---|---|---|---|---|
| | | | 相对地 | 相间 | 断口 | | 相对地 | 相间 | 断口 | |
| | | | | | 断路器 | 隔离开关 | | | 断路器 | 隔离开关 |
| 66 | 72.5 | 变压器 | 350 | 350 | — | — | 150 | 150 | — | — |
| | | 开关 | 325 | 325 | 325 | 375 | 155 | 155 | 155 | 197 |
| 110 | 126 | 变压器 | 450/480 | 450/480 | — | — | 185/200 | 185/200 | — | — |
| | | 开关 | 450、550 | 450、550 | 450、550 | 520、630 | 200、230 | 200、230 | 200、230 | 225、265 |
| 220 | 252 | 变压器 | 850、950 | 850、950 | — | — | 360、395 | 360、395 | — | — |
| | | 开关 | 850、950 | 850、950 | 850、950 | 950、1050 | 360、395 | 360、395 | 360、395 | 410、460 |

注：1. 分子、分母数据分别对应外绝缘和内绝缘；
　　2. 括号内和外数据分别对应是和非低电阻接地系统；
　　3. 开关类设备将设备最高电压称作"额定电压"。

### 9.2.2.4  配电系统雷电过电压防护

（1）3～10kV 配电系统中的配电变压器应装设阀式避雷器保护。阀式避雷器应尽量靠近变压器装设，其接地线应与变压器低压侧中性点（中性点不接地时则为中性点的击穿保险器的接地端）以及金属外壳等连在一起接地（图 9-16）。

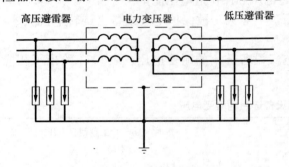

图 9-16  变压器高低压侧避雷器安装示意

（2）3～10kV Y，yn 和 Y，y（低压侧中性点接地和不接地）接线的配电变压器，宜在低压侧装设一组阀式避雷器或击穿保险器，以防止反变换波和低压侧雷电侵入波击穿高压侧绝缘。但厂区内的配电变压器可根据运行经验确定。

低压侧中性点不接地的配电变压器，应在中性点装设击穿保险器。

（3）35～0.4kV 配电变压器，其高低压侧均应装设阀式避雷器保护。

（4）3～10kV 柱上断路器和负荷开关应装设阀式避雷器保护。经常断路运行而又带电的柱上断路器、负荷开关或隔离开关，应在带电侧装设阀式避雷器，其接地线应与柱上断路器等的金属外壳连接，且接地电阻不应超过 10Ω。

### 9.2.2.5  有间隙金属氧化物避雷器应用

以上所述，均为无间隙金属氧化物避雷器。根据《交流电力系统金属氧化物避雷器使用导则》DL/T 804—2002 第 8.2 条规定，有间隙金属氧化物避雷器额定电压推荐值见表 9-12。

有间隙金属氧化物避雷器额定电压推荐值　　　　　　表 9-12

| 系统标称电压 (kV) | 3 | 6 | 10 | 35 |
|---|---|---|---|---|
| 避雷器额定电压 (kV) | 3.8 | 7.6 | 12.7 | 42 |

中性点非有效接地中压电力系统应采用有间隙金属氧化物避雷器。

### 9.2.3  旋转电机的过电压保护

直配电机的防雷保护方式应根据电机容量、雷电活动的强弱和对运行可靠性的要求确定。

#### 9.2.3.1  直配旋转电机过电压保护的一般要求

（1）保护高压电机一般采用 FCD 型磁吹避雷器，并尽量靠近电机装设。在一般情况下，避雷器可装设在电机出线处；如接在每一组母线上的电机不超过两台，或单机容量不超过 500kW，且与避雷器的电气距离不超过 50m，避雷器也可以装在每一组母线上。

（2）如直配电机中性点能引出且未直接接地时，应在中性点上装设磁吹或普通阀型避雷器，其额定电压不应低于电机最高运行相电压。

（3）为保护直配电机而架设的避雷线，对边导线的保护角不应大于 30°。

（4）为保护直配电机的匝间绝缘和防止感应过电压，应在每相母线上装设 0.25～0.5μF 的电容器。对于中性点不能引出或双排非并绕线圈的电机，每相母线上应装设 1.5～2μF 的电容器，见图 9-17、图 9-18、图 9-19（a）；对于图 9-19（b）的保护接线，每相母线上应装设 0.5～1μF 的电容器，电容器宜有短路保护。

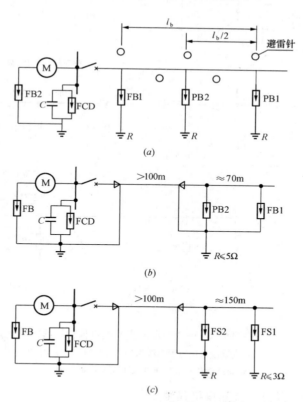

图 9-17  1500～3000kW 直配电机保护接线

（a）进线段采用避雷针或避雷线保护；（b）进线段采用直埋电缆
和排气式避雷器保护；（c）进线段采用直埋电缆和阀型避雷器保护

### 9.2.3.2 单机容量 1500～3000kW 直配电机保护

单机容量 1500～3000kW 直配电机保护接线宜采用图 9-17（a）、（b）、（c）方式。

（1）在进线段长度内，应装设避雷针或避雷线。进线段长度一般采用 450～600m。

（2）进线段长度与接地电阻关系应符合下列公式要求（接地电阻可取两组接地电阻并联值）：

3 或 6kV 线路：
$$\frac{l_b}{R} \geqslant 200 \tag{9-30}$$

10kV 线路：
$$\frac{l_b}{R} \geqslant 150 \tag{9-31}$$

式中　$l_b$——进线段长度（m）；

　　　$R$——接地电阻（Ω）。

### 9.2.3.3 单机容量 300～1500kW 直配电机保护

单机容量 300～1500kW 直配电机保护宜采用图 9-18（a）、（b）、（c）方式。

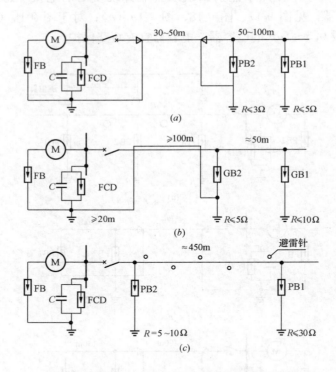

图 9-18　300～1500kW 直配电机保护接线

（a）进线段采用直埋电缆保护；（b）进线段采用
避雷线保护；（c）进线段采用避雷针保护

### 9.2.3.4 300kW 及以下直配电机保护

单机容量为 300kW 及以下的直配高压电机，根据具体情况和运行经验，宜采用图 9-19（a）的接线方式。也可只在车间线路入户处装设一组避雷器和电容器，并在靠近入户处电杆上装设保护间隙或将绝缘子铁脚接地。个别电机也可按图 9-19（b）接线。

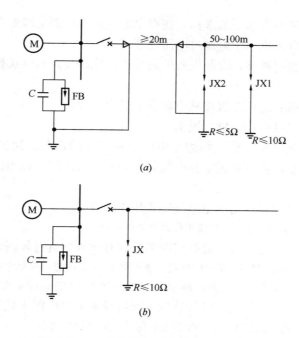

图 9-19 300kW 及以下直配电机保护接线

(a) 电缆进线；(b) 架空进线

#### 9.2.3.5 给水排水工程直配电机保护

给水排水工程中常用的 6～10kV 直配电机过电压保护由以下几个部分组成：进线段管型避雷器、进线电缆段、磁吹避雷器和电容器等。避雷器和进线电缆段用来限制直击雷电流和雷电入侵波的幅值，将雷电流引起的过电压限制在电机冲击耐压水平以下，保护电机的主绝缘。电容器用以限制雷电入侵波陡度和降低感应过电压，保护电机的匝间绝缘和中性点绝缘。为简化泵房布置，水厂直配电机中性点一般不安装避雷器，需将每相

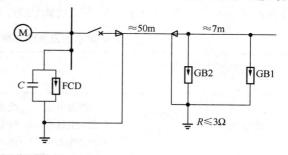

图 9-20 给水排水工程直配电机常用保护接线

电容器增大至 $1.5～2\mu F$。70m 架空线两个管型避雷器 GB1、GB2 的接地端应与电缆首端外皮的接地装置用导线连接，连接线可悬挂于杆塔导线下 2～3m 处。选择管型避雷器时，其额定断流能力的上限值不应小于安装处短路电流的最大有效值，并应考虑该点短路电流非周期分量；额定断流能力的下限值，不得大于安装处短路电流的最小值，可不考虑非周期分量。

### 9.2.4 低压配电系统过电压防护

#### 9.2.4.1 电气设备耐冲击类别

(1) 耐冲击类别（过电压类别）划分的目的

耐冲击类别是根据对设备预期不间断供电和能承受的事故后果来区分设备适用性的不

同等级。通过对设备耐冲击水平的选择，使整个电气装置达到绝缘配合，将故障的危害性降低到允许的水平，以提供一个抑制过电压的基础。

耐冲击类别标识数字越高，表明设备的耐冲击性能越高，可供选择的抑制过电压的方法越多。

耐冲击类别这一概念适用于直接从电源线上接电的设备。

（2）耐冲击类别（过电压类别）说明

Ⅰ类耐冲击设备是打算与建筑物固定电气装置相连的设备。保护措施应在此设备之外，既可固定在电气装置内也可固定在电气装置和此设备之间，以限制瞬态过电压在规定的水平。

Ⅱ类耐冲击设备是与建筑物固定电气装置相连的设备。

注：此类设备举例：家用电器、便携式工具以及类似负荷。

Ⅲ类耐冲击设备是固定电气装置的组成部分和其他预期具有较高适用性类别的设备。

注：此类设备举例：固定电气装置的配电盘、断路器、布线系统，包括电缆、母线、接线盒、开关、插座，工业用设备以及某些其他设备，如与固定电气装置永久相连的固定式电机。

Ⅳ类耐冲击设备是用于建筑物电气装置主配电盘来电侧电源进线端或其附近的设备。

注：此类设备举例：电气测量仪表、一次过电流保护电器以及滤波器。

（3）电压抑制的配置

需装设电涌保护器时，应符合下列各条：

1）自身抑制

在电气装置全部由低压地下系统而不含架空线供电的情况下，依据表 9-13 所规定的设备耐冲击电压值便足够了，而不需要附加的大气过电压保护。

**要求的设备额定耐冲击电压值** 表 9-13

| 电气装置标称电压*（V） | | 要求的耐冲击电压值（kV） | | | |
|---|---|---|---|---|---|
| 三相系统 | 带中性点的单相系统 | 电气装置电源进线端的设备（耐冲击类别Ⅳ） | 配电装置和末级电路的设备（耐冲击类别Ⅲ） | 用电器具（耐冲击类别Ⅱ） | 有特殊保护的设备（耐冲击类别Ⅰ） |
| — | 120～240 | 4 | 2.5 | 1.5 | 0.8 |
| 230/400 | — | 6 | 4 | 2.5 | 1.5 |
| 400/690 | — | 8 | 6 | 4 | 2.5 |
| 1000 | — | 12 | 8 | 6 | 4 |

* 根据 IEC 60038：2009 版。

在电气装置由低压架空线供电或含有低压架空线供电的情况下，且外界环境影响为 AQ1（雷暴日数＜25d/a）时，不需要附加大气过电压保护。

2）保护抑制

① 电气装置由架空线或含有架空线的线路供电，且当地雷电活动符合外界环境影响条件 AQ2（雷暴日数＞25d/a）时，应装设大气过电压保护。保护装置的保护水平不应高于表 9-13 列出的Ⅱ类过电压水平。

② 在一般条件下，建筑物电气装置的大气过电压保护可采取以下措施：

—按照 IEC 60364-5-534（过电压保护电器）安装具有Ⅱ类保护水平的电涌保护器。

—通过其他方法提供至少等效的电压衰减量。

③ 在架空线上应用保护抑制的导则

对过电压水平的保护抑制可通过在电气装置中直接安装电涌保护器，或在架空线上安装电涌保护器来获得。例如，可以采取以下措施：

a. 如果是架空供配电网，应在电网的结点，尤其在每个长度超过 500m 的线路末端建立过电压保护。沿供配电线路每隔 500m 就应安装过电压保护器件。过电压保护器件之间的距离应小于 1000m。

b. 如果供配电网中部分为架空线路，部分为地下线路，在架空电网应按照上述 a. 进行过电压保护，并应在从架空线至地下电缆的转换点进行过电压保护。

c. 在 TN 配电网供电的电气装置中，在由自动切断电源为间接接触提供保护的地方，连接到相导体的过电压保护器件的接地导体与 PEN 导体相连或与 PE 导体相连。

d. 在 TT 配电网供电的电气装置中，在由自动切断电源为间接接触提供保护的地方，要为相导体和中性导体提供过电压保护器件。在供电网的中性导体直接接地的地方，不必为中性导体安装过电压保护器件。

### 9.2.4.2 电涌保护器（SPD）的选择

（1）一般原则

选择和安装电涌保护器（SPD）的要求：

—在建筑物电气装置中使用电涌保护器（SPD）以限制从电源配电系统传来的大气瞬态过电压和操作过电压；

—在建筑物装有防雷装置的情况下使用电涌保护器（SPD）以防止直接雷击或在建筑物邻近处被雷击引起的瞬态过电压。

在 IEC 60364-4-44 的第 443 节，规定了对防止大气过电压（由间接的、远处的雷击引起的）和操作过电压的保护。通常这种保护是装设通过Ⅱ级试验的电涌保护器（SPD），在必要时可装设通过Ⅲ级试验的电涌保护器（SPD）来提供。

根据 IEC 60364-4-44 的要求或另有规定时，电涌保护器（SPD）应安装在建筑物电气装置的电源进线端附近，或安装在离建筑物内电气装置电源进线端最近的主成套配电设备内。

《雷电电磁冲击防护 第 1 部分：一般原则》IEC 61312-1，包含了防止直接雷击或靠近供电系统处雷击效应的保护。《雷电电磁冲击防护 第 3 部分：电涌保护装置（SPDS）的要求》IEC 61312-3 按防雷区（LPZ）的分区概念，规定了电涌保护器（SPD）的正确选择和应用。根据防雷区（LPZ）的分区原则说明对Ⅰ级试验、Ⅱ级试验和Ⅲ级试验的电涌保护器（SPD）的装设要求。

当需要符合 IEC 61312-1 的要求或其他规定时，电涌保护器（SPD）应安装在电气装置的电源进线端。

保护敏感设备可能需要附加电涌保护器（SPD），这种电涌保护器（SPD）与安装在前级的电涌保护器（SPD）互相配合。

（2）电涌保护器（SPD）的接线（表 9-14）

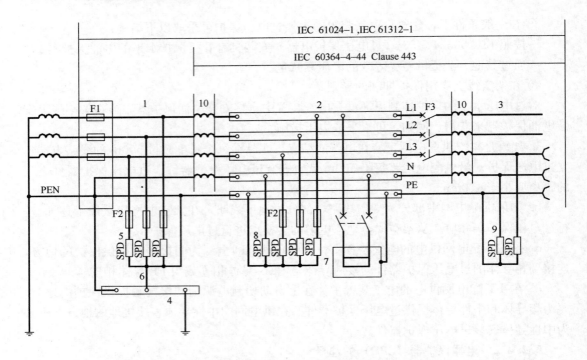

图 9-21  通过Ⅰ级、Ⅱ级和Ⅲ级试验的电涌保护器（SPD）的安装

1—电气装置的电源进线端；2—配电盘；3—馈出线；4—总接地端子或母线；5—通过Ⅰ级试验的电涌保护器
（SPD）；6—电涌保护器（SPD）的接地连接线（接地线）；7—被保护的固定安装的设备；8—通过Ⅱ级试验的电涌
保护器（SPD）；9—通过Ⅱ级或Ⅲ级试验的电涌保护器（SPD）；10—去耦器件或相导体长度；

F1、F2、F3 过电流保护

注：1. 更进一步的信息参考 IEC 61643-12；

2. 电涌保护器（SPD）5 和 8 可以组合为一台电涌保护器。

**按系统特征确定电涌保护器（SPD）的装设**                                                表 9-14

| 电涌保护器接于 | 电涌保护器安装点的系统特征 | | | | | | | |
|---|---|---|---|---|---|---|---|---|
| | TT 系统 | | TN-C 系统 | TN-S 系统 | | 引出中性线的 IT 系统 | | 不引出中性线的 IT 系统 |
| | 装设依据 | | | 装设依据 | | 装设依据 | | |
| | 接线形式 1 | 接线形式 2 | | 接线形式 1 | 接线形式 2 | 接线形式 1 | 接线形式 2 | |
| 每一相线和中性线间 | + | • | NA | + | • | + | • | NA |
| 每一相线和 PE 线间 | • | NA | NA | • | NA | • | NA | • |
| 中性线和 PE 线间 | • | • | NA | • | • | • | • | NA |
| 每一相线和 PEN 线间 | NA | NA | • | NA | NA | NA | NA | NA |
| 相线间 | + | + | + | + | + | + | + | + |

注：•：强制规定装设电涌保护器；

NA：不适用；

+：需要时可增加装设电涌保护器。

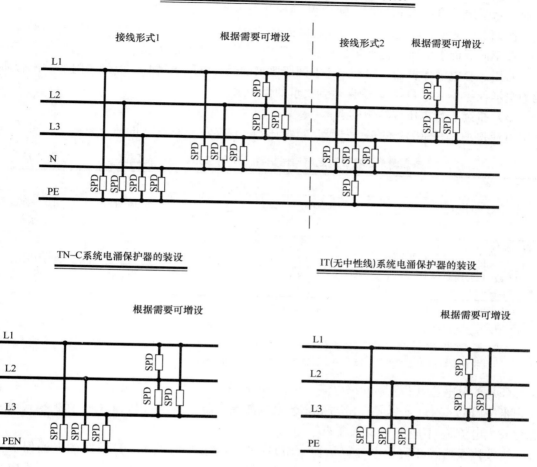

应在电气装置的电源进线端或其附近设电涌保护器（SPD），至少应在下面各点之间装设：

1）当在电气装置的电源进线端或其附近，中性线与 PE（保护线）直接连接，或没有中性线时：

接在每一相线与接地端子或总保护线之间，取其路径最短者。

注：在 IT 系统，中性线与 PE 线之间接了阻抗，不能认为二者是直通的。

2）当在电气装置的电源进线端或其附近，中性线与 PE（保护线）不直接相连时：

接线形式 1：接在每一相线与接地端子或总保护线之间和接在中性线与接地端子或总保护线之间，取其路径最短者；

接线形式 2：接在每一相线与中性线之间和接在中性线与总保护端子或总保护线之间，取其路径最短者。

（3）电压保护水平（$U_P$）的选择

当按 IEC 60364-4-44 第 443 节要求装设电涌保护器（SPD）时，其电压保护水平

（$U_P$）应符合 IEC 60364-4-44 中表 44B Ⅱ类耐冲击电压的规定。

当按 IEC 61312-1 要求装设用于防护直接雷击引起过电压的电涌保护器（SPD）时，其保护水平应符合 IEC 60364-4-44 中表 44B Ⅱ类耐冲击电压的规定。

例如 230/400V 电气装置内的电涌保护器（SPD）电压保护水平 $U_P$ 不超过 2.5kV。

在不同界面上的各电涌保护器还应与其相应的能量承受能力相一致。

若用一套电涌保护器（SPD）达不到所要求的保护电压水平时，应采用附加的配合协调的电涌保护器（SPD），以确保达到要求的保护水平。

（4）持续运行电压（$U_C$）的选择

电涌保护器（SPD）的最大持续运行电压 $U_C$ 不应低于表 9-15 的值。

**按电源系统特征确定电涌保护器（SPD）的最低 $U_C$ 电压值**　　　　表 9-15

| 电涌保护器接于 | 配电网络的系统特征 | | | | |
| --- | --- | --- | --- | --- | --- |
| | TT 系统 | TN-C 系统 | TN-S 系统 | 引出中性线的 IT 系统 | 不引出中性线的 IT 系统 |
| 每一相线和中性线间 | $1.1U_0$ | NA | $1.1U_0$ | $1.1U_0$ | NA |
| 每一相线和 PE 线间 | $1.1U_0$ | NA | $1.1U_0$ | $\sqrt{3}U_0^a$ | 线电压[a] |
| 中性线和 PE 线间 | $U_0^a$ | NA | $U_0^a$ | $U_0^a$ | NA |
| 每一相线和 PEN 线间 | NA | $1.1U_0$ | NA | NA | NA |

NA：不适用。

注：1. $U_0$ 是指低压系统的相电压；

　　2. 此表基于 IEC 61643-1 修改版 1；

　　3. a 这些值对应于最严重的故障状况，因而没有考虑 10% 的余量。

（5）放电电流（$I_n$）和冲击电流（$I_{imp}$）的选择

当按 IEC 60364-4-44 第 443 节规定装设电涌保护器（SPD）时，对每一保护模式通路标称放电电流 $I_n$ 不应小于 5kA 8/20。

当按接线形式 2 装设电涌保护器（SPD）时，接在中性线和 PE 线间的电涌保护器（SPD），对于三相系统其标称放电电流 $I_n$ 不应小于 20kA 8/20，对于单相系统 $I_n$ 不应小于 10kA 8/20。

当按 IEC 61312-1 规定装设电涌保护器（SPD）时，符合 IEC 61312-1 的雷击冲击电流 $I_{imp}$ 应根据 IEC 61312-1 计算，更具体的要求在 IEC 61312-12 中给出。如果电流值无法确定，则每一保护模式通路的 $I_{imp}$ 值不应小于 12.5kA。

当按接线形式 2 装设电涌保护器（SPD）时，接在中性线和 PE 线间的电涌保护器（SPD）的雷击冲击电流 $I_{imp}$ 的值应按类似于上述的标准计算。如果电流值无法确定，则对于三相系统 $I_{imp}$ 不应小于 50kA，对于单相系统 $I_{imp}$ 不应小于 25kA。

当采用单台电涌保护器（SPD）满足 IEC61312-1 和 IEC60364-4-44 第 443 节二者要求时，$I_n$ 和 $I_{imp}$ 的额定值应与以上数值一致。

（6）耐受的预期短路电流的选择

电涌保护器（SPD）与之相连接的过电流保护器（设置于内部或外部）一起耐受短路电流（当电涌保护器（SPD）失效时产生）应等于和大于安装处预期产生的最大短路电流，选择时要考虑到电涌保护器（SPD）制造厂规定应具备的最大过电流保护器。

此外，制造厂所规定电涌保护器（SPD）的额定阻断续流电流值不应小于安装处的预期短路电流值。

在 TT 系统或 TN 系统中，接于中性线和 PE 线之间的电涌保护器（SPD）动作（例如火花间隙放电）后流过工频续流，电涌保护器（SPD）额定续流电流值应大于或等于 100A。

在 IT 系统中，接于中性线和 PE 线之间的电涌保护器（SPD）的额定续流电流值与接在相线和中性线之间的电涌保护器（SPD）是相同的。

（7）过电流保护和电涌保护器（SPD）失效的保护

防止电涌保护器（SPD）短路的保护是采用过电流保护器，应当根据电涌保护器（SPD）产品手册中推荐的过电流保护器的最大额定值选择。

如果过电流保护器的额定值小于或等于推荐用的过电流保护器的最大额定值，则可省去过电流保护器。

连接过电流保护器至相线的导线截面根据可能的最大短路电流值选择。

优先保证供电的连续性还是优先保证保护的连续性，这取决于在电涌保护器（SPD）失效时，断开电涌保护器（SPD）的过电流保护器所安装的位置。

在所有情况下，应保证设置的保护器间的选择性。

（8）与剩余电流保护器（RCD）相关联的电涌保护器（SPD）

电涌保护器（SPD）将其安装在剩余电流保护器（RCD）的负荷侧，此剩余电流保护器（RCD）可带或不带延时，但应具有不小于 3kA 8/20 的电涌电流的抗干扰能力。

注：1. 符合 IEC 61008-1 和 IEC 61009-1 的标准的 S 型剩余电流保护器（RCD）即可满足此要求；

2. 当电涌电流大于 3kA 8/20 时，剩余电流保护器可能切断回路而导致供电中断。

（9）连接导线

连接导线是指相线与电涌保护器（SPD）之间的导线，和电涌保护器（SPD）与总接地端子或保护线之间的导线。

因为增加电涌保护器（SPD）连接导线的长度，会降低电涌保护器（SPD）过电压保护的效果，因此，应尽可能减少电涌保护器（SPD）所连接导线的长度（总引线长度最好不超过 0.5m），并且不形成环路时可获得最佳过电压保护效果。

（10）接地线的导体截面

安装在电气装置电源进线端或靠近进线端处的电涌保护器（SPD）接地线的最小截面应是不小于 4mm² 的铜线或与其等效。

当设有雷击保护系统时，符合 GB 18802.1 中 I 级试验的电涌保护器（SPD）的接地线的最小截面为不小于 16mm² 的铜线或与其等效是必要的。

# 9.3 接 地

## 9.3.1 接地类型

电气装置接地涉及两个方面：一方面是电源功能接地，如电源系统接地，多指发电机组、电力变压器等中性点的接地，一般称为系统接地，或称系统工作接地。另一方面是电气装置外露可导电部分接地，起保护作用，故习惯称为保护接地。

### 9.3.1.1 功能性接地

为了保证电网的正常运行，或为了实现电气装置的固有功能，提高其可靠性而进行的接地。

功能接地的主要作用：

—为大气或操作过电压提供对地泄放的回路，避免电气设备绝缘被击穿；

—提供接地故障回路，当发生接地故障时，产生较大的接地故障电流，迅速切断故障回路；

—中性点不接地系统，当发生接地故障时，虽能保证供电连续性，但非故障相对地电压升高1.73倍，系统中的设备及线路绝缘均较中性点接地系统绝缘水平高，增加投资费用；

—中性点不接地系统，需大量安装绝缘监测装置。

### 9.3.1.2 保护性接地

为了保证电网故障时人身和设备的安全而进行的接地。它可分为：

（1）保护接地：接地装置外露可导电部分和装置外可导电部分在故障情况下可能带电压，为了降低此电压，减少对人身的危害，应将其接地。例如电气装置的金属外壳的接地、母线金属支架的接地等。

（2）过电压保护接地：为了防止过电压对电气装置和人身安全的危害而进行的接地。例如电气设备或线路的防雷接地。建筑物的防雷接地也属于此类接地。

（3）防静电接地：为了消除静电对电气装置和人身安全的危害而进行的接地。例如输送某些液体或气体的金属管道接地。

保护接地的主要作用：

—降低预期接触电压；

—提供工频或高频泄漏回路；

—为过电压保护装置提供安装回路；

—等电位联结。

## 9.3.2 低压配电系统的接地形式和基本要求

### 9.3.2.1 低压配电系统的接地形式

（1）低压配电系统接地形式以拉丁字母作代号，其意义如下：

第一个字母表示电源端与地的关系：

T—电源端有一点直接接地；

I—电源端所有带电部分不接地或有一点通过高阻抗接地。

第二个字母表示电气装置的外露可导电部分与地的关系：

T—电气装置的外露可电导部分直接接地，此接地点在电气上独立于电源端的接地点；

N—电气装置的外露可电导部分与电源端接地点有直接电气连接。

—后的字母用来表示中性导体与保护导体的组合情况：

S—中性导体和保护导体是分开的；

C—中性导体和保护导体是合一的。

（2）TN 系统

电源端有一点（通常是中性点）直接接地，电气装置的外露可导电部分通过中性导体或保护导体连接到此接地点。

根据中性导体和保护导体的组合情况，TN 系统的有以下三种形式：

1）TN-S 系统：整个系统的中性导体和保护导体是分开的（见图 9-22）。

2）TN-C 系统：整个系统的中性导体和保护导体是合一的（见图 9-23）。

3）TN-C-S 系统：系统中一部分线路的中性导体和保护导体是合一的（见图 9-24）。

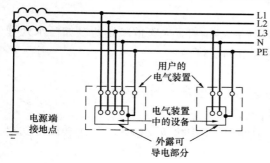

图 9-22　TN-S 系统　　　　　　　　图 9-23　TN-C 系统

（3）TT 系统

电源端有一点（通常是中性点）直接接地，电气装置的外露可导电部分直接接地，此接地点在电气上独立于电源端的接地点（见图 9-25）。

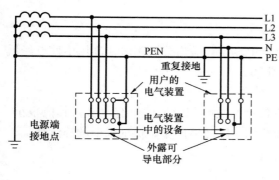

图 9-24　TN-C-S 系统　　　　　　　图 9-25　TT 系统

（4）IT 系统

电源端的带电部分不接地或有一点通过高阻抗接地，电气装置的外露可导电部分直接接地（见图 9-26）。

#### 9.3.2.2　各种接地形式的适用范围

（1）TN-C 系统特点

—PEN 线兼有 N 线和 PE 线的作用，节省一根导线；

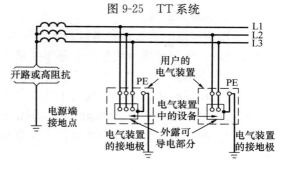

图 9-26　IT 系统

—重复接地，减小系统总的接地电阻；

—PEN 线产生电压降，外露可导电部分对地有电压；

—PEN 线在系统内传导故障电压；

—过电流保护兼作接地故障保护。

使用场所：三相负载均衡，并有熟练的维修技术人员维护管理。

（2）TN-S 系统特点

—PE 线与 N 线分开，PE 线非故障时不流过电流，外露可导电部分不带电压，比较安全，但多一根导线；

—PE 线在系统内传导故障电压。

使用场所：附设有或附近有变电所的高层建筑，爆炸和有火灾危险场所（如污水处理厂沼气及污泥消化系统），内装有大量信息技术设备的建筑物。

（3）TN-C-S 系统特点

——部分线路的 PE 线与 N 线合一，一部分线路的 PE 线与 N 线分开；

—既有 TN-C 系统特点又有 TN-S 系统的特点。

使用场所：本单位自设变压器供电和管理的居住区民用建筑（给水排水工程中大多采用此系统）。

（4）TT 系统特点

—外露可导电部分有独立的接地保护，不传导故障电压；

—由于电源系统有两个独立接地体，发生接地故障时接地故障电流较小，不能采用过电流保护兼作接地故障保护，而采用剩余电流保护器；

—因采用剩余电流保护器保护线路，双电源（双变压器、变压器与柴油发电机组）转换时采用四极开关；

—易产生工频过电压。

使用场所：等电位联结有效范围外的户外用电场所，城市公共用电，高压中性点经低电阻接地的变电所，以及有火灾和爆炸危险的厂房。

（5）IT 系统特点（不引出中性线）

—发生第一次接地故障时，接地故障电流仅为非故障相对地的电容电流，其值很小，外露可导电部分对地电压不超过 50V，不需要立即切断故障回路，保证供电的连续性；

—发生接地故障时，对地电压升高 1.73 倍；

—220V 负载需配降压变压器，或由系统外电源专供；

—安装绝缘监察器。

使用场所：供电连续性要求较高，如矿山、井下、应急电源、医院手术室等。

### 9.3.2.3　低压配电系统接地的基本要求

（1）TN 系统

1）在 TN 系统中，配电变压器中性点应直接接地。所有电气设备的外露可导电部分应采用保护导体（PE）或保护接地中性导体（PEN）与配电变压器中性点相连接。

2）保护导体或保护接地中性导体应在靠近配电变压器处接地，且应在进入建筑物处接地。

3）保护导体上不应设置保护电器及隔离电器，可设置供测试用的只有用工具才能断开的接点。

　　4）保护导体单独敷设时，应与配电干线敷设在同一桥架上，并应靠近安装。

　　5）采用 TN-C-S 系统时，当保护导体与中性导体从某点分开后不应再合并，且中性导体不应再接地。

　　6）当电子信息系统设备由 TN 交流配电系统供电时，其配电线路必须采用 TN-S 系统的接地形式。

　　（2）TT 系统

　　1）在 TT 系统中，配电变压器中性点应直接接地。电气设备外露可导电部分所连接的接地极不应与配电变压器中性点的接地极相连接。

　　2）TT 系统中，所有电气设备外露可导电部分宜采用保护导体与共用的接地网或保护接地母线、总接地端子相连。

　　3）TT 系统配电线路的接地故障保护宜采用能迅速自动切除接地故障的保护电器，如漏电电流保护方式作线路的接地故障保护。

　　（3）IT 系统应符合下列基本要求：

　　1）在 IT 系统中，所有带电部分应对地绝缘或配电变压器中性点应通过足够大的阻抗接地。电气设备外露可导电部分可单独接地或成组接地。

　　2）电气设备的外露可导电部分应通过保护导体或保护接地母线、总接地端子与接地极连接。

　　3）IT 系统必须装设绝缘监视及接地故障报警或显示装置。

　　4）在无特殊要求的情况下，IT 系统不宜引出中性导体。

　　5）IT 系统中包括中性导体在内的任何带电部分严禁直接接地。IT 系统中的电源系统对地应保持良好的绝缘状态。

## 9.3.3　电气设备接地

### 9.3.3.1　保护接地范围

（1）需保护接地的范围

下列电气装置外露可导电部分，除另有规定者外，均应保护接地：

—电机、变压器、电器、携带式及移动式用电器具等的底座和外壳；

—电气设备传动装置；

—互感器的二次绕组；

—配电屏（箱）、控制屏（箱）、各类箱体操作台等金属的框架；

—户内外配电装置的金属构架和钢筋混凝土构架以及靠近带电部分的金属围栏和金属门等；

—封闭式组合电器和箱式变电站的金属箱体；

—电力电缆和控制电缆的金属护套，穿线的金属管；

—电气用各类金属构架、支架等；

—电缆桥架、电缆线槽及金属支架；

—电涌保护器；

—发电机中性点外壳、发电机出线柜和封闭式母线（密集型或空气绝缘型）金属外护层；

　　—装有避雷线的电力线路杆塔；

　　—在非沥青地面的居民区，无避雷线小接地电流架空电力线路的金属杆塔和钢筋混凝土杆塔；

　　—安装在配电线路杆塔上的开关设备、电容器等电力设备；

　　—I类照明灯具的金属外壳；

　　—对于在使用过程中产生静电并对正常工作造成影响的场所，宜采取防静电接地措施。

（2）不需保护接地的范围

下列电气装置外露可导电部分，除另有规定者外，可不做保护接地：

　　—电气装置安装在非导电场所，其地板和墙体对地绝缘电阻：额定电压 500V 时，绝缘电阻不小于 50kΩ；额定电压超过 500V 时，绝缘电阻不小于 100kΩ，可使用 0 级设备。在该场所内，人体伸臂 2m 范围内，不会同时触及两个外露可导电部分或一个外露可导电部分和任何一个外部可导电部分；在伸臂的范围外，该距离可缩短至 1.25m。必需采取措施防止通过外部可导电部分在该场所之外出现电位；

　　—特低电压（SELV）用电设备；

　　—安装在配电屏、控制屏和配电装置上的电气测量仪表、继电器和其他低压电器等的外壳，以及当发生绝缘损坏时，在支持物上不会引起危及人身安全电压的绝缘子金属底座等；

　　—安装在已接地的金属构架上的设备，如套管等（应保证电气接触良好）；

　　—额定电压 220V 及以下的蓄电池室内的支架；

　　—与已接地的机床机座之间有可靠电气接触的电动机和电器外壳；

　　—双重绝缘的用电设备；

　　—采用电气隔离保护方式供电的用电设备，隔离变压器的每个绕组，只供电给单台设备；每个绕组供电给多台设备时，各设备间应做不接地的等电位联结。不接地的等电位联结目的是：隔离供电的设备外露可导电部分不有意识地接地，当其中一台用电设备一相导体碰外壳，保护电气并不动作；而同时另一台设备的另一相导体也碰外壳，保护电气也不动作。但同时发生故障的两台设备在人体伸臂的范围内，人体有可能受到电击。当采用不接地的等电位联结后，两台设备同时发生异相导体碰外壳故障时，保护的电气动作，杜绝电击事故的发生。

（3）电气产品按防电击措施划分为四类，防间接接触电击措施见表 9-16：

**电气设备和电气装置电击防护措施**　　　　　　　　表 9-16

| 设备类别 | 防 护 措 施 | | |
| --- | --- | --- | --- |
| | 设 备 部 分 | | 装 置 部 分 |
| | 基本防护 | 附 加 防 护 | |
| 0 | 基本绝缘 | — | 非导电场所每台设备电气隔离 |
| I | 基本绝缘 | 保护联结 | 自动切断电源 |

续表

| 设备类别 | 防　护　措　施 | | |
|---|---|---|---|
| | 设　备　部　分 | | 装　置　部　分 |
| | 基本防护 | 附　加　防　护 | |
| Ⅱ | 基本绝缘 | 附加绝缘 | — |
| | 加强绝缘或等效结构配置 | | |
| Ⅲ | 限制电压 | — | SELV 和 PELV |

#### 9.3.3.2　高压电力设备电阻的要求

不接地、消弧线圈接地和高电阻接地系统中发电厂、变电所电气装置保护接地的接地电阻应符合下列要求：

（1）高压与发电厂、变电所电力生产用低压电气装置共用的接地装置应符合下式：

$$R \leqslant \frac{120}{I} \tag{9-32}$$

但不应大于 4Ω。

（2）高压电气装置的接地装置，应符合下式：

$$R \leqslant \frac{250}{I} \tag{9-33}$$

式中　$R$——考虑到季节变化的最大接地电阻（Ω）；

$I$——计算用的接地故障电流（A）。

但不宜大于 10Ω。

注：变电所的接地电阻值，可包括引进线路的避雷线接地装置的散流作用。

#### 9.3.3.3　配电电气装置接地电阻的要求

（1）工作于不接地、消弧线圈接地和高电阻接地系统、向建筑物电气装置供电的配电电气装置，其保护接地的接地电阻应符合下列要求：

1）与建筑物电气装置系统电源接地点共用的接地装置。

① 配电变压器安装在由其供电的建筑物外时，应符合下式的要求：

$$R \leqslant \frac{50}{I} \tag{9-34}$$

式中　$R$——考虑到季节变化接地装置最大接地电阻（Ω）；

$I$——计算用的单相接地故障电流（A）；消弧线圈接地系统为故障点残余电流。

但不应大于 4Ω。

② 配电变压器安装在由其供电的建筑物内时，不宜大于 4Ω。

2）非共用的接地装置，应符合式 $R \leqslant \frac{250}{I}$ 的要求，但不宜大于 10Ω。

（2）低电阻接地系统的配电电气装置，其保护接地的接地电阻应符合式 $R \leqslant \frac{2000}{I}$ 的要求。

（3）保护配电变压器的避雷器其接地应与变压器保护接地共用接地装置。

（4）保护配电柱上断路器、负荷开关和电容器组等的避雷器的接地线应与设备外壳相连，接地装置的接地电阻不应大于 10Ω。

**9.3.3.4  低压电力设备接地电阻的要求**

（1）低压电力设备接地装置的接地电阻，不得超过 4Ω。

（2）使用同一接地装置的并列运行的发电机、变压器等电力设备，当其总容量不超过 100kVA 时，接地电阻不宜大于 10Ω。

（3）架空线路的干线和分支线的终端以及沿线每 1km 处；电缆和架空线在建筑物的引入处，PEN 线应重复接地（但距接地点不超过 50m 者除外）。重复接地的接地电阻不应大于 10Ω。

（4）在电力设备接地装置的接地电阻允许达到 10Ω 的电力网中，每一重复接地装置的接地电阻不应超过 30Ω，但重复接地不应少于三处。

（5）在高土壤电阻率地区，当接地网的接地电阻达到上述规定值，技术经济不合理时，电气装置的接地电阻可提高到 30Ω，变电所接地网的接地电阻可提高到 15Ω。

（6）架空线和电缆线路的接地应符合下列规定：

1）在低压 TN 系统中，架空线路干线和分支线的终端的 PEN 导体或 PE 导体应重复接地。电缆线路和架空线路在每个建筑物的进线处，宜作重复接地。在装有剩余电流动作保护器后的 PEN 导体不允许设重复接地。除电源中性点外，中性导体（N），不应重复接地。 .

2）低压线路每处重复接地网的接地电阻不应大于 10Ω。在电气设备的接地电阻允许达到 10Ω 的电力网中，每处重复接地的接地电阻值不应超过 30Ω，且重复接地不应少于 3 处。

3）在非沥青地面的居民区内，10（6）kV 高压架空配电线路的钢筋混凝土电杆宜接地，金属杆塔应接地，接地电阻不宜超过 30Ω。对于电源中性点直接接地系统的低压架空线路和高低压共杆的线路除出线端装有剩余电流动作保护器外，其钢筋混凝土电杆的铁横担或铁杆应与 PEN 导体连接，钢筋混凝土电杆的钢筋宜与 PEN 导体连接。

4）穿金属导管敷设的电力电缆的两端金属外皮均应接地，变电所内电力电缆金属外皮可利用主接地网接地。当采用全塑料电缆时，宜沿电缆沟敷设 1～2 根两端接地的接地导体。

## 9.3.4  接地装置

**9.3.4.1  一般要求**

接地装置一般是由接地极、接地导体和主接地端子（主接地母排）等构成的。主接地端子（主接地母排）通过接地导体与诸多接地极连接，实现电气装置需接地部分与地的连接，又可通过保护导体、保护联结导体与电气装置内外露可导电部分、电气装置外可导电部分的联结，实现主等电位联结。主接地端子（主接地母排）是建筑物内电气装置参考电位点。

接地装置配置、保护导体及保护联结导体连接方式见图 9-27。

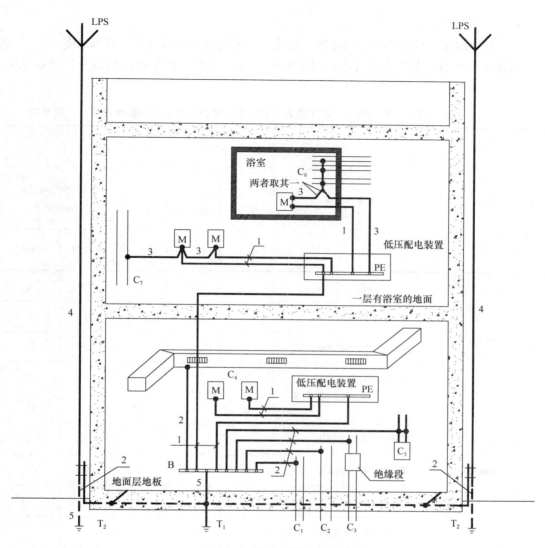

图 9-27 接地装置配置示意

M—外露可导电部分：设备可触及到的通常不带电，但在基本绝缘损坏时可变为带电的可导电部分。
C—外部可导电部分：不属于电气装置的一部分且易于引入一个电位（通常是局部电位）的可导电部分。
$C_1$—外部进来的金属的水管
$C_2$—外部进来的金属的排废弃物、排水管道
$C_3$—外部进来的带绝缘插管金属可燃气体管道
$C_4$—空调
$C_5$—供热系统
$C_6$—金属水管，比如浴室里的金属水管
$C_7$—在外露可导电部分的伸臂范围内的外部可导电部分
B—主接地端子（主接地母线）
电气装置接地配置的一部分，用于与若干接地用的导体实行电气连接的端子或母线。
T—接地极
埋在特殊的导电介质（例如，混凝土或焦炭）中，与大地有电气接触的导电部分。
$T_1$—基础接地
$T_2$—LPS（防雷装置）的接地极，如果需要的话
1 保护导体：为安全目的（如电击防护）而设置的导体。
2 保护联结导体：为保护性等电位联结而设的保护导体。
3 用作辅助联结用的保护联结导体。
4 LPS（防雷装置）的引下线。
5 接地导体：在系统、装置或设备的给定点与接地极之间提供导电通路或部分导电通路的导体。

### 9.3.4.2 接地极

（1）对接地极的材料和尺寸的选择，应使其既耐腐蚀又具有适当的机械强度。

从腐蚀和机械强度的角度考虑，对于埋入土壤的常用材料接地极的最小尺寸，见表 9-17。

考虑了腐蚀和机械强度，对于埋入土壤的常用材料的接地极的最小尺寸　　表 9-17

| 材料 | 表面 | 形状 | 最小尺寸 | | | | |
| | | | 直径（mm） | 截面积（mm²） | 厚度（mm） | 镀层/护层的厚度（μm） | |
| | | | | | | 单个值 | 平均值 |
| 钢 | 镀锌①或不锈钢①,② | 带状③ | | 90 | 3 | 63 | 70 |
| | | 型材 | | 90 | 3 | 63 | 70 |
| | | 深埋接地极用的圆棒 | 16 | | | 63 | 70 |
| | | 浅埋接电极用的圆线⑦ | 10 | | | | 50⑤ |
| | | 管状 | 25 | | 2 | 47 | 55 |
| | 铜护套 | 深埋接地极用的圆棒 | 15 | | | 2000 | |
| | 电积镀铜 | 深埋接地极用的圆棒 | 14 | | | 90 | 100 |
| 铜 | 裸露① | 带状 | | 50 | 2 | | |
| | | 浅埋接电极用的圆线⑦ | | 25⑥ | | | |
| | | 绞线 | 单根1.8 | 25 | | | |
| | | 管状 | 20 | | 2 | | |
| | 镀锡 | 绞线 | 每根1.8 | 25 | | 1 | 5 |
| | 镀锌 | 带状④ | | 50 | 2 | 20 | 40 |

① 也能用作埋在混凝土中的电极。

② 不适于电镀。

③ 例如，带圆边的轧制板条或切割的板条。

④ 带圆边的板条。

⑤ 在目前技术条件下，对于连续浸镀，仅能镀到 50μm 厚。

⑥ 经验表明，在腐蚀性和机械损伤极低的场所，16mm² 的圆线是可以用的。

⑦ 当埋设深度不超过 0.5m 时，被认为是表层电极。

钢接地体和接地线最小规格见表 9-18。

**钢接地体和接地线最小规格**　　　　　　　　　表 9-18

| 类　　别 | 地　　上 | | 地　　下 |
|---|---|---|---|
| | 屋　　内 | 屋　　外 | |
| 圆钢直径（mm） | 6 | 8 | 8/10 |
| 扁钢截面（mm²） | 24 | 48 | 48 |
| 扁钢厚度（mm） | 3 | 4 | 4 |
| 角钢厚度（mm） | 2 | 2.5 | 4 |
| 钢管管壁厚度（mm） | 2.5 | 2.5 | 3.5/2.5 |

注：1. 地下部分圆钢的直径，其分子、分母数据分别对应于架空线路和发电厂、变电所的接地装置；

　　2. 地下部分钢管的壁厚，其分子、分母数据分别对应于埋于土壤和埋于室内素混凝土地坪中；

　　3. 架空线路杆塔的接地极引出线，其截面不应小于 50mm²，并应热浸镀锌。

注：此表摘自《交流电气装置的接地》DL/T 621—1997 中的表 1 "接地装置导体的最小尺寸"。

当设计无要求时，接地装置的材料采用为钢材，热浸镀锌处理，最小允许规格、尺寸应符合表 9-19 的规定：

**最小允许规格、尺寸**　　　　　　　　　表 9-19

| 种类、规格及单位 | | 敷设位置及使用类别 | | | |
|---|---|---|---|---|---|
| | | 地　　上 | | 地　　下 | |
| | | 室内 | 室外 | 交流电流回路 | 直流电流回路 |
| 圆钢直径（mm） | | 6 | 8 | 10 | 12 |
| 扁钢 | 截面（mm²） | 60 | 100 | 100 | 100 |
| | 厚度（mm） | 3 | 4 | 4 | 6 |
| 角钢厚度（mm） | | 2 | 2.5 | 4 | 6 |
| 钢管管壁厚度（mm） | | 2.5 | 2.5 | 3.5 | 4.5 |

注：此表摘自《建筑电气工程施工质量验收规范》GB 50303—2002。

（2）任何一种接地极，其功效都取决于当地的土壤条件。应根据土壤条件和所要求的接地电阻值，选择一个或多个接地极。

（3）可采用的接地极举例如下：

——嵌入基础的地下金属结构网（基础接地）；

——金属板；

——埋在地下的钢筋混凝土（预应力的混凝土除外）中的钢筋；.

——金属棒或管子；

——金属带或线；

——根据当地条件或要求所设电缆的金属护套和其他金属护层；

——根据当地条件或要求所设置的其他适用的地下金属网。

（4）在选择接地极类型和确定其埋地深度时，应考虑到当地的条件和相关规定，以防止在土壤干燥和冻结的情况下，接地极的接地电阻增加到有损电击防护措施的阻值（见 GB 16895.21—2004）。

（5）应注意在接地配置中采用不同材料时的电解腐蚀问题。

（6）用于输送可燃液体或气体的金属管道，不应用作接地极。

### 9.3.4.3  接地导体

（1）接地导体应符合保护线最小截面的全部要求；而且对于埋入土壤里的接地导体，其截面积应按表 9-20 最小允许规格、尺寸确定。

**埋在土壤中的接地导体的最小截面积**　　　　　　表 9-20

| | 有防机械损伤保护 | 无防机械损伤保护 |
|---|---|---|
| 有防腐蚀保护 | 铜：2.5mm² <br> 铁：10mm² | 铜：16mm² <br> 铁：16mm² |
| 无防腐蚀保护 | 铜：25mm² <br> 铁：50mm² | |

在 TN 系统中，若预期通过接地极的故障电流不明显，则接地导体尺寸可按接到主接地端子的保护联结导体最小截面积确定。

（2）接地导体与接地极的连接应牢固，且有良好的导电性能。这种连接应采用铝热焊、压接器、夹具或其他的机械连接器。机械接头应按厂家的说明书安装。若采用夹具，则不得损伤接地极或接地导体。

### 9.3.4.4  主接地端子

（1）在采用保护联结的每个装置中都应配置有主接地端子，并应将下列导体与其连接：

——保护联结导体；

——接地导体；

——保护导体；

——功能接地导体（如果相关的话）。

（2）接到主接地端子上的每根导体，都应能被单独地拆开。这种连接应当牢固可靠，而且只有用工具才能拆开。

### 9.3.4.5  保护导体

（1）保护导体最小截面积

每根保护导体的截面积都应满足 GB 16895.21—2004 中关于自动切断电源所要求的条件，而且能承受预期的故障电流。

保护导体的截面积可按（2）的公式计算，也可按表 9-21 进行选定。这两种方法都应考虑（3）的要求。

连接保护导体的端子尺寸，应能容纳本条所规定尺寸的导体。

**保护导体的最小截面积**　　　　　　表 9-21

| 线路导体截面积 <br> $S$（mm²） | 相应保护导体的最小截面积（mm²） | |
|---|---|---|
| | 保护导体与相导体使用相同材料 | 保护导体与相导体使用不同材料 |
| $S \leqslant 16$ | $S$ | $\dfrac{k_1}{k_2} \times S$ |
| $16 < S \leqslant 35$ | $16^a$ | $\dfrac{k_1}{k_2} \times 16$ |
| $S > 35$ | $\dfrac{S^a}{2}$ | $\dfrac{k_1}{k_2} \times \dfrac{S}{2}$ |

a  对于 PEN 导体，其截面积仅在符合中性导体尺寸确定原则（见 GB 16895.6）的前提下，才允许减小。

注：1. $k_1$ 是相导体的 $k$ 值，它是根据导体和绝缘材料从相应的表中选取的；

　　2. $k_2$ 是保护导体的 $k$ 值，它由表中的相应参数选择的。

（2）保护导体的截面积不应小于由如下两者所确定的值：

——按 IEC 60949；

——或仅对切断时间不超过 5s 时，可由下列公式确定：

$$S = \frac{\sqrt{I^2 t}}{k} \tag{9-35}$$

式中　$S$——截面积（mm²）；

　　　$I$——通过保护电器的阻抗可忽略的故障产生的预期故障电流（见 IEC 60909-0）交流有效值（A）；

　　　$t$——保护电器自动切断时的动作时间（s）；

注 1：需要考虑线路阻抗的限流影响和保护电器 $I^2 t$ 的限值。

　　　$k$——由保护导体、绝缘和其他部分的材料以及初始和最终温度决定的系数（$k$ 值的计算见有关表格）。

　若用公式求得的尺寸是非标准的，则应采用较大标准截面积的导体。

注 2：对处于有潜在爆炸性危险环境中的装置的温度限制，见 IEC 60079-0。

注 3：按 IEC 60702-1，矿物绝缘电缆的金属护套承受接地故障的能力大于相导体承受接地故障电流的能力，且把这种金属护套用作保护导体时，则不必计算其截面积。

（3）不属于电缆的一部分或不与相导体共处于同一外护物之内的每根保护导体，其截面积不应小于下述相应尺寸：

——有防机械损伤保护，则铜 2.5mm²；铝 16mm²；

——没有防机械损伤保护，则铜 4mm²；铝 16mm²。

### 9.3.4.6　保护导体类型

（1）保护导体由下列的一种或多种导体组成：

——多芯电缆中的导体；

——与带电导体共用的外护物（绝缘的或裸露的导体）；

——固定安装的裸露的或绝缘的导体；

——属于在（2）的 1）项和 2）项规定条件的金属的电缆护套、电缆屏蔽层、电缆铠装、金属编织物、同心导体、电缆导管。

（2）如果装置中包括带金属外护物的设备，例如低压开关柜、控制设备组件或母线槽系统，若其金属外护物或框架同时满足如下三项要求，则可用作保护导体：

1）应能利用结构或适当的连接，使对机械、化学或电化学损伤的防护性能得到保证，从而保证它们的电气连续性；

2）它们应符合保护导体最小截面积的要求；

3）在每个预留的分接点上，应允许其他保护导体的连接。

（3）下列金属部分不允许用作保护导体或保护联结导体：

——金属水管；

——含有可燃性气体或液体的金属管道；

——正常使用中承受机械应力的结构部分；

——柔性或可弯曲的金属导管（用于保护接地或保护联结目的而特别设计的除外）；

——柔性金属部件；

——支撑线。

### 9.3.4.7 PEN 导体

(1) PEN 导体只能在固定的电气装置中采用，而且，考虑到机械强度原因，其截面积不应小于：铜 10mm² 或铝 16mm²。

(2) PEN 导体应按它可能遭受的最高电压加以绝缘。

(3) 如果从装置的任一点起，中性导体和保护导体分别采用单独的导体，则不允许将该中性导体再连接到装置的任何其他的接地部分（例如，由 PEN 导体分接出的保护导体）。然而，允许由 PEN 导体分接出的保护导体和中性导体都超过一根以上。对保护导体和中性导体，可分别设置单独的端子或母线。在这种情况下，PEN 导体应接到为保护导体预设的端子或母线上。

(4) 外部可导电部分不应用作 PEN 导体。

## 9.3.5 特殊设备接地

### 9.3.5.1 电子设备接地

(1) 电子设备接地种类

1) 信号接地：为了保证信号具有稳定的基准电位而设置的接地。

2) 安全保护接地：当电子设备由 TN（或 TT）系统供电的交流线路引入时，为了保证人身和电子设备本身的安全，防止在发生接地故障时其外露可导电部分上出现超过限值危险的接触电压，电子设备的外露可导电部分应接保护线或接大地，这种接地称为安全接地，即电子设备的保护性接地。

(2) 电子设备接地系统应符合下列规定：

1) 电子设备应同时具有信号电路接地（信号地）、电源接地和保护接地三种接地系统。

2) 电子设备信号电路接地系统的形式，可根据接地导体长度和电子设备的工作频率进行确定。

3) 除另有规定外，电子设备接地电阻值不宜大于 4Ω。电子设备接地宜与防雷接地系统共用接地网，接地电阻不应大于 1Ω。

当电子设备接地与防雷接地系统分开时，两接地网的距离不宜小于 10m。

4) 电子设备可根据需要采取屏蔽措施。

### 9.3.5.2 计算机接地

给水排水工程中大、中型电子计算机接地系统应符合下列规定：

(1) 电子计算机应同时具有信号电路接地、交流电源功能接地和安全保护接地三种接地系统；

这三种接地的接地电阻值均不宜大于 4Ω。电子计算机的信号系统，不宜采用悬浮接地。

(2) 电子计算机的三种接地系统宜共用接地网。

当采用共用接地方式时，其接地电阻应以诸种接地系统中要求接地电阻最小的接地电阻值为依据。当与防雷接地系统共用时，接地电阻值不应大于 1Ω。

(3) 计算机系统接地导体的处理应满足下列要求：

1）计算机信号电路接地不得与交流电源的功能接地导体相短接或混接；

2）交流线路配线不得与信号电路接地导体紧贴或近距离地平行敷设。

（4）电子计算机房可根据需要采取防静电措施。

### 9.3.5.3 屏蔽接地

电气装置为了防止其内部或外部电磁感应或静电感应的干扰而对屏蔽体进行的接地称为屏蔽接地。例如某些电气设备的金属外壳、电子设备的屏蔽罩或屏蔽线缆的接地就属屏蔽接地。依此类推，某些建筑物或建筑物中某些房间的金属屏蔽体的接地也可称为屏蔽接地。屏蔽接地有以下几种：

（1）静电屏蔽体的接地。其目的是为了把金属屏蔽体上感应的静电干扰信号直接导入地中，同时减小分布电容的寄生耦合，保证人身安全。一般要求其接地电阻不大于4Ω。

（2）电磁屏蔽体的接地。其目的是为了减小电磁感应的干扰和静电耦合，保证人身安全。一般要求其接地电阻不大于4Ω。

（3）磁屏蔽体的接地。其目的是为了防止形成环路产生环流而发生磁干扰。磁屏蔽体的接地主要应考虑接地点的位置以避免产生接地环流。一般要求其接地电阻应大于4Ω。

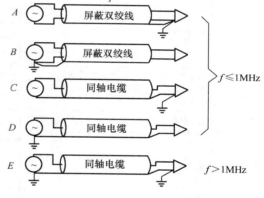

图 9-28 屏蔽线缆的接线

（4）屏蔽线缆的接地。当电子设备之间采用多芯线缆连接，且工作频率 $f \leqslant$ 1MHz，其长度 $L$ 与波长 $\lambda$ 之比 $\dfrac{L}{\lambda} \leqslant 0.15$ 时，其屏蔽层应采用一点接地（又称单端接地）。

当 $f > 1$MHz、$\dfrac{L}{\lambda} > 0.15$ 时，应采用多点接地，并应使接地点间距离 $S \leqslant 0.2\lambda$，见图 9-28。

## 9.3.6 接地电阻计算

### 9.3.6.1 接地电阻

接地体或自然接地体的对地电阻和接地线电阻的总和，称为接地装置的接地电阻。

一般情况下，需要计算接地装置的工频接地电阻（通常简称接地电阻，凡未标明为冲击接地电阻者，均指工频接地电阻）。对用于防雷、过电压保护的接地装置，则要计算其冲击接地电阻。工频接地电阻 $R$ 与其冲击接地电阻 $R_{oh}$ 的比值见表 9-22。

**工频接地电阻与冲击接地电阻的比值**　　　　　　　表 9-22

| 接地点至接地体最远端的长度（m） | 土壤电阻率 $\rho$（Ω·m） | | | |
|---|---|---|---|---|
| | $\leqslant 100$ | 500 | 1000 | $\geqslant 2000$ |
| | 比值 $R/R_{oh}$ | | | |
| 20 | 1 | 1.5 | 2 | 3 |
| 40 | — | 1.25 | 1.9 | 2.9 |
| 60 | — | — | 1.6 | 2.6 |
| 80 | — | — | — | 2.3 |

### 9.3.6.2 土壤电阻率

计算接地体的接地电阻时，应预先测量土壤的电阻率。如无实测资料时，可参考表 9-23 所列数值。

土壤和水的电阻率参考值　　　　　　　　　　　　　　表 9-23

| 类别 | 名称 | 电阻率近似值（Ω·m） | 不同情况下电阻率的变化范围（Ω·m） | | |
|---|---|---|---|---|---|
| | | | 较湿时（一般地区、多雨区） | 较干时（少雨区、沙漠区） | 地下水含盐碱时 |
| 土 | 陶黏土 | 10 | 5～20 | 10～100 | 3～10 |
| | 泥炭、泥灰岩、沼泽地 | 20 | 10～30 | 50～300 | 3～30 |
| | 捣碎的木炭 | 40 | — | — | — |
| | 黑土、园田土、陶土、白垩土 | 50 | 30～100 | 50～300 | 10～30 |
| | 黏土 | 60 | 30～100 | 50～300 | 10～30 |
| | 砂质黏土 | 100 | 30～300 | 80～1000 | 10～30 |
| | 黄土 | 200 | 100～200 | 250 | 30 |
| | 含砂黏土、砂土 | 300 | 100～1000 | 1000 以上 | 30～100 |
| | 河滩中的砂 | — | 300 | | |
| | 煤 | — | 350 | | |
| | 多石土壤 | 400 | — | — | — |
| | 上层红色风化黏土、下层红色页岩 | 500（30%湿度） | | | |
| | 表层土夹石、下层砾石 | 600（15%湿度） | | | |
| 砂 | 砂、砂砾 | 1000 | 250～1000 | 1000～2500 | — |
| | 砂层深度大于 10m、地下水较深的草原地面黏土深度不大于 1.5m、底层多岩石 | 1000 | | | |
| 岩石 | 砾石、碎石 | 5000 | — | — | — |
| | 多岩山地 | 5000 | | | |
| | 花岗岩 | 200000 | | | |
| 混凝土 | 在水中 | 40～55 | | | |
| | 在湿土中 | 100～200 | | | |
| | 在干土中 | 500～1300 | | | |
| | 在干燥的大气中 | 12000～18000 | | | |
| 矿 | 金属矿石 | 0.01～1 | | | |
| 水 | 海水 | 1～5 | | | |
| | 湖水、池水 | 30 | | | |
| | 泥水、泥炭中的水 | 15～20 | | | |
| | 泉水 | 40～50 | | | |
| | 地下水 | 20～70 | | | |
| | 溪水 | 50～100 | | | |
| | 河水 | 30～280 | | | |
| | 污秽水 | 300 | | | |
| | 蒸馏水 | 1000000 | | | |

### 9.3.6.3 季节系数

土壤电阻率在一年中是变化不定的，为此，引进一个季节系数 $\varphi$。设计采用的计算值 $\rho$ 应为一年之中可能出现的最大的土壤电阻率，即

$$\rho = \varphi \rho_0 \tag{9-36}$$

式中　$\rho_0$——实测土壤电阻率（Ω·m）；

$\varphi$——季节系数见表 9-24。

根据土壤性质决定的季节系数　　　　　　　　　表 9-24

| 土壤性质 | 深度（m） | $\varphi_1$ | $\varphi_2$ | $\varphi_3$ |
|---|---|---|---|---|
| 黏　土 | 0.5～0.8 | 3 | 2 | 1.5 |
| 黏　土 | 0.8～3 | 2 | 1.5 | 1.4 |
| 陶　土 | 0～2 | 2.4 | 1.36 | 1.2 |
| 砂砾盖于陶土 | 0～2 | 1.8 | 1.2 | 1.1 |
| 园　地 | 0～3 | — | 1.32 | 1.2 |
| 黄　沙 | 0～2 | 2.4 | 1.56 | 1.2 |
| 杂以黄沙的砂砾 | 0～2 | 1.5 | 1.3 | 1.2 |
| 泥　炭 | 0～2 | 1.4 | 1.1 | 1.0 |
| 石灰石 | 0～2 | 2.5 | 1.51 | 1.2 |

注：1. $\varphi_1$ 为测量前数天下过较长时间的雨，土壤很潮湿时用之；

2. $\varphi_2$ 为测量时土壤具有中等含水量时用之；

3. $\varphi_3$ 为测量时土壤干燥或测量前降雨而不大时用之。

### 9.3.6.4　自然接地体的接地电阻

（1）水下钢筋混凝土构筑物：如各种取水岸边固定式泵房、泵船等，其工频接地电阻可按表面积法计算见公式（9-37）：

$$R = \frac{4\rho_s}{S} \tag{9-37}$$

式中　$\rho_s$——所在水体的电阻率（Ω·m），当未取得实测数据时，可由表 9-23 查取；

　　　　$S$——整块混凝土与水接触的表面积（m²）。

【例】　某泵房直径 $D=24$m，常年水下部分 $H=8$m，则基础与水接触表面积为

$$S = \pi D \times H = 3.14 \times 24 \times 8 = 603 \text{m}^2$$

取水体电阻率 $\rho_s=150$Ω·m（见表 9-23），则工频接地电阻为

$$R = \frac{4\rho_s}{S} = \frac{4 \times 150}{603} = 1.0\Omega$$

（2）利用建、构筑物基础中钢筋作为接地体：其接地电阻最好经过实测决定，但在敷设之前可按公式（9-38）估算：

$$R = \frac{C(\rho_2 - \rho_1)}{2bl} + 0.366\frac{\rho_1}{l}\lg\frac{2l^2}{bt} \tag{9-38}$$

式中　$C$——基础底层钢筋网到混凝土顶层表面的高度（m）；

　　　　$\rho_2$——混凝土的电阻率（Ω·m）；

　　　　$\rho_1$——土壤电阻率（Ω·m）；

　　　　$b$——基础底层钢筋网的宽度（m）；

　　　　$l$——基础底层钢筋网的长度（m）；

　　　　$t$——基础底层钢筋网离地面的深度（m）。

【例】　某房基础厚 $C=0.5$m，长 $l=54$m，宽 $b=12$m，半地下式基础埋深 $t=4$m，混凝土电阻率 $\rho_2=200$Ω·m，土壤电阻率 $\rho_1=100$Ω·m。则其接地电阻可按式(9-38)估算为

$$R = \frac{C(\rho_2 - \rho_1)}{2bl} + 0.366 \frac{\rho_1}{l} \lg \frac{2l^2}{bt}$$

$$= \frac{0.5(200 - 100)}{2 \times 54 \times 12} + 0.366 \times \frac{100}{54} \times \lg \frac{2 \times 54^2}{12 \times 4}$$

$$= 1.45\Omega$$

（3）埋地金属管道的接地电阻：当土壤电阻率 $\rho = 100\Omega \cdot m$，埋深 0.7m 时，直埋金属水管的接地电阻值可按表 9-25 确定；当 $\rho \neq 100\Omega \cdot m$ 时，应乘以校正系数 $K$，$K$ 值见表 9-26。

**埋地金属水管的自然接地电阻值（Ω）** 表 9-25

| 长度（m） | | 20 | 50 | 100 | 150 |
|---|---|---|---|---|---|
| 公称口径<br>（mm） | 25~50 | 7.5 | 3.6 | 2 | 1.4 |
| | 70~100 | 7.0 | 3.4 | 1.9 | 1.4 |

**校正系数 $K$ 值** 表 9-26

| 土壤电阻率（Ω·m） | 30 | 50 | 60 | 80 | 100 | 120 | 150 | 200 | 250 | 300 | 400 | 500 |
|---|---|---|---|---|---|---|---|---|---|---|---|---|
| 校正系数 | 0.54 | 0.7 | 0.75 | 0.89 | 1 | 1.12 | 1.25 | 1.47 | 1.65 | 1.8 | 2.1 | 2.35 |

（4）埋地电缆金属外皮的接地电阻：当采用埋地铠装电缆时，可利用其金属外皮接地也能达到良好的接地效果。

当土壤电阻率 $\rho = 100\Omega \cdot m$，电缆埋深不小于 0.7m 时，3~10kV，$3 \times (70 \sim 185)$ mm² 铠装电缆的接地电阻可根据表 9-27 确定；当 $\rho \neq 100\Omega \cdot m$ 时应乘以校正系数 $K$，$K$ 值见表 9-26。

**埋地铠装电缆金属外皮的接地电阻值（Ω）** 表 9-27

| 电缆长度（m） | 20 | 50 | 100 | 150 |
|---|---|---|---|---|
| 接地电阻（） | 22 | 9 | 4.5 | 3 |

（5）利用钢筋混凝土电杆：在某些情况下，可利用钢筋混凝土电杆本身接地。

对钢筋混凝土电杆的接地电阻可按表 9-28 所列的公式进行估算。

**钢筋混凝土电杆接地电阻的简易计算** 表 9-28

| 电杆形式 | 接地电阻简易计算式（Ω） | 电杆形式 | 接地电阻简易计算式（Ω） |
|---|---|---|---|
| 单杆 | $0.3\rho$ | 拉线单、双杆 | $0.1\rho$ |
| 双杆 | $0.2\rho$ | 一个拉线盘 | $0.28\rho$ |

注：表中 $\rho$ 为土壤电阻率（Ω·m）。

### 9.3.6.5 人工接地体的接地电阻

（1）人工接地体工频接地电阻可按表 9-29 的公式计算：

**人工接地工频接地电阻简易估算式** 表 9-29

| 接地体形式 | 简易估算式（Ω） | 适 应 条 件 |
|---|---|---|
| 垂直式 | $R \approx 0.3\rho$ | 长度 3m 左右的接地体 |
| 单根水平式 | $R \approx 0.03\rho$ | 长度 60m 左右的接地体 |

续表

| 接地体形式 | 简易估算式（Ω） | 适 应 条 件 |
|---|---|---|
| $n$ 根水平放射式 | $R \approx \dfrac{0.062\rho}{n+1.2}$ | $n \leqslant 12$，每根长度约 60m |
| 复合式接地网 | $R \approx 0.5\dfrac{\rho}{\sqrt{S}} = 0.28\dfrac{\rho}{r}$ <br> 或 $R \approx \dfrac{\sqrt{\pi}\rho}{4\sqrt{S}} + \dfrac{\rho}{L} = \dfrac{\rho}{4r} + \dfrac{\rho}{L}$ | 适用于面积 $S$ 大于 100m² 的闭合接地网 |

注：$r$ 为与接地网面积 $S$ 等值的圆形接地网半径（m）；$\rho$ 为土壤电阻率（Ω·m）；$L$ 为接地体总长度（包括垂直接地体在内）（m）。

（2）直接查表法

表 9-30 和表 9-31 分别列出了不大于 10Ω 的垂直或复合接地体及水平接地的典型设计。

表 9-32 列出了各种材料的典型人工接地装置在不同土壤电阻率时的接地电阻。

**不大于 10Ω 的垂直或复合接地体典型设计**　　　　　　　　　　表 9-30

| 土壤电阻率（Ω·m） | 30 | 60 | 100 |
|---|---|---|---|
| 接地体材料 | 角钢 L 40mm×40mm | 角钢 L 40mm×40mm | 水平连接圆钢 φ10mm |
| 接地体形式 | 2.75m | 5m　2.5m | 7.5m　7.5m　2.5m |

注：⚡ 为接地干线处。

**不大于 10Ω 的水平接地体典型设计**　　　　　　　　　　表 9-31

| 接地体形式 | 图号 | 土壤电阻率（Ω·m） | 接地体长度（m） |
|---|---|---|---|
| 图1　图2　图3 <br> 图4　图5 <br> 图6　图7 | 1 | 30 | 按图 1，$L \geqslant 4$ |
| | 2 | 60 | 按图 2，$L \geqslant 10$ |
| | 3 | 100 | 按图 3，$L \geqslant 19$ $d \geqslant 6$ |
| | 4 | 200 | 按图 4，$L \geqslant 58$ $d \geqslant 12.5$ |
| | 5 | 300 | 按图 5，$L \geqslant 100$ $d \geqslant 19.4$ |
| | 6 | 400 | 按图 6，$L \geqslant 147$ $d \geqslant 26$ |
| | 7 | 500 | 按图 7，$L \geqslant 204$ $d \geqslant 32.8$ |

注：$L$ 为总长；$d$ 为直径；⚡ 同表 9-30 注。

人工接地装置工频接地电阻值　　　　　　表 9-32

| 形式(根) | 简图 | 材料尺寸(mm)及用量(m) | | | | 土壤电阻率(Ω·m) | | |
|---|---|---|---|---|---|---|---|---|
| | | 圆钢 φ20 | 钢管 φ50 | 角钢 50×50×5 | 扁钢 40×4 | 100 | 250 | 500 |
| | | | | | | 工频接地电阻(Ω) | | |
| 1 | (0.8m, 2.5m 单根) | | 2.5 | | | 30.2 | 75.4 | 151 |
| | | 2.5 | | | | 37.2 | 92.9 | 186 |
| | | | | 2.5 | | 32.4 | 81.1 | 162 |
| 2 | (5m) | | 5.0 | | 5 | 10.0 | 25.1 | 50.2 |
| | | | | 5.0 | 5 | 10.5 | 26.2 | 52.5 |
| 3 | (5m 5m) | | 7.5 | | 10 | 6.65 | 16.5 | 33.2 |
| | | | | 7.5 | 10 | 6.92 | 17.3 | 34.6 |
| 4 | (5m 5m 5m) | | 10.0 | | 15 | 5.08 | 12.7 | 25.4 |
| | | | | 10.0 | 15 | 5.29 | 13.2 | 26.5 |
| 5 | | | 12.5 | | 20 | 4.18 | 10.5 | 20.9 |
| | | | | 12.5 | 20 | 4.35 | 10.9 | 21.8 |
| 6 | | | 15.0 | | 25 | 3.58 | 8.95 | 17.9 |
| | | | | 15.0 | 25 | 3.73 | 9.32 | 18.6 |
| 7 | (5m … 5m) | | 20.0 | | 35 | 2.81 | 7.03 | 14.1 |
| | | | | 20.0 | 35 | 2.93 | 7.32 | 14.6 |
| 8 | | | 25.0 | | 45 | 2.35 | 5.87 | 11.7 |
| | | | | 25.0 | 45 | 2.45 | 6.12 | 12.2 |
| 9 | | | 37.5 | | 70 | 1.75 | 4.36 | 8.73 |
| | | | | 37.5 | 70 | 1.82 | 4.56 | 9.11 |
| 10 | | | 50.0 | | 95 | 1.45 | 3.62 | 7.24 |
| | | | | 50.0 | 95 | 1.52 | 3.79 | 7.58 |

# 9.4  等 电 位 联 结

将建筑物电气装置内外露可导电部分、电气装置外可导电部分、人工或自然接地体用导体连接起来以达到减少电位差称为等电位联结。等电位联结也有不与人工或自然接地体连接的，称为不接地的等电位联结。

等电位联结有主等电位联结、局部等电位联结和辅助等电位联结之分。

所谓主等电位联结乃是将建筑物内的下列导电部分汇接到进线配电箱近旁的接地母排（主接地端子板）上而互相联结：

——进线配电箱的 PE（PEN）母排；

——自接地极引来的接地干线（如需要）；

——建筑物内的公用设施金属管道，如煤气管道、上下水管道，以及暖气、空调等的干管；

——建筑物的金属结构；

——钢筋混凝土内的钢筋网。

需要说明，煤气管和暖气管可进行主等电位联结，但不允许用作接地体。因为煤气管道在入户后应插入一段绝缘部分，并跨接一过电压保护器；户外地下暖气管因包有隔热材料，与地非良好接触。

局部等电位联结是在建筑物内的局部范围内按主等电位联结的要求再做一次等电位联结。

辅助等电位联结则是在伸臂范围内有可能出现危险电位差的可同时接触的电气设备之间或电气设备与装置外可导电部分（如金属管道、金属结构件）之间直接用导体作联结（图 9-29）。

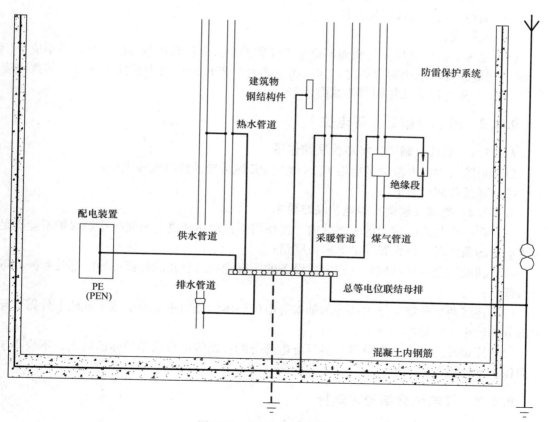

图 9-29　主等电位联结示意

### 9.4.1 等电位联结

#### 9.4.1.1 等电位联结作用

(1) 降低预期接触电压；

(2) 消除自建筑物外沿 PEN 线或 PE 线窜入的危险故障电压；

(3) 减少保护装置拒动带来的危害；

(4) 等电位联结是电磁兼容（EMC）主要措施之一。

#### 9.4.1.2 等电位联结要求

(1) 给水排水建筑物内电气装置应采用总等电位联结。下列导电部分应采用总等电位联结导体可靠连接，并应在进入建筑物处接向总等电位联结端子板：

——PE（PEN）干线；

——电气装置中的接地母线；

——建筑物内的水管、燃气管、采暖和空调管道等金属管道；

——可以利用的建筑物金属构件。

(2) 下列金属部分不得用作保护导体或保护等电位联结导体：

——金属水管；

——含有可燃气体或液体的金属管道；

——正常使用中承受机械应力的金属结构；

——柔性金属导管或金属部件；

——支撑线。

(3) 总等电位联结导体的截面不应小于装置的最大保护导体截面的一半，并不应小于 $6mm^2$。当联结导体采用铜导体时，其截面不必大于 $25mm^2$；当为其他金属时，其截面应为与 $25mm^2$ 铜导体载流量相当的截面。

### 9.4.2 局部（辅助）等电位

#### 9.4.2.1 局部（辅助）等电位联结作用

(1) 消除自主等电位联结后沿 PEN 线或 PE 线传导的危险故障电压；

(2) 降低预期接触电压。

#### 9.4.2.2 局部（辅助）等电位联结要求

(1) 在一个装置或装置的一部分内，当作用于自动切断供电的间接接触保护不能满足规范规定的条件时，应设置辅助等电位联结；

(2) 辅助等电位联结应包括固定式设备的所有能同时触及的外露可导电部分和外界可导电部分；

(3) 连接两个外露可导电部分的辅助等电位导体的截面不应小于接至该两个外露可导电部分的较小保护导体的截面；

(4) 连接外露可导电部分与外界可导电部分的辅助等电位联结导体的截面，不应小于相应保护导体截面的一半。

### 9.4.3 等电位联结导体选择

等电位联结导体选择见表 9-33：

**等电位联结线截面选择**　　　　　　　　　　　　　　　　　　　　表 9-33

| 类别<br>取值 | 主等电位联结线 | 局部等电位联结线 | | 辅助等电位联结线 | |
|---|---|---|---|---|---|
| 一般值 | 不小于 0.5×进线 PE(PEN)线截面 | 不小于 0.5×局部场所最大 PE 线截面 | | 两电气设备外露可导电部分间 | 较小 PE 线截面 |
| | | | | 电气设备与装置外导电部分间 | 0.5×PE 线截面 |
| 最小值 | 6mm² 铜线 | 有机械保护时 | 2.5mm² 铜线 | 有机械保护时 | 2.5mm² 铜线 |
| | 16mm² 铝线(有机械保护,保证连接处持久导通) | 无机械保护时 | 4mm² 铜线 | 无机械保护时 | 4mm² 铜线 |
| | 50mm² 铁线 | 16mm² 铁线 | | 16mm² 铁线 | |
| 最大值 | 25mm² 铜线或相同电导值导线(若为铝线时则有机械保护,并保证连接处持久导通) | 25mm² 铜线或相同电导值导线(若为铝线时则有机械保护,并保证连接处持久导通) | | — | |

# 10 照 明

## 10.1 照明类别、照度及照明质量

### 10.1.1 照明方式和照明种类

（1）照明方式及适用场合

一般照明：为照亮整个场所而设置的均匀照明。

1）工作场所通常应设置一般照明；

2）同一场所内的不同区域有不同照度要求时，应采用分区一般照明；

3）对于部分作业面照度要求较高，只采用一般照明不合理的场所，宜采用混合照明；

4）在一个工作场所内不应只采用局部照明。

（2）照明种类

1）工作场所均应设置正常照明。

2）应急照明又分为备用照明、安全照明和疏散照明。

3）大面积场所宜设置值班照明。

4）有警戒任务的场所，应根据警戒范围的要求设置警卫照明。

5）有危及航行安全的建筑物、构筑物上，应根据航行要求设置障碍照明。

### 10.1.2 照度标准

本照度标准系参照《建筑照明设计标准》GB 50034—2004，结合给水排水工程特点拟定。

（1）生产厂房照度值：生产厂房照度值不应低于表10-1所规定的值。

生产厂房照度标准值　　　　　　　　　　　表 10-1

| 序号 | 工作场所 | 照度标准值（lx） | 序号 | 工作场所 | 照度标准值（lx） |
|---|---|---|---|---|---|
| 1 | 高低压配电室、电容器室 | 200 | 12 | 泵房 | 100 |
| 2 | 变压器室 | 100 | 13 | 锅炉房 | 100 |
| 3 | 一般控制室 | 300 | 14 | 风机房 | 100 |
| 4 | 主控制室 | 500 | 15 | 加药间 | 100 |
| 5 | 电源设备室、发电机室 | 200 | 16 | 药库 | 100 |
| 6 | 电话站、计算机站 | 500 | 17 | 脱水车间 | 100 |
| 7 | 反应沉淀池 | 50 | 18 | 管廊 | 100 |
| 8 | 滤池 | 50 | 19 | 机修间 | 200 |
| 9 | 粗、细格栅 | 50 | 20 | 仓库 | 50 |
| 10 | 生物池 | 50 | 21 | 车库 | 75 |
| 11 | 二沉池 | 50 | 22 | 厂区道路 | 8 |

（2）辅助建筑照度值：辅助建筑照度值不应低于表10-2所规定的值。

辅助建筑照度标准值 表 10-2

| 序号 | 工作场所 | 照度标准值（lx） | 序号 | 工作场所 | 照度标准值（lx） |
|---|---|---|---|---|---|
| 1 | 办公室 | 300 | 7 | 传达室 | 100 |
| 2 | 起居室 | 100 | 8 | 厕所 | 100 |
| 3 | 卧室 | 75 | 9 | 浴室、更衣室 | 75 |
| 4 | 厨房 | 150 | 10 | 资料室 | 200 |
| 5 | 餐厅 | 150 | 11 | 会议室 | 300 |
| 6 | 走廊、楼梯间 | 50 | 12 | 宿舍、休息室 | 100 |

（3）应急照明的照度标准值宜符合下列规定：

1）备用照明的照度值另有规定之外，不低于该场所一般照明照度值的 10%；

2）安全照明的照度值不低于该场所一般照明照度值的 5%；

3）疏散通道的疏散照明的照度值不低于 0.5lx。

（4）房间或场所一般照明的照明功率密度值（简称 LPD）作为照明节能的评价指标。常用房间或场所的照明功率密度应符合表10-3的规定。

生产及辅助建筑照明功率密度值 表 10-3

| 房间或场所 | 照明功率密度值（W/m²） 现行值 | 照明功率密度值（W/m²） 目标值 | 对应照度值（lx） |
|---|---|---|---|
| 卧室 | 7 | 6 | 75 |
| 餐厅 | 7 | 6 | 150 |
| 厨房 | 7 | 6 | 100 |
| 卫生间 | 7 | 6 | 100 |
| 办公室 | 11 | 9 | 300 |
| 会议室 | 11 | 9 | 300 |
| 配电装置室 | 8 | 7 | 200 |
| 变压器室 | 5 | 4 | 100 |
| 一般控制室 | 11 | 9 | 300 |
| 泵房 | 5 | 4 | 100 |
| 一般仓库 | 5 | 4 | 50 |
| 机修间 | 8 | 7 | 200 |
| 厂区道路 | — | 0.5 | 8 |

## 10.1.3 照度计算

照度计算，是按照国家规定的照度标准及其他已知条件（如灯具的形式、房间反射条件、环境特点及布灯方案等），计算出灯泡的功率。常用的照度计算方法有两种，即利用系数法和逐点计算法。按利用系数法进行计算时，应根据直射光和反射光两种光线的作用计算。利用系数法常用于室内反射条件好的水平面平均照度计算；而逐点计算法则只考虑直射光，不考虑反射光的作用，多用于采用直射灯具的场所，可作水平照度和垂直照度的计算。

在计算照度时，如无特殊要求，一般工作面按距地面 0.8m 高度计算。考虑到灯具在使用期间，由于光源的光通量逐渐衰减，环境对灯具的污染也使灯具的反射效率降低，从而引起工作面上的照度降低，故在计算照度时，应考虑照度维护系数 $K$ 值。照度维护系数 $K$ 值见 10-4 表。

照度维护系数 $K$ 值　　　　　　　　　　　　　　表 10-4

| 序号 | 环境污染特征 | 生产车间和工作场所举例 | 维护系数 | 灯具擦洗次数（次/a） |
|---|---|---|---|---|
| 1 | 清洁 | 仪器、仪表的装配车间，电子元器件的装配车间，实验室，办公室，设计室 | 0.8 | 2 |
| 2 | 一般 | 机械加工车间，机械装配车间 | 0.7 | 2 |
| 3 | 污染严重 | 锻工车间，铸工车间，碳化车间，水泥球磨车间 | 0.6 | 3 |
| 4 | 室外 | 道路，广场 | 0.7 | 2 |

在光源发出的全部光通量当中，不可能全部被利用，利用系数 $\mu$ 值即投射到工作面上的光通量（包括直射光和反射光）与光源总光通量的百分比。考虑照度维护系数后，计算公式如下：

$$E_{av} = \frac{\Phi N \mu K}{S} \qquad (10\text{-}1)$$

式中　$E_{av}$——平均照度（lx）；

　　　$\Phi$——每个灯具光源的总光通量（lm）；

　　　$N$——灯具数量（个）；

　　　$S$——房间面积（m²）；

　　　$K$——维护系数；

　　　$\mu$——利用系数。

其中利用系数 $\mu$，是指从照明灯具放射出来的光束有百分之多少到达地板和作业台面，所以与照明灯具的设计、安装高度、房间的大小和反射率相关，照明效率也随之变化。如常用灯盘在 3m 左右高的空间使用，其利用系数 $\mu$ 可取 0.6～0.75；而悬挂灯铝罩，空间高度 6～10m 时，其利用系数 $\mu$ 取值范围在 0.45～0.7 之间；筒灯类灯具在 3m 左右空间使用，其利用系数 $\mu$ 可取 0.4～0.55；而像光带支架类的灯具在 4m 左右的空间使用时，其利用系数 $\mu$ 可取 0.3～0.5。

工程计算中，可根据实际情况，对利用系数 $\mu$ 灵活取值。

### 10.1.4　照明质量

（1）照度（lx）

1）照度标准值应按 0.5、1、3、5、20、30、50、75、100、150、200、300、500、750、1000、1500、2000、3000、5000lx 分级。

2）本标准规定的照度值均为作业面或参考面上的维持平均照度值。各类房间或场所的维持平均照度值应符合表 10-1、表 10-2 的规定。

3）作业面或参考面的照度可根据实际情况将照度标准值分级提高或降低一级。

4）在一般情况下，设计照度值与照明标准值相比较，可有 $-10\%\sim+10\%$ 的偏差。

（2）照明均匀度

1）公共建筑的工作房间和工业建筑作业区域内的一般照明的照明均匀度不应低于0.7，而作业面临近周围的照明均匀度不应小于 0.5。

2）房间或场所内的通道和其他非作业区域的一般照明的照度值不宜低于作业区域一般照明照度值的 1/3。

（3）眩光抑制

眩光是由光源和灯具等直接引起的——直接眩光，也可能是光源通过反射比高的表面反射所引起的——反射眩光。

一般照明直接眩光的限制应让光源的亮度、光源的表现面积皆小于 0.7，非工作区的照度不宜低于工作区照度的 1/5。

可以从以下几个方面来减轻或消除直接眩光：

1）减少光源或灯具的亮度或同时减少二者的亮度。

2）增大眩光源与视线间的夹角。

3）适当增加眩光源的背景亮度，减少二者的亮度对比。

反射眩光可使用下列方法减小至最低程度：

1）避免将灯具安装在干扰区内；

2）采用低光泽度的表面装饰材料；

3）限制灯具亮度；

4）照亮顶棚和墙表面，但避免出现光斑。

（4）光源颜色

1）室内照明光源色表可按其相关色温分为三组，光源色表分组宜按表 10-5 确定。

**光源色表分组**  表 10-5

| 色表分组 | 色表特征 | 相关色温（$K$） | 适用场所举例 |
|---|---|---|---|
| Ⅰ | 暖 | <3300 | 客房、卧室、病房、酒吧、餐厅 |
| Ⅱ | 中间 | 3300~5300 | 办公室、教室、阅览室、诊室、检验室、机加工车间、仪表装配室 |
| Ⅲ | 冷 | >5300 | 热加工车间、高照度场所 |

2）长期工作或停留的房间或场所，照明光源的显色指数（Ra）不宜小于 80。在灯具安装高度大于 6m 的工业建筑场所，Ra 可低于 80，但必须能够辨别安全色。

（5）反射比

长时间工作的房间，其表面反射比宜按表 10-6 选取。

**工作房间表面反射比**  表 10-6

| 表 面 名 称 | 反 射 比 |
|---|---|
| 顶棚 | 0.6~0.9 |
| 墙面 | 0.3~0.8 |
| 地面 | 0.1~0.5 |
| 作业面 | 0.2~0.6 |

## 10.2　照明灯具的选择、布置及照明节能

### 10.2.1　照明光源的选择

（1）电光源的种类：近代照明光源主要采用电光源（即将电能转换为光能的光源），一般分为热辐射光源、气体放电光源和半导体光源三大类。

1）热辐射光源是利用物体通电加热至高温时辐射发光原理制成。这类灯结构简单，使用方便，在灯泡额定电压与电源电压相同的情况下即可使用。常用的有：白炽灯、卤钨灯。

2）气体放电光源是利用电流通过气体时发光的原理制成。这类灯发光效率高，寿命长，光色品种多。常用的有：荧光灯、高压汞灯、金属卤化物灯、高压钠灯、节能灯、无极灯。

3）半导体光源包括电致发光灯和半导体灯，前者是荧光粉在电场作用下发光，后者是半导体 p-n 结发光，常用的有：LED 灯。

主要光源的技术指标如下：

主要光源的技术指标　　　　　　　　　　　　　　　表 10-7

| 光源种类 | 光效（lm/W） | 显色指数 Ra | 色温（K） | 平均寿命（h） |
|---|---|---|---|---|
| 白炽灯 | 15 | 100 | 2800 | 1000 |
| 卤钨灯 | 25 | 100 | 3000 | 2000～5000 |
| 普通荧光灯 | 70 | 70 | 全系列 | 10000 |
| 三基色荧光灯 | 93 | 80～98 | 全系列 | 12000 |
| 紧凑型荧光灯 | 60 | 85 | 全系列 | 8000 |
| 高压汞灯 | 50 | 45 | 3300～4300 | 6000 |
| 金属卤化物灯 | 75～95 | 65～92 | 3000/4500/5600 | 6000～20000 |
| 高压钠灯 | 100～120 | 23/60/85 | 1950/2200/2500 | 24000 |
| 低压钠灯 | 200 | 85 | 1750 | 28000 |
| 高频无极灯 | 50～70 | 85 | 3000～4000 | 40000～80000 |
| LED 灯 | 20 | 75 | 5000～10000 | 100000 |
| 节能灯 | 60 | 80 | 全系列 | 8000 |

其中白炽灯已经被逐渐淘汰。

（2）电光源的选择：光源应根据使用场所的条件、对照明的要求和电光源的特点合理选用。在给水排水工程中主要用的光源有以下几种：

1）节能灯：用于变配电所、泵房及脱水车间、加药间、管廊、处理构筑物、仓库、食堂、机修间、汽车库、厂区道路等场地。

2）荧光灯：用于控制室、调度室、配电间、办公室、餐厅、管廊等场所。

3）高压钠灯：用于厂区道路及处理构筑物。

4）LED灯：用于厂区道路。

5）金属卤化物灯：用于泵房及风机房、露天工作场所等地。

### 10.2.2　灯具的选择和布置

（1）灯具的选择：照明器是电光源和灯具的组合，照明器的作用是固定光源，把光源的光能分配到需要的地方，并把眩光限制在一定范围内，以及保护光源不受外力、雨水或有害气体的损害。

灯座和灯罩总称灯具，灯具决定照明器的结构特性和光特性。

灯座系固定光源并引入电流。

灯罩的功能主要是重新分配光源的光通量，以及保护眼睛减少眩光，灯罩还起到保护灯泡不受外力损伤和污染的作用。

照明器分为开启式、保护式、防水式、密封式和防爆式。

1）开启式照明器：在这类照明器中，外界的介质可以与灯泡自由接触。

2）保护式照明器：这类照明器的灯泡通过透光灯罩与外界隔开。

3）防水式照明器：在这类照明器中，玻璃罩与灯外壳的接合处加有填料，使灯泡与外界隔开。

4）密封式照明器：灯内各接合面均采用橡胶垫口卷密封，能隔绝内外空气。

5）防爆式照明器：这类照明器的结构能保证在任何条件下，不会由照明器引起爆炸。

灯具类型的选择与使用环境、悬挂高度、灯具布置有关。

1）使用环境：

① 在正常环境中一般采用开启式灯具。

② 在潮湿场合宜采用带防水灯头的开启式灯具或防潮式灯具。

③ 在有腐蚀性气体的场所应采用密封式灯具或嵌墙灯具。

2）悬挂高度：

① 配照型灯具宜用4～6m，广照型灯具宜用2～4m。

② 搪瓷深照型灯具宜用6～20m。

③ 有镜面反射器（如抛光）的深照型灯具宜用15～30m。

3）灯具布置：

① 有屋架及顶棚的建筑物宜布置顶灯。

② 为了节约用电和提高垂直照度，在高大厂房内宜采用顶灯和壁灯相结合的布置方式。

③ 有吊顶的建筑物宜采用嵌装灯具。

④ 走廊、门厅、雨棚宜采用吸顶灯具。

⑤ 障碍照明的装设应根据该地区航空或航运部门的要求来决定。

⑥ 在泵船顶部应设置红色标志灯以避免和航运船碰撞。由于泵船需要移位，其顶部应设置1～2只投光灯。

⑦ 在通航河流上及泵车的上下游，均应装设航道标志信号灯，避免和航运船只碰撞。

为了在夜晚移动泵车及在大风浓雾时观察水位，应在泵车上安装投光灯。

（2）灯具的布置：在选择灯具位置时，灯具间距 $L$ 和计算高度 $H$（指灯具距工作面的高度）之比是布灯合适与否的重要指标。$L/H$ 值小，照明均匀度好，但不够经济；相反 $L/H$ 值大，则均匀度差，但投资省。因此必须选择合理的距高比，以保证照明设计的质量。

### 10.2.3 混光灯具简介

目前，国内外都在积极推广混光照明技术，即将两种起互补作用光色的照明光源安装于同一灯具内，通过反射器达到配光合理和混合均匀的效果。常用的光源搭配及其混光特性有：

（1）金属卤化物灯与高压钠灯混光，这两种光源混光后光效较高，显色性也得到改善，适用于对光色有一定要求的场所。

（2）荧光高压汞灯与高压钠灯混光，这种混光光效高，节电显著，但显色性差，适用于对识别颜色要求不高的场所。

（3）荧光高压汞灯与高显色高压钠灯混光，这种混光光效高，显色指数随混光比的不同变化较大，适用于对识别颜色稍有要求的场所。

（4）镝灯与高显色高压钠灯混光，这种混光光效和显色指数均很高，显色指数随着混光比不同而变化，适用于需识别颜色的车间和建筑物。

### 10.2.4 照明节能技术

（1）照明节能设计

照明节能设计就是在保证不降低作业面视觉要求、不降低照明质量的前提下，力求减少照明系统中光能的损失，从而最大限度地利用光能。

1）照明功率密度值符合国家标准《建筑照明设计标准》GB 50034—2004 的规定。

2）充分利用自然光，这是照明节能的重要途径之一。在设计中与建筑专业配合，做到充分合理地利用自然光使与室内人工照明有机地结合，从而大大节约人工照明电能。

3）照明设计规范规定了各种场所的照度标准、视觉要求、照明功率密度等。照度标准是不可随意降低的，也不宜随便提高，要有效地控制单位面积灯具安装功率，在满足照明质量的前提下，选用光效高、显色性好的光源及配光合理、安全高效的灯具。一般房间（场所）优先采用高效发光的荧光灯（如 T5、T8 管）及紧凑型荧光灯；高大车间、厂房及室外照明等一般照明场所采用高压钠灯、金属卤化物灯等高效气体放电光源。

4）使用低能耗、性能优的光源用电附件，如电子镇流器、节能型电感镇流器、电子触发器以及电子变压器等，荧光灯选用带有无功补偿的灯具；紧凑型荧光灯选用电子镇流器；气体放电灯选用电子触发器。

5）改进灯具控制方式，采用各种节能型开关或装置，公共场所及室外照明可采用程序控制或光电、声控开关，走道、楼梯等人员短暂停留的公共场所采用节能自熄开关。

6）合理选择照明控制方式，调节人工照明照度及加强照明设备的运行管理。

7）气体放电光源就地装设补偿电容器。

8）照明用电配置相应的测量和计量表计，并定期测量电压、照度和考核用电量。

（2）电光源选择原则

电光源的选择应以实施绿化照明工程为重点，绿化照明工程旨在节约能源、保护环境。

1）一般情况下，室内外照明不应采用普通白炽灯

白炽灯属第一代光源，光效低、寿命短，但不能完全取消，因为白炽灯没有电磁干扰；白炽灯便于调节，适合频繁开关，对于局部照明、事故照明、投光照明、信号指示或特殊场所是可以使用的光源。

2）采用卤钨灯取代普通白炽灯

卤钨灯和普通照明的白炽灯同属白炽灯类，均系电流通过灯丝白炽发光，是普通白炽灯的升级换代产品。卤钨灯的光效和寿命比普通白炽灯高一倍以上。对于要求显色性高，高档冷光或聚光的场合，可用各种结合形式不同的卤钨灯取代普通白炽灯，来达到节约能源、提高照明质量的目的。

与紧凑型荧光灯相比，紧凑型卤钨灯的光效相对较低，寿命也相对较短，一般在对光束输出有严格要求的情况下，只能采用反射式紧凑型卤钨灯，与紧凑型荧光灯相比，紧凑型卤钨灯还具有颜色好，容易实现调光的优点。

3）采用紧凑型荧光灯取代普通白炽灯

与白炽灯相比，紧凑型荧光灯每瓦产生的光通量是普通照明白炽灯的 3～4 倍以上，其额定寿命是白炽灯的 10 倍，显色指数可以达到 80 左右。紧凑型荧光灯可以和镇流器（电感式或电子式）连接在一起，组成一体化的整体型灯，采用 E27 灯头，与普通白炽灯直接替换，十分方便。

4）采用三基色 T5、T8 直管荧光灯

直管荧光灯的光效和寿命均为普通白炽灯的 5 倍以上，是取代普通白炽灯的最佳灯种之一。T5 三基色细管荧光灯灯管直径 16mm，显示性＞85，具有多种色温，光效达 104lm/W，光源使用寿命可达 20000h，10000h 的平均流明维持率能达到 92％。由于灯管纤细、含汞量少，既节约资源又减少环境污染，节电效果与其他直管荧光灯相比非常明显。

5）采用钠灯和金属卤化物灯

高压钠灯和金属卤化物灯，同属高强度气体放电灯。各种规格的高压钠灯和金属卤化物灯由于具有高光效和长寿命的特点，分别广泛应用于各种环境条件室内外照明。

6）淘汰碘钨灯

由于碘钨灯光效低、寿命短，属高能耗产品，应予淘汰。

7）采用高效节能的灯具及灯具附件。

## 10.3    照明配电及控制

### 10.3.1    照明电压

（1）一般照明光源的电源电压应采用 220V。1500W 及以上的高强度气体放电灯的电源电压宜采用 380V。

（2）照明灯具的端电压不宜大于其额定电压的 105%，亦不宜低于其额定电压的下列数值：

1）一般工作场所——95%；

2）远离变电所的小面积一般工作场所难以满足第 1）款要求时，可为 90%；

3）应急照明和用安全特低电压供电的照明——90%。

### 10.3.2    照明配电系统

（1）供照明用的配电变压器的设置应符合下列要求：

1）当电力设备无大功率冲击负荷时，照明和电力宜共用变压器；

2）当电力设备有大功率冲击负荷时，照明宜与冲击性负荷接自不同变压器；如条件不允许，需接自同一变压器时，照明应由专用馈电线供电；

3）照明安装功率较大时，应采用照明专用变压器。

（2）疏散照明的出口标志灯和指向标志灯宜用蓄电池电源。安全照明的电源应和该场所的电力线路分别接自不同变压器或不同馈电干线。备用照明电源宜采用接自电力网有效地、独立于正常照明电源的线路或应急发电机组。

（3）照明配电宜采用放射式和树干式结合的系统。

（4）三相配电干线的各相负荷宜分配平衡，最大相负荷不宜超过三相负荷平均值的 115%，最小相负荷不宜小于三相负荷平均值的 85%。

（5）照明配电箱宜设置在靠近照明负荷中心便于操作维护的位置。

（6）每一照明单相分支回路的电流不宜超过 16A，所接光源数不宜超过 25 个；连接建筑组合灯具时，回路电流不宜超过 25A，光源数不宜超过 60 个；连接高强度气体放电灯的单相分支回路的电流不应超过 30A。

（7）插座不宜和照明灯接在同一分支回路。

（8）供给气体放电灯的配电线路宜在线路或灯具内设置电容补偿，功率因数不应低于 0.9。

（9）居住建筑应按户设置电能表；工厂在有条件时宜按车间设置电能表；办公楼宜按租户或单位设置电能表。

### 10.3.3    导体选择

（1）照明配电干线和分支线，应采用铜芯绝缘电线或电缆，分支线截面不应小于 1.5mm²。

（2）照明配电线路应按负荷计算电流和灯端允许电压值选择导体截面积。

(3) 主要供给气体放电灯的三相配电线路，其中性线截面应满足不平衡电流及谐波电流的要求，且不应小于相线截面。

### 10.3.4 照明控制

（1）公共建筑和工业建筑的走廊、楼梯间、门厅等公共场所的照明，宜采用集中控制、并按建筑使用条件和天然采光状况采取分区、分组控制措施。

（2）居住建筑有天然采光的楼梯间、走道的照明，除应急照明外，宜采用节能自熄开关。

（3）每个照明开关所控光源数不宜太多。每个房间灯的开关数不宜少于2个（只设置1只光源的除外）。

（4）房间或场所装设有两列或多列灯具时，宜按下列方式分组控制：

1）所控灯列与侧窗平行；

2）生产场所按车间、工段或工序分组；

3）电化教室、会议厅、多功能厅、报告厅等场所，按靠近或远离讲台分组。

（5）道路照明和景观照明的控制方式：

1）市政工程、广场、公园、街道等室外公共场所的道路照明及景观照明宜采用智能照明控制系统群组控制整个区域的灯光；利用亮度传感器、定时开关实现照明的自动控制；

2）道路照明采用集中控制时，还应具有在通信中断的情况下能够自动开、关的控制功能；采用光控、程控、时间控制等集中控制方式时，同时具有手动控制功能；

3）道路照明采用双光源时，"深夜"应能关闭一个光源；采用单光源时，宜采用恒功率及功率转换控制，"深夜"能转换至低功率运行；

4）景观照明应具有平时、一般节日、重大节日等多种灯光控制模式。

# 10.4 照 明 布 置 设 计

### 10.4.1 照明布置设计的一般要求

（1）照明供电：照明与动力一般由共用变压器供电，市政工程各建筑物室内照明宜由配电柜引出照明专用馈电线路供给，不要与动力合用馈电线路，但对输送距离特别远的，可考虑与动力合用馈电线路。

（2）电源电压：三相四线制的照明线路，应尽量考虑三相平衡，一般照明电压应采用不超过220V的电压。

（3）电压损失：生产建筑物室内照明线路距供电点最远的光源的电压损失不应超过光源额定电压的5%，附属建筑物及道路照明的光源的电压损失不应大于额定电压的10%。220/380V三相四线制线路长度不宜超过300m，并应进行保护灵敏度的校验。

（4）灯具悬挂方式：在生产性建筑物内，应避免用软线悬挂式，可用弯管壁灯、吸顶灯或管吊灯；灯具安装高度一般不应低于3.5m，但弯管壁灯可减至3m。办公室及其他附属建筑物一般为2.5m，仓库、走道一般可吸顶安装，路灯安装高度一般为4.5～5.5m。

（5）局部照明：高度超过 50m 的水塔，应装设防护用的红色照明灯。水塔如装有水位标尺应加局部照明。

（6）灯具的排列：灯具排数不应过多，灯具间距不应过小，以免增加设备投资及线路敷设费用。

### 10.4.2　建筑物照明器选择及布置

（1）泵房和水处理间：

1）泵房和水处理间环境潮湿，一般具有较高空间，值班人员的主要工作是对水泵、水处理机械、阀门等进行操作。因此，宜采用开启式照明灯具，如配照型灯、高压汞灯等。为改善照明质量，大型泵房也可采用混光灯具照明。

2）灯具布置应避开设备遮挡，不强调过高的均匀性。还应设置 2～3 个 220V 的插座，某些工作面可设局部照明。

3）重要的水泵房和有大型机械设备的水处理间，可考虑设应急照明。

4）通道、扶梯的照明，可采用圆球灯或配照型灯。管廊宜采用防潮吸顶灯。

（2）10kV 及以下变、配电所：

1）10kV 及以下变、配电所多用成套设备，配电室走廊系值班人员操作处，设备面板上的测量仪表需监视，宜采用碗形、圆球灯等布置在走廊中央（也可采用荧光灯）。灯具安装在顶棚下，距地面高度 $H$ 为 2.5～3m，灯间距离按 $1.8H～2H$ 考虑。

2）配电室设备后的两侧走廊宜采用圆球形弯杆灯或半圆形顶棚灯，也可采用各种形式的壁灯、壁式荧光灯。在采用间隔式屋内配电装置时，灯间距离与设备间隔宽度相适应（如 2～3 个间隔宽度布灯），灯具以对着间隔安装为宜，但也要考虑建筑上均匀、对称，安装高度约为 2.5～2.8m。

3）有应急照明电源时，屋内配电装置操作走廊每段可安装 1～2 盏应急照明灯。出口处装设应急照明供电的指示灯。

4）维护走廊上每隔 10～12m 装插座一个。

5）变压器室宜采用圆球形弯杆灯，门外雨棚或墙壁应装设吸顶灯或弯杆灯，壁灯作露天走道的照明。

（3）35kV 变、配电所：

1）采用成套开关柜的 35kV 配电室照明布置要求基本与 10kV 配电室相同。

2）35kV 间隔式配电室一般分两层，上层为母线，因母线隔离开关和线路隔离开关均在此操作，因此可在上层走廊墙上或小间隔墙上安装圆球形弯杆灯或其他乳白玻璃开启式弯杆灯。灯间距离与小间相适应，照射方向可对着小间隔墙或网门，安全高度为 2～2.5m。

3）35kV 间隔式配电间下层为断路器及设备小间，母线隔离开关在此层走廊上操作。其维护走廊上空可能有进线回路通过，故不宜在顶棚上安装灯具和敷设照明线路，宜在墙上安装壁灯（如圆球形弯杆灯）。灯间距离 4～5m，安装高度 2～2.5m。

4）各走廊上每隔 10～12m 应设置一个插座，在断路器小间内也宜安装插座。

5）有应急照明电源时，各走廊按每一段安装一盏应急照明灯考虑。

6）照明配电箱宜安装在门内较空的地方，并可与主厂房照明共用。

7）厂用变压器小间照明可参照主变压器室形式统一风格布置，也可采用磨砂灯泡的平口灯座，安装在小间内比较空的地方（如门口上方）由装在门口的开关控制，在小间的门外雨棚（或墙壁）也装设有照明。

（4）屋外配电装置：

1）投光灯照明方案：

① 投光灯应安装在杆塔上或附近屋顶上，一般利用屋外配电装置的避雷针架作为投光灯的杆塔。

② 投光灯杆塔宜布置在配电装置两侧，一般作对角布置，大面积可作三角形布置。

③ 投光灯布置应保证值班人员巡视风扇、套管、油位、隔离开关触头等所需的照明。

④ 在投光灯杆塔下安装的照明配电箱，由电缆供电，电缆沿电缆沟或直接埋地敷设。

2）普通灯照明方案：

① 将灯安装在配电装置的构架上或专用支柱上。灯的布置主要保证对母线、断路器、隔离开关及其他电气设备的各部分均有足够的照度。此外还应保证维护走道上应有的照度，灯的布置必须满足对灯具及照明线路进行维护时的安全要求。

② 在灯的安装高度以上也可能有需要照明的配电设备，此时应采用漫射光灯具或使一部分灯具朝上照射，朝上照射的灯具应采用防雨密闭式灯具。

③ 灯具的安装高度一般为 3～4m。

④ 配线一般采用电缆直埋敷设，在构架上和支柱上引向灯具的支线则采用穿钢管敷设，每个灯的电缆接线盒处应装熔断器。

⑤ 照明箱应设在便于操作处，由控制室专用配电屏或低压配电屏以单独回路供电。

⑥ 屋外配电装置照明宜采用高寿命、高光效放电灯，如高压汞灯、金属卤化物灯、高压钠灯等。

⑦ 屋外配电装置应有插座，一般安装在断路器等主要设备附近，如附近的端子箱内。

⑧ 屋外配电装置不应考虑应急照明。

⑨ 露天变压器周围通道要有照明，可在附近墙上、构架上或专用支柱上布灯。变压器本体上也宜有局部照明（如温度计、油位计等）。

（5）控制室、调度室：

1）给水、排水工程中的控制室一般采用方向性照明装置，在标准较高的场合也可以考虑采用低亮度漫射照明装置。

2）方向性照明装置一般采用单管或双管简式荧光灯，荧光灯应连续布置成行并与控制屏平行。

3）低亮度漫射照明装置一般采用玻璃或格栅发光顶棚，在顶棚上均可布置荧光灯或节能灯。

4）控制室灯具或光带的布置必须尽量不使发光部分在仪表玻璃面上形成对值班人员有害的反光（即反射眩光）。

5）控制室照明应避免采光窗户在控制屏上的反光，方法是降低采光窗高度，使窗户在控制屏上的反射光线在值班人员视线之外，或采用窗帘。

6）控制室应装设应急照明。

7）照明配电箱可暗装在楼梯间或控制室内靠入口的墙上。

（6）加药间：

1）加药间由于放置有腐蚀性的药物和气体，宜采用防水防尘灯或防水灯头开敞式灯。

2）照明设备的金属构件应涂防腐漆。

3）操作处原则上采用均匀照明加局部照明。

4）药库应采用局部照明，安装于顶棚中。跨度大的也可分两行均布。

5）照明配线宜采用铜芯绝缘线，穿硬塑料管敷设。

（7）室外水处理设施：

1）一般在维护平台栏杆处装设散照型防水防尘灯或相似型号的照明器，安装高度2.5～3m。照明器立杆宜采用钢管，也可利用建筑物外墙、屋顶布泛光灯具。

2）照明配线宜采用绝缘导线穿钢管敷设，钢管可分段预埋于水处理构筑物维护平台地坪内，或沿栏杆外侧敷设。

（8）有防爆要求的水处理设施：

1）宜选用防爆型照明器。

2）照明配线宜采用铜芯绝缘导线穿钢管敷设。

3）照明配电箱、开关、插座应采用防爆型并布置在安全处。

（9）办公室：一般按均匀布置考虑，按照度标准计算灯具容量，按照明功率密度值复核，灯具可采用荧光灯或节能灯，每个房间应装设1～2个插座。

（10）化验室：一般按均匀布置考虑，按照度标准计算灯具容量，按照明功率密度值复核，灯具可采用荧光灯。有特殊要求的工作地点可按要求配设局部照明。插座应根据化验室设备情况合理布置，除单相带接地插座外，还要布置三相带接地插座或插座箱。

（11）食堂：一般按均匀布置考虑，按照度标准计算灯具容量，按照明功率密度值复核，灯具可采用荧光灯或节能灯。厨房工作地点应考虑设局部照明，还应考虑鼓风机或其他电气炊事用具的配电装置或插座。餐厅可按建筑形式布置吊灯、壁灯、顶棚灯。

（12）汽车库：一般按均匀布置考虑，按照度标准计算灯具容量，按照明功率密度值复核。检修间和停车间可采用广照型工厂灯具在顶棚布置，充电室、值班室可采用荧光灯或节能灯，充电室内应设单相（或三相）带接地插孔插座，停车间、检修间内也应有单相带接地插孔插座。

（13）修理间：一般按均匀布置考虑，按照度标准计算灯具容量，按照明功率密度值复核。灯具采用荧光灯或节能灯均可，工作台、机床移动照明等有特殊要求场所应设局部照明，车间灯具一般按梁架吊挂。

（14）走廊、楼梯间、门厅：

1）建议采用圆球罩或扁平罩吸顶灯。走廊内单列布置，灯间距离约为6～7m，楼梯间灯一般布置于转折平台顶部。门厅一般按建筑形式选用适当的灯型。

2）根据消防要求，走廊内设置应急照明灯具和灯光疏散指示标志，电源应采用专用的供电回路。

3）安全出口和疏散门的正上方应采用"安全出口"作为指示标志。

4）沿疏散走道设置的疏散指示标志，应设置在疏散走道及其转角处距地面高度1.0m以下的墙面上，且灯光疏散指示标志间距不应大于20m；对于袋形走道，不应大于10m；

在走道转角处，不应大于 1.0m。

(15) 道路：

1) 厂区通常沿道路装设灯具，灯杆一般竖立在路边外 0.5～1m 处。

2) 道路照明的光源采用高压钠灯、节能灯或 LED 灯，路灯一般采用单侧布置，灯杆高度为 4～6m，灯杆间的距离控制在 30～40m。

3) 路灯电缆宜采用铠装电缆直埋敷设，过马路处穿钢管保护，敷设深度不小于 0.7m。

(16) 庭园：厂区有时设有附属庭园，一般范围较小，照明灯具选型要简洁艺术不奢华，因此不应采用高灯，灯杆高度宜设在 3m 左右。庭园中有树木、草坪、水池、假山等，故各处的庭园灯的形式、性能也不相同。

1) 园林小径灯：园林小径灯高 3～4m，竖直安装在庭园小径边，选择灯具时要与建筑，雕塑等和谐。

2) 草坪灯：一般都比较矮，仅 0.3～0.4m 高，外形都尽可能艺术化和小巧玲珑。

3) 水池灯：这种灯具的密封性应十分好，采用卤钨灯作光源。

(17) 厂区广场和大面积露天式构筑物：有些厂区有厂前广场，有些厂区有大面积露天式构筑物，可结合参照广场照明特点设计广场照明。一般情况下，设计广场照明应考虑以下特点：

1) 足够的明亮。

2) 整个广场的明亮程度要均匀一致。

3) 眩光要少。

4) 结合环境，选型美观。

5) 设计灯杆，要考虑周围的情况，不要影响广场的使用功能。

除常规使用灯杆照明沿广场周围人行道布置灯杆方式外，目前还采用高杆照明。

高杆照明是在一个比较高的灯杆上，安装由多个大功率和高效率光源组装的灯具，一般高杆照明的高度为 20～35m（间距为 90～100m），具体选型可按样本等照度曲线，结合照度标准选定。

# 10.5 照 明 设 计 示 例

## 10.5.1 泵房

某二层地面式加压泵房长 12.1m，宽 7.6m，第一层为加压泵房，净空 5.8m；第二层有配电间、变压器室、值班室和卫生间等，净空 4m。

按表查得照度最低标准：泵房为 100lx，配电间为 200lx，变压器室为 100lx，值班室为 100lx，卫生间为 75lx；照明功率密度值：泵房不大于 4 W/m²，配电间不大于 7W/m²，变压器室不大于 4W/m²，值班室不大于 9 W/m²，卫生间不大于 6 W/m²。配电间和值班室的光源选用 T8 型节能荧光灯，其余地方的光源选用电子式节能灯。根据照度计算公式 $Eav = \dfrac{\Phi N \mu K}{S}$ 计算如下（$K$ 取 0.7，$\mu$ 取 0.7）：

加压泵房安装 6 盏 55W 的节能灯，每盏的光通量为 4300lm，照度 Eav＝137lx，功率密度为 3.59 W/m²，满足要求。

配电间安装 3 盏 2×36W 的 T8 型节能荧光灯，每盏的光通量为 5700lm，照度 Eav＝228lx，功率密度为 5.89 W/m²，满足要求。

变压器室安装 1 盏 55W 的节能灯，每盏的光通量为 4300lm，照度 Eav＝115lx，功率密度为 3 W/m²，满足要求。

值班室安装 1 盏 2×36W 的 T8 型节能荧光灯，每盏的光通量为 5700lm，照度 Eav＝246lx，功率密度为 6.37 W/m²，满足要求。

卫生间安装 1 盏 5W 的电子式节能灯，每盏的光通量为 240lm，照度 Eav＝72lx，功率密度为 3.08 W/m²，满足要求。

泵房照明布置示例如图 10-1 所示。

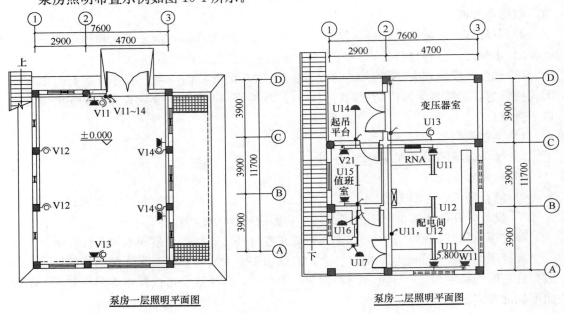

泵房一层照明平面图　　　　泵房二层照明平面图

图 10-1　泵防照明布置示例

## 10.5.2　屋内变电所

某屋内变电所长 25.8m，宽 12.4m，净空 4.5m，内有高压配电间（高压柜双排布置）、低压配电间（低压柜双排布置）、变压器室、控制室和仪表间等。

按表查得照度最低标准：高低压配电间为 200lx，变压器室为 100lx，控制室为 300lx，仪表间为 300lx；照明功率密度值：配电间不大于 7 W/m²，变压器室不大于 4 W/m²，控制室不大于 9 W/m²，仪表间不大于 9 W/m²。配电间、控制室和仪表室的光源选用 T8 型节能荧光灯，变压器室的光源选用电子式节能灯。根据照度计算公式 Eav＝ $\dfrac{\Phi N \mu K}{S}$ 计算如下（K 取 0.7，μ 取 0.7）：

高压配电间安装 7 盏 2×58W 的 T8 型节能荧光灯，每盏的光通量为 8000lm，照度

Eav＝245lx，功率密度为 6.27 W/m²，满足要求，另外装设 4 盏壁灯（每盏的光源为 11W 的节能灯）作为配电柜后的检修照明。

低压配电间安装 7 盏 2×58W 的 T8 型节能荧光灯，每盏的光通量为 8000lm，照度 Eav＝218lx，功率密度为 5.56 W/m²，满足要求，另外装设 6 盏壁灯（每盏的光源为 11W 的节能灯）作为配电柜后的检修照明。

变压器室安装 2 盏 32W 的节能灯，每盏的光通量为 2400lm，照度 Eav＝124lx，功率密度为 3.39 W/m²，满足要求。

控制室安装 2 盏 2×36W 的 T8 型高显色性荧光灯，每盏的光通量为 6700lm，照度 Eav＝347lx，功率密度为 7.62 W/m²，满足要求。

仪表间安装 2 盏 2×36W 的 T8 型高显色性荧光灯，每盏的光通量为 6700lm，照度 Eav＝347lx，功率密度为 7.62 W/m²，满足要求。

配电间照明布置示例如图 10-2 所示。

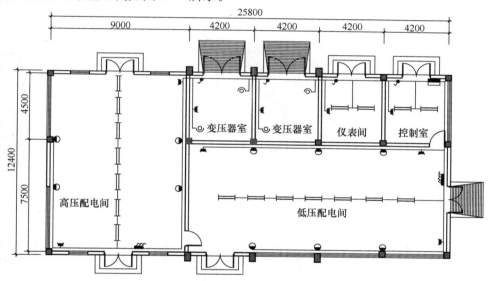

图 10-2　配电间照明布置示例

### 10.5.3　厂区道路

某污水处理厂占地面积约为 55000 m²，厂区路面宽度为 4m，按表查得照度最低标准为 8lx，照明功率密度值不大于 0.5 W/m²。现采用单侧布灯方式，选用电子式节能灯作路灯，灯杆采用 6m 热镀锌钢杆，光源选用 55W 的节能灯，路灯间距为 40m，根据照度计算公式 $Eav＝\dfrac{\Phi N\mu K}{S}$ 计算如下（$K$ 取 0.7，$\mu$ 取 0.6）：

路灯安装 1 盏 55W 的节能灯，每盏的光通量为 4300lm，照度 Eav＝11.29lx，功率密度为 0.35 W/m²，满足要求。

厂区照明布置示例如图 10-3 所示。

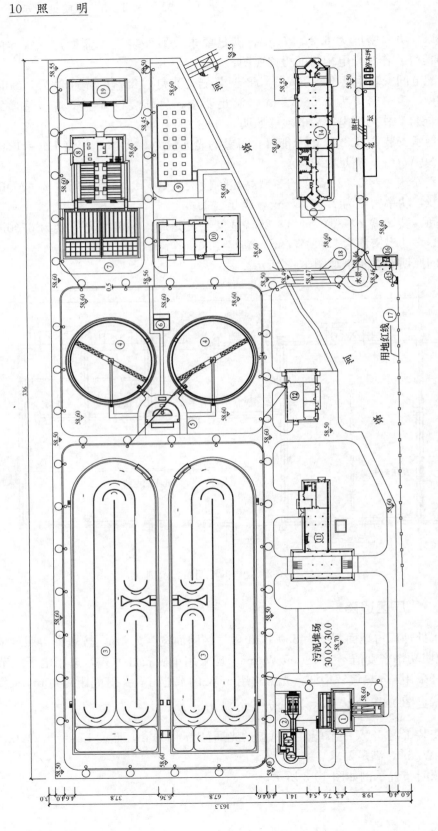

图 10-3 厂区照明布置示例

# 11 过程检测及控制仪表

## 11.1 概　　述

过程检测及控制仪表是指在生产过程中，为及时监视和控制生产过程，而对有关工艺变量进行检测、显示、控制、执行等类仪表的总称。它的用途是实现生产过程自动化，因此，也称为工业自动化仪表。

### 11.1.1　过程检测及控制仪表在给水排水工程中的应用

在给水排水工程中，为了保证安全生产，实现现代化科学管理，提高经济效益、社会效益和环境效益，应采用先进的过程检测及控制仪表，来实现生产过程的自动化。在给水排水工程中装设过程检测及控制仪表的作用有以下几个方面：

（1）提高设备利用率，保证水处理质量：仪表能连续检测各种工艺参数，根据这些数据可进行手动或自动控制，从而协调供需之间、系统各组成部分之间、各水处理构筑物之间的联系，以便使各种设备与设施得到充分利用。同时，由于检测仪表测定的数值与给定数值可连续进行比较，发生偏差时，立即进行调整，从而可保证水处理质量。

（2）节约日常运行费用：可根据仪表检测的参数，进一步自动调节和控制药剂投加量、生物池充氧量、水泵机组的合理运行，使管理更加科学化，达到经济运行的目的。

（3）使运行安全可靠：由于仪表具有连续检测、越限报警的功能，因此便于及时处理事故。对高温、噪声、恶臭、腐蚀的环境，均可通过仪表自动检测及控制来取代现场操作，从而减少对管理人员的危害。

（4）节省人力、减轻劳动强度：装设过程检测及控制仪表后，工艺参数的记录、调节、控制可以集中管理，减少了值班人员，减轻了劳动强度。

（5）为实现计算机控制创造条件：现代化生产管理需要采用工业计算机，而过程检测及控制仪表则是计算机控制的前提，只有仪表使用可靠后，才能运用计算机将工艺检测参数通过数字模式运算发出指令驱动执行器完成控制项目。

### 11.1.2　过程检测及控制仪表的分类

过程检测及控制仪表主要由检测仪表、显示仪表、控制仪表和执行器四类仪表组成。其系统结构见图 11-1。

#### 11.1.2.1　检测仪表

检测仪表是获取生产过程被测变量信息的仪表。检测仪表一般包括传感器和变送器，变送器的作用是将传感器采集的信息转换成能够显示和控制的标准信号。

按被测对象的不同，检测仪表可分为物理量、机械量、物性与成分量、电工量、状态量五类。本章主要介绍在给水排水工程中常用的物理量、物性与成分量、电工量三类检测

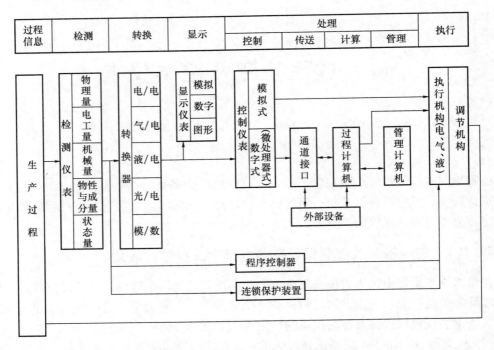

图 11-1 过程检测及控制仪表系统结构

仪表。

（1）物理量检测仪表：包括温度、压力、流量、液位等检测仪表。

（2）物性与成分量检测仪表：在给水排水中也称为水质（气体）分析仪表。

在给水工程中常用的水质（气体）分析仪表包括：浊度、pH 值、游动电流、余氯、漏氯等检测仪表；

在排水工程中常用的水质（气体）分析仪表包括：固体悬浮物浓度、污泥浓度、pH 值、氧化还原电位、溶解氧、总磷、氨氮、硝氮、化学需氧量、生化需氧量、总有机碳、硫化氢等检测仪表。

（3）电工量检测仪表：网络智能数显仪表等。

**11. 1. 2. 2 显示仪表**

显示仪表是把来自检测仪表的信息显示出来，在生产过程控制系统中实现人机联系的功能。

显示仪表品种繁多，按显示记录方式不同可分为：指示型显示仪表、记录型显示仪表、数字型显示仪表三大类。

（1）指示型显示仪表：以指针或光柱显示被测参数的仪表。如动圈式显示仪表、前置放大式显示仪表、等离子光柱显示仪表、LED 光柱显示仪表等。

（2）记录型显示仪表：以曲线图方式记录被测参数，并以各种显示器指示其大小的仪表。如自动平衡显示记录仪表、微机型显示记录仪表等。

（3）数字型显示仪表：以数字形式直接显示被测参数的仪表。如简易型数字显示仪表、微机型数字显示仪表等。

**11. 1. 2. 3 控制仪表**

控制仪表是将来自检测仪表的信号值与所要求的设定值进行比较，得出偏差后按照预定的控制规律，发出控制信号去推动执行器以消除偏差量，使生产过程中的某个被控变量保持在设定值附近或按预定控制规律而变化。当控制系统为闭环时，通常将控制仪表称为调节器。

按照控制仪表所利用的能源不同，控制仪表分为气动式、电动式和液动式三类。目前使用较多的是气动式和电动式两类。按照控制仪表的结构和功能特征不同，具体的产品有：基地式控制仪表、气动单元组合仪表、电动单元组合仪表、单（多）回路调节仪表、组装式电子综合控制仪表、可编程序控制器（PLC）等。

#### 11.1.2.4　执行器

执行器是接收控制仪表或计算机输出的控制信号，直接改变被控对象参数以符合生产工艺要求的仪表。执行器由执行机构和调节机构（通常称为调节阀）组成。按照采用动力能源形式的不同，执行器可分为气动执行器、电动执行器、液动执行器三大类。

（1）气动执行器：利用压缩气体作为动力源，将控制信号转换成相应的动作以控制阀内截流件的位置或其他调节机构的装置。如气动调节阀、气动马达等。

（2）电动执行器：以电力作为能源，将控制仪表的电信号转换成相应的位移或力矩，以推动各种类型的阀或其他调节机构。如电动调节阀、电磁阀、电动调速泵等。

（3）液动执行器：利用有压液体作为动力源的执行器。在给水排水工程中用的较少，本手册不作介绍。

### 11.1.3　过程检测及控制仪表的发展趋势

过程检测及控制仪表的发展趋势是数字化、智能化、系统化。具体表现在以下几个方面：

（1）仪表和系统的信号从模拟方式向数字方式转变。

（2）仪表的机构趋向模块化，便于仪表控制系统的组态。

（3）应用电子技术和计算机技术，代替仪表中的传统机械机构和操作控制，发展性能更为优越的机电一体化仪表。

（4）采用新材料和新型传感器，研制新一代物性型传感器、数字式传感器和智能式变送器，以提高传感器的检测性能并实现小型化和轻量化。

（5）改进各类执行器的传统结构设计，提高调节阀性能，实现小型化和轻量化。研制多功能、适合特殊场合使用的调节阀和阀门定位器及转换器，发展数字式执行器。

（6）在仪表中不断采用先进技术。如人机接口技术、数据处理技术、智能控制技术、通信网络技术，改善仪表的显示和操作方式，以提高其先进性和灵活性。

### 11.1.4　给水排水工程中检测及控制项目

给水排水工程中检测及控制项目应根据给水排水的工艺特点、工程规模、投资大小、自动化水平要求、生产单位的维护能力等情况来确定。

在给水排水工程设计中，检测及控制的项目设置可参考表 11-1～表 11-5。

地下水源水厂在线检测、控制项目一览表 表 11-1

| 构筑物名称 | 检测项目 | 安装位置 | 仪表名称 | 仪表位号 | 控制项目 |
|---|---|---|---|---|---|
| 水源泵站 | 水源井水位 | 水源井 | 投入式静压液位计 | L | 取水泵的运行 |
| | 出水管压力 | 出水管 | 压力变送器 | P | |
| | 出水管流量 | 出水管 | 流量计 | F | |
| | 泵站电压、电流、电能等电量 | 中、低压进线柜 | 网络智能数显仪表 | E、I、JQ | |
| 水源井总管 | 流量 | 进厂水总管 | 流量计 | F | 加氯量的比例投加控制参数、混凝剂的比例投加控制参数 |
| 加氯间 | 消毒剂投加量 | 加氯管 | 流量计 | F | |
| | 氯瓶重量 | 氯库 | 钢瓶电子平台秤 | W | |
| | 漏氯 | 加氯间、氯库 | 漏氯报警仪 | A (CL) | 加氯间、氯库排风扇的开启、氯吸收装置的开启 |
| 清水池 | 水位 | 清水池 | 投入式静压液位计 | L | 取水泵运行台数 |
| 送水泵房 | 出水管压力 | 出水总管 | 压力变送器 | P | 水泵运行台数或水泵变频调速控制参数 |
| | 出水管流量 | 出水总管 | 流量计 | F | |
| | 出厂水浊度 | 出水总管 | 浊度分析仪 | A (TUR) | |
| | 出厂水余氯 | 出水总管 | 余氯分析仪 | A (CL) | 加氯量投加控制参数 |
| | 出厂水 pH 值 | 出水总管 | pH 分析仪 | A (pH) | |
| | 电机轴承及绕组温度（注 1） | 中压电机预埋 | 热电阻（预埋）、温度巡检仪 | T | |
| | 送水泵转速（注 2） | 水泵变频控制柜 | 变频器 | S | |
| | 送水泵电流、有功电能等电量 | 水泵控制柜 | 综合继电保护装置（中压）或网络智能数显仪表（低压） | I、JQ | |
| 水厂变配电间 | 电压、电流、电能等电量 | 中、低压进线柜 | 综合继电保护装置（中压）或网络智能数显仪表（低压） | E、I、JQ | |

注：1. 中压电机需监测轴承及绕组温度，低压电机可不测，测温热电阻在电动机出厂前预埋；
    2. 送水泵采用变频调速的检测项目，若不设变频器时，取消此项；
    3. 分析变量的字母"A"，当有必要表明具体的分析项目时，在圆圈外右上方写出具体的分析项目，例如：分析浊度，圆圈内标 A，圆圈外标注 TUR，即 $\textcircled{A}^{TUR}$。

地表水源水厂在线检测、控制项目一览表 表 11-2

| 构筑物名称 | 检测项目 | 安装位置 | 仪表名称 | 仪表位号 | 控制项目 |
|---|---|---|---|---|---|
| 取水泵房 | 吸水井水位 | 吸水井 | 超声波液位计 | L | 取水泵运行保护 |
| | 出水管压力 | 出水管 | 压力变送器 | P | |
| | 原水流量 | 出水管 | 流量计 | F | 加氯量的比例投加控制参数、混凝剂的比例投加控制参数 |
| | 电机轴承及绕组温度（注1） | 中压电机预埋 | 热电阻（预埋）、温度巡检仪 | T | |
| | 取水泵电流、有功电能等电量 | 水泵控制柜 | 综合继电保护装置（中压）或网络智能数显仪表（低压） | I、JQ | |
| 取水泵房变配电间 | 电压、电流、电能等电量 | 中、低压进线柜 | 综合继电保护装置（中压）或网络智能数显仪表（低压） | E、I、JQ | |
| 进水水质监测 | 进水浊度 | 取样：进水管；安装：进水水质监测仪表间 | 浊度分析仪 | A（TUR） | 混凝剂的投加控制参数 |
| | 进水 pH 值/水温 | | pH/T 分析仪 | A（pH+T） | 石灰、混凝剂的投加控制参数 |
| | 进水电导率 | | 电导率分析仪 | C | |
| 加药间 | 溶液池液位 | 溶液池 | 超声波液位计 | L | |
| | 溶解池液位 | 溶解池 | 超声波液位计 | L | |
| | 加药量 | 加药管 | 质量流量计 | F | |
| 絮凝反应池、沉淀池 | 游动电流 | 取样：絮凝反应池出水 | 游动电流仪 | A（SCD） | 混凝剂的投加控制参数 |
| | 泥位（根据需要） | 沉淀池 | 污泥界面仪 | L | 沉淀池排吸泥控制 |
| | 沉淀池出水（滤前水）浊度 | 取样：沉淀池出水 | 浊度分析仪 | A（TUR） | 混凝剂的投加控制参数 |
| 滤池（V型滤池） | 单格滤池水位 | 滤池 | 超声波液位计 | L | 滤池清水调节阀 |
| | 单格滤池水头损失 | 滤池管廊 | 差压变送器 | Pd | 滤池反冲洗控制参数 |
| | 单格滤池清水阀开度 | 清水调节阀 | 位置变送器（调节阀自带） | Z | |
| | 滤后水浊度 | 取样：滤后水 | 浊度分析仪 | A（TUR） | |
| 冲洗泵房（V型滤池） | 冲洗流量 | 冲洗泵出水管 | 流量计 | F | |
| | 冲洗压力 | 冲洗泵出水管 | 压力变送器 | P | |
| | 鼓风机出口压力 | 鼓风机出风管 | 压力变送器 | P | |
| | 空压机出口压力 | 空压机管路 | 压力变送器 | P | |
| 加氯间 | 消毒剂投加量 | 加氯管 | 流量计 | F | |
| | 氯瓶重量 | 氯库 | 钢瓶电子平台秤 | W | |
| | 漏氯 | 加氯间、氯库 | 漏氯报警仪（双探头） | A（CL） | 加氯间、氯库排风扇的开启、氯吸收装置的开启 |

| 构筑物名称 | 检测项目 | 安装位置 | 仪表名称 | 仪表位号 | 控制项目 |
|---|---|---|---|---|---|
| 清水池 | 水位 | 清水池 | 投入式静压液位计 | L | 取水泵运行台数控制参数 |
| 送水泵房 | 出水管压力 | 出水总管 | 压力变送器 | P | 送水泵运行台数、变频水泵转速 |
| | 出水管流量 | 出水总管 | 流量计 | F | |
| | 出厂水浊度 | 出水总管 | 浊度分析仪 | A (TUR) | |
| | 出厂水余氯 | 出水总管 | 余氯分析仪 | A (CL) | 加氯量投加控制参数 |
| | 出厂水 pH 值 | 出水总管 | pH 分析仪 | A (pH) | |
| | 电机轴承及绕组温度（注 1） | 中压电机预埋 | 热电阻（预埋）、温度巡检仪 | T | |
| | 送水泵转速（注 2） | 水泵变频控制柜 | 变频器 | S | |
| | 送水泵电流、有功电能等电量 | 水泵控制柜 | 综合继电保护装置（中压）或网络智能数显仪表（低压） | I、JQ | |
| 废水回收系统 | 回收水池液位 | 回收水池 | 超声波液位计 | L | |
| | 浓缩池液位 | 浓缩池 | 超声波液位计 | L | |
| | 储泥池液位 | 储泥池 | 超声波液位计 | L | |
| | 回收水流量 | 回收水管 | 流量计 | F | |
| 水厂变配电间 | 电压、电流、电能等电量 | 中、低压进线柜 | 综合继电保护装置（中压）或网络智能数显仪表（低压） | E、I、JQ | |

注：1. 中压电机需监测轴承及绕组温度，低压电机可不测，测温热电阻在电动机出厂前预埋；
　　2. 送水泵采用变频调速的检测项目，若不设变频器时，取消此项；
　　3. 分析变量的字母"A"，当有必要表明具体的分析项目时，在圆圈外右上方写出具体的分析项目，例如：分析浊度，圆圈内标 A，圆圈外标注 TUR，即 Ⓐ$^{TUR}$。

**配水管网在线检测、控制项目一览表**　　　　　　　**表 11-3**

| 构筑物名称 | 检测项目 | 安装位置 | 仪表名称 | 仪表位号 | 控制项目 |
|---|---|---|---|---|---|
| 配水管网 | 测压点压力 | 配水管 | 压力变送器 | P | 送水泵运行台数、变频水泵转速 |
| | 分支点流量 | 出水管 | 流量计 | F | |

**污水泵站在线检测、控制项目一览表**　　　　　　　**表 11-4**

| 构筑物名称 | 检测项目 | 安装位置 | 仪表名称 | 仪表位号 | 控制项目 |
|---|---|---|---|---|---|
| 格栅间 | 格栅前后液位差 | 格栅间 | 超声波液位差计 | Ld | 格栅机的运行 |
| | 硫化氢（H2S）浓度 | 格栅间（封闭式） | 硫化氢气体监测仪 | A (H2S) | 排风扇 |

| 构筑物名称 | 检测项目 | 安装位置 | 仪表名称 | 仪表位号 | 控制项目 |
|---|---|---|---|---|---|
| 泵房 | 集水池液位 | 集水池 | 超声波液位计 | L | 污水泵运行台数或水泵变频调速 |
| | 出水管压力 | 出水管 | 压力变送器 | P | |
| | 出水管流量 | 出水管 | 电磁流量计 | F | |
| | 硫化氢（$H_2S$）浓度 | 泵房（封闭式） | 硫化氢气体监测仪 | A ($H_2S$) | 排风扇 |
| 变配电间 | 泵站电压、电流、电能等电量 | 中、低压进线柜 | 综合继电保护装置（中压）或网络智能数显仪表（低压） | E、I、JQ | |

污水处理厂在线检测、控制项目一览表 表 11-5

| 构筑物名称 | 检测项目 | 安装位置 | 仪表名称 | 仪表位号 | 控制项目 |
|---|---|---|---|---|---|
| 粗格栅间 | 格栅前后液位差 | 粗格栅间 | 超声波液位差计 | Ld | 粗格栅机的开停控制 |
| | 硫化氢（$H_2S$）浓度 | 粗格栅间（封闭式） | 硫化氢气体监测仪 | A ($H_2S$) | 排风扇的开启 |
| 进水泵房 | 集水池液位 | 集水池 | 超声波液位计 | L | 污水泵运行台数或水泵变频调速 |
| | 硫化氢（$H_2S$）浓度 | 泵房（封闭式） | 硫化氢气体监测仪 | A ($H_2S$) | 排风扇的开启 |
| | 出水管流量 | 出水管 | 电磁流量计 | F | |
| | 水泵电流、电能等电量 | 水泵控制柜 | 网络智能数显仪表 | E、I、JQ | |
| 细格栅间沉砂池 | 格栅前后液位差 | 细格栅间 | 超声波液位差计 | Ld | 细格栅机的开停控制 |
| | 硫化氢（$H_2S$）浓度 | 细格栅间（封闭式） | 硫化氢气体监测仪 | A ($H_2S$) | 排风扇的开启 |
| 进水水质监测 | 固体悬浮物浓度 | 沉砂池 | 固体悬浮物分析仪 | A (SS) | |
| | pH 值、水温 | 沉砂池 | pH/T 值分析仪 | A (pH+T) | |
| | 总磷（注 5） | 沉砂池 | 总磷分析仪 | A (TP) | |
| | 氨氮（注 5） | 沉砂池 | 氨氮分析仪 | A ($NH_3-N$) | |
| | 硝氮（注 5） | 沉砂池 | 硝氮分析仪 | A ($NO_3-N$) | |
| | 化学需氧量 | 沉砂池 | 化学需氧量分析仪 | A (COD) | |
| | 生化需氧量（注 5） | 沉砂池 | 生化需氧量分析仪 | A (BOD) | |

续表

| 构筑物名称 | 检测项目 | | 安装位置 | 仪表名称 | 仪表位号 | 控制项目 |
|---|---|---|---|---|---|---|
| 生物池 | 厌氧区 | 入口稳定区 | 溶解氧 | 溶解氧分析仪 | A (DO) | |
| | | 中段 | 污泥浓度 | 污泥浓度分析仪 | A (MLSS) | |
| | | | 氧化还原电位 | 氧化还原电位分析仪 | A (ORP) | |
| | | 末端 | 氨氮 | 氨氮分析仪 | A ($NH_3-N$) | |
| | | | 硝氮 | 硝氮分析仪 | A ($NO_3-N$) | |
| | 缺氧区 | 入口稳定区 | 溶解氧 | 溶解氧分析仪 | A (DO) | |
| | | 中段 | 氧化还原电位 | 氧化还原电位分析仪 | A (ORP) | |
| | 好氧区 | 稳定区 | 溶解氧 | 溶解氧分析仪 | A (DO) | 曝气量的控制 |
| | | | 水温 | 水温变送器 | T | |
| | | 曝气管 | 曝气总管及支管流量（注1） | 气体流量计 | F | |
| | | 出水端 | 溶解氧 | 溶解氧分析仪 | A (DO) | |
| | | | 污泥浓度 | 污泥浓度分析仪 | A (MLSS) | 回流污泥量的控制 |
| 鼓风机房 ·（注1） | 曝气总管流量 | | 曝气总管 | 气体流量计 | F | |
| | 曝气总管压力 | | 曝气总管 | 压力变送器 | P | |
| | 曝气气体温度 | | 曝气总管 | 温度变送器 | T | |
| 二沉池 | 污泥界面 | | 二沉池 | 污泥界面仪 | L | 吸（刮）泥机开停控制 |
| 回流污泥泵房 | 泥位 | | 污泥泵房 | 超声波液位计 | L | |
| | 污泥浓度 | | 污泥泵房 | 污泥浓度分析仪 | A (MLSS) | |
| | 回流污泥流量 | | 回流污泥总管 | 电磁流量计 | F | |
| | 剩余污泥流量 | | 剩余污泥总管 | 电磁流量计 | F | |
| 出水排放管 | 出水流量 | | 出水排放管 | 电磁流量计 | F | |
| 消毒池 | 余氯（注2） | | | 余氯分析仪 | A (CL) | |
| 尾水排放泵房 | 水位（注3） | | | 超声波液位计 | L | |
| 出水水质监测 | 固体悬浮物浓度 | | 取样：出水排放管；安装：出水监测仪表室 | 固体悬浮物分析仪 | A (SS) | |
| | pH 值 | | | pH 值分析仪 | A (pH) | |
| | 总磷（注5） | | | 总磷分析仪 | A (TP) | |
| | 氨氮（注5） | | | 氨氮分析仪 | A ($NH_3-N$) | |
| | 硝氮（注5） | | | 硝氮分析仪 | A ($NO_3-N$) | |
| | 化学需氧量 | | | 化学需氧量分析仪 | A (COD) | |
| | 生化需氧量（注5） | | | 生化需氧量分析仪 | A (BOD) | |

| 构筑物名称 | 检测项目 | | 安装位置 | 仪表名称 | 仪表位号 | 控制项目 |
|---|---|---|---|---|---|---|
| 贮泥池 | 泥位 | | 贮泥池 | 超声波液位计 | L | |
| 污泥浓缩池 | 污泥界面 | | 污泥浓缩池 | 污泥界面仪 | L | |
| | 污泥浓度 | | 污泥浓缩池 | 污泥浓度分析仪 | A<br>(MLSS) | |
| 污泥脱水机房 | 污泥流量 | | 进泥管 | 电磁流量计 | F | |
| | 加药管流量 | | 加药管 | 电磁流量计 | F | |
| | 硫化氢（$H_2S$）浓度 | | 污泥脱水车间、污泥堆放间 | 硫化氢气体监测仪（双探头） | A<br>($H_2S$) | 排风扇 |
| 污泥消化池 | 进泥管 | 流量 | 进泥管 | 电磁流量计 | F | |
| | | pH 值、泥温 | 进泥管 | pH/T 值分析仪 | A<br>(pH+T) | |
| | 泥位 | | 消化池 | 超声波液位计 | L | |
| | 出泥管 | 温度 | 出泥管 | 温度变送器 | T | |
| | | 压力 | 出泥管 | 压力变送器 | P | |
| | | 甲烷气体流量 | 出泥管 | 气体流量计 | F | |
| 贮气罐 | 甲烷气体浓度 | | 贮气罐 | 甲烷浓度分析仪 | A<br>($CH_4$) | |
| | 压力 | | 贮气罐 | 压力变送器 | P | |
| 锅炉房 | 流量 | | 进气管 | 气体流量计 | F | |
| | 锅炉水位 | | 锅炉 | 液位计 | L | |
| | 锅炉压力 | | 锅炉 | 压力变送器 | P | |
| | 进水管温度 | | 进水管 | 温度变送器 | T | |
| | 出水管温度 | | 出水管 | 温度变送器 | T | |
| | 出水压力 | | 出水管 | 压力变送器 | P | |
| | 出水流量 | | 出水管 | 流量计 | F | |
| | 储水池液位 | | 储水池 | 超声波液位计 | L | |

注：1. 生物池采用表面曝气时，无此项；

2. 出水采用紫外线消毒时，无此项；

3. 尾水采用自流排放时，无此项；

4. 分析变量的字母"A"，当有必要表明具体的分析项目时，在圆圈外右上方写出具体的分析项目，例如：固体悬浮物浓度，圆圈内标 A，圆圈外标注 SS，即Ⓐ$^{SS}$；

5. 总磷（TP）、氨氮（$NH_3$-N）、硝氮（$NO_3$-N）、生化需氧量（BOD）等水质分析仪表的价格较高，设计中应根据需要慎重选用。

　　图 11-2、图 11-3 和表 11-6、表 11-7 为国内某自来水厂和某污水处理厂在线检测仪表系统图和在线检测仪表一览表，供设计人员在给水排水工程的仪表设计中参考。其中，图 11-2 为某自来水厂在线检测仪表系统图（气水反冲洗滤池工艺），表 11-6 为某自来水厂在线检测仪表一览表（气水反冲洗滤池工艺）；图 11-3 为某污水处理厂在线检测仪表系统图（氧化沟工艺），表 11-7 为某污水处理厂在线检测仪表一览表（氧化沟工艺）。

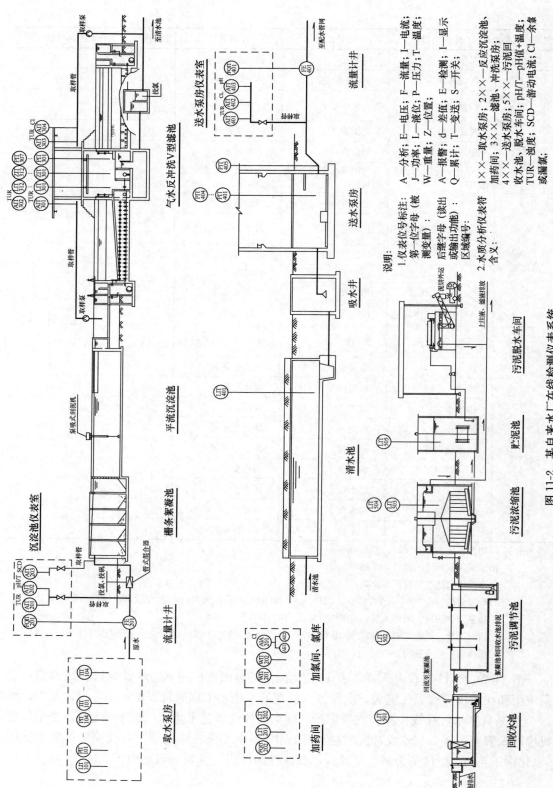

图 11-2 某自来水厂在线检测仪表系统

某自来水厂在线检测仪表一览表

表 11-6

| 序号 | 仪表位号 | 用途 | 检测仪表 名称 | 检测仪表 型号 | 检测仪表 量程 | 检测仪表 输出信号 | 安装位置 | 连接电缆 编号 | 连接电缆 型号 | 连接电缆 规格 | 连接电缆 线号 | 备注 |
|---|---|---|---|---|---|---|---|---|---|---|---|---|
| 1 | LIT101 | 取水泵房液位检测 | 一体化超声波液位计 | SITRANS Probe LU | 0~12m | 4~20mA, DC | 取水泵房 | LIT101-S | DJYP2V-300/500V | 1×(2×1.0) | 1, 2 | |
| 2 | PIT101 | 1号取水泵出水管压力检测 | 压力变送器 | SITRANS P DSⅢ系列 | 0~0.4MPa | 4~20mA, DC | 1号取水泵出水管 | PIT101-S | DJYP2V-300/500V | 1×(2×1.0) | 1, 2 | |
| 3 | PIT102 | 2号取水泵出水管压力检测 | 压力变送器 | SITRANS P DSⅢ系列 | 0~0.4MPa | 4~20mA, DC | 2号取水泵出水管 | PIT102-S | DJYP2V-300/500V | 1×(2×1.0) | 1, 2 | |
| 4 | PIT103 | 3号取水泵出水管压力检测 | 压力变送器 | SITRANS P DSⅢ系列 | 0~0.4MPa | 4~20mA, DC | 3号取水泵出水管 | PIT103-S | DJYP2V-300/500V | 1×(2×1.0) | 1, 2 | |
| 5 | PIT104 | 取水泵出水总管压力检测 | 压力变送器 | SITRANS P DSⅢ系列 | 0~0.4MPa | 4~20mA, DC | 取水泵出水总管 | PIT104-S | DJYP2V-300/500V | 1×(2×1.0) | 1, 2 | |
| 6 | FE201 FQIT201 | 原水流量检测 | 电磁流量计 | MAG3100 传感器 MAG6000 变送器 | DN1200 | 4~20mA, DC, 脉冲 | 进厂水流量计井 加药间控制室 | 流量计自带电缆 FQIT201-P FQIT201-S | KW-450/750V DJYP2V-300/500V | 3×1.5 2×(2×1.0) | 1, 2 1, 2 | |
| 7 | AIT201 | 原水浊度检测 | 高浊度检测仪 | SS7 | 0~500NTU | 4~20mA, DC | 加药间控制室 | AIT201-P AIT201-S | KW-450/750V DJYP2V-300/500V | 3×1.5 1×(2×1.0) | 1, 2 1, 2 | |
| 8 | AIT202 | 原水pH检测 原水水温检测 | pH/T检测仪 | SC200+PD1R1 | 0~14 0~50℃ | 4~20mA, DC 4~20mA, DC | 加药间控制室 | AIT202-S | DJYP2V-300/500V | 2×(2×1.0) | 1, 2 | |
| 9 | AIT203 | 游动电流检测 | 游动电流仪 | SCC3500×RD | | 4~20mA, DC | 加药间控制室 | AIT203-P AIT203-S | KW-450/750V DJYP2V-300/500V | 3×1.5 1×(2×1.0) | 1, 2 1, 2 | |

续表

| 序号 | 仪表位号 | 用途 | 检测仪表 | | | | 安装位置 | 连接电缆 | | | 备注 |
|---|---|---|---|---|---|---|---|---|---|---|---|
| | | | 名称 | 型号 | 量程 | 输出信号 | | 编号 | 型号 | 规格 | 线号 |
| 10 | LIT201 | 1号溶液池液位检测 | 一体化超声波液位计 | SITRANS Probe LU | 0～6m | 4～20mA, DC | 加药间溶液池 | LIT201-S | DJYP2V-300/500V | 1×(2×1.0) | 1, 2 |
| 11 | LIT202 | 2号溶液池液位检测 | 一体化超声波液位计 | SITRANS Probe LU | 0～6m | 4～20mA, DC | 加药间溶液池 | LIT202-S | DJYP2V-300/500V | 1×(2×1.0) | 1, 2 |
| 12 | FQIT202 | 加药流量检测 | 一体式质量流量计 | MASS 6000 | DN25 | 4～20mA, DC, 脉冲 | 加药间计量泵出口管 | FQIT202-P | KW-450/750V | 3×1.5 | 1, 2 |
| | | | | | | | | FQIT202-S | DJYP2V-300/500V | 1×(2×1.0) | 1, 2 |
| 13 | WIT201 | 1号氯瓶重量检测 | 钢瓶电子平台秤 | PP2-0812-pH | 0～2000kg | 4～20mA, DC | 氯库 | WIT201-P | KW-450/750V | 3×1.5 | 1, 2 |
| | | | | | | | | WIT201-S | DJYP2V-300/500V | 1×(2×1.0) | 1, 2 |
| 14 | WIT202 | 2号氯瓶重量检测 | 钢瓶电子平台秤 | PP2-0812-pH | 0～2000kg | 4～20mA, DC | 氯库 | WIT202-P | KW-450/750V | 3×1.5 | 1, 2 |
| | | | | | | | | WIT202-S | DJYP2V-300/500V | 1×(2×1.0) | 1, 2 |
| 15 | AIA201 | 加氯间、氯库漏氯检测报警 | 双探头漏氯报警仪 | iTrans | | | 加氯间 | AIA201-P | KW-450/750V | 3×1.5 | 1, 2 |
| | | | | | | | | AIA201-S | DJYP2V-300/500V | 1×(2×1.0) | 1, 2 |
| 16 | AIT301 | 1号沉淀池出水浊度检测 | 低浊度检测仪 | 1720E | 0～20NTU | 4～20mA, DC | 1号沉淀池出水 | AIT301-P | KW-450/750V | 3×1.5 | 1, 2 |
| | | | | | | | | AIT301-S | DJYP2V-300/500V | 1×(2×1.0) | 1, 2 |
| 17 | AIT302 | 2号沉淀池出水浊度检测 | 低浊度检测仪 | 1720E | 0～20NTU | 4～20mA, DC | 2号沉淀池出水 | AIT302-P | KW-450/750V | 3×1.5 | 1, 2 |
| | | | | | | | | AIT302-S | DJYP2V-300/500V | 1×(2×1.0) | 1, 2 |
| 18 | AIT303 | 滤池出水浊度检测 | 低浊度检测仪 | 1720E | 0～10NTU | 4～20mA, DC | 滤池出水 | AIT303-P | KW-450/750V | 3×1.5 | 1, 2 |
| | | | | | | | | AIT303-S | DJYP2V-300/500V | 1×(2×1.0) | 1, 2 |
| 19 | AIT304 | 滤池出水余氯检测 | 余氯检测仪 | CL17 | 0～5mg/L | 4～20mA, DC | 滤池出水 | AIT304-P | KW-450/750V | 3×1.5 | 1, 2 |
| | | | | | | | | AIT304-S | DJYP2V-300/500V | 1×(2×1.0) | 1, 2 |
| 20 | PIT301 | 1号冲洗泵出水管压力检测 | 压力变送器 | SITRANS P DSIII系列 | 0～0.2MPa | 4～20mA, DC | 1号冲洗泵出水管 | PIT301-S | DJYP2V-300/500V | 1×(2×1.0) | 1, 2 |
| 21 | PIT302 | 2号冲洗泵出水管压力检测 | 压力变送器 | SITRANS P DSIII系列 | 0～0.2MPa | 4～20mA, DC | 2号冲洗泵出水管 | PIT302-S | DJYP2V-300/500V | 1×(2×1.0) | 1, 2 |

续表

| 序号 | 仪表位号 | 用途 | 名称 | 检测仪表 | | | | 编号 | 连接电缆 | | | 备注 |
|---|---|---|---|---|---|---|---|---|---|---|---|---|
| | | | | 型号 | 量程 | 输出信号 | 安装位置 | | 型号 | 规格 | 线号 | |
| 22 | PIT303 | 冲洗泵出水总管压力检测 | 压力变送器 | SITRANS P DSⅢ系列 | 0~0.2MPa | 4~20mA，DC | 冲洗泵出水总管 | PIT303-S | DJYP2V-300/500V | 1×(2×1.0) | 1，2 | |
| 23 | PIT304 | 1号鼓风机出口管压力检测 | 压力变送器 | SITRANS P DSⅢ系列 | 0~0.1MPa | 4~20mA，DC | 1号鼓风机出口管 | PIT304-S | DJYP2V-300/500V | 1×(2×1.0) | 1，2 | |
| 24 | PIT305 | 2号鼓风机出口管压力检测 | 压力变送器 | SITRANS P DSⅢ系列 | 0~0.1MPa | 4~20mA，DC | 2号鼓风机出口管 | PIT305-S | DJYP2V-300/500V | 1×(2×1.0) | 1，2 | |
| 25 | PIT306 | 鼓风机出口总管压力检测 | 压力变送器 | SITRANS P DSⅢ系列 | 0~0.1MPa | 4~20mA，DC | 鼓风机出口总管 | PIT306-S | DJYP2V-300/500V | 1×(2×1.0) | 1，2 | |
| 26 | PIT307 | 空压机管路压力检测 | 压力变送器 | SITRANS P DSⅢ系列 | 0~1.5MPa | 4~20mA，DC | 空压机管路 | PIT307-S | DJYP2V-300/500V | 1×(2×1.0) | 1，2 | |
| 27 | LIT301 ~ 312 | 1号~12号单格滤池水位检测 | 一体化超声波液位计 | SITRANS Probe LU | 0~6m | 4~20mA，DC | 单格滤池 | LIT301~312-S | DJYP2V-300/500V | 1×(2×1.0) | 1，2 | 共12台 |
| 28 | ZIT301 ~ 312 | 1号~12号单格出水阀检测 | 阀位变送器 | | 0~100% | 4~20mA，DC | 滤池出水电动调节阀 | ZIT301~312-S | DJYP2V-300/500V | 1×(2×1.0) | 1，2 | 共12台 |
| 29 | LIT401 | 清水池液位检测 | 一体化超声波液位计 | SITRANS Probe LU | 0~6m | 4~20mA，DC | 清水池 | LIT401-S | DJYP2V-300/500V | 1×(2×1.0) | 1，2 | |
| 30 | PIT401 | 1号送水泵出水管压力检测 | 压力变送器 | SITRANS P DSⅢ系列 | 0~1.0MPa | 4~20mA，DC | 1号送水泵出水管 | PIT401-S | DJYP2V-300/500V | 1×(2×1.0) | 1，2 | |
| 31 | PIT402 | 2号送水泵出水管压力检测 | 压力变送器 | SITRANS P DSⅢ系列 | 0~1.0MPa | 4~20mA，DC | 2号送水泵出水管 | PIT402-S | DJYP2V-300/500V | 1×(2×1.0) | 1，2 | |
| 32 | PIT403 | 3号送水泵出水管压力检测 | 压力变送器 | SITRANS P DSⅢ系列 | 0~1.0MPa | 4~20mA，DC | 3号送水泵出水管 | PIT403-S | DJYP2V-300/500V | 1×(2×1.0) | 1，2 | |

续表

| 序号 | 仪表位号 | 用途 | 检测仪表 | | | | 安装位置 | 连接电缆 | | | | 备注 |
|---|---|---|---|---|---|---|---|---|---|---|---|---|
| | | | 名称 | 型号 | 量程 | 输出信号 | | 编号 | 型号 | 规格 | 线号 | |
| 33 | PIT404 | 4号送水泵出水管压力检测 | 压力变送器 | SITRANS P DSⅢ系列 | 0～1.0MPa | 4～20mA, DC | 4号送水泵出水管 | PIT404-S | DJYP2V-300/500V | 1×(2×1.0) | 1, 2 | |
| 34 | PIT405 | 送水泵出水总管压力检测 | 压力变送器 | SITRANS P DSⅢ系列 | 0～1.0MPa | 4～20mA, DC | 送水泵出水总管 | PIT405-S | DJYP2V-300/500V | 1×(2×1.0) | 1, 2 | |
| 35 | AIT401 | 出厂水浊度检测 | 低浊度检测仪 | 1720E | 0～1NTU | 4～20mA, DC | 送水泵房控制室 | AIT401-P | KW-450/750V | 3×1.5 | 1, 2 | |
| | | | | | | | | AIT401-S | DJYP2V-300/500V | 1×(2×1.0) | 1, 2 | |
| 36 | AIT402 | 出厂水余氯检测 | 余氯检测仪 | CL17 | 0～5mg/L | 4～20mA, DC | 送水泵房控制室 | AIT402-P | KW-450/750V | 3×1.5 | 1, 2 | |
| | | | | | | | | AIT402-S | DJYP2V-300/500V | 1×(2×1.0) | 1, 2 | |
| 37 | AIT403 | 出厂水 pH 检测 | pH检测仪 | SC200＋PDIR1 | 0～14 | 4～20mA, DC | 送水泵房控制室 | AIT403-P | KW-450/750V | 3×1.5 | 1, 2 | |
| | | | | | | | | AIT403-S | DJYP2V-300/500V | 1×(2×1.0) | 1, 2 | |
| 38 | FE401 | 出厂水流量检测 | 电磁流量计 | MAG3100 传感器, DN1400 | | | 出厂水流量计量井 | 流量计自带电缆 | | | | |
| | FQIT401 | | | MAG5000 变送器 | | 4～20mA, DC, 脉冲 | 送水泵房控制室 | FQIT401-P | KW-450/750V | 3×1.5 | 1, 2 | |
| | | | | | | | | FQIT401-S | DJYP2V-300/500V | 2×(2×1.0) | 1, 2 | |
| 39 | LIT501 | 回收水池液位检测 | 一体化超声波液位计 | SITRANS Probe LU | 0～6m | 4～20mA, DC | 回收水池 | LIT501-S | DJYP2V-300/500V | 1×(2×1.0) | 1, 2 | |
| 40 | LIT502 | 调节池液位检测 | 一体化超声波液位计 | SITRANS Probe LU | 0～6m | 4～20mA, DC | 调节池 | LIT502-S | DJYP2V-300/500V | 1×(2×1.0) | 1, 2 | |
| 41 | LIT503 | 1号浓缩池液位检测 | 一体化超声波液位计 | SITRANS Probe LU | 0～12m | 4～20mA, DC | 1号浓缩池 | LIT503-S | DJYP2V-300/500V | 1×(2×1.0) | 1, 2 | |
| 42 | LIT504 | 2号浓缩池液位检测 | 一体化超声波液位计 | SITRANS Probe LU | 0～12m | 4～20mA, DC | 2号浓缩池 | LIT504-S | DJYP2V-300/500V | 1×(2×1.0) | 1, 2 | |
| 43 | LIT505 | 贮泥池液位检测 | 一体化超声波液位计 | SITRANS Probe LU | 0～12m | 4～20mA, DC | 贮泥池 | LIT505-S | DJYP2V-300/500V | 1×(2×1.0) | 1, 2 | |

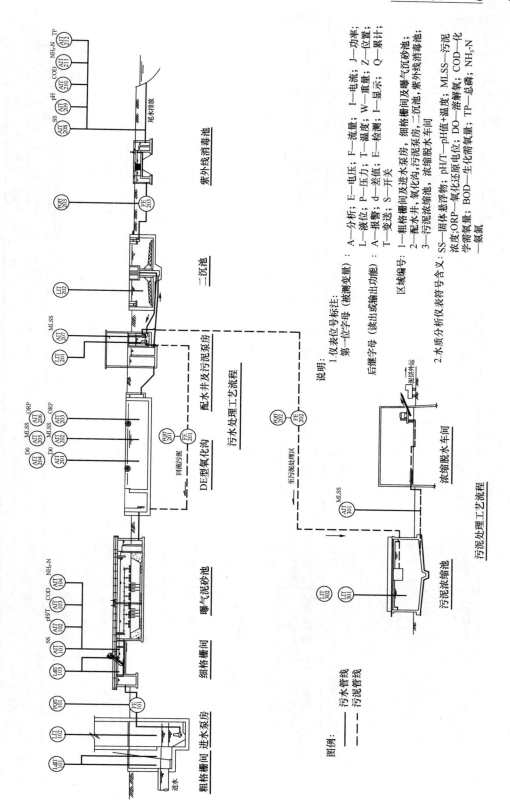

图 11-3 某污水处理厂在线检测仪表系统

某污水处理厂在线检测仪表一览表

表 11-7

| 序号 | 仪表位号 | 用途 | 名称 | 检测仪表 型号 | 量程 | 输出信号 | 安装位置 | 编号 | 连接电缆 型号 | 规格 | 线号 | 备注 |
|---|---|---|---|---|---|---|---|---|---|---|---|---|
| 1 | LE101a LE101b | 粗格栅前、后液位检测 | 超声波传感器 | 传感器: XPS-10 | 0.3~15m | | 粗格栅间 | LE101a-S LE101b-S | 传感器自带电缆 | | | |
| 2 | LdIT101 | 粗格栅前后液位差变送 | 超声波液位差变送器 | 变送器: MultiRanger200 | | 4~20mA, DC | 粗格栅间 | LdIT101-P<br>LdIT101-S | KW-450/750V<br>DJYP2V-300/500V | 3×1.5<br>1×(2×1.0) | 1, 2, 3<br>1, 2 | |
| 3 | LIT102 | 进水泵房液位变送 | 一体化超声波液位计 | SITRANS Probe LU | 0~12m | 4~20mA, DC | 进水泵房 | LIT102-S | DJYP2V-300/500V | 1×(2×1.0) | 1, 2 | |
| 4 | LE103a LE103b | 细格栅前、后液位检测 | 超声波传感器 | 传感器: XPS-10 | 0.3~10m | | 细格栅间 | LE103a-S LE103b-S | 传感器自带电缆 | | | |
| 5 | LdIT103 | 细格栅前后液位差变送 | 超声波液位差变送器 | 变送器: MultiRanger200 | | 4~20mA, DC | 细格栅间 | LdIT103-P<br>LdIT103-S | KW-450/750V<br>DJYP2V-300/500V | 3×1.5<br>1×(2×1.0) | 1, 2, 3<br>1, 2 | |
| 6 | FE101 | 进厂流量检测 | 电磁流量计 | 传感器: MAG3100 | DN1200 | | 进水流量计井 | FE101-S | 流量计自带电缆 | | | |
| 7 | FQIT101 | 进厂流量显示变送 | 电磁流量计 | 变送器: MAG6000 | | 4~20mA, DC | 进厂流量计表室 | FQIT101-P<br>FQIT101-S | KW-450/750V<br>DJYP2V-300/500V | 3×1.5<br>1×(2×1.0) | 1, 2, 3<br>1, 2 | |
| 8 | AE101 | 进水SS检测 | SS传感器探头 | 传感器: TSS sc | 0.001~500g/L | | 细格栅间 | AE101-S | 传感器自带电缆 | | | |
| 9 | AIT101 | 进水SS变送 | 数字控制器 | 变送器: sc200 | | 4~20mA, DC | 细格栅间 | AIT101-P<br>AIT101-S | KW-450/750V<br>DJYP2V-300/500V | 3×1.5<br>1×(2×1.0) | 1, 2, 3<br>1, 2 | |
| 10 | AE102 | 进水pH/T检测 | pH传感器 | 传感器: pHDTM | 0~14, 0~50℃ | | 细格栅间 | AE102-S | 传感器自带电缆 | | | |
| 11 | AIT102 | 进水pH/T变送 | 数字控制器 | 变送器: sc200 | | 4~20mA, DC | 细格栅间 | AIT102-P<br>AIT102-S | KW-450/750V<br>DJYP2V-300/500V | 3×1.5<br>1×(2×1.0) | 1, 2, 3<br>1, 2 | |
| 12 | AIT103 | 进水COD检测显示变送 | COD分析仪 | CODmax plus sc | 0~5000mg/L | 4~20mA, DC | 进水水质仪表室 | AIT103-P<br>AIT103-S | KW-450/750V<br>DJYP2V-300/500V | 3×1.5<br>1×(2×1.0) | 1, 2, 3<br>1, 2 | |

续表

| 序号 | 仪表位号 | 用途 | 名称 | 型号 | 量程 | 输出信号 | 安装位置 | 编号 | 型号 | 规格 | 线号 | 备注 |
|---|---|---|---|---|---|---|---|---|---|---|---|---|
| 13 | AIT104 | 进水 NH₃-N 检测显示变送 | NH₃-N 分析仪 | AmtaxTM Compact | 2~120mgL | 4~20mA, DC | 进水水质仪表室 | AIT104-P | KW-450/750V | 3×1.5 | 1, 2, 3 | |
| | | | | | | | | AIT104-S | DJYP2V-300/500V | 1×(2×1.0) | 1, 2 | |
| 14 | AE201 | 氧化沟 1 号池溶解氧检测 | 溶解氧传感器 | 传感器:LDO | | | 氧化沟 1 号池 | AE201-S | 传感器自带电缆 | | | |
| 15 | AIT201 | 氧化沟 1 号池溶解氧变送 | 数字控制器 | 变送器:sc200 | 0~20mg/L | 4~20mA, DC | 氧化沟 1 号池 | AIT201-P | KW-450/750V | 3×1.5 | 1, 2, 3 | |
| | | | | | | | | AIT201-S | DJYP2V-300/500V | 1×(2×1.0) | 1, 2 | |
| 16 | AE202 | 氧化沟 1 号池污泥浓度检测 | 污泥浓度传感器 | 传感器:SOLITAX | | | 氧化沟 1 号池 | AE202-S | 传感器自带电缆 | | | |
| 17 | AIT202 | 氧化沟 1 号池污泥浓度变送 | 数字控制器 | 变送器:sc200 | 0~50g/L | 4~20mA, DC | 氧化沟 1 号池 | AIT202-P | KW-450/750V | 3×1.5 | 1, 2, 3 | |
| | | | | | | | | AIT202-S | DJYP2V-300/500V | 1×(2×1.0) | 1, 2 | |
| 18 | AE203 | 氧化沟 1 号池 ORP 检测 | ORP 传感器 | 传感器:pHDTM | | | 氧化沟 1 号池 | AE203-S | 传感器自带电缆 | | | |
| 19 | AIT203 | 氧化沟 1 号池 ORP 变送 | 数字控制器 | 变送器:sc200 | -1500~+1500mV | 4~20mA, DC | 氧化沟 1 号池 | AIT203-P | KW-450/750V | 3×1.5 | 1, 2, 3 | |
| | | | | | | | | AIT203-S | DJYP2V-300/500V | 1×(2×1.0) | 1, 2 | |
| 20 | AE204 | 氧化沟 2 号池溶解氧检测 | 溶解氧传感器 | 传感器:LDO | | | 氧化沟 2 号池 | AE204-S | 传感器自带电缆 | | | |
| 21 | AIT204 | 氧化沟 2 号池溶解氧变送 | 数字控制器 | 变送器:sc200 | 0~20mg/L | 4~20mA, DC | 氧化沟 2 号池 | AIT204-P | KW-450/750V | 3×1.5 | 1, 2, 3 | |
| | | | | | | | | AIT204-S | DJYP2V-300/500V | 1×(2×1.0) | 1, 2 | |
| 22 | AE205 | 氧化沟 2 号池污泥浓度检测 | 污泥浓度传感器 | 传感器:SOLITAX | | | 氧化沟 2 号池 | AE205-S | 传感器自带电缆 | | | |
| 23 | AIT205 | 氧化沟 2 号池污泥浓度变送 | 数字控制器 | 变送器:sc200 | 0~50g/L | 4~20mA, DC | 氧化沟 2 号池 | AIT205-P | KW-450/750V | 3×1.5 | 1, 2, 3 | |
| | | | | | | | | AIT205-S | DJYP2V-300/500V | 1×(2×1.0) | 1, 2 | |
| 24 | AE206 | 氧化沟 2 号池 ORP 检测 | ORP 传感器 | 传感器:pHDTM | | | 氧化沟 2 号池 | AE206-S | 传感器自带电缆 | | | |
| 25 | AIT206 | 氧化沟 2 号池 ORP 变送 | 数字控制器 | 变送器:sc200 | -1500~+1500mV | 4~20mA, DC | 氧化沟 2 号池 | AIT206-P | KW-450/750V | 3×1.5 | 1, 2, 3 | |
| | | | | | | | | AIT206-S | DJYP2V-300/500V | 1×(2×1.0) | 1, 2 | |

续表

| 序号 | 仪表位号 | 用途 | 名称 | 检测仪表 型号 | 检测仪表 量程 | 检测仪表 输出信号 | 安装位置 | 编号 | 连接电缆 型号 | 连接电缆 规格 | 线号 | 备注 |
|---|---|---|---|---|---|---|---|---|---|---|---|---|
| 26 | LIT201 | 污泥泵房液位检测变送 | 一体化超声波液位计 | SITRANS Probe LU | 0.25~6m | 4~20mA, DC | 污泥泵房 | LIT201-S | DJYP2V-300/500V 1×(2×1.0) | | 1, 2 | |
| 27 | AE207 | 污泥泵房污泥浓度检测 | 污泥浓度传感器 | 传感器 TSS sc 管道式 | 0~50g/L | | 污泥泵房回流污管道 | AE207-S | 传感器自带电缆 | | | |
| 28 | AIT207 | 污泥泵房污泥浓度变送 | 数字控制器 | 变送器 sc200 | | 4~20mA, DC | 污泥泵房 | AIT207-P | KW-450/750V | 3×1.5 | 1, 2, 3 | |
| | | | | | | | | AIT207-S | DJYP2V-300/500V 1×(2×1.0) | | 1, 2 | |
| 29 | FE201 | 污泥泵房回流污泥流量检测 | 电磁流量计 | 传感器 MAG3100 | DN700 | | 污泥泵房回流污管道 | FE201-S | 流量计自带电缆 | | | |
| 30 | FQIT201 | 污泥泵房回流污泥流量显示变送 | | 变送器 MAG6000 | | 4~20mA, DC | 加药间低压配电室 | FQIT201-P | KW-450/750V | 3×1.5 | 1, 2, 3 | |
| | | | | | | | | FQIT201-S | DJYP2V-450/50V 1×(2×1.0) | | 1, 2 | |
| 31 | FE202 | 污泥泵房剩余污泥流量检测 | 电磁流量计 | 传感器 MAG3100 | DN300 | | 污泥泵房剩余污泥管 | FE202-S | 流量计自带电缆 | | | |
| 32 | FQIT202 | 污泥泵房剩余污泥流量显示变送 | | 变送器 MAG6000 | | 4~20mA, DC | 加药间低压配电室 | FQIT202-P | KW-450/750V | 3×1.5 | 1, 2, 3 | |
| | | | | | | | | FQIT202-S | DJYP2V-450/50V 1×(2×1.0) | | 1, 2 | |
| 33 | LE202a | 1号二沉池污泥界面检测 | 污泥界面传感器探头 | SONATAX sc | 0.2~12m | | 1号二沉池 | LE202a-S | 传感器自带电缆 | | | |
| 34 | LE202b | 2号二沉池污泥界面检测 | 污泥界面传感器探头 | SONATAX sc | 0.2~12m | | 2号二沉池 | LE202b-S | 传感器自带电缆 | | | |
| 35 | LIT202 | 1号、2号二沉池污泥界面显示变送 | 数字控制器 | 变送器 sc200 | | 4~20mA, DC | 1号、2号二沉池 | LIT202-P | KW-450/750V | 3×1.5 | 1, 2, 3 | |
| | | | | | | | | LIT202-S | DJYP2V-300/500V 1×(2×1.0) | | 1, 2 | |
| 36 | FE203 | 出厂流量检测 | 电磁流量计 | 传感器 MAG3100 | DN1200 | | 出水流量计计井 | FE203-S | 流量计自带电缆 | | | |
| 37 | FQIT203 | 出厂流量显示变送 | | 变送器 MAG6000 | | 4~20mA, DC | 出水水质室 | FQIT203-P | KW-450/750V | 3×1.5 | 1, 2, 3 | |
| | | | | | | | | FQIT203-S | DJYP2V-300/500V 1×(2×1.0) | | 1, 2 | |

续表

| 序号 | 仪表位号 | 用途 | 名称 | 检测仪表 型号 | 检测仪表 量程 | 输出信号 | 安装位置 | 连接电缆 编号 | 连接电缆 型号 | 连接电缆 规格 | 线号 | 备注 |
|---|---|---|---|---|---|---|---|---|---|---|---|---|
| 38 | AE208 | 出水 SS 检测 | SS 传感器探头 | 传感器：TSS sc | 0.001～500g/L | | 出水水质仪表室 | AE208-S | 传感器自带电缆 | | | |
| 39 | AIT208 | 出水 SS 变送 | 数字控制器 | 变送器：sc200 | | 4～20mA, DC | 出水水质仪表室 | AIT208-P | KW-450/750V | 3×1.5 | 1, 2, 3 | |
| | | | | | | | | AIT208-S | DJYP2V-300/500V | 1×(2×1.0) | 1, 2 | |
| 40 | AE209 | 出水 pH 检测 | pH 传感器 | 传感器：pHDTM | 0～14, 0～50℃ | | 出水水质仪表室 | AE209-S | 传感器自带电缆 | | | |
| 41 | AIT209 | 出水 pH 变送 | 数字控制器 | 变送器：sc200 | | 4～20mA, DC | 出水水质仪表室 | AIT209-P | KW-450/750V | 3×1.5 | 1, 2, 3 | |
| | | | | | | | | AIT209-S | DJYP2V-300/500V | 1×(2×1.0) | 1, 2 | |
| 42 | AIT210 | 出水 COD 检测显示变送 | COD 分析仪 | CODmax plus sc | 0～5000 mg/L | 4～20mA, DC | 出水水质仪表室 | AIT210-P | KW-450/750V | 3×1.5 | 1, 2, 3 | |
| | | | | | | | | AIT210-S | DJYP2V-300/500V | 1×(2×1.0) | 1, 2 | |
| 43 | AIT211 | 出水 NH₃-N 检测显示变送 | NH₃-N 分析仪 | AmtaxTM Compact | 2～120mg/L | 4～20mA, DC | 出水水质仪表室 | AIT211-P | KW-450/750V | 3×1.5 | 1, 2, 3 | |
| | | | | | | | | AIT211-S | DJYP2V-300/500V | 1×(2×1.0) | 1, 2 | |
| 44 | AIT212 | 出水 TP 检测变送 | TP 分析仪 | PHOSPHAX Σsigma | 0.01～5.0mg/L | 4～20mA, DC | 出水水质仪表室 | AIT212-P | KW-450/750V | 3×1.5 | 1, 2, 3 | |
| | | | | | | | | AIT212-S | DJYP2V-300/500V | 1×(2×1.0) | 1, 2 | |
| 45 | LIT301 | 1 号污泥浓缩池泥位 | 一体化超声波液位计 | SITRANS Probe LU | 0.25～6m | 4～20mA, DC | 1 号污泥浓缩池 | LIT301-S | DJYP2V-300/500V | 1×(2×1.0) | 1, 2 | |
| 46 | LIT302 | 2 号污泥浓缩池泥位 | 一体化超声波液位计 | SITRANS Probe LU | 0.25～6m | 4～20mA, DC | 2 号污泥浓缩池 | LIT302-S | DJYP2V-300/500V | 1×(2×1.0) | 1, 2 | |
| 47 | AE301 | 浓缩池污泥浓度检测 | 污泥浓度传感器 | 传感器：TSS sc 管道式 | 0～50g/L | | 污泥浓缩车间进泥管 | AE301-S | 传感器自带电缆 | | | |
| 48 | AIT301 | 浓缩池污泥浓度变送 | 数字控制器 | 变送器：sc200 | | 4～20mA, DC | 污泥浓缩车间 | AIT301-P | KW-450/750V | 3×1.5 | 1, 2, 3 | |
| | | | | | | | | AIT301-S | DJYP2V-300/500V | 1×(2×1.0) | 1, 2 | |

# 11.2 检 测 仪 表

## 11.2.1 物理量检测仪表

### 11.2.1.1 温度检测仪表

温度测量是建立在热平衡定律基础上的。通常利用一个标准物体与被测对象进行热交换，待两者建立热平衡时，根据标准物体的某些物理性质随温度而变化的特性来测量被测对象的温度。

（1）温度检测仪表的分类：温度检测仪表按测量方式的不同，可以分为接触式和非接触式两大类。

1）接触式：测温元件与被测对象直接接触，依靠传导和对流进行热交换。其优点是结构简单、价格便宜、使用方便、测量精确度较高；缺点是存在置入误差、不宜测量高温。接触式测温仪表按工作原理又可分为膨胀式、压力式、热电耦式和热电阻式四类。

2）非接触式：测温元件与被测对象不直接接触，依靠辐射进行热交换。其优点是响应速度快、对被测对象干扰小，特别适合测量高温、运动的被测对象和有强电磁干扰、强腐蚀的场合。缺点是仪表结构较复杂、价格较高、测量精确度较接触式低。

（2）常用测温仪表的测温范围、原理及主要特点见表 11-8。

常用测温仪表的测温范围、原理及主要特点　　　　　　表 11-8

| 测温方式 | 测量仪表种类 | | 测温范围<br>（℃） | 测温原理 | 主要特点 |
|---|---|---|---|---|---|
| 接触式 | 膨胀式 | 液体膨胀式<br>固体膨胀式 | −100～500<br>−60～500 | 利用液体（水银、酒精等）或固体（金属片）受热时产生的热膨胀的特性 | 结构简单、价格低廉，适合生产过程和实验室各种介质温度的就地测量 |
| | 压力式 | 液体式<br>气体式<br>蒸气式 | −30～600<br>−20～350<br>0～250 | 利用封闭在一定容积中的液体、气体或饱和蒸气在受热时体积或压力变化的性质 | 结构简单，具有防爆性，不怕振动，适宜近距离传送，但时间滞后较大，精度低 |
| | 热电耦式 | 铂铑—铂<br>镍铬—镍硅<br>镍铬—考铜 | 0～1600<br>−50～1000<br>−50～600 | 利用金属的热电效应 | 测量范围广，精度高，能远距离传送，适于中、高温度的测量 |
| | 热电阻式 | 铂电阻<br>铜电阻 | −200～850<br>−50～150 | 利用导体或半导体的电阻值随温度变化的性质 | 测量精度高，稳定性好，能远距离传送，适于低、中温度的测量 |
| 非接触式 | 辐射式 | 光学式<br>比色式<br>红外式 | 700～3200<br>0～3200<br>0～3200 | 利用被测对象所发射的辐射能量随温度变化的性质 | 适合于不宜直接测温的场合，测量精度较低，受环境条件的影响大 |

（3）热电阻式测温仪表：在给水排水工程中，测温仪表一般用于检测水温、水泵电机

的绕组线圈温度和定子铁芯温度以及前后轴承温度。由于上述被测对象的温度变化范围不大、温度不高，故一般采用接触式测温仪表，以热电阻作为检测元件。

1) 热电阻的分类及特点：按感温元件的材料分，热电阻有铂热电阻和铜热电阻两种。其性能与特点见表11-9。

**热电阻的性能与特点** 表11-9

| 项　目 | 铂　热　电　阻 | | 铜　热　电　阻 | |
|---|---|---|---|---|
| 型　号 | WZP | | WZC | |
| 分度号 | Pt100 | Pt10 | Cu100 | Cu50 |
| 0℃时电阻值（Ω） | 100 | 10 | 100 | 50 |
| 测温范围（℃） | −200～850 | | −50～150 | |
| 特点 | 精确度高，体积小，测温范围宽，稳定性及再现性好。价格较贵 | | 价格低，线性较好。电阻率低，体积较大，热响应速度慢 | |

2) 热电阻的结构：工业用热电阻一般由热电阻元件、保护套管、安装固定装置和接线盒组成。

用于检测电机绕组线圈及定子铁芯温度的热电阻需在电机订货时对其型号、分度号、测量范围等予以注明，以便电机生产厂将热电阻预埋在电机内。

3) 热电阻的测量：热电阻的测量采用不平衡电桥原理。通常热电阻的测温元件是安装在现场设备上，距温度变送器或温度巡检仪中的测量桥路较远，它们之间的连接通常采用三线制的普通铜导线接线，以消除环境温度引起导线电阻变化对测量桥路的影响。

4) 测温二次仪表：与热电阻测温元件配接的测温二次仪表，目前常用的有温度变送器、数字温度显示仪和温度巡检仪三种。

温度变送器可直接安装在环境恶劣的工业现场，缩短了与测温元件之间的距离，减少了信号传递失真和干扰，从而获得高精度的测量结果。温度变送器还可以直接装在测温元件的接线盒内，与温度传感元件成为一体。温度变送器输出 4～20mA DC 标准信号，可直接与显示、控制仪表或工业计算机终端连接。

数字温度显示仪直接与测温元件相连，对温度变化信号进行放大、处理、转换，以数字量形式显示被测温度，并输出 4～20mA DC 标准信号，显示直观、速度快、精度高，适合放置于仪表室作单点温度（如水温）的显示和变送。

温度巡检仪是一种采用单片机技术的温度检测仪表，它可以对多点温度进行巡检、显示、报警、远传，具有体积小、成本低、便于集中监测管理等特点。这种仪表特别适合给水排水工程中单台或多台大功率电机的定子绕组及机轴温度的巡回检测。

(4) 常用温度检测仪表见表11-10。

**常用温度检测仪表** 表11-10

| 名　称 | 型　号 | 测温元件 | 测量范围（℃） | 精度（%） | 供电电源 | 输出信号 | 生产厂 |
|---|---|---|---|---|---|---|---|
| 热电阻式温度变送器 | DBW-1290A | Cu50、Cu100 | −50～+150 | ±0.5 ±1.0 | 24V DC | 4～20mA DC | 上海自动化仪表股份有限公司调节器厂 |
| 温度变送器 | DBW-5500A | 热电阻 热电偶 | 取决于测温元件 | ±0.5～ ±1.5 | 24V DC | 4～20mA DC | |

| 名　称 | 型　号 | 测温元件 | 测量范围（℃） | 精度（%） | 供电电源 | 输出信号 | 生产厂 |
|---|---|---|---|---|---|---|---|
| 热电阻式温度变送器 | DBW-4240/B | Pt100 | −200～+50至 300～500 | ±0.5 | 24V DC | 4～20mA DC | 上海自动化仪表股份有限公司自动化仪表一厂 |
| 温度变送报警显示仪 | SBWX-1000 | 热电阻热电偶 | 取决于测温元件 | ±0.5 | 24V DC | 4～20mA DC | |
| 一体化温度变送器 | SBWZ-2460 | Pt100 | −50～+50 −100～+100 −200～+500 | | 24V DC | 4～20mA DC | 沈阳沈拓仪器仪表有限公司 |
| 温度变送器 | DBW DBWX | 热电阻热电偶 | 取决于测温元件 | ±0.5 ±1.0 ±1.5 | 24V DC | 4～20mA DC | 天津自动化仪表厂 |
| 温度变送器 | 444 系列 | 铂热电阻热电偶 | −50～+750 −100～+1760 | ±0.2 | 24V DC | 4～20mA DC | |
| 整体式热电阻温度变送器 | WZ□B | Pt100、Cu50 | 0～+100 至 −200～+500、 0～+100 至 −50～+50 | ±0.2 | 24V DC | 4～20mA DC | 西安仪表厂 |
| 一体化温度变送器 | SBWZ-1 SBWZ-2 | Cu50、Cu100、Pt100 | −50～+150 −200～+500 | ±0.2 ±0.5 ±1.5 | 24V DC | 4～20mA DC | 重庆川仪总厂有限公司 |
| 温度变送器 | SITRANS TH200/300/400 | 热电阻热电偶电阻式传感器直流电压源 | 取决于测温元件 | ±0.025 | 24V DC | 4～20mA DC HART, PA, FF | 德国 SIE-MENS 公司 |
| 温度变送器 | SITRANS TF | | | | | | |
| 一体化温度变送器 | TR-10 | Pt100 | −200～+600 | ±0.2 ±0.1 | 24V DC | 4～20mA DC | 德国 E＋H 公司 |
| | TC-10 | 热电偶 | −40～+1100 | ±1.5 | | | |

### 11.2.1.2  压力检测仪表

工程上所定义的压力，是指均匀、垂直地作用于单位面积上的力。压力的表示方式有三种，即绝对压力、表压力、真空度（或称负压）。绝对压力是物体所承受的实际压力，其零点为绝对真空；表压力是指高于大气压力的绝对压力与大气压力之差；真空度（负压）是指低于大气压力的绝对压力与大气压力之差。用来测量上述三种压力的仪表分别称之为绝对压力表、表压力表和真空度表。在给水排水工程中若非特别指明，一般所指的压力（即压力表测得的压力）均属表压力，表压力表一般也称之为压力表。而通常所称的差压为两个检测点的表压力之差。

（1）压力检测仪表的分类：按测量压力的原理与方法，压力检测仪表可分为液柱式压力计、弹性式压力表、负荷式压力计、压力变送器、压力开关五大类。其中弹性式压力表、压力变送器和压力开关是给水排水工程中常用的压力检测仪表，它们的分类、测量范围与用途见表 11-11。

**常用压力检测仪表的分类、测量范围与用途**　　　　表 11-11

| 类别 | 分类 | | 测量范围（Pa） | 用途 |
|---|---|---|---|---|
| 弹性式压力表 | 弹簧管压力表 | 一般压力表 | | 表压、负压、绝对压力测量。就地指示，报警、记录或发信，或将被测量远传，进行集中显示 |
| | | 精度压力表 | | |
| | | 特殊压力表 | | |
| | 膜片压力表 | | | |
| | 膜盒压力表 | | | |
| | 波纹管压力表 | | | |
| | 板簧压力计 | | | |
| | 压力记录仪 | | | |
| | 电接点压力表 | | | |
| | 远传压力表 | | | |
| 压力变送器 | 电阻式压力变送器 | 电位器式 | | 将被测压力转换成电信号进行远传，以便对被测压力进行监测、报警、控制及显示 |
| | | 应变式 | | |
| | 电感式压力变送器 | 气隙式 | | |
| | | 差动变压器式 | | |
| | 电容式压力变送器 | | | |
| | 压阻式压力变送器 | | | |
| | 压电式压力变送器 | | | |
| | 振频式压力变送器 | 振弦式 | | |
| | | 振筒式 | | |
| | 霍尔式压力变送器 | | | |
| 压力开关 | 位移式压力开关 | | | 位式控制或发信报警 |
| | 力平衡式压力开关 | | | |

测量范围（Pa）标尺：$-10^5$　$-10^4$　$-10^3$　$-10^2$　$0$　$10^2$　$10^3$　$10^4$　$10^5$　$10^6$　$10^7$　$10^8$　$10^9$　$10^{10}$

（2）弹性式压力表：弹性式压力表是根据弹性元件在其弹性限度内，其形变与所受的压力成正比例的原理制成的仪表。常用的弹性敏感元件有弹簧管、膜盒、膜片及波纹管等，其中以弹簧管应用最为广泛。在给水排水工程中，弹性式压力表适合于就地测量显示而不需压力信号远传的场合。弹性式压力表的频率响应低，不宜测量动态压力。多数弹性式压力表的测量精度为 1～1.5 级左右。

（3）压力变送器：压力变送器是利用被测压力推动弹性元件产生的位移或形变，通过转换部件转换成电阻、电感、电容的变化；或利用半导体、金属等材料的压阻、压电等特性或其他固有的物理特性，将被测压力转换为标准电信号输出。压力变送器能方便的与二次仪表或工业计算机相连，实现压力信号的显示、记录和控制。压力变送器具有频率响应高、抗环境干扰能力强、测量精确度高、体积小、过载能力良好等特点，在给水排水工程中得到广泛的应用。

常用压力变送器的性能及结构特点见表 11-12。

常用压力变送器性能及结构特点　　　　　　　　　　表 11-12

| 类　别 | | 测量范围（MPa） | 精确度（%） | 输出信号 | 耐振动及冲击能力 | 结构特点 |
|---|---|---|---|---|---|---|
| 电阻式 | 电位器式 | −0.1～0，0～0.035 至 0～70 | 1.0 1.5 | 0～10mA | 差 | 将弹性测压元件的位移转化为电位器电刷的滑动，使电位器的电阻值随被测压力的变化而变化。结构简单，成本低廉，振动条件下寿命短，体积较大 |
| | 应变式 | −0.1～0，0～0.035 至 0～70 | 0.25 | 0～10mA | 好 | 将弹性测压元件的变形转化为粘贴在弹性元件上的应变片电阻值的变化。输出信号小，自然频率高 |
| 电感式 | 气隙式 | 0～0.00025 至 0～70 | 0.1 0.5 | 4～20mA | 好 | 将弹性测压元件的变形转化为电感组件之间的空气间隙，使电感组件的电感量发生变化。结构坚实，工作可靠，精确度及灵敏度高 |
| | 差动变压器式 | 0～0.04 至 0～210 | 0.5 1.0 1.5 | 4～20mA | 差 | 将弹性测压元件的位移转化为差动变压器铁芯的移动，使差动变压器次级线圈输出发生变化。结构简单，工作可靠，耐超载能力强 |
| 电容式 | | 0～0.00001 至 0～70 | 0.05～0.25 | 4～20mA | 好 | 将弹性测压元件的位移转化为平板电容器极板间距离的变化，使电容值发生变化。结构坚实，精确度及灵敏度高，过载能力强 |
| 压阻式 | | 0～0.0005 至 0～210 | 0.1 0.5 | 4～20mA | 好 | 把在硅膜上蚀刻扩散形成的应变片组成电桥，将膜电所受的压力转化为扩散电阻阻值的变化。体积小，无机械活动部件，自然频率高，抗振，精确度高 |
| 压电式 | | 0～0.0007 至 0～70 | 0.2 1.0 | 4～20mA | 好 | 被测压力作用于压电片上，使压电片变形，压电材料极化，表面产生与所受压力成正比的电荷。体积小，频率响应快，不宜于测量恒定压力 |
| 振频式 | 振弦式 | 0～0.0012 | 0.25 | 4～20mA 频率 | 好 | 将弹性测压元件的变形转化为钢弦的张紧程度，从而使钢弦的振动频率随被测压力而变化。结构简单，过载能力强，测量范围窄，可输出频率信号 |
| | 振筒式 | 0～0.014 至 0～50 | 0.01 0.1 | 4～20mA 频率 | 好 | 被测压力进入振筒壁内，振筒被张紧，使其固有振动频率随压力而变化。结构简单，精确度高，抗外界干扰能力强，可输出频率信号 |
| 霍尔式 | | 0～0.00025 至 0～60 | 0.5 1.0 1.5 | 4～20mA | 差 | 将弹性测压元件的位移转化为霍尔元件在磁场中的位移，使霍尔电势随被测压力而变化。结构简单，灵敏度高，抗磁性能力差，温度影响误差较大 |

（4）压力开关：压力开关的工作原理是被测压力使弹性元件产生位移，经放大后控制水银开关、磁性开关及触头等的断开及闭合。压力开关的作用是当压力达到设定值时发出报警或控制信号，从而监视或控制被测压力在某一设定的范围内。

（5）压力检测仪表的选用：主要考虑压力的种类和大小、测量的精确度、介质的性质、使用环境、用途和安装要求等因素，以确定压力检测仪表的形式、量程范围、精度等级和外形尺寸。

在给水排水工程中，压力检测仪表主要用于检测水泵的出水压力、管网压力、鼓风机出风管压力、抽真空系统的真空度等。被测介质为水或空气，使用环境一般为室内，常温常压，精确度一般在 1.0 级以内。当压力信号需远传至二次仪表或工业计算机时，应选择压力变送器。

压力检测仪表的量程范围应根据工艺要求来确定，当选用弹性式压力表或弹性元件形变原理的压力变送器时，为保证弹性元件在其弹性形变的安全范围内工作，量程的选择必须留有足够的余地。一般在被测压力稳定的情况下，最大压力值应不超过满量程的 3/4；在被测压力波动较大时，最大压力值应不超过满量程的 2/3；为保证测量的精确度，被测压力的最小值应不低于全量程的 1/3。

（6）常用压力（差压）检测仪表见表 11-13；常用压力开头（压力控制器）见表 11-14。

**常用压力（差压）检测仪表**　　　　　　　表 11-13

| 名称 | 型号 | 测量范围 | 精度（%） | 供电电源 | 输出信号 | 生产厂 |
|---|---|---|---|---|---|---|
| 1151 系列<br>电容式<br>压力变送器 | 1151GP<br>（压力） | 0～1.24kPa<br>至 0～41.37MPa | ±0.25 | 24V DC | 4～20mA DC | 西安仪表厂，上海自动化仪表公司自动化仪表一厂，北京远东仪表公司 |
| | 1151DP<br>（差压） | 0～1.24kPa<br>至 0～186.45kPa | ±0.2 | | | |
| | 1151GP/DP<br>（远传压力差压） | 0～6.22kPa<br>至 0～6.89MPa | ±0.25 | | | |
| 电感<br>压力变送器 | YSG—3 | 0～0.06 至 0～60MPa<br>—0.1～0 至—0.1～2.4MPa | ±1.5 | 24V DC | 4～20mA DC | 上海自动化仪表公司自动仪化仪表四厂 |
| 扩散硅<br>压力变送器 | YSZ—331 | 0～0.25MPa 至 0～25MPa | ±0.5 | | | |
| 扩散硅<br>压力变送器 | DBYG（压力） | 0～0.01MPa 至 0～60MPa | ±0.5 | 24V DC | 4～20mA DC | 上海自动化仪表公司调节器厂 |
| | DBCG（差压） | 0～16kPa 至 6～250kPa | | | | |
| 电容式<br>压力变送器 | JXBY（压力） | 0～1.2kPa 至 0～40MPa | ±0.35 | 24V DC | 4～20mA DC | 重庆川仪股份有限公司 |
| | JXBC（差压） | 0～60Pa 至 0～2.5MPa | | | | |
| 电容式<br>压力/差压<br>变送器 | CECY（压力） | 0～1kPa 至 0～40MPa | ±0.2<br>±0.5 | 24V DC | 4～20mA DC | 上海自动化仪表公司光华仪表厂 |
| | CECC（差压） | 0～0.16kPa 至 0～2.5MPa | | | | |
| 精小型<br>压力变送器 | JXBY | 0～250Pa 至 0～40MPa | ±0.35 | 24V DC | 4～20mA DC | 重庆川仪总厂有限公司 |
| 精小型<br>差压变送器 | JXBC | 0～60Pa 至 0～10MPa | ±0.35 | 24V DC | | |

| 名称 | 型号 | 测量范围 | 精度（%） | 供电电源 | 输出信号 | 生产厂 |
|---|---|---|---|---|---|---|
| 压阻式压力/差压变送器 | 7MF403X（压力） | 1～100kPa 至 0.7～70MPa | ±0.075 | 24V DC | 4～20mA DC HART PA FF | 德国 SIE-MENS公司 |
| | 7MF443X（差压） | 0.1～2kPa 至 30～300kPa | | | | |
| 压阻式压力/差压变送器 | MPM480（压力） | 0～50kPa 至 0～35MPa | ±0.1 ±0.3 | 24V DC | 4～20mA DC 0～10/20mA DC | 宝鸡麦克传感器有限公司 |
| | MPM490（差压） | 0～10kPa 至 0～2MPa | ±0.5 | | 0/1～5V DC | |
| 压阻式压力/差压变送器 | 压力 | 0～20kPa 至 0～100MPa | ±0.5 | 24V DC | 4～20mA DC 0～20mA DC | 瑞士 KEL-LER（宝鸡麦克传感器有限公司） |
| | 差压 | 0～20kPa 至 0～2MPa | | | | |
| 陶瓷电容式压力/差压变送器 | PMC131（压力）PMC51（压力） | −100～0kPa 至 0～4MPa | ±0.5 ±0.15 ±0.075 | 24V DC | 4～20mA DC | 德国 E＋H公司 |
| | PMD70（差压） | 0～2.5kPa 至 0～300kPa | ±0.075 ±0.05 | | | |
| 扩散硅压力/差压变送器 | PMP135（压力）PMP55（压力） | 0～100kPa 至 0～40MPa | ±0.5 ±0.15 ±0.075 | | | |
| | PMD55（差压）PMD75（差压） | 0～1kPa 至 0～4MPa | ±0.1 ±0.075 ±0.05 | | | |
| 陶瓷压力变送器 | JBY800 | 0～30kPa 至 0～60MPa | ±0.25 | 24V DC | 4～20mA DC | 重庆川仪总厂有限公司 |
| 扩散硅压力变送器 | SBP800 | 0～7kPa 至 0～35MPa | ±0.1 | 24V DC | 4～20mA DC | 重庆川仪总厂有限公司 |

常用压力开关（压力控制器）　　　表 11-14

| 名称 | 型号 | 调节范围（MPa） | 误差（%） | 触点容量 | 压力指标 | 生产厂 |
|---|---|---|---|---|---|---|
| 压力开关 | D500/7D | 0～2.5 | ±1.5 | AC 220V X6A（阻性） | 无 | 上海自动化仪表公司远东仪表厂 |
| 差压开关 | D520/7DD | 0.02～1.6 | ±1.0 | | | |
| 压力开关 | YPK-3 | −0.1～0 至 −0.025～0、0～0.025 至 0～0.4 | ±2.5 | AC 220V A1A | 无 | 上海自动化仪表公司自动化仪表四厂 |
| 压力开关 | YTK | 0～0.6 至 0～60 | ±2.5 | AC 380V X2A AC 220V X3A | 指针式（可选） | |

### 11.2.1.3 流量检测仪表

流量是指单位时间内流经封闭管道或开口堰槽某一有效截面的流体量；总量（也称累积流量）是指一段时间间隔内流经封闭管道或开口堰槽某一有效截面的流体量之总和。流量及总量可以用体积、质量等单位来表示。

流量检测仪表包括流量计和流量积算仪，前者用于测量流体的流量，后者用于测量流体的总量。随着流量检测仪表的发展，多数流量检测仪表都同时具有测量流量和总量的功能，有些厂商更是开发了将检测仪表和计算仪表整合的应用型仪表（如热量表，明渠/河道流量计等）。

（1）流量检测仪表的分类：流量检测仪表按工作原理可分为差压流量计、浮子（转子）流量计、容积式流量计、靶式流量计、涡轮流量计、涡街流量计、电磁流量计、超声波流量计、明渠流量计等。

（2）流量检测仪表的性能及结构特点见表 11-15。

**流量检测仪表的性能及结构特点**　　　　　　　　　表 11-15

| 类型 | | 公称管径（mm） | 测量范围（m³/h） | 精确度 | 结构特点 |
|---|---|---|---|---|---|
| 差压式流量计 | 喷嘴 | 50～500 | 5～2500 | 0.8 | 利用流体流经节流装置时，在节流件前、后产生的压力差与流量（流速）成平方根的关系来测量流量。仪表结构简单，使用寿命长，适应性较广。对安装要求严格，压力损失较大。适合于非腐蚀性流体的单向流量测量 |
| | 文丘里管 | 50～1200 | 30～18000 | 0.7～1.5 | |
| | V 锥 | 15～2000 | 10～70000 | 0.5 | |
| 浮子流量计 | 玻璃管 | 4～100 | 0.001～40 | 1～2.5 | 利用流体自下而上流过锥形管时，浮子所处的位置高度与流量呈线性关系来测量流量。仪表结构简单，压力损失小且恒定，工作可靠，合适于中、小管道的中小流量的测量 |
| | 金属管 | 15～200 | 0.01～150 | 1.0～1.5 | |
| 容积式流量计 | 椭圆齿轮 | 10～250 | 0.005～500 | 0.2～0.5 | 流量计内部的运行部件在流量压差的作用下，不断地将充满在计量室中的流体由入口排向出口，利用运动部件的转速与流体的连续排出量成比例关系来测量流量。仪表传动机构复杂，测量精度高，适合于测量黏性流体的累积流量 |
| | 腰轮 | 15～500 | 0.4～3000 | 0.2～0.5 | |
| | 旋转活塞 | 15～100 | 0.2～90 | 0.5～1 | |
| 靶式流量计 | | 15～200 | 0.8～400 | 0.5～5 | 利用流体流经阻力靶时，作用于靶上的冲击力与流量成平方根的关系来测量流量。仪表结构简单，维护方便，不易堵塞，适合于测量高黏度和带杂质的流体的流量 |
| 涡轮流量计 | | 4～600 | 0.04～6000 | 0.5～1 | 利用流体流经涡轮时，涡轮的转速与流量（流速）成比例的关系来测量流量。仪表测量精确度高，压力损失小，结构紧凑，使用寿命短。适合于洁净流体的流量测量 |
| 涡街流量计 | | 15～1200 | 气体7～55m³/s液体0.7～5.5m³/s | 1.0～1.5 | 利用流体流经仪表内的挡体时，在其后面产生旋涡，旋涡产生的频率与流量（流速）成比例的关系来测量流量。仪表内无活动部件，使用寿命长，压力损失较小。适合于低黏度流体流量的测量 |
| 电磁流量计 | | 2.5～3200 | 0.3～12m³/s | 0.2～0.5 | 利用电磁感应原理，即导电流体经仪表内磁场时产生的感应电动势与流量（流速）成比例的关系来测量流量。仪表几乎无压力损失，使用寿命长，测量范围宽，适合于测量导电率 $5\mu S/cm$ 的满管水流体的流量 |

| 类型 | 公称管径（mm） | 测量范围（m³/h） | 精确度 | 结构特点 |
|------|------|------|------|------|
| 超声波流量计 | 10～15000 | 0.5～20m³/s | 0.5～3 | 利用超声波在流体中顺流与逆流传播的速度之差与流量（流速）成比例的关系来测量流量。仪表安装方便，几乎无压力损失，测量范围宽，适合于大管径和污水管的各种流体的流量测量 |
| 明渠流量计 | | | 1～3 | 在流体流经的渠道上设置计量堰槽。测量堰槽内流体的液位，再根据有关流量公式计算出流量。此类仪表适合于污水和非满管水流量的测量 |

（3）流量检测仪表的选择：选用流量检测仪表时，一般应考虑：工艺过程允许的压力损失，最大最小额定流量，工况条件，精度要求，是测量瞬时值还是累积值，流量检测仪表的输出信号等等。然后根据表 11-15 所列出的各类流量检测仪表的性能及结构特点，选取较为合适的流量仪表。若有几种仪表都能满足同一要求的流量测量，则应比较这几种仪表的价格、质量、使用期限、安装与维护量的大小等综合因素来进行选取。

在给水排水工程中，流量是一项重要的检测参数，应根据计量要求选用具有相应精确度，工作稳定可靠，压力损失小的流量检测仪表。常选用的流量检测仪表有：涡轮流量计、涡街流量计、电磁流量计、超声波流量计，主要用于排水工程的明渠流量计、主要用于气体检测的差压流量计、涡街流量计等。其中，电磁流量计目前应用最为广泛。

（4）电磁流量计：电磁流量计由传感器和转换器两部分组成。传感器基于法拉第电磁感应原理制成，它主要由内衬绝缘材料的测量管，穿通管壁安装的一对电极，测量管上、下安装的一对用于产生磁场的励磁线圈及一个磁通检测线圈等组成。转换器将传感器检测的感应电动势和磁通密度信号进行处理，转换成 4～20mA DC 的标准信号和 0～1kHz 的频率信号输出，供用户显示、记录和控制流量。

电磁流量计测量管内无活动及阻流部件，是一段光滑直管，因此仪表的压力损失几乎没有，且不易堵塞，特别适合测量液固两相介质的流量。

电磁流量计对被测介质的要求必须是导电性的液体或均匀的液固两相介质，最低电导率＞1μS/cm。一般自来水、原水的电导率在 100～500μS/cm 之间，因此给水排水工程中的原水、出厂水、污泥、药液等介质的流量都可用电磁流量计来测量，而非导电的纯酒精、汽油、油类等介质则不能用电磁流量计测量。另外，电磁流量计要求被测介质中不应含有较多的铁磁性物质及大量气泡，因为这会影响测量的精确度。

电磁流量计的传感器依靠法兰同相邻管道连接，可以安装在水平、垂直和倾斜的管道上，要求二电极的中心轴线处于水平状态。无论哪种安装方式，都不能有非满管现象或有大量气泡通过传感器。电磁流量计安装要求前后有适当长度的直管段，一段要求前置直管段为 5 倍管道内径，后置直管段为 3 倍管道内径。

为了使电磁流量计可靠地工作，提高测量精度，不受外界寄生电势干扰，传感器应有良好的单独接地线，接地电阻＜10Ω。在连接传感器的管道内若涂有绝缘层或是非金属管道时，传感器两端应装有接地环。

在给水排水工程设计中选用电磁流量计时，应根据被测液体的流速、种类、温度、压力、腐蚀性和使用环境，合理选择传感器的口径、电极形式、电极材料、衬里材料、接地环和防护等级等。

（5）明渠流量计：污水处理厂尾水或下水道排水，通常采用自流的办法，即以非满管状态排水，这种具有自由水面的非满管状态的流通水路称为明渠。常用的明渠流量计有堰式、槽式、速度面积式三类。堰式流量计主要有三角堰、短形堰等形式；槽式流量计主要有巴氏水槽等形式；速度面积式主要有连续多普勒、脉冲多普勒等形式。

在流体的中途或末端，设置上有缺口的板或壁，流体在这里被阻挡，然后通过这个缺口向下游侧流去。此时，通过测量板或壁的上游侧水位即可知道流体的流量。这种板或壁称为堰，使用这种方法测量流量称为堰式流量计。根据堰的缺口形状，主要分为三角堰、矩形堰、全宽堰等。其特点是结构简单、价格便宜、可靠性高。

当对明渠的一部分节流时，该处的流速增大，同时该部分的水位下降。测量这个水位的下降量从而求得流量的装置一般称为槽，使用这种方法测量流量称为槽式流量计。目前用得较多的是巴氏计量槽。与堰相比较，槽的优点是水头损失小（约为堰的 1/4），水中的固态物质不会沉淀堆积；缺点是槽的形状复杂，比堰的造价高。槽的材料一般采用金属或玻璃钢。

堰式和槽式明渠流量计中水位的检测常用与明渠流量计成套的超声波液位检测仪表，这种仪表内储存有根据水位计算流量的程序，可直接在仪表上显示水位和流量，并能将流量转化为标准电流信号输出。

速度面积式流量计应用多普勒原理测得水流速度，用压电或超声波液位计测得水深，通过水深计算流体断面面积，根据测得的流速和断面面积计算流量。该方式特点是一般不需要专门设计堰或槽，只要渠道或管道形状相对规则即可。

（6）常用流量检测仪表见表 11-16。

常用流量检测仪表

表 11-16

| 名称 | 型号 | 公称通径（mm） | 测量范围（m³/h） | 精度（%） | 供电电源 | 输出信号 | 流量积算仪 | 生产厂 |
|---|---|---|---|---|---|---|---|---|
| 涡街流量计 | OPTISWIRL 4070 | 15～300 | 流速 0.3～7m/s 液体 2.0～80m/s 气体 | ±0.75 ±1.0 | 24V DC | 4～20mA 脉冲频率 | | 科隆测量仪器（上海）有限公司 |
| 涡街流量计 | KVFN | 15～1200（300 以上用插入式） | | ±1.0 ±1.5 | 24V DC 3.6V 电池 | 频率 4～20mA 等 | KDF | 上海肯特仪表股份有限公司 |
| 涡街流量计 | Prowirl | 15～300 | 0.3～5 至 93.4～2412 | ±0.75 | 24V DC | 4～20mA 脉冲频率 HART，FF，PA | RMS620 RMS621 | 德国 E+H 公司 |
| 电磁流量计及分体式电磁流量计 | MAGFLO | 2～2200 | 流速：0.25～10m/s | ±0.4 ±0.2 | 220V AC 24V DC 电池 | 4～20mA 脉冲频率 RS485，HART，PA，DP，FF | | 德国 SIEMENS 公司 |

| 名称 | 型号 | 公称通径<br>（mm） | 测量范围<br>（m³/h） | 精度<br>（%） | 供电电源 | 输出信号 | 流量积<br>算仪 | 生产厂 |
|---|---|---|---|---|---|---|---|---|
| 电磁流量计及分体式电磁流量计 | KEF | 10～3200 | 流速：0.3～10m/s | ±0.2<br>±0.3<br>±0.5 | 220V AC<br>24V DC<br>3.6V | 4～20mA，RS485，HART，DP | | 上海肯特仪表股份有限公司 |
| 电磁流量计 | E-mag | 15～2400 | 流速：0.5～15m/s | ±0.3或±0.5 | 85～265V AC | 0～10mA DC<br>4～20mA DC<br>脉冲频率<br>（RS232，RS485接口） | VKB | 开封仪表厂 |
| 电磁流量计 | Promag | 2～2400 | 0～160000<br>流速：0.01～10m/s | ±0.2<br>±0.5 | 24V DC<br>220V AC | 0/4～20mA<br>脉冲频率<br>HART，Modbus<br>DP/PA，FF<br>Ethenet/IP<br>RJ45接口 | | 德国E＋H公司 |
| 电磁流量计 | OIPTIFLU<br>X2300/4300 | 2.5～3000 | 流速：0.3～12m/s | ±0.2 | 220V AC<br>24V DC | 4～20mA/<br>HART<br>频率/脉冲<br>RS485/<br>DP/PA/FF | | 科隆测量仪器（上海）有限公司 |
| 插入式电磁流量计 | KEFI | 80～1800 | | ±2.5 | 220V AC<br>24V DC | 4～20mA<br>脉冲频率<br>RS485，HART | | 上海肯特仪表股份有限公司 |
| 超声波流量计 | SONOKIT | 200～4000 | 流速：0.25～10m/s | ±0.5～±1.5 | 220V AC<br>24V DC<br>电池 | 4～20mA<br>脉冲频率<br>HART，PA | | 德国SIE-MENS公司 |
| 超声波流量计（外夹式） | SITRANS<br>FST020 | 12.7～6096 | 流速：0～12m/s | ±0.5～±1.0 | 220V AC<br>24V DC | 4～20mA<br>脉冲频率 | | 德国SIE-MENS公司 |
| 电磁流量计 | Mag<br>Master | 15～2200 | 流量比：1500∶1 | ±0.15 | 220V AC | 4～20mA<br>DC 0～800Hz<br>双向脉冲 | | 重庆川仪总厂有限公司 |
| 超声波流量计 | OPTISONIC<br>6300 | 15～4000 | 流速0～20m/s | ±1% | 220V AC<br>24V DC | 4～20mA/<br>HART<br>频率/脉冲 | | 科隆测量仪器（上海）有限公司 |
| 超声波流量计 | Prosonic<br>Flow | 15～4000 | 流速：0～15m/s | ±0.5 | 24V DC<br>220V AC | 0/4～20mA<br>脉冲频率<br>HART，DP/PA，FF | | 德国E＋H公司 |
| 超声波明渠流量计 | Multi<br>Ranger200 | | 取决于所用堰、槽类型 | ±0.25 | 220V AC<br>24V DC | 4～20mA<br>RS485，DP | | 德国SIE-MENS公司 |
| 超声波波明渠流量计 | Prosonic | | 取决于所用堰、槽类型 | ±0.2 | 220V AC<br>24V DC | 0/4～20mA<br>脉冲频率<br>HART，DP | | 德国E＋H公司 |

续表

| 名称 | 型号 | 公称通径<br>(mm) | 测量范围<br>(m³/h) | 精度<br>(%) | 供电电源 | 输出信号 | 流量积<br>算仪 | 生产厂 |
|---|---|---|---|---|---|---|---|---|
| 超声波明渠流量计 | ERS91-F | | 取决于所用堰、槽类型 | ±0.25 | 220V AC 或<br>24V DC | 4～20mA | | 美国宝丽声公司 |
| 超声波明渠流量计 | ECHOT-EL Ⅲ | | 取决于所用堰、槽类型 | ±0.25 | 220V AC | 4～20mA DC<br>RS485<br>RS232 | | 美国麦丽丘路公司 |
| 超声多普勒速度面积流量计 | 4300 | 150～3000<br>或水深小于<br>3000mm | 取决于断面面积 | ±3% | 220V AC<br>或 12V DC | 4～20mA<br>RS232<br>RS485 | — | 美国 ISCO<br>公司 |

#### 11.2.1.4　液位检测仪表

（1）液位检测仪表的分类：液位检测仪表按测量方式可分为连续测量和限位测量两大类。

连续测量：能连续不断地测量液位的变化情况称为连续测量，能实现连续测量液位的仪表称为液位计或液位变送器。按测量液位的原理与方法，目前常用的有电容式、静压式、超声波式、导波雷达式等液位计。

限位测量：检测液位是否达到上限、下限等某个特定位置称为限位测量，能实现限位测量液位的仪表称为液位开关。

（2）电容式液位计：电容器的容量与组成电容的极板的面积及中间介质的介电常数成正比，与极板之间的距离成反比。

在电容式液位计中用于检测液位的电容，一般是由容器壁与插入容器的探头组成。容器壁与探头组成一对电极，若容器壁为绝缘材料，就利用接地管道、第二探头或金属极等作为参考电极。电容器电容量的大小取决于探头与容器壁之间有多少介质，即液位的高度。通过测量介质电容量的大小，即可计算出液位的高度。

电容式液位计一般由测量探头和变送器两部分组成，变送器装于探头的顶端。测量探头有多种不同的形式，如棒式探头、带套管式探头、双缆式探头、法兰连接式探头、板式探头等。上述每种探头又分为绝缘式和部分绝缘式，以适应不同的被测介质。其中棒式探头的最大长度为4m，绳式探头的最大长度为20m，板式探头用于限位测量。在给水排水工程设计中，应根据被测液体的深度、温度、压力、腐蚀性、黏度、绝缘性、容器的结构和安装等因素来正确选用合适的探头。

电容式液位计的特点是：一般不受真空、压力、温度等环境条件影响，能检测高温、高压下液体的液位；结构牢固、安装方便、易于维护；可用于测量有腐蚀性的液位。但对介电常数可能变化，介质能在电极上附着的液体则不适于采用电容式液位计。

（3）静压式液位计：液位计处于被测液体之中时，受到一定的液体静压力，当被测液体的密度不变时，这种静压力与被测液体的高度成正比例。根据此原理，通过测量位于一定深度液体之中的作用于传感器之上的压力信号，即可计算出被测液体的深度。

静压式液位计由传感器、变送器、导气电缆（或电杆）组成。其中，传感器采用扩散硅敏感元件，其结构见图 11-4。液体的压力使测量膜片产生形变，通过硅油将压力传递到扩散硅电阻上，使其电阻值产生变化，然后通过变送器放大输出标准的电流信号。导气电缆（或电杆）不仅承担信号传输功能，而且将大气引入传感器，使之输出的是与相对静压力成正比的电信号。

静压式液位计分为直装式和沉入式，直装式适合于安装在容器或管道的底部或侧面，靠法兰或螺纹连接，结构紧凑。沉入式适合在水池或水井上面安装，有缆式和杆式两种结构。沉入缆式静压液位计的最大测量深度为100m，适合于一般液体液位，特别是深井水位的测量；沉入杆式静压液位计的最大测量深度为4m，适合于液面扰动大及有腐蚀性的液体液位的测量。当用沉入缆式静压液位计测量流动或扰动大的液位时，为防止传感器剧烈摆动，传感器应附加重锤或将传感器置于防波管中，其安装示意见图11-5。

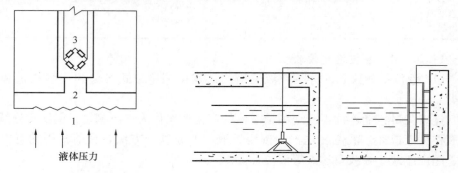

图 11-4　静压式液位传感器结构示意
1—耐腐蚀膜片（其挠度对测量精确度没有影响）　图 11-5　沉入缆式静压液位计安装示意
2—硅油；3—扩散硅电阻

静压式液位计的特点是：测量范围大，采用主动温度补偿式扩散硅传感器，受温度变化而引起的测量误差小；安装方便，工作可靠；可用于测量黏度较高、易结晶、有固体悬浮物、有腐蚀性液体的液位测量。

（4）超声波式液位计：超声波式液位计的工作原理为传感器定时发射出超声波脉冲信号，在被测液体的表面被反射，返回的超声波信号再由传感器接收。从发射超声波脉冲到接收到反射信号所需的时间与传感器到液体表面的距离成正比，由此可计算出液位。

由于超声波在空气中的传播速度随空气温度的不同而有所变化，因此，超声波液位计中设置了一个温度传感器，以便对因温度而引起的超声波的传播速度的变化进行自动补偿。

超声波液位计由传感器和变送器两部分组成。传感器部分包括超声换能器和温度传感器，超声换能器完成电能和超声能之间的转换。由于这种能量转换是可逆的，所以发射与接收换能器的结构相同，实用中通常是用同一只换能器来发射与接收超声波；温度传感器用以自动补偿因空气温度变化而引起的测量误差。变送器能产生信号激励换能器，并将超声换能器转换的信号进行放大和处理，输出表示被测液体液位的标准电流信号。

超声波液位计的特点是：能实现非接触的液位测量，特别适合于测量腐蚀性强、高黏度、密度不确定等液体的液位。超声波液位计的价格较电容式和静压式液位计贵。在给水排水工程中，超声波液位计通常用于加药间混凝剂池液位、污泥池液位的测量。

超声波液位计使用的超声波频率为13～50kHz（量程小时超声波频率高），测量范围为0.9～60m。

超声波液位计的另一个应用是用于明渠流量计流量的测量。

（5）导波雷达式液位计：导波雷达式液位计的工作原理是基于 TDR 时域反射原理，仪表沿着导波缆发射出电磁波，在被测液体的表面被反射，返回的电磁波再由仪表接收。从仪表发出到收到反射信号与传感器到液面距离成正比，由此可计算出液位。

导波雷达式液位计由传感器和变送器两部分组成，传感器部分主要为导波缆，变送器主要为发射电磁波及进行信号的能量转换和输出等。

灰尘、泡沫、蒸气、波动的表面、沸腾的表面、压力改变、温度改变、介电常数改变和密度的改变都不会对仪表的性能产生影响。

导波雷达式液位计的特点是：相比其他形式的液位计，由于电磁波几乎不受任何工艺条件的影响，故测量精确稳定。同时，由于有导波缆的存在，电磁波不会发生衰减、散射等情况，可以保证仪表在任何状态下都进行良好测量，价格较其他液位计贵。随着导波雷达的价格降低，未来在给水排水工程中会广泛应用。

（6）污泥界面仪

污泥界面监测仪能测量出污泥层的高度和厚度，其测量原理是基于超声波液位测量的原理。超声波液位仪的工作过程：传感器由一对发射、接收换能器组成。发射换能器面对污泥液面发射超声波脉冲，超声波脉冲从液面上反射回来，被接收换能器接收。根据发射至接收的时间可确定传感器与液面之间的距离，即可换算成液位。

污泥界面仪的传感器通常位于水面以下 5～10cm，超声波能量从探头表面向沉淀池下面发射，超声波会被水中固体悬浮物反射，形成连续回波，被传感器回收。

污泥界面仪由控制单元和测量单元两部分组成。其中控制单元主要是为测量单元提供电源、信号输出、测量数据显示等；测量单元主要负责超声波的发送与接收，所得信号通过电缆传送给控制单元，通过软件计算后在控制单元上显示测量数据。

污泥界面仪安装方式为浸没式安装，探头必须放入液面以下 20cm 左右，探头与池壁间的距离应该≥30cm，避免池壁对超声波信号的干扰。

在给水排水工程中，污泥界面仪主要应用在污水处理的初沉池、二沉池、污泥浓缩池的污泥界面测定；自来水厂沉淀池泥位测定。

（7）液位开关：进行限位测量的液位开关是用来测量液位是否达到预定的高度（通常是安装测量探头的位置），并发出相应的开关信号。按测量原理可分为浮球式、电容式、电导式、超声波式等。

液位开关可以用于测量液位、固—液分界面、液—液分界面、液体的有无等。较连续测量的液位计而言，液位开关具有简单、可靠、使用方便、适用范围广、价格便宜等特点。

（8）常用液位检测仪表见表 11-17，常用污泥界面仪见表 11-18。

**常用液位检测仪表**　　　　　　　　　　　　　　　　　　　表 11-17

| 名　　称 | 型　　号 | 测量范围（m） | 精确度 | 供电电源 | 输出信号 | 生产厂 |
|---|---|---|---|---|---|---|
| 电容式液位变送器 | UYZ-50 | 0.5、1.0、1.5、2.0、2.5、3.0、4.0、6.0、10 | ±1.0% | 220V AC | 0～10mA DC | 上海自动仪表五厂 |
| 电容式液位变送器 | SITRANS LC300 | 0～0.3 至 0～25 | ±0.5% | 24V DC | 4～20mA DC | 德国 SIEMENS 公司 |

续表

| 名　　称 | 型　号 | 测量范围（m） | 精确度 | 供电电源 | 输出信号 | 生产厂 |
|---|---|---|---|---|---|---|
| 电容式液位变送器 | FMI51/52 | 棒式探头：0～4.0<br>缆式探头：0～10.0 | ±0.5% | 220V AC<br>24V DC | 4～20mA DC | 德国 E＋H 公司 |
| 静压式液位变送器 | UC 系列 | 2.5、10、15、20、25、50、100、150 | ±0.25% | 24V DC | 4～20mA DC | 上海自动化仪表五厂 |
| 静压式液位变送器 | PMC/L | 0～50 | ±0.2%<br>±0.5% | 24V DC | 4～20mA DC<br>0～20mA DC<br>1～5V DC | 重庆川仪总厂有限公司 |
| 扩散硅液位变送器 | NT870 | 5、10、20、30、40、50、70、100 | ±0.2%<br>±0.5% | 24V DC | 4～20mA DC<br>或 0～10mA DC | 沈阳仪器仪表工艺研究所 |
| 静压式液位变送器 | SITRANS P MPS | 0～2 至 0～1000 | ±0.3% | 24V DC | 4～20mA DC | 德国 SIEMENS 公司 |
| 静压式液位变送器 | FMX21 | 0～200 | ±0.1%<br>±0.2% | 24V DC | 4～20mA DC<br>HART | 德国 E＋H 公司 |
| 超声波液位变送器 | DLM12/24/50、ILM232 | 3.6、7.3、15、30、60 | ±1.0%<br>±1.5% | 220V AC | 4～20mA DC<br>0～5V DC<br>RS232 | 上海自动化仪表五厂 |
| 超声波液位变送器 | WJ360 | 0.030～6.000 | ±1.0% | 24V DC | 4～20mA DC | 美国 HACH 公司 |
| 超声波液位变送器 | FMU30/40 | 0.25～20 | ±0.2% | 24V DC<br>220V AC | 4～20mA DC<br>HART，PA，FF | 德国 E＋H 公司 |
| 超声波液位变送器 | OPTISOUND 系列 | 0～5m 至 0～45m | ±0.2% | 24V DC<br>220V AC | 4～20mA DC | 科隆测量仪器（上海）有限公司 |
| 导波雷达（TDR）液位计 | OPTIFLEX 1100C | 0～20m | 当测量距离≤10m时±10mm，当测量距离＞10m时±0.1%测量值 | 24V DC | 4～20mA DC | 科隆测量仪器（上海）有限公司 |

**常用污泥界面仪**　　　　　　　　　　表 11-18

| 名　　称 | 型　号 | 测量范围（m） | 精确度 | 供电电源 | 输出信号 | 生产厂 |
|---|---|---|---|---|---|---|
| 污泥界面监测仪 | Sonatax sc | 0.2～12 | ±0.05m | | | 德国 LANGE 公司 |
| 超声波泥水界面仪 | CUS71D | 0.3～10 | ±0.035m | 24V DC<br>220V AC | 4～20mA DC<br>HART，MODBUS<br>DP，继电器 | 德国 E＋H 公司 |
| 超声波泥水界面仪 | InterRanger DPS300 | 1～30 | ±1.0% | 220V AC | 4～20mA DC<br>RS485，DP | 德国 SIEMENS 公司 |
| 超声波泥水界面仪 | SIGMA5570 | 0.45～7.25 | ±0.06m | 220V AC | 4～20mA DC | 美国 SIGMA（EIT）公司 |

### 11.2.2 物性与成分量检测仪表

#### 11.2.2.1 浊度仪、颗粒物计数器

（1）浊度仪

浊度，即水的浑浊程度，它是水中的不溶性物质引起水的透明度降低的量度。不溶性物质包括悬浮于水中的固体颗粒物（泥沙、腐殖质、浮游藻类等）和胶体颗粒物。根据不同的测量原理，浊度的单位有很多种表示方法，常见的有 NTU、FTU、FAU 和 mg/L。我国水质标准采用 NTU 作为浊度单位，用来分析水中不溶性物质对光线透过时产生的散射光效应的程度。

目前在线浊度仪主要采用 USEPA 方法 180.1 和 ISO 方法 7027 两种检测方法。基本原理是由光源组件发出的一束入射光线照射到水中的悬浮颗粒上，颗粒向四周发出散射光，检测器检测与入射光成 90°的散射光（图 11-6）。测量散射光比测量透射光的测量方法提高了分辨率度和重复性；测量单位称为 NTU。

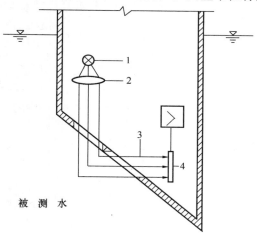

**图 11-6　浊度计散射光测量原理**
1—光源；2—透镜；3—散射光；4—光敏测量元件

采用红外光作为浊度仪的入射光光源，水中即使有颜色也不会干扰测量。最常见的光源是采用发光二极管（LED），光谱波长从 850nm 到 880nm。由于在这个波长下，几乎没有任何自然的物质会吸收光，因此，入射光不会干扰自然水样中所存在的色度。这种波长对于小颗粒的灵敏度较低，使用现代化的电子系统，可以将这种较低的灵敏度放大。

按照测量范围，常用的浊度仪包括低量程（0~100NTU）、超低量程（0~5000mNTU）、高量程（0~9999 NTU）浊度仪。有些浊度仪除了可以测量浊度外，还可以测量悬浮物（污泥浓度）。

浊度的测量在给水排水行业的应用十分广泛。在自来水厂进厂水、沉淀后水、滤后水、出厂水监测，市政管网水质监测；污水处理厂的曝气池、二次沉淀池、浓缩池、消化池等场合，都要进行浊度的监测。其中，自来水和污水应用中使用不同结构的浊度仪，自来水使用的是发出白炽光和红外光的光源，而污水则主要使用发出红外光的光源。激光浊度仪主要应用在膜处理工艺中过滤膜状态监测、直饮水系统的浊度监测和自来水厂的出厂水超低量程浊度监测等。

浊度检测仪表一般包括浊度仪和控制器。浊度仪一般由传感器光源、检测器和气泡脱除系统组成。

自来水厂常用浊度检测仪表见表 11-19，污水处理厂常用浊度检测仪表见表 11-20。

（2）颗粒物计数器

水中粒子的来源是多种多样的。水中微小颗粒的存在，影响到水的质量。粒子计数器用来监测水中微小颗粒。

自来水厂常用浊度检测仪表    表 11-19

| 名称 | 型号 | 测量范围（NTU） | 准确度 | 重现性 | 检出限（NTU） | 特点 | 制造商 |
|---|---|---|---|---|---|---|---|
| 浊度分析仪 | 1720E | 0.0001～9.9999<br>10.000～99.999 | 0～40NTU 时，读数的±2%或±0.02，取大者；40～100NTU 时，读数的±5% | 优于读数的±1.0%或±0.002 | 0.0032 | 数字化控制器；探头"即插即用"；内置专利的气泡去除系统；清洗维护简单；3 个月校正一次；再现性好，不受样品流速和压力的影响 | 美国HACH公司 |
| 超低量程浊度仪 | FT660 sc | 0.000～5000 m | 0～1000mNTU，读数的±3%或5mNTU，取大者 | 在 30mNTU时为±3.6%，在 800mNTU时为±1.7% | 0.001 | 可准确测量0.1NTU以下的浊度，内置除泡系统；LED光源 | 美国HACH公司 |
| 浊度分析仪 | Ultraturb Plus sc | 0.0001～1000 | ±0.008NTU，±读数的1%（0～10NTU） | ±0.003NTU，±读数的0.5%（0～2NTU） | 0.0001 | 可提供自清洗，LED光源，符合ISO 7027，精确的光路设计 | 美国HACH公司 |
| 高量程浊度仪 | Surface Scatter 7 sc | 0～9999 | 在 0～2000NTU 时，读数的±5%；在 2000～9999NTU 时，读数的±10% | — | — | 光学元件从不接触水；测量范围宽；可靠准确的测量；使用抗腐蚀的材料，可以使用在高温样品条件下 | 美国HACH公司 |
| 浊度/悬浮物/污泥浓度分析仪 | SOLIT AXTMsc | 浊度：0.001～40000；污泥浓度：0.001～500g/L | 浊度小于读数1%，或±0.001NTU，取大者；悬浮固体:小于读数5% | 浊度：小于读数1%；悬浮固体:小于读数3% | 0.001 | 双光束近红外光/散射光，90°和140°检测器，不受样品颜色干扰 | 德国LANGE公司 |
| 浊度分析仪 | OPTISYS TUR 1050 | 0～100<br>0～1000 | 测量值小于40NTU 时，±2%；测量值大于40NTU 时，±5% | — | 0.001 | 体积小巧，带超声波自动清洗，可使用0.02/10/100NTU 标定液 | 科隆测量仪器（上海）有限公司 |
| 浊度分析仪 | T1055 | 0.001～200 | 0～1 NTU:±2% 读数或±0.015 NTU，取大者<br>0～20 NTU:±2%读数 | ＜1NTU:4.2%，＞1NTU:1% | 0.065 | 符合美国 EPA 180.1 环保标准，英文操作菜单 | 美国Rose-mount公司 |
| 浊度分析仪 | AMI Turbitrace | 0.000～100.0 FNU | ±0.001FNU或读数的1% | — | — | 用于斜率校准的阀和连接器符合 ISO 7027标准。综合报警干结点，可编程报警值和仪表故障 | 瑞士SWAN公司 |

| 名称 | 型号 | 测量范围（NTU） | 准确度 | 重现性 | 检出限（NTU） | 特点 | 制造商 |
|---|---|---|---|---|---|---|---|
| 浊度分析仪 | Turbimax CUE21/22 | CUE21：0～1000 NTU /FNU　CUE22：0～100 NTU /FNU | <40 NTU：±2 % 读数或±0.02 NTU，取大值>40 NTU：±5 % 读数 | 读数的±1.0% | 0.0001 | 一体化设计，采用白光源和红外光散射原理；快速标定；自动超声波清洗；RS485通信 | 德国E＋H公司 |
| 浊度/悬浮物/污泥浓度分析仪 | CUS51D | 浊度：0～4000 NTU/FNU　污泥浓度：0～150g/L | 浊度：<2%测量值或0.1FNU，取较大值；污泥浓度：<5%测量值或满量程1% | | 浊度：0.006 FNU；污泥浓度：0.85mg/L | 四光束近红外光/散射光，90°和135°检测器，不受样品颜色干扰；即插即用；数字传感器带存储功能 | 德国E＋H公司 |
| 在线浊度分析仪 | Turb 2000 | 0.0001～9.9999　10.00～99.99　100.0～1000.0 | 0～40NTU 时，读数的±2%或0.02，取大者；大于40NTU，读数的±5% | 优于读数的±1.0%或±0.002 | 0.001 | 内置专利的超声波除气泡和清洗技术。减小系统干扰和误差，不受样品流速和压力的影响 | 德国WTW公司 |
| 浊度监测仪 | TM 2200 | 0～3　3～30　30～200 | 读数的±2% | 误差小于读数的±1.0%或±0.002NTU | 0.0001～0.01 | 一体化设计，安装简单，维护方便；具有自动识别气泡功能；30mL 过流单元，节省维护费用 | 美国Chem Trac公司 |

**污水处理厂常用浊度检测仪表**　　　　　　　　　表 11-20

| 名称 | 型号 | 测量范围（NTU） | 准确度 | 重现性 | 检出限（NTU） | 特点 | 制造商 |
|---|---|---|---|---|---|---|---|
| 浊度/悬浮物/污泥浓度分析仪 | SOLITAX TMsc | 浊度：0.001～40000；污泥浓度：0.001～500g/L | 浊度：小于读数 1%，或±0.001NTU，取大者；悬浮固体：小于读数 5% | 浊度：小于读数1%；悬浮固体：小于读数3% | 0.001 | 在线探头式插入监测。双光束近红外光/散射光，90°和140°检测器，不受样品颜色干扰；多种量程、传感器材质和安装方式可选 | 德国LANGE公司 |
| 悬浮物/污泥浓度在线分析仪 | TSS sc | 浊度：0.001～4000；悬浮物（SS）：0.001～500g/L | 浊度：<测量值的 5%或±0.01FNU/NTU | 浊度：<3%；固体物质（SS）：<4% | — | 苛刻场合，八光束，免清洗。具有双光源八光束测量系统，测量量程宽，可防止表面结垢；可耐受 90℃的高温；具有普通型、卫生型、防爆型、高温型浊度仪，应用范围广 | 美国HACH公司 |

| 名称 | 型号 | 测量范围<br>(NTU) | 准确度 | 重现性 | 检出限<br>(NTU) | 特点 | 制造商 |
|---|---|---|---|---|---|---|---|
| 浊度/悬浮物/污泥浓度分析仪 | CUS51D | 浊度：<br>0～4000<br>NTU/FNU<br>污泥浓度：<br>0～150g/L | 浊度：<2%测量值或0.1FNU，取较大值；<br>污泥浓度：<5%测量值或满量程1% | — | 浊度：<br>0.006FNU<br>污泥浓度：<br>0.85mg/L | 四光束近红外光/散射光，90°和135°检测器，不受样品颜色干扰；即插即用；数字传感器带存储功能 | 德国E+H公司 |
| 浊度/悬浮物分析仪 | VisoTurb 700 IQ | 浊度：0～4000<br>悬浮物（SS）：<br>0～400g/L | ±1% | 浊度：<0.015 %或±0.006 | 0.001 | 内置超声波自清洗功能，防止镜片脏污和气泡影响。具有免校正免维护技术。90°散射和180°透射红外光法。长寿命LED光源。控制器可搭载多个探头 | 德国WTW公司 |
| 在线浊度析仪 | OPTISENS TUR 2000 | 0.001～4/<br>0.01～40<br>0.1～400 | 满量程的±1% | — | — | 90°散射光原理，带吹气或喷水清洗系统 | 科隆测量仪器（上海）有限公司 |

　　颗粒物计数仪一般用于监测水中 2～750μm 粒径的粒子，这些粒子可以作为研究水中的干净程度，污染细菌的种类等重要参数。

　　颗粒物计数仪的测量原理：取样水里的微小粒子通过检测通道，激光光束照射到水样，水中颗粒物遮挡了光线，在光电检测器上留下阴影，检测器检测光线的消光度。颗粒计数器的标准配置包括：主机和安装附件等，可根据实际情况选择以下两种配置中的其中一种：颗粒计数器，带模拟信号输出和流速控制器；颗粒计数器，带流速控制器。

　　颗粒计数器典型应用于膜过滤装置的出水水质监测以及膜完整性监测。

　　常用的颗粒计数仪见表 11-21。

常用颗粒计数仪　　　　　　　　　　　表 11-21

| 名称 | 型号 | 测量粒径范围 | 特 点 | 制 造 商 |
|---|---|---|---|---|
| 颗粒计数器 | PCX2200 | 2～750 μm | 给出水样中颗粒的粒径大小和数量；对水样的动态变化响应快，配置样品进样流量控制管道系统；可以监测8个任选粒径的通道 | 美国 HACH 公司 |
| 颗粒物计数仪 | PC 3400 | 2～900μm | 1mm×1mm 大流量过流单元，防止堵塞，并能显示过流单元状态；可监测低至 ppt 数量级的颗粒物；提供颗粒物大小及数量信息，8个测量通道用户可自行设定；外置传感器，便于清洗和维护 | 美国 ChemTrac 公司 |

#### 11.2.2.2　消毒剂分析仪

在大规模供水系统中，消毒被认为是最基本的处理工艺，它是保证安全用水必不可少的措施之一。消毒方法包括用液氯、氯胺、二氧化氯、次氯酸钠、臭氧、紫外线等消毒。消毒剂分析仪包括余氯分析仪、总氯分析仪、一氯胺分析仪、臭氧分析仪和二氧化氯分析仪等。

（1）余氯、总氯分析仪

余氯，又称为游离氯、游离余氯，即以次氯酸、次氯酸盐离子和溶解的单质氯形式存在的氯，单位为 mg/L（或 ppm）。总氯，以"游离氯"或"化合氯"，或两者共存形式存在的氯。目前已有多种检测游离和化合余氯的方法，例如碘量电流滴定法、电极法、以 N，N-二乙基-1，4 苯二胺（DPD）为指示剂的氧化还原滴定法以及 DPD 比色法或邻联甲苯胺比色法。

1）电极法余氯分析仪

电化学法的余氯分析仪也称为电极法余氯分析仪，有两种原理，一种是通常采用的覆膜式选择电极来测量水样中的次氯酸或总游离氯。即电解液和渗透膜把电解池和水样品隔开，渗透膜可以选择性让 $ClO^-$ 透过；在两个传感器之间有一个固定电位差，生成的电流强度可以换算成余氯浓度。由于在一定温度和 pH 值条件下，HClO、$ClO^-$ 和余氯之间存在固定的换算关系，通过这种关系可以测量余氯。通常采用覆膜式选择电极来测量水样中的次氯酸或总游离氯。因而，传感器有两种形式：HClO 次氯酸型和 TFC 总游离氯型，它们之间的区别仅在于是否有 pH 电极。

覆膜电极法余氯分析仪的标准配置包括 TFC 传感器（带 pH 传感器）、控制器和控制器安装板；HClO（次氯酸）分析仪的标准配置包括 HClO 传感器、控制器和控制器安装板。易耗品包括膜和电解液。

传感器为主要的检测单元，由覆膜式 HClO 电极或 pH 电极组成。流通池用于 HClO 电极和 pH 电极的安装固定，同时为电极的测量提供连续待测水样。测量时，水样连续流过安装有电极的流通池，HClO 电极实时监测水样的次氯酸浓度。

控制器的主要作用是为传感器提供电源，接收 HClO 或 pH 测量信号，变送和输出传感器的测量结果。同时，提供一个人机界面，方便操作人员对仪器进行操作维护、设置和校正等。

另一种是无膜电极法，也就是说没有覆膜，电极由测量电极（金）、反电极（金）、参比电极（银/氯化银）组成，测量电极与反电极之间加有极化电压，仪表通电后电极开始极化，余氯分子撞击测量电极表面发生反应，获得电子，极化层平衡被破坏，转换器通过补充电流来维持电势差恒定，补充电流的大小与余氯浓度相关。

电极法余氯分析仪具有响应时间快（一般小于 90s），实时连续测量的特点，因此被广泛地应用于给水排水工程自动加氯控制系统中。在线检测余氯分析仪将实时测量的余氯值转换成 4～20mA 信号，传输给自动加氯机，经过 PID 计算，得到计量泵的控制量，实现自动加氯控制。

电极法余氯分析仪还适用于饮用水、工业过程水消毒工艺的次氯酸的余氯浓度在线监测。尤其适用于反渗透等膜处理工艺进水的余氯监测。

2）DPD 比色法余氯、总氯分析仪

余（总）氯分析仪使用 DPD 比色法检测氯的浓度。由于加入缓冲试剂，样品被调整到一定的 pH 范围，DPD 随着余氯或总氯量的改变而变成紫红色。化学反应完成后，测量样品的吸光度，由此可计算出样品中的余氯或总氯浓度。

DPD 比色法余氯/总氯分析仪广泛应用于自来水厂、城市供水管网、市政及工业废水处理、回用水、工业循环冷却水、海水淡化等的加氯消毒或杀菌系统中。

3）常用的余氯、总氯消毒仪见表 11-22。

常用余氯、总氯消毒仪　　　表 11-22

| 名称 | 型号 | 测量范围 | 准确度 | 测量精度 | 最低检出限 | 特点 | 制造商 |
|---|---|---|---|---|---|---|---|
| 电极法余氯分析仪 | 9184 sc | 0.005~20 ppm (mg/L) HClO | 2%或±10 ppb HClO | — | 5ppb 或 0.005 mg/L HClO | 出数快，量程宽且精确；易维护和操作 | 美国 HACH 公司 |
| DPD比色法余氯/总氯分析仪 | CL17 | 0~5mg/L 余氯或总氯 | ±5% 或 ±0.035mg/L 按 $Cl_2$ 计，取较大者 | ±5%或±0.005mg/L 按 $Cl_2$ 计，取较大者 | 0.035mg/L | 精确高，稳定性好，自动化操作，可无人值守，可应用于海水监测 | 美国 HACH 公司 |
| 无膜电极式余氯分析仪 | OPTISYS CL1100 | 0~5mg/L 余氯 | 满量程 2% | — | 0.001mg/L | 无膜电极测量，没有覆膜易粘附藻类带来的误差；稳定性高；反应灵敏；带自动清洗 | 科隆测量仪器（上海）有限公司 |
| 余氯分析仪 | Micro/2000 | 0~0.10, 0~0.20, 0~0.50, 0~1.0, 0~2.0, 0~5.0, 0~10.0, 0~20.0, 0~50.0mg/L | ±1% 或 ±0.001mg/L,取较大值 | ±0.001mg/L 或 1%满量程，取大值 | — | 无膜电极法 | 德国 SIEMENS 公司 |
| 余氯、总氯分析仪 | CCS142D CCS120 | 余氯：0.01~5mg/L； 总氯：0.1~10mg/L | 余氯：±1% | 余氯：±1% | — | 膜电极法；无需试剂；自动温度补偿；数字传感器带存储功能 | 德国 E+H 公司 |
| 余氯、总氯分析仪 | Stamolys CA71CL | 0.01~1mg/L, 0.1~10mg/L | ±2% | — | — | DPD 法，同一台仪器测量余氯、总氯；自动标定及清洗；可配双通道 | 德国 E+H 公司 |
| 电极法余氯分析仪 | Cl7010 | 0.00~2.00 mg/L； 0.0~20.0 mg/L | ±0.01 ±0.1 | ±5% | 0.01mg/L | 出数快，量程宽且精确，不需试剂 | 德国 WTW 公司 |

续表

| 名称 | 型号 | 测量范围 | 准确度 | 测量精度 | 最低检出限 | 特点 | 制造商 |
|------|------|----------|--------|----------|-----------|------|--------|
| DPD比色法余氯/总氯分析仪 | hlorine 3000 | 0～10mg/L余氯或总氯 | ±5% 或 ±0.03mg/L 按 $Cl_2$ 计，取较大者 | ±5% | 0.03mg/L | 精度高，稳定性好，自动化操作，试剂消耗量极小，可应用于海水监测 | 德国WTW公司 |

（2）一氯胺分析仪

用氯胺消毒饮用水，起主要作用的是一氯胺。氯胺消毒需要将氯和氨按照一定比例混合投加才能生成一氯胺。理想的混合比例是 4（氯）：1（氨），但是这和原水的 pH 值、需氯量以及氨含量都是相关的。最大的优化加氯和加氨的工艺效果，必须要动态准确检测一氯胺、总氯以及游离氨的浓度；而且一氯胺和总氯的浓度必须相等。

采用现代检测方法的在线一氯胺分析仪可以同时显示三个参数：总氨、自由氨和一氯胺。总氯数值也可以显示。

仪器先用改进酚盐方法确定一氯胺浓度；然后再取一次水样，先加入过量的次氯酸盐，在合适的 pH 值下，次氯酸盐试剂可以把样品中的全部游离氨转换为一氯胺，再用酚盐法测得总氨浓度；总氨减去一氯胺，得到游离氨浓度。测试的氨氮含量不受水样中余氯干扰。

氯胺由于代替氯作为消毒剂形成消毒副产物的量大大少于氯，所以一氯胺分析仪被广泛应用在自来水处理工艺中的氯胺消毒工艺，用来监测总氨、游离氨及一氯胺含量，总氯数值也可以显示。

（3）臭氧分析仪

臭氧 $O_3$ 又名重氧或活性氧，属强氧化剂，其杀菌速度较氯快300～600倍，不但可以较彻底地杀菌消毒，而且可以降解水中含有的有害成分和去除重金属离子以及多种有机物等杂质，如铁、锰、硫化物、苯、酚、有机磷、有机氯、氰化物等，还可以使水除臭脱色，从而达到净化水的目的。

臭氧分析仪采用覆膜式选择性电极进行测量：用金做阴极，银、氯化银做阳极。电极内充有 pH 值较为理想而且电导率稳定的电解液，它与被测液体通过一层选择性渗透膜（PTFE）相隔离。测量时仪表给电极两端施加稳定的电压，水中溶解的臭氧渗透进电极内部在电极之间形成极化电流，极化电流的大小与 $O_3$ 浓度成正比，仪器通过安培计测量极化电流的大小来测量水样中的 $O_3$ 浓度。

电极法臭氧分析仪广泛应用于城市自来水厂、城市二次供水消毒，瓶装饮用水处理，泳池水处理，生活污水及中水回用工程的臭氧消毒系统中。

（4）二氧化氯分析仪

二氧化氯的分子式为 $ClO_2$，是一种随浓度升高颜色由黄绿色到橙色的气体，具有与氯气相似的刺激性气味。二氧化氯是一种强氧化剂，也是一种良好的水处理消毒剂，其杀菌消毒能力约为氯的3倍，仅次于臭氧。

分析仪使用覆膜式选择电极：用金做阴极，银、氯化银做阳极。电极内充有 pH 值较为理想而且电导率稳定的电解液，它与被测液体通过一层选择性渗透膜（PTFE）相隔离。

测量时仪表给电极两端施加稳定的电压，水中溶解的二氧化氯渗透进电极内部在电极之间形成极化电流，通过安培计测量极化电流的大小来测量水样中的二氧化氯浓度。

电极法二氧化氯分析仪广泛应用于自来水厂、城市二次供水消毒，工业循环冷却水杀菌灭藻，工业废水和生活污水及中水回用工程中的二氧化氯消毒系统中。

(5) 常用水质监测消毒仪（除余氯、总氯消毒仪）见表11-23。

常用水质监测消毒仪 表 11-23

| 名称 | 型号 | 测量范围 | 准确度 | 重现性 | 检出限 | 特　点 | 制造商 |
|---|---|---|---|---|---|---|---|
| 氨/一氯胺分析仪 | APA6000 | 0.02~2 mg/L，以氮计（0.1~10mg/L，以 $Cl_2$ 计） | 读数的±5%或±0.02mg/L，取较大者 | 读数的±3%或±0.01mg/L，取较大者 | 0.01mg/L，以氮计（0.05mg/L，以 $Cl_2$ 计） | 报警功能；可测两路水样；可无人值守 | 美国HACH公司 |
| 臭氧分析仪 | 9185sc | 5ppb~20 ppm | ±3%或±10ppb，取大者 | — | 5 ppb | 不受水样干扰；更换膜快 | 美国HACH公司 |
| 无膜电极式二氧化氯/总氯/臭氧分析仪 | OPTISYS CL1100 | 0~5mg/L二氧化氯/总氯/臭氧 | 满量程2% | | 0.001mg/L | 无膜电极测量，没有覆膜易粘附藻类带来的误差；稳定性高；反应灵敏；带自动清洗 | 科隆测量仪器（上海）有限公司 |
| 臭氧分析仪 | HydroACT 300（臭氧探头） | 0~0.5，0~2，或0~5mg/L（ppm） | 读数的±5% | ±5% | 0.001mg/L（1 ppb） | 覆膜极谱传感器；自动温度补偿；不受其他氧化剂（例如：氯）的干扰 | 美国ChemTrac公司 |
| 二氧化氯分析仪 | HydroACT 300（二氧化氯探头） | 0~0.5mg/L 0~2mg/L 0~5mg/L 0~10mg/L 0~20mg/L | 读数的±2% | ±2% | 0.001~0.01mg/L视探头量程而定 | 覆膜两电极系统，不受水样干扰 | 美国ChemTrac公司 |
| 二氧化氯分析仪 | CCS240/241 | 0.05~20 mg/L 0.01~5 mg/L | — | — | 0.01mg/L $ClO_2$ | 膜电极法；无需零点标定；不受水样干扰 | 德国E+H公司 |
| 二氧化氯分析仪 | Q45H/65 | 0~2ppm，0~20ppm，0~200ppm | ±002ppm或0.5%FS | ±0.01ppm或0.3%FS | — | 采用独特的极谱化膜片传感器，直接对水中二氧化氯进行测定而不需人要其他化学药剂 | EHSY西域公司 |

### 11.2.2.3 pH、ORP、电导率分析仪

（1）pH 分析仪

1）pH 的定义

pH 值用来表示水中氢离子的活度（或浓度），它可以反映水的酸碱程度，是常规水质监测的项目之一。其变化范围是 0～14。pH＜7，水呈酸性；pH＝7，水呈中性；pH＞7，水呈碱性。pH 值为氢离子浓度的常用对数负值，氢离子浓度每变化 10 倍，pH 值变化一个单位。即：$pH = -\lg [H^+]$。

2）pH 分析仪

pH 值检测仪表的测量原理是基于电化学的电位分析法。电化学电位分析法是对插入被测介质中的电极所组成的原电池的电动势进行测量，进而对介质中的某种成分量进行检测的方法。

pH 分析仪一般由 pH 传感器（常称为 pH 电极）、pH 变送器、pH 电缆、电极安装支架和标准缓冲液等组成。pH 电极测量溶液的 pH 值，把 pH 值的变化以电位的变化通过低噪音的屏蔽电缆传送到变送器，变送器处理电极送来的高阻抗电信号，把所测量的 pH 值显示出来并远传。

传统的 pH 计的传感器由 pH 玻璃测量电极、参比电极构成，普遍采用将测量电极和参比电极组装在一个探头壳体中的复合电极。现代的 pH 值检测采用差分传感器技术，使用测量电极、参比电极和地电极三个电极取代传统的 pH 传感器中的双电极。测量电极和参比电极与地电极测量电位，最终测出的 pH 值是测量电极和参比电极之间的电位差值。该技术大大提高了准确性，消除了参比电极的结点污染后造成的电位漂移，其电极结构见图 11-7。

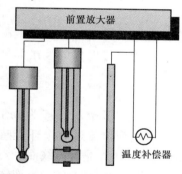

测量电极　参比电极　地电极

图 11-7　差分 pH 电极结构

有些厂家的 pH 值检测仪表除了进行 pH 值测量外，还同时具有氧化还原电位和水温的测量功能，以使用户同时测量多种检测项目，减少仪表数量，节约投资。

下面按电极类别的不同分别介绍。

液体电极：所有玻璃 pH 电极的内参比液都是液态的，当外参比介质为液态时，此电极常称为液体电极。该类电极 pH 测量范围一般为 0～14，温度范围－30～140℃，测量准确，重复性好；响应速度快，电极寿命长，能根据不同的工业生产工艺需要选择不同的敏感膜类型及参比液种类，并且耐较高的温度和压力，可广泛应用于给水排水行业。

凝胶电极：当把外参比介质预先制成半流动的凝胶状，并在电极中预加压，选用时要确保外参比介质的压力高于工艺压力，此类电极常称为凝胶电极。凝胶电极的 pH 测量范围一般为 0～14，温度范围－10～100℃，其特点是在电极制造过程中外参比介质预加压，用户使用时无需添加参比介质，电极的维护相对较简单，测量的准确性和重复性较好，响应速度快，适合于带压的管道和反应釜测量。

固体电极：当把外参比介质做成固态高聚物时，此类电极称为固体电极。

固体电极的 pH 测量范围一般为 0～14，温度范围 0～110℃，其特点是外参比介质固态化，参比介质液接部位直接开口，特别耐悬浊液等污染严重恶劣应用场合，用户无须添加外参比介质，使电极的维护相对简单，测量的准确性和重复性尚好，响应速度较快，耐压很高至 25bar，特别适合于中高压的管道和反应釜测量。

此类电极的测量精度稍差，固态外参比介质的扩散速度与被测量介质的溶解性等性质有直接的关系，其参比电位不如液体电极和凝胶电极准确和稳定。

（2）ORP 分析仪

氧化还原电位（即 ORP）是测量物质氧化或还原状态的一种方法，测量电极材料是金属，而不是玻璃敏感膜，金属不能与被测量溶液发生化学反应，常选用惰性金属铂。ORP 电极与 pH 电极仅仅是测量电极不同，其他部分完全一样，其氧化还原反应产生电势，完全遵循能斯特方程式。测量范围一般为 -1500～1500mV，分辨率 1mV。

（3）电导率分析仪

电解质溶液就像金属导体一样，溶液中电离的所有离子都会导电，这种现象称为溶液的导电。

溶液的电导或电导率与溶液中的离子数量、移动能力、化合价有直接的关系。

给水排水工程中常用的电导电极分两大类，接触式电导电极（包括二极电导电极、四极电导电极）和电感式电导电极。

1）四极电导电极

当需要测量电导率值更高的介质时，如污水处理电导率测量和食品饮料行业 CIP 清洗，一般可选用四极电导电极。四极电导电极安装方式一般为管道直接插入安装或敞开池沉入式安装方式。

由于溶液中离子浓度加大，电极污染的问题变得越来越严重，所以很多厂商把四极电极头做成平面或凹槽形的防污染易清洗的结构，完全有别于二极电导电极的液接部分形状。现在越来越多地选用免维护的电感式电导电极。

2）电感式电导电极

电感式电导电极是利用电磁感应原理测量溶液的电导率，测量范围一般为 0.1～2000mS/cm，适用于中高电导率的测量。其工作原理是基于导电液体流过 2 个环形感应线圈时产生电磁耦合现象进行工作的，两个线圈一个是励磁线圈，一个是检测线圈，当在励磁线圈中加交变电压时，励磁线圈附近产生一个交变磁场，流过励磁线圈的导电液体类似于次级绕组，并产生感应电流，在液体同时流过检测线圈时，液体的感应电流在检测线圈中产生一个电压，这个电压与液体的电导率成正比。

电磁感应式电导率电极液接部位材质多为 PVDF、PFA、PEEK、PP 等材质，耐高温高压，耐强酸强碱等的腐蚀，适用范围广，不适合于纯水和超纯水等的低量程测量。

电感式电导电极可选择容器、管道或敞开池安装方式，但容器或管道安装不能紧贴其内壁，最小间隔一般为 1～2cm。

（4）常用 pH、ORP、电导率分析仪见表 11-24。

**常用 pH、ORP、电导率分析仪**

表 11-24

| 名称 | 型 号 | 测量范围 | 准 确 度 | 特 点 | 制 造 商 |
|---|---|---|---|---|---|
| pH分析仪 | 8362 | 2～12；−1500～+1500mV | ±0.05；±3mV（25℃电导率高于1μS/cm，流量稳定）；±0.01；±3mV（25℃电导率低于1μS/cm，流量稳定） | 温度补偿系统；自动增压参比电极长效稳定，不需要维护；透明的流通池；用于高纯水测量 | 法国 Polymetron 公司 |
| pH/ORP分析仪 | SC200 pH/ORP分析仪 | −2.00～14.00；−2100～+2100mV | — | 防护等级高，室外安装 | 美国 HACH (GLI)公司 |
| | P33 pH/ORP分析仪 | | | 室内使用，仪表盘安装 | |
| | Pro-P3 pH/ORP分析仪 | | | 防爆，24V DC | |
| | pHD 差分电极 | pH：−2～14；ORP：−1500～+1500mV | pH：±0.01 ORP：±0.5mV | 差分测量技术；自动温度补偿；维护费用低；盐桥可更换 | 美国 HACH (GLI)公司 |
| | 3/4 英寸复合pH/ORP 电极 | 0～14；−2000～+2000mV | 小于0.1；±20 mV，仅限于标准溶液 | 自动温度补偿；恶劣环境中使用；易于清洗的平板电极以及耐氢氟酸的电极 | 美国 HACH (GLI)公司 |
| | OPTISENS PH8390/OPTISEN ORP 8590 | 0～14；−2000～2000mV | 0.01 0.1mV | PTFE 隔膜，抗沾污，稳定，双盐桥，抗中毒例子干扰，寿命长 | 科隆测量仪器（上海）有限公司 |
| | CPS11/12(D) CPS71(D) CPF81/82(D) pH/ORP 电极 | 0～14；−1500～+1500mV | — | 可用于防爆区域和恶劣环境；耐毒性离子；温度补偿；复合电极；数字电极带数据存储功能；非接触式信号传输 | 德国 E+H公司 |
| | HydroACT 300 (pH 传感器探头) | 0～14；−1999～+1999mV | pH：<0.01；ORP：<0.1mV | 专利 K-系列传感器技术，寿命延长50%；具有恒定水头的过流单元；自动温度补偿 | 美国 ChemTrac 公司 |
| | Sensolyt700IQ pH/ORP 分析仪 | 0～14；−2000～+2000mV | pH：±0.01 ORP：±1mV | 玻璃电极可更换，多种玻璃电极可选，适应不同应用场合，IP68，100m深。一台主机可接多只电极 | 德国 WTW公司 |

续表

| 名称 | 型 号 | 测量范围 | 准 确 度 | 特 点 | 制 造 商 |
|---|---|---|---|---|---|
| 电导率分析仪 | C33/E33 | 0.0～2000000 μS/cm | — | 用于测量超纯水，Dry-Cal校准方式，室外使用，温度补偿 | 美国 HACH (GLD)公司 |
| | ORP-C3/ORP-E3 | | | 用于测量超纯水，Dry-Cal校准方式，防爆，24V DC温度补偿 | |
| | 3700E 系列 | 0～2000000 μS/cm | 读数值的±0.01%，所有量程范围内 | 坚固的、无污染设计；维护量低；可测样品−10～200℃ | 美国 HACH (GLD)公司 |
| | LF296/170 | 0.000～1000mS/cm | — | 自动温度补偿，多种可选补偿方式，有多种电极可选，可用于多种领域的电导率测试(包括非水液体) | 德国 WTW 公司 |
| | CLS(D)系列 | 0.04～2000 mS/cm | — | 可测超纯水，自来水，污水及各种液体介质；可安装于管道或流室；最高工作温度250℃，最高耐压40bar；数字传感器带数据存储功能 | 德国 E+H 公司 |
| | OPTISENS COND 1200 IND 1000 | 0～10μS/cm 0～200μS/cm 0～1000μS/cm 0～2000μS/cm 0～20mμS/cm 0～2000mS/cm | — | 有多种不同测量范围，满足不同要求 | 科隆测量仪器(上海)有限公司 |

### 11.2.2.4 游动电流分析仪

游动电流是指当液体相对固体表面运动，并带动固液界面的双电层的扩散层一起运动而产生电场的现象，它是胶体的动电特性之一。

游动电流是水中胶体杂质表面电荷特性的一项重要参数。在原水水样中带电颗粒通常呈阴性，混凝剂电离后呈阳性，阴阳两种带电微粒相结合后产生水合作用而中和，中和后会有剩余带电离子。混凝剂不能与所有带电离子进行中和反应，SCD检测未能反应的剩余带电离子。SCD实时测定连续清水或废水水样中两个电极之间产生的电流。电极被吸附于检测室壁上的胶体颗粒剪切而电离的自由带电离子所充电。

常用游动电流分析仪见表11-25。

**常用游动电流分析仪** 表 11-25

| 名 称 | 型 号 | 测量范围 | 准确度 | 重现性 | 检出限 | 特 点 | 制造商 |
|---|---|---|---|---|---|---|---|
| 游动电流检测仪 | SC4200 SC5200 | −100～＋100SC 单位及过程设点 | 1% | — | 1.0 游动电流单位 | SC5200 集取样探头，信号处理及 PID 控制器于一体，探头内壁与柱塞间隙0.014 英寸 | 美国 MILTON ROY 公司 |

续表

| 名　称 | 型　号 | 测量范围 | 准确度 | 重现性 | 检出限 | 特　　点 | 制造商 |
|---|---|---|---|---|---|---|---|
| 游动电流检测/控制仪 | SCM2500/SCC3500 | −1000～+1000SCU（游动电流值） | 满量程的±0.5% | — | 1.0 游动电流单位 | 专利传感器设计；可快速更换的探头及活塞；自动调零 | 美国ChemTrac公司 |
| 游动电流检测仪 | BY3-SP53 | −9999～+9999SPU | ±0.1% | — | — | 高精度、低维护，带 HART 协议，具有自诊断功能 | 美国HACH(GLI)公司 |
| 游动电流检测仪 | AF7000 | — | — | — | — | 经久耐用；业界最快的原水变化的响应；一个开放和简单的设计为您节省时间；在 5s 内自动归零 | 美国HACH公司 |
| 聚合物控制系统 | PCS 5500 | −1000～+1000SCU（游动电流值） | 满量程的±0.5% | — | 1.0 游动电流单位 | 可自动控制污泥脱水工艺环节加药泵，节省聚合物投加量 | 美国ChemTrac公司 |

### 11.2.2.5　悬浮固体、污泥浓度计

悬浮固体指水中呈悬浮状态的固体，一般指用滤纸过滤水样，将滤后截留物在 105℃温度中干燥恒重后的固体重量。

污泥浓度指单位体积污泥含有的干固体重量，或干固体占污泥重量的百分比，也称为悬浮物浓度。用重量法测定，以 g/L 或 mg/L 表示。

检测原理：在悬浮固体（污泥浓度）在线分析仪测量探头内部，位于 45°角有一个内置的 LED 光源，可以向样品发射 880nm 的近红外光，该光束经过样品中悬浮颗粒的散射后，位于与入射光成 140°角的散射光由该方向的后检测器检测，然后仪器通过计算前、后检测器检测到的信号强度，从而给出污泥浓度值。由于 LED 发出的是 880nm 的近红外光，所以，样品中如果有颜色，不会影响测量结果。

位于与入射光成 90°角的散射光由该方面的检测器检测，并经过计算，能得到样品的浊度。因而悬浮固体（污泥浓度）在线分析仪能同时检测水样的浊度。传感器结构如图 11-8 所示。

悬浮固体（污泥浓度）分析仪由于长期浸没在水中，水中的污泥是最大的干扰因素。所以，自动清洗装置是非常重要的。一般的自动清洗装置包括：自动喷水冲洗、自动高压气体吹洗、自动机械毛刷擦洗和自动塑胶刮片定期刮擦。由于各种水体水质成分非常复杂，所以清洗的方法应该因情况而异。采用塑胶刮片在每次测量之前刮擦掉覆盖在探头表面的污泥，是最好的自动清洗方法之一。尤其是在很脏的水体中的效果尤为明显。

悬浮固体（污泥浓度）在线分析仪广泛应用于给水排水工程中，如：污水处理厂中污泥

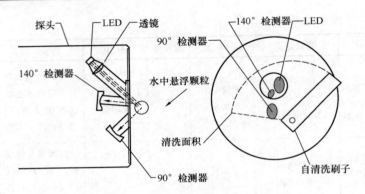

图 11-8    探头式浊度、悬浮固体浓度分析仪

浓度测量；自来水厂中原水、沉淀池出水浊度测量，滤池反冲洗水浊度测量。

常用悬浮固体、污泥浓度计见表 11-26。

常用悬浮固体、污泥浓度计                              表 11-26

| 名　称 | 型　号 | 测量范围 | 准确度 | 特　点 | 制　造　商 |
|---|---|---|---|---|---|
| 浊度/悬浮物（污泥浓度）分析仪 | SOLITAX™sc | 污泥浓度：0.001mg/L～50g/L；0.001mg/L～500g/L | 悬浮固体：小于读数 5%（取决于污泥同质性） | 采用双光束红外和散射光光度计检测技术；探头具有自清洗功能 | 德国LANGE公司 |
| 浊度/悬浮物（污泥浓度）分析仪 | TSS sc | 悬浮物(SS)：0.001～500g/L | — | 刻场合，八光束，免清洗，具有普通型、卫生型、防爆型、高温型，应用广泛 | 美国HACH公司 |
| 悬浮物浓度在线分析仪 | OPTISENS OAS2000 | 悬浮物(SS)：0～20000mg/L | 满量程的±1% | 不锈钢流线型外壳，避免脏物缠绕；180°红外吸收光法；带吹气或喷水清洗系统 | 科隆测量仪器(上海)有限公司 |
| 悬浮物分析仪 | ViSolid 700 IQ | 0～1000g/L | 小于读数的±3% | 内置超声波自清洗功能，防止镜片脏污和气泡影响。具有免维护技术。60°散射和180°透射红外光法。长寿命 LED 光源。控制器可搭载多个探头 | 德国WTW公司 |
| 浊度/悬浮物分析仪 | CUS41 | 浊度：0～9999NTU 悬浮物：0～300g/L | 小于读数的±5% | 机械式自清洗；可用于管道插入式安装 | 德国E+H公司 |
| | CUS51D | 浊度：0～4000 NTU/FNU 污泥浓度：0～150g/L | 浊度：<2%测量值或 0.1FNU，取较大值；污泥浓度：<5%测量值或满量程1% | 四光束近红外光/散射光，90°和135°检测器，不受样品颜色干扰；Memosens 数字传感器带存储功能；即插即用 | |

#### 11.2.2.6 溶解氧分析仪

溶解在水中的分子态氧称为溶解氧。水中溶解氧的饱和含量和空气中氧的分压、大气压力、水温、水中含盐量等有密切关系。

地表水受有机、无机还原性物质污染，会使溶解氧降低。当水中溶解氧低于2mg/L，水体即产生恶臭。溶解氧的监控是废水处理的重要指标。

在给水排水工程中，溶解氧分析仪主要用在各类污水处理工艺中生物池好氧区的溶解氧的测量。

(1) 荧光法溶解氧分析仪

荧光法溶解氧分析仪：测量探头最前端的传感器罩上覆盖有一层荧光物质，LED光源发出的脉冲蓝光照射到荧光物质上，荧光物质被激发，当蓝光脉冲停止之后，电子激发态恢复原态期间会发出红光；用一个光电池检测荧光物质从发射红光到回到基态所需要的时间。这个时间只和红光的发射时间以及氧气的多少有关，探头另有一个LED光源，在蓝光发射的同时发射红光作为参考光。传感器周围的氧气越多，荧光物质发射红光的时间就越短。因此可计算出溶解氧的浓度。

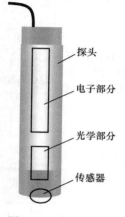

图11-9 荧光法溶解
氧分析仪探头
组成示意

荧光法溶解氧分析仪主要由两部分组成，一部分是控制单元，另一部分是溶解氧探头。

荧光法溶解氧探头组成如图11-9所示，其中包括电子部分、光学部分以及传感器部分。其中光学部分是LED光源，由蓝光和红光发射光源组成；传感器部分表面有荧光物质，水中氧气就是与这部分直接接触。

污水处理过程溶解氧分析仪的安装方式主要是浸没式安装，其中有支杆安装方式和浮球安装方式两种。荧光式溶解氧探头的抗污染能力非常强，可以安装在非常脏的污水池中；如果水质非常脏，也可以在探头端安装自动清洗装置，这样可以进一步将维护量降到最低，也更好的保证测量值的准确性。

(2) 极谱法溶解氧分析仪

溶解氧分析仪采用极谱型电极，以电流分析法为基础。水中的氧必须透过渗氧膜到达阴极的表面才能被电极还原。

溶解氧的测量过程：被测水样流进测量池，在相同的状态下，测量水样的温度和电极电流。根据仪表内部的零点和斜率值，转换成对应的溶解氧浓度值。

溶解氧分析仪分为变送器和电极两部分。可以同时安装在同一个模块上，也可以分开安装。

溶解氧分析仪电极结构由阴极、阳极、电解质和塑料薄膜构成。

(3) 开放式溶解氧电极

开放式溶解氧电极的工作原理是电流法原理。两种不同金属材质的电极在没有膜保护的情况下，直接浸没到测量溶液中。探头的阴极是由特殊材质的银合金制成，阳极由铁或锌制成，取决于具体的应用场合。这两个电极根据Toedt原理形成了电池，在电池中产生极化电流。铁在阳极被溶解，同时溶解氧在阴极上被还原。

开放式溶解氧电极的测量表面有自清洗系统。探头的工作方式如下：在探头的顶部装有磨石，用于打磨阳极和阴极表面。磨石是由含有少量金刚石的合成树脂制成。磨石可以通过每分钟只有几转转速的同步电机进行连续旋转。电极通过这种机械自清洗进行了轻微的抛光，并且可以将电极上的沉淀物有效去除。开放式溶解氧电极结构见图 11-10。

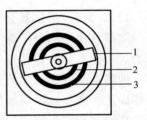

图 11-10  开放式溶解
氧电极结构
1—旋转靡石；2—阳极；
3—阴极

开放式溶解氧电极可应用在污水处理厂曝气池等污染非常严重的场合等。

（4）常用溶解氧分析仪见表 11-27。

常用溶解氧分析仪

表 11-27

| 名　称 | 型　号 | 测试方法 | 测量范围 | 准确度 | 特　点 | 制造商 |
|---|---|---|---|---|---|---|
| 无膜溶解氧分析仪 | LDO™ | 荧光法 | 0.00～20.00ppm | <1ppm 时，±0.1ppm；>1ppm 时，±0.2ppm | 准确度可达 99%，全量程的响应时间少于 30s，无极化作用时间 | 美国 HACH 公司 |
| 溶解氧分析仪 | S-14 | Toedt 化学原理 | 使用 Fe 型阳电极时，为 0～15mg/L；使用 Zn 型阳电极时，为 0～25mg/L | 标准偏差 <0.1mg/L | 连续的机械自清洗装置；浸没深度最多可达到 30m；长距离信号传输不需要中间变送器 | 美国 HACH(Zullig) 公司 |
| 溶解氧分析仪 | SC200，D3 | 极谱法 | 0～40 ppm | — | 可更换的膜头组件；空气自清洗系统 | 美国 HACH(GLI) 公司 |
| 微量溶解氧分析仪 | 9182 | Clark 电池原理 | 0～2000μg/L O₂(ppb) | ≤0.5 ppb | 膜便于更换；检测限低；快速校准过程 | 法国 Polymetron 公司 |
| 微量溶解氧分析仪 | G1100 | 荧光法 | 0～20000 ppb | 1ppb | 准确、可靠、第一个可以应用在 ppb 级别的在线溶解氧监测的荧光法传感器；精密校正 | 瑞士 Orbisphere 公司 |
| 溶解氧分析仪 | COS61(D) | 荧光法 | 0～20mg/L | COS61D：±1%测量值 COS61：±2%测量值 | 无极化时间；响应时间短；维护量小；数字传感器带数据存储功能，可即插即用 | 德国 E+H 公司 |
| | COS41/51D | 电流法 | 0.01～100mg/L | ±1%测量值 | 测量稳定；精度高；维护量小；可在空气中标定；数字传感器带数据存储功能 | |

续表

| 名 称 | 型 号 | 测试方法 | 测量范围 | 准确度 | 特 点 | 制 造 商 |
|---|---|---|---|---|---|---|
| 荧光法溶解氧分析仪 | FDO700IQ | 荧光法 | 0.00～20.00ppm | <1ppm 时，±0.05ppm；>1ppm 时，±0.1ppm | 免校正技术，使用过程中不需要校准，即可达到高精度测试要求。荧光膜采用独立式设计，机械损坏时更换膜即可。IP68，100m 深 | 德国WTW 公司 |
| 电化学法溶解氧分析仪 | TriOxmatin 702 IQ | 极谱法 | 0.00～10.00ppm 0～2000ppb | — | 可更换的膜头组件，每半年保养一次即可。IP68，100m 深。一般用于微克级场合应用 | 德国WTW 公司 |

### 11.2.2.7　营养盐分析仪

水中的有机氮和各种无机氮含量的增加，会造成水体生物和微生物的大量繁殖，消耗溶解氧，使水体质量恶化，严重时，在湖泊、水库等封闭性水体会出现富营养化，造成藻类爆发。

（1）氨氮分析仪

氨氮在线分析仪按照采用的测量原理可以分为四类：逐出比色法、靛酚蓝法、气敏电极法、离子选择电极法。由于测量原理的不同，这四类氨氮在线分析仪都有各自的特点和应用领域。

1）逐出比色法氨氮分析仪

测量原理：样品、逐出溶液和指示剂分别被送到逐出瓶和比色池中；LED 光度计进行清零测量；样品和逐出溶液在空气的作用下充分混合并发生化学反应，产生的氨气被隔膜泵传送到比色池，从而改变指示剂的颜色；经过一段时间，LED 光度计再次对样品进行测量，并且和反应前的测量结果进行比较，最后计算出氨氮的浓度值。

在给水排水工程中，逐出比色法氨氮分析仪可应用于污水处理厂进、出水的氨氮含量的测量。

2）靛酚蓝法（水杨酸法）氨氮分析仪

测量原理：在催化剂的作用下，$NH_4^+$ 在 pH 为 12.6 的碱性介质中，与次氯酸根离子和水杨酸盐离子反应，生成靛酚化合物，并呈现出绿色。在仪器测量范围内，其颜色改变程度和样品中的 $NH_4^+$ 浓度成正比，因此，通过测量颜色变化的程度，就可以计算出样品中 $NH_4^+$ 的浓度。

靛酚蓝法氨氮在线分析仪的试剂需要保存在 10～14℃ 的环境下才能保证其不会变质。因此分析仪还配置有一个冰箱，用来存放试剂。

在给水排水工程中，靛酚蓝法氨氮在线分析仪可用于饮用水、地表水的氨氮浓度在线监测。

3）气敏电极法氨氮分析仪

测量原理：样品首先被加入碱性的试剂，使得 pH 在 12 左右，此时，水中的铵根离子全都转化为氨气逸出。通过活塞泵将逸出的全部气体都转移至氨气敏电极处，在氨气敏电极的一端有一层 PTFE 材料的选择性渗透膜,只允许氨分子通过进入电极内部。气敏电极内充满了氯化铵电解液,氨分子穿过选择性渗透膜后与电解液发生反应,导致电解液的 pH 值发生变化,气敏电极内部的 pH 电极测量出 pH 值的变化量,即可计算出氨氮的浓度。

在给水排水工程中,氨气敏电极分析仪适用于饮用水、地表水、污水处理厂进、出水中氨氮浓度的检测。

4)离子选择电极法铵根离子分析仪

测量原理:铵离子选择电极前端有离子选择性透过膜,铵离子得以透过膜与电极和电解液发生电化学反应,为了比较电极发生反应后电势的变化,需要有参比电极,因此使用一根差分 pH 电极作为参比电极。除此以外,钾离子的存在以及温度的变化都会对离子选择电极的测量结果产生影响和干扰,因此,还使用了钾离子选择电极测量钾离子浓度,温度电极测量温度,并与铵离子选择电极的测量值进行相互补偿和平衡,保证铵离子浓度测量的尽量准确。

在给水排水工程中,离子选择法铵离子在线分析仪适用于监测污水处理厂的硝化处理和曝气池以及工业过程水中的氨氮浓度值。

5)常用氨氮分析仪见表 11-28。

**常用氨氮分析仪**    表 11-28

| 名称 | 型号 | 测试方法 | 测量范围 | 准确度 | 分辨率 | 检测下限 | 特点 | 制造商 |
|---|---|---|---|---|---|---|---|---|
| 氨氮分析仪 | Amtax™ Compact | 逐出比色法 | 0.2~12.0 mg/LNH$_4$-N; 2~120 mg/L NH$_4$-N; 20~1200 mg/LNH$_4$-N | 测量值的±2.5% 或者 0.2mg/L(标准溶液),取较大值 | — | 0.2 mg/L | 创新的气相、液相转换技术;使测量不受污水颜色的干扰,适用污水处理厂的入口或出水口检测 | 德国 LANGE 公司 |
| | Amtax™ inter2 | 靛酚蓝法 | 0.02~2.00mg/L NH$_4$-N; 0.1~20.0mg/L NH$_4$-N; 1.0~80mg/L NH$_4$-N | 测量值的±2% | — | 0.2 mg/L | 双光束、双滤光片光度计测量水中 NH$_4^+$ 离子浓度,适用饮用水原水检测 | 德国 LANGE 公司 |
| | Amtax™ sc | 氨气敏电极法 | 0.02~5.00 mg/L | ≤1mg/L:3% ±0.02mg/L; >1 mg/L:5% ±0.02mg/L | — | 0.2 mg/L | 适应不同种类地表水、污水的要求;极低的运行费用;响应快 | 德国 LANGE 公司 |
| | NH$_4$D sc | 离子选择电极法 | 0.2~1000 mg/L NH$_4$-N | 测量值的 5% ± 0.2 mg/L(标准溶液) | — | 0.2 mg/L | 传感器可以对样品中温度和 pH 等进行动态的补偿;方便的移动监测,污水处理过程监测 | 美国 HACH 公司 |
| | Stamolys CA71AM | 水杨酸比色法 | 0.02~5mg/L; 0.2~15mg/L; 0.2~100mg/μL; 1~500μg/L | 满量程的 ±2% | — | 1μg/L | 检测下限低;多种量程可选;双通道可选;自动校正和清洗 | 德国 E+H 公司 |

续表

| 名称 | 型号 | 测试方法 | 测量范围 | 准确度 | 分辨率 | 检测下限 | 特点 | 制造商 |
|---|---|---|---|---|---|---|---|---|
| 氨氮分析仪 | ISEmax CAS40D | ISE 离子选择电极法 | 0.1～1000 mg/L (NH₄-N)；0.1～1000 mg/L (NO₃-N) | ±5%读数 ±0.2mg/L | — | 0.1 mg/L | 无需消耗试剂；自带 pH 测量；可实现钾离子和氯离子补偿 | 德国 E＋H 公司 |
| | Sentry C-2 | ISE 离子选择电极法 | 0.1～99.9 ppm NH₄-N；0.1～99.9 ppm NO₃-N | 测量值的±5%或±0.5 mg/L | — | — | 多种数字输出方式 | 美国 Myratek 公司 |
| | Avvor 9000 NH₄-N | 氨气敏电极法 | NH₄-N：0.05～1000mg/L | ±4%读数 ±0.1 mg/L | 0.01 | 0.04mg/L | 自动清洗，自动校正，自动恒温 | 加拿大 AVVOR |
| | AmmoLytPlus 700IQ | ISE 离子选择电极法 | 0.1～1000 ppm NH₄-N | 测量值的±5%或±0.5 mg/L | 0.1 | 0.2mg/L | 自动空气吹洗，可测钾离子，并自动补偿 | 德国 WTW 公司 |
| | TresCon Uno A111 | 氨气敏电极法 | NH₄-N：0.05～1000 mg/L | ±5 %读数 ±0.2 mg/L | 0.01 | 0.05mg/L | 自动清洗，自动校正，自动恒温 | 德国 WTW 公司 |
| | OPTISYS PAM 2080 | 离子选择电极法 | 0.1～1000 mg/L NH₄-N | 测量值的5% ±0.2 mg/L | — | 0.1 mg/L | 直接投入水池安装；无需试剂、无需过滤；带钾离子测量补偿；可实现曝气优化控制 | 科隆测量仪器(上海)有限公司 |

（2）硝氮分析仪

硝氮包括硝酸盐氮和亚硝酸盐氮，以硝酸根 $NO_3^-$ 和亚硝酸根 $NO_2^-$ 的形式存在。亚硝酸根不稳定，在有氧化剂的条件下易转化为硝酸根。

1）紫外吸收法硝氮分析仪

溶解于水中的硝酸根离子和亚硝酸根离子会吸收波长小于 250nm 的紫外光。这种光学吸收特性为利用传感器直接浸没测量硝酸根离子和亚硝酸根离子浓度提供了可能。因为基于不可见的紫外光来进行测量，所以待测样品的颜色对测量过程没有干扰。

紫外吸收法硝氮分析仪常应用于给水排水工程中的饮用水、地表水、污水处理等领域，连续监测溶解在水里的硝酸盐浓度值，特别适于监测污水处理曝气池，控制反硝化过程。

2）离子选择电极法硝氮分析仪

采用离子选择电极检测过程水中的硝酸根离子，为了获得更好的稳定性，采用了 pHD 参比系统。使用氯化物离子选择电极进行硝酸盐测定值的补偿，传感器还含有温度补偿。

在给水排水工程中，离子选择电极硝氮分析仪可应用于监测在污水处理厂的活性污泥工艺中，控制硝化和反硝化过程的硝氮。

3）常用硝氮分析仪见表11-29。

常用硝氮分析仪                                     表 11-29

| 名称 | 型号 | 测试方法 | 探头型号 | 测量光程 | 测量范围 | 准确度 | 分辨率 | 检测下限 | 特　点 | 制造商 |
|---|---|---|---|---|---|---|---|---|---|---|
| 硝氮分析仪 | NITRATAX sc | 紫外吸收法 | NITRATAX plus sc | 1mm, 2mm, 5mm | 0.1～100.0mg/L（1mm），0.1～50.0mg/L（2mm），0.1～25.0mg/L（5mm） | 读数的±3%，±0.5mg/L | 0.1 mg/L | 0.1 mg/L | 经过验证的、高精的紫外光吸收方法；无需样品预处理；反应分析速度快 | 美国 HACH 公司 |
| | | | NITRATAX eco sc | 1mm | 1.0～20.0mg/L | 读数的±5%，±1.0mg/L | 0.5 mg/L | 1.0 mg/L | | |
| | | | NITRATAX clear sc | 5mm | 0.5～20.0mg/L | 读数的±5%，±0.5mg/L | 0.1 mg/L | 0.5 mg/L | | |
| 硝氮分析仪 | Viomax CAS51D | 紫外光吸收法 | CAS51D | 2mm, 8mm | 0.1～50mg/L（2mm）0.01～20mg/L（8mm） | ±0.2 mg/L <10 mg/L 2%满量程，>10 mg/L（2mm）±0.04 mg/L <2 mg/L 2%满量程 >2 mg/L（8mm） | | 0.1 mg/L（2mm）0.01 mg/L（8mm） | 无需取样及预处理；无需试剂；测量精度高；测量时间短，压缩空气清洗 | 德国 E+H 公司 |
| 硝氮分析仪 | NO$_3$D sc | 离子选择电极法 | — | | 0.1～1000 mg/L NO$_3$-N 和 0.1～1000mg/L Cl | 测量值的5%+0.2mg/L | — | 0.5 mg/L NO$_3$-N | 对样品中的 pH 和温度等进行动态补偿；方便移动 | 德国 LANGE 公司 |
| 硝氮分析仪 | ISEmax CAS40D | ISE 离子选择电极法 | | | 0.1～1000 mg/L （NH$_4$-N）；0.1～1000 mg/L （NO$_3$-N） | ±5 %读数 ±0.2 mg/L | — | 0.1 mg/L | 无需消耗试剂；自带 pH 测量；可实现钾离子或氯离子补偿 | 德国 E+H 公司 |

续表

| 名称 | 型号 | 测试方法 | 探头型号 | 测量光程 | 测量范围 | 准确度 | 分辨率 | 检测下限 | 特　点 | 制造商 |
|---|---|---|---|---|---|---|---|---|---|---|
| 硝氮分析仪 | Sentry C-2 | ISE 离子选择电极法 | 0.1～99.9 ppm $NH_4$-N；0.1～99.9 ppm $NO_3$-N | 测量值的±5% 或±0.5 mg/L | — | — | — | — | 多种数字输出方式 | 美国 Myratek 公司 |
| 硝氮分析仪 | OPTISYS PAM 2080 | 离子选择电极法 | 0.1～1000 mg/L$NO_3$-N | ±5% 读数±0.2 mg/L | — | — | — | 0.1 mg/L | 直接投入水池安装；无需试剂、无需过滤；带氯离子测量补偿；可实现曝气优化控制 | 科隆测量仪器（上海）有限公司 |
| 硝氮分析仪 | TresCon N211 | 紫外吸收法 | N211 | — | 0.0～60.0 mg/L $NO_3$-N | 读数的±2%，±0.4mg/L | 0.1 | 0.1 mg/L | 无需样品预处理；反应分析速度快，采用 4 光束技术，有效减少色度、浊度、有机物干扰 | 德国 WTW 公司 |
| 硝氮分析仪 | NitraLyt Plus 700IQ | 离子选择电极法 | NitraLytPlus 700IQ | — | 0.1～1000 ppm $NO_3$-N | 测量值的±5% 或±0.5mg/L | 0.1 mg/L | 0.1 mg/L | 自动空气吹洗，可测氯离子，并自动补偿 | 德国 WTW 公司 |

（3）磷酸盐分析仪

水体中磷绝大多数以各种形式的磷酸盐存在，也有有机磷的化合物。从化学形式上看，水中的磷化合物可分为：正磷酸盐、缩合磷酸盐、有机磷化合物。

钒钼酸盐方法被用来测定高浓度正磷酸盐的浓度。在水样中加入酸和表面活性剂以溶解颗粒物并避免在样品壁上形成气泡。先测定这个溶液所产生的吸光度作为空白溶液吸光度值。该空白溶液吸光度值就是 0mg/L 的正磷酸盐样品的吸光度值，它补偿了样品中所存在的任何背景浊度和色度以及比色计灯光输出的变化，或是来自样品池壁的污染。然后，钒钼酸盐试剂被加入与正磷酸盐反应，生成一种黄色的钒钼磷酸络合物。所形成的色度大小与样品中正磷酸盐浓度是成正比的。于 480 nm 波长的光条件下测定其吸光度，这个吸光度与空白样品参考值相比较，相应地计算出磷酸根离子的浓度。

测定总磷的方法：水中聚磷酸盐和其他含磷化合物，在高温、高压的酸性条件下水解，生成磷酸根；对于其他难氧化的磷化合物，则被强氧化剂过硫酸钠氧化为磷酸根。磷酸根离子在含钼酸盐的强酸溶液中，生成一种锑化合物，这种化合物被抗坏血酸还原为蓝色的磷钼酸盐。测量磷钼酸盐的吸光度，和标准比较，就得到样品的总磷含量。对于含有悬浮物的水样，如市政污水、工业废水、浊度较高的地表水等，先经样品预处理系统，将悬浮物全部粉碎，进入仪器测量，从而保证准确分析到水样中全部的磷。

在给水排水工程中，磷酸盐分析仪可应用于污水处理厂脱磷工艺中的磷酸盐的检测、地表水、生活污水、工业废水总磷含量自动分析监测。

常用磷酸盐分析仪见表 11-30。

常用磷酸盐分析仪 表 11-30

| 名称 | 型号 | 测试方法 | 测量范围 | 准确度 | 分辨率 | 检测下限 | 特 点 | 制造商 |
|---|---|---|---|---|---|---|---|---|
| 正磷酸盐分析仪 | Phosphax sc | 光度计比色法（钒钼黄法） | 量程1：0.05～15.0mg/L PO$_4$-P 量程2：1.00～50.0mg/L PO$_4$-P | 量程1：2%或 0.05mg/L，取较大值；量程2：2%或 1.0mg/L，取较大值 | — | 量程1：0.05mg/L PO$_4$-P 量程2：1.00mg/L PO$_4$-P | 检测限宽，适合于多种污水处理的应用场合；控制营养盐去除工艺时，响应迅速 | 美国 Phosphax 公司 |
| 总磷/磷酸盐 | Phosphax Σ Sigma | 磷钼酸盐法 | 总磷：0.01～5.0mg/L（以磷计）；0.01～10mg/L（高量程）正磷酸盐：0.01～5.0mg/L | ±2% | — | | 可自动分析总磷及正磷，并直接显示出含磷缓蚀阻垢剂浓度；维护量小；安全性高；准确度高 | 美国 Phosphax 公司 |
| 正磷酸盐分析仪 | CA71PH | 光度计比色法（钼蓝法/钒钼黄法） | 钼蓝法：0.05～10mg/L 钒钼黄法：0.5～50mg/L | ±2% | | 钼蓝法：0.05mg/L 钒钼黄法：0.5mg/L | 自动标定及清洗；可实现双通道；数据存储 | 德国 E+H 公司 |
| 总磷分析仪 | CA72TP | 光度计比色法（钼蓝法/钒钼黄法） | 钼蓝法：0.05～5mg/L 钒钼黄法：0.3～25mg/L | ±5% | — | 钼蓝法：0.05mg/L 钒钼黄法：0.3mg/L | 自动二点校准；维护量小；14天历史数据查看；可编程浓度报警 | 德国 E+H 公司 |
| 正磷酸盐分析仪 | Trescon OP211 | 比色法 | 量程1：0.05～3.0mg/L，PO$_4$-P 量程2：0.1～10.0mg/L PO$_4$-P 量程3：0.1～25.0mg/L PO$_4$-P | 量程1：2%或 0.01mg/L，取较大值 量程2、3：2%或 0.1mg/L，取较大值 | 量程1：0.01 量程2、3：0.1 | 量程1：0.05mg/L 量程2：0.1mg/L | 自动清洗，自动校准，自动恒温；无需样品预处理；采用双光束技术，有效减少色度、浊度干扰 | 德国 WTW 公司 |
| 总磷分析仪 | Trescon OP511 | 比色法 | 0.02～3.0mg/L | 2%或 0.01mg/L，取较大值 | 0.01 | 0.02mg/L | 自动清洗，自动校准，自动恒温；无需样品预处理；采用双光束技术，有效减少色度、浊度干扰 | 德国 WTW 公司 |

（4）总磷、总氮、COD 分析仪

一体化设计，一台分析仪可以测量三个参数。利用先进的多波长检测器可对总磷、总氮、COD（UV）三项指标进行测量。

测量原理：总磷的测试方法：过硫酸钾、120℃、30min 消解，将水样中的含磷化合物转化为磷酸根，采用钼蓝法，在 880nm 下测量吸光度值，计算出总磷含量。总氮的测试方法：过硫酸钾、120℃、30min 消解，将水样中的含氮化合物转化为硝酸根，用紫外吸光光度法，在 220nm 下测量样品的吸光度值，计算出总氮含量。COD（UV）采用双波长吸光光度法（紫外光 254nm/ 可见光 546nm）。

总磷、总氮、COD 分析仪主要应用于水质自动监测站、自来水厂取水口、废水排污监控点、水质分析室以及各级环境监管机构对水环境的监测。

常用总磷、总氮、COD 分析仪见表 11-31。

常用总磷、总氮、COD 分析仪　　　　　　　　　　表 11-31

| 名　称 | 型　号 | 测试方法 | 测量范围 | 重复性 | 分辨率 | 特　点 | 制造商 |
|---|---|---|---|---|---|---|---|
| 总磷/总氮/COD 分析仪 | NPW-150 | 总磷：采用钼蓝法　总氮：采用紫外吸光光度法　COD（UV）：采用双波长吸光光度法 | 总氮：0～1mg/L 至 50mg/L　总磷：0～0.5mg/L 至 20mg/L　COD（UV）：0～20mg/L 至 500mg/L | ≤±3% FS | | 一体化设计，一台分析仪可以测量三个参数 | 日本 DKK 公司 |

### 11.2.2.8　有机污染物分析仪

反映水质有机污染程度的综合指标有 COD（化学需氧量）、$BOD_5$（五日生化需氧量）、TOC（总有机碳）和 UV（紫外线吸光度）等。其中 COD 是最早实现在线自动检测的项目。$BOD_5$ 目前尚难实现和实验室测量完全对应的在线测量。

（1）COD、BOD、TOC 在线有机物分析仪

含有共轭双键或多环芳烃的有机物溶解在水中时，对紫外光有吸收作用。因此，通过测量这些有机物对 254nm 紫外光的吸收程度，以特别吸光系数 SAC254 来表达测量结果，作为衡量水中有机污染物总量的物理量。含有共轭双键或多环芳烃的有机物是工业污染的典型标志，用 UV254 测定样品中的有机工业污染是非常重要的。

在水质稳定的情况下，COD、BOD、TOC 在线有机物分析仪的光吸收系数与经典的 COD、BOD 或 TOC 值之间有较好的线性相关关系，可以反映水中变化的趋势。通过与实验室标准测量方法所得结果的比较，计算出转换系数，可以实现快速、准确、经济的在线检测。

一般的 COD、BOD、TOC 在线有机物分析仪包括控制器和不同光程的传感器。光程包括 1mm，2mm，5mm，50mm。另外，可根据传感器的光程配置相应的流通池组件或者沉入式安装组件。

在污水、地表水中连续监测有机污染物，是自来水原水有机污染程度的综合评价指标。

（2）在线 COD 分析仪

COD（化学需氧量），Chemical Oxygen Demand 的简称，指在一定条件下，使用氧化

剂氧化水中的还原性物质所消耗的氧的量，以 mg/L 表示。还原性物质包括各种有机物、亚硝酸盐、亚铁盐和硫化物等，最主要的是有机物。作为水质分析中最常测定的项目之一，COD 是衡量水体有机污染的一项重要指标，能够反映出水体的污染程度。化学需氧量越大，说明水体受有机物的污染越严重。

1）在线 $COD_{Cr}$ 分析仪

重铬酸钾法 COD 在线分析仪的工作原理与国标方法类似，水样、硫酸汞溶液（掩蔽剂）、重铬酸钾溶液、硫酸银溶液（催化剂）和浓硫酸的混合液在消解池中被加热到 175℃，在此期间铬离子作为氧化剂从Ⅵ价被还原成Ⅲ价而改变了颜色，颜色的改变程度与样品中 COD 的含量成对应关系，仪器通过比色测量直接计算出样品的 COD 值。

重铬酸钾法 COD 在线分析仪的关键部件结构包括消解系统活塞泵取样系统、光学定量系统、湿度传感器。

2）在线 $COD_{Mn}$ 分析仪

在一定条件下，用高锰酸钾氧化水样中的某些有机物及无机还原性物质，由消耗的高锰酸钾量计算相当的氧量，称为高锰酸盐指数（$COD_{Mn}$）。

$COD_{Mn}$ 在线分析仪的测量方法就是实验室中的高锰酸钾法，其主要过程是：样品中加入已知量的高锰酸钾和硫酸，在沸水浴中加热 30min，高锰酸钾将样品中的某些有机物和无机还原性物质氧化，反应后加入过量的草酸钠还原剩余的高锰酸钾，再用高锰酸钾标准溶液回滴过量的草酸钠。通过计算得到样品中高锰酸盐指数。此方法符合国家标准方法。

高锰酸盐指数不能作为理论需氧量或总有机物含量的指标，因为在规定的条件下，许多有机物只能部分被氧化，易挥发的有机物也不包含在测定值之内。一般用于地表水的检测。

$COD_{Mn}$ 分析仪按照应用场所不同分为两种，一种适用于地表水、自来水行业，另外一种适用于海水测量。

3）紫外 UVCOD 在线分析仪

紫外 UVCOD 在线分析仪根据 DIN38404 C3 规定的 SAC 254 测量方法，采用独有的双光束测量技术，通过测量波长为 550nm 的参比信号，实现自动基线补偿和浊度修正。

紫外 UVCOD 在线分析仪主要由两部分组成：测量探头部分、显示控制器部分。测量探头为不锈钢材质，测量到的数据先转换成数字信号，再通过探头电缆线传到显示控制器。测量探头可采用浸入式安装和流通池安装方式。

紫外 UVCOD 在线分析仪可应用于市政污水处理厂进水口的水质测量。

另外，由于紫外 UVCOD 在线分析仪具有响应速度快的特点，可以用于水质比较稳定的地表水上，连续监测有机污染物，实现地表水站的监测要求的自动控制等。

4）常用 COD 分析仪见表 11-32。

**常用 COD 分析仪**    表 11-32

| 名称 | 型号 | 测试方法 | 测量范围 | 准确度 | 分辨率 | 检测下限 | 特点 | 制造商 |
|---|---|---|---|---|---|---|---|---|
| COD 分析仪 | CODmax Ⅱ／CODmax Plus sc | 重铬酸钾高温消解，比色测定 | 3.3～5000 mg/L | ＞100mg/L：＜10%读数，＜100mg/L：＜±6mg/L | ＜1mg/L | 3.3mg/L | 经典重铬酸钾氧化与全新测试技术的有机统一，全新独特活塞泵技术 | 美国 HACH 公司 |

续表

| 名称 | 型号 | 测试方法 | 测量范围 | 准确度 | 分辨率 | 检测下限 | 特 点 | 制造商 |
|---|---|---|---|---|---|---|---|---|
| COD$_{Mn}$ 分析仪 | COD-203A | 高锰酸钾法，氧化还原电位滴定法测量 | 0～20mg/L；0～200mg/L | 0～20mg/L：±1%<br>0～200mg/L：±2% | — | 0.5mg/L | 氧化还原电位滴定法测量，每次测定前对管路进行反冲洗，防止管路堵塞 | 日本 DKK 公司 |
| UVCOD 分析仪 | UVAS sc | 紫外光吸收方法 | 0～20000 mg/L | ±3% 测量值 +0.5mg/L | — | — | 国际通用技术；测量时间短；不需要任何试剂 | 德国 LANGE 公司 |
| COD 分析仪 | Elox100 | 羟基氧化 | 1～100 mg/L 到 1～100000 mg/L | 5% | — | 1mg/L | 电化学方法；无使用腐蚀性或者其他危险的物质 | 德国 LAR 公司 |
| | CX-1000 | UV254 | 0～200mg/L 到 0～20000 mg/L | 2%～5% | — | — | 测量时间短，内置自动清洗系统 | 法国 AWA 仪表公司 |
| | EST-2001 | 重铬酸盐氧化，电位滴定 | 5～10000 mg/L | ±15% | — | — | 符合国标，量程宽 | 广州怡文科技公司 |
| | SERES 2000 | 酸性高锰酸钾法 | 0～10/20/50 mg/L | ±3% | — | 0.5mg/L | 环保局认可方法，自动校准 | 法国 SERES 公司 |
| UVCOD 分析仪 | CAS51D | 紫外光吸收法 | 0.1～700mg/L (SAC) | ±2%测量值 | — | 0.045mg/L (KHP) | 无需取样及预处理；无需试剂；测量精度高；测量时间短；压缩空气清洗；Memosens 数字传感器带数据存储功能，即插即用 | 德国 E+H 公司 |
| 铬法 COD 分析仪 | CA71COD | 重铬酸钾法 | 0～5000 mg/L | <±10% 测量值 | — | — | 无汞设计；试剂消耗量少；消解时间可调；可选预处理装置提高测量效果 | 德国 E+H 公司 |
| COD$_{Mn}$ 分析仪 | Avvor9000 COD$_{Mn}$ | 高锰酸钾法，氧化还原电位滴定法 | 0～20mg/L<br>0～50mg/L<br>0～100mg/L | ±2% | 0.01 | 0.45mg/L | 氧化还原电位滴定法测量，具有自动计量修正专利技术，具有可变功率加热恒温技术，消解温控媲美水浴 | 加拿大 AVVOR 公司 |

（3）TOC 分析仪

总有机碳（Total Organic Carbon，简称 TOC），是指水体中有机物所含碳的总量，能完全反映有机物对水体的污染水平，被广泛地应用于有机污染物的水质监测参数。

TOC 的测量一般是将水体中的含碳有机物氧化为二氧化碳，通过检测二氧化碳的含量，利用二氧化碳与 TOC 之间碳含量的对应关系，从而得到 TOC 的浓度值。主要测量方法有：燃烧氧化－非分散红外光度（NDIR）法，UV 催化-过硫酸盐氧化-NDIR 法，UV 吸收法。

1）UV 吸收法 TOC 在线分析仪

水体中的溶解性有机物对 254nm 的紫外光有很好的特征吸收作用，如含有共轭双键或多环芳烃的有机物。UV 吸收法 TOC 在线分析仪就是通过测量这种特征吸收值，即 SAC 254，然后利用 SAC 254 与 TOC 之间的相关性，转换成 TOC 值。

UV 吸收法 TOC 在线分析仪主要由两部分组成：测量探头部分、显示控制器部分。测量探头为不锈钢材质，测量到的数据先转换成数字信号，再通过探头电缆线传到显示控制器。显示控制器接收到测量信号后，在液晶显示屏上显示。测量探头为不锈钢材质，可采用浸入式安装和流通池安装方式。

UV 吸收法 TOC 在线分析仪在测量水质比较稳定水样时，具有测量准确、响应速度快等特点。可以用于污水、地表水和工业循环水中连续监测有机污染物。

2）UV 催化-过硫酸盐氧化－NDIR 法 TOC 测定仪

测量原理：将水样酸化后曝气，将无机碳酸盐分解成二氧化碳并去除，然后测量剩余的碳，即可得总有机碳 TOC；由于这种方法在测量前先使用不含二氧化碳的压缩空气或氮气进行酸化水样的吹脱，因此此种方法所得的 TOC，又称为不可吹出有机碳（NPOC）。

分析过程可以分为三个主要步骤：酸化、氧化、检测和定量。第一步是样品的酸化去除无机碳 IC 和 POC 气体。基于不同的分析方法，释放出来的气体进入检测器直接排放。第二步是把样品中残留的碳氧化成二氧化碳（$CO_2$）和其他的气体形式。目前的 TOC 分析仪主要采用以下几种手段进行样品氧化：高温燃烧、高温催化氧化（HTCO）、光氧化、加热-化学氧化、光-化学氧化和电解氧化等。第三步采用非分散红外检测技术（NDIR）进行 TOC 测量。使用 NDIR 检测技术可以对有机物氧化产生的二氧化碳进行直接和针对性的测量。

仪器外壳采用冷轧碳钢或者不锈钢材质，主要由液路分析单元和电气单元等组成。

TOC 在线分析仪应用于环境分析、废水监测和其他水监测。

3）常用 TOC 分析仪见表 11-33。

常用 TOC 分析仪 表 11-33

| 名称 | 型号 | 测试方法 | 测量范围 | 准确度 | 分辨率 | 检测下限 | 特点 | 制造商 |
|------|------|----------|----------|--------|--------|----------|------|--------|
| UVTOC 在线分析仪 | UVAS sc | 紫外光吸收方法 | 0～10000 mg/L | ±3%测量值＋0.5mg/L | — | — | 国际通用技术不需要任何试剂 | 德国 LANGE 公司 |

续表

| 名称 | 型号 | 测试方法 | 测量范围 | 准确度 | 分辨率 | 检测下限 | 特 点 | 制造商 |
|---|---|---|---|---|---|---|---|---|
| TOC 分析仪 | 1950 Plus | 紫外光/过硫酸盐氧化法 | 0~25mg/L | 满量程的±2% | — | 25℃时，测量范围 0~5mg/L 时，≤0.015mg/L | 自动显示 TOC 去除率 | 美国 HACH 公司 |
| TOC UV 分析仪 | Astro TOC UV TURBO | 酸氧化/紫外氧化法 | 0~50.000 mg/L | — | 5μg/L | 在 25℃ 且量程为 0~5000μg/L 时，≤5μg/L | 响应时间短，100%氧化，准确测量低浓度样品 | 日本 Astro 公司 |
| UV TOC 分析仪 | Astro TOC™ | 化学氧化和紫外氧化 | 0~5mg/L 到 20000mg/L | 25℃时，满量程的±2%（非稀释） | — | 25℃时，＜0.015mg/L（0~5mg/L 量程） | 适应各种恶劣环境，可分析含盐高和难氧化的样品 | 日本 Astro 公司 |
| TOC 分析仪 | Astro TOC™ | 酸氧化，紫外氧化法 | 0~25mg/L 至 20000mg/L | 无稀释，25℃ 时，＜1000mg/L 时，读数的±5% 无稀释，25℃时，2000~20000mg/L 时，读数的±2% | — | ＜0.1mg/L（在25℃时，使用 0~25mg/L 量程） | 铂催化剂，专利的高温反应系统 | 日本 Astro 公司 |
| | TOC-4100 | 催化氧化燃烧＋非分散红外气体吸收 | 0~5ppm 至 0~20,000 ppm 可变 | — | — | — | 通气酸化处理去除 IC | 日本 岛津公司 |
| | TOC-2000ZX | 紫外光过磷酸盐氧化法 | 0~10000 mg/L | ±5% | — | — | 易维修，易升级换代 | 韩国 大润 |
| TOC 分析仪 | CA72TOC | 催化氧化燃烧＋非分散红外气体吸收 | 0.25~12000mg/L | 20%满量程±0.4% 80%满量程±2.4% | — | — | 适用于高含盐量及 pH 变化范围大的场合；维护方便；可双通道；酸化处理吹脱去除 TIC | 德国 E＋H 公司 |
| TOC 分析仪 | CA52TOC | 紫外过硫酸盐氧化法 | 0.015~10000mg/L | 0~75%满量程±1.5% 75%~100% 量程±2.5% | — | 50ppb | 低检测下限；与 COD 关联性好；可双通道 | 德国 E＋H 公司 |

### 11.2.2.9 其他检测仪和监测系统

**(1) 多参数分析仪**

多参数水质分析仪是一款新型多参数、宽量程的水质监测仪器，可广泛用于地表水、地下水、水源水、污水口、饮用水等不同水体的水质在线及便携监测。其监测参数包括溶解氧、pH、ORP（氧化还原电位）、电导率（盐度、总溶解固体、电阻）、温度、水深、浊度、叶绿素 a、蓝绿藻、若丹明 WT、铵/氨离子、硝酸根离子、氯离子、环境光、总溶解气体共十五种参数。

根据不同的应用领域和监测目标，多参数水质分析仪可以采用不同的主机和探头搭配。一般而言，一台多参数水质分析仪的主机可以测量多达 10 个参数，部分主机型号带有自清洗刷，可以适应泥沙或其他杂质较多的污水环境。

目前，多参数水质分析仪系列产品在国内的大、中、小型地表水监测站、原水监测站、浮标监测站以及环保部门的水分析实验室都有大量应用。

**(2) 供水管网水质监测系统**

供水管网水质的在线监测系统包括三大部分：仪器测定、网络传输、中央控制与管理。安装在现场的仪器，可以对该位置管网水质的特定参数进行测定，它对于数据的准确性、系统运行的稳定性具有决定性的影响作用。给水管网水质在线监测系统可以对管网水质实行 24h 实时连续监测，并以管网水利模型和水质模型为手段，这是实施全方位管网优化调度的必要手段。为了掌握管网水质变化的动态，供水企业应该按规定对管网采样点设置余氯连续测定仪、浊度测定仪、细菌测定仪，超过一定的数值就会报警。还可以通过水质预报软件，根据生物可降解有机物、细菌、余氯、pH 值、水温等参数与水质变化的关系，可以预报管网中的余氯、细菌等指标的变化，为改善管网水质提供决策依据。

供水管网监测包括的仪表测量参数和测量量程见表 11-34。

**供水管网监测系统参数和量程** 表 11-34

| 测量参数 | 测量量程 |
| --- | --- |
| TOC | 0～25mg/L（增强型） |
| pH | 0～14 |
| 电导率 | 0～2000μS/cm |
| 浊度 | 0.01～100NTU |
| 氯 | 0～5mg/L |
| 压力 | 0～150PSI |
| 温度 | −20～200℃ |

**(3) 原水水质监测系统**

一套完整的原水水质监测解决方案，测试参数包括了溶解氧、浊度、pH、电导率、水温、氨氮、总磷、总氮、高锰酸钾指数、叶绿素或蓝绿藻等相关参数。也可根据水质情况选择参数。以美国 HACH 公司的产品为例，主要的测量参数和参数量程见表 11-35。

**原水水质监测系统参数和量程** 表 11-35

| 测量参数 | 测量范围 |
| --- | --- |
| LDO 溶解氧分析仪 | 0～20.0mg/L |
| SOLITAX sc 浊度仪 | 0～4000NTU |
| pH 计 | 0～14 |

续表

| 测量参数 | 测量范围 |
|---|---|
| 电导率 | 0～1000mS/cm |
| AMTAX sc 氨氮分析仪 | 0.02～20.0mg/L |
| 高锰酸钾指数 | 0～20mg/L 或 0～2000mg/L |
| 叶绿素 | 0～500μg/L |
| 蓝绿藻 | 100～2,000,000cells/mL |
| 总磷 | 0.01～5.0mg/L |
| 总氮 | 0～2mg/L 或 0～200mg/L |

### 11.2.2.10 有毒气体检测报警仪

给水排水工程中，常用的有毒气体检测报警仪为漏氯检测报警仪和硫化氢检测报警仪。

氯气（或硫化氢）等有毒气体传感器一般采用电化学原理，由膜电极和电解液灌封而成，气体浓度信号将电解液分解成阴阳带电离子，通过电极将信号传出。无氯气（或硫化氢）时，传感器上的电解液在电极电场的作用下，电极产生极化，二电极间电流最小，当有氯气（或硫化氢）扩散到传感器的电极时，电极被去极化，极间电流增大。氯气（或硫化氢）传感器输出电流值与环境中氯气（或硫化氢）浓度成正比。

电化学原理传感器的优点是：反应速度快、准确（可用于 ppm 级）、稳定性好、能够定量检测；缺点是：寿命较短（大于等于两年）。它主要适用于氯气（或硫化氢）等毒性气体的检测。

漏氯（或硫化氢）检测报警仪分为固定在线式检测报警仪和手持式便携式检测报警仪。固定在线式检测报警仪一般由气体传感器和报警控制器两部分组成，传感器与控制器之间采用三芯屏蔽电缆连接。报警控制器又可分为单通道、双通道、四通道和八通道几种（每通道代表可接一个氯气（或硫化氢）传感器探头），各通道传感器可放在不同位置，输出信号各自独立，只要有一路传感器探测到氯气（或硫化氢）浓度超过设定值时，报警控制器即发出报警输出。

（1）漏氯检测报警仪

氯气是一种黄绿色有窒息性气味的有毒气体。人吸入氯气后，主要作用于气管、支气管、细支气管和肺泡，导致相应的病变。高浓度氯吸入后，还可刺激迷走神经引起反射性的心跳停止。氯气比重大于空气，会向低洼地带堆积。

漏氯检测报警仪用于水厂或污水处理厂加氯间和氯库的漏氯检测报警。

常用固定式漏氯检测报警仪见表 11-36。

**常用固定式漏氯检测报警仪**　　　　　　　　　　　　　　　表 11-36

| 名称 | 型号 | 测试方法 | 传感器寿命 | 测量范围 | 精度及零漂移 | 反应时间 | 输出信号 | 特点 | 制造商 |
|---|---|---|---|---|---|---|---|---|---|
| 氯气检测探头/氯气变送器 | CGD-I-1CL2<br><br>CGD-I-DCL2<br>（数字显示型） | 电化学 | 2 年 | 0～20ppm | ±5%；<br><0.5%FS/月 | <30s | 4～20mA DC | 采用优质进口电化学传感器，反应时间短、使用寿命长；防爆外壳，坚固耐用；具有良好的抗中毒性；良好的性能价格比 | 北京东方吉华科技有限公司 |

续表

| 名称 | 型号 | 测试方法 | 传感器寿命 | 测量范围 | 精度及零漂移 | 反应时间 | 输出信号 | 特点 | 制造商 |
|---|---|---|---|---|---|---|---|---|---|
| 一体式氯气检测报警仪 | CGD-I-BCL2 | 电化学 | 2年 | 0～20 ppm | ±5%；<0.5% FS/月 | <15s | 4～20mA DC | 检测器与二次表合一的固定安装式仪表，具有数字显示、声光报警、报警输出等功能 | 北京东方吉华科技有限公司 |
| 分体式氯气检测报警仪 | 报警控制主机（JH-xsd-1/2/4/8） | — | — | — | 0.2%FS（单通道为：0.5%FS） | — | 报警输出，RS485/232通信（可选） | 主要由报警控制主机和氯气检测探头组成。报警控制主机有开关量输出并可选通信接口。可选1，2，4，8四种通道数的主机；每通道接一个探头 | 北京东方吉华科技有限公司 |
| | 氯气检测探头（CGD-I-1CL2） | 电化学 | 2年 | 0～20 ppm | ±5%；<0.5% FS/月 | <30s | 4～20mA DC | | |
| 氯气变送器 | OLCT20 | 电化学 | 2年 | 0～10 ppm | ±1.5%；<0.5% FS/月 | <30s | 4～20mA DC | 具有小巧、坚固、精确和预标定传感器更便于现场安装等特点。防腐蚀不锈钢外壳，坚固耐用；可更换的预标定传感器。防护等级：IP66 | 法国奥德姆 |
| 氯气报警器 | Sensepoint XCD | 电化学 | — | 0～15 ppm | — | — | 4～20mA DC；3个可编程继电器；Modbus | — | 美国霍尼韦尔公司 |
| GP-CD氯气报警仪 | — | — | — | — | — | — | 4～20mA DC；Modbus | — | 美国霍尼韦尔公司 |
| 氯气固定气体检测仪 | iTrans | 电化学 | ≥2年 | 0～99.9 ppm/0.1ppm | ±5%FS | <150s | 4～20mA DC；3个（2个可编程）继电器；modbus | 全数字化设计，强抗干扰，高稳定性；单/双通道设置，选配灵活；合金/不锈钢外壳，适用于恶劣环境 | 美国英思科公司 |
| 固定式氯气监测仪 | FG10-Cl₂ | 三电极电化学 | — | 0～50 ppm，0.1ppm | — | — | 4～20mA、Modbus RTU、继电器输出 | — | 德国恩尼克思公司 |

（2）硫化氢分析仪

硫化氢是一种无色有刺激性（臭鸡蛋）气味的剧毒气体，较空气重，易溶于水。是强烈的神经毒物，对黏膜有强烈刺激作用。

硫化氢气体检测报警仪用于污水泵站或污水处理厂封闭式格栅间和进水泵房的硫化氢

气体检测报警。

常用固定式硫化氢检测仪见表 11-37。

常用固定式硫化氢检测仪 表 11-37

| 名称 | 型号 | 测试方法 | 传感器寿命 | 测量范围 | 精度及零漂移 | 反应时间 | 输出信号 | 特点 | 制造商 |
|---|---|---|---|---|---|---|---|---|---|
| 硫化氢检测探头/硫化氢变送器 | CGD-I-1H$_2$S<br><br>CGD-I-DH$_2$S（数字显示型） | 电化学 | 2 年 | 0～50ppm<br>0～100ppm<br>0～200ppm | ±5%；<0.5% FS/月 | <30s | 4～20mA DC | 采用优质进口电化学传感器，反应时间短、使用寿命长；防爆外壳，坚固耐用；具有良好的抗中毒性；良好的性能价格比 | 北京东方吉华科技有限公司 |
| 一体式硫化氢检测报警仪 | CGD-I-BH$_2$S | 电化学 | 2 年 | 0～50ppm<br>0～100ppm<br>0～200ppm | ±5%；<0.5% FS/月 | <15s | 4～20mA DC | 检测器与二次表合一的固定安装式仪表，具有数字显示、声光报警、报警输出等功能 | 北京东方吉华科技有限公司 |
| 分体式硫化氢检测报警仪 | 报警控制主机（JH-xsd-1/2/4/8） | — | — | — | 0.2% FS（单通道为：0.5%FS） | — | 报警输出，RS485/232通信（可选） | 主要由报警控制主机和硫化氢检测探头组成。报警控制主机有开关量输出并可选通信接口。可选 1，2，4，8 四种通道数的主机；每通道接一个探头 | 北京东方吉华科技有限公司 |
| | 硫化氢检测探头（CGD-I-1H$_2$S） | 电化学 | 2 年 | 0～50ppm<br>0～100ppm<br>0～200ppm | ±5%；<0.5% FS/月 | <30s | 4～20mA DC | | |
| 硫化氢变送器 | OLCT20 | 电化学 | 2 年 | 0～10ppm | ±1.5%；<0.5% FS/月 | <30s | 4～20mA DC | 具有小巧、坚固、精确和预标定传感器更便于现场安装等特点。防腐蚀不锈钢外壳，坚固耐用；可更换的预标定传感器。防护等级：IP66 | 法国奥德姆 |
| 硫化氢报警器 | Sensepoint XCD | 电化学 | — | 0～15ppm | — | — | 4～20mA DC；3 个可编程继电器；Modbus | — | 美国霍尼韦尔公司 |
| GP-CD硫化氢报警仪 | | | | | | | 4～20mA DC；Modbus | | 美国霍尼韦尔公司 |
| 硫化氢固定气检测仪 | iTrans | 电化学 | ≥2 年 | 0～99.9 ppm/0.1 ppm | ±5%FS | <150s | 4～20mA DC；3 个（2 个可编程）继电器；Modbus | 全数字化设计，强抗干扰，高稳定性；单/双通道设置，选配灵活；合金/不锈钢外壳，适用于恶劣环境 | 美国英思科公司 |

| 名称 | 型号 | 测试方法 | 传感器寿命 | 测量范围 | 精度及零漂移 | 反应时间 | 输出信号 | 特点 | 制造商 |
|------|------|----------|------------|----------|--------------|----------|----------|------|--------|
| 固定式硫化氢监测仪 | FG10-Cl$_2$ | 三电极电化学 | — | 0～50ppm，0.1ppm | | | 4～20mA、Modbus RTU、继电器输出 | | 德国恩尼克思公司 |

### 11.2.3 网络智能电力仪表

网络智能电力仪表是一款用于中低压系统的智能化装置，它集数据采集和控制功能于一身，具有电力参数测量及电能计量、提供通信接口与计算机监控系统连接、支持 RS485 接口 MODBUS 通信协议等多种协议的功能。大尺寸液晶屏可以实时显示多项信息。

网络智能电力仪表具有测量精度高、结构精巧、安装便捷、显示直观、易学易用、接线灵活方便、安全性好、可靠性高等特点。网络智能电力仪表一般具有以下功能：

(1) 电气参数测量：可以提供电压（三相相电压、线电压及其平均电压）、电流（三相线电流及其平均电流）、有功功率、无功功率、视在功率、功率因数、有功电能、频率等多项电气参数的实时测量。

(2) 电能计量功能：可实现高精度的双向输入/输出有功电能、输入/输出无功电能的计量。

(3) 电能质量参数：实时监测三相系统的 2～31 次谐波分量，并计算多种电能质量参数。

(4) 最值记录：实时统计各相电压、电流、有功功率、无功功率、视在功率等参数的最大值和最小值，并记录事件发生的时间。所有记录可通过通信读取。

(5) I/O 模块：具有丰富的 I/O 接口。可提供多达 11 路数字量输入（DI）用于监视开关量输入的状态；5 路继电器输出（DO）模块，用于实现断路器的远程控制、报警输出和脉冲电能输出等。

(6) 越限报警：用户可以自定义的定值系统，最多可以同时启动 10 个定值通道，其中有 6 个遥信定值，4 个逻辑定值，可根据监测对象和设定情况产生继电器输出。可利用软件通过通信口对装置进行定值参数整定，也可通过面板按键设置参数。

(7) 变送器输出：最多可以提供 2 路 4～20mA DC 输出，变送输出对象可从任何被测参数中选择，输出负载为 500Ω。可接受 1 路 4～20mA DC 外部有源输入。

(8) SOE 记录功能：多达 64 个事件记录，装置掉电数据不丢失。记录事件包括越限动作、继电器动作、开关量输入变位等。每个事件记录包括事件类型、日期和时间。时间分辨率为 1ms，事件记录数量可扩展。

(9) 波形捕捉：波形捕捉可以由手动启动或事件启动。手动启动捕捉设备正常运行下的波形，用以分析谐波畸变或者其他电能质量参数；事件启动捕捉在异常事件发生状况下的波形，用以协助故障分析和快速恢复供电。

(10) 通信模块：提供 1 路 RS485 通信接口，Modbus-RTU 通信协议或选择其他通信协议。可以选择 2 路 RS485 通信接口，智能测控仪表通信网络冗余配置。

网络智能电力仪表可直接替代传统的指针式仪表和电量变送器，既可以作为柜上仪表使用，又可以通过通信接口远传电量参数，实现远程数据采集与控制。广泛用于给水排水工程中的中、低压变配电柜、控制柜的电量采集、显示和远传等。

常用网络智能电力仪表见表 11-38。

**常用网络智能电力仪表**　　　　　　表 11-38

| 名称 | 型号 | 电能质量监测 | 实时电量测量 | 精度（%） | 数据记录 | 输入（出）量 | 通信协议 | 制造商 |
|---|---|---|---|---|---|---|---|---|
| 电力参数测量仪 | PM810 | 谐波畸变（可选） | 相电压、线电压、相电流、有功/无功/视在功率、有功/无功电能、功率因数、频率 | — | 最小/最大瞬时值、数据记录、事件记录、报警、时间标识 | DI：1；DO：1；可选模块扩展 | Modbus 协议；扩展（可选）；TCP/IP 以太网，100M 以太网 | 施耐德公司 |
| | PM820 | 谐波畸变（固定） | | | | | | |
| | PM850 | 波形捕捉（可调） | | | | | | |
| | PM870 | 电压骤升/骤降监测 | | | | | | |
| 智能电量仪表 | EM plus | 2～15 次谐波监测 | 相电压、线电压、相电流、零序电流、有功/无功/视在功率、有功/无功电能、功率因数、频率 | 电压：0.5，电流：0.5，功率、电能，功率因数：1.0，频率：0.01Hz | 故障记录 | DI：4，其中 3、4 路输入可设置为脉冲计数功能。DO：2（继电器） | RS485（Modbus－RTU），通信速率：600～38400bps | ABB 公司 |
| 智能配电仪表 | GE150-A | 31 次电压及电流谐波监视；三相电流 K 系数分析；三相电压波峰系数；三相电压及电流不平衡度等 | 相电压、线电压、相电流、有功/无功/视在功率、有功/无功电能、功率因数、频率 | — | 64 个事件记录，装置掉电不丢失；时间分辨率为 1ms | DI：4；DO：2（继电器）可选：AO（4～20mA） | RS485，Modbus 协议；扩展：Profibus | 美国斯威尔电气公司 |
| 多功能网络电力仪表 | PD194Z 系列 | — | 相电压、线电压、相电流、有功/无功/视在功率、有功/无功电能、功率因数、频率 | 电量：0.5，频率：±0.1Hz，有功电能：0.5，无功电能：1.0，模拟输入：0.5 | — | DI：4；DO：2（继电器）；AI：2（0～20mA）；AO：2（4～20mA/0～5V） | RS485（Modbus－RTU），通信速率：1200～19200bps | 江苏斯菲尔电气股份有限公司 |
| 网络电力仪表 | ACR320E ACR320ELH | ACR320ELH 总谐波畸变（电流/电压），分次谐波，谐波波形 | 相电压、线电压、相电流、有功/无功/视在功率、有功/无功电能、功率因数、频率 | 电压/电流：0.2，功率/电能：0.5 | 事件记录，报警（可选），内置时钟 | DI：4；DO：2（继电器） | RS485（Modbus 协议），通信速率：最高 38400bps | 上海安科瑞电气股份有限公司 |
| 三相数字式多功能测控电表 | PMC-630A PMC-630B | 谐波分析，三相不平衡度 | 相电压、线电压、相电流、有功/无功/视在功率、有功/无功电能、功率因数、频率 | 电压：0.2，电流：0.2，功率、有功电能、功率因数：0.5，频率：0.2 | SOE，定时记录，定值越限 | DI：6；DO：2（继电器）可选：AI：1；AO：1 | RS485（Modbus 协议），可选：以太网 | 深圳市中电电力技术股份有限公司 |
| | PMC-630C | 谐波分析，三相不平衡度，波形瞬态捕捉，波形采样 | | | | | | |
| 三相网络电力仪表 | PMAC725 | 31 次奇分量和偶分量谐波分析、总谐波分量 | 相电压、线电压、相电流、有功/无功/视在功率、有功/无功电能、功率因数、频率 | 电压/电流：0.2，功率：0.5，有功电能：1.0 | 50 条事件记录，时间分辨率达 1ms | DI：8；DO：4（继电器） | RS485（Modbus 协议），ProfiBUS－DP 协议（扩展） | 珠海派诺电子有限公司 |
| 智能配电仪表 | QP452 | 电压、电流三相不平衡度，电压、电流总谐波含量，电压、电流各次谐波，电压峰值系数等 | 相电压、线电压、相电流、有功/无功/视在功率、有功/无功电能、功率因数、频率 | 电压：0.2，电流：0.2，功率、电能，功率因数：0.5，频率：0.2 | 参数最大值（时标），参数最小值（时标） | DI：4；DO：2（继电器）；可选模块扩展 DI、DO、AO | RS485（Modbus），扩展：ProfiBUS－DP，第二个 RS485 接口 | 美国电气控制有限公司（ELECON） |

# 11.3 显 示 仪 表

## 11.3.1 概述

在工业测量和控制系统中，显示仪表能与各种检测仪表配接，以指针位移、数字、图形等形式显示、记录过程变量数值的大小、变化趋势和工作状态，有些还兼有控制功能。显示仪表在过程控制系统中的配套应用示意见图 11-11。

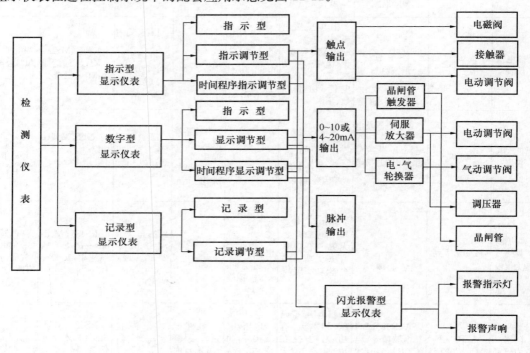

图 11-11 显示仪表的配套应用示意

显示仪表一般由信号输入电路、非线性转换电路、信号放大电路、输出电路和显示器等组成。显示仪表经过这些电路和器件，完成输入信号的非电量/电量转换，非线性信号的线性化处理、综合运算、越限报警、标准电压（或电流）信号输出，以及运算结果信号的存储、打印、记录和显示等基本功能。

常用的显示仪表一般均为机电结合式和全电子式，其中又可分为模拟式和数字式仪表，各项技术性能指标相差较大。常用的各类显示仪表基本性能见表 11-39。

显示仪表基本性能　　　　　　　　　　　　　　　　　表 11-39

| 项目 | 指示型显示仪表 | 记录型显示仪表 | 数字型显示仪表 | 闪光报警型显示仪表 |
|---|---|---|---|---|
| 输入信号 | 热电偶、热电阻直流毫伏、毫安信号等 | 温度、压力、流量、液位、位移、成分量等 | 温度、压力、流量、液位、机械量、成分量及其他 | 有源、无源触点信号 |
| 输入阻抗 | ≥数千 Ω | ≥数百 Ω | ≥数百 kΩ | ≥数百 kΩ |

续表

| 项目 | 指示型显示仪表 | 记录型显示仪表 | 数字型显示仪表 | 闪光报警型显示仪表 |
|---|---|---|---|---|
| 显示方式 | 指针、光柱 | 指针、数字、记录纸 | 数字 | 指示灯、蜂鸣器等 |
| 精确度 | 1.0；1.5 | 0.1；0.2；0.5；1.0 | 0.1；0.2；0.5 | |
| 采样方式 | 固定 | 固定或可调 | 固定或可调 | 固定 |
| 测量点数 | 单点 | 单点、多点 | 单点、多点 | 多点 |
| 输出信号 | 无或直流 0～10mA、4～20mA，触点信号 | 无或直流 0～10mA、4～20mA，触点信号 | 无或直流 0～10mA、4～20mA，触点信号 | 触点信号 |
| 工作环境条件 | 温度 0～45℃，相对湿度≤85%，无振动，无腐蚀气体 | 温度 0～45℃，相对湿度≤85%，无振动，无腐蚀气体 | 温度 0～50℃，相对湿度≤85%，无腐蚀气体 | 温度 0～50℃，相对湿度≤85%，无腐蚀气体 |
| 耐电干扰 | 抗串模、共模干扰 | 抗串模、共模干扰 | 抗串模、共模干扰 | 抗串模、共模干扰 |
| 供电电源 | AC 220V，50Hz | AC 220V，50Hz | AC 220V，50Hz 或 DC 24V | AC 220V，50Hz |

在给水排水工程中，随着工业控制计算机的广泛应用，检测仪表直接与工业控制计算机相连，在工业控制计算机上显示、记录仪表数据，所以，显示仪表的应用日趋减少，本节仅作简要介绍。

## 11.3.2 指示型显示仪表

指示型显示仪表一般分为动圈型与光柱型两类。动圈型指示显示仪表发展应用较早，具有指示或指示调节功能，现已基本淘汰；光柱型指示显示仪表应用较多。

根据显示器件的不同，光柱型指示显示仪表一般可分为等离子光柱显示仪、荧光光柱显示仪、发光二极管（LED）光柱显示仪三类。每类仪表因使用对象、使用元器件和功能不同，又分为单显示、显示报警、显示控制等仪表。

光柱型指示显示仪表不仅能连续地反映被测变量的变化过程和趋势等优点，还具有以下特点：

（1）对过程变量大小和变化趋势的显示为直条或横条棒状图，清晰明亮、无数字显示闪烁跳动的缺点。

（2）能方便地显示过程变量的绝对值、偏差值，显示精确度、响应速度，抗振性能比动圈指示仪表好。

（3）结构简单、体积小。

光柱型指示显示仪表的主要技术性能见表 11-40。

**光柱型指示显示仪表的主要技术性能** 表 11-40

| 仪表类型 | 等离子光柱显示仪 | 荧光光柱显示仪 | LED 光柱显示仪 |
|---|---|---|---|
| 功能 | 单显示、显示报警、显示控制 | 单显示、显示报警、显示控制 | 单显示、显示报警 |
| 显示器件 | 等离子单光柱、双光柱、环形光柱显示器 | 荧光单光柱、双光柱显示器 | LED 单光柱显示器 |
| 标度线数 | 201线、101线 | 101线 | 20点、40点 |

续表

| 仪表类型 | 等离子光柱显示仪 | 荧光光柱显示仪 | LED 光柱显示仪 |
|---|---|---|---|
| 精确度 | （0.5%，1.0%）±1 线 | 1.0%±1 线 | — |
| 输入信号 | 热电阻、热电偶、压力、流量、液位、标准直流电流或电压等信号 | 热电阻、热电偶、压力、流量、液位、标准直流电流或电压等信号 | 热电阻、热电偶等信号 |
| 输出信号 | 触点信号、标准电流或电压信号 | 触点信号、标准电流或电压信号 | 触点信号、标准电流或电压信号 |
| 性能特点 | 响应速度快、抗振性能好、显示清晰明亮、需阳极高压 | 响应速度快、抗振性能好 | 结构简单、抗振性能好 |
| 工作环境条件 | 温度 0～50℃，相对湿度≤85% | | |
| 工作电源 | AC 220V 50Hz，或 DC 24V | | |

光柱型指示显示仪表的配套应用示意见图 11-12。

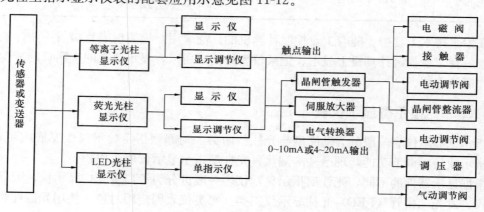

图 11-12　光柱型指示显示仪表的配套应用示意

### 11.3.3　数字型显示仪表

数字型显示仪表一般可分为简易型数字显示仪表与微机型数字显示仪表两种。其分类见图 11-13。数字型显示仪表的特点是读取直观，测量速度快，精确度高。输入信号既可以是模拟量，也可以是数字量。输出信号有直流标准电压、电流信号，数字信号和通信信号。

#### 11.3.3.1　简易型数字显示仪表

仪表将连续被测变量转换成统一的模拟量，经信号放大和线性化校正后，由 A/D 转换器将模拟量转换成相应的数字量，数字显示器显示测量值。同时，还可以打印记录、上下限报警、数据输出等功能。

#### 11.3.3.2　微机型数字显示仪表

微机型数字显示仪表按其功能可分为数字显示仪、多点数字巡回检测仪、数字显示控制仪等。

数字型显示仪表主要技术性能见表 11-41。

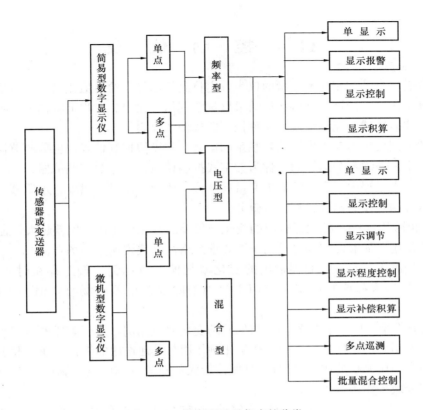

图 11-13 数字型显示仪表的分类

**数字型显示仪表主要技术性能**                                           表 11-41

| 项　　目 | 内　　　容 |
|---|---|
| 输入信号 | 1. 热电偶（S、K、E、T、B、K、R）信号；<br>2. 热电阻（Pt100、Pt10、Cu50、Cu100）信号；<br>3. 标准直流信号：0～10mA、4～20mA、1～5V、1～10V；<br>4. 脉冲、频率信号（如：涡轮流量计信号等）；<br>5. 各种压力、物位等传感器的直流毫伏信号等 |
| 测量值、设定值显示范围 | 量程的 0%～100% |
| 精确度 | 1，0.5，0.2，0.1 级 |
| 分辨力 | 一般为 1 个字 |
| 输入阻抗 | 一般为 10kΩ 以上 |
| 控制方式 | 1. 位式：切换差一般≤10%（量程）；<br>2. 时间比例：比例带 $P1\%\sim10\%$；零周期 $T10\sim40s$；手动再调时间 $t0.1\sim0.9s$；<br>3. 连续 PID：比例带 $P1\%\sim100\%$；微分时间 $T_d0\sim1200s$；积分时间 $T_i1\sim3600s$；<br>4. 断续 PID：比例带 $P1\%\sim100\%$；微分时间 $T_d0\sim1200s$；积分时间 $T_i1\sim3600s$；开关时间 $t10\sim40s$ |
| 输出信号 | 1. 继电器触点：AC 220V 2A 无电感负载；<br>2. 直流电流：0～10mA、4～20mA |
| 报警 | 1. 测量值：0%～100%（量程）；<br>2. 偏差值：−50%～50%（量程）；<br>3. 偏差绝对值：50%（量程）；<br>4. 方式：继电器触点 |
| 工作条件 | 1. 环境温度：−5～50℃，相对湿度≤85%；<br>2. 供电电源：AC 220V±10%、50±1Hz |

# 11.4　控　制　仪　表

　　控制仪表是自动控制被控变量的仪表，它将测量信号与给定值比较后，对偏差信号按一定的控制规律进行运算，并将运行结果以规定的信号输出。工程上将构成一个过程控制系统的各个仪表统称为控制仪表，又称控制器或调节仪表。

　　常规的控制仪表内部用模拟信号联系和运算，称模拟控制仪表，也称调节器。控制仪表内部用数字信号联系和运算的，称为数字式控制仪表，也称数字调节器。

　　在给水排水工程中，常见的被控变量有液位、压力、流量、温度、水质分析量等。常用三种基本控制规律为比例、积分、微分。

　　(1) 比例作用（P）：控制器输出的变化与偏差的变化成比例。偏差越大，控制作用越强。可单独使用，如液位控制等，用于不要求严格消除残余偏差的场合；

　　(2) 积分作用（I）：控制器输出的变化率与偏差成比例。偏差存在时间越长，控制作用也越强，这种控制作用主要用于要求消除残余偏差的场合，但在工程中较少单独使用；

　　(3) 微分作用（D）：控制器输出与偏差的变化率成比例，用于需要加速调节过程的场合，不单独使用。常用的控制规律往往是比例作用与其他作用的组合。如一般参数（如流量）的控制常用比例积分作用（PI）；对惯性较大的对象（如温度、物性与成分量）控制常用比例积分微分作用（PID）。

　　控制仪表按使用能源可分为电动、气动和液动三种。按结构又可分为基地式和单元组合式两种。基地式的特点在于仪表的所有部件之间，以不可分离的机械结构相连接，装在一个箱壳之内，利用一台仪表就能解决一个简单自动化系统的测量、记录、控制等全部问题，如液位控制器、压力控制器、流量控制器、温度控制器等。单元组合式控制器包括变送、调节、运算、显示、执行等单元，其特点在于仪表由各种独立的单元组合而成，单元之间采用统一化标准的电信号（4～20mA 或 0～10mA）或气压信号（0.02～0.1MPa）联络。根据不同要求，可把单元以任意数量组成各种简单的或复杂的控制系统。

　　在给水排水工程中，常见的变量控制已逐渐被可编程序控制器（PLC）替代，控制仪表的应用日趋减少，本节不作详细介绍。

# 11.5　执　行　器

## 11.5.1　概述

　　执行器是控制系统中接收控制信息并对受控对象施加控制作用的装置，也是直接改变操作变量的仪表，由执行机构和调节机构组成，其分类如下：

　　气动执行器的输入信号为 20～100kPa 压缩空气，其主要产品是气动调节阀。气动执行器具有结构简单可靠、标准化程度高、维修保养方便、价格便宜、本质安全防爆等特点。但必须配用气源装置，现场配管复杂，对传输距离长的大型控制装置有一定困难。

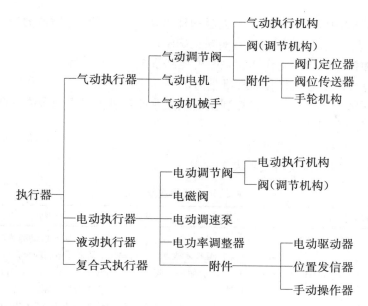

电动执行器的输入信号为 4~20mA DC 电流信号。电动执行器具有能源取用方便、信号传输迅速、信号便于远传、与工业计算机联网方便、安装接线简单等特点。但其结构复杂、维护保养不便。不适合防火防爆等场合。

在给水排水工程中，使用较多的是气动执行器和电动执行器，常用的执行器有气动调节阀、电动调节阀和电磁阀。气动调节阀和电动调节阀只是执行机构不同，所有的调节机构（调节阀）都相同。

### 11.5.2 气动执行器

#### 11.5.2.1 气动执行机构

气动执行器是利用有压气体作动力源，将控制信号转换成相应的动作以控制阀内截流件的位置或控制其他调节机构的装置。它由气动部件、动力传递和支架连接等零部件组成。

气动执行机构按动力部件的结构形式不同分为以下几类：

（1）气动薄膜执行机构。

（2）气动活塞执行机构。

（3）气动滚动膜片执行机构。

（4）气动转叶执行机构等。

前三种执行机构的动力部件在压缩空气的驱动下作直线运行，基本上属于直行程执行机构，它们也可以把直线动作的输出杆通过曲柄连杆或齿轮齿条等零件去驱动角行程阀。气动转叶执行机构的动力部件在压缩空气的驱动下作旋转运行，属于角行程气动执行机构。

#### 11.5.2.2 调节阀

调节阀见第 11.5.3 节有关内容。

#### 11.5.2.3 附件

阀门定位器是气动执行器的主要附件，其作用如下：

（1）可提高阀门位置的线性度，克服阀杆的摩擦力，消除介质压力变化与高度差对阀位的影响，使阀门位置能按控制信号实现正确定位。

（2）可增加执行机构的动作速度，改善控制系统的动态特性。

（3）可用标准的信号去操作非标准信号的气动执行机构。

（4）可实现分程控制，用一台控制仪表或工业计算机去操作两台或三台气动调节阀。

（5）可实现反作用动作。

（6）可修正阀门的流量特性等。

各种阀门定位器用途及特点见表 11-42。

阀门定位器用途及特点 表 11-42

| 定位器 | 输入信号 | 用途 | 特 点 |
|---|---|---|---|
| 气动<br>阀门定位器 | 气动 20～100kPa | 提高气动调节阀基本误差，克服阀杆摩擦力，消除调节阀不平衡力影响等 | 1. 单输出，可与气动薄膜调节阀配套双输出，可与气动活塞调节阀配套；<br>2. 行程 10～100mm，转角 50°～90°；<br>3. 可实现分程控制；<br>4. 可实现正作用、反作用动作 |
| 电—气<br>阀门定位器 | 电流 0～10mA DC<br>4～20mA DC | 具有电—气转换器和气动阀门定位器双重用途 | 1. 同气动阀门定位器；<br>2. 根据防爆要求，有增安型、隔爆型和本质安全型 |
| 非线性反馈<br>阀门定位器 | 气动 20～100kPa<br>电流 0～10mA DC<br>4～20mA DC | 可使气动调节阀在低 $S$（调节阀可调比）值下运行 | 1. 除反馈凸轮外，其余零件可与一般的阀门定位器通用；<br>2. 具有八种凸轮曲面，可分别用来修正气开、气关、直线等百分比流量特性在 $S$ 值为 0.1 和 0.2 时流量特性曲线畸变 |
| 小行程<br>顶装式<br>阀门定位器 | 气动 20～100kPa | 可与气动薄膜小流量调节阀配套使用 | 1. 行程小，6mm；<br>2. 采用顶部安装；<br>3. 可实现正作用、反作用动作 |
| 数字式<br>阀门定位器 | 电脉冲 0～1000 个 | 使阀门位置与计算机来的脉冲信号成比例关系，具有数/模转换器和阀门定位器双重功能 | 1. 由主机和脉冲分配放大器两部分组成；<br>2. 气动调节阀通过本仪表可与计算机连用 |

### 11.5.3 电动执行器

#### 11.5.3.1 电动执行机构

电动执行机构以电力为能源，将控制仪表的电信号转换成相应的位移，输出力或力矩，以推动各种类型的阀或其他调节机构。

电动执行机构与相关仪表的关系见图 11-14。

电动执行机构按输出位移的不同而分为下列几类：

（1）角行程电动执行机构。

（2）直行程电动执行机构。

（3）多转式电动执行机构。

这三类电动执行机构按照输入、输出特性和在自动控制中的作用，又可分为积分式和

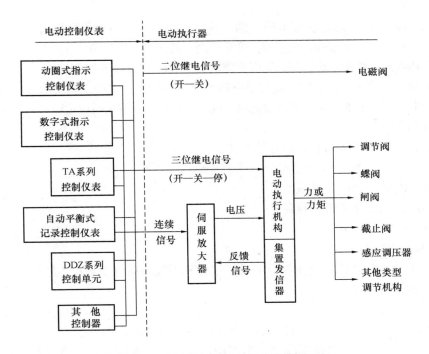

图 11-14　电动执行机构与相关仪表的关系

比例式两类。电动执行机构类别、特点及用途见表 11-43。

电动执行机构类别、特点与用途　　　　　　　　　　表 11-43

| 类　　别 | 特　　点 | 用　　途 |
|---|---|---|
| 角行程电动执行机构 | 1. 输出是力矩，通常为 16～25000N·m；<br>2. 输出转角位移，通常为 60°、90°、120°；<br>3. 比例式执行机构的输出角位移与输入信号呈线性关系；<br>4. 积分式执行机构的输出角位移与输入信号呈积分关系 | 用于推动蝶阀、球阀、风门、感应调压器等角位移式调节机构 |
| 直行程电动执行机构 | 1. 输出是力，通常为 160～2500N；<br>2. 输出直线位移，通常为 10、16、40、60、100mm；<br>3. 比例式执行机构的输出直线位移与输入信号呈线性关系；<br>4. 积分式执行机构的输出直线位移与输入信号呈积分关系 | 用于推动单座、双座、三通、角形等各种控制阀和直线位移式调节机构 |
| 多转式电动执行机构 | 1. 输出是力矩，通常为 160～2500N·m；<br>2. 输出多转位移，通常为 5、7、10、15、20、30 圈；<br>3. 比例式执行机构的输出多转位移与输入信号呈线性关系；<br>4. 积分式执行机构的输出多转位移与输入信号呈积分关系 | 用于推动闸阀、截止阀和需要多转位移的高压控制阀 |

**11.5.3.2　调节阀**

　　调节阀直接与介质接触，是一种内含控制流体流量用的截流件（如阀芯等）的压力密封壳体组件。阀通过改变截流件在阀内流道中的位置来改变阀的阻力系数，从而达到调节流量的目的。

根据阀内载流件的动作轨迹不同，调节阀可分为直行程阀和角行程阀两大类：

（1）直行程阀：如球型阀、角型阀、低噪声阀、高压阀、隔膜阀、分体阀、小流量阀等。

（2）角行程阀：如偏心旋转阀、蝶阀、球阀（O形、V形）、旋塞阀等。

在给水排水工程中，调节阀一般应根据被调介质的特点、生产工艺要求和工作环境等情况，并结合生产厂家的供货来合理正确选用。设计人员在具体应用时应主要考虑以下问题：

（1）阀和阀内组件的材料。

（2）压力、温度等级与管道的连接形式。

（3）执行机构与阀的结构形式。

（4）阀的流量特性和流量系数。

（5）阀的公称直径和阀座直径。

（6）执行机构的规格。

### 11.5.3.3 电磁阀

电磁阀主要由电磁铁和阀两部分组成。它是利用线圈通电激磁产生的电磁力来驱动阀芯运动，将阀开启或关闭。

电磁阀的分类如下：

（1）按动作原理分：包括填料函型、无填料函型电磁阀。

（2）按介质类型分：包括制冷用、水液用、蒸汽用、酸碱液用、燃气用等电磁阀。

（3）按使用功能分：包括常开式、常闭式、自保持式、单向流通止回式、带阀位指示发信式、双向流通平衡式、三位多位流量数字控制式、压力流量比例控制式、多功能组合式等电磁阀。

电磁阀特点与用途见表 11-44。

电磁阀特点与用途           表 11-44

| 类 别 | 特 点 | 用 途 |
|---|---|---|
| 填料函型电磁阀 | 1. 填料函使主阀组件与电磁铁组件隔开，工作介质不与隔磁管、动铁芯等相接触，对电磁铁无影响；<br>2. 由于阀杆与填料间摩擦及介质压力对阀杆的影响，要求有较大功率的电磁铁来驱动，故外形尺寸较大，质量较大；<br>3. 由于阀杆要穿越填料函动作，为使动作灵敏可靠，故较难保持完全密封而无介质外泄 | 1. 适用于高、低温或强腐蚀性的介质；<br>2. 工作介质中允许混有少量的微粒杂质；<br>3. 通径 $DN15 \sim DN100$，压力 $PN0.6 \sim 1.6MPa$ |
| 无填料函型电磁阀 | 1. 由于无填料函，驱动电磁铁功率较小，可以做到小型化；<br>2. 因为工作介质封闭在隔磁管中，所以工作介质不会渗漏到阀外；<br>3. 工作介质与电磁铁组件相接触，可利用介质先导压力变化产生压差进行主阀开闭动作，使之更为小型化；<br>4. 常开式为线圈不通电时阀开，通电时阀关。常闭式为线圈不通电时阀关，通电时阀开。线圈需长通电才能保持阀的现有工作状态 | 1. 一般用途电磁阀都采用这种结构；<br>2. 直动型电磁阀适用于通径较小或介质压力不高的场合，否则电磁铁功率较大，尺寸也较大；<br>3. 从阀工作状态和带电要求，选用常开或常闭；<br>4. 直动型 $DN2 \sim DN50$，$PN0.01 \sim 16MPa$；<br>先导型 $DN10 \sim DN250$，$PN0.6 \sim 0.4MPa$；<br>反冲型 $DN15 \sim DN100$，$PN0.6 \sim 1.6MPa$ |

| 类　别 | 特　　点 | 用　　途 |
|---|---|---|
| 自保持电磁阀 | 1. 上、下线圈间置有永磁铁、利用线圈通电时产生磁通和永磁铁产生的磁通在上、下工作气隙回路的磁通差，使动铁芯上下运动；<br>2. 线圈脉冲通电后断电，利用永磁铁磁锁记忆，使阀仍保持在断电前所处位置 | 1. 脉冲通电不大于 0.1s，即可自保持，节省电耗；<br>2. 尤其适用一旦停电仍需保持工作状态的场合；<br>3. 直动型 $DN2\sim DN6$，$PN0.6\sim 1.0MPa$；先导型 $DN15\sim DN10$，$PN0.6\sim 1.0MPa$ |
| 单向止回式电磁阀 | 阀后输出端设置单向止回阀保证单向流通，使工作介质只能流出而不能回流 | 用于阀后保持一定介质压力，而阀前介质压力波动较大的场合 |
| 带阀位发信电磁阀 | 在开闭主阀的阀杆尾部设置上、下限阀位发信器件，直观表示阀位的开或闭状态 | 用于直观指示阀位是否开闭或作远传指示 |
| 双向电磁阀 | 1. 由于采用双阀座介质压力平衡式结构，克服因通径、压力较大，而需电磁铁功率大的缺陷；<br>2. 阀关闭时两阀座均需良好密封，对尺寸加工精度要求高 | 1. 适用于有真空或压力的工况；<br>2. 流向任意，适用于工艺流程中介质需流入和流出变换的场合 |
| 数字式电磁阀 | 1. 一般电磁阀仅有开或关两种流量状态，用两个以上位式电磁阀呈圆周状或串接状组合于主阀体上，以提高调节流量的精确度；<br>2. 流量调节阶跃步数取决于位式电磁阀个数 $n$，其输出流量为 $Q=2^{n}Q_{n}$ | 1. 适用于初始负载变化较大再过渡到控制某值变化较小工况；<br>2. 要求控制精确度较高的场合 |
| 比例式电磁阀 | 采用比例式电磁铁组件，输出介质压力或流量与控制信号电压（或电流）大小成比例 | 1. 用于对控制精确度有一定要求，但结构较简单，且价格要求比电动调节阀便宜的场合；<br>2. 介质压力波动对控制精确度有一定影响 |
| 多功能组合式电磁阀 | 1. 革除电磁阀需旁路安装手动阀的复杂管路，做到不停机检修；<br>2. 不同黏度的气、液介质通用，对开闭动作无影响；<br>3. 活塞式阀塞动作磨损，可调整补偿；<br>4. 开闭时间和阀门开度可调节；<br>5. 结构较复杂，外泄密封性有要求，价格贵 | 1. 适用于不能停机检修的场合；<br>2. 现场工况变化多而能调整使用的场合 |

# 11.6　工业自动化仪表盘、控制台设计

## 11.6.1　概述

（1）用途及特点：在工业过程自动控制系统中，凡用于集中安装检测仪表、显示仪表、控制仪表、操作装置及配套附件的结构设备，统称为工业自动化仪表盘。

工业自动化仪表盘的主要用途是将各类仪表及附件集中安装于符合要求的位置上，以便于观察、操作和维修，并对各类仪表起到保护作用。

工业自动化仪表盘既可以集中安装在仪表控制室内，也可以在工业现场就地安装。

（2）分类：工业自动化仪表盘、台及其附属装置有以下几种类型：

1）仪表盘：包括柜式、框架式、屏式及通道式四种仪表盘。

2）控制台：包括直柜式、斜柜式、桌式、弧形四种控制台。

（3）结构特征：工业自动化仪表盘的结构可分为冷轧钢板弯制并用螺钉连接和型材骨架焊接两种形式。每个盘构成独立的通用单元，可单独使用，也可组合使用。组合盘可以组成不同的排列形式。盘内留有适当的空间并设有内部照明装置，以便于检修维护，盘的底框备有地脚螺钉安装孔，盘内外喷漆或喷塑保护。

## 11.6.2   仪表盘、控制台设计

### 11.6.2.1   仪表盘、控制台选择

仪表盘、控制台的选择一般应考虑安装地点的环境条件、用途、装置的数量和特点以及布置上的要求等因素。仪表盘、控制台特点及适用场合见表 11-45。

仪表盘、控制台特点及适用场合　　　　　　　　表 11-45

| 结构形式 | 特 点 | 适 合 场 合 |
|---|---|---|
| 柜式仪表盘 | 封闭式结构，具有防尘、屏蔽及仪表的保护作用<br>结构较复杂，造价较高，自然通风不良 | 对安装地点的环境条件无严格要求。多用于环境较恶劣，灰尘较大的场合或精密仪表、计算机终端的安装柜。必要时可在柜内进行局部通风或安装柜内空调 |
| 框架式仪表盘 | 非封闭式结构，结构简单，价格便宜，不防尘，自然通风好 | 适于安装在较洁净的仪表室内。尤其适合单元组合仪表的密集安装 |
| 屏式仪表盘 | 非封闭式结构，结构简单，价格便宜，不防尘，自然通风好 | 适于安装在较洁净的仪表室内。宜于动圈式显示仪之类的轻型仪表安装；对于安装数量较多、较重的单元组合仪表则不太适合 |
| 通道式仪表盘 | 封闭式结构，盘内有宽畅的通道，便于仪表的安装和检修 | 适于安装在控制室内，用于仪表的高密度安装 |
| 直柜式控制台 | 仪表安装面与水平方向垂直 | 可以独立使用，也可以组合使用。适于水平安装精确度要求较高的仪表 |
| 斜柜式控制台 | 仪表安装面与水平面倾斜 10°，以便于观察 | 可以独立使用，也可以组合使用。适于可倾斜安装的仪表 |
| 桌式控制台 | 具有可供书写用的台面 | 只能单独使用，适合安装仪表数量较少的场合 |
| 弧形控制台 | 可以组合排列成折线形 | 只能组合使用，可以组合排列成折线形，适于较大型控制室的控制台作弧形布置用 |
| 仪表箱 | 可前、后开门或两侧开门，结构简单，安装及维修方便 | 适用于现场测量控制点不多且分散的情况。前、后开门的仪表箱适用于安装电动单元仪表或显示记录仪表。两侧开门仪表箱适用于安装气动单元仪表 |
| 半模拟屏 | 与仪表盘组合，用以显示生产工艺流程，可以形象地使操作人员了解生产运行情况 | 根据需要设置、安装于仪表盘的上方 |
| 角接板角接柜 | — | 角接板适合于屏式仪表盘组合成折线弧形时用。角接柜适合于柜式仪表盘或框架式仪表盘组合成转角时用 |
| 门、侧门 | — | 柜式仪表盘一般采用后开门，当仪表盘后方缺乏足够空间（宽度不足 800mm）时，应采用侧开门。框架式与屏式仪表盘在控制室内组合安装时，两端或两侧可加门 |

### 11.6.2.2 仪表盘、控制台组合

（1）仪表盘组合：仪表盘组合形式有直线形、弧形、转角形，见图 11-15。

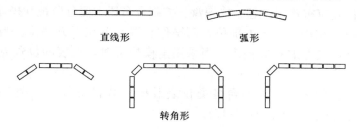

图 11-15 仪表盘组合示意

（2）仪表盘与控制台组合：常用仪表盘与控制台组合有转角形仪表盘与控制台组合，弧形仪表盘与弧形控制台组合等，见图 11-16、图 11-17。

图 11-16 转角形仪表盘与控制台组合      图 11-17 弧形弧表盘与弧形控制台组合

### 11.6.2.3 仪表盘、控制台尺寸

常用仪表盘、控制台外形尺寸见表 11-46、表 11-47。

常用仪表盘外形尺寸 表 11-46

| 系列 | 结构形式 | 高度 $H$（mm） | 宽度 $L$（mm） | 深度 $W$（mm） |
|---|---|---|---|---|
| KG<br>KGD<br>KGT<br>KGF | 柜式仪表盘<br>带外照明柜式仪表盘<br>带控制台柜式仪表盘<br>带外照明及控制台柜式仪表盘 | 2000、2100、2200、<br>2300 | 600、700、800、<br>900、1000、1200、<br>1400 | 600、900、1200、1500 |
| KK<br>KKD<br>KKT<br>KKF | 框架式仪表盘<br>带外照明框架式仪表盘<br>带控制台框架式仪表盘<br>带外照明及控制框架式仪表盘 | 2000、2100、2200、<br>2300 | 600、700、800、<br>900、1000、1200、<br>1400 | 600、900、1200、1500 |
| KP<br>KPD | 屏式仪表盘<br>带外照明屏式仪表盘 | 2000、2100、2200、<br>2300 | 600、700、800、<br>900、1000、1200、<br>1400 | — |
| KA<br>KAT | 通道式仪表盘<br>带控制台通道式仪表盘 | 2100、2200、2300 | 900、1000、1200、<br>1400 | 2400 |
| KN | 半模拟盘 | 700、800 | 600、700、800、<br>900、1000、1200、<br>1400 | — |

常用控制台外形尺寸 表 11-47

| 系列 | 结构形式 | 高度 $H$（mm） | 宽度 $L$（mm） | 深度 $W$（mm） |
|---|---|---|---|---|
| KTZ | 直柜式控制台 | 1150、1300、1400 | 600、800、900、1000、1200、1400 | 600、800 |
| KTX | 斜柜式控制台 | 1150、1300、1400 | 600、800、900、1000、1200、1400 | 600、800 |
| KHX | 弧形控制台 | 1300 | 1200 | 800 |

### 11.6.2.4   仪表盘、控制台的盘面布置

(1) 一般要求：仪表盘、控制台一般以操作岗位和流程顺序从左到右排列。同一操作、同一工序的仪表应布置在一起。仪表盘、控制台布置主要分监视和操作装置两类，一般应将监视装置布置在盘、台上方部位，而操作装置布置在下方部位。当采用半模拟屏时，仪表与工艺流程应考虑对应关系。当采用全模拟屏时，仪表的位置应与流程图相对应。

(2) 布置形式：仪表盘、控制台各类仪表及操作装置安装区见图 11-18～图 11-20（图中 $H$ 及 $L$ 尺寸见表 11-46、表 11-47）。

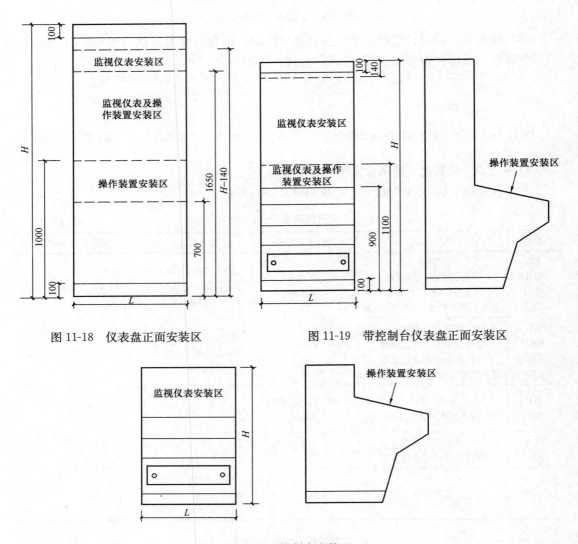

图 11-18   仪表盘正面安装区

图 11-19   带控制台仪表盘正面安装区

图 11-20   控制台安装区

(3) 盘面布置图的绘制：

1) 仪表及电器图形均应以仪表和电器正视外形特征表示，图形内应填写"分式标记"，分式线为细实线，分子为仪表位号，分母为产品型号。如书写在图形内有困难时，

可标志在图形近旁。为保证图面清晰，小型装置允许只标志仪表位号或文字符号。

$$\frac{\text{L1201}}{\text{XFZ-105}} \ \text{或} \ \boxed{\text{TT103}}$$

2）各装置下的标志框可分为大小两种，小标志框用粗实线表示，大标志框用细实线的小矩形表示（图11-20）。

3）盘面布置图一般按比例1:10绘制。布置图上装置的安装尺寸，横向尺寸应以盘中心线为基准向两边标注，纵向尺寸从上至下连续标注（图11-21）。盘上若采用专用或新研制的仪表或电器装置，应提供外形尺寸和开孔尺寸。盘面布置图右侧应列出明细表。明细表的内容包括序号、位号、名称、型号、规格、数量等内容。盘面布置图上应列出与本图有关的图纸资料。有关技术要求和说明一般应写在图纸右上角。

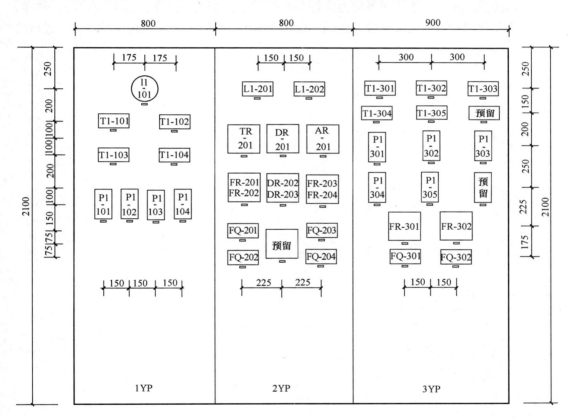

图 11-21　仪表盘盘面布置

### 11.6.2.5　仪表盘、台接线图

仪表盘、台接线图一般采用直接接线法和相对呼应接线法进行绘制。

（1）直接接线法：接线点之间用标有回路标号的线条或线束直接连接的方法，见图11-22。

（2）相对呼应接线法：接线点之间用接线标互相呼应表示连接关系的方法，见图11-23。编号的原则是各端头都编上相应的另一端头所接仪表的接线端子号。

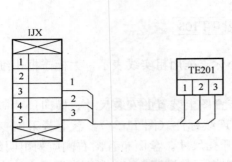

图 11-22　直接接线法

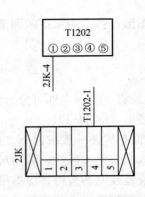

图 11-23　相对呼应接线法

绘制接线图时，各连接线条应力求符合布线的实际情况，线条的排列应均匀、整齐，应尽量避免迂回及纵横交叉连接。在同一张接线图上，原则上只应使用一种接线法进行绘制。

# 12 计算机测控系统

## 12.1 计算机测控系统的构成

根据分散控制、集中管理的原则，给水排水行业计算机测控系统一般由现场层、分站控制层、厂级管理层、公司调度层和将上述 4 个部分分别联系起来的网络 5 个主要部分构成。典型构成如图 12-1 所示。

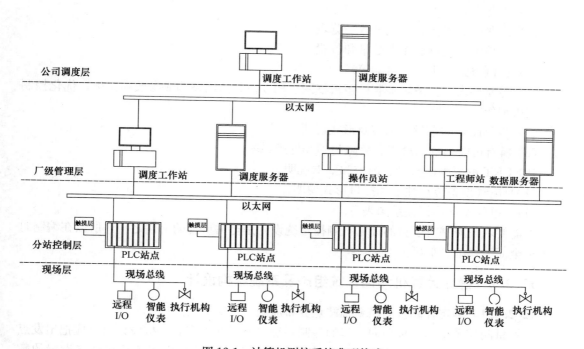

图 12-1 计算机测控系统典型构成

现场层主要包括远程输入/输出 I/O、智能仪表和执行机构。它的主要功能是为分站控制层的计算机提供现场信号并执行分站控制层计算机发出的控制指令。分站控制层是计算机测控系统的核心。它接收现场信号和厂级管理层的指令，对这些数据进行处理，根据编制的程序发出控制指令，并将包括现场信号在内的各种数据发送至管理层。它的工业控制计算机目前用得比较多的是 PLC 和 DCS 两类设备。厂级管理层通过人—机界面操作平台负责协调各分站控制层的工作，并负责厂级的各项管理功能的实现。公司调度层通过对各厂级管理层的协调调度，实现更高层次的管理功能。上述四部分功能和定位各不相同，只有用网络将它们有机地结合起来，才能构成一个完整的计算机测控系统。

# 12.2 计算机测控系统设计步骤和方法

## 12.2.1 编写计算机测控系统功能说明书

在进行某一项目的计算机测控系统设计时，必须首先了解测控对象及其对测控系统的要求。所以，在进行其他工作之前，应以该项目工艺人员为主，电气、仪表、自控人员参加，共同编制该项目计算机测控系统功能要求说明书。该说明书应详细列举生产过程对计算机测控系统的功能要求，它是进行该项目计算机测控系统设计的重要依据。其主要内容包括：

(1) 工艺情况简介（含工艺流程）。

(2) 工艺设备布置。

(3) 需测控的工艺、电气参数一览表。

(4) 中控室及现场操作点数量和位置。

(5) 控制方式（手动、自动等）。

(6) 控制要求（如逻辑控制的逻辑框图、PID 控制的回路构成参数和指标、优化控制的系统模型等）。

(7) 各类图表的数量、内容及形式说明。

(8) 所有可能出现的故障、故障类别和处理说明。

(9) CRT 图形画面数量、内容和要求说明。

(10) 电气设备传动性能和接口形式说明。

(11) 电气设备连锁关系图表等。

功能要求说明书对项目的计算机测控系统设计是至关重要的文件之一，所以在编制时应力求全面、详细、准确。

## 12.2.2 确定计算机测控系统组态及系统结构设计

### 12.2.2.1 确定计算机测控系统站点分布原则

计算机测控系统是一种面向过程的控制系统。所以在组态和结构设计时，应把出发点放在现场 I/O 的分布上，根据现场 I/O 点的分布情况决定计算机测控系统站点设置的数量和位置，即在工艺设备布置图上把地理位置上相对集中的 I/O 点划成一个区域。对一般的水厂、污水处理厂，这种区域一般在 4~8 个之间。这些区域都可以暂时考虑设置计算机测控系统的站点。

计算机测控系统站点都具有下述三个特点：

(1) 站点所含 I/O 点在地理位置上相对集中，这样可以节省大量信号电缆，减小因电缆过长而带来的干扰问题。

(2) 尽量使在工艺上联系密切的 I/O 点集中在同一站点上，使计算机测控系统的各站点能相互独立地运行，当某通道或站点出现故障时，不影响其他站点的工作，从而提高整个计算机测控系统的可靠性。

(3) 针对给水排水工程的实际情况，计算机测控系统每一站点的 I/O 数量宜控制在

300 点以内。以防过大的 I/O 量使某一站点负荷过大而降低整个系统的反应速度和可靠性。

前面划定的区域中，凡是符合上述三个特点的，均可以确定设置计算机测控系统的站点，负责该区域的检测和控制工作。

在地表水源水厂，一般情况下计算机测控系统站点的布置位置是：

（1）取水泵房。

（2）反应沉淀池和加药间。

（3）滤池（含冲洗泵房等）。

（4）加氯间（或污泥处理车间）。

（5）深度水处理部分。

（6）送水泵房和变配电间。

在地下水源水厂，取水部分计算机测控系统的站点设置视井群数量和井间距离而定，厂内部分与地表水源水厂类似。

在污水处理厂，计算机测控系统的站点布置一般为：

（1）污水预处理部分（格栅间、污水提升泵房、沉砂池和初沉池）。

（2）生物污水处理部分（鼓风机房、曝气池、二沉池等）。

（3）污泥处理部分（污泥泵房、污泥浓缩池或污泥消化池、污泥脱水间）。

（4）尾水处理部分（接触消毒池、加药间等）。

（5）深度处理或回用水处理部分。

在完成了计算机测控系统站点布置后，可初步选择计算机测控系统的类型。目前，在给水排水工程使用较为普遍的是以 PLC 为主要控制设备的计算机测控系统（以下简称 PLC 计算机测控系统）。所以以下仅以 PLC 为例介绍计算机测控系统组态时应注意的一些问题。

### 12.2.2.2　PLC 系统组态及结构确定

PLC 系统因其系统规模和特点不同有多种结构形式。最主要的结构形式有整体型非总线结构和总线型组件结构两大类。大、中型 PLC 一般为总线型组件结构形式。而微型及小型 PLC 则多采用非总线型整体结构。

不论是哪种类型的 PLC，其基本构成均为 CPU 和机架以及电源。I/O 模板则根据实际需要来进行配置。在整体结构的 PLC 中，其本身包括了一些固定配置的 I/O 点。在组件型 PLC 中，可以根据需要，选择一些 I/O 模板安装在 CPU 所在的机架上。在这两种形式中都可能存在 I/O 点的数量不能满足实际需要的情况，这时可以使用扩展 I/O 的两种方法来满足要求，即本地 I/O 方式和远程 I/O 方式。具体系统见图 12-2。

在本地 I/O 方式中，安装 CPU 的机架与扩展 I/O 机架之间采用并行总线方式通信。由于是并行总线，所以通信速率高、响应快。缺点是通信电缆芯数较多，CPU 机架与扩展 I/O 机架之间的距离不宜过长等。适用于设备相对集中的场合。

在远程 I/O 方式中，安装 CPU 的机架与扩展 I/O 机架之间采用串行总线方式通信。只需一根通信电缆，但通信速率要低一些，一般还需特殊的远程 I/O 驱动模块和接收模块。但机架与机架之间的距离可以较远。适用于设备较为分散的场合。远程 I/O 的选择应遵循如下两点原则：

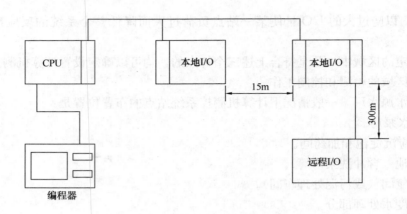

图 12-2 本地和远程 I/O 系统

(1) 远程 I/O 所涉及的 I/O 点数不应过多，在 30~50 点左右为宜。如超过这个数量，则应考虑增设计算机测控系统站点。

(2) 远程 I/O 一定要在距离上体现"远"。否则增加远程 I/O 的硬、软件费用高于敷设电缆的费用则没有太大的意义。

在确定了 PLC 各站点的结构后，接下来的工作是如何将各个计算机站点联系起来形成一个 PLC 控制系统。也就是如何组成计算机网络的问题。

在计算机领域，网络的概念是指一组资源服务于一个共同的目标，相互连接形成的硬件和软件结构。PLC 计算机控制系统的网络分现场总线和工业以太网两类。现场总线是安装在制造或过程区域的现场装置与控制室内的自动控制装置之间的数字式、串行和多点通信的数据总线。它主要负责 PLC 站点与现场智能仪表、智能设备和控制子系统之间的通信。传输介质以双绞屏蔽电缆为主。现场总线有 PROFIBUS、MODBUS、DEVI-CENET 等多种类型，应用时应充分考虑兼容性的问题，尽量使用同族网络的形式，即网络中的资源都使用相同的通信协议。其特点是可以将端口下的所有具有串行接口的现场智能仪表、智能设备和控制子系统以串联的方式连接至分站控制层，这样不仅施工方便，而且可以显著减少电缆和串行端口的使用量。工业以太网是一种使用最广泛地用于工业现场的计算机网络。主要用于分站控制层与厂级管理层之间的通信联系。它的网络拓扑结构有环网型和星型两种。传输介质可以使用同轴电缆、双绞线、光缆等。厂级管理层与公司调度层之间则多选用星型广域网的形式。根据公司和下属各厂的距离及线路敷设难度，选择使用有线和无线传输介质，采用有线方式时可考虑自己敷设通信线路或租用电信部门的电话线和数据终端。采用无线方式时多采用租用移动通信部门的无线数据终端的方式，在有条件时，也可使用无线数传机作为网络通信手段。

## 12.2.3 选择操作站类型

分站控制层设置中的站点有两种类型：

(1) 可供操作和监视的站点。

(2) 不能操作和监视的站点：不能操作和监视的站点中不设置监视器、键盘和打印机。它就是一个黑匣子。人们只能通过厂级控制层监视和控制它。

可供操作和监视的站点可以用来对该站点所控制的过程进行操作管理和监视。从功能上讲,与不能操作和监视的站点相比,它增加"人—机"接口功能。有时称可供操作和监视的站点为操作站系统。

对一般水厂、污水处理厂而言,控制系统的厂级管理层是必不可少的。操作站类型的选择与工厂管理的组织形式相关。当工厂的管理是以班组为单位组织生产时,应选择"可供操作和监视的站点"形式。利用这种形式的站点,班组的值班人员可以方便地观察所管理区域的工艺参数变化情况和设备的运行状态。在非正常情况时,可以对站点区域内的设备进行手动操作。在工厂操作人员较少,运行主要依靠厂级集中管理层的情况下,分站控制层应尽量采用"不能操作和监视的站点",即现场站点不配置外设从而减少外界的切入点,将各种权限统一归口至厂级管理层以免发生误操作,提高系统的安全稳定性,并有利于促进实现现场无人值班,充分发挥计算机测控系统的效能。

### 12.2.4 冗余与热备

冗余与热备系统的使用,可以提高系统的可靠性。冗余是指在线全套备份或部分部件备份,当一套系统发生故障时,自动切换至备份的另一套系统上,从而提高系统的可靠性。上述的部分部件备份应至少包括 CPU 部分的备份。冗余有一个独立的装置,称为冗余处理单元。它作为两个 CPU 的同步器,在检测到故障时,冗余处理器可快速将系统从主 CPU 切换到备份 CPU。

另一种提高系统可靠性的方法为热备。主 CPU 和备份 CPU 同时工作,当主 CPU 发生故障时,备份 CPU 收不到主 CPU 的同步信号,这时备份 CPU 会替代主 CPU 工作直至重新收到主 CPU 的同步信号。这种系统较冗余系统简单,造价也低,但快速切换能力较差。

大多数计算机测控系统出现故障并不是因为计算机系统本身的原因,而是由于与计算机相连的传感器或执行机构的故障而造成的。仅靠计算机系统的冗余和热备并不能解决所有问题。给水排水工程中各被控参数变化比较缓慢,当计算机测控系统故障时,有足够的时间切换至手动状态,对生产的影响有限。所以在水处理行业很少使用冗余设备和技术。部分热备系统的使用在水处理行业比较普遍,例如中央操作站一般都有一套热备。

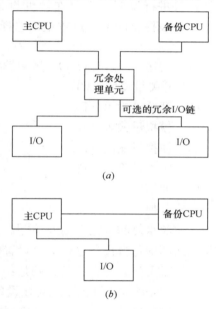

图 12-3　冗余及热备系统的组态示意
（a）冗余系统；（b）热备系统

冗余与热备系统的组态示意见图 12-3。

## 12.3　计算机测控系统硬件设计步骤和方法

计算机测控系统的系统设计确定了目标系统的系统框架。而计算机测控系统的硬件设计则是对已确定的系统框架的具体化和细化。目的是提出构成计算机测控系统的硬件设备配置和清单，兼供订货之用。

在计算机测控系统设计中，已经对目标系统拟采用的计算机系统类型、生产厂商等做出初步选择。在进行硬件设计之前应对此做出确认，确认的基本原则是：

（1）使用场合和环境是否满足要求。

（2）功能是否满足要求。

（3）费用是否满足要求。

确认后即可开始计算机测控系统硬件设计。

### 12.3.1　输入/输出（I/O）表及输入/输出（I/O）模块选择

#### 12.3.1.1　输入/输出（I/O）表制作

输入/输出（I/O）表是进行计算机测控系统设计的一个重要基础资料。它对所有将纳入目标计算机系统的输入/输出（I/O）量进行统计，并对各 I/O 量的含义和电气接口特性等进行说明。不仅在硬件设计时将会用到它，在进行软件设计时也要用到它。根据 I/O 表提供的 I/O 点数正确选择模块种类和数量，是计算机测控系统硬件设计的关键。

常用的输入/输出（I/O）量种类有如下几种：

（1）开关量输入（DI）。

（2）开关量输出（DO）。

（3）模拟量输入（AI）。

（4）模拟量输出（AO）。

（5）脉冲量输入（PI）。

（6）通信。

（7）其他。

为避免重复和遗漏，输入/输出（I/O）表的制作最好以计算机测控系统站点为单位，对站点所辖的每台设备进行 I/O 设置分析。

对设备 I/O 设置分析的原则是：

（1）保证计算机测控系统对该设备的可控性。当"功能要求说明书"要求计算机测控系统对该设备进行控制时，计算机测控系统应根据设备的电气驱动特点配置相应的开关量输出或模拟量输出点。根据反馈原理，计算机测控系统还应设置相应的开关量输入点、模拟量输入点或其他种类的输入点以便对控制动作进行确认。

（2）保证计算机测控系统对该设备的可观测性。当"功能要求说明书"要求计算机测控系统对该设备的运行状态进行监视时，应配置相应的信号输入点。

（3）所有信号输入/输出点的电气接口特性均应与设备的电气接口特性相一致。

#### 12.3.1.2　输入/输出（I/O）模块种类选择

（1）输入模块选择：输入模块一般分为数字量和模拟量两种。前者又可分为直流输入、交流输入及脉冲输入；后者又可分为电压型和电流型输入等。

交流数字量输入模块宜优先选用 AC110V 或 AV220V 输入模块，它不需要特殊的电压变换装置，较易与功率放大器件的电压等级相匹配，它通过模块内的隔离变压器或变直流后经光电耦合器来保证与外部电路相隔离。各路输入信号之间一般不设隔离。

直流数字量输入模块主要用于外部电缆线路较短，且容易引起电磁感应的场合。计算机内部与外部电路采用光电耦合器进行隔离。DC12～48V 主要用在微型继电器、数字开关、接近开关、限位开关等器件上。

中断输入模块用硬件检测输入信号的状态变化，并立即向 CPU 发出中断请求。它的优点是既可以减少软件的负担，又可以提高系统快速响应性能。

脉冲输入模块内设有脉冲计数器，对外部的输入脉冲进行计数，然后送往 CPU。它又可分为单向、双向（加减）计数两种。使用时，不得超过规定的最大脉冲频率。有的具有预设定计数器功能，即由 CPU 给定设定值，当计数值等于设定值时，向 CPU 发中断信号。有的具有采样计数器的功能，如对脉冲进行周期采样等。

模拟量输入模块通过内藏的 A/D 变换器可以将现场的电压、电流、温度、压力等控制量输入计算机，这种模块内的 A/D 变换时间大约在几（ms）至几十毫秒（ms）之间。在要求快速响应的场合，可选用 A/D 变换时间短的模块。变换后的二进制数分 8 位、10 位、12 位不等，有的带符号位，有的不带符号位，可根据系统所需的精度来选择不同的 A/D 变换位数。常用的模拟量输入模块规格见表 12-1。

**常用的模拟量输入模块规格**　　　　　　　　　　　　　　　表 12-1

| 种　类 | | 规　格 | | | |
| --- | --- | --- | --- | --- | --- |
| | | 额定值 | 12 位 A/D 变换范围 | 输入阻抗 | 变换速度 |
| 模拟量输入 | 电压型 | $-10$～$+10$V | $-2048$～$2047$ | 1MΩ | $50\mu s$/点 |
| | | 0～10V | 0～4095 | 1MΩ | $50\mu s$/点 |
| | | 1～5V | 0～4095 | 1MΩ | $50\mu s$/点 |
| | 电流型 | 0～20mA | 0～4095 | 240Ω | $50\mu s$/点 |
| | | 4～20mA | 0～4095 | 300Ω | $50\mu s$/点 |

（2）输出模块选择：输出模块可分为交流数字量输出、直流数字量输出、模拟量电压输出、模拟量电流输出、继电器输出及定时输出等几种。

继电器输出模块通过继电器接点和线圈实现计算机与外部电路隔离，这种模块可交、直流两用。它不会产生漏电流现象，但模块内的继电器有寿命问题。

交流数字量输出模块是一种多采用双向晶闸管的无触点输出模块。通过隔离变压器或光电耦合器与外部电路隔离，同继电器输出模块相比，它具有响应速度快、寿命长等优点。通常，输出电流可达 2A 左右，因而可省掉中间继电器，直接驱动交流接触器或电磁阀线圈，但需要严格限制启动电流及漏电流。

直流数字量输出模块，是一种采用晶体管或晶闸管的无触点输出模块，采用光电耦合器与外部电路隔离，同样具有动作速度快、寿命长等优点。

模拟量输出模块可以输出供过程控制或仪表用的电压、电流。它把 CPU 内部运算的数字量经 D/A 变换器变成模拟量向外部输出。它同模拟量输入模块一样，D/A 变换的时间有快、有慢。常用的模拟量输出模块规格见表 12-2。

常用的模拟量输出模块规格 表 12-2

| 种 类 | | 规 格 | | | |
| --- | --- | --- | --- | --- | --- |
| | | 额定值 | 12 位 D/A 变换范围 | 输出阻抗 | 变换速度 |
| 模拟量输出 | 电压型 | −10～+10V | −2048～2047 | 1kΩ | 0.8ms/点 |
| | | 0～10V | 0～4095 | 1kΩ | 0.8ms/点 |
| | | 1～5V | 0～4095 | 1kΩ | 0.8ms/点 |
| | 电流型 | 0～20mA | 0～4095 | 0.5kΩ | 0.8ms/点 |
| | | 4～20mA | 0～4095 | 0.5kΩ | 0.8ms/点 |

（3）输入/输出模块选择时的注意事项：

1）数字量输入/输出模块的电压等级可根据现场设备与模块之间的距离来选择。当外部线路较长时，可选用 AC 或 DC220/110V 模块；当外部线路较短、且控制设备相对集中时，可选用 DC24V、DC48V 模块。

2）交流数字量输入/输出模块的交流电源宜采用带屏蔽层的隔离变压器供电。直流数字输入/输出模块所需的直流电源可以采用全波整流方法获取。脉冲输入模块及模拟量输入/输出模块宜采用直流稳压电源供电。当从电位器获取模拟量输入信号时，要使用电压波动小的电源，否则 A/D 变换的数值难于稳定。

3）继电器输出模块内的继电器存在寿命问题。一般来说，流过继电器接点的电流越小，寿命越长，因此在选择继电器输出模块时要留有余地，不要使负载电流太接近其额定电流。当使用它驱动感性负载时，其开闭频率不宜太高，另外，感性负载在断路时产生电弧，可在负载两端并联阻容吸收装置以增加接点寿命。

4）数字量输入/输出模块所允许的同时接通点随温度变化而变化。对于数字量输出模块来说，任何时候同时接通点数的电流量累计值应小于公共端所允许通过的电流值，且输出模块每一点的电流额定值必须大于负载电流的额定值。

5）一般情况下，5V、12V、24V 属于低电平，其传输距离不宜太远，如 5V 最远不超过 10m。距离越远，相应要求的模块电压等级应越高。

6）选择数字量输入模块时，应考虑其门槛电平的大小，门槛电平值越大，抗干扰能力越强，传输的距离也就越远。

7）对于开闭频繁、电感性、低功率因数的负载，宜选用晶体管或晶闸管元件的数字量输出模块；对于开闭不频繁的电阻性负载，宜选用继电器输出模块。

8）对于带变压器的灯负载，应注意其启动电流大小，一般此类负载的启动电流为额定电流的 10 倍左右。因此，使用数字量输出模块驱动此类负载时，负载电流应小于或等于输出模块额定电流的 40%。

9）交流感性负载，如交流接触器、交流电磁阀等，在接通瞬间会产生冲击电流，在断开瞬间会产生过电压。选择时要使输出模块所允许的冲击电流大于实际产生的冲击电流。为保护晶闸管或晶体管的输出模块不受损坏，可在感性负载的两端并联阻容吸收装置。

## 12.3.2 中央处理单元（CPU）选择

中央处理单元（CPU）是计算机的核心部件。对它的选择从根本上决定了计算机的性能。从系统角度选择 CPU 应考虑的主要技术指标有：

（1）CPU 的速度：CPU 的速度可以用它执行一条二进制的语句所需要的时间来衡量。在给水排水行业，这个数据一般在纳秒（ns）级即可。

（2）CPU 的容量：这里所说的容量有三个含义：

1）内存的容量。

2）定时器、计数器的数量。

3）可驱动的各种 I/O 点的数量。

对于内存容量，可以根据如下经验公式测算：

$$M = K_1 K_2 [(DI + DO) \times C_1 + AI \times C_2 + AO \times C_3] + P \tag{12-1}$$

式中　$M$——内存容量（字节）；

　　　$K_1$——备用系数，一般取 $K_1 = 1.25 \sim 1.40$；

　　　$K_2$——编程人员熟练系数，一般取 $K_2 = 0.85 \sim 1.15$；

　　　$DI$——开关量输入点数；

　　　$DO$——开关量输出点数；

　　　$AI$——模拟量输入回路数；

　　　$AO$——模拟量输出回路数；

　　　$C_1$——开关量输入/输出内存占有率，一般取 $C_1 = 10$；

　　　$C_2$——模拟量输入内存占有率，一般取 $C_2 = 100 \sim 120$；

　　　$C_3$——模拟量输出内存占有率，一般取 $C_3 = 200 \sim 250$；

　　　$P$——通信接口内存占有率，在有通信接口的情况下，根据其通信数据量的大小决定。

表 12-3 给出了中、小型 PLC I/O 点数与内存容量的一般关系。

中、小型 PLC I/O 点数与内存容量的一般关系　　　　　　表 12-3

| I/O 点数 | 内存容量 | I/O 点数 | 内存容量 |
| --- | --- | --- | --- |
| 128 点以下 | 1K 以下 | 256～512 点 | 4～8K |
| 128～256 点 | 1～4K | 512 点以上 | 8K 以上 |

定时器、计数器的数量在满足实际需要的情况下，留 15%～20% 的余量。

可驱动 I/O 点的数量在 I/O 表中 I/O 总量的基础上增加 20%～30% 的余量即可。

（3）CPU 的精度：CPU 的精度用 CPU 中数据总线的宽度来衡量。现有的计算机测控系统单机中 CPU 有 8 位、16 位、32 位、64 位等。数据位越多，精度越高，价格也越高。

在给水排水工程中，对 CPU 精度的考虑主要是由 CPU 组成的计算机测控系统在功能上能满足要求，在价格上应较为合理。不必追求更宽的总线宽度。

（4）CPU 的网络功能：当计算机测控系统以网络的形式出现时，对其中单台计算机 CPU 的选择还应考虑它是否满足组网功能。特别是当 CPU 与通信接口集成在一块板上时，更应注意这一点。

### 12.3.3　机架和电源选择

现代工业控制领域的计算机测控系统，不管是何种类型，其结构多为小板组合形式。

机架的主要功能是安放 CPU 模块、存储器模块、各种 I/O 模块等。通过机架背后的母线，将各模块连接起来形成一个完整的计算机系统。

机架的槽位数是固定的，每一个机架槽位可以安装一块模块。对于较大型的系统，所包含的模块数大于机架槽位数时，可以使用扩展机架。扩展机架中只能安放 I/O 模块。有的扩展机架使用主机架提供的电源，有的扩展机架自带电源，主机架与扩展机架之间采用专用电缆或扩展模块连接。只一个扩展机架不够时，可以使用若干个扩展机架，但数量是有限制的，具体最大可扩展机架数可查阅相应产品样本。

计算机测控系统的电源提供系统正常工作所需要的电能。电源的输入电压一般应选择 220VAC。输出电压一般包括 5VDC 和 24VDC 两种。

5VDC 的输出电压波动范围应小于 +2%～-1%。24VDC 的输出电压波动范围应小于 ±5%。

电源的输出电流可以参照式（12-2）计算：

$$A = K(\sum_{i=1}^{n} A_i) \tag{12-2}$$

式中 $A$——电源输出电流最小值（A）；

$K$——备用系数，取值 1.3～1.5；

$A_i$——系统中该级别电压的单个模块输入电流（A）。

要求所选电源的输出电流值应大于 $A$。

电源的形式一般有单元式和模块式两种。单元式电源独立安装，通过插件与总线相连。模块式电源则像其他模块一样插在机架上，可根据实际情况做出适当选择。

### 12.3.4 外围设备选择

#### 12.3.4.1 操作员接口选择

操作员接口是一个装置，它由键盘和面板两部分组成。键盘用于输入操作员的命令，面板则对定时器数据、计数器数据、控制数据、整数数据、I/O 地址和内容等进行监视。

操作员接口的类型比较多，从简单的按钮、信号灯形式到复杂的交互式显示终端都有。综合起来，其类型和特点见表 12-4。

操作员接口类型和特点　　　　　　　　　　　　　　　　表 12-4

| 类　　型 | 特　　点 | 适　用　场　合 |
|---|---|---|
| 按钮、信号灯 | 简单、造价低 | 全开关量输入/输出系统 |
| 文本液晶、轻触功能键 | 较直观、造价低 | 以开关量输入/输出为主的系统 |
| 图形液晶、轻触功能键 | 直观、方便、造价较高 | 较复杂的系统 |
| 彩色 CRT、单色 CRT、可组态键盘 | 非常直观、方便、造价高 | 复杂的控制和管理系统，如中央操作站等 |
| 轻触屏 | 非常直观、操作简便、造价高 | 复杂的控制和管理系统，如中央操作站等 |

对一般的控制系统，如需配置操作员接口，则应优先考虑使用中、低档的接口类型。而选择高档操作员接口则应慎重考虑性能、价格比的问题。

### 12.3.4.2　编程装置选择

编程装置一般分为专用编程器和通用编程器两种。

（1）专用编程器：专用编程装置主要用来对某一特定的计算机测控系统进行执行程序的建立和修改。也可用来对该系统进行故障诊断。一般是手持液晶显示的形式，易于携带，但功能有一定限制。多用于中、小规模计算机测控系统。在较大规模的计算机测控系统中也可配备这种编程器作为专用的维护工具。

（2）通用编程装置：通用编程装置是基于个人计算机的编程装置。其硬、软件基础就是个人计算机和个人计算机的操作系统。大多数情况下，通过个人计算机的通信接口即可实现与计算机测控系统的连接。在某些特殊的情况下，则要求在个人计算机上配专用的通信卡来实现与计算机测控系统的连接。这种装置的优点是用一套个人计算机能够进行不同的软件开发工作，这是专用编程装置无法比拟的。在计算机高度普及的今天，这种装置的优越性更为明显。以通用编程装置取代专用编程装置是编程器发展的趋势。

# 12.4　计算机测控系统软件设计

计算机测控系统软件包括系统软件和应用软件两大部分。系统软件是指操作系统、网络安全管理软件和防病毒软件、办公软件以及未做说明但是测控系统正常运行所必备的支撑软件。应用软件则是与某一目标系统相对应的、能实现其全部工艺要求的程序集。它包括工业自动化组态软件和工业历史数据库软件。这里所说的计算机测控系统软件设计，指的就是应用软件的设计。

传统的计算机测控系统应用软件设计包括功能设计、结构设计、程序设计三个部分。

功能设计：包括软件系统要求的前提条件、软件的适应范围、具体功能、输入/输出数据种类和形式、软件的性能指标、软件运行过程中处理事件的基本方式等。

结构设计：是用分割法将功能设计中所描述的系统功能分解细化成相互关联的模块，并规定每一模块的入口和出口参数及调用形式。

程序设计：实际上是软件的制作阶段。针对功能设计和结构设计中所提出的要求，用选定的计算机语言加以实现。计算机测控系统的编程语言，一般有：汇编语言、高级语言、梯形图语言、方块图语言等，可根据计算机测控系统的类型和编程人员对各种语言的熟练程度来选择。

通过传统的编写程序（如使用 BASIC、FORTRAN 等）来实现测控系统软件不但工作量大，开发周期长，可靠性差，而且这种方式不易于系统的扩展和升级改造，已经远不能满足现在给水排水行业计算机测控管理系统的要求。这种软件设计的方式已经被通用的组态软件及数据库软件所取代。

组态软件是指一些数据采集与过程控制的专用软件，它们是在自动控制系统监控层一级的软件平台和开发环境，使用灵活的组态方式，为用户提供快速构建工业自动控制系统监控功能的、通用层次的软件工具。组态软件应该能支持各种工控设备和常见的通信协议，并且通常应提供分布式数据管理和网络功能。对应于原有的 HMI（人机接口软件，Human Machine Interface）的概念，组态软件应该是一个使用户能快速建立自己的 HMI

的软件工具，或开发环境。

工业历史数据库是用于处理具有时序特征的工业过程数据的数据库。工业历史数据库软件主要功能是数据采集、数据存储、数据管理和数据查询，工业历史数据库软件实现对给水排水行业各种现场数据、故障报警记录、操作事件、设备管理信息等资料的存取，为给水排水行业运营管理提供基础数据。

使用组态软件及数据库软件所形成的开发平台，使计算机测控系统软件设计变得更加方便，所形成的计算机测控系统监控组态软件更灵活、高效，且易于扩展。

### 12.4.1 应用软件功能设计

应用软件功能设计是对应用软件各项要求的细化。主要包括：

（1）控制功能：提出整个系统应包括的控制点和控制回路的数量和名称，每个控制回路的特征。如逻辑控制回路的控制框图，调节回路的控制变量和算法等。

（2）检测功能：提出整个系统应检测的所有信号名称、特征、物理量化值等。

（3）人—机接口功能：提出人—机接口的类型、方式和内容。包括窗口的数量、内容和激活方式。

（4）管理功能：提出各种报表，曲线的数量、形式，内容，以及数据查询的方式等。

（5）系统功能：提出系统时钟的显示格式、调整方法，操作员密码的确认形式、操作动作记录方式等功能要求。

（6）在线修改功能：提出计算机测控系统在线修改方面的要求。如参数的在线设置和修改，组态的在线修改等。

（7）生产过程的优化。

应用软件功能设计的成果，实际上是应用软件开发的任务书。所以在设计时应尽量详细、规范。

### 12.4.2 组态软件功能要求

计算机测控系统所使用的监控组态软件应该具有全图形化界面、全集成、面向对象的开发方式，使得测控系统工程开发人员使用方便、简单易学。监控组态软件应做到功能覆盖广，软件组合灵活、高效、内在结构和机制先进，应确保用户可快速开发出实用而有效的自动化监控系统。监控组态软件应支持在各种语言版本的操作系统上运行，可以在画面中同时使用中文及其他多国文字和符号，具备全中文的开发和运行环境。使用监控组态软件开发出的工程应具备工程文件备份功能，并且应支持工程文件口令保护。以下内容是对监控组态软件的具体要求：

（1）IO采集要求

1）数据采集方面，监控组态软件必须同时支持与国内外多个厂家多种型号主流硬件设备的通信，能够兼容设备的各种通信方式，并且软件厂家应能够提供对设备驱动的定制开发，以方便项目硬件设备选型和以后硬件系统升级改造。

2）应支持同时采集各种 PLC、仪表、变频器、板卡、RTU 等设备的数据；应支持电话拨号、电台、GPRS、3G、VPN 等远程多种通信方式。

3）在数据的采集技术上，必须支持数据缓冲和块传输。

4）在数据的采集技术上，应具备相位采集功能。

5）数据采集必须支持在线组态功能，能够在线添加、删除、编辑站点或者数据点。

6）应支持数据采集的在线监视和故障诊断。

7）应支持多种冗余方式。必须支持双链路冗余、双设备冗余、双机热备，应具备专用的冗余探测通道，冗余切换时间应小于1s。

（2）开发环境要求

1）大画面和无级缩放；

2）画图工具和精灵图库；

3）工程管理；

4）数据模型和图形模型；

5）脚本语言和变量；

6）查找定位。

（3）运行环境要求

1）大画面和无级缩放；

2）画面全集成；

3）图形模型；

4）冗余功能；

5）趋势曲线；

6）报警功能；

7）报表功能；

8）历史数据记录；

9）分布式系统架构；

10）开放性接口。

（4）Web Server 功能要求

组态监控软件需具备 Web 发布功能，利用 Web 功能将监控组态画面进行发布，从而使管理层的计算机在不需要额外安装软件的情况下，使用 IE 浏览器即可查看到现场运行的画面，进行数据的监视、报警查看、报表查询等功能，并在相应权限下进行操作。

要获得与组态软件运行系统相同的监控画面，IE 客户端必须和 Web 发布服务器保持高效的数据同步，通过网络用户能够在任何地方获得与在 Web 服务器上一样的画面和数据显示、报警显示、趋势曲线显示等并具备方便快捷的控制功能。Web Server 用户功能包应支持以下功能：

1）应支持组态软件中所有基本图形、点位图、多级菜单和所有通用图库。

2）应支持控件发布。

3）应支持无限色、渐变色填充，应支持粗线条、虚线等线条类型。

4）应支持网络浏览的多画面集成显示、画面的动态加载和实时显示。

5）应支持组态软件报表显示和报表运算。

6）应支持历史曲线、实时曲线和报警窗口发布。

7）应支持在线命令语言，实现远程控制。

8）应支持画面在线打印及报表打印。

9）应提供网络分组发布和显示定制。

### 12.4.3 工业历史数据库软件功能要求

工业历史数据库软件中的任何数据点都可根据用户指定的速率采样存储，实现实时的数据统计计算，如污水处理量的累计与平均，历史数据的保存和历史数据的显示，如生成污水处理日、月、年报表等各类报表。工业历史数据库软件存储的数据是进行系统优化和调整的强有力工具。工程师可以通过这些数据检查引起某项特殊事件或事故发生的原因，管理人员可以通过报表分析整个系统的利用情况和运行效益，环境监测人员可以分析污水处理的状况，现场操作人员可以根据这些数据实现对资源的合理利用。对工业历史数据库软件性能和功能的具体要求如下：

（1）性能要求

1）工业历史数据库应可以在线连续存储，并达到每秒15万条记录的存储速度。

2）工业历史数据库单台服务器应可以支持100万点的数据点。

3）工业历史数据库数据压缩应可压缩掉25%～95%的数据。

4）工业历史数据库单客户端单点查询速度应达到每秒20万条记录。

5）工业历史数据库256个客户端并发查询，每秒应可达2万条记录。

6）工业历史数据库应稳定支持256个客户端并发查询。

（2）功能要求

1）数据采集

① 工业历史数据库应支持从 OPC Server、IO Server、文件系统获取数据。

② 应支持三种以上采集器数据压缩方式，压缩方式和压缩参数应可供用户配置。

③ 工业历史数据库采集器应支持分布式部署，应支持独立采集。

④ 工业历史数据库采集器应能支持数据缓存、断点续传功能。

⑤ 工业历史数据库采集器应支持在线配置。

⑥ 工业历史数据库应支持采集器冗余。

2）数据存储

① 工业历史数据库应支持毫秒级数据分辨率。

② 工业历史数据库应支持三种以上的存储压缩方式，压缩方式和压缩参数应可供用户配置。

③ 工业历史数据库应支持按日、周、月进行数据归档。

④ 工业历史数据库应为客户端的数据订阅提供参数配置。

⑤ 工业历史数据库应支持变量信息和历史数据导出到 xls、csv、xml 三种文件格式。

⑥ 工业历史数据库应支持单独或者批量组态标签点，包括创建、更新、删除、查询标签点以及相关属性。

⑦ 工业历史数据库应支持日期、时间、离散、整型、浮点、字符串等17种数据类型，应支持数据状态及数据类型。

3）数据查询

① 工业历史数据库应支持实时数据（当前值）检索。

② 工业历史数据库应支持历史数据（按不同时间段，按起始时间和记录数量，按结

束时间和记录数量）检索。

③ 支持标准 SQL 检索和扩展的高级检索。

4）数据展示

① 工业历史数据库应具有专用客户端管理工具。

② 工业历史数据库应支持 Excel Addin。

③ 工业历史数据库客户端管理工具和 Excel Addin 应支持网络部署。

④ 工业历史数据库应提供丰富的数据访问接口，如 API、ODBC、OLEDB（ADO）、SDK 等。

⑤ 工业历史数据库应提供 150 个以上的 API 接口函数，可以使用 C、C++、C♯、VB 等语言进行数据库开发。

⑥ 工业历史数据库应支持 JAVA 数据访问接口，用户可以实现跨平台数据库操作。

5）数据安全

① 在系统崩溃、突然掉电、程序异常退出后，工业历史数据库应保证数据文件完整有效。

② 工业历史数据库应支持集群冗余方式。

③ 工业历史数据库应可实现变量镜像、数据镜像、安全镜像等，应支持镜像缓存。

④ 工业历史数据库应支持系统的备份与恢复，包括配置信息及数据的备份与恢复。

⑤ 工业历史数据库应支持用户对数据的存取授权和控制，以限制不同用户的访问权限，防止非法用户的入侵。

⑥ 工业历史数据库应具备完善的数据安全和基于角色的用户权限管理。

以下是常用的组态软件和工业数据库软件的基本特性（表 12-5）：

**常用组态软件和工业数据库软件的基本特性** 表 12-5

| 生产厂商 | | Wonderware | GE FANUC | WellinTech | WellinTech |
|---|---|---|---|---|---|
| 产品名称 | | Intouch | iFix | KingView | KingSCADA |
| 软件版本 | | 10 | 5.0 | 6.53 | 3.0 |
| 点数规格 | 订货点数规格 | 64、256、500、1000、3000、60000 | 75、150、350、900、无限点 | 64、128、256、500、1000、1500、3000、无限点 | 64、128、256、500、1000、1500、3000、无限点 |
| | 计点方式 | 外部变量＋内部变量 | 外部变量 | 外部变量＋内部变量 | 外部变量 |
| 版本 | 软件功能版本和组件 | Development、Runtime with I/O、Runtime without I/O | 标准 HMI、组态软件包、IOServer 等 | 组态软件、驱动、驱动开发包、Web 客户端、网络版等 | 组态软件、IOServer、驱动、Web 客户端、网络模块、冗余等 |
| | 多语言版 | 支持英语、德语、法语、日语和简体中文，支持运行期间的语言切换 | 支持汉语、日语、德语、法语、波兰语以及俄语 | 支持多语言版本:英文、简体中文、日文、韩文、繁体中文等 | 支持多语言版本:英文、简体中文、日文、韩文、繁体中文等 |
| | OEM 版 | 提供 IndustrialApplication Server 增强版 | 提供一些 | 提供各种客户 OEM 版本 | 提供客户 OEM,并开发行业版本,如水利版、楼宇版、电力版等 |

续表

| | 驱动品牌支持 | 支持主流硬件品牌 | 支持主流品牌 | 支持主流品牌<br>与驱动定制开发 | 支持主流品牌<br>与驱动定制开发 |
|---|---|---|---|---|---|
| 驱动 | 驱动开发接口 | 提供 ArchestrA<br>DAS（DA Server）<br>工具包、RPM 开发 | 提供 | 提供驱动开发包<br>和驱动开发接口 | 提供驱动开发包<br>和驱动开发接口 |
| | 授权方式 | 硬件锁<br>结合软授权 | 硬加密锁 | 硬加密锁结合软授权<br>（包含网络授权） | 硬加密锁<br>（包含网络授权） |
| 网络<br>模式 | B/S | 支持 | 支持 | 支持，采用 Web<br>发布功能，5、10、20、<br>50、无限用户 | 支持，采用<br>WebClient，5、10、<br>25、50、100、无限用户 |
| | C/S | 支持 | 支持 | 支持 | 支持 |
| | 运行系统冗余 | 支持 SCADA 节点、<br>历史归档、<br>HMI 显示冗余 | 通过对节点间<br>物理连接判读<br>进行链路的切换 | 支持运行系统冗余，<br>并具有心跳检测、<br>历史归档 | 具有良好的冗余解决<br>方案，能迅速进行冗余<br>切换，并保证数据完整性 |
| 冗余 | 设备冗余 | 支持 | 支持 | 支持 | 支持 |
| | 网络冗余 | 支持 | 支持 | 支持 | 支持 |
| | 故障信息恢复 | 不支持 | 不支持 | 不支持 | 采用缓存技术，<br>故障时不丢失数据 |

# 12.5 计算机测控系统辅助设计

计算机测控系统辅助设计主要是在该系统的硬件、软件都确定了以后对其辅助设备和外部环境的设计。设计中需解决的主要问题有：计算机测控系统的供电电源，系统在现场的安装方式，耦合柜的柜内柜外布置、通风、接地，信号电缆的选型和敷设方式等。

## 12.5.1 计算机测控系统供电电源

计算机测控系统的供电范围包括：主机、各机箱电源模块、打印机、耦合柜、输出中间继电器以及相关的部分仪表等。

由于计算机测控系统使用地点一般都在工业现场，对电网的要求并不苛刻，其允许的电网电压波动范围大都在±15%左右。有时为了改善电源质量，建议采用变比为 1∶1 的隔离变压器作电磁隔离以消除高次谐波对计算机正常运行的影响。在特别重要的场合，如因停电可能造成人身伤害或重要设备损坏时，可选用不间断电源（UPS）供电。

计算机测控系统原则上以专门回路供电。在有条件的场合还应考虑双回路供电，一用一备，采用 TN-S 或 TN-C-S 系统。

## 12.5.2 计算机测控系统安装方式及机房布置要求

计算机测控系统现场站点安装方式一般可分为：

（1）专用箱。

（2）专用柜。

（3）共箱或共柜。

专用箱适用于体积较小的计算机单元，一般专用箱挂墙安装比较普遍。安装高度 1.5m，便于操作、观察和维修。

箱内的布置应注意以下几点：

（1）应以计算机单元为中心进行箱内布置，使各种模块和电源的装卸都非常方便，以减少系统维护时间。

（2）应使计算机单元中的各种运行指示灯处于明显的位置以便于观察。有条件时专用箱应设置观察窗。

（3）由于专用箱的几何尺寸不可能太大，计算机单元的器件安装的密度会比较大。一般应设置强制通风装置以利散热。

（4）专用箱内布线应尽量使用线槽，使箱内走线整齐、美观，并尽量做到直流、交流电缆不共槽。

（5）外部电源和信号线均应经转接端子才能进入计算机单元。转接端子的布置应做到交流、直流分开。

（6）箱内信号线应使用截面 $0.75\sim1.5\text{mm}^2$ 的多股软铜线。

（7）箱内电源线应使用截面不小于 $1.5\text{mm}^2$ 的铜芯线。

（8）箱内应设置机壳地、信号地、噪声地三个接地桩。

专用柜适用于体积较大且较为复杂的计算机测控系统，它可以与高、低压开关柜或各种控制柜并列安装。设计时应注意协调该柜与并列安装的其他各种柜子的高、宽和柜体颜色，以保证外部环境上的和谐。

柜内布置设计时应注意的事项与专用箱类似，在此不再一一叙述。

除以上两种安装方式以外，计算机测控系统的现场站点也可以安装在其他控制柜的专用区域内。这种安装方式既省去了专用柜，又节省空间，计算机测控系统站点与控制柜之间的信号线短且方便，的确是一种比较好的方式，但是，应注意下列几点：

（1）控制柜必须预留足够的专用区域用于集中安装计算机测控系统的现场站点。不能在原控制柜中见缝插针，以免使得计算机测控系统的现场站点与原控制柜中的元器件混为一体。

（2）如果原控制柜内有高压设备，则计算机测控系统的站点与该高压设备之间应留出至少 200mm 的间隙。如果原控制柜内仅有低压设备，则计算机测控系统站与原柜内低压设备之间应留出至少 75mm 的间隙。

（3）计算机测控系统的现场站点应避免靠近原柜中的发热源（如加热器、变压器、大功率电阻等）和辐射源（如高频发生器等）。

（4）尽量做到计算机测控系统现场站点与原控制柜的元件分面板安装。

（5）计算机测控系统现场站点应设专用转接端子，端子布置时应交、直流分开。

其他注意事项参见专用箱。

为了充分发挥计算机测控系统的全部功能，提高其可靠性，在它的安装地点选择上应注意避免下列场合：

（1）避免安装在有腐蚀性和易燃易爆的场所（防爆型计算机测控系统除外）。

（2）避免安装在有大量灰尘、盐分及铁屑的场所。

（3）避免安装在太阳光直射的场所。

（4）避免安装在有直接振动和冲击的场所。

（5）避免安装在有强磁场、强电场和有辐射的场所。

中央操作站一般安装在中心控制室中。中心控制室是计算机测控系统的工作人员对系统进行操作管理的主要场所。中心控制室的布置应满足下列要求：

（1）中心控制室应设置于厂内视野较好的建筑物内，使操作人员可俯视全部或主要生产区域。

（2）中心控制室建筑面积不宜太小，在不设大型模拟屏时，建筑面积以 $35\sim40\text{m}^2$ 为宜。

（3）中心控制室宜设置恒湿设备。中心控制室的室温宜控制在 $18\sim28\text{℃}$ 之间，湿度宜控制在 $40\%\sim75\%$ 之间。

（4）中心控制室应备有双回路电源，电源电压波动范围应小于 $+10\%\sim-15\%$。

（5）中心控制室可进行适当装修，装修材料应使用符合国家有关规定的防火材料。

（6）中心控制室正常照明应符合国家有关规范，并应设置事故照明。

### 12.5.3　计算机测控系统电缆选择与敷设

计算机测控系统的电缆是系统与现场仪表或设备之间信息传递的通道。如果电缆选择或敷设不当会使很多形式的干扰通过这个通道进入计算机测控系统内部从而影响计算机正常工作。所以合理选择电缆种类和电缆敷设方法至关重要。

#### 12.5.3.1　电缆的选择

对于传输开关量输入信号的电缆，如果信号端是无源的，在传输距离≤400m 时，可以使用普通控制电缆。当传输距离≤400m 时，宜使用双绞铜网屏蔽电缆。如果信号端是强电信号，则无论传输距离长短均可使用普通控制电缆。

对于传输开关量输出信号的电缆，如果是继电器或可控硅的触点信号或交流 220V 的信号，则可以选择普通控制电缆。如果是对继电器或可控硅的低电平驱动信号，则宜使用铜带或铝箔屏蔽计算机用电缆，而且传输距离不宜大于 5m。

由于脉冲信号的电平在不断变化，有时变化频率高达 100MHz，所以应严格控制传输过程中的干扰。对于传输脉冲量输入信号的电缆，应选择使用双绞铜网屏蔽电缆。

模拟量是一种连续变化的信号，容差非常小，易受干扰的影响。应选择双绞铜网屏蔽计算机用电缆作为模拟量输入/输出信号的传输电缆。

计算机测控系统的通信信号一般为数字信号。为了克服线间电容对高速通信的影响，应使用计算机测控系统制造商提供的专用电缆或双绞铜网屏蔽电缆，当通信距离过长时，也可以考虑使用光纤电缆。

当信号数量较多时，可以使用多芯电缆，但在设计时应避免在同一根电缆中传输不同性质的信号。

#### 12.5.3.2　外部电缆的敷设

对于计算机测控系统外部电缆的敷设，在设计和施工中应注意以下几点：

（1）信号电缆和动力电缆应避免平行敷设，在确实无法避免时，应保持 300mm 以上的间距。

（2）在穿钢管敷设时钢管必须接地，禁止动力电缆和信号电缆共管敷设。

（3）在使用电缆桥架敷设电缆时，应避免动力电缆和信号电缆同层布置，且电缆桥架应可靠接地。

（4）动力电缆和信号电缆在电缆沟中应分边敷设。

（5）动力电缆和信号电缆应避免使用一接插件。

在敷设屏蔽电缆时，屏蔽层的接地是应特别注意的问题。不适当的接地方法不仅会把屏蔽层的作用抵消，而且还会产生新的地环流噪声干扰。正确的接地方法是：当一个电路有一个不接地的信号源与一个接地的放大器相连时，传输线的屏蔽层应接至放大器的公共端，见图 12-4（a）。当接地信号源与不接地放大器相连时，即使信号源接的不是大地，传输线屏蔽层也应接到信号源的公共端，见图 12-4（b）。

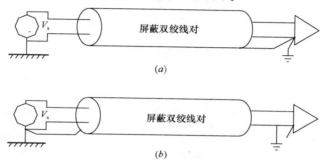

图 12-4　低频屏蔽电缆单端接地方法

# 12.6　计算机测控系统在给水排水工程中的应用

图 12-5 是计算机测控管理系统在污水处理工程中的典型应用。

计算机测控管理系统硬件结构为四层：

（1）现场层：在两个预处理池，16 个生物处理池分别设置远程 I/O，接收各自区域的工艺检测仪表的测量参数，并根据相应分站 PLC 的指令控制区域内工艺设备的运行。与各自区域内的检测仪表、执行机构共同组成现场层。

（2）分站控制层：在预处理区配电站、生物处理区鼓风机房、后物化区配电站、污泥区污泥脱水间设置 4 个现场 PLC 站。

（3）厂级管理层：其核心是数据服务器和 Web 服务器。协调各分站 PLC 的运行，并为厂级管理者提供管理平台。

（4）公司调度层：是为公司管理者提供的终端平台。

层与层之间均通过工业以太网相连接。选择西门子 S7-400 系列 PLC 作为计算机测控管理系统的硬件基础。

计算机测控管理系统软件配置如下：

（1）工程师站：KingSCADA 全开发版 3000 点 1 套＋Web 发布 20 用户授权（KingScada Development，3000 Tag，v3.0）。用于计算机测控系统组态部分的开发、调试、性

能监视、故障诊断和 Web 发布功能，可供 20 个客户端同时在线访问。

(2) 操作员站：KingSCADA 运行版 3000 点 2 套（KingScada Runtime，3000 Tag，v3.0），互为冗余。用于对现场的实时数据采集、监控，实现报警、报表、趋势曲线等功能需求。

(3) 工业数据库服务器：工业数据库标准版 5000 点 2 套（KingHistorian 5000），通过磁盘阵列方式互为冗余。可根据系统需求以及对历史数据安全性要求考虑是否采用磁盘阵列冗余方式。

(4) 客户端：根据企业管理者对现场情况以及数据的需求不同，可选用 1 到多个客户端授权（KingScada Client v3.0）。

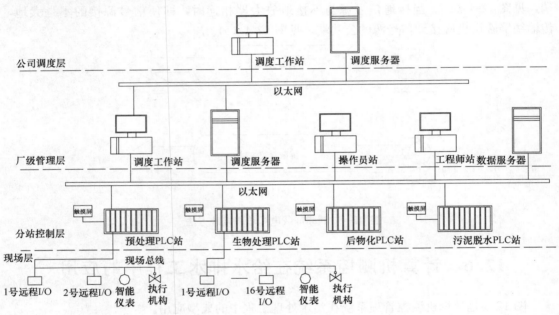

图 12-5　污水处理厂计算机测控系统软件配置

# 附　　录

## 附录1　量　和　单　位

### 一、国际单位制和我国法定计量单位

国际单位制是在 MKS 制（公制）基础上发展起来的一种单位制，其国际简称为 SI。SI 统一了力学、热学、电学和磁学、光学、声学、物理化学和分子物理学、原子物理学和核物理学、核反应和电离辐射、固体物理学等学科的计量单位。

国际单位制是我国法定计量单位的基础；一切属于 SI 的单位都是我国法定计量单位。

1. 国际单位制

（1）SI 基本单位：国际单位制中的七个基本单位及其定义见附表 1-1。

国际单位制的基本单位　　　　　　　　　　　　　　　附表 1-1

| 量的名称 | 单位名称 | 单位符号 | 定　　义 |
|---|---|---|---|
| 长　度 | 米 | m | 米是光在真空中 1/299792458 秒的时间间隔内所经过的距离 |
| 质　量 | 千克（公斤） | kg | 千克等于国际千克的质量 |
| 时　间 | 秒 | s | 秒是铯－133 原子基态的两个超精细能级之间跃迁所对应的辐射的 9192631770 个周期的持续时间 |
| 电　流 | 安〔培〕 | A | 安培是一恒定电流，若保持在处于真空中相距 1 米的两无限长而圆截面可忽略的平行直导线内，则此两导线之间产生的力在每米长度上等于 $2 \times 10^{-7}$ 牛顿 |
| 热力学温度 | 开〔尔文〕 | K | 开尔文是水三相点热力学温度的 1/273.16 |
| 物质的量 | 摩〔尔〕 | mol | 摩尔是一系统的物质的量，该系统中所包含的基本单元数与 0.012 千克碳－12 的原子数目相等；在使用摩尔时，应指明基本单元，可以是原子、分子、离子、电子及其他粒子，或是这些粒子的特定组合 |
| 发光强度 | 坎〔德拉〕 | cd | 坎德拉是发射出频率为 $540 \times 10^{12}$ Hz 单色辐射的光源在给定方向上的发光强度，而且在此方向上的辐射强度为 1/683 瓦特每球面度 |

注：1. 圆括号中的名称，是它前面的名称的同义词，下同；

2. 无方括号的量的名称与单位名称均为全称。方括号中的字，在不致引起混淆、误解的情况下，可以省略。去掉方括号中的字即为其名称的简称，下同；

3. 本标准所称的符号，除特殊指明外，均指我国法定计量单位中所规定的符号以及国际符号，下同；

4. 人民生活和贸易中，质量习惯称为重量。

（2）SI 导出单位：导出单位是用基本单位以代数形式表示的单位。这种单位符号中的乘和除采用数学符号。例如速度的 SI 单位为米每秒（m/s）。属于这种形式的单位称为组合单位。

某些 SI 导出单位具有国际计量大会通过的专门名称和符号，见附表 1-2 和附表 1-3。

用 SI 基本单位和具有专门名称的 SI 导出单位或（和）SI 辅助单位以代数形式表示的单位称为组合形式的 SI 导出单位。

**包括 SI 辅助单位在内的具有专门名称的 SI 导出单位**　　　　　附表 1-2

| 量 的 名 称 | SI 导 出 单 位 | | |
| --- | --- | --- | --- |
| | 名　称 | 符　号 | 用 SI 基本单位和 SI 导出单位表示 |
| ［平面］角 | 弧度 | rad | $1rad=1m/m=1$ |
| 立体角 | 球面度 | sr | $1sr=1m^2/m^2=1$ |
| 频率 | 赫［兹］ | Hz | $1Hz=1s^{-1}$ |
| 力 | 牛［顿］ | N | $1N=1kg \cdot m/s^2$ |
| 压力，压强，应力 | 帕［斯卡］ | Pa | $1Pa=1N/m^2$ |
| 能［量］，功，热量 | 焦［耳］ | J | $1J=1N \cdot m$ |
| 功率，辐［射能］通量 | 瓦［特］ | W | $1W=1J/s$ |
| 电荷［量］ | 库［仑］ | C | $1C=1A \cdot s$ |
| 电压，电动势，电位（电势） | 伏［特］ | V | $1V=1W/A$ |
| 电容 | 法［拉］ | F | $1F=1C/V$ |
| 电阻 | 欧［姆］ | Ω | $1\Omega=1V/A$ |
| 电导 | 西［门子］ | S | $1S=1\Omega^{-1}$ |
| 磁通［量］ | 韦［伯］ | Wb | $1Wb=1V \cdot s$ |
| 磁通［量］密度，磁感应强度 | 特［斯拉］ | T | $1T=1Wb/m^2$ |
| 电感 | 亨［利］ | H | $1H=1Wb/A$ |
| 摄氏温度 | 摄氏度 | ℃ | $1℃=1K$ |
| 光通量 | 流［明］ | lm | $1lm=1cd \cdot sr$ |
| ［光］照度 | 勒［克斯］ | lx | $1lx=1lm/m^2$ |

注：1. 弧度是一圆内两条半径之间的平面角，这两条半径在圆周上所截取的弧长与半径相等；

　　2. 球面度是一立体角，其顶点位于球心，而它在球面上所截取的面积等于以球半径为边长的正方形面积。

**由于人类健康安全防护上的需要而确定的具有专门名称的 SI 导出单位**　　　　　附表 1-3

| 量 的 名 称 | SI 导 出 单 位 | | |
| --- | --- | --- | --- |
| | 名　称 | 符　号 | 用 SI 基本单位和 SI 导出单位表示 |
| ［放射性］活度 | 贝可［勒尔］ | Bq | $1Bq=1s^{-1}$ |
| 吸收剂量<br>比授［予］能<br>比释动能 | 戈［瑞］ | Gy | $1Gy=1J/kg$ |
| 剂量当量 | 希［沃特］ | Sv | $1Sv=1J/kg$ |

（3）SI 单位的倍数单位：附表 1-4 给出了 SI 词头的名称、简称及符号（词头的简称为词头的中文符号）。词头用于构成倍数单位（十进倍数单位与分数单位），但不得单独使用。

词头符号与所紧接的单位符号❶应作为一个整体对待，它们共同组成一个新单位（十进倍数或分数单位），并具有相同的幂次，而且还可以和其他单位构成组合单位。

不得使用重叠词头，如只能写 nm，而不能写 m$\mu$m。

注：由于历史原因，质量的 SI 单位名称"千克"中，已包含 SI 词头"千"，所以质量的倍数单位由词头加在"克"前构成。如用毫克（mg）而不得用微千克（$\mu$kg）。

**SI 词 头**　　　　　　　　　　　　　　附表 1-4

| 因　　数 | 词 头 名 称 | | 符　号 |
|---|---|---|---|
| | 英　文 | 中　文 | |
| $10^{24}$ | yotta | 尧[它] | Y |
| $10^{21}$ | zetta | 泽[它] | Z |
| $10^{18}$ | exa | 艾[可萨] | E |
| $10^{15}$ | peta | 拍[它] | P |
| $10^{12}$ | tera | 太[拉] | T |
| $10^{9}$ | giga | 吉[咖] | G |
| $10^{6}$ | mega | 兆 | M |
| $10^{3}$ | kilo | 千 | k |
| $10^{2}$ | hecto | 百 | h |
| $10^{1}$ | deca | 十 | da |
| $10^{-1}$ | deci | 分 | d |
| $10^{-2}$ | centi | 厘 | c |
| $10^{-3}$ | milli | 毫 | m |
| $10^{-6}$ | micro | 微 | $\mu$ |
| $10^{-9}$ | nano | 纳[诺] | n |
| $10^{-12}$ | pico | 皮[可] | p |
| $10^{-15}$ | femto | 飞[母托] | f |
| $10^{-18}$ | atto | 阿[托] | a |
| $10^{-21}$ | zepto | 仄[普托] | z |
| $10^{-24}$ | yocto | 幺[科托] | y |

❶ 这里的单位符号一词仅指SI基本单位和SI导出单位，而不是组合单位整体。

2. 可与国际单位制单位并用的我国法定计量单位

（1）由于实用上的广泛性和重要性，可与国际单位制单位并用的我国法定计量单位列于附表 1-5 中。

（2）根据习惯，在某些情况下，附表 1-5 中的单位可以与国际单位制的单位构成组合单位。例如，kg/h，km/h。

（3）根据《全面推行我国法定计量单位的意见》，"个别科学技术领域中，如有特殊需要，可使用某些非法定计量单位，但也必须与有关国际组织规定的名称、符号相一致"。

可与国际单位制单位并用的我国法定计量单位　　　　　　附表 1-5

| 量 的 名 称 | 单 位 名 称 | 单 位 符 号 | 与 SI 单 位 的 关 系 |
|---|---|---|---|
| 时间 | 分 | min | $1\text{min}=60\text{s}$ |
| | ［小］时 | h | $1\text{h}=60\text{min}=3600\text{s}$ |
| | 日（天） | d | $1\text{d}=24\text{h}=86400\text{s}$ |
| ［平面］角 | 度 | ° | $1°=(\pi/180)\text{rad}$ |
| | ［角］分 | ′ | $1'=(1/60)°=(\pi/10800)\text{rad}$ |
| | ［角］秒 | ″ | $1''=(1/60)'=(\pi/648000)\text{rad}$ |
| 体积 | 升 | L(1) | $1\text{L}=1\text{dm}^3=10^{-3}\text{m}^3$ |
| 质量 | 吨 | t | $1\text{t}=10^3\text{kg}$ |
| | 原子质量单位 | u | $1\text{u}\approx1.660570\times10^{-27}\text{kg}$ |
| 旋转速度 | 转每分 | r/min | $1\text{r/min}=(1/60)\text{s}^{-1}$ |
| 长度 | 海里 | n mile | $1\text{n mile}=1852\text{m}$<br>（只用于航程） |
| 速度 | 节 | kn | $1\text{kn}=1\text{n mile/h}=(1852/3600)\text{m/s}$<br>（只用于航行） |
| 能 | 电子伏 | eV | $1\text{eV}\approx1.6021892\times10^{-19}\text{J}$ |
| 级差 | 分贝 | dB | |
| 线密度 | 特［克斯］ | tex | $1\text{tex}=10^{-6}\text{kg/m}$ |
| 面积 | 公顷 | hm² | $1\text{hm}^2=10^4\text{m}^2$ |

注：1. 平面角单位度、分、秒的符号，在组合单位中应采用（°）、（′）、（″）的形式，例如，不用°/s 而用（°）/s；

　　2. 升的符号中，小写字母 l 为备用符号；

　　3. 公顷的国际通用符号为 hm²。

## 二、电学和磁学的量和法定计量单位

电学和磁学的量和法定计量单位见附表 1-6，表中的项号与 GB 3102 保持一致。

### 电学和磁学的量和法定计量单位

| 项 号 | 量的名称 | 量的符号 | 定 义 | 单位名称 | 单位符号 | 备 注 |
|---|---|---|---|---|---|---|
| 5—1 | 电流<br>electric current | $I$ | 电流是基本量之一 | 安[培]<br>ampere | A | 在交流电技术中,用 $i$ 表示电流的瞬时值,$I$ 表示有效值(均方根值) |
| 5—2 | 电荷[量]<br>electric charge,<br>quantity of electricity | $Q$ | 电流对时间的积分 | 库[仑]<br>coulomb | C | 1C=1A·s<br>单位安[培][小]时用于蓄电池。1A·h=3.6kC |
| 5—3 | 体积电荷<br>volumic charge,<br>电荷[体]密度<br>volume density of charge,charge density | $\rho(\eta)$ | $\rho=Q/V$<br>式中 $V$ 为体积 | 库[仑]每立方米<br>coulomb per cubic metre | C/m³ | |
| 5—4 | 面积电荷<br>areic charge,<br>电荷面密度<br>surface density of charge | $\sigma$ | $\sigma=Q/A$<br>式中 $A$ 为面积 | 库[仑]每平方米<br>coulomb per square metre | C/m² | |
| 5—5 | 电场强度<br>electric field strength | $E$ | $E=F/Q$<br>式中 $F$ 为力 | 伏[特]每米<br>volt per metre | V/m | 1V/m=1N/C |
| 5—6.1 | 电位(电势)<br>electric potential | $V,\varphi$ | 是一个标量,在静电学中:<br>$-\mathrm{grad}\,V=E$<br>式中 $E$ 为电场强度 | 伏[特]<br>volt | V | 1V=1W/A<br>IEC 将 $\varphi$ 作为备用符号 |
| 5—6.2 | 电位差(电势差),电压<br>potential difference,<br>tension | $U(V)$ | 1,2 两点间的电位差为从点 1 到点 2 的电场强度线积分<br>$$U=\varphi_1-\varphi_2=\int_{r_1}^{r_2}E$$<br>·$dr$<br>式中 $r$ 为距离 | | | 在交流电技术中,用 $u$ 表示电位差的瞬时值,$U$ 表示有效值(均方根值) |
| 5—6.3 | 电动势<br>electromotive force | $E$ | 电源电动势是电源供给的能量被它输送的电荷量除 | | | 在交流电技术中,用 $e$ 表示电动势的瞬时值,$E$ 表示有效值(均方根值)。ISO 无此备注 |
| 5—7 | 电通[量]密度<br>electric flux density | $D$ | 是一个矢量<br>$\mathrm{div}D=\rho$ | 库[仑]每平方米<br>coulomb per square metre | C/m² | 也使用名称"电位移"。参阅 5—10.1 |

| 项 号 | 量的名称 | 量的符号 | 定 义 | 单位名称 | 单位符号 | 备 注 |
|---|---|---|---|---|---|---|
| 5—8 | 电通[量]<br>electric flux | $\Psi$ | $\Psi = \int D \cdot e_n dA$<br>式中 $A$ 为面积，$e_n$ 为面积的矢量单元 | 库[仑]<br>coulomb | C | 也使用名称"电位移通量" |
| 5—9 | 电容<br>capacitance | $C$ | $C = Q/U$ | 法[拉]<br>farad | F | $1F = 1C/V$ |
| 5—10.1 | 介电常数（电容率）<br>permittivity | $\varepsilon$ | $\varepsilon = D/E$<br>式中 $E$ 为电场强度 | 法[拉]每米<br>farad per metre | F/m | 对于 $\varepsilon$，IEC 给出名称"绝对介电常数（绝对电容率）"，ISO 和 IEC 还给出名称"电常数"（electric constant） |
| 5—10.2 | 真空介电常数（真空电容率）<br>permittivity of vacuum | $\varepsilon_0$ | | | | $\varepsilon_0 = 1/\mu_0 c_0^2 = \dfrac{10^7}{4\pi \times 299792458^2}\text{F/m}$<br>（准确值）$= 8.854188 \times 10^{-12}\text{F/m}$ |
| 5—11 | 相对介电常数（相对电容率）<br>relative permittivity | $\varepsilon_r$ | $\varepsilon_r = \varepsilon/\varepsilon_0$ | —<br>one | 1 | IEC 还给出名称"（relative capacitivity）" |
| 5—12 | 电极化率<br>electric susceptibility | $\chi, \chi_e$ | $\chi = \varepsilon_r - 1$ | —<br>one | 1 | |
| 5—13 | 电极化强度<br>electric polarization | $P$ | $P = D - \varepsilon_0 E$ | 库[仑]每平方米<br>coulomb per square metre | C/m² | IEC 将 $D_i$ 作为备用符号 |
| 5—14 | 电偶极矩<br>electric dipole moment | $p(p_e)$ | 是一个矢量。<br>$p \times E = T$<br>式中 $T$ 为转矩，$E$ 为均匀场的电场强度 | 库[仑]米<br>coulomb metre | C·m | |
| 5—15 | 面积电流<br>areic electric current,<br>电流密度<br>electric current density | $J(S)$ | $\int J \cdot e_n dA = I$<br>式中 $A$ 为面积，$e_n$ 为面积的矢量单元 | 安[培]每平方米<br>ampere per square metre | A/m² | 也使用符号 $j(\delta)$。<br>ISO 和 IEC 未给出备用符号 $\delta$ |
| 5—16 | 线电流<br>lineic electric current,<br>电流线密度<br>linear electric current density | $A(\alpha)$ | 电流除以导电片宽度 | 安[培]每米<br>ampere per metre | A/m | |
| 5—17 | 磁场强度<br>magnetic field strength | $H$ | $\text{rot } H = J + \dfrac{\partial D}{\partial t}$ | 安[培]每米<br>ampere per metre | A/m | |

| 项 号 | 量的名称 | 量的符号 | 定 义 | 单位名称 | 单位符号 | 备 注 |
|---|---|---|---|---|---|---|
| 5—18.1 | 磁位差(磁势差)<br>magnetic potential difference | $U_m$ | 点1和点2间的磁位差。<br>$U_m = \int_{r_1}^{r_2} H \cdot dr$<br>式中 $r$ 为距离 | 安[培]<br>ampere | A | IEC给出符号 $U$ 和备用符号 $\mathcal{U}$ |
| 5—18.2 | 磁通势,磁动势<br>magnetomotive force | $F, F_m$ | $F = \oint H \cdot dr$<br>式中 $r$ 为距离 | | | IEC给出备用符号 $\mathcal{F}$ |
| 5—18.3 | 电流链<br>current linkage | $\Theta$ | 穿过一闭合环路的净传导电流 | | | $N$ 匝相等电流 $I$ 形成的电流链<br>$\Theta = NI$ |
| 5—19 | 磁通[量]密度<br>magnetic flux density,<br>磁感应强度<br>magnetic induction | $B$ | 是一个矢量。<br>$F = I\Delta s \times B$<br>式中 $s$ 为长度,$I\Delta s$ 为电流元 | 特[斯拉]<br>tesla | T | $1T = 1N/(A \cdot m)$<br>$1T = 1Wb/m^2 = 1V \cdot s/m^2$ |
| 5—20 | 磁通[量]<br>magnetic flux | $\Phi$ | $\Phi = \int B \cdot dA$<br>式中 $A$ 为面积 | 韦[伯]<br>weber | Wb | $1Wb = 1V \cdot s$ |
| 5—21 | 磁矢位(磁矢势)<br>magnetic vector potential | $A$ | 是一个矢量。<br>$B = \text{rot } A$ | 韦[伯]每米<br>weber per metre | Wb/m | |
| 5—22.1 | 自感<br>self inductance | $L$ | $L = \Phi/I$ | 亨[利]<br>henry | H | $1H = 1Wb/A$<br>$1H = 1V \cdot s/A$ |
| 5—22.2 | 互感<br>mutual inductance | $M, L_{12}$ | $M = \Phi_1/I_2$<br>式中 $\Phi_1$ 为穿过回路1的磁通量,$I_2$ 为回路2的电流 | | | 电感:自感和互感的统称 |
| 5—23.1 | 耦合因数(耦合系数)<br>coupling factor | $k(\kappa)$ | $k = |L_{mn}|/\sqrt{L_m L_n}$ | 一<br>one | 1 | |
| 5—23.2 | 漏磁因数(漏磁系数)<br>leakage factor | $\sigma$ | $\sigma = 1 - k^2$ | | | |
| 5—24.1 | 磁导率<br>permeability | $\mu$ | $\mu = B/H$ | 亨[利]每米<br>henry per metre | H/m | IEC还给出名称"绝对磁导率" |
| 5—24.2 | 真空磁导率<br>permeability of vacuum | $\mu_0$ | | | | $\mu_0 = 4\pi \times 10^{-7}$ H/m (准确值) $= 1.256637 \times 10^{-6}$ H/m<br>ISO 和 IEC 还给出名称"磁常数" |
| 5—25 | 相对磁导率<br>relative permeability | $\mu_r$ | $\mu_r = \mu/\mu_0$ | 一<br>one | 1 | |

| 项　号 | 量的名称 | 量的符号 | 定　义 | 单位名称 | 单位符号 | 备　注 |
|---|---|---|---|---|---|---|
| 5—26 | 磁化率<br>magnetic susceptibility | $\kappa(\chi_m,\chi)$ | $\kappa=\mu_r-1$ | 一<br>one | 1 | ISO 和 IEC 未给出备用符号$\chi$ |
| 5—27 | [面]磁矩<br>magnetic moment,<br>electromagnetic<br>moment | $m$ | $m\times B=T$<br>式中 $T$ 为转矩，$B$ 为均匀场的磁通密度 | 安[培]平方米<br>ampere square metre | $A\cdot m^2$ | ISO 还给出名称"电磁矩"。<br>IEC 还定义了磁偶极矩：$j=\mu_0 m$，其单位为 $Wb\cdot m$ |
| 5—28 | 磁化强度<br>magnetization | $M(H_i)$ | $M=(B/\mu_0)-H$ | 安[培]每米<br>ampere per metre | A/m | |
| 5—29 | 磁极化强度<br>magnetic<br>polarization | $J(B_i)$ | $J=B-\mu_0 H$ | 特[斯拉]<br>tesla | T | |
| 5—30 | 体积电磁能<br>volumic<br>electromagnetic<br>energy,<br>电磁能密度<br>electromagnetic<br>energy density | $w$ | 电磁场能量除以体积<br>$w=\dfrac{1}{2}(E\cdot D+B\cdot H)$ | 焦[耳]每立方米<br>joule per cubic metre | $J/m^3$ | |
| 5—31 | 坡印廷矢量<br>Poynting vector | $S$ | $S=E\times H$ | 瓦[特]每平方米<br>watt per square metre | $W/m^2$ | |
| 5—32.1 | 电磁波的相平面速度<br>phase velocity of<br>electromagnetic<br>waves,<br>phase speed of<br>electromagnetic<br>waves | $c$ | | 米每秒<br>metre per second | m/s | |
| 5—32.2 | 电磁波在真空中的传播速度<br>velocity of<br>electromagnetic<br>waves in vacuum,<br>speed of<br>electromagnetic<br>waves in vacuum | $c,c_0$ | | | | $c_0=1/\sqrt{\varepsilon_0\mu_0}=299792458\text{m/s}$(准确值)<br>如果介质中的速度用符号 $c$ 则真空中的速度用符号 $c_0$ |
| 5—33 | [直流]电阻<br>resistance（for direct<br>current） | $R$ | $R=U/I$（导体中无电动势） | 欧[姆]<br>ohm | $\Omega$ | $1\Omega=1V/A$<br>关于交流，参阅 5—44.3 |

续表

| 项 号 | 量的名称 | 量的符号 | 定 义 | 单位名称 | 单位符号 | 备 注 |
|---|---|---|---|---|---|---|
| 5－34 | [直流]电导<br>conductance(for direct current) | $G$ | $G=1/R$ | 西[门子]<br>siemens | S | $1S=1\Omega^{-1}$<br>关于交流,参阅5－45.3 |
| 5－35 | [直流]功率<br>power(for direct current) | $P$ | $P=UI$ | 瓦[特]<br>watt | W | $1W=1V\cdot A$<br>关于交流,参阅5－49 |
| 5－36 | 电阻率<br>resistivity | $\rho$ | $\rho=RA/l$<br>式中 $A$ 为面积,$l$ 为长度 | 欧[姆]米<br>ohm metre | $\Omega\cdot m$ | |
| 5－37 | 电导率<br>conductivity | $\gamma,\sigma$ | $\gamma=1/\rho$ | 西[门子]每米<br>siemens per metre | S/m | 电化学中用符号 $\kappa$ |
| 5－38 | 磁阻<br>reluctance | $R_m$ | $R_m=U_m/\varPhi$ | 每亨[利]<br>reciprocal henry,<br>负一次方亨[利]<br>henry to the power minus one | $H^{-1}$ | $1H^{-1}=1A/Wb$<br>ISO 和 IEC 还给出符号 $R$。<br>IEC 还给出备用符号 $\mathscr{R}$ |
| 5－39 | 磁导<br>permeance | $\varLambda(P)$ | $\varLambda=1/R_m$ | 亨[利]<br>henry | H | $1H=1Wb/A$ |
| 5－40.1 | 绕组的匝数<br>number of turns in a winding | $N$ | | 一<br>one | 1 | |
| 5－40.2 | 相数<br>number of phase | $m$ | | | | |
| 5－41.1 | 频率<br>frequency | $f,\nu$ | | 赫[兹]<br>hertz | Hz | $1Hz=1s^{-1}$ |
| 5－41.2 | 旋转频率<br>rotational frequency | $n$ | 转数被时间除 | 每秒<br>reciprocal second,<br>负一次方秒<br>second to the power minus one | $s^{-1}$ | |
| 5－42 | 角频率<br>angular frequency,<br>pulsatance | $\omega$ | $\omega=2\pi f$ | 弧度每秒<br>radian per second<br>每秒<br>reciprocal second,<br>负一次方秒<br>second to the power minus one | rad/s<br>$s^{-1}$ | |

| 项 号 | 量的名称 | 量的符号 | 定 义 | 单位名称 | 单位符号 | 备 注 |
|---|---|---|---|---|---|---|
| 5—43 | 相[位]差,相[位]移<br>phase difference | $\varphi$ | 当 $u=U_m\cos\omega t$ 和 $i$ $=I_m\cos(\omega t-\varphi)$,则 $\varphi$ 为相位移 | 弧度<br>radian<br>—<br>one | rad<br><br>1 | $\omega t-\varphi$ 是 $i$ 的相位 |
| | | | | [角]秒<br>second<br>[角]分<br>minute<br>度<br>degree | ″<br><br>′<br><br>° | $1''=(\pi/648000)\,$rad<br>$1'=60''=(\pi/10800)$ rad<br>$1°=60'=(\pi/180)$ rad |
| 5—44.1 | 阻抗(复[数]阻抗)<br>impedance<br>(complex impedance) | $Z$ | 复数电压被复数电流除 | 欧[姆]<br>ohm | $\Omega$ | $Z=\lvert Z\rvert\,e^{j\varphi}=R+jX$ |
| 5—44.2 | 阻抗模(阻抗)<br>modulus of impedance (impedance) | $\lvert Z\rvert$ | | | | $\lvert Z\rvert=\sqrt{R^2+X^2}$<br>在不会混淆的情况下,量 5—44.2 可用阻抗这一名称 |
| 5—44.3 | [交流]电阻<br>resistance (to alternatring current) | $R$ | 阻抗的实部 | | | 在交流电技术中,电阻均指交流电阻,必要时还应说明频率;如果需与直流电阻区别时,则可使用全称 |
| 5—44.4 | 电抗<br>reactance | $X$ | 阻抗的虚部 | | | 当一感抗和一容抗串联时,<br>$X=\omega L-\dfrac{1}{\omega C}$ |
| 5—45.1 | 导纳(复[数]导纳)<br>admittance (complex admittance) | $Y$ | $Y=1/Z$<br>$(Y=\lvert Y\rvert\,e^{-j\varphi}=G+jB=\dfrac{R-jX}{\lvert Z\rvert^2})$ | 西[门子]<br>siemens | S | $1S=1A/V$ |
| 5—45.2 | 导纳模(导纳)<br>modulus of admittance (admittance) | $\lvert Y\rvert$ | $(\lvert Y\rvert=\sqrt{G^2+B^2})$ | | | 在不会混淆的情况下,量 5—45.2 可用导纳这一名称 |
| 5—45.3 | [交流]电导<br>conductance (for alternating current) | $G$ | 导纳的实部 | | | 在交流电技术中,电导均指交流电导,必要时还应说明频率;如需与直流电导区别时,则可使用全称 |
| 5—45.4 | 电纳<br>susceptance | $B$ | 导纳的虚部 | | | |
| 5—46 | 品质因数<br>quality factor | $Q$ | 对于无辐射系统,如果 $Z=R+jX$,则 $Q=\lvert X\rvert/R$ | —<br>one | 1 | |
| 5—47 | 损耗因数<br>loss factor | $d$ | $d=1/Q$ | —<br>one | 1 | |
| 5—48 | 损耗角<br>loss angle | $\delta$ | $\delta=\arctan d$ | 弧度<br>radian | rad | |

续表

| 项　号 | 量的名称 | 量的符号 | 定　义 | 单位名称 | 单位符号 | 备　注 |
|---|---|---|---|---|---|---|
| 5—49 | [有功]功率<br>active power | $P$ | $P=\dfrac{1}{T}\displaystyle\int_0^T ui\,\mathrm{d}t$<br>式中 $t$ 为时间，$T$ 为计算功率的时间 | 瓦[特]<br>watt | W | $p=ui$ 是瞬时功率 |
| 5—50.1 | 视在功率（表观功率）<br>apparent power | $S,P_S$ | $S=UI$ | 伏[特]安[培]<br>volt ampere | V·A | 当 $u=U_m\cos\omega t=\sqrt{2}U\cos\omega t$ 和 $i=I_m\cos(\omega t-\varphi)=\sqrt{2}I\cos(\omega t-\varphi)$ 时，则<br>$P=UI\cos\varphi$<br>$Q=UI\sin\varphi$<br>$\lambda=\cos\varphi$<br>式中 $\varphi$ 为正弦交流电压和正弦交流电流间的相位差 |
| 5—50.2 | 无功功率<br>reactive power | $Q,P_Q$ | $Q=\sqrt{S^2-P^2}$ | | | IEC 采用乏（var）作为无功功率的单位名称和符号。<br>　国际计量大会并未通过 var 为 SI 单位 |
| 5—51 | 功率因数<br>power factor | $\lambda$ | $\lambda=P/S$ | —<br>one | 1 | |
| 5—52 | [有功]电能[量]<br>active energy | $W$ | $W=\displaystyle\int ui\,\mathrm{d}t$<br>式中 $t$ 为时间 | 焦[耳]<br>joule | J | ISO 还给出备用符号 $W_P$ |
| | | | | 瓦[特][小]时<br>watt hour | W·h | 1kW·h=3.6MJ |

# 附录 2　常 用 标 准

**一、国内标准的种类、分级和代号**

1. 标准的种类和分级

（1）按标准化的对象分类，标准可分为技术标准和管理标准两大类。按贯彻的手段分类，标准可分为强制性标准和推荐性标准两类。按所属专业分类，可以把标准分为二十四类左右。

（2）根据协调统一的范围及适用范围的不同，我国的标准分为三级：国家标准、行业标准（部标准）、企业标准。我国的企业标准不仅包括企、事业发布的标准，而且还包括省、市标准化管理机构和专业局批准发布的标准。行业标准（部标准）不得与国家标准相抵触；企业标准不得与国家标准和行业标准（部标准）相抵触。

部标准这种形式，曾对我国的经济发展起过促进作用，但也存在不易协调生产部门和使用部门的意见等缺点；特别是随着我国的改革开放，同一种产品可能出现几个部标准，不利于标准的统一。因此，我国决定把部标准逐步过渡为行业标准。

2. 标准的代号

我国的标准号由字母代号、顺序号和批准发布年号三段组成。

国家标准的代号为 GB（强制性标准）或 GB/T（推荐性标准）。工程建设方面的国家标准代号原用 GBJ，今后将统一改为 GB5××××。

行业标准（部标准）的代号为国务院所属原部（局）名称的两个汉语拼音字母。常见的国内标准代号见附表 2-1。

附表 2-1

常见国内标准代号

| 代　号 | 含　义 | 代　号 | 含　义 |
|---|---|---|---|
| GB | 国家标准 | LY | 林业行业标准 |
| GJB | 国家军用标准 | WS | 卫生部标准 |
| JB | 机械行业标准 | SB | 商业部标准 |
| SJ | 电子行业标准 | GA | 公安部标准 |
| YB | 冶金行业标准 | JC | 国家建材局标准 |
| SY | 石油行业标准 | JGJ、JJ | 建设部标准 |
| HG | 化工行业标准 | LD | 劳动部标准 |
| MT | 煤炭行业标准 | DZ | 地质矿产部标准 |
| JT | 交通部标准 | FJ | 纺织行业标准 |
| TB | 铁道部标准 | GYJ | 广播电影电视部标准 |
| SL | 水利行业标准 | JJG | 国家计量检定规程 |
| DL | 电力行业标准 | MH | 中国民用航空总局标准 |
| YD | 邮电行业标准 | KY | 中国科学院标准 |
| QB | 轻工行业标准 | CECS | 中国工程建设标准化委员会推荐性标准 |
| SC | 水产行业标准 | | | |

## 二、常用电气设计规范、标准索引

有关工业和民用供配电设计的规范、标准种类繁多，无法尽收，仅择常用者编为索引，以助读者查找。常用电气设计规范、标准索引见附表 2-2。

附表 2-2

常用电气设计规范、标准索引

| 标　准　编　号 | 标　准　名　称 | 备　注 |
|---|---|---|
| 1. 通用电气标准 | | |
| GB/T 156—2007 | 标准电压 | |
| GB/T 762—2002 | 标准电流等级 | |
| GB/T 1980—2005 | 标准频率 | |
| GB/T 12325—2008 | 电能质量　供电电压偏差 | |
| GB/T 12326—2008 | 电能质量　电压波动和闪变 | |
| GB/T 14549—1993 | 电能质量　公用电网谐波 | |
| GB/T 18481—2001 | 电能质量　暂时过电压和瞬态过电压 | |
| GB/T 2900 | 电工术语 | |
| GB/T 14733 | 电信术语 | |

续表

| 标 准 编 号 | 标 准 名 称 | 备 注 |
|---|---|---|
| | 1. 通用电气标准 | |
| GB/T 4776—2008 | 电气安全术语 | |
| GB/T 6988 | 电气技术用文件的编制 | |
| GB/T 4728 | 电气简图用图形符号 | |
| GB/T 5094 | 工业系统、装置与设备以及工业产品结构原则与参照代号 | |
| GB/T 16679—2009 | 工业系统、装置与设备以及工业产品信号代号 | |
| GB/T 4025—2010 | 人机界面标志标识的基本和安全规则　指示器和操作器的编码规则 | |
| GB/T 4026—2010 | 人机界面标志标识的基本和安全规则　设备端子和系统终端的标识 | |
| GB 7947—2010 | 人机界面标志标识的基本和安全规则　导体颜色或字母数字标识 | |
| GB/T 2625—1981 | 过程检测和控制流程图用图形符号和文字代号 | |
| GB/T 5465 | 电气设备用图形符号 | |
| | 2. 主要电气设计规范、标准 | |
| GB 50052—2009 | 供配电系统设计规范 | |
| GB 50053—1994 | 10kV 及以下变电所设计规范 | |
| GB 50054—2011 | 低压配电设计规范 | |
| GB 50055—2011 | 通用用电设备配电设计规范 | |
| GB 50056—1993 | 电热设备电力装置设计规范 | |
| GB 50057—2010 | 建筑物防雷设计规范 | |
| GB 50058—1992 | 爆炸和火灾危险环境电力装置设计规范 | |
| GB 50059—2011 | 35kV～110kV 变电站设计规范 | |
| GB 50060—2008 | 3～110kV 高压配电装置设计规范 | |
| GB 50061—2010 | 66kV 及以下架空电力线路设计规范 | |
| GB/T 50062—2008 | 电力装置的继电保护和自动装置设计规范 | |
| GB/T 14285—2006 | 继电保护和安全自动装置技术规程 | |
| GB/T 50063—2008 | 电力装置的电测量仪表装置设计规范 | |
| GB/T 50065—2011 | 交流电气装置的接地设计规范 | |
| DL/T 5137—2001 | 电测量及电能计量装置设计技术规程 | |
| DL/T 620—1997 | 交流电气装置的过电压保护和绝缘配合 | |
| DL/T 621—1997 | 交流电气装置的接地 | |
| GB 50217—2007 | 电力工程电缆设计规范 | |
| GB 50227—2008 | 并联电容器装置设计规范 | |
| GB 50260—1996 | 电力设施抗震设计规范 | |
| GB 50293—1999 | 城市电力规划规范 | |
| GB 13955—2005 | 剩余电流动作保护装置安装和运行 | |
| GB/T 17045—2008 | 电击防护　装置和设备的通用部分 | |

续表

| 标准编号 | 标准名称 | 备注 |
|---|---|---|
| | 3. 电气施工及验收规范 | |
| GB 50150—2006 | 电气装置安装工程　电气设备交接试验标准 | |
| GB 50168—2006 | 电气装置安装工程　电缆线路施工及验收规范 | |
| GB 50169—2006 | 电气装置安装工程　接地装置施工及验收规范 | |
| GB 50170—2006 | 电气装置安装工程　旋转电机施工及验收规范 | |
| GB 50171—2012 | 电气装置安装工程　盘、柜及二次回路接线施工及验收规范 | |
| GB 50172—2012 | 电气装置安装工程　蓄电池施工及验收规范 | |
| GB 50173—1992 | 电气装置安装工程　35kV 及以下架空电力线路施工及验收规范 | |
| GB 50255—1996 | 电气装置安装工程　电力变流设备施工及验收规范 | |
| GB 50256—1996 | 电气装置安装工程　起重机电气装置施工及验收规范 | |
| GB 50257—1996 | 电气装置安装工程　爆炸和火灾危险环境电气装置施工及验收规范 | |
| GB 50303—2002 | 建筑电气工程施工质量验收规范 | |

# 附录 3　气　象　资　料

## 一、温度、气压名词解释和应用说明

温度、气压名词解释和应用说明，见附表 3-1。

温度、气压名词解释和应用说明　　　　　　　　　　附表 3-1

| 名　称 | 含　义 | 应　用　说　明 |
|---|---|---|
| 极端最高（或最低）温度 | 自有气象记录以来的最高（或最低）温度值。几十年内可能出现一次，持续时间很短 | 只对可靠性要求很高的装置考虑此参数 |
| 年最高（或最低）温度 | 一年记录中所测得的最高（或最低）温度的多年平均值。是一种短时（1～5h）出现的极限值 | 一般电工装置在考虑可靠性和发热影响时选用 |
| 月平均最高温度 | 某月逐日最高温度的平均值。在最热月里约有一半左右的天数，其最高温度接近或超过此值。此值出现时间较长，每年约有 100h 以上 | 一般取历年最热月 14 时平均温度的平均值，作为设计中选择允许短时过载的电工产品，如空气中的导体和一般电气设备的温度依据。热作车间一般比气象资料值高 5℃左右 |
| 日平均温度 | 每日四次定时温度（2、8、14、20 时或 1、7、13、19 时的温度）的平均值 | 一般在考虑最热日的平均温度时（如油浸式变压器调节负荷）选用此值 |
| 月平均温度 | 某月逐日平均温度的平均值。电气技术中一般取累年最热月日平均温度求得 | 用于温度变化幅度较小的环境（如通风不良而无热源的坑道）选用电气装置 |
| 年平均温度 | 逐月平均温度的平均值，是全年气温变化的中间值 | 在计算变压器的使用寿命和校验仪器仪表时，选用此值 |
| 冷却水温度 | 水冷电气装置引入水的温度 | 冷却水温度的日变化幅度小，可取最热月的平均水温。我国大部分水系为 25～30℃，热带地区为 30～35℃。采用冷却塔或冷却池时，冷却水温一般比直流冷却水温约高 5℃ |

续表

| 名　称 | 含　义 | 应　用　说　明 |
|---|---|---|
| 土壤温度 | 与埋地电气装置处于同一水平面，而又不受其散热影响处的土壤温度 | 计算埋地电缆的载流量和进行电缆选型时，一般采用地面下 0.8～1.0m 处最热月的月平均土壤温度。一般地区划为 I 级，不超过 25℃；热带地区为 II 级，不超过 32℃ |
| 年平均气压 | 指多年中各月平均气压的平均值 | 用于考虑电气装置的温升、避雷器的放电间隙等 |
| 最低气压 | 指多年记录中所测得的气压最低值 | 用于确定电气装置的空气绝缘强度、开关的分断能力等 |

注：1. 历年即逐年、每年。特指整编气象资料时，所采用的一段连续年份中的每一年；

　　2. 累年即多年（不少于三年）。特指整编气象资料时，所采用的一段连续年份的累计。

## 二、大气压力、温度与海拔的关系

大气压力、温度与海拔的关系见附表 3-2。

大气压力、温度与海拔的关系　　　　　　　　　　附表 3-2

| 海拔 | 大气压力 | 温度 | | 海拔 | 大气压力 | 温度 | |
|---|---|---|---|---|---|---|---|
| (m) | (Pa) | (K) | (℃) | (m) | (Pa) | (K) | (℃) |
| −300 | 104981 | 290.100 | 16.950 | 2900 | 71016.6 | 269.309 | −3.841 |
| −250 | 104365 | 289.775 | 16.625 | 3000 | 70121.2 | 268.655 | −4.455 |
| −200 | 103751 | 289.450 | 16.300 | 3100 | 69234.9 | 268.010 | −5.140 |
| −100 | 102532 | 288.800 | 15.650 | 3200 | 68357.8 | 267.360 | −5.790 |
| −50 | 101927 | 288.475 | 15.325 | 3300 | 67489.7 | 266.711 | −6.439 |
| 0 | 101325 | 288.150 | 15.000 | 3400 | 66630.6 | 266.062 | −7.088 |
| 250 | 98357.6 | 286.525 | 13.375 | 3500 | 65780.4 | 265.413 | −7.737 |
| 500 | 95461.3 | 284.900 | 11.750 | 3600 | 64939.0 | 264.763 | −8.387 |
| 600 | 94322.3 | 284.250 | 11.100 | 3700 | 64106.4 | 264.114 | −9.036 |
| 700 | 93194.4 | 283.601 | 10.451 | 3800 | 63282.5 | 263.465 | −9.685 |
| 800 | 92077.5 | 282.951 | 9.801 | 3900 | 62467.2 | 262.816 | −10.334 |
| 900 | 90971.5 | 282.301 | 9.151 | 4000 | 61660.4 | 262.166 | −10.984 |
| 1000 | 89876.3 | 281.651 | 8.501 | 4100 | 60862.2 | 261.517 | −11.633 |
| 1100 | 88791.8 | 281.001 | 7.851 | 4200 | 60072.3 | 260.868 | −12.282 |
| 1200 | 87718.0 | 280.351 | 7.201 | 4300 | 59290.8 | 260.219 | −12.931 |
| 1300 | 86654.8 | 279.702 | 6.552 | 4400 | 58517.6 | 259.570 | −13.580 |
| 1400 | 85602.0 | 279.052 | 5.902 | 4500 | 57752.6 | 258.921 | −14.229 |
| 1500 | 84559.7 | 278.402 | 5.252 | 4600 | 56995.7 | 258.272 | −14.878 |
| 1600 | 83527.7 | 277.753 | 4.603 | 4700 | 56246.9 | 257.623 | −15.527 |
| 1700 | 82505.9 | 277.103 | 3.953 | 4800 | 55506.1 | 256.974 | −16.176 |
| 1800 | 81494.3 | 276.453 | 3.303 | 4900 | 54773.4 | 256.325 | −16.825 |
| 1900 | 80492.9 | 275.804 | 2.654 | 5000 | 54048.3 | 255.676 | −17.474 |
| 2000 | 79501.4 | 275.154 | 2.004 | 5500 | 50539.3 | 252.431 | −20.719 |
| 2100 | 78519.9 | 274.505 | 1.355 | 6000 | 47217.6 | 249.187 | −23.963 |
| 2200 | 77548.3 | 273.855 | 0.705 | 6500 | 44075.5 | 245.943 | −27.207 |
| 2300 | 76586.4 | 273.205 | 0.055 | 7000 | 41105.3 | 242.700 | −30.450 |
| 2400 | 75634.2 | 272.556 | −0.594 | 7500 | 38299.7 | 239.457 | −33.693 |
| 2500 | 74691.7 | 271.906 | −1.244 | 8000 | 35651.6 | 236.215 | −36.935 |
| 2600 | 73758.8 | 271.257 | −1.893 | 8500 | 33154.2 | 232.974 | −40.176 |
| 2700 | 72835.3 | 270.607 | −2.543 | 9000 | 30800.7 | 229.733 | −43.417 |
| 2800 | 71921.3 | 269.958 | −3.192 | 10000 | 26499.9 | 223.252 | −49.898 |

注：本表数据源于《标准大气》ISO 2533（第一版）；本手册增加了摄氏度一栏。

## 三、全国主要城市气象参数

全国主要城市气象参数见附表 3-3。

全国主要城市气象参数　　　　　　　　　　　　　附表 3-3

| 地　名 | 台站位置 | | | 干球温度（℃） | | | | | 最热月月平均相对湿度（%） | 30a一遇最大风速（m/s） | 七月0.8m深土壤温度（℃） | 全年雷暴日数（d/a） |
| | 北纬 | 东经 | 海拔（m） | 极端最高 | 极端最低 | 最冷月月平均 | 最热月月平均 | 最热月14时平均 | | | | |
|---|---|---|---|---|---|---|---|---|---|---|---|---|
| **1. 北京市** | | | | | | | | | | | | |
| 北京 | 39°48′ | 116°28′ | 31.5 | 40.6 | −27.4 | −4.6 | 25.9 | 30 | 78 | 23.7 | 23.0 | 35.7 |
| 延庆* | 40°27′ | 115°57′ | 439.0 | 39.0 | −27.3 | −9 | 23.3 | 27 | 77 | | | |
| 密云* | 40°23′ | 116°50′ | 71.6 | 40.0 | −27.3 | −7 | 25.7 | 29 | 77 | | | |
| **2. 天津市** | | | | | | | | | | | | |
| 天津 | 39°06′ | 117°10′ | 3.3 | 39.7 | −22.9 | −4.0 | 26.5 | 29 | 78 | 25.3 | 22.3 | 27.5 |
| 蓟县* | 40°02′ | 117°25′ | 16.4 | 39.7 | −22.9 | −4 | 26.4 | 29 | 78 | | | |
| 塘沽* | 38°59′ | 117°43′ | 5.4 | 39.9 | −18.3 | −4 | 26.2 | 28 | 79 | | | |
| **3. 河北省** | | | | | | | | | | | | |
| 石家庄市 | 38°02′ | 114°25′ | 80.5 | 42.7 | −26.5 | −2.9 | 26.6 | 31 | 75 | 21.9 | 25.4 | 30.8 |
| 唐山市△ | 39°38′ | 118°10′ | 25.9 | 39.6 | −21.9 | −5.4 | 25.5 | 29 | 79 | 23.7 | 22.2 | 32.7 |
| 邢台市△ | 37°04′ | 114°30′ | 76.8 | 41.8 | −22.4 | −2.9 | 26.7 | 31 | 77 | 21.9 | 24.7 | 30.2 |
| 保定市△ | 38°51′ | 115°31′ | 17.2 | 43.3 | −22.0 | −4.1 | 26.6 | 31 | 76 | 25.3 | 23.5 | 30.7 |
| 张家口市 | 40°47′ | 114°53′ | 723.9 | 40.9 | −25.7 | −9.7 | 23.3 | 27 | 66 | 26.8 | 20.4 | 39.2 |
| 承德市 | 40°58′ | 117°56′ | 375.2 | 41.5 | −23.3 | −9.3 | 24.5 | 28 | 72 | 23.7 | 20.3 | 43.5 |
| 秦皇岛市△ | 39°56′ | 119°36′ | 1.8 | 39.9 | −21.5 | −6.1 | 24.4 | 28 | 82 | 25.3 | 21.2 | 34.7 |
| 沧州市 | 38°20′ | 116°50′ | 9.6 | 42.9 | −20.6 | −3.9 | 26.5 | 30 | 77 | 25.3 | 23.2 | 29.4 |
| 乐亭 | 39°25′ | 118°54′ | 10.5 | 37.9 | −23.7 | | 24.8 | | 82 | | | 32.1 |
| 南宫市 | 37°22′ | 115°23′ | 27.4 | 42.7 | −22.1 | | 27.0 | | 78 | | | 28.6 |
| 邯郸市 | 36°36′ | 114°30′ | 57.2 | 42.5 | −19.0 | | 26.9 | (32.6) | 78 | | | 27.3 |
| 蔚县 | 39°50′ | 114°34′ | 909.5 | 38.6 | −35.3 | | 22.1 | (28.6) | 70 | | | 45.1 |
| **4. 山西省** | | | | | | | | | | | | |
| 太原市 | 37°47′ | 112°33′ | 777.9 | 39.4 | −25.5 | −6.6 | 23.5 | 28 | 72 | 23.7 | 18.8 | 35.7 |
| 大同市 | 40°06′ | 113°20′ | 1066.7 | 37.7 | −29.1 | −11.8 | 21.8 | 26 | 66 | 28.3 | 19.9 | 41.4 |
| 阳泉市△ | 37°51′ | 113°33′ | 741.9 | 40.2 | −19.1 | −4.2 | 24.0 | 28 | 71 | 23.7 | 21.8 | 40.0 |
| 长治市△ | 36°12′ | 113°07′ | 926.5 | 37.6 | −29.3 | −6.9 | 22.8 | 27 | 77 | 23.7 | 20.3 | 33.7 |
| 临汾市 | 36°04′ | 110°30′ | 449.5 | 41.9 | −25.6 | −4.0 | 26.0 | 31 | 71 | 25.3 | 24.6 | 31.1 |
| 离石 | 37°30′ | 111°06′ | 950.8 | 38.9 | −25.5 | | 23.0 | (29.7) | 68 | | | 34.3 |
| 晋城市 | 35°28′ | 112°50′ | 742.1 | 38.6 | −22.8 | | 24.0 | (29.4) | 77 | | | 27.7 |
| 介休* | 37°03′ | 111°56′ | 748.8 | 38.6 | −24.5 | −5 | 23.9 | 28 | 72 | | | |
| 阳城* | 35°29′ | 112°24′ | 659.5 | 40.2 | −19.7 | −3 | 24.6 | 29 | 75 | | | |
| 运城* | 35°02′ | 111°01′ | 376.0 | 42.7 | −18.9 | −2 | 27.3 | 32 | 69 | | | |
| **5. 内蒙古自治区** | | | | | | | | | | | | |
| 呼和浩特市 | 40°49′ | 111°41′ | 1063.0 | 37.3 | −32.8 | −13.1 | 21.9 | 26 | 64 | 28.3 | 17.1 | 36.8 |
| 包头市△ | 40°41′ | 109°51′ | 1067.2 | 38.4 | −31.4 | −12.3 | 22.8 | (29.6) | 58 | 28.3 | 20.3 | 34.7 |
| 乌海市△(海勃湾) | 39°41′ | 106°46′ | 1091.6 | 39.4 | −32.6 | −9.7 | 25.4 | | 45 | 32.2 | 22.6 | 16.6 |
| 赤峰市 | 42°16′ | 118°58′ | 571.4 | 42.5 | −31.4 | −11.7 | 23.5 | 28 | 65 | 29.7 | 19.8 | 32.0 |
| 二连浩特市 | 43°39′ | 112°00′ | 964.7 | 39.9 | −40.2 | −18.6 | 22.9 | 28 | 49 | 32.2 | 17.6 | 23.3 |
| 海拉尔市 | 49°13′ | 119°45′ | 612.8 | 36.7 | −48.5 | −26.8 | 19.6 | 25 | 71 | 32.2 | 8.5 | 29.7 |
| 东乌珠穆沁旗 | 45°31′ | 116°58′ | 838.7 | 39.0 | −40.5 | −21.3 | 20.7 | 25 | 62 | 33.7 | 15.6 | 32.4 |
| 锡林浩特市 | 43°57′ | 116°04′ | 989.5 | 38.3 | −42.4 | −19.8 | 20.9 | 26 | 62 | 29.7 | 18.0 | 31.4 |

续表

| 地　名 | 台站位置 | | | 干球温度（℃） | | | | | 最热月月平均相对湿度（%） | 30a一遇最大风速（m/s） | 七月0.8m深土壤温度（℃） | 全年雷暴日数（d/a） |
|---|---|---|---|---|---|---|---|---|---|---|---|---|
| | 北纬 | 东经 | 海拔（m） | 极端最高 | 极端最低 | 最冷月月平均 | 最热月月平均 | 最热月14时平均 | | | | |
| 通辽市△ | 43°36′ | 122°16′ | 178.5 | 39.1 | −30.9 | −14.7 | 23.9 | 28 | 73 | 29.7 | 17.6 | 27.9 |
| 东胜市△ | 39°51′ | 109°59′ | 1460.4 | 35.0 | −29.8 | −11.8 | 20.6 | 25 | 60 | 28.3 | 17.7 | 34.8 |
| 杭锦后旗 | 40°54′ | 107°08′ | 1056.7 | 37.4 | −33.1 | −11.7 | 23.0 | 26 | 59 | 28.0 | 17.8 | 23.9 |
| 集宁市△ | 41°02′ | 113°04′ | 1416.5 | 35.7 | −33.8 | −14.0 | 19.1 | 24 | 66 | 29.7 | 12.9 | 43.3 |
| 加格达奇 | 50°24′ | 124°07′ | 371.7 | 37.3 | −45.4 | | 19.0 | | 81 | | | 28.7 |
| 额尔古纳右旗 | 50°13′ | 120°12′ | 581.4 | 36.6 | −46.2 | | 18.4 | | 75 | | | 28.7 |
| 满洲里市 | 49°34′ | 117°26′ | 666.8 | 37.9 | −42.7 | | 19.4 | (25.4) | 69 | | | 28.3 |
| 博克图 | 48°46′ | 121°55′ | 738.6 | 35.6 | −37.5 | | 17.7 | | 78 | | | 33.7 |
| 乌兰浩特市 | 46°05′ | 122°03′ | 274.7 | 39.9 | −33.9 | | 22.6 | (27.5) | 70 | | | 29.8 |
| 多伦 | 42°11′ | 116°28′ | 1245.4 | 35.4 | −39.8 | | 18.7 | | 72 | | | 45.5 |
| 林西 | 43°36′ | 118°04′ | 799.0 | 38.6 | −32.2 | | 21.1 | | 69 | | | 40.3 |
| 达尔罕茂明安联合旗 | 41°42′ | 110°26′ | 1375.9 | 36.6 | −41.0 | | 20.5 | | 55 | | | 33.9 |
| 额济纳旗 | 41°57′ | 101°04′ | 940.5 | 41.4 | −35.3 | | 26.2 | (33.7) | 33 | | | 7.8 |
| **6. 辽宁省** | | | | | | | | | | | | |
| 沈阳市 | 41°46′ | 123°26′ | 41.6 | 38.3 | −30.6 | −12.0 | 24.6 | 28 | 78 | 23.3 | 19.3 | 26.4 |
| 大连市 | 38°54′ | 121°38′ | 92.8 | 35.3 | −21.1 | −4.9 | 23.9 | 26 | 83 | 31.0 | 21.1 | 19.0 |
| 鞍山市△ | 41°05′ | 123°00′ | 77.3 | 36.9 | −30.4 | −10.2 | 24.8 | 28 | 76 | 26.8 | 19.7 | 26.9 |
| 本溪市△ | 40°19′ | 123°47′ | 185.2 | 37.3 | −32.3 | −12.0 | 24.3 | 28 | 75 | 25.3 | 18.6 | 33.7 |
| 丹东市 | 40°03′ | 124°20′ | 15.1 | 34.3 | −28.0 | −8.2 | 23.2 | 27 | 86 | 28.3 | 19.6 | 26.9 |
| 锦州市△ | 41°08′ | 122°16′ | 65.9 | 41.8 | −24.7 | −8.8 | 24.3 | 28 | 80 | 29.7 | 19.7 | 28.4 |
| 营口市 | 40°40′ | 122°16′ | 3.3 | 35.3 | −28.4 | −9.4 | 24.8 | 28 | 78 | 29.7 | 20.0 | 27.9 |
| 阜新市△ | 42°02′ | 121°39′ | 144.0 | 40.6 | −28.4 | −11.6 | 24.2 | 28 | 76 | 29.7 | 19.6 | 28.6 |
| 朝阳市 | 41°33′ | 120°27′ | 168.7 | 40.6 | −31.1 | −11 | 24.7 | 29 | 73 | | | 33.8 |
| 抚顺* | 41°54′ | 124°03′ | 118.1 | 36.9 | −35.2 | −14 | 23.7 | 28 | 80 | | | |
| 开原* | 42°32′ | 124°03′ | 98.2 | 35.7 | −35.0 | −14 | 23.8 | 27 | 80 | | | |
| **7. 吉林省** | | | | | | | | | | | | |
| 长春市 | 43°54′ | 125°13′ | 236.8 | 38.0 | −36.5 | −16.4 | 23.0 | 27 | 78 | 29.7 | 16.8 | 35.9 |
| 吉林市△ | 43°37′ | 126°28′ | 183.4 | 36.6 | −40.2 | −18.0 | 22.9 | 27 | 79 | 26.8 | 17.4 | 40.5 |
| 四平市 | 43°11′ | 124°20′ | 164.2 | 36.6 | −34.6 | −14.8 | 23.6 | 27 | 78 | 29.7 | 17.3 | 33.5 |
| 通化市 | 41°41′ | 125°54′ | 402.9 | 35.5 | −36.3 | −16.0 | 22.2 | 26 | 80 | 28.3 | 17.5 | 35.9 |
| 图们市 | 42°59′ | 129°50′ | 140.6 | 37.6 | −27.3 | −13.4 | 21.1 | | 82 | | 17.7 | 25.4 |
| 白城市△ | 45°58′ | 122°50′ | 155.4 | 40.6 | −36.9 | −17.2 | 23.3 | 27 | 73 | 31.0 | 18.0 | 30.0 |
| 桦甸市 | 42°59′ | 126°45′ | 263.3 | 36.3 | −45.0 | | 22.4 | | 81 | | | 40.4 |
| 天池 | 42°01′ | 128°05′ | 2623.5 | 19.2 | −44.0 | −23.2 | 8.6 | 10 | 91 | ＞40 | | 28.4 |
| 延吉* | 42°53′ | 129°28′ | 176.8 | 37.6 | −32.7 | −14 | 21.3 | 26 | 80 | | | |
| 通榆* | 44°47′ | 123°04′ | 140.5 | 38.9 | −33.5 | −16 | 23.8 | 28 | 73 | | | |
| **8. 黑龙江省** | | | | | | | | | | | | |
| 哈尔滨市 | 45°45′ | 126°46′ | 142.3 | 36.4 | −38.1 | −19.4 | 22.8 | 27 | 77 | 26.8 | 15.7 | 31.7 |
| 齐齐哈尔市 | 47°23′ | 123°55′ | 145.9 | 40.1 | −39.5 | −19.5 | 22.8 | 25 | 73 | 26.8 | 13.6 | 28.1 |
| 双鸭山市△ | 46°38′ | 131°09′ | 175.3 | 36.0 | −37.1 | −18.2 | 21.7 | | 75 | 30.6 | | 29.8 |
| 大庆市△（安达） | 46°23′ | 125°19′ | 149.3 | 38.3 | −39.3 | −19.9 | 22.9 | 27 | 74 | 28.3 | 13.8 | 31.5 |
| 牡丹江市△ | 44°34′ | 129°36′ | 241.4 | 36.5 | −38.3 | −18.5 | 22.0 | 27 | 76 | 26.8 | 14.3 | 27.5 |
| 佳木斯市△ | 46°49′ | 130°17′ | 81.2 | 35.4 | −41.4 | −19.8 | 22.0 | 26 | 78 | 29.7 | 15.3 | 32.2 |

| 地　名 | 台站位置 | | | 干球温度（℃） | | | | | 最热月月平均相对湿度（%） | 30a一遇最大风速（m/s） | 七月0.8m深土壤温度（℃） | 全年雷暴日数（d/a） |
|---|---|---|---|---|---|---|---|---|---|---|---|---|
| | 北纬 | 东经 | 海拔(m) | 极端最高 | 极端最低 | 最冷月月平均 | 最热月月平均 | 最热月14时平均 | | | | |
| 伊春市△ | 47°43′ | 128°54′ | 231.3 | 35.1 | −43.1 | −23.9 | 20.5 | 25 | 78 | 23.7 | 12.9 | 35.4 |
| 绥芬河市 | 44°23′ | 131°09′ | 496.7 | 35.3 | −37.5 | −17.1 | 19.2 | 23 | 82 | 31.0 | 14.1 | 27.1 |
| 嫩江县 | 49°10′ | 125°14′ | 242.2 | 37.4 | −47.3 | −25.5 | 20.6 | 25 | 78 | 29.7 | 9.3 | 31.3 |
| 漠河乡 | 53°28′ | 122°22′ | 296.0 | 36.8 | −52.3 | −30.9 | 18.4 | 24 | 79 | 23.7 | | 35.2 |
| 黑河市（爱辉） | 50°15′ | 127°27′ | 165.8 | 37.7 | −44.5 | −24.3 | 20.4 | 25 | 79 | 31.2 | 10.6 | 31.5 |
| 嘉荫县△ | 48°53′ | 130°24′ | 90.4 | 37.3 | −47.7 | −28.5 | 20.9 | 25 | 78 | 23.0 | 12.4 | 32.9 |
| 铁力县 | 46°59′ | 128°01′ | 210.5 | 36.3 | −42.6 | −23.6 | 21.3 | 25 | 79 | 27.7 | 12.3 | 36.3 |
| 克山县 | 48°03′ | 125°53′ | 236.9 | 37.9 | −42.0 | | 21.4 | | 76 | | | 29.5 |
| 鹤岗市 | 47°22′ | 130°20′ | 227.9 | 37.7 | −34.5 | | 21.2 | 25 | 77 | | | 27.3 |
| 虎林县 | 45°46′ | 132°58′ | 100.2 | 34.7 | −36.1 | | 21.2 | | 81 | | | 26.4 |
| 鸡西市 | 45°17′ | 130°57′ | 232.3 | 37.6 | −35.1 | | 21.7 | 26 | 77 | | | 29.9 |
| **9. 上海市** | | | | | | | | | | | | |
| 上海市 | 31°10′ | 121°26′ | 4.5 | 38.9 | −10.1 | 3.5 | 27.8 | 32 | 83 | 29.7 | 24.0 | 29.4 |
| 崇明 * | 31°37′ | 121°27′ | 2.2 | 37.3 | −10.5 | 3 | 27.5 | 31 | 85 | | | |
| 金山 * | 30°54′ | 121°10′ | 4.0 | 38.3 | −10.8 | 3 | 27.8 | 31 | 85 | | | |
| **10. 江苏省** | | | | | | | | | | | | |
| 南京市△ | 32°00′ | 118°48′ | 8.9 | 40.7 | −14.0 | 2.0 | 27.9 | 32 | 81 | 23.7 | 24.5 | 33.6 |
| 连云港市△ | 34°36′ | 119°10′ | 3.0 | 40.0 | −18.0 | −0.2 | 26.8 | 31 | 82 | 25.3 | 22.7 | 29.6 |
| 徐州市△ | 34°17′ | 117°10′ | 41.0 | 40.6 | −22.6 | 0.0 | 27.0 | 31 | 81 | 23.7 | | 29.4 |
| 常州市△（武进） | 31°46′ | 119°57′ | 9.2 | 39.4 | −15.5 | 2.4 | 28.2 | 32 | 82 | 23.7 | 25.8 | 35.7 |
| 南通市△ | 32°01′ | 120°52′ | 5.3 | 38.2 | −10.8 | 2.5 | 27.3 | 31 | 86 | 25.3 | 24.3 | 35.6 |
| 淮阴市△ | 33°36′ | 119°02′ | 15.5 | 39.5 | −21.5 | 0.1 | 26.9 | 31 | 85 | 23.7 | 23.7 | 37.8 |
| 扬州市△ | 32°25′ | 119°25′ | 10.1 | 39.1 | −17.7 | 1.6 | 27.7 | 31 | 85 | 23.7 | 25.0 | 34.7 |
| 盐城市 | 33°23′ | 120°08′ | 2.3 | 39.1 | −14.3 | 0.7 | 27.0 | 30 | 84 | 25.3 | 24.0 | 32.5 |
| 苏州市△ | 31°19′ | 120°38′ | 5.8 | 38.8 | −9.8 | 3.1 | 28.2 | 32 | 83 | 25.3 | 25.2 | 28.1 |
| 泰州市 | 32°30′ | 119°56′ | 5.5 | 39.4 | −19.2 | 1.5 | 27.4 | 31 | 85 | 23.7 | 25.2 | 36.0 |
| **11. 浙江省** | | | | | | | | | | | | |
| 杭州市 | 30°14′ | 120°10′ | 41.7 | 39.9 | −9.6 | 3.8 | 28.5 | 33 | 80 | 25.3 | (27.7) | 39.1 |
| 宁波市△ | 29°52′ | 121°34′ | 4.2 | 38.7 | −8.8 | 4.2 | 28.1 | 31 | 83 | 28.3 | | 40.0 |
| 温州市 | 28°01′ | 120°40′ | 6.0 | 39.3 | −4.5 | 7.6 | 27.9 | 31 | 85 | 29.7 | | 51.3 |
| 衢州市 | 25°58′ | 118°52′ | 66.9 | 40.5 | −10.4 | 5.2 | 29.1 | 33 | 76 | 25.3 | | 57.6 |
| 舟山 | 30°02′ | 122°07′ | 35.7 | 39.1 | −6.1 | 5 | 27.2 | | 84 | | | 28.7 |
| 丽水市 | 28°27′ | 119°55′ | 60.8 | 41.5 | −7.7 | | 29.3 | | 75 | | | 60.5 |
| 金华 * | 29°07′ | 119°39′ | 64.1 | 41.2 | −9.6 | 5 | 29.4 | 34 | 74 | | | |
| **12. 安徽省** | | | | | | | | | | | | |
| 合肥市 | 31°52′ | 117°14′ | 29.8 | 41.0 | −20.6 | 2.1 | 28.32 | 32 | 81 | 21.9 | 24.9 | 29.6 |
| 芜湖市△ | 31°20′ | 118°21′ | 14.8 | 39.5 | −13.1 | 2.9 | 28.7 | 32 | 80 | 23.7 | 24.8 | 34.6 |
| 蚌埠市 | 32°57′ | 117°22′ | 21.0 | 41.3 | −19.4 | 1.0 | 28.0 | 32 | 80 | 23.7 | 24.6 | 30.4 |
| 安庆市△ | 30°32′ | 117°03′ | 19.8 | 40.2 | −12.5 | 3.5 | 28.8 | 32 | 78 | 23.7 | 25.9 | 44.3 |
| 铜陵市 | 30°58′ | 117°47′ | 37.1 | 39.0 | −7.6 | 3.2 | 28.8 | 32 | 79 | 25.3 | 27.2 | 40.0 |
| 屯溪市△ | 29°43′ | 118°17′ | 145.4 | 41.0 | −10.9 | 3.8 | 28.1 | 33 | 79 | 26.9 | | 60.8 |
| 阜阳市△ | 32°56′ | 115°50′ | 30.6 | 41.4 | −20.4 | 0.7 | 27.8 | 32 | 80 | 23.7 | 24.7 | 31.9 |
| 宿州市 | 33°38′ | 116°52′ | 25.9 | 40.3 | −23.2 | | 27.3 | (32.5) | 81 | | | 32.8 |
| 亳县 * | 33°56′ | 115°47′ | 37.1 | 42.1 | −20.6 | 0 | 27.5 | 31 | 80 | | | |
| 六安 * | 31°45′ | 116°29′ | 60.5 | 41.0 | −18.9 | 2 | 28.2 | 32 | 80 | | | |

| 地　　名 | 台站位置 | | | 干球温度（℃） | | | | | 最热月月平均相对湿度（%） | 30a一遇最大风速（m/s） | 七月0.8m深土壤温度（℃） | 全年雷暴日数（d/a） |
|---|---|---|---|---|---|---|---|---|---|---|---|---|
| | 北纬 | 东经 | 海拔（m） | 极端最高 | 极端最低 | 最冷月月平均 | 最热月月平均 | 最热月14时平均 | | | | |
| **13. 福建省** | | | | | | | | | | | | |
| 福州市 | 26°05′ | 119°17′ | 84.0 | 39.8 | −1.2 | 10.5 | 28.8 | 33 | 78 | 31.0 | | 56.5 |
| 厦门市△ | 24°27′ | 118°04′ | 63.2 | 38.5 | 2.0 | 12.6 | 28.4 | 31 | 81 | 34.6 | | 47.4 |
| 莆田市△ | 25°26′ | 119°00′ | 10.2 | 39.4 | −2.3 | 11.4 | 28.5 | | 81 | 30.5 | | 43.2 |
| 三明市 | 26°16′ | 117°37′ | 165.7 | 40.6 | −5.5 | 9.1 | 28.4 | 34 | 75 | 21.4 | | 67.4 |
| 龙岩市△ | 25°06′ | 117°01′ | 341.9 | 38.1 | −5.6 | 11.2 | 27.2 | 32 | 76 | 17.6 | | 74.1 |
| 宁德县 | 26°20′ | 119°32′ | 32.2 | 39.4 | −2.4 | 9.6 | 28.7 | 32 | 76 | 31.1 | | 54.0 |
| 邵武市 | 27°20′ | 117°28′ | 191.5 | 40.4 | −7.9 | | 27.5 | | 81 | | | 72.9 |
| 长汀 | 25°51′ | 116°22′ | 317.5 | 39.4 | −6.5 | | 27.2 | (33.2) | 78 | | | 82.6 |
| 泉州市 | 24°54′ | 118°35′ | ♯23.0 | 38.9 | 0.0 | | 28.5 | | 80 | | | 38.4 |
| 漳州市 | 24°30′ | 117°39′ | 30.0 | 40.9 | −2.1 | | 28.7 | 33 | 80 | | | 60.5 |
| 建阳县△ | 27°20′ | 118°07′ | 181.1 | 41.3 | −8.7 | 7.1 | 28.1 | 33 | 79 | 21.9 | | 65.8 |
| 南平＊ | 26°39′ | 118°10′ | 125.6 | 41.0 | −5.8 | 9 | 28.5 | 34 | 76 | | | |
| 永安＊ | 25°58′ | 117°21′ | 206.0 | 40.5 | −7.6 | 9 | 28.0 | 33 | 75 | | | |
| 上杭＊ | 25°03′ | 116°25′ | 205.4 | 39.7 | −4.8 | 10 | 27.9 | 32 | 77 | | | |
| **14. 江西省** | | | | | | | | | | | | |
| 南昌市 | 28°36′ | 115°55′ | 46.7 | 40.6 | −9.3 | 5.0 | 29.5 | 33 | 76 | 25.3 | 27.4 | 58.0 |
| 景德镇市 | 29°18′ | 117°12′ | 61.5 | 41.8 | −10.9 | 4.6 | 28.7 | 34 | 79 | 21.9 | 26.7 | 58.0 |
| 上饶市 | 28°27′ | 117°59′ | 118.3 | 41.8 | −8.6 | 6 | 29.3 | 33 | 74 | | | 65.0 |
| 吉安市 | 27°07′ | 114°58′ | 76.4 | 40.2 | −8.0 | 6 | 29.5 | 34 | 73 | | | 69.9 |
| 宁冈 | 26°43′ | 113°58′ | 263.1 | 40.0 | −10.0 | | 27.6 | | 80 | | | 78.2 |
| 九江市△ | 29°44′ | 116°00′ | 32.2 | 40.2 | −9.7 | 4.2 | 29.4 | 33 | 76 | 23.7 | 25.8 | 45.7 |
| 新余市△ | 27°48′ | 114°56′ | 79.0 | 40.0 | −7.2 | 5.5 | 29.4 | | 74 | 23.5 | | 59.4 |
| 鹰潭市△(贵溪县) | 28°18′ | 117°13′ | 51.2 | 41.0 | −7.5 | 5.9 | 30.0 | 34 | 71 | 21.0 | | 70.0 |
| 赣州市 | 25°51′ | 114°57′ | 123.8 | 41.2 | −6.0 | 7.9 | 29.5 | 33 | 70 | 21.9 | 27.2 | 67.4 |
| 广昌县(盱江镇) | 26°51′ | 116°20′ | 143.8 | 39.6 | −9.8 | 6.2 | 28.8 | 33 | 74 | 22.5 | | 70.7 |
| 德兴＊ | 28°57′ | 117°35′ | 56.4 | 40.7 | −10.6 | 5 | 28.6 | 33 | 79 | | | |
| 萍乡＊ | 27°39′ | 113°51′ | 106.9 | 40.1 | −8.6 | 5 | 29.0 | 33 | 76 | | | |
| **15. 山东省** | | | | | | | | | | | | |
| 济南市 | 36°41′ | 116°59′ | 51.6 | 42.5 | −19.7 | −1.4 | 27.4 | 31 | 73 | 25.3 | 26.1 | 25.3 |
| 青岛市 | 36°04′ | 120°20′ | 76.0 | 35.4 | −15.5 | −1.2 | 25.2 | 27 | 85 | 28.3 | 23.3 | 22.4 |
| 淄博市△ | 36°50′ | 118°00′ | 34.0 | 42.1 | −23.0 | −3.0 | 26.9 | 30 | 76 | 25.3 | 23.4 | 31.5 |
| 枣庄市 | 34°51′ | 117°35′ | 75.9 | 39.6 | −19.2 | −0.8 | 26.7 | | 81 | 21.7 | | 31.5 |
| 东营市△(垦利) | 37°36′ | 118°32′ | 9.0 | 39.7 | −19.1 | −4.0 | 26.0 | | 81 | 29.5 | | 32.2 |
| 潍坊市△ | 36°42′ | 119°05′ | 44.1 | 40.5 | −21.4 | −3.2 | 25.9 | 30 | 81 | 25.3 | 22.8 | 28.4 |
| 威海市 | 37°31′ | 112°08′ | 46.6 | 38.4 | −13.8 | | 24.6 | | 84 | | | 21.2 |
| 沂源 | 36°11′ | 118°09′ | 304.5 | 38.8 | −21.4 | | 25.3 | | 79 | | | 36.5 |
| 烟台市△ | 37°32′ | 121°24′ | 46.7 | 38.0 | −13.1 | −1.6 | 25.0 | 27 | 79 | 28.3 | 23.2 | 23.2 |
| 济宁市△ | 36°26′ | 116°03′ | 40.7 | 41.6 | −19.4 | −1.9 | 26.9 | | 81 | 25.3 | 23.9 | 29.1 |
| 日照市△ | 35°23′ | 119°32′ | 13.8 | 38.3 | −14.5 | −1 | 25.8 | 28 | 83 | 25.3 | 23.5 | 29.1 |
| 德州＊ | 37°26′ | 116°19′ | 21.2 | 43.4 | −27.0 | −4 | 26.9 | 31 | 76 | | | |
| 莱阳＊ | 36°56′ | 120°42′ | 30.5 | 38.9 | −24.0 | −4 | 25.0 | 29 | 84 | | | |
| 菏泽＊ | 35°15′ | 115°26′ | 49.7 | 42.0 | −16.5 | −2 | 27.0 | 31 | 79 | | | |
| 临沂＊ | 35°03′ | 118°21′ | 87.9 | 40.0 | −16.5 | −2 | 26.2 | 30 | 83 | | | |

| 地　名 | 台站位置 | | | 干球温度（℃） | | | | | 最热月月平均相对湿度（%） | 30a一遇最大风速（m/s） | 七月0.8m深土壤温度（℃） | 全年雷暴日数（d/a） |
| --- | --- | --- | --- | --- | --- | --- | --- | --- | --- | --- | --- | --- |
| | 北纬 | 东经 | 海拔（m） | 极端最高 | 极端最低 | 最冷月月平均 | 最热月月平均 | 最热月14时平均 | | | | |
| **16. 河南省** | | | | | | | | | | | | |
| 郑州市 | 34°43′ | 113°39′ | 110.4 | 43.0 | −17.9 | −0.3 | 27.2 | 32 | 76 | 25.3 | 24.4 | 22.0 |
| 开封市△ | 34°46′ | 114°23′ | 72.5 | 42.9 | −16.0 | −0.5 | 27.1 | 32 | 79 | 26.8 | 25.2 | 22.0 |
| 洛阳市△ | 34°40′ | 112°25′ | 154.5 | 44.2 | −18.2 | 0.3 | 27.5 | 32 | 75 | 23.7 | 25.5 | 24.8 |
| 平顶山市 | 33°43′ | 113°17′ | 84.7 | 42.6 | −18.8 | 1.0 | 27.6 | 32 | 78 | 23.7 | | 21.1 |
| 焦作市△ | 35°14′ | 113°16′ | 112.0 | 43.3 | −16.9 | 0.4 | 27.7 | 32 | 74 | 26.8 | | 26.4 |
| 新乡 * | 35°19′ | 113°53′ | 72.7 | 42.7 | −21.3 | −1 | 27.1 | 32 | 78 | | | |
| 安阳市△ | 36°07′ | 114°22′ | 75.5 | 41.7 | −21.7 | −1.8 | 26.9 | 32 | 78 | 23.7 | 24.5 | 28.6 |
| 濮阳市 | 35°42′ | 115°01′ | 52.2 | 42.2 | −20.7 | −2.1 | 26.9 | 32 | 80 | 21.9 | | 26.6 |
| 信阳市△ | 32°08′ | 114°03′ | 114.5 | 40.9 | −20.0 | 1.6 | 27.7 | 32 | 80 | 23.7 | 24.7 | 28.7 |
| 南阳市△ | 33°02′ | 112°35′ | 129.8 | 41.4 | −21.2 | 0.9 | 27.4 | 32 | 80 | 23.7 | 24.3 | 29.0 |
| 卢氏 | 34°00′ | 111°01′ | 568.8 | 42.1 | −19.1 | | 25.4 | (31.8) | 75 | | | 34.0 |
| 许昌 * | 34°01′ | 113°50′ | 71.9 | 41.9 | −17.4 | 1 | 27.6 | 32 | 79 | | | |
| 驻马店市 | 33°00′ | 114°01′ | 82.7 | 41.9 | −17.4 | | 27.3 | 32 | 81 | | | 27.6 |
| 固始 | 32°10′ | 115°40′ | 57.1 | 41.5 | −20.9 | | 27.7 | (32.6) | 83 | | | 35.3 |
| 商丘市△ | 34°27′ | 115°40′ | 50.1 | 43.0 | −18.9 | −0.9 | 27.1 | 32 | 81 | 21.9 | 24.5 | 26.9 |
| 三门峡市△ | 34°48′ | 111°12′ | 410.1 | 43.2 | −16.5 | −0.7 | 26.7 | 31 | 71 | 23.7 | 25.1 | 24.3 |
| **17. 湖北省** | | | | | | | | | | | | |
| 武汉市 | 30°38′ | 114°04′ | 23.3 | 39.4 | −18.1 | 3.0 | 28.7 | 33 | 79 | 21.9 | 24.6 | 36.9 |
| 黄石市△ | 30°15′ | 115°03′ | 19.6 | 40.3 | −11.0 | 3.9 | 29.2 | 33 | 78 | 21.9 | 26.2 | 50.4 |
| 十堰市△ | 32°39′ | 110°47′ | 256.7 | 41.1 | −14.9 | 2.7 | 27.3 | 33 | 77 | 21.9 | 25.0 | 18.7 |
| 老河口市（光化） | 32°23′ | 111°40′ | 90.0 | 41.0 | −17.2 | 2 | 27.6 | 32 | 80 | | | 26.0 |
| 随州市 | 31°43′ | 113°23′ | 96.2 | 41.1 | −16.3 | | 28.0 | (33.0) | 80 | | | 35.1 |
| 远安 | 31°04′ | 111°38′ | 114.9 | 40.2 | −19.0 | | 27.6 | | 82 | | | 46.5 |
| 沙市市（江陵） | 30°20′ | 112°11′ | 32.6 | 38.6 | −14.9 | 3.4 | 28.0 | 32 | 83 | 20.0 | | 38.4 |
| 宜昌市△ | 30°42′ | 111°05′ | 133.1 | 41.4 | −9.8 | 4.7 | 28.2 | 32 | 80 | 20.0 | 25.7 | 44.6 |
| 襄樊市△ | 32°02′ | 112°10′ | 68.7 | 42.5 | −14.8 | 2.6 | 27.9 | 32 | 80 | 21.9 | 25.0 | 28.1 |
| 恩施市 | 30°17′ | 109°28′ | 437.2 | 41.2 | −12.3 | 5.0 | 27.0 | 32 | 80 | 17.9 | | 49.3 |
| **18. 湖南省** | | | | | | | | | | | | |
| 长沙市 | 28°12′ | 113°05′ | 44.9 | 40.6 | −11.3 | 4.7 | 29.3 | 33 | 75 | 23.7 | 26.5 | 49.5 |
| 株洲市△ | 27°52′ | 113°10′ | 73.6 | 40.5 | −8.0 | 5.0 | 29.6 | 34 | 72 | 23.7 | 29.1 | 50.0 |
| 衡阳市△ | 26°54′ | 112°26′ | 103.2 | 40.8 | −7.9 | 5.6 | 29.8 | 34 | 71 | 23.7 | | 55.1 |
| 邵阳市△ | 27°14′ | 111°28′ | 248.6 | 39.5 | −10.5 | 5.1 | 28.5 | 32 | 75 | 22.7 | | 57.0 |
| 岳阳市△ | 29°23′ | 113°05′ | 51.6 | 39.3 | −11.8 | 4.4 | 29.2 | 34 | 75 | 25.3 | | 42.4 |
| 大庸市 | 29°08′ | 110°28′ | 183.3 | 40.7 | −13.7 | 5.1 | 28.0 | 28 | 79 | 21.7 | | 48.2 |
| 益阳市△ | 28°34′ | 112°23′ | 46.3 | 43.6 | −13.2 | 4.4 | 29.2 | 34 | 77 | 23.7 | | 47.3 |
| 永州市（零陵） | 26°14′ | 111°37′ | 174.1 | 43.7 | −7.0 | 5.8 | 29.1 | 32 | 72 | 23.7 | | 65.3 |
| 怀化市△ | 27°33′ | 109°58′ | 254.1 | 39.6 | −10.7 | 4.5 | 27.8 | 32 | 78 | 20.0 | | 49.9 |
| 郴州市△ | 25°48′ | 113°02′ | 184.9 | 41.3 | −9.0 | 5.8 | 29.2 | 34 | 70 | 24.1 | | 61.5 |
| 常德市△ | 29°03′ | 111°41′ | 35.0 | 40.1 | −13.2 | 4.4 | 28.8 | 32 | 75 | 23.7 | 25.9 | 49.7 |
| 涟源市 | 27°42′ | 111°41′ | 149.6 | 40.1 | −12.1 | | 28.7 | (33.7) | 75 | | | 54.8 |
| 芷江 * | 27°27′ | 109°41′ | 272.2 | 39.9 | −11.5 | 5 | 27.5 | 32 | 79 | | | |

续表

| 地　名 | 台站位置 | | | 干球温度（℃） | | | | | 最热月月平均相对湿度（%） | 30a一遇最大风速（m/s） | 七月0.8m深土壤温度（℃） | 全年雷暴日数（d/a） |
|---|---|---|---|---|---|---|---|---|---|---|---|---|
| | 北纬 | 东经 | 海拔（m） | 极端最高 | 极端最低 | 最冷月月平均 | 最热月月平均 | 最热月14时平均 | | | | |
| **19. 广东省** | | | | | | | | | | | | |
| 广州市 | 23°08′ | 113°19′ | 6.6 | 38.7 | 0.0 | 13.3 | 28.4 | 31 | 83 | 28.3 | (30.4) | 80.3 |
| 汕头市 | 23°24′ | 116°41′ | 1.2 | 38.6 | 0.4 | 13.2 | 28.2 | 31 | 84 | 33.5 | (29.4) | 51.7 |
| 湛江市△ | 21°13′ | 110°24′ | 25.3 | 38.1 | 2.8 | 15.6 | 28.9 | 31 | 81 | 36.9 | (30.9) | 94.6 |
| 茂名市 | 21°39′ | 110°53′ | 25.3 | 36.6 | 2.8 | 16.0 | 28.3 | 31 | 84 | 31.0 | | 94.4 |
| 深圳市△ | 22°33′ | 114°04′ | 18.2 | 38.7 | 0.2 | 14.1 | 28.2 | 31 | 83 | 33.5 | | 73.9 |
| 珠海市△ | 22°17′ | 113°35′ | 54.0 | 38.5 | 2.5 | 14.6 | 28.5 | | 81 | 33.5 | | 64.2 |
| 韶关市 | 24°48′ | 113°35′ | 69.3 | 42.0 | −4.3 | 10.0 | 29.1 | 33 | 75 | 23.7 | | 77.9 |
| 梅州市 | 24°18′ | 116°07′ | 77.5 | 39.5 | −7.3 | 11.8 | 28.6 | 33 | 78 | 20.0 | | 79.6 |
| 阳江 * | 21°52′ | 111°58′ | 23.3 | 37.0 | −1.4 | 15 | 28.1 | 31 | 85 | | | |
| **20. 海南省** | | | | | | | | | | | | |
| 海口市 | 20°02′ | 110°21′ | 14.1 | 38.9 | 2.8 | 17.2 | 28.4 | 32 | 83 | 33.5 | | 112.7 |
| 儋县 | 19°31′ | 109°35′ | 168.7 | 40.0 | 0.4 | | 27.6 | (32.6) | 81 | | | 120.8 |
| 琼中 | 19°02′ | 109°50′ | 250.9 | 38.3 | 0.1 | | 26.6 | (32.4) | 82 | | | 115.5 |
| 三亚市 | 18°14′ | 109°31′ | 5.5 | 35.7 | 5.1 | | 28.5 | | 83 | | | 69.9 |
| 西沙 | 16°50′ | 112°20′ | 4.7 | 34.9 | 15.3 | 23 | 28.9 | 30 | 82 | | | (29.7) |
| **21. 广西壮族自治区** | | | | | | | | | | | | |
| 南宁市 | 22°49′ | 108°21′ | 72.2 | 40.4 | −2.1 | 12.8 | 28.3 | 32 | 82 | 23.7 | | 90.3 |
| 柳州市△ | 24°21′ | 109°24′ | 96.9 | 39.2 | −3.8 | 10.3 | 28.8 | 32 | 78 | 21.9 | | 67.3 |
| 桂林市 | 25°20′ | 110°18′ | 161.8 | 39.4 | −4.9 | 7.9 | 28.3 | 32 | 78 | 23.7 | 27.1 | 77.6 |
| 梧州市 | 23°29′ | 111°18′ | 119.2 | 39.5 | −3.0 | 11.9 | 28.3 | 32 | 80 | 20.0 | | 92.3 |
| 北海市 | 21°29′ | 109°06′ | 14.6 | 37.1 | 2.0 | 14.3 | 28.7 | 31 | 83 | 33.5 | 30.1 | 81.8 |
| 百色市 | 23°54′ | 106°36′ | 173.1 | 42.5 | −2.0 | 13.3 | 28.7 | 32 | 79 | 25.3 | 29.8 | 76.8 |
| 凭祥市 | 22°06′ | 106°45′ | 242.0 | 38.7 | −1.2 | 13.2 | 27.7 | | 82 | 22.4 | | 82.7 |
| 河池市 | 24°42′ | 108°03′ | 213.9 | 39.7 | −2.0 | | 28.0 | | 79 | | | 64.0 |
| **22. 四川省** | | | | | | | | | | | | |
| 成都市 | 30°40′ | 104°01′ | 505.9 | 37.3 | −5.9 | 5.5 | 25.5 | 29 | 85 | 20.0 | 24.8 | 34.6 |
| 宜宾市 * | 28°48′ | 104°36′ | 340.8 | 39.5 | −3.0 | 8 | 26.9 | 30 | 82 | | (27.8) | (39.3) |
| 自贡市△ | 29°21′ | 104°46′ | 352.6 | 40.0 | −2.8 | 7.3 | 27.1 | 31 | 81 | 23.7 | | 37.6 |
| 泸州市△ | 28°53′ | 105°26′ | 334.8 | 40.3 | −1.1 | 7.7 | 27.3 | 31 | 81 | 23.7 | 26.6 | 39.1 |
| 乐山市△ | 29°34′ | 103°45′ | 424.2 | 38.1 | −4.3 | 7.0 | 26.0 | 29 | 83 | 20.0 | 25.9 | 42.9 |
| 绵阳市△ | 31°28′ | 104°41′ | 470.8 | 37.0 | −7.3 | 5.2 | 26.0 | 30 | 83 | 17.3 | 25.0 | 34.9 |
| 达川市 | 31°12′ | 107°30′ | 310.4 | 42.3 | −4.7 | 6.0 | 27.8 | 33 | 79 | 21.9 | 25.9 | 37.1 |
| 南充 * | 30°48′ | 106°05′ | 297.7 | 41.3 | −2.8 | 6 | 27.9 | 32 | 74 | | (28.8) | (40.1) |
| 平武 | 32°25′ | 104°31′ | 876.5 | 37.0 | −7.3 | | 24.1 | (29.9) | 76 | | | 30.0 |
| 仪陇 | 31°32′ | 106°24′ | 655.6 | 37.5 | −5.7 | | 26.2 | | 73 | | | 36.4 |
| 内江市 | 29°35′ | 105°03′ | 352.3 | 41.1 | −3.0 | | 26.9 | (31.6) | 81 | | | 40.6 |
| 攀枝花市△（渡口） | 26°30′ | 101°44′ | 1108.0 | 40.7 | −1.8 | 11.8 | 26.2 | 31 | 48 | 25.3 | | 68.1 |
| 若尔盖 | 33°35′ | 102°58′ | 3439.6 | 24.6 | −33.7 | | 10.7 | | 79 | | | 64.2 |
| 马尔康 | 31°54′ | 102°14′ | 2664.4 | 34.8 | −17.5 | | 16.4 | (25.1) | 75 | | | 68.8 |
| 巴塘 | 30°00′ | 99°06′ | 2589.2 | 37.6 | −12.8 | | 19.7 | (27.4) | 66 | | | 72.3 |
| 康定 | 30°03′ | 101°58′ | 2615.7 | 28.9 | −14.7 | | 15.6 | (20.5) | 80 | | | 52.1 |

| 地　名 | 台站位置 | | | 干球温度（℃） | | | | | 最热月月平均相对湿度（%） | 30a一遇最大风速（m/s） | 七月0.8m深土壤温度（℃） | 全年雷暴日数（d/a） |
|---|---|---|---|---|---|---|---|---|---|---|---|---|
| | 北纬 | 东经 | 海拔（m） | 极端最高 | 极端最低 | 最冷月月平均 | 最热月月平均 | 最热月14时平均 | | | | |
| 西昌市 | 27°54′ | 102°16′ | 1590.7 | 36.6 | −3.8 | 9.5 | 22.6 | 26 | 75 | 25.3 | 23.9 | 72.9 |
| 甘孜县 | 31°37′ | 100°00′ | 3393.5 | 31.7 | −28.7 | −4.4 | 14.0 | 19 | 71 | 31.0 | 17.1 | 80.1 |
| 广元* | 32°26′ | 105°51′ | 487.0 | 38.9 | −8.2 | 5 | 26.1 | 30 | 76 | | (25.4) | (28.4) |
| **23. 重庆市** | | | | | | | | | | | | |
| 重庆 | 29°35′ | 106°28′ | 259.1 | 42.2 | −1.8 | 7.2 | 28.5 | 33 | 75 | 21.9 | 26.5 | 36.5 |
| 万县* | 30°46′ | 108°24′ | 186.7 | 42.1 | −3.7 | 7 | 28.6 | 33 | 80 | | | (47.2) |
| 涪陵 | 29°45′ | 107°25′ | 273.0 | 42.2 | −2.2 | | 28.5 | (34.5) | 75 | | | 45.6 |
| 酉阳县 | 28°50′ | 108°46′ | 663.7 | 38.1 | −8.4 | 3.7 | 25.4 | 29 | 82 | 12.9 | | 52.7 |
| **24. 贵州省** | | | | | | | | | | | | |
| 贵阳市 | 26°35′ | 106°43′ | 1071.3 | 37.5 | −7.8 | 4.9 | 24.1 | 27 | 77 | 21.9 | 22.7 | 51.6 |
| 六盘水市△ | 26°35′ | 104°52′ | 1811.7 | 31.6 | −11.7 | 2.9 | 19.8 | 32 | 83 | 23.7 | 20.1 | 68.0 |
| 遵义市△ | 27°42′ | 106°53′ | 843.9 | 38.7 | −7.1 | 4.2 | 25.3 | 29 | 77 | 21.9 | 23.5 | 53.3 |
| 桐梓 | 28°08′ | 106°50′ | 972.0 | 37.5 | −6.9 | | 24.7 | (29.5) | 76 | | | 49.9 |
| 凯里市 | 26°36′ | 107°59′ | 720.3 | 37.0 | −9.7 | | 25.7 | | 75 | | | 59.4 |
| 毕节 | 27°18′ | 105°14′ | 1510.6 | 33.8 | −10.9 | | 21.8 | | 78 | | | 61.3 |
| 盘县特区 | 25°47′ | 104°37′ | 1527.1 | 36.7 | −7.9 | | 21.9 | | 81 | | | 80.1 |
| 兴义市 | 25°05′ | 104°54′ | 1299.6 | 34.9 | −4.7 | | 22.4 | | 85 | | | 77.4 |
| 独山 | 25°50′ | 107°33′ | 972.2 | 34.4 | −8.0 | | 23.4 | (27.5) | 84 | | | 58.2 |
| 思南* | 27°57′ | 108°15′ | 416.3 | 40.7 | −5.5 | 6 | 27.9 | 32 | 74 | | | |
| 威宁* | 26°52′ | 104°17′ | 2237.5 | 32.3 | −15.3 | 2 | 17.7 | 21 | 83 | | | |
| 安顺* | 26°15′ | 105°55′ | 1392.9 | 34.3 | −7.6 | 4 | 21.9 | 25 | 82 | | | |
| 兴仁* | 25°26′ | 105°11′ | 1378.5 | 34.6 | −7.8 | 6 | 22.1 | 25 | 82 | | | |
| **25. 云南省** | | | | | | | | | | | | |
| 昆明市 | 25°01′ | 102°41′ | 1891.4 | 31.5 | −7.8 | 7.7 | 19.8 | 23 | 83 | 20.0 | 19.9 | 66.3 |
| 东川市△ | 26°06′ | 103°10′ | 1254.1 | 40.9 | −6.2 | 12.4 | 25.1 | (22.9) | 67 | 23.7 | 24.9 | 52.4 |
| 个旧市 | 23°23′ | 103°09′ | 1692.1 | 30.3 | −4.7 | 9.9 | 20.1 | | 84 | 20.0 | | 51.0 |
| 蒙自* | 23°23′ | 103°23′ | 1300.7 | 36.0 | −4.4 | 12 | 22.7 | 26 | 79 | | | |
| 大理市 | 25°43′ | 100°11′ | 1990.5 | 34.0 | −4.2 | 8.9 | 20.1 | 23 | 82 | 25.8 | | 62.4 |
| 景洪县(允景洪) | 21°52′ | 101°04′ | 552.7 | 41.0 | 2.7 | 15.6 | 25.6 | 31 | 76 | 25.3 | 28.7 | 119.2 |
| 昭通市△ | 27°20′ | 103°45′ | 1949.5 | 33.5 | −13.3 | 2.0 | 19.8 | 24 | 78 | 21.9 | 19.7 | 56.0 |
| 丽江县(大矸镇) | 26°52′ | 100°13′ | 2393.2 | 32.3 | −10.3 | 5.9 | 18.1 | 22 | 81 | 21.9 | | 75.8 |
| 腾冲 | 25°07′ | 98°29′ | 1647.8 | 30.5 | −4.2 | | 19.8 | | 89 | | | 79.8 |
| 临沧 | 23°57′ | 100°13′ | 1463.5 | 34.6 | −1.3 | | 21.3 | (25.5) | 82 | | | 86.9 |
| 思茅 | 22°40′ | 101°24′ | 1302.1 | 35.7 | −2.5 | | 21.8 | (26.1) | 86 | | | 102.7 |
| 德钦 | 28°39′ | 99°10′ | 3592.9 | 24.5 | −13.1 | | 11.7 | (17.1) | 84 | | | 24.7 |
| 元江 | 23°34′ | 102°09′ | 396.6 | 42.3 | −0.1 | | 28.6 | (33.8) | 72 | | | 78.8 |
| **26. 西藏自治区** | | | | | | | | | | | | |
| 拉萨市 | 29°40′ | 91°08′ | 3648.7 | 29.4 | −16.5 | −2.3 | 15.5 | 19 | 53 | 23.7 | 15.3 | 72.6 |
| 日喀则县△ | 29°15′ | 88°53′ | 3836 | 28.2 | −25.1 | −3.8 | 14.5 | 19 | 53 | 23.7 | 17.3 | 78.8 |
| 昌都县△ | 31°09′ | 97°10′ | 3306.0 | 33.4 | −19.3 | −2.6 | 16.1 | 22 | 64 | 25.3 | 17.7 | 57.1 |
| 林芝县△(普拉) | 29°34′ | 94°28′ | 3000 | 30.2 | −15.3 | 0.2 | 15.5 | 20 | 76 | 27.5 | 17.7 | 31.9 |
| 那曲县 | 31°29′ | 92°04′ | 4507 | 22.6 | −41.2 | −13.8 | 8.8 | 13 | 71 | 31.3 | 10.9 | 83.6 |
| 索县* | 31°54′ | 93°47′ | 3950.0 | 25.6 | −36.8 | −10 | 11.2 | 16 | 69 | | | |
| 噶尔县 | 32°30′ | 80°05′ | 4278.0 | 27.6 | −34.6 | | 13.6 | | 41 | | | 19.1 |
| 改则县 | 32°09′ | 84°25′ | 4414.9 | 25.6 | −36.8 | | 11.6 | | 52 | | | 43.5 |

续表

| 地　名 | 台站位置 | | | 干球温度（℃） | | | | | 最热月月平均相对湿度（%） | 30a一遇最大风速（m/s） | 七月0.8m深土壤温度（℃） | 全年雷暴日数（d/a） |
|---|---|---|---|---|---|---|---|---|---|---|---|---|
| | 北纬 | 东经 | 海拔（m） | 极端最高 | 极端最低 | 最冷月月平均 | 最热月月平均 | 最热月14时平均 | | | | |
| 察隅县 | 28°39′ | 97°28′ | 2327.6 | 31.9 | −5.5 | | 18.8 | | 76 | | | 14.4 |
| 申扎县 | 30°57′ | 88°38′ | 4672.0 | 24.2 | −31.1 | | 9.4 | (15.8) | 62 | | | 68.8 |
| 波密县 | 29°52′ | 95°46′ | 2736 | 31.0 | −20.3 | | 16.4 | | 78 | | | 10.2 |
| 定日县 | 28°38′ | 87°05′ | 4300.0 | 24.8 | −24.8 | | 12.0 | | 60 | | | 43.4 |
| **27. 陕西省** | | | | | | | | | | | | |
| 西安市 | 34°18′ | 108°56′ | 396.9 | 41.7 | −20.6 | −1.0 | 26.4 | 31 | 72 | 23.7 | 24.2 | 16.7 |
| 宝鸡市△ | 34°21′ | 107°08′ | 612.4 | 41.6 | −16.7 | −0.8 | 25.5 | 30 | 70 | 21.9 | 22.9 | 19.7 |
| 铜川市 | 35°05′ | 109°04′ | 978.9 | 37.7 | −18.2 | −3.2 | 23.1 | 28 | 73 | 23.7 | 21.8 | 29.4 |
| 榆林市△ | 38°14′ | 109°42′ | 1057.5 | 38.6 | −32.7 | −10.0 | 23.3 | 28 | 62 | 28.3 | 21.4 | 29.6 |
| 延安市 | 36°36′ | 109°30′ | 957.6 | 39.7 | −25.4 | −6 | 22.9 | 28 | 72 | | | 30.5 |
| 略阳县 | 33°19′ | 106°09′ | 794.2 | 37.7 | −11.2 | | 23.6 | (30.3) | 79 | | | 21.8 |
| 山阳县 | 33°32′ | 109°55′ | 720.7 | 39.8 | −14.5 | | 25.1 | | 74 | | | 29.4 |
| 渭南市△ | 34°31′ | 109°29′ | 348.8 | 42.2 | −15.8 | −0.8 | 27.1 | 31 | 72 | 23.7 | 24.2 | 22.1 |
| 汉中市 | 33°04′ | 107°02′ | 508.4 | 38.0 | −10.1 | 2.1 | 25.4 | 29 | 81 | 23.7 | 24.4 | 31.0 |
| 安康市 | 32°43′ | 109°02′ | 290.8 | 41.7 | −9.5 | 3.2 | 27.3 | 31 | 76 | 25.3 | 25.0 | 31.7 |
| **28. 甘肃省** | | | | | | | | | | | | |
| 兰州市 | 36°03′ | 103°53′ | 1517.2 | 39.1 | −21.7 | −6.9 | 22.2 | 26 | 60 | 21.9 | 20.6 | 23.2 |
| 金昌市△ | 38°14′ | 101°58′ | 1976.1 | 32.5 | −26.7 | −1.0 | 17.5 | | 64 | 24.9 | | 19.6 |
| 白银市 | 36°33′ | 104°11′ | 1707.2 | 37.3 | −26.0 | −7.8 | 21.3 | 26 | 54 | 23.7 | 19.0 | 24.6 |
| 天水市 | 34°35′ | 105°45′ | 1131.7 | 37.2 | −19.2 | −2.8 | 22.5 | 27 | 72 | 21.9 | 19.9 | 16.2 |
| 酒泉市△ | 39°46′ | 98°31′ | 1477.2 | 38.4 | −31.6 | −9.7 | 21.8 | 26 | 52 | 31.0 | 19.8 | 12.9 |
| 敦煌县△ | 40°09′ | 94°41′ | 1138.7 | 40.8 | −28.5 | −9.3 | 24.7 | 30 | 43 | 25.3 | | 5.1 |
| 靖远县△ | 36°34′ | 104°41′ | 1397.8 | 37.4 | −23.8 | −7.7 | 22.6 | 27 | 61 | 20.9 | 20.0 | 23.9 |
| 夏河县 | 35°00′ | 102°54′ | 2915.7 | 28.4 | −28.5 | | 12.6 | | 76 | | | 63.8 |
| 安西县 | 40°32′ | 95°46′ | 1170.8 | 42.8 | −29.3 | | 24.8 | (33.0) | 39 | | | 7.5 |
| 张掖市 | 38°56′ | 100°26′ | 1482.7 | 38.6 | −28.7 | | 21.4 | (29.4) | 57 | | | 10.1 |
| 窑街△（红古） | 36°17′ | 102°59′ | 1691.0 | 35.8 | −20.6 | −6.8 | 19.7 | | 70 | 21.9 | 30.2 | |
| 山丹＊ | 38°48′ | 101°05′ | 1764.6 | 37.8 | −33.3 | −11 | 20.3 | 25 | 52 | | | |
| 平凉＊ | 35°33′ | 106°40′ | 1346.6 | 35.3 | −24.3 | −5 | 21.0 | 25 | 72 | | | |
| 武都＊ | 33°24′ | 104°55′ | 1079.1 | 37.6 | −8.1 | 3 | 24.8 | 28 | 67 | | | |
| **29. 青海省** | | | | | | | | | | | | |
| 西宁市 | 36°37′ | 101°46′ | 2261.2 | 33.5 | −26.6 | −8.4 | 17.2 | 22 | 65 | 23.7 | 17.1 | 31.4 |
| 格尔木市 | 36°25′ | 94°54′ | 2807.7 | 33.3 | −33.6 | −10.9 | 17.6 | 22 | 36 | 29.7 | 15.1 | 2.8 |
| 德令哈市△（乌兰） | 37°22′ | 97°22′ | 2981.5 | 30.5 | −27.2 | −11.0 | 15.9 | 21 | 43 | 25.4 | | 19.8 |
| 化隆县△（巴燕） | 36°06′ | 102°16′ | 2834.7 | 28.5 | −29.9 | −10.8 | 13.5 | | 73 | 21.2 | | 50.1 |
| 茶卡△ | 36°47′ | 99°15′ | 3087.6 | 29.3 | −31.3 | −12.6 | 14.2 | 18 | 56 | 29.7 | | 27.2 |
| 冷湖镇 | 38°50′ | 93°23′ | 2733.0 | 34.2 | −34.3 | | 16.9 | | 31 | | | 2.5 |
| 茫崖镇 | 38°21′ | 90°13′ | 3138.5 | 29.4 | −29.5 | | 13.5 | | 38 | | | 5.0 |
| 刚察县 | 37°20′ | 100°08′ | 3301.5 | 25.0 | −31.0 | | 10.7 | | 68 | | | 60.4 |
| 都兰县 | 36°18′ | 98°06′ | 3191.1 | 31.9 | −29.8 | | 14.9 | | 46 | | | 8.8 |
| 同德县 | 35°16′ | 100°39′ | 3289.4 | 28.1 | −36.2 | | 11.6 | | 73 | | | 56.9 |
| 曲麻莱县 | 34°33′ | 95°29′ | 4231.2 | 24.9 | −34.8 | | 8.5 | | 66 | | | 65.7 |
| 杂多县 | 32°54′ | 95°18′ | 4067.5 | 25.5 | −33.1 | | 10.6 | | 69 | | | 74.9 |

续表

| 地　名 | 台站位置 | | | 干球温度（℃） | | | | | 最热月月平均相对湿度（%） | 30a一遇最大风速（m/s） | 七月0.8m深土壤温度（℃） | 全年雷暴日数（d/a） |
|---|---|---|---|---|---|---|---|---|---|---|---|---|
| | 北纬 | 东经 | 海拔（m） | 极端最高 | 极端最低 | 最冷月月平均 | 最热月月平均 | 最热月14时平均 | | | | |
| 玛多县 | 34°55′ | 98°13′ | 4272.3 | 22.9 | −48.1 | | 7.5 | (13.9) | 68 | | | 44.9 |
| 班玛县 | 32°56′ | 100°45′ | 3750.0 | 28.1 | −29.7 | | 11.7 | | 75 | | | 73.4 |
| 共和 * | 36°16′ | 100°37′ | 2835.0 | 31.3 | −28.9 | −11 | 15.2 | 20 | 62 | | | |
| 玉树 * | 33°01′ | 97°01′ | 3681.2 | 28.7 | −26.1 | −8 | 12.5 | 17 | 69 | | | |
| **30. 宁夏回族自治区** | | | | | | | | | | | | |
| 银川市 | 38°29′ | 106°13′ | 1111.5 | 39.3 | −30.6 | −9.0 | 23.4 | 27 | 64 | 32.2 | 20.2 | 19.1 |
| 石嘴山市△ | 39°12′ | 106°45′ | 1091.0 | 37.9 | −28.4 | −9.4 | 23.5 | 27 | 58 | 32.2 | 18.3 | 24.0 |
| 固原县 | 36°00′ | 106°16′ | 1753.2 | 34.6 | −28.1 | −8.3 | 18.8 | 23 | 71 | 27.3 | 17.4 | 30.9 |
| 中宁 | 37°29′ | 105°40′ | 1183.3 | 38.5 | −26.7 | | 23.3 | (30.0) | 59 | | | 16.8 |
| 吴忠 * | 37°59′ | 106°11′ | 1127.4 | 36.9 | −24.0 | −8 | 22.9 | 27 | 65 | | | |
| 盐池 * | 37°47′ | 107°24′ | 1347.8 | 38.1 | −29.6 | −9 | 22.3 | 27 | 57 | | | |
| 中卫 * | 37°32′ | 105°11′ | 1225.7 | 37.6 | −29.2 | −8 | 22.5 | 27 | 66 | | | |
| **31. 新疆维吾尔自治区** | | | | | | | | | | | | |
| 乌鲁木齐市 | 43°47′ | 87°37′ | 917.9 | 40.5 | −41.5 | −15.4 | 23.5 | 29 | 43 | 31.0 | 19.9 | 8.9 |
| 博乐阿拉山口 | 45°11′ | 82°35′ | 284.8 | 44.2 | −33.0 | | 27.5 | | 34 | | | 27.8 |
| 塔城市 | 46°44′ | 83°00′ | 548.0 | 41.3 | −39.2 | | 22.3 | | 53 | | | 27.7 |
| 富蕴县 | 46°59′ | 89°31′ | 823.6 | 38.7 | −49.8 | | 21.4 | | 49 | | | 14.0 |
| 库车县 | 41°43′ | 82°57′ | 1099.0 | 41.5 | −27.4 | | 25.8 | (32.3) | 35 | | | 28.7 |
| 克拉玛依市 | 45°36′ | 84°51′ | 427.0 | 42.9 | −35.9 | −16.7 | 27.5 | 30 | 31 | 35.8 | 26.2 | 30.6 |
| 石河子市△ | 44°19′ | 86°03′ | 442.9 | 42.2 | −39.8 | −16.8 | 24.8 | 30 | 52 | 28.3 | 16.9 | 17.0 |
| 伊宁市 | 43°57′ | 81°20′ | 662.5 | 38.7 | −40.4 | −10.0 | 22.7 | 27 | 57 | 33.5 | 17.9 | 26.1 |
| 哈密市 | 42°49′ | 93°31′ | 737.9 | 43.9 | −32.0 | −12.2 | 27.1 | 32 | 34 | 32.2 | 26.2 | 6.8 |
| 库尔勒市 | 41°45′ | 86°08′ | 931.5 | 40.0 | −28.1 | −8.1 | 26.1 | 30 | 40 | 33.5 | | 21.4 |
| 喀什市 | 39°28′ | 75°59′ | 1288.7 | 40.1 | −24.4 | −6.4 | 25.8 | 29 | 40 | 32.2 | 21.7 | 19.5 |
| 奎屯市△（乌苏县） | 44°26′ | 84°40′ | 478.7 | 42.2 | −37.5 | −16.6 | 26.3 | 30 | 40 | 36.7 | 23.1 | 21.0 |
| 吐鲁番市 | 42°56′ | 89°12′ | 34.5 | 47.6 | −28.0 | −9.5 | 32.6 | 36 | 31 | 35.8 | 28.9 | 9.7 |
| 且末县 | 38°09′ | 85°33′ | 1247.5 | 41.5 | −26.4 | −8.7 | 24.8 | 30 | 41 | 28.9 | 21.4/−0.4m | 6.2 |
| 和田市 | 37°08′ | 79°56′ | 1374.6 | 40.6 | −21.6 | −5.6 | 25.5 | 29 | 40 | 23.7 | 23.7 | 3.1 |
| 阿克苏市 | 41°10′ | 80°14′ | 1103.8 | 40.7 | −27.6 | −9.1 | 23.6 | 29 | 52 | 32.2 | 22.6/−0.4m | 32.7 |
| 阿勒泰市 | 47°44′ | 88°05′ | 735.3 | 37.6 | −43.5 | −17.0 | 22.0 | 26 | 48 | 32.2 | 19.5 | 21.4 |
| **32. 台湾省** | | | | | | | | | | | | |
| 台北市 | 25°02′ | 121°31′ | 9 | 38.0 | −2.0 | 14.8 | 28.6 | 31 | 77 | 43.8 | | 27.9 |
| 花莲 * | 24°01′ | 121°37′ | 14 | 35.0 | 5.0 | 17 | 28.5 | 30 | 80 | | | |
| 恒春 * | 22°00′ | 120°45′ | 24 | 39.0 | 8.0 | 20 | 28.3 | 31 | 84 | | | |
| **33. 香港特别行政区** | | | | | | | | | | | | |
| 香港 | 22°18′ | 114°10′ | 32 | 35.9 | 2.4 | 15.6 | 28.6 | 31 | 81 | | 29.2 | 34.0 |
| **34. 澳门特别行政区** | | | | | | | | | | | | |
| 澳门（暂缺） | | | | | | | | | | | | |

注：1. 本表主要根据《建筑气候区划标准》GB 50178—1993编制，标有"△"符号的城市，其"最热月14时平均温度"、"30a一遇最大风速"及"七月0.8m深土壤温度"三项参数源于JGJ 35—1987《建筑气象参数标准》；标有"＊"符号的城市，其全部参数引自《采暖通风与空气调节设计规范》GB 50019—2003；

2. 括号内系补缺数字，仅供参考。

引用气象参数时，应注意建设地点与拟引用数据的气象台站的距离、地形等因素对数值的影响。

（1）地势平坦的区域：

1）建设地点与气象台站水平距离在 50km 以内、海拔高差在 100m 以内时，可以直接引用。

2）超过上述任一数值时，应使用与建设地点相邻的两个以上气象台站（含表中未列入者）的参数，采用内插法取值。

（2）地势崎岖的区域：气候受山脉的走向、总体高度、长度、地形（山顶、河谷、盆地、山坡）、坡度、坡向等因素的影响，各地点差异较大。选取参数时，宜依据邻近气象台站（含表中未列入者）的长年代资料和工程现场的观测数据对比取值，最好与当地气象部门共同商定。